ABNORMAL PSYCHOLOGY (12TH EDITION)

变态心理学

（第12版）

[美] Ann M. Kring, Sheri L. Johnson, Gerald C. Davison, John M. Neale 著

王建平　韩　卓　符仲芳　唐淼　等译

中国轻工业出版社

图书在版编目（CIP）数据

变态心理学：第12版／（美）克林（Kring, A. M.），（美）约翰逊（Johnson, S. L.），（美）戴维森（Davison, G.）著；王建平等译. —北京：中国轻工业出版社，2016.1
（2024.9重印）

ISBN 978-7-5184-0228-1

Ⅰ. ①变… Ⅱ. ①克… ②约… ③戴… ④王… Ⅲ. ①变态心理学 Ⅳ. ①B846

中国版本图书馆CIP数据核字（2015）第238225号

版权声明

Copyright © 2013 John Wiley & Sons Singapore Pte. Ltd.
All Rights Reserved

AUTHORIZED TRANSLATION OF THE EDITION PUBLISHED BY JOHN WILEY & SONS, New York, Chichester, Brisbane, Singapore AND Toronto. No part of this book may be reproduced in any form without the written permission of John Wiley & Sons Inc.

责任编辑：戴　婕　　　责任终审：杜文勇
策划编辑：高小菁　　　责任校对：刘志颖　　　责任监印：吴维斌

出版发行：中国轻工业出版社（北京鲁谷东街5号，邮编：100040）

印　　刷：三河市鑫金马印装有限公司

经　　销：各地新华书店

版　　次：2024年9月第1版第9次印刷

开　　本：850×1092　1/16　印张：32.25

字　　数：585千字

书　　号：ISBN 978-7-5184-0228-1　定价：85.00元

读者热线：010-65181109

发行电话：010-85119832　　010-85119912

网　　址：http://www.chlip.com.cn　　http://www.wqedu.com

电子信箱：1012305542@qq.com

版权所有　侵权必究

如发现图书残缺请拨打读者热线联系调换

241426Y2C109ZYW

译者序

我进入临床心理学领域工作已经有三十多个年头了。我在2001年着手编写我的第一本《变态心理学》教材的时候，国内还只有我的博士导师陈仲庚与张伯源两位教授在1985年出版的一本《变态心理学》。短短几十年的时间，国内变态心理学方面的书籍便不断涌现，说明随着社会的发展，教育界和公众对于临床心理学越来越了解，越来越重视。目前，市面上变态心理学方面的书大多数是依据DSM-IV-TR（美国《精神疾病诊断与统计手册》第四版修订版）这一DSM历史上最为经典的诊断标准，结合临床心理学各个领域详尽的实证研究证据编撰而成。我编著尤其是翻译出版的几本《变态心理学》即是如此。而变态心理学是一门随着时代变迁和科学进步而不断发展的学科，我们需要紧扣时代脉搏来学习变态心理学并进行相关研究。美国精神病学会（APA）于2012年12月批准了DSM-5（《精神疾病诊断与统计手册》第五版）的诊断标准，于2013年5月正式出版发行DSM-5。这是这一诊断精神疾病的标准指南在十几年来的首次全面更新，意义深远。我们之所以引进并翻译了这本经典的变态心理学教材的最新版，皆因其囊括了与DSM-5有关的新资料，而且也增加了许多新的阐述来介绍新旧诊断的异同。这是目前国内市面上的书所未曾涵盖的，这能帮助我们更好地了解DSM-5的变化和变化背后的理论与实证依据。

作为一名临床心理学领域的工作者，我坚持带领我的学生一起阅读最新的文献，了解本领域最新的进展，开展创新性的研究并不时进行临床实践。我们非常需要阅读有指导性的书籍。同时，作为一名在高校执教的教师，我深知一本兼具科学性、前沿性和可读性的教材是多么的重要。而本书在学术研究和临床应用的整合和平衡上做得几近完美。更难能可贵的是它非常利于教学。这大概是源于这本书历经四十年的修订，在指导心理病理学专业学生的同时，不断收到各方面的反馈，从而在持续的再版中逐步完善，变得特别便于教师的讲授和学生的研习。

本书还有一个重要的特点是非常强调以一个综合的视角来看待心理问题。在介绍各个精神和心理疾病的风险因素时，本书全面考虑了生理、认知、情绪、性别、文化、伦理、社会经济地位以及人际关系等因素，帮助我们以一个广阔的视野来看待和理解心理异常现象。近些年来，随着科学的发展和技术的革新，越来越多的研究者从基因遗传和神经科学的视角来进行变态心理学领域的研究，并做了大量工作，且也得到了很多有价值的结果；而这些，也被包括在了这本书里。

本书行文的总体结构是，第1章至第4章描述了心理病理学的主要研究范式，概述DSM-5，批判地讨论该手册的效度和信度，对临床评估的主要方法和技术进行概述，最后介绍本领域主要的研究方法。这几章是为后面的章节打基础。第5章至第15章讨论了具体的精神疾病及其治疗。

第16章讨论了一些法律和伦理问题。

综上，本书是一本理据翔实、紧跟前沿的教材。我曾于哈佛医学院做博士后研究两年，同时学习和接诊患者。相比之下，我深感国内变态心理学的教科书以及相关研究远远落后于西方。想要迎头赶上，我们首先应该学习国外成熟的研究经验和实践成果。因此，我真诚地向各位读者推荐这本经典的教材。

本书的翻译流程是：我带领学生于2013年1月开始工作，在统一专业术语的基础上进行学习和翻译，2013年10月初稿翻译结束。之后将近六个月的时间里，我的学生符仲芳和唐淼在我的指导下对各章进行认真修改，对书稿进行了总体的梳理和统一。最后，由毕业于美国乔治亚大学、现任北京师范大学心理学院教师的韩卓博士进行了全书的审校并提出中肯建议，保证了书的翻译质量。历时近两年，得到终稿。此中的艰辛，不求各位读者明晓，只愿此书能帮助大家更全面地掌握变态心理学的研究范式、熟悉各心理障碍的症状表现，以及了解该领域的最新进展。

以下为各章具体的翻译执笔情况：前言，丁超；第1章，柳葳；第2章，符仲芳；第3章，胡巧、李艳慧；第4章，张翀；第5章，戴梦诺、朱泽；第6章，唐淼；第7章，占诗苑；第8章，宗晓骊；第9章，周晓彤；第10章，黎燕斌、诸海婷；第11章，赵江洁、曹开琳；第12章，李思瑶；第13章，张萌、叶亦青；第14章，丁超；第15章，何娇；第16章，邓小婉。学生们为本书的翻译定稿付出了巨大心血，在此，我对他们，以及在本书翻译过程中提供了支持与帮助的各位老师和同学表达深深的谢意。最后，还要感谢"万千心理"为本书的出版付出的努力。

尽管我们竭尽所能，但由于语言水平和时间所限，难免出现错漏之处。诚请各位专家和读者不吝指正，以便今后进一步修订和完善。我的邮箱是 wjphh@bnu.edu.cn，希望得到您的反馈。在此，先向您致以真诚的感谢！

王建平

2014年9月13日于北京

前 言

自本书第一版问世到现在已经过去将近40年了。本书力图引导读者参与临床医生与科学家解决问题的过程，这些努力将继续贯穿本书的后续版本。我们很高兴本书受到了广大读者的好评，尤其过去这些年本书对心理病理学专业学生的指导和影响更令我们感到欣喜。

本书的第12版仍旧重点强调了本领域最新、最全面的研究，同时加强了本书的教学特色。为此，我们增加了临床案例、图、表以及更清晰的表达，力图使之通俗易懂。在这一版中我们比以往更强调整合的观点，阐述如何从多个角度来理解心理病理以及借助各个不同观点帮助我们更清楚地理解心理疾病的病因及其治疗方法。

右边是澳大利亚大沙漠的卫星图，图上那些浅色的扇形部分是2000年沙漠发生火灾后留下的疤痕。对一个健康的生态系统而言，野火是生命周期中不可缺少的一部分，而且它们还是重塑地貌的主要力量。这幅图不仅展示了地貌的美丽，也揭示了本书的一些主要原理。正如地貌的形成一样，我们人类也是由自身的神经生物特点和所处的环境共同塑造的，而这正是心理病理学研究的内容，即不同的范式（基因、神经学、认知行为）共同作用于不同心理疾病的形成和发展。科学的发展也是如此，新发现重塑了科学研究领域的面貌。本书首先对心理疾病的理解建立在最新的科学研究基础之上。随着新发现和新疗法的出现，我们对心理疾病的了解也会更深入。

本书的目标

对于本书的每一个新版本，我们都不断更新、改进以提高其学术和教学两方面的价值。我们力图用通俗的语言来解释复杂的概念，使之正确、清晰和形象。在过去四十年里，心理病理学的研究和干预变得越来越多面化和专业化。因此，一本优秀的变态心理学教科书必须能够吸引学生的注意力，使他们对相关议题和材料有深入的批判性的理解。本书呈现的一些在病理心理学研究和治疗中取得的突破性进展涉及很复杂的部分，比如分子遗传学、神经科学、认知科学。对此，我们设计了许多教学专栏以帮助读者更好地理解这些重要内容，而不是一味地将其简化。

我们在致力于呈现心理病理学最新理论、研究以及干预手段的同时，也力图传达研究者在解决人类面临的最大难题过程中取得的振奋人心的收获。一位评论家评论本书之前的版本就像一本侦探小说，因为我们不仅阐述问题及其解决办法，还力图带领学生们一同寻找线索、评估依据，而这些都是本领域科学性和艺术性不可或缺的一部分。此外，我们还鼓励学生参与我们的探索之路，循着科学证据一同寻找疾病的源头以及有效具体的干预手段。

在这一版中，我们继续强调客观地看待心理疾病，即使还是有许多人将心理疾病与污名联系在一起。事实上，心理病理在某些方面影响着我们，一半的人都可能偶尔经历过精神障碍，大多数人认识的人中至少会有一个患有某种精神疾病。即使心理病理如此普遍，但人们对它的偏见使一些患者不去求医，使立法机构不愿为治疗和研究它提供资金，使一些术语变成普遍的调侃（比如疯狂、发疯）。因此，我们的另一个目标是对抗这种污名，用一种积极的、充满希望的视角来看待心理疾病的病因和治疗方法。

第12版的结构

在本书的第 1 章至第 4 章中，我们在历史的背景下来讨论心理病理学，阐述科学中范式的概念，描述心理病理学的主要研究范式，预览《精神疾病诊断与统计手册》（DSM-5），批判地讨论该手册的效度和信度，并对临床评估的主要方法和技术进行概述，最后介绍本领域主要的研究方法。这几章是为后面的章节打基础。在上一版的第 5 章至第 15 章，我们讨论了具体的精神疾病及其治疗手段。然而，在这一版中，我们对章节进行了重组以使变态心理学的教学更流畅。在第 16 章，我们将讨论一些法律和伦理问题。

本书反复强调的一个观点是视角的重要性，用库恩（Kuhn，1962/1970）的话来说就是范式的重要性。整本书主要讨论 3 个视角：基因遗传视角、神经科学视角、认知行为视角。我们同样也强调对所有范式都很重要的一些因素，包括情绪、性别、文化、伦理、社会经济地位以及人际关系。在研究变态心理学时通常采用几个范式，而不是强行采用单一的范式，比如用认知行为的范式来研究某一领域的问题。众所周知，不同的精神疾病适合在不同的框架下进行研究。比如，遗传因素对双相障碍以及注意力缺陷 / 多动症影响很大，但遗传因素需要通过环境起作用。认知因素对抑郁症等影响很大，但神经递质也会对其产生影响。对其他的精神障碍，比如，解离障碍，认知因素中的意识就需要考虑进去。此外，应激模型是研究抑郁症的基础。有数据表明几乎所有的精神疾病都是遗传因素或心理素质与压力事件共同作用的结果。

本书还保留了大量与研究心理病理学相关的文化和伦理方面的资料。在第 2 章，我们专门用一部分来讨论在所有研究范式中文化和伦理的重要性，当然在其他章节也强调了文化和伦理的重要性。比如，在第 3 章的诊断和评估部分，我们讨论了评估中的文化偏差以及预防这种偏差的方法。在第 2 章，我们拓展、更新了关于伦理如何影响健康的信息，在第 10 章，我们介绍了对精神分裂症家庭及文化的新发现，更新了文化和伦理对物质滥用障碍影响的报道。

本书继续拓展对遗传和心理病理学知识的讨论。我们一直强调从基因如何通过环境起作用这一视角来理解心理病理。因此，我们坚持遗传和环境都很重要，而不是讨论两者究竟哪个更重要。新的研究已经证实遗传和环境是共同作用而非互相对立的。没有遗传因素的影响，行为也许无法发挥作用；没有环境的影响，基因也许无法表达，因此也就无法作用于行为。在面对不同类型的环境时，基因的反应十分灵活。反过来，在适应环境的过程中，人类也十分灵活。

第12版的新内容

第12版增加了许多令人振奋的新发现。因此，我们在每一章节都增加了与DSM-5有关的新资料。同样也增加了许多新的图表来阐述旧的诊断标准与DSM-5的相同点与不同点。

此外，我们一直在努力创新，删掉那些无法通过实证研究证明的理论。由于对各种疾病的研究如雨后春笋般兴起，我们只选择那些最振奋人心且广为接受的理论、研究以及治疗。这一版，同先前一样，包含几百篇新增文献。我们改进了本书的表达，使呈现的内容更清晰，更突出本领域的关键问题。我们插入了许多图表，以详细地说明遗传因素和大脑结构在不同疾病中的作用。

本书的主要变化之一就是改变了章节结构，通过整合这些材料使之衔接，更为通俗易懂。首先，我们重组了章节顺序，这样能最大程度地展现各种精神障碍的相同点和研究基础。在以前的版本中，我们在书的后面用一部分章节来阐述治疗方法，而在这一版中我们在整本书中都会讨论到治疗方法。在这一版中，我们在每一章都整合了不同类型的疗法，并且在第1章和第2章对它们做了介绍。因此，学生在学习每种精神障碍时能够了解对该障碍治疗方法的研究现状。就像我们在第4章讨论研究方法一样，在本书的前半部分我们会阐述如何评估有关治疗效果的研究。为了普及治疗方法，我们在每一章增加了具体精神障碍的临床案例。

我们根据来自学生和教授的反馈，增加了一些教学专栏。除了新增的"临床个案"专栏，我们还增加了一系列"聚焦发现"的专栏，用以阐述在现实生活中人们是怎样看待这些精神疾病的。此外，我们还修改和增加了"概念核查"专栏用以帮助学生快速检验自己是否掌握了这些内容。本书还为学生提供了许多新的图表来呈现现实生活中的案例以及心理病理学的应用。章节末的总结部分与章节内容保持一致，使用项目列表格式总结了疾病的症状、病因、治疗方法。

新增内容

我们很高兴看到本版的一些新特点。第12版中的新增材料如下：

第1章 简介与历史回顾

对污名和精神疾病的新研究
关于即将出版的DSM-5对精神疾病的定义
拓展了精神分析与心理动力学思想的历史部分
聚焦发现：弗洛伊德和抑郁症
新的认知部分
有关心理健康专业的新材料

第2章 当前心理病理学的范式

研究范式：遗传基因范式、认知科学范式、认知行为范式
人际关系因素部分脱离范式局限，对人际心理治疗进行了讨论
分子遗传学的前沿，包括单核苷酸多态性（SNPs）拷贝数变异（CNVs）和全基因组关联性研究，我们会用新的图表来说明这些问题
修正后的基因部分，详述基因是如何与环境互动的
最新的关于认知科学如何促进认知行为范式的发展
认知行为范式部分的新增临床案例
拓展与研究范式不相关的影响因素：情绪、社会文化因素以及个体因素
3个新的"聚焦发现"专栏：①性别与健康，②社会经济与健康，③夫妻与家庭疗法
新的"概念核查"专栏

第3章 诊断与评估

完全重组后的诊断部分，用以反映DSM-5

比较 DSM-Ⅳ-TR 与 DSM-5 的新图表

新的"聚焦发现"专栏：压力研究的历史

压力评估的拓展部分，包括全面评估压力的访谈法和自我报告清单法

IQ 评估的新研究

更新后的文化因素对诊断和评估的影响

第 4 章　心理病理学研究方法

更新后的关于遗传分子学的研究方法

新增评估治疗的方法和可能遇到的问题，包括随机控制的临床测验，帮助学生扎实地理解心理病理学的治疗方法

新增非代表性样本及其对研究的影响

新增通过宣传方面的努力，来缩小研究与应用的差距

第 5 章　心境障碍

美国移民中抑郁症比例低的新证据

光照疗法能够成功治疗非季节性心境障碍的新证据

世界范围内双相障碍流行率的新证据

在人们逐渐意识到使用结构性访谈诊断双相Ⅱ型障碍的信度较低的背景下探讨双相Ⅱ型障碍的基础概率

神经生物学（脑成像）的大量新发现对抑郁症，包括利用深部脑刺激和情绪管理的神经医学模式进行实验操作

3 个新的"聚焦发现"专栏：①心血管疾病与抑郁，②非自杀型自我伤害，③焦虑障碍与抑郁症的交叉

新增用以说明抑郁症和双相障碍亚型，心境障碍的主要神经生物学模型以及自杀的主要术语表

大量有关抑郁症的最新认知理论，包括对信息加工和反刍的新研究

说明绝望理论主要构成部分的新图

睡眠剥夺与生物钟混乱预测躁狂症状的研究

简要地回顾对认知疗法效果的研究和争论

新研究发现计算机认知治疗的有效性

预防自杀的新研究

改进和更新有关自杀的部分，用来说明社会环境的作用

第 6 章　焦虑障碍

章节重新编排以反映 DSM-5 将强迫症和创伤后应激障碍从主要的焦虑障碍中排除的事实

不同类型的焦虑障碍共享大多数风险因素，使本章更易于理解

条件化恐惧的神经生物学新研究，以及神经生物学如何帮助我们理解消退

重新编写病因学部分以及对意识的最新研究

新增计算机干预和虚拟现实的使用

关注治疗焦虑症的原理和效果，对各种焦虑障碍共同性的研究增多

第 7 章　强迫相关和创伤相关障碍

全新章节，包括强迫症、囤积障碍、体相障碍、创伤后应激障碍以及急性应激障碍

第 8 章　解离障碍和躯体症状障碍

章节重新编撰以适应 DSM-5 将疼痛障碍、躯体形式障碍、疑病症合并的可能，并反映简化后的临床描述、病因以及治疗部分

新增躯体症状障碍与疼痛障碍的神经生物学部分

新增诈病临床案例

第 9 章　精神分裂症

有关 DSM-5 的新信息

"聚焦发现"专栏：轻微精神病综合征

修正过时的基因理论，介绍对 GWAS 的新研究，添加一张新图

发展部分重新组织以区分家庭高风险研究与临床高风险研究

新增精神分裂症和大脑

新增文化和情感表达

新增环境因素对精神分裂的影响，包括大麻的使用

更新有关第二代抗精神病药的内容

更新有关认知矫正疗法的内容

新增心理教育方面的内容

第 10 章 物质使用障碍

新增有关 DSM-5 新变化的材料，包括对物质滥用和依赖程度的预测，重度酒精依赖障碍和药物依赖障碍

所有药物使用的新数据和两张新图

物质渴求的新内容

有关药物使用以及由于服用止痛药（非医学用途）进入急诊室就诊的新图

医用大麻的新内容

对治疗吸烟、海洛因、酒精和可卡因成瘾的新研究

药物代替治疗的新内容

新增有关吸毒者的治疗（不是入狱）内容

第 11 章 进食障碍

为了与 DSM-5 保持一致，拓展暴食症部分，包括暴食症的生理影响及预后

新增暴食症临床案例

更新有关肥胖的内容

更新有关家庭因素的内容

更新厌食症的家庭治疗方面的内容

新增暴食症的治疗方面的内容

更新所有进食障碍的症状、生理影响以及预后方面的内容

第 12 章 性心理障碍

性别认同障碍被删除，因为我们认为该诊断更多的是一种污名，该诊断将被置于文化和历史背景下进行讨论

异装癖也被删除，因为没有证据证明该行为的害处

新增 DSM-5 对性功能障碍与性欲倒错的更改

卡普兰（Kaplan）的女性性反应周期阶段论缺乏效度

新增各个年龄阶段 HIV 患者比例，结果显示 20 岁出头的人群感染 HIV 的比例最大

"聚焦发现"专栏中新增有关强奸的内容

首例对性侵犯者的 CBT 随机控制测验结果不尽人意

第 13 章 儿童期障碍

DSM-5 可能对儿童期精神障碍做出的改变，新增相关图表

更新有关品行障碍的类型和特质的内容

修改有关智力发育障碍的部分，包括 DSM-5 可能采用的新名称

更新有关阅读障碍和计算障碍的内容

更新有关遗传学对自闭症谱系障碍的研究

更新"聚焦发现"覆盖领域的争论

更新 ADHD（注意力缺损/多动障碍）的治疗，对 ADHD 发展过程的追踪研究，环境污染与 ADHD

更新儿童期的抑郁和焦虑

新增 2 个"聚焦发现"专栏：①哮喘，②自闭症的历史

第 14 章 老年与神经认知障碍

章节大幅度调整，主要关注神经认知障碍

更新理解老年生活的方法和问题

新增轻度认知缺陷、阿尔茨海默症、额颞叶性痴呆症以及阿尔茨海默症潜伏期的风险

新增运动、认知参与以及抑郁等生活方式如何影响阿尔茨海默症的发病和病程发展

新增对额颞叶性痴呆症患者情绪缺陷和社交缺陷的最新研究

更新治疗部分，讨论对疾病早期的识别关注

第 15 章 人格与人格障碍

章节大幅度调整，对应 DSM-5 对人格和人格障碍的彻底更改

新增 DSM-Ⅳ 与 DSM-5 的区别

新增 DSM-5 增加的 6 类人格障碍，因为这些人格障碍被研究得最多

新增有关追踪边缘型人格障碍患者 8 年的研究，证明了心理化基础疗法的有效性

重组和简化治疗部分的内容

新增内容阐述了强迫型人格障碍和强迫症，分裂型人格障碍和精神分裂症的共病、病因交叉以及治疗的相似之处

第 16 章 法律和伦理问题

减少和重组与精神障碍辩护相关的内容

新增暴力和精神疾病的讨论

新增受审能力相关内容

简化整个章节

学生读者的特色栏目

为了使学生读者更容易掌握本书内容，享受学习的乐趣，我们在本书中设计了一些特色栏目。

临床个案

在整本书中我们新增和拓展了一系列临床案例，为那些占据了我们大部分精力的理论和研究提供临床背景，同时帮助学生将心理病理学家和临床医生所做的实证研究灵活地应用到现实生活中。

聚焦发现

在"聚焦发现"专栏，我们对精选话题进行深入的讨论。这些讨论可以带领读者思考某些具体的问题，又不至于破坏知识的连贯性。有时，"聚焦发现"专栏讨论的是文章中一个知识点；有时，讨论的是两个彼此相关的话题，它们通常是互相矛盾的。在这一版中，我们删掉了许多旧的专栏，引入了许多新的专栏。新增的专栏对现实生活中各种精神障碍患者进行了特写。

章末总结

我们在每章末用罗列重点的方式设计了总结。第 5 章到第 15 章，我们按照临床描述、病因和治疗的顺序编排了这些章节的总结部分，而它们是每章的重点。我们认为这样的格式能够帮助读者更好地回顾和记忆学过的内容。事实上，我们建议学生在阅读之前，先阅读每章的总结部分以预先了解接下来要讨论的内容。学完整章后再次阅读总结部分，这样可以加强学生对知识的理解，同时帮助学生了解自己在这一章中学到了什么。

概念核查

在整章中，我们设计了 3~6 个相关的问题。这些问题旨在帮助学生评估自己对材料的理解和记忆，同时为学生提供了在考试中可能出现的考题模版。这些问题的答案附在章末，就在关键词清单的前面。我们相信这些问题将有助于学生对所学内容的掌握。

词汇表

在介绍关键术语时，我们会将其加粗，并给出该词的定义。这些词中的绝大多数还会在后面的章节中出现，但第二次出现时不会刻意强调。在全书末，我们会提供所有术语。

DSM-5 表

在本书各章我们都提供了有关 DSM-5 的总结。该手册为我们提供了官方分类系统下对精神疾病的诊断指南。本书多次使用 DSM-5 的诊断标准，但同时对其中的一些内容持批判性态度。有时，我们发现使用不同于 DSM 标准的方式来讨论特定精神障碍的理论和研究更为有效。

致谢

谨向我们的同事致以深深的敬意，没有他

们的努力和帮助就没有本书第 12 版的问世。我们还要特别感谢纽约州立大学汉特学院（CUNY Hunter College）的 Doug Mennin 以及明尼苏达大学（University of Minnesota）的 Bob Krueger、Natalyn Daniels 和 Jessica Jayne Yu，他们为本书不断扩展的参考文献部分的创作、组织和编辑付出了大量的努力。此外，我们衷心感谢加州大学伯克利分校的 Janelle Caponigro 和 Luma Muhtadie，他们对 Wiley 期刊上的文献进行了整理编制，合成了文献库。

Wiley 的工作人员的技术和尽责也为我们提供了帮助。本书的这一版能够出版，我们还需要感谢很多人。经理 Margaret Barrett；制作编辑 William Murray；图片编辑和研究员 Sheena Goldstein 以及 Teri Stratford；资深插图编辑 Sandra Rigby；场外制作服务公司 Suzanne Ingrao of Ingrao Associates。同时，我们对编辑助理 Maura Gilligan 的热心帮助和及时支持表示衷心的感谢。

学生学者以及教职员工不时向我们提供他们对本书的意见，我们对此表示热烈的欢迎。我们的联系邮箱如下：

akring@berkeley.edu

sljohnson@berkeley.edu

最后，也是最重要的，我们要将我们最衷心的感谢送给那些对我们最重要的人，感谢他们对我们一如既往的支持和鼓励。因此本书献给你们，Angela Hawk（AMK）和 Daniel Rose（SLJ）。

Ann M. Kring

Sheri L. Johnson

2011 年 12 月于美国伯克利

目 录

第 1 章 导言及历史回顾 1

定义心理障碍 ································· 5
 个体痛苦 ································· 6
 功能受损 ································· 6
 偏离社会规范 ···························· 7
 功能障碍 ································· 7
心理病理学的历史 ························· 8
 早期鬼神学 ································· 9
 早期生物学解释 ·························· 9
 黑暗时期和鬼神学 ······················ 10
 收容所的发展 ···························· 11
当代思想的演变 ·························· 15
 生物学方法 ······························· 15
 心理学方法 ······························· 17
心理卫生行业 ····························· 28

第 2 章 心理病理学中的现有范式 31

基因范式 ····································· 32
 行为基因学 ······························· 33
 分子基因学 ······························· 34
 基因—环境交互作用 ·················· 36
 基因—环境互补作用 ·················· 37
 评价基因范式 ···························· 37
神经科学范式 ····························· 38
 神经元和神经递质 ······················ 38

人类大脑的结构和功能 ················ 40
神经内分泌系统 ·························· 42
神经科学治疗方法 ······················ 43
评价神经科学范式 ······················ 43
认知行为范式 ····························· 45
 行为疗法的影响 ·························· 45
 认知科学 ································· 47
 无意识的作用 ···························· 48
 认知行为疗法 ···························· 49
 评价认知行为范式 ······················ 49
范式影响因素 ····························· 50
 情绪与心理病理学 ······················ 50
 社会文化因素与心理病理学 ········· 51
 人际关系因素和心理病理学 ········· 55
素质—压力：一种整合范式 ········· 58

第 3 章 诊断与评估 63

诊断和评估的基础 ······················ 64
 信度 ······································· 64
 效度 ······································· 65
分类和诊断 ································· 66
 美国精神病学会的诊断系统：
  走向 DSM-5 ··························· 66
 对 DSM 的具体批判 ··················· 74
 对心理障碍诊断的一般批判 ········· 76
心理评估 ···································· 77

临床访谈 ····················· 77
　　　压力的测量 ··················· 78
　　　人格测验 ····················· 81
　　　智力测验 ····················· 86
　　　行为和认知评估 ··············· 88
　神经生物学评估方法 ················· 90
　　　脑成像："看见"大脑 ············ 90
　　　神经递质评估 ················· 91
　　　神经心理学评估 ··············· 92
　　　心理生理学评估 ··············· 94
　　　神经心理评估的注意事项 ········ 94
　文化、民族多样性和评估方法 ········· 95
　　　评估中的文化偏见 ············· 95
　　　在评估中避免文化偏见的技巧 ····· 96

第4章　心理病理学研究方法　99

　科学与科学方法 ···················· 99
　心理病理学研究方法 ················ 100
　　　个案法 ····················· 100
　　　相关法 ····················· 101
　　　实验法 ····················· 110
　多实验结果的整合 ················· 120

第5章　心境障碍　123

　心境障碍的临床描述和流行病学 ······ 124
　　　抑郁症 ····················· 124
　　　双相障碍 ··················· 130
　心境障碍的病因学 ················· 135
　　　心境障碍中的神经生物因素 ····· 135
　　　抑郁症的社会因素：生活事件和
　　　　人际交往困难 ·············· 141
　　　抑郁的心理因素 ·············· 142
　　　双相障碍中的社会心理学因素 ···· 146
　心境障碍的治疗 ··················· 147
　　　抑郁症的治疗 ················ 147
　　　双相障碍的心理治疗 ·········· 150

　　　心境障碍的生物疗法 ·········· 151
　　　补充知识 ··················· 154
　自杀 ··························· 156
　　　自杀和自杀企图的流行病学 ····· 156
　　　自杀的模型 ················· 158
　　　阻止自杀 ··················· 160

第6章　焦虑障碍　165

　焦虑障碍的临床描述 ··············· 167
　　　特定对象恐惧症 ·············· 167
　　　社交焦虑障碍 ················ 167
　　　惊恐障碍 ··················· 170
　　　场所恐惧症 ················· 171
　　　广泛性焦虑障碍 ·············· 172
　　　焦虑障碍的共病 ·············· 173
　焦虑障碍的性别和社会文化因素 ······ 173
　　　性别 ······················· 173
　　　文化 ······················· 174
　焦虑障碍的常见风险因素 ············ 175
　　　恐惧的条件作用 ·············· 176
　　　基因因素：基因是焦虑障碍的
　　　　素质之一 ·················· 177
　　　神经生物学因素：恐惧回路和
　　　　神经递质 ·················· 177
　　　人格：行为抑制和神经质 ········ 178
　　　认知因素 ··················· 178
　特定焦虑障碍的病因学 ············· 180
　　　特定对象恐惧症的病因学 ······· 180
　　　社交焦虑障碍的病因学 ········· 182
　　　惊恐障碍的病因学 ············ 183
　　　场所恐惧症的病因学 ·········· 185
　　　广泛性焦虑障碍的病因学 ······· 186
　对焦虑障碍的治疗 ················· 187
　　　心理治疗的共同点 ············ 187
　　　对特定焦虑障碍的心理治疗 ····· 188
　　　减轻焦虑的药物 ·············· 190

第 7 章　强迫相关和创伤相关障碍　195

强迫症及其相关障碍 ……………………196
 强迫症及其相关障碍的临床描述和
  流行病学 ……………………………196
 强迫症及其相关障碍的病因学 ………201
 强迫症及其相关障碍的治疗 …………203
创伤后应激障碍和急性应激障碍 ………207
 创伤后应激障碍、急性应激障碍的
  临床描述和流行病学 ………………207
 创伤后应激障碍的病因学 ……………210
 创伤后应激障碍和急性应激障碍的
  治疗 …………………………………214

第 8 章　解离性障碍和躯体性症状障碍　219

解离性障碍 ………………………………220
 解离与记忆 ……………………………221
 解离性失忆症 …………………………224
 人格解体或现实解体 …………………225
 解离性身份障碍 ………………………226
躯体性症状障碍 …………………………232
 复杂躯体性症状障碍的临床描述 ……234
 疾病焦虑障碍的临床描述 ……………234
 对功能性神经障碍的临床描述 ………235
 躯体性症状障碍的病因学 ……………237
 躯体性症状障碍的治疗 ………………243

第 9 章　精神分裂症　247

精神分裂症的诊断标准 …………………248
 阳性症状 ………………………………249
 阴性症状 ………………………………250
 瓦解性症状 ……………………………251
 运动症状 ………………………………254
 精神分裂症和 DSM-5 …………………254
精神分裂症的病因学 ……………………256

 基因因素 ………………………………256
 神经递质的作用 ………………………260
 大脑结构与功能 ………………………262
 影响发育中的大脑的环境因素 ………264
 心理因素 ………………………………265
 发展因素 ………………………………267
精神分裂症的治疗 ………………………268
 药物 ……………………………………269
 心理治疗 ………………………………272

第 10 章　物质使用障碍　279

物质使用障碍的临床描述、患病率及
 其影响 …………………………………279
 酒精使用障碍 …………………………281
 烟草使用障碍 …………………………285
 大麻 ……………………………………287
阿片类 ……………………………………290
 兴奋剂 …………………………………292
 致幻剂、摇头丸、PCP ………………295
物质使用障碍的病因 ……………………298
 遗传因素 ………………………………299
 神经生理因素 …………………………300
 心理因素 ………………………………301
 社会文化因素 …………………………303
物质使用障碍的治疗 ……………………306
 酒精使用障碍的治疗 …………………306
 吸烟的治疗 ……………………………311
 药物使用障碍的治疗 …………………312
物质使用障碍预防 ………………………316

第 11 章　进食障碍　319

进食障碍的临床描述 ……………………320
 神经性厌食症 …………………………320
 神经性贪食症 …………………………323
 暴食障碍 ………………………………325
进食障碍的病因 …………………………329

遗传因素 ·············329
神经生物因素 ·············329
认知行为因素 ·············331
社会文化因素 ·············333
进食障碍病因的其他因素 ·············338
进食障碍的治疗 ·············340
药物治疗 ·············340
神经性厌食症的心理治疗 ·············340
神经性贪食症的心理治疗 ·············341
暴食障碍的心理治疗 ·············342
进食障碍的预防性干预 ·············343

第12章　性障碍　345

性规范和行为 ·············346
性别和性 ·············347
性反应周期 ·············349
性功能障碍 ·············350
性功能障碍的临床描述 ·············350
性功能障碍的病因 ·············355
性功能障碍的治疗 ·············358
性欲倒错 ·············361
恋物癖 ·············363
恋童癖和乱伦 ·············364
窥阴癖 ·············367
露阴癖 ·············367
摩擦癖 ·············368
性施虐癖和性受虐癖 ·············368
性欲倒错的病因学 ·············370
性欲倒错的治疗 ·············371

第13章　儿童期障碍　377

儿童期障碍的分类和诊断 ·············378
注意缺陷/多动障碍 ·············380
ADHD的临床描述、患病率及预后···383
ADHD的病因 ·············386
ADHD的治疗 ·············388

品行障碍 ·············390
品行障碍的临床描述、患病率及
预后 ·············391
品行障碍的病因 ·············393
品行障碍的治疗 ·············396
儿童和青少年的抑郁症和焦虑障碍 ·············398
抑郁 ·············398
焦虑 ·············402
学习障碍 ·············405
临床描述 ·············405
学习困难的病因学 ·············406
学习障碍的治疗 ·············408
智力发育障碍 ·············409
智力发育障碍的诊断和评估 ·············410
智力发育障碍的病因学 ·············410
智力发育障碍的治疗 ·············412
自闭谱系障碍 ·············414
自闭谱系障碍的临床描述，患病率及
预后 ·············414
自闭谱系障碍的病因学 ·············419
自闭谱系障碍的治疗 ·············422

第14章　老年期与认知神经障碍　427

老龄化的问题与方法 ·············428
人们对老年生活的谬见 ·············429
老龄化问题 ·············430
老龄化问题的研究方法 ·············431
老年期的心理障碍 ·············433
老年期心理障碍患病率 ·············433
估算心理障碍患病率的方法问题 ·············433
老年期的认知神经障碍 ·············435
痴呆 ·············435
谵妄 ·············444

第15章　人格与人格障碍　449

DSM-IV-TR和DSM-5中的人格评估 ·············450

DSM-5 人格评估的步骤 ·············· 452
    人格功能水平 ······················ 452
    人格障碍类型 ······················ 453
    人格特质域和特质面 ················ 454
人格障碍类型 ·························· 455
    强迫型人格障碍 ···················· 455
    自恋型人格障碍 ···················· 456
    分裂型人格障碍 ···················· 458
    回避型人格障碍 ···················· 458
    反社会型人格障碍与精神病态 ········ 459
    边缘型人格障碍 ···················· 464
人格障碍的治疗 ························ 466
    治疗人格障碍的一般方法 ············ 467
    分裂型人格障碍、回避型人格障碍和
    精神病态的治疗 ···················· 467
    边缘型人格障碍的治疗 ·············· 468

第 16 章 法律和伦理问题　473

心理学与法律 ·························· 473
    司法心理学家 ······················ 473
    诈病 ······························ 474
精神障碍的概念 ························ 475
    精神失常辩护 ······················ 475
    精神失常辩护的历史 ················ 476
    限定责任能力 ······················ 477
    作证能力和刑事责任 ················ 477
民事收容 ······························ 481
    非自愿的收容或民事收容 ············ 484
    预防性拘留及危险性预测问题 ········ 484
    推进心理疾病患者权利的保护 ········ 485
治疗与研究中的道德困境 ················ 488
    研究的道德限制 ···················· 488
    知情同意 ·························· 489
    保密与特许保密通信 ················ 489
    谁是客户/病人？ ··················· 490

术语汉英对照表　491

参考文献　497

第 1 章

导言及历史回顾

学习目标

1. 能够解释针对心理障碍患者的污名的含义。
2. 能够描述和比较心理障碍的不同定义方式。
3. 能够说明不同心理障碍的治疗方式的历史演变及其原因。
4. 能够描述我们现在对心理障碍的观点形成的历史成因,包括生理、心理分析,行为、认知等方面的观点。
5. 能够描述与心理卫生相关的不同行业,包括它们的训练过程和专业技能的发展。

临床个案:与精神分裂症患者共同生活的家庭视角

精神分裂症患者一生经历的情感、社会和财务问题,会给他们的家庭带来严重影响。Knudson 和 Coyle(2002)所做的一项对父母照看精神分裂症子女的经验的质性研究发现,父母最关心的是难以获得别人的理解和详细的精神分裂症知识,尤其是在孩子发病早期阶段。参与者描述了他们在儿女发病早期感到迷惑和惊吓的经历。正如琼说的,这些经历都说明了这样一个事实:父母对于精神分裂症的了解受限制或者被社会歧视误导了。很多家庭都有琼这样的经历。

琼:我想,在早期我们需要很多支持,需要大量关于精神分裂症的信息和解释。但是没人告诉你这些东西。

采访者:具体地说,那个时候你觉得需要怎样的信息?

琼:我想,我需要知道关于这个病、还有关于它的医药和症状方面的信息,有一个这样的课程最好。因为,你知道,人们根本就不知道精神分裂症,他们都认为这是双重人格。这让我很难过。

Knudson 和 Coyle 提出的父母第二关心的问题是:难以让孩子在完备的心理健康系统中接受治疗。他们还描写了索尼娅的一次特殊的经历和她体验到的被排斥的感觉。

索尼娅:"真的,我们基本是处于社会边缘,被抛弃的。人们说,心理健康系统现在非常值得信任。但是,我们仍然觉得它们难以接近。如果你什么都不了解,怎么能照顾好病人呢?所以你必须了解一些东西,否则没法照顾好一个人。"

临床个案：莫莉

莫莉认为她的学生时代是一生中最不开心的时候。她经常被老师说"傻"，还总是因为迟交作业和上课不认真而被留堂。上课的时候，她更喜欢看窗外的小鸟或者天上的飞机，而不是听老师讲课。现在莫莉27岁了，再问她关于她的注意缺陷多动障碍，她就会告诉你，"我一点都没想过变成非多动障碍者"。还会说，"还有，如果是那样的话，我就不能体验到像蹦极、跳伞、攀岩、滑翔飞行这些一般人都不敢挑战的运动带给我的乐趣了。我还曾忘记检查我第一架飞机的油箱，结果造成了飞机降落坠毁。不过，我活下来了——虽然飞机没有！"但是当问到莫莉如果她没有这一障碍，生活会不会不一样时，她说，如果那样的话，那她大学一次就能毕业，一份工作就能坚持超过两到三年，就能准时，而不会每次都迟到至少20分钟；账单也能及时还款，而她的父母也能感觉到她可以完成生活中的一些事。就个人成就而言，莫莉认为她会变成一个更出色的人，会拥有更多朋友。她知道她容易变得粗鲁和自大，面对挫折时难以控制自己的愤怒。她父母也经常唠叨让她小心点。据他们说，莫莉很笨拙，身上经常有淤青，不会照顾自己和她周围的东西。

我们都尝试了解别人，但要判断别人所做所想的原因不是一件容易的事。事实上，我们连自己的行为和想法都不是总能了解。要理清人们正常、预期的行为方式已经够困难的了；而了解像莫莉这样看上去不正常的行为就更困难了。

我们会在这本书里描述一些心理障碍以及它们的发病原因和治疗，还有这个领域面对的大量专业挑战。**心理病理学**这个领域关心的是心理障碍的性质、发展、治疗手段。当你接触到心理病理学的研究时，你要记住，这个领域在不断发展中，不断有新发现。你会在本书中发现感兴趣的和重要的东西一直在增长。

我们需要面对的一个挑战就是保持客观性。我们主体，即人类的行为，会个别化地并强有力地影响着我们的客观性。心理病理学的普遍性以及它潜在引起的不安都可能影响我们的日常生活。谁没有过荒谬的想法或感觉？我们大多数人都会认识一些人、朋友或者亲戚，他们的行为难以看透、让人烦恼。而且我们知道试着去理解和帮助一个有心理问题的人可能有时令人受挫和恐惧。你可以想象，由于主体性对我们个人的影响，我们必须时刻保持神志清醒，同时还要有坚定的信念，才能保证客观性。

另一方面，正是由于它与主体性相接近，这使它更加令人着迷。变态心理学的本科课程不只在心理学系，在整个大学里也是最受欢迎的课程之一。这门学科与我们主体性的接近，促使我们想去学习心理病理学。但是明显不好的一点是，我们先入为主地产生了个人对主体性的定义。我们每一个人都形成了有关心理障碍的特定的思考和讨论方式，和一些貌似合适的特定词汇和概念。当你阅读这本书，了解书中讨论的心理障碍时，我们希望你能接受不同于你所习惯了的思考和讨论方式。

可能最挑战我们的，不仅仅是意识到自己对心理障碍先入为主的概念，还有我们必须面对和改变那些跟心理障碍相关联的污名。**污名**是指社会对行为处事不同于大众的群体持有的消极看法和态度，例如对有心理障碍的人群的态度。更明确地说，污名有四个特征（见图1.1）。

1. 被贴上用于与其他人区分的标签（例如"疯狂"）。
2. 这个标签的内容是社会认为异常或者不良的特征（例如，疯狂的人是危险的）。
3. 被贴上标签的人被认为跟没有标签的人有本

质上的区别，形成了"我们"和"他们"两个概念（例如，我们可不像那些疯狂的人）。
4. 被贴标签的人会受到不公平的歧视（例如给疯狂的人治病的医院不能建在我们附近）。

本章第一个临床案例就可以看出污名是怎样导致歧视的。有些人认为精神分裂症患者是很暴力的，但是这个看法更多是通过小说而不是现实形成的。有心理障碍的人并不一定会比没有的人更暴力（Steadman et al., 1998；Swanson et al., 1990）。

通过历史记录，我们发现，对心理障碍的治疗并不总是有效的，这可能是引起污名化的原因：心理障碍患者经常受到残忍的对待和排斥。折磨人的治疗手段曾被描述成奇迹治疗。就算在今天，疯狂、精神错乱、迟钝和精神分裂这些词语仍随意地使用于人，从不考虑那些在真实地遭受心理障碍折磨的人的感受。这些侮辱性的和让人极度痛苦的态度和行为却是精神病患者现实生活里每天都要经受的。莫莉的案例就可以说明随意使用这些词有多伤人了。

尽管大众对心理障碍的认识已经进步了，但它仍是 21 世纪最被污名化的情形之一（Hinshaw, 2007）。David Satcher，美国公共卫生署执行长官兼发言人，在他有关心理障碍的开创性的报告里写到，"对于心理障碍和心理健康领域的未来发展来说，污名是最可怕的障碍"（U.S.Department of Health and Human Services, 1999）。遗憾的是，十多年过去了，他所说的依旧是现实。

通过本书，我们希望向大家展现有关这些障碍的本质、病因和治疗手段的最新研究，希望能消除它们的神秘感和对它们的误解。为此，在接下来的章节中，我们会将心理障

碍人性化，对患有这些障碍的人群进行详尽的描述。更多有关对污名的对抗见聚焦发现 1.1。

同时，也请你加入到这场战斗中，因为书本里获得的少量知识不能保证消除污名（Penn, Chamberlin, & Mudeser, 2003）。在下一章我们会学到有关心理障碍的神经生理因素，如神经递质和基因遗传等，这些都是近 20 年里发现的。很多心理健康的从业者和倡导者都希望更多的人能了解到造成心理障碍的神经生理原因，这样对患者的污名就会少些。但是最新的研究结果显示，这个愿望不一定能实现（Pescosolido et al., 2010）。令人难过的是，人们相关知识的增加并没有减少心理障碍患者的污名。在这项研究中，研究者分别在 1996 年和 2006 年调查了人们对心理障碍患者的态度和了解程度。相比起 1996 的研究，2006 年虽然人们似乎更相信像精神分裂、抑郁和酒精依赖等心理障碍有神经生理原因，但是对它们的污名没有因此减少；事实上，有些障碍的污名程度还增强了。例如，2006 年人们更不愿意精神分裂症患者做他们的邻居。显然，减少污名还有很长一段路要走。

在这一章，我们会先讨论心理障碍的含义，然后会简短回顾对它的看法如何发展到现在的科学角度。我们会以介绍当代心理卫生行业的相关职业来结束本章的内容。

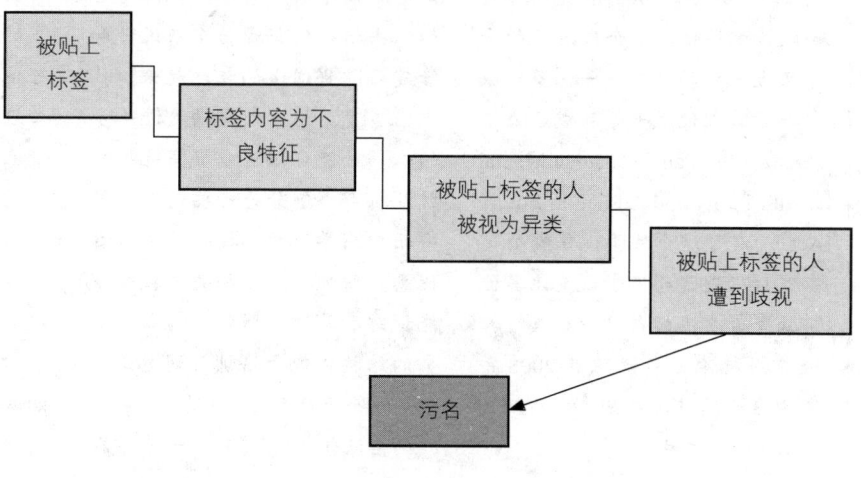

图 1.1 污名的四个特征

聚焦发现 1.1　　与污名对抗的策略

心理学家 Stephen Hinshaw 在 2007 年出版了《羞耻的标志：心理障碍的污名和改变日程》（*The Mark of Shame: The Stigma of Mental Illness and an Agenda for Change*）。在这本重要的书中，Hinshaw 概述了能消除心理障碍污名的几个步骤。这里我们将简短讨论一些与污名对抗的关键建议，这些建议来自不同领域，包括法律和政策、社区、心理健康相关职业、个体/家庭的行为和态度。

法律和政策

平等的保险保障 1996 年，联邦精神卫生平等法迈出了重要的第一步，要求心理疾病的保险保障率要和别的疾病一个级别。但是，这个法规也有大量问题。例如，不包括成瘾；公司可自行限制保障率等。2008 年 3 月，美国众议院通过了一个离真正的平等又进一步的法案——保罗·威尔斯通心理健康平等和成瘾公平法案（the Paul Wellstone Mental Health Parity and Addiction Equity Act）。有了这个法案，保险公司不能对心理障碍患者设置比其他疾病患者更高的自付额度或可扣除费用标准。参议院在 2008 年 10 月 3 日通过该法规，并于 2010 年上半年正式施行。

歧视法 一些州明确规定禁止有心理障碍的人选举、结婚、服兵役或担任公共职务。2002 年对相关州立法规的分析报告显示，剥夺心理障碍患者自由的法规跟增加他们自由的一样多。类似的，减少和增加歧视的法规也差不多各占一半（Corrigan et al., 2005）。在法律领域与污名的斗争中，我们所有人都能做的就是与州立法委员强调反歧视法的重要性。

职业 心理障碍患者的失业率非常高，尽管美国残疾人法案（Americans with Disablities Act，简称 ADA）规定他们有权获得或保有一份工作。但讽刺的是，只有少量 ADA 申请是处理心理障碍患者的工作歧视问题的。似乎是因为心理障碍的污名效应，他们害怕这些问题被提出来讨论。至少从花费上来说，这些请求多是非常简单的。例如，允许患者休假去治疗的花费与重新设计和修建无障碍通道的相比起来，就少很多了。为他们提供更进一步的工作技能训练可以提高他们的就业机会。例如为那些因心理障碍而中断学习的人提供更多教育优惠。增加与工作相关的社会技能训练和其他能增强职场成功机会的结构化能力培训计划，是我们的一个重要目标。

合法化 心理障碍患者常常在监狱死亡而不是在医院，尤其是物质使用障碍的患者。在美国的大型城市监狱，像洛杉矶监狱、纽约的雷克岛监狱、芝加哥的库克监狱，关押的心理障碍患者比医院还多，无论是公立的还是私立的医院。很多与物质使用相关的问题首先会在刑事司法系统中被考虑到，人们或许需要更有效的处理方法来判别潜在的物质使用障碍的患者。对有心理障碍的人来说，监狱并不是个好地方，那里只提供少量治疗，有的甚至没有。很多州通过了辅助门诊治疗法案（Assisted Outpatient Treatment，简称 AOT），该法案规定监狱需按照法院规定提供门诊治疗时间给患者。

社区策略

提供住房 无家可归的心理障碍患者人数太多了，因此越来越多的公益组织会提供社区居住点给他们。但是，很多人不接受有心理障碍的人住得太近。因此游说立法委员和社区领导保证有足够的住房，对于提供住所和减少污名是非常关键的一步。

个人交流 给心理障碍患者提供住所，意味着他们可以和没有心理障碍的人一样享受当地的购物和餐饮设施。研究证实，当患者地位相对公平时，这样的交流接触是有利于减少污名的。利用正式场所，如当地的公园，更有利于搭建患者和健康人之间沟通的桥梁。

教学 教给人们有关心理障碍的知识，是本书的目的之一，也是减少污名非常重要的一步。单单是教育不能完全消除污名。但通过学习，人们在接触不同疾病的患者时会少些迟疑，你们中有很多人应该都认识一些有心理障碍的人。不幸的是，虽然如此，污名依然使人们难以开诚布公地交流。教育或许可以使人们在讨论他们的问题时少些犹豫。

心理卫生和心理卫生职业策略

心理卫生评估 很多孩子会去儿科医生处做健康婴儿或健康儿童检查，这样做的目的当然是防患于未然。Hinshaw（2007）提出充分的理由说明类似的对儿童和成人的心理障碍的预防有效。例如在身份认同问题变得更严重前，可通过家长和老师的问卷评估指出问题所在。

教学和训练 心理卫生从业者应该接受与污名有关的训练。这类训练毫无疑问能帮助从业者识别出有关污名的恶性信号，防止污名现象出现在以帮助心理障碍患者为己任的职业当中。另外，从业者需对心理障碍的描述、原因和有实证支持的疗法保持正确的了解。这必定可以保证与病人有更好的交流，还可以帮助大众了解心理卫生从业者做的重要工作。

个体和家庭策略

个体和家庭的教育 对家庭来说，发现所爱的人生病了会感到恐慌和无所适从。对于发现有心理障碍患者的家庭来说，更是如此。认识到正确的发病原因和治疗方法非常关键，因为这有助于减轻家庭可能持有的对心理障碍患者的责备和刻板印象。教导心理障碍患者也是相当重要的，有时候把这叫作心理教育（psychoeducation），不管是药理学的还是社会心理学的，这类知识已经融合了很多不同类型的治疗方式。在让患者了解为什么他们应该接受某一治疗方案时，有一点非常重要，就是让他们了解自身疾病的本质以及可选择的治疗。

支持和倡导团体 参与到支持或倡导团体当中对治疗很有用，对心理障碍患者和他们的家庭来说也是。比如国际精神自由组织（Mind Freedom International，http://www.mindfreedom.org），就给有心理障碍的人寻求支持提供了一个平台。这些团体鼓励人们不要隐瞒他们的疾病，而应该把它想成是值得骄傲的——"疯人之傲"（Mad Pride）计划在全世界范围内开展。很多有心理障碍的人都有博客，他们在上面讨论自己的病并且帮助去除神秘化，从而减轻污名。举例来说，非营利性组织"让心改变"（BringChange2Mind），就找到了几种去心理障碍神秘化的方法，包括让有心理障碍的人写博客（http://bringchange2mind.wordpress.com/）等。"病人如我"网站（Patients Like Me，http://www.patientslikeme.com/）是提供给患有不同疾病的人的一个社交网站。这些网站，均由有心理障碍的人负责发展和运作，包含各种有用的链接、博客，还有其他有用的资源。面对面接触的支持团体也非常有用。很多社区都有全国心理障碍联盟（National Alliance on Mental Illness，www.nami.org）支持的团体。在这些支持团体中找到同伴是非常有益的，在情感支持和心理赋权方面尤其如此。

定义心理障碍

定义**心理障碍**是心理病理学面临的一个困难但又是最基本的工作。现在最权威的定义来自美国《精神疾病诊断和统计手册》（Diagnostic and Statistical Manual of Mental Disorders，简称DSM）。而DSM定义包括了心理障碍概念最基本的一些特征（Stein et all.2010）。如下所示：

★ 障碍是在个体身体内部出现的。
★ 导致了个体痛苦或功能受损。
★ 不是个体在其文化背景下对某一事件（例如，所爱之人的逝去）特定的反应。
★ 主要不是与社会偏离或冲突的结果。

在接下来的章节中，我们会更详细地介绍心理障碍定义的关键特征，像功能受损、个体痛苦、偏离社会规范和功能障碍。虽然每个特征都有价值，都可能说明了完整定义的部分内容，但是单一的特征是不能完全定义这个概念的。这样的结果就是，正如 DSM 的定义所示，心理障碍通常会以同时出现几个特征为基础来诊断。图 1.2 就说明了心理障碍定义的不同特征。

个体痛苦

个体痛苦过去常常被用于定义心理障碍。也就是说如果一个人的行为让他感到巨大的痛苦，那么他的这个行为就可以被归类为障碍。莫莉难以集中注意力，也因此被别的同学取外号，这些都让她感到痛苦。在本书中，很多不同种类的心理障碍都有个体痛苦这个特征，焦虑障碍和

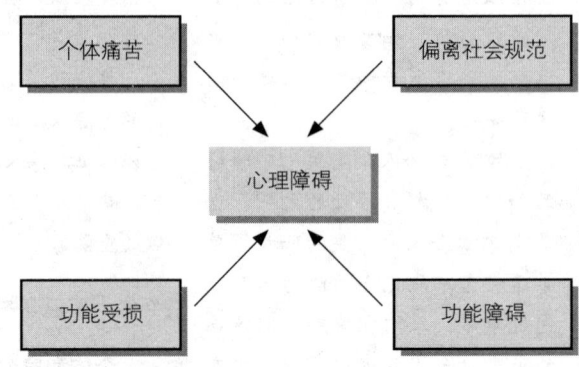

图 1.2　心理障碍定义的关键特征

抑郁症患者尤其痛苦。但不是所有的心理障碍都会让人难受。例如，反社会型人格障碍就对人冷漠，在做违法的事时也不会觉得负罪、懊悔、焦虑，或者有其他痛苦的感受。另一方面，不是所有导致痛苦的行为都是心理障碍的表现，比如某些宗教中的禁食仪式带来的极度饥饿感，或者妇女生产时的痛苦等。

功能受损

功能受损指的是生活中的某一领域受到损害，如工作或人际关系，它也是心理障碍的一个

临床个案：约瑟

约瑟不知道怎样解释他的噩梦。自从他从战场上回来后，他就不能摆脱那些血腥画面。几乎每天晚上他都会梦到驻守在费卢杰时目睹的大屠杀，然后被这个噩梦惊醒。甚至在白天，都会闪回他的悍马车差点被火箭推进的导弹炸成碎片的瞬间。看见原本坐在他旁边的朋友死亡是最糟糕的时刻。甚至他肩膀里的碎弹片偶尔引起的剧痛也比不过这些梦和闪回带来的痛苦。他现在看上去时刻都在出汗。无论何时听到大一点的响声，他都会跳起来。不久前的某一天，他的祖母在欢迎他回家的聚会上踩爆一个气球。在约瑟听来，那就像是枪声，于是他立马趴到了地上。

他的祖母非常担心他。她觉得他一定是应激性神经症发作，他父亲从波多黎各回来后也是这样。她说他父亲回来后整天担惊受怕，感觉就要疯了。他很感激他祖母去教堂为他祈祷。军医说他这是创伤后应激障碍（posttraumatic stress disorder，简称 PTSD），并建议他去美国退伍军人管理医院做个评估，但是他认为自己没有任何问题。不过他的好朋友乔治参加了那里的一个团体项目，之后就感觉没那么难受了，所以他或许会去做个检查。他再也不想看到那些画面了。

特征。举例来说，物质使用障碍一部分的定义就包括了由物质使用造成社交或职业能力受损，例如与配偶激烈争吵或工作表现差。惊恐障碍也能造成痛苦和受损，就像一个害怕飞行的人不会住在加利福利亚却又在纽约找工作。但是，功能受损就跟痛苦一样，也不能单独用来确认心理障碍，因为并不是全部的障碍都包括功能受损这个特征。比如神经性贪食症的表现就是暴饮暴食，但为了保持体重又补偿性地清除所食事物（如呕吐），这个障碍就不一定会引起某种功能损害。很多有这个障碍的人是私下狂吃和催吐，而生活没有受损。而在某些情况下可能属于功能受损的其他特征，像一个盲人想做职业赛车手等，就不是心理病理学考虑的问题。当然，目前并没有一个规定说哪些受损是我们研究领域的，哪些不是。

个人痛苦是心理障碍定义的一部分。
(© VojtechVlk/Shutterstock)

偏离社会规范

在行为领域，社会规范有广泛的标准（信念和态度），人们有意无意地用这些衡量标准，像好—坏、对—错、正义—非正义和可以接受—不能接受，来给行为下定义。偏离社会规范的行为就会被视为不正常的。例如，一个强迫症患者（见第7章）的重复的仪式性动作，还有精神分裂症患者（见第9章）会跟想象中的声音对话，这些行为都是偏离社会规范的。约瑟听到气球爆炸的声音就趴到地上，也是不符合大多数社会的行为标准的。但仅仅这样去定义心理障碍会显得既宽泛又狭隘。例如，罪犯也会偏离社会规范，这样就太宽泛了，并不在心理病理学的研究范畴之内；另一方面，高焦虑个体通常不会违反社会规范，这时定义就显得太狭隘了。

当然，不同社会文化和不同种族之间的社会规范会有很大不同。所以某一行为有可能在这个群体是明显违背社会规范的，但是在另一个群体里却不是。例如在某些群体里，直接反对某人是违反社会规范的，但是在另一些群体里就是允许的。比如在波多黎各，人们对约瑟这种行为的理解就跟美国人的理解不同。通过本书，我们会发现在应用心理障碍的描述、解释和治疗上时，文化和种族多样性是我们要考虑的非常重要的因素。

功能障碍

Wakefield（1992）在他的论文中提出，心理障碍可以定义为**有害型功能障碍**。这篇论文广为传播，非常有影响力。这个定义包括两个部分：一个是价值判断（"有害型"）；一个是客观、科学的元素——功能障碍。评价是否有害需要一定的标准，这个标准有可能是基于我们刚才讨论过的社会规范和价值的。当内部机制不按照它原本进化来的功能运行时，就会出现功能障碍。Wakefield以进化论为基石，解释了心理障碍中功能障碍这部分的定义，他希望这样能使定义更科学客观。

无数的批评指责Wakefield定义里关于功能障碍的部分。人们指出解释功能障碍跟心理障

对某些人来说，极端的刺青是违反社会规范的。但是，违反社会规范不是心理障碍的必要标志。

(Roger Spooner/GettyImages, Inc.)

碍的关系不是那么容易和客观可辨的（Houts, 2001；Lilienfeld & Marino, 1999）。其中一个困难是心理障碍大部分的内部机制我们还不了解，所以我们不能确切地说哪些机能运作得不好。Wakefield（1999）解释说，他指的是可能的功能障碍而不是被实证证明的功能障碍。举例来说，幻觉（比如幻听），可以解释成大脑在关闭不想要的声音时失败了。虽然这个定义受到了很多批评，但还是为我们提供了一种方式，即先评价一种或一系列行为是否有害，然后如果我们相信那些行为是由于某些未知的内部机制运行失常导致的，那么这样的行为就是心理障碍的表现。但显然，跟其他关于心理障碍的定义一样，Wakefield 的有害型功能障碍概念也有它的局限性。

DSM 的定义则提供了一个更宽泛的功能障碍概念，且已经被大量证据支持。DSM 的定义明确指出，行为、心理和生理上的功能障碍是互相联系的。也就是说，大脑影响行为，行为又反过来影响大脑活动，这些功能障碍是相关联的。

这个扩大了的定义也没有完全解决 Wakefield 的定义面临的问题，但这是认识到我们所知的局限性之后的一个尝试。

事实上，我们需要注意的是，本书讨论的人类问题是在当代社会背景下被认为是心理障碍的问题。这一点非常重要，因为这个领域是不断发展的，随着时间流逝，本书里讨论的障碍可能就改变了。心理障碍的定义也一样会随时间而改变。所以我们也非常有可能永远都不能给心理障碍一个完整和稳定的定义。现在的定义里的特征构成使得这部分定义在当代是有用的，但还是要记住，对每种障碍的诊断都不是同样或不变的。

概念核查1.1（答案见章末）

1. 污名不具备以下哪个特征：
   a. 一个反映了能够被人接受的特征的标签
   b. 针对带有此标签的人的歧视
   c. 聚焦于有和没有这些标签的人之间的区别
   d. 对行为处事不同的群体的人贴标签
2. 以下哪个是"心理障碍"目前最好的定义？
   a. 个体痛苦
   b. 有害型功能障碍
   c. 违反社会规则
   d. 以上都不是
3. 为什么 DSM 对心理障碍的定义是目前最好的？
   a. 它同时包括偏离社会规范和功能障碍
   b. 它包括了很多部分，而每一部分都不能单独解释心理障碍
   c. 它是现代诊断系统的一部分
   d. 它承认我们目前所知的局限性

心理病理学的历史

很多课本都是以其领域的历史开篇的。为什么？因为了解概念和方法如何随时间的变化而

变化（或不变）是很重要的。这样我们就可以不再重复以前的错误，也可以预见我们现在的概念和方法在未来会怎么变化。在学习历史的时候，我们会发现很多新治疗手段在刚出现时非常受欢迎，但是最终变得声名狼藉。这些教训不应该被忘记——尤其在我们考虑当代的治疗方法以及各种宣传时。

对心理问题根源的探讨经过了漫长的时间。在不同历史阶段，对心理问题的解释有的是超自然的，有的是生理角度的，也有的是心理角度的。在阅读下文时，问问自己某个时期内占主导的是哪种解释。

早期鬼神学

在科学探究的时代之前，所有好的坏的不受人类控制的力量——日食、地震、风暴、火灾、疾病、四季的变化——都被认为是超自然力量。而看上去不受个人控制的行为也被认为是由于超自然原因所引起的。很多早期研究精神异常的哲学家、理论家和内科医生们，都相信不正常的行为是因为神不高兴了，或者个体被鬼神占据了。

鬼神学认为某种邪恶的存在或灵魂可以附着在一个人身上，并且控制这个人的思想和行为。在古代中国、埃及、巴比伦和希腊的记载中都可以找到鬼神学的例子。在希伯来文化中，古怪的行为被认为是由于神很生气，撤销了保护，从而被魔鬼附身造成的。《新约》中记载，基督治愈一个带有不净灵魂的人的方式就是把他身上的恶灵驱逐出来，然后投到一群天鹅中去。

这种认为古怪行为是鬼神附身引起的信念，使得人们用**驱魔**的方法来治疗这种行为——宗教性地驱逐出邪恶灵魂。驱魔通常采用这样的形式——祈祷、高声喧闹、强迫受折磨的人喝难喝的饮料。有时候用更极端的方法，如鞭笞和绝食，来使其身体不适于魔鬼神附身。

早期生物学解释

在公元前5世纪，现代医学之父希波克拉底（公元前约460年—约377年），把医学从宗教、魔法、迷信中分离出来。他反对当时希腊流行的观点——精神困扰是神用来惩罚人类的，并坚定地相信这些疾病是有自然原因的，所以应该跟那些常见疾病（如感冒和便秘）一样接受治疗。他认为大脑是意识、智力和情感的器官；混乱的思考和行为是脑病理学的指标。希波克拉底被认为是最早支持"大脑有问题会干扰思想和行为"这个观念的人之一。

基督把邪恶灵魂从被附身的人身上驱逐出来。
(©SuperStock/SuperStock.)

希腊内科医生希波克拉底从生物学角度看心理障碍，认为心理障碍是大脑的一种疾病。
(© Bruce Miller/Alamy.)

希波克拉底将心理障碍分成三类：躁狂症（mania），抑郁症（melancholia），精神错乱（phrenitis）或脑热病（brain fever）。他还相信，正常的大脑依靠四种体液的平衡来达到心理健康。这四种体液分别是血液、黑胆汁、黄胆汁和黏液。当这四种体液不平衡时就会产生各种障碍。一个懒惰和迟钝的人会被认为是黏液含量过多，黑胆汁占多数的人会患上抑郁症，黄胆汁太多就会易怒和焦虑，太多血液则会使人脾气变化无常。

通过他的学说，跟心理障碍有关的各类现象的解释权在内科医生，而不是在神父那里，这一点越来越明确。希波克拉底的治疗方式也跟驱魔方法不同。他给抑郁症开的药方是，平静、清洁、注意饮食、禁欲。依靠自己敏锐的观察，他相信心理障碍有自然而不是超自然的解释。作为一名临床医生，他对此做出很大贡献；他还留下了异常详尽的各种病症的记录。这些记录如今已经被分析出来，包括癫痫、酒精依赖、中风和妄想。

当然，希波克拉底的观念也经不起后来科学的详细审查。但是，他的基本假设——人类行为受身体结构或身体物质影响，古怪的行为是由于体内某种失衡或受损引起的——是当代思想的前身。在接下来的7个世纪里，希波克拉底对疾病和障碍的自然式解决方法被广大希腊人和罗马人接受，而罗马帝国成为了继希腊之后古欧洲最强大的力量。

黑暗时期和鬼神学

历史学家经常说，伽林（公元130年—200年）的死标志着西欧医学以及心理障碍的治疗和调查研究的黑暗时期的来临。伽林被认为是公元2世纪古希腊最后一位伟大的内科医生。随着几个世纪的衰退，希腊和罗马文明不复存在。而教堂的影响力越来越大，教皇的权力独立于主权。

伽林是奉行希波克拉底思想的希腊内科医生，他也是古典时代最后一位伟大的内科医生。
(Corbis Images)

基督教修道院通过传教和教学工作，代替了内科医生，成了心理障碍的医治者和权威[*]。

虽然一些修道院收藏着古希腊时期的医药手册，但是一般不会用它们来照顾和护理病人。修道士们通过祈祷和使用圣物来为心理障碍患者治疗，还会在月亏期间调制奇怪的药剂给他们喝。很多患有心理障碍的流浪者和贫困者的病情变得越来越糟。这个时期，人们又重新相信有关心理障碍的超自然解释。

对女巫的迫害

13世纪初期，由于社会动荡不安以及饥荒和瘟疫反复爆发，欧洲人转向用鬼神学来解释这些灾难。巫术（witchcraft）当时被认为是撒旦的教唆，是异端邪说和对上帝的否定。当面对难以解释和让人恐惧的现象时，人们会急于抓住任何看上去相对合理一点的解释，现代人也是一样。所以那个时候，被认为是女巫的人就会受到激烈的批评和狂热的迫害。

1484年，教皇英诺森八世（Pope Innocent

---

[*] 此时伽林的学说在穆斯林世界依旧有影响。例如，波斯内科医生拉齐（al-Razi, 865-925），一个早期的心理治疗的从业者，在巴格达建立了一个治疗心理障碍的机构。

Ⅷ)下令欧洲的神职人员在搜索女巫时务必彻底。他派遣了两个多明我会（Dominican）的修道士去德国北部做裁判者。两年后，他们呈上一份综合详细的追捕女巫的指导手册——《女巫之锤》（*Malleus Maleficarum*）。这本合法的理论手册变成了天主教和新教迫害女巫的教材。那些被控告使用巫术的人不认罪的话会遭受酷刑；那些认罪并且忏悔的会被关在监狱里；认罪但不悔过的就执行死刑。手册上说，突然丧失理智是被魔鬼附身的特征，焚身则是常用的去除魔鬼的方式。虽然这个时期的记录是不可靠的，但是可以想象，在长达几个世纪的黑暗时期中，有成千上万的人，尤其是妇女和儿童，被控诉、被折磨甚至被处死。

现代研究者最初认为在中世纪后期被控告为女巫的人都是精神上有疾病的（Zilboorg & Henry, 1941）。但是，对这段时期更加详细的后续研究指出，很多被告是没有心理障碍的健康人。而供词基本都是施加酷刑后得到的，也是控告者建议的。在英格兰，拷问是不允许的，所以那里的供词一般就不包括类似错觉和幻觉的内容（Schoeneman, 1977）。

精神错乱审讯

其他资料的内容评估也指出，心理障碍最开始并不归因于巫术。从 13 世纪开始，随着欧洲城市规模的扩大，医院变得不再处于教会管辖下，市政府也越来越有权力，可以补充或者接管教堂的活动。一些医院开始照料患有心理障碍的人。英格兰索尔兹伯里市的"圣三一"医院一个主要功绩就是，从 14 世纪中期有记录开始，给住院病人分类。"他们中有疯了的人，必须保证他们的安全，直到他们恢复理智。"这个时期的英国法律同意有心理障碍的人住院治疗。更重要的是，住院接受治疗的人没有被描述成被魔鬼附身（Allderidge, 1979）。

从 13 世纪开始，英格兰通过举行精神错乱审讯（Lunacy Trials）来决定一个人是否心理健

如果一个女人在浸泡测试中没有沉溺，则认为她是魔鬼的同盟。她会受到惩罚。
(Corbis-Bettman.)

康。Neugebauer（1979）解释说，这个审讯是以国王的名义进行的，是为了保护有心理障碍的人。若被判为患有精神病，那么国王就成为这个人的财产监管人。被告的方向感、记忆、智力、日常生活和习惯都是审讯的项目。古怪的行为常被归咎于身体疾病或损伤，或者受到情感打击。Neugebauer 发现，在所有案例中，只有一个提及鬼神附身。有趣的是，精神错乱这个词来自瑞士内科医生 Paracelsus 支持的理论，他把怪异行为归罪于月亮和星星的位移（拉丁文里月亮就是"luna"）。月亮理论虽然无事实根据，但在当时非常受欢迎，成为鬼神说和女巫说之外的另一种选择。虽然没有任何科学证据支持这个理论，但是时至今天，仍有很多人相信古怪行为跟月圆有关。

收容所的发展

15 世纪的欧洲只有少量精神病院，但有很多专门收留麻风病病人的医院。例如，在 12 世纪，英格兰和苏格兰有 220 所麻风病医院，总共服务着 150 万人。可能是因为战争导致与东部感染源隔绝，麻风病在欧洲慢慢地消失了。大量医院被闲置下来，于是人们把关注点又转移到有心理障碍的人身上。麻风病院变成**收容所**，为限制

和照顾有心理障碍的人而提供。

伯利恒和其他收容所

伯利恒圣玛丽修道院建于1243年。据记载，它在1403年收留了四个有心理障碍的人。到1547年，亨利八世把它交给伦敦市管理，从此专门用于监禁有心理障碍的人。伯利恒的条件很差，这家医院在民间被叫作"bedlam"，意为"极度喧闹混乱的地方"。在18世纪，伯利恒变成了伦敦最受欢迎的观光景点之一，与威斯敏斯特教堂和伦敦塔齐名。到了19世纪，参观医院的精神病人成了一个收费娱乐项目。同样的情况也发生在疯人塔。该塔1784年建于维也纳，病人被关在塔内的小房间里，人们可以在走道上参观。

在这幅18世纪霍格斯的名画中，两个上层阶级的女人在参观伯利恒圣玛丽修道院，她们觉得很有趣。
(Corbis-Bettmann.)

很显然，只是把这些有心理障碍的人关在医院里给予药物，并不是有效和仁慈的治疗方式。药物治疗通常是粗暴和痛苦的。例如，本杰明·拉什（1745年—1813年），1769年在费城开始行医，他被认为是美国精神病学之父。他相信心理障碍是脑内血液太多造成的，所以他常用的治疗方法就是给患病个体大量放血（Farina，1976）。本杰明还相信心理障碍可以用恐吓来医治。于是，他给内科医生的一个建议就是让患者相信，死亡即将到来！

皮内尔的改革

菲利普·皮内尔（1745-1826），被认为是1793年从收容所开始对心理障碍患者进行人道主义治疗的运动发起人。当时正值法国大革命爆发，他被派去管理巴黎一家著名的收容所——拉比塞特（La Bicetre）。历史学家这样描述这间特殊医院当时的情况：

（病人）被固定在天花板上的镣铐锁住，铁颈圈使他们悬浮着，只允许移动一点，而且晚上不能躺下睡觉。医院经常会给病人腰上箍个铁环，再加上手链和脚链。这些铁链足够长，可以让他们自己去拿东西吃。但食物经常就是一点稀粥——清汤水里浸一点面包。由于那时对营养学了解得太少，所以没人注意过给病人的食物类型。他们被视为动物，没有人关心他们吃得好还是坏的动物。（Selling，1940，p.54）

很多教材宣称皮内尔移除了关押在拉比塞特的人的手链和脚链，还用一幅画来纪念这件事。据说皮内尔把病人视为生病的人类，而不是野兽。他用明亮和通风的房子代替了地牢。很多曾经被认为是完全不能控制的人变得安静了；那些以前被认为很危险的病人也可以在医院和外面散步，并且不再骚扰或伤害别人了；一些被监禁很多年的病人病情明显好转，最终还健康地离开了医院。

但历史研究却指出，不是皮内尔解开了病人们的铁链，而是让·巴蒂斯特·普森。他曾经是医院的一个病人，后来成了医院的护理员。事实上，病人被释放的时候，皮内尔还没去医院（Weiner，1994）。不过当他几年后来到这里时，高度赞扬了普森的工作，并且继续实施这些措施。

与新法兰西共和国提倡的平均主义观念相一致，皮内尔开始相信他的病人并不低人一等，他们应该得到同情和理解，人们应该更尊重他们。他猜测如果他们的理性丧失是由于严重的个人和社会问题，那么就可以通过令人宽慰的咨询和有目的的活动来恢复理性。

释放拉比塞特的病人（假设是皮内尔决定的，如图所画）被认为是标志着对精神病人提供人道主义治疗的开端。
(Archives Charmet/The Bridgeman Art Library International.)

皮内尔为心理障碍患者做了很多，但他不是启蒙思想和平均主义的模范人物。他为上层社会的病人提供了更多人道主义治疗；下层阶级的病人还是受到了恐吓和强压的控制。与以往不同的是，他用紧身衣代替了铁链来限制病人活动。

道德疗法

有一段时期，欧洲和美国建立的精神病院相当小，都是私人赞助的；按照拉比塞特医院改革后的模式运作。在美国，1817 年在宾夕法尼亚州建立的朋友收容所，以及康涅狄格州建于 1824 年的哈特福德收容所都提供人道主义治疗，其方法就是后来知名的**道德疗法**。按照这一疗法，病人与陪同者可以亲密接触，陪同者主要负责和他们散步，读书给他们听，还要鼓励他们参加有目的的活动。住院患者的生活要越接近正常越好，他们要在这种有约束的生活里为自己承担责任。而且，任何一所捐赠的医院里都不再超过 250 个病人了（Whitaker, 2002）。

但道德治疗在 19 世纪后期基本被放弃了。讽刺的是，多萝西娅·迪克斯（1802-1887）的努力推动了这个改变，而她其实是为了给患者更好的条件。她为了提高心理障碍患者的条件向医院抗争，促使医院改进了对病人的照料。迪克斯是波士顿一所学校的教师，在当地监狱的主日学校上课时被那里凄惨的居住条件震惊了。后来她感兴趣的范围扩大到精神病院，还有那些没有地方可以去治疗的心理障碍患者身上。她精力充沛地参与到提高心理障碍患者的生活质量的运动中，并且她个人帮助修建了 32 间州立医院。这些大型公立医院收留了很多私立医院不接纳的病人。不幸的是，这些医院的一小部分职员不能对每个个体提供关注，这恰恰是道德疗法的一个重要特点（Bockhoven, 1963）。此外，医院被内科医生管理着，大部分内科医生只对疾病的生理原因和精神病人身体是否好转感兴趣，却不关心怎么提高他们的心理幸福感。因此，曾经用于给护工支付工资的经费，后来都用到了设备和实验上（见聚焦发现 1.2，看看当代精神病院的条件是否改善了）。

19 世纪，多萝西娅·迪克斯在美国建设精神病院的过程中，起了非常重要的作用。
(Corbis Images.)

聚焦发现 1.2　　当代精神病院

20世纪60年代末和70年代早期，有关精神病院的监禁限制了病人本性的讨论，导致了很多精神病患者的所谓"去机构化"，从医院里被释放出来。从20世纪80年代开始预算缩减，到了今天依旧很少，这也导致了这个趋势继续发展。但是有时候，心理障碍患者确实需要医院设施来治疗。不幸的是，就算是在21世纪（这一点我们会在第16章详细讨论），这点我们仍未做好。当代公立精神病院的治疗往往只是提供刚刚够的食物和庇护，还有大部分情况下的药物治疗。公立精神病院的病人有时可以接受到一点点非药物性治疗，但大多时候他们的生活是单调和久坐不动的。

美国的公立精神病院一般都是由联邦政府或者所在州的州政府资助的，很多退伍军人行政医院和综合医疗医院也包括心理障碍科。从1970年开始，公立精神病院的数量开始减少。1969年全美有310家州立或市级医院，但是到1998年，就只有229家了（Geller, 2006）。

随着州立或市级医院的减少，你可能会猜想是不是有更多的私立精神病医院来替代这些公立医院提供服务，这倒是真的。私立医院的数量从20世纪70年代开始增多。1969年只有150家，但1998年就有348所了（Geller, 2006）。这个增长趋势在1992年达到最高峰。从那以后，私立医院总体上也减少了。私立精神病院的设施和专业照料水平比公立精神病院更好。当然，原因只有一个：私立医院更有钱。

有些特别的精神病院，有时被称作司法医院，收留照料那些被捕但是被判断无法受审的人和那些以精神病为由无罪开释的人（见第16章）。虽然这些病人没有被关进监狱，但是他们的生活还是受保安人员和其他安保措施严格管制的。在执行期间，他们也会接受一些治疗。

无论是私立的还是公立的精神病院数量的逐步减少，导致的一个恶果就是，仍在运作的医院变得越来越拥挤。对芬兰13所公立精神病院的一项长期追踪研究显示，有将近一半的医院过度拥挤。过度的意思是指病人数量比医院本身设计时的容量多出10%以上。这个研究还发现，过度拥挤还跟医院工作人员和病人间的暴力冲突增加相关（Virtanen et al., 2011）。正如我们通过本书可以发现，虽然我们开发了很多有效的心理障碍治疗方法，但是现在的精神病院仍然需要有很大的改进。

州立精神病院里大部分的房间都是阴冷和乏味的。
(©Amanda Brown/StarLedger/©Corbis.)

> **概念核查1.2**（答案见章末）
>
> 请判断对错。
> 1. 本杰明·拉什因为在美国开展道德治疗而被人们称赞。
> 2. 大部分的史料研究显示，几乎所有被认为是女巫而处以死刑的都有精神方面的问题。
> 3. 希波克拉底是第一个提出心理障碍有生理原因的人。
> 4. 精神错乱（lunatic）这个词源于 Paracelsus 的想法。

当代思想的演变

和伯利恒修道院的环境一样恐怖的是，当时的内科医生们完全没有兴趣去了解病人发病的原因。表1.1列出了 William Black 于1810年记录的通过观察患者而提出的病因猜想；他当时是伯利恒的内科医生（Appignannesi，2008）。你会发现很有趣的是，一半病因猜想是生理方面的，如发烧、遗传、性病；另一半猜想是心理方面的，如悲伤、爱、嫉妒。还有10%左右的原因是有关灵性的。

在西方，伽林的死和希腊罗马文明的灭亡，使人们暂时停止了对身体和心理疾病的本质的探索。直到中世纪晚期，随着医药科学实证研究的出现（实证研究强调通过直接的观察来获取知识），才发现了新的事实。

生物学方法

发现麻痹性痴呆和梅毒的生物学原因

在19世纪中期，人们已经多多少少理解了解剖学和神经系统的活动。但是这不足以让研究者下结论说，大脑结构异常是否会造成不同的心理障碍。当时最显著的医学成就可能是终于阐明了梅毒这种几个世纪以来困扰人们的疾病的本质和来源。

发现梅毒的故事很好地说明了实证研究方法作为当代科学研究的基础是如何运作的。

表1.1　1810年 William Black 观察伯利恒修道院病人所记录的疾病原因

原因	病人数
分娩*	79
头骨的挫伤／断裂	12
饮酒／中毒	58
家庭／遗传	115
发烧	110
惊吓	31
悲伤	206
嫉妒	9
爱	90
障碍	10
傲慢	8
宗教／理宗	90
天花	7
学习	15
性病	14
溃疡／结疤	5

来源：摘自 Appignannesi (2008)，Hunter & Macalpine (1963)。
*此处的"分娩"或许类似于我们现在所说的产后抑郁。

从18世纪后期开始，一部分有心理障碍的人临床表现出一种综合征。他们的心理和身体功能逐步恶化，出现如夸大妄想（一个人觉得自己有特异功能，比地球上其他人更有能力做更多的事）这类症状，还有进行性麻痹等；有这类综合征的病都被称作**麻痹性痴呆**。认识到这些病症后不久，研究者意识到这些人从来都没有痊愈过。到19世纪中期，人们发现一些麻痹性痴呆患者还患有梅毒，但是没有结论表明这两种病之间有关联。

在十九世纪六七十年代，路易·巴斯德创立了疾病细菌理论，假设疾病是由于身体被微小的有机体感染导致的。这个理论为解释梅毒和麻痹性痴呆的联系提供了理论基础。1905年，造成梅毒的特定微生物终于被发现了。史上第一次，感染、大脑特定区域的损伤与某种形式的心理病理学的因果关系建立了起来。如果一种类型的心理病理学有生理原因，那么其他疾病也可能有。生物学方法的可信性开始增加，寻找更多生理原因的研究快速发展了起来。

遗传学

弗朗西斯·高尔顿（1822—1911），被认为是对双胞胎进行遗传研究的发起人。他19世纪晚期在英国所做的双生子研究，证明了很多行为是遗传而来。一般认为是他创造了"先天"和"后天"这两个词，这对词已经被广泛用于讨论遗传（先天）和环境（后天）的不同影响。在20世纪早期，心理障碍可能在家族中流传的想法激起了研究者的兴趣。也就是从那个时候开始，大量的研究证明了像精神分裂症、双相障碍和抑郁症这样的心理障碍有遗传性。

弗朗西斯·高尔顿被认为是遗传学研究的创始人。
© Bettmann/Corbis

令人遗憾的是，高尔顿也被认为创造了1883年的优生运动（Brooks，2004）。这个运动主张限制特定人群的生育权利（例如会强制妇女不孕）来消除不被接受的特征。美国早期对心理障碍是否可以遗传的讨论就跟优生运动有关，这也导致心理障碍研究停滞。事实上，19世纪后期和20世纪的早期是美国历史上的一段悲剧时期。州立法案禁止心理障碍患者结婚，强迫他们绝育，以防他们的疾病流传下去。1927年这些法律还得到了美国最高法院（U.S. Supreme Court）的支持，直到20世纪中期这些可恶的措施才被废除。但是，很多伤害已然造成，1945年，美国有超过45000位有心理障碍的人被强制绝育（Whitaker，2002）。

生物治疗方式

20世纪早期，由于精神病院里病人过度拥挤、专业人员不足，导致精神病院产生了这样一种风气：允许——甚至可能还微妙地鼓励——做激进的干预实验。20世纪30年代早期，萨克拉（1938）引进了一种方法，用大剂量的胰岛素使病人昏迷。他宣称通过这种方法，有3/4的精神分裂症患者病情得到了显著的好转。但是后来的其他研究结果就不那么令人鼓舞了。胰岛素昏迷疗法逐渐被废除，因为它对健康造成严重危害，可能产生不可逆转的昏迷和死亡。

20世纪早期，两位意大利内科医生——乌戈·塞拉提和卢奇诺·比尼创造了**电休克疗法**（electroconvulsive therapy，简称ECT）。塞拉提对癫痫很感兴趣，想寻找一种能诱导癫痫发作的实验。其后不久，他就发现给一侧人脑施以电击可以诱导癫痫发作。于是1938年，他在罗马对一个精神分裂症患者使用了这种方法。

之后十年，医院针对精神分裂症和重性抑郁症主要采用ECT疗法。直到现在，ECT仍然被用于重性抑郁症的治疗，我们会在第五章详细讨论这一点。幸运的是，ECT程序上的重要改进减少了它本身存在的很多问题，所以ECT是仍在使用的一种有效的治疗方式。

1935年，葡萄牙精神科医生埃加斯·莫尼斯，引进了前额叶切断术（Prefrontal lobotomy），这是一种切断连接前额叶和其他大脑区域的神经束的外科手术。他最初的报告显示手术成功率很高（Moniz，1936）。其后20年，成千上万的心理障碍患者接受了各种不同形式的精神外科手术。这种方式尤其常被运用到有暴力行为的病患身上。很多人确实安静了下来，有的甚至可以出院了。不过这主要是因为他们的大脑受损，而不是真正意义上的心理障碍痊愈。20世纪90年代，这种干预方法因为若干原因落下坏名声。因为手术后，很多人变得呆滞、倦怠，并且认知能力严重丧失，难以和人进行流畅连贯的对话，这都是因为他们大脑中支持思维和语言功能的区域已经受到了损害。

电影《飞越疯人院》的场景。杰克·尼克尔森在电影里扮演的人物最后就被施行了前额叶切断术。

心理学方法

直到20世纪，由于在大脑和遗传学领域令人激动的新发现，寻找疾病的生理因素主导着心理病理学领域的研究。但是18世纪后期开始，从不同的心理学角度来解释心理障碍的理论——认为心理障碍是由心理机制中的故障造成的——开始出现。这些理论最先在法国和澳大利亚流行，然后才传到美国，引发了基于个体理论的心理疗法的发展。

麦斯麦和夏科

18世纪的欧洲西部，很多人受癔症困扰。癔症是一种身体功能缺乏，如失明或麻痹，但是又找不到任何生理原因的疾病。弗朗茨·安东·麦斯麦（1734—1815），一个澳大利亚内科医生，18世纪后期在维也纳和巴黎行医，他相信癔症是因为体内一种万能磁流体的特殊分布造成的。他进一步认为，一个人可以影响另一个人的流体，使另一个人行为发生改变。

麦斯麦在神秘主义的掩护下与病患会面。他让病人坐在一个装着不同化学药品的有盖木桶里，还有很多铁棒穿过木桶，从盖子直达桶底。麦斯麦会走进房间，抽出不同的铁棒，用这根铁棒去触碰病人受折磨的地方。他使得人们相信这根铁棒上发射着动物磁，可以调节体内万能磁流体的分布，从而治愈癔症。后来，麦斯麦完善了他的仪式行为，不再用铁棒，而只需简单地看患者一眼。不管我们怎么理解这个令人疑惑的解释和这些奇怪的步骤，他当时确实帮助很多人克服了癔症。

虽然麦斯麦认为癔症主要由生理原因引起，但是我们在这里讨论他的工作，是因为人们普遍认为他是现代催眠疗法的先驱之一（mesmerism是hypnotism的同义词）。催眠现象被早期很多不同文明的先祖所知，但是那时它还只是巫术的一部分，是巫师和信仰医治师（通过信心、祈祷治疗病人）的巫术。

讽刺的是，虽然他曾揭穿过一个驱魔人，

麦斯麦利用磁性的治疗手段通常被认为是催眠的一种。
(Jean-Loup Charnet/Photo Researchers, Inc.)

但麦斯麦被他同时代的人认为是庸医。因为这个驱魔人，神父约翰·加斯纳，原本也在进行类似的仪式（Harrington，2008）。尽管如此，催眠还是逐渐被人们接受了。伟大的巴黎神经学家简·马汀·夏科（1825—1893）也在研究催眠状态。虽然夏科相信催眠是一个神经系统的问题，并且有生理原因，但他还是被心理学解释说服了。一天，他的几个有胆量的学生催眠了一个健康的妇女，并且引导那位妇女表演某些癔症症状。夏科当时还以为她是一个真正的癔症患者。当学生们给他演示移除这些症状是多么容易的事时（只要叫醒这位妇女），夏科开始对这个令人疑惑的现象的心理学解释产生了兴趣。由于他支持催眠是一种有价值的治疗方式，使得催眠在当时的医学专业领域变得合法。也因此，他在巴黎名声大噪（Harrington，2008；Hustvedt，2011）。

人的想法所占据。布洛伊尔对她实施了催眠，在催眠状态下，她的表达变得更容易。最后，她带着强烈的情绪诉说过去经历的不开心的事情。布洛伊尔发现在催眠状态下，她能够回忆起症状初起时所发生的事件，并且能表达事件发生时她的情绪是怎样的；通过表达之前忘记了的关于那些事件的想法去体验早期的情感创伤和情感压力，这种方式叫作宣泄。于是布洛伊尔的这个方法被称作**宣泄法**。1895年，布洛伊尔和一个年轻的同事，西格蒙德·弗洛伊德（1856—1939），合出了一本书——《癔症的研究》（*Studies in Hysteria*），部分内容就是根据安娜·欧这个个案写的。

在这幅著名的作品里，法国神经学家简·夏科正在做关于癔症的演讲（他身旁的妇女正表现出癔症症状）。夏科是使心理学方法重获兴趣的非常重要的人物。
(© Bettmann/© Corbis.)

约瑟夫·布洛伊尔，一位奥地利内科医生和生理学家，在精神分析发展早期与弗洛伊德一起合作。
(Corbis-Bettmann.)

布洛伊尔和宣泄法

19世纪，维也纳内科医生约瑟夫·布洛伊尔（1842—1925），治疗了一位年轻女士，为了保密，化名叫安娜·欧。她有若干癔症症状，如视觉和听觉损伤，有时还说话困难。她有时还会进入梦一般的状态，或者说"虚无状态"，然后在这种状态中她会自言自语，似乎还被一些烦

现在，安娜·欧已经成为精神分析历史上最知名的临床个案之一。讽刺的是，后来的研究显示布洛伊尔和弗洛伊德报告这个案例时并不准确。Henri Ellenberger（1972）做的历史研究指出，这位年轻女士只是暂时被布洛伊尔的谈话治疗治愈。这一说法得到了卡尔·荣格的支持，他也是一位有名望的心理学家以及弗洛伊德的同事。

1925年他在一次会议中提到，弗洛伊德曾告诉他：安娜·欧从来没有治好过。Ellenberger在一间医院的记录中发现，虽然这些问题看上去已经被布洛伊尔的宣泄疗法解决了，但安娜·欧仍在依靠吗啡来缓解癔症症状。

弗洛伊德和精神分析

病人没有意识到的因素可能有着强大的力量，这促使弗洛伊德假定人类大部分的行为都是由难以意识到的力量控制的。弗洛伊德理论主要指**精神分析理论**，其中心假设就是，精神病是由于个体体内无意识冲突造成的。我们会在下一节回顾弗洛伊德的理论。研究聚焦1.3讲的是弗洛伊德的人格发展理论，而弗洛伊德对抑郁症的看法将在研究聚焦1.4讨论。

心理结构 弗洛伊德将心理，或者说**心灵**，分成了三个基本部分：本我、自我、超我。根据他的理论，**本我**是一出生就存在的，是所有心灵活动能量的贮存库，包括最基本的对食物、水、光明、温暖、喜爱和性的需求。由于受过神经科学的训练，弗洛伊德视本我能量的来源是生物性的，他将其命名为**力比多**。个体不能有意识地察觉到这种能量，它属于**无意识**，在意识层面以下。

本我遵循**快乐原则**来直接满足它强烈的欲望。当本我得不到满足时，就产生了紧张，本我就促使个体去消除这种紧张，越快越好。举例来说，一个婴儿感到饥饿时，就会做吮吸的动作，目的就是为了减轻未被满足的内驱力引起的紧张。再例如，一个饥饿的婴儿会想象自己正在吮吸母乳，从而获得一种替代性，但这只是短暂的满足感；想象不能真的满足这些需要，这时候自我就会出现。

根据弗洛伊德的学说，**自我**从生命中第二个六个月开始，从本我发展而来。不同于本我，自我是属于意识层面的。本我可能会采用各种手段来寻求满足，但是自我的任务就是应对现实。自我遵循的是**现实原则**，调节现实的需要和本我直接满足的需求之间的矛盾。

弗洛伊德理论里心灵的第三个部分就是**超我**，在意识层面能概略地察觉到。弗洛伊德相信超我在儿童时期建立，是从自我发展起来的，就像自我是从本我发展起来的一样。当小孩发现他们的很多冲动，例如咬人和尿床，是父母不允许的，于是他们开始吸收父母的价值观，为的是得到父母认同时的愉快感和避免父母不认同时的痛苦。

西格蒙德·弗洛伊德开创了精神分析理论（包括心理障碍发病的解释）和基于该理论发展起来的一种新的治疗方法。
(Corbis-Images)

防御机制 依据弗洛伊德的观点，自我在解决冲突和满足本我和超我的需要时产生的不安情绪，可以通过几种方式消除。该理论后来由他的女儿安娜·弗洛伊德完善，她也是一位非常有影响力的精神分析学家。**防御机制**就是自我在保护自己免受焦虑折磨时使用的一种策略。表1.2列举了几种防御机制。

精神分析疗法 基于弗洛伊德的理论建立的心理治疗方法就叫作**精神分析**。今天这种方法仍在使用，虽然已不如当年那么普遍了。在精神分析领域和较新的精神动力学治疗（psychodynamic treatments）里，治疗师的目标是了解个体童年早期的经历、关键关系的本质以及目前的关系模式。治疗师要倾听不断浮出表面的核心情感和各种关系的主题（见表1.3，精神分析技术的总结）。

表 1.2　常见的防御机制

防御机制	定 义	举 例
压抑 (repression)	把不能接受的冲动或欲望从意识层面清除。	一个老师害怕讲某一课,她可能上课开口第一句就是"总之"。
否认 (denial)	不承认痛苦的现实事件。	儿童时期受过虐待,成年后不承认也不记得此事。
投射 (projection)	把自己无法接受的自身的思想或情感归因于别人。	一个讨厌某些群体的人会相信那些人不喜欢他。
替代 (displacement)	把对真正目标的情感转移到别人或别的东西上。	一个小孩对自己的哥哥很生气,却对她的同学发火。
反向形成 (reaction formation)	把不能接受的情感转换成它的反面。	一个对儿童有性冲动的人会领导反对儿童性虐待运动。
退行 (regression)	退回到一个早先的发展阶段的行为模式。	一个缺乏社交能力的青少年会通过寻找口唇期满足来掩饰不愉快的情感。
合理化 (rationalization)	给一个难以接受的行为或态度提供可接受的合理解释。	父母毫无耐心地斥责孩子,还说这是为了"塑造孩子的品格"。
升华 (sublimation)	把难以接受的攻击性行为或性冲动转换成社会认可的行为。	一个对父亲有攻击性冲动的人变成了外科医生。

弗洛伊德通过他个人的努力开发了一系列技术来解决压抑的冲突。**自由联想**(free association),就是让病人躺在沙发上,背对治疗师;治疗师鼓励病人放松思想,说出他想到的任何东西,不去审查出现在意识层面的任何想法或事情。

精神分析治疗的另一个核心组成部分就是**移情**(transference)分析。移情指的是,患者对他或她的分析师的反应,反射了患者过去对重要他人的态度和行为方式,而不是仅仅如实地反映分析师和患者间的关系。例如,患者会觉得分析师可能会对他说的内容感到无聊,于是患者有可能会刻意去取悦分析师。这种反应模式反映的可能是患者儿童时期与父母的关系,而不是分析师和患者之间的真实情形。通过对移情的认真观察和分析,弗洛伊德相信分析师可以发现患者儿童时期被父母压抑的冲突。在上面的例子中,分析师可能会发现,患者在儿童时期觉得自己很无趣而且不重要,只有迎合父母才能得到他们的注意。

表 1.3　精神分析的主要技术

技术	描述
自由联想	患者不加思考地直接说出出现在他头脑里的任何东西。
解析	分析师给患者指出他某些行为的意义。
移情分析	患者对分析师的反应,反映了患者之前对重要他人的态度和行为方式,分析师帮助患者理解和解释这些反应。

而**解析**(interpretation)技术,就是分析师为患者指出他某些行为的意义。防御机制是解析的首要关注点。举例来说,建立亲密关系有困难的人,在咨询期间,无论何时触及亲密话题,他都会看窗外或者转移话题。分析师则会在某个时刻解释患者的行为,指出这个行为的防御本质,帮助患者意识到他其实是在回避这个话题。

聚焦发现 1.3　　性心理发展阶段

弗洛伊德提出人格是通过四个连续又独特的性心理阶段发展而来的。他使用性心理这个词是因为在每个阶段都有一个不同的身体部位对性兴奋特别敏感，本我从而能实现最大的满足。

口唇期是第一个阶段。从出生到大约18个月时，婴儿的本我需求主要是通过进食、吮吸和与此相关的啃咬动作来得到满足的。婴儿在这个阶段通过像嘴唇、口脸、牙床和舌头这些身体部位得到满足感。**肛门期**大约是从18个月到3岁这段时期，孩子主要通过肛门控制排泄来获得快乐。**性器期**从3岁开始持续到5或6岁，在这个阶段，本我的最大满足来自于生殖器的刺激。在6至12岁之间，孩子处于**潜伏期**，本我冲动在这几年中并不是推动行为的主要因素。**生殖期**是最后的阶段，也可以说是成年阶段，在这个阶段，对异性的兴趣占主导地位。

在每一个阶段，人必须解决发展中的自我需求和环境供给之间的冲突。按弗洛伊德的理论来说，如何解决这些冲突决定了一个人一生的人格特征。一个人在某一阶段满足过多或是不足会发展成**固着**，并且很可能会在遇到压力时退行到受到压抑的那个阶段。

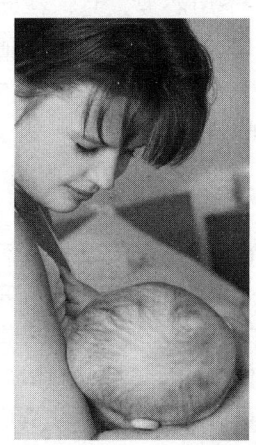

在弗洛伊德的理论中，性心理发展的第一个阶段是口唇期，婴儿在这个阶段通过进食获得快乐。
(©SvetlanaFedoseyeva/Shutterstock.)

根据弗洛伊德的理论，某一阶段过多的满足或者不足都可能导致人在压力情境中退回到这个阶段。
(Jennie Woodcock; Reflections Photolibrary/Corbis Images.)

精神动力学取向的新弗洛伊德主义

杰出的领导总能吸引杰出的追随者和同事，弗洛伊德会与人定期讨论精神分析理论和治疗手段。他们在很多基础问题上观点不一致，比如本我和自我的相对重要性，心理发展过程中的生理力量和社会力量的相对重要性，意识和无意识的相对重要性，童年经历跟成年后体验的相对重要性；性需求是否会导致看似与性无关的行为；反射本我冲动的行为和意识到自我后深思熟虑有目的的行为，以及这两种行为所起的作用。我们会讨论两个有影响力的历史人物：卡尔·荣格和阿尔弗雷德·阿德勒。

荣格和分析心理学　卡尔·古斯塔夫·荣格（1875—1961），一位瑞士精神科医师，最初被认为是弗洛伊德的继承人。经历了与弗洛伊德长达七年的激烈讨论后，他们在很多问题上的分歧越来越大。最终在1914年，他与弗洛伊德决裂。荣格提出的思想从根本上不同于弗洛伊德的观点，所以后来他建立了**分析心理学**。

荣格在弗洛伊德的个体无意识理论基础上，增加了**集体无意识**的概念。集体无意识指所有人类共有的无意识的一部分，主要包括荣格称为原型（archetypes）的东西，或者人类在认识世界过程中形成的基本分类原则。另外，荣格宣称，每一个人都具备男性特征和女性特征，并且每个

卡尔·荣格是分析心理学的创始人。
(Topham/The Image Works.)

人的精神需求和宗教需求都是本我的基本需求。他还对人格特征进行了分类；这些分类中最重要的是外向型（extraversion，指向外部世界）和内向型（introversion，指向内部的主观世界）。这一人格维度到现在仍然非常重要，我们会在第15章讨论人格障碍时再次讨论这个维度。

阿德勒和个体心理学 阿尔弗雷德·阿德

阿尔弗雷德·阿德勒是个体心理学的创始人。
(Corbis-Bettmann.)

勒（1870—1937），早期也是弗洛伊德理论的追随者。相比荣格的分析心理学，他的理论和弗洛伊德的观点关联更少。而且弗洛伊德在决裂后对阿德勒还很刻薄。阿德勒的理论（现在被人们熟知为**个体心理学**）认为人是离不开社会的，因为他相信人是在追求社会利益时实现自我的。跟荣格的理论一样，他强调有目标的工作的重要性（Adler，1930）。

阿德勒理论的一个中心要素是，帮助个体改变他们不合逻辑和错误的信念和期望；他相信良好的情感和行为基于理智的思维。这种方法也是当代认知行为疗法的前身。

弗洛伊德的持续影响及其追随者

弗洛伊德的原始理论和方法这些年受到了严厉的批评。例如，弗洛伊德没有正式研究过心理障碍的病因和治疗方法，直到今天这仍是主要的争论点之一。因为他们的理论建立在治疗过程中收集的证据，而不是客观性上，因此被认为是不科学的。但是，另一些当代精神动力学理论，如客体关系理论，在儿童和成人领域都得到了一些实证支持。

虽然弗洛伊德理论的影响力已不如当年，但是弗洛伊德及其追随者的工作对心理病理学领域仍有重要影响（Westen，1998）。以下三种理论假设对当代仍有明显的影响力：

1. 童年经历塑造成人期人格。当代临床医生和研究者仍然认为童年经历和其他环境事件非常关键。他们较少关注弗洛伊德所说的性心理期，但是一般都会重视有问题的亲子关系（parent-child relationship），以及这种关系如何消极地影响儿童以后的成人关系。
2. 无意识影响着行为。我们将在第2章中谈到，无意识是当下认知神经科学与神经病理学研究中的焦点。研究表明人们有时意识不到他们行为所造成的后果。不过，如今大部分的研究者与临床医生都否认无意

聚焦发现 1.4　弗洛伊德对抑郁的看法

通过多年的临床观察，弗洛伊德（1917/1950）在其著作《哀悼与忧郁》（*Mourning and Melancholia*）中提出了自己的抑郁症模型：潜在的抑郁症源于早年口唇期的经历。弗洛伊德指出，如果口唇期的要求得不到满足或是得到了过度的满足，个体会固着于这一时期，进而导致个体为了维护自尊而过度依赖他人。

为什么有这样童年经历的个体更容易受到抑郁症的困扰呢？弗洛伊德提出了一种假设：失去了所爱的人之后——不论是什么原因（死亡、分离、感情消逝）导致的——人们会为之难过（弗洛伊德称其为哀悼者），也有可能会做一些徒劳的尝试来减轻内心的哀伤。弗洛伊德声称，哀悼者会在潜意识里厌恶这种被抛弃的感觉，同时对离开自己的逝者怀有愤怒。之后，哀悼者会意识到在有意无意中自己已经冒犯了逝者，并为此感到羞愧。根据弗洛伊德的理论，哀悼者先前对逝者的愤怒将会转而指向哀悼者自身，之后逐渐转变为持续的自责与抑郁。依照他的理论，抑郁可以说是一种对自己的愤怒。而前文所提到的那些固着在口唇期、表现出过度依赖的个体被认为更容易受到这种愤怒情绪的干扰。

虽然该理论在当时引起了人们的兴趣，但相关研究甚少，不足以验证它的真实性；仅存的资料也不能够为其提供强有力的证据。与该理论中提出的抑郁是内向的愤怒相反，研究发现抑郁症患者比非抑郁症患者表现出更多的愤怒情绪（Biglan et al., 1988）。尽管如此，弗洛伊德的部分观点还是持久地影响着新的抑郁症模型，稍后我们将在第5章详细讨论。例如，弗洛伊德坚称抑郁是由失去所爱之人引发的。而大量证据表明，相当一部分的抑郁症都是由压力生活事件引发的，其中常常会涉及遭遇亲友的死亡。如今的研究者也一致表示，在遭到拒绝之后，高依赖性的群体会更容易表现出抑郁症状（Nietzel & Harris, 1990），这一点与弗洛伊德的理论不谋而合。虽然弗洛伊德的观点还在继续影响着当下的抑郁理论，但与他将临床观察结果作为理论基础的方法相比，如今的研究者们早已在研究方法上超越了前人。

识是本我冲动集合的说法。
3. 人类行为的起因与目的有时是不明显的。弗洛伊德及其后继者们帮助后来的研究者们与临床医生们意识到，人类行为的起因与目的并非总是显而易见的。当今的精神动力学理论家们也在继续提醒我们看待事物时不要停留在表面。例如，由于非常害怕承认对他人的好感，而故意表现得看不起对方。弗洛伊德引领了这种透过表象看本质，从而发掘行为中内隐含义的思潮。这可以说是他最广为人知的遗产。

概念核查1.3（答案见章末）

填空。

1. _____是法国神经病学家，受到了_____的影响。
2. _____提出了宣泄疗法；_____将宣泄疗法运用到精神分析学说中。
3. _____遵循快乐原则，_____遵循现实原则。
4. 在精神分析学说中，_____一词是指治疗师与来访者的关系暗示着来访者与其他人的关系。
5. _____提出了集体无意识；_____提出了自由联想的治疗手段；_____与个体心理学有关。

行为主义的兴起

多年之后，很多业内人士逐渐对弗洛伊德失去了信心，约翰·华生（1878—1958）就是他们之中的领军人物。在 1913 年，华生提出了自己的理论，发动了一场心理学的革命。

约翰·B. 华生，美国心理学家，行为主义的领军人物。
(Underwood & Underwood/Corbis Images.)

华生所关注的是实验过程，心理学家通过这些实验来研究动物的学习过程。在他的努力下，心理学研究焦点由"怎么想"转向了"怎么学"。**行为主义**更加看重可以观察的行为动作而不是意识或者心理机制。我们将探讨三种从 20 世纪初期和中期至今仍影响深远的不同的学习理论：经典条件反射、操作性条件反射和模仿。

经典条件反射　19 世纪与 20 世纪之交，俄罗斯生理学家、诺贝尔奖得主伊万·巴甫洛夫（1894—1936）意外地发现了经典条件反射。他在消化系统研究中发现，喂狗一些肉食能让它们分泌唾液。不久，他的实验助手发现，狗一看见饲养员就早早地开始分泌唾液。随着实验的进行，狗会越来越早地分泌唾液。甚至是刚听见饲养员的脚步就会分泌唾液。巴甫洛夫对此非常感兴趣，决定开始系统地研究这条狗的反应机制。在最开始的实验中，研究者在狗身后摇铃，之后再给狗喂食。将同样的步骤重复几次，然后研究者发现在喂食之前，狗听见铃声就开始分泌唾液。

伊万·巴甫洛夫，俄罗斯生理学家、诺贝尔奖得主。为经典条件作用研究做出了重要贡献。
(Culver Pictures, Inc.)

该实验中，肉食可以自动地引起狗的唾液分泌，不需要任何事先的学习，这些喂给狗的食物就被称为**非条件刺激**（the unconditioned stimulus，简称 UCS）。狗受到食物的刺激而分泌唾液的反应被称为**非条件反射**（the unconditioned response，简称 UCR）。在给狗喂食物前先多次给它中性刺激——铃声，之后，单靠铃声（**条件刺激**，the conditioned stimulus，简称 CS）就足以引起狗的唾液分泌（**条件反射**，the conditioned response，简称 CR）（见图 1.3）。当铃声与食物成对呈现的次数增多时，单靠铃声便能引起唾液分泌的频率也随之增长。那么当非条件刺激不再随着条件刺激出现时，已形成的条件反应会发生什么呢？比如说，如果在摇铃之后不再给狗食物会怎样？答案是，条件反射会出现得越来越少，最终逐渐消失，这个过程被称作**消退**（extinction）。

经典条件反射甚至可以用于解释恐惧症。华生与罗萨莉·雷纳（Rosalie Rayner）（1920）进行了著名的、但在实验伦理方面存有争议的小艾伯特实验。实验中，他们给 11 个月大的男孩

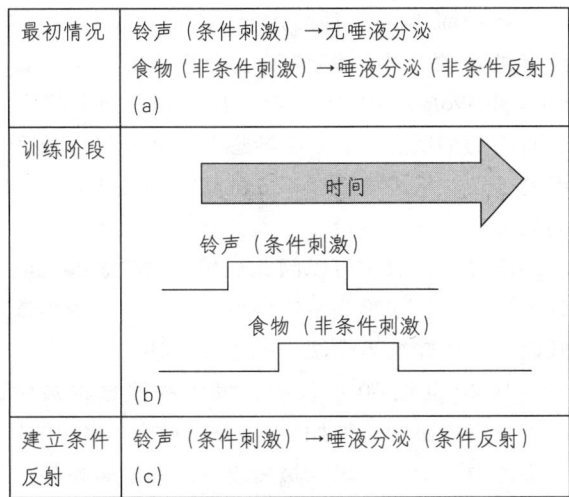

图1.3 经典条件反射的过程。(a)在学习之前,食物(非条件刺激)引起唾液分泌(非条件反射),但铃声(条件刺激)不引起唾液分泌。(b)在训练学习阶段,非条件刺激紧随着条件刺激呈现。(c)先前中性刺激的铃声开始引起唾液分泌(条件反射)标志着经典条件反射的建立。

小艾伯特一只白鼠。最初,这个小男孩并没有惧怕这只白鼠,并表现出想要和白鼠一起玩耍的意愿。但每次在小艾伯特要碰到白鼠时,研究者就会在他身后敲击铁棒,发出巨大声响(非条件刺激)。响声让小艾伯特感到非常害怕(非条件反射)。在五次试验之后,小艾伯特表现出对白鼠的异常恐惧(条件反应),尽管研究者已不再敲击铁棒发出噪声。最初的中性刺激白鼠成为条件刺激,替代铁棒发出的噪声引起恐惧。研究证明了经典条件反射与某些心理障碍的发展(例如恐惧症)之间存在一定联系。值得强调的是,如今绝不会再进行这类实验了,因为它违反了伦理准则。

操作性条件反射 在19世纪80年代,爱德华·桑代克(1874—1949)开始探索另一种学习方法。与巴甫洛夫强调刺激之间的关系不同,桑代克关注行为结果对行为的影响。桑代克提出了重要的**效应定律**:个体会多次重复伴随令人满意结果的行为,而减少伴随令人不满意结果的行为。

B.F. 斯金纳开创了操作性条件反射的研究,进而将这项研究推广到教育、精神治疗和社会等其他领域。
(Kathy Bendo for John Wiley & Sons.)

B.F. 斯金纳(1904—1990)则提出了**操作性条件反射**的概念,这样命名的原因是该理论用于解释在环境中操作的行为。斯金纳重新定义了桑代克的"效应定律",提出了强化原则,并区分两种不同类型的强化。**正强化**是指借助事后的愉快事件(又称正强化物)增强做出某种行为反应的倾向。例如,口渴的鸽子会重复能给它们带来水的动作(操作性条件反射)。**负强化**也是意在增强做出某种行为的倾向,不同的是,它是通过消除不愉快事件的方法来达到目的,例如电击的中断。

斯金纳箱常用于操作性条件作用的研究,来展示行为是怎样被强化的。
(BILL ROTH/ASSOCIATED PRESS.)

操作性条件作用的原理可以用于解释持续的攻击行为,而这种攻击行为正是品行障碍的关键特征（见第 13 章）。攻击行为常常能给人带来甜头，例如一个儿童打了同伴之后就可以独享玩具（得到玩具可以视为强化物）。当孩子发脾气或是暴力威胁父母以求达成自己愿望，比如熬夜看电视，父母的妥协会不自觉地强化孩子的这些行为。

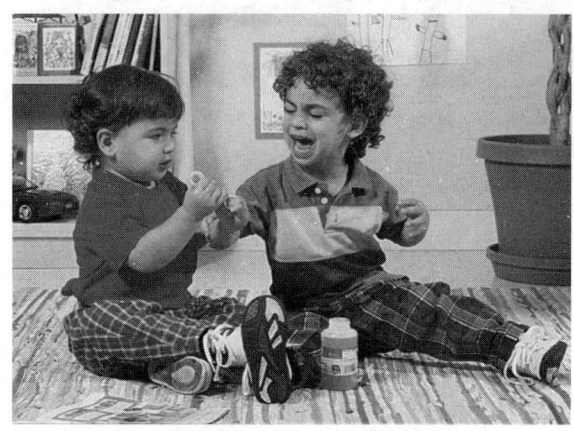

儿童的攻击行为经常能得到回报。正如图片显示，攻击性较强的孩子能够得到玩具。
(Ken Cavanagh/Photo Researchers.)

模仿 学习在强化物缺失时也会发生。我们都可以通过观察并模仿他人来学习，这个过程被称为**模仿**（modeling）。在 20 世纪 60 年代，研究者发现观察他人的特定行为，比如分享行为、攻击行为和恐惧，可以增加或者减少观察者出现某些行为的频率。班都拉（Bandura）与门拉夫（Menlove）运用模仿疗法减轻了儿童对狗的恐惧（1968）。在见识了神情自若的示范者与狗进行了一系列互动之后，先前怕狗的儿童表示出更多接近并触摸狗的意愿。父母如有恐惧症或物质滥用问题，儿童很有可能会通过观察模仿而习得相似的行为模式。

行为疗法 行为疗法始于 20 世纪 50 年代。最初，该疗法利用基于操作性条件反射和模仿原则的治疗方法来解决临床问题。使用操作性条件反射作为治疗方法的治疗师称其为行为矫正。行为疗法在临床上借用实验心理学家的方法与理论，意在改变行为、观念与情绪。

系统脱敏是一种沿用至今的针对恐惧症与焦虑的重要技术。系统脱敏由约瑟夫·沃尔普（Joseph Wolpe）在 1958 年提出，包含两个部分：①肌肉的彻底放松；②逐渐想象那些容易导致恐惧的场景，从想象轻微不安的场景到最让人惊恐的场景。沃尔普假设，当人们暴露在逐渐变强的恐惧情境中，焦虑可以因此被相反的状态或反应取代。我们将在第 2 章详细讨论这一点，因为该假设也是认知行为疗法中重要一环。

从 20 世纪 60 年代起，模仿的概念也被引进了行为疗法中。例如，人们通过观看现实中或者影片中的团体小组成员慢慢接近并触碰蛇的过程，来减轻对蛇的恐惧（Bandura, Blanchard, & Ritter, 1969）。同样的方法也可以减轻对牙医和外科手术的恐惧（Melamed & Siegel, 1975）。

操作性技术，比如有理有据地奖励令人满意的行为或者消除不满意的行为，已被成功地运用于儿童问题的治疗之中（Kazdin & Weisz, 1998）。一旦行为在治疗中被规范，关键的目标就是保持治疗的效果。尽管治疗师或者教师一直都在试图强化正确的行为，但我们不能期待个体能够永远这么做。研究者们试图用多种方法解决这个问题。因为实验结果已表明，间断强化——只奖励部分行为——可以让新行为持续更长时间。当良好行为开始规律地出现时，操作性程序或成分就可以从连续性的强化中移除了。例如，教师可以在爱捣蛋的学生每次坐着完成数学问题之后给予丰厚的奖励，稍见成效之后，可以逐渐变成每隔一次给予奖励，最终可以只需要偶尔奖励。

认知的重要性

虽然行为主义直到当今都具有一定影响力，但临床医生与研究者都开始注意到它由于只关注行为而造成的局限性。人类不仅仅有行为，我们也需要思考和感觉，而早期的行为主义理论并没有考虑到认知与情绪。从 20 世纪 60 年代起，认知的研究逐渐突出。研究者与临床医生发觉人们的思考与评判方式可以在很大程度上影响行为。例如，走进陌生人的房间可以引发两种不同的想法："太棒了！能够与各种各样有趣的新朋友见面真是太激动了！"或者"我根本不认识这些人，我在这里的所言所行一定看起来特别傻！"拥有第一种想法的人更乐意融入群体之中，并与他人交谈；而有第二种想法的人很有可能会转身直接离开。

评价是认知疗法的重要部分。如图所示，评价可以改变具体情境的含义。
(©2000 Bill Kaene, Inc. King Features Syndicate.)

认知疗法 认知疗法是基于上述"人类不仅仅只有行为，也需要思考和感觉"的观点发展起来的。所有认知疗法的方法都有一个相同点：人们诠释自身和世界的方式是很多心理障碍的主导因素。在认知疗法中，治疗师一般都会从帮助来访者觉察到自己不合理的信念入手开始治疗。治疗师希望通过改变来访者的认知模式来改善来访者的情绪、行为和症状。

认知疗法源于阿隆·贝克（Aaron Beck）的认知疗法（见第 2 章）和阿尔伯特·艾利斯 Albert Ellis）的**理性情绪行为疗法**（rational-emotive behavior therapy，简称 REBT）。艾利斯（1913—2007）的中心论点是：持续的情感反应源于人们在内心重复的词句。这些自我声明，在某种程度上反映了个体对什么可以带来人生意义的设想。这些假设都不是用语言表达出来的。

REBT 的目标就是减少这些非理性信念的影响。比如，患有抑郁症的人每天都会说自己是个"毫无价值的混蛋"。艾利斯认为，人们会诠释身边发生的事，但有时这些诠释会带来情绪的混乱。所以，咨询师的注意力应该放在非理性信念上，而不是历史原因或者外显行为。

阿尔伯特·艾利斯，认知行为治疗师、理性情绪行为疗法的奠基人，非理性信念是心理病理学的起因。
(Bettmann/ Corbis.)

艾利斯列举出了常见的非理性信念。他随后（1991；Kendall et al.，1995）由信念的详细分类转而提出了更加整合的"要求"这一概念，即人们强加在自己和他人身上的"必须"与"应该"。因此，与其说是人们期待事情按特定的轨道发展，失败之后感到失望，进而表现出某些行为以求如愿，不如说是人们"要求一切本该如此"。艾利斯推断，正是这种不切实际、徒劳的要求造成了情绪低落和行为失调，让人们不得不向治疗师寻求帮助。

> **概念核查1.4**（答案见章末）
>
> 请判断正误。
> 1. 正强化指增加令人满意的行为，而负强化指减少令人不满的行为。
> 2. 系统脱敏包含冥想与放松。
> 3. 猫听到敲击装有食物的罐子跑过来，主人就会奖励它一些食物。这里的条件刺激是敲击罐子的声音。
> 4. REBT首要关注情绪的改变，这样想法才能随之改变。

心理卫生行业

随着人们对心理障碍的进一步了解，心理卫生行业也得到了发展。相关的职业包括临床心理学家、精神科医师、精神科护士、心理咨询师、社会工作者、婚姻家庭治疗师等，全都是为大众提供心理帮助的。社会对心理卫生工作者的需求也越来越大。最近的研究表明，在美国所有的经济损失中，每年用于治疗心理障碍的花费将近200亿美元（Kessler et al., 2008）。心理障碍患者往往会丧失工作能力，因此他们的年收入远低于正常人（年收入差距可高达16000美元）。此外，与正常人相比，只有少量的心理障碍患者拥有健康保险（Garfield et al., 2011）。不过美国在2010年通过的新卫生保健法案——《病患保护及平价医疗法案》（the Patient Protection and Affordable Care Act）——很有希望改善现状。在这一部分，我们将讨论不同的心理卫生职业，以及这些职业的从业者需要哪些训练等相关问题。

在美国，**临床心理学家**（正像本书作者一样）必须持有哲学博士学位或者心理学博士学位，这大概需要4～8年的研究生阶段学习。临床心理学博士的训练课程与其他心理学专业领域类似，需要学习发展或认知神经科学；强调科研、统计学、神经科学以及人类行为的实证研究的重要性。但心理学其他专业领域的博士学位基本上是研究型学位，博士研究生需要完成专业主题的博士论文。而临床心理学的博士研究生还需要在另外两个方面学习和发展技能，这决定了他们与其他心理学博士研究生不同。第一，他们会学习心理病理学的测量和诊断技能。这些技能有助于帮助他们有效地辨认出个体的症状，并判断问题是否意味着心理障碍。第二，他们学习并实践**心理治疗**。依照字面意思，就是帮助人们改变观念、感受和行为来减少内心的痛苦、获得更完满的生活。临床心理学的学生需要选修专业课程，在专家督导下治疗病人。然后，在集中的实习中，他们才逐渐承担起照顾病人的义务。

另一种临床心理学家的学位是心理学博士学位。心理学博士生的课程设置与临床心理学的哲学博士生相似，但前者更强调临床训练而不是科研经历。考虑到心理学博士生学习临床心理学

临床心理学家接受专业训练，从事精神治疗。
(PhotoStock-Israel/Alamy.)

知识已经达到了一个阶段，他们更需要在测量和心理干预方面有大量的临床训练，而不是强调研究与实践结合。另一方面，没有足够的临床经验就从事心理诊断与治疗是不可靠的。到2002年，美国有将近9万名临床心理学家（Duffy et al., 2004）。2003年的数据显示，临床心理学家已经供大于求，这对他们的收入造成了负面影响（Robiner, 2006）。尽管如此，最近对2000名接受心理卫生服务的人调查显示，选择临床心理学家的概率是选择社会工作者的三倍（Olfson & Marcus, 2010）。

精神科医师持有医学博士学位，并要在研究院接受临床训练，也就是医生实习。在实习过程中，他们会在诊断和药物疗法（药物使用）的实践方面得到指导。凭借他们的医学学位，精神科医师可以行使临床心理学家所不能的医生职能：身体检查、诊断医学问题等。但精神科医师最经常遇到的医学实践就是开具**精神活性药物**——可能影响患者思维与行为的化合物。精神科医师也会学习精神治疗的相关知识，尽管这不是他们学习的重点。与临床心理学家不同，精神科医师目前供不应求，大体上因为投入在医学实习项目中的经费不足。在2000年，美国有4万多名精神科医师（Robiner, 2006）。

在过去的二十多年中，人们一直在激烈争论是否应该允许临床心理学家接受合适的训练从而获得精神活性药物的处方权。该观点不仅遭到了精神科医师的反对，他们觉得有人侵犯了他们的领域；也受到了许多心理学家的抨击，他们将此视为不明智的建议，会影响到心理学研究的本质——对人类行为的研究。此外，人们也怀疑没有医学背景的临床心理学家是否可以熟练掌握神经生物学与神经化学知识，以控制药物的效力，保护病人不受药物副作用与药物交互作用的影响。现在，仅有两个州（新墨西哥州与路易斯安那州）允许临床心理学家在接受了额外的培训之后获得处方权，其余一些州仍在考虑是否推行相似的政策（Robiner, 2006）。

精神科护士通常只需要接受学士或硕士水平的训练。精神科护士也可以接受更专业化的培训，成为护理师以拥有处方权。美国现已有超过18000名精神科护士。但就现阶段形势来看，今后会更重视护理师的培训，防止处方权的滥用（Robiner, 2006）。

与传统的博士研究生项目相比，另一些研究生项目会偏重临床实践。**心理咨询**就是其中的一种。心理咨询最初主要运用在职业问题上。当下的心理咨询的着重点与临床心理学类似，但临床心理学偏重心理障碍，而心理咨询偏重问题预防、教育问题和生活中的一般问题。心理咨询师可以在多种工作环境中从业，包括学校、心理健康机构、工商业、社区保健中心等。2002年，美国大约有85000名心理咨询师（Robiner, 2006）。

社会工作者持有社会工作硕士学位。他们的培训项目比博士项目短，一般是两年制的研究生学习，培训的重点是心理治疗。社会工作的培训课程中不包括心理测量。到2002年，美国大约有10万名社会工作者，作为国家社会工作者协会（National Association of Social Workers）的会员，为公众提供直接的心理健康服务（Duffy et al., 2004）。

婚姻家庭治疗师的治疗对象是家庭与夫妻。他们关注婚姻家庭关系对心理健康的影响。在博士与硕士层次都有婚姻家庭治疗的专业训练。一些社会工作硕士项目也会提供婚姻家庭咨询方面的培训以及相关证书。到2002年，美国仅有大约47000名婚姻家庭治疗师，大部分为硕士学历。

总 结

- 心理病理学的研究关注人们为什么会有出人意料、甚至荒唐和自我挫败的行为、思维和感受。不幸的是，患有心理障碍的人经常背负污名。如何减少对心理障碍患者的歧视仍是当下的重要问题。

- 在评估一种行为是否意味着心理障碍时，心理学家需要考虑多种特征，包括个体痛苦、功能受损、是否有违社会规范、功能障碍等。每种特征都为心理障碍的定义提供选项，但没有任何单一特征可以包含心理障碍的全部含义。而DSM的定义包含了上述所有的特征。

- 自从人们开始科学地探究心理障碍开始，超自然、生物学和心理学的解释曾先后引起重视。超自然解释包含了早年的鬼神学，认定患有心理障碍的人是受到了魔鬼或是恶灵的侵扰，引发了驱魔仪式这样的治疗方法。早期的生物学观点源于希波克拉底的著作。希腊—罗马文明衰落之后，在欧洲西部地区，心理障碍的生物学解释被鬼神学的观念所取代。同一时期对所谓"巫师"的迫害证实了这一点。从15世纪起，心理障碍患者大都监禁在收容所，比如疯人院等。这些地方几乎不对病人进行任何治疗，直到推行了人性化的改革。在20世纪，遗传学与心理障碍成为重要的研究领域，但遗传学的研究结果曾使得大量心理障碍患者受到了优生学运动的冲击与伤害。

- 心理障碍的心理学解释始于19世纪，源于夏科的实践以及布洛伊尔和弗洛伊德的著作。弗洛伊德的理论强调了性心理的发展与无意识的重要性，比如可以追溯到个体童年期冲突的压抑与防御机制。治疗以精神分析理论为基础，利用自由联想和移情分析等方法，帮助病人面对并理解内心冲突，进而找到正确的解决方法。后继的理论家荣格和阿德勒，对弗洛伊德的基本观念进行了不同的修改，并且各有侧重地阐述了自己的观点。

- 行为主义认为行为产生于经典条件反射、操作性条件反射和模仿。斯金纳提出了正强化与负强化的概念，同时验证了操作性条件反射可以影响行为。行为治疗师利用这些理论观点来改变令人不满意的行为、思维和感觉。

- 对认知的研究在20世纪60年代得到广泛传播。评价与信念都是认知疗法中的一部分。艾利斯是认知疗法流派中著名的理论家。

- 心理卫生的相关职业多种多样。包括临床心理学家、精神科医师、精神科护士、心理咨询师、社会工作者、婚姻家庭治疗师等。每种职业有不同的培养模式，在科学研究、心理测量、精神治疗、精神药理学等方面各有侧重。

概念核查答案

1.1　1.a；2.d；3.b

1.2　1.F；2.F；3.T；4.T

1.3　1.夏科，麦斯麦；2.布洛伊尔，弗洛伊德；3.本我，自我；4.移情；5.荣格，弗洛伊德，阿德勒

1.4　1.F；2.T；3.T；4.F

第 2 章

心理病理学中的现有范式

📝 学习目标

1. 能够描述基因、神经科学和认知行为范式的主要内容。
2. 能够描述情绪的定义及其与心理病理学的关系。
3. 能够解释文化、伦理和人际因素如何应用到心理病理学的研究和治疗之中。
4. 能够认识到采用单一范式的局限和结合多种层次分析的重要性，正如在素质—压力理论整合范式中那样。

科学活动的核心，根据库恩的观点，是范式。范式是科学家工作所依据的概念框架和方法，即一套基本的假设，一个全局的视角，用来确定怎样去概念化进而研究某个主题，怎样收集并且解释相关数据，甚至怎样思考一个特定的主题*。在任何时候，范式对于科学家如何操作都有深刻的启示意义。同时范式明确了科学家要调查什么问题和怎样调查问题。

在这一章中，我们将讨论现有的心理病理学和治疗中的范式。我们会呈现指导心理病理学研究和治疗的三种范式：基因、神经科学和认知行为。我们也会讨论情绪和社会文化因素的重要作用。这些因素贯穿所有范式，并且显著影响我们在本书中涉及的所有不良症状的定义、病因和治疗。

对心理病理学的现有思考是多方面的。临床工作者和研究者的工作受到了启示，即：对所有范式的功能和缺陷的觉察。由于这个原因，心理病理学的现存观点和治疗往往将几种范式结合在一起。在本章的最后我们会描述另一种素质—压力范式，它为整合提供了基础。

对研究者和临床工作者来说，选择哪种范式，对他们定义、调查和治疗心理病理学的方式来说有重要的影响。我们对范式的讨论将会为本书后续各种话题奠定基础。我们注意到，没有一种范式能提供"完整"的心理病理学视角。对大多数不良症状来说，每种范式都提供了关于病理学和治疗的重要信息，但也只是完整画面中的一个侧面。

---

* O'Donohue（1993）对库恩对范式概念应用提出了批评，认为他对范式的应用与其概念不一致。这场争论的复杂性已经远超过这本书的范围。但我们认为围绕范式这一概念来组织对心理障碍的思考非常有用。所以我们使用"范式"这个词来代表：科学家在努力理解这个世界的时候，采用什么样的视角来收集和解释信息。

基因范式

> 基因本身不能使我们聪明、愚笨、莽撞、有礼、沮丧、愉快、能歌会唱、五音不全、擅长运动、笨手笨脚、文艺或是麻木。这些特点是在一个动态系统中通过复杂的相互作用形成的。每天你都在帮自己塑造基因使其变得更加活跃。你的人生在和你的基因相互作用。（Shenk, 2010, p.27）

2003 年，我们庆祝发现人类基因双螺旋结构五十周年。在最近 10 年内，人类有关基因的信息膨胀扩大。**基因范式**从 20 世纪初开始引导了有关人类行为的很多发现。然而，最近出现的一些变化改变了我们对基因和行为的看法。我们不再疑惑究竟是先天还是后天决定人类行为，我们现在知道了：(1) 几乎所有行为在一定程度上都是遗传的（即包含基因的影响），(2) 尽管如此，基因不会脱离环境单独作用。在人的一生当中，环境塑造着我们基因的表达方式，而基因也同样塑造着我们的环境（Plomin et al., 2003；Rutter & Silberg, 2002；E.Turkheimer, 2000）。

对基因和环境的现代思考被称为"先天和后天之争"（Ridley, 2003）。换句话说，研究者正在探讨环境因素，如压力、关系和文化（后天因素），如何启动和关闭基因，以及基因（先天因素）是如何影响我们的身体和大脑的。我们知道没有了基因，行为是不可能出现的。但没有了环境，基因也不能发挥自我的功能并进一步作用于行为。

当女性卵子和男性精子相结合，受精卵就产生了。每个受精卵有 46 条染色体，这是人类特有的数字。每个染色体由很多基因组成，**基因**是遗传信息（DNA）从父母传递到孩子的载体。

2001 年，两组不同的研究者都宣称人类的基因组由大约 30000 个基因组成。这个数字后来修改为 20000 个到 25000 个（人类基因组计划，2008）。最初这条新闻让人十分惊讶，因为研究者一直估计人类基因组由约 10 万个基因组成。毕竟，果蝇就有将近 14000 个基因——研究者之前认为人类肯定要比果蝇复杂几倍！这个发现令人激动之处在于基因的数量并没有那么重要，数十个其他基因实验室的工作也表明了这一点。真正使我们独一无二的是这些基因的顺序和它们的表达方式。基因发挥的作用比我们拥有的基因数量更加重要。基因是制造蛋白质的，后者负责维持身体和大脑运作。有些蛋白质能够启动或关闭其他的一些基因，这个过程被称作**基因表达**。基因的灵活性以及它们如何启动和关闭的研究成果，使得人们不再相信基因具有不可或缺的影响，不论好坏。正如我们将在这本书里阐述的，数据不支持这种假设：如果你有 x 的基因，你就肯定得 x。真正重要的是你的基因如何与环境相互作用。就大多数精神疾病而言，单个基因不会导致个体变得脆弱。相反，心理病理学是**多基因**的，若干基因在发展的进程中作用于不同的时间，在与环境相互作用时启动或者关闭，这才是基因脆弱的本质。

因此，我们并不是由基因遗传到精神疾病；

共享环境是指家庭中共同拥有的元素，例如婚姻质量。
(©Aletia/Shutterstock.)

我们是从基因和环境的交互作用中发展出精神疾病的（shenk，2010）。这是一个微妙但十分重要的问题。我们很容易陷入这样一个思维陷阱：一个人是由其基因遗传上精神分裂症的。然而，如今的基因研究告诉我们，一个人是从基因和环境（同样还有身体，如激素、大脑和其他基因）的交互作用中发展出精神分裂症的。

贯穿本书的一个重要术语是**遗传性**。不幸的是，这是个容易被误解并且经常被误用的术语。遗传性指群体中某一行为（或障碍）的变异能够被基因因素所解释的程度。关于遗传性有两点需要牢记。

1. 遗传性的估值范围在 0.0 到 1.0 之间：数值越高，遗传性越强。
2. 遗传性只和大的群体相关，并不针对具体的个体。因此，谈论个体某一行为或障碍的遗传性是不对的。注意力缺失/多动症（ADHD）的遗传性在 0.7 左右，并不意味着安娜患 ADHD 70% 都是由于她的基因，而 30% 是由于其他的因素。正确的理解是，在一定的群体中（比如在某个研究中的大样本），ADHD 的变异有 70% 应归因于基因，30% 归因于环境。ADHD（或任何障碍）对特定的个体来说，都不存在所谓的遗传性。

在基因研究中和基因一样重要的是环境因素。**共享环境**因素包括那些家庭成员共有的事物，如家庭收入水平、抚养儿童的经验、父母的抚育地位和质量等。**非共享环境**（有时候也被称为独特环境）因素指那些在家庭成员中不一样的事物，如和朋友之间的关系，或某个人的特殊事件（如，出车祸或者参加游泳队）；这对于理解为什么来自同一个家庭的两个兄弟姐妹会如此不同十分重要。我们来看一个例子。杰森 34 岁，沉溺饮酒，但力图保住自己的工作。他的妹妹简 32 岁，是一家电脑公司的总监，她没有滥用酒精或毒品的问题。杰森小时候没有什么朋友，而简在高中是最有名气的女孩之一。杰森和简共享了几种影响因素，包括他们生长的家庭环境；但他们也有独特、非共享性的经验，比如青少年时期的不同关系。行为遗传研究表示，非共享性或独特的环境经验对于精神疾病的形成比共享性经验更加重要。

非共享环境是指家庭成员间相区别的元素，例如拥有不同的朋友群体。
(Pixland/SuperStock, Inc.)

接下来，我们看看基因范式中两个广义的方法，包括行为基因学和分子基因学。然后我们再讨论关于基因和环境相互作用方式的证据。这为我们在本章后面要讨论的整合范式奠定了基础。

行为基因学

行为基因学研究的是基因和环境因素影响行为的程度。需要明确的是，行为基因学并不研究基因和环境怎样决定行为。很多行为基因学的研究都估算某种精神疾病的遗传性，但并不提供任何有关基因如何运作的信息。一个人总体的基因构成，被称为**基因型**（基因的物理排序）；基因型无法从外部直接观察到。相反，可被观察到的行为特点的总和，如焦虑的程度，被称为**表现型**。

我们先前定义过基因表达：基因型不能被看作一种稳定的存在。例如，基因在特定的时间开启或关闭，来控制发展中的各个方面。确实，基因程序十分灵活——它们可以对发生在我们身上的事情做出明显的回应。

行为基因学研究共享基因的家庭成员之间共享某些特征的程度，例如外貌相似度或心理病理表现。
(Tony Freeman/PhotoEdit.)

表现型随着时间而变化，并且是基因型和环境相互作用的产物。例如，一个人也许有与生俱来取得很高知识成就的能力，但是他或她究竟能否发展这种基因上的潜力还要取决于环境因素，如抚养和教育。因此，智力是一个表现型指标。

Turkheimer及其同事（2003）的研究表明了基因和环境是如何相互作用影响智力的。一些研究已经证实智力的高遗传性（Plomin, 1999）。但Turkheimer等人发现这一遗传性依赖于环境。这个研究包括319对7岁的双胞胎（114对同卵双胞胎，205对异卵双胞胎）。他们中的很多人都是在低于贫困线或低收入家庭中长大的。在低社会经济地位的家庭中，孩子智力60%的变异都由环境因素引起；在高社会经济地位家庭中，则发现相反的结果。这表明，智力的变异受基因的影响比环境更大。因此，越贫困的成长环境对智力发展的影响可能越负面，然而在较富足的环境中长大可能并没有太大的帮助。但值得注意的是，这些有趣的发现基于IQ分数，即心理学家们所认为的智商水平，而非基于成就（我们将在第3章和第13章详细讨论）。这些基因和环境之间的交互作用为行为基因研究打开了一扇新的窗口（Moffitt, 2005），下面我们会讨论其他一些表明基因和环境相互作用的研究。在第4章中，我们会讨论行为基因学研究中的主要研究设计。

分子基因学

分子基因学研究寻求识别特定的基因及其功能。回忆一下，一个人有46条染色体（23对），每一条染色体由成百上千个含有DNA的基因组成（见图2.1）。同一基因的不同形式被称为**等位基因**。一个基因的两个等位基因存在于一对染色体的相同位置上。基因的**多态性**指在一个基因中的DNA序列的不同，并且发生在某类人群中。

基因中的DNA被转录为RNA。在某些情况下，RNA被解译为氨基酸，进一步形成蛋白质，蛋白质构成细胞（见图2.2）。基因表达涉及特殊类型的DNA——启动子。这些启动子可以被特殊的蛋白质——转录因子——识别。启动子和转录因子是很多分子基因学和心理病理学中研究的重点。所有的这些共同作用，形成一个令人惊叹的复杂系统，其中不同的组合或顺序，都会导致不同的结果，即变异性。

在过去的10年中，分子基因学研究重点致力于明确人们在基因序列和结构上的不同。基因序列研究中一个有趣的领域是明确所谓的**单核苷酸多态性**，又称SNP。SNP指在一个特定基因中，它指的是在基因中的一个或多个异常的 DNA 片段拷贝。这些异常 DNA 片段拷贝可以是增加的，即多余；也可以是减少的，即丢失。5% 的人类基因组都包含 CNV，它可以从父母那里遗传，也可以自发变异——在个体中首次出现。我们会讨论在不同的障碍中识别 CNV 的研究，特别是精神分裂症（第 9 章），以及自闭症、ADHD。

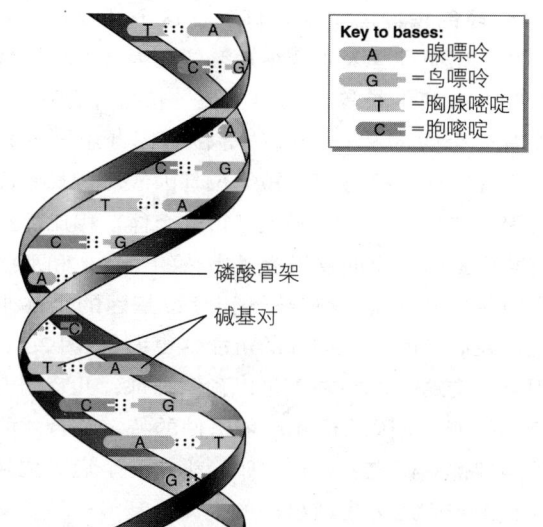

图 2.1　该图显示了 DNA 序列上的 4 种碱基：A（腺嘌呤）、T（胸腺嘧啶）、G（鸟嘌呤）、C（胞嘧啶）

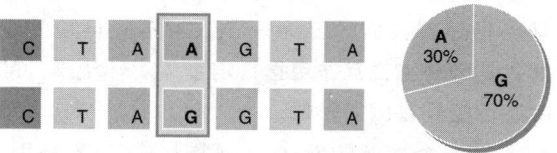

图 2.3　对两人的基因进行比较来表明单核苷酸多态性的含义。这两条基因链只有一个核苷酸有所不同。右边的饼图则表示在人群中，基因序列中 G 的出现频率要远多于 A。

DNA 序列上某个单核苷酸（A、T、G、或者 C；见图 2.3）的不同。图 2.1 表明在一段 DNA 中 SNP 是什么样子的。图中被圈出来，指出两条 DNA 链之间不同的单核苷酸，即 SNP。这是人类基因多态性中最常见的一种类型，目前已经识别出将近一千万个不同的 SNP。SNP 在精神分裂症、孤独症和心境障碍研究中都有涉及。

另一个有趣的领域是对人们的基因结构的不同研究，包括定义所谓的**基因组拷贝数变异（CNV）**。CNV 在单个基因和多个基因中都会发生，

在动物研究中，研究者能够操纵特定的基因继而观察其对行为的影响。特定的基因可以从老鼠的 DNA 中剔出——这被称作基因敲除研究，因为特定的基因会从动物的系统中被敲除出来。例如，负责神经递质 5-羟色胺（5-HT）的特定受体基因，被称作 5-HT_{1A}；如果在老鼠出生之前敲除，那么在成年之后，它们呈现出焦虑的表现型。有趣的是，一项利用了仅仅暂时敲除特定基因的新技术的研究表明，如果在老鼠发展早期，它们能重获 5-HT_{1A} 基因，则能防止成年

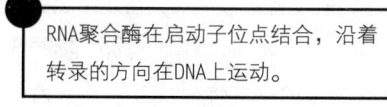

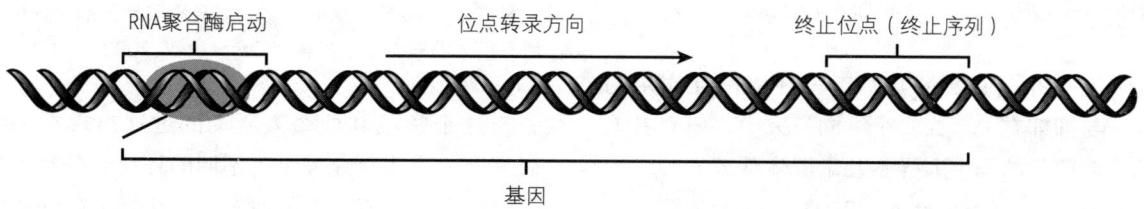

图 2.2　该图展示了基因转录，即 DNA 转录为 RNA 的过程。某些时候，RNA 也会解译为氨基酸，继而形成蛋白质，参与细胞的构成。

老鼠发生焦虑（Gross et al., 2002）。这在分子基因学中是一个重要领域。然而，如何将这一领域中的动物研究与人类研究相结合仍是一个巨大的挑战。

基因—环境交互作用

正如我们先前注意到的，基因和环境是共同作用的。生活经验塑造着基因的表达方式，而基因指导着我们的行为并导致对不同环境的选择。**基因环境交互作用**指特定个体对环境事件的敏感性受到基因的影响。

举一个简单的例子。一个人有 XYZ 基因，他或她可能会因为被蛇咬而对蛇产生恐惧。而没有 XYZ 基因的人在被咬之后则不会产生对蛇的恐惧。这个简单的关系就涉及基因（XYZ 基因）和环境事件（被蛇咬）。

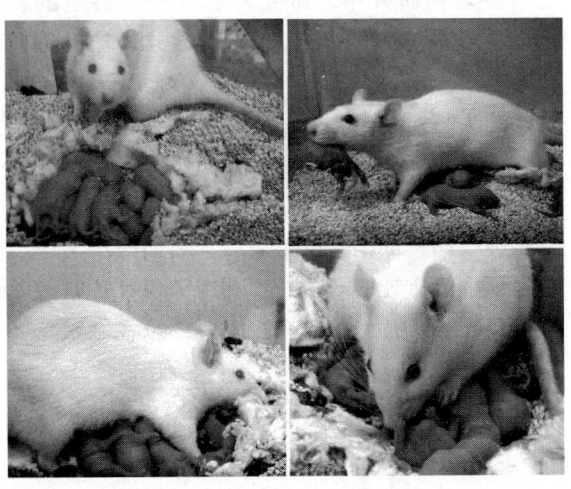

如果幼鼠由一个喜欢舔舐它的母亲抚养长大（即使是非亲生的母亲），在幼鼠成年后，它更可能采用相似的行为对待自己的孩子。（Courtesy Darlene Francis.）

另一个（真实的）基因—环境交互作用的例子与抑郁有关。在一个纵向研究中，研究者追踪了新西兰的一个大样本儿童群体从五岁到二十多岁的情况（Caspi et al., 2003）。研究者测量了包括早期儿童不良对待（虐待）和成年抑郁等多种变量。他们也同时测量了一个特殊的基因叫作 **5-羟色胺转运体**（5-HTT）。这个基因具有多态性，比如有些人有两个短等位基因（短—短），有些人有两个长等位基因（长—长），而另一些人有一个短的和一个长的等位基因（短—长）。研究者发现那些有短—短等位基因或短—长等位基因，并且曾在小时候被虐待的个体，相比那些有同样基因但小时候没有被虐待的个体，和那些小时候被虐待但是有长—长等位基因的个体来说，在成年时发生抑郁的可能性更大（见图2.4）。因此，有这一基因并不足以预测抑郁，儿童期虐待也不能；基因结构和环境事件的特定结合才能预测抑郁。研究者发现对于至少有一个短等位基因且报告有压力生活事件的个体，基因—环境交互作用同样存在。也就是说，那些报告严重的压力事件并且至少有一个短 5-HTT 等位基因的人面临较大的患上抑郁的风险。重要的是，这个研究的结果被几组不同的研究人员相互印证，而且这些研究结合了严谨的压力访谈测量。我们将会在第3章讨论研究的详情（Caspi et al., 2010）。

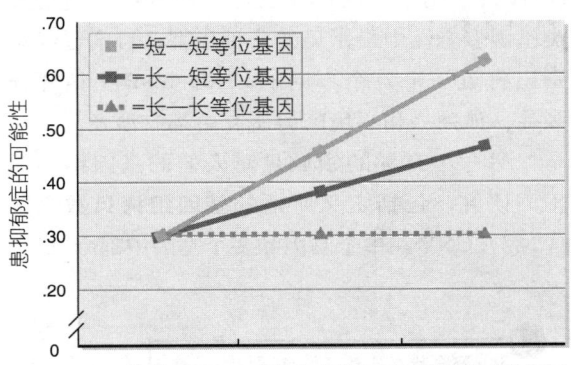

图 2.4 图中表现了基因—环境的交互作用。携带有 5-HTT 短—短等位基因且童年有受虐待经历的个体成年后有很大的概率患上抑郁（Caspi et al., 2003）。

这个领域其他令人激动的进展出现在动物研究中。这些研究操纵了不同的环境，并且测量了行为和基因表达上的改变。关于环境如何改变基因表达或基因功能的研究被称作**表观遗传学**（epigenetics）。其本意是"在基因之上或之外"，指在每个基因中依附和保护 DNA 的化学"记号"。这些记号控制基因表达，而环境会直接影响这些记号的工作（Karg et al.，2011；Zhang & Meaney，2010）。

在一系列令人惊叹的老鼠实验中，Darlene Francis 证明，抚育行为可以以一种非基因的方式传递给下一代。老鼠良好的抚育包括了很多舔舐和整饰（LG）行为，这被称作弓背抚育（ABN），母亲在做出这些 LG-ABN 行为的程度上有所不同，但是做出更多这类行为的母亲，其幼崽长大后对压力的反应可能更小。Francis 及其同事（1999）发现，表现出较少的 LG-ABN 行为的母亲，其幼崽如果被高行为表现的母亲抚养，它们长大后对压力反应也较小，并且作为母亲，它们本身也会表现出高 LG-ABN 行为；而它们的幼崽也会有低压力反应，并且同样成为高 LG-ABN 母亲。因此，在领养之后这些抚育方式会代际相传。代际相传的是领养母亲的抚育行为，而非亲生母亲的抚育行为，这表明了环境在其中起的作用。但这是否意味着基因并不重要？

然而，后续的研究表明，良好抚育的传递，部分是由于在领养子女中激发了一种特定基因的表达增多（Weaver et al.，2004）。运用交叉抚育，亲生母亲为低 LG-ABN 生理的母亲的幼崽被高 LG-ABN 母亲抚育，其在特定基因（糖皮质激素受体）的表达上有所增加，和那些亲生母亲为高 LG-ABN 的幼崽相同（但与那些亲生母亲为低 LG-ABN 的幼崽不同）。环境（抚育）对这个特定基因的表达的启动（或激发）负责。一旦它被启动，抚育的方式似乎就会代际相传。

我们将继续看到这类动物和人类的研究。了解环境是如何影响基因表达的，这对于理解心理病理学的原因十分重要。

基因—环境互补作用

基因在心理病理学中的另一个重要方面是它们如何促进特定类型的环境产生。这被称作**基因—环境互补作用**（Plomin et al.，2003；Rutter & Silberg，2002）。这个概念的基础是认为基因会促使我们去寻求某种特定的环境，而这一环境可能会增加我们发展出特定障碍的风险。例如，酒精使用障碍的风险基因会将人们置于酒精使用的高风险环境中，如触犯法律。研究发现，抑郁的基因易感性可能会促进特定的生活事件，如与男朋友分手或同父母产生矛盾，从而在青春期女孩中引发抑郁（Silberg et al.，1999）。宽泛地说，压力生活事件中有一种类型叫作依赖性生活事件，这类事件似乎受基因的影响要大于偶然。也就是说，人们看似至少会部分地出于他们的基因去选择特定类型压力生活事件可能性更大的环境（Kendler & Baker，2007）。研究者目前正试图区分这些依赖性生活事件和那些在个体控制之外的事件，这个话题我们会继续在第 3 章讨论。

评价基因范式

我们对每个范式的讨论，都会以评价结束。基因是心理病理学研究中重要的部分，心理病理学在很多方面涉及基因。当代观点提出了帮助我们理解基因如何作用于心理病理学的模型，认为基因是通过环境作用的。也许采取基因范式的科学家面临的最大挑战是明确基因和环境究竟是怎样发生交互作用的。这在严格控制的动物实验室中更容易实现。不断探索并理解在疾病发展进程中基因如何与复杂的人类环境相作用，当然是一个巨大的挑战。然而，这对于基因研究来说仍然是一个激动人心的时代，在基因、环境和心理病理学上的重要发现正以极快的速度发展。除此之外，基因学中一些主要的重大突破还涉及基因学和神经科学方法的结合。例如，神经科学的发现试图阐释基因和环境通过大脑产生影响的方式（Caspi & Moffitt，2006）。尽管我们分别展示了基因和神经科学范式，但在探索心理病理学可能的原因时要将两者结合在一起来运用。

> **概念核查2.1**（答案见章末）
>
> 1. 基因开启或关闭的过程被称作
>   a. 遗传性　　　b. 基因表达
>   c. 多态性　　　d. 基因转换
> 2. 萨姆和莎莉是亲生父母抚养的双胞胎。萨姆擅长音乐并参加了高中乐队；莎莉是篮球队中的明星队员。他们都成绩优异，并且都在面包店做兼职。其中一个共享的环境变量可以是_____，非共享的环境变量可以是_____。
>   a. 学校活动；他们和父母的关系
>   b. 萨姆的乐队；莎莉的篮球队
>   c. 他们和父母的关系；工作
>   d. 他们和父母的关系；学校活动
> 3. _____指的是同样基因的不同形式；_____指的是产生紊乱的不同基因。
>   a. 等位基因；多基因　　b. 多基因；等位基因
>   c. 等位基因；多态性　　d. 多态性；等位基因
> 4. SNP告诉我们基因的_____，CNV告诉我们基因的_____。
>   a. DNA；RNA　　　　b. 顺序；结构
>   c. 结构；顺序　　　　d. DNA；多态性
> 5. 在Caspi等人（2003）对抑郁的基因—环境交互作用研究中，那些抑郁症高风险的人：
>   a. 儿童时期被虐待，亲生父母有抑郁症
>   b. 儿童时期被虐待，有至少一个5-HTT基因的长等位基因
>   c. 儿童时期被虐待，有至少一个5-HTT基因的短等位基因
>   d. 儿童时期没有被虐待，有至少一个5-HTT基因的短等位基因

神经科学范式

神经科学范式认为心理障碍和大脑中的异常过程有关，大量的文献都涉及大脑和心理病理学的联系。例如，某些抑郁和大脑中的神经递质相关；焦虑障碍可能和自主神经系统的缺陷相关，因而极易出现情绪唤起；痴呆的病因同样可以从大脑结构损伤中找到线索。在这一节我们会看到这个范式的三个组成部分：神经细胞和神经递质，大脑结构和功能，神经激素系统。继而我们会考虑源于这个范式的一些重要治疗方法。

神经元和神经递质

神经系统中的细胞被称作神经元，神经系统由几亿个神经元组成，尽管神经元在很多方面各不相同，但每个**神经元**都有四个主要部分：①细胞体；②几个树突，即短而粗的支权；③一个或更多不同长度的轴突，但通常只有一个长而细的轴突，距离胞体有一定距离的延伸；④轴突支权终端的终扣（见图2.5）。当一个神经元胞体受到了适当的刺激或者有刺激通过其树突传导时，一个**神经冲动**就会沿着轴突传到终扣。轴突的终端和接收神经元的细胞膜之间的间隙，叫**突触**（见图2.6）。

如果神经细胞想向下一个神经细胞发射信号，以确保交流，神经冲动必须要跨过这个间隙。每个轴突的终端都有突触小泡，一种充满了**神经递质**的小结构。神经递质是使神经细胞跨过突触向另一个神经细胞传递信号的化学物质。当神经递质进入突触，其分子到达突触后神经细胞。突触后神经细胞的细胞膜包含受体；特定受体只允许特定的神经递质进入其中。当一个神经递质进入一个受体单元，信息就被传递进入突触后细胞。突触后神经细胞会发生什么取决于成千上万这类信息综合后的结果。有时这些信息是激发性的，会形成突触后细胞的神经冲动；有时这些信息是抑制性的，使得突触后细胞更难以产生神经冲动。

突触前细胞释放完神经递质后，最后一步就是让突触回到它正常的状态。并不是所有释放的神经递质都能到达突触后受体。继续停留在突触中的有些被酶分解，有些被带回突触前细胞，这个过程叫作**重摄取**。

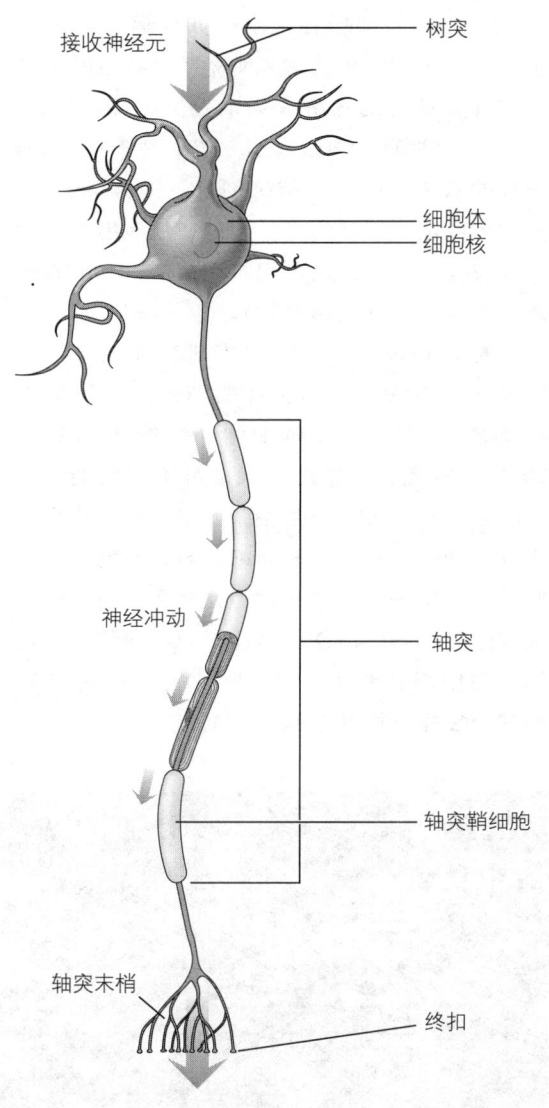

图 2.5 神经元，神经系统的基本单位。

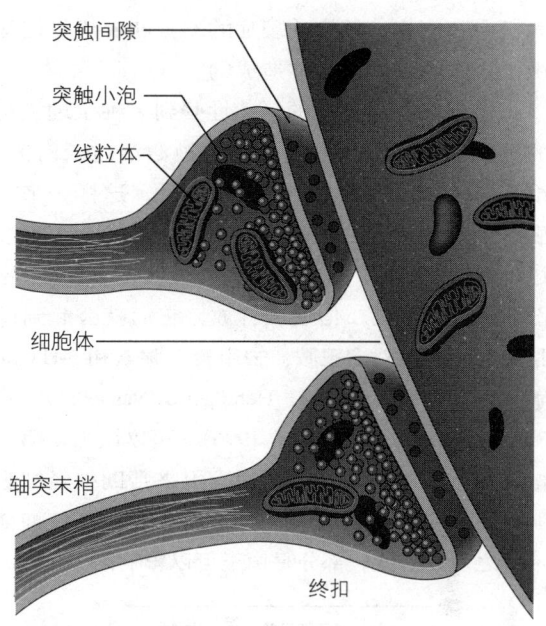

图 2.6 图中展示了两个轴突末梢的终扣与另一神经元的部分细胞体紧密接触的情形，即突触。

几种关键的神经递质在心理病理学中也有体现，包括**多巴胺，5-HT，去甲肾上腺素和 γ 氨基丁酸（GABA）**。5-HT 和多巴胺与抑郁、躁狂和精神分裂症有关。去甲肾上腺素是负责和交感神经系统联系的神经递质，参与机体产生高唤醒状态的过程，因此与焦虑障碍及其他压力相关的症状有关（见聚焦发现 2.1 中更多交感神经系统的描述）。GABA 可抑制大部分脑区的神经冲动，可能与焦虑障碍有关。

早期将神经递质和心理病理学相联系的理论提出，一种心理障碍的出现是由于某一特定神经递质太多或太少（例如，躁狂和过多的去甲肾上腺素相关，焦虑与过少的 GABA 相关）。后续的研究揭示了这些看似简单的观念背后的细节。这些神经递质从氨基酸开始，通过一系列新陈代谢的步骤在神经细胞中合成。每一个机体反应都会带来递质的产生和分解。特定神经递质过多或过少都会导致这些新陈代谢过程中的错误。如果释放到突触的神经递质失活，正常的神经传导过程就会发生变化，可以带来与某些心理障碍相似的影响。例如，剩余的神经递质没有被重摄取到突触前细胞，在突触中会留下多余的递质。此时，如果一个新的神经冲动使得更多的神经递质被释放到突触中，突触后神经细胞会获得几乎双倍的神经递质，有可能引发一个全新的神经冲动。

其他的研究关注在某些障碍中神经递质受体出现问题的可能性。如果突触后神经细胞受体太多或者太容易被激活，结果就近似于释放了太多递质。突触后细胞上会有更多位点可与神经递质相结合，这样就为突触后细胞被激活创造了更大机会。例如，精神分裂症的幻觉和妄想可能是由于过多的多巴胺受体造成的。

突触后神经细胞的敏感性受到多种生理机制的控制。例如，如果一个受体被激活过长时间，细胞可能会重新调制受体的敏感性，这样一来产生一个新的神经冲动就更困难。如果一个细胞被过于频繁地激活，这个受体就会释放**第二信使**（见图2.7）。一旦第二信使被释放，它们就会起到调整突触后受体对多巴胺、去甲肾上腺素和5-HT的敏感性的作用（Duman, Heninger & Nestler, 1997; Shelton, Mainer & Sulser, 1996）。可以认为，第二信使是当受体被过度激活时，用来帮助神经细胞调整其敏感性的。现有的抑郁研究表明，抗抑郁药物之所以有效，部分是由于可以影响第二信使。

研究神经递质在大脑中如何运作的一种方法是，让人们服用药物来刺激某种特定的神经递质受体。这种药被称作**激动剂**。比如，5-HT激动剂是一种刺激5-HT受体的药，以产生与5-HT一样的效果。相反，**拮抗剂**是一种作用于受体，抑制神经递质活动的药。例如，很多用来治疗精神分裂症的药物都是多巴胺拮抗剂，它阻碍多巴胺受体起作用（见第9章）。

尽管心理病理学中重点研究神经细胞和神经递质，但我们在这里还要介绍另一种重要的脑细胞，叫**神经胶质细胞**（见图2.8; Fields, 2011）。神经胶质细胞有很多种不同的类型，它们的名字听上去十分陌生，如星形胶质细胞、少突胶质细胞和微神经胶质细胞等。研究发现，这些神经胶质细胞不仅和神经元相互作用，还帮助控制这些细胞的运作。这些细胞在我们本书讨论的障碍中都会涉及，包括痴呆症（第14章）和精神分裂症（第9章）。

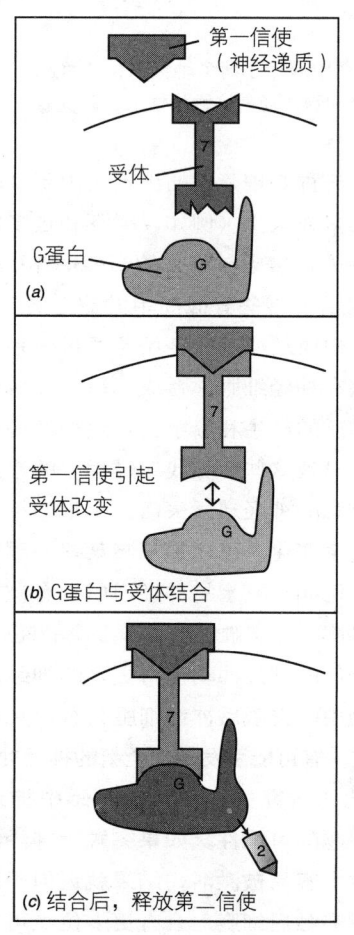

图2.7 第二信使释放的过程。

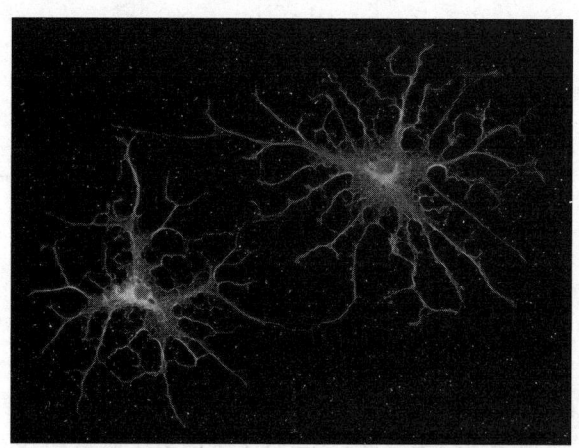

图2.8 神经胶质细胞是大脑中另一种重要的细胞。
(DR JAN SCHORANZER/SCIENCE PHOTO LIBERARY/Photo researchers, Inc.)

人类大脑的结构和功能

大脑位于头骨的保护结构之内，被三层称作脑脊膜的保护膜层包裹着。从顶部看，大脑被一条裂隙分成两个对称的脑半球；它们共同构成大脑的主要部分。这两个半球的主要连接是神经纤维束,称作**胼胝体**,它使得两个半球能够相互沟通。图2.9呈现出一侧大脑半球的表层。皮质是由覆盖大脑外部薄薄的神经元构成的,即所谓的**大脑灰质**。皮质由六层紧密结合的神经元构成,神经元总数估计接近16亿个。皮质大面积褶曲,脊部称作脑回,脊部之间的低处叫脑沟。如果展开,皮层就会和一张正式的餐巾一样大。脑沟是用来划分大脑的不同区域的,像地图上的指示点一样。较深邃的脑沟将大脑半球分成四个不同的区域,称为叶。**额叶**位于中央沟的前方;**顶叶**位于外侧裂之上、额叶背后;**颞叶**在外侧裂之下;**枕叶**在顶叶和额叶之后(见图2.9)。不同的功能通常和特定的脑区相联:视觉和枕叶有关;听觉损伤和颞叶有关;推理、问题解决、工作记忆、情感调节和额叶有关。皮层中一个重要区域叫**前额皮层**。这个区域在皮层的最前面,帮助调节杏仁核(下面将会讨论),并且在很多心理障碍中都十分重要。

些纤维连接皮层和脊髓以及大脑其他较低中心的细胞体。而有些叫作神经核的特定区域,则汇聚着多组神经,并负责整合从各个中枢传来的信息。

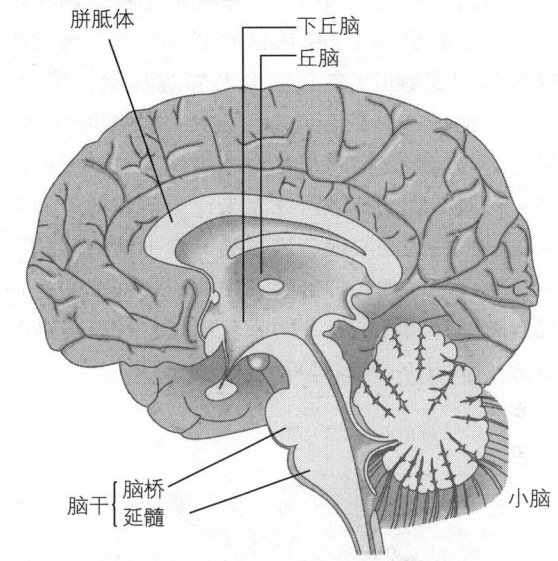

图2.10 从内剖面看大脑的内部结构。

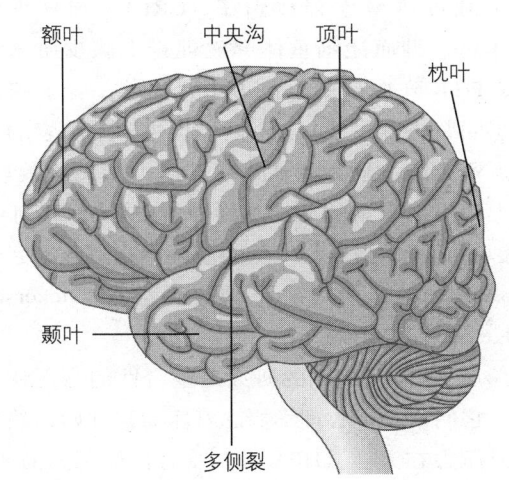

图2.9 左脑半球表面的四个脑叶,以及中央沟和外侧裂。

如果把大脑分成两半,将两个大脑半球分离,我们就会看见其他重要结构。皮层的灰质并没有在大脑内部延伸(见图2.10)。大脑内部大部分都是**白质**,由大量有髓神经纤维的纤维束组成。这

基底核是重要区域之一,它位于每个大脑半球的深处。基底核帮助调节启动、停止动作和认知活动。同样位于大脑深处的腔叫作**脑室**。脑室里充满了脑脊液。脑脊液在大脑和脑室之间循环,并与脊髓相通。

丘脑是除了嗅觉以外的感觉通道的中继站。丘脑接收来自身体不同感觉部位的神经冲动,并将其上传至皮层。在皮层处这些神经冲动会整合成有意识的感觉。**脑干**由脑桥和延髓组成,主要起神经中继站的作用。脑桥包含连接小脑和脊髓还有大脑运动区域的通路。延髓为神经束从脊髓上升或从大脑高级中枢下行提供主要通路。**小脑**负责接收耳部前庭器官、肌肉、肌腱和关节的感觉神经,接收的信息与运动时的平衡、姿势、身体协调有关。

不同形式的心理病理学中经常都会提到一套更深的、皮层下的结构。长久以来我们统称这些不同的结构为边缘系统,如今这个术语被大部分神经科学家认为是过时的。这些结构,见图

2.11，支撑情绪中本能和躯体表现——加快心跳和呼吸、颤抖、出汗，面部表情的更换——以及食欲和其他原始驱动，如饥饿、口渴、交配、防御、攻击和逃跑。其中一个重要的结构是**前扣带回**，位于胼胝体上方；**隔区**在丘脑前面；**海马**从隔区延伸到颞叶；**下丘脑**调节新陈代谢、体温、出汗、血压、睡眠和食欲；**杏仁核**在颞叶顶端，是一个与情绪刺激和记忆情感事件有关的重要区域。这对心理病理学研究者来说是研究的关键脑区之一，因为在心理病理学的障碍中情绪问题有不确定性。例如，抑郁的人相比没患抑郁的人在观察有感情面孔的图片时表现出杏仁核有更高的激活（Sheline et al., 2001）。

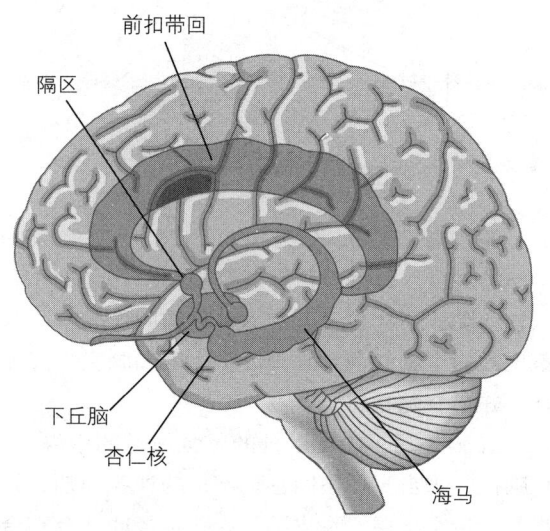

图 2.11 大脑皮质下结构

人脑的发展是一个复杂的过程，它始于孕期的头三个月并一直延续到成年早期。据估计我们的基因有大约三分之一都在大脑中表达，这些基因中的大部分都影响了大脑结构的形成。细胞发育和迁移到皮层中合适位置的过程非常复杂，不幸的是，错误时有发生。现在对一些心理障碍的研究，如精神分裂症，开始将问题的起源归于早期发展阶段。大脑发展持续整个童年、青少年时期，甚至成年时期。这个过程中，细胞在发育，细胞之间和大脑区域之间的联结开始出现。充满细胞的大脑灰质继续发展，直到青少年早期。接着，一定数量的突触联结开始莫名消失——这个过程称为**修剪**。在成年早期，大脑中的联结可能会变少，但是它们的传递速度会变快。发展最快的区域与感觉过程有关，比如小脑和枕叶，而发展最晚的区域是额叶。

我们将会在本书中讨论一些脑区。比如，研究发现精神分裂症患者脑室较大；创伤后应激障碍、抑郁和精神分裂症患者海马较小，这可能是由于他们压力反应系统过于活跃所致；自闭症孩子的大脑体积比正常发展的要快。

神经内分泌系统

神经内分泌系统在心理病理学中也有涉及，本书中会涵盖相关证据。我们将会反复提到的系统之一是 **HPA 轴**（见图 2.12）。HPA 轴是人体压力反应的中心，压力对本书中的很多障碍都有突出作用。

当人们面对威胁时，下丘脑就会分泌促肾上腺皮质激素释放因子（CRF），和脑垂体相作用，继而让脑垂体释放促肾上腺皮质激素（ACTH）到血液中，作用于肾上腺。肾上腺的外层叫肾上腺皮质；这个区域促进肾上腺素的分泌。**肾上腺皮质激素**通常是与压力有关的激素。肾上腺皮质激素的分泌达到峰值要花费 20 到 40 分钟的时间。当压力或威胁解除，肾上腺素回到基线值（如在压力之前）要花一个小时（Dickerson & Kemeny, 2004）。

压力和 HPA 轴的研究是整合性的，也就是说，它们从一个心理学概念（压力）开始，然后检测压力在人体（HPA 轴）中有何体现。例如，在一系列动物研究中，研究者发现老鼠和哺乳动物如果早期受到创伤，比如和母亲分离，就会在后期生活中面对压力时产生更高水平的 HPA 轴活动（Gutman & Nemeroff, 2003）。正如我们讨论过的基因—环境交互作用，我们很难将生理和环境分开——生理会增加对环境的反应性，应激障碍早期经验会影响生理。正如我们会看到的，慢性压力及其在 HPA 轴上的影响与一些心理障碍有关，这些心理障碍多种多样，如精神分裂症、抑郁和创伤后应激障碍。

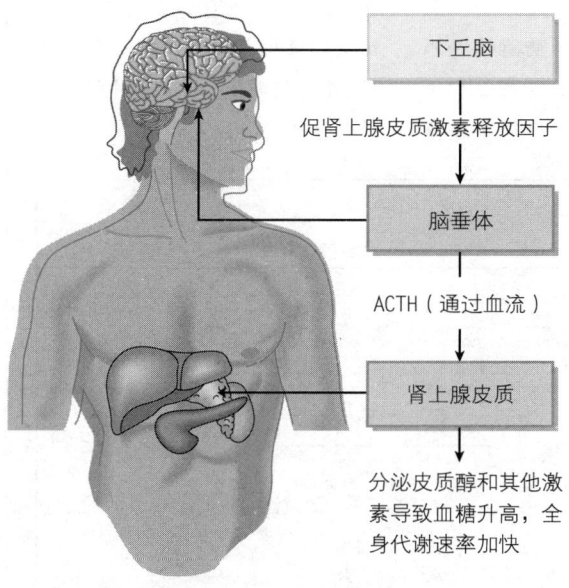

图 2.12 HPA 轴，即下丘脑—脑垂体—肾上腺皮质轴。

聚焦发现 2.1 中讨论了另一种重要的系统——**自主神经系统**。我们的大部分行为都依赖于这一快速运作的神经系统。其工作一般都在我们无意识的情况下进行，传统上我们将其视为在我们自愿控制之外的，因此称其"自主"。

神经科学治疗方法

神经药物的使用正在迅猛发展。例如，2000年成年人抗抑郁药物的使用量是 1988 年的三倍（美国国家健康中心数据库，2004）。在抗精神病药物上的花费从 1997 年的 13 亿美元增长到 2006 年的 56 亿美元（Barber, 2008）。抗抑郁药物，如百忧解，通过抑制 5-HT 的再吸收，增加利用 5-HT 作为神经递质的神经细胞中的神经递质含量。苯二氮类，如阿普唑仑，对缓解与焦虑障碍相关的紧张很有效，它可能通过刺激 GABA 神经细胞来抑制其他制造焦虑体征的神经系统。抗精神病药物，如奥氮平，应用于精神分裂症，通过阻碍多巴胺的受体，同时影响 5-HT，来降低多巴胺作为神经递质的神经细胞的活动水平。神经兴奋剂，如阿得拉（Adderall），通常被用于治疗注意力缺失/多动症，通过作用于几种能够帮助孩子集中注意力的神经递质来发挥影响。

你可能会认为我们先知道什么神经递质会导致紊乱，然后利用这一点来决定药物治疗，但情况并非如此。相反，我们通常先发现一种药物会影响症状，然后研究者就受启发去研究这种药物可能影响的神经递质。但是如我们看到的，在心理病理学中认为病因与神经递质有关的证据并不是那么具有说服力。

应该注意，我们需要的是用神经科学的观点看待障碍的本质，然后在心理学上进行创新。当代的科学家和医生都赞同非生物学的创新会影响大脑的功能。例如，心理治疗教我们怎样停止强迫性的做法，这对强迫症很有效，并且广泛运用到行为治疗中，对大脑活动也产生了可测量的效果（Baxter et al., 2000）。

评价神经科学范式

在近三十年里，神经科学家们在探索大脑—行为的关系上取得了巨大的成就。神经科学研究在心理病理学的成因和治疗上都发展迅速，这一点也会在后续章节对具体障碍的讨论中体现出来。尽管我们用一种积极的眼光来看待这些发展，我们还是要警惕还原论。

还原论是指任何被研究的事物都应该还原至基本构成元素的理论取向。以心理障碍为例，科学家们试图将心理和情绪上的复杂反应降低到生物层面，这便是还原论的一种表现。最极端的情况是，还原论认为心理学和心理病理学在终极意义上不过是生物学。

人体神经细胞等基本元素组织成复杂的结构或系统，如神经网络或者通路。这些神经通路的性质不能从个体神经细胞的性质中推论而来，整体要比部分的综合强大得多，电脑便是证明这件事的最好例子。学生们用文字处理软件，如 Word

聚焦发现 2.1　　自主神经系统

自主神经系统支配内分泌腺，心脏，以及血管、胃、肠、肾和其他器官壁上的平滑肌。自主神经系统分为两部分，**交感神经系统**和**副交感神经系统**（图 2.13）。识记这两个系统的一个简单办法就是，交感神经系统使身体准备"战斗或逃跑"，副交感神经系统帮助身体"平静下来"。

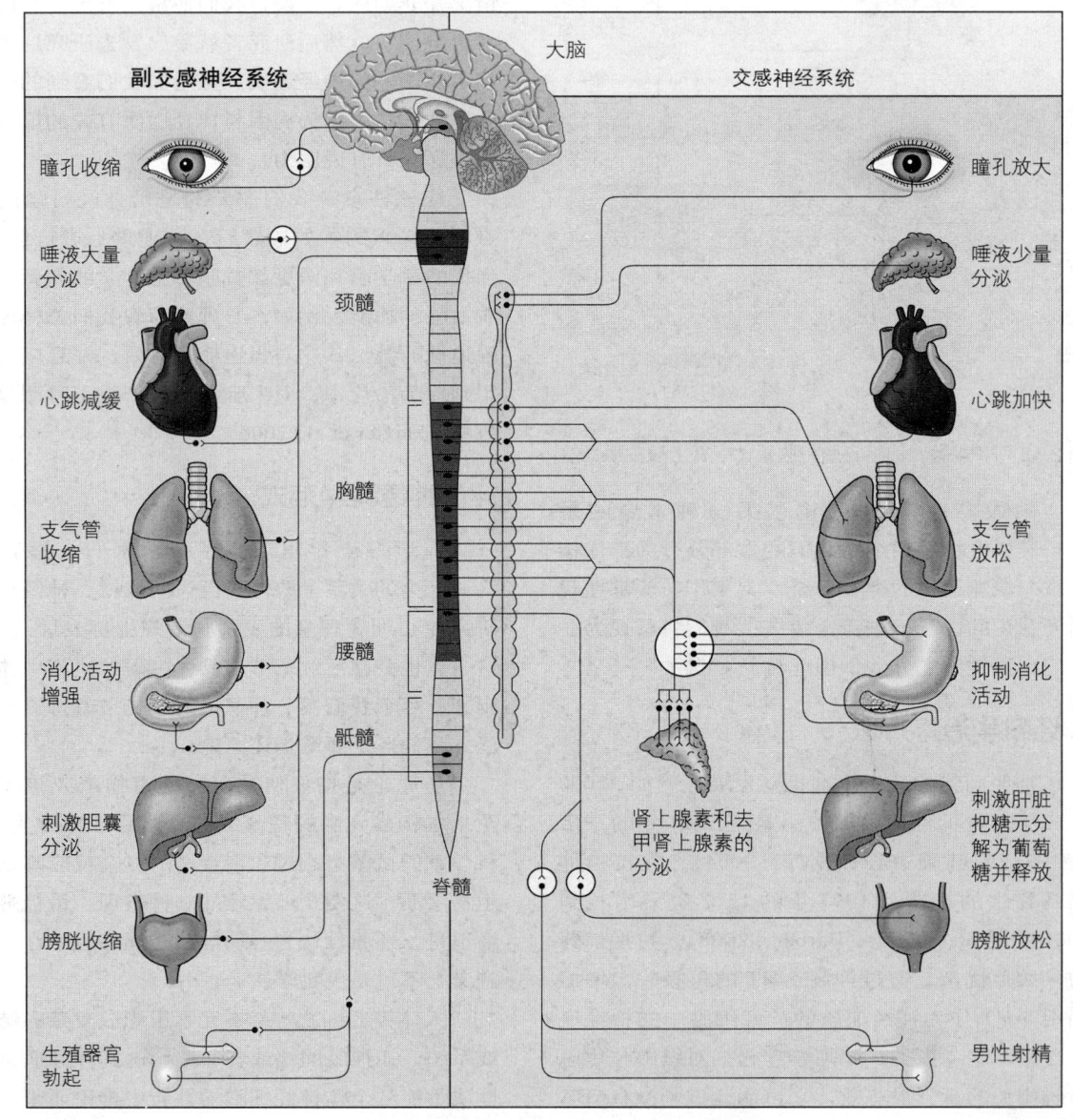

图 2.13　自主神经系统。

> 自主神经系统中的交感部分被激活时，会使心跳加速、瞳孔放大、肠道活动受阻、皮肤电导增加（如皮肤出汗），并且会激活为有机体应对突发事件和压力做准备的其他平滑肌和腺体。然而，两个系统的分工并没有明确的界限，比如，在性兴奋时就由副交感神经系统负责增加血液流向性器官。
>
> 自主神经系统在很多焦虑障碍中都很重要，如惊恐障碍和创伤后应激障碍。例如，有惊恐障碍的人会错误解释他们神经系统中的正常变化，如登几步台阶后呼吸短促。他们不会将此归因为身体不适，相反，他们会以为自己又将遭遇惊恐发作。在本质上他们害怕的是自身自主神经系统的感觉。

来写课程论文。这些软件程序是由各个级别的和电脑沟通的代码构成的。文字处理程序自然会涉及和电脑的低级别沟通，包括一系列的 0 和 1，甚至电子。然而我们不会用二进制字节或者电流来定义这些程序。如果在检测中程序停止了运行，我们并不会想着去修理电脑芯片，相反我们会想要程序员来找出并纠正程序漏洞。更确切地说，没有芯片，程序不会运作，但程序不仅仅是芯片发送出来的电流信号。同样，尽管像幻觉等复杂行为一定会涉及大脑和神经冲动，但了解具体的神经冲动，并不意味着我们完全掌握了疾病。

特定的现象只会在特定层次的分析上出现，并且会被那些只关注分子层次的研究者忽略。在心理病理学的领域中，像妄想型的信念、功能失调性态度、灾难化认知这样的问题，可能无法用神经生物学来解释——即使对每个神经细胞的行为都有清楚的认知（Turkheimer，1998）。

概念核查2.2（答案见章末）

填空。
1. 大脑中所谓的边缘系统包括以下脑区：_____、_____、_____和_____。
2. 大脑中的_____由联结细胞的有髓神经纤维构成；大脑中的_____指的是大脑的细胞或者神经元。
3. 心理病理学中研究的神经递质包括_____，它可以产生高唤醒水平，也包括_____，可以抑制神经冲动。
4. HPA 轴由_____、_____和_____构成。

认知行为范式

认知行为范式由行为主义的学习原理和认知科学发展而来。在接下来的介绍中我们会看到，行为主义的经典条件反射和操作性条件反射以及认知科学是许多认知行为疗法的发展基础。

行为疗法的影响

行为主义的关键影响之一，便是"问题行为受到强化后会继续"这一观念。一般来讲，问题行为会受到如下四种结果的强化：得到关注、免于做事、出现感觉反馈（例如自闭症谱系障碍患者从拍手中获得快感）、获得想要的东西或进入喜欢的场所（Carr et al., 1994）。当确定了个体的强化物之后，治疗过程应当对问题行为的结果进行修正。比如，某问题行为的强化物是受到关注，则在治疗过程中患者表现出问题行为之后不给予其关注。另外一种办法是在问题行为出现后进行**罚时出局**，即让个体在一个没有任何正强化的地方待一段时间。如今，罚时出局已经是家长应对孩子问题行为的常见策略。

另一个用来提升目标行为频率的方法是对期望的行为进行持续的正强化。例如，一个社交退缩的小孩如果跟其他小朋友玩耍便要进行强化。类似的，正强化也可以用来帮助自闭症患儿发展语言能力、矫正学习障碍以及帮助发育迟滞的儿童学会必须的日常技能。

罚时出局是基于操作性条件反射的一种行为治疗技术；在罚时出局中，孩子做错事情受到的处理是置身于没有任何正强化的环境中。
(©Harvey Fitzhugh/Shutterstock.)

暴露治疗是焦虑障碍疗法中受到广泛支持的一种方法。
(Michael Newman/PhotoEdit.)

在对儿童期问题的治疗中，诸如对目标行为的系统性奖赏和对不良行为的系统性去除等操作性技术，取得了良好的效果（Kazdin & Weisz,

1998）。如果治疗过程成功地对行为进行了矫正，那么之后的目标就是维持治疗的效果。治疗师或老师可以一直提供强化，但我们并不能期冀他们能够永远提供强化。因此这个问题通常通过以下几种办法来处理。实验室研究发现，间隔强化可以使新的行为更为稳定。因此，当目标行为开始变得规律的时候，我们便可以撤去持续性强化，代以间隔性强化。例如，如果老师通过表扬坐在椅子上完成数学题的行为，成功地让捣乱的孩子在更多的时间里安静地坐着，那么接下来这位老师就可以每隔一次目标行为之后再进行表扬，并渐渐地不再经常表扬。

另一个操作性条件作用的例子是采用**行为激活疗法**（behavioral activation therapy）对抑郁症进行治疗（Jacobson, Martell, & Dimidjian, 2011）。这一疗法帮助抑郁症患者积极地参与有机会得到积极强化的活动。

我们在第 1 章中提到了系统脱敏法。系统脱敏法包括两个主要方面：①肌肉的深度放松；②一系列恐惧情境的逐步暴露。系统脱敏法通常从能够引起最低焦虑的情境开始逐渐升级到个体最恐惧的情境。在这种行为疗法中起作用的成分是**暴露**。基本理念是如果个体能够面对引发自己焦虑的物体或情境足够长的时间而没有实际伤害发生的话，其焦虑就会消失。有时，这种暴露可以通过真实生活场景来进行。例如，如果一个人害怕坐飞机，那么治疗师可能会让他（她）真正地乘坐一次飞机。有时，当暴露不能在真实生活中进行的时候，我们会建议患者采用"想象暴露"的方法来战胜恐惧，如对强奸、创伤或被污染的恐惧。在其他的情境下，这两种暴露可以同时使用。

下面我们用一个对蛇恐惧的例子来对暴露和系统脱敏法进行说明。患者在治疗开始后先进行深度的放松，接着，患者在治疗师的帮助下就各种让她产生焦虑和恐惧的关于蛇的场景列出清单。下面是某位对蛇有特定恐惧症的患者列出的恐惧等级清单：

★ 听到蛇这个词。
★ 看到一本童话书上蛇的图案。
★ 看到一幅蛇的照片。
★ 看到自然纪录片中的蛇。
★ 看到动物园玻璃箱中的蛇。
★ 看到几米外的一条蛇。
★ 看到近处的一条蛇。

在放松的状态下，患者一步一步按等级从低到高的顺序进行想象暴露。放松的状态可以抑制由于想象情境所引发的焦虑。这样，心怀恐惧的患者在一段治疗过后，可以不再害怕等级越来越高的暴露情境。

在当今许多形式的认知行为疗法中，暴露一直都是核心的成分。自从暴露疗法（如系统脱敏法）出现以来，研究者对其进行了大量的研究。例如，暴露在真实情境中（如果可能的话）比暴露在想象情境中更为有效。同时，研究者们发现，尽管放松训练能够帮助患者在治疗初期面对恐惧刺激时减少生理唤醒，但它对最终的治疗效果并没有显著影响。所以，或许可以开发一种去除放松训练的精简版心理疗法。

这些行为疗法如今仍然有很强的影响力，但行为主义和行为疗法一直以来受到的批判就是它忽略了两个重要的因素：人的思维和人的感受。换句话来说，我们思考和感觉的方式势必会影响我们的行为。但是行为主义者并不这样认为。这些局限再加上十九世纪六七十年代认知科学方面研究的爆发，使部分行为主义研究者和治疗师开始在其心理病理学和治疗的概念框架中吸收认知的元素。

认知科学

认知集合了知觉、再认、构思、判断和推理等众多心理过程。认知科学关注人（和动物）如何建构、理解自身的经验，以及如何将当前的体验与记忆中储存的过往经历相联系。

任何时候，我们能够回应的刺激相比于加诸我们身上的刺激来说，都只是微乎其微。如何在这势如洪水的信息输入中过滤出我们想要的，将其加工为文字或语言，继而形成假设，得出结论呢？

认知心理学家认为，人类过往的知识经验在人类对情境进行解释的时候，会在知觉上形成一个漏斗。个体要将新的信息整合进入一个由以往知识建构的网络中，这个网络通常称为**图式**或认知框架（Neisser，1976）。当新的信息与已有图式不相符时，人类会重新整合图式使其适应新获得的信息，或者会对新获得的信息进行再解释从而使其适应已有图式。在下列情境中，我们可以看到图式是怎样帮助人类对所要加工和记忆的信息进行选择的。

> 男人站在镜子前，梳着头发。他仔细地检查自己的脸，以防遗漏没刮干净的胡须。接着，他系上了已经准备好的颇为稳重的领带，准备吃早餐。他一边吃早餐，一边仔细地看着桌上的报纸。喝咖啡的时候，他和妻子讨论是否需要添置一台新的洗衣机。早餐后，他打了几个电话。在他准备离开家的时候，他想到今年暑假孩子们可能会想去参加夏令营。但他发现汽车无法启动。他走出车外，狠狠地摔上门，生气地向公交车站走去。现在他就要迟到了。（Bransford & Johnson，1973，p. 415）

现在让我们再来读一遍这则摘录，这一遍请将"男人"替换为"失业的男人"。在读第三遍的时候，请将"男人"替换为"投资银行家"。在阅读的过程中，请注意一下你在理解时的不同之处。如果我问你有关男人看报纸的那些内容，你在回忆这些信息的时候不再浏览原文，你可能会回答失业的男人在阅读"招聘广告"，而投资银行家在阅读"经济要闻"。然而，事实上原文并没有特别提到主人公在阅读什么，所以这些答案都是错误的。但是在每一情境下，这一错误都是有意义的，是可以预料的。

认知科学同样对注意的研究做出了重要的贡献。我们在之后的章节中会发现，焦虑障碍、心境障碍和精神分裂症等不同障碍的患者都会表现出注意的问题。例如，焦虑障碍的患者倾向于关注环境中含有威胁的、会引发其焦虑的事件或场景。精神分裂症患者在某段时间中则难以有效地集中注意力。

研究者会利用"Stroop 任务"来研究注意。在 Stroop 任务中，研究者为被试呈现一系列色彩名词，而印刷这些词的墨水颜色是与其词义不同的颜色，被试则必须尽快对这些色彩名词的墨水颜色进行命名。为了成功完成任务，被试需要压抑自己读出色彩名词的冲动。例如，一名被试看到"蓝色"的印刷颜色为绿色，就应尽快对色彩词的墨水颜色进行命名（即"绿色"），不要出现错误（即读出"蓝色"）。要压抑说出"蓝色"的冲动而说出答案"绿色"非常困难。在 Stroop 任务中，这种干扰以反应时的长度为指标，因为色彩词本身总是比它的印刷颜色更能吸引注意力。

Stroop 任务也可被修改为关注情绪而不是色彩。在情绪 Stroop 任务中，研究者仍然要求被试对墨水颜色进行命名而不是直接读出词本身，所列出的词为情绪词。例如，研究者会将威胁、危险、愉快或焦虑等词用不同颜色的墨水书写。在情绪 Stroop 任务中，焦虑障碍患者在面对某些情绪词时会无法抑制读词的冲动。在原版 Stroop 任务中，对某个词本身的注意力更集中，对正确回答会带来更多干扰，导致反应时更长。研究表明，焦虑障碍患者更多地受到威胁性词汇的干扰（也就是说，他们正确回答的速度更慢），这为威胁性信息对焦虑障碍患者的注意偏差提供了证据（见第 6 章）。

当然，图式和注意的概念之间也有联系。如果一个人对世界有一个特定的图式或设定（例如，这个世界是危险的），那么这个人就可能更多地注意环境中具有威胁性或危险的事物。此外，他更可能将环境中含混不清的事物解释为具有威胁性。例如，当他看到门廊前站着一位陌生人时就会将这解释为一种危险信号。而对于没有这一图式的人来说，门廊前的陌生人可能只是隔壁的住客。

认知解释已经逐渐成为寻求心理病理学起因的新研究方向，并被纳入新的干预方法中。例如，对于抑郁症患者来说，他们的症状源于一种特定的认知模式，过度放大了失落的感觉。许多抑郁症患者相信，他们无论做什么都不会对周围产生任何重要的影响，他们的命运不能掌握在自己手中，未来是无望的。如果抑郁确实由失落感发展而来，这一事实就会对临床工作者治疗抑郁症有一定启示。接下来，在对大多数心理障碍进行讨论时，我们都会纳入认知过程的理论。

无意识的作用

关于大多数人类行为被认为是无意识的或出离个体觉察之外的观点可以追溯到弗洛伊德时代。之后，弗洛伊德的拥护者不断强调无意识在人类行为和心理病理学中的重要性，但是这些年来对无意识的实证研究方法一直在变化（见聚焦发现 8.3）。

在近三十年中，无意识研究一直是认知心理学家的热点话题。最近，认知神经科学家正在探索意识觉察之外行为的脑机制。例如，内隐记忆指一个人在没有意识到的情况下被之前的学习所影响。当研究者在被试面前展示一系列词语时，由于词语出现速度非常快，被试无法看清这些词语。但在之后的测试中，被试却可以对这些没有在最初呈现时经过意识加工的词汇进行再认。也就是说，记忆在我们没有意识到的情况下形成了。目前内隐记忆范式已经应用到心理病理学领域，例如，研究者们发现社交焦虑和抑郁患者在此类任务中表现较差。（Amir, Foa, & Coles, 1998；Watkins, 2002）。

从弗洛伊德最初的理论建构到当代内隐记忆的研究，无意识的发展经历了漫长的历程。对于认知神经科学家来说，无意识反映着大脑的自动化和不可思议的效能。我们的周围每时每刻都充斥着许多事物，我们并没有足够的精力去关注它们，故而大脑进化出了这种能力。即使我们没有意识到，它也会记录下这些信息，以备不时之用。

认知行为疗法

认知行为疗法（cognitive behavior therapy，简称CBT）整合了关于认知过程的理论和研究。认知行为治疗师关注个体内部发生的隐秘事件，即个体的想法、知觉、判断、自我陈述甚至一些无意识的假设，他们研究并试图操纵这些心理过程来理解和修正内在和外在的异常行为。**认知重构**是指改变某种思维模式的方法。抑郁症患者可能不会意识到他们的自我批判多么频繁，焦虑障碍患者也可能不会意识到他们对世界上可能存在的威胁过度敏感。治疗师希望患者可以通过改变自身的认知来改变自己的感受、行为和症状。在治疗初期，治疗师会追踪患者的日常思维，之后会对患者的核心认知偏差和图式进行了解，进而重塑他们习以为常的负性思维。

贝克的认知疗法

精神病学家艾伦·贝克是认知行为治疗师中的领导人物，他发明了针对抑郁的认知疗法，这种疗法的理论假设为：抑郁心境源于人们扭曲了对生活体验的知觉（Beck，1976；Salkovskis，1996）。例如，抑郁症患者可能会过度关注生活中的负面事件而忽略了积极的一面。想象一下，一名女子的恋人有时会夸奖她，有时也会责怪她。如果这名女子注意到了恋人的赞美，直到第二天依然记着，那她就会感到快乐。但是如果她只注意了那些责怪，在接下来的几天反复回想，那她就会感到不快乐。贝克认为，对积极和消极信息的注意、解释和回想在抑郁症患者身上出现了偏差。这些对注意力和记忆产生的影响称为信息加工偏差。贝克疗法旨在劝说病人改变与他们

Aaron Beck 提出了抑郁症的认知理论，并开创了针对抑郁症的认知行为疗法。
(Courtesy Dr.Aaron T. Beck.)

自身有关的看法和他们解释生活事件的方式，该疗法被运用于治疗抑郁症以及其他障碍。例如，当一名抑郁症病人称生活中的一切都不如意时，治疗师就会提供反例，指出来访者忽略了快乐积极的事件。贝克疗法的整体目标是为来访者提供治疗室内外的生活经验，以挑战他们的消极图式，使他们拥有希望。

CBT 近来又有不少创新，包括辩证行为治疗（见第15章）、正念认知疗法（见第5章）和接受承诺疗法等。这些新疗法区别于传统CBT的地方在于，它们将精神、价值观、情绪和接纳等整合进来。其次，这些方法包含了减少情绪回避的方法。例如，在接受承诺疗法（Hayes，2005）中，治疗师会告知来访者，情绪的破坏力源于我们在认知和行为上的回应方式有问题。该疗法的主要目标是帮助来访者学会更好地觉察到自己的情绪，继而避免即时、冲动的反应。在正念认知疗法中，这一目标可通过冥想来达到（Segal, Williams, & Teasdale, 2003）。总的来说，研究者已发展出了许多认知行为疗法。

评价认知行为范式

心理病理学的认知行为解释更多地倾向于

当下的决定因素,而非过去的、童年时期的。一些心理病理学认知解释的说服力并不强。例如,一名抑郁症患者拥有消极图式,告诉我们这个人有太多悲观的想法,但这样的思考模式正是抑郁症诊断的一部分。认知行为范式的特别之处在于认为这些想法是抑郁症其他症状的起因。但尚未解决的问题是:这样的消极图式最初是怎样来的?目前大多数的研究关注不同心理病理学中各有什么样的机制维持着相关的认知偏差。

> **概念核查2.3**(答案见章末)
>
> 请判断以下陈述是否正确。
> 1. 在 Stroop 任务中,衡量被试受干扰程度的指标为对一系列词语的墨水颜色进行命名的时间长度。
> 2. 贝克的理论认为人们对生活经历的感知有所扭曲。
> 3. 目前关于无意识的研究在很大程度上仍与弗洛伊德的研究方法类似。

范式影响因素

在整本书中,我们所提到的各种范式会受到三大因素的影响,即情绪、社会文化和人际关系。某些情绪紊乱的现象几乎会出现在所有心理障碍中。此外,我们还发现在不同障碍的症状、病因和治疗中,性别、文化、民族和社会关系的差异也会产生巨大的影响。接下来,我们将对这些影响因素一一进行介绍,并举例说明它们在心理病理学中的重要性——无论研究者采用怎样的范式。

情绪与心理病理学

当对所处环境中的问题和挑战进行回应时,我们总会受到情绪的影响;情绪同时从外部和内部帮助我们组织自己的想法和反应,引导我们的行为。或许正是因为情绪对我们产生了如此巨大的影响,我们在一生中才会花费大量的时间来调节我们所感受到和呈现出的情绪;同时我们也就不会惊讶,在许多不同形式的心理病理情形中,情绪紊乱都很突出。一项研究分析发现,有近85%的心理障碍包括了某种情绪加工上的紊乱。(Thoits, 1985)。

情绪由多种成分构成,包括表情(如图所示)、情绪体验和生理唤醒。
(©Tyler Stalman/iSockphoto)

什么是情绪?需要专门写一本书来解答这个问题。研究者认为情绪持续的时间很短,几秒钟或几分钟,至多几个小时。有时候,我们会利用情感来表示短暂持续的情绪感受,而心境则是指持续时间较长的情绪体验。

大多数当代的情绪理论学家和研究者们认为情绪由表现、体验和生理成分组成(当然,不局限于此)。这三种成分在个体内部相互融合。情绪的表现性或行为成分通常指面部表情,比如精神分裂症病人面部表情就非常少。体验性或主观感受通常指的是个体报告其在某个时刻或对某个事件的感受。例如,在期中考试中,得知自己成绩为 A 时，你的情绪是快乐、自豪和放松的；得知自己成绩为 C 时，你的情绪可能就是愤怒、焦虑和羞愧的。情绪的生理成分包括身体上的变化，比如伴随情绪的自主神经系统的活动。当你过马路的时候，一辆汽车差点撞到你时，你的脸上会出现惊恐的神色，你会感到害怕，同时心跳加快、呼吸急促、皮肤出汗。

当我们考虑心理病理学中的情绪紊乱时，我们应该重点考虑究竟是情绪的哪一部分受到影响。有些障碍中情绪的三类成分都受到破坏，而在其他的障碍中可能只有一类成分存在问题。例如，精神分裂症患者不能很好地向外界表达自己的情绪，但是他们会报告自己感受到了很强烈的情绪；惊恐障碍的患者在外界没有具体危险时表现出过度的恐惧和焦虑；抑郁症患者会体验到持续的悲伤和负面的感受；反社会型人格障碍的患者则无法感受到同情。通过本书，我们应当尽量弄清楚在每种障碍中要考虑哪类情绪成分。

在情绪与心理病理学相关的研究中，另一个应当考虑的概念是理想情感。理想情感是指一个人理想中的情绪状态。初看上去，你可能会认为对于每个人来说，快乐都是理想情感。有谁不想快乐呢？但是，最近的研究发现，理想情感因文化因素而有所不同 (Tsai, 2007)。西方文化背景的个体，如美国人，确实认为快乐是他们理想的情绪状态。然而，如中国人这样东亚文化背景的个体，较少认可兴奋、积极的情绪状态，他们更多地认为平和是一个人的理想情感 (Tsai, Knutson, & Fung, 2006)。Tsai 的团队还发现了人们的理想情感和药物使用之间的联系。如果一个人的理想情感处于低唤醒类，比如平静，这个人服用药物（如可卡因）的可能性较低 (Tsai, Knutson, & Rothman, 2007)。跨文化研究发现，在美国，较多人寻求可卡因和安非他命这类激发快感、与快感相关的药物戒断治疗；而在中国，接受镇静类药物海洛因戒断治疗的人数较多 (Tsai, 2007；更多关于这些药物的影响，见第 10 章)。

情绪的研究受到神经科学家的极大关注，他们对不同情绪成分所对应的大脑活动机制进行了研究；遗传学家也开始检验家庭的因素是否会影响个体体验到大量积极或消极情绪的倾向；弗洛伊德的观点中较多涉及情绪，例如愤怒；当代的心理动力学治疗中也大多关注于改善情绪；甚至认知行为治疗师也同样要考虑情绪如何影响思维和行为。总之，在各种心理病理学范式中，情绪的地位都非常重要，我们可以依据范式的不同来对其进行不同角度的研究。

社会文化因素与心理病理学

大量的研究发现，社会文化因素（如性别、种族、文化、民族和社会经济地位）对不同的心理障碍有影响。这些环境因素会诱发、加剧或维持不同障碍的症状，而这些变量的范围以及研究这些变量的方法涉及面非常广泛。

文化和民族在心理障碍的临床描述、病因和治疗方面起到关键性的作用。

很多研究都考察了性别在不同障碍中的作用。这些研究发现，在某些障碍中男性和女性受到的影响不同。例如，女性中抑郁症的流行率是男性的两倍，反社会人格障碍和酒精滥用障碍患者中男性要多于女性。儿童期障碍如注意缺陷多动障碍患者中，男孩要多于女孩，但是一些研究者也质疑这一结果并非是男女差异导致，而是由于诊断标准存在偏差。目前的研究不再关注男女在病症流行率上的差异，而是试图去发现不同的风险因素对男女发病过程的不同影响。例如，父子的基因遗传是男性酒精滥用障碍中一个重要的风险因素，而胖瘦的社会文化标准对女性来说是进食障碍发病的风险因素之一。

其他研究发现，贫穷是产生心理障碍的主要影响因素之一。例如，贫穷与反社会人格障碍、焦虑障碍和抑郁症都相关。我们将会在之后的聚焦发现2.2中讨论这些因素对于全民健康的影响。

心理病理学研究同样关注文化和民族的差异。有些问题已经得到了很好的研究，比如，在美国确诊和治疗的障碍是否同样可以在世界的其他地方观察到等。研究表明，许多障碍在世界各地同时存在。确实，每个国家和每种文化中都或多或少会有某些心理障碍的发生。例如，Murphy（1976）试图检验在两种迥异的文化中——爱斯基摩人和约鲁巴人——是否都存在精神分裂症的症状。结果她发现两种文化中都有一种类似于西方精神分裂症定义的概念——"疯癫"。爱斯基摩人的"*nuthkavihak*"包括自言自语、拒绝说话、幻觉和怪异行为，约鲁巴人的"*were*"也包含了类似的症状。尤其是两种文化都有自己的萨满教巫医，他们对正常人和患有心理疾病的人能够做出明确的划分。在第6章，我们将谈到惊恐障碍在世界各地的相似之处。

尽管有些障碍在各种文化中是共通的，但还有一些障碍只发生在特定的文化背景下。在第11章，我们会谈到进食障碍仅出现在西方文化中。在日本文化中，"hikikomori"表示个体完全回避社会生活（多发于男性）。"hikikomori"患者将自己关在房间或屋子里，拒绝与其他人交流，只有在偶尔需要购买食品的时候出去，

严重的患者可以保持这样的生活几十年。在下一章，我们会谈到，对每类障碍新的诊断系统会包括文化因素，这将极大地促进该领域进一步的研究。

尽管心理疾病在不同文化间有一些相似之处，但在许多障碍的症状表现、治疗效果和患者求助意愿上，文化对其产生了明显的影响。在本书中我们会考虑这些问题。

同样，在心理病理学的研究中我们要考虑民族差异带来的影响。某些疾病例如精神分裂症，在非裔美国人中的发病率高于欧裔美国人。这意味着精神分裂更多发生于这个群体中，还是意味着诊断过程中存在种族偏见？此外，不同民族药物的使用和影响也有所不同。白种人更喜欢服用或滥用药物，例如尼古丁、迷幻剂、甲基苯丙胺和处方类止痛药，在某些年龄段中还要加上酗酒。但是，非裔美国人更爱吸烟，导致他们更可能死于肺癌。白人女性较黑人女性更多地出现进食紊乱和体相不满意，这一差异在大学生群体中尤为显著，但是真正的进食障碍尤其是暴食症的发病率在这两个群体之间并没有显著区别。以上所述的这些差异还没有得到有力的解释，仍然为研究所关注。

近几年，在基因和神经科学的研究中，社会文化因素越来越重要。比如，社会神经科学试图发现在复杂社会情境下大脑的运作机制如何。基因—环境的交互作用研究则试图探索在哪种社会环境下，特定的基因与之交互会使患某种障碍的风险上升。一项多国参与的项目"1000基因组计划"试图对一套足以代表全球人类的样本的基因进行排序。初步研究表明，不同国家的人们的基因组有近似数量的罕见变异（Gravel et al., 2011）。然而，各个国家的这些变异又各有不同，这也表明不同文化对基因表达的影响不同。传统的认知行为流派更多倾向于关注个体，而不是个体如何与社会交互作用。但是，在逐渐的发展中，新的认知行为疗法越来越关注患者的文化和民族背景。

聚焦发现 2.2　　社会文化因素和健康

性别、种族、民族和社会经济地位这些社会文化因素不仅对于我们理解心理病理学很重要，同样对全民健康有重要的影响。行为医药学和健康心理学的研究就证实了这一点。自从19世纪70年代以来，这些领域的研究开始关注心理因素在健康和疾病的各方面所产生的影响。除了检验压力在加剧或维持疾病状态中的作用，研究者们同样对心理治疗（如压力管理）和医疗保健系统（如何更好地为保障人群服务）进行了研究（Appel et al., 1997；Stone, 1982）。现在，我们就来看看健康心理学是如何研究社会文化因素的。

性别和健康

从出生到85岁以上的各个年龄组，男性在其中的死亡率都要高于女性。死于车祸和凶杀、肝硬化、心脏疾病、肺癌和其他肺病、自杀的男性两倍于女性，而女性则小病不断。也就是说，身体不佳在女性中更普遍。同时女性更容易患一些特定的疾病。例如，女性糖尿病、贫血症、胃肠道疾病、抑郁症和焦虑症的发病率较高，会更多地去看医生并服用处方药物；全美三分之二的外科手术针对女性。

男性和女性之间死亡率和发病率的差异原因何在？可能是因为女性拥有一些生理机制可以保护她们不受特定威胁性疾病的侵害。例如，流行病学和观察研究发现，雌性激素可能可以保护女性远离心血管疾病。基于这一证据，许多女性在绝经后接受激素替代治疗以降低患心血管疾病的风险。然而，在这种疗法的随机临床试验中并没有发现雌性激素有保护效果（WHI, 2004）。相反，接受了雌激素和孕激素联合治疗的女性，患乳腺癌的风险上升了。

其他研究发现了心血管疾病的心理风险因素，如愤怒和敌意。有证据表明，与人们对性别和情绪的刻板印象相反，男性并不会更多地感到和表达愤怒（Kring, 2000；Lavoie et al., 2001）。然而，在女性群体内部，心血管疾病的风险与敌意的上升和愤怒的压抑、表达都有联系（Matthews et al., 1998；Rutledge et al., 2001）。此外，焦虑和抑郁在女性中更为常见（参看第5、6、7章），它们与心血管疾病同样相关（见Suls & Bunde, 2005）。

尽管男性的死亡率高于女性，但这一性别差异在逐渐缩小。为什么呢？在20世纪初期，死亡是因为人们无法抗拒传染病菌，但如今大多数的死亡与人们的生活方式有关。男性和女性死亡率不同，可能是由于两者生活方式的不同，而现在这一差异在缩小则是因为男性和女性的生活方式在趋同。尽管男性比女性吸烟、喝酒多，但近年来在烟酒的消费方面，女性也变得不容忽视。所以我们不难发现，随着女性生活方式的男性化，死于肺癌和心血管疾病的女性越来越多。

研究表明女性比男性寿命更长，但同时也拥有更多的健康问题。
(Thomas Langreder VISUM/The Image works.)

为什么女性普遍较男性健康状况差？首先，因为女性寿命长于男性，她们更可能患上与衰老有关的疾病；第二，女性相比男性更关心自己的健康，所以她们会更常去医院；第三，女性要承受更多压力，且压力对女性的影响较男性大，尤其是当压力源于重要生活事件的时候（Davis, Matthews, & Twamley, 1999）；第四，医生对女性在健康方面的担心和抱怨较不在意（Weisman & Teitelbaum, 1985）；最后，有证据表明，女性的发病率受到社会经济情况和人口统计学变量（如收入、教育程度和民族）的影响。例如，教育程度较高、收入较高的人患上心血管疾病的可能性较小，因为他们较少有肥胖、吸烟、高血压和运动量减少等问题。在美国，女性的收入通常低于男性。而且，在美国 1650 万女性仍然没有健康保险。

社会经济地位、民族和健康

低社会经济地位（SES）与健康问题的高发率和各种原因导致的死亡率有关。最近的一项研究将 2000 年美国的 133000 例死亡归因于贫穷（Galea et al., 2011）。可能这看起来不是一个很大的数字，但它高于每年死于各种事故的人数（119000），只略低于死于肺癌的人数（156000）。研究者提出了很多关于 SES 和健康状况不良以及死亡率之间联系的解释，但其中许多都缺乏实证支持。最近的研究试图追踪健康状态和 SES 之间的联系，包括经济、社会状况，人际关系，个体和生物因素。例如，其中一个风险因素与环境因素交互作用继而强化了不良的健康状态。穷困的社区通常有更多的烈酒商店和更少的健康食品店，社区居民也很少有机会去健身房或公园进行锻炼（Lantzt al., 1998）。

其他的风险因素包括有限的健康服务和大量暴露的压力源。慢性压力的来源往往是歧视和偏见，这些令人反感的社会情境持续地影响着有色人种和低社会经济地位的人，继而影响了他们的健康（Mayer, Cochran, & Barnes, 2007）。自从人们发现有色人种在低社会经济地位的人群中占较大比重以后，研究者便将民族作为探讨 SES 和健康之间关系的一个指标。例如，在美国我们发现黑人的死亡率两倍于白人（Williams, 1999），为什么会出现这种差异？原因可能是复杂的。一些研究表明特定疾病的风险因素在有色人种中更为普遍。例如，少数族裔的妇女患心血管疾病的风险因素（如吸烟、肥胖、高血压和运动量减少）要高于白人妇女。这一发现在对两个群体的 SES 进行匹配后仍然成立（Winkleby et al., 1998）。

考虑不同水平的 SES 很重要，包括个体的、家庭的和社区的（Mayes, et al., 2007）。例如，在美国黑人儿童和青少年中，低 SES 家庭和低 SES 社区与其较高的心血管反应性相关。而在白人儿童和青少年中，只有家庭 SES 较低时，个体的心血管反应性才会上升（Gump et al., 1999）。

贫困给人带来很多压力，通常与身体不佳联系在一起。
(Jeff Greenberg/PhotoEdit)

人际关系因素和心理病理学

除了文化、民族和贫穷,大量的研究表明,人际关系的质量也影响着不同的心理障碍。家庭关系和婚姻关系、社会支持以及闲暇社交都对各种障碍的病程发挥着作用。在聚焦发现2.3中,我们会讨论以夫妻和家庭关系为重点的心理治疗。在对人际关系进行研究时,研究者不仅对关系的密切程度和能够提供的支持进行评估,同时也对关系中产生的敌意进行了测量。

传统的评估办法包括在家庭成员进行解决问题的互动过程中,抓取家庭关系中关键的维度。例如,在一次典型的家庭互动任务中,研究者可能会要求家庭成员就他们所担忧的问题进行讨论(如家庭成员在一起的时间是否足够)。在互动任务结束之后,研究者会对每个家庭成员进行访谈,独立地还原他(她)在整个事件中的位置。在接下来的家庭会议中,研究者会站在每个人的角度上进行简要总结,并让家庭成员继续对话题进行10~15分钟的讨论,找出解决方法。任务结束后,研究者观看录像带,对时段进行编码,区分不同维度,如家庭成员间权力分配、如何表达积极感受或如何处理消极情绪等。

另外,研究者对创伤、严重的生活事件和压力在心理病理学中的角色进行了探索。我们将在下一章里描述一些测量生活事件的方法,但是对于我们介绍的所有障碍来说,社交关系中压力都有一定影响。

从第1章中我们可以看到,精神分析的一个核心特征就是移情。移情是指一个病人与精神分析师的交流反映了病人与其过去生活中重要人物交流时的态度和行为,而不仅仅是病人与精神分析师的现实关系。当代的心理动力学理论以移情为基础,强调人际关系在心理健康中的重要性。举例来说,**客体关系理论**强调了在亲密关系中,尤其是家庭中,长期形成的交流模式的重要性,它可以塑造一个人思考和感受的方式。在该理论中,客体即表示另一个人。客体关系理论超

从小与父母建立安全依恋关系的孩子在成人后更有可能心理健康。
(©grublee/Shutterstock)

越了单纯的移情,强调无论是否有意,一个人如何去理解自身在与他人的关系中定位的方式。

另一个极具影响力的理论是**依恋理论**,它由客体关系理论发展而来;由John Bowlby(1907—1990)在1969年首先提出,由Mary Ainsworth(1913—1999)及其同事在1978年开发出测量婴儿依恋风格的方法。这一理论的重要意义在于其所提出的婴儿对于其看护者的依恋风格可以预测其接下来的阶段中会遇到的心理问题。例如,安全性依恋的婴儿在长大后更有可能是心理健康的成人,而焦虑型依恋的婴儿更有可能会经历心理方面的困难。依恋理论如今已经被推广到成人(Main, Kaplan, & Cassidy, 1985;Pietromonaco & Barrett, 1997)和夫妻(例如:Fraley & Shaver, 2000)。同时,基于依恋理论的心理疗法也已经在成人和儿童中展开,尽管它们还没有经过实证验证。

社会心理学家将这些理论进行整合并统称为关系自我,即在与其他人关系中的自我(Andersen & Chen, 2002;Chen, Boucher, & Parker Tapias, 2006)。关系自我的概念受到很多实证研究的支持,例如,人们会发现自己对不同的亲密关系依赖的方式有所不同(Chen et al., 2006)。其他研究发现当一个陌生人的描述类似于一个对自己很重要的人时,会诱发个体积极的感受和面部表

聚焦发现 2.3　　夫妻和家庭疗法

如上所述，在几乎所有心理障碍中，人际关系都至关重要，所以我们不难发现针对这些关系所进行的治疗越来越多。这里我们主要介绍两种形式的疗法——夫妻疗法和家庭疗法。

夫妻疗法

无论两个人是否结婚、是否同性，在长时间的伴侣关系中，冲突是无可避免的。在美国，50%的婚姻最后以离婚结尾，且大多数离婚发生在婚姻的前七年中（Snyder, Castellani, & Whisman, 2006）。处于痛苦婚姻中的人们患上心理障碍的可能性比其他普通人高两到三倍（Whisman & Uebelacker, 2006）。有一些夫妻有时或许是心理障碍导致了痛苦，但同时也有一些夫妻是因为婚姻痛苦诱发了心理障碍。夫妻疗法常用于治疗心理障碍，尤其是因婚姻关系而发病的心理障碍。

在夫妻疗法中，治疗师同时与伴侣双方进行工作，希望减轻他们在关系中体验到的痛苦。大多数夫妻治疗关注改善伴侣间的交流方式、问题解决方式、信任感和积极感受。在改善交流状况时，伴侣的每一方都要接受训练，即带着同理心去聆听对方，要向对方明确表达自己所理解到的和自己所感受到的。

家庭疗法

家庭疗法的理念基于家庭成员与家庭之间是相互影响的。所以，家庭疗法常用于治疗家庭成员的特定症状，尤其是对童年问题的治疗。

家庭疗法吸纳了多种治疗技术（Sexton, Alexander, & Mease, 2004），并进一步与学校和社区疗法相结合。一些家庭治疗师关注家庭内部的角色问题，他们会询问家庭中父母亲是否负责任。有时候，家庭治疗师会注意来访者是否在家庭中成为替罪羊或受到不公正的对待。许多家庭治疗师在治疗过程中都会教家庭有效沟通和解决问题的策略和方法。

家庭疗法通常适合特定的心理障碍。在针对品行障碍的家庭治疗中，治疗师通常关注改善家长的监控和管教。对于青少年的其他外化问题，家庭疗法的目标可能就是改善交流模式、进行角色转换或关注一定范围内的家庭问题。而对于精神分裂症和双向障碍的患者，家庭疗法通常与心理教育和药物治疗相结合。心理教育主要提升患者对所患障碍的了解，减少来自于家庭的责怪和敌意，以及帮助家庭成员学习控制症状的技巧（Miklowitz et al., 2003）。对于物质相关的障碍，家庭疗法主要用来帮助来访者认清自己接受治疗的必要性。对于神经性厌食症来说，家庭成员要有策略地帮助青少年提高体重。总之，家庭疗法的目标和技术要灵活调整以满足不同来访者的需要。

当一对伴侣共同面对同一个问题时，最有效的治疗是让这对伴侣一同来咨询。
(©Anton Gvozdikov/Shutterstock.)

临床个案：克莱尔

克莱尔是一个17岁的女生，现在跟她的父母和15岁的弟弟一起生活。她一直在接受针对双向障碍的家庭聚焦治疗，同时她也在进行药物治疗。她在青少年早期被诊断为双向障碍 I 型，并接受碳酸锂和喹硫平的药物治疗，但效果欠佳。

在一次个体评估的会谈中，克莱尔说她每天都会想到自杀，之前已经尝试过两次。这两次她都瞒过了父母。这时候医生遵循伦理原则，采取措施来保障来访者的生命安全；具体来说，医生要让克莱尔的父母知道她曾自杀未遂。医生向克莱尔解释了这一举动。

在治疗中，首要的目标是提供关于双向障碍的心理病理教育。在对双向障碍的症状进行回顾时，医生请克莱尔与她的父母谈论她两次自杀的企图。克莱尔说完之后，她的父母非常惊讶。她的父亲曾经经历过她爷爷的自杀，表示对克莱尔非常担忧。

在进行心理教育之后，治疗目标就是选取一个该家庭关注的问题。治疗师将帮助他们在此过程中学会新的问题解决技巧。在这个家庭中，首先面临的问题就是要保证克莱尔的安全。在开始解决这个问题之前，治疗师与全体家庭成员商量，对这个问题以及它的背景进行定义。治疗师请家庭成员来讨论克莱尔会遭遇自杀风险的情境，家庭成员逐渐想到她之前的两次尝试都是在面临人际关系破裂时发生的。

在接下来的阶段，家庭内部需要对这个问题提出可能的解决方法。为了促进这一过程，治疗师列出了若干问题，包括克莱尔是否能够告诉父母自己自杀的念头，如何确定她是否安全，怎样的回应对克莱尔有所帮助，还可以采取哪些保护性行为等。利用这套框架，家人同意克莱尔在感到自杀冲动时，可以随时利用电话和邮件与父母联系。克莱尔和父母亲制定了一个计划，让她的父母能够帮助克莱尔进行积极和平静的活动直到她自杀的念头逐渐消失。克莱尔和父母都报告感到更加亲密和乐观。

在治疗的下一个阶段，治疗师直接针对克莱尔症状。这一阶段包括训练克莱尔察觉自己的心境，找出心境改变的诱因，以及帮助她处理这些诱因。

治疗师在第八次会谈中引入了提升交流模块。这一过程的目标是在角色扮演的过程中让家庭成员练习诸如"积极倾听"类的沟通技巧。

在治疗期间，克莱尔经历了又一次失去。她唯一的，也是最亲密、交往时间最长的朋友突然宣布要出国。克莱尔服用了大量泰诺试图再一次自杀。但之后，她害怕了，开始引吐，后来告诉了父母整件事。

接着的一次会谈内容主要集中于这次自杀。她的父母，尤其是她的父亲非常伤心和愤怒；克莱尔因此表现出愤怒和反抗。治疗师要求家庭成员针对克莱尔的自杀进行一次积极倾听的练习。克莱尔解释说她在做出这一举动的时候完全没有考虑到家庭，因为当时她对失去朋友感到太痛苦了。克莱尔的父母运用积极倾听的技巧理解了她的感受。治疗师提醒她的父母，在双向障碍中自杀的行为很常见，并谈到克莱尔这次诚实的举动已经说明家人的联结更加紧密，对克莱尔康复很有意义。同时治疗师也建议克莱尔去会见她的精神科医师。

到九个月的治疗结束时，克莱尔没有再出现过自杀企图，更愿意服用药物，与父母的关系逐渐亲密。如同很多患有双向障碍的人一样，克莱尔仍有轻微的抑郁。如今，克莱尔和她的家庭依然每隔三个月进行一次家庭治疗来获得持续性的支持。[经作者同意，改编自（Miklowitz & Talor, 2005）]

情，这大概与个体在这段关系中对自我的看法有关（Andersen et al., 1996）。所以，如果当你听到有关某个陌生人的描述与你亲密好友相近，你可能会微笑，这或许是由于你想到了你们的关系以及关系中的自己。关系自我这一概念尚未推广到整个心理病理学的研究中，但是考虑到它的理论基础和实证支持，是时候将它引入各种心理障碍患者的人际困难问题中了。

人际关系疗法

人际关系疗法（interpersonal therapy，简称IPT）强调个体目前生活中人际关系的重要性，以及这些关系中问题是如何影响个体心理症状的。治疗师首先鼓励病人确定自己对人际关系的感觉并将其表达出来，然后帮助病人找出解决人际问题的方案。IPT对抑郁症的治疗较为有效（详情见第5章），也可用来治疗进食障碍、焦虑障碍和人格障碍。

在IPT中，需要对人际关系的四个方面进行评估来检查是否与症状相关。

- ★ 未解决的哀伤：例如，在经历失去之后，体验到延迟或不完整的哀伤。
- ★ 角色转变：例如，从儿童转向父母或从工作者转向退休人员。
- ★ 角色冲突：例如，要解决办公室恋情中作为恋人和同事的不同关系需求。
- ★ 人际或社交缺陷：例如，无法与陌生人进行对话或与自己的上司相处困难。

总之，治疗师会帮助病人理解在社交或人际关系背景下心理障碍是怎样出现的，并帮其学会有效的应对模式来减轻症状。

概念核查2.4（答案见章末）

请判断正误。
1. 情绪至少包含三类成分：情绪的表现、情绪的体验和情绪的生理唤醒。
2. 社会文化因素如性别、文化、民族和社交关系在神经科学范式中不太重要。
3. 检验家庭成员间问题解决的互动有益于理解家庭关系中的关键维度。
4. 关系自我的概念源于社会心理学，结合了客体关系和依恋理论。
5. 人际关系疗法关注四类人际关系问题，包括未解决的哀伤、角色转变、角色冲突和社交缺陷。

素质—压力：一种整合范式

心理病理学太过复杂，我们无法用任意一种范式来准确解释它。本书中提到的大多数心理障碍都可能源于神经生物和环境因素的交互作用，下面我们来进行详细的说明。

素质—压力范式是一个整合了遗传学、神经生物学、心理学和环境因素的综合范式。它不局限于某种学院派思维方式，如认知行为、遗传或神经生物学。素质—压力概念的引入始于19世纪70年代，彼时用于对神经分裂症多重病因进行解释（Zubin & Spring, 1977）。时至今日，它已经持续为多种障碍提供了解释。但是，就像上文介绍的基因—环境交互模型一样，素质—压力模型关注疾病前的状态（即素质）与环境、生活或紊乱（即压力）之间的交互影响。素质，更精确来说，是指易患某种疾病的体质，也可以包括增加个体患某种心理疾病可能性的特征或特征群。

例如，在神经生物学的领域里，许多心理障碍（后文会提到）都有遗传的素质。尽管这些遗传素质的精确特征目前无法得知（比如我们尚未得知究竟是哪部分基因使一些人患双向障碍的可能性高于其他人），但是我们清楚地知道对于许多心理障碍来讲遗传缺陷是很重要的成分。其他神经生物学素质包括出生时缺氧、营养不良、母体病毒传染或孕期吸烟。这些情况都会导致个体的脑部病变，导致心理障碍的易感性升高。

在心理学领域里，抑郁症的素质可能是一种特定的认知图式，或是在抑郁症病人中经常会发现的慢性的无望感。其他心理学素质还有，易被催眠，这可能是解离性身份障碍（之前称为多重人格障碍）的一种素质；强烈害怕变胖，这可能是某些进食障碍的易感因素。

这些素质会使个体罹患疾病的可能性上升，但这并不意味着我们一定会患病。素质—压力模型的压力部分用于解释素质如何转化为具体的障碍。在这种语境下，压力通常指一些有害的或不愉快的环境刺激，这些刺激会诱发心理疾病。心理压力源包括主要的创伤经历（例如失业、离婚、配偶死亡）和许多生活事件（如车祸）。素质—压力模型将这些环境事件包含进去之后，其解释力超越了之前我们讨论过的所有主流范式。

素质—压力模型的关键点在于素质和压力两方面在心理障碍的发展过程中都是必要的。例如，一些人由于遗传的缺陷患躁狂症的风险很高（见第 5 章）；一定量的压力使其发展为躁狂症的可能性上升。而其他人，由于遗传素质上的风险很低，所以尽管他们的生活也很艰难，但患上躁狂症的可能性并不大。

素质—压力范式的另一大特征在于：心理障碍并非受单个因素影响而形成。就像我们之前关于基因和环境交互作用的讨论一样，遗传素质可能是某些障碍所必须的，但在导致疾病的相关环节中仍然存在其他因素。这些因素包括其他人格特征的遗传素质、儿童期经历对人格的影响、行为能力的发展、应对策略、成年期的压力源、文化背景的影响和无数其他的因素。

最后，我们应当强调的是，在素质—压力模型这个框架下，不同范式研究者所收集的数据可以彼此兼容。例如，压力激活某一个神经递质

压力源可以是小的，也可以是大的，小的如汽车无法发动，大的如从龙卷风袭击中幸免于难。
（左：©fbmaderia/Shutterstock；右：AFP/Getty Images.）

方面的遗传倾向等。范式间的差异有时更多存在于语言而非实质层面。一个认知行为理论学家可能提出是不合理认知引发了抑郁症，而一个神经生物学家可能认为导致抑郁症的原因是某种神经通路的活动。这两种看法并非是对立的，只是不同的描述而已，就像我们描述一张桌子为一堆木料或一群原子一样。

在聚焦发现 2.4 中，我们会介绍一个案例，来展示如何在排除其他范式后，采用某种范式确定治疗的关键目标。

聚焦发现 2.4　一个临床问题的多角度透视

这部分我们将会为你示范如何利用多种范式对临床案例进行概念化，如何依据所采用的范式对收集的信息进行解释。让我们来看一个案例。

萨姆的童年过得并不愉快。妈妈在他六岁的时候突然离世。接下来的十年中，他有时与父亲生活，有时寄居在姨妈家中。父亲酗酒，不善理家，收入不稳定，无法及时支付账单，导致他们长期居住在贫民区。有时父亲甚至不能自理，更不用提照顾孩子。于是萨姆经常会在邻市的姨妈家待一段时间。尽管早年境遇坎坷，但萨姆还是完成了中学的学业进入大学。大学的几年中，在与更具权威的人物相处时，比如导师甚至一些同学，他都会非常不自在。

大学毕业两年后，萨姆结婚了。妻子聪明美丽，萨姆发现自己无法相信妻子真心爱他。过了几年，萨姆越来越怀疑自己，以及妻子对自己的感情。萨姆感到妻子变得比他更为聪明，赚的钱也比他多。结婚以后，萨姆在一家出版公司担任助理编辑。萨姆感到工作比大学生活更累，压力更大。主编的交稿日期和要求都非常严苛。萨姆经常质疑自己是否能够当一名编辑。他开始像父亲一样利用酒精来缓解压力。

现在萨姆32岁了，工作很稳定，收入也可以，有了一个儿子，但是夫妻间却经常吵架。他的妻子经常抱怨萨姆酗酒（他每晚都要喝一瓶酒）。但萨姆不承认自己有问题，虽然他已经注意到自己有时会轻微的颤抖并且时不时感到发冷。他对家庭和工作的持续思虑使他日复一日酗酒，能够让他开始一天生活的只有酒精。萨姆逐渐意识到自己饮酒已经开始失控。某个周六上午他像平常一样，在出门之前他都要在家里偷偷喝一杯。他带孩子去超市买了点东西，结果他离开超市的时候忘记了孩子，独自去了另一家商店，然后回到了家。幸亏来自同一所幼儿园的一位家长认出了孩子，将他送了回来。萨姆意识到，如果他再不寻求帮助的话，他的婚姻势必难以继续，他将会失去生命中最爱的两个人。

下面我们利用心理动力学的理论分析萨姆的情况。心理动力学认为成人的应对方式受到早期童年经历的重要影响。我们可以假设萨姆仍然为母亲的离去而感到哀伤，他还在责备父亲不该让母亲早早死去。他一直压抑着对父亲的愤怒，再加上他母亲死亡，这些都对他成年后的人际交往产生了负面影响。在治疗的时候，我们可以选用人际关系疗法来对萨姆的人际关系和他对父亲隐藏至深至久的愤怒展开工作。

现在，我们再从认知行为的视角对这个案例进行分析。认知行为的观点要求治疗师就强化模式和认知变量对人们的行为进行分析。我们注意到萨姆大学期间在人际相处中的不适，这似乎与他总和周围同学比较有关。他在家庭背景方面没有什么优势，经济上的不稳定和艰难都会使他对别人的评价和排斥异常敏感。酒精可以让他逃离这些紧张不安。但是酗酒让他质疑自己的价值，同时也使本来已经恶化的夫妻关系更加糟糕，进一步打击了他的自信。在治疗的时候，我们可以用系统脱敏法，让他在不同等级的受人评价的情境中学会放松，也可以采用认知行为疗法来说服萨姆获得每个人的承认是不必要的。

如果我们采用素质——压力的范式，我们就可以不止采用一种方法来进行干预。萨姆的酒精依赖可能是遗传的作用，同时工作压力等也是发病的关键诱发因素。我们可以采用上述多种方式来进行治疗。

总　结

- 范式是一种概念框架或一种整体视角。因为范式能够帮助采纳该框架的研究者和治疗师梳理所得到的信息，所以对范式的理解有助于调整我们在工作中主观因素的影响。

- 基因范式主张遗传因素引发心理障碍或至少对这一过程有影响。最近的遗传学研究发现基因和环境相互作用，继而对心理障碍产生了重要影响。分子遗传学的研究也证明基因序列和结构上的差异与心理障碍的易感性有关。

- 神经科学范式强调脑、神经递质和其他系统（如HPA轴）的重要性。生物学治疗主要指药物治疗，调整大脑所出现的特定问题。

- 认知行为范式强调图式、注意力和认知扭曲，同时也强调这些认知成分对行为的影响。认知神经科学研究继承了弗洛伊德的早期工作，强调童年经历、无意识的重要性，同意行为的起因并非总是明显的。认知行为治疗师关注于改变患者的负面图式和对生活事件的负面思维。

- 情绪在许多障碍中扮演了至关重要的角色。分辨情绪中受到扰乱的成分对了解心理疾病有重要影响。情绪成分包括表达、体验和生理方面。各种研究范式都对情绪紊乱有所关注。

- 社会文化因素包括文化、民族、性别和贫穷，这些都是心理病理学中的重要因素。心理障碍的流行率和含义因文化和民族的不同而不同，不同障碍的风险因素男女之间不同，社交关系是缓冲压力的重要成分。

- 人际关系因素包括社会支持和人际关系，在各种范式中都有所涉及。社会关系能够有效缓冲压力，人际关系包括依恋和关系自我等概念。社会文化和人际关系因素在遗传学、神经科学和认知行为理论中均有所研究。

- 由于每种范式都为我们对心理障碍的理解提供了线索，那么将各种范式整合后的综合范式将会得到广泛应用。素质—压力范式整合了上述各种观点，认为每个人对于环境压力源的反应由于其易感性的不同而不同。素质包括遗传、神经生物和心理等方面的因素，也可能由早期童年经历、受到遗传影响的人格特质或社会文化影响等导致。

概念核查答案

2.1　1.b；2.d；3.a；4.b；5.c

2.2　1.下丘脑，前扣带回，隔区，海马，杏仁核；2.白质，灰质；3.去甲肾上腺素，GABA；4.下丘脑，垂体，肾上腺皮质

2.3　1.T；2.T；3.F

2.4　1.T；2.F；3.T；4.T；5.T

第 3 章

诊断与评估

学习目标

1. 描述诊断和评估的目的。
2. 区分信度和效度的不同种类。
3. 理解 DSM 的基本特征、历史演变、长处和不足。
4. 描述心理学取向和神经生理学取向在评估领域的目标、长处和不足。
5. 讨论文化因素和民族因素如何影响诊断与评估。

临床个案：艾伦

听到远处的警报声，艾伦意识到肯定有人报警了。他并不想因周围的人而感到不安，但是他知道人们在议论他，并且密谋废除他在中央情报局（CIA）的特殊地位。他绝不能让这样的事情再次发生。上次别人密谋对付他的时候，他受伤进了医院。他不想再进医院忍受各种检查。不同的医生会问他各种有关他在 CIA 工作的问题，但工作的保密性质让他无法回答。医生还会问一些奇怪的问题，比如问他是否听到一些声音，或者是否相信别人在他的大脑中植入了观念。艾伦不知道医生是怎么知道他那些经历的，但是他的确怀疑在他父母家里、他的房间中装有窃听器，可能就在电源插座里。

就在昨天，艾伦开始怀疑有人通过电源插座在监视他。他觉得最安全的做法就是停止和父母交谈。可是他的父母一直催他吃药。但他吃药之后就会视线模糊，难以站立。他推测他的父母肯定也想让他离开 CIA。如果他吃药，他就会失去阻止恐怖分子的特殊能力，而且 CIA 会停止在公用电话亭或者商业频道中给他下达命令。前天，他在公用电话亭发现了一本破烂的平装书，那是新的任务。头脑中的声音告诉他有关恐怖活动的新线索：他要警惕穿紫色衣服的人，他们可能是恐怖分子。既然父母想要妨碍他在 CIA 的工作，他就要不惜一切代价离开家。因此他来到了酒吧。可是他周围的人望着门口笑，这意味着他们准备暴露他 CIA 探员的身份。如果他没有大声喊叫阻止他们的话，他的身份可能已经暴露了。

诊断和评估在心理病理学研究和治疗中是至关重要的"第一步"。在艾伦的案例中，一位临床心理学家首先要判断艾伦是否符合心境障碍、精神分裂症，或物质相关障碍的诊断标准。准确的**诊断**能够让临床心理学家向艾伦和他的家人描述疾病的发生概率、病因和治疗，这些都是良好临床护理的重要方面。想象一下医生告诉你"你这种情况我们从没见过"。相比这一令人惊恐的结论，得到一个诊断可以让病人在诸多方面松一口气。通常，诊断能够帮助一个人理解某些症状出现的原因，这是一个很大的安慰。很多障碍都非常常见，比如抑郁、焦虑和物质滥用——知道自己的问题很常见能够让他感到自己不那么怪异。

诊断让临床心理学家和科学家能够与他人准确地交流案例或研究。没有大家共同协定的定义和分类，不同的科学家和临床工作者之间将无法理解对方（Hyman，2002）。

诊断对于病因和治疗的研究十分重要。有时候研究者发现独特的病因和治疗与某一组症状相关联。比如，自闭症在1980年版的DSM（*Diagnostic and Statistical Manual*）中被首次提出后，关于自闭症病因和治疗的研究开始以指数增长。

为了做出准确的诊断，临床工作者和研究者采用了多种评估步骤，首先是临床访谈。宽泛地说，所有的临床评估步骤都是用相对正式的方法来查明一个人出了什么问题，可能导致问题出现的病因，以及如何改善病人状况。评估步骤能够帮助我们做出诊断，并且能够提供诊断以外的信息。实际上，诊断只是一个起点。比如，在艾伦的案例中有很多其他的问题尚未解决。为什么艾伦有那些举动？为什么他认为自己在为CIA工作？怎样解决他和父母的冲突？在学校和工作中他充分发挥了智力潜能吗？治疗过程中可能存在哪些干扰？这些也是心理健康专家在评估中会提到的几类问题。

在这一章，我们会介绍很多心理卫生专家使用的官方诊断系统，以及它的长处和不足。然后我们会讨论广泛使用的评估技能，包括访谈、心理评估和神经生理评估。最后我们会用一个有时会被忽略的评估问题来总结本章，即文化偏见的影响。然而，在详细考虑诊断和评估之前，我们先来谈谈其中起关键作用的两个概念：信度和效度。

诊断和评估的基础

信度和效度的概念是所有诊断和评估过程的基础。没有它们，我们所用方法的有效性会大大受限。即便如此，这两个概念非常复杂，每个概念又可分为好几类，心理学中有一个分支——心理测量学——全部都是为了研究它们而存在的。这里，我们只是提供一个概述。

信度

信度是指测量的稳定性。木尺可以作为可靠测量的例子，它每次测量同一物体时都产生相同的值。相反，有弹性的卷尺可以作为不可靠测量的例子，它每次测量出的长度可能都会变化。信度分几种类型，这里我们只讨论与评估诊断联系最紧密的类型。

评分者信度是指两个独立评分者的评分的一致性程度。以棒球为例，两个裁判可能会在一个球是否犯规的问题上达成一致或产生分歧。

重测信度是指同一个人参加同一个测验得到的两次测验结果的一致性程度；两次测验之前可能相隔几个星期或者几个月。不过，只有当两次测试的间隔期内所测的变量不会明显改变时，这种信度才有意义。例如，重测信度在智力测验中较高，但我们不能期望人们在4个星期后重测时情绪状态和第一次测试时一样。

有时候心理学家会用一个测验的两种形式，而不是同一个测验来做两次。因为受测者可能会记得他们第一次做测验的答案，然后有意地保持一致。这个方法让施测者提出了**复本信度**，即同一测验的两种形式的分数的一致性程度。

最后，**内部一致性信度**评估的是一个测验

信度是所有评估程序的重要属性。建立信度的一种方式是判断不同评估者的意见是否一致。如图，两个裁判在棒球赛中见证同一事件时产生了分歧。
(Reuters/NewMedia Inc./Corbis Images.)

中的项目与其他测验的项目是否相关。比如，如果问卷编制得当，我们可以期望其中的项目是彼此相关的。一个在威胁情境下报告口干的人，肌肉也应该会变得更紧张，因为它们都是焦虑常见的特点。

效度

效度是一个复杂的概念，通常指测量工具能够准确测出所需测量的事物的程度。假如，一个问卷用来测量一个人的敌意倾向，它真的能测出来吗？在我们描述效度的种类之前，值得注意的是，信度和效度是相关的——不可靠的测量工具不会有好的效度。不可靠的测量工具不会测出一致的结果，因此它和其他测量工具相关也不会高。比如，不可靠的应对方式的测验和一个人如何调节压力之间的相关度不可能高。然而，信度并不能保证效度。身高能够可靠地测量，但是身高不能作为焦虑的有效测量指标。

内容效度指测验对拟测量内容取样的适当程度。比如，在这一章的后面会提到一个通常用在轴Ⅰ诊断中的访谈。它有很好的内容效度，因为访谈的提问包含了大多数轴Ⅰ诊断中涉及的症状。然而在其他特定方面，该访谈的内容效度可能会很差。例如它不会包含有关盗窃癖的提问。如果用来评估盗窃癖，该访谈的内容效度就会比较差。

效标效度指测验是否像预期的那样与其他测验（效标）相关联。如果同时测量两个变量，得到的效度就是**同时效度**。比如，接下来，我们会描述一个测验，它测量的是在抑郁中起重要作用的过度消极观念。这个消极观念测验的效标效度指的是抑郁症病人得分高于没有抑郁症的人。另外，效标效度也能通过评估一个测验预测未来某一时刻的某些变量的能力来测查，这就是**预测效度**。比如，智商测验最初就是用来预测受测者将来在学校的表现的。同样，消极观念测验也能用来预测个体将来抑郁水平的发展。总之，同时效度和预测效度都属于效标效度。

构想效度是一个更复杂的概念。当我们想要解释一个测验，而这个测验测量的内容是不能简单地或者明显地观察到的一些特征或者构想时，构想效度就有了意义（Cronbach，1995；Hyman，2002）。构想是一种推理属性，例如焦虑和扭曲的认知。就以焦虑倾向问卷为例，如果问卷有构想效度，在测验中获得不同分数的人就会在焦虑倾向上有区别。但如果只因为项目似乎和焦虑倾向性有关（"我发现在很多情景下我会变得焦虑"），就认为该问卷能有效测量焦虑倾向构想则是不正确的。

构想效度需要大量的多来源的数据（这一点上，效标效度只是将测验与另一份数据相比）。比如，我们会用焦虑倾向问卷比较被诊断为患有焦虑障碍的人和没有被诊断为焦虑障碍的人。如果焦虑障碍患者的得分比非焦虑障碍患者的得分高,那么该问卷具有构想效度。如果该问卷和其他测量焦虑的指标之间相关高,比如观察到烦躁、发抖、心率加快、呼吸急促,那么构想效度会更好。当该问卷和多种测验(诊断、观察指标、生理测量)相关联时,它的构想效度就会增加。

一般来说,构想效度与理论相关。比如,我们可能会假设焦虑倾向部分源于家族史。如果问卷和焦虑家族史相关,我们就能够为问卷的构想效度获得进一步的证据。与此同时,我们的焦虑倾向理论也能获得支持。因此,构想效度是理论检验过程中的重要部分。

构想效度在诊断分类中也非常重要。接下来,我们会更细致地考虑构想效度和DSM-5的问题。

分类和诊断

美国精神病学会的诊断系统:走向DSM-5

在这一部分,我们聚焦于被心理健康专家广泛使用的官方诊断系统,《精神疾病诊断和统计手册》(DSM)。DSM已经发展到第五版,即DSM-5。纵观本书的这一章,我们会注意到DSM-IV-TR和DSM-5之间的主要区别。接下来,我们会回顾DSM的历史以及DSM最近版本的主要特点,然后我们会概括性地回顾DSM以及诊断的一些长处和短处。

1952年,美国精神病学会出版了《精神疾病诊断和统计手册》(DSM),自那时以来再版了五次。DSM-IV在1994年出版,然后2000年6月"修订版"DSM-IV-TR出版。

DSM的每一版都有提升。DSM-III中引进了两大创新,并在后来的版本中一直保持。

1. 准确描述具体的诊断标准——给出诊断的症状,并且用专业术语来定义临床症状。
2. 相较DSM-II,之后DSM的版本对每个诊断特征的描述都更全面。每个障碍都有主要特征的描述以及相关特征的描述,包括实验室发现(如精神分裂症患者脑室较大)和体检结果(如进食障碍患者电解质不平衡);并附有有关发病年龄、病程、患病率、性别比例、家庭模式、鉴别诊断(如何区分相似的诊断)的研究文献信息的总结。

临床个案:洛克珊

洛克珊是一位中年妇女,她被警察送到当地的事故和急救中心。警察发现她大笑着跑过拥挤的街道,还不时撞到人。她的衣服又脏又破。她声音洪亮,语速很快,却很难懂。在医院,她从警察手中挣脱,并且跑到走廊。在逃跑时,她撞倒了两名工作人员,而且以最大的嗓门咆哮着"我是上帝……我最好的工作还未来临!"她被带回检查室,工作人员开始猜想各种可能。很显然,她精神兴奋、愉悦,思维速度增快,同时伴有夸大妄想。不幸的是,工作人员不能从访谈中获得更多的信息,因为她的语速很快而且压低声音。洛克珊坐立不安,偶尔大笑或者吼叫;但医生不能在对她异常行为的原因毫不知情的情况下开展治疗。当使洛克珊冷静下来的尝试失败后,警察帮工作人员联系了她的家人。当听说洛克珊很安全时,她的家人松了口气。家人称她前天从家里走失,并称洛克珊患有长时间的双相障碍(通俗的说法是躁郁症)。过去的几个星期家人一直很担心,因为洛克珊由于高血压已经停止服用治疗双相障碍的药物。医生认为洛克珊正处于双相障碍的躁狂发作期,所以开了处方药2-丙基戊酸钠。她的降压药也恢复服用。

第3章 诊断与评估 》 67

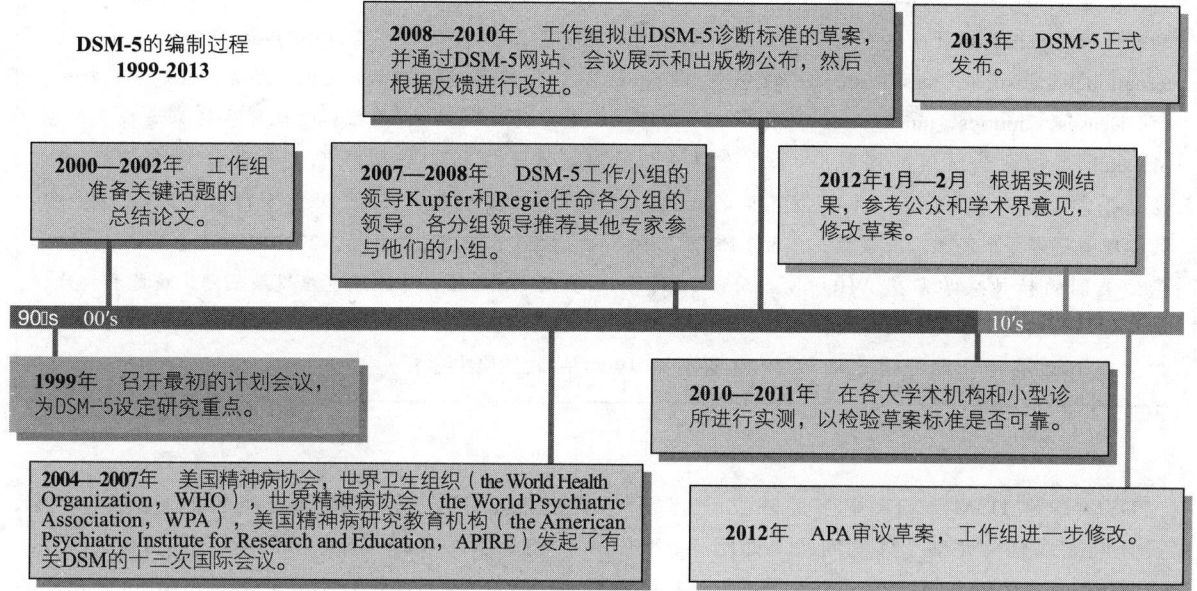

图 3.1 编制 DSM-5 的时间表

聚焦发现 3.1　　分类和诊断的历史

在19世纪末，内科医生开始明白对症治疗的好处，因此诊断步骤得以发展。其他学科内部分类系统的提出普遍获得了成功，内科医生们因此也受到启发，力图发展自己的分类表。

心理障碍分类的早期努力

埃米尔·克雷佩林（Emil Kraepelin，1856-1926）在他1883年首次出版的精神病学教科书中提出了一个有影响力的早期分类系统。在书中他试图确立心理障碍的生物学本质。克雷佩林提到某些症状聚在一起会成为"综合征"。他命名了一系列综合征，并且假设每一种综合征都有其生物学原因、病程和症状表现。虽然没办法确认有效的治疗方法，但是至少可以预期病程。克雷佩林提出了两大类严重心理障碍：早发性痴呆和躁郁症，分别是精神分裂症和双相障碍的早期用语。他认为前者的病因是内分泌失调，而后者是因为新陈代谢不规律；尽管他的病因理论不够明确，但这一分类表无疑影响了现代的诊断分类。

WHO 和 DSM 系统的发展

目前受到广泛认可的心理障碍分类系统有两个——世界卫生组织（WHO）提供的《国际疾病分类》（the International Classification of Diseases, ICD-10）中的第5章和美国精神病学会（APA）提出的《精神疾病诊断和统计手册》（DSM）。其他的分类手册在使用上更有地方性，比如《中国精神障碍分类及诊断标准》（the Chinese Classification of Mental Disorders），或采用其他的理论取向，比如《心理动力学诊断手册》（the Psychodynamic Diagnostic Manual）。

1939年，WHO将心理障碍加到《国际死因列表》ICD(Internationanl List of Causes of Death) 中。1948年，这个表扩展为《疾病，伤害

和死亡原因的国际统计分类》(International Statistical Classification of Diseases, Injuries, and Causes of Death),它综合了所有疾病,包括异常行为。不幸的是,其中的心理障碍部分未能被广泛接受。虽然美国的精神病学家在WHO的工作中已经发挥了突出的作用,但直到1952年才出版了自己的DSM。WHO在1969年出版了新的分类系统,被人们广为接受。虽然双方都详细说明了诊断的症状,但是它们对同一障碍定义了不同的症状,因此诊断的实践也大不相同。1980年,APA出版了全面修订的诊断手册DSM-Ⅲ,随后进一步修订为1987年的DSM-Ⅲ-R和1994年的DSM-Ⅳ。DSM-Ⅳ为了整合某些专题,比如文化、年龄、性别、患病率、病程和心理障碍的家庭模式,在2000年更新为修订版DSM-Ⅳ-TR。DSM-5的工作则从1999年开始,2013年结束。重要的补充内容包括发展问题、失能和伤残、神经科学、命名法和跨文化问题。

DSM-Ⅳ和DSM-Ⅳ-TR更多关注文化问题以及分维度或分轴评估个体的问题。如图3.2所示,DSM-Ⅳ-TR包含五个轴。这种**多轴分类系统**要求在每个轴上都要做出判断,因此诊断时必须考虑更多的信息。

DSM-5与DSM-Ⅳ-TR相比有很多改变。实际上,就连一贯的命名方式都发生了改变——为了促进电子打印,阿拉伯数字(如DSM-5)将替代过去使用的罗马数字(如DSM-Ⅴ)。当我们在本书的章节中具体讨论心理障碍时,我们将会涉及很多方面的变化。在这里我们先讨论在诊断中涉及的主要争议和变化。

多轴系统的改变

如图3.2所示,DSM-Ⅳ-TR中的多轴系统在DSM-5中发生了大幅度的改变。DSM-Ⅳ-TR中的五轴被减少成两轴,一轴关于临床症状,一轴关于心理社会问题和环境问题。心理社会问题和环境问题轴的编码变得与世界卫生组织使用的国际疾病分类相似。DSM-Ⅳ-TR中的轴Ⅴ在DSM-5中被删除。取而代之的是,临床医生需要使用针对每种障碍特定的量表评估其严重程度。

按病因组织诊断

DSM-Ⅳ-TR中完全按照症状来定义诊断。有人认为加深对病因的理解有助于我们对这一取向进行重新思考。举例来说,精神分裂症和分裂型人格障碍在遗传上有很大重叠。这些关联能够反映在诊断系统中吗?还有人建议在神经递质活动、气质、情绪调节异常、社会触发因素等并行的基础上组织诊断。然而,我们的知识还不足以使我们能够以病因为基础组织诊断(Hyman,

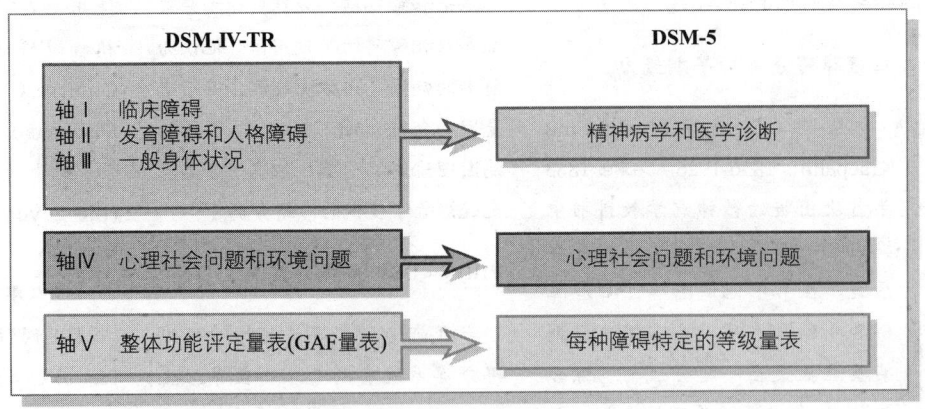

图3.2 DSM-Ⅳ-TR和DSM-5标准草案中的多轴诊断系统

2010）。除了诊断精神发育迟滞时使用的 IQ 测验和诊断睡眠障碍时使用的多导睡眠图，我们在做出诊断时，并没有其他可靠的实验室测验、神经生理标记或者是基因指标。因此，DSM-5 仍将以症状作为诊断基础。

但另一方面，对病因了解的增多也会体现在 DSM-5 中。DSM-IV-TR 中的诊断根据其症状相似性被分配到不同的章节。DSM-5 对章节进行了重新组织，以反映共病模式和共同病因（见图 3.3）。比如，在 DSM-IV-TR 中，强迫症属于一种焦虑障碍。然而，这种障碍的病因和第 7 章中会讨论到的其他焦虑障碍相比，更多受到基因

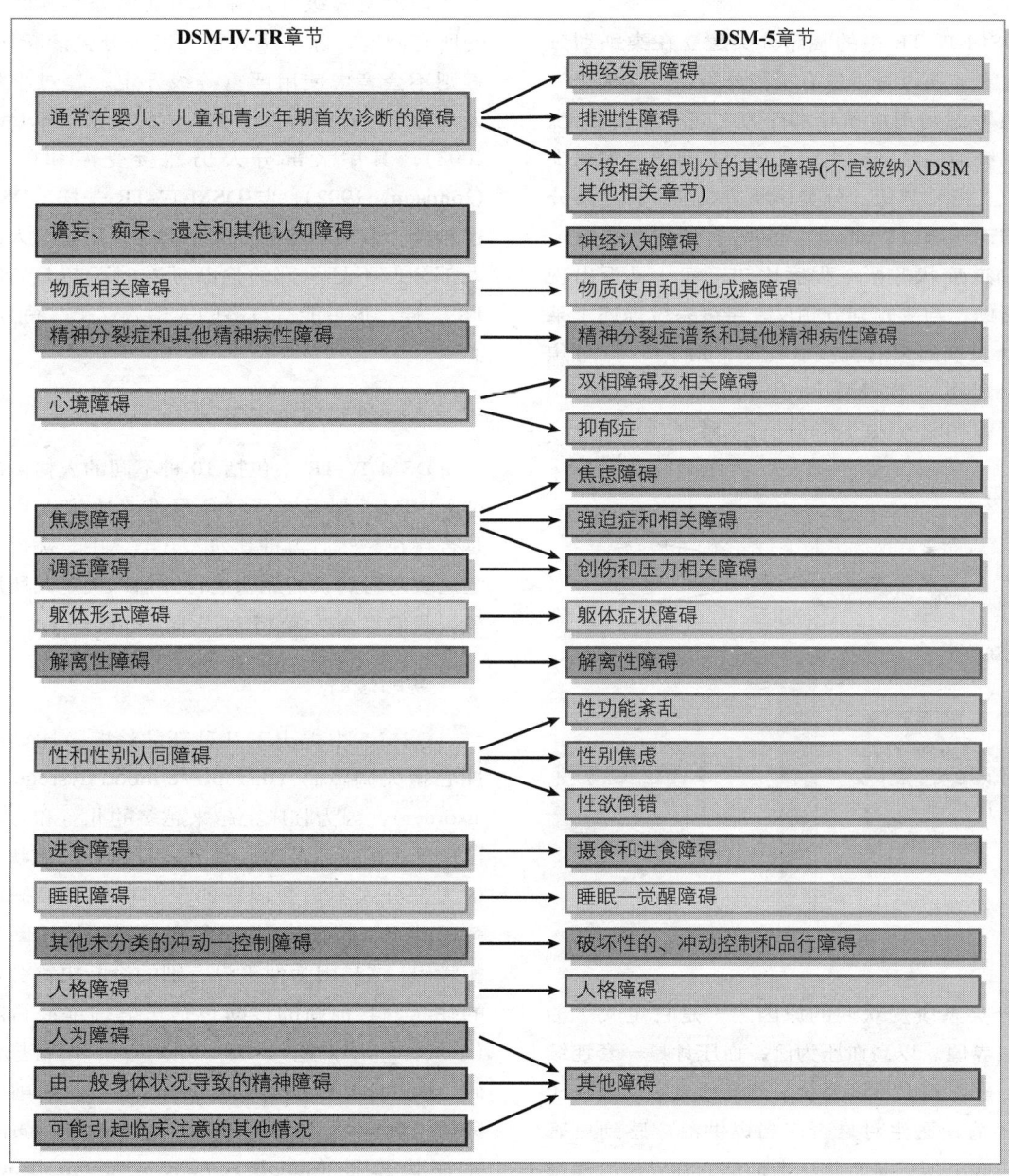

图 3.3 DSM-IV-TR 和 DSM-5 中的章节

和神经的影响。为了反映这一点，DSM-5 中用新的一章来描述强迫症和其他相关障碍。这新的一章包括三种障碍，它们经常共同出现，而且有一些相同的风险因素。它们分别是强迫症、囤积障碍、躯体变形障碍。

用严重程度的连续等级作为补充

DSM-IV-TR 中的临床分类建立在**类别划分**基础之上。病人是否患有精神分裂症？这种分类并没有考虑到正常和异常行为之间的连续变化。分类系统迫使临床医生定义一个临界值，但很少有研究支持临界值。分类诊断造成了一种泾渭分明的错误印象（Widiger, 2005）。

知道症状的严重程度比知道症状是否出现更有帮助。与类别划分相反，**维度**系统描述了某种症状表现出来的程度（比如，用 1～10 对焦虑进行划分，1 代表最小，10 代表最大）。（图 3.4 对维度和类别方法的不同进行了解释。）

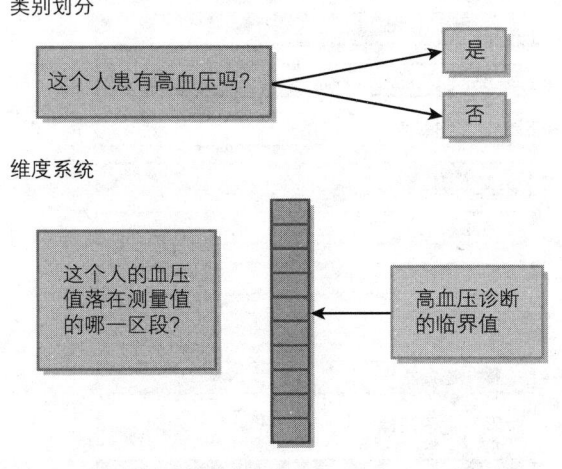

图 3.4　类别划分与维度系统

分类系统受欢迎的原因之一是它定义了治疗的临界值。以高血压为例，血压计是一套连续测量，非常符合维度系统，然而通过定义高血压的临界值，医生对是否应当提供治疗感到更确定。与此类似的是，临床上抑郁的临界值可能帮助区分应否提供治疗的临界点。尽管临界分数可能在某种程度上有些武断，但是它能提供相对有效的指导。

尽管有一些争议，DSM-5 还是保留了诊断的分类取向。但是，这种分类有每种障碍的严重程度等级作为补充。严重程度等级为了解疾病的严重性提供了更精确的估计（Kraemer, 2007）。

但严重等级评定并不能处理分类诊断产生的所有问题。除非病人首先通过分类诊断评定，否则不会考虑使用严重等级评定。超过半数的人在寻求治疗时有低于临界值的症状（Helmuth, 2003），其中大部分人仍然接受温和的治疗（Johnson, 1992）。与 DSM-IV-TR 一样，DSM-5 也包含"未纳入其他分类"类别，用于病人满足大部分但不是全部的诊断标准时。与 DSM-IV-TR 一样，很可能有过多的人落入这个"待分类"类别。

人格障碍诊断的改变

DSM-IV-TR 中包括 10 种不同的人格障碍类型。DSM-5 则设置了一条标准来决定人格障碍是否存在，然后再将其列入五类之中。需使用评定量表来对病人的症状进行评估以确定其所属类型。我们将会在第 15 章详细讨论这一点。

新的诊断

DSM-5 中提出了几种新的诊断。比如破坏性心境失调障碍（disruptIVe mood dysregulation disorder），因为临床上越来越多的儿童和青少年出现严重的情绪波动、易怒以及躁狂的症状。其中大部分人不符合躁狂的全部标准（根据双相障碍的定义特征），但是经常被错误地诊断为双相障碍；这是因为似乎没有别的诊断更符合他们的症状。其他新的诊断包括焦虑抑郁混合障碍（mixed anxiety depressIVe disorder）、语言损伤障碍（language impairment disorder）、经期前紧张障碍（premenstrual dysphoric disorder）、简单躯体症状障碍（simple somatic symptom disorder）和疾病焦虑障碍（illness anxiety disorder）。

合并诊断

DSM-IV-TR 中的一些诊断被合并，因为没有足够的证据表明它们有不同的病因、病程或者治疗措施。比如，DSM-IV-TR 中物质滥用和物质依赖在 DSM-5 中被物质使用障碍取代。DSM-IV-TR 中性欲减退和女性性唤起障碍在 DSM-5 中被女性性欲/唤起障碍取代。

澄清标准

为了给诊断的临界值提供更清晰的指导，DSM-5 重写了很多障碍的诊断标准。比如，一些诊断添加了持续期和强度的标准。另一些诊断的标准则为了反映新的信息进行了修改。纵观所有诊断，为了使诊断更明确也调整了措辞。

考虑种族和文化

心理障碍是普遍存在的。没有哪一种文化中的人们能逃离心理障碍的困扰。文化影响着导致心理障碍的危险因素（如贫穷、毒品可得性和压力）、体验的症状类型、寻求治疗的意愿和可用的治疗方法等。有时候，这些跨文化的差异意义十分深远。比如，虽然在美国心理健康保健随处可见，但是在非洲的撒哈拉以南地区，平均每两百万人中只有一名精神科医生（世界卫生组织，2001，17 页）。

但文化差异并不总像人们预期的那样。比如，虽然美国的医疗普及面很广，但一项大型调查显示，精神分裂症在尼日尼亚、印度、哥伦比亚等国家的预后比包括美国在内的工业化国家要好（Sartorius，1986）。而从墨西哥移民到美国的人中，最初符合心理障碍诊断标准的人大约只有美国本地人的一半；但是随着时间的推移，他们及其后代可能符合某些心理障碍（比如物质滥用）标准的人数呈上升趋势，所以他们患心理障碍的可能性最终和美国本地人相近（Alegria，2008）。事实上，美国的心理障碍的总患病率比其他国家高。如果我们希望了解文化是如何影响患病风险、症状表现和疾病后果的，那么我们需要一个在不同的国家和文化中都信效度俱佳的诊断系统。

DSM 过往的版本因为缺少对心理病理学中文化和种族因素的关注而受到批评。从 DSM-IV-TR 开始，有三个方面加强了文化敏感性：①为评估文化和种族的作用提供了一个整体框架，②描述了每一种障碍中的文化因素和种族状况，③在附录中列出了不同文化中特定的综合征。

在整体框架中，临床医生要谨慎对症状做出诊断：个体在其文化中应是非典型的和有问题的。人们在认同自己的文化或民族的程度上不甚相同，有的人更看重自己与主流文化是否相似，其他人则希望与自己的民族背景保持一致。总的来说，临床工作者应时时留心文化和民族如何影响诊断和治疗。

人们开始关注文化如何影响所患障碍的症状和表达。比如，精神分裂症（妄想和幻觉）和抑郁症（抑郁情绪和对活动失去兴趣）的症状具有跨文化相似性（Draguns，1989）。但是如第 6 章我们会讲到的，日本人比美国人更担心会冒犯到别人（Kirmayer，2001）。在评估症状时，临床医生也需要意识到文化会影响患者描述痛苦时所用的语言。比如，在很多文化中，用身体术语而不是用心理术语来描述悲伤或者焦虑是很常见的，如"我心痛"或者"我的心沉甸甸的"等。

DSM 的附录中包括 25

抑郁症的核心症状似乎具有跨文化相似性。(©redstone/Shutterstock.)

个文化依存综合征。文化依存综合征是指在特定地区可能出现的诊断。值得注意的是，这些文化依存综合征并不仅仅是在美国以外的文化中出现。比如，有人建议将贪食症列入西方文化依存综合征，这个我们会在第 11 章具体介绍。以下是 DSM 附录中一些综合征的例子。

- ★ **Amok** 一种解离式的发作，在暴力或杀意爆发之后出现一段时间的沉思。一般倾向于由侮辱刺激诱发，常见于男性，同时会伴随被害妄想。这一术语来自马来西亚，其定义为对残忍的狂热。
- ★ **Ghost sickness** 对死亡和已经死去的人极度关注，在某些印第安部落中出现。
- ★ **Drat** 印度人使用的一个术语，指的是对排出精液的严重焦虑。
- ★ **Koru** 出现在东南亚地区，指由于担心阴茎或者乳头会不断缩小甚至进入身体导致死亡，而出现强烈的焦虑症状。
- ★ **ShenjingShuairuo**（神经衰弱） 在中国较常见的一种障碍，以疲劳、头晕、头痛、疼痛、注意力不集中、睡眠问题和记忆减退为特点。
- ★ **TaijinKyofusho** 担心因不合适的眼神交流、脸红、身体动作，自己身上的气味等冒犯到别人。这种障碍在日本最常见，但在美国也有这样的案例。日本的文化规范特别强调适应社会和等级，也许这加大了患此病的风险。
- ★ **Hikikomori** 指的是在日本、韩国和台湾等国家和地区观察到的一种综合征，通常发生在男性青少年或者年轻的成年男子身上。表现为将自己锁在房间里长达 6 个月或者更久，而且不与房间外面的人接触。

一些人认为我们应该试着识别广泛的具有跨文化一致性的症状，并依此来反对纳入文化依存综合征（Lopez-lbor，2003）。为了支持这一立场，他们指出很多文化依存综合征与 DSM 的主要诊断并没有大的区别。比如，凯博文（Kleinman）在 1986 年访谈了 100 个被诊断为神经衰弱的中国人，发现 87% 的人符合重性抑郁障碍的诊断标准而且其中大部分人对抗抑郁药物有反应。铃木（Suzuki）和他的同事（2003）指出 Taijin Kyofusho 的症状与社交恐惧症（对社会交往和评论的过度恐惧）和在美国更为普遍的体相障碍（认为自己是畸形的或者丑陋的错误信念）的症状有重叠。其他的综合征可能反映了对焦虑和压力的共同关注，只是具体内容受到生活环境和价值观的影响（Lopez-lbor，2003）。因此，一些研究者坚信应当寻求不同文化间的共同之处。相反，其他人认为文化依存综合征很重要。在理解心理障碍时，其对于个体所在地和本人的意义都是关键问题（Gaw，2001）。

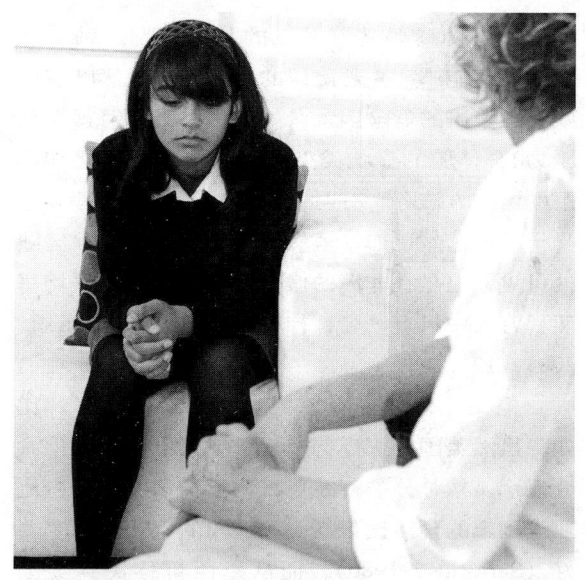

治疗师要留心病人在描述他们的问题时文化差异所扮演的角色。
(©Chris Schmidt/i Stockphoto.)

在 DSM-5 的编制过程中，有一个研究小组专门考虑性别和文化问题。他们推荐了一些方法来保持临床医生对文化的敏感性。比如，DSM-IV-TR 中有一个文化和诊断的附录，但半数以上接受调查的临床医生称他们没有意识到附录的存在（Kirmayer et al., 2008）。在 DSM-5 中，这部分出现在诊断评估的介绍材料中（Alarcon et al., 2009）。

临床个案：萝拉

萝拉是一名 17 岁的高中生。14 岁的时候，她和父母哥哥一起从墨西哥搬到美国。几个月后，萝拉的爸爸回到墨西哥参加亲人的葬礼。因为签证的问题，他被拒绝再次入境美国。将近三年，他没能和家人团聚。萝拉的妈妈发现仅凭当会计的工资很难做到收支平衡，因此他们一家一年前被迫搬到较差的社区。萝拉自从来到美国后学会了很多英语表达中的微妙之处，学习成绩很好。近两年，她在学校交了个男朋友。他们感情稳定，她认为他是一个在她感到心烦时可以与之倾诉的人。妈妈唯一担心的就是萝拉太依赖男朋友——萝拉无论大小事务都问男朋友的意见，而且当男朋友不在时她在社交上很小心翼翼。妈妈提到萝拉一直有点害羞，她小的时候在做决定和获得社会支持方面很依赖她的哥哥。

在毫无征兆的情况下，男朋友提出了分手。萝拉感到非常痛苦，变得寝食难安。她的体重快速下降，而且无法集中精力学习。朋友抱怨说，她在午餐时和电话中都不再愿意聊天。在持续两周感到情况很糟糕后，萝拉留下一封遗书后失踪了。第二天警察在一间废弃的屋子里找到了她，当时她拿着一瓶药。她说她整晚坐在那里，想要了结自己的生命。萝拉的妈妈说她从来没见过萝拉这么伤心，但是她提到他们的亲戚中有几个人曾经长时间处于悲伤中。迄今为止，那些墨西哥的亲戚都没有尝试过自杀，也没有接受过任何正规的治疗。取而代之的是，家人学会给这些成员以支持和时间，让他们自己痊愈。在警察找到萝拉后，她被送到医院进行强化治疗。

DSM-Ⅳ-TR 的诊断

轴Ⅰ　重性抑郁障碍
轴Ⅱ　依赖型人格障碍
轴Ⅲ　无
轴Ⅳ　重要支持群体的问题（父亲和家人不在一起）；社会环境相关的问题（文化适应压力；同男朋友的关系）
轴Ⅴ　整体功能评定量表得分为 25

DSM-5 的诊断

重性抑郁障碍
人格障碍特质
功能水平：1
服从特质和分离不安全感特质

概念核查3.1（答案见章末）

请回答以下问题。
1. DSM-5 的主要变化包括（选出所有符合的答案）：
   a. 轴更多
   b. 包含了严重程度评定
   c. 人格障碍诊断数量增多
   d. 总体诊断数量变少
2. 以下做法检验了哪种信度或者效度？
   ____ 一组高中生连续两年做同样的智力测验
   ____ 一组高中生智力测验的分数和他们一年前做的另一个智力测验的分数相关。
   ____ 测量自责倾向的测验已经开发出来。研究者接下来想要检测它能否预测抑郁，是否与童年期虐待有关，是否与在工作中不够自信有关。
   ____ 同一个病人由两名医生进行问诊。研究者检验两名医生的诊断是否一致。
   a. 评分者信度　　b. 重测信度
   c. 效标效度　　　d. 构想效度

对 DSM 的具体批判

关于 DSM 已有不少具体的问题。接下来我们回顾一下这些担忧。

诊断数量

DSM-Ⅳ-TR 已包括将近 300 条不同的诊断。有人批评诊断类别数量的快速增长（见表 3.1）。举例来说，为了概括严重创伤后一个月里的症状，DSM-Ⅳ 和 DSM-5 中都包括急性应激障碍类别。这些应对创伤时的常见反应应该被诊断为心理障碍而被病态化吗（Harvey & Bryant, 2002）？DSM 的作者似乎将太多的问题列入心理障碍以扩大其覆盖面，却没有给出这样做的充分理由。

表 3.1 DSM 每个版本中诊断分类的数量

DSM 版本	诊断的数量
DSM Ⅰ	106
DSM-Ⅱ	182
DSM-Ⅲ	265
DSM-Ⅲ-R	292
DSM-Ⅳ-TR	297
DSM-5	>300

来源：Pincus et al.(1992).

另一些人则认为，该系统在太多症状差异很小的障碍之间做出区分。诊断数量太多的一个副作用是**共病**现象，它指的是出现第二种诊断。共病成了一种常态而不是例外。至少符合一条 DSM-Ⅳ-TR 精神病学诊断标准的人中，有 45% 至少还会符合另一条精神病学诊断标准（Kessler, 2005）。这种重叠可能是分类太细的一个标志（Hyman, 2010）。

关于诊断数量的一个更微妙的问题是，许多风险因素似乎可以引发不止一个障碍。比如，一些基因总体上加大了障碍外化的风险（Kendler et al., 2003）。早期创伤、应激激素失调、倾向记住自己的负面信息、神经质似乎都会增加各种焦虑障碍和心境障碍的风险（Harvey et al., 2004）。焦虑和心境障碍似乎也在基因上有重叠（Kendler, 2003）；相关基因削弱了大脑中前额皮层的功能（Hyman, 2010），降低了 5-羟色胺的功能（Carver, Johnson, & Joormann, 2008）。而选择性 5-羟色胺再摄取抑制剂（selectIVe serotonin reuptake inhibitors，SSRIs），比如百忧解，通常能缓解焦虑障碍和抑郁症两种病的症状（Van Ameringen, 2010）。不同诊断的病因和治疗似乎都没有区别。

这意味着我们应该将一些诊断合并吗？有关合并还是分开的看法大不相同。有些人认为我们应该细致区分，然而另一些人认为我们应该合并（Watson, 2010）。在那些认为诊断分类太多的人中间，几个研究者已经思考了破除细致分类，采用更宽泛分类的方法。首先，一些障碍同时出现频率似乎超过其他。比如，反社会人格障碍患者很有可能符合物质使用障碍的诊断标准。在 DSM 中，它们被诊断为不同的障碍。有些人认为儿童品行障碍、成人反社会型人格障碍，酒精滥用障碍和物质使用障碍经常共病，它们应该被视为同一个潜在的疾病过程或易感性的不同临床表现形式（Krueger, 2005）。这些不同类型的问题可以统称为"外化障碍"。

DSM-5 的作者采取折衷的措施解决这些问题。在少数情况下，两种障碍合并为一种障碍。比如前面所提到的，DSM-Ⅳ-TR 中物质滥用和物质依赖的诊断在 DSM-5 诊断标准草案中被物质使用障碍取代。而混合焦虑抑郁障碍这种新的诊断也包含在 DSM-5 中，因为许多人同时出现焦虑和抑郁的症状。然而，DSM-5 的变化依旧不大。它包括 300 多种诊断，共病仍将是常态。

日常实践中 DSM 的信度

假设你担心自己的心理健康，然后你找两

位心理学家咨询。如果两位心理学家的诊断不一致——一个说你患了精神分裂症，另一个说你患了双相障碍，你会感到何等的忧虑！诊断系统必须具有高评分者信度才会有用。在 DSM-Ⅲ 之前，DSM 诊断的信度差，主要是因为诊断标准不清晰（见图 3.5 了解评分者信度）。

DSM 诊断标准的明确性增强提高了信度。虽然如此，由于临床医生可能不会精确依赖诊断标准，DSM 在日常使用中的信度可能比研究中的低。即使完全按照诊断标准，在 DSM-5 中也存在有分歧的地方。比如，情绪"异常高涨"是什么意思？或者什么情况下"图一时之快卷入有可能带来痛苦后果的活动"算过度？这样的判断为文化偏见以及临床医生的主观看法设置了舞台。不同的医生可能对像"异常高涨"这样的症状采用不同的理解，因此很难达到高信度。

应该能够告诉我们相关的临床特征和功能损伤。DSM 指定满足诊断标准的损伤和痛苦必须是当下的，所以诊断同婚姻痛苦和工作缺勤这样的功能损伤相关并不令人感到惊讶（见表 3.2）。除了通过诊断了解最常见的困难，诊断还应该告诉我们接下来会发生什么——可能的病程和不同治疗的效果。最重要的是，诊断应该和可能的病因相关，比如基因易感性和内分泌失调。具有高构想效度的诊断应该有助于预测各种特征。

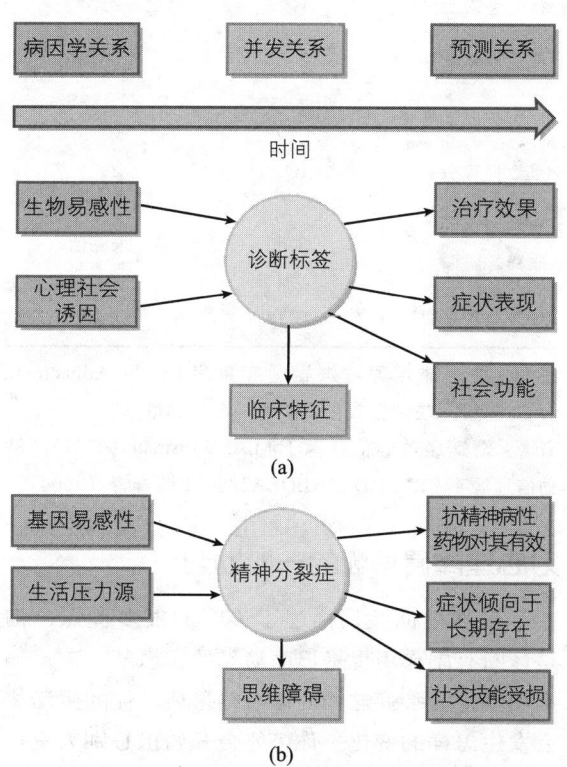

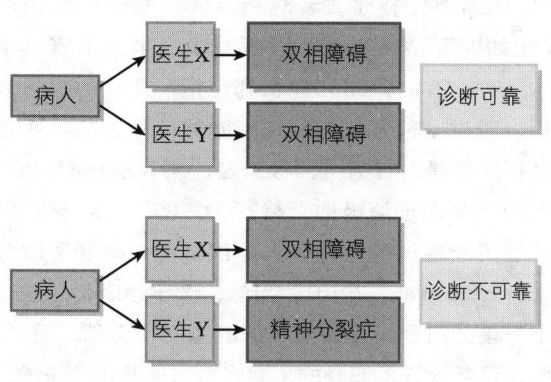

图 3.5 评分者信度。如图所示，两位医生诊断相同时该诊断可靠，反之则不可靠。

诊断分类的效度

DSM 诊断建立在症状模式基础之上。精神分裂症的诊断地位比不上糖尿病等问题的诊断，因为糖尿病有实验室检测。

一种评价诊断的方法是看系统是否帮助组织不同的观察（见图 3.6）。如果诊断有助于做出准确的预测，那么它就有了构想效度。一个优质的诊断分类应该促进哪种类型的预测呢？它

图 3.6 构想效度。由图可知诊断能够帮助预测哪些类型的信息。

接下来，核心问题是依据 DSM 作出的诊断是否揭示了有关病人的有用信息。本书围绕主要的 DSM 诊断分类进行组织，因为我们相信它确实有一些构想效度。尽管某些分类的效度可能不如其他的分类，我们将在后面的章节讨论具体诊断分类效度的一些差异。

表 3.2 过去一年心理障碍患者中婚姻痛苦和错过工作日的概率

障碍	相比非心理障碍患者,有某一诊断的人,婚姻痛苦的概率	相比非心理障碍患者,有某一诊断的人,缺勤的概率
惊恐障碍	1.28	3.32
特定恐惧症	1.34	2.82
社交恐惧症	1.93	2.74
广泛性焦虑障碍	2.54	1.15
创伤后应激障碍	2.30	2.05
重性抑郁症	1.68	2.14
双相Ⅰ型或Ⅱ型障碍	3.60	未评估
酒精使用障碍	2.78	2.54

注意:婚姻痛苦通过婚姻适应量表 Dyadic Adjustment Scale 测量。缺勤日数在访谈前一个月测量。
来源:婚姻痛苦的信息源于 M.A. Whisman (2007)。缺勤信息源于 ESEMeD/MHEDEA2000 年调查者 (2004)。

对心理障碍诊断的一般批判

虽然前面我们描述了诊断的很多优点,但是诊断有副作用也是显而易见的。想象一下,当接到精神分裂症这样的诊断结果后,你的生活将会发生怎样的变化。你可能会开始担心别人发现你有病,或者你会害怕下一次发病,你可能担心你处理新挑战的能力。你"曾经是精神病人"的事实可能会有侮辱效应。朋友和亲人可能会以不同的方式对待你,并且你找工作可能会很困难。

毫无疑问,接受诊断结果并不是易事。研究表明很多人对心理障碍患者持有负面看法,病人和他们的家人经常要忍受心理障碍带来的污名(Wahl, 1999),我们在第 1 章讨论过,这仍然是一个大问题。许多人担心诊断可能导致污名。为了研究这个问题,研究者给人们看一个人

虽然歧视心理障碍是违法的,但是很多雇主还是这样做。因此,当给予别人心理障碍的诊断时必须考虑到污名的问题。(Ryan McVay/PhotoDisc, Inc./Getty Images.)

的简要的书面描述。除了少量的关于这个人生活和性格的信息,描述中有的包括心理障碍诊断(比如精神分裂症或者双相障碍)和症状的描述(比如时而情绪高涨,睡眠减少,坐立不安)中的一种,有的诊断和症状都包括,还有的都不包括。通过这种方式,研究者能够检验人们到底是对标签还是对行为持消极态度。研究清楚地表明,人们更倾向于消极地看待行为。实际上,有时候标签可能通过为症状行为提供解释而减轻了污名(Lilienfeld et al., 2010)。当然,做出诊断仍然是一个严谨的过程,它需要维护敏感度和隐私。但是,假定诊断标签是侮辱的主要来源可能是不公平的。

另一个值得关心的问题是,什么时候应用诊断分类?我们可能会忽略人的独特性。美国心理学会建议人们避免使用"是精神分裂的"或"是抑郁的"这样的说法来形容一个人。我们不该用病名来称呼患有疾病的人(比如,我们不该说患癌症的人"是癌症的")。如今,心理学家被鼓励使用"患有精神分裂症的人"这样的说法。

即便使用更谨慎的语言,一些人还是认为诊断引导我们只关注疾病,而忽视了人与人之间的重要区别。不幸的是,无论何时,无论思考任何事,分类都是人的本性。有些人可能会反驳,如果我们无论如何要使用分类,那么最好是系统

地发展分类。因此，问题就变成现有的系统在组织相似疾病中做得如何。

概念核查3.2（答案见章末）

请回答以下问题。
1. 列出三个原因，说明为什么有人认为DSM应该合并诊断。
2. 有效诊断有助于预测哪三大类特点？

心理评估

为了做诊断，心理卫生专家可能使用很多种评估测量和工具。除了有助于做出诊断外，心理测量技术也用于其他重要方面。比如，评估方法被用来寻找合适的治疗干预措施，重复评估在检验一段时间后的治疗效果时也非常有用。另外，评估是开展病因研究的基础。

我们将会看到，除了基本的访谈外，还有很多源于第2章中介绍的范式的评估技术。这里我们讨论临床访谈、压力评估量表、人格测验（包括客观测验和投射测验）、智力测验和行为认知评估技术。虽然我们分别讲述这些方法，但是一轮完整的心理评估需要结合多种评估技术。来自不同技术的数据相互补充，提供对个体更完整的描述。简而言之，没有最好的评估测验。然而，使用多种技术和多种数据来源会提供最好的评估。

临床访谈

大多数人可能总会经历一次访谈，尽管对话不太正式以至于我们不认为它是访谈。对于心理卫生专家，正式结构化的和非正式非结构化的临床访谈都可以用于心理病理学评估。

临床访谈的特点

临床访谈不同于随意对话的一个方面是：访谈者对受访者如何回应问题（或者不回答问题）的关注程度。比如，如果一个人在叙述婚姻冲突，临床医生通常会注意任何伴有评论的情绪。如果这个人在困境面前似乎并没有心烦，那么对于如何解释当提到相关事务时这个人会哭泣或激动，或许会有不同的理解。

临床访谈的实施需要良好的技巧。无论采用哪种范式的临床医生都要认识到与来访者建立良好关系的重要性。访谈必须获得对方的信任。认为来访者会轻易向他人吐露心事的想法是幼稚的，即便是对有着"医生"称号的权威人物。即使一个来访者非常渴望向一位专业人士谈论自己的私人问题，在没有帮助的情况下也难以做到。

临床医生会努力让来访者敞开心扉并鼓励他们阐述自己关注的问题。对来访者所说进行准确的总结陈述能够有助于维持其动力，继续谈论痛苦或可能难为情的事件与感受。并且对泄露隐私持接受的态度能够打消其对于向他人揭露"内心的秘密"会造成灾难性结果的恐惧。

访谈在其结构化程度上各不相同。实际上，大部分临床医生可能仅靠模糊的概要运作。数据如何收集很大程度上由访谈者决定，同时也依赖来访者的反应敏感性和具体反应。多年的训练和临床经验，让每一位临床医生都发展出他认为舒适的提问方式，以引导出对来访者最有用的信息。因此，在某种程度上访谈是非结构化的，访谈者要依赖自己的直觉和一般经验。因此，非结构化访谈的信度可能比结构化访谈低；也就是说，两个访谈者对于同一个病人可能会得出不同结论。

结构化访谈

有时候，心理卫生专家需要搜集标准化信息，特别是基于DSM做诊断判断时。为了满足这一需求，研究者使用**结构化访谈**，其中访谈者的提问按照规定的方式排列。一个常见的结构化访谈的例子是DSM-IV的轴I使用的结构化临床访谈（Structured Clinical Interview，简称SCID）。

（这些结构化访谈正在进行修订以符合 DSM-5 的诊断标准。）

SCID 是分支访谈，即来访者对一个问题的回答决定了下一个问题。它也包括对访谈者的详细指导，包括什么时候以及如何详细调查，还有什么时候转向另一个诊断方面等。大多数症状用三点等级量表评定，根据访谈表中的说明直接将等级评定转换成诊断。有关强迫症（第 7 章讨论）的最初的提问如图 3.7 所示。采访者首先问有关强迫观念的问题。如果问答引出评定 1（无），采访者接下来结构性地问强迫行为的问题。如果评定仍然是 1（无），则转到创伤后应激障碍方面的问题。反之，如果是对强迫症相关问题作出肯定的回答（2 或 3），采访者就继续进一步提问这方面的问题。

几项研究结构表明 SCID 对大多数诊断分类有良好的评分者信度。对于人格障碍和其他具体的障碍，比如焦虑障碍以及儿童期障碍的诊断，已经开发了有良好评分者信度的结构化访谈。大量训练后，结构化访谈的评分者信度通常会好很多。

结构化访谈的广泛应用有利于做出可信的诊断。
（©BSIP/Phototake.）

实际上，大部分临床医生不采用结构化访谈，而以非正式方式核查 DSM 症状。然而，值得注意的是，使用非结构化诊断访谈的临床医生容易漏掉伴随原始诊断出现的共病诊断（Zimmerman,1999）。当临床医生使用非正式访谈而不是结构化访谈时，诊断的信度也会较低（Garb,2005）。

压力的测量

考虑到压力对各种障碍的重要性，我们有必要在心理障碍的评估过程中对压力进行测量。为了理解压力及其影响，我们首先要对其进行定义，继而才能进行测量。显然，这两项工作都很难，压力有多种定义。我们在聚焦发现 3.2 中可以看到前人的研究对压力的概念化给予了哪些启示。从广义来讲，**压力**是指个体认识到环境中存在的问题，对其回应过程中产生的痛苦的主观体验。生活压力源是指触发个体压力感的周围环境中的问题。不同的量表和方法都可以用来测量生活压力。这里我们来介绍最全面的一种测量方法：生活事件和困难列表（The life Events and Difficulties Schedule，简称 LEDS）以及用自陈式清单测量压力的方法。

压力可以包括重大生活事件或日常琐事。
（© Artens/Shutterstock.）

生活事件和困难列表

这种测量方式在研究生活压力源时广泛使用（Brown & Harris, 1978），是一项包括了 200 种不同压力源的访谈。因为访谈是半结构式的，所以访谈者在提问时要对这些压力源进行选择，去除一些发生率极低的事件。访谈者和受访者要在一定时间内制作出发生主要事件的时间表（如图 3.9）。

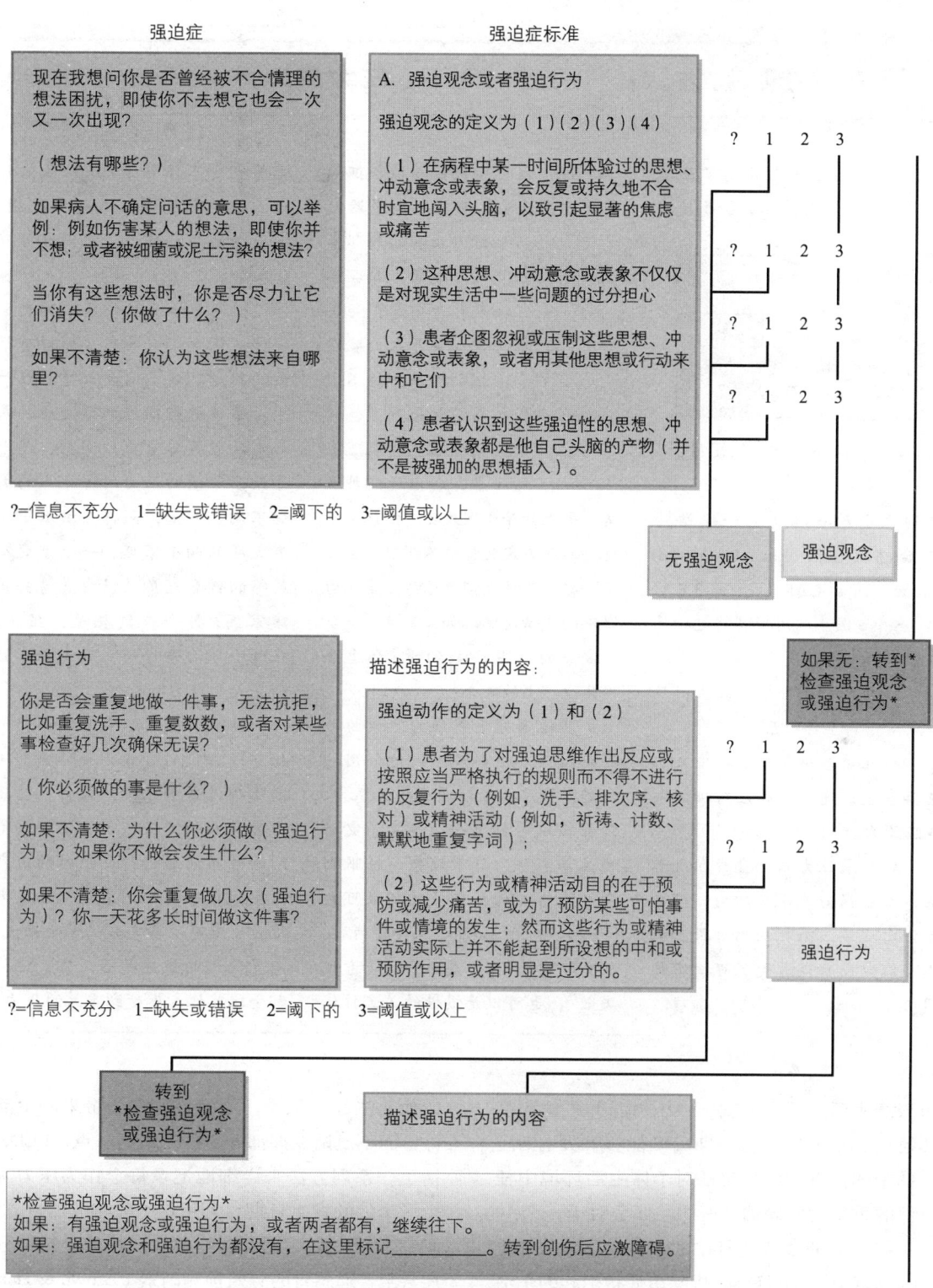

图 3.7 SCID 样例项目。重印得到纽约州立精神病机构生物计量学研究部门的允许。

聚焦发现 3.2　　压力简史

Hans Selye 医生开创了压力研究。他把针对持续的、高度压力的生理反应描述为一般适应综合征（General adaptation syndrome，简称 GAS）。如图 3.8 所示，Selye 医生利用模型将这种反应分为三个阶段：

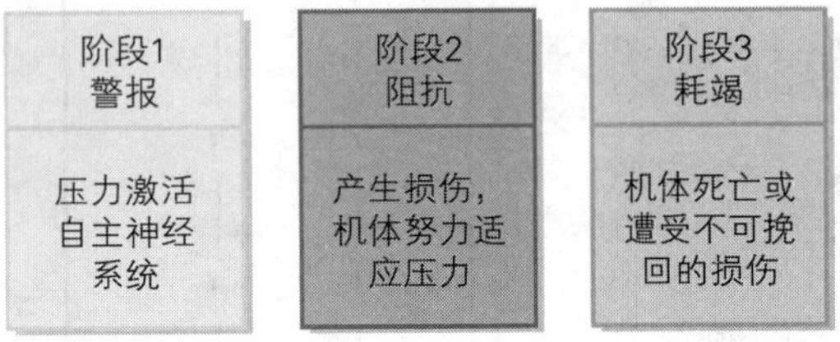

阶段1 警报	阶段2 阻抗	阶段3 耗竭
压力激活自主神经系统	产生损伤，机体努力适应压力	机体死亡或遭受不可挽回的损伤

图 3.8　Selye 的一般适应综合征

1. 在第一个警报阶段中，压力激活了自主神经系统。
2. 在第二个阻抗阶段中，机体器官尝试通过各种应对机制来适应压力。
3. 如果压力源一直存在或者机体无法很好地适应压力，那么就会出现第三个耗竭的阶段。机体可能会死亡或遭受不可挽回的损伤。

Selye 医生所提出的综合征强调身体的反应，而非环境中诱发这一反应的外部事件。随后，心理学研究者拓宽了 Selye 医生关于人们展现出的对压力的不同反应的范围，包括情绪沮丧、表现不佳，或出现某种激素水平上升等生理改变。但是基于反应的压力定义标准不明确。在经历一些并不被我们自己认为是压力事件的事情时（比如，期待一个令人高兴的事件），我们的身体也会发生生理上的改变。

其他研究者将压力定义为一种刺激而非一种反应。他们用一份外界情境的长清单来定义压力，外界情境包括电击、倦怠、灾难性生活事件、日常琐事和睡眠剥夺。能够成为压力源的刺激可大（亲人的死亡），可小（日常琐事，例如堵车），可以是短暂的（考试失败），也可以是慢性的（工作环境长期令人不快）。在大多数时候，这些经历都让人心生厌烦，但是在某些情况下，它们也可以让人愉快。

如同基于反应的压力的定义一样，基于刺激的定义同样有很多的问题。我们需要注意，在对生活事件进行回应的方式上，人与人的差异非常大。同样，这也导致了等量的压力对每个人的影响不同。例如，同样在洪水中流离失所的两个家庭，一个家庭有足够的钱和充足的社会支持去重建家园；另一个则相反，显然，在这一压力事件中，后者会体验到更大的压力。

目前对压力的定义强调我们知觉或评价的方式，而环境则决定压力源是否出现。或许，对压力最全面的定义应是个体对知觉到的外界问题进行反应时的沮丧的主观体验。举例来说，期末考试对于没有准备充分的学生来说，不管他们的忧虑是否现实，他们都会比其他人感受到更大的压力。

在访谈结束后，评分者就每个压力源的严重程度和其他几个维度进行评分。LEDS 能够解决生活压力评估中的许多问题，包括对个体生活环境中任何事件的重要性的评估。例如，怀孕对于一个 14 岁少女和一个 38 岁努力怀孕的女性的意义截然不同。LEDS 的第二个目标是排除由症状引起的生活事件。例如，某个人没去上班是因为他的抑郁症让他无法起床工作，这就是病症所带来的生活事件，而不是诱发抑郁的事件。最后一点，LEDS 包括了一系列方法来详细地记录每个作为压力源的生活事件的发生日期。利用这一完善的测量方法，研究者发现生活压力源是焦虑、抑郁、精神分裂症甚至普通感冒的有效预测因素（Brown & Harris，1989b；Cohen et al.，1998）。

LEDS关注主要的压力源，例如死亡、失业和分手。
(Bob Falcetti Reportage/Getty Images news and Sport Services.)

自陈压力清单

由于 LEDS 等访谈太过详细，需要耗费大量的时间。通常情况下，临床工作者和研究者希望用一种较快速的方法来评估压力，所以我们将要介绍较为简洁的自陈式清单，例如威胁经历清单（List of Threatening Experiences，简称 LTE；Brugha&Cragg，1990）和精神疾病流行病学生活事件访谈量表（Psychiatric Epidemiological Research Interview Life Events Scale，简称 PERL；Dohrenwend et al., 1978）。这些量表主要列举了不同的生活事件（如配偶的死亡、严重的生理疾病、财务吃紧）。参与者需要确认这些事件在某一特定时间段内是否在自己身上发生过。这类测量方法面临的困难在于人们看待这些事件态度迥异（Dohrenwend，2006）。例如，对于关系亲密的伴侣，配偶的死亡可谓灭顶之灾，然而对于一段虐待关系的双方来说，配偶的死亡可能缓解了压力。自陈量表的其他局限包括参与者答题时需要回忆（Dohrenwend，2006）。例如，参与者可能会忘记一些生活事件，有证据表明感到焦虑或抑郁的人更容易在作答时出现偏差。或许正是因为有这些影响回忆的因素，生活压力清单的重测信度较低（McQuaid et al., 1992）。

人格测验

心理测验使测量的过程进一步结构化。心理测验最常用的两种形式即人格测验和智力测验。在下文中，我们会对两种人格测验进行检验，第一种为人格自陈量表，第二种为人格投射测验。

人格自陈量表

人格量表要求被试完成测量自身习惯性倾向的自陈问卷。测验编制好之后，研究者通常对许多人进行施测来分析哪种人会对此问卷有反应，并依此来制定常模，这一过程称为测验的**标**

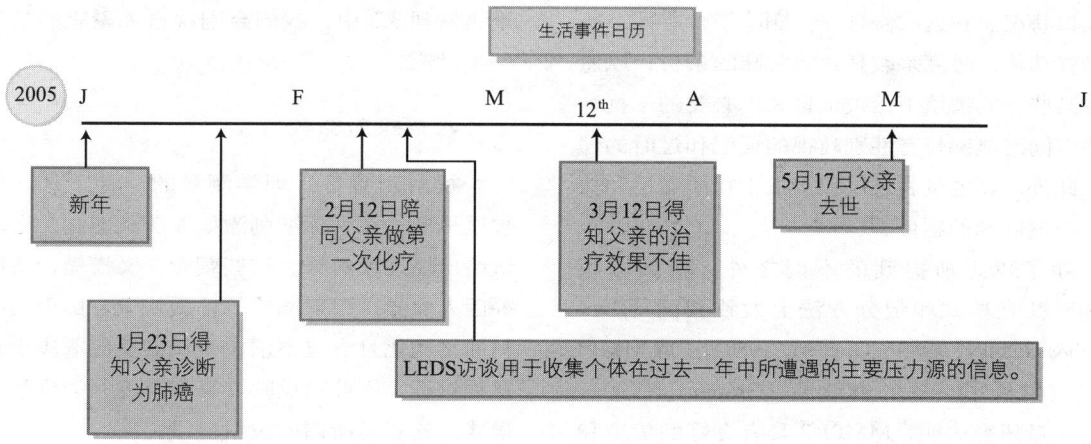

图3.9 一个生活事件的时间表例子。

准化。个体可以将自己的测验成绩与常模进行对比来对结果进行解释。

在各类人格测验中，最知名的当属**明尼苏达多项人格量表**（Minnesota Multiphasic Personality Inventory，简称 MMPI），该量表由 Hathaway 和 McKinley（1943）在 20 世纪 40 年代初期编制，于 1989 年被修订（Butcher et al., 1989）。MMPI 名称中的"多项"表示该问卷旨在对多种心理问题进行测查。多年来，MMPI 已经广泛用于对不适用临床访谈的大群体的筛查。

开发一个测验需要经历以下几个步骤：首先，大量临床学家对不同心理问题的表现提供描述；其次，让某类心理障碍的患者和正常人群对上百条相关描述进行评分，评价该描述在多大程度上符合他们自身的情况。挑选出临床样本与正常群体普遍不同的作答项目作为量表的最终版。

通过这些额外的改进，一些项目组成了特定分量表来判断被试是否应该以某种方式被诊断。如果被试在多数分量表上的得分与某类群体类似，那么该被试的行为也应当与该症状的群体类似。在表 3.3 中，我们对 10 个分量表进行描述。

MMPI 的修订版 MMPI-2 在原有的基础上提高了效度和可接受性。量表最初标准化的原始样本采集于六十多年前，多由来自明尼苏达的白人组成，缺乏其他民族的代表。在新版本的标准化中，样本量更大，样本构成也更能代表当时的美国人口状况。在这次修订中，删除了含有性、肠和膀胱功能、过度宗教狂热等意味的条目，以避免在某些施测情境下给被试带来不必要的干扰和反感。同时删除带有性别歧视的词汇和过时的俚语。此外，新的量表还添加了关于物质滥用和情绪、婚姻问题的题目。

除了以上所提到的不同之外，新旧两版的 MMPI 在格式和记分方法上大致相同（Ben-Porath & Butcher, 1989；Graham, 1988），为 MMPI 的研究提供了良好的连续性（Graham, 1990）。同时大量研究表明，MMPI-2 具有良好的信度和效标效度，与医生的临床诊断和配偶的评分相关较高（Ganellan, 1996；Vacha-Hasse et al., 2001）。

MMPI-2 同其他许多人格量表一样通常采用计算机施测和计分，其中许多应用程序还可以为被试提供详细的解释。当然，计算机分析结果的效度取决于程序设计者的能力和经验。图 3.10 中，我们展示了一个假设的剖面图，这样的剖面图可以在治疗师对来访者进行诊断时提供关于人格功能、应对方式的特征，以确定治疗中可能存在的障碍。

读到这里，你可能会想知道个体在填写问卷时是否易于伪造答案来表明自己没有异常。比如，如果对当代的心理病理学有粗浅了解，被试就不会承认自己对接收电视上的信息感到非常不安。

如表 3.3 所示，MMPI-2 利用效度分量表来探查个体是否有意伪造答案。其中的 L 量表的一系列陈述都在试探那些竭力使自己表现得优于实际的被试。比如，该分量表其中一条是"我每天都会阅读报纸的评论"。我们的假设是很少有人会赞同这句话，但那些试图表现良好的人会大量赞同类似的陈述。F 量表上的高分同样可以区分伪装病人和真正的病人（Bagby et al., 2002）。如果被试在 L 量表或 F 量表中取得高分，我们就会带着怀疑的态度审视他的人格剖面图。当然，被试如果了解了这些效度量表的作用，也可以伪造出一个正常的人格剖面。但在大多数测试情况下，被试为了获得帮助，不会胡乱回答。在聚焦发现 3.3 中，我们会围绕自陈量表的效度进一步讨论。

人格投射测验

投射测验是心理学测量的一种工具，它给被试呈现一系列标准刺激如墨迹或图画，要求被试给出描述或解释。这些刺激含义模糊，所得解释因人而异。投射测验的前提假设，由于刺激材料非结构化且含混不清，被试的反应取决于其无意识过程，因此可反映其真实态度、动机和行为模式。这就是所谓的**投射假设**。

如果一名患者在一副模棱两可的墨迹图中

表 3.3 对 MMPI-2 中类似题目的典型临床解释

分量表	举例	解释
？无法作答	没有作答的题目或同时选了对和错。	分数高表明答题者可能有逃避、阅读困难的情形或遇到其他问题，从而使测试结果无效。如果该量表分数非常高可能表明个体有严重的抑郁或强迫倾向。
L（撒谎）	我看好我遇见的每个人。（对）	个体试图表现良好，给别人展示出一个理想化的自我。
F（罕见）	所有食物都很甜。（对）	个体试图表现得不同常人，可能是为了确保得到临床医生的特别关注。
K（正确）	一切都朝着对我有利的方向发展。（对）	个体很谨慎，做题有防御性，希望避免表现出适应不当或不良。
1.Hs（疑病症）	我很少感到身体里有刺痛感。（错）	个体过度敏感，过度关注身体，把某些感觉当作可能生病的预兆。
2.D（抑郁）	我觉得生命总是有价值的。（错）	个体表现出沮丧、悲观厌世、哀伤、自我贬低，感到无能。
3.Hy（癔症）	我的肌肉经常莫名抽搐。（对）	个体不太可能是由于生理问题而提出躯体症状；有苛刻、表演的倾向。
4.Pd（精神异常）	我不在乎别人怎么看我。（对）	个体对社会习俗较少在意，不负责任，人际关系肤浅。
5.Mf（性度）	我喜欢侍弄花花草草。（对，女）	个体表现出非传统的性别特质（例如，男性如果得分较高，则有艺术性和敏感倾向）。
6.Pa（妄想）	要不是因为害怕被抓住，大多数人都会撒谎和欺骗。（对）	个体倾向于错误解释他人的动机，多疑、嫉妒，有复仇心理，多思。
7.Pt（精神衰弱）	我比不上我认识的大多数人那么能干。（对）	个体过度焦虑，充满自我怀疑，说教意味，通常有强迫倾向。
8.Sc（精神分裂）	有时我会闻到别人感觉不到的东西。（对）	个体的感受和信念较怪异，有社会退缩倾向。
9.Ma（轻度躁狂）	有时候我有一种强烈的冲动去做一些让别人吃惊的事。（对）	个体有过度的雄心壮志，高度活跃，无耐心，易激惹。
10.Si（社会内向）	比起一个人呆着，我更愿意处在人群之中。（错）	个体十分低调和羞怯，喜欢独来独往。

注：前四个分量表测量的是测验的效度；数字标记的分量表是临床或内容量表。
来源：Hathaway & McKinley（1943）；revised by Butcher et al.（1989）.

看到眼睛，根据投射假设，这可能说明这名患者有妄想的倾向。投射测验通常在被试不愿意或不能表达某些真实感受时使用。想必你已经猜到了投射技术的起源——弗洛伊德及其后继者。

主题统觉测验是投射测验的一种。在这一测验中，主试会一个一个地呈现一系列黑白图片，要求被试根据每张图片讲一个故事。例如，一名患者看了一个小男孩在篱笆后观看少年棒球赛的图片后，可能会讲述一个表达对男孩父母愤怒的故事。治疗师会根据投射的假设来推断患者

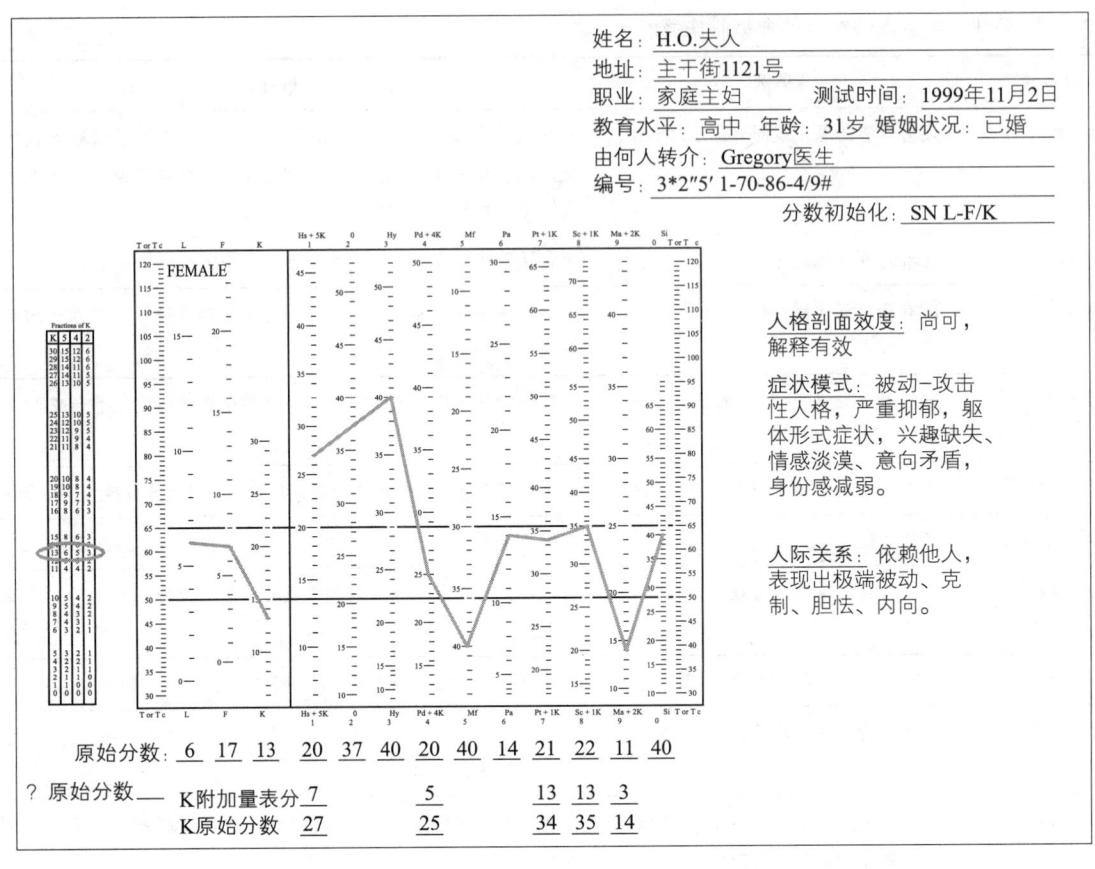

图 3.10 MMPI-2 人格剖面举例。

可能对自己的父母怀有怨恨之情。这一测验很少有可信的计分方法，其常模基于少数有限的样本；其结构效度也同样有限（Lilienfeld, Wood, & Garb, 2000）。**罗夏墨迹测验**可能是最知名的投射技术。在罗夏墨迹测验中，呈现给被试10幅墨迹图片（或类似图，见图3.11）。一次一幅，然后询问被试认为墨迹看起来像什么。其中五张墨迹图片为黑、白、灰，两张带有红色斑点，还有三张是浅色彩图。

Exner（1978）设计了最常用的罗夏测验计分系统。Exner 计分系统关注被试反应中的知觉和认知模式。被试的回答反映了他们对真实生活情境的知觉和认知方式（Exner, 1986）。例如，Erdberg 和 Exner（1984）总结文献后发现，在罗夏测验结果中大量提到人物运动（如，那个人

Hermann Rorschach（1884–1922）在陪他的两个孩子进行乡间旅行的过程中，这位来自瑞士的精神病学家发现，他们根据云的形状看到的东西，反映了他们的人格。这一观察启发了他开发出著名的墨迹测验。（Courtesy National Library of Medicine.）

聚焦发现 3.3　　警惕污名行为

在上世纪 90 年代所做的一项调查中，研究者发现施测方式对药物使用、性和暴力行为报告的效度有重要影响（Turner et al., 1998）。研究者发明了一种新颖的自陈方法。他们让 15 岁到 19 岁的男生佩戴耳机，耳机中会播放研究者想要了解的问题，这些问题通常涉及冒险且不光彩的行为，接着让被试在计算机上按键回答是否参与过该类行为。

在与传统纸笔测验的结果比较后发现，利用计算机作答的被试更多地承认自己参与过高风险行为。例如，计算机施测条件下报告自己曾与瘾君子发生性关系的被试，14 倍于纸笔测验条件下的被试（2.8% 对 0.2%），而前者报告自己曾收受金钱与人发生性关系的被试是后者的两倍多（3.8% 对 1.6%），同时，承认曾吸食可卡因的比例也近乎两倍（6.0% 比 3.3%）。（我们可以推断，这些男生在接受成年主试面对面访谈后的结果变化将更为显著。）另外，在不涉及污名行为或违法行为的题目上，两种方式没有差异。例如，当询问最近一年中是否曾与女性发生过性行为时，计算机施测中的人数比例为 47.8%，纸笔测验中则为 49.6%，近一年是否曾饮酒也与之类似（69.2% 对 65.9%）。

以上证据表明，我们在采用纸笔测验或访谈类方式对问题行为发生频率进行数据采集时，可能存在低估。共用注射器和不安全性行为等社会问题比我们想象得更严重。

为了获得这些不光彩、敏感、冒险甚至违法行为的准确数据，研究者可以申请由美国健康和人类服务部的保密执照。这些执照可以对研究参与者提供额外的保护，以确保在研究中所涉及的敏感性内容不被泄露给司法等相关机构。

法国心理学家 Alfred Binet 开发了第一个智商测验来预测儿童的学业表现。（Archives of the History of American Psychology, The center for the History of Psychology–The University of Akron.）

在跑着赶飞机）的被试会倾向于运用内在资源解决问题，而在结果中提到色彩（如，那个红点是肾脏）的人更喜欢与外界互动。罗夏在他最初的测量手册（Psychodiagnostics：A Diagnostic Test Based on Perception, 1921）中提到了这种计分方法，但是在他的 10 张墨迹图片出版仅八个月后，罗夏就去世了，他的追随者继而开发了其他方法来解释测验结果。

Exner 计分系统拥有常模，但样本量小，而且对多种民族和文化群体的代表性差。所以，考虑到该测验的信效度，罗夏测验在拥有狂热支持者的同时也招来了严酷的批评（Hunsley & Bailey, 1999；Lilienfeld et al., 2000；Meyer & Archer, 2001）。或许我们本就不应要求罗夏测验或 MMPI-2 对人格做出全面的描述。这些测验只是在某些问题上较为有效。例如，虽然有限的证据表明罗夏测验在确诊精神分裂症、边缘性人格障碍和依赖性人格特质上有效，但罗夏测验是否较其他测量技术更好尚未得到证实（Lilienfeld et al., 2000）。换句话来说，罗夏测验是否能在

图 3.11 在罗夏测验中，主试会呈现一系列墨迹图，让来访者回答这些墨迹像什么。

简易方法（如访谈）之外提供更多独特信息，尚未可知。

智力测验

法国心理学家阿尔弗雷德·比奈在为巴黎学校委员会筛选应接受特殊教育的儿童时开发了智力测验。智力测验继而成为心理学最大的产业之一。**智力测验**通常又叫作 IQ 测验（即智商测验），它可以对个体目前的心智能力进行评估。IQ 测验所基于的假设是，个体目前的智力功能水平可以预测他在学校的表现。大多数 IQ 测验为个体施测。其中，最常用的智力测验为韦氏成人智力测验第四版（Wechsler Adult Intelligence Scale，WAIS-Ⅳ，2008），韦氏儿童智力测验第四版（Wechsler Intelligence Scale for Chidren，WISC-Ⅳ,2003）和韦氏学前智力测验第三版（Wechsler Preschool and Primary Scale of Intelligence，WPPSI-Ⅲ，2002），以及斯坦福—比奈第五版（Stanford-Binet，SB5，2003）。IQ 测验需要定期更新，而且与人格测验一样，也需要标准化。

除了预测学校表现之外，智力测验还有其他用途：

★ 与成就测验联合使用，来诊断学习障碍和找出学业上的优势和弱点以进行学业规划；
★ 辅助诊断智力发展障碍（之前称为精神发育迟滞，见第 13 章）；
★ 对天才儿童进行鉴别，为其学业方面的指导提供建议；
★ 作为神经心理学评估方法之一。例如，可以对痴呆病人进行阶段性测试以跟踪其智力水平退化过程。

IQ 测验覆盖了几项智力的组成成分，包括语言技能、抽象思维、非言语推理、视觉空间技能、注意力集中和加工速度等多方面。大多数 IQ 测验标准化后的平均分为 100，标准差为 15 或 16 分（标准差用来评估分数在平均分上下波动的范围)。65%的人群分数在85到115之间，2.5%的人群低于70分或高于130分（即两个标准差之外）。在第14章中，我们会对IQ分数低于平均分两个标准差的人群进行探讨。

IQ测验信度较高（e.g., Canivez& Watkins, 1998），效标效度较好。例如，它可以很好地区分智力超常和智力发育障碍的人群，也可以对不同职业或不同教育程度的人群进行鉴别（Reynolds et al., 1997）。IQ测验同样可以预测教育成绩和职业成功（Hanson, Hunsley, & Parker, 1988），这一结论至少适用于白人（后文中我们会提到评估中文化偏见的作用）。尽管IQ和教育程度正相关（详见第4章中对相关内容的讨论），但两者中谁为因果仍未明确（Deary& Johnson, 2010）。此外，尽管IQ分数和学业成绩的相关在统计意义上达到显著，但IQ测验只能对学业成绩的一小部分进行解释。学业成绩中大部分不能被IQ测验解释。

IQ测验有很多分测验，包括评估个体空间能力的测验。(Bob Daemmrich/ The Image Works.)

跟本书内容特别相关的是，IQ水平同样与心理健康相关。一项对100万斯堪的纳维亚人的研究发现，在控制了例如家庭社会经济地位等影响因素之后，20岁时表现出的低智商与近20年后因精神分裂症、心境障碍或物质使用障碍入院治疗的风险相关（Gale et al., 2010）。最近一项基于16个前瞻性纵向研究的元分析表明，在控制了社会经济地位和教育程度后，成年早期低智商的人群在生命后期面临的终极风险（即死亡）更高（Calvin et al., 2010）。

关于IQ测验的结构效度，我们需要谨记的是，IQ测量的仅仅是心理学家所定义的智商。除了智商之外，还有很多因素能够对人们的学业表现产生重要影响，例如家庭、环境、学习动机、学习期望、考试焦虑和课程难易程度。此外，刻板印象威胁也会影响IQ测验成绩，即人们会认为某些群体智商偏低，如非裔美国人IQ成绩较低，女性数学测验成绩低于男性等。这种污名反过来又干扰了这些群体的测验成绩。在一项针对这种现象的研究中，研究者要求男女被试完成一份难度较高的测验。条件一中，被试被告知在这份测验中，男性通常表现得更好（刻板印象威胁）；条件二中，被试被告知这份测验的成绩男女没有差异。结果发现，条件一中女性的得分显著低于男性（Spencer, Steele, & Quinn, 1999）。

不幸的是，这种刻板印象在人类早期就已经出现。例如，儿童在6～10岁时（93%的儿童最迟在10岁时）会发展出对种族和能力的刻板印象的觉察（McKown& Weinstein, 2003）。这一觉察似乎影响了刻板印象威胁（和表现）。在McKown和Weinstein(2003)的研究中，孩子们被要求完成一个解谜任务。主试告诉其中一半的孩子，这一任务反映了他们的能力（刻板印象威胁），并告诉另一半孩子，这一任务与他们的能力无关。结果发现，已经觉察到种族和能力刻板印象的非裔儿童表现较差。具体而言，在非裔儿童中，受到刻板印象威胁的被试得分比没有受到威胁的被试低，这表明指导语激活了刻板印象，进而影响了成绩表现。

行为和认知评估

到目前为止,我们已经讨论了测量人格特质和智力水平的不同方法。下面我们来介绍一下基于行为和认知特征的评估方法,包括:

★ 环境因素对症状的影响。例如,靠近嘈杂过道的办公环境会影响人们的注意力。
★ 个体特质。例如,来访者的疲劳可能部分源于他自弃的想法,如"我什么事都做不好,还这么拼命干什么?"
★ 问题行为的频率和形式。例如,拖延就会耽误重要的截止日期。
★ 问题行为的后果。例如,当来访者回避令他恐惧的情景时,伴侣会表示同情和包容,这样无意中就使来访者不能直面恐惧。

我们希望在理解认知和行为的这些方面之后,临床工作者能够更有效、更有针对性地进行治疗。

行为或认知评估需要通过各种方法来收集信息,包括在现实生活、实验室、办公室进行直接观察,访谈和自陈量表等(Bellack&Hersen, 1998)。下面我们将对此一一介绍。

直接观察法

在认知行为治疗中,治疗师要密切注意、观察个体在不同情境下的行为表现。但这并不意味着治疗师要走出治疗室去观察。如同其他领域的科学家一样,他们也在尝试将所观察到的事件与自己的理论框架相融合。在正规的行为观察中,观察者将行为过程分为不同部分,在已有框架中赋予其意义,包括具体行为的前因和后果等。行为观察与干预往往联系紧密(O'Brien & Haynes, 1995)。认知行为治疗师对情境的概念化方式通常意味着对这一情境的改变。

大多数行为发生的时候观察者可能并不在场。对于行为何时何地发生,观察者几乎无法控制。所以,许多治疗师在他们的咨询室或实验室里人为设计情境,来观察来访者或来访家庭在特定环境中的行为表现。例如,Barkley(1981)让一位母亲和她的孩子在实验用的起居室里共同待一段时间,房间里配备了沙发和电视机。研究者交代母亲让孩子完成一系列任务,例如捡起玩具或完成算数题目。观察者在单向玻璃背后进行观察,并记录儿童对母亲指令的反应和母亲对孩子的抱怨或赞同。这些**行为评估**步骤中所得的数据可以用来衡量治疗的有效性。

自我观察

认知行为治疗师和研究者同样会要求来访者对自身的行为和反应进行观察和跟踪,这种方法称为**自我监控**。自我监控常用来收集来访者和研究者都比较感兴趣的范围较广的数据,包括心境、压力体验、应对行为和想法(Hurlburt, 1979;Stone et al., 1998)。

自我观察的另一种方法叫作**生态瞬时评估法**(ecological momentary assessment,简称EMA)。生态瞬时评估法所收集的数据为个体当下体验到的想法、心境或压力,而非一般方法要求的被试对最近一段时间的状况进行回顾报告。生态瞬时评估程序让个体在每天的特定时间记日记(例如利用腕表的滴滴声来进行提醒),也可以给被试提供智能手机直接发送反馈(Stone &Shiffman, 1994)。

行为评估通常包括直接行为观察。图示个案中,观察者在单向玻璃后进行观察。
(© Spencer Grant/Alamy Limited.)

考虑到回顾式报告的诸多问题，心理病理学领域中的一些理论最好用生态瞬时评估法进行验证。例如，目前关于抑郁和焦虑障碍的理论认为，某一生活事件所引起的想法会部分地触发对此事件的情绪反应。如果后期回忆当时的想法，准确性可能不高。

生态瞬时评估法在临床条件下也很有用处，它提供了传统评估程序可能遗漏的信息。例如，Hurlburt（1997）报告了一个严重焦虑发作的个案。在临床面谈中，病人报告说自己过得很好，爱自己的妻子和孩子，有稳定而殷实的收入。治疗师找不到焦虑发作的原因，于是要求被试对自己日常的想法进行实时记录。令人惊奇的是，病人三分之一的想法都是困扰于孩子的捣乱和吵闹。例如，"他又把院门打开了，狗跑了出去。"

> 当治疗师指出来访者这些高频率的想法后，来访者……接受了这个事实：他经常为孩子感到烦躁。但是他认为，对孩子表现出愤怒是不道德的，并且作为一个父亲有这种感受是不对的……他选择进行焦点治疗，主要聚焦于因自己孩子而烦恼是正常的，并学会区分感到烦恼和表现出攻击性。很快，他的焦虑发作消失了。(Hurlburt, 1997, P. 944)

尽管一些研究表明自我监控或生态瞬时评估能够提供这类行为的准确测量，但是也有大量研究发现，个体的行为可能会改变。这是由于这些行为受到自我监控，自我监控需要自我意识，而自我意识正是可能造成这些行为改变的原因（Haynes & Horn, 1982）。这种由于被观察而发生的行为改变现象称为**反应**。一般来说，在自我监控状态下，期望行为，例如进行社交对话，通常频率会上升（Nelson, Lipinski, & Black, 1976），而个体希望减少的行为，如吸烟，频率会下降（McFall & Hammen, 1971）。治疗性干预可以利用这种反应性作为自我监控的副产品。对吸烟、焦虑、抑郁和健康问题的干预都曾在自我监控研究中受益（Febbraro & Clum, 1998）。除了反应，自我监控在智能电话等便携式电子设备上应用同样可以对不同焦虑障碍的认知行为治疗起到积极的作用（Przeworski & Newman, 2006）。

自我监控通常导致期望行为的增加和不期望行为的减少。
(ANDREW GOMBERT/EPA/Landov LLC.)

认知风格问卷

认知问卷通常被用来帮助治疗师制定治疗目标和判断临床干预是否对患者的过度负面思维起到作用。在形式上，这些问卷与人格测验相类似。

认知评估关注于个体对某一情境的加工过程，使其意识到同样的事件可能会得到不同的知觉结果。例如，搬家在不同的压力水平下，可能被看作非常消极或非常积极的事件。(Fuse|Getty Images,Inc)

功能失调态度量表（Dysfunctional Attitude Scale，简称 DAS）是一个基于贝克理论编制的自陈量表。DAS 包括诸如"如果我犯错了，别人会瞧不起我"等项目（Weissman & Beck, 1978）。该量表结构效度良好，其得分能够区分抑郁人群和非抑郁人群，并且个体在抑郁缓解后得分会降低（也就是病情得到改善）。另外，DAS 与其他认知成分的相关情况也与贝克理论一致（Glass & Arnkoff, 1997）。

> **概念核查3.3**（答案见章末）
>
> 请判断正误。
> 1. 在施测正确的前提下，一项心理评估通常只包括一种最适合来访者的测量方法。
> 2. 非结构化访谈信度较低，但在心理评估中仍然很有价值。
> 3. MMPI-2 包括识别被试是否撒谎的分量表。
> 4. 投射假设的观点认为，个体并不真正了解自己的困扰，所以我们需要一种更加微妙的评估方法。
> 5. 智力测验信度很高。
> 6. 生态瞬时评估法是用来评估不期望的冲动的方法。

神经生物学评估方法

回顾一下第 1 章和第 2 章所介绍的心理病理学历史，我们可以发现，一些症状可能由大脑或神经系统功能失调引起，或至少反映了这种功能失调。下面我们就来看一下当代神经评估领域的发现。我们会从四个领域入手：脑成像、神经递质测量、神经心理学测量和心理物理测量，表 3.4 对这些方法进行了总结。

脑成像："看见"大脑

大脑功能失调会导致许多行为问题。神经测验，比如检查神经反射、检查视网膜来确定血管损伤以及评估动作协调和动作知觉等方式，在过去许多年里被用来判断脑功能是否失调。现在，科学仪器可以让临床工作者和研究者更直接地观察脑结构和功能。

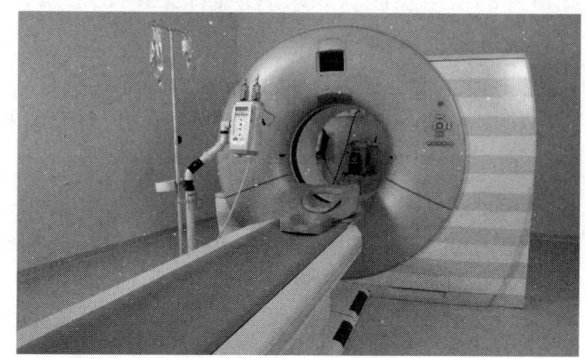

fMRI 扫描仪呈长管状结构。
（© Levent Konuk/Shutterstock.）

计算机轴向断层扫描（Computerized axial tomography）简称 CT 或 CAT，可以用来评估脑结构异常（也可以对身体其他部分进行医学检查）。移动的 X 射线对水平横切面进行 360 度扫描，在另一边的 X 射线检测仪计算穿过的放射性强度，这样就可以发现组织密度的细微不同。之后，计算机将这些信息构建为横切面清晰度最佳的二维图象。接着机器开始对下一横切面进行扫描。图像结果可以显示脑室的增大（脑组织退化的信号）和肿瘤、血块的位置。

其他观测活体脑的设备有核磁共振成像仪（magnetic resonace imaging）简称 MRI。它的功能较 CT 更为先进，因为它可以生成高质量的图片，并且完全不必依赖于 CT 扫描时所需的放射。在 MRI 设备中，个体被置身于一个大型圆形磁场中，导致人体中的氢原子偏移。当磁场关闭，氢原子在返回原始位置时产生电磁信号。计算机读取这些数据之后将其转译为脑组织图像。这一技术使脑研究迅猛前进。例如，这一技术的出现使临床医生对脑瘤进行精确定位成为可能。

另一项技术**功能性核磁共振（fMRI）**更为进步。研究者可以利用这一技术测量脑结构和

表 3.4　神经生物学评估方法

脑成像	CT 和 MRI 扫描能够展现大脑的结构。PET 能够体现大脑的功能，但不适合显示大脑的结构。fMRI 可以同时对大脑结构和功能进行评估。
神经递质评估	包括尸体解剖过程中对神经递质及其受体的分析，神经递质代谢产物的分析和对受体的 PET 扫描。
神经心理学评估	行为测验，例如神经心理成套测验，能够测量诸如运动速度、记忆和空间能力。个体在特定测验中表现出的缺陷能够帮助定位到功能受损的脑区。
心理生理学评估	包括对自主神经系统的电活动的测量，例如皮肤电导；或对中枢神经系统的电活动的测量，例如 EEG。

脑功能。这项技术能够快速呈现 MRI 图片来判断代谢变化——它在提供脑结构图之外还提供了大脑工作时的图像。fMRI 测量的是大脑中的血流量，称为 BOLD 信号，即血氧水平依赖程度（blood oxygenation level dependent）。当神经元开始活动时，该区域的血流量增加，所以大脑特定区域的血流量是一项合理的神经活动指标。

正电子发射断层扫描（Positron emission tomography）简称 PET。它相比上述方法更为昂贵，过程更具有侵入性；它可以对大脑结构和功能进行测量，但没有 MRI 或 fMRI 的图像精确。在进行扫描前，某种大脑活动消耗物质经放射性同位素标记后注射到被试血液中。该物质的放射性分子开始发射正电子，正电子能够迅速与电子碰撞，并向相反方向射出高能光子，继而由扫描仪检测到所射光子。计算机对大量的光子记录进行分析，将其转化为脑功能图像。PET 所成图像为彩色，图中较亮、呈暖色调的模糊斑点代表该区域物质放射率高。由于 PET 对人体侵入性较大，目前已减少其使用率。

大脑工作时的图像可以表明癫痫、脑瘤、中风和脑损伤的位置，同时也可以看到精神类药物作用于脑的分布状况。目前研究者开始利用 fMRI 和较低强度的 PET，将多种障碍和可能的异常脑加工过程相联系。例如，精神分裂症的病人在完成认知任务时，前额叶无法激活。

目前，心理病理学领域的神经影像学研究不仅试图确认功能失调的脑区（例如精神分裂症病人的前额叶），同样试图探讨不同脑区之间在沟通上的损伤。对后者通常采用功能性连接分析进行探讨。

神经递质评估

你可能会猜测，对神经递质的测量可以通过测量某种递质及其受体的数量便可实现。但正如我们在第 2 章中讨论的，事实并非如此。在心理病理学的研究中，大多数采用的是间接测量方法。

在尸检研究中，摘除死者的大脑后可以直接测量某一脑区某种神经递质的数量。不同脑区被注入可与受体结合的物质，这种结合的数量是可以计算出来的，结合越多，说明受体越多。

在活体研究中，一种常用方法是分析神经递质经酶分解的**代谢产物**。神经递质失活后会生成一种酸，这种代谢产物会分布在尿液、血清和脑脊液中。多巴胺的主要代谢产物为高香草酸，5-HT 的是 5-羟吲哚乙酸。代谢产物浓度越高，说明递质浓度越高，反之亦然。

但是，测量血液或尿液中的代谢产物时产生了一个问题：这种方法并不能直接反映大脑的神经递质水平，而是反映了整个身体的神经递质水平。所以我们就要通过从脊髓中抽取的脑脊液来进行评估。但即使是脑脊液，代谢产物所反映的仍然是大脑和脊髓的活动，而并非心理病理学所期望的区域的数值。代谢产物研究的另一个问题是，它只能表明相关，而不能表明因果。患者的某种神经递质水平异常究竟是障碍的原因还是结果，需要实验来验证。

为了增加这些神经递质系统对心理病理现

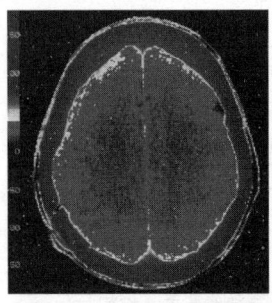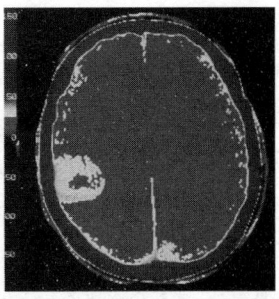

这两个CT扫描结果展示了脑的水平切片。左边的切片是正常的，右边的切片表明大脑左侧有一个肿瘤。（Dan McCoy/Rainbow.）

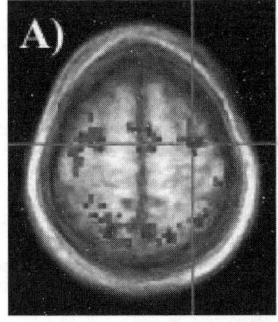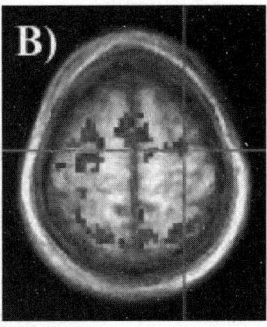

功能性核磁共振成像（fMRI）扫描结果。研究者可以利用这种方法来测量个体在做不同任务的时候脑活动的改变。如看一场情感充沛的电影、完成一项记忆任务、解决图像谜题或听学一串词汇（Reprinted from J. E. McDowell et al., Neural correlates of refixation saccades and anti-saccades in normal and schizophrenia subjects. *Biological Psychiatry*, 51, 216-223 2002 with permission form Elsevier.）

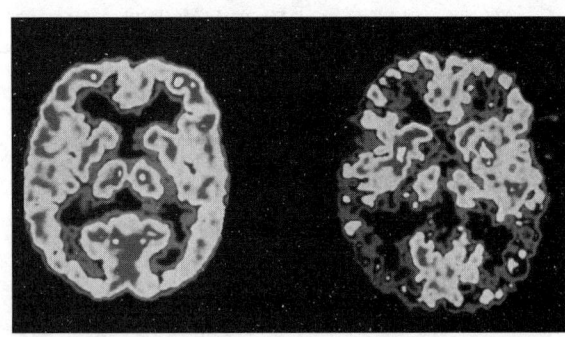

左边的PET扫描显示大脑正常，右边的扫描结果来自一位阿尔兹海默症病人。（Dr. Robert Friedland/Photo Researchers, Inc.）

象的形成是否起作用的实验证据，一个策略就是使用能够增加或降低神经递质水平的药物。例如，如果一种药物能够提升5-**羟色胺**的水平，那么它应该能缓解抑郁；而减少该药物的服用应该能诱发抑郁症状。但这一策略同时也面临一些问题：如果某项实验的目的是为了让患者出现症状，那这项实验是否符合伦理要求？在这方面，大家完全可以打消疑虑。我们发现大多数实验研究中的药物对人体的作用极为短暂；神经递质系统能够很快回归正常水平，从这些短暂的心境发作中恢复。另外一个需要考虑的内容是，这些药物在改变某种神经递质水平的同时通常也会对其他神经递质系统造成一定的影响。这类研究在接下来的整本书中我们都会看到。

许多临床工作者和研究者现在开始使用脑成像和神经递质评估技术来探索过去难以触及的大脑问题，同时也试图利用它们来对思维、情绪和行为进行解释。这是一个令人振奋的研究应用领域。确实，我们可以想见，在这些高技术设备的帮助下，研究者或多或少可以直接观察大脑和它的功能活动，这样就可以对所有脑异常进行评估。但是目前的研究结果尚未表明这些方法在诊断中的应用有效。另外，许多脑异常在结构或活动程度上仅有轻微的改变，很可能会被忽略。更重要的是，一些心理障碍的问题较为弥散，找到功能失调的主要脑区更为艰难。例如精神分裂症患者的思维、感觉和行为都受到影响，我们在寻找其问题脑区时，不得不检查整个大脑。

神经心理学评估

在这里，我们需要强调一下神经学家和神经心理学家的分别。他们都是中枢神经系统的专家。但**神经学家**是医师，他们通常关注影响神经系统的疾病或问题，例如中风、肌肉萎缩、大脑性麻痹或阿尔兹海默症；**神经心理学家**则是研究脑功能失调如何影响思维、感觉和行为的心理学家。两种专家工作方法不同，但研究多有交叉，故经常合作来探讨神经系统如何起作用和如何改善由脑疾病或脑损伤引发的问题。

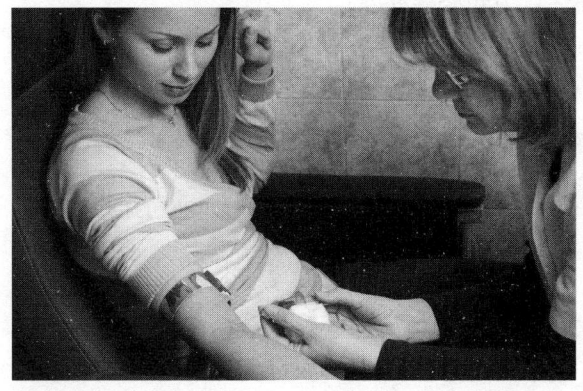

血液或尿液中神经递质代谢产物的测量并不能提供大脑内神经递质水平的准确指标。
(© MilanMarkovic/Shutterstock.)

神经心理学测验通常与前文提到的脑成像联合使用来探测脑功能失调,帮助医生找出受影响行为所对应的精确脑区位置。神经心理学测验的假设为,不同心理功能(如运动速度、记忆、语言)是依靠不同脑区来实现的。因此,举例来说,神经心理学测验能辅助确认在中风时脑损伤的程度,在脑成像技术无法确认脑损伤位置时提供线索。心理病理学评估中包括大量的神经心理学测验。在这里我们主要介绍两种广泛使用的成套测验。

第一个神经心理学测验由 Reitan 根据 Halstead 开发的系列测验改编而来,称为 Halstead-Reitan 神经心理成套测验。下面是其中的三个:

1. 触觉性能测试——时间。病人在蒙眼的情况下,将不同形状的积木填充在相应的模板上。第一次用利手,第二次用非利手,最后一次用双手。
2. 触觉性能测试——记忆。在完成上述的时间测验后,被试要根据记忆在模板上标出积木的位置。这两个测验对右顶叶损伤敏感度较高。
3. 语言声音知觉测验。被试在测验中听到一系列无意义词汇。每个词都由两个辅音和居中的长 e 音组成。之后被试从一系列选项中选出所听过的词。这一测验用来测量左脑功能,尤其是颞叶和顶叶。

大量研究表明,这一套测验能够有效地检测到与脑功能失调有关的行为改变。这些脑功能失调可由多种情况导致,比如肿瘤、中风和脑损伤(Horton,2008)。

第二个神经心理测验是 Luria-Nebraska 成套测验(Golden, Hammeke, & Purisch, 1978)。该测验基于俄罗斯心理学家 Aleksandr Luria(1902-1977)的研究编制,同样得到广泛应用(Moses & Purisch, 1997)。该套测验包括 269 道题,分为 11 部分,分别用来测查基本和复杂运动技能、节奏音调能力、触动觉能力、语音空间技能、语言接受能力、语言表达能力、写作、阅读、算数技能、记忆和智力加工。这套测验中有 32 道题对大脑整体损伤状况的分辨力和预测力非常高,与整套测验得分情况一样,可以探测出左右半球额叶、颞叶、感觉运动或顶枕区潜在的损伤。

Luria-Nebraska 神经心理成套测验需要 2.5 小时来完成,可以以高度可靠的方式记分(Kashden & Franzen, 1996)。测验的效标效度较好,能够正确区分 86% 的神经科病人与控制组成员(Noses et al., 1992)。Luria-Nebraska 测验的优点在于它能

神经生理学测验通过对不同行为缺陷的评估来探测脑功能受损的特定区域。如图所示为触觉性能测试。
(Richard Nowitz/Photo Researchers, Inc.)

够控制被试的受教育水平，即使是教育程度较低的人也不会因为这一限制而得分较低（Brickman et al., 1984）。此外，该测验的儿童版适用于 8～12 岁的儿童（Golden, 1981a, 1981b），能够帮助确定脑损伤部位并评估其在教育中的优势和弱点（Sweet et al., 1986）。

心理生理学评估

心理生理学关注与心理活动有关的身体变化。研究者利用诸如心率、肌肉紧张程度、不同身体部位的血流量和脑电活动（所谓的脑电波）等指标来研究个体恐惧、抑郁、熟睡、想象、解决问题等心理活动中的身体变化。同我们之前谈到的脑成像方法一样，心理生理学评估的敏感性不足以支持诊断。但它们能够提供有关个体活动的重要信息，也可以用来进行个体间的比较。例如，在使用暴露疗法治疗个体的焦虑障碍时，当病人暴露于引起焦虑的刺激时，了解他的生理反应程度对治疗更是有益的。生理反应强烈的个体会感到更强的恐惧，同时也会在治疗中受益更多（Foa et al., 1995）。

我们通常采用电和化学的测量方法来评估自主神经系统的活动，从而对情绪进行探讨。其中一项重要指标是心率。将电极置于胸口可以记录心跳产生的电生理变化，继而将信号传输到心电描记记录仪或多导生理记录仪中，形成**心电图（EKG）**，在计算机屏幕或记录纸上可以看到。

第二种对自主神经系统活动的测量是**皮电反应**或称皮肤电导。焦虑、恐惧、愤怒和其他情绪会使交感神经系统活动兴奋，汗腺分泌增加，皮肤电导增大。皮肤电导通常根据手上的两个电极之间某一时刻通过的电流量进行计算。当汗腺活跃时，电流显著增大。汗腺活动加剧表明交感自主神经兴奋，通常可用来测量情绪唤起。这些方法在心理病理学研究中得到广泛使用。

大脑活动可以用**脑电图（EEG）**来进行测量。将电极置于头皮之上可记录到脑电活动。脑电活动异常可以表明脑中有癫痫活动，也可以帮助定位脑损伤和肿瘤。EEG 指标同样可以用来测量注意力和警醒程度。

心理生理学评估与脑成像技术结合运用，能够在个体进行某种行为或认知活动的过程中提供相当完整的数据。例如，研究者对强迫症患者的心理生理反应感兴趣，那么他们可能会研究病人置身于某类刺激（如污物）时产生的问题行为。

神经心理评估的注意事项

由于心理生理学和脑成像的研究中大量使用了高精电子仪器，而且许多心理学家力主在研究过程中要尽可能地科学，因此，有些研究者和临床工作者对这些表面上客观的评估工具不加批判地采用，而忽略了它们真正的局限性和复杂性。许多这类测量方式不能清楚地区分不同的情绪状态。举例来说，皮肤电导不仅仅会随着焦虑上升，也会随着其他情绪（如快乐等）上升。此外，置身于扫描仪中本就令人恐惧。所以，如果使用 fMRI 来测量情绪引发的脑活动变化，必须要考虑扫描环境本身带来的影响。另外，我们同样要牢记，研究者无法利用脑成像技术来操纵脑活动，进而测量个体行为上的改变（Feldman Barrett, 2003）。在典型的脑成像研究中，研究者可能会呈现给被试一连串诱发情绪的词汇，然后测量其脑血流量。如果被试在完成任务期间与情绪相关的脑区没有达到正常的活动水平，并不

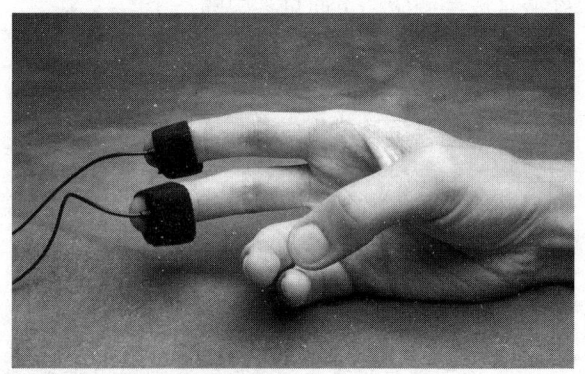

心理生理评估通常测查身体的生理变化。皮肤电导数据可以通过两个手指上的传感器获得。

(Courtesy of BIOPAC Systems, Inc. (biopac.com).)

能说明该被试在大脑层面有情绪缺陷。他可能只是没有集中注意力，没能理解所呈现的词汇，或只是去听机器带来的嘈杂噪声了。所以，在对这类研究的结论进行解释时要极其小心，应对可能存在的解释全面考虑。

在神经心理学测验分数或 fMRI 扫描结果与心理功能失调之间并没有一一对应的关系。之所以存在不明确的关系，是因为时间不同，个体如何应对脑功能失调所带来的机能损失也不同；这会给测量结果带来一定的影响。而成功的应对方式又与个体的社会环境相关，例如父母和同伴有多理解个体，以及学校是否能够为个体提供其所需要的特殊教育。此外，大脑在对这些心理和社会环境因素的应对过程中会随时间发生改变。所以，为了弥补神经生理学评估工具先天的不足和我们对大脑功能理解的不完善，临床工作者和研究者必须要考虑刚才提到的随时间而产生影响的坏境因素。换句话来说，一项完整的评估必须要包括多种方法，包括临床访谈、心理和神经生理学方法。

最后需要提醒的是，在评估任何脑功能失调带来的神经认知功能损伤时要充分考虑到病人在诊断为某种心理障碍前原有的能力状况。这一点常被研究者所忽略。我们想到一个小故事。一名男子遭遇事故，双手的手指全部折断。男子手术后醒来，追切地询问医生当伤口痊愈后他是否可以弹钢琴。医生令人宽慰地说当然可以。这名男子高兴地说道："太棒了！一直以来我都想，如果我能弹钢琴那该多好啊！"

概念核查3.4（答案见章末）

请判断正误。
1. MRI 是一种能够呈现脑结构和脑功能的技术。
2. 神经递质评估通常采用间接的方法。
3. 神经心理学家主要研究脑功能失调如何影响我们的思维、感受、行为。
4. 脑活动可以通过心理生理学方法 EKG 来测量。

文化、民族多样性和评估方法

近些年来，关于文化和民族对心理病理学及其评估的影响研究迅速增多。当我们研读某些研究时，应当牢记各文化、民族和种族群体中内部的差异远比群体间的差异要大。这一点能帮助我们避开对某一文化背景下的成员产生刻板印象的风险。

我们也应注意，目前不同形式的心理评估的信效度之所以受到质疑，是因为它们的内容和评分步骤主要反映了欧洲裔美国白人的文化，所以可能难以准确地评估来自其他文化的个体。在这一部分，我们会讨论文化偏见以及如何克服它们。

评估中的文化偏见

评估中的文化偏见指的是在一种文化、民族背景下生成的测量方式在其他文化、民族中可能无法具有等同的信效度。但是美国开发的一些测验翻译成不同的语言后在不同的文化中应用时仍然取得了成功。例如，WAIS 的西文版（Wechsler, 1968）在四十多年里一直有效地评估西班牙或拉丁文化群体的智力功能（Gomez, Piedmont, & Fleming, 1992）。另外，MMPI-2 量表也已被译为二十多种语言（Tsai et al., 2001）。

简单地将量表中的词翻译成不同语言，并不能确保这些词在不同的文化中依然表达同样的意思。所以在翻译过程中要经历这样几步，包括与多语言译者共同工作、回译以及用多母语者测验，才可以确保该测试在不同文化中等同。这套程序在测量工具跨文化等价过程中已经得到成功应用，例如 MMPI-2（Arbisi, Ben-Porath, & McNulty, 2002）。但即使是在 MMPI-2 中也依然存在非心理病理学能够解释的文化差异。例如，亚裔美国人受美国文化同化程度不深，他们在 MMPI-2 量表上的得分普遍高于白人（Tsai &

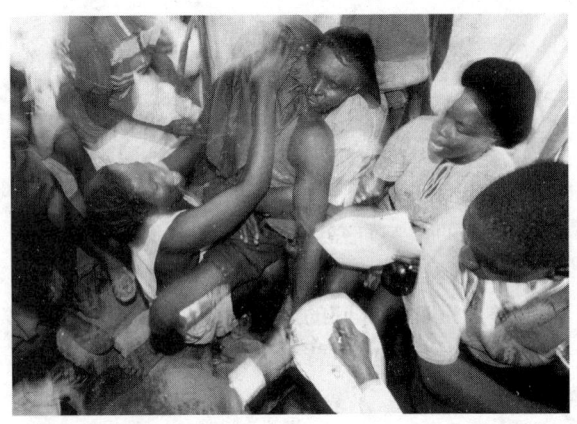

评估过程必须要考虑个体的文化背景。在某些文化中，相信拥有灵魂是很正常的。这种情况下我们就不能将这些人看作精神病患者。
(Tony Savino/The Image Works.)

Pike，2000），但这不能说明亚裔的情绪紊乱更严重。而对于儿童来说，最新版的 WISC 不仅译作西班牙文（WISC-IV 西文版），同时也为说西班牙语的美国儿童制作了完整的常模，并修改了部分题目以尽力缩小文化偏见。

尽管我们做出了这些努力，临床评估这一领域在消除文化和民族偏见方面依然任重道远。这些文化假设或偏见可能会导致临床工作者过高或过低估计其他文化群体的心理问题（Lopez，1989，1996）。非裔美国儿童在特殊教育班级中比例偏大，这可能是在决定这种设置的测验中的潜在偏见导致的（Artiles& Trent，1994）。至少从 20 世纪 70 年代开始，研究表明美国黑人相较于美国白人更容易被诊断为精神分裂症，但我们现在依然无法确定这是真实的差异还是临床工作者种族偏见的一种表现形式（Arnold etal.，2004；Trierweiler et al.，2000）。再看一个亚裔美国男性的例子，如果他经常沉默寡言，临床医生是否应该考虑在亚洲文化中，低水平的情感表达在男性身上会受到称赞这一文化特殊性？但如果医生立刻将这一表现归结于文化差异，则可能会忽略掉本该成立的诊断。

这种偏见到底是如何发生的呢？文化的因素在不同方面影响评估的结果，包括语言差异、宗教和信仰的不同、被欧洲裔或美国文化背景下医生评估时表现出疏远或胆怯。例如，当患者陈述被灵魂环绕时，临床医生可能会将此视为精神分裂症的表现。但在波多黎各人的文化中，这样的信念非常普遍。如果一个波多黎各人相信某人为灵魂所包围，这不应被看作精神分裂症的标志（Rogler & Hollingshead，1985）。

在心理病理学研究中，文化和民族差异应当细致审查。但不幸的是，临床评估中文化和民族偏见带来的影响并没有得到适当的弥补。想要解决这个问题并不简单。DSM-5 中对每一类障碍的讨论部分都强调了文化因素，这可能会让临床工作者对这一问题变得敏感，使这种考虑成为首先、必要的一步。对临床实践者的调查表明，他们绝大多数都会在工作中考虑文化的因素（Lopez，1994），所以这个问题看起来已经受到了明确的关注。

文化差异会导致能力或智商测验的结果不同。例如，印第安裔美国儿童更认可他们文化的合作、集体主义的价值观，对强调个人和竞争的智商测验缺少兴趣。
(©Gabe Palmer/Alamy Limited.)

在评估中避免文化偏见的技巧

临床工作者可以也应当在评估病人时采用多种方法来降低文化偏见的负面效应。这种教育或许应当从研究生培训项目开始，Lopez（2002）认为在临床心理项目中有三个重要的问题应当教给研究生：首先，学生必须学习评估的基本问题，如测验的信效度；其次，学生应当知道文化或民族会以其特定的方式影响评估，不能先入为主，依赖某一文化或民族的普遍刻板印象；第三，学生应当了解文化或民族并不必然影响每一个案的评估。

在评估的过程中，我们应当适当调整评估的步骤来确保受测者能够真正理解该任务的需求。例如，我们假设一名印第安裔美国儿童在心理运动速度测验中得分较低。主试感到这名儿童过分重视正确率而忽略了应当快速作答的重要性。于是他向这名儿童详细地解释了快速应答的重要性，并提醒其不必担忧错误率。在重新安排的测试中，如果这个孩子的成绩提高，那么这名主试就可以对儿童的答题技巧有所了解，从而避免给予其心理运动速度有缺陷的诊断。

最后，当施测者与受测者种族背景不同时，施测者应当付出额外的努力来与受测者建立良好的关系，以使其发挥出最佳水平。例如，当对一名胆怯的西班牙裔学前儿童施测时，施测者提问后并没有得到相应的口头回答。但施测者偶然听到这个小男孩和他的母亲在休息室进行生动而清晰的交谈。这就表明测试的结果并不能代表这个孩子真实的语言技能。当这个小男孩在家里由母亲陪伴重复该测验时，他的口头表达能力有了明显的提升。

但 Lopez（1994）指出"文化反应性与文化刻板印象之间的距离其实很短"（p.123）。为了有效避免这些问题，临床工作者应当根据患者不同的文化民族背景来得出结论，要对文化对患者可能造成的影响提出不同的假设，进而在检验这些假设的过程中得出更为准确的诊断。

临床工作者的偏见会对诊断造成很大的影响，所以对文化觉察性的培训显得尤为重要。举例来说，非裔美国人中精神分裂症的诊断率偏高，导致抗精神病药物的大剂量使用以及高住院率（Alarcon et al., 2009）。对抗这些偏见的一种方法是运用结构化访谈，如上文提到的 SCID。在使用这些结构化访谈时，临床工作者对少数民族患者做出误诊的可能性会降低（Garb，2005）。

总 结

- 在收集诊断和评估所需信息的过程中，临床工作者和研究者必须要注意信效度。信度指所使用的测量工具是否具有一致性和可重复性；效度指评估方法是否能够得到想要测查的信息。不同评估程序的信效度差异较大。特定诊断分类的信度比其他分类高。

诊断

- 诊断是评估个体是否符合某一心理障碍标准的过程。一个约定俗成的诊断系统可以让临床工作者与同行有效交流，同时可以促进有关病因和治疗的研究进展。在临床上，诊断可以为治疗计划提供基础。

- 美国精神病学会发布的《精神障碍诊断与统计手册》（DSM）是一个得到精神健康专业人员广泛使用的官方诊断系统。该手册的最新版本是 DSM-5，于 2013 年出版。

- 在每个诊断中加入了具体标准之后，诊断的信度急剧升高。对于 DSM 的批评包括：有相同风险因素的心理障碍数量大增，并且多有共病倾向；在研究中的信度要高于临床实践中的诊断信度；在病因学、病程和治疗方面仍需继续探索更为有效的诊断。总之，大多数研究者和临床工作者认为 DSM 相较于历史上其他诊断体系来说是一个长足的进步。

- 一些针对 DSM 的批评整体上不赞成进行诊断，因为诊断分类可能会忽略很多重要的信息。尽管诊断标签的污名效应引发了许多担忧，但也有一些数据表明，对令人不安的行为进行解释并明确诊断后可以减弱污名效应。

评估

- 临床工作者依靠一些心理学或神经生理学的评估方式努力寻求如何更好地描述个体，探索个体困扰的原因，得到一个明确的诊断，进而设计有效的治疗。优质的评估包括多种方法。
- 心理评估包括临床访谈、压力评估、心理测验和行为与认知评估。
- 临床访谈通常是结构化或相对非结构化的对话。在对话过程中临床医生有针对性地获取与病人问题有关的信息。压力评估是心理病理学的关键领域。研究者开发了许多有用的评估压力的方法，包括LEDS。
- 心理测验是为了评估人格或测量表现所设计的标准化程序。人格评估的方法包括基于实证的自陈量表，如明尼苏达多项人格量表，以及让病人解释模糊刺激的投射测验，如罗夏墨迹测验。智力测验，如韦氏成人智力量表，可以评估个体的智力水平，预测个体的学业表现。
- 行为和认知评估关注个体在特定情境下如何行动、感受和思考。具体评估方法包括对行为的直接观察、访谈和在所关注情境下适用的自陈量表。
- 神经生理学评估包括脑成像技术，例如fMRI，可以使临床工作者和研究者看到活脑的不同结构及其功能；神经化学实验可以让临床工作者推测出神经递质水平；神经心理学测验，例如Luria-Nebraska成套测验，可以通过心理测验回答的差异辨识出脑的缺陷；心理生理学的测量方法，例如心率和皮电反应都与特定心理活动或特质有关。
- 文化和民族因素在临床评估中扮演了重要的角色。例如，以白人为研究样本所开发的评估技术可能很难准确评估其他民族文化背景中的个体。临床工作者在评估少数族裔病人时可能会有偏见，进而导致低估或夸大其心理病理学状态。临床工作者应使用多种方法，尽量避免文化偏见带来的负面效应。

概念核查答案

3.1　1.b；2.b, c, d, a

3.2　1.高共病率，许多不同的诊断与相同的病因有关，相同的治疗可以改善许多不同诊断的症状；2.以下四个中任意三个：病因学，病程，社会功能，治疗

3.3　1.F；2.T；3.T；4.T；5.T；6.F

3.4　1.F；2.T；3.T；4.F

第 4 章

心理病理学研究方法

🖉 学习目标

1. 理解科学与科学方法的定义。
2. 描述案例研究、相关法、实验法的优缺点。
3. 掌握相关法和实验法的常见形式。
4. 解释心理治疗效果研究中的研究标准和研究问题。
5. 描述元分析的基本步骤。

在过去 50 年里,我们对精神疾病进行概念化和处理的能力都得到了长足的进步。尽管如此,仍然有很多病因和治疗方面的疑问没有得到解答。基于这些未知命题,使用科学研究方法追求新发现仍然是非常必要的。这一章我们就来讨论心理病理学研究中使用的方法。

科学与科学方法

英语中"科学"这个词来源于拉丁语的"求知"(scire)一词。科学是一种获得知识的途径。正式地说,科学是通过观察对知识进行系统地追求。科学包括建立某种理论,然后系统地收集数据来检验这种理论。

理论是用于解释一系列观察的一组命题。通常情况下,科学理论的目标是理解因果关系。人们基于理论可以提出更具体的**假设**,即在理论正确的情况下会发生什么。例如,假设关于恐惧症的传统理论是有效的,那么恐惧症患者应该会比普通大众更有可能曾在其恐惧的情境中经历过创伤。你可以通过收集此类数据来检验这一假设。

有些人推断,科学家考虑了一下最初收集来的数据,然后找出了一种最适合的解释这些数据的方式。虽然有些理论的确是建立在这种方法上的,但并不都是这样。理论的建立需要创造力——理论有时像灵光一闪,闯入科学家的头脑中。新点子的突然产生,可以使我们看清之前忽视的联系。通过建立新理论的框架,过去暧昧不明的观察结果可能变得秩序井然。

什么样的理论是优秀的理论呢?科学研究需要每一个观点都表述得清楚而明确。即使系统的检测有可能使科学家的假设落空,这一点仍十分重要。不管一个理论看上去多么正确,都必须有可能被证伪。科学通过不断推翻而不是证实过去的理论来进步。基于此,人们不能断言童年创伤必然导致成年心理失调。它只是一种可能性。一个假设必须接受一系列的检验,而这些检验在设计上都足以证明假设是不正确的。所以，检验的关键应该是推翻理论而不是证明它。

检验一个理论需要一系列的规范。每一次科学的观察都应该可以重复，研究的每一方面都必须严谨定义，以使研究能够重复。在认真选择测量工具的基础上，心理病理学家们也要对各种各样的研究设计精挑细选。这一内容正是本章的重点。

如果一个研究有道德伦理方面的问题，那么它从一开始就完全失去了价值。研究者必须关注被试是否知情同意，研究中是否有强迫的情况发生，以及实验可能造成的长期影响等。研究中的道德问题我们将在第 16 章讨论。

当我们审视与异常行为的病因及治疗相关的理论和证据时，经常不得不面对研究报告的繁冗和缺陷。即使我们知道了所有控制行为的变量，我们的预测能力仍然极其有限。在一个人长久的生命中，有太多无法预料、无法控制的因素会对其产生影响。人们毕竟不可能生活在真空中。研究被试和治疗对象生活在复杂而精巧的社会交往中，每时每刻，人们都在相互影响，成百上千的因素研究者无法插手。我们不是科学虚无主义者，相反，我们热切地试图了解是什么让人们的状态偏离了正确的轨道。但即使如此，我们仍然需要尽量明智而谦逊。总的来说，想要得出简单的因果结论，或许有点太过自负了。

概念核查4.1 （答案见章末）

请判断正误。
1. 一个好理论可以被证实。
2. 研究者建立一个理论的途径通常是整理数据，建立合理的假设，然后认真检验后面几步。直觉很少参与在内。
3. 假设比理论本身更宽泛、更抽象。

心理病理学研究方法

这一节，我们将介绍异常行为研究中最常用的调查方法：个案法、相关法和实验法。表 4.1 总结了每种方法的优点和不足。

个案法

个案法通常是观察人类行为最常用的方法，包括记录一个人在一段时间内的每一个细节信息。一个综合性的案例研究应该包括成长中的关键事件、家庭历史、医药历史、教育背景、工作领域、婚史、社会调适、人格、环境，以及治疗过程中的经历。

个案法缺乏其他研究方法的控制力和客观性。这说明，从案例中收集的数据其效度存疑。案例研究的客观性是有限的，因为临床医生个人的主观意见会影响其报告的信息。举个例子，心理动力学领域的临床工作者报告的个案中经常会含有病人童年早期经历和父母冲突状况的信息，而行为主义临床工作者则基本不会。

即使在控制力方面有这些不足，个案法仍在异常行为研究中占有重要的一席之地。个案研究主要用在以下几个方面：

1. 提供一份临床现象的完整描述。
2. 证伪一个众所周知的普遍性假设。
3. 提出一个可以用控制性研究检验的假设。

接下来我们依次讨论这些方面。

个案法能够完整地描述现象

个案研究对一个单独的个体加以关注。比起其他研究方法，其特点就是可以包括更多的细节。如果一个研究阐述了一个罕见的临床现象，这将是非常有意义的。个案法的另一个典型应用是为干预的效果提供细节描述。聚焦发现 4.1 就

表 4.1　心理病理学研究方法

方法	简介	评价
个案法	收集研究对象人生中的细节信息。	1. 假设的最好来源。 2. 可以提供案例长期进展的信息。 3. 可以证明一个之前认为普遍存在的联系不成立。 4. 不能证明因果关系，因为无法排除其他假设。 5. 可能因为观察者本人的理论观点而出现偏差。
相关法	在自然状态下对两个或多个变量进行测量，研究它们之间的联系。	1. 使用非常广泛。因为心理病理学中的许多风险变量（如人格、创伤、疾病或者基因）在人类身上我们不能控制。 2. 经常被流行病学家用来研究代表性样本中的发病率，流行情况，以及风险因素。 3. 经常在行为基因学的调查中使用，来研究不同种类精神疾病的遗传性。 4. 因为指向性和第三变量等问题而不能用于确定因果关系。
实验法	包括一个可控的自变量，一个因变量，最好还有至少一个控制组，并使用随机设计。	1. 最有力的确认因果关系的方法。 2. 经常在研究治疗效果时使用。 3. 经常在研究风险因素的相似性时使用。 4. 单被试实验设计十分普遍，但外部效度会受限。

是一个例子，说明在案例研究中的细节收集可以达到怎样的程度。

个案法可以证伪但不能证实假设

在应用个案法的历史上，我们可以看到许多个案证伪了一些被大众所误解的相关关系。举个例子，大多数人认为抑郁发作的起因是生活压力，但我们只要找到一个与生活压力无关的抑郁个案，就可以反驳这个理论。

即使个案法可以证伪一个假设，它却不能给一个特定的理论提供强有力的证据。因为它们不能排除选择性假设。为了说明这个问题，我们可以看一下聚焦发现 4.1 中描述的睡眠 / 清醒干预。虽然我们希望能得出某种治疗有效的结论，但我们不能如此草率，因为其他因素也可能对结果造成影响。这些干扰因素有很多，比如病人生活中的压力情境可能缓解了，或者病人在干预过程中自行采取了更有效的应对方式。如此一来，许多与研究无关的假设都可能影响临床进程，个案法收集的数据不能帮我们确定这种改变发生的真正原因。

运用个案法提出新假设

虽然个案法无法为一个假设提供有效支持，但是它有助于生成有关病因和治疗方法的新假设。因为临床医生倾听过许多不同病人的生活经历，他们可能会注意到一些迹象，从而建立起之前没有成型的重要假设。例如，在临床工作中，Kanner（1943）发现一些焦躁的儿童显现出一系列相似的症状，包括语言学习困难和孤僻远离人群等。他由此提出了一种新的疾病诊断——自闭症。之后这一诊断被大规模研究证实，并纳入了 DSM（见 432 页）。

相关法

许多心理病理学研究是建立在相关检验的基础上的。相关法将问题转化为"X 变量和 Y 变量是共同变化的吗？"相关法在自然情境下测量变量，这与研究者操纵变量的实验法有所不同。

为了说明这两者的不同，我们来看看高血压中的压力因素能被相关法还是实验法测量。我们可以通过人们最近的压力事件来测量他们的压力水平,然后考察其与他们血压的相关。而实验法正相反,必须在实验室环境中创造压力。举个例子,我们可能要求一些被试在一名听众前做演说,告诉这名听众自己身上最令人大跌眼镜的缺点(见图4.1)。这两种方法的区别之处在于变量是否被控制。当基于道德上的理由无法操纵变量时,心理病理学家就会使用相关检验法。例如,没有一个科学家会去尝试在人类身上操纵基因、创伤、严重压力或神经生物缺陷。

我们可以举出心理健康研究领域中许多使用**相关法**的例子。比如,沮丧通常与焦虑相关,感到沮丧的人倾向于报告他此时焦虑万分。必须要说明的是,患者和普通人的比较也可以做相关,见表4.2。例如,使用两个诊断组来做比较,考察他们在患病之前的压力经历如何。换句话说,这就是在考察已知的诊断和其他变量之间的关系。例如"精神分裂症与社会阶层有关吗?"或"焦虑障碍与神经递质因素有关吗?"

尽管案例分析收集的数据不能成为很好的证据来源,但这种方法对建立假设有很大帮助。(Greg Smith)

接下来,我们会讨论怎样测量两个变量之间的关系(相关),怎样来检验这个相关是否达到显著,以及一些决定变量是否相关的因素。有两种研究时通常使用相关设计:流行病学,以及行为与分子基因。

表4.2 诊断结论的相关研究数据

被试	诊断	压力得分
1	1	65
2	1	72
3	0	40
4	1	86
5	0	72
6	0	21
7	1	65
8	0	40
9	1	37
10	0	28

注:诊断(是否有焦虑障碍,有标记为1,没有标记为0)与近期0—100压力等级量表的相关(较高的得分说明最近压力较大)。为了更清楚地说明情况,我们呈现了一个小样本,而不是一个实际的调查研究。注意,诊断结论与最近的压力是有联系的。比起一般人,焦虑障碍患者倾向于在压力量表中得高分。在这个例子中,压力与焦虑呈正相关,相关系数为0.6。

测量相关系数

确定相关的第一步是获得问题中一对变量的观测数据。我们可以用每个被试的身高和体重,或者是母亲和女儿的智商来举例。一旦获得了每

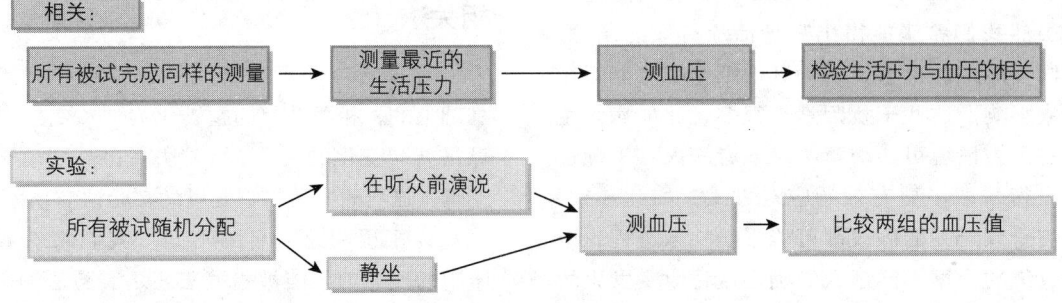

图4.1 相关法与实验法的区别。

聚焦发现 4.1　关于个案法优缺点的一个案例

双相障碍，因有躁狂发作而得名，是最严重的心理疾病之一。躁狂发作的典型特征是极度的欢喜或愤怒，伴随着极端的自信、精力充沛、健谈、目的指向性行为，以及睡眠需求的减少。人们在躁狂期的时候感觉不到潜在的危险，所以会经常从事一些鲁莽行为，像超速驾驶、挥霍大笔金钱、或者乱性等。在度过躁狂期之后，患者经常会经历一段抑郁期。这种躁狂和抑郁交替的情形对患者的工作、人际关系和自尊都有毁灭性影响。

虽然双相障碍被认为是遗传的，但睡眠缺乏也可以引起双相障碍的发作（Colombo, Benedetti, Barbini, et al., 1999）。Wehr 和他的同事们（1998）发现日光灯可以干扰睡眠生物钟，这对双相障碍患者们的影响极大。在这一基础上，他们认为根据太阳起落形成的自然日夜节律有助于保证睡眠，从而减轻双相障碍的症状。Wehr 的小组尝试了一种特别的方法：他们请一位双相障碍患者延长他卧床休息的时间。

实验开始的时候，这名患者是一位 51 岁的已婚男子，在一家技术公司担任首席工程师。他总是有用不完的精力。病人报告说他的母亲有抑郁史，本人则在 1990 年开始有抑郁症状，并接受了两种抗抑郁剂的治疗。抗抑郁剂能够诱发大多数被诊断为双相障碍的患者的轻躁狂症状（Ghaemi & Goodwin, 2003）。在这个案例中，尽管服用了诸如锂与双丙戊酸钠之类的心境稳定药物，但患者的抑郁和躁狂的症状仍持续了两年多。在停止服用抗抑郁剂

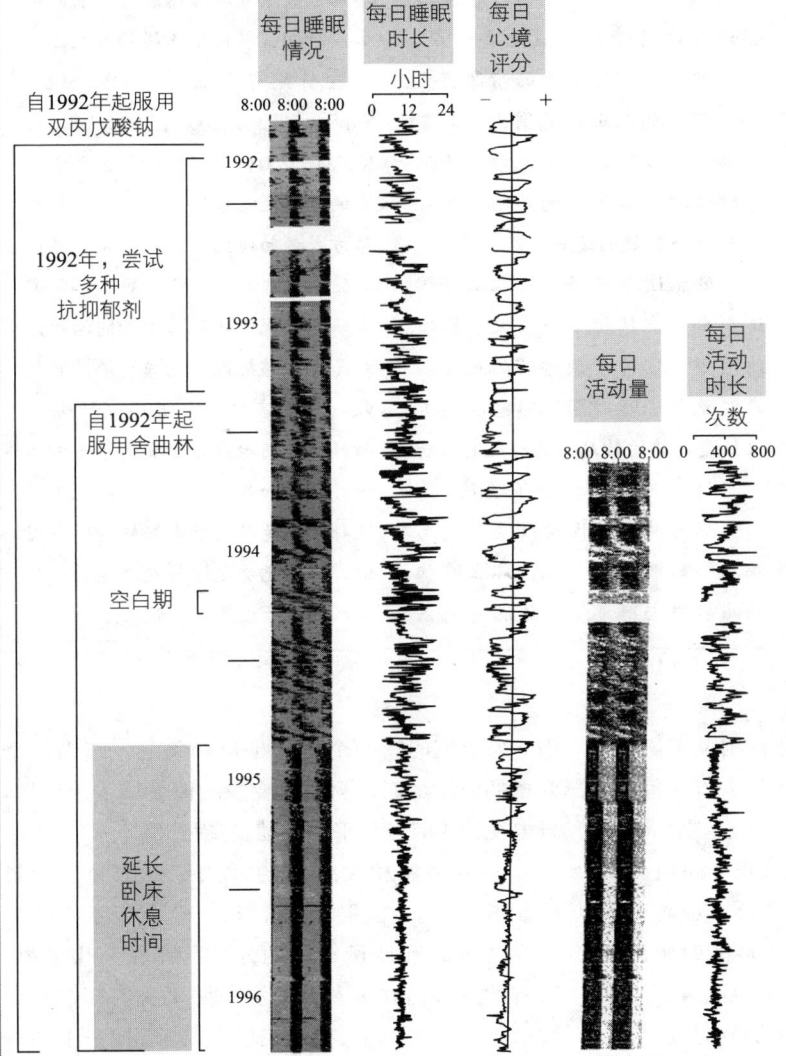

图 4.2　一名患者延长休息前后的睡眠、心境和活动情况。注意：当 1995 年开始进行卧床休息延长后，患者的睡眠、心境和活动量都有提高。（Wehr, 1998）

的情况下，病人出现了抑郁；当开始使用一种新的抗抑郁药时，他出现了躁狂。几年来，抑郁和躁狂经常性地在这名患者身上交替发作。在他的躁狂期，患者过度兴奋，每天只睡3~4小时，在拂晓之前就醒来。当他抑郁的时候，他每天大部分时间都郁郁寡欢，睡10~12小时，早上醒得很晚，甚至下午才起床。

Wehr和他的同事们观察了这名病人的症状数年之久，并尝试了不同的药物，他们于1995年5月开始尝试新的睡眠/清醒干预方法。在前三个月里，患者在实验室的一间卧室里睡眠，那里的灯光可以精确地控制。为了防止有意外的光线暴露，这个房间是全封闭的。在黑暗期，患者被要求停止一切活动，甚至不能使用收音机、电视和电话。在干预的初期，被试每晚有14个小时在黑暗中休息。在之后的18个月里，黑暗时间渐渐减少到10小时。在整个睡眠/清醒干预阶段，患者仍持续服用药物。

就像图4.2中显示的那样，在1995年干预开始之前，患者每晚的睡眠时间变化起伏很大。在干预开始之后，他每晚的睡眠时间开始变得有规律了。患者每天的活动量基本保持一定，不再有哪天几乎一动不动，同样也没有运动过度的情况。最重要的是，在干预开始以后，他的情绪变化几乎全部都在正常范围内，既不抑郁也不狂躁。延长他的卧床休息时间对于增进他的药物作用似乎是一个有效的途径。

虽然这个发现振奋人心，但这个个案依然留下许多没有解决的问题。这种干预起效的关键因素究竟是睡眠时间、休息时间或仅仅是规律的作息？甚至也有可能是在这一期间内，除了睡眠/清醒循环外其他的因素改变了这名病人。如果真是如此，那么症状的减轻就与睡眠/清醒没有关系了。最重要的是，个案法不能保证同一种治疗方法是否对其他的患者也同样有效。

幸运的是，许多科学家推广了这些实验。在其他的个案研究（Wirz-Justice, Quinto, Cajochen, 1999）和非控制研究（Barbini, Benedetti, Colombo, 2005）中，科学家们鼓励双相障碍患者延长卧床休息时间，取得了不错的疗效。另一些研究者（Frank, 2005；Shen, Sylvia, Alloy, 2008；Totterdell & Kellett, 2008）试图通过建立更固定的日常生活模式、改进睡眠周期等方式帮助他们。由此看来，早期的案例报告有助于吸引更多科学家来研究以探索睡眠为中心的治疗方式是否能够提高双相障碍治疗的药效。简而言之，个案研究为介绍新鲜有趣的治疗方法提供了一种途径。尽管如此，个案法仍不能确定这种干预是否是患者好转的唯一理由，也不能确定这些发现是否对其他人也能产生良好的效果。

一对数据，就可以根据观测值来计算**相关系数**，并用字母r来表示。r的值在-1.00到$+1.00$之间，同时表示相关的方向和大小。r的绝对值越高，两变量间的相关就越强。这就是说，当r的值为$+1.00$或-1.00的时候，代表相关性最高，或者可以认为是完全相关的。当r的值为0.00的时候说明两变量间是完全不相关的。如果r为正值，两变量即为正相关，即当X变量的值增加的时候，Y变量的值也趋于增加。表4.3的数据样本显示身高与体重之间有$+0.88$的相关。这个相关性非常高，即当身高增加的时候，体重也相应增加。相反地，当r为负值时，两个变量是负相关的，即当一个变量的值增加时，另一个变量的值就减少。比如，看电视的小时数与平时成绩呈负相关。

一种考察相关强度的方法是根据两个变量绘制散点图。在图4.3里，每一个点表示一名被试在变量X和变量Y上的分数。在完全相关里，所有的点都落在一条直线上，如果我们知道某个被试一个变量的值，我们就可以知道他身上另一个变量的值。当相关很强的时候，线条会有些微的分散。而数值点越分散，代表着相关性越低。当相关达到0.00的时候，即使知道被试在其中一个变量上的分数，对我们了解其在另一个变量上的分数也毫无帮助。

统计与临床显著性

我们已经学会运用相关系数值的大小来判断两个变量间的相关程度。但同时科学家也会用**统计显著性**来使相关系数的检验更为严谨。（显著性在很多不同的统计方法里都适用。这里我们关注的是相关系数，但是显著性与我们接下来要描述的实验法也有联系。）相关显著通常不是随机发生的，而相关不显著却有可能经常出现。所以如果相关不显著，它就不能为一个重要的相关关系提供证据。科学上的"随机"是什么含义？想象一下，一个研究者不断重复同一个研究，你不能指望每次研究的结果都是完全相同的。比如，每次研究选择的被试不同就可能影响研究结果的呈现。因此，任何一个研究都必须考虑随机变量的影响。当相关在统计上不显著，重复研究则很可能也只得到无关结果。

表 4.3　测定相关

被试	身高	体重
John	5'10"	170
Asher	5'10"	140
Eve	5'4"	112
Gail	5'3"	105
Jerry	5'10"	177
Gayla	5'2"	100
Steve	5'8"	145
Margy	5'5"	128
Gert	5'6"	143
Sean	5'10"	140
Kathleen	5'4"	116

注：在这个数据表里，身高和体重的单位均为英制，身高与体重的 r 值为 +0.88。

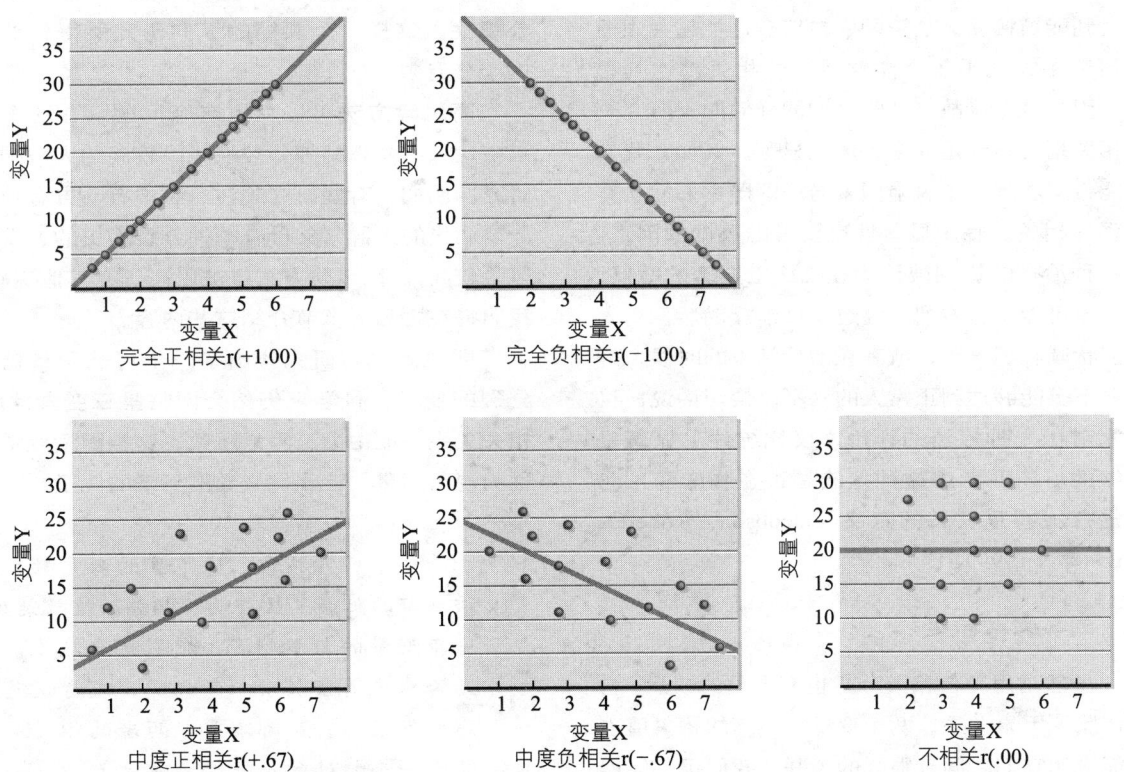

图 4.3　表示不同相关程度的散点图。

在统计上，事件发生概率为5%或者更低的时候，就被认为差异显著。这个显著水平被称作 α 值，通常被写作 $p<0.05$（p 即概率）。一般来说，相关系数的绝对值越大，结果更有可能达到显著。例如，一个0.80的相关比起0.40的相关来说更有可能显著。

显著性不仅受变量间的关系大小影响，也与研究中被试的数目有关。参加实验的人数越多，需要达到显著的相关系数绝对值越小。例如，当被试人数多达300人的时候，$r=0.30$ 即可以达到显著水平，但是当被试人数只有20人的时候则不行。这就是说，如果研究中有30个酒精摄入者，而饮酒和抑郁之间的相关是0.32，那么这个相关可能很难达到显著。但是对于同样的相关指数，如果被试是300人的话，那么这个结果很有可能是显著的。

在统计显著性之外，**临床显著性**也同样值得重视。临床显著性取决于变量间的关系是否足够大到能被接受。在美国人口普查这类超大规模的研究中，几乎每个能够得到的相关都达到显著。因为这个缘故，科学家们同样倾向于研究一个相关是否强到足以在临床上显著。例如，我们可能希望看到一个风险因素与一些严重的症状有较强的相关。临床显著性也要考虑数据的因素。当一种治疗的影响被认为在临床上显著的时候，科学家可能希望看到，经过积极治疗以后，病人的症状减轻了一半，或者在治疗结束的时候，病人差不多能够达到正常人的水平。换句话说，科学家对于一种疗法的评价，仅凭统计上显著是不够的，还要考虑这种疗法是否在临床的预防和治疗上有足够大的意义（Jacobson, Roberts, Berns 等, 1999）。

因果关系问题

虽然常用，但相关分析也有严重的缺点：它无法验证因果关系。两个变量间再高的相关值也只能说明它们之间有很强的关联，我们仍不能得知一个变量是否是另一个的原因。例如，我们已经发现了精神分裂症与社会阶层之间存在相关，社会阶层较低的人群比起中层和上层人群更多地被诊断为精神分裂症。一种解释是，在贫困线上挣扎的生存压力可能会引发精神分裂症。但是还有另一个假设，就是这些人精神分裂症的混乱行为模式导致了他们无法应对日常事务，从而陷入穷困。

方向性问题 在大部分相关研究设计中都存在——常说的"相关不意味着因果"。解决方向性问题必须基于"因必先于果"的事实。在**纵向设计**中，科学家需要检验病因是否真正发生在疾病发展之前，这与**横向设计**正相反。横向设计中病因和它产生的影响是同时测量的。举一个经典的精神分析纵向设计为例，它必须包括收集一个婴儿大样本，在他们成长过程中多次测量风险变量，持续跟踪45年，来确认哪些人发展出了精神分裂症。但这种方法代价过于昂贵无法实施，因为大概只有1%的人最后会罹患精神分裂症。这样一个长期的纵向研究所得到的数据十分有限。

高风险方法可以克服这个问题。在这个方法中，只有罹患精神分裂症风险较高的人被纳入研究。例如，有些研究关注双亲中有一方有精神分裂病史的人群（父母有精神分裂病史的人发病风险较高）。高风险方法也被用来研究其他疾病，我们将在之后的章节介绍这些内容。

即使高风险研究找出了一个可能导致精神分裂的变量，科学家仍然会面临**第三变量问题**：相关关系可能由第三因素所致。这类因素经常被称为混淆变量。让我们来看接下来的例子：

一项研究指出，城市里的教堂数目和该城市的犯罪呈显著的正相关。这就是说，城市里量的教堂越多，犯罪就会越多。这是否意味着宗教助长了犯罪，或者说是邪恶引发了信仰？都不是。两者的相关关系缘于一个特殊的第三变量——人口。一个社区的人口越多，教堂就越多；同样，犯罪活动的总量也会增加（Neale & Liebert，1986，第 109 页）。

心理病理学研究中存在许多第三变量的例子。研究者经常报告精神分裂症患者与正常人之间的生化差异。这些差异可能反映了精神分裂症药物的影响，或是两者的饮食差异。但这种差异很难体现出精神分裂症的实质。是否有解决第三变量问题的方法呢？虽然有些策略对于减弱这种影响有帮助，但是结果并不令人满意。就像刚刚提到的饮食问题，在精神分裂症生化研究中会成为潜在的失败因素。科学家或许可以尝试着在数据分析时控制关于饮食的变量，但是他们可能无法测量饮食所造成的重要影响。而控制每个可能会产生影响的方面显然是不可行的。因此，基于第三变量问题，从相关数据上无法得出因果关系的结论。

相关法举例一：流行病学研究

流行病学是关于疾病在人群中分布情况的研究，需要收集大样本中疾病发生的概率以及它的相关情况的数据。流行病学研究着重于疾病的三个方面：

1. **患病率**。该种疾病的时点患病率和终身患病率。
2. **发病率**。在一个时期内（通常是一年）该疾病的新发病比例。
3. **风险因素**。与该疾病发病可能性有关的变量。

流行病学中的风险因素研究通常是相关研究，即在不控制任何变量的前提下，去研究一个变量如何与其他变量相关联。

流行病学研究设计对样本代表性的要求较高——样本与研究人群的关键特质相匹配，例如性别、经济阶层和种族等。不幸的是，许多心理健康研究并不遵从这些规则，反倒去研究一些并不具代表性的样本。例如，许多研究使用的都是大学生样本。大学生看上去比一般人群更加健康，受教育水平也更高。如果我们仅仅研究有心理疾病的大学生，我们可能会得出有这种疾病的人智商要比平均水平高这种结论。还有一些研究使用从康复中心得到的样本。例如，在医院里测量的时候，某种已知疾病的自杀率会比有代表性的社区样本高得多。这些类型的偏差可能歪曲我们对精神障碍相关因素的认知。综合以上因素，流行病学研究在辨别一种疾病的风险因素和结果的过程中必须相当谨慎。

美国国家共病率研究是一种国家大样本调查，使用结构化访谈来收集一些疾病的流行信息（Kessler，Berglund，Demler, et al.，2005）。表 4.4 展示了来自这一研究的一些数据。从表中我们可以发现，重度抑郁、酗酒、焦虑障碍在人群中非常普遍，几乎有一半（46.4%）的美国人在一生中的某些时候达到某种心理障碍的诊断标准。一旦了解了精神疾病在每两人中就可能侵袭一个，人们就有可能会减少对精神病人的歧视。而有精神疾病经历的人在得知许多人都会有相似情况以后，也会感觉不那么痛苦。

表 4.4　部分疾病的终身患病率

疾病名称	男性	女性	总计
重度抑郁	13.2	20.2	16.6
双相障碍Ⅰ型或Ⅱ型	na	na	3.9
心境恶劣	1.8	3.1	2.5
惊恐障碍	3.1	6.2	4.7
社交焦虑障碍	11.1	13.0	12.1
特定对象恐惧症	8.9	15.8	12.5
广泛性焦虑障碍	na	na	5.7
酒精滥用	19.6	7.5	13.2
药物滥用	11.6	4.8	7.9

来源：From data collected in the National Comorbidity Survey—Replication (Kessler et al., 2005).

在一些流行病学研究中，调查员挨家挨户进行访问。

流行病学研究表明心境障碍、焦虑障碍以及物质依赖都非常普遍。
(©nemke/Shutterstock)

对风险因素的了解可以为疾病的病因研究提供线索。例如，抑郁症在女性中的患病率是男性的两倍。这就是说，性别是抑郁症的一个风险因素。流行病学研究结果可以提示我们一些风险因素（类似性别和社会阶层），这样当我们使用其他研究方法的时候就会更加顺利了。

相关法举例二：行为与分子遗传学

行为遗传学的研究通过三种基本的方法来判断一个精神病理性易感基因是否是遗传的——比较家庭成员，比较双胞胎，以及研究被收养者。在这种情况下，研究者们对于亲属之间在疾病的模式上是否显出类似（或相关）很感兴趣。分子遗传学的研究着力于探索是否由特定基因导致疾病。

已知一个人的基因均等地来自双亲，所以**家庭研究法**可以用来在家庭成员中研究基因易感素质。子女身上的一半基因随机地来自父母一方，另一半就来自另一方，所以家里的兄弟姐妹之间，以及孩子和父母之间，有50%的基因是相同的。某人有50%的基因与另一人相同，则被称作后者的第一级血亲。亲缘越远的家庭成员，相同的基因成分越少。例如，外甥和外甥女只与他们的舅舅有25%的基因相同，因此被称

作第二级血亲。如果一种心理疾病的易感性是可以遗传的，家庭研究应该会发现疾病在家庭成员中的一致性（亲属是否罹患该疾病）与基因的相同比例之间的相关关系。

首先要收集病患样本。这些人被称作**索引病例**或者是**渊源者**。同时研究他们的家族成员，来确认同样的诊断有多大比例发生在他们中间。如果一种疾病的基因易感表现出来，索引病例的第一级血亲应该比普通人群具有更高的发病率。这里有一个关于精神分裂症的例子：精神分裂症索引病例的第一级血亲中，约有10%能被诊断出罹患该种疾病；而普通大众的患病率只有1%。

虽然家庭研究的范式已经非常清楚，但是用这种方法收集的数据并不总是很容易分析。例如，罹患场所恐惧症（病人害怕身处一个很难逃脱的场所，他们会高度焦虑）人群的子女，他们会比普通人更易得场所恐惧症。但是这就意味着这种焦虑障碍的易感性是基因遗传的吗？并不尽然。家庭中罹患场所恐惧症的成员较多，可能反映出对孩子的抚育和父母的示范上存在问题。换句话说，即使家庭研究显示场所恐惧症在家庭中传播，但这不足以判断其中含有基因易感性因素。

在**双生子研究法**中，**同卵双生子**和**异卵双生子**都要进行比较。同卵双生子是从同一个受精卵发育而来的双胞胎，他们的基因完全相同。异卵双生子是由不同的受精卵发育而来，他们的基因有50%相同，并不比普通的兄弟姐妹更相似。同卵双生子总是同一性别的，但是异卵双生子的性别可能相同也可能不同。双胞胎研究从患病双胞胎开始，然后研究双胞胎中另一人的疾病表现。当双胞胎得到相似的诊断时，被称作具有一致性。如果一种精神疾病的易感性来自遗传，那么这种疾病在同卵双生子中的**一致性**应该高于异卵双生子。当同卵双生子中的一致率高于异卵双生子中的一致率时，目标特质就可以说是具有遗传性的。在之后的章节里，我们可以看到许多类型的精神疾病在同卵双生子中的患病一致性是高于异卵双生子的。

收养子研究法是研究被收养的孩子，他们在与血缘双亲完全分离的环境中被抚养长大。虽然这种方法并不常见，但是它的研究结果更加清楚明白，因为这些孩子们并不是被患病的父母抚养长大的。如果一些父母罹患了场所恐惧症，而他们的孩子在远离他们的环境中成长，但仍旧有很高的比例被诊断出场所恐惧症的话，我们就可以得到支持这种疾病遗传易感性的有力证据。另一种收养子研究法称作**交叉收养**。在这种方法里，孩子们仍然不是被血缘双亲抚育长大，但是，他们的养父或者养母患有特定的疾病。收养子方法也被用来研究基因—环境的交叉影响。例如，研究发现，血缘双亲中一个有社交焦虑障碍，同时在不健康的家庭环境（如家庭暴力、遗弃、酒精或药物依赖）中长大的孩子，比起另两种群体来说更容易发展出社交焦虑障碍。这两种群体是：①收养子有患社交焦虑障碍的血缘双亲，但是在健康家庭里成长；②收养子没有患社交焦虑障碍的血缘双亲，但是在不健康家庭里成长（Cadoret, Yates, Troughton, 1995）。如此看来，基因（血缘双亲有社交焦虑障碍）与环境（不健康的收养家庭）共同提高了社交焦虑障碍的发生风险。

分子遗传学研究方法的目的，是辨别广大人群中的特定基因或是基因组合与特定疾病之间的联系。有一种应用分子遗传学方法的研究称作**关联研究**，探索特定的等位基因与人群中某种特质或行为之间的关系。因为科学家研究的是一种特定的等位基因而不是一般的染色体位置，关联研究可以做到非常精确。随着科技的发展，测量等位基因变得更加方便，因此关联研究也变得更加普遍。在第14章里，我们将介绍APOE-4的等位基因，与发病较晚的老年痴呆症有关系。并不是所有罹患老年痴呆症的人都有这种等位基因，也并非有APOE-4就一定会发展出老年痴呆症。但是，这种等位基因和老年痴呆症之间仍有很强的联系（Williams, 2003）。

一种关联研究的特殊方式称为**全基因组关联研究**，检查大样本中的整个基因组，来辨识群体间的不同。例如，一项精神分裂症的全基因组关联研究可能包含数百个（理想的可达到上千个）精神分裂症患者，以及数百个没有精神分裂症的样本（控制组）。科学家用高级计算机查看所有人的22000多个基因来查找两组间基因上的不同。个体的所有基因组可以通过简单地用拭子刮擦口腔内部来获得，然后分析唾液就可以揭示每个人数以千计的基因了。全基因组关联研究的科学家经常查找基因组中的变化，即基因变异，像是单核苷酸的多态性，或者SNP等。如果特定的SNP在精神分裂组人群中更常出现，就认为它们与精神分裂有联系。

概念核查4.2（答案见章末）

选出所有正确的选项。

1. 下列情况的哪一种适用于案例分析？
   a. 介绍一个罕见的障碍或疗法。
   b. 说明一种理论并不适用于所有人。
   c. 证实一个模型。
   d. 体现因果联系。
2. 相关检验包括：
   a. 操纵自变量。
   b. 操纵因变量。
   c. 操纵自变量与因变量。
   d. 以上都不是。
3. 在不考虑研究者认真程度的情况下，相关检验最无法避免的核心问题是什么？
   a. 结果的质性高于量性。
   b. 无法得知哪一个变量先变化。
   c. 已知的相关关系可能会被第三变量解释。
   d. 结果可能无法推广。
4. 发病率表示：
   a. 在一生中可能会患某种疾病的人数。
   b. 在调查时报告患某种疾病的人数。
   c. 在给定时期内患某种疾病的人数。
   d. 以上都不是。

5. 在行为遗传学研究中，科学家使用哪种方法，可以排除父母变量影响：
   a. 相关法　　　　　b. 家庭研究法
   c. 双生子研究法　　d. 收养子研究法

实验法

实验法是检验因果关系最有力的方法。它的基本步骤包括：**随机分配**被试到各个实验条件下，操纵**自变量**，测量**因变量**。

让我们先来介绍一个实验，内容是情绪表达与健康的关系（Pennebaker, Kiecolt-Glaser, & Glaser, 1988）。在这个实验里，50名大学生连续四天来到实验室。给其的指导语如下：

> 在四天中的每一天里，我希望你能写下你一生中最痛苦的经历和最大的创伤。你可以每天都写不同的主题，也可以四天都写同样的。最重要的是你要写下你深层的思考和感受。最理想的情况是，你写下的事件或经历是你从来没有对别人仔细描述过的。

另一半学生也每天都来实验室，但写作的主题是描述他们日常的活动、最近的社会事件、他们穿的鞋子，以及他们对这天剩余时间的计划等。

在这个实验开始之前的15周和之后的6周，科学家收集了被试们去学校健康中心的频率（图4.4）。在实验开始之前，两组被试到访卫生中心的次数几乎是相等的，但是在写下这些文本之后，写下创伤经历的学生们到访次数有所下降，剩下的学生到访次数有所增加。（这种增加有可能属于健康中心访问率的季节性变化。第二次数据采集时间是二月，刚好在期中考试之前。）基于这些数据，研究者得出结论，将情绪表达出来对健康有益。实验证明每日的写作（记日记）可能会帮助人们应对困难的经历和情绪。这种观点已经变得非常流行，这篇研究报告已经被引用超过750次。

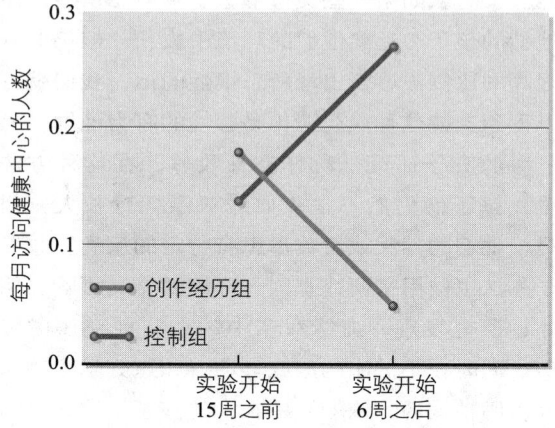

图4.4 在实验开始前后健康中心的访问人数。写下创伤经历的学生访问数量下降，写下日常事件的学生访问量有所增加。
（Pennebaker, 1988）

实验设计的基本特点

刚刚讨论的情绪表达研究说明了一个实验的许多基本特点：

1. 研究者操纵一个自变量（写下的文字主题）。
2. 被试被随机分配到两种条件下（创伤经历与日常事件）。
3. 研究者测量了一个根据自变量变化的因变量（访问健康中心的次数）。
4. 不同条件下因变量的差异被称作实验效果（写下创伤经历和日常事件的两组间平均访问次数的差异）。

内部效度

内部效度用来表示实验效果在多大程度上是由自变量造成的。如果要使研究具有内部效度，研究者必须设立至少一个**控制组**。控制组不接受实验操作，由此可以证明实验影响是自变量造成的。在 Pennebaker 的研究中，控制组是写下日常事件的组。控制组的数据可以提供一个基线标准，自变量带来的影响可以以此为参照。当我们讨论治疗效果研究时，会更加详细地描述控制组。

但是包含一个控制组并不能确保实验的内部效度，随机分配也很重要。例如，为了将被试随机分配到两组实验中，研究者可以为每一个被试掷一次硬币。如果硬币正面朝上，被试者就被分配到某个组去；如果是另一面朝上，就分配到另一组。随机分配能够保证，除了自变量，两个组的其他变量都最为相近。

如果被试可以自己选择进入两个实验组中的其中一个——心理治疗或使用药物，那么在这个研究中，研究者不能声称组间差异是治疗造成的。因为一个有力的假设无法被证伪：这两组病人可能在基础的特质上就有所不同，他们倾向于讨论复杂的情绪问题（心理治疗）或相信药物的作用（使用药物）。因此，如果没有真正的随机分配，潜在的一些混淆因素就会使结果很难解释。

外部效度

外部效度的定义是研究结果在多大程度上可以向外推广。如果科学家发现一种特定的治疗方法可以治疗一组特定的病人，他们会希望这种疗法在其他时间地点对相似的病人也有效果。例如，Pennebaker 和同事们希望他们的发现也适用于其他表达情绪的方式（例如向亲密朋友倾诉）、其他情境以及除了大学生之外的其他人群。

测定一个实验结果的外部效度是非常困难的。例如，实验中被试的行为往往有一种特定的模式，因为他们正在被观察。可以说，实验结果是在实验室中制造出来的，而不是在自然环境下自发形成的。外部效度也受到实验中被试局限性的控制，如大学生（Coyne，1994）或美国中产阶级白人（Hall，2001）。事实也的确如此。一份对美国心理学会在 2003 年到 2007 年发表的 6 种期刊的文献调查显示，研究中 68% 的被试是从美国选择的，96% 来自西方工业化国家（Arnett，2008）。科学家必须对他们的实验结果可以适用的范围保持警醒，他们也应该经常在新的条件下使用不同的被试来重复相似的研究，以验证实验结果是否真的可以推广。

实验法举例：治疗结果研究

治疗结果研究旨在解决一个简单的问题：治疗有效果吗？这里我们将着重探讨如何检验心理治疗，但是其中许多原则在评价药物治疗效果时也要考虑。

数百项研究已经考察过接受心理治疗的人是否比没有接受治疗的人感觉更好些。在对超过 300 项研究进行的元分析中，科学家发现治疗带来了中度的积极影响。在接受治疗的人群中，大约有 75% 或多或少感觉到了改善（Lambert & Ogles，2004）。如图 4.5 所示，这一效果看上去比延时自愈或是从朋友家人那里获得的支持更有力。另一方面，从图中也可以看出，治疗并不总是有效，大约有 25% 的人没有从治疗中受益。

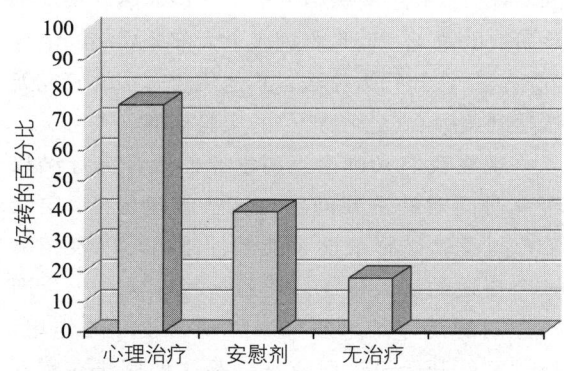

图 4.5 接受心理治疗、安慰剂程序以及没有任何治疗的人群有所好转的总百分比。
(Lambert, M.J., 2004)

在治疗效果研究中，治疗有效的标准是什么？许多不同的工作小组已经对这个问题得出了大体相同的结论。大部分科学家认可一个治疗研究至少应该符合以下几个标准：

★ 明确定义样本，包括对其诊断的描述。
★ 提供治疗的精确描述，如治疗手册中那样。
★ 包括一个控制组或比较治疗组。
★ 随机分配被试到治疗组或比较组。
★ 可靠有效的结果测量。
★ 样本量足以进行统计检验。

被试随机分配到治疗组和比较组（没有治疗，或给予安慰剂，或其他治疗）的研究称作**随机控制实验**。在这种类型的实验里，自变量是治疗方式，因变量是被试的改善情况。

在美国心理学会发布了治疗方法报告(1995)，这些标准得到了实践的支持。一些已经得到实证支持的治疗方法在表4.5中列出。目的是帮助临床医生、顾客、管理看护中心以及保险公司更有效地使用正在不断增多的**实证支持治疗方法**。当我们在本书中讨论特定的心理疾病时，将会介绍这些方法。

美国心理学会一些关于实证支持疗法的报告引发了激烈的讨论。例如，表4.5上已经列出的治疗方式也会有失败的情形，这显然反映了细致研究的匮乏。而且，列表上大部分疾病的治疗方法都是认知行为疗法，其他治疗方法的研究无法达到美国心理学会严格的实验标准。

现在我们来讨论当科学家们设计治疗结果研究时面对的主要问题。这些问题包括：定义治疗过程，选择最佳可能的控制组，以及招募一个合适的病人样本。一旦一种疗法在一个严格控制的治疗结果研究中显现出较好的作用，科学家就开始设计研究来检验这种疗法在实际中的效果如何。当有足够的证据证实它有效时，我们就需要推广这种疗法，并确认社区治疗师能够采用它们。在整个检验疗法的过程中，我们越来越感到需要考虑某些疗法是否有害（见聚焦发现4.2）。

表 4.5　成人疾病的实证支持治疗方法举例

广泛性焦虑障碍	抑郁症
认知疗法	认知疗法
应用放松疗法	行为疗法
	人际心理治疗
社交恐惧	问题解决治疗
暴露疗法	自我管理/自我控制治疗
团体认知行为疗法	
系统脱敏	精神分裂症
	家庭心理教育
特定对象恐惧症	认知行为疗法
暴露疗法	社会学习/代币治疗
引导控制	认知辅导
系统脱敏	社会技能练习
	家庭行为治疗
强迫症	工作支持程式
暴露与反应阻止	主动式社区治疗
认知疗法	
	酒精滥用与依赖
场所恐惧症	社区支持方式
暴露疗法	
认知行为疗法	关系压力
	夫妻行为疗法
惊恐发作	情绪焦点治疗
认知行为疗法	夫妻领悟治疗
创伤后应激障碍	性功能障碍
延长暴露	伴侣协助性技巧训练
认知进程疗法	
	边缘人格障碍
贪食症	辨证行为疗法
认知行为疗法	
人际心理治疗	
神经性厌食症	
基于家庭的治疗	

摘自 Task Force on Promotion and Dissemination of Psgchological Treatments (1995)

定义治疗条件：治疗手册的使用　治疗手册含有如何实施治疗的细节。它们可以提供精确的步骤，让治疗师能够按部就班。治疗手册让人们在阅读心理学治疗研究报告的时候可以知道在治疗进程中发生了什么事情。心理学治疗研究普遍推荐使用治疗手册（Nathan & Gorman, 2002），临床心理学的研究生训练也重视治疗手册（Crits-Christoph, Chambless, Frank, et al., 1995）。

治疗手册可以帮助治疗者了解他们所做的事情，这也引起了一些争议。有些人声称，手册会限制治疗师的行为，让他们无法敏感地体察到病人特定的要求（Haaga & Stiles, 2000）。有证据显示治疗手册上提供的明确指导似乎对新手更有帮助，而不是有经验的治疗者（Multon, Kivlighan, & Gold, 1996）。然而这种挑战也使手册不断进步，在给治疗师提供明确步骤的同时也给予足够的灵活性。例如，治疗手册提供暴露疗法的治疗目标以助于改善焦虑障碍，但也提供一个操作暴露疗法的选项列表（Kendall & Beidas, 2007）。

治疗手册可以为治疗师面对病人时提供精确的治疗程序。它是治疗结果研究的标准之一。（图中书名为《双相障碍的认知疗法：概念、方法与实操指南》。）

有心理障碍的人们可能会与他们的朋友谈论自己遇到的问题，或者去寻求专业援助。当家人和朋友的建议与支持不能缓释痛苦时，人们就来寻求治疗。
（上图：© Blaj Gabriel/Shutterstock；下图：© Gladskikh Tatiana/Shutterstock）

定义控制组 为了说明控制组的重要性，我们来看一个对某种焦虑障碍疗法的研究。我们假设焦虑障碍的病人接受了一个长达16周的治疗程序，之后他们的焦虑症状消失了。但由于没有一个控制组来比较这个进程，我们无法确定这一改变是治疗的结果。焦虑症状的减轻可能是其他因素造成的，而不是治疗本身（例如时间的流逝或者是从朋友那里获得了支持）。没有一个控制组，治疗过程中的所有变化都难以解释。

在治疗结果研究中许多不同类型的控制组都可以使用。一个无治疗控制组可以帮助调查者看看单纯的时间流逝是否可以像治疗一样使病人痊愈。而一个严格的检验需要比较治疗组与**安慰剂**控制组。在心理治疗研究中，安慰剂可以起到

聚焦发现 4.2　治疗可能有害吗？

总的来说，有许多有力的证据证明心理治疗是有帮助的，但这不意味着它们可以帮助每个人。确切地说，有一小部分人在接受治疗以后状况反而更糟。统计心理治疗有害的比例并不容易。多达10%的病人在治疗之后比治疗之前的病症更严重了（Lilienfeld, 2007）。这意味着这种治疗对他们有害吗？也许不能。在没有控制组的情况下，我们无法了解症状在没有治疗的情况下是否也会变糟。遗憾的是，很少有调查者报告情况恶化病人的百分比。

虽然如此，我们仍必须清醒地知道，已经发现一些治疗方法对部分人是有害的。在随机控制实验或者多例个案报告中都发现一些治疗方法与结果的恶化有关（Lilienfeld, 2007），见表4.6。我们要注意到，有害的结果有时并不仅是治疗造成的，美国食品与药物管理局已经有文件警示，抗抑郁和抗癫痫药物能够提高自杀风险，而抗精神病药也会增加老年人的死亡率。

表4.6　多个个案报告和研究中提到的有害治疗方式举例

治疗方法	不良后果
紧急事件应激晤谈	提高创伤后应激障碍的发病率
恐吓从善	品行问题恶化
促进式交流	儿童提出对家庭成员有关虐待行为的错误指控
依恋疗法（如，再生疗法）	儿童死亡或重伤
记忆恢复技术	产生关于创伤的错误记忆
解离性身份障碍导向治疗	引发人格的转变
对于正常丧亲之痛者的哀伤辅导	增加抑郁症状
表达体验疗法	加剧悲伤情绪
DARE程式	酒精和烟草的摄入增多

摘自Lilienfeld（2007）

提供支持与鼓励的作用（"注意"要素），但它并不是一个活跃的治疗因素（如在恐惧症的行为治疗中使病人暴露在可怕的刺激之下）。在药物研究中，安慰剂可能是一份糖衣药片，主试会对病人说这些药片有治疗作用。安慰剂控制组可以控制安慰期待效应。最严格的实验设计则包含一个积极治疗控制组，以便调查者比较一种新疗法与一种已经成熟的疗法。

有些人认为安慰剂与无治疗控制组是不道德的，在这两种状况下，病人没有获得积极治疗，可能承受不良后果（Wolitzky, 1995）。而积极治疗控制组则不会引起道德上的非议。如此看来，选择最佳的控制组也是一个艰难的决定。

如果调查者决定使用安慰剂控制组，那么就有许多需要关注的事情。当在药物实验中使用安慰剂控制组的时候，调查者应该使用**双盲程序**。这即是说，治疗主试和病人都不知道哪些对象使用安慰剂，哪些对象使用药物，以此来减少测量结果的误差。双盲实验非常难以操作，治疗提供者和病人可能会对谁接受了积极治疗进行猜测。因为比起安慰剂，药物引起副作用的可能性更大（Salamone, 2000）。

安慰剂效应会对病人的生理和心理起到一定的改善作用。这种作用基于病人对于治疗的期待，而不是治疗中的任何积极因素。安慰剂效应经常显著有效，甚至有长期效果。例如，一项包含了 75 个研究的元分析显示，有 29.7% 的抑郁症病人在使用安慰剂后有所好转（Walsh, Seidman, Sysko, et al., 2002）。在使用抗抑郁药物的病人中，许多也许实际上是安慰剂效应（Kirsch, 2000）。因为安慰剂效应可能非常强大，许多调查者认为这是一种可以考虑的重要控制组形式。

去诸如法蒂玛这样的圣地朝拜带来的效应，有可能是安慰剂效应。
(Hans Georg Roth/Corbis Images.)

定义样本 随机控制实验的典型特征是关注有某种特定疾病的人群，如抑郁症或是惊恐障碍患者。大部分研究不得不排除许多潜在的被试，而这个过程会限制研究结果的外部效度。例如，研究者可能排除了具有一种以上疾病的被试，或有强烈自杀企图的被试（伦理原因）；有些被试可能不愿意参与研究，因为他们不想被分到非有效治疗组（控制组）。基于这些原因，一些研究将许多优良被试拒之门外，几乎和他们召集到的被试一样多（Westen, Novotny 与 Thompson-Brenner, 2004）。

在治疗效果研究中，一个很大的问题就是缺少不同文化、不同宗教背景的被试。许多研究只包含了白种非拉丁裔被试，所以样本的局限性根本不足以显示治疗方法是否对不同种族的人都有效果。这个问题可能反映了一个更加普遍的趋势，少数民族和非西方文化背景的患者可能难以找到治疗方法。例如，在 2008 年，比起白种非拉丁裔成年人，美国少数民族成年人几乎只有一半能够接受心理治疗。如表 4.7 所示，在不同的国家，有心理疾病的人们寻求帮助的比例也有很大不同（Wang, Simon, Avorn, et al., 2007）。文化与民族的不同造成了这个差异，尤其是研究中的治疗。

表 4.7 在过去的 12 个月中，各国寻求治疗（情绪问题、神经症、心理健康或毒品/酒精困扰）的人数百分比。（总计 84850 人）

国家	寻求治疗者的百分比
尼日利亚	1.6
中国	3.4
意大利	4.3
黎巴嫩	4.4
墨西哥	5.1
哥伦比亚	5.5
日本	5.6
西班牙	6.8
乌克兰	7.2
德国	8.1
以色列	8.8
比利时	10.9
荷兰	10.9
法国	11.3
新西兰	13.8
南非	15.4
美国	17.9

来源：世界健康组织研究，Wang, Aguilar-Gaxiola, et al. (2007)。

总的来说，关于治疗手段对特定少数民族群体是否有效的研究非常少（Chambless & Ollendick, 2001）。但也有许多研究已经尝试过实证支持的治疗是否对不同文化的人群都有较好的效果。例如，针对抑郁症的人际关系治疗对乌干达人有效（Bolton, Bass, Neugebauer, et al., 2003），而认知行为疗法（CBT）在非裔美国人焦虑障碍的治疗上也有效（Miranda et al., 2006）。还有研究结果证明许多关于儿童破坏行为的治疗的疗效，包括 CBT 和家庭疗法的疗法，在文化间是没有差异的（Miranda 等，2005）。总的来说，至少有一些治疗效果研究的发现可以推广到少数民族人群。

评估治疗手段在现实世界的效用 随机分配法经常应用在学术研究中，用来保证治疗方法的**效力**，即在最纯洁的条件下治疗是否有效。学术研究中的情境毕竟是有限的，研究成果可能无法告诉我们这些治疗方法在更大的样本中是否仍然有效，或是在非学术治疗师使用它们的情况下结果如何。这就是说，随机分配法的外部效度有时是值得商榷的。我们不仅要检查一种治疗方式的效力，也要测它的**有效性**，即这种治疗方法在实际应用中的有效程度。有效性的研究通常样本很大，囊括了各种心理疾病，而且治疗师无法给每个被试都提供深入细致的照顾。有效性研究也经常依赖短小的测试。研究发现，当病人有严重疾病而监护人又没能提供强力支持的情况下，心理治疗和药物治疗都不能像在效力研究中那样起到良好的作用（Rush, Trivedi, Wisniewski, et al., 2006）。有效性研究支持了认知行为疗法在治疗焦虑（Wade, Treat, & Stuart, 1998）和抑郁（Persons, Bostrom, & Bertagnolli, 1999）中的作用，治疗师也经常用这种方法辅助药物来治疗双相障碍（Miklowitz, Otto, Frank, et.al., 2007）。

推广治疗效果研究发现的必要性 上百项研究已经证明了一些特定心理治疗方式的作用。许多治疗方法不仅有良好的效力，也有较好的有效性。虽然如此，仍有许多治疗师报告他们并不使用实证支持的治疗方法。在这个领域中，科学与实践之间仍存在鸿沟，有许多学者正在试图消除这一断层。它的典型途径是给临床治疗师提供关于最佳治疗方式的指导标准，并培训他们掌握操作方法。英国和美国的退伍军人部门将推广这些治疗方法作为一项主要政策（McHugh & Barlow, 2010）。

> **概念核查4.3**（答案见章末）
>
> 选出所有正确的选项。
> 1. 在实验法中，调查者操纵：
>   a. 自变量　　　　b. 因变量
> 2. 琼斯博士对一种治疗自闭症的新疗法很感兴趣。她召集了 30 名被试，随机分配 15 人服用 X 药物，15 人服用安慰剂。治疗三周后，她测量了这些被试的社交参与度。在这个研究中，自变量是：
>   a. 用药情况　　　b. X 药物
>   c. 社会兴趣　　　d. 自闭症
> 3. 第二题中的因变量是：
>   a. 治疗方法　　　b. X 药物
>   c. 社会兴趣　　　d. 自闭症
> 4. 有效性研究的目的是为了测定一个治疗方法是否：
>   a. 在最可能发生的情境下有效。
>   b. 在真实情境中有效。

模拟实验

实验法是定义因果关系最显而易见的方法。虽然实验法是检测治疗方法的典型途径，但仍有许多情况下实验法无法找出异常行为的起因。这是为什么呢？

例如，研究者作出了一个与情绪有关的假设：孩子过分依赖母亲会导致其成年后患广泛性焦虑障碍。如果用实验法验证这个假设，需要随机分配婴儿到两组母亲那里。其中一组母亲需要经历全方位的训练，来确保她们能够创造一个高情感关注的氛围，使孩子产生过度依赖。第二组母亲也需要借助指导来与孩子建立截然不同的关系。然后研究者需要等待，直到两组孩子都成了成年人，再来判定他们中有多少产生了广泛性焦虑障碍。不用说，这是不道德的。

为了更多地利用实验法的优点，研究者有时候会使用模拟实验。他们尝试着在实验室中创造并观察一个相关——或者说模拟——现象，以便进行细致的研究。因为这是一个实验控制过程，所以结果是具备足够内部效度的。但是，因为实验者并没有研究真实的现象，外部效度的问题随之产生。

在一种类型的模拟研究中，研究者通过实验操纵来制造暂时的症状。例如，注入乳酸能够引起恐慌发作，催眠暗示可以诱发转换障碍中的某些症状，对于自尊的冒犯可能产生焦虑或悲伤等。如果轻度的症状可以通过这种方法进行实验操纵，研究就有可能为更加严重的症状起因提供线索。

另一种类型的模拟研究中，治疗师会选择和特定疾病的病人有相似之处的被试。例如，上千的研究都围绕着在焦虑或抑郁问卷中得了高分的大学生而展开。

第三种模拟研究利用动物来理解人类行为。例如，研究发现，暴露在无法控制的电击条件下的狗会产生许多抑郁症状，包括看上去绝望、悲伤，食量也有所减少（Seligman, Maier, & Geer, 1968）。同样，对人类焦虑障碍有兴趣的研究者，有时候也会研究动物为何会害怕之前并无威胁性的刺激（Grillon, 2002）。这些动物模型都有助于我们了解神经递质系统在人类抑郁和焦虑障碍中的作用。

解释这种研究的关键是模拟的效度。在实验室中创造出来的压力情境，真的与丧亲之痛之类的悲伤在根本上是相似的吗？忧郁的大学生是否能够和临床诊断上有抑郁症的病人类比呢？狗的嗜睡与厌食与人类的抑郁症状真的是一回事吗？即使研究者小心地讨论了这些方法推广的局限性，争论仍会继续。例如，Coyne（1994）声称，临床上的抑郁症与普通压力产生于完全不同的过程。他认为对大学生的研究仅有少到可怜的外部效度。

对于有轻度症状的大学生的研究可能不是研究严重心理障碍的良好模拟。
(B.Daemmrich/The Image Works)

Harlow 的著名模拟实验，测量了婴猴与猴子母亲早期分离的影响。对于小猴来说，即使只有一个布制替代品也比孤独要强得多。布制替代品能够减轻小猴压力与抑郁之类的负面情绪。
(Martin Rogers/Woodfin Camp/Photoshot)

我们相信模拟研究是非常有帮助的，但是当我们把此类研究的结果运用到不基于模拟的实验情境中时，必须小心谨慎地对待。科学家经常比较模拟研究结果与纵向相关研究。例如，模拟实验已经证实，抑郁症人群对待实验压力（模拟生活中的压力）的态度更加消极，而相关研究表明重大生活事件会导致临床上的抑郁。相关研究和模拟实验的发现相互补充，为抑郁症的重大生活事件模型提供了强力支持。模拟研究可以在实验中做到精确（高内部效度），同时相关研究提供无法操纵的因素，如死亡与创伤带来的影响（高外部效度）。

单被试实验

我们已经讨论过成组被试的实验法，但是实验并不是必须以组为单位。在**单被试实验设计**中，科学家研究的对象是一个被试对自变量的反应。与前面介绍的个案法不同，单被试实验设计可以有很高的内部效度。

Chorpita, Vitali 与 Barlow（1997）提供了一个例子，来证明单被试实验可以提供良好的数据。他们描述了一个有吞噬恐惧症的 13 岁女孩，她因为害怕噎住而不能进食固体食物。恐惧症发作时，这个女孩非常紧张，她会产生心跳加快、胸口疼痛、头昏眼花等症状。她说最害怕的食物就是像生的蔬菜那样发硬的东西。

这些研究者为女孩设计了基于暴露疗法的行为治疗，这是一种治疗紧张焦虑的常用疗法。在最初的两周内，他们记录了女孩进食不同食物量的基线，以及她对这些食物感到不适的基线。不适基线的记录使用一个"主观痛苦量表"（SUDS），0 至 9 计分。图 4.6 展示了她的 SUDS 得分，以及随着时间变化她对每种食物组的进食行为。根据图表可以看到，每当被开始食用一组新食物，病人 SUDS 分数在一周内就有所下降。这个效果看起来并不单单是时间推移带来的，因为只有当病人暴露于新食物的情况下，其焦虑水平才有所减退。对于焦虑重复下降的现象，除了治疗起作用，其他的变量都难以解释。在之后的 19 个月跟踪调查中，这一成果得到了保持。

单被试设计中有一种称作 **ABAB 设计**，必须按照规定次序严谨认真地测量被试的行为：

1. 时间开始，基线（A）
2. 治疗进行一段时间（B）
3. 回到基线时期的条件（A）
4. 再次进行治疗（B）

如果在治疗期被试的行为与基线时期不同，当治疗撤销时回复到初始状态，而再次治疗时又有变化，则基本可以说明变化是治疗操作造成的，而不是纯属偶然或不可控因素引发的。因此，就算没有控制组，根据时间段进行的操作也可以对治疗方法起到控制比较的作用（Hersen & Barlow, 1976）。

但是这一设计并不总是有效果，因为病人的初始状态可能无法恢复。大部分治疗方法的目的是实现持久的改变，所以仅仅取消干预可能无法使病人回到治疗前的状态。因此，如果研究者认为他们的操作影响只是暂时的，ABAB 设计最为适合。

单被试设计最大的缺陷可能是缺少潜在的外部效度。事实上，对单个被试有效的治疗方法对其他人可能并不同样有效，研究成果可能只是与个人的独特特质有关。一些研究者使用单被试实验来决定是否应开展大样本的调查，其他研究者则进行一系列的单被试实验来观察研究成果是否可以推广。在进行这些操作的时候，考虑被试的差异是非常重要的。如果可以在不同的被试中再现实验结果，单被试实验设计可以作为验证研究假设的一种有力方法。如果一种疗法在至少九次设计良好、控制严谨的单被试实验中获得成功，APA（1995）就会认为这种疗法得到了实证支持。

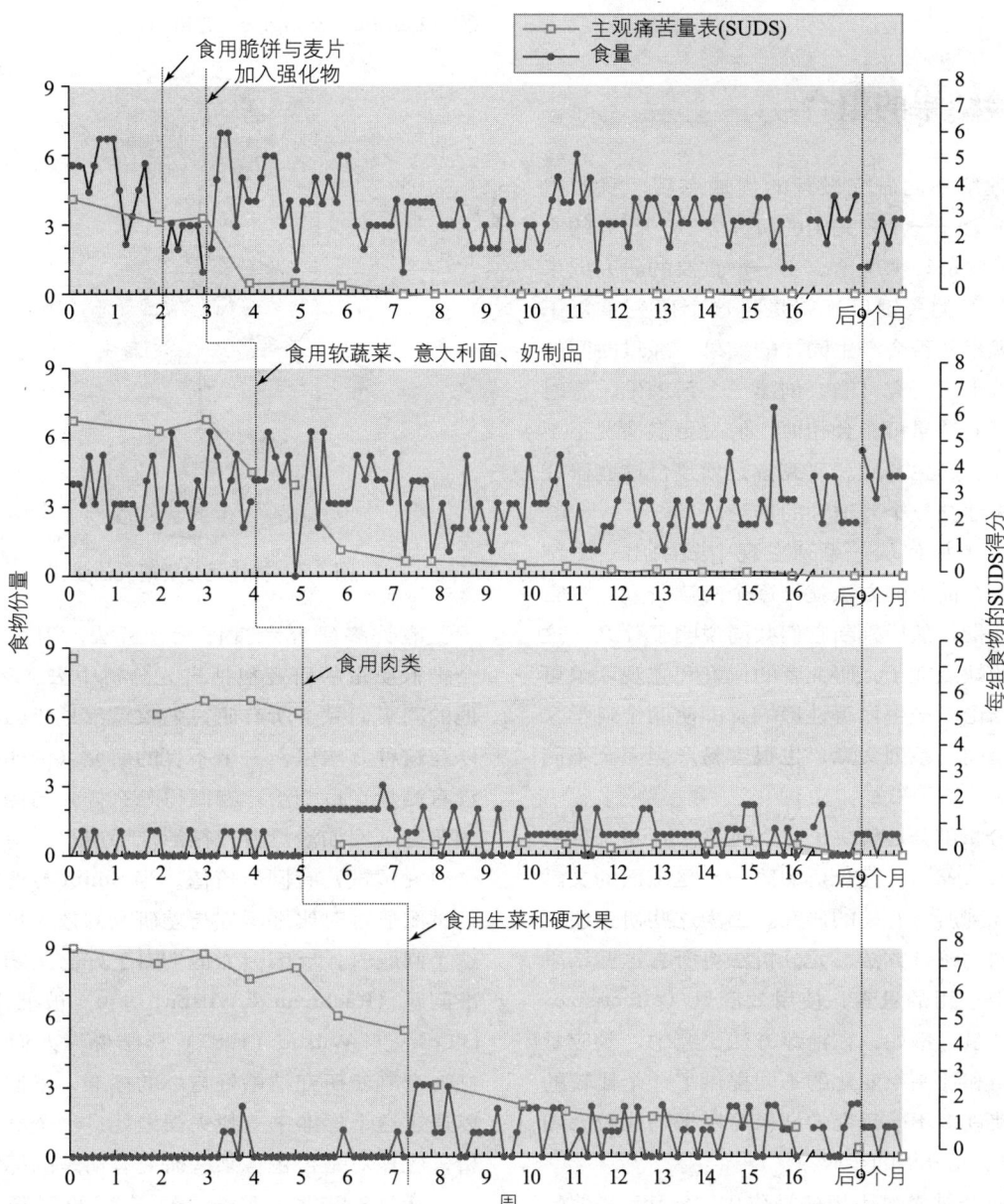

图 4.6 在针对食物恐惧症的单被试设计中，暴露疗法与强化的效果。注意，每当被试开始摄入新的食物，SUDS 分数就会急剧下降。
（图表来自 Chorpita 等，Behavioral treatment of choking phobia in adolescent: An experimental analysis, *Journal of Behavior Therapy and Experimental Psychiatry*, 28, 307–315, © 1997, with permission from Elsevier.

多实验结果的整合

在理解不同研究设计的优缺点后，我们得出一个结论——没有完美的研究方法。研究的主题通常是验证一个理论。当一个重要的研究成果出现，我们的关键目标就是将这个研究重复下去，来观察是否会产生同样的结果。经过时间的考验，数十项研究可能会创建一个新理论。有时不同的研究结果可能会相似，但是更多情况下不同的研究会产生差异。研究者必须整合这些研究的结果来建立一个普适性的结论。

研究者如何从一系列发现中归纳出一个结论呢？一个简单的方法就是逐个阅读研究，将它们理解透彻，然后判断它们共同说明了什么。这种方法的缺点在于，研究者的偏好和主观印象可能在下结论时产生显著性影响。即使两个科学家阅读的是同一系列文章，也很容易产生完全不同的结论。

元分析部分地解决了这个问题（Smith, Glass, & Miller, 1980）。元分析的第一步是全面的文献检索，找到所有有关的研究。因为这些研究使用的是不同的统计方法，元分析法将所有这些结果列成一个通用的量表，使用效应量（effect size）这个统计量。例如，在治疗方法研究中，效应量为治疗组和控制组变化的不同提供了一个比较的标准，使许多不同研究的结果可以平均比较。图 4.7 总结了元分析的步骤。

在一个被多次引用的报告中，Smith 和他的同事们（1980）综合了 475 种治疗结果研究以进行元分析，共涉及 25000 余名被试，1700 个效应量的值。他们的结论引起了极大的关注。尽管存在争议，但他们的元分析结果认定心理治疗程序比起无治疗过程给予病人更多改善，经过治疗的病人比 80% 没有治疗的病人要好得多。后续的元分析研究结果也确认，心理治疗确实是有效的（Lambert & Ogles, 2004）。

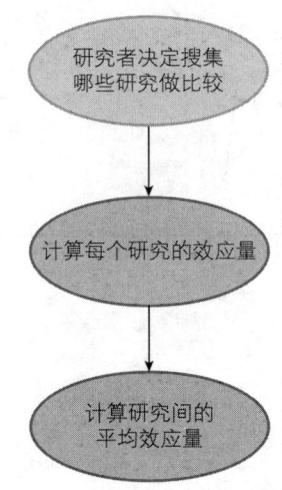

图 4.7 操作元分析研究的步骤

有许多研究者批评元分析法，因为它有时会把低质量的研究包括进元分析中去。Smith 与他的同事们赋予所有研究的权重都是相同的，所以在这种方法里，一个不良的研究（例如研究者没有测量在每个治疗者做得怎么样）与控制良好的研究（例如治疗者遵循治疗手册严谨对待每一个研究被试）有同等价值。当 Smith 与他的同事们试图通过对比好研究与差研究的效应量来解决这个问题时，反倒因为他们对于好与差的区分标准问题（Rachman & Wilson, 1980）被批评更甚。O'Leary 与 Wilson（1987）总结说，人们必须建立一套判断研究结果好与坏的标准，以便大家可以通过这个标准来查找失误之处。一个好的元分析，应该对是否包含某些研究有清楚的标准。

表 4.8 提供了另一个元分析的例子。在这个元分析里，研究者探索了 12 个月内在欧洲进行的 21 个与心理疾病有关的流行病学研究（Wittchen & Jacobi, 2005），共涉及超过 155000 位被试。由于不同研究的结果差异非常大，因此元分析的结果能够就疾病的发生状况提供更好的估计。

表 4.8 元分析举例：总结一年内 21 项欧洲精神疾病患病率的研究

DSM-Ⅳ 诊断	研究数	被试量	被试一年内的患病率	不同研究间的患病率估计范围
酒精依赖	12	60,891	3.3	0.1～6.6
违禁物质依赖	6	28,429	1.1	0.1～2.2
精神病性障碍	6	27,291	0.9	0.2～2.6
重度抑郁症	17	152,044	6.4	3.1～10.1
双相Ⅰ型心境障碍	6	21,848	0.8	0.2～1.1
焦虑障碍	12	53,597	1.6	0.7～3.1
躯体型障碍	7	18,894	6.4	1.1～11
进食障碍	5	19,761	4.8	0.2～0.7

概念核查 4.4（答案见章末）

请选出每题的最佳答案。

1. 单被试实验设计可能缺乏：
   a. 内部效度　　　　b. 外部效度
2. 相关研究可能缺乏：
   a. 内部效度　　　　b. 外部效度
3. 元分析中受到批评的一个步骤是：
   a. 决定应该包括哪些研究
   b. 计算每个研究的影响力
   c. 计算研究间的平均影响力
   d. 以上都不是

总　结

科学与科学方法

- 科学包括建立一个理论，发展基于这个理论的假设，然后系统地收集数据来检验这个假设。研究者重复一个已知研究的成果是非常重要的，这需要准确选择要使用的方法。

心理病理学研究方法

- 研究异常行为的常用方法包括个案法、相关法和实验法。每一种方法都有它的优点和缺陷。

个案法

- 个案法能够对一个罕见的现象或特殊的过程提供详尽的描述，也可以推翻一个常见的结论或建立一个新的假设以待检验。但是，个案分析无法为证实一个理论提供有力的支持。

相关法

- 相关法是研究异常行为起因的最常用方法，因为我们不能操纵心理病理学中大部分主要的风险因素，也不能操纵疾病的诊断。
- 横向研究得出的结论无法解释为因果关系，因为存在方向性问题。纵向检验有助于分辨出哪个变量先变化，但仍受限于第三变量问题。
- 流行病学研究是相关研究的一种，包括收集人群中某种疾病的患病率与发病率，以及有关的风险因素等信息。流行病学研究会避免取样偏差，而许多研究在本科心理学课堂上和临床诊所中选取被试时会出现这种情况。
- 行为遗传学研究也通常基于相关研究手段。最常见的研究方法包括家庭研究法、双生子研究以及收养子研究。而分子遗传学研究方法则包括关联研究以及全基因组关联研究。

实验法

- 在实验法中，研究者随机分配被试到实验组或控制组，然后检验自变量对因变量的影响。治疗结果研究与模拟研究是心理病理学实验法中常用的方式。单被试实验设计也可以提供控制良好的数据。
- 一般来说，实验法有助于增强内部效度，但相关法有时能提供更强的外部效度。

● 不同模式的心理病理治疗效力研究已经进行了几十年。总的来说，研究显示大概75%的患者从治疗中获得了改善。治疗比安慰剂或单纯的延时自愈要有效得多。

● 研究者已经做了许多工作，来确定心理病理学研究应具备的标准，以及总结哪种治疗方法更有效。这些标准一般包括使用治疗手册、随机分配被试、谨慎定义样本，以及用具备信效度的手段测量。

● 也有一些研究调查治疗方法可能产生的危害。

● 许多被试被排除或不愿参加临床实验，文化的多样性也经常被忽视。只有少量研究说明心理治疗方法可以帮助少数族裔。

● 研究中发生的事件和真实世界可能有很大差异。效力研究着眼于某种治疗方法在严格控制的实验中是否效果良好，同时有效性研究着眼于该种治疗方法在现实世界的广大病人与治疗者中是否能够很好地运用。

多实验结果的整合

● 元分析法是综合一组研究结果以得到结论的重要手段。它使单个研究中的不同统计数据以统一的形式（效应量）相比较，从而对众多研究结果取平均值。

概念核查答案

4.1　1.F；2.F；3.F
4.2　1. (a) 和 (b)；2. (d)；3. (c)；4. (c)；5. (d)
4.3　1. (a)；2. (a)；3. (c)；4. (b)
4.4　1. (b)；2. (a)；3. (a)

第 5 章

心境障碍

学习目标

1. 了解躁狂和抑郁的症状，抑郁症和双相障碍的诊断标准，以及这些障碍的流行情况。
2. 熟悉造成心境障碍的遗传学、神经生物学、社会和心理因素。
3. 能够说出心境障碍的药物疗法和心理疗法，以及当前对电休克治疗的观点。
4. 理解自杀的流行病学情况，以及与自杀相关的神经生物学、社会和心理危险因素。
5. 知晓防止自杀的方法。

临床个案：丽莉

丽莉 38 岁，是四个孩子的母亲。她第一次去看医生的时候，已经陷入抑郁两个月了。12 个月前，丈夫升职，这本是一件应该高兴的事情，但是工资的小幅增长却被住房福利的大幅下降抵消了。家庭开支每周会有 30 欧元的短缺，这意味着当他们付完各种必须支付的账单之后几乎没什么钱去买吃的了。所以丽莉不得不每周去一趟危机中心领取一箱免费食物。丽莉很感激，但同时她也感到很羞愧。不能供养自己的家庭，不得不领取施舍让她感到失败。每天晚上她都难以入眠，变得没什么食欲，体重下降了 5.5 千克。丽莉每天都感到精疲力竭，她已无法再做家务，也失去了性欲。她和丈夫经常吵架，这让他们的孩子感到很沮丧，也让丽莉陷入孤立。终于，丽莉的丈夫意识到自己的妻子可能有严重的问题，就哄骗丽莉与医生进行了预约。（你将会在本章后面的部分看到丽莉治疗的结果。）

心境障碍包括情绪上的困扰——从极端的悲伤和分离的抑郁到极端的欣喜和易激惹的躁狂。在这一章中，我们从不同心境障碍的临床描述和流行病学方面开始讨论。然后，我们会涉及这些障碍的病因，之后探讨治疗它们的方法。最后，我们将讨论自杀——一种与心境障碍紧密相关的行为。

心境障碍的临床描述和流行病学

DSM-5 将心境障碍分为两大类：一类只包括抑郁症状，另一类还包括躁狂症状（双相障碍）。如图 5.1 所示，DSM-5 出现了很多变化，其中提出了三种新的抑郁症：混合性焦虑/抑郁症、经前紧张症和破坏性情绪失调障碍。下面我们来——讲解。

抑郁症

抑郁的核心症状包括深度悲伤或不能体验到快乐。我们中的绝大多数人在生活中都会体验到悲伤，我们也会时不时说自己"郁闷"了。但是这类经历中的绝大部分都没有达到诊断标准所说的强度和持续时间。William Styron（1990）写下了他的抑郁经历，"像其他人一样，我总会有些时间陷入深深的郁闷，但这一次全然是我人生中新的体验——一种绝望的、无法

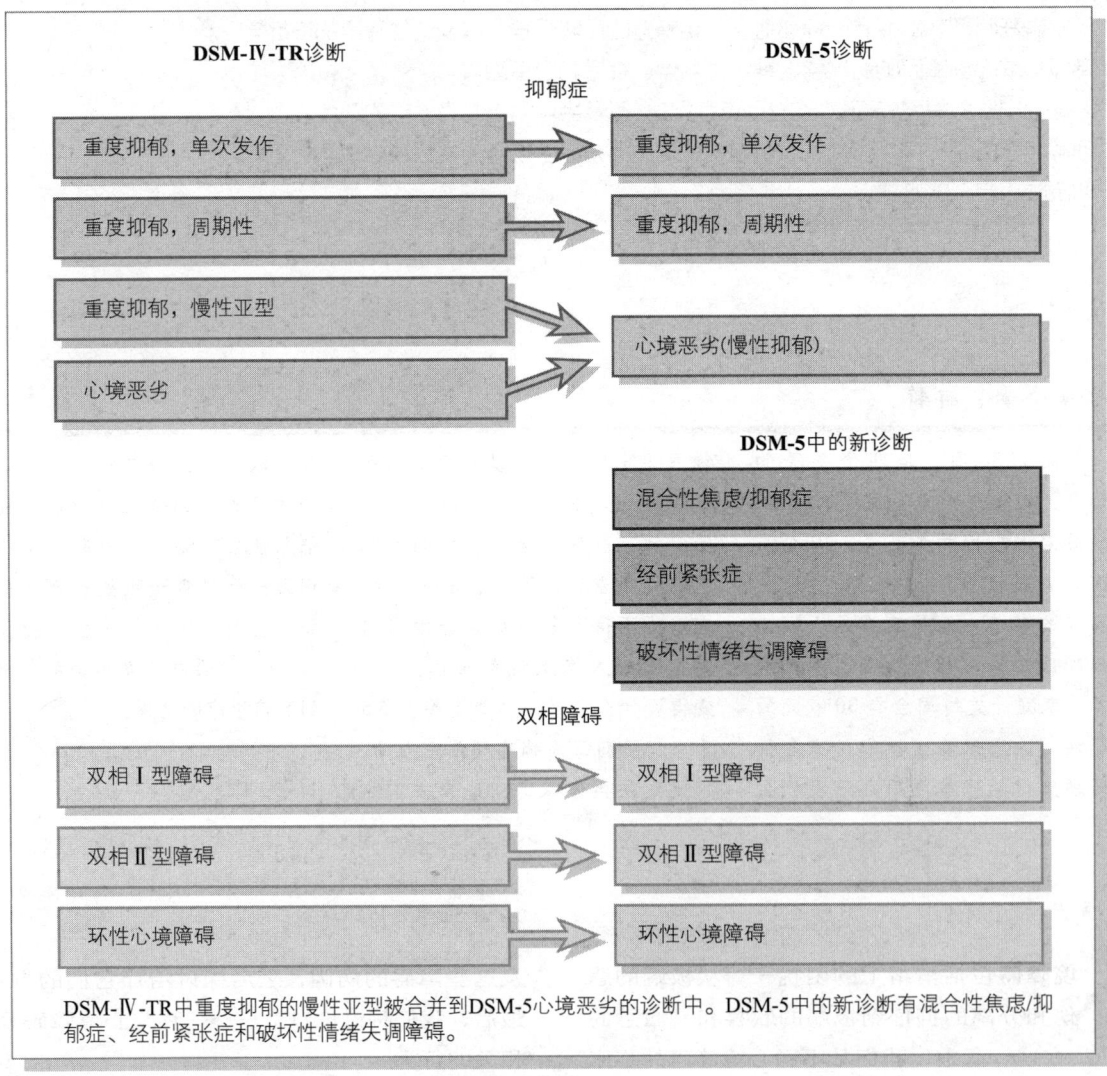

DSM-Ⅳ-TR中重度抑郁的慢性亚型被合并到DSM-5心境恶劣的诊断中。DSM-5中的新诊断有混合性焦虑/抑郁症、经前紧张症和破坏性情绪失调障碍。

图 5.1　心境障碍的诊断

改变的精神麻痹,是我的知识和想象力之外的东西。"

当人们患上抑郁症,他们的脑中会回响着自责的声音。就如同前文介绍的丽莉,患者变得只关注自己的缺点。他们很难集中注意力,因此不容易接收他们读到或听到的内容。他们往往以非常消极的观点看事情,并且容易放弃希望。

抑郁症的躯体症状也非常常见,包括疲劳、精神不振和身体疼痛。这些症状足以让这些受折磨的人相信自己的身体状况非常糟糕,即使这些症状没有任何器质性原因(Simon, Von Korff, Piccinelli, et al., 1999)。尽管患有抑郁症的人会觉得特别疲惫,但他们却很难入睡并且经常醒来;另外一些人则会整天睡觉。他们会感到食物乏味、食欲消失,或食欲暴增,性欲也会消失。有些人会觉得自己四肢沉重,有些人的思想和行动会减慢(**精神运动性迟滞**),但另一些人会表现得坐立不安——他们踱步、烦躁、扭手(**精神运动性激越**)。除了上述的认知和躯体症状,患者的主动性也会消失。社会退缩是很常见的,很多患者更愿意独自坐着并且保持沉默。有些患者会忽视自己的外表。当他们完全陷入了沮丧和绝望中之后还会出现自杀的想法。

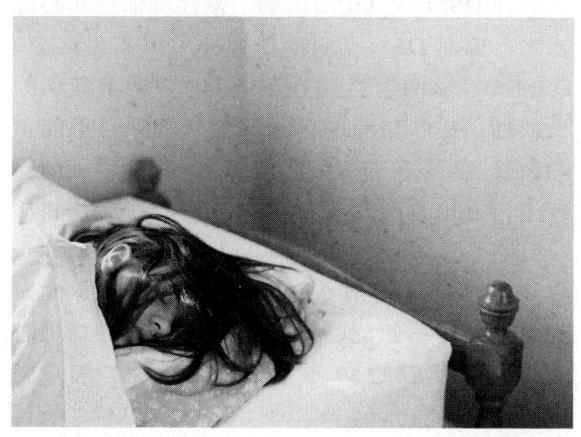

有些患有抑郁症的人难以入睡或保持睡眠;另一些患者则睡眠超过 10 个小时依旧感觉疲劳。
(Shannon Fagan/Stone/Getty Images)

DSM-5 中重度抑郁障碍的诊断标准

在日常活动中有抑郁心境或者丧失快乐。
至少有 5 种以下症状(包括抑郁心境和丧失快乐):
- 睡眠过多或过少;
- 精神运动性迟滞或精神运动性激越;
- 体重减轻或食欲改变;
- 精力下降;
- 感到自己没有价值或过度内疚;
- 难以集中注意力、思考或做决定;
- 反复出现死亡或自杀想法。

上述症状几乎每一天都出现,且占去当天大部分时间,并至少持续 2 周。

注:DSM-IV-TR 的诊断标准规定症状不是由正常的丧亲之痛引起,而 DSM-5 中并未规定。

DSM-5 中经前紧张症的诊断标准

在最近一年中大多数月经周期里,在月经前一周出现至少 5 条下面的症状,且在月经到来后几天内有所改善:
- 情绪不稳定;
- 易激惹;
- 抑郁心境、绝望、自我轻视;
- 焦虑;
- 对平常有兴趣的活动兴趣降低;
- 难以集中注意力;
- 缺乏精力;
- 食欲改变,过度饮食或食欲增大;
- 睡眠过多或过少;
- 感到崩溃或失去控制;
- 躯体症状,如胸部压痛或肿胀,关节或肌肉疼痛或胀大。

症状导致明显的悲哀或功能受损。
症状不是因为其他心境障碍、焦虑障碍或人格障碍的加重而导致的。
症状能够在两个周期内每天的评估中得到证实。
症状在未服用口服避孕药时同样存在。

重度抑郁障碍

DSM-5 对**重度抑郁障碍**的诊断标准要求至少有五项抑郁症状并持续两周。这些症状中必须包括抑郁心境或丧失兴趣、快乐。按照 DSM-5 的规定,其他症状也要出现,如睡眠、食欲、注意力或决策力出现问题、无价值感、有自杀想法、精神运动性激越或迟滞。

重度抑郁障碍是一种**发作性障碍**,因为症状会在一段时间内出现,然后消失。尽管病情会随着时间逐渐消失,但未经治疗的发作会延长到 5 个月或更长。对于一小部分人,抑郁会变为慢性——个体不能完全恢复到原有的功能水平。有些患者能恢复到不再符合重度抑郁障碍的诊断标准,但会多年一直经受亚临床抑郁的困扰(Judd, Akiskal, Mase, et al., 1998)。

重度抑郁障碍患者病情多会复发,即已有病症消失后,个体可能会经受另一次发作。大约三分之二患有重度抑郁障碍的人至少会经受一次抑郁复发(Solomon, Keller, Leon, et al., 2000)。平均发作次数大约为 4 次(Judd, 1997)。个体每经历一次新的发作,其以后再发作的风险便提高了 16%(Solomon et al., 2000)。

符合 5 项症状并持续两周的人(如符合重度抑郁障碍诊断标准的人)与只有 3 项症状并持续 10 天的人(如符合所谓的亚临床抑郁标准的人)有显著差异吗?这个问题尚存争议。一项双生子研究发现,亚临床抑郁能够预测重度抑郁障碍的出现,甚至可以在同卵双生子中预测重度抑郁障碍的确诊。这说明,如果双生子中一人有亚临床抑郁,则两人以后都有患重度抑郁障碍的可能(Kendlr & Gardner, 1998)。即使只有几项抑郁症状也会导致损害,而当有更多抑郁症状出现时,损害的等级会更高(Judd, Akiskal, Zeller, et al., 2000)。

心境恶劣

患有**心境恶劣**的人长久地感到抑郁——至少在两年中有超过一半的时间他们在日常活动或娱乐中会感到抑郁或者体会不到快乐。除此以外,他们至少还有两项其他抑郁症状。

在 DSM-IV-TR 中区别了慢性抑郁症和心境恶劣,但是 DSM-5 的诊断标准中则不再区分;DSM-5 将这两者合并在了一起,强调了症状的长期性,症状持续时间长比症状的数目更能预测消极预后;在那些经历抑郁症状两年以上的患者中,无论有无重度抑郁史,他们在症状和治疗反应上是相似的(McCullough, Klein, Keller, et al., 2000)。DSM-5 的诊断标准与一项纵向研究的结果是一致的,该研究发现 95% 的恶劣心境患者在以后的 10 年中出现了重度抑郁障碍(Klein, Shankman, & Rose, 2006)。这样的发现说明,没有必要区分这两种形式的慢性抑郁。

著名演员 Kinsten Dunst 曾提到过自己患有重度抑郁障碍。每五位女性中就有一人会在一生中经历一次抑郁发作。

(Allstar Picture Library/Alamy.)

DSM-5 中心境恶劣的诊断标准

抑郁心境出现在一天中大多数时间，且两年中有超过一半的时间都存在这种情况（对于儿童和青少年则为一年中超过一半的时间）。

在这段时间中有以下至少两种症状：
- 食欲下降或饮食过度；
- 睡眠过多或过少；
- 低自尊；
- 精力不足；
- 难以集中注意力或决策困难；
- 绝望感。

上述症状在一次发作中超过 2 个月未消失。

注：DSM-Ⅳ-TR 的诊断标准规定在起病两年未出现重度抑郁发作，而 DSM-5 中并未规定。

DSM-5 中破坏性情绪失调障碍的诊断标准

- 在应对常见压力源时反复出现严重情绪爆发，包括在言语上或行为上，对激怒刺激有过强或过长的表达；
- 情绪爆发与发展阶段不符；
- 每周至少出现 3 次情绪爆发；
- 在两次情绪爆发之间的大多数时间里为持续的消极心境，且这种消极心境能被他人察觉；
- 这些症状出现已有 12 个月，且每次出现后未能在 3 个月内消失；
- 情绪爆发或消极心境至少出现在两种场合（在家，学校，或者与同伴相处时），并且至少在一种场合中非常严重；
- 年龄为 6 岁或以上（或达到同等发展水平）；
- 10 岁前发病；
- 在最近一年中，其激越情绪明显中断的时间未能超过 1 天，并且至少出现 3 种其他的躁狂症状；
- 这些行为并非只在其他精神病性或心境障碍的过程中才出现，且该行为难以被很好地归为其他精神障碍；
- 该诊断可以与对立违抗障碍、注意缺陷－多动障碍、品行障碍和物质使用障碍共存。

抑郁症的流行情况与后果

重度抑郁障碍是流行率最高的精神障碍之一。美国的一项大规模流行病学研究显示，有 16.2% 的人在他们人生中的某个时刻符合重度抑郁障碍的诊断标准（Kessler, Berglund, Demler, et al., 2005）。心境恶劣比重度抑郁障碍少见得多：大约 2.5% 的人在一生中曾符合 DSM-Ⅳ-TR 中心境恶劣的诊断标准（Kessler et al., 2005）。

重度抑郁障碍在女性中更常见，是男性的两倍（见聚焦发现 5.1）。社会经济地位也有关系，在贫困的人群当中重度抑郁障碍的发生率是非贫困人群的 3 倍（Kessler et al., 2005）。

抑郁症的流行率在不同文化之间存在差异。一项跨文化研究在不同地域使用了相同的诊断标准和结构化访谈，发现重度抑郁障碍的流行性在较低的 1.5%（台湾）到较高的 19%（黎巴嫩）之间变化（Weissman et al., 1996）。在一项涉及 14 个国家和地区，26000 名接受全科医生治疗的患者的抑郁概率研究中也呈现了类似的结果（Simon, Goldberg, Von Korff, et al., 2002）。

另一项研究发现了一个有趣的结果，从墨西哥移民到美国的人比在美国出生的墨西哥裔患重度抑郁障碍和其他精神障碍的概率要低（Vega, Kolody, Aguilar-Gaxiola, et al., 1998）。后来同一研究团队又进一步发现，整体而言，移民到美国的少数民族比那些在美国本土出生的少数民族患抑郁症的概率更低。（Gonzalez, Vega, Williams, et al., 2010）。这是为什么呢？能够移民的人所具备的心理弹性也许有一定保护作用。

抑郁的症状也表现出跨文化差异，这可能是因为不同文化对哀伤情绪表达的接纳度不同。比如，韩国人相比美国人较少描述抑郁心境或自杀想法（Chang, Hahm, Lee, et al., 2008），对于神经紧张或头疼的抱怨在拉丁美洲文化中较常见，对于虚弱、疲劳和注意力不集中的报告在亚洲文化中较常见。但这些症状的差异不足以解释抑郁症在国家间的不同患病率。

聚焦发现 5.1　　抑郁症的性别差异

重度抑郁障碍在女性中的发病率是男性的两倍。抑郁流行率的性别比例在世界上的很多国家都是相似的，包括美国、法国、黎巴嫩和新西兰（Weissman & Olfson, 1995）。但有趣的是，这一比例并不适用于某些文化群体。比如，这一性别差异并未出现在犹太成年人当中，因为犹太男人比其他民族的男人更容易患抑郁症（Levav, Kohn, Golding, et al., 1997）。但对于绝大多数种族和文化群体来说，重度抑郁障碍在青少年早期便出现明显的性别差异，并会一直保持到青少年晚期。一些人可能会怀疑这些差异是否是因为男性较少报告抑郁症状，但截止到目前，并没有证据支持该观点（Kessler, 2003）。尽管有相当数量的研究关注可以解释女性易感性的激素因素，可研究结果也并不一致（Brems, 1995）。有证据表明，抑郁中的性别差异在有传统性别角色的文化中更明显（Seedat, Scott, Angermeyer, et al., 2009）。一些社会和心理因素能够帮助解释这一性别差异（Nolen-Hoeksema, 2001）：

● 在童年时期遭受性虐待的女孩数量是男孩的两倍；

● 在成人期，女性比男性更可能暴露于慢性压力源中，如贫穷和抚养子女的责任；

● 女孩对传统社会角色的接受可能加剧她们对外表的自我批评。青少年女性比青少年男性更担心自己的外形，而这一因素恰恰与抑郁紧密相连（Hankin & Abramson, 2001）。

● 传统社会角色可能会妨碍女性追求一些潜在的有益活动，因为这些活动被认为不够"女性化"。

● 暴露于童年期和慢性压力源中，加上女性激素的影响，可以改变HPA轴的反应，而它正是应对压力的系统。

● 在人际关系中，女性更看重得到称赞和亲密关系，这一现象会加强女性对人际压力源的反应（Hankin, Mermelstein, & Roesch, 2007）。

● 社会角色促使女性聚焦于情绪的应对策略，这会延长在重大压力源后悲伤心境的持续时间。具体来说，女性倾向于花更多时间体味抑郁心境或者思考不愉快事件发生的原因。男性倾向于花更多时间使用分散注意或聚焦于行动的应对策略，比如进行体育锻炼或者从事其他摆脱抑郁心境的活动。有相当数量的研究认为反复思索会加强并延长抑郁心境。

综合考虑各种可能性发现，抑郁的性别差异与多种因素有关。在思考这些问题的同时，应记住男性更可能表现出其他方面的障碍，比如酗酒和物质滥用，以及反社会型人格障碍（Seedat et al., 2009）。因此，了解心理病理学中的性别差异可能更需要注意不同风险因素和综合征。

抑郁症的性别差异在青少年期出现。在这一时期，年轻女性面临很多压力源，包括社会角色及外形的压力，并且她们倾向于反复思考而带来的消极感受。

国家间患病率的不同暗示着文化的强大作用。研究表明，国家间的差异是非常复杂的。正如聚焦发现5.2中所述，其中一个因素可能是与赤道的距离。冬季的抑郁症或季节性的心境障碍在离赤道远的地区患病率更高；这些地区白天的时间更短。人均食用鱼量与抑郁症之间也存在显著相关；食用更多鱼的国家，比如日本和冰岛，重度抑郁障碍和双相障碍的发病率较低

聚焦发现 5.2 心境障碍的季节亚型（SAD）：冬季抑郁

SAD 的具体诊断标准是：个体在冬季表现出抑郁症状，到了夏季，症状则会消失，这一情况接连持续两个冬天。其表现通常包括情绪低落、无精打采、嗜睡、社交退缩、性欲下降、食欲上升（通常是渴望吃糖类食品）以及体重增加。SAD 在温带气候中比亚热带气候中常见。亚热带气候条件下的抑郁症状在夏天比在冬天或秋天更为多发（Ito, et al., 1992），并且与过高的温度和湿度有关（Morrissey et al., 1996）。

从进化的角度看，SAD 可能源自与过冬有关的一系列行为变化。一些 SAD 患者说，他们在秋天或冬天"只想冬眠"，并且以上列举的症状与低等哺乳动物的冬眠行为有很大重叠。对于生存在野外的哺乳动物来说，在食物紧缺的冬季减缓新陈代谢可能是它们唯一的生存之道；但是，对现代人类来说，这些行为已经失去了利于其生存的优势价值。SAD 的发病机制被认为与大脑中褪黑素分泌水平的变化有关。褪黑素对日夜的交替敏感，并且只在夜晚释放。研究表明，SAD 患者与正常人相比，前者在冬季时褪黑素变化更大（Wehr, et al., 2001）。

光照疗法（light therapy）对此的疗效与那些使用抗抑郁剂的药物疗法的疗效相当甚至好于后者（Westrin & Lam, 2007）。并且有证据表明，对于那些抑郁症状未表现出季节性变化模式的患者来说，这一疗法同样可以减轻他们的抑郁（Lieverse et al., 2011）。

更幸运的是，有多种治疗方式都对 SAD 起作用。像其他抑郁症亚型一样，抗抑郁药物和认知行为疗法对 SAD 都有效（Rohan, et al., 2007）。

这位妇女正在接受光照疗法。
（Darid White/Alamy）

（Hibbeln, Nieminen, Blasbalg, et al., 2006）。毋庸置疑，文化和经济因素（比如贫富差距和家庭亲密度）在抑郁的患病率上也有很重要的作用。

在绝大多数国家中，重度抑郁障碍的患病率在 20 世纪中后期开始平稳上升（Klerman, 1988）；与此同时，发病年龄在下降。如图 5.2 所示，从近几代美国人来看，抑郁症的发病年龄正在降低。在 60～69 岁的人群中，不到 5% 的人报告他们在 20 岁的时候经历过一次重度抑郁障碍发作，而在 18～29 岁的人群中，有近 10% 的人报告说他们在 20 岁时曾经历过一段时间的心境障碍。目前的发病平均年龄在 20 岁左右。对于抑郁患病率上升的一种可能解释是：近一百年来发生了巨大的社会变化。紧密联结的大家庭和稳定的婚姻在过去的社会中是非常常见的，而这些支持结构在今天的社会中变得稀缺。但目前无清晰证据能够说明为何抑郁出现的年龄越来越早。此外，年龄不同的人，其抑郁症状也有一定的差异。抑郁在儿童身上的表现形式往往是抱怨躯体不适，如头痛或胃痛；老年人的抑郁特征则是容易分心和健忘。

心境障碍和心境恶劣两者都常常与其他心理障碍共病。曾在一生中某段时间达到过心境障碍诊断标准的人群中，有 60% 的人也会在某些时候达到焦虑障碍的诊断标准（Kesser, Berglund, Demler, et al., 2003a）。其他常见的共病障碍包括物质相关障碍、性功能失调和人格障碍等。

抑郁会导致许多严重的后果。自杀风险

是真实存在的，我们稍后将对此进行讨论。此外，心境障碍也是造成功能损伤的一个主要原因（Murray & Lopez, 1996）。在美国，心境障碍每年预计会造成310亿美元的生产力损失（Stewart, Ricci, Chee, et al., 2003）。心境障碍患者还面临着其他方面健康问题的高风险，包括死于医学疾病的可能性（Mykletun, Bjerkeset, Overland, et al., 2009）。强有力的证据表明，抑郁与心血管疾病的发病和恶化有关（Surtees, Wainwright, Luben, et al., 2008）。聚焦发现5.3将对抑郁与心血管疾病之间的联系进行进一步讨论。

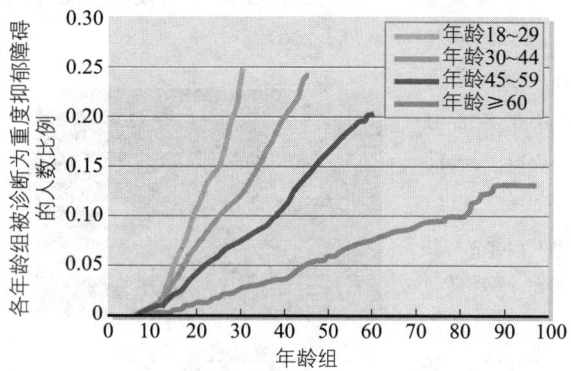

图5.2 每一代人重度抑郁障碍的平均发病年龄越来越提前。Kessler, Berglund, Demler, et al.,（2003b）. JAMA, 289, 3095–3105

尽管心境恶劣的诊断标准所要求的症状比重度抑郁要少，但不要因此就误以为心境恶劣没有重度抑郁那么严重。与重度抑郁不同的是，心境恶劣是慢性的。一项研究发现，心境恶劣症状的平均持续时间长达5年（Klein et al., 2006）。心境恶劣的这种长期性会带来严重的损害。实际上，一项研究对病人进行了5年的追踪发现，心境恶劣患者与重度抑郁障碍患者相比，前者更容易需要住院、试图自杀，其功能受损也更为严重（Klein, Schwartz, Rose, et al., 2000）。

双相障碍

DSM-5区分了3种双相障碍：双相Ⅰ型障碍、双相Ⅱ型障碍、环性心境障碍。躁狂症状是此类障碍的定义性特征，不同双相障碍的区别在于躁狂症状的严重程度和持续时间。

这些障碍名为"双相"是因为大部分出现躁狂发作的人也会在一生中某些时候出现抑郁发作（躁狂和抑郁被认为是相反的两极）。双相Ⅰ型障碍的诊断不要求出现抑郁发作，而双相Ⅱ型障碍的诊断中则要求满足这一条件。

Margaret Trudeau，前加拿大第一夫人。她被诊断为双相障碍之后，开始倡导改善心理健康服务。
(Neil Burstyn/Newscom.)

躁狂是一种兴高采烈、极度兴奋的状态，并伴随诊断标准中列举出的其他症状。在躁狂发作期间，患者的行为和思维方式会与平时很不一样。他们说话的声音会变大并且说个不停；对于周围那些引人注意的刺激，有时他们会说出一连串的俏皮话，开玩笑、作韵诗、发出感叹。他们很难被打断，并且会迅速地从一个话题跳转到下一个话题，表现出**思维奔逸**。他们还会变得十分好交际，但这种交际性是带有入侵性质的。他们还可能变得过度自信，不幸的是，他们往往意识不到自己的行为可能带来灾难性的后果，包括轻率的性行为、过度消费、鲁莽驾驶等等。他们可能不睡觉而仍然能够保持难以置信的活力。假如旁人试图对他们的过火行为进行阻止，则可能会引起他们的愤怒甚至狂暴。躁狂通常在一两天的时间内就突然出现了。

聚焦发现 5.3　　抑郁症与心血管疾病

在心血管疾病发病后出现抑郁是十分常见的。例如，经历过一次中风后，有30%的人会表现出抑郁（Teper & O'Brien, 2008）。心血管健康问题可以预测抑郁，反过来，抑郁也可以预测心血管健康问题。在一项元分析中，研究者搜集了22个研究，它们都对医学因素和心血管因素的基线进行了控制，在这些研究中，抑郁与90%心血管疾病发病率的提高以及60%心血管疾病的恶化有关（Nicholson, Kuper, & Hemingway, 2006）。在较年轻的人群中也同样可以观察到抑郁对心血管疾病的不良影响（Lee, Lin, & Tsai, 2008）。另一项元分析发现，在控制了心血管健康的基线以后，抑郁仍然与死于心血管疾病的风险的上升有关（Barth, Schumacher, & Herrmann-Lingen, 2004）。

有许多原因可以解释抑郁与心血管健康问题的重叠。两种疾病都与以下过程有关：对压力的反应、神经递质的变化、皮质醇的调节、免疫机能以及交感神经系统与副交感神经系统之间的平衡（Grippo, 2009；Wolkowitz, Epel, Reus, et al., 2010）。要想理清这些互相影响的过程的作用，研究者需要进行精细的纵向研究。

除了探讨基本的病理机制以外，人们也十分重视这样一个问题：标准治疗程序是否能减轻这一人群的抑郁？有几个大型研究对这一问题进行了检验。例如，一项研究对2400多个病人进行了实验，这些病人刚刚有过一次心肌梗塞发作并且都伴有至少轻微程度的抑郁症状。研究者将他们随机分配到两种治疗条件下，一些人接受认知行为疗法的治疗，另一些人则接受标准医学护理。假如那些接受认知行为疗法治疗的病人在5次会谈之后依然表现出高水平的抑郁，那么就让他们服用舍曲林。与安慰剂治疗相比，积极的干预显著降低了抑郁水平（Berkman, Blumenthal, Burg, et al., 2003）。研究结果表明，对这一群体而言，治疗是起作用的。

研究也检验了抗抑郁药物对这一群体的效果。三环类抗抑郁药与安慰剂相比，将造成心肌梗塞发生的风险高达两倍，因此不适合于这一人群（Cohen, Gibson, & Alderman, 2000）。选择性5-HT再摄取抑制剂（如百忧解）对于心肌梗塞之后出现抑郁的人群治疗效果较好。例如，在一项研究中，369名病人被随机分配到两种条件下，在24周的时间内分别接受百忧解或安慰剂治疗。结果表明，百忧解是有效的，而且对于那些抑郁症状严重且反复发作的患者尤其有效（Glassman, O'Connor, Califf, et al., 2002）。

大部分研究的样本量不够大，因此无法检验治疗是否能够降低死于心血管疾病的风险（Glassman & Bigger, 2011）。一项研究严谨地分析了那些在一次心肌梗塞发作后被医生施以抗抑郁剂的病人，他们的抑郁症状改善的程度预测了更高的存活率（Carney, Blumenthal, Freedland, et al., 2004）。这说明，进行积极的治疗以确保抑郁完全消除是十分重要的。

因此，帮助医疗团队对抑郁进行常规筛查并提供治疗便成为了一个重要目标。许多医生认为人们因最近出现的健康问题而感到痛苦是十分正常的，因而很容易忽略一个刚刚经历了心脏病发作的患者所表现出的抑郁症状。然而，控制抑郁很可能是医疗康复的重要方面之一。

DSM-5 中也同样包含**轻躁狂**（见躁狂和轻躁狂的诊断标准）。轻躁狂比躁狂症的程度轻。躁狂会带来严重的损伤，而轻躁狂不会。轻躁狂引起的机能变化不会造成严重的问题。但轻躁狂患者会变得好交际、爱调情、精力充沛、多产。

双相 I 型障碍

在 DSM-5 中，**双相 I 型障碍**（过去被称为躁狂-抑郁症）的诊断标准是，在一生中的某段时间经历过一次躁狂发作。值得注意的是，被诊断为双相 I 型障碍的人目前并不一定正在经历躁狂发作。实际上，即使某人仅仅是在多年前经历了持续一周左右的躁狂发作，他仍然符合双相 I 型障碍的诊断。双相 I 型障碍复发的次数甚至多于重度抑郁。一半以上的双相 I 型障碍患者一生中会出现 4 次以上的躁狂发作（Goodwin & Jamison, 1990）。

双相 II 型障碍

DSM-5 中也包含一种表现较为温和的双相障碍，叫作**双相 II 型障碍**。个体必须出现至少一次重度抑郁发作以及至少一次轻躁狂发作，才能达到双相 II 型障碍的诊断标准。

环性心境障碍

环性心境障碍是另一种慢性心境障碍。同心境恶劣一样，DSM-5 诊断标准要求成年人的症状至少持续两年（见诊断标准）。在环性心境障碍中，个体频繁表现出轻度的抑郁症状，并且交替出现轻度的躁狂症状。尽管症状的严重程度未达到全面躁狂或抑郁发作，但这一障碍的患者及其身边的人仍然能注意到患者情绪的异常起伏。在情绪低落期，患者可能表现出忧郁、感到无能、人际退缩、每晚能睡 10 小时；在情绪高涨期，患者可能会表现得非常躁动、过度自信、在社交上表现得十分大胆、几乎不需要睡眠。

双相障碍的流行情况与后果

双相 I 型障碍比重度抑郁障碍罕见得多。一项流行病学研究对 11 个国家的 61392 名病人进行了诊断面谈，只有 6‰ 的病人达到了双相 I 型障碍的诊断标准（Merikangas, Jin, He, et al., 2011）。已有研究发现，双相障碍的发病率

DSM-5 中躁狂和轻躁狂发作的诊断标准

每天大部分时间情绪明显高涨或易怒。

活动和精力异常增多。

与基线水平相比，包含以下至少三点明显改变（假如情绪易怒，则须包含四点）：

- 目标指向活动或精神运动性激越增多。
- 异常健谈，言语急促。
- 思维奔逸或感到想法在"飞奔"。
- 睡眠需求降低。
- 自尊提高，相信自己有特殊的天赋、权力或能力。
- 易分心，注意力很容易转移。
- 过度参与某些可能会带来不良后果的活动，如过度消费、轻率的性行为、鲁莽驾驶等。

对于躁狂发作：

- 症状持续 1 周或需要住院。
- 症状造成了明显的痛苦或功能损伤。

对于轻躁狂发作：

- 症状至少持续 4 天。
- 表现出旁人可观察到的明确变化，但没有显著的功能损伤。
- 未表现出精神病性症状。

DSM-5 中环性心境障碍的诊断标准

在至少两年的时间内（儿童或青少年为 1 年）：

- 多次表现出轻躁狂的症状，而未达到躁狂发作的标准；
- 多次表现出抑郁症状，而未达到重度抑郁发作的标准；

每次发作持续的时间不少于两个月。

症状造成明显的痛苦或功能损伤。

在美国要高于其他国家。在美国，大约 1% 的人表现出双相 I 型障碍（Merikangas, Akiskal, Angst, et al., 2007）。要对这一现象作出解释比较困难。在一项研究中，研究者让美国、印度和英国的精神科医师观看同一段面谈录像，并对躁

临床个案：韦恩

韦恩，一名32岁的保险推销员，结婚已经8年了，和妻子以及两个孩子舒适而幸福地居住在一个中产阶级社区。在32岁之前，他未表现出任何明显的症状。一天早上，他突然告诉妻子，他感到浑身充满了精力、头脑中爆发出大量的想法，工作不能给他带来成就感，那只不过是浪费他的才能。当天晚上他几乎没有睡觉，把大部分时间花在他的书桌前，激动地写着什么东西。第二天早上，他按照往常的时间离开家去上班，但中午11点就回家了，他的汽车里装满了鱼缸等各种用来养热带鱼的器具。他辞掉了工作，从银行账户中取出了所有的家庭存款，并全部花在了热带鱼设备上。韦恩说，他前一天晚上想出了一种改进现有设备的方式，可以使鱼"再也不会死，我们会成为百万富翁"。他卸下所有热带鱼设备后，就开始在社区里游说潜在的买家，挨家挨户地上门，并且与任何愿意听他说话的人交谈。

韦恩说，他家中没有任何人接受过双相障碍的治疗，但他的母亲有时候会不睡觉，并且表现得极度冒险。大部分时候，家里的人不会将其看作一个严重的问题，但有一次，母亲独自出发，穿越了整个国家，直到花掉了一大笔钱才回家。以下对话反映了韦恩不可救药的乐观和激进：

治疗师：你今天看起来相当开心。

韦恩：开心！开心！你真会轻描淡写，你这个无赖！（喊叫着，从自己的座位上跳出去）我简直欣喜若狂！我今天要去西海岸，骑着我女儿的自行车。只有5000公里，这不算什么。你知道，我可以走着去，但我想在下周之前到达。路上我打算联系许多人，让他们投资我的养鱼设备。那样我会认识更多人——你知道，大夫，《圣经》意义上的"认识"。天哪，感觉太棒了！

狂症状的严重程度作出评估。美国和印度的治疗师与英国的治疗师相比，倾向于将症状评估得更为严重——文化可能会影响到是否将某种行为认定为躁狂症状的倾向性（Mackin, Targum, Kalali, et al., 2006）。

对较为轻微的双相障碍的流行率做出估计十分困难，因为一些目前得到广泛使用的诊断面谈并不可信。研究者使用结构化临床面谈，对那些达到双相Ⅱ型障碍诊断标准的患者进行重复面谈，结果只有不到一半的人的诊断结果与其初诊结果一致（Kessler, Akiskal, Angst, et al., 2006）。其中许多人被诊断为其他形式的双相障碍。由于信度较低，对流行率的估计存在很大的差异。大样本的流行病学研究中，双相Ⅱ型障碍的流行率在0.4%～2%之间变化（Merikangas et al., 2007, 2011）。大约4%的人表现出环性心境障碍（Regeer, Ten Have, Rosso, et al., 2004）。

超过一半的双相障碍谱系患者报告的发病年龄在25岁之前（Merikangas et al., 2011），但这些障碍在儿童和青少年之中的发病比例正在提高（Kessler et ., 2005）。双相障碍在男性和女性中的发病率相当，但女性比男性表现出更多的抑郁发作（Altshuler, Kupka, Hellemann, et al., 2010）。大约三分之二的双相障碍患者也能达到焦虑障碍的诊断标准，超过三分之一的人则报告有物质滥用史。

双相Ⅰ型障碍是最为严重的心理疾病之一。三分之一因躁狂住院治疗的人在一年后仍然无法找到工作（Harrow, Goldberg, Grossman, et al., 1990）。据估计，双相障碍患者有25%的时间无法工作（Kessler et al., 2006）。双相Ⅰ型障碍和双相Ⅱ型障碍的自杀率都很高（Angst, Stassen, Clayton, et al., 2002）。有四分之一的双相Ⅰ型障碍患者和五分之一的双相Ⅱ型障碍患者曾经尝试过自杀（Merikangas et al., 2011）。

聚焦发现 5.4　　心境障碍与创造性

著名心理学家 Kay Redfield Jamison。这是她 1993 年拍摄的照片。她撰写了大量有关心境障碍与创造性的著作。

保罗·高更（Paul Gauguin）的自画像，他是众多患有心境障碍的艺术家和作家之一。

心境障碍在艺术家和作家中十分常见，柴可夫斯基就是其中之一。

Kay Redfield Jamison 是一位研究双相障碍的专家。她自己就长期遭受双相Ⅰ型障碍的折磨。在她的著作《躁狂抑郁多才俊》（1992）一书中，她收集了大量证据，将心境障碍——尤其是双相Ⅰ型障碍——与艺术创造性联系起来。当然，大部分心境障碍患者并没有表现出特殊的创造力，同时大部分有创造性的人并未患有心境障碍。但是，的确有许多令人印象深刻的视觉艺术家、作曲家、作家都患有心境障碍，包括米开朗基罗、梵高、柴可夫斯基、舒曼、高更、坦尼森（Tenny-son，诗人）、雪莱、福克纳、海明威、菲兹杰拉德、惠特曼等人。

许多人认为，躁狂状态本身所具有的情绪高涨、精力充沛、思维敏捷、在看似不相关的事物之间建立联系等特点是创造力的源泉。然而，过度的躁狂会降低创造成果。并且，即使人们在躁狂期间产生了更多工作成果，其质量也会受到影响，发生在作曲家舒曼身上的情况就是这样的一

Frank Sinatra 曾这样形容自己："作为一个 18 克拉的躁狂抑郁者，我的生活充满了激烈的情绪冲突，我对悲伤和喜悦都有着过分敏锐的感受性。"（p.128, Summers, A. & Swan, R. 2006）

个例子（Weisberg，1994）。研究发现，经历过躁狂发作的人的创造性要低于那些经历过轻躁狂发作的人，而两者的创造性成果都少于其未生病的亲属（Richards, Kinney, Lunde, et al., 1998）。这些发现是十分重要的，因为有些双相障碍患者担心接受药物治疗可能会限制他们的创造性，事实表明，减轻躁狂症状不仅不会损害创造性，还会对其有促进作用。

双相障碍患者患上一系列其他医学疾病的风险也很高，如心血管疾病、糖尿病、肥胖、甲状腺疾病（Kupfer，2005）。他们不仅容易患上这些疾病，其患病程度通常还相当严重。曾因双相Ⅰ型障碍住院治疗的人与未患心境障碍的人相比，前者在特定年龄死于医学疾病的可能性是后者的两倍（Osby, Brandt, Correia, et al., 2001）。尽管证据表明，轻躁狂与创造性和成就之间存在联系（见聚焦发现5.4），但这并不能抵消双相障碍可能导致的不幸后果。

环性心境障碍患者发展为躁狂发作和重度抑郁障碍的风险较高。即使未表现出完全爆发的躁狂发作，环性心境障碍的长期性也会给患者造成损伤。

概念核查5.1（答案见章末）

填空

1. 重度抑郁障碍的诊断标准要求至少有____项症状持续至少____周时间。
2. 大约____%的人在一生中的某些时候会患上重度抑郁障碍。
3. 在成年人中，抑郁症状必须持续至少____年，才能达到DSM-5对心境恶劣的诊断标准。
4. 在全世界范围内，每一千人中大约有____人会在一生中经历一次躁狂发作。
5. 双相Ⅰ型障碍的诊断依据是____发作，而双相Ⅱ型障碍的诊断则依据____发作。

心境障碍的病因学

当我们思考心境障碍的实质时，我们很自然地会问它为什么会发生。我们该如何解释丽莉抑郁的程度？又是哪些因素结合起来导致韦恩陷入野心暴涨的疯狂状态？没有哪个单一原因能够解释心境障碍，但许多不同因素的结合可以解释障碍的产生。

尽管诊断标准中列举了很多不同种类的抑郁症和双相障碍，但病因与治疗的研究主要集中于重度抑郁与双相Ⅰ型障碍。为了简单起见，我们在本章余下的部分将用抑郁症和双相障碍来代指这两种情况。

心境障碍中的神经生物因素

如表5.1所示，理解神经生物因素在心境障碍中的作用有许多不同的方式。这里，我们将主要讨论基因、神经递质、脑成像和神经内分泌的研究。

基因因素

较为精细的同卵双生子和异卵双生子的研究显示，重度抑郁障碍的遗传性约为37%（Sullivan, Neale, & Kendler, 2000）。这意味着基因可解释抑郁症变异的37%。当研究者研究更严重的样本时（例如，在研究中选定的人群为住院病人而不是门诊病人），这种遗传效力的评估就会更高。除了双生子的研究，一项小的收养研究同样支持重度抑郁障碍有一定程度的遗传因素(Wender, Kety, Rosenthal, et al, 1986)。

表 5.1 有关抑郁症与双相障碍的神经生物学假说

神经生物学假说	重度抑郁障碍	双相障碍
基因作用	中等	高
5-HT 与多巴胺受体功能障碍	出现	出现
皮质醇失调	出现	出现
大脑中情绪相关区域的激活改变	出现	出现
纹状体活动增加	不出现	在躁狂时出现
细胞膜及受体的改变	不出现	出现

双相障碍是心境障碍中遗传性最强的，这一结论的绝大多数证据来源于双生子研究。最严谨的双生子研究包括一些社区研究，这些研究选取了有代表性的样本。在芬兰一项基于社区的双生子研究中，研究者采用结构化面谈的方法对患者进行诊断，结果评估出遗传性约为 93%(Kieseppa, partonen, Haukka, et al, 2004)。一些收养研究也同样证实了遗传因素在双相障碍中的重要性(Wender et al., 1986)。双相 II 型障碍也有很高的遗传性(Edvardsen, Torgersen, Roysamb, et al, 2008)。然而，基因模型未能解释躁狂症发作的时机，可能是其他因素即时触发了症状。

通过分子遗传学研究来探寻与心境障碍有关的特定基因引起了人们浓厚的兴趣。但你应该留意该领域中的大量研究尚未得到复制验证。例如，在一项双相障碍和重度抑郁障碍的元分析中，Kato(2007)总结了与双相障碍和重度抑郁障碍有关的 166 个基因位点(即定位于特定的染色体)。而这 166 个基因位点中，只有 6 个位点被多次研究，并在 75% 以上的相关研究中得到了复制。

相比于没有明确结果的研究，得出显著结果的研究更容易发表，因此上述矛盾愈发难以处理。Segurado 和他的同事们(2003)采取了另一步骤以避免这种出版倾向带来的偏差。之前的分析仅仅利用已发表的显著数据，而为了能够分析到在双相障碍基因领域不显著的数据甚至是没有发表的数据，他们收集了 18 套原始的数据源，每套数据源都包含了 20 位以上双相障碍患者。他们的元分析对 120 个基因区段中的 3 个提供了最强有力的支持，分别为 9p22-21.1, 10g11.21-22.1 和 14q24.1-32.12。

即使是这三个区段，也没有在 18 个研究中获得超过 10 个研究的支持。我们应该有所保留地看待积极的研究结果，因为未被确证似乎才是常态。

因为心境障碍有很多不同的症状，大多数的研究者认为这些疾病最终会与一系列基因有关，而非单个基因。即使我们能找到与心境障碍有关的基因，也很难知道它们究竟怎么发挥作用。基因很可能并不直接控制一个人是否罹患心境障碍，而是通过影响人们的情绪管理或者对生活应激源的应答来起作用(Kendler, Gatz, Gardner, et al., 2006)

神经递质

经研究，有三种神经递质最有可能在心境障碍中起到重要的作用：去甲肾上腺素、多巴胺和 5-HT。这些神经递质出现在大脑的许多区域。图 5.4 展示了多巴胺和 5-HT 的通路在大脑中的广泛分布。

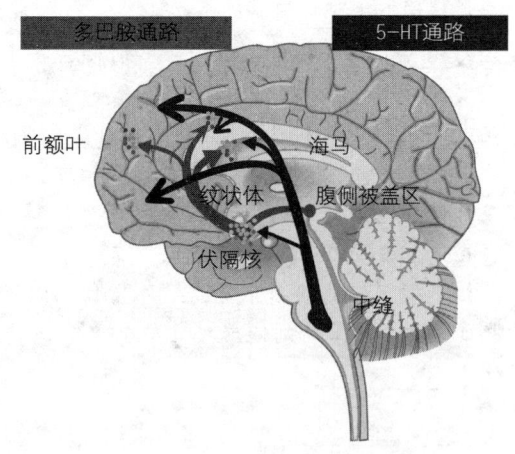

图 5.4 多巴胺和 5-HT 通路在大脑中分布广泛

最初，研究者认为心境障碍可以由突触间隙中神经递质的绝对含量过高或过低解释。比如，抑郁与低去甲肾上腺素和低多巴胺紧密相关，躁狂和高去甲肾上腺素和高多巴胺紧密相关，并且躁狂和抑郁都和低 5-HT 有关（Thase，Jindal，& Howland，2002）。然而，研究结果似乎并不支持这一观点。

对于抗抑郁剂的研究就得到了相互矛盾的证据。一方面，这些研究确实发现抑郁和神经递质有某方面的联系，比如，有效的抗抑郁剂确实促进了去甲肾上腺素、5-HT 和（或）多巴胺水平的即刻提升。图 5.5 总结了这些即刻的效果。但是，当研究者关注抗抑郁剂对神经递质水平在一定时间内的影响时，他们发现抑郁症并非只被神经递质的绝对水平影响。抗抑郁剂需要 7～14 天来缓解抑郁症状，在这段时间内，神经递质的水平早已回到原始状态。去甲肾上腺素、多巴胺和 5-HT 水平的临时改变似乎不能解释药物缓解抑郁症状的作用。

其他证据也显示，神经递质的绝对水平不能完全解释心境障碍。研究者在几十年的研究中，都把神经递质的代谢物作为释放到突触间隙的神经递质的量的指标。让我们回忆一下，神经递质释放到突触间隙之后，酶会分解那些没有被细胞重吸收的神经递质。而代谢物的研究就是分析有多少神经递质被分解、被带入脑脊液、血液和尿液中。代谢物研究的结果很不一致，可能表示很多抑郁和躁狂患者的神经递质绝对水平没有受到干扰（Placidi, Oquendo, Malone, et al., 2001；Ressler & Nemeroff, 1999）。

因为证据的不一致，研究者开始关注心境障碍与突触后受体（对突触间隙的神经递质进行反应）敏感性之间的关系。研究者怎么探究突触后受体的敏感性是高还是低呢？如果受体更敏感或者更不敏感了，服用影响神经递质水平的药物后，患者的反应应该有所不同。比如，过于敏感的受体，可能会对突触间隙中最小水平的神经递质产生反应，如果受体非常迟钝，一个人可能展现出对神经递质水平反应的明显减少。研究者比较关注多巴胺和 5-HT 的受体敏感性，对去甲肾上腺素的受体敏感性关注较少。

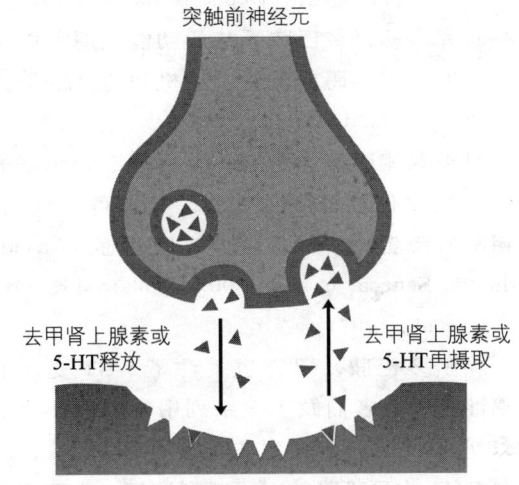

图 5.5（a）神经递质进入突触间隙后，像泵一样再摄取机制开始重新吸收未到达突触后神经元的一部分神经递质

（b）三环抗抑郁剂阻止了再摄取的过程，因此有更多的神经递质到达受体。选择性 5-HT 再摄取抑制剂则对 5-HT 起到这个作用。摘自 Snyder（1986），p.106

抑郁症患者对于提高多巴胺水平的药物反应没有普通人大，这可能是由于抑郁症病人的多

巴胺功能减弱了（Naranjo, Tremblay, & Busto, 2001）。多巴胺在大脑的**奖励系统**中扮演着重要的角色，可以在有可能获得奖励的情境下带来愉悦、动机和能量（Depue & Iacono, 1989）。一些研究表明，多巴胺系统的功能减退可能导致了重度抑郁障碍中愉悦、动机和能量的缺失（Treadway & Zald, 2011）。

对于双相障碍的患者，提高多巴胺水平的药物会引发他们的躁狂症状。一种可能性是，双相障碍患者的多巴胺受体过度敏感（Anand, Verhoeff, Seneca, et al., 2000；Strakowski, Sax, Setters, et al., 1997）。

除了多巴胺，研究也关注了 5-HT 受体的敏感性。研究者们做了一系列用实验方法降低 5-HT 水平的实验。一个有着迟钝受体的人，应该在 5-HT 水平下降的时候感到抑郁。为了降低 5-HT 的水平，研究者降低了**色氨酸**的水平。色氨酸是 5-HT 的重要前体。我们可以通过饮用含有大量除色氨酸外其他 15 种氨基酸的饮品实现色氨酸水平的降低。几个小时之内，5-HT 的水平降低，这种效应也会持续几个小时。作为对照组，被试饮用味道相似但对色氨酸水平没有影响的饮料。研究发现降低色氨酸水平（即降低 5-HT 水平）对曾患抑郁症或有抑郁症家族史的被试有引发抑郁症状的作用（Benkelfat, Ellenbogen, Dean, et al., 1994；Neumeister, Konstantinidis, Stastny, et al., 2002）。这种效应在没有抑郁症个人或家族史的被试身上没有出现。现在的观点认为，易于罹患抑郁症的人，其 5-HT 受体的敏感度更低，导致他们对 5-HT 水平的降低有更大更戏剧化的反应。

研究者也检验了色氨酸减少对双相障碍的影响。这些研究重点关注了有疾病易感性但并未真正罹患的人——双相障碍患者的家人。像重度抑郁障碍患者和他们的家人一样，双相障碍患者的家人，对色氨酸的降低也产生了比控制组更大的反应（Sobczak, Honig, Nicolson, et al., 2002）。双相障碍似乎也与 5-HT 受体的敏感性有关。

脑成像研究

有两类脑成像研究在心境障碍领域比较常见。结构研究关注心境障碍患者的某个脑区是否比控制组更大或更小；功能研究关注某个脑区的活动是否发生了变化。功能研究通过检测大脑不同区域的血流量，了解患者如何运用他们的脑细胞。而只有在经历多次抑郁发作的重度抑郁障碍患者的身上才会发现结构变化（Gotlib & Hamilton, 2008；Sheline, 2000）。所以我们在此更多关注功能方面的研究。

功能性脑成像研究发现，重度抑郁障碍的发作与大脑中许多情绪感受和情绪调节有关的系统功能发生变化有关（Davidson, Pizzagalli, & Nitschke, 2002；Phillips, Ladouceur, & Drevets, 2008a）。表 5.2 总结了四个在抑郁症方面研究最多的脑区：杏仁核、**亚属前扣带皮层**、海马体和**背外侧前额叶皮层**（见图 5.6）。我们会从杏仁核开始，分别介绍这几个脑区。

表 5.2　与重度抑郁障碍的情绪反应有关的大脑结构

大脑结构	功能研究中显示心境障碍患者的反应水平
杏仁核	增强
亚属前扣带皮层	增强
背外侧前额叶皮层	在情绪调节时减弱
海马体	减弱

杏仁核帮助个体判断一件事情在情绪上的重要程度。例如，杏仁核受损的动物对于威胁性刺激没有害怕反应，对食物也没有积极的反应。对人类来说，当看到威胁性的图片时，杏仁核就会有反应。大脑功能研究发现重度抑郁障碍患者的杏仁核活动水平更高。例如，当看到消极的词语、伤心或愤怒的面部图片时，正在经历重度抑郁的人们的杏仁核有更加紧张和持久的反应（Sheline et al., 2001）。这种杏仁核对情绪刺激过

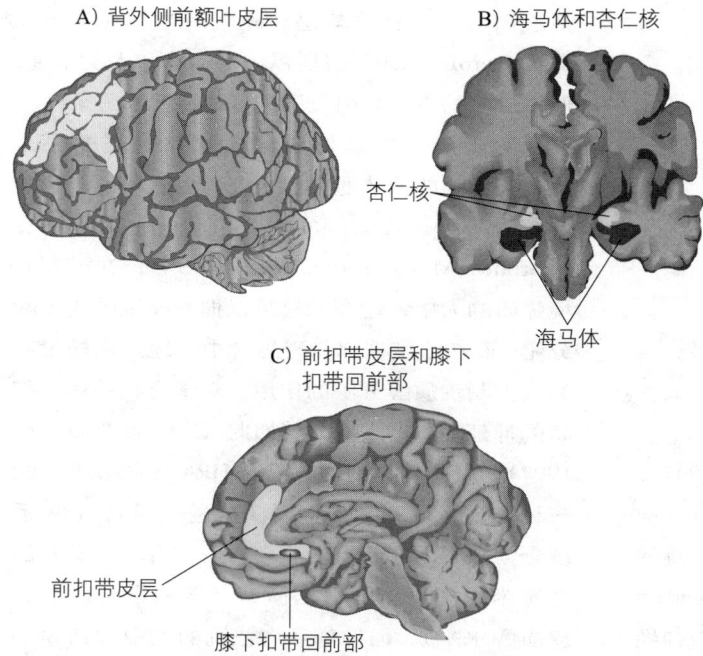

图 5.6 与心境障碍有关的关键脑区。引自 Annual Review of Psychology, 53, copyright 2002 by Annual Reviews, www.anuualreviews.org. 经出版方允许翻印。

激的反应模式似乎不能用服用药物或抑郁症的结果来解释，因为当患者不服用药物时也有这种模式（Siegle, Thompson, Carter, et al., 2007），而且患者未患抑郁症的亲属身上也有（Van Der Veen, Evers, Deutz, et al., 2007）。这些结果说明，杏仁核对情绪刺激的过度反应应该是抑郁症易感性的一部分，而不是抑郁症的后果。

其他与抑郁有关的脑区（亚属前扣带皮层、背外侧前额叶皮层和海马体）似乎在情绪调节上更重要（Phillips et al., 2008a）。重度抑郁障碍和亚属前扣带皮层激活水平增大有关（Gotlib & Hamilton, 2008）。研究者使用深层脑刺激（需要将电极植入大脑中）技术研究了这一脑区。他们把电极植入了患有严重抑郁并治疗无效的六个患者的亚属前扣带皮层旁边的脑区（Mayberg, Lozano, Voon, et al., 2005），并对电极通入很小的电流，以暂时减少亚属前扣带皮层的活动。六个患者中有四个当即就感受到了抑郁症状的缓解。尽管现在就把这种方式当作一种疗法还为时过早，但这项研究支持了抑郁症中某些脑区起到重要作用的假说。

最后一点，抑郁症患者面对情绪刺激时表现出海马体活动较弱（Davidson et al., 2002；Schaefer, Putnam, Benca, et al., 2006），在被要求调节情绪时则表现出背外侧前额叶皮层活动较弱（Fales, Barch, Rundle, et al., 2008）。这些区域的激活困难可能阻碍了有效的情绪管理。

这些研究结果是如何相互配合以解释抑郁症的呢？一种理论认为，抑郁期间的杏仁核过度激活造成了患者对情绪刺激的过度敏感，同时，情绪调节系统（亚属前扣带皮层、背外侧前额叶皮层和海马体）又不能良好地发挥作用。

许多在重度抑郁障碍中发挥作用的脑区也与双相障碍有关。在功能研究中，双相 I 型障碍与杏仁核的过度应答、情绪调节任务中亚属前扣带皮层活动的增强、背外侧前额叶皮层和海马体活动水平下降都有关系（Houenou, Frommberger, Carde，et al., 2011；Phillips, Ladouceur, & Drevets, 2008b）。

迄今为止，脑成像研究几乎没有发现重度抑郁障碍和双相障碍的区别。大部分针对双相障碍患者进行的研究，其结果都与重度抑郁障碍患者十分相似。一种解决办法是关注躁狂发作时大脑产生的变化，而这些变化与抑郁期间的脑部活动模式的改变又非常类似。不过，还是有一点明显不同：在躁狂发作时，一个叫纹状体（见图 5.7）的、对奖励起反应的区域会过度活动（Marchand & Yurgelun-Todd, 2010），而在抑郁发作时没有这种变化。但是这些结果仅仅是试验性的，躁狂期纹状体活动增加不能说明这种变化就是引起躁狂发作的原因。

另一系列很有前景的研究发现，重度抑郁障碍和双相障碍对脑功能有关的各个细胞的改变方式可能有所不同。双相障碍患者的神经元细胞

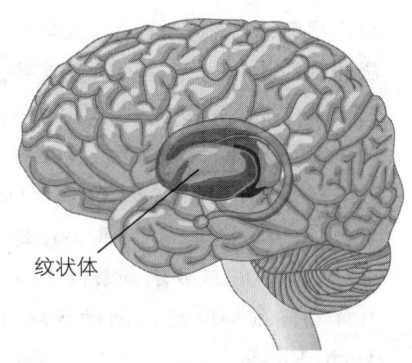

图5.7 纹状体似乎在躁狂期间过度活跃。

膜往往存在缺陷（Looney & El-Mallakh，1997），这些缺陷似乎影响了脑区的多个部分，造成神经元反应迅速与否的差异。而重度抑郁障碍的患者身上没有这种细胞膜缺陷（Thiruvengadam & Chandrasekaran，2007）。这类研究关注与神经元多方面功能都有关的蛋白质：蛋白激酶C。蛋白激酶C在大脑各处的受体功能和神经元细胞膜功能方面都扮演着重要的角色。躁狂患者的蛋白激酶C似乎过度活跃（Yildiz，Guleryuz，Ankerst，et al.，2008）。尽管这些对神经元的研究不如其他对大脑的研究那么成熟，但依然揭示了重度抑郁障碍和双相障碍的一部分不同。

神经内分泌系统：皮质醇失调

HPA轴（下丘脑—垂体—肾上腺皮质轴，见第2章），是管理压力反应的生物系统，在重度抑郁发作的时候可能会过度反应。像上面提到的那样，有证据表明重度抑郁障碍患者的杏仁核过度活跃，而杏仁核会发送激活HPA轴的信号。HPA轴触发了皮质醇的释放，皮质醇是最主要的应激激素。它被应激激发，提高免疫系统功能，从而使个体更好地应对威胁情境。

不同的研究结果都显示了抑郁和高皮质醇水平的关系。例如，**库欣综合征**会造成皮质醇过高，同时患者经常体验到抑郁症状。另一项动物研究发现，把触发皮质醇释放的化学物质注射到大脑中时，很多典型的抑郁症状就出现了，包括性欲减退、食欲减退和睡眠问题等（Gutman & Nemeroff，2003）。所以，对动物和人类来说，似乎过多的皮质醇引发了抑郁的症状。

对于患有抑郁但未患库欣综合征的人来说，皮质醇的调节通常也很差。也就是说，调节系统对于降低皮质醇的生物信号似乎反应不良（Garbutt，Mayo，Little，et al.，1994）。在没有心境障碍的人中，地塞米松可以抑制夜晚的皮质醇分泌；而在重度抑郁障碍患者中，地塞米松没有起到抑制皮质醇分泌的作用，对于有精神病性症状的抑郁症患者来说尤其如此（Nelson & Davis，1997）。皮质醇抑制的缺乏是HPA轴调节不良的一种表现。地塞米松抑制实验是一项对HPA系统更为敏感的测验。测验中，研究者对被试施加地塞米松和皮质醇分泌激素（该激素可以提高皮质醇水平）。因抑郁症而住院的人中大约80%在这一实验中表现出HPA轴调节不良（Heuser，Yassouridis，& Holsboer，1994）。不过大部分人对地塞米松的不正常应答在其抑郁症状缓解之后就会恢复正常。而康复之后，在上述实验中依然发现有过多皮质醇的人更有可能在接下来的一年中复发（例如Aubry，Gervasoni，Osiek，et al.，2007）。

尽管皮质醇可以引发有益的短期应激反应，但持续的高水平皮质醇可能对身体系统有害。例如，长期过高的皮质醇水平与海马体的损害有关。研究发现，长期抑郁的个体海马体积比正常个体小（Videbech & Ravnkilde，2004）。

像经历重度抑郁障碍的人一样，双相障碍患者在地塞米松抑制实验中不能正常地抑制皮质醇。这说明双相障碍也和皮质醇调节系统功能不良有关（Watson，Thompson，Ritchie，et al.，2006）。像重度抑郁障碍患者一样，持续出现皮质醇抑制不良的双相障碍患者在康复后也有很高的复发风险（Vieta，Martinez-DeOsaba，Colom，et al.，1999）。

总之，双相障碍和重度抑郁障碍都可能是皮质醇调节系统出问题的结果。皮质醇水平失调也可以预测双相障碍和重度抑郁障碍更糟糕的病程。

概念核查5.2（答案见章末）

1. 重度抑郁障碍的遗传约为____%，而双相Ⅰ型障碍的遗传性约为____%。
   a. 60，93　　　　　　b. 20，100
   c. 37，93　　　　　　d. 10，59
2. 抑郁和躁狂都涉及下列哪种神经递质的受体敏感性降低？
   a. 乙酰胆碱　　　　　b. 5-HT
   c. 多巴胺　　　　　　d. 去甲肾上腺素
3. 最近的模型认为，抑郁____
   a. 与神经递质绝对水平有关
   b. 与神经递质受体的敏感性变化有关
   c. 与神经递质系统无关
4. 对于抑郁症来说，HPA轴系统的失调体现在：
   a. 垂体过度活跃
   b. 不能在地塞米松作用下抑制皮质醇
   c. 皮质醇太少
   d. 副交感神经系统活动性增强

抑郁症的社会因素：生活事件和人际交往困难

数据显示神经生物因素影响一个人是否罹患心境障碍，这是否意味着社会和心理学理论都没有用了呢？并非如此。比如，神经生物学理论与心境障碍患者对生活事件情绪反应的增强是一致的，也就是说，神经生物学因素可能在出现其他触发事件和应激源的情况下充当了增加心境障碍风险的素质。

压力生活事件在触发抑郁中起的作用已经十分确定了。很多研究都关注了其中的因果关系——是生活事件造成了抑郁症，还是抑郁诱发了生活事件？一系列前瞻研究起到了很大的作用，它们发现生活事件通常在抑郁发作开始之前出现。但在其中一项前瞻研究中，似乎有些生活事件是被抑郁症未完全发作时的早期症状引发的。

研究者后来排除了压力生活事件是由轻度抑郁引起的可能性，发现有很多证据显示压力可以造成重度抑郁障碍。在一项严谨的前瞻研究中，42%～67%的人报告他们在抑郁发作的前一年经历了非常严重的生活事件（并非由抑郁症状引起）。通常这些事件包括失去工作、挚友、爱人。以上结果是由在6个国家重复了至少12项研究得到的（Brown & Harris, 1989a）。特定类型的生活事件，比如丧失或者羞辱，似乎尤其容易诱发抑郁（Kendler, Hettema, Butera, et al., 2003）。除了突发生活事件，许多抑郁症患者还报告他们在抑郁之前经历了许多长期的慢性应激事件，例如贫穷（Brown & Harris, 1989b）。生活事件似乎对第一次抑郁发作非常重要，但在之后的复发中则不起什么作用（Monroe & Harkness, 2005；Stroud, Davila, Hammen, et al., 2011）。

为什么有的人会因为压力生活事件变得抑郁而其他人不会呢？很明显，答案在于有些人比其他人对于抑郁症的易感性更高。前面我们描述过神经生物系统对抑郁的作用，其中很多都牵扯到了对应激的反应；而心理和认知易感性似乎也很重要。最常见的模型是素质—应激模型，这个模型认为既存的易感性和应激源都很重要。素质可以是生物的、社会的或心理的。

一个易感素质是缺乏社会支持。患有抑郁症的人的社会支持网络通常比较薄弱，而且这些网络提供的支持也极少（Keltner & Kring, 1998）。低社会支持可能会降低一个人承受压力生活事件的能力。一项研究发现，女性在经历严重的压力生活事件时如果没有来自极亲密的人的支持，患上抑郁的风险高达40%，然而对于有支持的人，风险只有4%（Brown & Andrews, 1986）。社会支持似乎可以缓冲严重应激源的影响。

也有证据显示，家庭内部的人际关系问题似乎尤其容易诱发抑郁。一系列的研究都关注了**外**

露情绪。外露情绪是指某个家庭成员对抑郁个体的批判性或敌意性的评论，或是对抑郁个体过分关心。高水平的外露情绪高度预测了抑郁症的复发。实际上，一项针对 6 个研究的综述发现，处于高外露情绪的家庭中的患者，有 69.5% 的人病情都在一年内复发，而低外露情绪的家庭中的患者只有 30.5% 的患者在一年内复发（Butzlaff & Hooley, 1998）。在一项社区研究中，婚姻不和也可以预测抑郁发作（Whisman & Bruce, 1999）。

很显然，人际交往问题可以诱发抑郁症状的出现。但是这枚硬币的另一面也很重要：抑郁症状也会导致人际交往问题，也就是说，抑郁症状似乎会引来他人的消极反应（Coyne, 1976）。例如，患有抑郁症的大学生的室友会评论说与他们的社会交往更不愉快，甚至会对他们产生敌意（Joiner, Alfano, & Metalsky, 1992）。

另一些研究探讨了患者长期寻求确认对人际关系的效应（Joiner, 1995）。基本上所有患抑郁症的人都会试图确定别人真的关心他们。但是，即使别人表达了对他们的支持，他们也只是暂时满意。消极的自我看法导致他们质疑这些积极的反馈，而他们不断确认的行为又会使他人厌烦。抑郁患者实际上在激发别人的消极反馈。（比如在别人已经给出支持以后又问"说实在的，你到底是怎么看我的？"）渐渐地，别人的回答确认了抑郁症患者消极的自我看法。最终，一个人过度地寻求认可的行为会导致社会拒绝（Joiner & Metalsky, 1995）。

很多消极的社交行为，例如过度的寻求认可，可能是抑郁导致的。如果同样的行为在抑郁症状之前出现，会提高患抑郁症的风险吗？研究发现，确实如此。在很多并不抑郁的本科生中，有高确认寻求倾向的人在 10 周内更有可能出现抑郁症状（Joiner & Metalsky, 2001）。类似的，使用高风险样本、在抑郁症状出现之前进行的研究也发现，人际交往问题可能促发抑郁。例如，有抑郁症父母的小学生从同伴和老师那里得到的评价都更低（Weintraub, Prinz, & Neale, 1978）；低社交能力预测了小学生抑郁症状的出现（Cole, Martin, Powers, et al., 1990）；人际交往问题解决能力的低下预测了青少年的抑郁（Davila, Hammen, Burge, et al., 1995）。人际交往问题是抑郁的风险因素之一。

> **DSM-5 中混合性焦虑 / 抑郁症的诊断标准**
> - 有三到四个重度抑郁的症状
> - 抑郁心境或者快感缺失
> - 有下列至少两种焦虑痛苦表现现象：恼人的忧虑、完全被忧虑占据、不能放松、持续不安，或者害怕非常糟糕的事情会发生
> - 症状出现至少 2 周
> - 没有其他的 DSM 诊断适用于当前出现的焦虑和抑郁症状

抑郁的心理因素

很多不同的心理因素都可能在抑郁症状中起到作用。在这一部分，我们会讨论人格和认知的因素。人格和认知理论提供了可能增加抑郁风险的不同素质。

神经质

几项纵向研究表明**神经质**（一种人格特质，倾向于对事件产生过分消极的情绪）预测了抑郁的出现（Jorm, Christensen, Henderson, et al., 2000）。一项大型双生子研究发现，神经质至少解释了抑郁的一部分基因易感性（Fanous, Prescott, & Kendler, 2004）。正如你能想到的那样，神经质与焦虑和心境恶劣都有关（Kotov, Gamez, Schmidt, et al., 2010）。我们在聚焦发现 5.5 中探讨了焦虑与抑郁的重叠。

认知理论

在认知理论中，消极的想法和信念被看作抑郁症的主要原因。悲观厌世和自我批评的想法折磨着抑郁患者。我们会介绍三种认知理论。贝

聚焦发现 5.5　对抑郁和焦虑重叠的思考

关于焦虑障碍是否应当与抑郁症分开有几点需要考虑的原因。最重要的是高概率的共病现象。至少 60% 的焦虑障碍患者在人生中都会经历重度抑郁障碍，反之亦然——大约 60% 的抑郁患者会经历焦虑障碍（Kessler et al., 2003a；Moffitt, Caspi, Harrington, et al., 2007）。

有几种特定的焦虑障碍与抑郁症的重叠尤其多。抑郁症似乎尤其容易与广泛性焦虑障碍和创伤后应激障碍共同出现（Watson, 2009）。确实，广泛性焦虑障碍与抑郁的相关甚至高于它与其他焦虑障碍的相关（Watson, 2005）。除了共病率，广泛性焦虑障碍和创伤后应激障碍的病因和抑郁症也有重叠。广泛性焦虑障碍的遗传风险和抑郁症有很大的重叠（Kendler et al., 2003），神经质对这几种疾病来说都是强有力的风险因素（Watson, 2005）。重度抑郁障碍、心境恶劣、广泛性焦虑障碍和创伤后应激障碍都有一定程度的不悦和痛苦，而其他焦虑障碍则包含一定的恐惧。

对于这种重叠，一些研究者认为心境障碍和焦虑障碍应该被 DSM-5 归为同一个部分（Watson, O'Hara, & Stuart, 2008）。虽然这种分类建议是基于病因学方法和遗传学数据的，但 DSM-5 最终没有做这种大幅度的调整。

同时，DSM-5 加入了一种**混合性焦虑/抑郁症**的诊断（见诊断标准）。这种混合性焦虑/抑郁症障碍标准是为了概括体验到抑郁和焦虑混合症状的患者。虽然他们没有达到焦虑障碍或者抑郁症的诊断标准，但这些症状依旧对他们造成了足够的痛苦或伤害。此前，当这类病人前来就诊的时候，通常会被归类为抑郁症或焦虑障碍（Zinbarg, Barlow, Liebowitz, et al., 1994）。大约 8% 的患者达到了混合性焦虑/抑郁症的诊断标准，他们与抑郁症和焦虑障碍的患者报告了相同程度的功能损害。新的诊断标准符合当前患病率和严重程度的数据。

克的理论和绝望理论都强调这些消极想法，不过在某些重要的方面，两种理论还是不同的。反刍理论则强调患者陷入消极心境和想法的倾向。

贝克理论　艾伦·贝克（1967）认为，抑郁与**消极认知三联体**有关：包括对自己、世界和未来的消极看法（见图 5.8）。"对世界的消极看法"中的"世界"是指患者自己的世界，即其所要面对的情况。例如，患者认为"我不可能应付所有的要求和责任"，并不是指面对自己生活之外的广阔世界。

根据这个模型，在早期，抑郁症患者因为丧亲、同伴拒绝、父母的抑郁态度等童年经验习得了消极的图式。图式不同于有意识的想法，它们是内在的一系列信念，决定着一个人的意识，

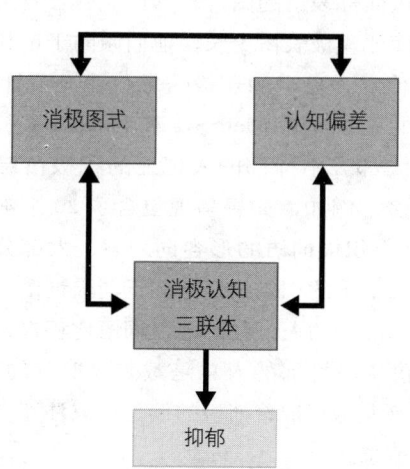

图 5.8　贝克的抑郁症理论中，几种不同的认知之间的交互关系

塑造着一个人对自身经历的理解。当一个人面对跟最初消极图式形成相似的情境时，消极图式就会被激发。

一旦消极图示被激活，就会引发**认知偏差**，即使用特定的消极方式处理信息的倾向（Kendall & Ingram，1989）。贝克认为抑郁的人可能会对针对他们的消极反馈过度关注，对消极反馈的记忆过于持久。同样，他们很少注意到或记住针对他们的积极反馈。有无能图式的个体，可能很容易注意到自己无能的迹象，记住关于自己无能的反馈；而对自己有能力的迹象完全不会注意或注意了也不会记住。总之，抑郁的人会出现特定的认知错误，从而得出有偏差的结论。他们的结论总是与内在的图式相一致，于是进一步加强了这些图式（恶性循环）。

贝克的理论是怎样检验的呢？一种用来检验贝克理论的常见方法是功能失调性态度量表。该量表包含一个人是否认为他们自己有价值和值得爱的题项。上百项研究发现，正在经历抑郁的人都会在功能失调性态度量表中展现出消极思维（Haaga，Dyck，& Ernst，1991）。

在对人们如何处理信息的研究中发现，抑郁的个体易于持续关注已注意到的消极信息（Gotlib & Joormann，2010）。例如，如果展示积极和消极面部表情的图片，抑郁症患者看消极表情的时间比积极表情更长。他们倾向于记住更多的消极信息和更少的积极信息。在一项针对25项研究的元分析中，Mathews 和 MacLeod（2002）发现，大部分不抑郁的人记住的积极信息比消极信息多。例如，如果呈现包含了20个消极词语和20个积极词语的形容词列表，大部分人在之后能回忆出的积极词语会多于消极词语。而有重度抑郁障碍的人记住的消极词语比积极词语多10%。仿佛不抑郁的人总是戴着玫瑰色的眼镜，而抑郁的人总是带着消极的偏见，只注意和回忆出负面信息。

证据显示抑郁发作期间的思维是消极的，但抑郁的认知理论面临的一个大问题就是如何确认其中的因果关系。也就是说，是特定的认知方式造成了抑郁，还是抑郁的症状造成了某些思维方式？一些研究显示，有消极思维方式的人罹患抑郁的风险会提高。例如，在一项针对1507名青少年的研究中，功能失调性态度量表的高得分和消极生活事件一起，可以预测重度抑郁障碍的发生（Lewinsohn，Joiner，& Rohde，2001）。其他研究者发现功能失调性态度量表的高分可以预测抑郁治愈后数年内的复发（Segal et al.，2006）。另一方面，在一项针对770位女性历时三年的研究中，功能失调性态度量表未能预测抑郁的第一次发作，在首次发作被控制的条件下也未能成功预测抑郁的复发（Otto，Teachman，Cohen，et al.，2007）。因此，对功能失调性态度量表的研究结果并不一致。

被同伴拒绝可能会建立起消极图式。而根据贝克的理论，消极图式在抑郁症中扮演了重要的角色。
（©Monkey Business Images/Shetterstock）

其他的研究检测了有关的认知变量是否可以预测抑郁。例如，处理积极和消极信息的认知偏差可以预测大样本本科生12～18个月后的抑郁发作（Rude，Valdez，Odom，et al.，2003）。

绝望理论 根据绝望理论（见图5.9；Abramson，Metalsky，& Alloy，1989），抑郁最重要的诱发因素就是绝望。绝望被定义为：①认为好的结果都不会发生；②认为个体做什么都改变不了这个情况。绝望理论的模型认为绝望只造成了一种类型的抑郁（绝望型抑郁），这种抑郁的症状主要为缺乏动力、悲伤、企图自杀、缺乏能量、精神运动型迟滞、睡眠障碍、注意力集中困难和认知消极。

表 5.3 归因举例：为什么我研究生入学考试数学不及格？

	稳定	不稳定
广泛的	我不够聪明	我太累了
特定的	我的数学能力不行	我受够数学了

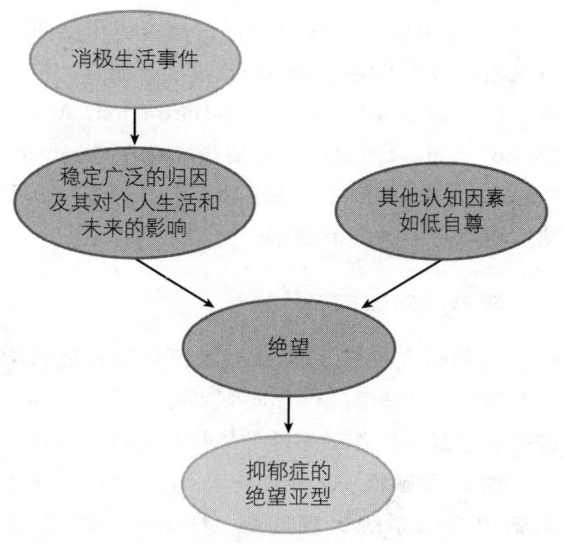

图 5.9 绝望理论的主要元素

对于个体或个体的自我评价有重要意义的消极生活事件引发了绝望。绝望理论认为生活事件**归因**（对某个应激源为何发生的解释）的两个维度非常重要（Weiner, Frieze, Kukla, et al., 1971）：

★ 稳定（永久）或不稳定（暂时）的原因
★ 广泛（与生活所有方面有关）或特定（局限于一个领域）的原因。

表 5.3 显示了个体在不同维度上如何对研究生入学考试的低分做出不同的解释。如果一个人的**归因风格**让他认为消极的生活事件都由稳定而广泛的原因引起，他就比较容易陷入绝望，而这种绝望往往是抑郁的基石。在绝望理论中，消极的归因有时候其实是更精确的——一个人诚实地面对会对自己生活的方方面面造成持久影响的应激情境。对一些人来说，低自尊会降低他们应对生活挑战的信心，从而促发绝望。

Gerald Metalsky 和他的同事们第一个对绝望理论进行了检验。在学期初，大学生完成测量归因风格、对成绩的渴望、抑郁症状、绝望和自尊的量表。这些测量结果都用来预测考试成绩低于预期的学生是否出现抑郁症状。把考试成绩差归因于稳定广泛的原因的学生更多地体验到绝望，但只有低自尊的学生出现了这一模式。绝望预测了抑郁症状，显然这项研究的结果支持绝望理论。一项针对六七年级学生的类似研究，也得出了几乎一模一样的结果（Robinsin, Garber, & Hillsman, 1995）。

一项研究分析了抑郁认知理论的不同方面，在坦普尔—威斯康星抑郁认知易感性研究中，功能失调性态度量表（用于检验贝克的理论）和归因风格量表（用于检验绝望理论）被用来区分高、低抑郁风险的学生。在两个量表结果分布中都处于前 25% 的 173 个学生被归为高抑郁风险，而都处于后 25% 的 176 个学生被归为低抑郁风险。两组学生都被追踪两年半的时间，观察他们重度抑郁障碍的发作和复发，以及抑郁症绝望亚型的发作情况。结果支持了认知理论：高抑郁风险的人相比于低风险的人，更容易罹患重度抑郁障碍，更容易复发，也更容易罹患抑郁症绝望亚型（Alloy, Abramson, Whicehouse, et al., 2006）。

反刍理论 贝克理论和绝望理论都关注着消极的想法是哪儿来的，而 Susan Nolen-Hoeksema (1991) 认为一种叫作**反刍**的独特思维方式可能提高了抑郁的风险。反刍指容易沉溺于消极体验和想法中的倾向，或者反复咀嚼体味这些让人伤心的东西。反刍最有害的一种形式可能是不断反思或者追悔某次症状发作为什么会发生（Treynor, Gonzalez, & Nolen-Hoeksema, 2003）。

使用自陈量表测得的反刍倾向，可以有效地预测本来不抑郁的人群中重度抑郁障碍的发病（Just & Alloy, 1997；Morrow & Nolen-Howksema, 1990；Nolen-Hoeksema, 2000）。像"聚焦发现5.1"介绍的那样，这个理论中一个有趣的方面在于，女性似乎比男性更容易陷入反刍，这可能是由于情绪和情绪表达的社会文化规范有所不同。女性更容易反刍的事实有助于解释女性抑郁症患病率高于男性（Nolen-Hoeksema, 2000）。

几十项实验研究都致力于发现引发反刍如何影响心境和问题解决。通常来说，引发反刍通常使用压力暴露，或者要求被试详细思考自己或者此时的感受（如，"想一想你现在的内心感受"），而分心组（控制组）则要思考跟自己和自己的感受无关的问题（如，"想一想壁炉里一团火焰包围了木头的场景"）（Watkins, 2008）。这些实验研究的结果表明，反刍阻碍了问题解决、增强了消极心境，当被试关注自己心境和个人的消极方面时尤其如此（Watkins, 2008）。

概念核查5.3（答案见章末）

判断正误。
1. 重度抑郁障碍经常在压力生活事件之后发生。
2. 大部分经历压力生活事件的人都会得重度抑郁障碍。
3. 绝望感可以预测抑郁的发病。
4. 抑郁症患者的认知偏差表现在倾向于记住消极的信息，而没有抑郁症的人的认知偏差表现在倾向于记住积极信息。

双相障碍中的社会心理学因素

大多数经历过躁狂发作的人，人生中都会经历抑郁发作。但并非所有人都如此，因此研究者经常在研究双相障碍诱因时，将躁狂和抑郁分开对待。

双相障碍中的抑郁

双相障碍中抑郁的诱发因素似乎和重度抑郁障碍的诱因相似（Johnson, Cuellar, & Miller, 2010）。像重度抑郁障碍一样，消极的生活事件对双相障碍中的抑郁发作非常重要，而且神经递质、消极的认知风格（Reilly-Harrington, Alloy, Fresco, et al., 1999）、外露情绪（Yan, Hammen, Cohen, et al., 2004）、缺乏社会支持等都可以预测双相障碍中的抑郁发作。

躁狂的预测因子

人们研究发现了两种可以预测躁狂症状增加的因素：奖励敏感性和睡眠剥夺。这两种模型都整合了躁狂发作敏感性的生物和心理学视角。

奖励敏感性 这种理论认为，躁狂反映了大脑中奖励系统出现问题（Deque, Collins, & Luciano, 1996）。研究者发现，有双相障碍的人会在自陈量表中把自己描述为对奖励反应很敏感的人（Meyer, Johnson, & Winters, 2001），高奖励敏感性又会预测双相障碍的发病（Alloy, Abramson, Walshaw, et al., 2008, 2009）和发病后更严重的躁狂病程（Meyer et al., 2001）。另外，特定的生活事件也能预测双相障碍患者的躁狂症状（Johnson, Cuellar, Ruggero, et al., 2008；2000）。这种特定的生活事件包括达到目标，如得到研究生入学资格或者结婚。为什么成功会导致躁狂的症状呢？研究者认为，类似成功等生活事件引起了信心方面的认知改变，继而掉入过度追求目标的漩涡（Johnson, 2005）。这种对目标的过度追求可能会诱发双相障碍患者的躁狂。

睡眠剥夺 研究者使用一系列的方法证明，躁狂与睡眠扰乱及日常生理节律被打乱有关（Murray & Harvey, 2010）。实验研究发现，睡眠剥夺先于躁狂发作而发生。在一项研究中，患有双相障碍的被试被要求待在一所睡眠中心，他们必须整夜不睡觉，第二天早上，大约10%的被试开始出现至少轻微的躁狂症状（Colombo,

Benedetti, Barbini, et al., 1999)。在自然研究中，人们经常报告在躁狂发作之前，有生活事件扰乱了他们的睡眠（Malkoff-Schwartz, Frank, Anderson, et al., 2000）。睡眠剥夺会诱发躁狂症状，而保证睡眠可以减轻双相障碍的症状（Frank, Swartz, & Kupfer, 2000）。睡眠和生物节律被打乱似乎是躁狂发作风险中重要的一部分。

心境障碍的治疗

大部分的抑郁发作在几个月后都会结束，但是对于抑郁症患者和他们身边的人，这段时间似乎长得无法测量。对于躁狂，即使是只有几天的严重症状也会给亲密关系和工作造成很大的麻烦。另外，自杀对心境障碍患者是一个很大的风险，所以治疗心境障碍非常重要。

公共卫生的重要目标是增加能够获得足够治疗的人数。当然，很多人都会努力获得治疗。在美国，每年有超过一亿八千万个抗抑郁药的处方被开出（IMS Health, 2006）。尽管如此，调查仍发现，达到重度抑郁障碍诊断标准的人当中有一半没有得到针对其症状的治疗（Gonzalez et al., 2010）。

在这一节中，我们会先介绍抑郁症和双相障碍的心理疗法，再介绍生物疗法。

抑郁症的治疗

可以减轻抑郁症的疗法有若干种，其中大部分疗法的关注点都和病因学相同，重点都在重度抑郁障碍上。如果某疗法对心境恶劣也有疗效，我们会特别说明。

人际心理治疗

人际心理治疗在临床实验中表现很好。我们在第2章中提到过，人际心理疗法的理论假设是抑郁症与人际交往问题紧密相联（Klerman, Weissman, Rounsaville, & Chevron, 1984）。这一疗法的核心是找到患者主要的人际交往问题，例如角色转换困难、人际冲突、亲友死亡、人际隔离等。一般来说，治疗师会帮助患者就其中的一到两个问题理清自己的感受，做出重要的决定，达成能够解决问题的改变。和认知行为疗法一样，人际心理疗法通常疗程很短（比如只有16次）。人际心理疗法中，谈论人际交往问题、探索负面感受、鼓励患者表达等技巧，促进了患者的言语和非言语交流，提高了患者解决问题的能力，为患者提供了更好的新行为模式。

一些研究发现，人际心理疗法能有效治疗重度抑郁障碍（Elkin, Shea, Watkins, et al., 1989），并且在康复后很久也不复发（Frank, Kupfer, Perel, et al., 1990）。另外，研究发现人际心理疗法对青少年重度抑郁障碍（Mufson, Weissman, Moreau, et al., 1990）和女性产后抑郁（O'Hara, Stuart, Gorman, et al., 2000; Zlotnick, Johnson, Miller, et al., 2001）都有明显的疗效。研究者对乌干达的一些农村居民进行了团体人际心理疗法治疗，明显缓解了他们的抑郁症状（Bolton, Bass, Neugebauer, et al., 2003）。人际心理疗法对于心境恶劣也有疗效（Markowitz, 1994）。对于不同的群体而言，人际心理疗法似乎都可以有效缓解抑郁。

认知疗法

贝克和他的同事们认为，抑郁症是消极图式以及认知偏差造成的。与此对应，他们提出的认知疗法旨在改变这些适应不良的思维方式。医生要帮助抑郁症患者改变他们对自己的看法。当一个患者说自己一无是处，因为"所有事情都会出岔子，不管我做什么都没有好下场"时，医生就要帮助患者找出证据反驳他的这一论断，比如被患者忽略的某些能力。医生还要教会患者监督自己的自言自语，并找出哪些思维模式容易造成抑郁。然后，医生会引导患者质疑自己的悲观信念，学会做出现实、积极的设想。通常，患者需要每天监督自己所想，并练习质疑自己过分悲观的想法（表 5.4 展示了一个需要患者回家自行监督的任务）。贝克重视的是认知重组，也就是说服患者不再如此悲观地思考。

贝克还提出了一种行为治疗办法，叫作行为激活。这种治疗技巧鼓励患者参与使自己开心的活动，从而激发他们对自己和生活的积极看法。比如，医生鼓励患者在日程中多加入一些诸如散步、和朋友聊天等积极的事情。

认知疗法对抑郁症的治疗效果，有超过 75 例随机控制实验可以支持（Gloaguen, Cottraux, Cucherat, et al., 1998）。许多研究都表明，认知疗法对重度抑郁障碍有效（Hollon, Haman, & Brown, 2002）。经过少量改动后，认知疗法治疗心境障碍也很有希望（Hollon, Haman, &Brown, 2002）。患者在认知疗法中学会的行为策略对预防复发非常有效。这一点很重要，因为重度抑郁障碍患者在治疗后复发的情况是非常常见的（Vittengl, Clark, Dunn, et al., 2007）。认知疗法对于那些尤其需要预防复发的患者帮助很大。研究发现，有过至少 5 次抑郁发作史的患者可以通过认知疗法预防复发（Bockting, Schene, Spinhoven, et al., 2005）。

由计算机控制的认知疗法已经开发出来了。通常来说，要先让患者和治疗师有一个简短的接触，以便指导最初的评价过程、回答问题和为患者的家庭作业提供支持和鼓励。随机分配的控制实验表明，计算机控制的认知疗法对患者的疗效好于他们可以从其他途径获得的帮助（Andrews, Hobbs, Borkovec, et al., 2010）。因为不同的计算机认知疗法程序的效果不同，患者最好确认自己接触的是经过多次测试有效的版本（Spek, Cuijpers, Nyklicek, et al., 2007）。

以正念为基础的认知疗法是基于认知疗法改编后的疗法，它注重于防止周期性重度抑郁障碍症治愈后的复发（Segal, Williams, & Teasdale, 2001）。以正念为基础的认知疗法的基本假设是，一个人的抑郁症之所以易于复发，是因为他/她总是将坏情绪与重度抑郁障碍发作期间自贬绝望的思维模式联系起来。所以，一个从抑郁症中痊愈的人伤心时，仍会像自己极度

临床案例：认知疗法质疑消极思维举例

下面一段对话是治疗师在认知疗法中帮助患者质疑消极思维的方式之一。患者可能要花几个疗程才能学会新的认知模式，并矫正自己过分悲观的思维。以下是疗程开端的一个例子。

治疗师：你因为自己和罗格离婚了就说自己是"废物"，可是我们刚刚讨论过了，"什么事情都做不成功"的才是废物。

病人：是啊，这个词挺重的。

治疗师：那么，我们来梳理一下你到底哪些事情不成功。在这张纸的中间画一条竖线，在左上角写上"我成功的那些事"。

病人：（画线，并写下句子）

治疗师：你有什么成功的证据和例子？

病人：我大学毕业，有一个儿子，有一份工作，有三五好友并坚持锻炼。我很可靠，我对朋友们都很好。

治疗师：很好，把这些都写下来。现在我们在右边这一栏写一些你不成功的事情。

病人：哦……虽然挺荒唐的，但是我要写"我离了婚"。

治疗师：可以。现在看一下左右两栏的事件，你觉得你成功和失败的比重是多少？一半一半？还是其他比重？

病人：差不多成功的占95%吧。

治疗师：现在你有多相信自己是个成功的人？

病人：100%。

治疗师：现在你有多相信自己会因为离婚而变成"废物"？

病人：也许我不是个废物。但是离婚毕竟是件失败的事情，所以我选 10% 吧。

（引自 Leahy, 2013, 46 页起）

注：一般来说，像这段对话一样，认知疗法每次质疑患者的一部分消极观念，而不是全部。在之后的疗程中，治疗师会再质疑患者的其他消极观念。

表5.4 认知疗法常用策略：日常思维监督举例

日期时间	情境（当时正在发生什么？）	消极情绪（需要指出类型，如难过、紧张、愤怒；需要用0~100之间的分数标记情绪的强度）	自动出现的消极思维	你有多坚信这最初的想法（0~100）？	替代思维（有没有其他角度看待这件事？）	请重新评估，现在你有多坚信最初的想法（0~100）？	结果（思维替换之后，现在你的情绪类型和强度分数）
周二上午	工作中犯了一个错误。	难过~90 尴尬~80	我总是搞错，我从来不擅长任何事情。	90	上司给我的时间太少了，时间长一点我肯定能做好。	50	解脱~30 难过~30
周三晚饭期间	在饭店吃饭，隔壁桌是我的高中同学，但是没认出我。	难过~95	我真是无足轻重。	100	我的发型变化太大了，很多人认不出我来。如果我提醒她我是谁，她可能会很高兴见到我。	25	难过~25
周四早饭期间	丈夫出门工作，没跟我说再见。	难过~90	连爱人都不在意我。	100	我知道他要做一个很隆重的报告，他一定压力很大。	20	难过~20

抑郁时一样消极地思考；而重新激活的消极思维模式，反过来也加剧了其悲伤的程度（Teasdale，1988）。因此患过重度抑郁障碍的人伤心时更容易崩溃，进而引发新一轮的抑郁发作。

以正念为基础的认知疗法试图教会患者意识到他们的消极思维模式故态复萌，并且学会采取一种"去中心化"的视角看待这些消极思维，即：只把它们看作"心理事件"而非真实自我或现实的准确反映。例如，患者会对自己说"想法与现实不同"或者"我的想法不等于我现在的状态"（Teasdale, Segal, Williams, et al., 2000, p. 616）。或者可以采取许多不同的方法，如冥想来使患者获得一种与抑郁思维和感受相分离的状态。这种视角应当可以减少消极思维方式重新出现带来的抑郁复发。

在一项研究（Teasdale et al., 2000）中，患过抑郁症的被试被随机分配到以正念为基础的认知疗法组和传统疗法组中。研究结果显示：以正念为基础的认知疗法更加有效，它减少了曾有3次或以上重度抑郁障碍发作经历的患者的复发风险。不过对于抑郁只发作过一到两次的患者，以正念为基础的认知疗法似乎并不能阻止他们的抑郁复发（Ma & Teasdale, 2004）。因此这种疗法对于治疗多次重度抑郁障碍发作的患者更有效。

行为激活疗法

之前我们提到过，行为激活是贝克提出的疗法的一部分。行为激活原本是作为一种独立的疗法提出的（Lewinsohn, 1974）。这种疗法的基本思想是，大部分抑郁发作的诱发因素都可以归为正强化不足。正如生活事件、低社会支持、婚姻危机、贫穷，以及社交技能、人格、应对方式的个体差异等，都可能造成正强化不足。当抑郁开始发病，活力下降、回避、迟钝等常见症状也随之出现，这会进一步使正强化的水平降低（Lewinsohn, 1974）。所以，行为激活的目标在于提高患者对正强化活动的参与，打断抑郁症状造成的恶性循环（Martell, Addis, & Jacobson, 2001）。

在一项旨在探索贝克疗法最有用的成分的研究（Jacobson & Gortner, 2000）中，行为激活的表现非常好，因此获得了极大的重视。研究发现，认知疗法中的行为激活成分，在减轻重度抑郁症状和预防两年内复发的过程中，发挥着同整个认知疗法几乎相当的作用（Dobson, Hollon, Dimidjian, et al., 2008）。重复实验显示，行为激活在一项针对214位重度抑郁障碍患者的研究中表现出了治疗效果（Dimidjian, Hollon, Dobson, et al., 2006）。行为激活在团体治疗方面也表现出疗效（Oei & Dingle, 2008），并且该疗法对不同背景的患者都适用（Dimidjian, Barrera, Martell, eit al., 2011）。这些研究结果说明，人们未必需要直接调整他们的消极思维，参与有回报的活动也足够用来减少抑郁了。

伴侣行为疗法

上文提过，抑郁经常与人际关系问题紧密相关，尤其是婚姻危机和家庭危机。从这一点出发，研究者开发出了伴侣行为疗法。研究者同时与伴侣双方都进行工作，从而提高两人的交流和关系满意度。研究发现，当一个抑郁的人同时也在经历婚姻危机时，**伴侣行为疗法**在缓解抑郁方面可以与认知疗法（Jacobson, Dobson, Fruzzetti, et al., 1991）和药物（Barbato & D'avanzo, 2008）一样有效。确实，婚姻疗法在减轻关系带来的压力上，比个人疗法更有效。

双相障碍的心理治疗

药物是双相障碍治疗的必要成分，但是心理治疗可以作为对药物治疗的补充，帮助解决药物治疗带来的社会和心理问题。这些心理疗法还可以减轻双相障碍中的抑郁症状。

让病人了解自己的疾病是许多心理障碍治疗的重要成分，其中也包括双相障碍和精神分裂症。**心理教育法**用于帮助患者了解自己的障碍表现、持续时间、生理和心理诱因以及治疗策略。

研究表明，严谨的教育可以使患者坚持服用对应的药物，如锂盐（Colom, Vieta, Reinares, et al., 2003）。这一点非常有用，差不多一半的双相障碍患者没法做到坚持服药（Regier, Narrow, Rae, et al., 1993）。本书作者的一个朋友曾说："锂消除了我的低迷状态也消除了我的亢奋状态。我对低迷的时候没什么留恋，但是我确实对亢奋状态的某些方面恋恋不舍。我花了好一阵子才接受必须告别亢奋状态这一事实。保住婚姻和工作的愿望帮助了我。"药物可不会按照你的喜好消除症状。除了帮助患者坚持服药，心理教育法还可以帮助患者避免住院治疗（Morriss, Faizal, Jones, et al., 2007）。

还有几种其他的疗法可以帮助双相障碍的患者学会应对技巧并减少症状。认知疗法和以家庭为中心的治疗都有这方面作用（Lam, Bright, Jones, et al., 2000）。认知疗法利用治疗重度抑郁障碍的一些技术，再加上针对躁狂发作的内容。以家庭为中心的治疗旨在给家庭成员心理障碍方面的教育，促进家庭沟通，提高解决问题的技能（Miklowitz & Goldstein, 1997）。

在一项关于双相障碍的大型研究中，研究者选取了正在经历抑郁的双相障碍患者（Miklowitz, Otto, Frank et al., 2007）。为了确保涵盖不同的治疗方法，被试是从全美14家不同的治疗机构募集而来的。这些患者都在接受集中的药物治疗，研究者感兴趣的是在此基础上的心理治疗是否有帮助。患者被随机分配到两组，一组接受心理治疗，另一组是控制组，接受一种叫作协作照护的治疗。控制组的130名患者接受由一家治疗机构提供的三段支持性的疗程，而实验组的163名患者接受认知疗法、以家庭为中心的治疗、人际心理疗法三种疗法中的一种，最长可持续9个月。结果显示，每一种疗法都比协作照护的控制组更好地缓解了症状，并且三种疗法没有差别。这表明，当双相障碍的患者经历抑郁过程时，辅以上述三种心理疗法中的任意一种都会对治疗有帮助。

心境障碍的生物疗法

有很多生物的治疗方法被用于治疗抑郁和躁狂症，其中最常用的两种是电休克疗法和药物治疗。

电休克法治疗抑郁症

对重度抑郁障碍的治疗中，最具戏剧性和争议性的可能就是电休克疗法了。大部分时候电休克疗法只用于药物治疗无效的重度抑郁患者。电休克疗法通过对患者的大脑通70～130伏特的电流，来谨慎地使患者瞬间抽搐并失去意识。以往，电极被放在前额的两侧，这种方法叫双侧电抽搐治疗。现在单侧电抽搐治疗比较常用，因为副作用更少（McCall, Reboussin, Weiner, et al., 2000）。单侧电抽搐治疗指只在非优势脑（通常为右脑）一侧的半球实行电击。过去，病人在电流引发休克之前都是清醒的，因此电流常常引发躯体非常恐怖的扭动，甚至会造成骨折。现在，病人在被通电之前都会注射肌肉松弛剂，所以肌肉的轻微抽动很难看出，而且病人在几分钟后醒来时根本不记得治疗过程。通常病人要接受6～12次的治疗，中间间隔数天。

尽管治疗过程经过了很大的修正，这导致休克的疗法仍然是很激进的。怎么会有人接受这么激进的治疗呢？原因很简单。尽管我们还不了解它的工作原理，但电休克疗法比一般的抗抑郁药物更有用（Pagnin, De Querioz, Pini, et al., 2004；UK ECT Review Group, 2003），尤其是对于出现了精神病性症状的患者（Sackeim & Lisanby, 2001）。很多治疗师会告知接受电休克疗法治疗的患者，他们面临着短时间迷茫和失忆的危险；患者确实经常失去电击治疗时甚至相邻几周内的记忆。单侧电抽搐治疗比双侧引发的副作用要少（Sackeim & Lisanby, 2001），但仍与治疗过程六个月之后的认知功能损害有关（Sackeim, Prudic, Fuller, et al., 2007）。一般来说，治疗师只会在其他温和的疗法均不见效之后才采取电休克疗法。很多专家也认为这是必要的，毕竟抑郁患者存在自杀风险。

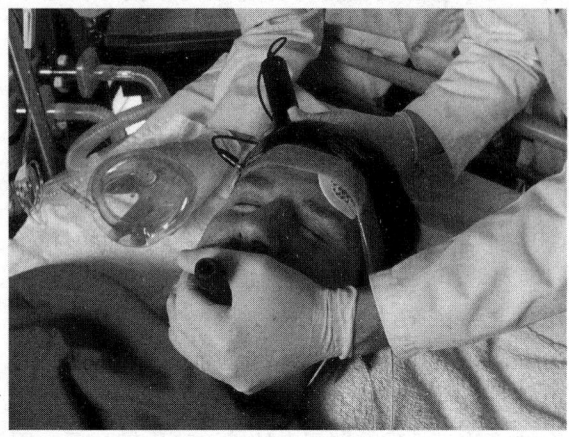

电休克疗法对药物治疗无效的抑郁症有疗效。单侧电击和肌肉松弛剂的使用减少了副作用（Will & Deni McIntyre/Photo Researchers, Inc.）。

药物治疗抑郁症

药物治疗，是生物疗法乃至一切抑郁症和双相障碍治疗方法中，最常用、研究最透彻的一种治疗方法。如表 5.5 显示，一共有三种**抗抑郁剂：单胺氧化酶抑制剂，三环类抗抑郁剂和选择性 5- 羟色胺再摄取抑制剂**。三种药物的临床效果差不多相同（Depression Guidelines Panel, 1993）。大量双盲实验显示，这些药物在治疗抑郁症的过程中，50% ~ 70% 完成全部疗程的患者都表现出明显的好转（Depression Guidelines Panel, 1993；Nemeroff & Schatzberg, 1998）。它们对重度抑郁障碍和心境恶劣都有疗效（Hollon, Thase & Markowitz, 2002），但也有诸多副作用。

不过，有一篇报告声称已发布的文章可能高估了抗抑郁药物有效的人数。制药公司想要做实验，用来在开拓市场之前初步验证药物作用或者佐证用药应当产生变化时，其数据都需要在食品和药物管理局备份。一组研究人员详细检查了 1987 年到 2004 年抗抑郁药物的实验数据（Turner, Matthews, Linardatos, et al., 2008）。他们使用了食品和药物管理局处备份的 74 份档案，其中 51% 呈现出阳性结果（即抗抑郁药物有作用）。这些研究报告中只有一份没有发表。而呈现出阴性结果的报告中，只有不到一半的文章发表了。而且这些发表的文章还声称自己获得了阳性结果，尽管食品和药物管理局判定他们的结果是阴性的。所以总体来说，发表出来的文章出现了阳性的偏差。要阻止这种势头，一个方法就是做一个大型的实验，确认谁对抗抑郁药物有反应，谁没有反应，以及对抗抑郁药物不起作用的

表 5.5 治疗心境障碍的药物

种类	通用名称	副作用
单胺氧化酶抑制剂	反苯环丙胺	与特定食物药物同食可能产生致命的高血压；口干、眩晕、恶心、头疼。
三环类抗抑郁剂	丙咪嗪、阿米替林	心脏病发作、中风、高血压、视物模糊、焦虑、疲倦、口干、便秘、胃胀、勃起困难、体重增加。
选择性 5-HT 再摄取抑制剂	氟西汀、舍曲林	紧张、疲惫、胃肠不适、眩晕、头疼、失眠、自杀风险。
心境稳定剂	锂盐	发抖、胃病、动作不协调、眩晕、心律不齐、视物模糊、疲惫，少量病例因用药过量而死亡。
抗痉挛药	双丙戊酸钠	胰腺炎
抗精神病药	奥氮平	高血糖、糖尿病、迟发性运动障碍，在老年患者中可能引发心脑血管问题和神经阻滞剂恶性综合征。

病人应当做些什么。

为了使用大样本研究抗抑郁药物的实际作用，缓解抑郁的系列治疗研究使用了41个医疗组织（包括18个基础护理机构）的3671名病人作为被试进行了抗抑郁药物的研究（Rush, Trivedi, Wisniewski, et al., 2006）。以往的研究常常限定于"纯抑郁症"的患者，即没有其他并发障碍的患者，并让他们在特定大学的研究性诊所里进行治疗。与这种纯净无并发的抑郁症鲜明相对的是，这次系列治疗研究的病人都有长期或反复发作的抑郁，并伴有其他心理障碍，而且已经接受了（不成功的）若干次治疗。研究者未采用药物治疗和心理治疗进行对照的方式，也没有使用安慰剂和药物进行对照，而是以解决治疗师在实践中会遇到的各种问题为目标。比如，如果最初的药物没有起到作用，更换药物或者另加一种药物有没有用呢？如果第二阶段的治疗失效，最好的替换方式是什么呢？病人们的治疗都先从西酞普拉开始，如果治疗无效，他们会接受：①换用一种其他的药物，②另加入一种药物，两种药物同时使用，③认知疗法，如果他们愿意另付心理治疗费用的话。

结果非常明显，只有三分之一的患者仅使用西酞普拉就解除了全部症状（Trivedi, Rush, Wisniewski, et al., 2006），而没有得到治疗效果的患者中几乎没有人愿意付钱进行认知治疗。在这些使用西酞普拉没有效果而进行第二轮药物治疗的患者中（不论使用了什么药物），约30.6%得到了缓解。而在第一轮和第二轮药物治疗中都没有得到缓解的患者，只有13.7%在第三轮治疗中见效。第四轮见效的患者（13%）更少。但是，在药物治疗中得到缓解的患者复发率很高。即使提供了复杂的治疗流程，只有43%的患者得到了持久的康复（Nelson, 2006）。这项结果揭示了我们研究中的一些不足之处。首先，需要更仔细地探究药物在真实情境中的作用，因为结果可能与专业诊所中得到的结果不同；其次，对于用药没有效果的患者，需要为他们研究新的治疗方法。

这项研究和其他的研究都促使我们深入思考，为何有些人使用抗抑郁药效果较好而有些人完全没有疗效？两项元分析发现，对于严重的抑郁症，抗抑郁药比安慰剂有效，而对于轻度的抑郁症则不会（Fournier, Derubeis, Hollon, et al., 2010；Kirsch, Deacon, Huedo-Medina, et al., 2008）。尽管这些结果有很大争议，但许多药物治疗程序确实是针对严重抑郁而开发的（Derubeis, 2011），很少有处方针对那些较轻的症状。

而且，在服用医生所开的抗抑郁药的病人中，有40%的人在第一个月就停止服用这些药了（Olfon, Blanco, Liu, et al., 2006），主要因为他们讨厌副作用（见表5.5）（Thase & Rush, 1997）。单胺氧化酶抑制剂是最少使用的抗抑郁药，因为它们与特定的食物和饮品同食的话，会有致命的副作用。选择性5-HT再摄取抑制剂最常使用，因为它们相对于其他种类的抗抑郁药，副作用较少（Enserink, 1999）。然而，2004年3月，美国食品和药物管理局要求厂商在包装上添加警告文字，说明在有些病例中（尤其在刚开始使用时或者忽然增加剂量后），选择性5-HT再摄取抑制剂造成了自杀的后果。研究者对造成儿童、青少年自杀的效应一直非常关注，但结果却莫衷一是（见第13章）。

虽然各种各样的抗抑郁药加速了抑郁发作后的康复，但停药之后的复发也是非常常见的（Reimherr, Strong, Marchant, et al., 2001）。这不意味着要无视暂时康复的优点，毕竟抑郁发作持续的话，会有人际关系问题、住院治疗和自杀的可能。一项涵盖了31种药物治疗程序的元分析研究发现，患者在症状缓解后继续使用药物，减少了大约20%～40%的复发（Geddes, Carney, Davies, et al., 2003）。药物说明中都会建议抑郁发作停止后再持续使用6个月。为了防止复发，药物用量应该和病症最严重的时候一样多。

对重度抑郁障碍疗法的比较

对于大部分患者，使用心理治疗和抗抑郁药双管齐下的方式，比单独使用心理治疗或抗抑郁药可增加10%～20%的康复概率（Hollon, Thase, et al., 2002）。研究发现，通过电话对开始使用抗抑郁药的患者进行认知疗法，都比只使用药物效果好（Simon, 2009）。这些疗法各有各的优势。抗抑郁药比心理疗法起效更快，可以使症状即刻缓解；而心理疗法需时更长，但给患者提供了对抗抑郁复发的技巧，它们在疗程结束后仍可以发挥作用。

很多患者想知道药物和心理治疗究竟哪个对缓解症状更有效，有四项研究显示，认知疗法和药物在缓解抑郁的急性症状时效果相同（Derubeis, Gelfand, Tang, et al., 1999）。但在另一项研究中，认知疗法在缓解严重抑郁症状时效果不如药物（Elkin, Shea, & Shaw, 1996）。为了从这些复杂的结果中得到更确切的结论，研究者设计了一项比较用认知疗法和药物治疗严重抑郁的研究（Hollon & Derubeis, 2003）。研究者将240名严重的抑郁症患者随机分配到不同的组，分别接受4个月的药物、认知疗法或者安慰剂，对其中康复的患者还会进行12个月的追踪。结果显示，认知疗法和抗抑郁药在治疗严重的抑郁症方面疗效相当，都明显好于安慰剂。认知疗法有两个优点：花费更低；疗程结束后防止复发的效果更好（Hollon, Derubeis, Shelton, et al., 2005）。

双相障碍的药物治疗

治疗躁狂症状的药物叫作心境稳定剂。锂作为一种化学元素，最先被认定为心境稳定剂。多达80%的双相I型障碍患者从服用锂盐中至少得到了轻度的疗效（Prien & Potterm, 1993）。虽然药物可以缓解症状，但是大多数患者还是要经受哪怕是轻微的躁狂和抑郁症状。一项元分析集合了5个将患者随机分配到安慰剂和锂盐治疗两组，并至少跟踪一年的研究，共包含770名患者。结果显示服用锂盐的患者有40%的复发率，而服用安慰剂的患者有60%的复发率（Geddes, Burgess, Hawton, et al., 2004）。

由于可能造成严重的副作用，锂盐被划为处方药并需谨慎使用。锂含量过高是有毒的，所以服用锂盐的患者必须定期接受血检。但锂盐最好终身使用（Maj, Pirozzi, Magliano, et al., 1998）。

除了锂盐之外，有两类药物也被美国食品和药物管理局承认可以治疗急性躁狂症状（Bowden, Lecrubier, Bauer et al., 2000）：抗痉挛药，如双丙戊酸钠；抗精神病药物，如奥氮平（再普乐）。锂盐仍是最被推荐使用的药物，但是其他药物可以在无法承受锂盐副作用的患者身上使用。与锂盐相同，这些药物可以缓解躁狂症状和一部分抑郁症状。不过，它们也有严重的副作用，抗痉挛药比安慰剂会引起更多的自杀念头（FDA,2008年1月31日）。除了抗痉挛药和抗精神病药物，其他几种药物的研究也显示它们很可能有可观的疗效（Stahl, 2006）。

锂盐通常会与其他药物结合使用。因为锂盐的治疗作用是逐渐累加的，急性躁狂的治疗通常先从锂盐和抗精神病药物（快速缓解症状）一起使用开始（Scherk, Pajonk, & Leucht, 2007）。

心境稳定剂在治疗躁狂的同时也会缓解抑郁症状（Young, Goey, Minassian, et al., 2010）。然而，很多患者在服用心境稳定剂的时候还是会经受抑郁症状的折磨。对于这些患者，治疗时还需加入抗抑郁药物（Sachs & Thase, 2000）。但是这种做法有两个可能的问题：第一，抗抑郁药物是否真的能减轻正在服用心境稳定剂的患者的抑郁症状尚不明确（Sachs, Nierenberg, Calabrese, et al., 2007）；第二，对于双相障碍患者而言，抗抑郁药物会在一定程度上提高他们躁狂发作的可能性（Tondo, Vazquez, & Baldessarini, 2010）。

补充知识

研究者发现，不论是心理疗法、药物疗法，

临床个案：为丽莉选择治疗方法

丽莉受抑郁症影响越来越严重。她曾接受百忧解（氟西汀）的治疗以快速缓解她的症状。但是4周后，由于疲惫、恶心等副作用，她不得不停止百忧解的使用。

面对许多疗法，要为患者选择最好的疗法是很难的。有时疗法选择受到医生或者治疗师的个人意见影响。理想情况下，患者的个人意愿也应该考虑在内。

丽莉在生活中经历了很多变故，因此来访者中心疗法对她可能更适用。她一直怪自己"是个失败的妈妈和妻子"，所以认知行为疗法应该也是有帮助的。她与丈夫有婚姻冲突，所以综合性伴侣行为疗法也合适。

来访者中心疗法

来访者中心疗法的焦点在于通过表达真诚、同理心和无条件的积极关注来建立一个舒适、不评价的环境，并使用非指导性的方法，以帮助病人找到他们自己的方法来解决问题。

认知行为疗法

认知行为疗法旨在通过设定目标明确而系统的程序来解决情绪、行为和认知功能紊乱。为了配合治疗进程，病人可能要写日记记录与感觉、想法和行为有关的重要事件。在治疗过程中，要鼓励病人质疑自己对他人的假设和观点，找出没有益处和不真实的地方。

综合性伴侣行为疗法

综合性伴侣行为疗法的基本理念是：针对自己的问题做出行动（而不是一直思考和谈论它们）才是关键所在。落实到治疗方法上，就是让病人发现和改变不利的行为模式，采取新的方法来解决问题或寻求和解。

还是电休克疗法，这些成功的治疗方法都改变了与抑郁有关的脑区的活动（Brody, Saxena, Stoessel, et al., 2001；Goldapple, Segal, Garson, et al., 2004；Nobler, Oquendo, Kegeles, et al., 2001）。很有意思的一点是，抗抑郁药物和电休克疗法都刺激了大鼠的海马神经元生长（Duman, Malber, & Nakagawa, 2001）；而药物的疗效（至少在动物身上）似乎取决于这些神经元是否生长（Santarelli, Saxe, Gross, et al., 2003）。了解心理疗法和药物疗法如何改变内在的神经生理过程，对于未来完善这些疗法有帮助。

研究者们也开始研究药物如何影响受体敏感性。这些研究在针对躁狂症和抑郁症方面都在进行。比如，一项研究检查了抗抑郁药是否能替换一种叫作第二信使的化学信使（见第2章），从而改变突触后受体的敏感性。另一领域的研究关注 G 蛋白（鸟苷酸结合蛋白），这种蛋白在调整突触后神经元的活动上起到了重要的作用。研究发现躁狂患者体内 G 蛋白水平过高，抑郁症患者的 G 蛋白水平则过低（Avissar, Nechamkin, Barki-Harrington, et al., 1997；Avissar, Schreiber, Nechamkin, et al., 1999）。有研究者认为对躁狂症最有效的药物锂盐的作用机制就在于它可以调节 G 蛋白（Manji, Chen, Shimon, et al., 1995）。

概念核查5.4（答案见章末）

请选出所有合适的答案。
1. 下列哪些心理疗法可以用于治疗重度抑郁障碍？
   a. 人际心理疗法　　b. 行为激活疗法
   c. 精神分析法　　　d. 认知疗法
2. 下列哪项疗法对重度抑郁障碍的精神病性特征最有效？
   a. 百忧解　　　　　b. 任一抗抑郁药治疗
   c. 电休克疗法　　　d. 心理疗法
3. 选择性 5-HT 再摄取抑制剂在抗抑郁药中最受欢迎，是因为：
   a. 更有效　　　　　b. 副作用更小
   c. 更便宜

临床个案：丹

丹参加了邻居家的烧烤活动。他带去了沙拉并帮忙烹制香肠。他还陪四处乱跑的孩子踢足球，直到他们为了避雨进入室内。两天之后，丹把车开出了车库，自己走进去，关上门，在天花板上系了一根绳子，站在椅子上，把绳子套在脖子上，然后踩空了椅子。

前女友说，丹曾因他们长达三年的感情破裂，并且她与她的新同事恋爱感到难过。然而，所有认识丹的人还是感到非常震惊，因为从他的行为看不出来他的情况已糟糕至此。

自杀

自杀是最能给亲友带来无尽的痛苦、羞愧、内疚和困惑的一种死亡（Gallo & Pfeffer, 2003）。自杀者的亲友在之后一年内的死亡率非常高。

让我们先来界定一些术语（见表5.6）。自杀意念指想要杀掉自己的想法，它比尝试和真正完成自杀更常见；自杀企图指尝试造成自己死亡但没有导致这一结果的行为；**自杀**指企图杀死自己并真的成功了的行为；**自伤**指造成即刻身体伤害的行为，但行为目的不是杀死自己（见"聚焦发现5.6"）。

表5.6 自杀研究中的几个术语

自杀意念：杀死自己的想法
自杀企图：尝试杀死自己的行为
自杀：由于故意的自我伤害而造成的死亡
自伤：伤害自己的行为，但并不是为了杀死自己

自杀和自杀企图的流行病学

一个人的死因有时难以查明，所以自杀率可能大大地被低估了。例如，看起来是意外事故的一场死亡可能包含了自杀意图。尽管如此，据估计，在美国平均仅20分钟就有一人死于自杀（Arias, Anderson, et al., 2003）。

自杀的流行病学研究发现以下结果：

★ 在美国，一年中的总体自杀率大约是每一万人中有一例（Centers for Disease Control and Prevention, 2006），每20例自杀企图中有1例会发展为成功自杀。

★ 全世界范围内，大约9%的人报告自己产生过至少一次自杀意念，2.5%的人至少尝试过一次自杀行为（Nock & Mendes, 2008）。

★ 男性自杀的可能性是女性的4倍（Arias et al., 2003）。

★ 女性比男性更可能实施最终未能成功的自杀企图（Nock & Mendes, 2008）。

★ 在美国，枪是目前最常见的自杀方法（Arias

Sylvia Plath等自杀的作家为我们提示了自杀的内在原因。（Corbis-Bettmann）

et al., 2003），占所有自杀中的60%。男性更容易选择开枪和上吊，女性更容易选择服药这种不即时致命的方法。这可能与女性自杀成功率低有关。

★ 老年人的自杀率更高。美国最高的自杀率属于超过50岁的白人男性群体。
★ 美国的儿童和青少年的自杀率正在飞速增长，但仍远低于成人（见图5.10）。有人估

聚焦发现 5.6　　自伤

在BBC的一次采访中，戴安娜王妃自述曾因感到非常痛苦而采取了自伤行为（WireImage/Getty Images, Inc.）

研究者正在快速推进有关自伤的研究，发现它比大家以往认为的更加常见（Nock, 2010）。并且，与以往想法相反的是，很多没有边缘性人格障碍的人也进行过这种自我伤害（Nock, Kazdin, Hiripi, et al., 2006）。下面我们介绍一下这种行为的定义和原因。

在给自伤定义时有两个重点：首先，个体并没想造成自己的死亡；其次，个体打算造成即刻的身体伤害。最常见的自伤是，人们划伤、打伤或灼烧自己的身体（Franklin, Hessel, Aaron, et al., 2010）。在调查中，大约13%～45%的青少年说自己曾进行过自伤，不过使用更宽泛的自伤概念会得到更高的估计值。比如，有些研究认为"使劲挠自己结果造成出血"也算作这一行为，而没有排除皮疹等其他人们挠自己的原因。但确定无疑的是，确实有一部分人会对自己进行严重的伤害。对自伤者的典型描述是，在青春期早期偶尔进行自伤（少于10次）之后停止（Nock, 2009）。但其中一小部分人会持续进行自我伤害，有时会超过每年50次，这类持续伤害自己的人正是研究者很想了解的（Nock & Prinstein, 2004）。

为什么会有人一次又一次地伤害自己？很多研究认为，人们在经历激烈的痛苦时会伤害自己。但这个答案并不完美——大部分人不会用伤害自己的方法面对苦难。在一篇综述中，Nock和他的同事（2010）发现人们伤害自己有很多原因。对于有些人，自我伤害的痛苦可以减少其他负性情绪体验，比如愤怒。有人在自我伤害后会感到满意，因为他们给了自己应得的惩罚。这种行为还可能因为人际互动而加强：其他人会对自我伤害的人给予更多的支持和更少的侵害。一些研究发现自我伤害的人比其他人更容易体验到强烈的情绪，更相信自己应当受到惩罚，更多地报告了自己在建设性地维持人际关系上的困难。不只是强烈的情绪体验，这些人在实验室中进行比较困难的任务时，也比控制组有更强的心理生理反应（Nock & Mendes, 2008）。在一项研究中，自伤者需要每天记录自己的感受、重要事件和自伤行为。研究者发现，在自伤发生之前被试自我仇恨和被拒绝的感受非常普遍（Nock, Prinstein, & Sterba, 2009）。总的来说，研究发现自伤可能通过心理（释放自我仇恨或愤怒等感受）和社会（激发他人更多支持行为）原因加强。所以，似乎需要结合社会、情绪、认知研究的力量，才能全面地了解这一复杂的行为模式。

计，至少 40% 的儿童和青少年曾产生过至少一次自杀意念。但年轻人更容易死于其他原因，因此自杀在 10～24 周岁人群的死亡原因中排第 3 位。

★ 离婚和丧偶会提高 4～5 倍的自杀风险。

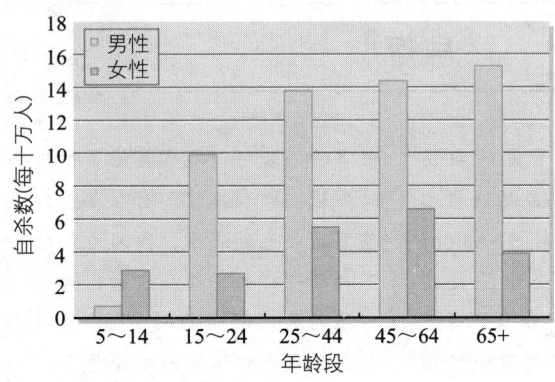

图 5.10 每年的自杀数量（Arias et al., 2003）

自杀的模型

自杀是一项复杂而多面的行为，以至于没有一个模型可以完全解释它。关于自杀的谜题众多，需要对其进行更仔细的研究（见表 5.7）。关于自杀的研究牵涉到很多伦理道德问题，并迫使人们思考自己的生死观。

表 5.7 关于自杀的误解

常见误解	相反证据
谁谈论自杀就不会去自杀	大约 75% 自杀成功的人在自杀之前提起过这一想法
自杀是毫无预兆的	通常会有很多迹象，比如其会说世界没有自己会更好，或者莫名其妙地送出很贵重的礼物
自杀的人都是想死的	大多数人在自杀被阻止后感到感激
使用不太致命的方法自杀的人都不是真的想自杀	很多人对于药物剂量和人体解剖学不太了解，所以真想求死的人也可能使用不够致命的方法

来源：引自 Fremouw, De Perzel, & Ellis (1990)；Shneidman (1973)

心理障碍

之所以把自杀放到这一章，是因为很多心境障碍的患者都有自杀的想法，其中一些人还会付诸行动。在尝试自杀的人中，有超过一半当时正经历抑郁（Centers for Disease Control and Prevention, 2006）；曾因为抑郁症住院的人中，有 15% 最后死于自杀（Agenst et al., 2002）。其他精神疾病对理解自杀也很重要：尝试自杀的人中 90% 至少患有一种精神疾病。因为精神分裂症、双相 I 型障碍和双相 II 型障碍住院的患者中，10%～12% 最终死于自杀（Angst et al., 2002；Roy, 1982）。冲动控制障碍、物质使用障碍和边缘性人格障碍也与高自杀风险有关（Linehan, 1997；Nock & Mendes, 2008），但这些心理障碍的患者通常是在并发抑郁发作时自杀（Angst, et al., 2002；Schmidt et al., 2000）。虽然在心理疾病的背景下理解自杀行为非常重要，但是大多数心理疾病的患者并未死于自杀。

神经生物学模型

双生子研究显示，自杀企图的遗传性为 48%（Joiner, Brown, & Wingate, 2005），收养研究也支持自杀具备遗传性。

正如低水平的 5- 羟色胺与抑郁有关，5- 羟色胺也与自杀有关系（Mann, Huang, Underwood, et al., 2000）。在自杀的人群身上发现了低水平的 5- 羟基吲哚乙酸（5-HTAA），而它是 5- 羟色胺的主要代谢物（Van Praag, Plutchik, & Apter, 1990）。5- 羟色胺功能失调尤其与暴力型的自杀有关系。暴力形式的自杀与验尸时的低水平 5- 羟基吲哚乙酸相关（Roy, 1994；Winchel, Stanley, & Stanley, 1990），与 5- 羟色胺转运基因的多态性也相关（Bondy, Buettner, & Zill, 2006）。这些研究结果表明 5- 羟色胺功能失调可能提高暴力型自杀的风险。

除了 5- 羟色胺系统，其他研究还发现，在患有重度抑郁障碍的患者中，对地塞米松抑制检

英国小说家、评论家 Virginia Woolf
(1882—1941)
(George C. Beresford/Getty Images)

1941年3月28日，59岁的 Virginia Woolf 在她家旁边的河里投水而亡。她的家里发现了两封遗书，内容相似。一封写于大约10天前。那天她满身是水地回家，说自己不小心摔倒了，可能那时她就尝试了自杀但没有成功。第一封是给姐姐 Vanessa 的，第二封则给自己的丈夫 Leonard。在这封信中，她写道：

亲爱的，我觉得我又进入了疯狂。这次我们可能没法撑下去了。我这次可能很难恢复了。我一直听到声音，根本无法集中精力。所以我想做出看起来对大家来说都最好的选择。你给了我世界上最幸福的生活。无论对谁、无论从什么方面，你都是最好的那种伴侣。我觉得世界上两个人之间最大的快乐不过如此。然而我病了。我已经坚持不下去了。我知道我毁了你的生活，要是没有我你可以过得很好。我肯定你会的。你看，我连这封信都写不好。我快丧失阅读能力了。我想说的是，我生活中所有的快乐都是你给我的。你对我无比好、无比耐心。我想告诉你这个——每个人都知道。如果说这世上真的有什么人能拯救我，那也只能是你。你的善待是我唯一还没失去的东西。我不能再继续破坏你的生活了。没有哪两个人会比从前的我们更幸福的。

V 字

[pp.400～401, Briggs, J. (2005). Virginia Woolf: An Inner Life. Orlando, Fl: Harcourt, Inc.]

测反应异常的患者，在接下来的14年中的自杀风险提高了14倍（Coryell & Schlesser, 2001）。

社会因素

经济和社会事件会影响自杀率。举一个例子，近100年中，自杀率在经济萧条时期明显增加（Luo, Florence, Quispe-Agnoli, et al., 2011）。还有一些社会环境影响自杀的证据，如传媒大肆报道自杀对于自杀率有影响。比如，玛丽莲·梦露自杀之后的那个月，自杀率增加了12%（Phillips, 1985）。一篇涵盖了293个研究的综述发现，媒体报道的名人自杀比非名人自杀更有可能明显提高自杀率（Stack, 2000）。而媒体报道名人的自然死亡则不会引起自杀率的提高，这表明自杀率的上升不是由于悲痛这一因素（Phillips, 1974），这些数据表明社会文化因素对自杀确有影响。

直接影响个人的社会因素也可以预测自杀率。在一项综合研究中，Van Orden 和同事（2010）发现社会孤立和缺乏社会归属感都可以有力预测自杀意念和行为。他们认为，孤独的感觉、没有人可以倾诉是引起自杀最大的因素。

Nirvana 乐队主唱 Kurt Cobain 自杀引发了青少年自杀率的上升。
(Kevin Estrada /Retna)

心理模型

自杀有很多不同的意义。自杀可能出于对他人的内疚、为了引起他人的关爱、补偿以往的错误、摆脱难以接受的感觉、与死去的亲人会合、脱离情绪上的痛苦等。确定无疑的是，与自杀有关的心理变量是有个体差异的，但是很多研究者还是尝试找出其中共同的风险因素。

有的研究者建立了自杀和较差的问题解决能力之间的关系（Linehan & Shearin, 1988）。问题解决能力的不足，确实可以有效预测自杀企图（Dieserud, Roysamb, Braverman, et al., 2003），而且解决问题能力差还和过往自杀企图的严重程度有关，在控制了被试的抑郁程度、年龄、智力功能后依然如此（Keilp, Sackeim, Brodsky, et al., 2001）。

美国前总统林肯在 31 岁时婚约破裂之后产生了非常严重抑郁症状，以至于他的朋友们都害怕他会伤害自己，于是把一切尖利的东西都拿出了他的屋子。"我现在是人类中最可悲的一个，"林肯说，"我不知道自己会不会好起来；但我不允许自己不好转。现在这样肯定是不行的。我要么死，要么就得好起来。"
（Goodwin, 2003）（Granger Collection）

有人可能推测，解决问题能力有限的人更脆弱、更绝望。绝望，可以定义为一个人认为未来不会变好的期待。绝望与自杀明显有关，高水平的绝望与高达 4 倍的自杀风险有关（Brown, Beck, Steer, et al., 2000）。在控制了抑郁水平之后，绝望水平依旧很重要（Beck, Kovacs, & Weissman, 1975）。

尽管有这些不好的特点（如问题解决能力差、绝望）存在，仍有一些积极的要素能够激励患者活着，并为临床医生增加选择生存的案例（Malone, Oquendo, Haas, et al., 2000）。有研究者开发了生活理由问卷（Linehan, Goodstein, Nielsen, et al., 1983）。此问卷中的题目追问一个人对他重要的东西是什么，比如对家庭的责任感、对孩子的关爱等。有较多生活理由的人自杀倾向较弱（Ivanoff, Jang, Smyth, et al., 1994）。

虽然很多人都想过自杀，但相对来说，真正采取自杀行动的人很少很少。一些其他的变量或许能够预测自杀从思维层面向行为层面的转化（Van Orden, Witte, Gordon, et al., 2008）。许多研究显示，有自杀念头的人中，冲动的人比较容易尝试自杀并成功（Brezo, Paris, & Turecki, 2006）。尽管同是强大的压力和绝望引起了自杀的想法，但是真正驱动自杀行为的可能是一些其他的因素（如冲动性）。

阻止自杀

许多人担心谈论自杀会增加自杀的可能性，但实际上，医生们发现开放地、就事论事地讨论自杀是可以帮助防止自杀的。给一个人谈论自杀的机会可以缓解他的孤离感。

遗憾的是，一些大学正在制订政策禁止学生讨论自杀。有 10% 的大学生说他们在过去的一年中想过死亡。尽管大学生的自杀率相当低（每十万人中 7.5 例），但学校还是在努力劝说考虑自杀的学生改变主意（Appelbaum, 2006）。很多先进的学校补充开设了拓展课程，让学生讨论和自杀、死亡有关的话题，有的学校提供了在线辅导，学生可以选择匿名参加。

大多数人的自杀倾向都是模糊的，他们可

能通过某种方式显露这一倾向。"一个典型的要自杀的人割破自己的喉咙,又大声呼救,而他做这两件事情都是真心的……人们如果不是非自杀不可,还是乐意不自杀的。"(Shneidman, 1987, p.170)尝试自杀但未死亡的人在接下来的两天内,80%要么不清楚自己还想不想死,要么表示对自己活下来感到开心(Henriques, Wenzel, Brown, et al., 2005)。这种不确定给了医生挽救他们的可能性。

治疗相关的心理疾病

一些人自杀是因为患有某种心理疾病,基于这一点,我们可以有另一种阻止自杀的方法。贝克的认知疗法成功地缓解了病人的抑郁症状之后,他们的自杀风险后果也降低了。Martha Linehan 的辩证行为治疗是针对边缘性人格障碍患者的。这种疗法也是针对某种疾病设计,结果却降低了自杀率的一个例子(见第15章)。

研究发现,治疗心境障碍的药物可以降低3~4倍的自杀风险(Angst et al., 2002)。尤其是锂盐似乎对阻止双相障碍患者的自杀尤其有效(Cipriani, Pretty, Hawton, et al., 2005)。对于抑郁症的患者,电休克疗法(Kellner, Fink, Knapp, et al., 2005)和抗抑郁药(Bruce, Ten have, Reynolds Ⅲ et al., 2004)都可以降低自杀率。抗精神病药利哌酮(氯氮平)似乎也能有效阻止精神分裂症患者的自杀企图(Meltzer, 2003)。

直接针对自杀的治疗

认知行为疗法似乎是减少自杀最有效的方法(Van Der Sande, Buskens, Allart, et al., 1997)。这些程序相对于社区中常提供的疗法,可以将自杀尝试者之后进行自杀尝试的可能性减少50%(Brown, Ten Have, Henriques, et al., 2005),还可以减少自杀意念(Joiner, Voelz, & Rudd, 2001)。在一项基于28项研究的元分析中,接受认知行为疗法的成年人比未接受任何疗法或接受了其他疗法的人报告了较少的绝望、自杀意念和自杀行为(Tarrier, Taylor, & Gooding, 2008)。

认知行为疗法包括一系列阻止自杀的策略(Brown, Henriques, Ratto, et al., 2002)。治疗师帮助来访者了解可能引发自杀冲动的情绪和想法,并与来访者一同挑战这些负面的想法,最终找到忍受情绪压力的新方法。治疗师还可以帮来访者解决实际生活情境中面临的问题。其目标是提高来访者的问题解决能力,增加社会支持,从而减少他们的绝望感。

社区精神卫生中心为想要自杀的人提供 24 小时热线电话。
(图中告示牌文字意为:绝望了?生命是宝贵的!拨打24小时帮助热线——达奇斯郡精神卫生中心。图中木箱文字意为:打开箱门,把不开心的事情说给电话听。这台电话专用于救命,请勿把玩!)
(Mark Antman/The Image Works)

有些知名机构,比如美国精神病学会、美国社会工作者协会、美国心理学协会,要求会员即使打破医患之间的保密协议也要阻止人们自杀。治疗师们发现病人有自杀倾向时必须做出合理的干预(Roy, 1995)。一种在短期内保证他们安全的方法是让这些病人住院,直到他们开始考虑直面生活。

有人反对像强制住院之类的阻止自杀的方法。Thomas Szasz(1999)大胆而有争议的看法是，阻止自杀是不实际也不道德的：不实际是因为决意自杀的人总会做到的（住院也不能阻止他们）；不道德是因为人们应该有选择自己生死的自由。但是在我们看来，他的主要疏忽在于，治疗和住院确实可以让人们不再想要自杀，他们中的绝大多数也很感激能有再活一次的机会。到底是否应该强制阻止自杀，我们目前很难得出结论，但是这个问题本身还是很值得探讨的。

自杀干预

美国有200家**自杀预防中心**，包括本土与海外的（Lester，1995）。这些机构为处在自杀危机中的人提供24小时热线电话。但自杀干预很难通过控制实验来检验效果，因为自杀率本来就很低，很难对大规模样本进行追踪调查。

解决方法之一是在军队中研究自杀干预。军队中的自杀率持续升高，针对这一问题可以对整个社区进行实验程序，结果也可以进行严谨地追踪。研究者曾对接受了综合自杀干预程序的空军军队的自杀率进行探讨。这项程序让军官和士兵鼓励、不轻视求助行为，告诉他们痛苦是正常的，要积极地面对。这一程序使自杀率降低了25%（Knox，Plfanz，Talcott，et al.，2010）。这证明干预行为是可以降低自杀率的。

概念核查5.5（答案见章末）

请判断正误。
1. 男性自杀率高于女性。
2. 男性实施自杀企图的概率高于女性。
3. 青少年比老年人自杀率更高。
4. 多巴胺功能失调与自杀有关。
5. 大部分患有重度抑郁障碍的人会尝试自杀。

总 结

临床描述和流行病学

- 心境障碍有两大类：抑郁症和双相障碍。
- 抑郁症包括重度抑郁障碍、心境恶劣障碍，以及一些新的诊断，包括混合性焦虑/抑郁症、经前紧张症和破坏性情绪失调障碍。双相障碍则包括双相Ⅰ型、双相Ⅱ型和环性心境障碍。
- 双相Ⅰ型障碍被定义为躁狂。双相Ⅱ型障碍被定义为轻躁狂和抑郁发作。重度抑郁障碍、双相Ⅰ型障碍和双相Ⅱ型障碍都是发作性的。这些障碍常会复发。
- 心境恶劣障碍和环性心境障碍的特点是症状程度较轻，但是持续时间至少在两年以上。
- 重度抑郁是精神障碍中最常见的病症之一，约16.2%的人一生中会受其影响。女性患抑郁的概率是男性的两倍。双相Ⅰ型障碍比较罕见，只影响1%甚至更少的人。

病因学

- 基因研究表明双相障碍受遗传影响很大，抑郁症也有一定的遗传性。
- 神经生物学的研究关注受体的敏感性，而不是不同递质的绝对数量。研究表明在抑郁和躁狂中，5-HT受体的敏感性都有所降低。有证据表明，躁狂和多巴胺受体较高的敏感性有关，抑郁和多巴胺受体较低的敏感性有关。
- 抑郁症和双相障碍在包含情绪以及情绪调节的活动中，与杏仁核、亚属前扣带皮层的活动上升，以及背外侧前额皮质和海马的活动下降有关。在躁狂中，可观察到纹状体的活动增加，以及蛋白激酶C的上升。
- HPA轴的过度活跃，表现为地塞米松对皮质醇的低抑制性。它和严重的抑郁症和双相障碍有关。
- 社会环境模型认为消极生活事件、缺乏社会支持和家庭内部批评可以引发症状，同时涉及抑郁症患者引发他人消极反应的方式。缺乏社交技能以及过度寻求认可的人更可能患抑郁症。
- 与抑郁症关联最紧密的人格特质是神经质，它能够预测抑郁的发病。
- 许多认知理论，包括贝克的认知理论、绝望理论、反刍理论，都认为抑郁可以由认知因素引起，但是不同理论中认知因素的性质不同。贝克的认知理论关注认知三联体、消极图式和认知偏差。根据绝望理论，低自尊或者认为生活事件会产生长久后果可以引发绝望感。反刍理论研究反复沉浸在悲伤缘由中的消极影响。横向和纵向研究证据对每个模型都是支持的。
- 针对双相障碍中抑郁的心理学理论与针对抑郁症的是相似的。一些研究者提出躁狂症状的出现是因为大脑中奖励系统调节失常的结果。躁狂症状可由包括目标达成的生活事件引发，也可由睡眠剥夺引发。

治疗

- 一些心理疗法可以治疗抑郁，包括人际心理治疗、认知疗法、行为激活疗法和伴侣行为疗法。
- 治疗双相障碍时，作为药物补充的最有用的方法有心理教育法、家庭疗法和认知疗法。
- 电休克疗法和抗抑郁剂（三环类抗抑郁药、选择性 5-HT 再摄取抑制剂、单胺氧化酶抑制剂）对治疗抑郁有效。锂盐是已发现的对双相障碍最有效的药物。抗精神病药和抗痉挛药也可以减轻躁狂症状。抗抑郁剂对双相障碍是否有效尚有争议。

自杀

- 男性、老人、刚离婚或丧偶的人有高自杀风险。大部分自杀的人达到了精神障碍的诊断标准，其中一半以上正在经历抑郁。自杀有一定遗传性。神经生物模型认为自杀与 HPA 轴过分活跃、5-HT 有关。环境因素也很重要，名人自杀、经济萧条这样的社会文化事件会影响社会自杀率。自杀意念的心理易感因素有解决问题能力差、绝望、缺乏生存理由；而自杀行为似乎与冲动性有关。
- 有些方法可以用于预防自杀。对于有心理疾病的人，心理治疗和药物可以减轻症状并减少自杀率。也有很多人觉得直接针对自杀进行干预更重要。认知行为疗法可以减少自杀意念和行为，许多城市还设立了自杀热线。研究发现这类自杀干预是有用的。

概念核查答案

5.1　1.5（包括心境）、2；2.16～17；3.2；
　　4.6；5.躁狂、轻躁狂；
5.2　1.c；2.b；3.b；4.b；
5.3　1.T；2.F；3.T；4.T
5.4　1.a, b, d；2.c；3.b
5.5　1.T；2.F；3.F；4.F；5.F

第 6 章

焦虑障碍

学习目标

1. 能够描述焦虑障碍的临床表现。
2. 能够描述各焦虑障碍之间的共病情况,理解性别和文化如何影响焦虑障碍的患病率。
3. 能够识别各种焦虑障碍的病因学的共性,和影响特定焦虑障碍表现的因素。
4. 能够描述对各种焦虑障碍都适用的治疗方法,以及针对某种特定焦虑障碍适用的疗法。

临床个案:詹姆斯

詹姆斯,23岁,医学专业一年级学生。这一年他过得格外艰难,不仅有医学院高强度的学习,而且妈妈患上了癌症。有一天查房时,詹姆斯感觉脑袋轻飘飘的,有晕眩感。查房过程中,老师给出了一个病例,让学生诊断并解释。詹姆斯变得极度担心轮到自己时,自己是否能回答上来。他越想越慌,心砰砰直跳、呼吸短浅急促、手心冒汗、口干舌燥。他感觉自己几乎要窒息了,非常害怕会发生可怕的事情。詹姆斯突然冲出病房,什么也没说。过后,他思考怎么解释自己的行为,但又不知该如何向老师描述当时的情况。那天晚上,他无法入睡,担心这样的事会再次发生。詹姆斯还担心这会影响他的正常学业,比如,组织一个研究小组或面对其他医务人员和病人。一周后,在驾车去医院的途中,同样的症状又突然发作,他只好把车停在路边,然后请假不去医院。接下来的几个月,每次出门,詹姆斯都担心再发生这种事情,让他丢人。所以他变得很少和朋友出去,也没有参加如何访谈病人的培训。尽管他极力回避,但症状还是出其不意地发作了三次。他的肠胃开始出现问题,包括间歇性的痉挛和腹泻。詹姆斯想自己也许不该选择医学,因为他非常害怕下次查房时同样的事再发生。读了教科书上有关惊恐障碍的内容后,他决定去咨询心理医生。心理医生确诊他患有焦虑障碍,具体归类为惊恐障碍。于是他们开始采用认知行为疗法进行医治。

焦虑和恐惧伴随着我们的生活。很少有人能在一周内不经历任何焦虑和恐惧。本章我们着重讲**焦虑障碍**。焦虑和恐惧在这组障碍中十分重要,所以了解二者的异同很重要。

焦虑是指人对预期中的问题过分担心和忧虑。相反,**恐惧**是对即时的危险做出的反应。心理学家关注恐惧的"即时性"和焦虑的"预期性"——恐惧针对正在发生的威胁,而焦虑针对即将出现的威胁。所以,面对一只熊时人的反应属于恐惧;而大学生对毕业后就业问题的担心就属于焦虑。

焦虑和恐惧都能引起生理唤起,或者说交感神经系统的反应。焦虑一般会导致适度的生理反应,而恐惧会引起较强的生理反应。焦虑时,个体感觉不安、心理紧张;而恐惧时,个体会大量出汗、呼吸急促,而且有想要逃跑的冲动。

焦虑和恐惧不一定是"坏事";事实上,二者都具有两面性。恐惧是做出"要么战斗,要么逃跑"反应的基础——恐惧引发交感神经系统快速变化,从而为战斗或逃跑做体能准备。在某些情境中,恐惧可以救命。(假设一个人碰到熊,既不害怕,也没有要跑的冲动和力气,后果会怎样?)在有些焦虑障碍患者中,恐惧系统乱套了,即便没有危险,个体也会感觉害怕。(见本章后半部分对惊恐发作的讨论)。

焦虑情绪的好处在于它可以帮助我们察觉和应对潜在的威胁,也就是增强人的防范意识,帮助人们对潜在的问题有思想准备。百年前,实验研究首次发现,轻度的焦虑有助于提高被试的工作效率。这一发现已被多次证实(Yerk & Dodson, 1908)。但当你问一个对考试极度焦虑的人时,他会告诉你焦虑干扰了他的发挥。焦虑和成绩的坐标关系,是一个典型的 U 型曲线图——没有焦虑是不行的,轻微的焦虑是有益的,而过分的焦虑则是不利的。

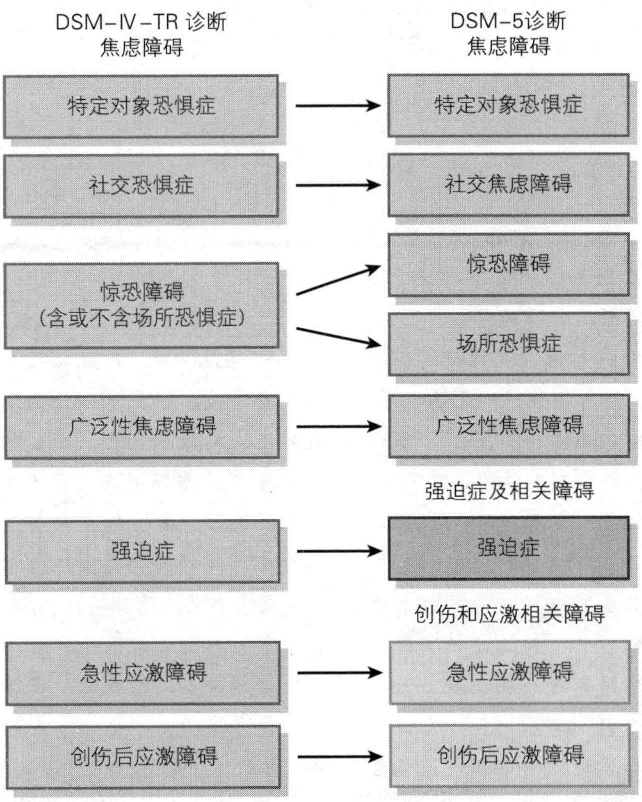

在这一章,我们研究 DSM-5 中的焦虑障碍:特定对象恐惧症、社交焦虑障碍、惊恐障碍、场所恐惧症和广泛性焦虑障碍。我们将强迫症和与创伤有关的障碍(创伤后应激障碍和急性应激障碍)放在下一章,尽管它们属于 DSM-IV-TR 中的焦虑障碍。强迫症和与创伤有关的障碍同焦虑障碍有很多相同之处,但也有一些明显的不同之处。为了区分这些不同,DSM-5 将这些内容改至另一章。见图 6.1,浏览一下 DSM-IV-TR 和 DSM-5 是如何划分不同的焦虑障碍的。

焦虑障碍作为一个大类,在精神

DSM-IV-TR中的焦虑障碍在DSM-5被分为三章:焦虑障碍、强迫症及相关障碍、创伤和应激相关障碍。场所恐惧症曾是惊恐障碍的一种亚型,现作为一种独立的障碍。

图 6.1 焦虑障碍的诊断

病学诊断中最常见。例如，美国对8000多名成年人进行调查，结果发现近28%出现过焦虑障碍症状，符合DSM-Ⅳ-TR的确诊条件（Kessler, Berglund, Demler, et al., 2005）。恐惧症尤其常见。焦虑障碍耗费社会和患者大量的资金，其花费是普通医疗（Simon, Oemel, VonKroff, et al., 1995）、高危心血管疾病以及其他疾病医疗花费的两倍（Roy-Byrne, Davidson, Kessler, et al., 2008；POLLACK, Wassertheil-Smoller, et al., 2007）。而且这些患者自杀和自杀企图的比例是正常人的两倍（Sareen et al., 2005）。他们就业困难（美国精神病学协会，2000），有严重的社交障碍（Zatzick, Marmer, Weiss, et al., 1997）。所有的焦虑障碍都会严重影响生活质量（Olatunji, Cidler, &Tolin, 2007）。

让我们先给焦虑障碍症状下个定义，之后讨论焦虑障碍的病因。然后我们再讨论某些特定的焦虑障碍的致病原因。最后，我们将思考焦虑障碍的治疗方法。

焦虑障碍的临床描述

> **DSM-5中特定对象恐惧症的诊断标准**
> - 由特定对象或情景反复引发的显著的或不正常的恐惧。
> - 回避特定的对象或情景；如果无法逃避则感到强烈焦虑。
> - 症状持续超过六个月。
>
> 注意：DSM-Ⅳ-TR中"个体意识到恐惧是不现实的"这一标准不包含在DSM-5中。而且DSM-Ⅳ-TR所包含的持续时间标准仅针对18岁以下人群。

各种焦虑障碍的定义有许多重合之处。各种焦虑障碍患者都会有过度且频繁的焦虑。除了广泛性焦虑障碍，本章我们要讨论的各种焦虑障碍还包括体验到不同寻常的强烈恐惧的倾向（Cox, Clara, & Enns, 2002）。对于每种焦虑障碍，DSM-5所列的必须满足的诊断标准有：

★ 症状对重要的功能系统产生干扰，或造成了明显的痛苦。
★ 症状不是由某种药物或身体状况引起的。
★ 恐惧和焦虑与其他焦虑障碍的症状都不同。

每种焦虑都是由一组与焦虑或恐惧相关的症状定义的，但这些症状组彼此不同（见表6.1的简要总结）。

特定对象恐惧症

特定对象恐惧症是指患者对特定的对象或情景产生过分的恐惧，比如害怕坐飞机、怕蛇、恐高等。患者即使意识到自己过分恐惧了，仍会尽量远离这些特定的对象或情景。人们比较熟悉的两种恐惧症是幽闭恐惧症（对封闭空间的恐惧）和恐高症（对高的恐惧）。事实上，特定对象恐惧症更多的是对一类事物或情境的恐惧。DSM根据恐惧来源将特定对象恐惧症分类（见表6.2）。患有某种特定对象恐惧症的个体很可能也患上另一种特定对象恐惧症，也就是说，特定对象恐惧症之间存在很高的共病率（Kendler, Myers, Prescott, et al., 2001）。通过下文中乔依的个案，我们可以看到特定对象恐惧症是如何影响人们生活的。

社交焦虑障碍

社交焦虑障碍是指患者对可能需要面对或接触陌生人的社交场合表现出稳定的、不切实际的恐惧。DSM-Ⅳ-TR将这种障碍命名为社交恐惧症，而DSM-5却将它命名为社交焦虑障碍。因为与其他的恐惧症相比，这种障碍引发的问题更普遍，而且对正常生活的影响更大（Liebowitz, Heimberg, Fresco, et al., 2000）。社交焦虑障碍患者，比如下文临床个案中的莫琳，常回避某些社

表 6.1　本章涉及的焦虑障碍

障碍	描述	DSM-5 中的重要改变
特定对象恐惧症	对物体或情境的过度恐惧	对成人的症状持续时长标准 个体不需要觉知恐惧是不现实的
社交焦虑障碍	害怕不熟悉的人或社会关注	名称改变，不再是社交恐惧症 对成人的症状持续时长标准
惊恐障碍	对反复发生的惊恐发作感到焦虑	
场所恐惧症	对情境的焦虑，在该情境下，一旦出现焦虑症状，就难以逃跑或寻求帮助	成为单独的障碍（以前是惊恐障碍的一种亚型）
广泛性焦虑障碍	持续至少三个月的不可控制的担忧	最短持续期从 6 月减为 3 月 担忧的行为后果成为诊断标准的一部分

表 6.2　特定对象恐惧症的分类

类型	恐惧对象举例	其他特征
动物	蛇、昆虫	通常从童年期开始起病
自然环境	风暴、高度、水体	通常从童年期开始起病
血液、注射、伤害	血液、注射、伤害，以及其他侵入性医疗程序	明显在家庭中流传；面对所恐惧的刺激时心跳变缓，甚至可能晕倒（LeBeau et al., 2010）
情境	公共交通、隧道、桥梁、电梯、飞行、驾驶、封闭空间	通常要么起病于童年期，要么起病于 25 岁左右
其他	害怕呛到、害怕感染疾病等；儿童害怕大的响声、害怕小丑等	

交场合，因为在这些场合他们会感觉不自在、焦虑、手足无措。最常见的恐惧包括害怕在公众场合讲话、在会上或课上发言、和陌生人打交道、或与权威人士讲话（Ruscio et al., 2008）。尽管这些行为听起来有点像害羞，但与害羞的人相比，社交焦虑障碍患者会回避更多的社交场合，在社交场合中感觉更不自在，而且恐惧症状持续的时间更长（Turner, Beidel, & Townsley, 1990）。他们经常害怕自己会过度脸红或出汗。在公共场合发言、活动、吃东西、使用公共卫生间，或当着他人的面进行任何活动，都能引发患者极度焦虑。因为对社交的恐惧，许多患者选择低于自己能力的工作。很多患者甚至无偿劳动，因为这些工作不需要太多的社交活动，不用每天和人打交道。

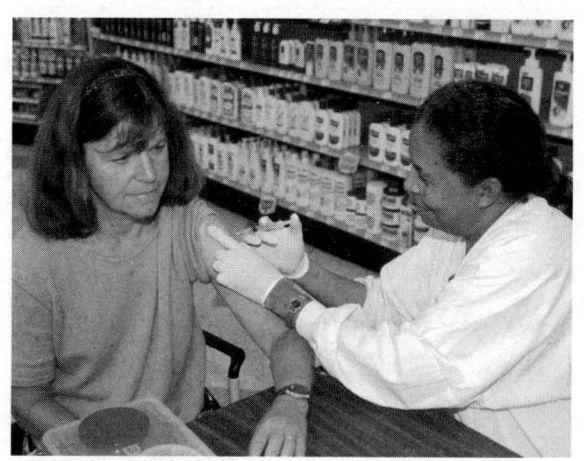

一种特定对象恐惧症是对血液、注射或者受伤的强烈恐惧。
(David Young-Wolf/Photo Edit.)

经 DSM-IV-TR 的诊断,社交焦虑障碍患者中至少有三分之一的人同时患有回避型人格障碍(Chavira, Stein, & Malcarne, 2002)。这两种障碍有很多症状是重合的,此外,他们在基因易感性方面也有很多相似之处(Reichborn-Kjennerud, Czajkowski, Torgerson, et al., 2007)。回避型人格障碍是一种严重的障碍,发病期较早,症状更普遍。见第 15 章对回避型人格障碍的详细讨论。

社交焦虑障碍一般开始于青少年时期,因为从这个时期开始社交活动变得更重要了;也有一些患者在儿童期发病。如不治疗的话,社交焦虑障碍易发展为慢性疾病。

社交焦虑障碍也会恶化,由特定的恐惧变为普遍性的恐惧。比如,一些人可能害怕在公众场合发言,但是不害怕在其他场合发言。相反,有的人在大多数场合都会感到害怕。体验到的恐惧的次数和更多的共病有关,包括抑郁症、酒精滥用等,会对个体的社会活动以及工作产生更多的消极影响(Acarturk, deGraaf, van Straten, et al., 2008)。

恐高症,或者说对高处的恐惧,是很常见的。其他特定对象恐惧症包括对动物、注射和封闭空间的恐惧。
(Bill Aron/Photo Edit.)

社交焦虑障碍普遍开始于青春期,会干扰患者交友。
(Sponcer Grant/Photo Edit.)

> **DSM-5 中社交焦虑障碍的诊断标准**
> - 对可能出现的社交场合经常表现出明显的、不合理的恐惧
> - 暴露于相应刺激会导致强烈的焦虑,因为担心别人对自己有消极评价
> - 回避刺激性场合,如果无法回避,则会表现得十分紧张、焦虑
> - 症状持续超过六个月
>
> 注意:DSM-IV-TR 称这一障碍为社交恐惧症。DSM-IV-TR 中"个体意识到恐惧是不现实的"这一标准不包含在 DSM-5 中。而且 DSM-IV-TR 所包含的持续时间标准仅针对 18 岁以下人群。

临床个案:乔依

乔依,男,22 岁。朋友邀他参加去澳大利亚的背包旅行,他犹豫不决,因为他知道澳大利亚有很多大蜘蛛。从记事起,乔依就害怕蜘蛛。小时候乔依有一次在帐篷里睡觉,蜘蛛从他脸上爬过;从那时开始他就害怕蜘蛛。他打算先看看医生,再决定去不去。他告诉医生自己从不看跟蜘蛛有关的电影,也不打扫床底下或者橱柜后面,因为他害怕看到蜘蛛。一想到去一个有很多大蜘蛛的国家,他就感到不安。医生给他开了一些选择性 5-HT 再摄取抑制剂,并准备用认知行为疗法对他进行治疗。

临床个案：莫琳

莫琳，30岁，她在报纸上看到有关社交困难的团体治疗广告后决定去就医。莫琳在医生面前表现得很紧张。她说，自己和别人交谈时总是很焦虑，她对此感到十分痛苦。并且这种情况越来越严重，最后她只和丈夫说话。由于害怕与人打交道，她连超市都不敢去。莫琳解释说，她之所以害怕社交，是因为担心别人会嘲笑自己表现不佳。这种恐惧让莫琳很紧张，因此她经常结巴或者忘记自己要说什么。这样她就更担心别人会嘲笑自己，从而形成恶性循环，恐惧感也不断上升。

惊恐障碍

> **DSM-5 中惊恐障碍的诊断标准**
> - 反复出现无线索的惊恐发作。
> - 对恐惧发作、发作后果、以及发作带来的不良行为改变的担心持续超过一个月。

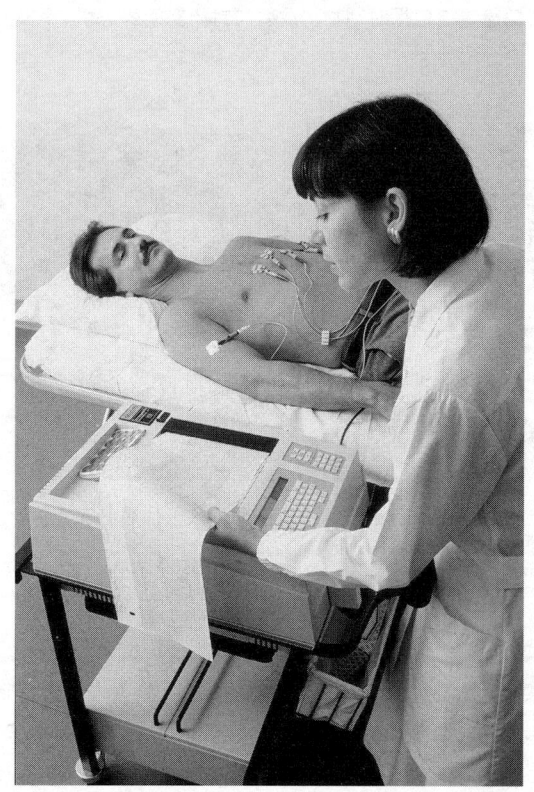

惊恐障碍患者经常做心脏检查，因为心率的改变让他们感到害怕。
(MacNeal Hospital/David Joel/Stone/Getty Images.)

惊恐障碍的特点是频繁的惊恐发作，这种症状与特定的情景无关，而且个体常担心会有更多的惊恐发作（见本章开头詹姆斯的临床个案）。惊恐发作是一种突然的惊恐体验，个体感到恐怖，好像世界将要灭亡一样，同时伴随至少四种其他症状。生理症状包括呼吸困难、心悸、恶心、反胃、胸痛、胸闷、晕眩、头昏眼花、冒汗、发冷、发热以及发抖。惊恐发作过程中还可能会出现**人格解体**（感觉自己不再属于自己的身体）、**现实感丧失**（感觉世界不是真实存在的）、害怕失控、害怕变疯、甚至害怕死亡等症状。因此，患者经常报告当惊恐发作时，无论在什么场合都有想跑的冲动。症状发作很快，10分钟之内就能达到高峰。

我们可以将惊恐发作视为恐惧系统失灵——生理方面体现为人们的交感神经系统被唤起，这正是人们面临生命危机时做出的反应。因为这些症状是无法解释的，惊恐发作的个体会试图弄清这种体验。而如果个体认为死亡来临、自身失控或者发疯时，恐惧感就会加重。惊恐发作时，90%的患者会出现这些想法。

我们称突如其来的惊恐发作为无线索发作。由特定情境（如看见一条蛇）引发的惊恐发作叫作有线索的惊恐发作。有线索的惊恐发作患者，很有可能同时患有恐惧症。DSM认为个体必须反复经历无线索的惊恐发作，才能被诊断为惊恐障碍。此外，他们必须担心发作，或者因为惊恐发作而改变行为模式，这种担心或改变至少要持续一个月——因此，惊恐发作所引起的反应和惊恐发作本身，一起为诊断提供了重要的依据。

惊恐障碍最主要的特征是反复性。因为人们偶尔体验一次惊恐发作是很常见的——超过1/4的美国人一生中至少经历过一次惊恐发作（Kessler, Chiu, Jin, et al., 2006），而且3%～5%的人在过去一年里经历过惊恐发作（G. R. Norton, Cox, & Malan, 1992）。但如表6.3所示，很少人患有完全发作的惊恐障碍。多数惊恐障碍患者都是在青少年时期发病。惊恐障碍会严重影响患者生活，例如，多达1/4的惊恐障碍患者失业持续超过五年（Leon, Portera, & Weissman, 1995）。

表 6.3　上一年以及迄今为止达到焦虑障碍诊断标准的总人口百分比

焦虑障碍	过去12个月的患病率			终生患病率
	男性	女性	总计	总计
惊恐障碍	1.7	3.0	2.3	6.0
恐惧症或社交焦虑障碍	7.5	17.7	12.6	n/a
社交焦虑障碍				12.10
特定对象恐惧症				12.15
广泛性焦虑障碍	1.0	2.1	1.5	5.7

来源：上一年患病率来自Jacobi（2004），终生患病率来自Kessler, Berglund等人（2005）。

有场所恐惧症的人害怕处于商场、人群和其他社交场所中。因为在这些地方，当焦虑症状出现时，他们难以逃离。所以场所恐惧症患者常会变得足不出户。
(Frank Siteman/Stone/Getty Images.)

DSM-5 中场所恐惧症的诊断标准

- 对两个或两个以上情境，因担心自己出现惊恐症状后无力逃脱或无法得到帮助而感到显著不合理的恐惧和焦虑。比如：独自离开家；乘坐公共交通工具；在某些露天场所，如停车场或集市；在商店、剧院或者影院；排队或在拥挤的人群中等。
- 这些情境稳定地引发恐惧或焦虑。
- 个体回避这些情境，要求他人陪伴，否则就要忍受强烈的恐惧或焦虑。
- 症状持续至少六个月。

注意：DSM-IV-TR 曾将场所恐惧症划分为惊恐障碍的亚型，而不是单独的焦虑障碍类型。

场所恐惧症

场所恐惧症（agoraphobia，源自希腊词 agora，意思是"集市"）是指个体对某些情境感到焦虑，在这些情境中，如果焦虑症状出现，患者会感到很难堪，或无力逃脱。常令患者恐惧的情境包括人群、拥挤的场所，如超市、商场或教堂等。某些难以逃离的情景也会令患者感到恐惧，比如火车、桥梁和长途汽车。很多患有场所恐惧症的人几乎不能离开他们的居所；有些人即使能离开，也会感到很痛苦。

SM-IV-TR 认为场所恐惧症是惊恐障碍的亚型。DSM-5 则将场所恐惧症划为一种单独的诊断。DSM 和国际疾病分类（International Classification of Diseases, ICD）看法一致，后者早已将场所恐惧症视作一种单独的诊断。新的诊断也与研究得到的证据相符。在一个样本为3000人的研究中，超过一半的场所恐惧症患者没有惊恐发作或惊恐障碍的症状（Wittchen, Nocon, Beesdo, et al., 2008）。的确，五个不同的流行病学的研究表明，在场所恐惧症患者中至少有一半人并没有经历过惊恐发作。（Andrews, Charney, Sirovatka, et al., 2009）。这些没有经历惊恐发作的人担心的是如果其他焦虑症状出现了，将会发生什么。

对于场所恐惧症的病因研究，我们了解得很少，因为很多美国的研究视其为惊恐障碍的一个亚型。现已证明场所恐惧症严重影响日常生活，一些研究表明场所恐惧症对生活质量的影响同其他焦虑障碍一样严重（Wittchen, Gloster, Beesdo-Baum, et al., 2010）。

对于场所恐惧症患者，面对拥挤的人群是件痛苦的事。因为当焦虑症状出现时，他们难以逃跑。
(© Rafael Ramirez Lee/ Shutterstock.)

广泛性焦虑障碍

广泛性焦虑障碍的核心特征是担忧。如下文临床个案中的斯蒂芬，广泛性焦虑障碍患者持续地担忧，通常是关于很琐碎的事情。"担忧"指对一个问题考虑过多并且不能从这种思绪中走出来的认知倾向（Mennin, Heimberg, & Turk, 2004）。通常这种担忧持续的原因是个体找不到解决问题的方法。我们大多数人都会不时地担忧，但广泛性焦虑障碍患者的担忧是过度、不受控制且持久的。如果个体的担心是由其他心理疾病引发的，该个体不能被诊断为广泛性焦虑障碍。例如，幽闭恐惧症患者身处密闭的空间时感到害怕，这种症状不能被确诊为广泛性焦虑障碍。广泛性焦虑障碍患者的担忧跟大多数人的担忧相似：他们都担心人际关系、健康、财政状况、生活琐事（Roemer, Molina, & Borkovec, 1997）。但是广泛性焦虑障碍患者担心得更多，而且这些持续的担心扰乱了日常生活。广泛性焦虑障碍的其他症状包括注意力集中困难、易疲倦、焦躁不安、易怒以及肌肉紧张。

DSM-5 要求症状至少持续 3 个月，才能确诊为广泛性焦虑障碍。而 DSM-Ⅳ-TR 则要求症状至少持续 6 个月才能确诊。这个改变是为了提高诊断的可靠性，因为很多人记不清 6 个月前自己是如何焦虑的（Andrews, Cuijpers, Craske, et al., 2010）。由于确诊时间缩短，经 DSM-5 确诊的病例要比 DSM-Ⅳ-TR 确诊的多。

广泛性焦虑障碍多发病于青少年时期，尽管很多患者一生都有担忧的倾向（Barlow, Blanchard, Vermilyea, et al., 1986）。广泛性焦虑障碍一旦发病，往往演变成慢性疾病；一项研究表明，约半数的患者在第一次访谈后的五年里都持续出现焦虑症状（Yonkers, Dyck, Warshaw, & Keller, 2000）。

DSM-5 中广泛性焦虑障碍的诊断标准

- 多数时间都在担心生活，且同时对两个或两个以上的方面（如，家庭、健康、收入、工作和学习）过分担忧、焦虑。
- 担忧持续至少 3 个月。
- 除了焦虑和担忧外，还要至少包含下面这些症状中的三点：躁动不安、易紧张；易疲劳；注意力不集中，大脑一片空白；易怒；肌肉紧张；睡眠不良。
- 这种焦虑和不安还表现为刻意回避可能产生消极后果的场合，花费过多的时间和精力为该情境做准备，显著拖延，因担忧而犹豫不决，反复寻求保证。

注意：斜体字部分是 DSM-5 中的改变。DSM-Ⅳ-TR 的标准中有"个体觉得难以控制担忧"这一项，而 DSM-5 的标准中没有。DSM-Ⅳ-TR 的诊断标准规定症状要持续 6 个月，而不是 3 个月。DSM-Ⅳ-TR 的诊断标准特别强调这种担忧针对很多事情和很多行为。

临床个案：斯蒂芬

斯蒂芬，31岁，会计师实习生。斯蒂芬被送往神经科进行检查，因为他白天感到头晕和恶心，晚上失眠。医生根据脑部扫描和各项血液测试结果排除了他患脑肿瘤及其他疾病的可能性。斯蒂芬随后被转到心理科。在初次交谈过程中，他很痛苦、颤抖、冒汗、坐立不安。尽管他只描述了生理上的困扰，但我们能明显看出他很忧虑。斯蒂芬说他总是感觉到紧张，有时还莫名地感到恐惧。

斯蒂芬几乎担忧每一件事，因此工作时很容易分心，很难集中注意力。他过分担心自己的能力、工作效率以及人际关系。他很容易生别人的气，比如同事。"他们做的没什么大错，但我就是控制不住发火，除非每件事都做得完全正确"。斯蒂芬说，他总是紧张不安，比朋友和亲戚要严重得多。他说自己在青少年时期就很焦虑，而且几次短暂的恋爱也未能改善这种情形。

焦虑障碍的共病

在某种焦虑障碍的患者中，半数以上的人同时患有另一种焦虑障碍（Browm, Campbell, et al., 2001）。广泛性焦虑障碍的共病尤为突出。与常人相比，广泛性焦虑障碍患者患另一种焦虑障碍的概率要高出4倍。（Beesdo, Pine, Lieb, & Wittchen, 2010）。经DSM-IV-TR确诊的广泛性焦虑障碍患者中，80%以上的人同时患有另一种焦虑障碍（Yonkers et al., 2000）。除了被诊断为同时患其他焦虑障碍外，许多患者在患某种焦虑障碍的同时还可能表现出其他类型焦虑障碍的部分症状。这是很常见的，我们称之为**阈下症状**（没有完全达到诊断标准的症状）（Barlow, 2004）。焦虑障碍共病的原因主要有以下两点：

★ 不同焦虑障碍的症状之间有重合；例如，社交焦虑障碍和场所恐惧症可能都包括对人群的恐惧。

★ 某些病因，如某个神经生物特征或个性特征，会增加患多种焦虑障碍的风险。（见下一节对风险因素的讨论）

焦虑障碍还很有可能伴有其他障碍。75%的焦虑障碍患者同时患有一种以上其他心理障碍（Kessler, Crum, Warner, et al.; 1997）。具体来说，约60%的焦虑障碍患者患有重度抑郁（Brown et al., 2001）。此外，与焦虑障碍共存的障碍还包括物质滥用（Jacobsen, Southwick, & Kosten, 2001）和人格障碍（Johnson, Weissman, & Klerman, 1992）。由于许多疾病同时发作，所以焦虑障碍的共病特征会加重患者的病情（Newman, Moffitt, Caspi, & Silva, 1998；Newman, Schmitt, & Voss, 1997）。焦虑障碍也经常伴随着内科疾病——例如，一项针对男性的研究表明，有严重恐惧症状者患冠心病的概率比有轻度恐惧症状者高三倍（Kawachi, Colditz, Ascherio, et al., 1994）。

焦虑障碍的性别和社会文化因素

众所周知，性别和文化同焦虑障碍的发病风险以及个体表现出的特定类型的症状有紧密联系。正如你将看到的，对于为什么会存在这些联系，仍有许多未解之处。

性别

一些研究表明，女性患焦虑障碍的概率至少是男性的2倍（de Graaf, Bijl, Ravelli, et al., 2002）。表6.3展示了几种焦虑障碍患病的性别比例。女性比男性易患焦虑障碍已是一个不争的事实。

为什么女性比男性更容易患焦虑障碍的理论很多。也许是因为女性更愿意说出自己的症状；心理上的差异也能帮助解释这些性别差异。例如，男性在成长过程中，对掌控环境更自信，这是一个可以预防焦虑障碍的变量；我们稍后会作讨论。社会因素，例如性别角色，也会对焦虑障碍产生影响。例如，面对恐惧时，男性的社会压力要比女性大。正如接下来我们会讲到的"直面恐惧"，这可能是目前最有效的一种疗法的基础。相对于男性，女性的生活环境也不一样。例如，女性在儿童期和青春期遭遇性侵犯的概率比男性大（Tolin & Foa, 2006），而这些创伤可能会扰乱个体发展出对环境的控制感。后面我们会讲到，对所处环境缺乏控制感的个体易患焦虑障碍。也有研究显示，面对压力时，女性的生理反应比男性多（Olff, Langeland, Draijer, & Gersons, 2007），这可能是由文化和心理因素造成的。尽管性别差异之谜没有完全解开，但它是一个重要的值得考虑的问题。

文化

每种文化中都存在焦虑障碍。不同文化中，患者焦虑的对象不同。例如，在日本，一种叫作"taijin kyofusho"的综合征就是指担心触怒他人或令他人尴尬。患有该综合征的个体普遍害怕以下情况：眼神交流、脸红、体臭、畸形。该障碍的症状与社交焦虑障碍的症状有重合之处，但是对他人感受的关注是该障碍特有的。这可能跟日本传统文化的特点有关。日本的传统文化鼓励对他人感受的极度关心，不鼓励直接表达自己的感受（McNally, 1997）。

一些文化中特定的综合征举例说明了文化和环境是如何影响焦虑对象的。Kayak-angst 是一种与惊恐障碍相似的疾病，西格陵兰岛上的因纽特人多患此病。因为他们常年独自漂泊在海上狩猎海豹，所以会感到恐惧、迷茫，而且总是担心溺水。其他综合征，如 koro（一种突如其来的恐惧，害怕生殖器官会缩到体内——报告于南亚和东亚）、肾亏（shenkui）（在自慰或过度性行为后出现少精现象，导致强烈的焦虑和身体症状——报告于中国，与印度和斯里兰卡的某些综合征类似）、susto（由恐惧导致的疾病，指个体相信严重的恐惧会导致灵魂离开躯体——报告于拉丁美洲，以及生活在美国的拉丁美洲人）中也有一些症状与 DSM 制定的焦虑障碍标准相符合。患者焦虑和恐惧的对象受环境以及文化中的主流态度影响。换句话说，文化决定人们的恐惧对象（Kirmayer, 2001）。

除了存在受文化影响的特定综合征外，不同文化中焦虑障碍的患病率也不同。这并不奇怪，因为在不同文化中，人们对心理疾病的态度及个体的压力水平不尽相同；家庭关系状况，贫困程度也存在差异。我们知道这些因素都会影响焦虑障碍的发生和报告。例如，在日本，焦虑障碍的患病率看起来很低；但这有可能只是因为心理障碍在这些文化下有较高程度的污名，而导致人们对心理障碍的低报告率（Kawakami, Shimizu, Haratani, et al., 2004）。在柬埔寨以及柬埔寨的难民中，报告出很高的惊恐障碍患病率（传统诊断方法称 kyol goeu），这有可能是由于柬埔寨人在过去的几十年中承受的压力太大所致（Hinton, Ba, Peou, & Um, 2000；Hinton, Um, & Ba, 2001）。

焦虑障碍由许多症状构成，研究者考虑的症状越多、越具体，研究结果所引发的争议就越大。研究者曾认为来自不同文化的人表达心理痛苦和焦虑的方式不同，但是新的发现对此提出了质疑。过去，很多研究者认为在集体主义文化中痛苦的生理反应更常见。集体主义是指在某些文化中，集体比个人重要（与西方个人主义文化相反）。现在看来，之所以得出这个结论可能是因为样本存在问题。在研究焦虑症和抑郁症时，美国研究者从心理诊所取样，而其他国家的研究者从内科诊所取样。人们理所当然地认为，看内科医生就会侧重身体问题。确实，很多去看内科医生的人起初都只顾描述与焦虑和沮丧有关的生理不适。但当研究者与人们在相似的情境下交谈，并问一些与心理有关的问题，躯体症状和心理症状的报告比例在不同文化中是相似的。然而，尽管研究更加仔细了，某些症状的跨文化差异仍然存在。例如，来自拉丁美洲和亚洲国家的人，在惊恐发作时，更易出现耳鸣、脖子疼、头痛的症状。DSM-5 有关惊恐发作的标准考虑了这些潜在的文化差异（Lewis-Fernandez, Hilton, Lavia, et al., 2010）。在拉丁美洲国家和尼日利亚，感觉头和脖子发热，也是惊恐发作的一个常见症状，DSM-5 关于惊恐发作的诊断标准中包含"发热"这一条，代替了 DSM-IV-TR 诊断标准中的"潮热"（Craske, Kircanski, Epstein, et al., 2010）。

不同文化中都存在类似惊恐发作的障碍。在因纽特人中，Kayak-angst 被定义为独行猎人所面临的强烈恐惧。
(B & C Alexander/Photo Researhers,Inc.)

概念核查6.1（答案见章末）

搭配以下名词及其定义。
1. 恐惧_____
2. 焦虑_____
3. 担忧_____
4. 恐惧症_____
   a. 对即时危险的情绪反应
   b. 对导致痛苦或损害的特定物体或情境的过度恐惧
   c. 一种害怕的状态，通常伴随轻度自主唤起
   d. 思考潜在的问题，通常找不到解决的办法

回答以下问题。

5. 广泛性焦虑障碍的核心症状是_____
   a. 担忧
   b. 惊恐发作
   c. 害怕难以逃离的场所
   d. 强迫症
6. 焦虑障碍患者中大约_____可能患有另一种焦虑障碍，大约_____可能患有重性抑郁障碍。
   a. 35%，25%   b. 55%，35%
   c. 75%，60%   d. 90%，60%
7. 至少_____的人一生中会患上一种焦虑障碍。
   a. 1/10   b. 1/5
   c. 1/4   d. 1/2

焦虑障碍的常见风险因素

在这一部分，我们考虑与焦虑障碍有关的风险因素。首先，我们介绍一组可能跟所有的焦虑障碍都有关的风险因素。这些因素可以帮助我们了解为什么焦虑障碍患者易患另一种焦虑障碍——因为某些风险因素增加了患者患多种焦虑障碍的风险。例如，增加了患社交焦虑障碍风险的因素，可能同时也会增加患惊恐障碍的风险。

与本书其他章节内容的组织形式不同，本章我们从行为模型开始。这是因为在对很多焦虑障碍成因的解释中，恐惧反应的经典条件反射处于核心地位。很多其他风险因素，包括基因、神经生物学因素、人格特质、认知因素，都影响着个体对恐惧条件反射的易感性。结合起来，这些风险因素共同导致了个体对威胁的敏感性上升（Craske, Rauch, Uisano, et al., 2009）。表 6.4 总结了与多种焦虑障碍相关的风险因素。

表 6.4　焦虑障碍的风险因素

行为的条件作用（经典条件反射和操作性条件反射）
基因易感性
大脑中恐惧回路的活动性增强
GABA 和 5-HT 的作用减弱，去甲肾上腺素增多
行为抑制
神经质
认知因素，包括消极的信念、缺乏控制感、对威胁线索的注意等

恐惧的条件作用

上面我们提到，大多数焦虑障碍都伴有恐惧感；与大多数人相比，这种恐惧的频率更高、强度更大。这些恐惧从何而来？焦虑障碍的行为理论解释强调条件作用。Mowrer 的《焦虑障碍二因素模型》发表于 1947 年，至今仍对这一领域产生影响（见图 6.2）。**默勒二因素模型**表明焦虑障碍的发展分两个阶段（Mowrer, 1947）：

1. 通过**经典条件反射**，让中性刺激（条件刺激）与个体生来就厌恶的刺激（非条件刺激）成对出现，个体会习得对中性刺激产生恐惧反应。
2. 通过**操作性条件反射**，通过回避条件刺激，个体的痛苦减轻。这种回避反应被保留下来，因为它得到了强化（回避减轻了恐惧）。

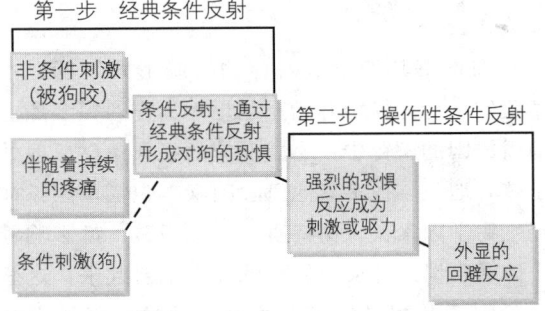

图 6.2　狗恐惧症的二因素模型

假设一个人被狗咬了，然后他产生了对狗的恐惧症。通过经典条件作用，他将狗（条件刺激）与狗咬后的疼痛（非条件刺激）联系在一起。这与上面的第一步是相同的。第二步，这个人尽可能地回避狗，以此来减轻恐惧；恐惧的减轻反过来又加强了回避这一行为。第二步也解释了为什么恐惧症没有消失。如果频繁接触不咬人的狗，这个人就不会再怕狗，但是回避，只会让他更少或是没有机会接触到狗。

我们应该注意到，默勒二因素模型的早期版本与证据并不完全吻合。下面是这一模型的一些延伸版本，这些版本可以与证据很好地吻合（Mineka & Zinbarg, 1998）。其中一个延伸版本提到了产生经典性条件作用的几种情况（Rachman, 1997）。这些情况包括：

★ 产生于直接经验，比如上述例子中对狗的条件性恐惧。

★ 产生于看到他人被刺激所伤害或惊吓时（例如，看见某人被狗咬或者看一个有关恶狗袭击的视频）。这种类型的学习被称为榜样学习（Fredrikson, Annas, & Wik, 1997）。在某项研究中，研究者给被试播放一段影片，片

Susan Mineka 的研究发现，猴子看到另一只猴子表现出对蛇的恐惧之后，它们也习得了这种恐惧。这表明榜样学习在恐惧症的病因学中可能有重要作用。
(Courtesy of Susan Mineka.)

中一个男人受到电击，并告知被试接下来他们也要接受电击。当观看影片中陌生人接受电击时，被试的杏仁核活动加强，好像他们亲身体验到这种令人厌恶的刺激一样（Olsson, Nearing, & Phelps, 2007）。
★ 口头指示也可产生经典条件反射。例如，父母告诉孩子狗是危险的。

除了考虑经典条件作用的不同起因外，研究者们还发现焦虑障碍患者更容易通过经典条件作用习得恐惧，而且一旦习得，恐惧感要很长时间才能消退（Craske et al., 2009）。有关这一现象的多数研究都是在实验室中完成的。例如，某一研究中，研究者在被试看某张罗夏卡片时对其施以共计六次电击，以此让被试对该卡片产生恐惧感（Michael, Blechert, Vriends, et al., 2007）。六次电击之后，通过测量被试再次看到卡片时的皮肤电反应，研究者发现大多数人在该实验中习得了对该卡片的恐惧，即使没有患焦虑障碍的人也产生了这种条件反射。接下来，在消退程序中，研究者再次向被试出示卡片，但不伴有电击，焦虑障碍患者和其他人的反应不同。没有焦虑障碍的人，恐惧感会很快减弱，但焦虑障碍患者的恐惧感减弱的速度很慢。由此可以推断出，焦虑障碍患者通过经典条件作用产生的恐惧持续时间更长。对20项研究进行元分析的结果表明，焦虑障碍与易由经典条件反射习得恐惧有关，同时也与这一恐惧的消退缓慢有关（Lissek, Powers, McClun, et al., 2005）。下面我们要讨论的因素中，大多数都影响着个体对恐惧条件反射的敏感性。

基因因素：基因是焦虑障碍的素质之一

研究显示，特定对象恐惧症、社交焦虑障碍、广泛性焦虑障碍和创伤后应激障碍的遗传性有20%～40%，惊恐障碍有50%（Hettema, Neale, &Kendler, 2001；True, Rice, Eisen, et al., 1993）。一些基因可能会增加患不同种类焦虑障碍的风险，有的基因可能只会增加患某种特定焦虑障碍的风险（Hettma, Prescott, Myers, et al., 2005）。例如，当家庭成员中有人患有恐惧症，则不只增加患恐惧症的风险，也会增加患其他焦虑障碍的风险（Kenlder, et al., 2001）。

神经生物学因素：恐惧回路和神经递质

人感觉焦虑或惊恐时，脑部称为**恐惧回路**的结构会参与其中（Malizia, 2003）。如图6.3所示的恐惧回路，跟焦虑障碍有关。焦虑障碍患者恐惧回路中的杏仁核部分特别活跃。杏仁核是颞叶中一个小小的杏仁状结构，作用是对刺激做出情绪反应。研究表明，动物的杏仁核对恐惧的调节发挥着至关重要的作用。杏仁核向恐惧回路中不同的大脑结构发送信号。研究表明，当个体看到愤怒面孔的图片时（威胁信号），各种焦虑障碍患者杏仁核活动的强度远远超过无焦虑障碍者（Blair, Shaywitz, Smith, et al., 2008；Monk, Nelson, McClun, et al., 2006）。因此，恐惧回路的活动增强，尤其是杏仁核的活动增强，也许可以帮助解释很多不同的焦虑障碍。内侧前额叶皮质参与调节杏仁核活动，并发挥重要作用——它可以帮助消除恐惧感，也可以通过运用情绪调节策略来控制情绪（Indovina, Robbins, Nunez-Elizalde, et al., 2011；Kim, Loucks, Palmer, et al., 2011）。研究者已经发现，焦虑障碍患者的内侧前额叶皮质活动性较低（Shin, Wright, Cannistraro, et al., 2005）。最新的证据表明，焦虑障碍患者的内侧前额叶皮质和杏仁核之间的通道，或者说连接，可能是不足的（Kim et al., 2011）。这种连接的不足可能会扰乱有效的情绪调节，阻碍焦虑的消退（Yehuda & LeDoux, 2007）。讨论特定的焦虑障碍时，我们将涉及恐惧回路的其他部分，例如蓝斑。

恐惧回路中的很多神经介质跟焦虑障碍有关。例如，焦虑障碍似乎同5-HT系统的功能不良有关（Chang, Cloak, & Ernst, 2003；M. B. Stein, 1998），也与去甲肾上腺素升高有关（Geracioti,

Baker, Ekhator, et al., 2001)。GABA 跟脑中的活动性受抑制有关, 其作用之一是降低焦虑 (Sinha, Mohlman, & Gorman, 2004)。如果 GABA 功能不良, 也可能导致焦虑症。

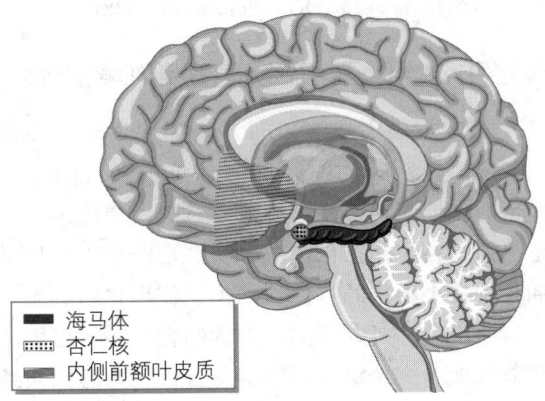

图 6.3 恐惧和焦虑与大脑中叫作恐惧回路的一组结构有关。尤其是杏仁核和前额皮质中部, 与焦虑障碍关系密切。

人格: 行为抑制和神经质

一些婴儿表现出**行为抑制**的特性, 当接触新鲜的玩具、人或者其他刺激物时, 他们容易不安、大哭。四个月大的婴儿已经表现出这种行为, 因此这可能是遗传导致的, 而且有可能发展成焦虑障碍。一项研究从婴儿 14 个月大时开始着手, 追踪了 7.5 年, 结果发现 14 个月时表现出较高行为抑制的婴儿 7.5 年后有 45% 表现出了焦虑障碍的症状; 与此相对的是, 14 个月时表现出较低行为抑制的婴儿 7.5 年之后仅有 15% 表现出了焦虑障碍的症状 (Kagan & Snidman, 1999)。行为抑制似乎是社交焦虑障碍很强的预测因素: 表现出较高行为抑制的婴儿中, 有 30% 在青春期出现社交焦虑障碍 (Biederman, Rosenbaum, Hirshfeld et al., 1990)。

神经质是一种人格特质, 神经质的人对事情的反应通常比其他人更消极。神经质与焦虑障碍有什么关系呢? 一项样本为 7076 个成年人的研究表明, 神经质能够预测焦虑障碍和抑郁症的发病 (Graaf et al., 2002)。严重神经质的人出现焦虑障碍的可能性是轻度神经质的人的两倍多。另一项样本为 606 名成年人, 持续两年的研究表明, 神经质是焦虑障碍和抑郁症的预测指标, 与二者密切相关 (Brown, 2007)。

认知因素

研究者研究了焦虑障碍中不同的认知因素。这里, 我们主要关注三个: 对未来持续的消极信念, 控制感缺乏, 对威胁信号的关注。

持续的消极信念

焦虑障碍患者经常报告说预感有不好的事情要发生。例如, 惊恐障碍患者感到心砰砰跳时, 就会觉得自己要死了; 社交焦虑障碍患者会觉得如果脸红的话, 就会遭到别人的羞辱和排斥。正如 David Clark 和其同事指出的 (Clark, Salkovskis, Hackmann, et al., 1999), 关键问题不在于为什么人们最初会有这种消极的想法, 而是在于这些想法是如何持续下去的。例如, 一个经历了 100 次惊恐发作仍然好好地活着的人, 应该会摒弃"这样的发作意味着我快要死了"的想法树。这些想法之所以持续, 原因在于个体思考和行动的方式。为了逃避恐惧, 患者采取了**安全行为**。例如, 那些害怕自己因心跳加快而死的人, 感觉心率变快时会立刻停止所有的肢体活动。他们认为是自己的安全行为挽救了自己的生命。因此, 安全行为使人维持了过度消极的认知。

控制感

认为自己对周围环境缺乏掌控的人, 相对于没有这种感受的人, 患各种焦虑障碍的风险更高。例如, 焦虑障碍患者常说对周围的环境缺乏控制感 (Mineka & Zinbarg, 1998)。儿童期的经历, 比如创伤性事件 (Hofmann, Levitt, Hoffman, et al., 2001), 经常惩罚和约束孩子的教育方式 (Chorpita, Brown, & Barlow, 1998) 或虐待 (Chaffin, Silovsky, & Vaughn, 2005), 可能会使儿童认为, 生活是不可控制的。类似地,在某些重大的生活变故之后，个体感觉对生活失去了控制，此时个体更易患焦虑障碍。的确，超过70%的人承认在焦虑障碍发病前遭遇过严重的生活事件（Finlay-Jones，1989）。其他生活经历也可能塑造了个体对所畏惧的刺激的控制感。例如，喜欢狗或对养狗在行的人，被狗咬之后出现恐惧症的概率较小。总的来说，早期和近期失去控制感的经历，会对个体是否患焦虑障碍产生影响（Mineka & Zinbarg，2006）。

表现出行为抑制——对新鲜事物或人高度焦虑的婴幼儿，在他们的一生中有更高的风险患上焦虑障碍。
(David Young-Wolff/Photo Edit.)

有关动物的一些研究已经证实，对环境缺乏掌控感会导致焦虑。例如，Insel和同事（Insel, Scanlan, Champoux, & Suomi, 1988）在一项研究中随机将猴子分为两组。成长的过程中，一组猴子可以选择是否进食，何时进食；另一组猴子则无权选择——只有当第一组猴子进食时，第二组猴子才能进食。两组猴子进食的次数相同。长到第三年时，那些成长过程中没有控制感的猴子在面对新环境或者与其他猴子接触时，表现出焦虑；而成长过程中有控制感的猴子表现出较少的焦虑。总之，以动物和人为对象的研究都指出，缺乏控制感在焦虑障碍的形成过程中有重要影响。

对威胁的关注

研究发现，与非焦虑障碍患者相比，焦虑障碍患者更容易关注环境中的消极线索（Williams, Watts, Macleod et al., 1997）。为了测试对威胁刺激的关注情况，研究者们采用诸如点探测任务等测试方法（见图6.4）。对172项研究进行的元分析发现，每一种特定的焦虑障碍都同点探测任务中表现出来的对威胁线索的高度注意有关（Bar-Haim, Lamy, Pergamin, et al., 2007）。例如，研究发现，有社交焦虑障碍的个体对愤怒面孔有选择性注意（Staugaard, 2010），而有蛇恐惧症的个体对与蛇相关的线索有选择性注意（McNally, Caspi, Riemann, et al., 1990；Öhman, Flykt, &Esteves, 2001）。研究者还指出这种对威胁刺激的高度注意是自动发生的，并且发生得十分迅速——甚至在个体还没有意识到刺激物之前（Öhman & Soares, 1994；Staugaard, 2010）。总之，

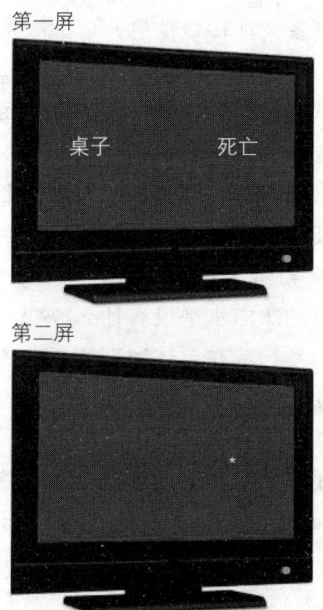

图6.4 在电脑上操作的点探测任务，用于研究注意偏差，在某些研究中用于训练注意偏差。每次试验中，参与者先在屏幕上看到一个中性词和一个消极词。然后一个点出现在之前两个词语中某一个词语出现的位置上。主试要求参与者尽可能快地按键，对于这个点是出现在屏幕的左边还是右边做出反应。在这个例子中，注意"死亡"一词的个体会比注意"桌子"一词的个体更快地做出正确反应。

焦虑障碍与对刺激信号的选择性注意有关。

在一项实验室研究中，研究者想知道对焦虑相关信息的注意是否可以创造出来，以及这种注意"偏差"是否会导致更多的焦虑（Mattews & Macleod, 2002）。他们运用点探测任务，来训练人们关注威胁性词语。为了习得消极偏差，参与者进行了上百次实验。在这些实验中，点更多地出现在消极词语所处的位置。而对于控制组，点则随机出现在屏幕的左边或右边。那些被训练去关注消极词语的人在训练后报告出更焦虑的心情，尤其是要求他们做有挑战性的任务，比如难以完成的拼图时。而控制组没有表现出焦虑情绪的增加。这揭示出我们注意的方式能影响焦虑心情的形成。

这些经训练形成的注意偏差能帮助我们了解临床上的焦虑障碍吗？研究者通过训练广泛性焦虑障碍患者关注积极信息，以此来检验这个问题（Amir, Beard, Burns, &Bomyea, 2009）。为了训练被试习得积极偏差，研究者使用点探测任务。该任务中点只出现在积极词语刚刚出现过的位置。控制组做了相同数量的实验，但点是随机分布的。训练每周进行两次，持续了四周。每次训练中，参与者要完成240次实验。研究过程中，控制组的焦虑水平没有什么改变。而积极偏差训练组的参与者在自述和训练后的访谈测试中焦虑分数变低了：接受积极偏差训练的人有50%不再达到广泛性焦虑障碍的诊断标准。社交焦虑障碍患者在接受注意力训练之后，也获得了类似的益处（Schmidt, Richey, Buckner er al., 2009）。

特定焦虑障碍的病因学

刚才，我们总体讨论了跟焦虑障碍发病相关的因素。从这一节开始，我们会讨论每种特定的焦虑障碍是如何发生的。也就是说，为什么一个人会得特定对象恐惧症，而另一个人则患上广泛性焦虑障碍？请记住我们已经讨论过的常见的病因学因素，然后思考这些常见的共同病因是如何与特定的焦虑内容联系并结合起来的。

特定对象恐惧症的病因学

关于恐惧症，占主导地位的模型是前面提过的二因素行为主义条件作用模型。在此，我们将仔细讨论该模型是如何帮助我们理解恐惧症的。我们将提到一些研究证据，以及一些关于该模型的改良。

如华生和瑞内所展示的那样，小阿尔伯特通过经典条件作用习得了对白鼠的恐惧。
(Courtesy of Professor Benjamin Harris.)

行为学因素：特定对象恐惧症的条件作用

在行为主义模型中，恐惧症被视作危险经历之后建立的条件反射，并被回避行为所维持。对该模型的第一次清楚阐释，来自于华生和他的研究生罗莎莉·瑞内1920年发表的个案报告。在该报告中，他们展示了他们如何用经典条件反射制造了一个婴儿——小阿尔伯特——对老鼠的恐惧。小阿尔伯特一开始并不害怕老鼠，但是他看到老鼠的时候总是伴随着实验人员制造的巨大噪声，在多次经历之后，他一看到老鼠便开始哭泣。

综上所述，行为主义理论提示，恐惧症可以通过直接的创伤、榜样学习或者口头指示这些条件作用而形成。但是大多数患有恐惧症的人都报告了这几种经历吗？一项研究调查了1937名患者在恐惧症发病前是否有过这些经历（Kendler, Myers, & Prescott, 2002）。尽管这几种条件作用的经历很常见，但该研究中仍有一半的人不记得有过这样的经历（见表6.5）。显然，如果很多恐惧症并不是在经过条件作用之后开始的，那么这个行为主义的模型就存在很大的问题。但是该模型的支持者反驳说，人们可能遗忘了条件作用的经历（Mineka & Öhman, 2002）。因为存在记忆遗漏，仅仅调查有多少人记得条件作用的经历并不能为行为主义模型提供非常准确的依据。

而在那些有过危险经历的人中，很多也没有出现恐惧症。我们怎么理解这个现象？首先，之前提过的危险因素，比如基因易感性、神经质、消极认知、易形成条件作用的恐惧倾向，都可能是易感性因素，决定了个体在经历条件作用后是否会发展出恐惧症（Mineka & Sutton, 2006）。

还有种观点认为，只有某几种刺激或经历会对恐惧症的形成有影响。默勒最初的二因素模型提示，通过条件反射，人们可能会对任何刺激产生恐惧。但是，有恐惧症的人一般只害怕某几种类型的刺激。普遍来说，人们不会恐惧花、灯或者灯罩。但对昆虫或其他动物、自然环境和血的恐惧比较常见。约一半女性报告害怕蛇；而且，很多动物也害怕蛇（Öhman & Mineka, 2003）。研究者们推测，在人类进化的过程中，人们习得了对那些可能威胁生命的事物的强烈恐惧，比如高处、蛇、愤怒的人（Seligman, 1971）。可能我们的恐惧回路已经进化得会对这些刺激产生自动且快速的反应。也就是说，通过进化，我们的恐惧回路已经对某种刺激做好了"准备"；因此，这种类型的学习叫作"**准备学习**"。一些研究者发现，人们可以在初始阶段通过条件反射习得对很多不同刺激的恐惧（McNally, 1987）。随着暴露的持续，有些恐惧消退得很快；但是，很多研究发现，对那些具有天然危险属性的刺激，恐惧会持续（Dawson, Schell, & Banis, 1986）。

很多人报告他们在创伤性事件之后患上恐惧症。但对此存在争论，为什么有些人没有报告在恐惧症出现前经历过创伤性事件呢？

(© Siaminonau Pavel/Shutterstock.)

准备学习也跟榜样学习有关，正如一个包含四组猕猴的研究所揭示的（Cook & Mineka,

表6.5 报告恐惧症发病前有条件作用经历的人数百分比

恐惧的类型	直接创伤	目睹他人的创伤或恐惧	口头指示	没有通过条件作用形成恐惧的记忆
场所恐惧	27.0	3.4	4.6	65.1
社交恐惧	23.3	4.6	7.3	65.0
动物恐惧	48.1	9.1	11.6	31.2
情境恐惧	32.7	8.1	6.3	52.9
血液／注射／受伤恐惧	46.7	13.6	7.2	32.4

来源：来自Kendler, Myers和Prescott所做的一项包含1937人的调查（2002）。

1989)那样。研究者让每组猴子观看一个视频，内容是一只猴子表现出了强烈的恐惧。但是对不同组别的猕猴，研究者将视频中令猴子恐惧的对象剪辑成了不同的东西，分别是：玩具蛇、玩具鳄鱼、花、玩具兔子。只有那些看到视频中猴子害怕玩具蛇和玩具鳄鱼的猕猴习得了同样的恐惧。这样的结果表明，猕猴和人类具备相似的反应，当刺激对象是那些对生命构成潜在威胁的事物时，更容易通过条件反射形成恐惧。

准备学习的概念认为我们对危险迹象（包括愤怒的人、有威胁性的动物和危险的自然环境）的特别注意是进化的产物。

（上图：© devi/Shutterstock；下左图：© EcoPrint/Shutterstock；下右图：© Chery L Ann Quigley/shutterStock）

社交焦虑障碍的病因学

在这部分，我们将对社交焦虑障碍相关的行为学因素和认知因素做一个综述。前面谈到的行为抑制的特质，也对社交焦虑障碍的发病有重要的作用。

行为学因素：社交焦虑障碍的条件作用

从行为主义的角度看社交焦虑障碍的成因，与从行为主义的角度看特定对象恐惧症的成因相似，都基于二因素条件作用模型。个体有了一次负性的社交体验（直接地、通过榜样学习或者通过言语指示），通过经典条件作用习得了对类似情境的恐惧，于是个体就会回避这些情境。通过操作性条件作用，这种回避性行为得到了保持，因为它减轻了个体的恐惧。因为个体倾向于回避这些社交情境，所以他们有机会让习得的恐惧消退。甚至当个体与他人互动时，他也可能在细微之处表现出他们认为是安全行为的回避。社交焦虑障碍包含的回避行为有：回避眼神接触，不参与对话，站得离对方比较远。尽管这些行为是用来防止得到消极反馈的，但它们实际上导致了其他问题。他人可能会不喜欢这样的回避行为，然后问题变得更加严重（Well, 1998）。（思考一下，如果你对着某人说话，而他眼睛望着地板，不回答你的问题，在谈话中途离开房间，你会怎么回应？）

认知因素：对消极自我评价的过度关注

认知理论关注认知过程是如何通过不同方式加强社交焦虑的（D. M. Clark & Wells, 1995）。首先，有社交焦虑障碍的人似乎对自己社交行为的结果有不现实的消极信念。例如，他们可能认为，如果他们在说话时脸红或停顿的话，其他人就会排斥他们。其次，他们过多关注自己在社交情境中是怎么做的以及自己的内在感受。他们不怎么关注自己的谈话对象，相反他们经常思考对方会怎样看待自己（例如，"他一定认为我是个傻瓜"）；对于别人对他们的回应，他们经常会形成强有力的消极想象（Hirsch & Clark, 2004）。然而成功的对话需要个体关注对方，所以过多关注内在感受和评价性认知，只会让人更加不善社交。由负性思维导致的焦虑感对个体良好的社交能力造成干扰，形成恶性循环。例如，社交焦虑的人对对方的关注不够,从而对方觉得这个人对自己并不感兴趣。

Kim Basinger,奥斯卡获奖女演员,描述了她在电影《惊恐》的拍摄过程中经历的焦虑体验。有报道说她患上了惊恐障碍、广场恐惧症和社交焦虑障碍。
(Matthew Simmons/Getty Images News and Sport Services)

有很多证据表明,即使有社交焦虑障碍的人表现得并不差,他们也会过于消极地评价自己的社交表现(Stopa & Clark, 2000)。例如,在一项研究中,研究者分别测量了有无社交焦虑障碍的人的脸红情况;然后要求这些人估计自己在不同任务中脸红的程度,比如唱一首儿歌的时候;之后要求他们真的完成这些任务。结果表明,有社交焦虑障碍的人高估了自己脸红的程度(Gerlach, Wilhelm, Gruber et al., 2001)。同样,另一个研究让有社交焦虑障碍的人观看自己演讲的视频,并给自己的表现打分。相对于客观的打分者,社交焦虑患者对自己的演讲评分更加消极,而没有社交焦虑的人在给自己的表现打分时则没有那么严苛(Ashbaugh, Antony, McCabe et al., 2005)。因此,社交焦虑障碍患者可能在自我评价方面过于苛刻了。

也有证据显示社交焦虑障碍跟关注内部而不是外部(社交)线索有关。例如,有社交焦虑障碍的人相对于其他人,花了更多时间去控制自己的焦虑。在一项研究中,研究者让参与者选择观看电脑屏幕上显示的自己的心率图或是一段视频材料。与没有社交焦虑障碍的人相比,社交焦虑症患者中有更多人选择观看自己的心率图(Pineles & Mineka, 2005)。因此,该障碍的患者花更多精力控制自身的焦虑水平,而不是去关注外部线索。

这些风险变量是如何组合并发挥作用的呢?让我们尝试从莫琳身上找到答案。当面对陌生人时,莫琳可能有一些与生俱来的焦虑倾向。在她成长的过程中,这种焦虑可能减少了她学习社交技巧和获得自信的机会。她对他人意见的恐惧,以及她关于自己社交能力的消极看法,导致了一个恶性循环。在此循环中,她难以忍受的焦虑感使她回避社交场合,而她的回避导致下一次她的焦虑感进一步增加。

惊恐障碍的病因学

在这个部分,我们将从不同角度,包括神经生物学角度、行为主义角度和认知主义角度,来考察惊恐障碍的病因学。正如你将看到的,这些角度主要关注人们是如何对待自己的躯体(身体)变化,比如心率增加。

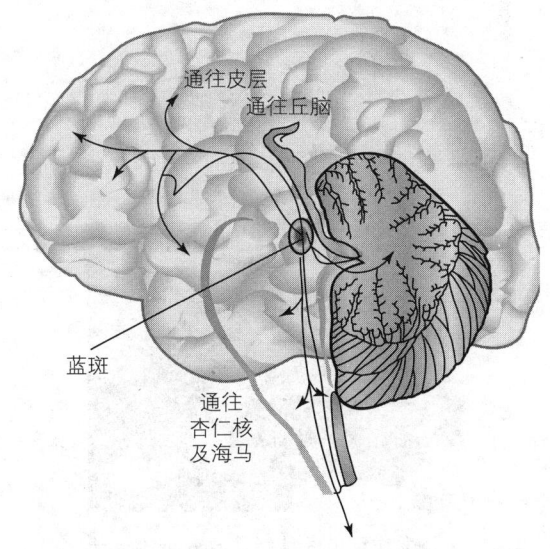

图 6.5 蓝斑 (Martin, J. H., 1996, *Neuroanatomy Text and Atlas*, second edition)

神经生物学因素

伴随着交感神经系统活动性的激增，惊恐障碍似乎反映了一场恐惧回路的误报。我们已经讲过恐惧回路在很多焦虑障碍中发挥着重要作用。现在我们将会看到，恐惧回路中一个特别的部分——蓝斑，在惊恐发作中发挥着尤其重要的作用。蓝斑是大脑中神经递质去甲肾上腺素的主要来源。去甲肾上腺素对于激发交感神经系统的活动性发挥着主要作用。

让猴子暴露于恐怖的刺激物，比如蛇，其蓝斑会表现出高活动性。而且，当使用电信号激发蓝斑的活动性时，猴子也表现得好像遭受了一次惊恐发作（Redmond, 1977）。对于人类，增强蓝斑活动性的药物能够引发惊恐发作，而减弱蓝斑活动性的药物如氯压定和一些抗抑郁药，则降低了惊恐发作的风险。

行为学因素：经典条件作用

从行为主义的角度看惊恐发作的病因学，主要的关注点是经典条件作用。该模型来自一个有趣的模式——惊恐发作经常由个体的身体内部感觉而唤起（Kenardy & Taylor, 1999）。相关理论提示我们，惊恐发作是对引发焦虑的情境或者身体内部感觉唤起的经典条件反射（Bouton, Mineka, & Barlow, 2001）。对身体内部感觉唤起惊恐发作的经典条件反射被称作内感受条件反射：个体体验到了焦虑的躯体信号，随后是第一次惊恐发作；然后惊恐发作变成了对躯体变化的条件反射（见图 6.6）。

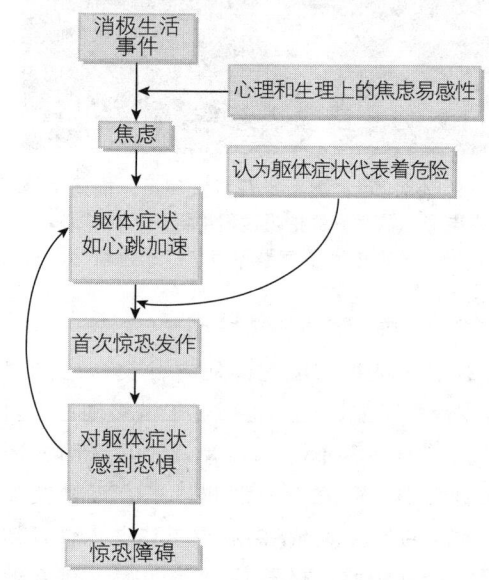

惊恐发作可由多种能够改变躯体感觉的介质引发，包括药物，甚至运动。
(Robin Nelson/PhotoEdit.)

图 6.6　内感受条件反射

惊恐障碍的认知因素

认知理论关注患者对躯体状况变化所做的灾难性错误解读（D. M. Clark, 1996）。根据这个模型，当个体将身体的感觉解读为末日到来的迹象时，惊恐发作就产生了（见图 6.7）。例如，个体可能将心率加快解读为心脏病致死的迹象。显然，这些想法会增加个体的焦虑，而这种焦虑感又会导致更多的身体感觉，于是产生了恶性循环。

有很强的证据表明，认知因素是惊恐发作的重要原因。惊恐发作可以在实验室情境中被诱发出来。致力于通过实验来引发惊恐发作的研究已经持续并超过 75 年了。这些研究表明，除了诸多药物以外，还有一系列的因素能够导致生理感觉，从而引发有惊恐发作史的个体惊恐发作（Swain, Koszycki, Shlik, & Bradwein, 2003）。甚至有相反生理效果的药物也可以导致惊恐发作（Lindemann Finesinger,1938）。运动、简单的放松、或由如内耳疾病等导致的身体不适也可以引起惊恐发作（Asmundson, Larsen, & Stein, 1998）。另一种常用的诱发程序是让人暴露在二氧化碳含量高的空气中。因为氧气较少，呼吸的速率就会增加，于是某些人会惊恐发作。总之，很多种不同的身体感觉都会引发惊恐发作（Barlow, 2004）。认知主义的研究者关注如何区分在实验中能和不能被诱发出惊恐发作的个体。在暴露于这些介质之后，被诱发出和没有被诱发出惊恐发作的个体，他们之间的区别似乎只有一个——对生理改变的害怕程度（Margraf, Ehlers, & Roth, 1986）。

为了展示认知因素对于预测惊恐发作的作用，研究者使用了其中一种范式，该范式中二氧化碳水平是可以操控的。在暴露于二氧化碳含量可操纵的空气之前，研究者对部分被试详尽地说明了他们将会体验到的生理感觉，而另一些被试没有得到说明。在呼吸了这些空气之后，那些得到详尽说明的人报告出较少的对身体感觉的灾难性的解释，而且他们比那些没有得到说明的被试出现惊恐发作的可能性也更低（Rapee, Mattick, & Murrell, 1986）。如此看来，灾难性解释对于触发惊恐发作十分重要。

进行灾难性解释的倾向可以在惊恐发作发生之前测量出来。很多研究者使用一项叫作**焦虑敏感性指数**的测验，来测量个体对生理感觉产生恐惧性反应的程度（Telch, Shermis, & Lucas, 1989）。该量表中的项目包括"不寻常的身体感觉让我害怕""当我察觉自己的心跳得很快时，我担心我会心脏病发作"等。一项研究根据无惊恐发作史的大学生在焦虑敏感性指数上的得分，将他们分为高得分组和低得分组（Telch & Harrington, 1992）。研究者操纵二氧化碳含量，并观察谁出现惊恐发作。同前述研究一样，一半的参与者被告知二氧化碳会导致生理唤起，另一半则没有被告知。当呼吸二氧化碳时，惊恐发作最常发生于那些恐惧生理变化的人，尤其是如果他们没有被告知二氧化碳会导致生理唤起时。该结果恰好符合了认知模型的预测：未被解释的生理唤起发生在恐惧该生理唤起的人身上，会引发惊恐发作。

研究还发现，焦虑敏感性指数可以在长期追踪研究中预测惊恐发作的发病。在一项研究中，研究者追踪了1296名空军新兵。这些新兵经历了一系列紧张的基础训练（Schmidt, Lerew, & Jackson, 1999）。与认知模型一致，在焦虑敏感性指数上有较高得分的新兵相对于得分较低的新兵，在训练的过程中更可能出现惊恐发作。

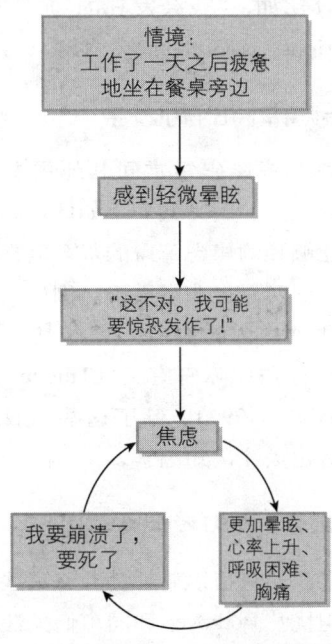

图 6.7　一个将躯体线索灾难化解读的例子。摘自 Clark, D. M. (1997). Panic disorder and social anxiety disorder. In D. M. Clark & C. G. Fairburn (eds.), *Science and Practice of Cognitive Behaviour Therapy* (pp. 121–153). With permission, Oxford University Press.

场所恐惧症的病因学

因为场所恐惧症刚在 DSM-5 中被单列出来

描述,因此对于它的病因学,目前我们知道的还很少。但同其他焦虑障碍一样,场所恐惧症的发生也同基因易感性和生活事件有关(Wittchen et al., 2010)。这里我们来看这些症状变化发展的一个认知模型。

认知因素:对恐惧的恐惧

场所恐惧症病因学的主要认知模型是对恐惧的恐惧(Goldstein & Chambless, 1978)。它指的是,对在公共场合出现焦虑的后果的负性信念会引发场所恐惧症。已有的证据是,患有场所恐惧症的人认为在公共场合出现焦虑所导致的后果是可怕的(D. A. Clark, 1997)。他们似乎有灾难性的信念,认为他们的焦虑会导致公众无法接受的后果(比如,"我会发狂的")(Chambless, Caputo, Bright, & Gallagher, 1984)。

广泛性焦虑障碍的病因学

广泛性焦虑障碍常常同其他焦虑障碍以及抑郁症一起发生。因为共病率如此之高,研究者认为一般能够预测焦虑障碍的很多因素,对于理解广泛性焦虑障碍也非常重要。例如,作为很多焦虑障碍重要原因的GABA系统功能不足,似乎也同广泛性焦虑障碍有关(Tihonen, Kuikka, Rosanen, et al., 1997)。除了这些一般性危险因素,研究者也关注认知因素。

认知因素:人们为什么担忧?

认知因素也许可以解释为什么某些人比其他人更容易担忧?Borkovec和同事们关注广泛性焦虑障碍的主要症状——担忧(Borkovec & Newman, 1998)。担忧是如此的令人不愉快,所以有人也许会问那些有很多担忧的人:为什么有那么多担忧?Borkovec和同事认为担忧实际上是一种强化,因为它让人们从能量更大的负性情绪和想象中转移出来。理解这个论点的关键在于认识到担忧并不涉及很大的视觉意象,也不产生通常伴随着情绪的生理变化。的确,担忧实际上降低了生理唤起(Freeston, Dugas, & Ladoceur, 1996)。因此,广泛性焦虑障碍患者也许能通过担忧避免比担忧更糟糕的情绪。但是避免这些之后的结果是,他们对这些意象的潜在焦虑并没有消失。

有广泛性焦虑障碍的人会回避哪些能够引发焦虑的意象?一项研究中,被试报告了过去的创伤经历,包括死亡、受伤或者疾病(Borkovec & Newman, 1998)。在另一项研究中,有超过1000名参与者,年龄从3岁到32岁,研究者们对他们童年期的被粗暴对待的经历进行编码,包括母亲的拒绝、受严格纪律的管束和儿童期虐待等。结果显示,粗暴对待使患广泛性焦虑障碍的风险增加了4倍。担忧也许使得有广泛性焦虑障碍的人可以从回忆过去创伤经历的痛苦中转移出来。

其他证据也支持这一观点,即有广泛性焦虑障碍的人可能在回避情感。例如,广泛性焦虑障碍患者报告自己很难理解或者命名自己的感受(Mennin, Heimberg, Turk, & Fresco, 2002),也难以调节负性情绪(Roemer et al., 2009)。图6.8概述了这些过程是如何导致担忧的。

一些研究表明,那些难以接受不确定性的个体,即那些一思考未来可能发生的不好事情就觉得难以忍受的人,更可能担忧并患上广泛

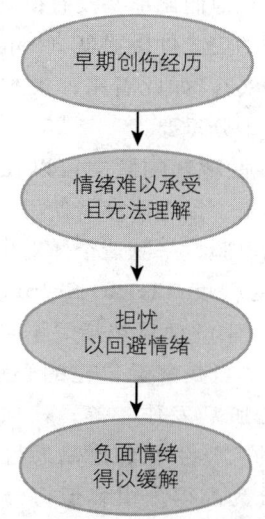

图6.8 广泛性焦虑障碍中的担忧可能是为了回避强烈的情绪。

性焦虑障碍（Dugas, Marchand, & Ladouceur, 2005）。这种对不确定性的难以忍受，可以预测随着时间而增加的担忧（Laugesen, Dugas, & Bukowski, 2003）。

概念核查6.2（答案见章末）

请选择所有正确的答案。
1. 对于焦虑障碍而非惊恐障碍，研究表明基因可以解释其中_____的变化。
   a. 0～20% b. 20%～40%
   c. 40%～60% d. 60%～80%
2. _____是一项人格特质，其特点是对事件的反应伴随着强烈负性情感的倾向。
   a. 外倾 b. 神经衰弱
   c. 神经质 d. 精神错乱
3. 研究发现_____（认知因素）同焦虑障碍相关。
   a. 低自尊 b. 对威胁信号的注意
   c. 绝望感 d. 控制感缺乏
4. 恐惧回路中的一个关键结构是_____。
   a. 小脑 b. 杏仁核
   c. 枕叶皮质 d. 下丘脑

请将障碍同病因学模型配对。
5. 惊恐障碍_____
6. 广泛性焦虑障碍_____
7. 特定对象恐惧症_____
   a. 焦虑敏感性
   b. 皮质醇受体过度敏感和海马体积偏小
   c. 准备学习
   d. 眶额叶皮质、尾状核和前扣带回的活动性增加
   e. 对强烈负性情感的回避

填空。
8. 默勒二因素模型的第一步包含_____条件作用，第二步包含_____条件作用。
   a. 操作性，操作性 b. 经典，经典
   c. 经典，操作性 d. 操作性，经典

对焦虑障碍的治疗

只有很小一部分焦虑障碍患者会寻求治疗。尽管公共宣传和医药公司的广告已经促使人们去寻求治疗，一项涉及5877人的社区调查仍显示，得到最低限度的适当治疗的焦虑障碍患者尚不足20%（Wang, Demler, & Kessler, 2002）。患者较少寻求治疗的一个原因可能是症状表现为慢性。个体可能认为"我就是个焦虑的人"，并未意识到治疗可以有所帮助。甚至当他们寻求治疗时，很多人也仅仅去看家庭医生。研究已经发现，家庭医生在开药成功治疗焦虑障碍方面不及精神科医生有效，大部分是因为剂量太低，或是很快停止了治疗（Roy-Byrne, Katon, et al., 2001）。

心理治疗的共同点

对焦虑障碍的有效心理治疗有一个共同点：暴露——个体必须面对那些他认为太可怕而不敢面对的事物。各种取向的治疗师都同意这个观点：我们必须面对我们所害怕的根源，"最危险的地方也是最安全的地方"。包括精神分析学派的治疗师，他们相信潜意识中的恐惧深埋在过去的经历中，也鼓励患者去面对恐惧的来源（Zane, 1984）。尽管暴露是很多认知行为疗法的关键，但这些疗法在策略上还是有所不同。

系统脱敏是使用最广泛的暴露疗法（Wolpe, 1958）。在该疗法中，治疗师首先教导来访者放松的技巧。然后来访者运用这些技术以放松，同时暴露于一系列由治疗师给出的恐怖场景——来访者害怕的事物从恐惧最轻微的一直递增到最强烈的。尽管这一技术十分有效，但现在研究证明，即使没有放松这个成分，该暴露疗法依旧有效（Marks, Lovell, Noshirvani, et al., 1998）。

随机控制的焦虑障碍认知行为疗法干预研究超过100个（Norton & Price, 2007）。这其中几十个研究比较了认知行为疗法和包含了其他心理治

疗手段的控制疗法（Hofmann & Smits, 2008）。这些研究表明认知行为疗法很有效，甚至比其他疗法效果更好。暴露疗法对70%～90%的来访者有效。

治疗六个月之后进行后续的检测时，认知行为疗法的疗效依然持续（Hollon, Stewart, & Strunk, 2006）。不过在治疗后几年里，很多人体验到焦虑症状的反复（Lipsitz, Mannuzza, Klein, et al., 1999）。有两个关键原则似乎对于防止复发有重要作用（Craske & Mystkowski, 2006）。第一，暴露要尽可能多地包含恐惧物的特点。例如，对于有蜘蛛恐惧症的个体，暴露的重点应该包括蜘蛛毛毛的腿、像珠子一样的眼睛以及其他的特征；第二，暴露应该尽可能地在多种背景下呈现（Bouton & Waddell, 2007）。例如，对于有蜘蛛恐惧症的个体，在办公室背景下暴露蜘蛛同在室外暴露一样重要。

行为主义的观点是，暴露通过消退恐惧反应而起作用。有大量的研究关注在神经生物学层面上消退是如何发生的，同时也关注了怎样利用它来完善暴露疗法（Craske, Kircanski, Zelikowsky, et al., 2008）。研究表明，消退恐惧并不像橡皮擦除字迹一样。就拿狗恐惧症作为例子，消除恐惧并不意味着将有关狗的潜在恐惧全部擦除了——通过条件作用形成的恐惧仍然深深地存在于脑中；消退只是习得对跟狗有关的刺激的新联结。这些新近习得的联结抑制了恐惧的激活。因此，消退恐惧与学习有关，而不是遗忘。

也有人提出了对暴露疗法的认知主义观点。根据该观点，暴露帮助人们纠正了他们认为自己不能面对刺激物的错误信念。暴露治疗让人们认识到自己能够在不失控的情况下忍受令其厌恶的情境，从而减轻了症状（Foa & Meadows, 1997）。对焦虑障碍的认知疗法普遍关注两个方面，挑战：①个体面对引发焦虑的物体或情境时产生的会有消极后果的想法；②个体认为自己无法应对问题的预设。认知疗法普遍包含暴露，以帮助人们认识到他们有能力处理这些情境。因为

行为疗法和认知疗法都包含暴露和学习应对恐惧的新方式，所以大多数研究发现给暴露疗法加上认知治疗成分并没有进一步提高疗效（Deason & Abramowitz, 2004）。但是当一些非常特别的认知技术添加到暴露疗法后，就可以有所帮助了。

虚拟现实技术有的时候被用于模拟恐怖的场景，比如飞行、高空、甚至社交互动。使用了虚拟现实技术的暴露疗法大大减轻了焦虑障碍患者的痛苦（Parsons & Rizzo, 2008）。一些小规模的随机控制实验表明，仿真情境的暴露和真实场景的暴露的效果相当（Emmelkamp, Krijn, Hulsboch, et al., 2002；Klinger, Bouchard, Legeron, et al., 2005；Rothbaum, Anderson, Zimand, et al., 2006）。

除了虚拟现实技术，人们还开发了一系列的电脑程序，用以指导对焦虑障碍患者进行认知行为治疗，而且这些程序中有很多已经获得治疗指南的推荐，比如英国政府出版的那些指南（Marks & Cavanagh, 2009）。针对社交恐惧、惊恐障碍以及广泛性焦虑障碍的认知行为治疗电脑程序，相对于控制组已经取得了很大的疗效，而且当来访者在完成程序之后的六个月再检查时，这些效果仍在持续（Andrews et al., 2010）。如能提供少量人际接触，这些程序就能发挥最好的作用（Marks, Cavanagh, 2009）。例如，由治疗师操作初始的屏幕，以保证来访者进入了正确的程序；他们会帮助来访者设定合适的暴露等级；他们会检查来访者的家庭作业等（Marks, Cavanagh, 2009）。即使需要来自治疗师的这些帮助，这些程序仍然减少了完成暴露治疗所需的专业人员的工作时间。随着这些程序被越来越广泛地使用，保证来访者使用的是经充分验证的程序变得十分重要（Marks & Cavanagh, 2009）。

对特定焦虑障碍的心理治疗

接下来，我们来看心理疗法如何针对特定的焦虑障碍进行治疗。尽管暴露疗法可以应用于每一种焦虑障碍，但是它怎样更有针对性地治疗特定的焦虑障碍呢？

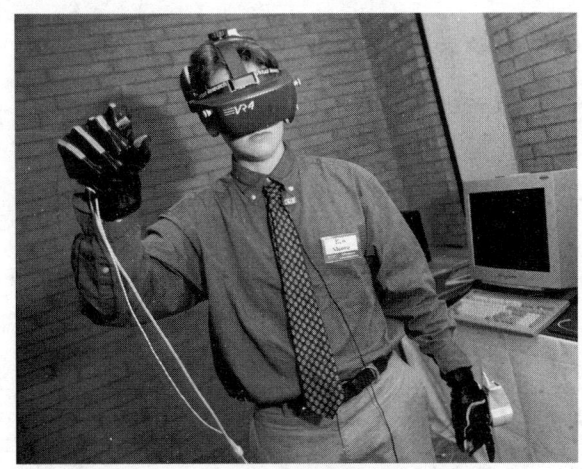

虚拟现实技术可用于使人暴露于其恐惧的刺激。
(Kim Kulish/Corbis Images.)

对恐惧症的心理治疗

对于恐惧症,已经有很多种不同的暴露疗法。暴露疗法通常在真实场景中将恐怖刺激展现出来。对于动物、注射、牙科手术恐惧症的治疗,仅仅数小时的短暂暴露即被证明很有效——大多数人的恐惧症症状有所减轻。尽管系统脱敏行之有效(Barlow, Raffa, & Cohen, 2002),但在真实情景中的暴露治疗比系统脱敏更有效(Choy, Fyer, & Lipsitz, 2007)。

对社交焦虑障碍的心理治疗

暴露对于社交焦虑障碍也是一种有效的疗法;这种疗法一般开始于角色扮演、与治疗师练习,或者在小型治疗团体内练习,然后再在比较公开的社交场合进行暴露(Marks, 1995)。随着暴露的延长,焦虑普遍消退了(Hope, Heimberg, & Bruch, 1995)。在社交技能训练中,治疗师会提供大量的行为示范,以帮助那些在社交情境中不知道说什么做什么的社交焦虑障碍患者。须牢记,一些安全行为,比如回避眼神接触,会干扰社交焦虑的消退(Clark & Well, 1995)。而当社交焦虑障碍患者被教导停止做出这些安全行为时,暴露疗法的疗效则得到加强(Kim, 2005)。也就是说,患者不仅要加入社交活动,并且同时

社交焦虑障碍通常在团体中治疗,这样可以使患者面对社交情境的威胁,并且有机会练习新的技巧。
(David Harry Stewart/Stone/Getty Images.)

要有直接的眼神接触、参与谈话,而且全身心地投入。这样做的结果是他们马上就会有所收获,知道他人是如何看待自己的,同时暴露疗法的效果也得到了加强(Taylor & Alden, 2011)。

David Clark(1997)结合其他疗法发展出了认知治疗的新版本。治疗师帮助患者学会不去关注自己的内在感受,并和自己内心中对他人反应的负面期待作斗争。这一版本的疗效强于氟西汀(Clark,Ehlers,McManus,et al.,2003),或暴露与放松结合治疗(Clark et al.,2006)。

对惊恐障碍的心理治疗

研究者已经发展出一种对惊恐发作的心理动力学疗法。该疗法包括 24 次会谈,关键在于识别跟惊恐发作有关的情绪和意义。治疗师帮助来访者深入了解目前认为跟惊恐发作有关的领

域，比如分离、愤怒和自主性。在一个随机控制实验中，接受心理动力学疗法的病人相对于控制组接受放松训练的病人，症状缓解更多（Milrod, Leon, Busch, et al., 2007）。而且，当治疗惊恐障碍的心理动力学疗法作为抗抑郁剂的一个补充时，症状复发的概率减少了（Wiborg & Dahl, 1996）。因为这两个研究都比较小型，所以仍需要更多的研究来验证。

和之前讨论的对恐惧症的行为疗法一样，对惊恐障碍的认知行为疗法关键也在于暴露（White & Barlow, 2004）。一个得到充分验证的认知行为疗法叫作**惊恐控制疗法**，它的理论基础是惊恐障碍患者倾向于对某些身体感觉产生过度反应（Craske & Barlow, 2001）。在惊恐控制疗法中，治疗师使用暴露技术，劝说来访者自主引发跟惊恐有关的感觉。例如，某个人的惊恐发作始于换气过度，治疗师就要求他急促呼吸3分钟，或者某个人的惊恐发作与晕眩感联系在一起，治疗师就要求他围着椅子转几分钟。当诸如晕眩、口干、头晕、心率加快的感觉或是其他惊恐的征兆出现时，个体是在安全条件下体验它们的；而且，个体要练习应对这些躯体症状的策略（比如，用隔膜呼吸以避免换气过度）。在治疗师提供的训练和鼓励下，个体学会不再将内部感觉视作失去控制的信号，而是将它们看作可控制的无害的内在感觉。个体能够自己制造出这些生理感觉，随后有能力应对它们，使得这些感觉看起来是可以被预测的，而且也没那么可怕了（Craske, Maidenberg, & Bystritsky, 1995）。

在另一种对惊恐治疗的认知疗法中（Clark, 1996），治疗师帮助个体识别和挑战那些认为生理感觉具威胁性的思维。例如，如果一个有惊恐障碍的人认为自己快要崩溃了，治疗师会帮助他检查支持该信念的证据，并且描绘出一幅不一样的惊恐发作后果的图景。已经有至少七项研究证明该疗法有效，而且有证据表明该疗法比单纯的暴露疗法更有帮助，中断治疗率也更低（Clark et al., 1999）。

对场所恐惧症的心理治疗

对场所恐惧症的认知行为疗法的关键也在于暴露，尤其是系统地对恐惧场景的暴露。当来访者的伴侣也参与其中时，对场所恐惧症的暴露疗法更加有效（Gerny, Barlow, Graske, & Himadi, 1987）。治疗师鼓励无场所恐惧症的伴侣不再迎合患者不敢外出的行为。也有研究支持自我指导治疗，该治疗中，场所恐惧症患者使用一本手册去实施逐步暴露疗法（Ghosh, & Marks, 1987）。

对广泛性焦虑障碍的心理治疗

几乎所有已验证的针对广泛性焦虑障碍的疗法都包含认知或行为的成分（Roemer, Orisllo, & Barlow, 2004）。最常用的行为技术是放松训练，以促使人平静下来（DeRubeis & Crits-Christoph, 1998）。放松技术包括对肌肉群的逐步放松，或者是产生宁静的心理意象。通过训练，来访者普遍学会了快速放松。研究表明，相对于无定向疗法或不治疗，放松疗法更有效。有一种认知疗法包含了帮助人们忍受不确定性的策略，因为有广泛性焦虑障碍的人似乎比没有广泛性焦虑障碍的人在体验到不确定性时更痛苦（Ladoceur, Dugas, Freeston, et al., 2000）。该疗法比单独使用放松疗法效果更好（Dugas, Brillion, Savard, et al., 2010）。Borkovec和同事已经设计出应对担忧的认知行为策略，比如要求人们仅在日程表规定的时间内担忧，还要求患者记录他们所忧之事的结果，以检验他们的担忧是否"发生"了，从而帮助人们关注当下的思维，而不是去担忧，同时帮助人们应对他们可能通过担忧来回避的核心恐惧（Borkovec, Alcaine, & Behar, 2004）。

减轻焦虑的药物

能够减轻焦虑的药物指镇静剂、弱安定剂或者**抗焦虑药**。对焦虑障碍的治疗最常用的两种药物是**苯二氮䓬类**（比如安定和阿普唑仑）和抗抑郁剂，包括三环抗抑郁药、选择性五羟色胺再摄取抑制剂（SSRIs）；一种新的药剂，叫作**五羟色胺-去甲肾上腺素再摄取抑制剂（SNRIs）**（Hoffman & Mathew，2008）。上百项研究的结果表明苯二氮䓬和抗抑郁药相比于安慰剂，对焦虑障碍有更多的效果（Kapczinski，Lima，Souza，et al，Roemer et al.，2004；Stein，Ipser，& Balkom，2004；Stein，Ipser，& Seedat，2000）。除了这些药物总体上对焦虑障碍有用，某种特定的药物也能对特定的焦虑障碍发挥效果。例如，丁螺环酮已经被美国食品和药品管理局批准为治疗广泛性焦虑障碍的药物（Hoffman & Mathew，2008）。

对焦虑障碍已有很多有效的药物。人们如何决定使用哪种？一般来说，相对于苯二氮䓬，人们更倾向于使用抗抑郁药。因为人们停止使用苯二氮䓬之后，可能会体验到戒断症状（Schweizer，Rickels，Case，& Greenblatt，1990）也就是说，它可能导致成瘾。

除此之外，选择药物时也要考虑副作用。所有的抗焦虑药都有副作用。很多患者报告副作用的程度让他们震惊不已，并且希望使用之前就能了解更多相关信息（Haslam，Brown，Atkinson et al.，2004）。苯二氮䓬能导致严重的认知和动作上的副作用，比如记忆力衰退，难以驾车等。抗抑郁药的副作用比苯二氮䓬少。然而，也有一半的人停止使用三环抗抑郁药，因为其会导致副作用，如神经过敏、体重增加、心率上升、高血压等（cf. Taylor，Hayward，King，et al.，1990）。相比于三环抗抑郁药，SSRIs 的副作用较小。所以SSRIs 成了大多数焦虑障碍的首推药物。然而，也有一些人受到了 SSRIs 的副作用影响，包括烦躁不安、失眠、头痛、性功能减退等（Bandelow，Zohar，Hollander，et al.，2008）。因为这些副作用，很多人停止使用这些抗焦虑药。

这导致了一个重要的问题：一旦他们停止服药，很多人就会旧病复发。也就是说，药物只在服用期有效。因此，考虑到暴露疗法的有效性，研究者普遍认为心理治疗是大多数焦虑障碍的

更好疗法（Foa，Libowitz，Kozak，et al.，2005；Keane & Barlow，2004；Kozak，Liebowitz，&Foa，2000；McDonough & Kennedy，2002），但是广泛性焦虑障碍可能除外（Mitte,2005）。

在一次访谈中，Barbra Streisand 说道，严重的社交焦虑障碍使她 27 年都没有办法公开表演。
(Carlo Allegri/ Getty Images.)

结合药物治疗和心理治疗

一般来说，在暴露疗法期间加入抗焦虑药，相较于不加抗焦虑药的暴露疗法，长期来看结果更坏。这可能是因为人们服用了抗焦虑药物之后，焦虑减少，没有得到相等的机会去直面他们的恐惧（Hollon et al.，2006）。在这方面来说，对社交焦虑障碍的治疗可能是一个例外。在一个实施过程很仔细的社交焦虑障碍治疗研究中，抗焦虑药和认知行为的暴露疗法结合在一起，其疗效好于单独使用抗焦虑药或者认知行为疗法（Blanco，Heimberg，Schneier，et al.，2010）。不过在心理治疗中加入抗焦虑药，对于大多数焦虑障碍来说并无益处。

然而，D环丝氨酸（DCS）是一种不同类型的药物，它可以增强学习能力。研究者已经验证，它可以促进暴露疗法的疗效（Ressler, Rothbaum, Tannenbaum, et al., 2004）。在一项研究中，28名恐高症患者使用虚拟现实技术进行了两期暴露治疗。随机安排一半病人在进行暴露治疗时服用DCS，让另一半服用安慰剂。在治疗结束时以及结束三个月后，服用了DCS的病人比服用安慰剂的病人恐高感更少。同样，也有研究发现DCS增强了暴露疗法对社交焦虑障碍的疗效（Guastella, Richardson, Lovibond, et al., 2008；Hofmann, Meuret, Smits, et al., 2006），对于惊恐障碍也一样（Otto, Tolin, Simon, et al., 2010）。因此，这种增强学习的药物，基于条件作用的原理，促进了心理治疗的效果。

概念核查6.3（答案见章末）

判断正误。
1. 抗焦虑药比认知行为疗法效果更好。
2. 当个体停止使用抗焦虑药时，焦虑症状经常重新出现。
3. 抗抑郁药导致成瘾。
4. 现代的抗焦虑药已经不再有副作用。

请选出所有正确答案。
5. 下面哪种是已经验证的焦虑障碍治疗方法？
   a. 支持性倾听　　　b. 苯二氮䓬
   c. 抗抑郁剂　　　　d. 暴露
6. D环丝氨酸_____
   a. 不能同暴露疗法一起使用
   b. 对于暴露疗法的效果没有影响
   c. 增强了暴露疗法的效果

总　结

临床描述

- 焦虑障碍是最常见的一类心理疾病。
- DSM-5中最主要的五种焦虑障碍包括特定对象恐惧症、社交焦虑障碍、惊恐障碍、场所恐惧症和广泛性焦虑障碍。焦虑感在所有的焦虑障碍中都很常见，恐惧感在除广泛性焦虑障碍之外的焦虑障碍中常见。
- 恐惧症指强烈的、不合理的恐惧，这种恐惧影响了个体的正常功能。常见的特定对象恐惧症包括对动物、高处、封闭空间、血液以及注射的恐惧。
- 社交焦虑障碍对可能存在的社会关注的强烈恐惧。
- 惊恐障碍是反复的突然出现的强烈恐惧发作。仅有惊恐发作并不足以达到惊恐障碍的诊断标准，个体必须担忧再一次发作的出现。
- 场所恐惧症，被定义为对某些情境的恐惧或回避，个体担忧在该情境下，如果出现焦虑症状，将会很难逃跑或者寻求帮助。
- 广泛性焦虑障碍的患者受到至少三个月几乎持续不断的紧张、恐惧和担忧的困扰。

性别和社会文化因素

- 焦虑障碍在女性中比在男性中更常见。
- 对焦虑的关注，焦虑障碍的患病率以及特定症状的表现，都可能受到文化的影响。

常见风险因素

- 默勒二因素模型提示，焦虑障碍与两种条件作用有关。第一步包含经典条件作用，一个原本无害的刺激与恐怖的刺激成对出现。该条件作用的发生可以通过直接暴露、榜样学习或者认知来实现。第二步则是回避行为得到强化，因为其减少了焦虑。很多其他的风险因素可以增加个体建立并维持条件恐惧的倾向性。

- 基因增加了患各种焦虑障碍的风险。除了这种一般性的风险，对于某种特定的焦虑障碍，存在特定的遗传性。除了基因因素，其他与焦虑障碍相关的生物学因素包括：恐惧回路的活动性增强，五羟色胺系统和 GABA 系统的功能不良，以及去甲肾上腺素的活动增强。
- 认知上的风险因素包括对未来的持续负性信念、控制感缺乏、对潜在危险征兆的注意增强。
- 人格特质的风险因素包括行为抑制和神经质。

特定焦虑障碍的病因学

- 特定对象恐惧症的行为学模型以条件作用的二因素模型为基础。进化准备性模型认为有进化意义的特定对象恐惧在条件作用之后会持续得更久。因为并不是所有有过负性体验的人都患有恐惧症，所以有些个体原有的素质可能是很重要的。
- 社交焦虑障碍的行为学模型扩展了二因素的条件作用模型，考虑了安全行为的意义。其他重要的风险因素包括行为抑制、认知变量（如过于严苛的自我评价），以及关注内部感觉而不是社交线索。
- 惊恐障碍的神经生物学模型关注蓝斑。该区域负责分泌去甲肾上腺素。惊恐发作的行为学模型认为发作是对内部躯体感觉的经典条件反射。认知理论认为因为存在对躯体线索的灾难性解释，这些感觉变得更加令人惊恐。
- 场所恐惧症的认知模型关注"对恐惧的恐惧"，即对焦虑症状可能导致的消极后果持有负性信念。
- 广泛性焦虑障碍的一种模型认为担忧实际上帮助个体避免了更多的强烈情绪。有广泛性焦虑障碍的人难以忍受不确定性。

对焦虑障碍的心理治疗

- 行为疗法让患者暴露于引发其恐惧的对象。系统脱敏法和示范可以作为暴露疗法的一部分。对于某些焦虑障碍，在治疗中加入认知成分会增强疗效。
- 对于特定对象恐惧症，暴露疗法起效快，且效果好。
- 对于社交焦虑障碍，在暴露疗法中加入认知成分会增强疗效。
- 对于惊恐障碍，治疗过程通常包括生理变化的暴露。
- 对于场所恐惧症，当治疗过程有伴侣参与时效果更佳。
- 放松技术和认知行为疗法对于广泛性焦虑障碍有效。

减轻焦虑的药物

- 抗抑郁剂和苯二氮䓬类是治疗焦虑障碍最常用的药物，但是苯二氮䓬可能导致成瘾。
- 停用药物通常导致病情反复。鉴于此，认知行为疗法被认为是治疗焦虑障碍更好的选择。
- 现在出现了一种新的方法，即在暴露治疗的过程中提供 D 环丝氨酸。

概念核查答案

6.1　1.a；2.c；3.d；4.b；5.a；6.c；7.c

6.2　1.b；2.c，3.b，d；4.b；5a；6.e；7.c；8.c

6.3　1.F；2.T；3.F；4.F；5.b，c，d；6.c

第 7 章

强迫相关和创伤相关障碍

学习目标

1. 熟悉强迫症、强迫相关障碍以及创伤相关障碍的症状与流行病学情况。
2. 能够描述强迫症及其相关障碍的病因学共性,包括影响某种特定障碍出现与否的那些因素。
3. 理解创伤的性质、严重性、生物和心理风险因素是如何影响个体是否发展为创伤相关障碍患者的。
4. 能够描述强迫症相关障碍和创伤相关障碍的药物治疗与心理治疗方法。

临床个案:亚历桑德拉

亚历桑德拉,52岁,患有强迫症。发病于17年前,当时她刚经历了一场艰难的离婚。从那以后,病情时好时坏,而近来情况变得糟糕。亚历桑德拉是独生女。她认为自己的童年本质上还是幸福的,尽管母亲经常强调整洁的重要性。她记得自己不得不反复地打扫房间,但母亲一转身,她就恢复原先不整洁的生活方式。母亲告诉她这样的行为会使她受到伤害,却无法解释如何使她受到伤害。

亚历桑德拉的强迫思维是:她对污染非常恐惧。她说,因为病菌可能到处都是,所以她害怕触碰到所有东西。她尤其害怕触摸到报纸、信箱、门把手和餐具。但她无法说明为什么这些东西可能会带来污染。

为了降低自己的不适感,亚历桑德拉开始进行很多强迫性仪式行为。近来的情况越来越糟糕,她每天早上要花2到3个小时从事各种强迫性仪式行为。为了工作不迟到,她每天5点就起床,然后在浴室反复地清洗自己。亚历桑德拉意识到这样重复的行为是不合理的,但是她认为,如果她不这么做,将会有糟糕的事情发生。

本章我们将讨论强迫相关障碍和创伤相关障碍。强迫症及其相关障碍被定义为反复出现的想法和行为,这些想法和行为严重地影响了个体的日常生活。创伤相关障碍包括创伤后应激障碍和急性应激障碍,都是因为暴露于严重的创伤性事件而引发的。

强迫症和创伤相关障碍在 DSM-IV-TR 中被置于焦虑障碍一章中。强迫症和创伤相关障碍的患者会报告有焦虑感,通常他们也患有其他焦虑障碍 Brakoulias, Starcevic, Sammut, et al., 2011);其他焦虑障碍的风险因素可能诱发强迫症和创伤相关障碍，它们的治疗方法也有重叠。尽管如此，强迫症和创伤相关障碍还是有不同于其他焦虑障碍的诱因。为了突出这些差别，DSM-5 的编制者们为强迫症及其相关障碍和创伤相关障碍专门开辟了一章（Phillips, Stein, Rauch, et al., 2010）。我们将本章安排在焦虑障碍的内容之后，就是为了强调它们的重叠性。当你阅读本章时，可与焦虑障碍的诊断进行比较以加深理解。

强迫症及其相关障碍

在这一节，我们将聚焦于三种障碍：强迫症（简称 OCD）、躯体变形障碍和囤积障碍（见表 7.1）。强迫症是该类障碍中的典型障碍，表现为反复的想法和冲动（强迫观念），无法抗拒地进行反复的行为或心理活动（强迫行为）的需要。躯体变形障碍和囤积障碍也有反复的想法和行为这一症状。躯体变形障碍患者每天花好几个小时想着他们的外表，而且几乎每个人都有强迫行为，比如不断地照镜子。囤积障碍患者花费大量的时间思考他们现在拥有的和未来可能拥有的东西。他们投入巨大的精力获取新的物品，这种努力类似于强迫症中的强迫行为。在这三种障碍中，反复的想法和行为都使人感到痛苦、不可控制，并且耗费大量时间。对于这些障碍的患者而言，这些反复的想法和行为都是无法停止的。

除了在症状上有相似点外，这些障碍也常同时出现。例如，大约有 1/3 的躯体变形障碍患者会在他们一生中的某个时候符合强迫症的诊断标准。类似地，多达 1/4 的囤积障碍患者符合强迫症的诊断标准。正如我们所见，这三种障碍在病因学和治疗方面有很多的相似点（Phillips, Stein, et al., 2010）。

我们将概览这三种障碍的临床特征、流行病学，并介绍相关的病因学研究。然后，我们将讨论强迫症及其相关障碍的生物治疗方法和心理治疗方法。

表 7.1 强迫症及其相关障碍的诊断

DSM-5 诊断	核心特征	DSM-IV-TR 中的位置
强迫症	● 反复的、侵入性的、不可控制的想法或冲动（强迫观念） ● 个体感到被迫而进行反复的行为或心理活动（强迫行为）	● 焦虑障碍一章
躯体变形障碍	● 执着于想象出来的外表缺陷 ● 过度的关于外表的反复动作或行为（如，检查外表，寻求确认）	● 躯体形式障碍一章
囤积障碍	● 获取过多的物品无法舍弃物品	● DSM-5 提出的新诊断

强迫症及其相关障碍的临床描述和流行病学

上文提到，强迫症及其相关障碍伴有反复的想法和无法抗拒的冲动，会进行反复的行为或心理活动。接下来我们将看到，这三种障碍的想法和行为有不同的重点。

强迫症

强迫症的特点是强迫观念或强迫行为。当然，大多数人偶尔也会有非自主的想法，比如脑海里总是回响着某首广告曲；大多数人也会时不时有冲动，然后做出一些令人尴尬的或是危险的举动。但这些想法或冲动并不够持久，也不够有侵入性，因此很少能达到强迫症的诊断标准。

强迫观念是指持续存在且不可控制的闯入的、反复出现的想法、意象和冲动行为（即，个体无法停止这些想法），并且这些想法、意象和冲动通常是不合理的。对本章开头案例中的亚历桑德拉和其他强迫症患者来说，强迫观念有非常强的力量和很高的频率，以至于扰乱了正常的活动。最常出现的强迫观念包括对污染的恐惧、性冲动或攻击冲动、躯体问题、宗教、对称或秩序（Bloch, Landeros-Weisenberger, Sen, et al., 2008）。有强迫观念的人也可能有极度怀疑、拖延和犹豫不决的倾向。

强迫行为是指个体感觉到被驱使着进行反复的、过多的行为或心理活动，以此降低由强迫观念引起的焦虑或是阻止某些灾难发生。前述案例中，亚历桑德拉的清洗这一仪式行为就符合强迫行为的定义。18世纪著名作家塞缪尔·约翰逊就有很多强迫行为。比如，他感到自己不得不"触摸街上的每一个邮筒，脚必须踩在铺路石的中间。更让人吃惊的是，如果他发现这些动作有一个做错了，那么他的朋友就必须等他，直到他走回去重新完成这些行为"（Stephen, 1900，引自 Szechtman, 2004）。即使患者清楚地知道这些行为是不必要的，但他们仍然觉得，如果不这么做就会发生可怕的事情。强迫行为出现的频率令人震惊（如，亚历桑德拉每天早上至少花两个小时来反复地清洗）。常见的强迫行为有以下这些：

★ 追求清洁和秩序，有时会通过复杂的仪式来达到。
★ 进行反复的、有如施法般的保护性动作，比如计数或触摸身体的某部分。
★ 反复检查以确保特定的动作已经完成，比如返回七八次以检查灯、燃气炉、水龙头是否关上，窗户是否关紧，门是否锁上。

我们常听到有人被称作强迫性赌徒、强迫性暴食者、强迫性饮酒者。尽管这些人报告有不可抗拒的冲动去赌博、暴食、饮酒，但临床医生并不把这种行为视为强迫行为，因为这些行为是令人感到愉快的。在一项研究中，有强迫行为的个体虽然不能停止自己的仪式行为，但有78%的个体认为自己的仪式行为"相当愚蠢、荒谬"

（Stein, 1978）。

强迫症既有起病于10岁之前的，也有起病于青少年晚期或成年早期的（Conceicao do Rosario-Campos, 2001）。已发现的最小起病年龄为两岁（Rapoport, 1992）。成年人中，强迫症某一年份的患病率为1%（Jacobi, Wittchen, Holting, et al., 2004；Ruscio, Stein, Chiu, et al., 2010；Torres, Prince, Bebbington, et al., 2006），终生患病率为2%（Ruscio et al., 2010）。女性发病率略微高于男性，发病比例大约是3∶2（Jacobi et al., 2004；Torres et al., 2006）。症状的模式具有跨文化一致性（Seedat & Matsunaga, 2006）。强迫症属于慢性障碍——一项持续了40年、针对一批20世纪50年代因强迫症住院的患者的追踪研究发现，只有20%的患者完全康复了（Skoog & Skoog, 1999）。强迫症患者中，超过75%在一生中的某个时间会同时患有焦虑障碍。大约2/3的患者一生中某个时间同时患有重度抑郁障碍；物质滥用现象也很普遍（Ruscio et al., 2010）；大约1/3的强迫症患者有囤积症状（Steketee & Frost, 2003）。

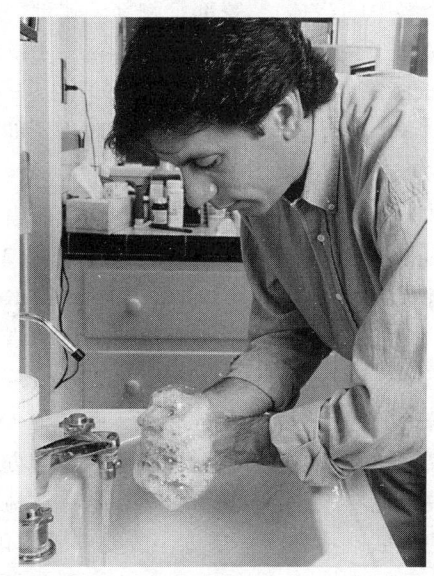

对强迫症患者来说，对污染的极度恐惧会引发异常频繁的洗手。
(Bill Aron/Photo Edit)

> **DSM-5 中强迫症的诊断标准**
> - 强迫观念（个体试图忽视、压抑或克制的，反复出现的、闯入性的、持续的、*非出于意愿的*想法、冲动或意象）或
> - 强迫行为（个体感到被迫进行反复的行为或思想，以此来减轻痛苦、阻止恐惧的事情发生，或对强迫观念做出反应）
> - 强迫观念、强迫行为*耗费时间*（如，每天至少需要1小时），或引起明显的临床不适感或损害
>
> 注意：与DSM-IV-TR 的区别用斜体标出。DSM-IV-TR 还包含一个标准，即个体明白强迫行为是过度的，而且无法阻止可怕的事情。

躯体变形障碍

躯体变形障碍的患者执着于想象的或夸大的外表缺陷。尽管他们可能是有吸引力的，但他们坚持认为自己的外表是丑陋甚至畸形的（Phillips, 2006a）。女性倾向于关注她们的皮肤（比如下一临床个案中的洛林）、臀部、胸部、腿部，而男性更倾向于关注他们的身高、阴茎尺寸或体毛（Perugi, Akisal, Giannotti, et al., 1997）。一些男性会坚持认为自己身形矮小，缺少肌肉，即使别人并不这么认为。

和强迫症患者一样，躯体变形障碍患者也很难不去想自己关心的事。他们平均每天花3～8个小时思考他们的外表（Phillips, Wilhelm, Koran, et al., 2010）。除此以外，躯体变形障碍患者也感到自己被迫进行一些特定的行为。躯体变形障碍中最普遍的强迫行为包括照镜子、跟其他人比外表、寻求他人对自己外表的一再肯定、想办法改变外表或把不满意的身体部分隐藏起来（梳洗打扮、把皮肤晒成褐色、锻炼、改变穿着、化妆）（Phillips, Wilhelm, et al., 2010）。有的人每天花大量的时间检查自己的外表，也有的人会避免想起自认为存在的缺陷，他们会躲避镜子、反光的表面或亮光（Albertini & Phillips, 1999）。尽管我们大多数人都会为了使自己外表感觉更好而做一些事，而躯体变形障碍患者却花了过多的时间和精力来做这些。

躯体变形障碍的症状令人非常痛苦。大约1/3的患者会出现妄想，认为他人在嘲笑自己或正盯着自己的缺陷看（Phillips, 2006）。不下1/4的患者做过整形手术（Phillips, et al., 2001）；而不幸的是，整形手术并没有缓解他们的这种（对外貌的）关注，并且很多人说他们非常失望，以至于在手术后想要控告或殴打他们的整形医生。约1/5的患者曾经想过自杀（Rief, Buhlmann, Wilhelm, et al., 2006）。

对外表的执念会影响工作和社会功能。躯体变形障碍患者通常对自己的外表感到高度的羞愧、焦虑和抑郁，对这种强烈的情感做出一些行为反应是很常见的。有的人避免和他人打交道，因为他们担心别人会评价自己的外表。有时这种恐惧太过强烈，患者就会足不出户。约40%的躯体变形障碍患者无法工作（Didie, Menard, Stern, et al., 2008）。

躯体变形障碍的女性患病率略微高于男性。但在女性当中，其流行率也不高，低于2%（Rief et al., 2006）。在寻求整形的女性中，大约5%～7%的女性符合躯体变形障碍的诊断标准（Altamura, Paluello, Mundo, et al., 2001）。躯体变形障碍通常起病于青少年晚期。有90%的人在确诊一年后仍报告有症状（Phillips, 2006b），但是一项超过八年的研究表明有多于3/4的患者可以恢复（Bjornsson, Dyck, Moitra, et al., 2011）。

社会和文化因素会影响人们对自身吸引力的判断。美国大学生比欧洲大学生更关心自己的外表——74%的美国学生报告了对身体意象的关注。同时，女性倾向于比男性报告更多的不满（Bohne, 2002）。大多数人对外表的关注都不至于达到心理障碍的程度，但躯体变形障碍患者受尽了他们自认为的外表缺陷的折磨。

来自全世界的案例报告显示，躯体变形障

临床个案：洛林

洛林，女，23 岁。4 个月前，在其父亲罹患肠癌去世后，洛林开始了心理治疗。在第一次治疗中，她显得非常烦躁。尽管诊室很暖和，她仍然拒绝脱下外套，宁可蜷缩在外套里。她不愿与治疗师有眼神交流。洛林已经很久没有工作了，因为当客人走进服装店时，她就会感到不舒服——她认为客人们在盯着她。当被问及原因时，她说她知道客人们都在盯着她又大又松弛的腹部和臀部。她无法照镜子；如果她在橱窗里瞥见自己的映像，就会感到极度痛苦。她只能在黑暗、封闭的浴室中穿衣服。她认为自己的身体"丑得让人恶心"。洛林说，她从青春期开始就有这些症状了，但是近两年情况变得越来越糟。

碍的症状和影响具有跨文化一致性（Phillips, 2005）。但是，不同文化中关注的部分有时会有不同。例如，对眼睑部分的关注在日本比在西方国家更为常见。日本的躯体变形障碍患者也比西方患者更担心冒犯别人（Suzuki, Takei, Kawai, et al., 2003）。

几乎所有的躯体变形障碍患者都同时符合另一种障碍的诊断标准。最常见的共病障碍包括重度抑郁、社交焦虑障碍、强迫症、物质滥用和人格障碍（Gustad, 2003）。但我们要注意区分躯体变形障碍和进食障碍。很多躯体变形障碍患者会关注外表的多个方面。当体形和体重是唯一的焦点时，临床医生应考虑是否用进食障碍来解释症状更为妥当。

> **DSM-5 中躯体变形障碍的诊断标准：**
> - 执着于*自认为的*缺陷或外表
> - 有反复的行为或心理活动（*如照镜子、反复确认、过度梳妆*），这些行为都是出于对外表的关注
> - 关注不仅仅局限于体重或身体脂肪
>
> 注意：与 DSM-IV-TR 的区别用斜体标出。

囤积障碍

很多人都爱好收藏。那么，普通的收藏喜好与临床上的囤积障碍有什么不同呢？对**囤积障碍**患者来说，获取物品的需要只是问题的一部

一些躯体变形障碍患者每天会花几个小时来检查自己的外表，另一些则会躲避镜子，因为他们想起自己的外表就会感到非常痛苦。
(Poulsons photography/ Shutterstock)

分。更大的问题是他们拒绝跟他们的物品分开，即使是一些看不出有任何潜在价值的东西。就像临床个案中的德娜一样，囤积障碍患者最典型的行为就是收纳各种各样的物品——衣服、工具、古董、旧容器、瓶盖、三明治的包装材料。有 2/3 的囤积障碍患者没有意识到他们行为的严重性（Steketee & Frost, 2003）。他们极度依恋自己的物品，非常抗拒丢弃它们。

> **DSM-5 中囤积障碍的诊断标准：**
> - 不论他人如何评价物品的价值，持续地难以丢弃物品或难以与物品分开
> - 有保存物品的强烈冲动，和（或）对丢弃物品感到痛苦
> - 症状导致大量物品的囤积，导致家或工作场所的重要区域杂乱无章，除非他人介入，否则这些区域都将无法使用

约 1/3 的囤积障碍患者也收集动物，这当中女性多于男性（Patronek & Nathanson, 2009）。这些人有时把自己视为动物救助者，但其他人不这么认为——这些囤积障碍患者收养的动物数量远远超过了他们提供照料、居所和食物的能力。

囤积的后果可能非常严重。积累的物品快要把家掩埋了。在一项研究中，老年服务机构的社会工作者描述了患有囤积障碍的客户。尽管这一样本集中于比较严重的个案，其结果仍然值得关注。社会工作者说，1/3 囤积障碍的患者家里非常脏，腐烂的食物和粪便发出阵阵恶臭；超过 40% 的患者因囤积过多物品导致冰箱、水槽或浴缸无法使用；大约 10% 的患者甚至无法使用他们的厕所（Kim, Steketee, & Frost, 2001）。污浊的空气、较差的卫生以及难以下厨都导致他们健康状况不佳。很多家庭成员无法理解患者对物品的依恋而与他们断绝关系。约 75% 的囤积障碍患者是购物狂（Frost, Tolin, Steketee, et al., 2009），很多人则无法工作（Tolin, Frost, Steketee, et al., 2008），这使得他们普遍都很贫穷（Samuel, Bienvenu Ⅲ, Pinto, et al., 2007）。随着问题升级，卫生行政人员会介入此事，处理安全和健康的问题。约 10% 的囤积障碍患者有些时候会受到驱逐的威胁（Tolin et al., 2008）。一些人因为过度购物导致无家可归。当动物牵涉其中时，动物保护机构也会进行干涉。

目前尚无研究在社区代表性样本中采用结构性诊断访谈来调查囤积障碍的患病率。大约 2% 的人在自陈式量表中承认存在中等程度的囤积症状（Iervolino, Rijsdijk, Cherkas, et al., 2011）。囤积障碍的男性患病率高于女性（Samuels et al., 2007），但是很少有男性寻求治疗（Seketee & Frost, 2003）。囤积行为通常始于儿童时期或青少年早期（Grisham, Frost, Steketee, et al., 2006）。但早期症状通常受控于父母，受限于收入。因此，囤积带来的严重损害通常在人生稍晚阶段才会出现。动物囤积一般在中年及以后才会出现（Patronek & Nathanson, 2009）。

临床个案：德娜

动物保护机构接到邻居的投诉以后，德娜就被送去接受治疗了。房屋检查发现，在她 100 米见方的院子里以及房子里有超过 100 只动物。大部分动物营养不良，居住过度拥挤且患有疾病。接受访谈时德娜表示，她是在完成营救动物的使命。因为经济不景气，人们的捐赠减少了，才导致她那里的条件"稍稍落后"。治疗师进行家访时发现，德娜的收藏远不只是动物。室内已经拥挤到人无法碰到房间通往外面的两扇门。成堆的衣服、布料和各种家具的零部件堆得快要碰到起居室的天花板了。厨房里的炉子和冰箱前摆满了各种剧场纪念品。餐厅被五花八门的东西覆盖了——成堆的垃圾、账单、旧报纸，还有几套她在大卖场减价时买回的瓷器。

当治疗师提出他们可以帮助她整理和清扫房子时，德娜被激怒了。她表示她只允许治疗师帮助她达成与动物控制机构的协议，并且她不想听到任何关于她房子的评价。她叙述了与家人在主持家务一事上长达几年的斗争，她说她做了所有力所能及的事来逃离家人严格的规定和管理。她声明自己不需要炉子，作为一名独居的单身女性她不打算做饭。经历第一次失败的家访以后，德娜拒绝与治疗师有进一步的接触。

在DSM-5之前，囤积从未被视为一种障碍。关于把囤积障碍放在强迫症及其相关障碍一章还是放在需要进一步研究的附录中，尚存在一些争议。在DSM-IV-TR中，囤积被视为强迫症可能伴随的一种症状。尽管囤积障碍常与强迫症共病，但没有强迫症症状的人也可能患有囤积障碍（Bloch et al., 2008）。囤积障碍患者也常患有抑郁症、广泛性焦虑障碍和社交恐惧症（Mataix-Cols, Frost, Pertusa, et al., 2010）。有的精神分裂症患者和痴呆患者也患有囤积障碍（Hwang, Tsai, Yang, et al., 1998）。

> **概念核查7.1**（答案见章末）
>
> 针对每一段简介，根据症状写出相应的障碍名称（如果有的话）。
> 1. 萨姆，男，15岁，报告说有好几天头脑里不断回响一首糟糕的歌曲。不论他做什么，他都无法摆脱这首歌曲。_____
> 2. 简，女，41岁，由丈夫带来治疗。简每天花很多时间在浴室里，一在镜子中看到自己的发际线就哭泣，这让丈夫很担心。她坚信自己的脸和发际线严重不对称，其他人会因此不喜欢她。她已经向两位医生咨询过头皮移植的事，但是医生并不建议她这么做，因为她的发际线并没有什么异常。_____
> 3. 琼，女，60岁，因为经济原因需要卖房子。房屋中介告诉她要先清理房子里的东西。她家中没有坐的地方，各种不同的东西堆满了房间。因为她过度购买物品，并且过度关注她所拥有的东西，儿女对她感到失望并不再看望她。尽管琼明白她必须清理这些物品，但她做不到。每当她尝试着区分出保留和丢弃的物品时，巨大的焦虑总会使得她动弹不得。_____

强迫症及其相关障碍的病因学

强迫症、躯体变形障碍和囤积障碍的病因学有所重叠。当前的模型认为，这些重叠可能源自遗传和神经生物学的风险因素。例如，躯体变形障碍和囤积障碍患者通常有强迫症的家族史（Gustad, 2003; Taylor, Jang, & Asmundson, 2010）。强迫症和躯体变形障碍似乎涉及相同的脑区。脑成像研究显示，强迫症患者的三个密切相关的脑区出现异常活动（见图7.1）：**眶额皮层**（位于眼睛上方的内侧前额皮层）、**尾状核**（基底神经节的一部分）和**前扣带回**（Menzies, Chamberlain, Laird, et al., 2008; Rotge, Guehl, Dilharreguy, et al., 2009）。当强迫症患者面对会引发症状的客体时（对一个恐惧污染的个体而言，比如一只脏手套），这三个区域的活动会增强（McGuire, 1994）。当躯体变形障碍患者看到自己面部的照片时，相似的情况也会出现。研究发现，躯体变形障碍似乎与眶额皮层及尾状核的高活动性有关（Feusner, Phillips, & Stein, 2010）。因为囤积障碍是一种新定义的诊断，所以关于它的神经生物学信息较少。

这些遗传和神经生物学的风险因素可能是发展成这些障碍中某一种的基础，但为什么有的人患了强迫症而有的人却患了躯体变形障碍呢？认知行为模型关注了导致个体发展为某一特定障碍的因素。

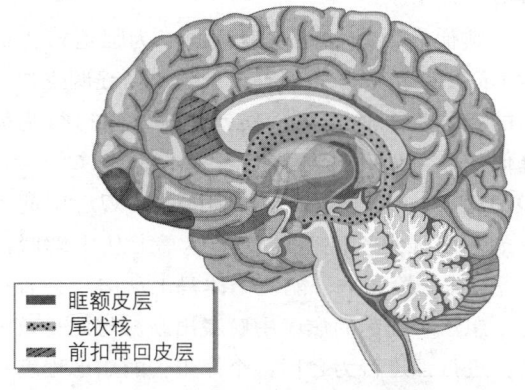

图7.1 强迫症及其相关障碍的核心脑区：眶额皮层、尾状核和前扣带回。

强迫症的病因学

遗传对强迫症有中等程度的影响，遗传性估计在30%～50%（Taylor et al., 2010）。这表明，其他因素对强迫症的发展也起着重要作用，在此我们特别关注认知和行为的原因。

至少有80%的人会不时体验到短暂的闯入性想法——一首糟糕的歌曲或一个讨厌的影像在脑海中不断出现（Rachman, 1978）。因为闯入性想法很普遍，所以多数心理学研究关注为什么这样的想法会持续下去，而不关注为什么这样的想法会出现。毕竟，闯入性想法持续存在且引起实际的痛苦或损害才达到了强迫症的诊断标准。

思考一下，我们是如何知道该停止想一件事情、停止清洁、停止考前复习或停止整理书桌的。环境中没有绝对的信号，大多数人在感觉到"够了"时就停止了。耶达感受性就是指这种主观知晓感（Woody & Szechtman, 2011）。耶达感受性是一种直觉的信号，提示你已经吃够了，想够了，洗够了，或已经为避免混乱和危险做得够多了。有理论认为，强迫症患者的耶达感受性有缺陷。因为没有直觉上的完成感，他们难以停止想法和行为。客观上，他们似乎知道没必要反复检查炉子或洗手，但他们会有内在的焦虑，认为事情没有完成。

其他的认知行为模型倾向于为强迫行为提供不同于强迫观念的解释。行为模型强调强迫行为的操作性条件作用。也就是说，强迫行为能降低焦虑，因此得到了强化（Meyer & Chesser, 1970）。例如，个体关于细菌的强迫观念引起了焦虑，而强迫性洗手能使个体马上从中解脱出来；同样，检查炉子能使个体马上从房子会着火这一想法所引起的焦虑中解脱出来。与此一致的是，进行强迫行为之后，个体报告的焦虑程度和生理心理唤起都降低了（Carr, 1971）。

在考虑到强迫行为时，一个关键问题是：一次检查炉子或房门的行为为什么不足以构成强迫行为？为什么强迫症患者感到不得不反复检查炉子和房门？有种理论认为，他们不相信自己的记忆。尽管强迫症患者没有表现出记忆缺陷，但他们经常表示对自己的记忆不够自信（Hermans, Engelen, Grouwels, et al., 2008）。这种不确定会导致反复的仪式行为。

另一模型关注强迫观念。该理论提出，强迫症患者比一般人更努力地压抑他们的强迫观念，而这却会使情况变得更糟。一些研究者证明，强迫症患者相信不断地想一件事能使得这件事发生的概率增大（Rachman, 1977）。强迫症患者倾向于对发生的事感到有强烈的责任（Ladoceur, Dugas, Freeston, et al., 2000）。出于上述两个原因，强迫症患者更有可能进行**思维抑制**（Salkovskis, 1996）。

不幸的是，思维很难抑制。想想那项研究，当人们被要求压抑某种想法时，发生了什么（Wegner, 1987）。两组大学生分别被要求想象白熊和不想白熊；当他们想到白熊时要打铃。结果显示，试图不想白熊完全不起作用——当尝试不想时，学生每分钟想起白熊的次数超过一次。此外，还存在反弹效应——学生尝试5分钟不想白熊后，下一个5分钟内他们会更多地想起白熊。尝试抑制某一想法可能会产生反效应，使得个体固着于这一想法。

很多研究考查了压抑数分钟的效果，但是尝试压抑的效果能持续好几天。例如一项研究要求被试专注于自己最近出现的闯入性想法，然后，研究者或者要求其压抑这一想法或者不提出任何指令（Trinder, 1994）。接下来的四天里，被试要记录闯入性想法出现的频率以及该想法带来的不适感。在这四天里，被要求压抑想法的被试出现闯入性想法的频率更高，且报告了更强的不适感。

除了这些表明压抑想法很困难的研究外，有证据显示思维抑制确实对强迫症有影响——强迫症患者倾向于比正常人给出更多他们应该压抑想法的理由。比如，那些坚信如果想着坏事，坏事就会发生的人更倾向于压抑想法；而报告有更多思维抑制的人也会报告更多的强迫症状

(Rassin，2000)。

躯体变形障碍的病因学

为什么有些人在照镜子的时候，会对他人看来很正常的鼻子产生厌恶的反应呢？

躯体变形障碍的认知模型关注该类障碍的患者在审视自己身体时到底发生了什么。躯体变形障碍患者似乎能准确地看到并加工自己的外表特征——问题不是对外表特征的扭曲，而是躯体变形障碍患者比正常人更注重那些对吸引力有影响的外表特征，比如面部对称性（Lambrou，Veale，& Wilson，2011）。

躯体变形障碍患者更关注视觉刺激的细节而非整体（Deckersbach, Savage, Phillips, et al., 2000），这会影响他们如何看待面部特征（Feusner et al., 2010）。他们每次检查一个特征而不考虑整体，这使得他们更容易专注于一个小缺陷上。他们也比控制组被试更重视外表吸引力（Lambrou et al., 2011）。事实上，很多躯体变形障碍患者认为，他们的自我价值主要由外表决定（Veale，2004）。

因为他们认为外表很重要，躯体变形障碍患者会花费大量的时间关注外表而不关注其他更积极的刺激。他们努力回避外表会受到评价的情境，而这会严重影响到生活的方方面面。

囤积障碍的病因学

人们常用进化的观点思考囤积障碍（Zohar & Felz, 2001）。请想象自己是一个穴居人，没有超市可以补充食物，天冷的时候没有服装店卖暖和的衣服。在这种情况下，为了适应环境，你需要储存所有你能找到的重要资源。问题在于，对某些人来说，这些本能是如何变得这么难以控制的？认知行为模式提出很多可能有关的因素。根据认知行为模型，囤积与组织能力差、不合理的占有信念以及回避行为有关（Steketee & Frost, 2003）。我们将一起讨论每一个因素，思考它们是如何导致过度获取和丢弃困难的。

几种不同类型的认知问题影响着囤积障碍患者的组织能力。很多囤积障碍患者表现出注意困难（Hartl, Duffany, Allen, et al., 2005）。他们同时也表现出归类困难。当被要求将物品归类时，他们行动缓慢，比其他人分出更多的类，且该过程会引起焦虑（Wincze, Steketee, & Frost, 2007）。很多囤积障碍患者报告有决策困难（Samuels et al., 2009）。在注意当前任务、整理物品和制定决策上的困难对获取物品、整理房间、丢弃多余物品等方面有影响。当在诸多物品中进行选择时，很多人会买两个、三个，甚至更多的同类型产品。当要决定如何储存一样物品时，很多人会难以承受。健康调查员报告说，有的人家里堆满了还装在购物袋里未开封的物品。很多患者发现，即使有支持性治疗师在场，他们仍然非常痛苦且难以对物品进行分类，并决定哪些要丢弃（Frost & Steketee, 2010）。

除了这些组织技能上的困难，认知模型也关注囤积障碍患者对他们的所有物抱有的不同寻常的信念。囤积障碍患者对他们的所有物有着强烈的情感依恋。他们会因为拥有物品而感到舒适，会因为有失去物品这一想法而感到恐慌，视物品为自我和身份的核心。他们认为自己有保护物品的责任，讨厌他人触碰、借用或拿走物品（Steketee & Frost, 2003）。当涉及动物时，这种依恋就会更强烈。动物囤积者常常把动物描述为他们最亲密的知己（Patronek & Nathanson, 2009）。每一件物品都很重要的观念使他们无法处理杂乱的物品。

面对所有这些由决策引起的焦虑，逃避是再平常不过的——很多囤积障碍患者认为暂停好过做出错误的决定，好过失去一件重要的东西（Frost, Steketee, & Greene, 2003）。回避被认为是导致物品累积的主要原因之一。

强迫症及其相关障碍的治疗

强迫症、躯体变形障碍和囤积障碍的治疗方法是类似的。五羟色胺再摄取抑制剂对三种障碍都适用。主要的心理疗法是暴露与反应阻止疗法，但这种疗法是为特定的情形制定的。

药物治疗

五羟色胺再摄取抑制剂（简称 SRIs）是强迫症及其相关障碍最常使用的药物。它最初是抗抑郁药，但也已证明对强迫症（Skeketee & Barlow, 2004）和躯体变形障碍（Hollander, Allen, Kwon, et al., 1999）的治疗有效。最常用于强迫症治疗的 SRIs 是氯丙咪嗪（Anafranil；McDonough & Kennedy, 2002）。一项多点研究发现，氯丙咪嗪能减少约 50% 的强迫症状（Mundo, 2000），且对青少年和成人都适用（Franklin & Foa, 2011）。五羟色胺再摄取抑制剂对 50%～75% 的躯体变形障碍患者起作用（Hollander et al., 1999）。

"选择性"五羟色胺再摄取抑制剂（SSRIs）属于 SRIs 中的新型药，它的副作用更小。尽管证明氯丙咪嗪等 SRIs 具治疗效果的研究更多，但 SSRIs 对强迫症（Soomro, Altman, Rajagopal, et al., 2008）和躯体变形障碍（Phillips, 2006）的治疗也是有效的。

关于囤积障碍的药物治疗目前尚无随机对照实验。我们很多信息都来源于对强迫症和囤积障碍两症共病患者的研究。尽管多数研究都显示囤积症状的药物治疗效果不如强迫症状（Steketee & Frost, 2003），但有一项研究表明，SSRIs 帕罗西汀对囤积障碍的治疗效果和对强迫症一样（Saxena, Brody, Maidment, et al., 2007）。尽管这些发现前景很好，但囤积障碍药物治疗的随机对照试验仍然是必要的。

心理治疗

最常用于强迫症及其相关障碍的心理治疗是**暴露与反应阻止疗法（简称 ERP）**。这一认知行为疗法最早由 Victor Meyer（1966）在英国开发成为强迫症的治疗方法。Meyer 运用第 6 章中所讨论的暴露疗法来消除强迫症患者用以降低焦虑的强迫行为，ERP 逐渐得到了发展。我们将详细描述这种疗法在强迫症中的应用，然后说明这种疗法在躯体变形障碍和囤积障碍中如何使用。

强迫症 强迫症患者通常拥有一个魔法般的信念，即他们的强迫行为可以防止坏事发生。在 ERP 的反应预防部分，个体暴露在会引发强迫动作的情境中，并忍住不做出强迫仪式行为——例如，摸一个脏盘子并且忍住不洗手。这一疗法背后的逻辑是：

1. 不采取仪式行为使得个体达到由刺激引起的最高程度的焦虑。
2. 暴露使得条件反应（焦虑）消失。

在用 ERP 治疗强迫症的最早研究中，研究者在伦敦密德萨斯医院创建了可控制的环境（Meyer, 1966）。目前，治疗师会在患者家属的帮助下，引导其暴露于家中能引起恐惧的刺激（Foa & Franklin, 2001）。

一个综合了 19 项 ERP 组与控制组治疗效果对照研究的元分析显示，ERP 能有效地减少强迫观念和强迫行为（Rosa-Alcazar, Sanchez-Meca, Gomez-Conesa, et al., 2008）。ERP 对强迫症的疗效好于氯丙咪嗪（Foa, Libowitz, Kozak, et al., 2005），而且对儿童、青少年、成人都有效（Franklin & Foa, 2011）。ERP 在学术背景和严格控制的治疗实验之外也能起作用——研究者展示了非专业治疗强迫症的社区治疗师使用 ERP 所带来的极好的结果（Franklin & Foa, 2011）。尽管大部分人经过 ERP 治疗后临床上的强迫症状显著降低，但是一些轻微的症状仍然存在（Steketee & Frost, 1998）。

短期来看，强忍住不进行仪式行为对强迫症患者而言是非常不舒服的（想要体验这种不适感，可以在挠痒的时候试试延迟 1～2 分钟）。通常，ERP 在治疗中要强忍住不进行仪式行为 90 分钟，3 周的时间里有大约 15～20 次治疗，两次治疗中间还会布置练习。考虑到治疗的强度，约 25% 的来访者会拒绝 ERP 治疗也是情有可原（Foa & Franklin, 2001）。OCD 患者害怕改变，这为行为治疗和药物治疗带来了特殊的问题（Jenike，1994）。

强迫症的认知疗法聚焦于改变人们不进行仪式行为就会发生坏事的信念（Van Oppen，1995）。为了检验人们的信念，认知疗法会采用暴露法。一些研究显示，认知疗法和 ERP 有同样的效果（Derubeis & Crits-Christoph，1998）。

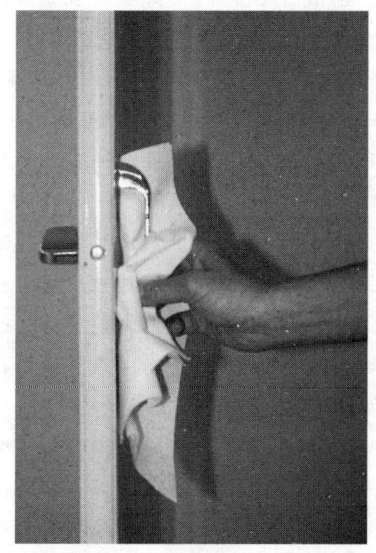

强迫症的暴露治疗让个体忍受最害怕的东西，比如脏东西带来的污染。
(John Wiley & Sons, Inc)

躯体变形障碍　治疗师根据躯体变形障碍的不同症状有针对性地应用 ERP 的基本原理。如，使个体暴露在其最害怕的事情面前，要求他们接触可能批评其外表的人。在反应预防方面，禁止他们做使自己对外表感到安心的事，如照镜子或其他反光的表面。正如在保罗这一临床个案中展示的那样，这些行为技术结合其他策略处理躯体变形障碍的认知特点，比如忽视其他刺激只注意外表，对外表特征的过度批评，以及自我价值依赖于外表的信念。

一些实验发现，与对照组相比，认知行为疗法能大大减少个体的躯体变形症状（Looper，2002）。包含认知成分在内的疗法似乎比仅仅处理行为的疗法更有效（Williams, Hadjistavropoulos, &

Sharpe, 2006），但两种疗法都有持久的效果（Ipser, Sander, & Stein, 2009）。

囤积障碍　囤积障碍的治疗方法也是基于强迫症治疗所使用的 ERP 疗法（Steketee & Frost，2003）。治疗的暴露部分聚焦于囤积障碍患者最害怕的情境——丢弃他们的物品。反应预防聚焦于停止他们为降低焦虑而进行的仪式行为，如计数或对物品进行分类。

除了基本的元素，对囤积障碍的治疗还有自己的特点。正如在德娜的案例中展示的那样，很多囤积障碍患者没有意识到症状所引发的问题的严重性。在个体有自我觉察之前，治疗还不能开始处理症状。为了促进个体的自我觉察，治疗师使用动机性策略帮助个体思考改变的理由。一旦个体决定要改变了，治疗师就帮助他们对物品处理做决定、提供工具帮助整理物品、安排关于"清理杂物"的课程。正式治疗之外，治疗师还要进行家访。在囤积障碍治疗的第一个随机对照实验研究中，相比被分配在候补名单上未接受治疗的患者而言，接受了认知行为治疗的患者表现出显著的进步（Steketee et al.，2010）。经过 26 周的治疗，约 70% 的患者在囤积症状上表现出中等程度的改善。

尽管证据显示，快速清理物品常常以失败告终，而电视节目《囤积者》展示了很多因遭遇被驱逐的极端威胁或其他意外事件而面临着丢弃物品的个体，在几天或几周时间内被逼着丢弃了他们的东西。
(JOEL KOYAMA/MCT/ 兰道夫有限责任公司)

临床个案：保罗

保罗，33岁，是一名物理治疗师。因为深陷自己对鼻子和下颚轮廓的偏见而极度痛苦，不得不到专治躯体变形障碍的诊所寻求帮助。尽管从客观标准来说，他非常有吸引力，但他觉得自己的鼻子"太长并且凹凸不平"，下颚则"娘气又偏瘦"。他说，检查并担心自己的外表占据了他生活的方方面面。

保罗说自己小时候非常害羞，在青春期第一次因自己的外表感到"恐惧"。那时，看到朋友的下颚轮廓越长越方正，而他的下颚却还是"又瘦又幼稚"，让他很痛苦。二十多年来，他对外表的偏见影响了他与女生的交往，但还是有一些亲密的朋友。进行治疗之前，他每天花四个小时甚至更多时间来想自己的鼻子。他会盯着镜子几小时，有时量一下鼻子，有时做一些训练来加强鼻子周围的肌肉。他想做手术，但外科医生认为他的鼻子没有缺陷，拒绝给他做手术。他常回避外出，当他要外出时，他会整夜反复检查外表。他担心他的客户会因为过于关注他脸上的缺陷而注意不到他讲的话。他有时会为此焦虑得无法工作。

保罗和治疗师商定使用认知行为疗法治疗他的躯体变形障碍（Wilhelm, Buhlmann, Hayward, et al., 2010）。治疗的第一步是心理教育。在这部分，他和治疗师回顾童年与现在对他症状的影响因素。保罗表示，他的父母对外表有非常高的标准，他的父亲有强迫和完美主义倾向。他的一生都挣扎于无法达到父母标准的感受。他和治疗师理清了当前一些对他的焦虑有影响的认识，包括其他人会关注他的外表并给出负性评价这一信念。为了应对羞愧、焦虑和抑郁感，他发展出一系列的回避行为，这些行为妨碍了他建立健康的社会和工作关系。

第二步是开始处理他对外表的消极认知。治疗师要求保罗记录下他每天最消极的想法，并教保罗如何判断这些想法是否太过严厉。他渐渐能够识别比如"有缺陷就意味着我很丑"或"我知道我的客户在想着我的鼻子有多丑"这样的想法，然后他开始考虑其他的思考方式。

当保罗发展出更积极的方式思考他的外表时，治疗师开始聚焦于他的回避和仪式行为。保罗回避社会交往、亮光、与他人的眼神接触，但他也明白这样的行为会影响他的生活。在包含暴露这一步的治疗中，保罗开始慢慢练习与他人眼神交流、参加社交活动、在亮光下与人交谈。他的仪式行为有检查自己的外表、进行面部练习、研究他人的鼻子、浏览整形网站等。这些仪式行为是高度焦虑时的反应，但治疗师让他明白这些仪式行为并不能实际解决他的焦虑或缓解他的担忧。仪式行为通过反应预防来处理——治疗师要求保罗避免进行仪式行为，同时还要控制当下的心境和焦虑。

5次治疗之后，治疗师开始了知觉再训练。如前所述，躯体变形障碍患者照镜子时，关注并过度评价外表缺陷部分的小细节。作为家庭作业，保罗要照镜子，但要关注外表的整体；同时，他要用非评价性的、客观的语言描述自己的鼻子。开始几天，这引起他的高度焦虑，但他的焦虑反应在一周内迅速减少了。很快，他能够欣赏他先前忽略的一些特征了——比如，他发现自己的眼睛很漂亮。

躯体变形障碍患者常会过度关注自己的外表。训练要求保罗将注意力转移到外部的人和事上。例如，当与朋友共进晚餐时，他要练习注意朋友的声音、食物的味道和对话的内容。

当保罗在这些方面取得进步以后，治疗师开始处理认知中更困难、更核心的部分——关于外表意义的极度消极的信念。保罗表示，他的外表缺陷使得他不招人喜欢。治疗师帮助他看到自身很多积极的品质。

在第十次也是最后一次治疗中，保罗回顾他学会的技能，讨论症状复发时他可以采用的策略。在治疗过程中，保罗的症状得到了缓解。在最后一次治疗时，他已经不再为他的鼻子感到痛苦了。

（摘自Wilhelm等，2010）

早期的认知行为干预注重帮助患者尽快丢弃物品，避免因过于重视对物品的评估而陷入犹豫不决和焦虑的困境。不幸的是，这样一来，人们常会放弃治疗，而那些留下的人对治疗也没什么反应（Abramowitz, Franklin, Schwartz, et al., 2003；Mataix-Cols, Marks, Greist, et al, 2002）。

囤积障碍患者的家庭关系常因为囤积行为而受到深远的损害。家人常会尝试各种方法来帮助清理杂物，当所有的尝试都失败以后，他们会感到挫败和愤怒。很多人诉诸强硬的策略，包括趁患者不在时丢掉他们的物品——这种策略常导致不信任和怨恨。囤积障碍的家庭治疗首要的是在面对这些棘手的问题时建立和谐的关系（Tompkins & Hartl, 2009）。要呼吁家庭成员识别出那些给安全带来最大威胁的囤积和杂乱的方面，而不是以丢弃所有杂物为目标。家人可以和囤积障碍患者交流对问题的担忧，并为囤积障碍患者制定行动的先后顺序。

概念核查7.2（答案见章末）

回答以下问题。
1. 列举三个强迫症、躯体变形障碍和囤积障碍之所以成为相关障碍的理由。
2. 哪种治疗强迫症及其相关障碍的药物经过了最严谨的测试？
3. 强迫症及其相关障碍最常用的心理疗法是什么？

创伤后应激障碍和急性应激障碍

只有个体经历过创伤性事件，才能做出创伤后应激障碍和急性应激障碍的诊断。这类诊断的标准中包括了症状的起因，这一点显著区别于DSM中其他完全基于症状的诊断。

创伤后应激障碍、急性应激障碍的临床描述和流行病学

创伤后应激障碍（简称PTSD）是一种对严重创伤的极端反应，包括焦虑感增加，回避与创伤有关的刺激，唤醒度增高等症状。人们很早就知道战争的压力会对士兵有很大的反作用，而越南战争的余波终于刺激了这一诊断的发展。

这些障碍的诊断必须在严重创伤的背景下做出：个体必须经历过或目击了真实死亡、威胁性死亡、重度受伤或性侵犯事件。如上所述，经历过战争的退伍军人经常暴露于这种严重创伤。对女性来说，强暴是最常见的导致PTSD的创伤（Creamer, 2001），至少有1/3被强暴的女性患有PTSD（Breslau, Chilcoat, Kessler, et al., 1999）。

参与了世界贸易中心"9·11"恐怖袭击救援工作的消防队员等营救工作者，很容易患上PTSD。
(Marco Townsend/法新社/Getty Images 公司。)

DSM-5 将 PTSD 的症状分为四大类：

★ 创伤性事件的侵入性再体验。个体反复出现有关事件的回忆或噩梦，对引发事件回

忆的东西表现出强烈的沮丧或明显的生理反应（如，直升机的声音会提醒一名退伍军人；黑暗会提醒遭受过强暴的女性）。

★ 回避与事件相关的刺激。有些人会尝试回避所有的事件唤醒源。例如，一位土耳其的地震生还者在经历过半夜被掩埋后，不再睡在室内（McNally，2003）。有些人会避免想起创伤，他们会只记得事件的一些不连续片段。这些症状与再体验症状是矛盾的：尽管人们采取回避措施不想起创伤，但是经常失败，再体验仍会发生。

★ 创伤后心境和认知的改变。这包括无法回忆起事件重要方面的内容、持续的消极认知、因为事件而责备自己或他人、弥散的负面情绪、对重要活动缺少兴趣或不再参与、感觉与他人分离、无法体验到积极情绪等。

★ 增加的唤醒度和反应性。这些症状包括急躁的或攻击性行为、鲁莽的或自我毁灭的行为、难以入眠或难以保持睡眠、注意困难、高度警觉、夸张的惊吓反应。实验室研究证实，在测量创伤后应激障碍患者对创伤相关图片的生理反应时，他们的唤醒度会变高（Orr，2003）。

一旦患上创伤后应激障碍，症状是相对慢性的。一项针对创伤后应激障碍患者的研究发现，几年后再次访谈，约一半人仍有符合诊断的症状（Perkonigg，2005）。这类患者常有自杀的想法（Bernal，Haro，Bernert，et al.，2007），也常发生非自杀性的自我伤害事件（Weierich & Nock，2008）。一项对 15288 名退伍军人自首次服兵役以来 30 年的追踪研究显示，创伤后应激障碍患者有更高的由身体疾病、事故和自杀引起的早亡的危险（Boscarino，2006）。

DSM-5 关于创伤后应激障碍的诊断标准与 DSM-IV-TR 有几处不同。首先，DSM-IV-TR 要求个体在事件发生时体验到极度的害怕、无助感或惊恐。但很多患者报告，在创伤发生时，他们似乎与自我或情感分离了。考虑到这一点，DSM-5 草案将个体在创伤发生时有强烈的情绪体验这一标准删除了。其次，DSM-IV-TR 被批评太过宽泛。在 DSM-IV-TR 诊断标准中，即使是像看到关于战争和恐怖主义的新闻报道这样的替代性创伤暴露，也被视为一种能引起创伤后应激障碍的原因（McNally，2009）。在 DSM-5 中，创伤性事件的定义标准更窄了。例如，它指明暴露于媒体报道不属于创伤。再次，DSM-IV-TR 中描述的很多症状同时也是重症抑郁症的诊断标准，如注意困难、睡眠困难、对活动失去兴趣等。DSM-5 明确提出，这些症状必须是在经历创伤后出现的。最后，作为对创伤后应激障碍的诊断，DSM-IV-TR 要求回避症状（如回避创伤唤醒源）或麻木症状（如对他人的兴趣降低、与他人疏远、无法体验积极情绪）两者有其一。有证据表明，回避和麻木是不同的（Asmundson，Stapleton，& Taylor，2004）。DSM-5 把回避症状的出现作为创伤后应激障碍的诊断标准之一，麻木症状则被放在了认知和心境的改变这一标准中。

除了创伤后应激障碍，DSM 还包括对**急性应激障碍**（简称 ASD）的诊断。ASD 的诊断要点为症状在创伤后 3 天至 1 个月内出现。急性应激障碍的症状与创伤后应激障碍大致相同，但是病程更短。DSM-IV-TR 解离症状必须出现。但这一点并未被实证研究支持，也与创伤后应激障碍的诊断标准不一致，故 DSM-5 在关于急性应激障碍的诊断标准中就未提出这一点。总体而言，急性应激障碍的诊断标准被修改得更接近创伤后应激障碍了。

急性应激障碍的诊断并不像创伤后应激障碍诊断那样被广泛认可。关于急性应激障碍的诊断主要有两大争议。首先，一些人对急性应激障碍的诊断提出了批评，认为它给严重创伤的短期反应贴上了障碍的标签，即使这些是非常普遍的反应（Harvey & Bryant，2002）。例如，90% 遭受到强暴的女性报告至少会出现一些（亚综

> **DSM-5 中创伤后应激障碍的诊断标准：**
>
> A. 个体曾面临过死亡或死亡威胁，实际的或威胁性的重大伤害，实际的或威胁性的性侵犯，主要通过以下途径：亲身经历事件，目击事件，得知发生在亲密的人身上的暴力事件、意外死亡或死亡威胁，反复经历或极端暴露于令人厌恶的事件细节。
>
> B. 至少有以下 1 种闯入性症状：
> - 反复出现的、不由自主的，闯入性的有关创伤的痛苦回忆，儿童可表现为反复地玩以创伤为主题的游戏。
> - 反复出现与事件相关的噩梦。
> - 解离反应（如闪回），个体的感受和行为就像创伤再次发生了一样。
> - 对创伤唤醒源表现出强烈、持久的痛苦或生理反应。
>
> C. 至少有以下 1 种回避症状：
> - 回避内在的创伤唤醒源。
> - 回避外在的创伤唤醒源。
>
> D. 至少有以下 3 种（儿童 2 种）在创伤后开始出现或恶化的认知和心境的消极变化：
> - 无法回忆起创伤重要方面的内容。
> - 对自己、他人或世界抱有持续的、夸大的消极预期。
> - 因为创伤而持续地过度责备自己或他人。
> - 弥散的消极情绪状态。
> - 对重要活动的兴趣或参与度显著降低。
> - 感觉与他人分离或疏远。
> - 持续地无法体验到积极情绪。
>
> E. 至少有以下 3 种（儿童 2 种）在创伤后开始出现或恶化的唤起和反应性的变化：
> - 急躁的或攻击性行为。
> - 鲁莽的或自我毁灭的行为。
> - 高度警觉。
> - 夸张的惊吓反应。
> - 注意力问题。
> - 睡眠问题。
>
> F. *症状在创伤后开始出现或恶化，至少持续了 1 个月。*
>
> 注意：与 DSM-Ⅳ-TR 的区别用斜体标出。DSM-Ⅳ-TR 明确提出个体对创伤的最初反应包括强烈的害怕、无助感或惊恐。标准 D 是 DSM-5 新提出的；麻木症状先前被认为是回避的证据。

合征）症状（Rothbaum，1992），而大约 1/3 经历过群体枪击事件的人有急性应激障碍的症状（Classen，1998）。其次，大多数符合创伤后应激障碍诊断标准的人在创伤事件发生后 1 个月内并没有发展为急性应激障碍（Bryant, Creamer, O'Donnell, et al., 2008）。鉴于 DSM-5 对急性应激障碍和创伤后应激障碍的诊断标准很相似，因此根据 DSM-5 诊断的急性应激障碍要比根据 DSM-Ⅳ-TR 诊断的更能预测创伤后应激障碍。

因为对急性应激障碍的了解较少，我们将在流行病学和病因学部分着重关注创伤后应激障碍。但是依然要讨论急性应激障碍的一个理由是，它能够预测未来 2 年内更高的创伤后应激障碍患病率（Harvey & Bryant, 2002）。在治疗部分，我们将回顾可能帮助预防创伤后应激障碍发展的急性应激障碍治疗方法。

创伤后应激障碍与一些障碍有高共病率。在一项对社区代表性样本的研究中，研究者对 3～26 岁的个体反复做出诊断性评估。26 岁前出现创伤后应激障碍的人，几乎全部（93%）在 21 岁前都曾被诊断出患有另一种心理障碍。最常见的共病障碍是焦虑障碍、重度抑郁、物质滥用和品行障碍（Koenen, Moffitt, Poulton, et al., 2007）。2/3 在 26 岁患有创伤后应激障碍的人在 21 岁前曾患有焦虑障碍。

在暴露于创伤的人中，女性的创伤后应激障碍患病率是男性的两倍（Breslau et al, 1999）。这与观察到的多数焦虑障碍的性别比例一致。女性面临的生活环境不同于男性。例如，女性在儿童期到成年期更可能遭受性侵犯（Tolin & Foa,

临床个案：格雷厄姆

格雷厄姆，男，34岁；军医介绍其接受专业的精神治疗。格雷厄姆最近与妻子分居了，并且报告说没有亲密的朋友。自从两年前服役回来，他的脑子里就一直萦绕着他在阿富汗时的画面。格雷厄姆说，他白天经常体验到回忆重现和闯入，晚上不断做着噩梦，内容都是关于他在阿富汗的山里的某个场景或事件。他尝试着避免想起战争，他回避报纸、电视报道、关于政治的谈话，甚至避免看见直升机，但他总是会意外地撞见这些东西。这时候，他就会瞬间被强烈的恐惧、无助感和身体的颤抖所压倒。格雷厄姆每天都难以入眠，愤怒爆发，有弥散的绝望感。

他和妻子的关系正在恶化。当他去看两个孩子时，妻子都会痛苦地抱怨他离开自己和孩子，并"不再关心"他们。当被问到他是否愿意回到妻子身边时，他说他不确定自己对妻子的感觉。自从参战以来，他就不再感受到与妻子或其他人之间的情感联结了。

2006）。在控制了性虐待和性侵犯经历这一变量之后，男性和女性的创伤后应激障碍患病率大致相同（Tolin & Foa, 2006）。

文化通过几种方式影响创伤后应激障碍的患病风险。某些文化群体有更高的概率暴露于创伤中，因而表现出更高比例的创伤后应激障碍。居住在美国的拉丁裔就属于这种情况，这也许跟他们在本国时常遭遇政治动荡有关（Pole, 2008）；美国的少数种族人群也有类似情况（Ritsher, 2002）。文化也会影响我们观察到的创伤后应激障碍的症状类型。应激性神经症发作最初在波多黎各被发现，表现为在经历严重应激之后出现生理症状和对发疯的恐惧，这与创伤后应激障碍很相似。

创伤后应激障碍的病因学

上面我们提到，约2/3的创伤后应激障碍患者曾患有焦虑障碍。因此创伤后应激障碍的风险因素与我们在第6章中描述的焦虑障碍风险因素有所重叠也不足为奇。例如，创伤后应激障碍似

DSM-5中急性应激障碍的诊断标准：

A. 个体曾面临过死亡或死亡威胁，实际的或威胁性的重大伤害，实际的或威胁性的性侵犯，主要通过以下途径：亲身经历事件，目击事件，得知发生在亲密的人身上的暴力事件、意外死亡或死亡威胁，反复经历或极端暴露于令人厌恶的事件细节。

B. 至少有以下8种症状在创伤后开始出现或恶化，且持续了3至31天：
- 反复出现的、不由自主的，闯入性的有关创伤事件的痛苦回忆。
- 反复出现与创伤事件有关的噩梦。
- 解离反应（如闪回），个体的感受和行为就像创伤事件再次发生了一样。
- 对引发创伤事件回忆的事物表现出强烈、持久的痛苦或生理反应。
- 内在的麻木感，与他人分离感，或降低的对事件的反应性。
- 环境和自我的现实感发生了改变（如从另一个人的角度看待自己，感到茫然）。
- 无法回忆起至少1个创伤事件重要方面的内容。
- 回避内在的创伤唤醒源。
- 回避外在的创伤唤醒源。
- 睡眠困扰。
- 高度唤醒。
- 易激惹或攻击性的行为。
- 夸张的惊吓反应。
- 焦躁或不安

乎和焦虑障碍的遗传风险（Tambs, Czajkowsky, Roysamb, et al., 2009）、恐惧回路区域如杏仁核的高活动水平（Rauch, 2000）、童年创伤经历（Breslau, 1995）、选择性注意威胁线索的倾向（Bar-Haim, 2007）有关。和焦虑障碍一样，神经质和消极情绪能预测创伤后应激障碍的发病（Pole, Neylan, Otte, et al., 2009；Rademaker, Van Zuiden, Vermetten, et al., 2011）。

正如焦虑障碍一样，创伤后应激障碍也与条件作用的二因素模型有关。在这个模型中，创伤后应激障碍的初始恐惧被认为是由经典条件作用引起的（Keane, 1985）。例如，一位女性在她被强暴后（非条件刺激），很害怕走到被强暴的地点（条件刺激）。这种经典条件恐惧非常强烈，使得这位女性会尽可能回避那个地点。操作性条件作用则使这种回避行为得以保持：回避行为能使条件刺激不再出现，降低了个体的恐惧，因而得到了强化。这种回避行为会妨碍恐惧的消除。

记住这些相似点之后，我们将在以下部分关注与创伤后应激障碍相关的独特风险因素。首先，我们将展现很多证据，它们表明了特定类型的创伤比其他类型的创伤更容易引发创伤后应激障碍。经历过创伤的人中，并不是每个都会患上创伤后应激障碍。因此，很多研究开始探讨有助于预测创伤后应激障碍发病的神经生物与应对方式变量。

创伤的性质：严重性和创伤类型的影响

创伤的严重性会影响个体是否会患创伤后应激障碍。想想暴露于战争中的人。约20%在越南战争中受伤的美国士兵患有创伤后应激障碍，相比之下，有50%曾成为俘虏的士兵患有创伤后应激障碍（Engdahl, 1997）。在沙漠风暴行动（1990～1991年伊拉克入侵科威特后发生的战争）中，那些被派去收集、标记、掩埋尸体残肢的美军士兵，有65%患上创伤后应激障碍（Sutker, 1994）。如图7.2所示，第二次世界大战时，接受精神治疗的士兵数量与其所在部队的伤亡人数密切相关（Jones & Wessely, 2001）。第二次世界大战期间，医生认为在经历了连续60天的战斗后，有98%的男性会出现精神问题（Grossman, 1995）。

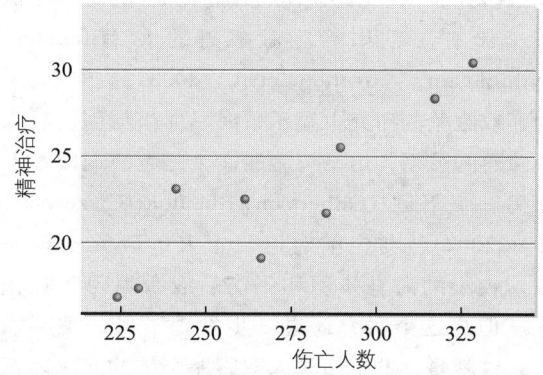

图 7.2 加拿大士兵接受精神治疗的百分比和第二次世界大战中其部队伤亡人数的函数关系。来自 Jones & Wessely, 2001。

"9·11"恐怖袭击发生后，纽约居民的创伤后应激障碍患病率与创伤的严重性相一致。基于袭击后的一项电话调查研究发现，居住在纽约第110号大街南面（位于世界贸易中心以北较远处）的成年人有7%表现出符合创伤后应激障碍诊断标准的症状，而居住在卡纳尔街南面（靠近袭击地）的成年人有20%报告了相似的症状（Galea, 2002）。简而言之，曾经暴露于创伤的人当中，遭遇过的创伤越严重，其患有创伤后应激障碍的可能性越大。

除了严重性，创伤的性质也有影响。人为引起的创伤比自然灾害更容易引发创伤后应激障碍（Charuvastra, 2008）。例如，强暴、战争、虐待和殴打都比自然灾害带来更大的风险。这可能是因为这些事件挑战了人性本善的观念而使人更加痛苦。

神经生物学因素：海马和激素

和焦虑障碍一样，创伤后应激障碍似乎与海马的高活动性、内侧前额皮层的低活动性（Shin, Rauch, & Pitman, 2006）有关；这些区域负责学习和消退恐惧。尽管这两个区域的活动影响很多的焦虑障碍，但似乎只有创伤后应激障碍与海马的机能相关。众所周知，海马负责记忆，特别是与情绪相关的记忆（见图7.3）。脑成像研究显示，创伤后应激障碍患者的海马体积小于没有患创伤后应激障碍的人（Bremner, Vythilingam, Vermetten, et al., 2003）。一项关于同卵双胞胎的研究也显示了海马体积与创伤后应激障碍的关系，这些双胞胎一个是越战退伍军人而另一个不是（Gilbertson, Shenton, Ciszewski, et al., 2002）。与先前对退伍军人的研究发现一致，较小的海马体积和创伤后应激障碍症状相关。但是这个研究还进一步发现了另一重要模式。这就是，非退伍军人双胞胎个体的海马体积和退伍军人双胞胎个体的创伤后应激障碍患病率相关。非退伍军人双胞胎个体的海马体积越小，则退伍军人双胞胎个体服完兵役后创伤后应激障碍患病率越高。这表明海马体积低于平均值的情形可能先于障碍而存在。聚焦发现7.1提供了更多的视角来理解创伤后应激障碍中有关记忆的争议，即如何将这些关于海马的研究结果与认知模型进行整合。

应对

面对创伤事件时，有些人能够应对挑战并表现出非凡的恢复力。很明显，个体在创伤发生时和发生后的应对方式能预测个体是否会患创伤后应激障碍（Brewin & Holmes, 2003）。

一些研究发现，通过避免回想来应对创伤的个体更有可能患创伤后应激障碍（Sharkansky, King, King, et al., 2000）。很多这类的研究关注**解离**症状（如感到与自己的身体或情绪分离了或无法回忆起事件）。我们将在第8章中详细讨论解离。解离和记忆压抑能使个体远离创伤的回忆。在创伤发生时或随后出现解离症状的个体更有可能患创伤后应激障碍，这就和尝试压抑创伤记忆的个体一样（Ehlers, Mayou, & Bryant, 1998）。一项涵盖16项研究、共3534个被试的元分析证实了解离和创伤后应激障碍的关系（Ozer, Best, Lipsey, et al., 2003）。许多研究表明，紧接着强暴出现的解离症状能预测创伤后应激障碍的发展（Brewin & Holmes, 2003）。此外，在创伤后几年持续采用解离应对策略的个体，其创伤后应激障碍症状也会进一步加重（Briere, Scott, & Weathers, 2005）。一项关于解离的研究在强暴发生2周内对受害者进行了评估（Griffin, Resick, & Mechanic, 1997）。女性被问及强暴过程中的解离症状（如，"你是否感觉麻木？"和"有没有一瞬间感觉不知道在发生什么？"）。根据她们的回答，她们被分为高解离组和低解离组。高解离组的女性比低解离组女性表现出更多的创伤后应激障碍症状。研究者同时使用生理心理测量技术来进一步理解解离是如何产生作用的。在这部分研究中，女性谈论强暴和中性的话题。谈论过程中，女性感到压力时就报告，并测量生理心理唤起。高解离组女性谈论到被强暴时报告了情绪压力，但她们实际上的生理唤起仍要低于低解离组。

其他的保护性因素能帮助个体更好地应对严重创伤。高智商（Brealau, Lucia, & Alvarado, 2006; Kremen, Koenen, Boake, et al., 2007）和高社会支持（Brewin, Andrews, & Valentine, 2000）似乎特别重要。有更高的智力来理解可怕的事件，有更多的朋友和家人来帮助度过这个过程，这能使个体避免在创伤

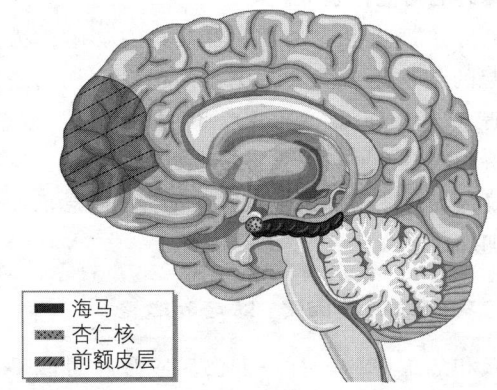

图7.3 较小的海马可能与患创伤后应激障碍的风险有关

聚焦发现 7.1　记忆研究进展：神经生物学和认知的整合

创伤后应激障碍患者经常有侵入性创伤记忆。这与某些研究结果相一致。研究发现，去甲肾上腺素和皮质醇在极端应激状态时激增，导致记忆形成的增强，特别是关于危险经历核心内容的记忆。涉及这一"超固结"的核心脑结构是杏仁核和腹内侧前额叶。

研究显示，恐惧记忆重新激活后，阻断啮齿动物外侧杏仁核的去甲肾上腺素，会影响记忆重构，并对恐惧记忆有持续的损害（Debiec, Bush & LeDoux, 2011）。杏仁核似乎调节着条件恐惧的形成、表达以及情绪记忆的增强。而腹内侧前额叶则参与条件恐惧的消退和对消极情绪的意志调控。有理论提出，腹内侧前额叶发挥着对杏仁核的抑制作用，这种抑制上的缺陷可以解释创伤后应激障碍的症状（Koenigs & Grafman, 2009）。这一理论已经被创伤后应激障碍患者的功能性成像研究所支持，这类患者的腹内侧前额叶活动减退，杏仁核活动增强。Koenigs 团队在 2008 年做的脑损伤及暴露于战争创伤的退伍军人的研究证实，杏仁核损伤降低了患创伤后应激障碍的可能性。但是，杏仁核调节创伤后应激障碍的神经认知机制目前仍然不太清楚。人类和非人类数据都表明，杏仁核在消极情感和像条件恐惧反应这样的情绪相关行为的表达上起着重要作用，这至少涉及 3 种可能的（并不互相排斥）机制：

- 杏仁核损伤使得恐惧或焦虑相关的反应表现减少了，进而抵御了创伤后应激障碍；
- 杏仁核通过它在情绪记忆巩固中所起的作用，构成了创伤后应激障碍的基础。研究显示，情绪唤醒刺激比情绪中性刺激更容易被检索到，而杏仁核则负责情绪记忆的增强（McGaugh, 2004）。在某种意义上，创伤后应激障碍可以被视作一种情绪记忆极度增强的障碍，表现为情绪性创伤事件的加强和回忆达到了过分的、病理性的程度。杏仁核损伤也许会削弱对情绪性创伤事件的突出回忆，而这恰恰是创伤后应激障碍的诊断标准之一。
- 杏仁核对创伤后应激障碍的影响与它的功能有关，即杏仁核能觉察和评估生物相关刺激，比如危险。

性事件后出现相应症状。

　　有一系列研究关注了在创伤经历的背景下获得成长的个体。对于一些人，创伤唤醒了他们对生命的领悟，使他们重新关注生命中最重要的事，给他们机会在克服逆境时发现自己的优势（Bonanno, 2004; Tedeschi, Park, & Calhoun, 1998）。因此，尽管创伤带来了挑战，一些人却可能学到了更好的应对方式，发展了智慧。

自然灾害的幸存者，如 2011 年日本大地震的幸存者。患创伤后应激障碍的风险高。但他们的患病风险可能不及遭受到人为创伤的人，比如被攻击。

（左：Flying Colours Ltd/Getty Images, Inc.；右：ATP/ Getty Images.）

创伤后应激障碍和急性应激障碍的治疗

许多研究关注创伤的治疗，使用的方法包括药物和心理治疗。关注急性应激障碍治疗的研究较少。

药物治疗

很多随机对照实验检验了创伤后应激障碍药物治疗的疗效（Stein, Ipser, & Seedat, 2000）。有一类抗抑郁药——选择性五羟色胺再摄取抑制剂（SSRIs），其对创伤后应激障碍的疗效已经得到了很好的支持。不过药物一旦停止使用，很有可能复发。

创伤后应激障碍的心理治疗

在第 6 章中，我们展示了暴露疗法。在治疗师的支持下，个体面对自己最害怕的事件。通常会制定一个暴露等级，将事件从轻度恐惧到极度恐惧进行排列。治疗的目标是消退恐惧反应，特别是恐惧反应的泛化，同时也要挑战个体无法应对这些刺激引起的焦虑和恐惧这一观念。当来访者学会了应对他们的焦虑，回避反应就会减少。

创伤后应激障碍的暴露疗法聚焦初始创伤的记忆和唤醒源，鼓励个体面对创伤以获得控制感并消除焦虑。条件允许的话，治疗师会让个体直接生动地暴露于创伤唤醒源中，例如，回到事发现场。有时候，我们也会使用**想象暴露**，让个体有意识地对事件进行回想（Keane, Fairbank, Caddell, et al., 1989）。证据表明，聚焦于创伤相关事件的暴露疗法，无论是想象的还是现实的，其治疗创伤后应激障碍的效果都好于药物治疗或支持性的非结构性心理治疗（Bradley, Greene, Russ, et al., 2005）。暴露疗法已成功用于各种群体。例如，该疗法对苏丹难民就很有效（Neuner, Schauer, Klaschik, et al., 2004）。尽管这种疗法很成功，但创伤后应激障碍的另一种疗法则存在很大争议。关于这些争议的讨论详见聚焦发现 7.2。

治疗师还使用虚拟现实技术来治疗创伤后应激障碍，这一技术能提供比个体想象更生动的暴露。在一项研究中，患有创伤后应激障碍的越战退伍军人通过一次充满战斗声音的虚拟直升机之行得到了治疗（Rothbaum, Hodges, Alarcon, et al., 1999）。

暴露疗法对患者和治疗师来说都很困难，因为它需要和创伤事件密切接触。例如，遭遇强暴后罹患创伤后应激障碍的女性可能被要求在想象中重新体验令人恐惧的袭击，想象具体清晰的细节（Rothbaum & Foa, 1993）。治疗的初始阶段，病人的症状甚至有可能暂时性增加（Keane, Gerardi, Quinn, et al., 1992）。当来访者反复经历到创伤时，治疗可能特别困难并且需要更多时间，受虐待的儿童的治疗常是如此。

一些认知策略对创伤后应激障碍的暴露疗法进行了补充，以鼓励人们相信自己有应对初始创伤的能力。为此目的而设计的干预活动在一系列研究中显示出良好的效果（Keane, Marshall, & Taft, 2006），即使患者同时还患有其他障碍（Gillespie, Duffy, Hackmann, et al., 2002）。认知疗法以帮助强暴和童年性虐待受害者停止自责为目的，得到了实证的支持（Chard, 2005; Resick, Nishith, Weaver, et al., 2002），并且似乎对降低内疚感特别有帮助（Resick, Nishith, & Griffin, 2003）。也有研究探讨，在治疗创伤后应激障碍的其他症状方面，认知疗法的疗效是否超过暴露疗法（Foa, Cahill, Boscarino, et al., 2005）。

急性应激障碍的心理治疗

向急性应激障碍患者提供治疗能预防创伤后应激障碍的发展吗？短期的（5 次或 6 次）包含暴露在内的认知行为方法似乎可以做到。例如，Richard Bryant 和他的同事（1999）发现，早期干预降低了急性应激障碍发展为创伤后应激障碍的危险。这一方法的成功已经被五项研究验证了。一项元分析发现，接受过暴露治疗的个体

聚焦发现 7.2　　眼动脱敏和再加工

1989年，Francine Shapiro发表了一种名为眼动脱敏和再加工（eye movement desensitization and reprocessing，EMDR）的创伤治疗方法。在此过程中，个体想象创伤相关的情境，如目击一场恐惧的车祸。治疗师在个体眼前约30厘米的地方来回晃动手指。个体在记住影像的同时，还要视觉追踪治疗师的手指。这个过程持续1分钟，或直到个体报告影像造成的痛苦降低为止。这时，治疗师要求个体说出所有的消极想法，同时继续追踪治疗师的手指。最后，治疗师要求个体想出一个积极的想法（如，"我能应付这个"），保持这个想法，继续追踪手指。这个治疗运用经典的想象暴露技术，同时配合眼动技术。关于EMDR用于治疗创伤后应激障碍患者的研究报告了症状的急剧缓解（Van der Kolk, Spinazzola, Blaustein, et al., 2007）。EMDR的支持者认为眼动促进了条件恐惧的快速消退，矫正了关于诱发恐惧的刺激的错误信念（Shapiro, 1999）。除创伤后应激障碍外，研究者声称EMDR对注意缺陷/多动障碍、解离障碍、惊恐障碍、公共演讲恐惧、考试焦虑和特定对象恐惧症也有极大的疗效（Lohr, Tolin, & Lilienfeld, 1998）。

尽管该疗法显示了很好的疗效，但也有研究表明治疗的眼动成分并不是必要的。例如，一位研究者使用了包含除眼动外的所有技术的EMDR变形版本，将被试随机分配到有眼动组或无眼动组进行研究（Pitman, Orr, Altman, et al., 1996）。结果显示两组的症状减轻程度相似。自从这个研究以后，一系列研究发现这一疗法并不比传统认知行为疗法更有效（Seidler & Wagner, 2006）。一些人提出，EMDR不该被视为一种疗法，因为既没有研究也没有合理的理论解释支持其眼动成分（Goldstein, de Beurs, Chambless, et al., 2000）。

患创伤后应激障碍的风险降低到32%，而控制组的个体患创伤后应激障碍的风险为58%（Kornør, Winje, Ekeberg, et al., 2008）。

这些早期干预的积极效应似乎能持续几年。有研究者历时5年，检验了治疗对从毁灭性地震中生还的青少年的效果。即使在地震发生5年后，接受过认知行为干预的青少年的创伤后应激障碍症状仍轻于未接收过治疗的个体（Goenjian, Walling, Steinberg, et al., 2005）。

在预防创伤后应激障碍方面，暴露疗法似乎比认知重构更有效（Bryant, Mastrodomenico, Felmingham, et al., 2008）。不幸的是，不是所有方法的预防效果都跟暴露疗法一样好（见聚焦发现7.3）。

聚焦发现 7.3　　紧急事件应激晤谈

紧急事件应激晤谈（CISD）指在创伤事件发生72小时内对创伤受害者进行紧急治疗（Mitchell & Everly, 2000）。不同于认知行为疗法，紧急事件应激晤谈限于一次长时程的会谈且不论个体是否出现症状。治疗师鼓励个体回忆创伤的细节并尽可能地充分表达他们的感受。使用这种方法的治疗师经常在事件发生后马上前往灾区访问——有时是受当地政府邀请（比如在世界贸易中心被袭击以后），有时则不是；他们既对受害者也对其家人提供治疗。

和EMDR一样，CISD也饱受争议。回顾六项将来访者随机分为CISD组或无治疗组的研究发现，CISD组的进展更糟糕（Litz, Gray, Bryant, et al., 2002）。没有人知道为什么出现了不良的效果，但是我们知道很多经历过创伤的人并没有发展为创伤后应激障碍。许多专家质疑向没有障碍的人提供治疗这一理念。一些研究者对CISD提出异议，认为个体自然的应对策略比其他人推荐的要好（Bonanno, Wortman, Lehman, et al., 2002）。

概念核查7.3（答案见章末）

请回答以下问题。
1. 列出两个创伤后应激障碍的独特风险因素。
2. 在进行创伤后应激障碍的暴露治疗时，有时会使用 ____ 暴露，因为像战争和强暴这种令人恐惧的经验 ____ 暴露无法操作。
3. 创伤后应激障碍的暴露治疗中加入认知疗法，对处理 ____ 特别有效（选择最符合的答案）：
   a. 自杀倾向
   b. 复发的风险
   c. 人格解体
   d. 内疚

总　结

强迫症及其相关障碍

- 强迫症患者有闯入性、非自愿的想法，感受到压力而不得不进行仪式行为以回避巨大的焦虑。躯体变形障碍患者有持久的、强烈的想法，认为自己外表有缺陷。囤积障碍表现为倾向于收集过多的物品且难以丢弃这些物品。

- 家族病史研究显示这三种障碍有一些共同的遗传风险。强迫症与眶额皮层、尾状核和前扣带回的活动高度相关。躯体变形障碍也与眶额皮层和尾状核的高活动性有关。

- 强迫症有中等程度的遗传性。强迫症中反复的想法和行为可能因为耶达感受性的缺乏而得到加强。从行为角度来看，强迫行为属于回避反应，它能缓解焦虑，因而得到了强化。强迫行为不断被重复，一部分原因是个体怀疑自己关于检查门窗等记忆。强迫观念可能因为试图压抑非意愿的想法而得到加强，一部分原因是强迫症患者认为想着某事跟在做某事一样糟糕。

- 认知模型把躯体变形障碍和细节倾向分析风格、夸大外表对自我价值的重要性，以及过于关注和外表有关的线索联系在一起。行为因素包括过于投入与外表有关的活动，伴随着回避他人可能对自己外表进行评价的情境。

- 囤积障碍的认知行为风险因素包括低组织能力、关于所有物的重要性和为所有物负责的不寻常信念，以及回避行为。

- 暴露与反应阻止疗法（ERP）是一种有效的治疗强迫症的方法，包含暴露治疗以及预防个体进行强迫行为的策略。ERP也已经被用于躯体变形障碍和囤积障碍的治疗。治疗躯体变形障碍时，除ERP外还采用认知策略以挑战个体对外表过于消极的看法、对外表的过度关注，以及自我价值依赖于外表的信念。治疗囤积障碍时，除 ERP 外还采用提升自我觉察和动机的策略。

- SRIs 是经过最多检验的治疗强迫症、躯体变形障碍和囤积障碍的药物。SSRIs 似乎也起作用，但是相关研究不多。目前尚无随机对照试验考察囤积障碍的药物治疗。

创伤相关障碍

- 创伤后应激障碍的诊断前提是有创伤事件发生。它的症状有创伤再体验、唤起、回避或情感麻木。急性应激障碍表现出相似的症状，但是必须存在解离症状，且症状持续时间短于一个月。
- 很多焦虑障碍的风险因素与创伤后应激障碍的发展有关，如遗传易感性、杏仁核的高活动性、童年创伤经历、神经质、关注环境中的消极线索以及行为的条件作用。针对创伤后应激障碍起因的研究和理论聚焦于如海马体积小、创伤事件的严重性和性质、解离，以及其他可能影响个体应激应对能力的因素，如社会支持和智力。
- SSRIs 是目前对创伤后应激障碍最有效的治疗药物。
- PTSD 的心理治疗包括暴露，但最常使用的是想象暴露。对急性应激障碍的心理干预能降低患 PTSD 的风险。

概念核查答案

7.1. 1. 没有诊断（症状没有带来损害）；2. 躯体变形障碍；3. 囤积障碍

7.2. 1. 以下任意三个：(a) 都有不可控制的反复想法和行为这一症状；(b) 三种障碍常共同存在；(c) 躯体变形障碍和囤积障碍患者通常有强迫症家族史；(d) 都可用 SRIs 进行治疗；(e) 都能使用暴露与反应阻止疗法进行治疗；2. 氯丙咪嗪；3. 暴露与反应阻止疗法

7.3. 1. 以下任意两个：海马体积小；回避创伤加工的应对策略，如解离；低智商；低社会支持；2. 想象，现实；3.d

第 8 章

解离性障碍和躯体性症状障碍

学习目标

1. 能够说出解离和躯体性症状障碍的症状。
2. 理解目前有关解离性身份障碍病因的争论。
3. 能够解释躯体性症状障碍的病因模型。
4. 能够介绍解离性症状和躯体性症状障碍可获得的治疗。

临床个案：吉娜

1965年12月，罗伯特·金斯（Robert Jeans）医生接待了一个名叫吉娜·里纳尔多的女人的咨询；她是由朋友介绍来的。吉娜单身，31岁，与另一位单身女性住在一起。她是一家大型教育出版社的成功作者。她工作效率很高，做事认真而且著作颇丰。但是她的朋友发现她最近变得有些健忘，行为举止有时表现得不像她自己。作为家中9个孩子里最小的一个，吉娜报告说她从十几岁时就开始梦游；她目前的室友也跟她说过，有时她会在梦中尖叫。

吉娜将她74岁的母亲描述为她认识的最专横的女人。她说她小时候是一个胆怯而顺从的女儿。28岁时，她第一次恋爱，对方是一个前耶稣会会士，不过二人并未发生性关系。之后她爱上了T.C.，一个有妇之夫，他保证会与老婆离婚并娶她。她一开始相信了他。但T.C.没有如他所承诺的那样离婚，也不再定期与吉娜见面。

在与吉娜几次会谈后，金斯注意到，第二人格开始出现了。金斯和吉娜后来称她为阳光玛丽。她与吉娜很不一样，看起来更加孩子气，更有女人味，热情奔放，富有魅力。吉娜感觉自己走起路来像个矿工，而玛丽绝不是这样。一些具体的事例证实了玛丽的存在：在家打扫卫生时，吉娜有时会发现杯子里盛着热巧克力，但吉娜和她的室友都不爱喝热巧克力；吉娜的银行账户显示她曾取过一大笔钱，可她完全没印象；她甚至发现自己通过电话预订了一台缝纫机，尽管她不喜欢缝纫——几周后，她穿着玛丽缝的一条新裙子来参加治疗。在工作上，吉娜说人们发现她变得更讨人喜欢了，同事们都来咨询她应该如何鼓励大家更好地协同工作。所有这些现象对吉娜来说都是陌生的。金斯和吉娜渐渐意识到，有时候吉娜会变成玛丽。

金斯越来越多地看到吉娜在咨询室里变为玛丽。T.C.有一次陪伴吉娜前来，那一次吉娜的姿态和行为都更加放松，说话的语调也更加温柔。在另一次会谈中玛丽不太高兴。根据金斯的说法，玛丽"啃掉了吉娜的指甲"，然后她们两个开始在金斯面前展开对话。

治疗进行一年后，吉娜和玛丽出现了明显的整合。最初吉娜完全占主导地位，但金斯渐渐注意到吉娜不像以前那么严肃了，尤其是不再分外努力地参与治疗，不再认为"一定要把这件事搞定"了。金斯鼓励吉娜与玛丽交谈，

以下是吉娜的报告：

我躺在床上试图入睡，有人开始哭着说关于T.C.的事。我很确定那是玛丽，我开始和她交谈。可那个人告诉我她没有名字，后来她说玛丽叫她伊芙林。最初我怀疑是玛丽假装成伊芙林，但后来我改变了看法，因为那个人比玛丽理智得多。她说她认识到T.C.是靠不住的，但她仍然爱他；她感到很孤独；她同意最好去找一个靠得住的男人。她说她每天

出来一段很短暂的时间来熟悉这个世界，她承诺以后变得更强壮时会出来见你（指金斯）。（Jeans，1976, pp.254-255）

到了一月份，伊芙林出现得越来越频繁；金斯感到他的病人在迅速地进步。几个月后，她看起来就一直是伊芙林了。不久，她嫁给了一个医生。如今好几年过去，她的其他人格已经不再出现了。《变态心理学杂志》1976）

在这一章里，我们将讨论解离性障碍和躯体性症状障碍。在DSM的早期版本中，这两种障碍和焦虑障碍都被归类为神经症，因为焦虑被认为是这些症状的主要原因。可是，在解离性和躯体性障碍中，并不总是能观察到焦虑的信号；而在焦虑障碍中，焦虑总是很明显的。从DSM-Ⅲ开始——其中对疾病的分类是基于可观察的症状而不是假设的病因——对这两类障碍就不再使用神经症的诊断分类了。躯体性症状障碍（曾被称为躯体形式障碍）和解离性障碍在诊断分类上被分离开来，并与焦虑障碍相区分。

我们在这一章里将解离性障碍和躯体性症状障碍放在一起讨论。因为二者都被假设为与某些压力体验有关，然而其症状却并不包含直接的焦虑表达。在解离性障碍中，个体会体验到意识瓦解——失去了自我觉察、记忆和身份。在躯体性症状障碍中，个体抱怨自己的躯体症状，包括身体缺陷或功能失调，有时还具有戏剧性。一部分人身上找不到这些症状的生理基础，而另一部分人对症状的心理反应则是过度的。

除了认为这两种障碍都与压力有关以外，值得注意的还有，解离性和躯体性障碍倾向于共病。解离性障碍的患者经常达到躯体性症状障碍的诊断标准，反之亦然——躯体性症状障碍的患者也经常可以达到解离性障碍的诊断标准（Brown, Cardena, Nijenhuis, et al., 2007）。

解离性障碍

DSM-5中包含3种主要的**解离性障碍**：解离性失忆症、人格解体或现实解体、解离性身份障碍（曾被称为多重人格障碍）。表8.1总结了DSM-5中解离性障碍的核心诊断特征及其诊断标准在DSM-5中的主要变化。图8.1展示了DSM-Ⅳ-TR和DSM-5障碍之间的对应。各种解离性障碍被认为源于一种共同的机制——解离，它导致人们无法有意识地觉察到某些认知或体验。因此，解离意味着意识无法正常发挥作用，即无法对认知、情绪、动机等方面进行整合。一些轻微的解离状态是很常见的——人们有时会失去自我意识，例如，一个人可能因为全神贯注思考问题而错过了回家途中转弯的路口。相比于这类常见的解离体验，解离性障碍则是由极高程度的解离造成的。心理动力学理论和行为理论都将病理性解离看作一种用来保护个体的回避反应，以避免使其有意识地体验到压力事件。在那些承受着高强度压力（例如高级军事生存训练）的人群中，许多人都报告有短暂的轻度解离（Morgan, Hazlett, Wang, et al., 2001）。

表 8.1 解离性障碍的诊断

DSM-5 诊断	描述	DSM-5 的主要变化
解离性失忆症	无法有意识地提取有关某段压力体验的记忆；神游亚型还包括失去对整个过去或身份的记忆。	神游现在是解离性失忆症的一种亚型，而不再是一种独立的诊断。
人格解体或现实解体	对自我和现实的体验发生变化。	现实解体被加入进来，作为一种症状
解离性身份障碍	至少有两个独特的人格相互独立地行动。	诊断标准的措辞更为具体。 加入了一条标准，即症状不包括被广泛认可的文化或宗教活动。

相对于其他障碍，研究者对解离性障碍了解得较少，对这些障碍的风险因素和最佳治疗手段也存在大量的争论。对一些人来说，这种争议性可能使人气馁，然而，当研究者们努力完成一个复杂的拼图时，此类问题恰恰是吸引人的焦点。尽管我们对解离性障碍了解得很少，但我们会聚焦于其中一种障碍：解离性身份障碍。

关于解离性障碍的患病率几乎很少有高质量的研究。目前为止最好的研究发现，解离性失忆症和人格解体的终生患病率分别为 7% 和 2.4%（Ross，1991）。而其他研究在临床实践中对这一诊断的患病率做出的估计则要低得多。一项研究对 11000 多家精神科门诊进行低结构化访谈，结果发现，大约千分之一的病人被诊断为患有某种解离性障碍（Mezzich，Fabrega，Coffman，et al.，1989）。

解离与记忆

解离性障碍引出的一个基本问题是：记忆在压力下如何工作。心理动力学理论提出，在解离性障碍中，创伤事件被压抑了。在这一理论中，记忆之所以被遗忘（也就是被解离）是因为它们太令人厌恶了。关于压抑是否真的存在，业界有大量的争论。认知科学家质疑这一过程是怎样发生的，因为研究表明极端的压力通常会增强而非损害记忆（Shobe & kihlstrom，1997）。例如，

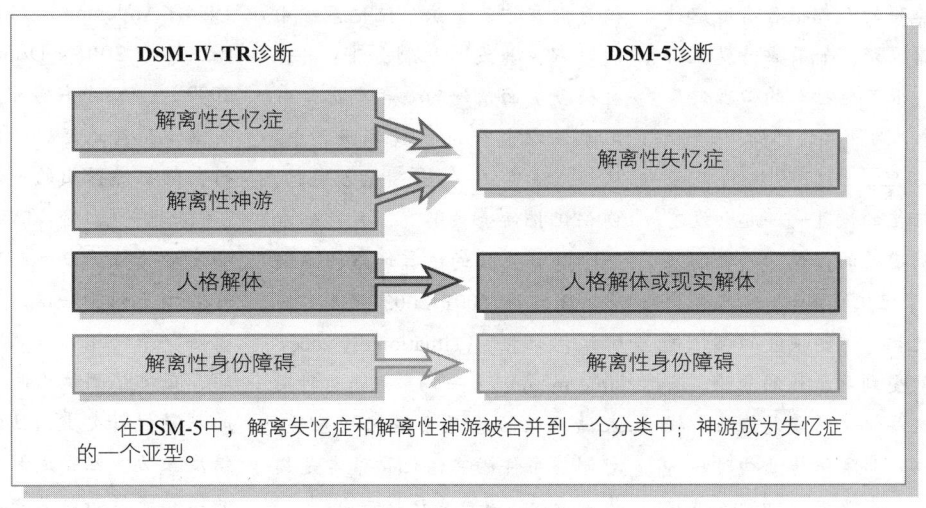

在DSM-5中，解离失忆症和解离性神游被合并到一个分类中；神游成为失忆症的一个亚型。

图 8.1 解离障碍的诊断

经历过极度疼痛的医学手术的儿童对其经历有精准而详细的记忆。不过，注意和记忆的性质确实会在高强度压力之下发生变化。与情绪刺激相关的记忆在压力下会被增强，对中性刺激的记忆则会受到损害（Jelicic, Geraerts, Merckelbach, et al., 2004）。处于压力下的人们倾向于将注意集中在威胁情境的核心特征上，而停止对次要特征的注意（McNally, 2003）。例如，人们可能记得瞄准他们的一把枪的每一个细节，却记不住持枪人的脸。在回忆时，他们很可能无法将压力情境的所有方面拼凑为一个清晰的整体。

既然对创伤的通常反应是对威胁的核心特征的记忆会增强，那么在解离性障碍中，我们看到的与压力相关的遗忘是怎么发生的呢？一种答案是，解离性障碍可能导致对压力的不同寻常的反应方式——例如，极端高水平的应激激素会干扰记忆的形成（Andreano & Cahill, 2006）。一些理论家认为，严重的解离能够干扰记忆。也就是说，面临严重的创伤，记忆会以一种特殊的方式被储存起来，使得个体恢复到正常状态以后，相关记忆无法被提取到意识中（Kihlstrom, Tataryn, & Holt, 1993）。解离性障碍被认为是上述过程的极端结果。在创伤和解离的背景下如何理解记忆的争论仍在继续（见聚焦发现 8.1）。

聚焦发现 8.1 有关压抑的争论：童年虐待的记忆

童年时期的严重虐待史是引起解离性障碍的重要原因。大约 13.5% 的女性和 2.5% 的男性报告经历过某些形式的童年期性虐待 Molnar, Buka, & Kessler, 2001）；更多人则经历了其他形式的虐待。几乎所有被诊断为解离性身份障碍的人都报告有过虐待史。毋庸置疑，如果虐待发生得太频繁，很可能对人的心理健康和幸福感产生深远的影响。

在这里，我们关注的是童年虐待记忆的恢复——起初没有童年时被虐待的记忆，而之后又"恢复"了记忆的案例。心理学中鲜有话题比"这些恢复的记忆是否真实"受到更激烈的争论。有人认为这些记忆的恢复为压抑提供了证据。弗洛伊德最初对压抑的定义是，在意识中抑制不被接受的痛苦记忆。尽管个体无法有意识地恢复这些记忆，但它们仍在继续产生无意识的效应。例如，通过无法控制的解离闪回或者心身症状的形式，这种效应会强烈地影响人们接下来的生活。

另一方面，解离是创伤事件被存储在"无意识"记忆系统中的过程，其发生机制如下：当含有极度负面情绪的童年期虐待经历无法被整合进自我参照之中，从而无法建立一个连贯的叙述时，创伤记忆便会被解离，并存储在一个缺乏直接的语言通路的系统中。Brewin（2001, 2003）使用"情境通达记忆"（situationally accessible memory）一词来表示这种用来储存被解离元素的记忆系统。对创伤事件的言语记忆常常是模糊不清的，并包含记忆空白。

关于压抑的研究证据告诉了我们什么？

认知神经科学研究建立了两个研究范式，用来在健康被试中检验压抑的存在，即"定向遗忘"和"回想/不回想"范式（Johnson, 1994；Anderson & Green, 2001；Erdelyi, 2006；Depue, et al., 2007）。在这些任务中，要求被试有意识地对遗忘进行控制，主动抑制随机选择出的一部分项目或"不去想"它们。在两种范式中，研究者将被试分配到不同条件组并给予不同指导语，其中"主动遗忘"条件组的被试与控制组相比，在记忆测试中能够回忆起来的刺激材料更少，且该结果具有信度。功能性脑成像显示，海马的活动降低而前额皮层的活动增强,这反映了基础记忆过程中的抑制性执行控制。

然而,Axmacher 和他的同事们(2010)认为,这些范式并不能充分地体现压抑的临床过程:
- 压抑仅发生在执行加工能力超载的情境下,在压抑过程中,人们往往缺乏主动控制;一个人之所以会压抑一段经历,是因为这段经历会引发不可忍受的冲突。因此,试图利用执行控制过程来引发压抑是荒谬的。由此看来,使用这些范式所考察的心理过程应更精确地定位到"主动遗忘不想要的内容"上去。
- 假如单独考虑压抑的机制,似乎意味着所压抑的内容仅是次要的。然而,压抑并不会发生在任意的情境或刺激上,只有当这种刺激或情境会引发强烈的消极情绪时压抑才会发生。因此,压抑应该由实验刺激自动引发。
- 压抑研究范式不仅应该减少对"被压抑的"刺激的意识通路,也应该排除这样一种可能,即这些刺激仅仅是被遗忘了;并证明对这些刺激的无意识记忆得到了增强。

在实验室以外研究创伤

为了更好地理解对于极度痛苦事件的记忆,一些研究者考察了实验室情境以外发生的创伤记忆。在一项有关虐待记忆是否能被遗忘的研究中,时隔 15 年后再次询问那些在档案中有过被虐待记录的人,94%的人仍然报告了被虐待的记忆(Goodman, Ghetti, Quas, et al., 2003),剩下 6%的人报告说他们没有被虐待的记忆。但即使是在这些人中,被虐待记忆的缺失反映的也可能是除了压抑以外的其他心理过程。有些人也许只是不想在访谈中谈论这些痛苦的事件;有些人在受到虐待时可能太小了,以致无法记得这些事情——遭受虐待时年龄小于 5 岁的人在 15 年后被问起时更不容易报告他们的记忆;有些创伤可能造成了脑损伤,进而导致记忆空缺。因此,无法报告记忆和压抑可能并不是一回事(Loftus, 1993)。

除了关于记忆压抑的争议,我们如何解释新记忆的产生?它来自哪里?研究提示了两种可能性:
- 流行作品。《治愈的勇气》(*The Courage to Heal*, Bass & Davis, 1994)是一本非常流行的儿童期性虐待受害者指南,它不断地暗示读者他们很可能被虐待过,并将低自尊、感觉自己与其他人不一样、物质滥用、性功能障碍、抑郁等作为被虐待的标志。但问题是,这些症状也可以由众多其他因素引起。
- 治疗师的暗示。根据治疗师自己的说法(Poole, Lindsay, Memon, et al., 1995),许多治疗师相信成年期的障碍是由童年虐待引起的。这些人会暗示来访者很可能在童年时遭到了性虐待,有时治疗师还会借助催眠引发年龄退行或引导想象来达到这一目的(Poole et al.,1995)。

记忆扭曲一旦发生,就会产生情绪能量。在一项研究中,研究者对那些报告曾遭到外星人绑架(我们将这假定为一个虚假记忆)的人们进行访谈。在这些人谈论其经历的同时,研究者记录了他们的心率、出汗和其他生理唤起指标,发现他们的唤起水平与那些描述战争或创伤经历的人同样高(McNally, Lasko, Clancy, et al., 2004)。可见,即使是虚假记忆,也可以与强烈的痛苦联系在一起。

虐待的发生可能是事实。但是我们必须警惕不加批判地认可虐待报告。这是一个重要的问题,许多法庭案件都采用了恢复的受虐待记忆(Pope, 1998)。比如,一个女人在心理治疗期间恢复了一段记忆,于是控告她的父母在童年时虐待她,这是一种很典型的情况。20 世纪 80 年代,被压抑的记忆这一概念受到了公众广泛的关注;但是到 20 世纪 90 年代晚期,这一趋势发生了改变,由于发生了一系列丑闻和诉讼,许多法庭拒绝了基于恢复性记忆的证词(Piper, Pope, & Borowiecki J. J., 2000)。

解离性失忆症

正如下文中伯特／吉恩的案例中所描述的那样，**解离性失忆症**患者无法回忆起重要的个人信息。这些信息通常与创伤体验有关；由于缺失的记忆过多，因此无法用日常的健忘来解释；这些信息并未被永久遗忘，只是在失忆症期间无法提取，这段时间短则数小时、长则数年；失忆症的出现和消失都非常突然，失忆症消失后，记忆会完全恢复，并且复发的可能性很小。

遗忘有关创伤体验的记忆是最为常见的，例如见到所爱的人突然死去。较为罕见的情况是将一段痛苦时期内的所有事件全部遗忘。另外，除非记忆遗失还导致了定向障碍，否则，失忆症个体的行为不会特别引人注意。

失忆症的一个较严重的亚型叫做**神游**（fugue；来自拉丁语 fugure，意为"逃离"）。像下面伯特／吉恩的临床案例所展示的，患者不仅完全失忆，而且会突然离开家和工作场所，并使用一个新的身份。有时患者会有一个新名字、一个新家、一份新工作，甚至一系列新的人格特征，患者有时甚至还会成功地建立起一种新的、相当复杂的社交生活。然而，在大多数情况下，神游患者的新生活并不会达到如此丰富的程度。神游会持续一段相对较短的时间，其中大部分时间都在旅行。尽管这场旅行受到种种限制，但患者的目标十分明确，旅途中几乎不会发生任何社会接触。与其他形式的失忆症一样，神游症患者的记忆通常可以完全恢复，但恢复所需的时间长短在不同的人之间差别较大；记忆恢复之后，患者可以回忆起过去全部生活和经历的细节，但不会记得发生在神游期间的事情。解离性神游的首个有据可查的案例记载在 1887 年法国的医学文献中。这一案例在医学会议上获得了广泛关注，欧洲在之后几年又报告了少量的神游案例（Hacking, 1998）。

解离性失忆症的记忆遗失模式有一个重要特点：外显记忆缺失而内隐记忆完好。**外显记忆**是指对经验进行有意识的提取——例如，当你描述一辆儿时拥有的自行车时，用到的就是外显记忆。**内隐记忆**是指基于无法被有意识地提取的经验的学习——例如，当你骑自行车时，使用的就是有关如何骑自行车的内隐记忆。在许多案例中，解离性障碍患者的内隐记忆都是完好的（Kihlstrom, 1994）。例如，一位女性遭到恶作剧的戏弄后，失去了对这一事件的外显记忆，但她每次经过事件发生的地点时都会感到害怕（内隐记忆）。在我们论述解离性身份障碍的病因时将提及一些有趣的内隐记忆测试。

在对解离性失忆症进行诊断时，应排除其他常见的引起记忆遗失的原因，如痴呆和物质滥用。痴呆与解离性失忆症可以很容易地区分开来，痴呆会导致记忆缓慢衰退，这种衰退与压力无关，并且伴有其他认知缺陷，例如无法学习新信息；脑损伤或物质滥用引起的记忆遗失则可以与损伤或滥用发生的时间联系起来。

个体承受某些重大压力之后也可能产生失忆症，例如婚姻不和、人际拒绝、经济或工作上遇到困难、服兵役，甚至自然灾害，但并不是所有的失忆症都会在创伤之后立刻出现（Hacking, 1998）。另外，值得注意的是，即使是在经历过严重创伤（例如被监禁在集中营里）的人群中，解离性失忆症和神游也是非常罕见的（Merckelbach, Dekkers, Wessel, et al., 2003）。

DSM-5 中解离性失忆症的诊断标准

- 无法回忆重要的个人信息，这些信息通常是创伤性或压力性的。其程度过于严重，以致超过了普通健忘的范畴。
- 症状无法用物质使用或其他医学或心理情形进行解释。
- 解离性神游亚型：
- 无法想起自己的过去，对自己的身份感到困惑，或采用一个新的身份。
- 突然地、不可预料地从家中或工作场所出走。

注：与 DSM-IV-TR 不同之处用斜体标明。

> **临床个案：伯特/吉恩**
>
> 一名42岁的男性在他工作的餐厅里卷入了一场打架事件，随后他被警察带到了急诊室。这位患者自称名叫伯特·塔特，但却无法向警察出示任何身份证明。打架事件发生的几周前，伯特刚刚来到这座城镇，并找到了一份快餐店厨师的工作。他不记得自己在来到这里之前曾经在哪里工作或生活过。
>
> 在急诊室里，伯特能够回答有关日期和所在地点的问题，但无法回忆出任何过去生活中发生的事情。他并不关心自己的失忆情况，也没有任何酒精、毒品、头部创伤或其他躯体疾病能够解释他的记忆缺失。警察通过失踪人口调查发现，他符合一个名叫吉恩的男人的描述特征。吉恩于一个月前从320千米外的一座城市失踪。警察联系到了吉恩的妻子，她证实"伯特"就是她丈夫。他的妻子解释说他在工作上承受了很大的压力。他曾经是一家制造厂的经理，到他失踪为止，他在那里工作了18个月。在他失踪前两天，吉恩和他正处于青春期的儿子大吵了一架，他儿子称他为废物并从家中搬了出去。吉恩声称不认识他的妻子。（摘自Spitzer, et al., 1994）

人格解体或现实解体

在**人格解体**或**现实解体**中，个体对自我和环境的知觉发生了变化。这种变化十分混乱、令人感到手足无措，通常是由压力引发的。与其他解离性障碍不同，人格解体或现实解体并不涉及记忆的紊乱。人格解体的患者会突然失去自我感，并产生不寻常的感觉体验。例如，他们会感到自己的四肢大小发生了巨大的变化，或者感觉自己的声音听起来很陌生；他们还可能体验到灵魂出窍，隔着一段距离从身体的外部观察自己；有时他们会产生机械感，就好像自己和其他人都是机器人。

DSM-IV-TR的诊断标准中只包含一种用来识别这种障碍的症状——人格解体——DSM-5诊断标准则包含了人格解体、现实解体或两者皆有。现实解体是指感觉世界变得不真实。DSM-5诊断标准的这一变化主要基于以下原因：大部分体验到人格解体的患者同时也体验到现实解体，并且这两种症状的病程十分相似（Simeon, 2009）。

下文引用自1953年的一本医学教科书，描述了这一障碍患者的某些体验：

……世界显得很陌生、很奇怪、像梦一样。物体看上去忽大忽小，声音听起来像隔着一段距离……情绪也发生了显著的变化。患者既感觉不到痛苦也感觉不到愉悦；他们身上的爱和恨都已消失。人格发生了根本的改变，最极端的情况下他们觉得自己变成了一个陌生人。他们仿佛死了、毫无生气，只是行尸走肉而已……（Schilder, 1953, p. 304-305）

人格解体或现实解体通常在青春期发病。发病的表现可能十分突兀也可能较为隐蔽，一旦发病，就会有一段慢性的病程，也就是会持续较长时间。患者通常还会患有人格障碍。在他们一生中，大约2/3的人会患上焦虑障碍和抑郁（Simeon, Gross, Guralnik, et al., 1997）。正如下文A太太的案例中所描述的那样，患者经常报告有童年创伤（Simeon, Guralnik, Schmeidler, et al., 2001）。

DSM-5中对人格解体或现实解体的诊断标准指出，其症状可以与其他障碍一起出现，但无法完全被这些障碍所解释。排除包含相同症状的其他障碍十分重要，包括精神分裂症、创伤后应激障碍和边缘型人格障碍等（Maldonado,

Butler,& Spiegel，1998）。人格解体也可被过度换气引发，而过度换气是惊恐发作的常见症状。

在电影《爱德华大夫》中，格里高利·派克饰演了一名患有失忆症的男子。解离性失忆症通常由压力事件引发，如电影中所呈现的那样。
(Springer/Corbis-Bettmann.)

DSM-5 中人格解体或现实解体的诊断标准

- **人格解体**：持久的或反复出现的脱离自己的身体或心理过程的体验，好像身处梦中一样，但现实检验能力完好。
- **现实解体**：持久的或反复出现的感到周围环境不真实的体验。
- 症状无法被物质使用、其他解离性障碍、其他心理障碍或躯体疾病所解释。

注：与 DSM-Ⅳ-TR 不同之处用斜体标明。

解离性身份障碍

想象一下患上解离性身份障碍会是什么样。像本章开头描述的吉娜一样，从别人口中，你得知自己做了一些完全不符合你性格的事情；你与别人发生过某些互动，但你却对此毫不知情。你如何解释这些事情？

解离性身份障碍的临床描述

DSM-5 诊断标准规定，**解离性身份障碍（简称 DID）** 至少要有两个分离的人格。二者相互独立，分别在不同的时间出现，具有不同的存在、思考、感受、行动的模式；每个人格在获得掌控的时候各自决定个体的性格和行为。主要人格可能完全意识不到其他人格的存在，并且不记得在其他人格掌控期间自己做了什么、经历了什么。有时候会有一个主要人格，去寻求治疗的往往都是这一人格。在做出诊断的时候，患者通常有 2～4 个人格，但在治疗过程中，可能会继续出现其他人格。诊断标准还要求不同人格的存在是长期稳定的，例如，不能是由吸毒引起的暂时变化。

每个人格可能都是非常复杂的，有其独特的行为模式、记忆和人际关系。不同人格之间常常有巨大的差异，甚至可能是两个极端。以往的案例报告中描述过的人格之间的差异有：不同的左右利手、戴度数不同的眼镜、喜欢不同的食物、对不同的东西过敏等。所有人格都能觉察到某些时间段的缺失，其他人格的声音有时会回响

临床个案：A 太太

A 太太是一名 43 岁的女性，与她的母亲和儿子住在一起，从事文员工作。从她记事的时候起，她每年都会数次体验到人格解体的症状。"就好像真正的我被取出去放在架子上或者存放在别的什么地方，让我成为我自己的那些东西已经不存在了。就像一个透明的帘幕……好像只是在摆姿态、做样子，不得不进行监督才能使各个部分协调一致。"她对此感到非常痛苦。35 岁时她经历了一年的惊恐发作。她报告有童年创伤史。从她能记事起直到 10 岁，母亲常常在晚上抚摸她的生殖器并给她灌肠。（Simeon, et al., 1997, p. 1109）

在某个人格的脑海中，尽管这一人格并不知道这是谁的声音。

解离性身份障碍通常在童年期就产生了，但直到成年期才被诊断出来，解离性身份障碍比其他的解离性障碍更为严重和常见，恢复的程度也更不彻底；它在女性中比在男性中更常见，患者经常同时被诊断为其他障碍，包括创伤后应激障碍、重度抑郁症和躯体性症状障碍（Rodewald, et al., 2011）。解离性身份障碍还经常伴有其他症状，如头痛、幻觉、自杀企图、自伤行为，以及其他解离症状，如失忆症和人格解体（Scroppo, Drob, Weinberger, et al., 1998）。

解离性身份障碍的案例有时会被通俗报刊误贴上精神分裂症的标签（见第9章）。精神分裂症一词（schizophrenia）来源于希腊语词根 schizo，意思是"与某物分离"，从而造成了混淆。但在解离性身份障碍中，同一个人的体内会分离出两个或更多交替存在的人格，这是与精神分裂症完全不同的症状。而且，解离性身份障碍患者并不会表现出精神分裂症中的思维障碍和行为不协调的特征。

DSM诊断标准将解离性身份障碍纳入为一种诊断，这具有一定的争议性。例如，在一项对专业精神科医师进行的调查中，2/3的人对解离性身份障碍出现在DSM诊断标准中持保留态度（Pope, Oliva, Hudson, et al., 1999）。学生和公众经常会问："解离性身份障碍存在吗？"治疗师们可以非常确定地描述它，在这一意义上它是"存在"的。但正如我们接下来将谈到的，这些症状出现的原因依然充满争议性。

DSM-5中解离性身份障碍的诊断标准

- *具备以下特征的身份分裂：有两个或更多独特的人格状态，或者有被附体的体验，自我感、认知、行为、情感、知觉和记忆的不连续性可以为这种体验提供证据。这一分裂可以由他人观察到或由患者自己报告。*

- 至少有两个人格反复地对行为进行交替控制。
- 至少有一个人格无法回忆重要的个人信息。
- *症状并非被广泛认可的文化或宗教行为，且不是由药物或躯体疾病引起的。*

注：与DSM-IV-TR不同之处用斜体标明。

概念核查8.1（答案见章末）

请回答以下问题。

1. 解离性失忆症神游亚型的特征是：
   a. 神经心理测验表现较差
   b. 使用一种全新的身份
   c. 早期痴呆的症状
   d. 吸毒造成的急性混淆

2. 通常，解离性失忆症意味着无法回忆：
   a. 整个生活
   b. 童年
   c. 创伤
   d. 创伤发生前的生活

解离性身份障碍的流行病学：随时间而升高

从古到今的文献中都不乏对焦虑障碍、抑郁和精神错乱的描述，但在19世纪之前人们找不到任何被确认为是解离性身份障碍或解离性失忆症的记载（Pope, Poliakoff, Parker, et al., 2006）；在1890年到1920年之间，解离性身份障碍的记载相对较多，共有77个案例报告发表在文献杂志上（Sutcliffe & Jones, 1962）。1920年之后，直到20世纪70年代，解离性身份障碍的案例显著增多，这种情况不仅仅发生在美国，在日本也同样如此（Uchinuma & Sekine, 2000）。到20世纪90年代，正式研究中对加拿大温尼伯的解离性身份障碍患病率估计为1.3%，这一数字在土耳其锡瓦斯为0.4%（Akyuez, Dogan, Sar, et al., 1999；Ross, 1991）。这些数字相对来说是非常高的——早期认为其患病率仅百万分之一。

是什么导致了解离性身份障碍诊断率在这些年内大幅升高？有可能是更多的人表现出了它的症状，但也有其他可能的解释。1980年出版的DSM-Ⅲ首次给出了解离性身份障碍的诊断标准（Putnam，1996）；1973年畅销的《心魔劫》（Sybil）一书为读者呈现了一个戏剧化的分离出16个人格的案例（Schreiber，1973）；20世纪70年代还出版了一系列其他的案例报告，后来被拍成电影的《三面夏娃》一书中，对伊娃·怀特（Eve White）的描述就是一个十分详细的解离性身份障碍案例报告。诊断标准的确立和文献报告的增多可能提高了人们对症状的觉察和识别，实际上，在像中国这样未将其正式确立为一种诊断的国家，与加拿大这样对其有正式诊断标准的国家相比，前者的解离性身份障碍诊断率（针对每个诊所中病人的结构化访谈）是后者的十分之一（Ross，2008）。一些批评家认为，由于人们在诊断上的关注以及媒体对解离性身份障碍的关注的提高，导致一些治疗师强烈暗示他们的病人患有解离性身份障碍，有时还会通过催眠来引发人格的切换。甚至有种说法认为，在西贝尔（Sybil，出自电影《心魔劫》）的案例中，不同的人格是被治疗师创造出来的，他通过给西贝尔不同的情绪状态命名而创造了他们（Borch-Jacobsen，1997）；对于《三面夏娃》也同样存在强烈的争议。

解离性身份障碍的病因

几乎所有解离性身份障碍患者都报告有严重的童年期虐待史。有证据表明，被虐待的儿童有可能产生解离症状，但这些症状是否能达到诊断标准尚不清楚（Chu，2000）。

主要有两种关于解离性身份障碍的理论：**创伤后模型**和**社会认知模型**。尽管二者的名字听上去令人混淆，但两种理论都认为，童年期严重的身体或性虐待为解离性身份障碍埋下了根源。由于很少有人在受到虐待后患上解离性身份障碍，两种模型都关注为什么有些人会在遭受虐待后患上此病。正如我们接下来将要看到的，两种理论的拥护者就这一问题展开了激烈的辩论。

创伤后模型提出，有些人特别容易使用解离来应对创伤，这被认为是导致人们在创伤后产生分离人格的关键因素（Gleaves，1996）。研究证据显示，那些解离的儿童更容易在创伤后产生心理症状（Kisiel & Lyons，2001）。但是因为解离性身份障碍太过稀少，目前尚无前瞻性研究对解离性应对风格与解离性身份障碍的发病进行考察。

社会认知模型则将解离性身份障碍看作学习扮演社会角色的结果。这一理论认为，人格切换是由治疗师的暗示、媒体的报导或其他文化上的影响造成的（Lilienfeld, Lynn, Kirsch, et al., 1999; Spanos, 1994）。此模型的一个重要推论是，解离性身份障碍可以在治疗过程中被创造出来。但这并不意味着解离性身份障碍患者在有意识地进行欺骗，问题不在于解离性身份障碍是否真实，而在于它是怎样发展出来的。

电影《心魔劫》讲述了解离性身份障碍的一个著名临床案例，由Sally Field主演。

临床个案：伊丽莎白，一个错误诊断的例子

伊丽莎白·卡尔森，一名35岁的已婚妇女，因重度抑郁住院后被转介给了一位精神科医生。伊丽莎白报告说，在治疗开始后不久，她的治疗师就暗示她所患的疾病是那种很隐蔽、经常诊断不出来的多重人格障碍（multiple personality disorder, MPD；即现在的解离性身份障碍）。对这一案例的报告中记叙道，她的治疗师回顾了"某些多重人格障碍的迹象。卡尔森曾经在开车时走神，或者在到达目的地之后记不起她是怎么来的吗？是的，卡尔森说。好吧，那应该是某个人格在开车时占据了主导，之后又消失了，留给她这个'主要人格'去承担那段空白。另一个信号是'头脑中的声音'，卡尔森曾经有过内在的争论吗——例如告诉自己'右转'，然后，'不，为什么不左转？'是的，卡尔森回答，有时候会发生。好了，这是不同的人格在她头脑中吵架。卡尔森感到很惊讶，并且很尴尬。这些年来她做这些事情的时候，从未想到它们居然是严重的心理障碍的症状。"

（Acocella，1999，p.1）

解离性身份障碍在本质上是一种角色扮演。这一观点的一个主要论据是，有创伤史的人可能特别容易过一种富于幻想的生活，常常把自己想象成其他人，并有一种深切的取悦他人的渴望（Spanos, 1994）。Lilienfeld 与同事（1999）指出，许多用于治疗解离性身份障碍的技术会增强来访者对不同人格的识别，而不断地探测和强化患者对不同人格的描述会使患者的症状恶化，对于那些心理较为脆弱的患者来说尤其如此。伊丽莎白的案例就是一个极端的例子，治疗师不自觉地鼓励他的病人接受解离性身份障碍的诊断，尽管这一诊断并不符合她的症状。伊丽莎白描述的所有症状都是日常的体验；实际上，她列举出的症状中没有一个真正符合解离性身份障碍的诊断标准。而根据社会认知模型，当人们接受治疗师的暗示时，就会扮演解离性身份障碍患者的角色。

对于创伤后模型和社会认知模型，我们永远都无法获得实验证据来对它们进行验证，因为故意增强解离症状是不符合伦理的。在这种情况下，人们在辩论中都提出了什么样的证据呢？

解离性身份障碍症状可以被角色扮演　人们可以表演出解离性身份障碍的症状，这点确定无疑。20世纪80年代，在法庭对一个被称为"山腰绞杀手"的连环杀手审判之后进行了一项研究（Spanos, Weekes, & Bertrand, 1985）。被指控的谋杀犯肯·比安奇（Ken Bianchi）以精神失常的理由做无罪辩护，声称谋杀是被另一个人格史蒂夫实施的，他的辩护最终失败（有关精神失常辩护，请见第16章）。

在这项研究中，大学生被告知他们要扮演一个谋杀嫌疑犯的角色，尽管有许多证据证明其有罪，角色仍试图进行无罪辩护；他们还将参加一个模拟精神病访谈，其中可能要被催眠。之后

肯·比安奇（Ken Bianchi），被称为"山腰绞杀手"的连环杀手，试图进行精神失常辩护失败。陪审团认为他在伪装解离性身份障碍的症状。

学生们被带到另一个房间介绍给一位"精神科专家",实际上是实验助手。在回答一系列标准化问题后,学生们被分配到3种实验条件中的一种,其中最重要的是比安奇条件,在这种条件下,学生们被催眠并被要求让第二人格出现,正如比安奇被催眠时那样。在经过实验操纵之后,由"精神科专家"去直接探查可能存在的第二人格。此外,学生们还被问到了关于谋杀事实的问题。在第二次会谈中,那些承认有另一个人格的人被要求进行两次人格测验——两个人格各一次。比安奇条件下81%的学生使用了一个新的名字,并且其中许多人都承认犯下了谋杀,甚至连两次人格测试的结果也显著不同。

很明显,当情境需要的时候,人们可以采用第二人格。但这一研究仅仅证明角色扮演出解离性身份障碍是可能的,但不能证实解离性身份障碍都是由角色扮演导致的。

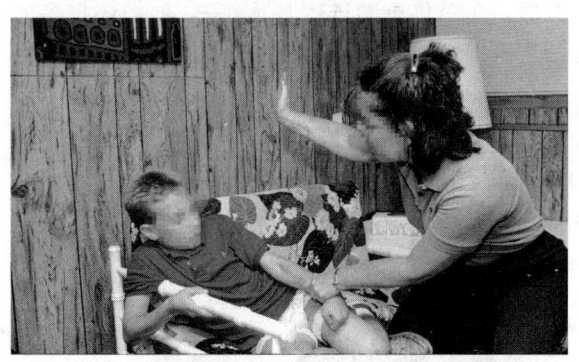

童年期的身体和性虐待被认为是导致解离性障碍的主要因素。

不同人格之间共享记忆 解离性身份障碍的定义性特征之一是,一个人格无法回忆其他人格所经历的事情。多项研究表明,即使不同的人格报告说他们无法共享记忆,但实际上他们是共享记忆的。这些研究使用了设计十分精妙的记忆测试。

一些研究者测试了解离性身份障碍患者的内隐记忆(Huntjen, Postma, Peters, et al., 2003)。在外显记忆测试中,被试学习一个词表,并在第二阶段将这些词回忆出来;而在内隐记忆测试中,实验者考察这些词表是否对被试的测验成绩有微妙的影响。例如,假如词表中有lullaby这个词,被试可能在填词l_l_a_y时更快地将其识别为lullaby。31个解离性身份障碍患者在学习了词表之后被要求转换为第二人格,并完成内隐记忆测验。研究者重点关注了21个在第二阶段声称完全没有第一阶段记忆的患者。这21个人的内隐测验成绩与未患有解离性身份障碍的正常人的成绩相当。也就是说,人格之间共享了记忆。

一些人对此研究提出了质疑,认为解离性身份障碍可能只造成了外显记忆的缺陷。然而,另一项研究找到了证据,表明不同人格也会共享其外显记忆。7个报告有失忆症的解离性身份障碍患者接受了测试。在第一阶段,让一个人格听一系列词语(词表A)并判断这些词是否包含1个以上的音节;第二阶段则由另一个人格进行,要求其判断另一些词语(词表B)是否包含1个以上的音节。健康的控制组也完成了这两个阶段的测试。最后,向所有被试呈现从词表A和词表B中抽出的一些词以及一些新词语,要求他们判断这些词是否在词表B中出现过,大部分人会在测验中犯错——他们可能会将词表A中出现的词误认为是出现在词表B中的。但是,假如一个人对词表A没有外显记忆,那么词表A中的词语就不会引起干扰。所有解离性身份障碍患者都报告说他们没有词表A的记忆,然而,词表A对他们造成的干扰同控制组被试一样多(Kong, Allen, & Gilsky, 2008)。这一发现支持了解离性身份障碍的角色扮演假说——解离性身份障碍患者实际表现出的记忆比他们声称的更为准确。

不同治疗师的诊断敏感性不同 在一段时期内,大部分的解离性身份障碍诊断是由一小部分治疗师做出的。例如,一项在瑞士进行的调查发现,不到10%的治疗师做出了66%的解离性身份障碍诊断(Modestin, 1992)。许多治疗中心都未探测到这一障碍；在一项对一家大型精神病治疗中心的11000多名门诊病人初诊的调查中，没有一个人被诊断为解离性身份障碍（Mezzich, et al., 1989）。做出该诊断最多的治疗师倾向于使用催眠的方法，促使来访者挖掘他们自己不记得的童年虐待经历，或者给他们的不同人格起名字。社会认知模型的支持者认为，这一极端的诊断率支持了他们的看法，即某些治疗师可能在患者身上引发了这一障碍。但创伤后模型的支持者指出，解离性身份障碍患者可能更容易被介绍给那些更擅长治疗这一障碍的治疗师（Gleaves, 1996）。目前的研究证据依然没有给出确定性的结果。

许多症状出现在治疗开始之后 研究显示，当解离性身份障碍患者开始治疗时，他们通常并不知道自己有多个人格，但随着治疗过程的进行，他们会察觉到这些人格的存在，其报告的人格数目急剧增长。这种模式与治疗本身引发解离性身份障碍的观点是一致的（Lilienfeld, et al., 1999）。创伤后模型的支持者则认为，大部分人格从童年期就开始存在，治疗只是使人开始察觉并描述这些人格而已。

不过，有一项研究提供了关于解离性身份障碍童年起源的证据（Lewis, Yeager, Swica, et al., 1997）。这项研究持续两年时间，对150个被定罪的谋杀犯进行了详细的检查，其中14个被发现患有解离性身份障碍，这14个人中有8个在童年时有恍惚出神的体验（解离性身份障碍患者频繁报告此类体验），这些症状被至少3个外部来源所证实（例如，通过对家庭成员、教师、假释官的访谈）。另外，多个患者在犯罪之前就展示出不同的笔迹（与其他人格的存在相一致）。这一研究的结果支持了这样的观点，即至少对一部分在成年时被诊断出解离性身份障碍的人来说，他们的症状开始于童年。但目前仍不清楚这些早期症状是否包括人格转换。

> **概念核查6.1**（答案见章末）
>
> 判断对错。
> 1. 目前的解离性身份障碍患病率是有史以来最高的。
> 2. 大部分解离性身份障碍患者报告有童年期虐待史。
>
> 填空。
> 3. 解离性身份障碍的_____模型强调角色扮演，_____模型强调解离。

解离性身份障碍的治疗

对于解离性身份障碍的治疗有几条原则，这些原则得到了不同取向的治疗师的广泛认可（Kluft, 1994; Ross, 1989）。包括采取共情和温和的态度，目的是帮助来访者作为一个整合的个体发挥其功能。治疗的目标应该是，使来访者相信，分裂成多个不同的人格不再是一种必要的应对创伤的方式。除此之外，由于解离性身份障碍被认为是一种逃避巨大压力的手段，通过治疗，患者可以学会更多应对压力的有效方式。患者常常被要求住院，目的是防止他们自我伤害，以及对他们施以更为集中的治疗。

尽管不同的治疗都遵循这些共同的原则，但不同的治疗取向之间存在着较大的差异。相对于其他心理障碍，心理动力学治疗可能更多地被应用在解离性身份障碍和其他解离性障碍中。这一流派的目标是克服压抑（MacGregor, 1996），因为解离性身份障碍被认为是由于人们试图阻止创伤事件进入意识而产生的。

不幸的是，一些治疗师使用催眠作为一种帮助患者接触被压抑事件的方式（Putnam, 1993）。这些患者往往很易被催眠的（Butler, Duran, Jasiukaitis, et al., 1996）。较为典型的情况是，患者被催眠，并被鼓励回到童年创伤事件发生的时候——这是一种叫做年龄退行（age regression）的技术。这种技术希望通过接触创伤记忆而使个体意识到，童年时的威胁已经不复存在，而成年生活不必笼罩在过去的阴影中（Grinker & Spiegel, 1944）。然而，包含年龄退行和恢复记忆的治疗过程实际上可能使症状恶化（Fetkewicz, Sharma, & Merskey, 2000; Lilienfeld, 2007; Powell & Gee, 2000）。

由于 DID 的诊断十分稀少，目前没有关于治疗效果的对照研究。大部分报告来自于一位富有经验的治疗师 Richard Kluft（1994）的临床观察。人格的数量越多，治疗持续时间越长（Putman, Guroff, Silberman, et al., 1986）。总体来说，对每位患者的治疗几乎都要持续 2 年，长达 500 小时。Kluft（1994）报告称，在治疗开始几年后，最初的 123 名患者中有 84% 达到了稳定的人格整合，另有 10% 的人功能恢复得比原来更好。在一项对 12 名患者的追踪研究中，6 名患者在 10 年内达到了完全的人格整合（Coons & Bowman, 2001）。

DID 经常与焦虑和抑郁共病。抗抑郁剂有时可以减轻抑郁，但这些药物对 DID 本身无效（Simon, 1998）。

躯体性症状障碍

躯体性症状障碍是指过度担心身体症状或健康状况。在 DSM-IV-TR 中，定义这些障碍的特征是无法被生理原因解释的躯体症状；它们被称为"躯体形式"（somatoform），表明症状是以身体感觉的形式出现的。随着时间流逝，几乎不可能分清症状是否是由生理原因导致的。医生们常常对某个症状是否是由医学方面的原因造成的持不同看法（Rief & Broadbent, 2007）。由于医疗知识和技术的限制，有些人的疾病在医学上可能无法诊断。实际上，大部分人在一生中的某段时间都会体验到至少一种轻微的、无法解释的身体症状（Simon, Von Korff, Piccinelli, et al., 1999）。DSM-5 大胆地去除了诊断标准中所要求的"症状无法被医学原因所解释"。在 DSM-5 中，无论症状是否能被医学原因所解释，都被归为复杂躯体性症状障碍的范畴。为了体现这一变化，这一组障碍在 DSM-5 中被称为躯体性症状障碍。

如表 8.2 所示，DSM-5 诊断标准包含 3 种主要的躯体性症状障碍：复杂躯体性症状障碍、疾病焦虑障碍、功能性神经障碍。图 8.3 展示了 DSM-IV-TR 中躯体形式障碍和 DSM-5 中躯体性症状障碍的对应关系。复杂躯体性症状障碍是指与躯体症状有关的强烈痛苦或精力消耗。疾病焦虑障碍是指在缺乏躯体症状的情况下对于患上重大医学疾病的恐惧。功能性神经综合征是指无法被医学原因所解释的神经症状。表 8.2 也列出了诈病和人为障碍，这些相关障碍我们会在聚焦发现 8.2 进行讨论。

躯体性症状障碍患者倾向于频繁地寻求医学治疗，有时还会为此付出巨大的代价。他们经常就某个特定的健康问题咨询多个不同的医生，并可能尝试多种不同的医疗方法。他们常常会住院治疗甚至接受手术。在美国，躯体性症状障碍每年预计会造成 2560 亿美元的医疗支出（Barsky, Orav, & Bates, 2005）。尽管此类障碍的患者是光顾医疗机构最频繁的顾客，但他们对于自己获得的医疗服务往往并不满意。对于其中许多人的症状，目前都没有确定的医学解释或治愈的方法。他们常常将医生看作无能和冷漠的（Persing, Stuart, Noyes, et al., 2000）。尽管如

DSM-5 中复杂躯体性症状障碍的诊断标准

- 至少一种躯体症状扰乱日常生活或造成痛苦。
- 过度的与躯体症状或对健康的担忧有关的想法、感受、行为，至少满足以下两点：与健康有关的焦虑、担忧与症状的医学严重性不成比例、耗费过多的时间或精力。
- 至少持续 6 个月。
- 可能以症状抱怨为主、以对健康的焦虑为主，或以疼痛为主。

表 8.2　躯体性症状障碍及相关障碍的诊断标准

DSM-5 诊断	描述	DSM-5 的核心变化
复杂躯体性症状障碍	躯体症状； 与躯体症状有关的过度的想法、感受、行为	● 症状未必无法被医学原因所解释 ● 疼痛成为一个指示信号，而不再是一个分离的诊断
疾病焦虑障碍	在缺乏任何明显的躯体症状的情况下，对于患上重大疾病的毫无根据的恐惧	● 新诊断
功能性神经障碍	无法被生理疾病或文化认可行为所解释的神经症状	● 障碍名称由转换障碍改为目前的名称 ● 去除了让临床医师证实病人不是在伪造症状的诊断标准 ● 去除了心理风险因素明显这一诊断标准 ● 强调了神经测试的重要性
诈病	有意伪造心理或躯体症状，以便从中获益	
人为障碍	伪造心理或身体症状，但缺乏从这些症状中获益的证据	

此，他们依然会继续四处寻求治疗、预约新的医生、要求做新的测试。许多患者由于严重的担忧而无法工作。

尽管我们有清晰的理由关注这些综合征患者，躯体性症状障碍诊断依然由于以下几点原因而受到批评：

★ 被诊断为此类障碍的患者具有极大的多样性。例如，有些人在焦虑障碍和抑郁症的背景下发展出了躯体症状，而其他人则不是（Lieb, Meinlschmidt, & Araya, 2007）；有些人患有的躯体疾病可能引发其症状，其他人则没有。

★ 复杂躯体性症状障碍和疾病焦虑障碍的定义性特征是：对健康的担忧引起了过度的焦虑或为此耗费过多的时间或精力。这些都是非常主观的标准，过度担忧和消耗过多能量的阈限是多少？

★ 躯体性症状障碍的诊断常常被病人和临床医师认为是一种污名。或许是因为这一担心，即使当症状看起来符合诊断标准的时候，DSM-Ⅳ-TR 的躯体化障碍的标准也很少得到采用。为了解决污名问题，DSM-5 躯体性症状障碍委员会做出了两点改变：去除了复杂躯体性症状障碍中"症状不能被医学原因所解释"的标准，并将这一组障碍的名称由躯体形式障碍改为躯体性症状障碍。但目前要判断 DSM-5 诊断标准是否能在临床实践中得到广泛应用还为时尚早。

由于这些障碍最近才被界定，我们暂时没有较好的关于特定障碍的流行病学信息。从已知的 DSM-Ⅳ-TR 诊断进行推测，对躯体症状的担忧和疾病焦虑倾向于从童年早期就开始发展（Cloninger, Martin, Guze, et al., 1986）。尽管许多人在一生中都会体验到这些忧虑，但症状会出现起伏，有一些人可以自然地恢复。一项研究对在 DSM-Ⅳ-TR 标准下被诊断为躯体化障碍的患者进行了调查，其中只有 1/3 的人在 12 个月后依然报告了多种关于躯体的担忧（Simon & Gureje, 1999）。对于健康状况的担忧造成的痛苦要更持久一些（Barsky, Fama, Bailey, et al., 1998）。躯体性症状障碍倾向于和焦虑障碍、心境障碍、物质使用障碍、人格障碍发生共病（Golding, Smith, & Kashner, 1991；Kirmayer, Robbins, & Paris, 1994）。

复杂躯体性症状障碍的临床描述

复杂躯体性症状障碍有三个核心标准：①一种或多种躯体症状造成痛苦或扰乱日常生活；②对症状过度焦虑、担忧或为此花费过多的时间或精力；③至少持续6个月。症状可能多种多样——就像贝蒂娜的案例中那样，一些人可能会体验到身体不同系统的多种症状。对于另一些人来说，疼痛则是他们担心的主要问题。

躯体症状可能在个体遭受某些冲突或压力后出现或增强。以旁观者的角度，个体看起来好像是在用躯体症状回避一些不愉快的活动或得到关注和同情，但患者本人意识不到这一点——他们将这些症状完全看作生理性的。对那些将疼痛作为核心问题的患者而言，依赖止疼片是很危险的。理解疼痛的心理根源非常重要，上百万的美国人体验着慢性疼痛，从而造成几十亿美元的工作时间损失和不可估量的个人和家庭的痛苦（Turk, 2001）。

DSM-5诊断标准在对这些症状的诊断方面做了许多改变。如图8.3所示，DSM-IV-TR将疼痛障碍（基本症状是疼痛）和躯体化障碍（包括多个身体系统的多种躯体症状）分列；DSM-5则将这两种诊断合并为复杂躯体性症状障碍，因为这两种疾病常常有重叠的部分。与DSM-IV-TR相比，DSM-5系统更强调伴随躯体症状的痛苦和行为，而不是躯体症状的数量和范围。

疾病焦虑障碍的临床描述

疾病焦虑障碍的主要特征是，尽管没有明显的躯体症状，却沉浸于患上重大疾病的恐惧之中。要达到DSM的诊断标准，其恐惧必须导致过度寻求医疗的行为或适应不良的回避行为，且持续时间至少6个月。

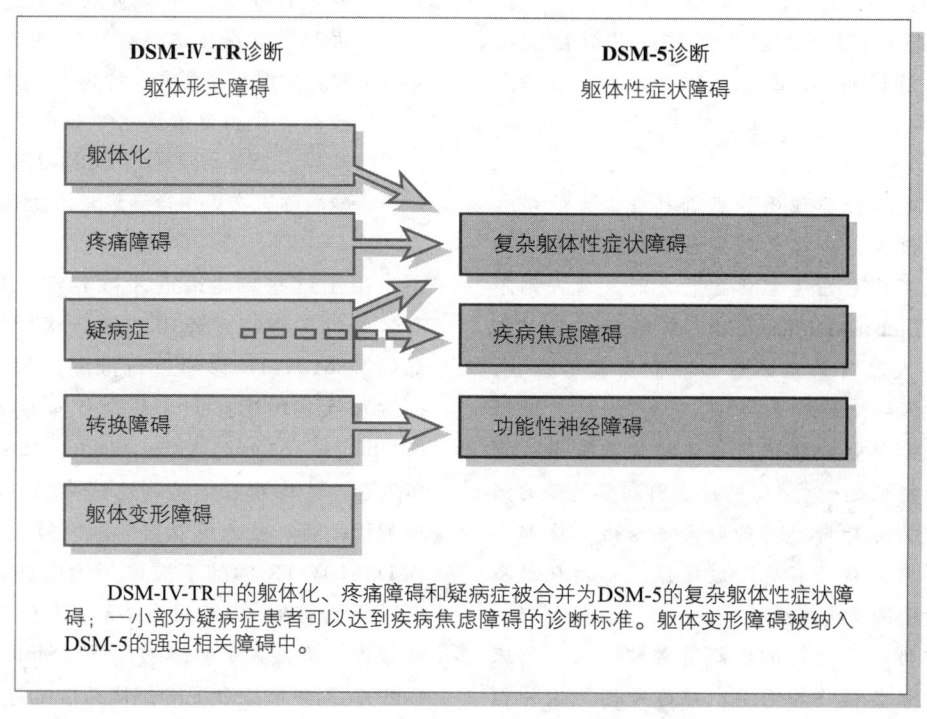

图8.3 躯体性症状障碍的诊断

临床个案：贝蒂娜

贝蒂娜，31岁，女性，被当地医生转介给了一位心理治疗师。在6个多月的时间里，她见了医生18次。她所抱怨的症状十分模糊不清——浑身疼痛、恶心、疲劳、月经不调、眩晕。但多种医学测试均未检验出她患有任何躯体疾病。

贝蒂娜不愿意见心理治疗师，但是当治疗师要她描述自己的躯体疾病史时，她迅速地喜欢上了这项任务。根据贝蒂娜的说法，她一直处于病痛之中。小时候她时常发高烧、呼吸道感染、痉挛；她最早做的两个手术是阑尾切除术和扁桃腺切除术。

童年时，贝蒂娜的妹妹在长期的病痛折磨下最终死于白血病，病中她大部分时间都在家中接受母亲的照料。贝蒂娜的母亲被女儿的去世击倒了，在之后一年中她变得越来越抑郁，最终在女儿的忌日自杀。母亲死时只有36岁，当时贝蒂娜只有10岁。

随着陈述的继续，贝蒂娜的描述变得越来越生动。她活灵活现地描述了二十多岁时的呕吐问题，仅仅看到食物都会令她呕吐。从那时候开始，贝蒂娜接受了众多医生的诊治。她因为月经不调和性交疼痛求治于多个妇科医生，还做了扩张和刮除手术（刮子宫内壁）。她因头痛、眩晕和昏厥而被转介给一位神经学家，他们给她做了EEG、脊椎穿刺甚至CT扫描。其他医生用X光来检查她腹痛的可能原因，并使用EKG来检查她的胸部疼痛。她拼命要求治愈的请求还使得医生给她做了直肠和胆囊手术。

当话题从贝蒂娜的病史转移开时，能够很明显地看出她在许多情况下都高度焦虑；尤其是当她可能会受到他人评价的时候。实际上，她的某些躯体病痛可以被看作焦虑造成的结果。

疾病焦虑障碍听起来类似于DSM-IV-TR中的疑病症，后者是指对重大疾病毫无根据的恐惧。然而，疑病症与疾病焦虑障碍不同，疾病焦虑障碍的诊断标准要求个体只有极轻微的躯体症状或没有躯体症状。而大部分疑病症患者则会体验到躯体症状，这些症状是他们关注的焦点。因为很少有疑病症患者会缺乏躯体症状，所以也很少有人能够达到疾病焦虑障碍的诊断标准。

疾病焦虑障碍常常与焦虑障碍和心境障碍共病（Noyes，1999）。DSM-5诊断标准的制订者对于这一障碍应该归为躯体性症状障碍还是焦虑障碍有一些争论，由于这一疾病关注的焦点是健康，目前它被认为是一种躯体性症状障碍。

DSM-5中疾病焦虑障碍的诊断标准

- 对患有或患上重大疾病感到高度焦虑。
- *过度的患病行为（如检查疾病迹象、寻求保证）或适应不良的回避行为（如回避医疗护理或生病的亲人）。*
- *最多只存在轻微的躯体症状。*
- 无法被其他心理障碍所解释。
- 至少持续6个月。

注：疾病焦虑障碍是DSM-5中的一种新的诊断，但是与DSM-IV-TR中的疑病症存在一些重叠。其中与DSM-IV-TR中的疑病症不同的诊断标准用斜体表示。DSM-IV-TR的疑病症标准强调，尽管获得了医学保证，担忧依然持续。

对功能性神经障碍的临床描述

在**功能性神经障碍**（在DSM-IV-TR中称为转换障碍）中，个体突然产生神经症状，如失明或瘫痪。这些症状意味着与神经损失有关的疾病，但医学测试表明患者的身体器官和神经系统都是完好的。患者可能会体验到四肢部分或完全瘫痪、痉挛和不协调、刺痛、麻痹、起鸡皮疙瘩、对痛觉不敏感或失去感觉。患者可能会体验到部分或完全的失明或视野狭窄（视野受到限制，就好像是从一个管道中往外窥视一样）。失声（只能低声耳语）和嗅觉丧失也可能发生。一些功能性神经障碍的患者看上去十分满足和平静，并不急于治疗他们的症状，也不会将他们的症状与压力情境联系起来。

这种障碍历史悠久，一直可以追溯到最早的有关心理障碍的文献中。过去人们用癔症（hysteria）一词来描述这一障碍。希腊医生希波克拉底认为，这是一种只有女性才会罹患的病症，是由于子宫在身体中移动造成的（希腊语中的"hysteria"代表子宫，移动的子宫象征着女性身体对孕育孩子的渴求）。转换（conversion）一词则来源于弗洛伊德，他认为焦虑和心理冲突被转换为躯体症状（见安娜·欧的临床案例，这是心理学史上的著名案例）。

DSM-5对于这一障碍的诊断标准做出了一些改变。改变了DSM-IV-TR中"转换"的名称，因为它来源于弗洛伊德的理论，而这一理论具有争议性。新的诊断名称使用了"功能性"一词，这是一个常见的医学名词，用来描述那些无法被医学疾病所解释的症状。DSM-IV-TR诊断标准强调症状与心理压力有关，且患者没有伪造疾病。但这两个标准都无法可靠地加以评估，因而两者在DSM-5中都被去除。

当一个病人报告他有神经症状时，重要的是检验其症状是否具有真正的神经基础。有时候，行为测试能够帮助我们进行这一区分。例如，当患者被要求有节奏地移动手臂时，其手臂震颤可能会消失；腿部虚弱症状在测试反抗性时可能会消失（Stone, Lafrance, Levenson, et al., 2010）。在一种功能性神经障碍中，病人报告视野狭窄，而这与其生理视觉系统不一致。另一个例子是，人们可能在EEG记录显示正常的同时表现出痉挛（Stone, et al., 2010）。

尽管一些诊断上的区分是比较容易的，治疗师在做出诊断时依然需要谨慎。回想一下经典的"手套感觉丧失症"的例子。患者的手和小臂的一部分几乎完全丧失感觉，这一区域可以被一只手套覆盖，因此得名。多年来这种疾病被认为是无稽之谈的一个典型例证，因为解剖学中神经从手到手臂是保持连续的。而现在看起来这种疾病似乎属于腕管综合征。这是一种被承认的医学疾病，会带来类似于手套感觉丧失症的症状。手腕的神经需要通过腕部骨头和薄膜形成的管道，这一管道可能会肿胀并挤压到神经，从而导致麻刺感、麻痹和手部疼痛。每天数小时使用电脑键盘的人就可能患上这一疾病。为了增强功能性神经障碍诊断的可靠性，DSM-5为临床医师提供了更多指导，以评估症状是否真的无法被医学原因所解释。

功能性神经障碍的症状通常在青春期或童年早期产生，通常发生在遭受重大生活压力之后。症状可能会突然消失，但迟早会以原来的形式或者其他新的形式复发。功能性神经障碍的流行率不到1%，且女性患者多于男性患者（Faravelli, Salvatori, Galassi, et al., 1997）。在神经科门诊患者中这一疾病较为常见，其中有3%的患者能够达到DSM-IV-TR转换障碍的标准（Fink, Hansen, & Sondergaard, 2005）。功能性神经障碍的患者很可能也达到了某种其他躯体性症状障碍的诊断标准（Brown, et al., 2007），大约一

DSM–5中功能性神经障碍的诊断标准

- 有影响自主运动、感觉、认知功能或类似痉挛的一种或多种*神经症状*。
- 生理信号或诊断结果在本质上与已知的神经疾病不一致。
- 症状无法被医学疾病所解释。
- 症状导致严重的抑郁或功能损伤，或有必要进行医学评估。

注：DSM-IV-TR转换障碍的标准强调症状与冲突或压力有关，并且不是患者故意造成的。其他DSM-IV-TR的变化以斜体表示。

临床个案：安娜·欧

像最初的案例报告中描述的那样，安娜坐在她重病的父亲身边陷入了清醒梦的状态。她看到一条黑色的蛇来到她父亲身边要咬他。她试图赶走它，但她的胳膊动不了。当她看自己的手时，发现手指变成了小黑蛇，而且长着死神的头。第二天，一根弯曲的树枝使她想起了有关蛇的幻觉，她的右臂变得僵硬地伸出去。之后，无论什么物体再激发她的幻觉，她的胳膊都会做出相同的反应——僵硬地伸展着。随后，她的症状发展为整个右半身体的瘫痪和麻木。[摘自 Breuer & Freud（1895/1982）]

半的患者可以达到某种解离性障碍的诊断标准（Sar，Akyuz，Kundakci，et al.，2004）。其他常见的共病障碍包括重度抑郁症、物质使用障碍和人格障碍（Brown，et al.，2007）。

概念核查8.3（答案见章末）

请将以下案例描述与心理障碍进行匹配。假定这些症状造成了严重的痛苦或损伤。

1. 波拉，24岁的图书馆管理员。姐姐建议她来寻求心理帮助，因为她极为恐惧医学疾病。在每天与姐姐的电话通话中，她都会提到对患上癌症或脑瘤的担忧。她没有表现出任何患这些疾病的症状或迹象。但是每次当她看到关于重大疾病的网络报道、电视节目或新闻报道的时候，就担心自己会患上这些病。多年来，她每个月都要看好几次医生。但是当他们证实她没有生病时，她就会很恼火，批评那些医学测试不敏感，并再找一位新的医生。
2. 约翰，35岁，男性，被他的医生转介给了心理治疗师。他对健康过度紧张。5年来，他进行了数量惊人的医学治疗和测试，针对胃痛、发痒、尿频等种种问题。当他被转介时，他已经做了10次MRI和数不清的X光，见了15位不同的专家。所有测试结果都表明他是健康的，但他看起来真的在遭受这些症状折磨。他没有任何理由从医学诊断中获益。
3. 托马斯，50岁，男性，由眼科医生转介来。两周前，他突然出现视野狭窄的症状。医学测试不能解释其症状的原因。
   a. 复杂躯体性症状障碍
   b. 疾病焦虑障碍
   c. 诈病
   d. 功能性神经障碍

躯体性症状障碍的病因学

也许有人认为躯体性症状障碍是遗传的，但目前为止的研究表明，双胞胎之间在躯体性症状障碍（Torgersen，1986）或功能性神经障碍（Slater，1961）上并无一致关系，这些障碍似乎并不是遗传得来的。

在考虑躯体性症状障碍的病因时，面临的一个挑战是DSM-5的标准与许多研究中所使用的DSM-IV-TR标准相比发生了许多变化。复杂躯体性症状障碍和疾病焦虑障碍的主要特点是过度关注躯体症状，以及对健康问题的担忧与实际情况不符。神经生物和认知行为模型关注了对这两种倾向的理解，我们将在这里讨论这两种模型。在讨论完这些研究后，我们再考虑关于功能性神经障碍的主要理论，包括心理动力学理论和社会文化影响。

躯体化症状中增强疼痛觉察的神经生物因素

每个人偶尔都会产生躯体症状。例如，高

聚焦发现 8.2　　诈病与人为障碍

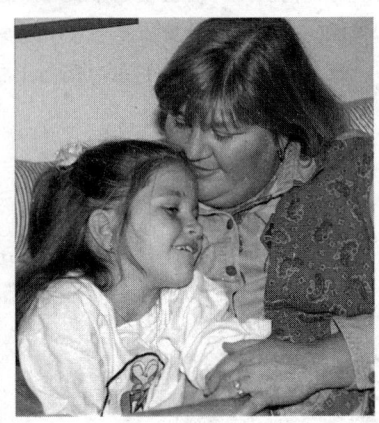

Katherine Bush 因故意造成自己的孩子生病而被指控为虐待儿童和欺诈。

在评估躯体症状时，临床医师需要意识到诈病和人为障碍的可能性。两者都不属于躯体性症状障碍，我们在这里对其进行讨论，是因为它们可能包含躯体症状。

诈病与人为障碍是指个体通过制造、虚构、夸大症状的方式来有意地伪造一种疾病，以避免承担责任，如工作，或为了达到某种目标，如骗取保险金。代理型人为障碍中，个体故意制造、虚构和夸大他们所照看的人的症状。通常，诈病明显可以使个体获得回报，这与人为障碍不同，后者的核心目标是扮演病人的角色。

人为障碍的现代历史始于 1951 年，临床医师 Asher 描述了这样一种案例，病人习惯性地从一家医院转到另一家医院，在美化其个人历史的同时，通过伪造的症状寻求认可（Galvin, Newton, & Vandeven, 2005）。他将这种障碍命名为孟乔森综合征，这一名称来源于巴伦·冯·孟乔森（Baron Von Munchausen），他是一位受人尊敬的退伍骑兵军官，虚构了许多自己的故事，并发表在 1785 年的一本小册子上。孟乔森综合征患者的典型表现为：①展示大量外科疤痕，尤其是腹部的疤痕；②表现出好斗或回避性的风格；③提供戏剧化的病史，其准确性值得怀疑；④试图隐瞒出院证明或保险索赔等文件。Asher 还区分了腹部型、出血型、神经型等不同亚型。

自从 Asher 最初的文章发表后，文献中出现了大量关于病人制造或虚构几乎所有能够进行欺骗的疾病的报告。Asher 所描述的这种病人在今天被认为是人为障碍的一小部分患者。孟乔森综合征所指代的则是那些具有明显的躯体症状、患有不同的慢性的人为障碍的患者。然而，在实践中，许多人依然将孟乔森综合征与人为障碍混用。

1977 年，Roy Meadow 引入了"代理孟乔森综合征"一词来描述那些虚构他人病症的个体。通常是母亲在自己的孩子身上制造病症。1933 年，Meadow 教授的理论被证明是正确的，他的证词被用在贝弗利·阿利特（Beverly Allitt）一案中。阿利特——外号是死亡天使——被判定在英国格兰瑟姆医院谋杀了 4 个孩子，并伤害了 9 个孩子。她的主要谋杀方式是注射氯化钾（引起心搏停止）或胰岛素（引发致命低血糖）。尽管没人知道她的动机，但阿利特仍被作为一个代理孟乔森综合征的主要案例。她被判 13 次终身监禁（报导于 2006 年 2 月 16 日的《时代》杂志）。

为了区分诈病和人为障碍或功能性神经障碍，临床医师们试图确定症状是有意识还是无意识制造的。在诈病中，症状是受到自主控制的。而功能性神经障碍则不是。功能性神经障碍患者可能表现出麻痹、失明、瘫痪或痉挛，而没有任何神经方面的原因。

强度锻炼后的肌肉酸痛、感冒发生前的小征兆、或锻炼时身体的生理反应。理解躯体性症状障碍的关键不在于人们为什么会产生躯体症状，而是为什么某些人更加敏锐地觉察到它们并因此而痛苦。

躯体性症状障碍的神经生物模型主要关注

被不愉快的身体感觉所激活的脑区。疼痛和不愉快的身体感觉（如发热）增强了前脑岛和前扣带回的活动（Price，Craggs，Zhou，et al.，2009）。这些区域与负责加工躯体感觉的皮层之间有极强的联结（见图 8.4），这些区域活动的增强与表现躯体症状的更强倾向（Landgrebe，Barta，Rosengarth，et al.，2008）以及对标准化疼痛刺激做出更不愉快的评估（Mayer，Berman，Suyenobu，et al.，2005）有关。有些人评估不愉快身体感觉的脑区高度活跃，这可以解释他们为什么更容易体验和觉察到躯体症状和疼痛。

众所周知，疼痛和躯体症状可以被焦虑、抑郁和应激激素增强（Gatchel，Peng，Peters，et al.，2007）。抑郁和焦虑也与前扣带回的活动直接相关（Wiech & Tracey，2009）。情绪性的痛苦，如回忆起一段关系的破裂，也可以激活前扣带回和前脑岛。事实证明，这些区域参与了躯体性和情绪性痛苦的体验，这可以解释情绪和抑郁为什么能够增强疼痛（Villemure & Bushnell，2009）。

躯体化症状中增强疼痛觉察的认知行为因素

像躯体性症状障碍的神经生物模型一样，认知行为模型关注对健康问题的过度关注和焦虑。图 8.5 展示了由认知和行为的风险因素共同构成的一个模型。上面的框与个体最初如何产生躯体症状有关，下面的框与个体对躯体症状的反应有关。一旦躯体症状产生，两个认知变量就显得十分重要：对身体感觉的关注和对感觉的解释（归因）。

研究者用情绪 Stroop 任务（见第 2 章）来考察个体对健康线索的关注。DSM-IV-TR 诊断标准下的躯体化障碍患者或惊恐障碍患者（Lim & Kim，2005）被要求迅速命名词的颜色，而忽略实际的词义。其中许多词语与生理健康和疾病有关。躯体化障碍患者与其他患者相比，更难以忽略这些词语。因此，对躯体症状感到过度痛苦的人可能会自动关注有关生理健康和疾病的线索。

容易对健康产生担忧的人同时也表现出这样一种归因风格，即以最坏的可能性对躯体症状进行解释（归因是指个体对于某事为什么会发生的看法）。具体的归因可能会有不同。例如，某个人可能将皮肤上的一个红点解释为癌症的迹象（Marcus，et al.，2007），另一个人也可能过高估计了某种症状是疾病信号的可能性（Rief，et al.，2006）。尽管具体的认知偏差形式可能不同，但是人们一旦有了这些消极想法，其导致的焦虑水平和皮质醇的提升可能会使躯体症状恶化，并增

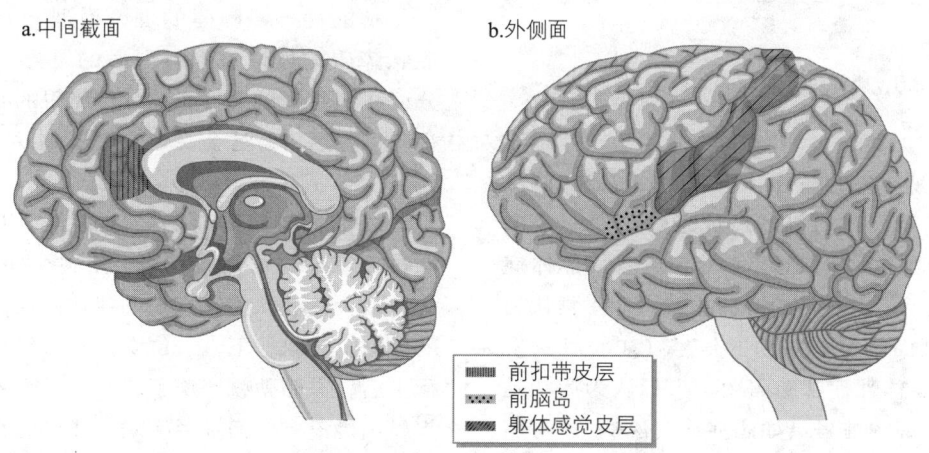

图 8.4 躯体性症状障碍患者评估不愉快身体感觉的脑区活动表现出增强，包括前脑岛、前扣带回、躯体感觉皮层。前扣带回也与抑郁有关。

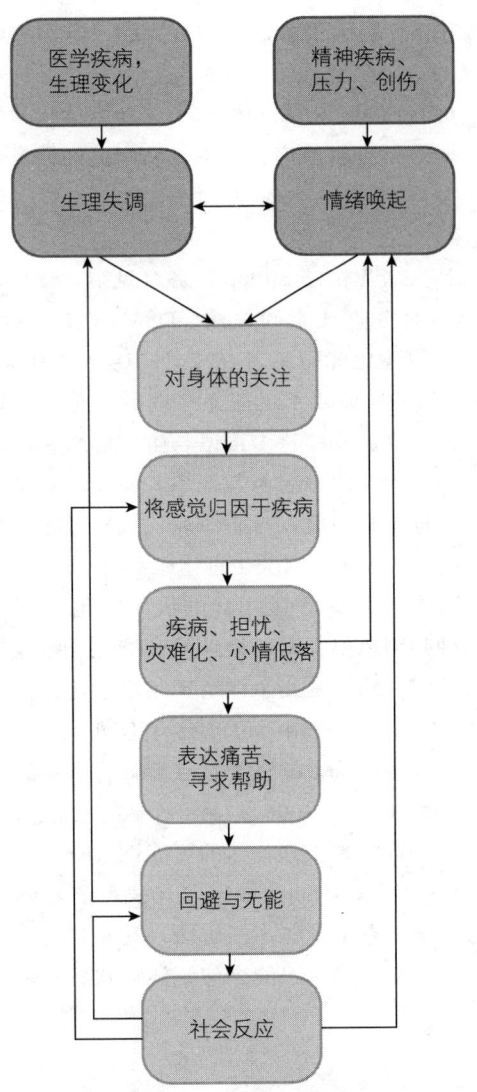

图 8.5　躯体性症状障碍的机制
（来自 Looper & Kirmayer, 2002）

会随着他们焦虑增强而恶化的症状——例如，心率加快、呼吸短促或手掌出汗。相比之下，躯体性症状障碍患者并不能——比如说——通过误以为自己患上了癌症而使皮肤斑点扩大。

过度担忧健康的倾向可能来源于儿时生病的经历或家人对躯体症状的态度。躯体性症状障碍的患者报告他们童年时常常因生病而缺课，这与童年经历对认知偏差的影响是一致的（Barsky, et al., 1995）。

害怕某个躯体感觉是疾病的信号，这会带来两种行为后果：第一，个体可能会扮演病人的角色而回避工作和社交活动，他们会减少身体锻炼和其他健康的行为，这可能会使症状加剧；第二，个体可能会向医生和家庭成员寻求保证，假如个体因此而得到关注和同情，那么，这一求助行为可能会得到强化。通常，此类障碍的患者难以用其他方式引发有强化作用的社会互动。例如，他们常常难以识别和表达情绪（Bankier, Aigner, & Bach, 2001）。因此对他们来说，通过对健康状况的担忧所取得的关注和同情格外有强化作用。除了他人的关注之外，他们可能还会获得其他形式的对其躯体症状的强化——例如，由于症状干扰了其日常活动，他们会得到残疾补助。

功能性神经障碍的病因学

功能性神经障碍的理论模型与其他躯体性症状障碍的理论模型有很大的差异。在这一部分，我们首先讨论功能性神经障碍的心理动力学视角，然后来看社会文化因素。

功能性神经障碍的心理动力学视角　功能性神经障碍在心理动力学理论中占据了核心地位，因为其症状为无意识的存在提供了一个清晰的证据。想象一下，一位女性说自己在某天早上醒来后，左胳膊就瘫痪了。假定一系列神经测试都显示她没有任何神经疾病，或许她在伪装瘫痪以达到某些目的——这将成为一个诈病的例子。但是，假如你相信了她呢？你不得不作出结论：

强这些症状所带来的痛苦（Rief & Auer, 2001）。

在第 6 章，我们描述过惊恐障碍中一个十分相似的认知过程：惊恐障碍患者容易对躯体症状作出过度反应。在惊恐障碍中，人们常常认为症状是即刻面临巨大威胁的信号（如心脏病发作）；而在躯体性症状障碍中，人们认为症状是潜在长期疾病的信号（如癌症或艾滋病）。与躯体性症状障碍患者相比，惊恐障碍患者关注的生理线索的类型有所不同。惊恐障碍患者关注那些这是潜意识造成的。在意识层面上，她说的是实话，她相信自己的胳膊瘫痪了。然而，在无意识层面上，某些心理因素在起作用，使她在缺乏生理原因的情况下无法移动自己的胳膊。

功能性神经障碍的心理动力学解释是基于两个神经性失明的少女的个案研究而做出的（Sackeim，Nordlie，& Gur，1979）。在其中一个案例中，声称自己失明的少女在视觉测试中表现得比那些真正的盲人还要糟糕（她的表现低于随机水平）。在另一个案例中，一名十几岁的女孩说她无法阅读，但测试表明，她能够在15步的距离以外识别不同大小和形状的物体并能数手指。

基于这些个案，Sackeim和同事们（1979）提出了一个两阶段模型来解释其视觉测验和失明报告之间的矛盾。第一阶段强调人们可以对视觉信息进行无意识的加工。关键在于，大脑中的视觉系统包括一整套模块。假如这些模块在意识的支配下没能协调一致，大脑仍然能够对一部分视觉输入信息进行加工，从而使个体可以在视觉测试中表现良好，却无法意识到这些视觉输入。(**盲视**就是一个例子，其中一部分视觉模块是完好的，但个体缺乏对视觉线索的有意识注意）。所以，当人们声称自己看不到时，他们的说法可能是真实的，即使测验表明他们能够看到。更为普通的是，许多不同的研究都表明，无意识知觉可以影响人的行为（见聚焦发现8.3）。由于某些知觉能力可能是无意识的，即使视觉刺激实际上对人们的行为造成了影响，那些神经性失明的人依然会诚实地报告自己看不到。换句话说，对功能性神经障碍的理解是：由于意识的混乱，人们无法外显地觉察到感觉和运动信息（Kihlstrom，1994）。

第二个阶段关注动机。有些人——或许是由于他们的人格——受到动机的驱动而表现出失明的症状。这些人在视觉测验中的表现在随机水平之下。对动机重要性的支持来自于一项研究，一位神经性失明的患者接受了一长串视觉测试。研究者在不同阶段给他呈现不同的动机性指导语，结果发现，动机对他的测试成绩造成了影响

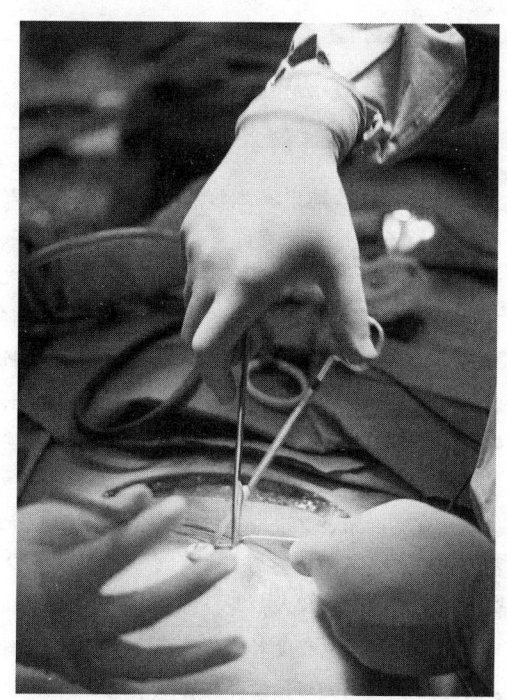

躯体性症状障碍的患者可能会接受不必要的手术，希望以此治愈他们的症状。

一些精神分析学家认为19世纪欧洲高发的功能性神经障碍是由于该时期压抑的性观念导致的。

（Bryant & McConkey，1989）。人们在多大程度上需要被当作失明（动机）影响着他们在多大程度上表现出失明。

总之，功能性神经障碍的心理动力学理论认为：对于某些知觉加工，人们可能意识不到；

聚焦发现 8.3　　无意识存在的证据

我们对自己脑中发生的许多事情都毫不知情——有许多心理过程是在意识之外进行的。我们可以在认知心理学家的研究中找到许多支持这一观点的证据，请看以下这些例子：

- 在一项研究中，给被试呈现不同的形状，呈现时间仅 1 毫秒（Kunst-Wilson & Zajonc, 1980）。呈现完后，被试完全无法识别他们见到过哪些形状。但是，当要求他们根据喜爱程度对形状进行打分时，他们更为偏爱那些曾经呈现过的图形。我们知道熟悉度会影响对刺激的判断——人们倾向于偏爱他们熟悉的刺激。这说明，即使被试无法有意识地识别那些形状，刺激的某些方面仍然得到了加工。

- 同样，给被试呈现 33 毫秒恐惧的面孔。他们报告没有看到这些面孔，但杏仁核的活动却显著增强了。杏仁核正是负责对情绪性刺激作出反应的脑区（Whalen, 1998）。

这些实验表明人类的无意识确实存在。但是，现代认知观点对无意识过程的理解与精神分析不同。弗洛伊德认为，无意识是存放本能能量和被压抑冲动的地方。现代学者否定了能量和压抑仓库的说法，认为我们只是无法意识到自己脑海中发生的全部事情而已。传统精神分析学对无意识的看法强调攻击性和性冲动；而较新的认知理论则强调，大脑是一个高效运转的机器，其中一部分任务可以自动执行，不需要进入意识。

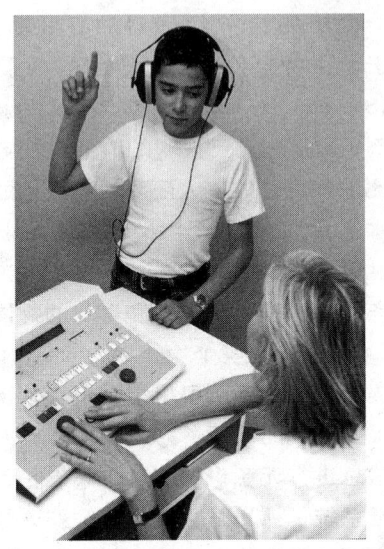

一名儿童参与了双耳分听实验。研究者要求他只注意一只耳朵传来的信息，过后他将很难回想起另一只耳朵听到的信息。但这些未被注意到的信息可以对其行为造成影响（Phanie Photo Researchers, Inc）。

有时，人们会受到动机的驱动而表现出某些症状。不幸的是，尽管个案研究推动了未来的实证性工作，这一工作目前仍未完成。

功能性神经障碍的社会文化因素　在过去一个世纪中，功能性神经障碍患者明显减少，这很可能是社会文化因素在起作用。在 19 世纪，弗洛伊德和他的同事 Charcot 遇到了患这一障碍的大量女性患者，但现代的临床医师很少遇到这一障碍的患者。研究表明，功能性神经障碍的诊断在西方社会（如美国和英国）已经减少了（Hare, 1969），但是在那些较不重视"心理"痛苦的国家，如利比亚（Pu, et al., 1986）、中国和印度（Tseng, 2001），该诊断仍然较为常见。在第一次世界大战期间，许多经历过战斗的士兵都产生了类似于功能性神经障碍的症状（Ziegler, Imboden, & Meyer, 1960）；在第二次世界大战期间，这一症状在士兵中却较为少见（Marlowe, 2001）。研究表明，功能性神经障碍患者在乡村地区和低社会经济地位人群中更为常见（Binzer & Kullgren, 1996），这也为社会文化因素对该诊断的影响提供了支持。

为了解释有关诊断率的文化和历史模式，人们提出了几种假设。心理动力学理论家指出，在 19 世纪后半段，当这一障碍在法国和奥地利出现得明显比较多的时候，可能是性压抑的态度造成了其诊断率的增长；而这些症状的减少则反映了现代文明更为先进的心理学和医学水平。相较于难以解释的功能失调，现代文化对焦虑更为宽容和接纳。另一种可能的解释是，不同国家的医学诊断情况不同，从而造成了不同的诊断率。为了解决这一问题，未来需要进行跨文化研究，其中诊断者应在不同国家严格遵守相同的诊断程序。

概念核查8.4（答案见章末）

请判断对错。
1. 功能性神经障碍具有高度的遗传性。
2. 功能性神经障碍的两阶段模型强调无意识知觉和产生症状的动机。
3. 复杂躯体性症状障碍与小脑的激活有关。

躯体性症状障碍的治疗

治疗所面临的一个主要困难是，大部分躯体性症状障碍的患者不愿意咨询心理治疗师。要一个治疗师去说服病人他的症状是由心理因素造成的，这并不是一个好主意。大部分躯体和疼痛问题既有生理因素也有心理因素，所以医生与病人争论症状的来源是毫无意义的。病人可能还会怨恨医生的转介，因为他们将这种转介理解为医生认为他们的疾病是"凭空想出来的"。相比于转介病人，许多创造性的项目选择对普通医师及其团队进行训练，以便为那些有躯体性症状障碍的患者提供护理；其目的是建立牢固的关系，使病人有信任感和舒适感，从而感到自身的健康更加有保障。在一项研究中，一些病人具有无法用医学原因解释的肠胃症状并且感到痛苦；他们被随机分配，分别获得医生高水平或低水平的温暖、关注和保证。在接下来的6个星期里，获得高水平支持的病人与获得低水平支持的病人相比，表现出更多的症状好转和生活质量的提高（Kaptchuk，et al.，2008）。显然，帮助病人改善他们的生活比和他们争论症状的来源要好得多。

另一种针对医疗系统的干预手段是，当一个病人大量使用医疗服务时，通知其医生减少诊断测试和治疗手段的使用。这种针对医生的干预可以降低医疗服务的使用频率（Rost，Kashner，& Smith，1994）。

目前尚没有与功能性神经障碍的治疗方法有关的随机对照实验。在缺乏对照组的研究中，传统的长程精神分析、心理动力学疗法和催眠等对功能性神经障碍均未表现出明显效果（Kroenke，2007；Simon，1998）。

因此，我们在这里更多地关注对其他躯体性症状障碍的治疗。在缺乏控制组的研究中，心理动力学治疗在短期内有效缓解了躯体性症状障碍的躯体症状，但是，9个月后追踪的结果并不一致（Abass，et al.，2009）。认知行为技术被用来缓解躯体性症状障碍中反复出现的躯体症状和痛苦。在对认知行为治疗进行介绍后，我们将总结有关抗抑郁剂减轻复杂躯体性症状障碍中疼痛的证据。

认知行为治疗

认知行为治疗师开发出了许多不同的技术来帮助躯体性症状障碍患者。正如下文中路易斯的案例那样，这些技术帮助人们：①识别和改变引发躯体担忧的情绪；②改变对躯体性症状障碍的认识；③改变他们的行为，使其停止扮演病人的角色，并通过参与其他类型的社会互动获得更多强化（Looper & Kirmayer，2002）。

伴随抑郁和焦虑障碍的消极情绪常常会引发躯体症状并加剧这些症状所带来的痛苦（Simon，Goreje，& Fullerton，2001）。实际上，如第5章和第6章所讲的，在抑郁和焦虑的人群中，对躯体健康的担忧十分常见。因此，治疗焦虑或抑郁可以减轻躯体性症状障碍（Phillips，Li，& Zhang，2002；Smith，1992），这一发现并不令人惊讶。心理教育项目可以帮助病人认识到其负面情绪与躯体症状之间的联系（Morley，1997）。类似于放松训练等技术以及多种形式的认知行为治疗都能够有效地减轻抑郁和焦虑，而这会缓解躯体症状（Payne & Blanchard，1995）。

多种认知策略被应用在躯体性症状障碍的治疗中，其中包括训练患者减少对自己身体的关注，帮助人们识别和挑战他们对自己身体的消极信念（Warwick & Salkovskis，2001）。在另外一种类型的认知干预中，患者学习重构他们对躯体症状的体验，如疼痛，就像下面那样：

> 鼓励患者改变他们对疼痛的注意焦点，但并不是直接将注意从疼痛上移开。在这种情形下，可以要求患者关注疼痛的感觉特点，随后转移到一个威胁性较低的特点上。例如，一个有严重的"射击"疼痛的年轻男子可以将感觉特征重新解释为他在足球比赛中成功射门的画面。注意转移的结果是，疼痛的影响大大地降低了。（Morley，1997，p.236）

行为技术可以帮助人们重新开始从事健康的活动，并重建他们由于过度关注疾病而遭到破坏的生活方式（Warwick & Salkovskis，2001）。贝蒂娜，前文介绍过的女性，透露她非常担心自己濒临破碎的婚姻以及会受到他人评价的情境。暴露和认知重构技术可以解决她的人际恐惧问

临床个案：路易斯

路易斯是一名66岁的男性，他被自己的心脏病医生转介到了精神科。尽管他承认自己多年来一直有抑郁和焦虑症状，但他更担心自己可能患上心脏病。几年前他出现了间歇性心悸和胸闷的症状。许多医学测试都表明，他的心脏各项指标处在正常范围内，但他依然寻求额外的测试并认真地核查结果。他收集了一整个文件夹的关于心血管疾病的文章，严格遵守健康食谱和运动习惯，停止了一切有可能过于剧烈而对心脏不利的活动，如旅游和性爱，他甚至过早地从他经营的餐馆退休。到他寻求治疗的时候为止，他每天使用两种不同的仪器测量自己的血压4次，得出平均数并严格地进行记录。

在治疗开始前，路易斯需要认识到，他看待自己身体症状的方式恰恰加剧了那些症状，并导致了情绪上的痛苦。治疗师告诉他症状放大的理论模型：最初的躯体症状会被负面的想法和情绪增强。治疗师说："你认为是由脑瘤造成的头痛比你认为是眼睛疲劳造成的头痛更疼。"当路易斯理解了他的想法和行为可能加剧他的疾病，接下来的治疗就集中在四个目标上。第一，指导路易斯确定一位医生，定期与他讨论健康问题，停止寻求多种医疗建议。第二，教路易斯减少过度花费在与疾病有关的行为上的时间，如记录血压，治疗师告诉他这些行为实际上增强了他的焦虑，而并不能带来安慰。第三，让路易斯思考他对症状所产生的极度消极和悲观的想法。例如，他倾向于将无害的身体感觉看作心脏病的证据而将其灾难化。治疗师和他一起识别了这种思考方式，教会了他怎样以更加无害的理由来解释他的身体症状。最后，鼓励路易斯经营生活的其他方面，以减轻对身体症状的关注。于是，路易斯开始为餐馆提供咨询服务。总之，这些干预手段帮助路易斯减轻焦虑、减少他对健康的关注和担忧，开始过上了更快乐的生活。[摘自 Barsky（2006）]

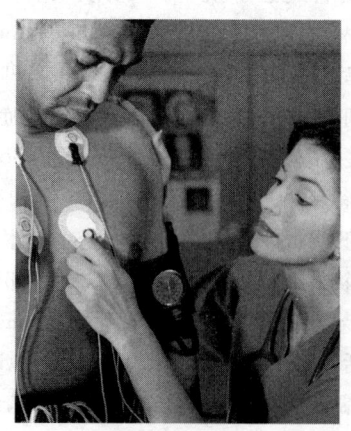

即使医疗测试结果强有力地表明他们没有任何疾病，对健康感到焦虑的人们依然很难相信自己是健康的（Dynamich Graphics Value/SUPERSTOCK）。

题，从而有助于减轻她的躯体症状。自信训练和社交技能训练——例如，教给贝蒂娜与人接近和谈话的有效方式，维持目光交流，给予赞美，接受批评，提出要求等——能够有效地帮助她建立更健康的人际互动。总之，应该更少地关注病人由于疼痛和躯体症状而做不到的事情，同时更多地鼓励他们重新参与到令人满意的活动中，并获得更强的控制感。

行为和家庭疗法可以帮助贝蒂娜不再依赖于扮演病人角色（Warwick & Salkovskis, 2001）。假如贝蒂娜的室友适应了她的疾病而强化了她对成年人责任的回避，家庭疗法可能会对她有所帮助。贝蒂娜和她的家人或许能够改变他们的关系，以帮助她停止关注身体上的不适。治疗师可以对她的家人和朋友运用操作性条件反射的方法，以降低他们对患者躯体症状的关注。

与不进行任何治疗相比，认知行为疗法能够有效地降低对健康的担忧、痛苦和焦虑症状以及卫生保健（Thomson & Page, 2007）和医疗护理（Hollon, et al., 2006）的使用率。多项研究发现，认知行为治疗与控制条件相比可以减轻躯体症状，但是这些效应较小（Deary, et al., 2007）。也就是说，干预的作用更多地体现在降低对症状的痛苦体验，而不是减轻实际的症状（Barksy & Ahern, 2004）。在一项研究中，认知行为治疗在减轻疾病焦虑症状方面与抗抑郁剂效果相当（Greeven, et al., 2007）。

抗抑郁剂治疗躯体性症状障碍中疼痛

在躯体性症状障碍中，当疼痛是患者的主要症状时，抗抑郁剂是有效的。大量双盲实验的证据表明，一些低剂量的、抗抑郁药物，尤其是丙咪嗪（盐酸丙咪嗪），在减轻慢性疼痛和抑郁方面的效果强于安慰剂（Fishbain, et al., 2000）。有趣的是，当这些抗抑郁剂剂量过低，以至于无法缓解抑郁的时候，依然能够减轻疼痛（Simon, 1998）。使用抗抑郁剂要好于阿片类药物，后者极易成瘾（Streltzer & Johansen, 2006）。

总 结

解离性障碍

- 解离性障碍是指意识、记忆和身份的分离。
- DSM-5中解离性障碍包括解离性失忆症、人格解体或现实解体、解离性身份障碍。
- 大部分有关解离性障碍病因的文章都关注解离性身份障碍。解离性身份障碍患者常常报告童年时期遭受过严重的身体或性虐待。创伤后模型认为，依靠解离来回避被虐待的感受容易使人产生解离性身份障碍。社会认知模型则提出，这些症状是被治疗引发的。其拥护者指出，童年期虐待可能导致对暗示的感受性增强，而治疗师使用一些策略将症状暗示给人们。大部分人在接受治疗师的治疗之前，并未意识到多个人格的存在。尽管该诊断的定义性特征之一是人格之间缺乏记忆的共享，但研究证据表明人格之间共享的记忆可能比他们报告的更多。
- 无论何种理论取向，所有的治疗师都集中努力帮助来访者应对焦虑、直面恐惧，以整合记忆和意识的方式进行治疗。
- 心理动力学治疗或许是解离性障碍最常用的治疗方式，但是有些技术，如催眠和年龄退行等，可能会使症状恶化。

躯体性症状障碍

- 躯体性症状障碍关注的是躯体症状。主要的躯体性症状障碍包括复杂躯体性症状障碍、疾病焦虑障碍和功能性神经障碍。
- 躯体性症状障碍未表现出遗传性。
- 神经生物模型表明，复杂躯体性症状障碍的患者加工不愉快身体感觉的关键脑区可能高度活跃；

这些区域包括前脑岛和前扣带回。认知变量同样十分重要：一些人过度关注身体疾病，并对症状及其含义做出过度消极的解释。行为强化可能会维持求助行为。

- Sackeim 提出了心理动力学两阶段模型来解释功能性神经障碍，其内容主要包括无意识知觉和症状的动机。
- 躯体性症状障碍患者常常怨恨医生将自己转介给心理健康机构。有些项目可以有效地帮助全科医生解决这些症状，方法是给予温暖和保证，并限制医学测试的使用。躯体性症状障碍的认知行为治疗能够减轻对症状的痛苦体验。这些治疗努力缓解痛苦和焦虑症状、减少对生理线索的过度关注、改变对躯体症状过度消极的解释、强化与病人角色不一致的行为。抗抑郁剂有助于减轻疼痛。

概念核查答案

8.1　1.b 2.c
8.2　1.T 2.T 3. 社会认知，创伤后
8.3　1.b 2.a 3.d
8.4　1.F 2.T 3.F

第 9 章

精神分裂症

学习目标

1. 能够描述精神分裂症的临床特征，包括阳性症状、阴性症状和瓦解性症状。
2. 能够区分导致精神分裂症的行为遗传学和分子遗传学因素。
3. 理解精神分裂症的脑机制。
4. 理解压力和其他心理、社会因素在精神分裂症发病和复发中所起的作用。
5. 能够区分用于治疗精神分裂症的药物治疗和心理治疗。

临床个案：一名年轻女性的报告

忽然之间，所有的事情都变得糟糕了。我开始失去了对生活的控制，最重要的是我失去了对我自己的控制。我不能专心于我的学业，也睡不着觉。睡觉的时候我总是梦见死亡。我害怕去学校，因为我总感觉人们在谈论我，而且我还能听见声音。我给妈妈打电话，向她寻求建议。她让我从宿舍搬到外面和我姐姐一起住。

我开始和姐姐一起住之后，事情变得更糟了。我害怕出门，当我从窗户向外看时，似乎外面所有人都在呼喊"杀死她，杀死她"。但姐姐强迫我去学校。我走出公寓楼，等到她去工作之后我又回到家里。我的情况并没有好转，变得

越来越糟。我总觉得自己身上很难闻，有时候我一天会洗6次澡。有一天我去了超市，我感觉店里的人们都在说"保佑，耶稣就是答案"。事情越来越糟——我记不住任何事情了。我有一个笔记本写满了提醒事项，让我知道某一天我该做什么事情。我不记得我的作业，我会从上午6点学习到下午4点，但是从没有勇气在接下来的一天去教室。我试着把这一切告诉姐姐，但是她不能理解我。她建议我看一看心理医生，但是我害怕走出公寓楼去见他。

直到有一天，我觉得自己实在受不了了。我吃了35片止痛药。吃下药片的时候，我身体里的一个声音对我说："你这样做是为了

什么？现在你不能去天堂了。"在那个瞬间，我发现我不是真的想死。我想活下来。我非常害怕。我拿起电话打给姐姐向我推荐的心理医生。我告诉他我服用了过量的止痛药，我害怕。他让我马上坐出租车去医院。我一赶到医院就开始呕吐，但是我没有死。然而，我无法接受我真的找了心理医生这个事实。我认为心理医生只适用于疯子，而我并没有疯。因此，我没有立刻承认自己需要心理医生。我离开医院，在回家的路上碰到了我姐姐。她让我赶紧调头，因为我必须住院。然后我们打电话给妈妈，她说她会在第二天飞来。（摘自 O'Neal, 1984, pp.109-110）

这个案例中所描绘的年轻女性被诊断为精神分裂症。**精神分裂症**是一种思维、情绪、行为错乱的疾病——包括思维无逻辑，知觉和注意错误，表达情绪存在困难或者不恰当，行动和行为错乱，比如披头散发等。精神分裂症患者会从正常人群和现实生活中退缩到一种持有奇怪信念（妄想）的生活和幻觉中。虽然精神分裂症与个人生活中如此广泛的错乱有关，但是我们还没有揭开其病因，也没能找到有效的治疗方法。我们依然需要做出许多努力。

精神分裂症的症状侵害着一个人的方方面面：思考、感觉、行为的方式。这些症状足可以对维持稳定的工作、自立的生活以及亲密的人际关系造成干扰。这些症状也会引来他人的嘲笑和迫害。精神分裂症患者物质滥用率较高（Fowler, Carr, Carter, & Lewin, 1998），这也许反映了人们在尝试缓解症状（Blanchard, Squires, Henry, et al 1999）。精神分裂症患者的自杀率也很高。事实上，精神分裂症患者死于自杀的可能性是普通人的 12 倍。精神分裂症患者不仅自杀率远高于普通人，死于其他原因的概率也远高于普通人（Saha, Chant, & McGrath, 2007）。

精神分裂症的终身患病率稍低于 1%，对男性的影响略大于女性（Kirkbride, Fearon, Morgan, et al., 2006；Walker, Kestler, Bollini, Huchman, 2004）。某些群体中被诊断为精神分裂症的患者较多，例如非裔美国人，但原因到底是种族差异还是治疗师的偏见尚不清楚（Kirkbride et al., 2006；U.S. Department of Health and Human Services, 2001）。精神分裂症有时始于儿童期，但是它更常发病于青少年晚期或者成年早期；通常男性比女性的发病时间早。精神分裂症患者通常有一系列急性发作的症状，这些症状在其他时期不那么严重，但依然存在并使人虚弱。

精神分裂症的诊断标准

尽管精神分裂症患者通常在某些特定时期只表现出部分问题，但是精神分裂症诊断标准中的症状非常丰富，没有某个症状在诊断时是一定要出现的本质症状。因此，精神分裂症患者之间的个体差异非常大。

大约 30 年前，研究者们将精神分裂症状分为阳性症状和阴性症状两类（Crow, 1980；Strauss, Carpenter, & Bartko, 1974）。紧接着，最初的阳性症状又被分为两类——阳性症状（幻觉和妄想）和瓦解性症状（混乱的言语和行为）（Lenzenweger, Dworkin, & Wethington, 1991）。区分阳性、阴性和瓦解性症状在精神分裂症的病因和治疗研究上是非常有用的——表 9.1 中是这些类别所包含的症状。

> **DSM-5 中精神分裂症的诊断标准**
> 以下症状中出现两种或两种以上，至少持续 1 个月；其中一个症状必须是 1、2、3 中的一项。
> 1. 妄想
> 2. 幻觉
> 3. 瓦解性语言
> 4. 精神运动性行为异常（如紧张症状）
> 5. 阴性症状（情感淡漠、意志减退、社交缺乏）
> - 患病后工作、人际关系或者自理能力受损。
> - 患病的迹象持续至少 6 个月；以上症状持续至少一个月；在前症期或残余症状期，阴性症状或者 1 至 4 中至少 2 个症状有所减轻。

在接下来的部分，我们将详细地描述阳性、阴性和瓦解性症状的特征。我们也会描述运动技能受损的症状表现。这类症状并未精确符合上述三类症状，但同样也属于 DSM 中精神分裂症诊断的一部分。

阳性症状

阳性症状包括过度和扭曲，例如幻觉和妄想。在大多数情况下，精神分裂症的急性期以阳性症状为主。

妄想

毫无疑问，所有的人都会有担心别人说自己坏话的时候。有些时候这一信念也会被证实。毕竟，有谁会被所有的人喜爱呢？但是，考虑一下，如果你确信许多人讨厌你，你将会感到非常痛苦——他们甚至要一起谋害你。试想一下，迫害你的人将精细复杂的设备调至能听见你的私密谈话的频率，并收集证据诋毁你。包括你的亲人在内的周围的人，无法确保人们不会对你从事间谍活动。甚至你最亲密的朋友也在逐步加入折磨你的力量。你会感到焦虑和愤怒，你开始反击迫害你的人。你仔细检查你进入的所有房间。当你结识某人时，你会问他们很多话来确定他们是不是对你使阴谋诡计的那一群人。

这样违背现实的、被证据所否定却还不断进行的**妄想**，是精神分裂症常见的的阳性症状。在一个大的跨国研究中，65% 被诊断为精神分裂症的患者都有如前所述的被害妄想（Sartorius，Shapiro，& Jablonksy，1974）。妄想可能还会呈现出以下其他形式：

★ 个体可能会相信思维不属于自己，而是从外部放入他或她的脑中的。这称为思维插入。例如，一个妇女可能相信政府在她的大脑里植入了一块芯片，使得不属于她的思维被植入了她的脑子里。

★ 个体可能会相信自己的思维会被广播或发射，以至于其他人知道他在想什么。这叫作思维广播。在街上行走的时候，一个男人可能会惊异地看着路人，觉得他们能听到他的想法和他没有说出的话。

★ 个体可能会认为外部的力量控制了自己的感觉或行为。例如，一个人可能相信自己的行为正被从某个移动电话基站发射的信号所控制。

★ 个体可能有夸大妄想，即一种对自己的重要性、力量、知识或身份过分高估的感觉。例如，一个女人可能会相信自己能通过移动自己的手使风改变方向。

★ 个体可能有关系妄想，会将一些不重要的事件整合到一个妄想框架内，将他人的琐碎活动与个人的意义结合。例如，有此症状的人会认为无意中听到的谈话是关于他们的，在常常散步的街上看到熟悉的面孔时会认为那些人在监视他，在电视上或杂志上看到的内容在一定程度上改编自他的经历。

表 9.1　精神分裂症的主要症状分类总结

阳性症状	阴性症状	瓦解性症状
妄想，幻觉	意志减退，言语贫乏，快感缺失，情感淡漠，社交缺乏	瓦解性的行为，瓦解性的言语

尽管大多数的精神分裂症患者有妄想这一症状，但是双相障碍、伴随精神病症状的抑郁和妄想障碍也会有这一症状。

相信他人特别注意自己是一种常见的被害妄想。
(James Lauritz/Getty Images, Inc.)

幻觉和其他知觉错乱

精神分裂症患者时常报告这个世界看起来有些不同,甚至不真实。正如这一章开篇的案例所述,一些人报告他们难以将注意力集中在他们周围的事情上。

> 我无法将注意力集中在电视上,因为我无法同时看屏幕和听声音。我似乎不能同时吸收两样东西,即使其中一个是看的而另一个是听的。而另一方面,我似乎在某一时间吸收过多,我无法处理这些信息或者明白其中的意义(引自McGhie & Chapman, 1961, p. 106)。

最戏剧性的知觉错乱是**幻觉**,指的是缺乏任何来自环境的相关刺激的知觉经验。其中听觉比视觉常见。精神分裂症患者的一个样本中,74%的人有幻听(Sartorius et al., 1974)。

有些精神分裂症患者报告他们会听见别人说出他们的思维。有些会听见有声音在争吵,而另一些则报告有声音在评价他的行为。很多精神分裂症患者在体验幻觉时,感到惊恐和烦躁。一项近200人参与的研究发现,如果体验到的幻觉持续时间较长、声音较响、次数较频繁,并以第三人称出现时,患者会更不快乐;当幻觉来自一个认识的人时,患者的体验会较为积极。(Copolov, Mackinnon, & Trauer, 2004)。

一些理论家提出,有幻听的人可能错误地将他们自己的声音视为别人的声音。行为研究表明,与那些没有幻觉的病人或者健康的控制组相比,有幻听的病人更有可能错将他们自己的语言归于另一个源头(Allen, Johns, Fu, et al., 2004)。神经影像学研究测查了发生幻听时大脑的活动情况。例如,fMRI的研究发现,当患者报告听见声音时,产生语言的布洛卡区更活跃(McGuire, Shah, & Murray, 1993)。为什么人们会错误地归因呢?前额叶负责生成语言,而颞叶负责加工理解语言,这两个区域之间的联系可能出了问题。最近一项包括了10例脑成像研究的元分析发现,幻听出现时,与产生语言相关的脑区有最强的激活,而且颞叶中与言语加工和理解相关的区域也激活了(Jardri, Pouchet, Pins, & Thomas, 2011)。其他使用心理生理(Ford, Mathalon, Whitfield, et al., 2002)和脑成像方式(McGuire, Silbersweig, & Frith, 1996; Shergill, Brammer, Williams, et al., 2000)的研究也支持这一观点。

阴性症状

精神分裂症的**阴性症状**由不同方面的行为缺陷组成,包括意志减退、社交缺乏、快感缺失、情感淡漠和言语贫乏(Kirkpatrick, Fenton, Carpenter, & Marder, 2006)。这些症状在急性发作之后会持续下去,对精神分裂症患者的生活产生深远的影响。它们也是重要的预兆,许多阴性症状的出现(例如工作能力欠缺、几乎没有朋友)能够显著预测患者出院两年后生活质量的下降(Ho, Nopoulis, Flaum, et al., 1998)。

意志减退

意志减退是指缺乏动力,以至不能维持日常生活,包括工作、学习、爱好和社会活动。例如,意志减退的人们不愿去看电视或跟朋友出去逛街。他们可能难以进行工作、学习和琐碎的家务,更多的时候只是坐在那儿什么也不做。

社交缺乏

社交缺乏是指一些精神分裂症患者的社会关系受到了极大的损害。他们几乎没有朋友,社交技能很差,对他人几乎没有兴趣。他们不太想和家人、朋友、伴侣维持亲密关系。相反,他们更希望独处。当和他人在一起的时候,社交缺乏的人们可能与他人只有比较简单的互动,表现出对社会交往的冷漠和疏离。

快感缺失

丧失对快乐体验的兴趣和快乐体验的缺乏被称为**快感缺失**。在快感缺失的分类中,有两类快感体验。一种是**实际快感**,与当下体验的愉悦程度和一些愉快事件的出现有关。例如,你在吃一顿大餐时的快乐。另一种快感是**预期快感**,指因将来的事件和活动而获得希望或预期的快乐程度。例如,想到自己快要大学毕业时体验到的快乐。精神分裂症患者似乎只在预期快感上有缺损,而在实际快感上没有缺损(Gard, Kring, Germans, Gard, et al., 2007;Kring, 1999;Kring & Caponigro, 2010)。也就是说,当提到期望中的幸福情境时,相比没有精神分裂症的人,大部分有快感缺失问题的精神分裂症患者报告他们从这类活动中获得的快乐较少(Gard et al., 2007;Horan, Kring, & Blanchard, 2006)。然而,当和实际的享乐活动同时呈现时,例如滑稽电影或美味牛肉,精神分裂症患者与没有精神分裂症的人相比报告了同样的快感(Gard et al., 2007)。因此,精神分裂症的快感缺失似乎只存在于预期快感中,而不是感受当前快乐事件的呈现时带来的快乐中。

情感淡漠

情感淡漠是指缺乏外显的情绪表达。有这种症状的人可能会目光呆滞,脸部肌肉木僵,两眼无神。和他说话的时候,他可能会以平直、没有语调的声音来回答,且与谈话对象无目光交流(Sartorius et al., 1974)。

这一症状在大样本群体中的比例达到66%。情感淡漠是指情绪缺乏外在表达而非内在体验,事实上他们的内在体验一点儿也不匮乏。将近20项研究表明,精神分裂症患者比无精神分裂症的人的表情少得多。在日常生活或实验研究中,当呈现引发情绪的刺激(电影、照片、食物)时,这一结论都成立。然而,精神分裂症患者报告他们体验到和无精神分裂症的人同样多甚至更多的情绪(Kring & Moran, 2008)。

有情感淡漠症状的精神分裂症患者看上去可能并不高兴,但他们的内心感受与微笑的正常人可能是一样的。
(上:Blend Images/Super Stock, inc; 下:ThinkStock/SuperStock)

言语贫乏

言语贫乏是指言语数量上的急剧减少。存在这一症状的人说话不多。他可能会用一两个词回答问题,而不会用更详细具体的语言来叙述。例如,如果你让一个言语贫乏的人讲讲他快乐的人生经历,他可能会回答"结婚",而后即使问其他细节他也难以描述。

尽管我们刚刚介绍了五个阴性症状,但研究表明这些症状可以被理解得更简单,即分成两个部分(Blanchard & Cohen, 2006;Horan, Kring, Gur, et al., 2011;Messinger, Tremeau, Antonius, et al., 2011)。第一部分包括动机、情绪体验和社会性,即体验区域。第二部分包括情绪和语言的外在表达,即表达区域。

瓦解性症状

瓦解性症状包括瓦解性的语言和瓦解性的行为。

瓦解性的语言

瓦解性语言也被称为思维障碍,指难以组织思维说出让听者能够理解的话的症状。这种语无伦次常发生在与精神分裂症患者的谈话中，例如一个访谈者试图问一个名叫约翰的精神病患者一些问题。

> 访谈者：你最近感到紧张和害怕吗？
> 约翰：没有，我买了很多莴苣。
> 访谈者：你买了莴苣？我不明白。
> 约翰：嗯，就是莴苣。
> 访谈者：和我说说莴苣吧。你是什么意思？
> 约翰：嗯……莴苣是一个脚趾病复发的死美洲狮的转化。他吃了那个狮子，然后发生了一些事情。看，歌莉娅和汤米，他们有两个头，他们不是鲸鱼。但是他们从大量的呕吐物中逃了出来，事情就是这样的。
> 访谈者：谁是汤米和歌莉娅？
> 约翰：嗯……有乔伊·迪马乔，汤米·亨里奇，比尔·迪基，菲尔·里祖托，约翰·艾斯科拉维拉，德尔·克兰德尔，特德·威廉斯，米基曼特尔，罗伊·曼特尔，雷·曼特尔，鲍勃·钱斯……
> 访谈者：他们是谁？那些人是谁？
> 约翰：死人……他们想被这个亡命之徒强暴……
> 访谈者：这些是什么意思？
> 约翰：哦，你看，我不得不离开医院。你知道的，我想在我腿上做个手术。我的腿病得非常严重以至于我不想保留我的腿。这就是为什么我希望做这个手术的原因。
> 访谈者：你想拿掉你的腿？
> 约翰：这很有可能，你应该明白。
> 访谈者：你为什么想要这样做？
> 约翰：我开始并没有腿。所以我想象如果我是一个跑得很快的人，我会害怕成为一个妻子，因为我在我的莴苣头中有一个碎片。
>
> （Neale & Oltmanns, 1980, pp. 103-104）

虽然约翰不断地重复中心思想或主题，但是其思维的片段和画面并不关联，因此难以理解他试图告诉访谈者的是什么。

瓦解性的言语也包括**思维松散**或思维脱轨，即这个人和他人的交流可能相对成功，但难以聚焦在某个主题上。史蒂文·洛佩慈，《洛杉矶时报》的记者，他有一位叫作纳撒尼尔的朋友患有精神分裂症。他是拉丁美洲一个有天赋的（同时也无家可归的）音乐家。洛佩慈在《独奏者》（S.Lopez, 2008）的书中描写了他们的友谊。纳撒尼尔常常表现出思维松散。例如，关于贝多芬，纳撒尼尔如此回答：

> 克利夫兰市没有贝多芬雕像。那是个以军事为主的城市，已被占有的，抢先被占有的，有美国历史上所有的军事形象，伟大的战士和将领。但是，你看不见在游行的音乐家，尽管你有塞弗伦斯音乐厅、克利夫兰音乐学校区、俄亥俄州立大学山猫、俄亥俄州立大学七叶树。所有伟大的战士都来自美国军队。在洛杉矶你有洛杉矶警察局、洛杉矶县监狱、洛杉矶时报，史蒂芬·洛佩慈先生。这是个军队，对吗？
>
> （Lopez, 2008, pp.23-24）

正如引用内容所述，有这一症状的人看起来像是乘坐着由过去想法引发的联想而组成的列车逐渐远去。精神分裂症患者也描述了体验瓦解性言语时的感觉。

> 我的想法将一切弄得一团糟。我开始思考或者谈论一些事情，但是我从没有实现过。相反，我向着错的方向漫游。我想说某事，但与它相关的各种各样不同的事情会以我不能解释的方式将我困住。听我说话的人比我更容易困惑。我的问题是我有太多的想法。你可能会想到一些事情，比如看着烟灰缸，然后想，对，那是用来

聚焦发现 9.1　　精神分裂症概念的发展史

Emil Kraepelin（1856—1926），德国精神科医师，清晰描述了精神分裂症（当时命名为早发性痴呆）的症状。他的描述至今仍然非常适合于研究。
(Hueton Archive Getty Images.)

Eugen Bleuler（1857—1939），瑞士精神科医师，发展了精神分裂症的概念，并且将这个术语固定下来。
(Corbis-Bettmann.)

欧洲的两位精神病学家，埃米尔·克雷珀林和欧根·布洛伊尔，最先构想出精神分裂症的概念。克雷珀林首先描述了**早发性痴呆**，用来形容精神分裂症。早发性痴呆包括很多亚型——痴呆性偏执、紧张症、青春型——在最初的几年这些都被临床医生作为分类方式。虽然这些障碍在症状上有很大的不同，但克雷珀林相信它们共有一个核心，而早发性痴呆这个词反映了这一核心——一个从早年开始的、渐进的不可逆转的智力衰退。早发性痴呆的痴呆和我们在认知神经障碍（第 14 章）中被定义为严重记忆损害的痴呆是不同的。克雷珀林提出的"痴呆"是一种普遍的精神衰退。

布洛伊尔打破了埃米尔对两个要点的描述：他相信这个障碍并非一定是早发的，而且他相信这个疾病不一定会逐步走向痴呆。因此早发性痴呆这一标签并不是必要的。1908 年布洛伊尔将其命名为精神分裂症，采用希腊语中的分裂（schizein）和思维（phren）这两个词，来表现他认为的这一疾病的本质特征。

由于不再用初发年龄和损害来定义该疾病的特点，布洛伊尔面临着一个概念问题。精神分裂症的特征在患者之间差异很大，所以他不得不提供一些有说服力的理由来将它们放进一个单独的诊断类别中。也就是说，他要指出一些共同点或本质属性，将多种问题联系起来。为达到这一目的，他采用了概念隐喻，将这种本质属性描述为"思维关联的断裂"。

对于布洛伊尔而言，这种关联不仅能将词汇联结到一起，也能将思维联结到一起。因此，只有在这种假设的结构完好时，有目标导向且有效率的思考和沟通才能实现。精神分裂症患者的这种关联破裂能够解释其紊乱。例如，布洛伊尔认为注意困难是因为思维失去了方向，反过来导致了对客体和亲近环境中他人的负面回应。

克雷珀林发现，一小部分有早发性痴呆症状的人并不会恶化，但是他倾向于将这一诊断仅用于那些预后不良的人。相比而言，布洛伊尔的工作拓展了这一障碍的概念外延。他将一些有良好预后的人诊断为精神分裂症，同时他也将许多被临床医生做出其他诊断的人诊断为精神分裂症。

放烟的，但是我会思考它，而后我会同时思考关于它的很多不同的事情。(McGhie & Chapman, 1961, p. 108)

有研究者猜想瓦解性言语与语言产生出现问题有关，这似乎很符合逻辑，但是事实上并非如此。相反，瓦解性言语和执行功能区——即问题解决、计划、维持思考和感受之间联系的区域——出现的问题关系更紧密。瓦解性言语同时也与语义信息加工能力相关（Kerns & Berenbaum, 2002, 2003）。

瓦解性行为

瓦解性行为有很多形式。有这一症状的人可能莫名的躁动发作，身着奇装异服，行为像孩子一样或者糊里糊涂，储藏食物或收集垃圾。他们似乎失去了组织自己的行为并让行为符合社会标准的能力，而且难以生活自理。

紧张症状包括各种运动问题，比如保持一个奇怪的姿势很长时间。
(Grann itus Studie/Photo Research, Inc.)

运动症状

精神分裂症的另一个症状不太符合我们之前提到的分类，但它是 DSM 诊断标准中分类的一部分。严重异常的精神运动性行为是指运动行为的混乱。紧张症状是这类症状的典型实例。

紧张症状由若干异常的运动行为组成。表现为重复的姿势，比如用手指、手和手臂的运动组成古怪而复杂的序列，看上去像是有目的的。有些人则表现出活动异常增多，他们可能会非常兴奋，疯狂地挥动手臂，像躁狂症患者那样有巨大的体能消耗。在这一谱系中的另一个极端是**紧张性木僵**：人们做奇怪的姿势并保持这些姿势非常长的时间。紧张症状也会有像蜡一样的柔软性——由另一个人将病人的四肢移到某一位置，而后病人能将这一姿势保持非常长的时间。

今天已经很少看到紧张症状了，有可能是因为药物治疗对混乱的运动症状较为有效。Boyle（1991）认为是误诊导致了紧张症状在20世纪早期出现的普遍性。睡眠障碍（昏睡症）和紧张症状之间的相似性尤其能够表明，前者的很多病例被误诊成了后者。

精神分裂症和 DSM-5

DSM-5 中精神分裂症的标准和 DSM-IV-TR 标准有些不同。与 DSM-IV-TR 相同，DSM-5 中规定，症状需要持续至少六个月才符合诊断标准，期间必须包括至少一个月的急性期或者活跃期，而且至少有以下症状中的两种：妄想、幻觉、瓦解性语言、异常精神运动性行为，以及阴性症状。诊断所要求的症状持续时间可以从急性期前算起，也可以从急性发作之后算起。这一时间标准减少了对短暂精神病性发作、之后很快恢复的人们被误诊的可能性。

精神分裂症是"精神分裂症谱系和其他精神病性障碍"的章节中的一部分。这一章中还有许多其他的障碍。

两种短期的精神障碍是**分裂样精神障碍**和**短期精神病性障碍**。分裂样精神障碍的症状和精神分裂症一样，但是只会持续 1～6 个月。短期精神病性障碍持续时间为一天到一个月，常因极大的压力而发病，例如丧亲之痛。这两个障碍在 DSM-5 中没有变化。**分裂情感性障碍**包括精神分裂症和情感障碍症状的混合。对这一诊断，DSM-5 要求有抑郁或者躁狂发作，而 DSM-IV-

TR 中只要求有简单的心境障碍特征。

一个有**妄想障碍**的人会被持续出现的被害妄想或嫉妒妄想所困扰。嫉妒妄想指毫无根据的确信自己的配偶对自己不忠。这一障碍还包括钟情妄想（相信自己被另外一个人爱着，而这个人通常是一个有较高社会声望的完全陌生的人）、疑病妄想（例如，觉得自己患有癌症）。这一分类在 DSM-5 中没有改变。

DSM-5 中出现了一个新的分类称为衰减型精神病综合征。我们将在聚焦发现 9.2 中进行详细的讨论。

聚焦发现 9.2　　衰减型精神病综合征

DSM-5 中的"精神分裂症谱系和其他精神障碍"一章中包括了一个新的障碍，称为衰减型精神病综合征（APS）。纳入这个新分类的想法源于最近二十年的研究。这些研究被称为临床高风险研究，其出发点是探索表现出轻微阳性症状的青少年在后来发展成精神分裂症的可能性（Miller, McGlashan, Rasen, et al，2002）。研究使用前驱综合征的结构化访谈区分了目标人群和不具有轻微症状和具有精神分裂症家族史的青年人群。这些人被认为有前驱综合征。前驱综合征被认为是这一病症的早期症状。符合前驱综合征标准的青年人与不符合标准的青年人在很多方面都不同，包括他们的日常功能和他们转化成精神分裂症谱系障碍的概率等（Woods, Addington, Cadenhead, et al., 2009）。符合前驱综合征标准群体中 10%～30% 的人会演变成精神分裂症谱系障碍，而普通人中这一比例只有 0.2%（Carpenter & van Os, 2011）。

DSM-5 中关于 APS 的标准有一部分是基于这些发现的。符合诊断标准必须具有以下六条症状。

1. 满足以下至少一个症状：妄想、幻觉或者以衰退形式出现的瓦解性言语；并且达到不可忽视的程度。

2. 这些症状一个月内至少持续一周。

3. 这些症状开始于过去一年中或在过去一年中变得更严重。

4. 这些症状令人沮丧或失能。

5. 这些症状不能被其他疾病解释。

6. 从未被诊断为 DSM-5 中其他的精神病性障碍。

支持新分类加入到 DSM-5 的理由是什么呢？首先，纳入 APS 诊断能够帮助患者得到治疗，以避免该障碍被心理健康专业人士忽略。在当前美国的健康保险系统下，有些患者常常不能得到治疗，除非他们得到了官方的诊断。其次，希望对 APS 患者的识别和治疗会降低他们患精神分裂症或其他的精神分裂症谱系障碍的概率。

然而，也有很多的意见反对增加新的分类（Yung, Nelson, Thompson, & Wood, 2010）。第一，分类本身有没有足够的信度和效度来支持其在 DSM 中的位置尚不清楚。第二，这种前驱症状有很高水平的共病率：超过 60% 符合标准的青年人有抑郁史。这暗示了 APS 是心境障碍而不是精神分裂症谱系障碍的可能性。第三，应用新的诊断标签，特别是对年轻人，可能会导致污名化或者歧视。并不是所有具有 APS 的人都会发展成精神分裂症，因此没有必要这样警告青年人和他们的家庭。第四，尽管对这些给人带来痛苦或让人丧失功能的弱阳性症状进行治疗值得赞许，但是其治疗方法如果和精神分裂症的治疗方法太过相似，将会模糊两种情况的界限。目前还没有一个针对 APS 的有效的治疗方法（Carpenter & van Os, 2011）。

概念核查9.1 （答案见章末）

清列出各题所描述的症状。

1. 查理喜欢看电影，尤其是恐怖电影，因为这些电影让他感觉真的很害怕。但他的姐姐非常惊讶地发现，当她和查理一起看电影时，他不会大声喘气或在脸上表现出恐惧。____
2. 马琳相信克里斯蒂安·贝尔正在暗示她。在贝尔主演的电影《蝙蝠侠：黑暗骑士》中，他和小丑的战斗是一个暗示，表明他已经准备好为了和马琳在一起而战斗。他在他的电影首映式上签名，也是在告诉她，他正努力和她保持联系。____
3. 索菲亚不想和她的家人一起用晚餐。她觉得吃饭时总是同样的食物和谈话，何必还要麻烦？在这星期的晚些时候，妈妈说起索菲亚在家很少走动。索菲亚说她想不到什么事情有趣。____
4. 杰文和他的医生谈论关于他服用药物的副作用。他提到自己口干，而后很快开始谈论棉口蝮蛇和丛林之旅、徒步如何有利于身体健康，以及奥巴马比小布什身材好。____

精神分裂症的病因学

什么才能解释精神分裂症的思维松散和断裂、情绪表达的缺乏、奇怪的妄想和扑朔迷离的幻觉？正如我们将看到的，有很多因素导致了这种复杂的障碍。

基因因素

基因是导致精神分裂症的因素之一，大量的研究支持了这一观点。行为遗传学研究提供了有力的证据，因为它们中的大部分能够被很好地重复。已有的证据表明精神分裂症是具有遗传异质性的——也就是说，基因因素可能在不同的案例中不尽相同——显然，精神分裂症在症状层面就是异质性的。任何基因或基因组都要通过环境发挥作用，所以基因与环境的相互作用研究很可能会帮助我们找到基因对精神分裂症影响的本质 (Walker & Tessner, 2008)。

行为遗传学研究

家庭、双生子和收养子研究都支持遗传学因素在精神分裂症中起到重要作用这一观点。许多的行为遗传学研究所基于的精神分裂症的定义，要比它现在的定义广得多。然而，行为遗传学的研究者在他们的样本里收集了大量的描述性数据，因此我们可以用新的诊断标准再次进行结果分析。

家庭研究 表 9.2 呈现了精神分裂症的风险因素。（在评估这些数据时，需了解精神分裂症在总人口中的风险略小于 1%）非常清晰的是，精神分裂症患者的亲属有更大的患病风险；患者与亲属的关系越亲近，风险会越大 (Kendler, Karkowski-Shuman, & Walsh, 1996)。其他研究发现，具有精神分裂症家族史的患者比没有精神分裂症家族史的患者表现出了更多的阴性症状 (Malaspina Goetz, Yale, et al, 2000)，这表明阴性症状受基因影响更大。

最近的家庭研究测查了来自丹麦公民登记系统的 200 多万人 (Gottesman, Laursen, Bertelsen & Mortensen, 2010)。这个系统记录了所有有关健康问题的住院和门诊接诊经历，其中包括心理障碍。这些研究者测查了亲生父母中有一方、双方或没有接受精神分裂症和双相障碍治疗的人中，精神分裂症和双相障碍的累计发病率。他们还测查了当父母中的一方被诊断为精神分裂症，而另一方被诊断为双相障碍时，他们的孩子患这些障碍的概率。结果见表 9.3。正如你可能猜到的，当父母双方都被诊断患有精神分裂症时，孩子患精神分裂症的概率最高；父母中的一方被诊断为精神分裂症而另一方被诊断为双相障碍的孩子、比父母中只有一方被诊断患有精神分裂症的孩子罹患精神分裂症的概率更大。这些发现表明，精神分裂症和双相障碍可能有很多共同的易感性基因。其中一些基因已通过我们之前介绍过的分子基因研究被证实。

家庭研究的结果表明，基因在精神分裂症中发挥着重要的作用，但是个体与其患精神分裂症的亲属之间相似的不仅是基因，还有共同的生活经验。第2章已提到过，基因通过环境发挥作用。因此，在解释亲属患病的高风险时，环境的影响不可小视。

表 9.2　精神分裂症的家庭和双生子研究中遗传情形的总结

与索引病例的关系	患精神分裂症的比例（%）
配偶	1.00
直系孙辈	2.84
旁系子辈	2.65
直系子辈	9.35
兄弟姐妹	7.30
异卵双生子	12.08
同卵双生子	44.30

来源：After Gottesman, McGuffin, & Farmer (1987)

表 9.3　Gottesman 等人的家庭研究总结

父母的精神病理状况	精神分裂症的发生率
父母都患有精神分裂症	27.3%
父母中一方患有精神分裂症	7.0%
父母均未患精神分裂症	0.86%
父母中一方患有精神分裂症，另一方患有双相障碍	15.6%

双生子研究　表9.2表明了患精神分裂症的同卵和异卵双生子的风险。尽管同卵双生子的患病风险（44.3%）远大于异卵双生子（12.08%），但仍未达到100%的可能。很多新近的研究也得到了类似的结果（Cannon, Kaprio, Lonngvist, et al., 1998；Cardno, Marshall, Coid, et al.,

1999）。同卵双生子之间的一致性不等于100%是很重要的：如果遗传传递能单独在精神分裂症上发挥作用，那么同卵双生子中的一个患了精神分裂症，另一个就必然会患精神分裂症。双生子研究也表明，阴性症状比阳性症状更容易受遗传因素的影响（Dworkin & Lenzerwenger, 1984；Dworkin, Lenzerwenger, & Moldin, 1987）。

行为遗传学常研究双胞胎，以及更为少见的三胞胎、四胞胎。在一个罕见的案例中，四胞胎女生（非照片中所示者）都患上了精神分裂症。
(©UK History/Alamy)

当然，作为家庭研究，关键问题是如何解释双生子研究的结果。除了共同的遗传因素之外，共同的环境也能够部分解释某些的风险。共同的环境不仅包括相似的共享和不共享的环境因素，例如教养方式或同辈关系，还包括了更相似的子宫内环境，因为同卵双生子比异卵双生子更可能有相同的血液供给。

Fischer（1971）巧妙地从遗传角度对同卵双生子的高风险进行了分析。她认为如果这一概率能够反映基因的作用，那么没有患精神分裂症的那个双胞胎也有可能携带患精神分裂症的基因——即使它没有外在的行为表现；而且可能会有更高的风险将这一障碍遗传给下一代。的确，同卵双生子中未患精神分裂症的一方的孩子，患精神分裂症和类精神分裂症精神病的概率为9.4%，而患病那方的孩子中，这一概率只稍微高了一点，为12.3%。两个比率都远高于普通人群的1%，这为精神分裂症中基因作用的重要性提供了更多的支持。

收养子研究　对亲生母亲患有精神分裂症

但被没有精神分裂症的养父母从婴儿早期开始养育的孩子们进行的研究，是另一种有效的行为遗传学研究方法。这些研究减少了被精神分裂症父母抚养可能带来的影响。

在一项经典的研究中，Heston（1966）跟踪了1915~1945年由患精神分裂症的母亲生下的47个孩子。婴儿在出生时就被领养，而后被养父母抚养成人。控制组的50名参与者选自同一家领养机构，该机构安置了那些女性精神分裂症患者的孩子。后续的评估结果表明，控制组的孩子们无人被诊断为精神分裂症，而精神分裂症女性的后代被诊断患有精神分裂症的比例是16.6%（共5人）。

另一项关于女性精神分裂症患者后代的大型研究也得到了相似的结论。在这一研究中，164名亲生母亲患有精神分裂症的被收养者，患精神分裂症的概率是8.1%。而197名亲生父母中无人患精神分裂症的被收养者，作为控制组的患病风险明显要低一些，只有2.3%。对于其他障碍，例如分裂情感性障碍或分裂样精神障碍，亲生父母中有一位患有精神分裂症的被收养者也比控制组患上这些病的概率要高（Tienari, Wynne, Moring, et al., 2000）。

在丹麦进行的另一种形式的收养研究中（Kety, Rosenthal, Wender, et al., 1976, 1994），研究者们先测查了在很小的时候被收养的孩子们的记录，并选出患有精神分裂症的被收养者作为实验组。调查者又从剩下的其他案例中选择了未患精神分裂症，且在性别和年龄等变量上与实验组匹配的控制组。之后分别确认收养家庭和亲生家庭两个组的精神病史。正如预期一样，与精神分裂症患者具备血缘关系的亲属比普通人更可能被诊断为精神分裂症，但他们在收养家庭中的亲属却不会。

家庭高风险研究 另一种不同形式的家庭研究被称为**家庭高风险研究**。这种形式的研究着眼于亲生父母中一方或双方有精神分裂症的家庭，纵向跟踪他们的后代，以探究有多少孩子会患精神分裂症，以及童年时期何种神经生物学和行为因素可以预测疾病的发作。关于精神分裂症的首例家庭高风险研究始于20世纪60年代（Mednick & Schulsinger, 1968）。研究者选择丹麦是因为丹麦的公民登记系统能够长时间地跟踪这些人。研究选取了207名母亲患有精神分裂症的个体作为高风险组。（研究者认为母亲应该作为有障碍的那位家长，因为父子关系并不总是确定）104名低风险组的参与者，他们的母亲没有精神分裂症，并在性别、年龄、父亲的职业、城市或农村居民、受教育时间、机构抚养或家庭抚养等变量上和高风险组匹配。1972年，研究者用一套诊断测验包对这些参与者中成年的男性和女性进行一系列的测量。高风险参与者中有15人被诊断为精神分裂症，而低风险参与者中无人被诊断为此病。

对被诊断为精神分裂症的参与者人群的额外分析表明，精神分裂症的阳性和阴性症状可能有不同的病因（Cannon, Mednick, & Parnas, 1990）。主要呈阴性症状的人有孕期和分娩并发症史，并且对简单刺激没有皮肤电反应。而主要呈阳性症状的人有家庭不安定史，例如和父母分开和被安置在寄养家庭或收养机构一段时间。

由于这一研究的启示，研究者们开展了其他高风险调查，有些调查显示了关于成年期心理病理学可能原因的信息，但并不是只针对精神分裂症。纽约高风险研究发现注意功能综合指标能预测后续的行为障碍（Cornblatt & Erlenmeyer-Kimling, 1985）。

另外，智商低是住院的高风险儿童的特征之一（Erlenmeyer-Kimling & Cornblatt, 1987）。在伊朗的研究中，神经行为功能低下（注意力不集中、言语能力低下、缺乏自动控制和协调能力）预测了精神分裂症谱系障碍，早期的人际关系问题也对此有预测作用（Marcus, Hans, Nagier, et al., 1987）。英国的家庭研究发现，父母中有精神分裂症谱系障碍患者的孩子在40岁前患上精神分裂症谱系障碍的可能性更大

（Goldstein, Buka, Seidman, & Tsuang, 2010）。这一研究也包括父母患"情感性精神病"的参与者，主要指双相障碍或者带精神病性特征的重度抑郁症。父母有情感性精神病的孩子患精神分裂症谱系障碍的可能性并不高，但是他们患情感性精神病的概率是普通孩子的 14 倍。

分子遗传学研究

对基因因素影响的了解很大程度上只是研究的起点。弄清究竟是什么构成了遗传易感性，才是分子遗传学的研究人员所面临的挑战。像我们这本书中涉及的所有疾病一样，精神分裂症的易感性也不是由单个基因传递的。

有关研究试图确定与精神分裂症相关的特定基因。第 4 章中讲到，这类研究的目标是确定一个或某些特定的基因与特定的特质和行为（表现型）同时出现的频率。研究最初聚焦于与多巴胺 D2 受体相关的基因上，受体和一些用于治疗精神分裂症的药物的有效性有关。尽管有一些积极的发现（Glatt, Faraone, & Tsuang, 2003），但也有很多的研究没有发现关联（Owen, Williams, & O'Donovan, 2004）。

研究结果支持了四个候选基因。其中有两个基因（DTNBP1 和 NGR1）和精神分裂症相关，另外两个（COMT 和 BDNF）与精神分裂症的认知缺陷相关。基因 DTNBP1 编码的蛋白质虽然在大脑中表达，但是基因或蛋白质的功能都尚不完全清楚。它似乎影响整个大脑的多巴胺和谷氨酸神经递质系统（MacDonald & Chafee, 2006）。这些系统和精神分裂症有关。此外，尸检研究表明，与没有精神分裂症的人相比，精神分裂症患者的很多脑区中，基因 DTNBP1 编码的蛋白质都较少，这些脑区包括前额叶、颞叶、海马和边缘系统结构（Weickert, Straub, McClintock, et al., 2004）。另一个基因 NGR1，与神经递质谷氨酸的 NMDA（N-甲基-D-天冬氨酸）受体有关，而且有利于髓鞘化（产生保护神经元的髓鞘）过程，也和精神分裂症相关。

其他研究发现 COMT 基因和**前额叶皮层**所负责的执行功能有关（Goldberg & Weinberger, 2004）。很多研究表明精神分裂症患者的执行功能存在问题，包括计划、工作记忆和问题解决等方面；而另一些研究则发现患者的前额叶存在问题。一些相关研究表明 COMT 基因与精神分裂症有关（Harrison & Weinberger, 2004; Owen et al., 2004）。还有研究表明基因 BDNF 与患有精神分裂症和未患精神分裂症人的认知功能相关。这一基因存在基因多态性，叫作 Val66Met，即一个人可以有两个 Val 等位基因（Val/Val），两个 Met 等位基因（Met/Met）或者一个 Val 和一个 Met 等位基因（Met/Val 或 Met/Val）。(Ho, Milev, O'Leary, et al., 2006)。

尽管有很多关于这四个基因的重复研究，但其中也有对基因和精神分裂症的关联重复验证失败的研究。此外，这四个基因并没有出现在全基因组的相关研究中。这可能反映了与精神分裂症有关的巨大的遗传异质性（Kim, Zerwas, Trace, & Sullivan, 2011）。

全基因组研究也被应用于精神分裂症的研究中。正如第 2 章所述，这一技术能够帮助研究者确定稀有的基因突变，例如知道基因的 CNVs（拷贝数变异）而不仅仅是知道基因位点。基因突变是随机发生的，而且原因不明。CNV 是指基因中一个或多个的 DNA 片段的异常副本（缺失或重复）。例如，一项全基因组研究发现了 50 多个稀有 CNV 突变，他们在精神分裂症患者中出现的可能性是另外两个不同样本的未患精神分裂症的人的 3 倍（Walsh, McClellan, McCarthy, et al., 2008）。一些已知的基因突变和精神分裂症病因中的其他风险因素是相关的。这些风险因素包括神经递质谷氨酸和某些蛋白质，它们能提高在大脑发育过程中神经元位置的正确率。更重要的是，即使已知的基因变异在精神分裂症患者中更常见，但是这些基因变异的人中只有 20% 被确诊为精神分裂症。因此，其他遗传因素还需要在将来的研究中发现。

关于基因变异的三个重点是：①它们都非常少见；②基因变异的人群中，只有一小部分人患有精神分裂症；③基因变异与精神分裂症之间的相关不具有特异性。这是不是表明这些研究人员的发现证实了精神分裂症的遗传异质性的想法，也就是说，患有同样疾病（精神分裂症）的人，不一定具有相同的遗传因素？当前的遗传研究支持这一观点，精神分裂症的遗传易感性可能是由很多稀有的基因变异共同构成的。

神经递质的作用

当前研究测查了一些不同的神经递质，例如 5-HT 和谷氨酸，以弄清它们在精神分裂症中所起的作用。而第一个被研究者充分关注的神经递质是多巴胺。

多巴胺理论

精神分裂症和神经递质多巴胺过度活跃有关的主要依据是：多巴胺活动的减少能有效地治疗精神分裂症。研究者们指出，抗精神病药能治疗精神分裂症的一些症状，但其副作用会导致类似于帕金森的症状。众所周知，帕金森症在一定程度上与多巴胺水平较低有关，特别是大脑特定神经束的多巴胺水平低。随后证实，抗精神病药物会阻断突触后多巴胺 D2 受体。因此，从治疗精神分裂症患者的药物作用机理来看，很自然会推测精神分裂症源于多巴胺神经元的过量活动。一篇关于苯丙胺的精神病学文献为精神分裂症的多巴胺理论进一步提供了间接的支持。苯丙胺类毒品会使未患疾病的人产生非常类似于精神分裂症的症状，它们也能够加剧精神分裂症患者的症状(Angrist, Lee, Gershon, 1974)。

基于上述证据，研究者们假设过量的多巴胺会引起精神分裂症。但是随着研究的进展，这一假设显得太简单，因为其可解释的精神病症状的范围过于广泛。一些证据支持了精神分裂症患者的多巴胺受体过多且过于敏感的这一观点。例如，精神分裂症患者的大脑尸检研究和对活体精神分裂症患者的 PET 扫描表明，一些精神分裂症患者的多巴胺受体数量更多也更敏感（Hietala, Syvalahti, Vuorio, et al., 1994；Tune, Wong, Pearlson, et al., 1993；Wong, Wagner, Tune, et al., 1986）。太多的多巴胺受体将会形成一个过度活跃的多巴胺功能系统。原因是当多巴胺（任何神经递质都是如此）被释放进入突触，它们中只有一部分会与突触后受体相互作用。更多的受体使得释放的多巴胺有更多的机会刺激受体，也使得多巴胺的活性有机会更高。

然而，过量的多巴胺受体似乎主要与阳性症状相关。抗精神病药物能减轻阳性症状但对阴性症状没有多大作用。对多巴胺理论的进一步完善试图说明阴性症状（Davis et al., 1991）。中脑边缘通路（见图 9.1）是多巴胺过度活动与精神分裂症最为相关的部分。治疗阳性症状的抗精神病药物的原理是其在神经通路上阻断了多巴胺受体，从而降低了多巴胺活性。

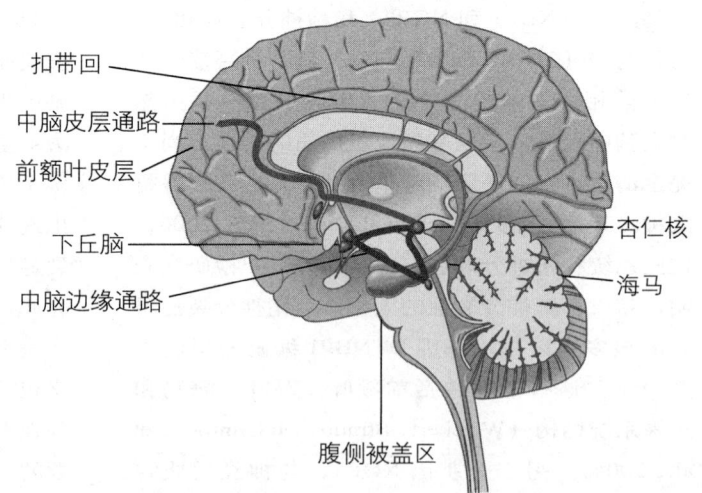

图 9.1 大脑与精神分裂症。中脑皮质通路从腹侧被盖区开始，延伸至前额叶皮层。中脑边缘通路从中脑腹侧被盖区延伸至下丘脑、杏仁核、海马和伏隔核。

中脑皮层通路是多巴胺活动的另一部分。它和中脑边缘通路开始于同一个脑区但是延伸到另外被多巴胺支配的脑区。前额叶的多巴胺神经元可能不够活跃，从而无法发挥皮层下脑区（例如杏仁核）对多巴胺神经元的抑制作用，导致多巴胺在通路中过度活跃。前额叶被认为和精神分裂症阴性症状高度相关，这部分脑区的多巴胺神经元不够活跃可能是精神分裂症阴性症状的原因（见图9.2）。这个观点能够说明阳性和阴性症状可以同时存在于一个人身上。而且，抗精神病药物对前额叶的多巴胺神经元的影响不大，因此我们可以预计它们治疗阴性症状是相对无效的；事实也正是如此。当进行关于精神分裂症患者的大脑结构检测研究时，我们会看到这两个区域之间的密切联系。

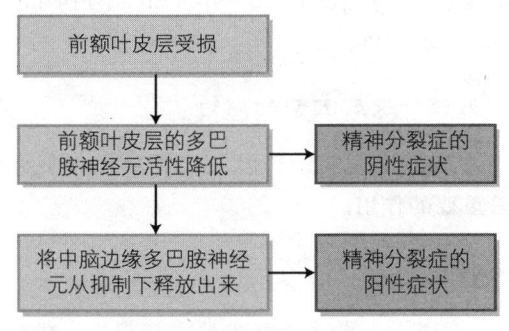

图 9.2　精神分裂症的多巴胺理论

虽然有以上这些证据，精神分裂症的多巴胺理论仍不是一个完整的理论体系。例如，尽管抗精神病药物能够很快阻断多巴胺受体，但它们需要几个星期才能减轻精神分裂症的阳性症状（Davis，1978）。行为和抗精神病药物的药理作用之间的脱节在现有理论范围内很难理解。一种可能性是，虽然抗精神病药确实阻断了D2受体，但是其最终的治疗效果，可能源自封锁了其他脑区及其他神经递质系统（R.M. Cohen, Nordahl, Semple, et al.，1997）。

精神分裂症是一种知觉、情绪、认知、运动和社会行为等多方面产生普遍不适的疾病，单独一个神经递质不可能解释所有的症状。因此，精神分裂症的研究人员已经将研究重点从多巴胺移向了更广阔的神经递质网络。

其他神经递质

用于治疗精神分裂症的新药物牵涉到其他神经递质，例如5-HT。这些新药物部分阻断了D2受体，但是它们也可以通过阻断5-HT受体5HT2来起作用（Burris, Molski, Xu, et al.，2002）。多巴胺神经元一般能调节其他神经系统的活动，例如，在前额叶皮层调节GABA神经元。因此，精神分裂症患者前额叶的GABA传递被破坏并不奇怪（Volk, Austin, Pierri, et al.，2000）。类似地，5-HT神经元也会调节中脑边缘通路的多巴胺神经元。

谷氨酸也是一种神经递质，广泛存在于人脑内，也可起到一定的作用（Carlsson, Hanson, Waters, et al.，1999）。已有发现表明，精神分裂症患者脑脊液中的谷氨酸水平较低（Faustman, Bardgett, Faull, et al.，1999），尸检研究也揭示了制造谷氨酸所需要的酶较少（Tsai, Parssani, Slusher, et al.，1995）。同型半胱氨酸是和NMDA受体相互作用的一种物质。研究发现，在精神分裂症患者的血液中，以及其后代成年后发展成精神分裂症的母亲在孕晚期时的血液中，该物质水平有所增高（Brown, Bottiglieri, Schaefer, Quesenberry, et al.，2007；Regland, Johansson, Grenfeldt, et al.，1995）。毒品PCP可通过干扰谷氨酸受体来诱发精神分裂症的阳性和阴性症状（O'Donnell & Grace，1998）。此外，减少从前额叶或者海马(这些脑区都和精神分裂症有关)到纹状体（颞叶的一部分）的谷氨酸输入可能会导致多巴胺活动的增加（O'Donnell & Grace，1998）。更多的证据表明，精神分裂症患者的认知功能障碍与前额叶皮层的问题相关，而瓦解性症状也和NMDA的混乱相关（MacDonald & Chafee，2006）。一种针对谷氨酸受体的新药物目前正在试验中。不管是减轻症状还是不增加体重——体重的增加是许多用于治疗精神分裂症的药物都会有的副作用——该药物的早期研究结果是很令人振奋的（Patil, Zhang, Martenyi, et al., 2007）。

大脑结构与功能

与精神分裂症有关的大脑异常的研究从精神分裂症综合征被定义时就开始了，但是直到最近才开始得到较为稳定的结论。这一任务确实是艰巨的挑战。但是，精神分裂症对诸多领域（思维、情绪、行为）均产生影响，单一类型的大脑异常不可能解释所有的精神分裂症症状。然而，过去的二十年中，在技术进步的推动下，研究已经取得了一些可喜的成果。其中，扩大的脑室、前额叶皮层的功能障碍、颞叶皮层及其周围的大脑区域的功能障碍的研究都具有最佳的可重复性。

脑室扩大

研究一致发现，精神分裂症患者有脑室扩大的状况。大脑有四个脑室，都充满了脑脊液。如果存在较大的流体填充空间，意味着脑细胞的死亡。神经影像研究的元分析表明，精神分裂症患者在病程初期和整个病程中，都有脑室扩大的现象（Kempton, Stahl, Williams, et al., 2010；Wright, Rabe-Hesketh, Woodruff, et al., 2000）。关于脑室扩大的进一步证据来自于同卵双生子的两项MRI研究；这些同卵双生子中的一方患有精神分裂症（McNeil, Cantor-Graae, & Weinberger, 2000；Suddath, Christison, Torrey, et al., 1990）。在这两项研究中，双生子中患病一方的脑室要比健康一方的脑室大。在其中一项研究中，仅仅观看扫描图像便可以确定双胞胎中哪一个是精神分裂症患者。因为这些双胞胎基因完全相同，所以这些研究结果表明，导致大脑中的这些异常的原因可能并非来自遗传。最近两项针对纵向研究的元分析表明，脑室可能会在整个病程中不断扩大，超出典型的老龄化所带来的变化（Kempton et al., 2010；Olabi, Ellison-Wright, McIntosh, et al., 2011）。这表明，精神分裂症患者的大脑异常会随着时间的推移变得更糟。

精神分裂症患者较大的脑室，与其在神经心理测验上较差的表现、发病前较低的社会功能、药物治疗较差的效果等具有相关关系（Andreasen, Olsen, Dennert, et al., 1982；Weinberger, Cannon-Spoor, Potkin, et al., 1980）。然而，脑室的扩大程度只是中等，而且有一部分精神分裂症患者和没有精神分裂症的人在这方面没有明显差异。此外，脑室扩大这一现象并不是只存在于精神分裂症患者中，在其他障碍的CT扫描中脑室扩大的现象也很明显，如有精神病症状的双相障碍等（Rieder, Mann, Weinberger, et al., 1983）。这些疾病的患者和精神分裂症患者心室扩大的程度几乎一样（Elkis, Friedman, Wise, et al., 1995）。

前额叶皮层因素的探讨

各种证据表明前额叶皮层在精神分裂症中起着重要的作用。

★ 众所周知，前额叶皮层在言语、决策、情绪和目标导向等这些行为的控制上起着重要的作用，而精神分裂症患者的这些行为都有不同程度的损伤。

★ MRI研究表明，患者的前额叶皮层的灰质减少（Buchanan, Vladar, Barta, et al., 1998）。

★ 在旨在挖掘前额叶所控制的功能（如工作记忆）的神经心理测验中，精神分裂症患者的表现很差（Barch, Csernansky, Conturo, et al., 2002, 2003；Heinrichs & Zakzains, 1998）。

★ 一项功能成像技术研究了当人们在做心理测验时的各个脑区的糖代谢，研究发现患者前额叶皮层的糖代谢水平较低（Buchsbaum, Kessler, King, et al., 1984）。研究者们还研究了精神分裂症患者在做关于前额叶功能的神经心理测验时其前额叶的糖代谢。因为该测验需要前额叶的控制，随着能量的消耗，糖代谢水平通常会升高。精神分裂症患者，特别是以阴性症状为主的那些人，他们在测验上的表现很差，而且前额叶也没有表现出激活（Potkin, Alva, Fleming, et al., 2002；Weinberger, Berman, & Illowsky, 1988）。fMRI研究也表明患者的额叶激活出现问题（Barch, Carter, Barver, et al., 2011；MacDonald & Carter, 2003）。

★ 最后，额叶激活出现问题和阴性症状的严重程度相关（O'Donnell & Grace, 1998）；这与之前讨论的额叶的多巴胺系统活性不足的情形是类似的。

尽管前额叶的灰质体积减少（而且颞叶的灰质体积也减少），这个区域的神经元数量却没有减少。更加细致的研究指出，减少的是"树突棘"（Goldman-Rakic & Selemon, 1997；McGlashan & Hoffman, 2000）。树突棘是从其他神经元接收神经冲动的树突上的小突起（见图9.3）。这些树突棘的减少意味着神经元（例如，突触的功能）之间的通讯被阻断了，导致了一些人称为的"失联综合征"的产生。神经系统通讯阻断可能导致了精神分裂症中言语和行为的失常。当前的研究正试图将这些树突棘的异常和有关基因和拷贝数的异常关联起来（Penzes, Cahill, Jones, et al., 2011）。

颞叶及其周围脑区的问题

其他的研究发现，精神分裂症患者的颞叶皮层有结构和功能上的异常，包括颞中回、海马、杏仁核和前扣带回等区域。例如，研究表明颞叶皮层和额叶脑区的灰质都有减少（Gur, Turetsky, Cowell, et al., 2000），而且在基底节（例如，尾状核）、海马、边缘结构中灰质的体积也有所减小（Chua & McKenna, 1995；Gur & Pearlson, 1993；Keshavan, Rosenberg, Sweeney,

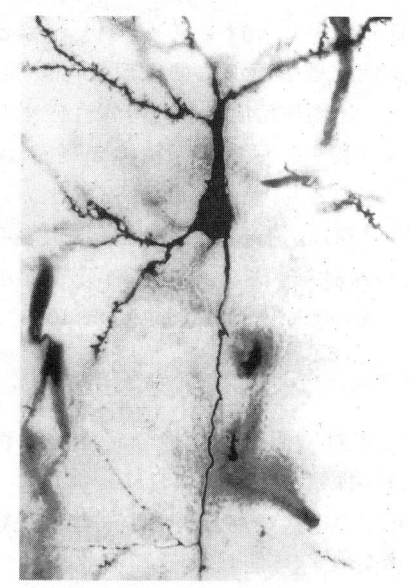

图9.3 神经元的照片。树突上的小突起就是树突棘，它们负责从其他神经元那里接收信息。树突棘的减少可能损害了神经元之间的联系；这或许是精神分裂症的因素之一。
(BSIP/Sercomi/Photo Researchers, Inc.)

et al., 1998；Lim, Adalsteinssom, Spielman, et al., 1998；Nelson, Saykin, Flashman, et al., 1998；Velakoulis, Pantelis, McGorry, et al., 1999；Walker, Mittal, Tessner, et al., 2008）。一项双生子研究发现，患精神分裂症的双生子海马体积会减小，而无精神分裂症的双生子不会（van Erp, Saleh, Huttunen, et al., 2004）。一项MRI研究得出结论，相比没有精神分裂症的人而言，精神分裂症患者在他们第一次发作时海马的体积就显著较小（Steen, Mull, McClure, et al., 2006）。

另外一个关于海马的有趣证据来自于对九项研究的元分析。这一元分析评估了400多个精神分裂症患者的一级亲属和600多个没有精神分裂症的人的一级亲属的大脑容量（Boos, Aleman, Cahn, et al., 2007）。精神分裂症患者的亲属比没有精神分裂的人的亲属的海马体积小。这一发现反映了基因和环境因素的共同作用。

下丘脑—垂体—肾上腺（HPA）轴紧密相连这一事实使这些关于海马的发现变得更加有趣。其他疾病，如创伤后应激障碍等慢性应激与海马体积的减少相关。尽管和无精神分裂症者相比，精神分裂症患者并不需要面对更多的压力，但是他们更容易对压力有反应。其他证据也表明压力反应和HPA轴被损坏可能是精神分裂症患者的海马容量减小的原因（Walker et al., 2008）。

影响发育中的大脑的环境因素

研究者对可能影响精神分裂症的几种环境因素进行了探索（Brown, 2011；van Os, Kenis, & Rutten, 2010）。精神分裂症中一些已观察到的大脑发育异常，可能是由于妊娠或分娩过程中大脑受到损伤所致。许多研究表明，精神分裂症患者发生过分娩并发症的比例很高（Brown, 2011；Walker et al., 2004），这些并发症会导致大脑缺氧，造成灰质的减少（Cannon, van Erp, Rosso, et al., 2002）。并不是所有发生过分娩并发症的人患病概率都会提高，只有那些具有精神分裂症遗传素质的人，在发生了分娩并发症之后患病风险才会提高（Cannon & Mednick, 1993）。

进一步的研究表明，母亲在怀孕期间感染，则孩子在成年后发展成精神分裂症的风险更大（Brown & Derkits, 2010）。例如，一项研究表明，母亲在怀孕期间感染弓形虫，则孩子在成年后患精神分裂症的概率增加2.5倍（A.S.Brown, Schaeffeer, Quesenberry, et al., 2005）。这是一种常见的寄生虫，对很多人来说并不致病。

关于产前感染流感的研究是最多的。研究测查了那些母亲在孕期感染流感病毒的孩子成年后患精神分裂症的概率（Mednick, Huttonen, & Machon, 1994；Mednick, Machon, Huttunen, et al., 1988）。在1957年赫尔辛基流感疫情期间，在其母亲妊娠期第四至六个月接触到流感病毒的人比那些在其他时间感染流感病毒的人患精神分裂症的概率更高，也比那些没有感染流感病毒的人患病概率更高。但在后来的30项研究中，仅有一半的研究验证了相同的结果，这是一个很大的问题。最近一项研究发现的证据表明，如果母亲在怀孕的头三个月里感染了流感，能直接测到其血液中抗体的存在的话，她们的孩子患精神分裂症的风险将增加7倍（Brown, Begg, Gravenstein, et al., 2004）。尽管风险增加的幅度听起来很大，但是它与对照组的差异在统计学上并不显著，也就是说只产生了一个小效应。

如果与这些研究发现所表明的一样，精神分裂症患者的大脑在发展早期就出现了问题，那为什么这一疾病在很多年以后的青春期或成年早期才显现呢？这可能是因为前额叶皮层成熟得较晚，一般在青春期或成年早期。因此，这个区域的问题，即使在发展的早期就已经开始了，但是它可能不会在行为中显现出来，直到前额叶皮层对行为的控制起到更大的作用时，问题才会显现（Weinberger, 1987）。值得一提的是，多巴胺的活动高峰是青春期，这可能进一步为精神分裂症症状搭建了舞台（Walker et al., 2008）。青春期是典型的充满压力的发展时期。回想一下，我们在第2章中讨论过应激会激活HPA轴，导致皮质醇分泌。过去十年的研究表明，皮质醇会增加多巴胺的活动，特别是在中脑边缘通路中，可能会增加精神分裂症症状发展的可能性（Walker et al., 2008）。

另一个解释是，症状在青春期的发展，反映了过度修剪使得突触减少。突触修剪是正常的大脑发育，以不同的速度发生在不同的脑区。感觉区的修剪在2岁前基本完成，但是前额叶皮层的修剪将会持续到青春期中期。如果修剪过度，将会导致神经元之间丢失必要的联系（McGlashan & Hoffman, 2000）。

食用大麻被作为青少年精神分裂症风险因子的另一个环境因素，也被研究者所关注。研究发现，已经确诊为精神分裂症的患者当中，食用大麻和症状恶化相关（Foti, Kotov, Guey, et al., 2010）。但是，大麻会导致精神分裂症的发病吗？一篇元分析研究测查了青春期使用大麻和青春期或成年早期精神分裂症发病之间的关系。该文指出食用大麻的人比那些不食用的人患病风险更大（Arseneault, Cannon, Poulton, et al., 2002）。但这些研究是前瞻性的，调查结果也是相关性的。你应该记得第4章说过，相关关系并不代表着因果关系。其他的研究表明，食用大麻和患病风险之间的关系只在那些对精神分裂症有遗传易感性的人身上得到验证。例如，Caspi和他的同事（2005）发现了COMT基因的一个特定多态性（前面讨论过）和大麻的食用之间存在基因环境的相互作用。大麻的食用与COMT基因多态性的组合和患病风险的增高有关，但是它们并不单独对患病风险起作用。

心理因素

精神分裂症患者在日常生活中承受的压力并不比没有精神分裂症的人更大（Phillips, Francey, Edwards, et al., 2007；Walker et al., 2008）。然而，精神分裂症患者似乎对日常生活中的压力非常敏感。在一项研究中，精神障碍患者（其中92%患有精神分裂症）、他们的亲属以及没有任何精神障碍的人参加了一个为期6天的生态瞬时评估研究。这一研究每天多次记录他们的压力和情绪状态。相比于控制组，日常生活的压力更能预测精神分裂症患者及其亲属的积极情绪的减少；相比于亲属组和控制组，日常生活的压力也更能预测精神分裂症患者负性情绪的增多（Myin-Germeys, van Os, Schwartz, et al., 2001）。因此，精神分裂症患者对日常生活中的压力特别敏感。研究还表明，我们在这本书中讨论的许多障碍都会增加患者对日常生活压力的易感性，从而增加了复发的可能性（Ventura, Neuchterlein, Lukoff, et al., 1989；Walker et al., 2008）。

其他关于精神分裂症发病与复发的心理因素的研究将重点放在社会经济地位和家庭上。

社会经济地位

众所周知，多年来，在包括美国、丹麦、挪威、英国在内的若干国家中，精神分裂症患病率最高的都是在城市居住的社会经济地位（SES）最低的人群（Hollingshead & Redlich, 1958；Kohn, 1968）。SES和精神分裂症之间的关系并不是当社会经济地位降低时，患精神分裂症的概率升高；而是在社会经济地位最低的人群中，精神分裂症的患病率显著增加。

SES和精神分裂症之间存在相关，但是其中的因果关系难以解释。按照**社会基因假说**，是不是与社会经济地位和城市生活相关的压力源导致了精神分裂症的发展？被地位较高的人侮辱、受教育水平低、缺少金钱和机会这些因素加起来，可能会使社会经济地位低的易患精神分裂症的人压力非常大，以至于患上这种疾病。此外，这些压力源可能会产生神经生物学影响，例如，母亲孕期营养不足，会使她们的孩子患精神分裂症的风险更高（Susser, Neugebauer, Hoek, et al., 1996）。

也有可能是**社会选择假说**所认为的——在精神分裂症患者疾病发展过程中，因为他们的疾病损害了他们的赚钱能力，使得他们住不起其他地方而流落到了贫困社区？

以色列的一项研究通过调查SES和种族背景评估了两种假说（Dohrenwend, Levav, Schwartz, et al., 1992）。该研究测查了有欧洲种族背景的以色列犹太人和近期来自北非和中东的以色列犹太人中精神分裂症的患病率。后一个群体在以色列经历了相当大的种族偏见和歧视。社会基因假说预测，不论他们的社会经济地位如何，他们都会承受高水平的压力。不论他们地位如何，弱势族群的成员都会持续保持较高的精神分裂症患病率。然而，这种模式并没有出现，而是支持了社会选择假说。因此，相较于社会基因假说，研究结果更支持社会选择假说。

家庭相关因素

早期的理论家们认为，家庭关系，特别是母子之间的关系，在精神分裂症的发展过程中至关重要。在某个时期,这一观点非常普遍,以至于精神分裂症患者的母亲被塑造成了冷酷、强势、诱发冲突的家长,是她将精神分裂症遗传给了她的后代(Fromm-Reichmann,1948)。这些母亲被描述成拒绝的、过度保护的、自我牺牲的、不关心他人感受、对性话题刻板且说教、害怕亲密的人。但验证母亲带来精神分裂症这一理论的控制组研究得出的结果,并不支持这一理论。然而,这一理论对家庭的伤害是相当大的。一代又一代,父母都为儿女的病感到自责。直到20世纪70年代,精神科医生仍经常参与这种推卸责任的游戏。

家庭如何影响精神分裂症? 其他的研究不断探索家庭在精神分裂症中起一定作用的可能性。但研究结果只是提示性的,而不是结论性的。例如,一些关于精神分裂症的家庭研究也发现,患者和家庭成员的沟通更加模糊,也有更多的冲突。冲突和不明确的沟通与家中有一个年轻的精神分裂症患者是相关的。

支持家庭发挥一定作用的进一步的证据来自于之前描述过的芬兰收养研究(Tienari et al.,2000)。研究对收养家庭的各个方面进行了广泛的研究,并将其和儿童的适应联系在了一起(Tienari, Wynne, Moring, et al.,1994);根据临床访谈和心理测验收集的材料所得出的不同失调水平,将这些家庭分类。研究者们发现,在混乱的家庭环境中长大的被收养者具有较严重的精神问题。此外,在混乱的家庭环境中长大且亲生父母患有精神分裂症的孩子,比控制组的参与者们表现出了更多的精神问题。尽管很容易作出"遗传易感性和不良家庭环境都是增大精神障碍风险的必要因素"这一结论,但问题依然存在:问题家庭可能是问题儿童导致的。因此,我们不能很确定地做出家庭是病因之一这样的结论。

家庭和复发 在伦敦发起的一系列研究指出,家庭对精神分裂症患者在出院后的适应有很重要的作用。在一项研究中,研究人员以出院后回到家中和家人一起生活的精神分裂症患者为样本进行了9个月的跟踪研究(Brown, Bone, Dalison, et al.,1966)。研究者在患者出院前对其父母或者配偶进行了采访,评定了他们对病人的批评性言论的数量、对病人的敌意表情以及对病人的过度情绪卷入。下面这个例子即为一位父亲评论他女儿的行为时所用的批评性语言:"玛丽亚这样做是为了使她妈妈不让她做一丁点儿家务事。"(Weisman Neuchterlein, Goldstein, et al.,1998)结合这三个特征——批评意见、敌意和情感过度卷入——**外露情绪**这一概念被创造了出来。最初的研究将家庭成员分为两类:一类显露出大量的情绪(高表达家庭成员),另一类情绪显露则较少(低表达家庭成员)。在最后的随访阶段,低情感表达家庭的精神分裂症患者中只有10%复发,而高情感表达家庭的患者中有将近58%复发。

这项已被重复验证的研究(Butzlaff & Hooley,1998)指出,精神分裂症患者出院后的生活环境对他们再次住院的间隔期有很大的影响。研究人员也发现,精神分裂症的阴性症状最有可能引起尖锐的批评,而给出批评意见的亲属很可能认为精神分裂症患者能控制自己的症状(Lopez, Nelson, Snyder, et al.,1999;Weisman et al.,1998)。

情绪存在很大的文化差异。Lopet 和他的同事(2009)发现,英裔美国人照顾者比新移民的墨西哥裔美国人照顾者的外露情绪多,外露情绪的所有方面(批评、敌意和情绪过度卷入)都有这一特点。将近3/4 的英裔照顾者被认为是高表达者是因为其较高的敌意和批评意见,只有8%的人因为过度情感卷入而被认定为高表达者。相比之下,墨裔高表达照顾者中,敌意和批评意见多的人数与情感过度卷入的人数平分秋色。这些发现对发展和提供家庭干预都有重要的启示。另一项研究发现,情感过度卷入对患精神分裂症的墨裔美国人的复发有较好的预测作用,而那些被美国同化得最多的墨裔美国人中,外露情绪和复发之间的相关是最高的(Aguilera, Lopez,

Breitborde，et al.，2010）。

对于究竟该如何解释外露情绪的影响，目前尚不清楚。它是精神分裂症的原因，或只是对患者的一种反应？例如，如果精神分裂症患者的情况开始恶化，家庭成员对他的关心和卷入可能会增加。事实上，患者的瓦解性或危险的行为似乎保证了外露情绪的增加。两种解释可能都是对的。新近的研究观察了出院的精神分裂症患者和他们高表达或低表达的家人一起探讨家庭问题的情况，有两个主要的发现（Rosenfarb，Goldstein，Mintz，& Neuchterlein，1994）。

外露情绪，包括敌意、批评意见、过度情绪卷入，与精神分裂症的复发相关。
(Lisette Le Bon/SUPERSTOCK.)

1. 精神分裂症患者表达不寻常的想法（"如果那孩子咬你，你会得狂犬病。"）会引起更多的批评意见，使得原本低表达的家庭成员变得高表达。
2. 在高表达家庭中，家庭成员批评意见的增多导致精神分裂症患者会表达更多不寻常的想法。

因此，这一研究在高表达的家庭中发现了双向关系：家庭成员的批评性言语会引起患者更多的异常思维，而这些异常思维又会导致批评意见增多。

那么，高表达等压力是如何助推精神分裂症的症状和复发的呢？有一种解释是压力对HPA轴的影响及其与多巴胺的联系（Walker et al.，2008）。压力激活HPA轴，导致其分泌能增加多巴胺活性的皮质醇（Walker et al.，2008）。此外，增加多巴胺的活性本身能够增加HPA的活性，这使人会对压力过度敏感。因此，HPA活性和多巴胺活性之间存在着双向关系。

发展因素

精神分裂症患者发病之前是什么样的？回顾性和前瞻性研究已经解决了这一问题。回顾性研究有时又被称为"回溯"研究，因为研究的起点是一群成年的精神病患者；研究者通过回溯去挖掘他们童年的记录和测验结果。

回溯性研究

在20世纪60年代，研究者发现精神分裂症患者童年期的智商更低，并且比各种控制组成员更经常犯法、更为退缩。这些控制组成员通常是患者的兄弟姐妹或同龄的街坊（Albee，Lane，& Reuter，1964；Berry，1967；Lane & Albee，1965）。其他的研究发现，男性精神分裂症患者童年时被老师认为是不快乐的，而女性则是被动的（Watt，1974；Watt，Stolorow，Lubensky，et al.，1970）。

最近，研究人员关注了精神分裂症患者病发前的情绪和认知功能问题。在一个非常巧妙的研究中，研究者分析了精神分裂症患者童年时的家庭录像。录像拍摄于患者发病前，是正常家庭生活的一部分（Walker，Davis，& Savoie，1994；Walker，Grimes，Davis，et al.，1993）。与没有发展成精神分裂症的兄弟姐妹相比，这些后来发展成精神分裂症患者的孩子们在成年早期时运动技能偏弱，而且表达出较多的负性情绪。另一些研究探讨了精神分裂症患者在童年时的认知和智力功能。这些研究发现：精神分裂症患者在儿童期的智商和其他认知测试的分数比普通人低（Davis，Malmberg，Brandt，et al.，1997；Woodbury，Giuliano，& Seidman，2008）。

前瞻性研究

一项前瞻性研究发现，儿童期特质和成年早期精神分裂症的发展有关（Reichenberg, Aushalom, Harrington, et al., 2010）。在这项研究中，大样本被试在 7 到 32 岁之间进行了几次测试。在 7、9、11 和 13 岁时测试他们的智商，在 21、26、32 岁时对他们进行诊断评估。研究发现，儿童期较低的智商分数能够预测其在成年早期精神分裂症的发病，即使控制了他们的社会经济地位（它和较低的智商分数相关，见第 3 章）仍是如此。和后来没有发展成精神分裂症的孩子相比，这些后来发展成精神分裂症的孩子在几次言语智商测验中表现出稳定的缺陷。成年后发展成精神分裂症的儿童在 7 岁的时候就开始有认知缺陷的迹象，这一缺陷在整个青春期都保持稳定。

发展过程中的某些差错与在青春期晚期和成年早期时精神分裂症的发病相关；大部分的研究发现都和这一观点大体一致。然而，如果要用发展历程来为精神分裂症病因提供清楚的证据，则需要更具体的信息。

我们之前讨论的家族高风险研究的困难之一是必须要有大样本。正如表 9.2 中所呈现的，亲生父母患精神分裂症且自己也发展成精神分裂症的孩子的比例是 10% 左右。如果一个研究样本为 200 个高风险的儿童，他们中只有 20 个可能渐渐发展成为精神分裂症。此外，育有孩子的精神分裂症患者的大样本也不容易组织。

因为这些困难，最近的研究采用**临床高风险研究**。一项临床高风险研究设计找到了一些有精神分裂症迹象的人，最常见的是引起损害的轻度幻觉、妄想或混乱。过去几年，一项类似的研究一直在澳大利亚进行。研究参与者的年龄在 14 ～ 30 岁之间，来自于 20 世纪 90 年代中期的心理健康诊所（Yung, McGorry, McFarlane, et al., 1995）。这些参与者加入研究时都未确诊为精神分裂症，但是很多人之后表现出不同程度的精神分裂症症状，而且其中一些人的血缘亲属有精神障碍。这些参与者被认为是有"超高风险"患精神分裂症或精神障碍的人。研究开始以后，104 个参与者中 41 个产生了某些类型的精神障碍（Yung, Phillips, Hok, et al., 2004）；对其中 75 人的 MRI 检查发现，那些后来发展成精神障碍患者的人的灰质体积小于那些没有患病的人（Pantelis, Velakoulis, McGorry, et al., 2003）。这一研究表明，灰质体积减小这一特征比精神分裂症和其他精神疾病的发病要出现得早。

美国和加拿大八个不同的机构开展了一项类似的纵向研究。在这一研究中，291 个临床高风险参与者都有精神分裂症的家族病史，他们中后来有 82 人发展成了精神分裂症或某种类型的精神障碍（Cannon, Cadenhead, Cornblatt, et al., 2008）。研究者从中发现了很多可能的预测因素，包括患精神分裂症的血缘亲属、近期出现的功能减退、高水平的阳性特征和高水平的社会功能缺损。

概念核查 9.2（答案见章末）

填空。

1. ____ 和 ____ 的研究不能很好地区分基因和环境因素；相比之下，____ 研究的工作做得更好一些。
2. ____ 和 ____ 是和精神分裂症相关的两个基因；____ 和 ____ 是和精神分裂症中常见的认知缺陷相关的两个基因。
3. 一些研究表明精神分裂症患者大脑的 ____ 区被干扰，这说明了精神分裂症患者在依赖这一区域的任务上表现不佳，如计划和解决问题等。
4. ____、____、____ 是外露情绪的三个要素。

精神分裂症的治疗

精神分裂症的治疗常常结合了短期住院治

疗（在疾病的急性发作期）、药物治疗和心理治疗。精神分裂症的任何一种治疗都有一个问题：有些患者缺乏对自己受损状况的觉察（缺乏自知力），完全拒绝接受任何治疗（Amador, Flaum, Andreasen, et al., 1994）。一些研究结果表明，性别（女性）和年龄（年老）能够预测他们是否能在病程的第一个阶段更好地觉察自己（McEvoy, Johnson, Perkins, et al., 2006）。这可能是女性精神分裂症患者容易得到较好的治疗效果的原因（Salem & Kring, 1998）。那些缺乏自知力、不相信自己有病的人，认为他们不需要专业帮助，特别是住院和吃药。因此，家庭成员在督促他们的亲人求助时面临着巨大的挑战。

药物

在20世纪50年代之前，很少有针对精神分裂症的可行的治疗方案。在20世纪50年代，一些药物统称为**抗精神病药**，因为它们对精神分裂症的某些症状有效。这些药物也被称为神经抑制剂，因为它们产生的副作用类似于神经系统疾病的症状。许多精神分裂症患者首次发作时不需要在医院住很长时间，可以带着处方回家。但是，让精神分裂症患者从医院出院的热忱并不匹配所有患者的需要。有些人依然需要住院治疗，即使只是短暂的一段时间。不幸的是，由于现在医院能提供给精神分裂症患者和其他严重精神疾病患者的病床有限，而且住院治疗费用昂贵，很多患者难有机会接受住院治疗。药物治疗使一些精神分裂症患者能够在院外生活。但是，正如我们将看到的，药物有其自身的问题。

第一代抗精神病药物及其副作用

吩噻嗪类的发现，包括氯丙嗪，引起了精神分裂症治疗的彻底变化。即使在它们被发现20年后，这些药物依然是治疗精神分裂症的主力。其他用于治疗精神分裂症的抗精神药物包括丁酰苯类（如，氟哌啶醇）和噻吨（例如，替沃噻吨）。一般而言，这两种药似乎都和吩噻嗪一样有效，而且起作用的方式也类似。这些药物可以减少阳性和瓦解性的精神分裂症症状，但是对阴性症状几乎不起作用，可能是因为它们主要的作用机制是阻断多巴胺D2受体。回想一下我们之前讨论过的，多巴胺理论有助于解释阳性症状，却不能很好地解释阴性症状。总体而言，这些药物被称为第一代抗精神病药物，因为它们出现在第一波精神分裂症的有效药物治疗的重要研究发现中。尽管医生使用这些药物的热情很高，但是它们并不治本。差不多30%的精神分裂症患者对第一代抗精神病药物的反应不太好。服用抗精神病药物的人中差不多一半在一年后停止服药，3/4的人在两年后停止服药；因为副作用非常痛苦（Harvard Mental Health Letter, 1995; Lieberman, Stroup, et al., 2005）。

对抗精神病药物反应较好的人常常持续使用维持剂量的药物，也就是说，该剂量能够维持治疗效果。一项大规模随机对照实验发现，治疗开始后一年内一直维持药物利培酮剂量的人，比在治疗开始后4周或者26周时就减少剂量的人的复发率更低（Wang, Xiang, Cai, et al., 2010）。但是，维持药量的这些人可能只做了很少的调整来适应社区生活。例如，他们可能难以在无监督的情况下生活或做到本应做到的工作，而且他们的社会关系可能仍然很薄弱。总之，一些症状可能会消失，但是许多精神分裂症患者的生活仍然不能令人满意。

通常报告的抗精神病药物的副作用包括镇静、头晕、视力模糊、烦躁不安和性功能障碍等。此外还有一些特别痛苦的副作用称为锥体外系副作用，如帕金森氏症的症状。服用抗精神病药物的人们可能会手指颤抖、拖着脚步走路、流口水等。其他副作用包括肌张力障碍、肌肉僵直状态、运动障碍、随意和不随意的肌肉异常运动、咀嚼以及嘴唇运动、手指和腿的其他运动，还有驼背和颈部、身体的姿势扭曲。另一种副作用是静坐不能，患者不能保持静止，总是不断踱步和坐立不安。

迟发性运动障碍是一种罕见的肌肉紊乱，发作时患者不由自主地做出吸吮、咬嘴唇和下巴摇摆运动；在一个严重的案例中，患者的整个身体都不由自主地运动。这种综合征通常出现于患精神分裂症的老人身上。在防止迟发性运动障碍的药物被研发出来之前，医生曾使用第一代药物治疗。这一综合征会长期影响10%~20%使用第一代抗精神病药物的老人，任何治疗对它都没有效果（Sweet, Mulsant, Gupta, et al., 1995）。最后，一种副作用被称为抗精神病药物恶性综合征，其发生率为1%，表现为严重肌肉僵直并伴随发热、心跳加快、血压升高；患者可能会进入昏迷状态，有时候甚至会致命。

因为这些严重的副作用，一些医生认为大剂量、长时间地使用抗精神病药物是不明智的。目前美国精神病学协会的临床实践指南呼吁，尽可能用小剂量的药物来治疗患者（APA, 2004）。临床医生在这种情况下陷入了困境：如果药物治疗减少，那么复发的可能性就会增加；但是药物治疗持续下去，可能会形成严重的无法治疗的副作用。

第二代抗精神病药物及其副作用

在引入第一代抗精神病药物之后的几十年中，人们似乎少有兴趣研发新的治疗精神分裂症的药物。这一情形在25年前，随着美国引入氯氮平而有所改变。尽管氯氮平治疗效果的确切机制还不明确，但我们知道其对五羟色胺受体是有影响的。这些药物的初期研究表明，它们可能会在那些对第一代抗精神病药物反应不太好的患者身上产生治疗效果（Kane, Honigfeld, Singer, et al., 1988）。之后的研究表明，这种药比第一代药物的作用更好，因为其副作用更少、复发率更低、药物依从性更好（Conley, Love, Kelly, et al., 1999; Kane, Marder, Schooler, et al., 2001; Rosenheck, Cramer, Allan, et al., 1999; Wahlbeck, Chelne, Essali, et al., 1999）。

然而，研究者和临床医生很快发现氯氮平有严重的副作用。它会减少白细胞的数量以至于损害一小部分人的免疫力系统（差不多1%）。这种情况叫作粒细胞缺乏症，会导致人们容易被感染甚至死亡。因此，服用氯氮平的人不得不每天进行血液检查。而且它还会引起癫痫发作和其他副作用，例如头晕、乏力、流口水、体重增加等（Meltzer, Cola, & Way, 1993）。

尽管如此，氯氮平的成功促进了制药公司对新一代药物的开发。这些药物，包括氯氮平，被统称为**第二代抗精神病药物**，因为它们的工作机制和第一代抗精神病药物不同。氯氮平之后发展出的两种第二代抗精神病药物分别是奥氮平和利培酮。这两种药物的早期研究指出，相比于第一代抗精神病药物，它们产生的副作用更少，人们可能更愿意继续治疗（Dolder, Lacro, Dunn, et al., 2002），但是之后的研究并不总是能复制这一结果（Lieberman, 2006）。一项元分析对比了各种第二代抗精神病药物，结果显示它们起作用的方式是一样的，而奥氮平和氯氮平在减少阳性症状方面略占优势（Leucht, Komossa, Rummel-Kluge, et al., 2009）。总结见表9.4。

第二代抗精神病药物似乎能和第一代抗精神病药物一样有效地减少阳性和瓦解性症状（Conley & Mahmoud, 2001），特别是对那些对第一代药物反应不太好的患者（Lewis, Barnes, Davies, et al., 2006）。元分析对比有关第一代和第二代抗精神病药物的124项研究发现，部分第二代药物比第一代药物在减少阴性症状和改善认知功能上更有效（Davis, Chen, & Glick, 2003）。

然而，并不是所有的消息都是好的。一个全面的随机对照临床试验对比了四种第二代药物（奥氮平，利培酮，齐拉西酮，喹硫平）和一种第一代药物（奋乃静）（Lieberman et al., 2005）。将近1500名美国人参与了这一研究。本研究区别于上面提到的元分析中其他研究的是：这个研究不是由制药的医药公司赞助的。这一研究有三个发现尤为重要：①第二代药物并不比第一代药物有效；②第二代药物产生的副作用并不比第一代药物少；③将近3/4的人在18个月的研究设计结束之前就停止了服药。类似的结果在另一个研究中也出现了（Jones, Barnes, Davis, et al., 2006）。尽管第二代药物最初带来很大的希望，但我们仍需要做更多的工作来发掘更好的精神分裂症治疗方法。

此外，其他的研究表明第二代抗精神病药物可能对患者有严重的副作用（Freedman, 2003）。第一，这些药物会对锥体外系产生副作用（Miller, Caroff, Davis, et al., 2008；Rummel-Kluge, Komossa, Schwarz, Hunger, Schmid, Kissling, et al., 2010）。第二，其他第二代药物，除了氯氮平，也会导致体重增加。(Rummel-Kluge,Komossa,Schwarz,Hunger,Schmid,Lobos,et al,2010)。一项研究发现近一半病人服药后有明显的体重增加（Young,Niv,Cohen,et al ,2010）。体重增加除了让人感觉不好，还和其他严重的健康问题相关，如会导致Ⅱ型糖尿病的胆固醇增加和血液中葡萄糖增加。氯氮平、奥氮平和Ⅱ型糖尿病的发病相关（Leslie & Rosenheck, 2004）。然而，并不清楚是药物本身增加了这一风险，还是因为体重增加而导致的，亦或是服药的人易患糖尿病，与服药无关。其他证据表明，药物可能会增加患胰腺炎的风险（Koller, Cross, Doraiswamy, et al., 2003）。2005年，生产奥氮平的制药公司Eli lilly给服药的患者支付了7亿美元，才解决了一系列的法律诉讼。这一公司被起诉是因为没有告知患者这些严重的副作用。现在这一药物的标签包括了所有可能的副作用，包括体重增加、血糖升高、胆固醇水平升高等。

第二代抗精神病药物另一个令人不安的方面是，它们似乎不能被用于不同种族的人。两项不同的研究都发现，医生更可能给非裔美国人开第一代抗精神病药物的处方，而很少开第二代抗精神病药物的处方（Kreyenbuhl, Zito, Buchanan, et al., 2003；Valenti, Narendran, & Pristach, 2003）。这一现象因为很多原因显得很可悲，尤其当有证据表明，非裔美国人相比白人而言服用第一代抗精神病药物后的副作用更多（Frackiewicz, Sramek, Herrera, et al., 1997）。相比于本书中其他心理疾病，跨种族的精神分裂症研究相对较少。这将会是未来研究的重点。

表9.4　用于治疗精神分裂症的主要药物

药物分类	通用名称
第一代药物	氯丙嗪
	氟奋乃静癸酸酯
	氟哌啶醇
	替沃噻吨
	三氟拉嗪
第二代药物	氯氮平
	阿立哌唑
	奥氮平
	利培酮
	齐拉西酮
	喹硫平

另一些研究表明，第二代抗精神病药物在改善认知方面也有效，比如众所周知的许多精神分裂症患者都有注意力和记忆力受损的问题（Heinrichs & Zakzanis,1998），并和不良的社会功能相联系（Green,1996）。大量研究表明，这些药物在提高认知功能上可能比第一代药物更有效（P.D. Harvey, Green, Keefe, et al., 2004；Harvey, Green, McGurk, 2003；Keefe, Bilder, Davis, et al., 2007）。一般来说，相比那些对认知能力没有帮助的药物，第二代抗精神病药物可能使精神分裂症和它的行为后果发生更彻底的变化。然而，其他证据表明心理治疗也是有效的，更多地减轻了认知功能障碍。

药物治疗的评估

抗精神病药物在精神分裂症的治疗中是不可或缺的一部分，而且毫无疑问将会一直是一个重要的元素。氯氮平、奥氮平、利培酮的局限性激发研究者不断努力，去寻找新的和更加有效的药物治疗方法。目前研究者正在评估很多其他药

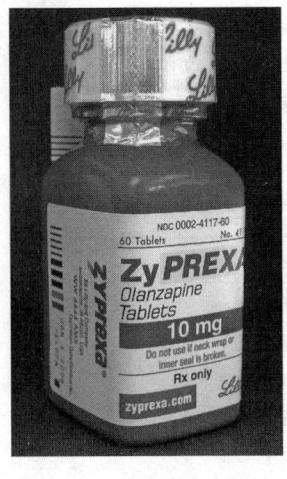

第二代抗精神病药物，例如奥氮平，可能比第一代抗精神病药物的副作用要少，但是它们依然有副作用。
（Eli Lilly and Conmpany 版权所有，保留所有权利。©ZYPREXA 是 Eli Lilly and Conmpany 的注册商标。）

物，所以我们可能正面临精神分裂症治疗的新纪元。

心理治疗

我们关于精神分裂症的神经生物学因素的知识在不断增长，但疗效不断提高的抗精神病药物不应该使我们忽略心理因素在精神分裂症的病因和治疗上的重要性。

对精神分裂症的心理和社会层面的忽视，导致人们无法有效地帮助与疾病抗争的患者和他们的家人。事实上，目前精神分裂症患者治疗效果研究组（PORT）对精神分裂症的治疗建议是药物治疗加上心理治疗（Lehman, Kreyenbuhl, Buchanan, et al., 2004）。2004 年 PORT 的建议基于大量的治疗研究综述。除此之外，一项对于经历了精神分裂症第一阶段患者的 37 项前瞻性研究的综述发现，药物和心理治疗的结合可以预测最好的效果（Menezes, Arenovich, Zipursky, 2006）。

最近一项在中国进行的大样本（超过1200人）随机控制实验是联合治疗具有积极结果的例证。这一实验对比了只使用药物和药物加上包括家庭治疗、认知行为治疗、心理教育和技能训练在内的综合心理干预两种方案。两组患者的精神分裂症症状都有了减少。但是，接受联合治疗的患者复发率更低、治疗中断率更低，同时功能提升程度也更高（Guo, Zhai, Liu, et al., 2010）。另一个联合治疗的成功案例见聚焦发现 9.3。

2009 年，新发布的 PORT 建议特别强调了不同形式的心理治疗。基于文献综述，各种心理干预，包括技能训练、认知行为疗法和家庭治疗，都有坚实的证据支持它们可作为药物的辅助治疗（Dixon, Dickerson, Bellack, et al., 2010）。其他的治疗方法，包括认知领悟疗法，也有越来越多的证据基础，是当前研究的重点。

社会技能训练

社会技能训练帮助精神分裂症患者学习如何成功地处理各种各样的人际情境——和医生讨论他们的药物、在餐馆订餐、填写求职信、参加面试、对药物经销商说不、阅读公交站牌等。

我们中的大多数人都认为日常生活中的这些技能是理所当然的，但是对于精神分裂症患者而言并非如此——他们需要努力训练以习得这些技能（Heinseen, Liberman, & Kopelowicz, 2000；Liberman, Eckman, Kopelowicz, et al., 2000）。社交技能包括角色扮演和其他锻炼技能的小组训练，都是在治疗团体和实际的社交环境中进行的。

研究表明，精神分裂症患者可以学习新的社会行为，这有助于减少复发，提高其社会功能和生活质量（Kopelowicz, Liberman, & Zarate, 2002）。这些研究很值得一提，因为它们说明了患者在治疗后的两年时间里所收获到的益处（Liberman, Wallace, Blackwell, et al., 1998；Marder, Wirshing, Glynn, et al., 1999），尽管并不是所有的结果都是积极的（Pilling, Bebbington, Kuipers, et al., 2002）。社交技能训练通常是精神分裂症治疗的一个组成部分，超越了单独的药物使用，包括我们之后会讨论的减少外露情绪的家庭治疗。例如，一项在墨西哥进行的随机控制实验中，包括家庭治疗在内的社交技能训练比普通的治疗（药物治疗加上 20 分钟的与心理医生的月度会谈）更有效（Valencia, Racon, Juarez, et al., 2007）。

聚焦发现 9.3　　与精神分裂症共同生活

《我穿越疯狂的旅程》一书令人振奋，它描述了一个女人和精神分裂症斗争并最终战胜它的故事。这本书的作者是艾琳·萨克斯，她是南加利福尼亚大学一位出色的法学教授，恰好患上了精神分裂症（Saks, 2007）。在这本书中，她描述了她与这一疾病的经历。而在这本书出版之前，只有少数几位好朋友知道萨克斯教授有精神分裂症。为什么她要保密？当然，污名是一部分原因。正如我们在整本书中所讨论的，污名会对精神疾病患者产生很糟糕的负面影响。

萨克斯教授取得了出色的专业成就和个人成就，尽管她的精神疾病很严重。她在一个充满爱和支持的家庭中长大，在范德比尔特大学取得了学士学位，以毕业生代表的身份在毕业仪式上演讲，获得了著名的马歇尔奖学金去英国牛津大学研究哲学；而后以著名的《耶鲁法学评论》编辑的身份从耶鲁大学法学院毕业，之后成为一所著名大学法学院的终身教授。她是如何做到的？

她以为，联合治疗（包括精神分析和药物）、来自朋友和家人的支持、努力工作和知道自己有严重的疾病都对她处理精神分裂症，及其不可预知的可怕症状有

艾琳·萨克斯，法学教授，患有精神分裂症。

所帮助。尽管没有足够的实证证据证明，精神分析对精神分裂症有效，但它一直是萨克斯教授治疗方案中的核心部分。这说明一些治疗方法可能对一个群体没有效果，但是它们可能对某些个体是有效的。从她早些年在牛津大学开始使用精神分析到现在，她与她的精神分析师在一起时，可以变得"精神病"，这似乎对萨克斯教授很有帮助。她花了太多的精力隐藏自己的症状，使它们不至于扰乱她的生活，而精神分析治疗室对她而言是一个安全的地方，她能将这些症状全部释放出来。这些年来她的各个分析师也是在她的治疗中加入抗精神病药物的主要支持者，但是萨克斯教授一直反对这样做。好朋友和丈夫的大力支持对她而言也是巨大的帮助，特别是在她的症状较严重的时期。在她发病时，她的亲人不会转身跑开。相反，他们会支持她，如果需要的话会帮助她或者提供额外的支持。

萨克斯依然会有很多症状，有时甚至是每天都有。她的症状包括妄想，有些非常的骇人（比如，相信她的思维杀了人）。她也会有一些瓦解性的症状，这些她在书中都详细地描述了。

即使她依然有症状，但她已经慢慢习惯精神分裂症是她生活一部分的事实。她希望摆脱这个病？当然。但她也承认，她已经拥有充满了朋友、亲人和有意义工作的幸福生活。她的人生不是由她的病定义的，她指出"我们身上所共有的人性比不被我们共有的精神疾病更重要"。她的生活不仅对于那些患者是一种激励，对于普通人而言也是一种激励。她的故事告诉我们：生活很困难，对于某些人而言更是如此；但是，生活可以过下去，而且能够过得更丰富。

家庭治疗

许多精神分裂症患者出院后会回家与家人住在一起。我们前面讨论过,研究发现家庭成员间外露情绪的高表达,包括敌对、挑剔、过度保护等,都和复发以及再次住院相关。基于这些发现,治疗者开创了许多家庭治疗方法。这些治疗方法可能在时长、设置和具体的技术上有所不同,但是它们有一些共同特征:

★ 精神分裂症的知识教育——特别是和遗传或神经生物学相关的易感倾向,精神分裂症相关的认知问题,以及精神分裂症的症状和即将复发的迹象。高表达的家庭常常对精神分裂症的了解不多,因此教给他们一些基本的信息,有助于他们对患精神分裂症的亲属不那么严厉。例如,了解神经生物学和精神分裂症有很大的关系,而且这一疾病包括思维清晰度和思维逻辑性上的问题,会使家庭成员能够更加理解和接纳患者不合理或无效的行为。治疗师鼓励家庭成员降低他们对患者期待,让家人和患者都清楚地知道,药物治疗和心理治疗能够减少病人的压力,从而防止病情恶化。

★ 抗精神病药物的信息。治疗师让家庭和患者都明白服用抗精神病药物的重要性,也更加清楚地知道药物治疗的预期效果和副作用。家庭成员负责关注药物治疗的效果,以及进行医疗求助,而不仅仅是在不良的副作用出现时就停药。

★ 回避和减少责备。治疗师鼓励家庭成员不要因为疾病和面对疾病时所遇到的困难而责备自己或患者。

★ 家庭内的沟通和问题解决技能。治疗师教会家庭成员以建设性的、同理心的、不苛求的方式,而不是指责的、批判的、过度保护的方式去表达积极和消极的情绪,并教会家庭成员共同处理日常问题以减少人际压力的方法。

★ 社交网络的扩展。治疗师鼓励精神分裂症患者和他们的家人扩大交往圈,尤其是社会支持系统。

★ 希望。治疗师给予家庭成员和患者改善的希望,包括患者并不一定要回到医院等。

治疗师利用各种技术来实施这些策略。比如,识别引起复发的压力源,训练家庭成员的沟通技巧和问题解决能力,让高表达的家庭成员观看低表达的家庭成员的视频(Penn & Mueser, 1996)。和标准的治疗(通常只是药物治疗)相比,家庭治疗加上药物治疗通常能降低一到两年之内的复发率。像这类积极的结果,在治疗持续了至少9个月的研究中是显而易见的(Falloon, Boyd, McGill, et al., 1982, 1985; Hogarty, Anderson, Reiss, et al., 1986, 1991; Kopelowicz & Liberman, 1998; McFarlane, Lukens, Link, et al., 1995; Penn & Mueser, 1996)。

家庭治疗能够帮助精神分裂症患者和他们的家人学习一些关于精神分裂症的信息,同时减少外露情绪。
(Bruce Ayres/Stone/Getty Images.)

认知行为疗法

曾经,研究者们认为,试图改变精神分裂症患者的认知扭曲(包括妄想)是徒劳的。然而,现在越来越多的证据表明,一些精神分裂症患者的适应不良的信念事实上能够通过认知行为疗法

(CBT) 得到改变 (Garety, Fowler, & Kuipers, 2000; Wykes, Steel, Everitt, & Tarrier, 2008)。

通过共同讨论（以及其他模式治疗的背景下，包括抗精神病药物），研究者已经帮助一些精神分裂症患者将偏执症状和非精神病性的意义联系起来，从而减轻它们的强度和厌恶性质，类似于治疗师在抑郁症和惊恐障碍中所做的 (Beck & Rector, 2000; Drury, Birchwood, Cochrane, & Macmillan, 1996; Haddock, Tarrier, Spaulding, 1998)。研究者也发现，CBT 能减少负面症状，例如，通过挑战成功和快感期望较低的信念结构能够减少阴性症状 (Beck, Rector, & Stolar, 2004; Rector, Beck, & Stolar, 2005; Wykes et al., 2008)。

最初几个随机控制的 CBT 实验表明，这一治疗和药物治疗配合使用，有助于减少幻觉和妄想 (Bustillo, Lauriello, Horan, et al., 2001)。一项对包括 8 个国家、近 2000 名精神分裂症患者的 34 项研究进行的元分析发现，CBT 对阳性症状、阴性症状、情绪和基本的生活状态有轻度到中度的影响 (Wykes et al., 2008)。在英国，CBT 被用作精神分裂症的辅助治疗方法已经有十多年了，其结果即使是在社区环境中也都是积极的 (Sensky, Turkington, Kingdom, et al., 2000; Turkington, Kingdom, & Turner, 2002; Wykes et al., 2008)。一项研究发现，压力管理训练在减少精神分裂症患者的压力上很有效——这让我们知道了压力和复发之间的关系 (Norman, Malla, McLean, et al., 2002)。

认知修复疗法

近年来，研究者一直在关注精神分裂症中认知能力损坏的基础，试图改善这些功能并对行为产生有利影响。利培酮积极的临床结果和特定种类的记忆呈现出相关 (Green, Marshall, Wirshing, et al., 1997)，支持了治疗应该注重基本认知进程这一更普遍的观念，以便改善精神分裂症患者的社会和情感生活。目前一般的方法试图让许多精神分裂症患者都受损的、且与低下的社会适应性相关的注意力和记忆力的功能恢复正常 (Green, Kern, Braff, & Mintz, 2000)。

新近发展的治疗方法试图依靠**认知修复训练**和**认知改善疗法**或认知训练来改善言语学习能力等基本的认知功能。一项为期 2 年的随机控制临床实验对比了团体认知改善疗法和丰富支持疗法。认知改善疗法包括近 80 小时的注意、记忆和问题解决的训练，均基于电脑。团体也会围绕阅读理解报纸上的社论、解决社交问题以及开始和维持对话这样的日常社会认知技能进行训练。丰富支持疗法包括支持性和教育性的元素，所有的人均接受药物治疗。在 1 年和 2 年的跟踪评估中，二者的症状减轻程度都一样，不过在改善问题解决的认知能力、注意力、社会适应能力等方面，认知法比丰富支持疗法更有效 (Hogarty, Flesher, Ulrich, et al., 2004)。接受认知改善疗法的人也被认为其为工作做了更好的准备，而且事实上也更容易在 2 年之后被录用，这很大程度上是因为这些人比接受丰富支持疗法的人更可能成为志愿者。最近的研究对比了认知改善疗法和支持疗法，发现认知改善疗法和治疗结束一年后社会功能的提高相关 (Eack, Greenwald, Hogarty, & Keshaven, 2010)。因此，CET 在减少症状和提高认知能力上是有效的，而且似乎与积极的功能性结果相关，如就业和社会功能。

对 17 项认知修复疗法随机化实验研究的综述发现，这些干预大部分都能改善认知能力，不管治疗的重点是特定的任务（例如，记忆测试）或更宽泛的策略（例如，问题解决），或者是否通过电脑进行训练 (Twamley, Jeste, & Bellack, 2003)。部分研究包括对症状和功能性成果的测量，比如就业或一般功能，但是所有研究都发现认知训练能够改善症状和功能。不过几乎所有的研究被试都是白人，因此它们的可推广性还有待考量；另外并不是所有的研究都有积极的结果 (Pilling et al., 2002)。

两项元分析分别对 26 项研究 (McGurk, Twamley, Sitzer, et al., 2007) 和 40 项研究 (Wykes, Huddy, Cellard, et al., 2011) 进行综合后发现，

认知修复疗法会对整体认知功能和特定认知领域产生小到中等的影响，包括注意力、言语记忆、问题解决、言语工作记忆、加工速度和社会认知。如果有其他形式的心理治疗加入治疗项目里，如社交技巧训练，这种功能的改善就更有可能与认知修复相关。

一项不同的认知修复项目也呈现出令人鼓舞的结果。这一治疗方法也包括了大量的电脑培训，但是这一基于神经科学研究的任务表明，基本认知和知觉加工（50小时）（例如，识别简单的声音）改善后，可以影响高级认知过程（例如，记忆和问题解决）。该研究中的认知修复训练任务是一项听觉任务。当人们在任务中表现得越来越好的时候，该任务就会越来越难；他们进行了一系列区分复杂语音的任务。在近期一项随机化控制的实验中，接受大量听觉电脑训练的精神分裂症患者，在整体认知和特定领域(记忆、注意、加工速度、工作记忆、问题解决)相较于进行同样时间电脑游戏的被试表现出更大的改善(Fisher, Aolland, Merzenich, & Vinogradov, 2009)。

心理教育

心理教育是一种旨在让人们了解自己的疾病的方法，包括疾病的症状、预计时长、症状的生理和心理原因以及治疗策略等。一项新近的包括44项精神分裂症心理教育研究的元分析发现，心理教育与药物治疗相结合，在减少复发和再住院率，以及增加药物依从性上是有效的（Xia, Merinder, & Belgamwar, 2011）。

住宿治疗

住宿治疗之家，或称"中途之家"，是那些不需要住院，但是不能依靠自己或家人生活得足够好的患者的选择。这些机构通常位于以前的大型私人住宅区。从医院出院的人们在这里生活、吃饭、兼职或上学，以渐渐回到普通的社区生活。作为职业康复的一部分，人们在这里学习市场需要的技能，以获得就业机会，从而增加他们留在社区里的可能性。生活安排可能相对无组织，一些住宿之家会建立营利的公司来帮助训练和支持居民。

根据住宿之家的资金是否充沛，工作人员可能包括精神科医院或临床心理学家，亦或都有。一线工作人员常常是临床心理学或社会工作系的心理学本科生或研究生。他们住在机构中，既是机构管理员，也是居民的朋友。小组会议是日常生活的一部分。在会上，居民们会谈论他们的沮丧，学着以诚实和建设性的方式与他人建立联系。这些住宿之家遍布美国，帮助了成千上万的精神分裂症患者，使他们能够适应社会，并不再住院。

不过，对精神分裂症患者而言，求职可能是一个巨大的挑战，因为人们对他们存有偏见。尽管1990年颁布的美国残疾人法规定，如果求职者有严重的精神病史，就禁止雇主向求职者索要简历，但精神分裂症患者仍然难以正规就业，因为他们的症状使雇主对他们有负面的偏见而不敢录用。另外一个因素是，雇主愿意给一个在思维、情感和行为方面存在一些问题的人多少的余地。

尽管有这些困难，发展趋势仍然是要采取一切措施来帮助患者。只要他们的身体和精神状况允许，就应协助他们以自主的方式工作和生活（Kopelowicz & Liberman, 1998）。为减少接受不到治疗的精神分裂症患者的数量，需要更多的资金建立更多的住宿之家。

概念核查9.3（答案见章末）

请判断正误。

1. 第一代抗精神病药物包括氟哌丁苯或盐酸氟奋乃静；第二代抗精神病药物包括氯氮平、奥氮平。
2. 第二代抗精神病药物相比第一代抗精神病药物有更多的运动性副作用。
3. 认知行为疗法，而非认知改善疗法，和药物治疗一起使用时，对精神分裂症很有效。
4. 住宿之家等项目的重点之一是帮助精神分裂症患者就业。

总 结

精神分裂症的症状包括：思维、知觉、注意；运动行为；情绪；生活，功能等领域的损害。症状通常分为阳性、阴性和瓦解性三类。阳性症状通常为过度和扭曲，包括妄想和幻觉等。阴性症状通常为行为损害，包括意志低下、社会退缩、快感缺失、情感淡漠以及言语贫乏。瓦解性症状包括瓦解性的语言和行为。运动症状包括紧张症状等。

● DSM-5 中精神分裂症谱系障碍包括分裂样精神障碍、短期精神病性障碍、分裂情感性障碍和妄想障碍。衰减型精神病综合征作为新的类别加入了 DSM-5 中，对这种新的疾病分类有赞成的也有反对的。

病因

● 精神分裂症的遗传证据令人印象深刻。家庭和双生子研究表明遗传是影响因素之一；收养研究表明，有精神分裂症的父亲或母亲的孩子在成年早期发展成精神分裂症的相关较高。家庭高风险纵向研究了精神分裂症患者的后代，以确定儿童期的问题能否预测该疾病的发作。相关研究指出，诸如 DTNBP1、NGR1 和 COMT、BDNF 等基因，和精神分裂症相关。全基因组关联研究（GWAS）发现称为拷贝数异常（CNVs）的罕见基因突变与精神分裂症相关。

● 精神分裂症的遗传易感性可能涉及神经递质。精神分裂症阳性症状和大脑中多巴胺受体感受性增加是相关的。阴性症状可能由前额皮层的多巴胺活性太低导致。其他神经递质，例如五羟色胺、谷氨酸、GABA 都有可能对精神分裂症有影响。

● 精神分裂症患者大脑的脑室更大，前额叶皮层、颞叶皮层和周围区域存在问题。这种结构性异常可能是因为在妊娠期的第一至三个月遭受了病毒感染或在分娩的时候有损伤。青春期的大脑发育、压力和 HPA 轴等因素的综合，对于理解为什么症状常于青春期后期出现非常重要。青春期吸食大麻会导致精神分裂症发病风险增高，但主要是对那些有精神分裂症遗传易感性的人而言。

● 精神分裂症患者大部分是社会经济地位低的人，很明显，因为这种疾病会使患者社会地位下降。外露情绪高表达的家庭和日常生活中压力增多都是复发的重要影响因素。回溯发展研究已经确定儿童期的问题先于精神分裂症发病，但目前难以解释这些发现。临床高风险研究能够筛选出有较高的风险发展成精神分裂症谱系障碍的年轻人。

治疗

● 抗精神病药物，特别是吩噻嗪类，从 20 世纪 50 年代以来，广泛用于治疗精神分裂症。这些第一代药物具有一定的效果，但它们有副作用。第二代抗精神病药物，如氯氮平和利培酮，和第一代抗精神病药物一样有效，但它们也存在一定的副作用。但是，仅凭药物并不是完全有效的治疗方法，精神分裂症患者需要重新学习如何处理日常生活中所面临的挑战。

● 旨在降低高水平外露情绪的家庭治疗已被证实是有价值的。此外，社会技能培训和各种认知行为疗法有助于精神分裂症患者应付来自家庭和社会的无穷压力。近来采用认知行为疗法改变精神分裂症患者的思维也展现出良好前景。认知修复治疗的重点在于改善认知能力，它在改善记忆、注意力和问题解决等方面都有效，并且也和改善日常功能相关。

概念核查答案

9.1　1. 情感淡漠；2. 关系妄想；3. 快感缺失（预期）；4. 思维松散或思维脱轨.

9.2　1. 家庭，双生子，领养；2. DTNBP1，NGR1，COMT，BDNF；3. 前额叶的；4. 敌意、批评性的评论、情感过度卷入

9.3　1.T；2.F；3.F；4.T.

第 10 章

物质使用障碍

（Dora Brown 对本章亦有贡献）

学习目标

1. 对物质使用障碍的流行病学和症状有所了解。
2. 理解物质使用障碍的主要病因，包括遗传因素、神经生物学因素、心境和期望效应及社会文化因素。
3. 能够说出物质使用障碍的治疗方法，包括心理治疗、物质治疗及物质替代治疗。
4. 能够说出预防物质使用障碍的主要方法。

几个世纪来，人们使用各种物质来减少身体疼痛或改变意识状态。在全世界的范围内，几乎所有人都使用过至少一种能够影响中枢神经系统的物质，以减少生理和心理上的疼痛或产生愉悦感。虽然使用这些物质常常会带来毁灭性的后果，但它们在最初使用时所带来的效果却是令人愉快的，这或许是物质使用障碍产生的根本原因。

物质使用障碍的临床描述、患病率及其影响

世界上存在着多种物质使用的文化。人们使用物质来提神（咖啡或茶）、保持清醒（香烟）、放松身心（酒精）以及减少疼痛（阿司匹林）。这种广泛存在的物质使用是物质滥用的基础，而这也是本章的主要内容。

在英国，据估计 2002—2003 年有 140900 名物质滥用者在治疗机构或通过全科医生接受治疗，比 2001—2002 年增长了 10%。

调查还显示，2000—2001 年有 118500 名物质滥用者在接受治疗，随后一年人数增长了大约 8%（数据来自于英国国家物质治疗检测系统，2007）。表 10.1 记录了美国近年来有关物质使用的统计数据。这些数据并不能显示物质使用障碍的发病情况，但也为美国物质使用的普遍性提供了佐证。

有趣的是，一项来自英国 NHS 信息中心（2010）的调查发现，在年轻人中，物质滥用的现象正在减少。而这是针对 11～15 岁中学生抽烟、饮酒和药物使用问题的系列研究的最新调查结果。

在 DSM-5 之前，物质使用障碍包括两个类别：物质滥用和物质依赖。但这种分类存在几个问题。第一，物质滥用的分类信度较低（见

第 3 章诊断类别信度的重要性）；第二，大多数符合物质滥用标准（尤其是酒精滥用）的人并没有像预先估计的那样发展成物质依赖（Schuckit, Smith, Danko, et al., 2001）；第三，对 DSM 诊断标准的分析结果表明，这些诊断标准只代表了一个而不是两个不同的类别。因此，DSM-5 将两个类别统一为**物质使用障碍**，图 10.1 描述了 DSM-IV-TR 和 DSM-5 的区别。

与 DSM-IV-TR 一样，DSM-5 将物质使用障碍限定为几种具体的物质：酒精、安非他命、大麻、可卡因、致幻剂、吸入剂、阿片类物质、苯环已哌啶、镇静剂/安眠药/抗焦虑药，以及烟草。

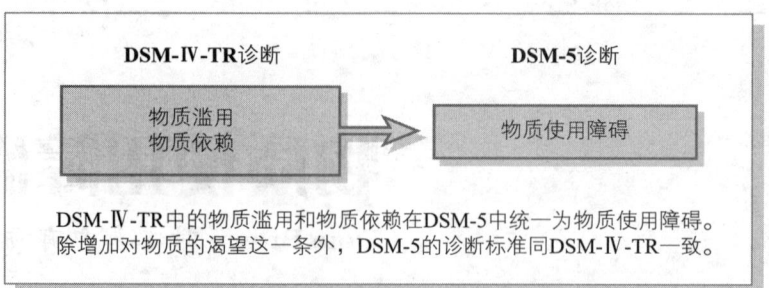

图 10.1 物质使用和成瘾障碍诊断

表 10.1 美国人物质使用报告（2009）

物质名称	使用人数百分比（%）
酒精	51.9
烟	27.7
大麻	6.6
非医疗目的的精神药物	2.8
可卡因	0.7
致幻剂	0.5
吸入剂	0.01

注意：数据基于 12 岁以上的美国人。非医疗目的的精神药物包括止痛药 (2.1%)，镇定剂 (0.8%)，兴奋剂 (0.5%)，镇静剂 (0.1%)。
来源：SAMHSA (2010)。

物质成瘾通常用来表示较严重的物质使用障碍，其特点是表现出更多症状、耐药性、戒断反应、使用物质超出预期、尝试停止但失败、物质使用导致生理或心理问题恶化、影响工作或交友等。在 DSM-5 中，符合四个或以上诊断标准将被认为是严重的物质使用障碍。另外，如果病人表现出耐药性或戒断症状，那么我们认为这是伴随生理依赖的物质使用障碍。若没有上述症状，则被诊断为没有生理依赖的物质使用障碍。

耐药性可以由以下任何一条来定义：①需要显著增加物质的剂量来达到所期望的效果；②持续服用相同量的物质，物质效果显著减弱。**戒断反应**表现为当停止或减少物质使用时出现生理或心理的负面影响。戒断症状包括肌肉疼痛、抽搐、冒汗、呕吐、腹泻、失眠。一般而言，对物质存在生理依赖会出现更严重的问题（Schuckit, Daeppen, Tipp, et al., 1998）。

2009～2010 年度，英格兰的医院入住了 5809 例患有和物质有关的心理和行为障碍的病人，比 2008～2009 年度的 5668 例增长了 2.5%；其中男性大大多于女性（信息中心，NHS，2010）。

药物和酒精使用障碍是被误解最多的障碍。成瘾者或酗酒者总是和粗心、不自制联系起来，似乎这是他们的人格本质而不是他们所遭受的精神障碍。历史上，药物和酒精问题通常被认为是道德水平降低而不是一种需要接受治疗的问题。不幸的是，这种偏见现在依然存在；即便现在已有证据表明，对药物或酒精的生理依赖并不只是个人选择。的确，人们可以自由决定是否尝试接触酒精或药物，但这种决定同时会与个体神经生理、社会背景、文化和其他环境因素相互作用，从而导致物质依赖。上述因素导致某些个体比其他人更容易出现物质依赖，

临床个案：夏洛特

夏洛特是一名化学老师，她十分喜欢参加聚会，目前38岁，未婚。最近发生的一些事集中体现了她过量饮酒所带来的负面影响。三个星期前，她在聚会上因喝醉而摔倒。上个星期，她从一个派对赶回学校，浑身散发着酒味，无法好好工作。领导让她回家，等清醒了再来上班，她这才承认饮酒所带来的问题。在夏洛特表面的轻松愉快下隐藏着她深深的绝望；她发现她总是被无助感打败，总是想哭。她现在每天喝伏特加（这不会让她浑身充满酒味）；周末，她一般都是醉醺醺的。那只12个月前从她门前跑过，之后被她收留的猫突然死掉了，这件事又导致了她的饮酒量有所增加。6个月后，她对酒精产生了严重的依赖。

DSM-5 中物质使用障碍的诊断标准

物质的不当使用造成功能损伤。需符合下列标准中两个或以上诊断标准，持续时间一年内：
- 无法履行职责；
- 即便物质对身体有危害仍然反复使用物质；
- 持续的人际关系问题；
- 即便已导致问题，仍然使用物质；
- 耐药性；
- 戒断反应；
- 物质的使用时间或使用量超出原计划；
- 无法减少或控制物质使用；
- 花大量时间获得物质；
- 社交、职业和娱乐活动的取消或减少；
- 即使知道是物质使用造成了危害，仍继续使用；
- 对物质的渴望很强烈。

因此不能将物质依赖单纯地归于道德或个人选择，也不能认为我们无法改变引起药物或酒精依赖的因素。正如糖尿病可以依靠胰岛素及饮食控制治疗，一些治疗方法和行为的改变同样可以用于治疗物质依赖。

下面我们将介绍几种主要的物质使用障碍，包括酒精、烟草、大麻、阿片类物质、兴奋剂和致幻剂。

酒精使用障碍

酗酒者这个词对大部分人来说都不陌生，虽然这个词目前并没有明确的定义。那些对酒精有生理依赖的人的症状通常要比那些没有耐药性或戒断症状的人更严重（Schuckit et al., 1998）。突然戒断会对那些过度使用酒精的人产生强烈的影响，因为他们的身体已经习惯酒精的存在。他们会变得容易感到焦虑、抑郁、虚弱、烦躁以及难以入睡。他们的肌肉会不自主地颤抖，尤其是手指、脸部、眼睑、嘴唇和舌头，而且心跳速率、血压和温度也会升高。

这幅蚀刻板画生动地展现了某个话剧场景中的一名震颤性谵妄者。
(Culver Pictures Inc.)

在少数一些个案中，一个长年过度饮酒的人可能会在血液中酒精浓度突然下降时经历**震颤性谵妄**。个体会出现精神错乱以及身体震颤，并伴有视幻觉，有时也可能是嗅幻觉。在幻觉中，一些恶心但又非常活跃的生物会爬到墙壁、身体上，甚至充斥着整个房间，如蛇、蟑螂、蜘蛛等。个体感到焦躁、没有方向、受到惊吓，会疯狂地抓挠皮肤来驱赶这些生物。

虽然肝脏中酒精代谢酶数量的变化可用来解释耐药性，但研究指出中枢神经系统同样与耐药性有关。一些研究指出，GABA 或谷氨酸感受器的数量或敏感性的变化导致了耐药性的产生（Tsai, Ragan, Chang, et al., 1998）。戒断症状则可能源于为补偿酒精对大脑的抑制作用而增加激活程度的神经通路。

引发耐药性以补偿酒精对身体的影响，反之也是如此。所以，为了维持这种补偿作用，个体对两种物质的使用可能都会增加（Rose, Brauer, Behm, et al., 2004）。

车祸常常与酒精有关。
(©Mark E.Gibson/CORBIS©/Corbis)

多种药物滥用指同时滥用多种物质。酒精和尼古丁通常会被物质使用障碍者共同使用，不过大部分在社交场合吸烟并喝酒的个体并没有因为这些物质产生精神障碍。
(©Emely/©corbis)

酒精使用障碍通常是**多种药物滥用**的表现之一。多种药物滥用是指在同一时间使用多种物质。据估计，80%～85% 的酒精滥用者也是吸烟者。这种共病的高发率可能是由于酒精和尼古丁相互耐受所导致的，也就是说，尼古丁可以

酒精滥用和依赖的患病率及治疗费用

首先，一系列的统计数据可以生动地展现英国酒精滥用和依赖的患病率。英国最近的一项成人与儿童的调查显示（2009, Statistics on Alcohol, NHS, 2011），69% 的男性和 55% 的女性（年龄在 16 岁以上）在接受采访调查的前一周至少有一天摄入了酒精类饮料，10% 的男性和 6% 的女性在受访前一周每天饮酒。

在采访的前一周内，37% 的男性至少有一天摄入超过 4 个单位的酒精饮料，29% 的女性至少有一天摄入超过 3 个单位的酒精饮料。而且，20% 的男性报告至少有一天摄入超过 8 个单位的酒精饮料，13% 的女性报告至少有一天摄入超过 6 个单位的酒精饮料。男性平均每周消费酒精饮料 16.4 个单位，女性则为 8 个单位。26% 的男性报告平均每周饮酒量超过 21 个单位，18% 的女性报告平均每周饮酒量超过 14 个单位。

而在年轻人当中，18% 的 11～15 岁中学生报告在采访前一周内饮酒，这个数据在 2001 年是 26%。大约一半的中学生报告曾经喝过酒（51%），这个数据在 2003 年是 61%。

在 2009～2010 年度，英国医院报告大约有 1057000 例与饮酒相关的病人。这比 2008～2009 年度增长了 12%，而且几乎是 2002～2003 年的两倍（510800 例）。

2010 年，主要的治疗中心、医院及各社区大约开出 160181 例用于治疗酒精依赖的处方药，比 2009 年增长了 6%，比 2003 年增长了 56%。

男性比女性有更多与酒精相关的问题。这种差异在过去的 20 年内逐渐变小，这大概是因为人们对女性饮酒的态度发生了改变。虽然女性接触酒精的年龄大于男性，但她们可以像男性一样快速地对酒精产生生理依赖（Keyes, Martins, Blanco, & Hasin, 2010）。

不同种族或不同教育水平下，酒精滥用和依赖的患病率不同。白人和西班牙裔青少年及成人比非裔青少年及成人更容易过度饮酒。亚裔美国人过度饮酒的比例最低（SAMHSA, 2010）。根据 DSM-IV-TR 的分类，酒精依赖在美国原住民和西班牙裔中最常见，在亚裔和非裔美国人中最少见（Smith, Stinson, Dawson, et al., 2006）。

酒精使用障碍常常与一些人格障碍、心境障碍、精神分裂症、焦虑障碍及其他物质使用障碍共病（Kessler, Crum, Warner, et al., 1997；Langen-bucher, Labouvie, Morgenstern, et al., 1997；Skinstad & Swain, 2001）。

在十年前的美国，用于治疗酒精依赖的费用大约为每年 260 亿美元（NIAAA, 2001），现在的花费应该更高。酒驾导致的车祸如今是一个非常严重的问题，而年轻男性通常是最危险的驾驶员。

酒精的短期影响

酒精是如何对身体产生短期影响的？当酒精到达胃部时，酶开始对酒精进行代谢。大部分酒精会进入小肠，而后被血液吸收。酒精分解主要在肝脏内进行，平均每小时大约 30 毫升酒精浓度为 50% 的酒会被代谢。超出这个数量的酒精会停留在血流中。因此，酒精的吸收很快，但将它从体内排出的速度却很慢。

血流中的酒精浓度由某一时间段内吸收的酒精总量、胃里是否有食物（食物可以减缓酒精的吸收速度），饮酒者的体重和脂肪含量以及其肝脏的代谢速率共同决定。因此，两盎司酒精对刚吃了些食物的 80 千克重的男人和胃里空空的 50 千克重的女人影响不同。但是即便控制男女体重差异，女性血液中的酒精浓度依然高于男性，可能是因为男女体内含水量不同。

还有一个问题要考虑：到底什么算酒？ 350 毫升的啤酒，150 毫升的葡萄酒，50 毫升的烈性酒都是酒。体积并不是决定因素，其中的酒精含量决定了酒的种类。

酒精通过与大脑中各神经系统相互作用对人体产生影响。它能激活 GABA 感受器，进而减少压力（GABA 是一种抑制性神经递质）。酒精还能增加 5-HT 和多巴胺的含量，这些物质可以产生愉悦感。最后，酒精抑制谷氨酸感受器，可能导致了酒精中毒后的认知功能下降，如思考变慢、记忆丧失等。

一项创新的研究考察了酒精对脑和行为的影响。被试饮用不同浓度的酒并在 fMRI 扫描下模拟开车的场景（Calhoun, Pekar, & Pearlson, 2004）。浓度较低的酒（血液酒精浓度为 0.04）只对运动功能造成少量损伤；但是浓度较高的酒（血液酒精浓度为 0.08）对运动功能影响显著。另外，酒精还会对脑内与负责监控错误和决策相关的皮层区域产生影响，这说明即使摄入的酒精量在合法范围内，也可能会让人们在驾驶过程中意识不到自己做出了错误的决定。

持续滥用酒精的长期影响

身体的每一个组织和器官几乎都会受到持续饮酒带来的负面影响。例如，酒精的热量很高——约 500 毫升 80 度的烈酒就可以满足每天必须摄入热量的一半，因此饮酒者通常会减少对其他食物的摄入。虽然热量高，但酒精并不提供能够维持身体健康的重要营养物质，因此长期饮酒将导致营养不良。同时，酒精也会影响人们对食物的消化及对维生素的吸收，这也会导致营养不良。那些长期酒精滥用的人上了年纪以后，B族维生素的缺失可能导致健忘症，包括对当前与过去发生的事件的严重遗忘；人们常常用想象的事填补这些记忆空白。

长期的酒精使用与蛋白质摄入量的减少会导致肝硬化：一些细胞内会充斥着脂肪和蛋白质，无法正常运转；一些细胞会死亡，引起发炎，疤痕组织形成，阻塞血液循环。世界卫生组织（2002）的报告显示，就全球而言，4%的疾病和3.2%的死亡都可归因于酒精。在死亡率低的发展中国家，酒精是首要危害，在死亡率低的发达国家，酒精则是第三大危害。

其他一些饮酒造成的影响还包括内分泌腺和胰腺损伤、听觉损伤、勃起障碍、高血压、中风，以及脸部（尤其是鼻子）血管红肿出血。长期重度酗酒还与脑损伤有关，其中许多区域都与记忆功能有关。

对怀孕女性而言，大量摄入酒精是导致儿童智力发展障碍的主要原因。**胎儿酒精综合征**是一种发展障碍，婴儿的生长速率会变慢，颅骨、面部以及四肢出现异常。即便只是适度饮酒也会对胎儿造成不利影响，因此WHO建议怀孕女性完全禁酒。研究发现，妈妈在怀孕前三个月适量饮酒（如每天饮酒一次），那些即使没有患上FAS的婴儿在儿童期的学习和记忆能力也会受到影响（Willford, Richardson, Leech, et al., 2004），并且在14岁时表现出生长障碍（如头部过小或身高与体重小于同龄人）（Day, Leech, Richardson, et al., 2004）。现在的研究致力于探索为什么有些婴儿在胎儿期接触到酒精但没有产生任何障碍，而另一些婴儿却会发展出复杂的疾病。举例而言，曾在胎儿期接触到酒精的婴儿6个月大时会表现出注意力障碍，并在儿童期发展成认知障碍（Kable & Coles, 2004），但动物研究发现，那些在胎儿期接触酒精引起的问题，如学习和记忆缺陷，是可以得到改善的（Klintsova, Scamra, Hoffman, et al., 2002）。另外，研究发现如果儿童是在稳定健康的环境中生长，那么这些生长缺陷也不会那么严重，也就是说酒精所带来的影响受环境因素的调节（Day & Richardson, 2004）。

虽然关注酒精的负面影响是必须的，但其他研究表明酒精对人类也有好处。少量饮酒可以降低冠心病和中风的发病率（Kloner & Rezkalla, 2007；Sacco, Elkind, Boden-Albala, et al., 1999；Theobald, Bygren, Carstensen, et al., 2000）。如果酒精确实有这些正面作用，可能要归因于生理（如：醋酸盐，酒精的分解物，可以增加冠状动脉血流量）或心理（较闲适的生活方式和较少敌意）因素，或是二者间的相互作用。一些非直接证据表明，少量或适度摄入红酒可以降低所谓的坏胆固醇（如低密度脂蛋白）含量，并增加所谓的好胆固醇（如高密度脂蛋白）含量（Kloner & Rezkalla, 2007；Powers, Saultz, & Hamilton, 2007）。

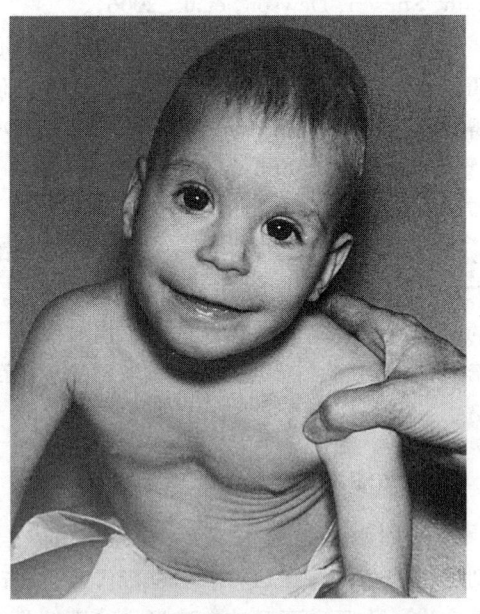

图10.2 怀孕期重度饮酒可导致胎儿酒精综合征。有这种障碍的儿童会出现脸部异常并伴有智力发展障碍。

(Courtesy of James W. Hanson.)

概念核查10.1（答案见章末）

请判断正误。
1. 物质使用障碍需要同时出现耐药性和戒断反应症状。
2. 研究表明尼古丁可以增加酒精的补偿反应。
3. 孕妇即便适度饮酒也可导致孩子出现学习与注意障碍。

烟草使用障碍

哥伦布一行来到美洲后不久，水手和商人试着模仿印第安人，将烟叶卷起来吸，结果他们也变得嗜好此道。烟叶也可以嚼烂或磨碎后点燃用鼻吸。**尼古丁**是烟草中的成瘾物质，它能够激活大脑神经通路，刺激在中脑边缘的多巴胺神经元，从而强化物质所带来的效果（Stein, Pankiewicz, Harsch, et al., 1998）。

加利福尼亚州的烟草教育媒体运动通过模仿烟草广告来宣传吸烟对身体的危害（图中英文意为"不举"），同时反驳那些认为烟草可以带来有利影响的观念。

吸烟的患病率和对健康的影响

吸烟对健康的危害已经被许许多多研究证明。比如，2009 年，21% 的英格兰成人报告正在吸烟。这个数据和 2007 年及 2008 年的类似，但比 1980 年的 39% 少。2009 年的数据中，16～19 岁和 20～24 岁的年轻人吸烟率最高（分别为 27% 和 28%），而超过 60 岁的老年人吸烟率最低（14%）（NHS，2001）。

父母吸烟会大大增加孩子吸烟的概率。

吸烟的流行率依然是男性高于女性（男性22%，女性20%），1980 年时该数据为男性42%，女性36%。

总体吸烟流行率下降的主要原因是从来不吸烟或偶尔吸烟的人开始增多。1982 年，从来不吸烟或偶尔吸烟的人数在成年人中所占比例为 43%，到 2009 年，这个数据上升到 53%。

女性从来不吸烟或偶尔吸烟的概率大于男性，而男性中这种类别所占比例的增长率大于女性。1982 年，从来不吸烟或偶尔吸烟的男性占成年男性总数的百分比是 32%，2009 年时上升为 49%；女性在 1982 年时该数据为 51%，2009 年时上升为 57%。另外，那些报告自己曾经规律吸烟的人数比例从 1982 年的 23% 增加到 2009 年的 26%。

2009 年，吸烟者平均每天消耗 13.1 支烟。男性的吸烟量稍多于女性，平均每天为 13.9 支烟，女性为12.4支烟。三种不同社会经济地位的人群（低层、中层和高层）每日平均的吸烟量相似。

在众多与吸烟相关的疾病中，长期吸烟必然会引发或加重的疾病有肺气肿、喉癌、食道癌、胰腺癌、膀胱癌、子宫颈癌、胃癌、妊娠并发症、婴儿猝死综合征、牙周炎以及多种心血管疾病。烟草燃烧过程中最具危害的物质包括尼古丁、一氧化碳和焦油。焦油是一种由多种可致癌的碳氢化合物构成的物质（Jaffe，1985）。

据估计，英格兰在1998～2002年间，每年有86500例因吸烟导致的死亡病例。这相当于每个星期1663例、每天237例，每小时10例死亡病例。在这些死亡病例中，62%为男性，38%为女性。但同时，吸烟让本来可能因为帕金森氏病而死亡的900名男性和500名女性活了下来，也拯救了差不多200名患有子宫内膜癌的女性。但这只是吸烟仅有的一点点正面影响！

在这些吸烟导致死亡的病例中，肺癌是主要致死因素。90%因肺癌死亡的男性病例和80%因肺癌死亡的女性病例与吸烟有关。70%因食道癌死亡的病例由吸烟导致，超过75%死于上呼吸道癌症的男性病例也与吸烟相关。

研究表明，尼古丁成瘾受种族背景影响，同时也受行为、社会、神经生物学因素的影响（Leischow，Ranger-Moore，& Lawrence，2000）。众所周知，如果非裔美国人长期吸烟的话，会更难戒烟，也更容易得肺癌。这似乎是因为，比起白人，尼古丁可以在黑人的血液中停留更长时间。也就是说，他们对尼古丁的新陈代谢速率更慢（Mustonen，Spencer，Hoskinson，et al.，2005）。另一原因与烟草的种类有关。非裔美国人更多吸薄荷香烟。研究发现那些吸薄荷香烟的人通常会吸得更猛，并将烟含在嘴里的时间更长，这将导致更多有害影响（Celebucki，Wayne，Connolly，et al.，2005）。

另外有研究发现，比起白人或拉美裔，华裔美国人代谢的尼古丁更少（Benowitz，Pérez-Stable，Herrera，et al.，2002）。而总的来说，亚裔的肺癌患病率要低于白人或拉美裔。其中华裔代谢的尼古丁较少或许可以解释肺癌在亚裔中的患病率较低。

二手烟对健康的影响

众所周知，香烟的危害并不仅限于吸烟者。那些从燃烧的烟头释放的烟，也就是**二手烟**，或称为环境中的烟比起吸烟者真正吸入的烟含有更多的氨、一氧化碳、尼古丁以及焦油。根据2010年世界卫生组织的报告，2004年二手烟导致了大约603000例死亡。其中包括16600例死于上呼吸道感染的儿童病例，1100例死于哮喘的儿童病例，21000例死于肺癌的成人病例，3500例死于哮喘的成人病例和379000例死于缺血性心脏病（IHD）的成人病例。二手烟导致的死亡病例中，28%为儿童，47%为女性。但病例受很多因素的影响，比如暴露于二手烟的程度等。

母亲吸烟可导致儿童易患呼吸道感染、支气管炎及内耳炎。

(Getty Images/Custom Medical Stock Photo RM/Getty Images，Inc.)

世界卫生组织（2011）关于烟草的报告表明，并不存在所谓的暴露于二手烟下的安全时间范围。每个人都应该呼吸没有香烟干扰的空气。保护非吸烟者健康的无烟法受到大众的欢迎，因为它并不干扰商业同时又能鼓励吸烟者戒烟。但是，尽管从二手烟中解放出来的人数从 2008 年的 3.54 亿翻倍到 2010 年的 7.39 亿，我们依然看到：

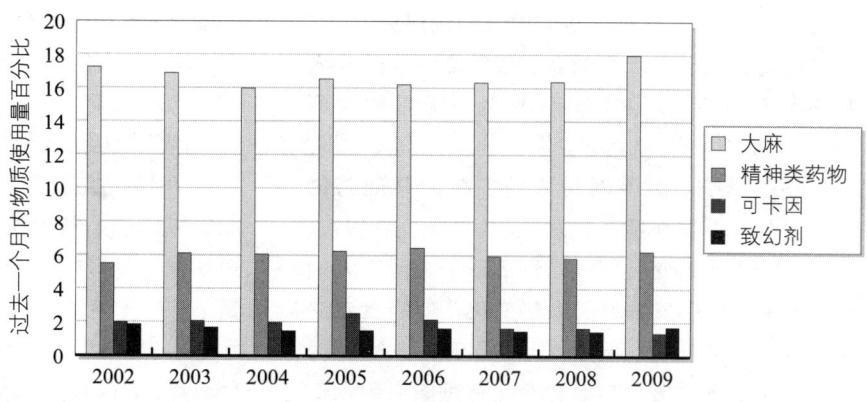

图 10.3 18～25 岁的年轻人的物质使用情况。（SAMHSA, 2010）

★ 只有 11% 的人受到无烟法的保护；
★ 在 100 个人口最多的城市中，只有 22 个实施无烟政策；
★ 几乎一半的儿童依然呼吸着被烟污染过的空气；
★ 超过 40% 的儿童至少有一位吸烟的家长；
★ 每年因二手烟导致的死亡病例超过 600000 例；
★ 2004 年，儿童占二手烟导致的死亡病例的 28%；
★ 烟含有超过 4000 种化学物质，其中至少 250 种有害，而且有超过 50 种已被证明可致癌；
★ 对于成人而言，吸入二手烟可导致严重的心血管及呼吸道疾病，包括冠心病和肺癌；对婴儿而言，吸入二手烟可导致猝亡；对于孕妇而言，吸入二手烟会导致婴儿的出生体重降低。

大麻

大麻主要由植物大麻的叶子和花苞晒干磨碎后制成。大麻主要用来点燃吸食，但也可以咀嚼，做成茶叶或添加在烘焙食品中。印度大麻制剂是比大麻更猛烈的物质，通过收集和干燥植物大麻顶部的树脂分泌物制成。

最初，美国大量种植大麻类植物以获得用于制造衣服和绳子的大麻纤维，而不是为了获得可以吸食的大麻。19 世纪，大麻树脂的医学作用被发现，并被一些药厂作为治疗风湿、痛风、精神不济、霍乱以及神经痛的药物出售。也有人吸食大麻以获得快感，但这种现象在 1920 年前的美国并不常见。那时，禁止酒精出售的第十八修正案获得通过，这促使人们开始吸食从墨西哥带来的大麻。后来，吸食大麻会导致犯罪的报道使美国联邦政府于 1937 年颁布禁止出售含大麻物质的法律。如今吸食大麻在大部分国家都是不合法的。

大麻使用的患病率

大麻是当前使用率最高的非法物质。Atha（2005）在调查中提到，英国每两年会进行一次全国犯罪调查，调查包括询问人们是否曾经使用某种药物，是否在近一年或近一个月内使用该药物。从 20 世纪 80 年代初开展第一次调查开始，大麻的使用率不断上升。在英国，大约有 1500 万人承认曾经尝试过吸食大麻，并有 200 万～500 万人经常吸食大麻。大麻的使用率在 16～29 岁的年龄组中最高，但老年人的大麻使用率增长最快。

大麻的影响

像其他药物一样，使用大麻会带来危害。

一般来说，当我们对一种物质的了解越多，它们的负面影响就显现得越多；至少这对大部分人来说是正确的，而大麻也不例外（见聚焦发现10.1）。

心理影响 大麻对身体的影响像其他药物一样，由效力和剂量大小决定。大麻吸食者报告，大麻可以让他们变得更放松且更乐于交际。大剂量的大麻可以引发情绪的大幅变化，使吸食者注意迟缓、思维分散、记忆衰退，同时给人一种时间变慢的错觉。超大剂量的大麻有时候会引发幻觉并产生某些症状，包括极端惊恐，有时候这种惊恐源于吸食者认为某些令人害怕的体验永远不会消失。由于大麻的作用通常在吸食后半小时才会显现出来，所以人们很难控制剂量。许多大麻吸食者也因此吸入比他们预期量多得多的大麻。

大麻中主要的活性化学物质为δ-9-四氢大麻酚（THC）。THC在不同大麻种类中的含量不同，但现在的大麻比二十年前的大麻药效更强（Zimmer & Morgan, 1995）。另外，比起以前，现在的大麻吸食者吸入的大麻也更多。

大量研究表明，大麻会对多方面的认知功能造成影响。其中比较著名的研究发现了大麻对短期记忆的影响。一项很有价值的前瞻性研究测量了17～23岁的大麻吸食者不同时间段的智力水平，发现经常吸食大麻的人智商下降了4个点（Fried, Watkinson, James, et al., 2002）。

一些研究发现，吸食大麻后的兴奋状态会对开车时所必需的复杂心理运动技能造成影响。吸入一支或两支THC含量为2%的大麻烟所导致的较差的表现可持续8个小时，即使人们认为自己并没有处于兴奋状态。这种影响会对安全驾驶造成危害，因为此时他们的心理功能不足。

聚焦发现 10.1　　大麻是入门毒品吗？

"大麻是入门毒品"的观点已经存在了很长时间。根据这种说法，大麻的危害不仅仅在于其本身，还在于它是年轻人走向毒品成瘾（如海洛因成瘾）的第一步。

正如前文介绍的那样，研究表明吸食大麻存在许多危害。但吸食大麻是通往其他更严重的物质使用的必经大门吗？首先，还没有研究表明这个理论适用于非裔美国人。其次，大约40%的大麻吸食者并没有进一步吸食其他毒品，如海洛因和可卡因（Stephens, Roffman, & Simpson, 1993）。所以如果这里的"入门"代表无法避免地发展成更严重的物质使用，那么该观点并不准确。

但是，我们发现确实有很多吸食海洛因和可卡因的人首先会经历吸食大麻的过程。在美国和新西兰，大麻吸食者确实比那些不吸食大麻的人更容易去尝试海洛因和可卡因（Fergusson & Horwood, 2000；Kandel, 2002；Miller & Volk, 1996）。

所以说，吸食大麻常常早于吸食其他毒品，但吸食大麻并不一定会引发后期其他毒品的使用。准确地说，人们总是最先尝试大麻，因为比起其他毒品，它的社会接受程度相对较高。

有一大部分吸食大麻的人并没有发展为海洛因的吸食者，但有许多吸食海洛因的人都是从吸食大麻开始的。
(© Couperfield/Shutterstock.)

19世纪的纽约，吸食大麻曾经是一种秘密的消遣活动。
(Culver Pictures, Inc.)

若停止吸食大麻，之前的长期使用是否会对智力功能造成影响？不幸的是，现在控制良好的、探讨这个问题的研究尚不够多。总的来说，现在的研究表明，长期吸食大麻的人会在学习和记忆上表现出损害，但是目前还没有证据表明这种损害在物质停止使用后是否会继续保持（Rey et al., 2004）。

生理影响 大麻的短期影响包括导致眼睛充血发痒，嘴唇和喉咙发干、食欲增强、眼压降低以及血压升高。

我们已经知道长期使用大麻会对肺部的结构和功能造成严重影响（Grinspoon & Bakalar, 1995）。即使大麻吸食者吸食大麻总量少于烟草吸食者的吸烟总量，但大部分吸食大麻的人会在吸大麻时更用力，且大麻停留在肺里的时间也更长。大麻同样含有烟草中的致癌物质，而它的危害比相同数量的香烟与烟丝更严重。比如说，以常见的方式吸食大麻，相当于吸入普通香烟含有的一氧化碳总量的5倍，焦油总量的4倍，造成对呼吸道细胞10倍的伤害（Sussman, Stacy, Dent, et al., 1996）。

大麻是如何影响大脑的？在20世纪90年代早期，研究者在大脑中发现两种大麻受体，分别为CB1和CB2（Matsuda, Lolait, Brownstein, et al., 1990；Munro, Thomas, Abu-Shaar, et al., 1993）。CB1受体分布于大脑及全身，在海马的数量尤其多，而这个重要区域与学习和记忆有关。根据这些证据，研究者认为大麻是通过作用于海马内的这些感受器而导致吸食者短期记忆受到影响的（如：Sullivan, 2000）。

另外，一项PET研究发现吸食大麻与脑中情绪相关区域的血流量增加有关，如杏仁核和前扣带皮层。研究者同时发现，与听觉注意相关的颞叶区域血流量减少，同时那些因为吸食大麻而处于兴奋状态的人在听觉任务上表现较差（O'Leary, Block, Flaum, et al., 2000）。这些研究可以帮助我们解释吸食大麻所带来的心理影响，包括情绪的变化与注意能力的下降。

大麻是否会让人上瘾？对照观察实验已经证实，习惯性吸食大麻会产生耐药性（Compton, Dewey, & Martin, 1990）。当适应一定量的大麻后，长期吸食大麻的人是否会有戒断反应尚不清楚。但过去十年的调查和实验室研究发现，这些人身上存在部分戒断症状，比如焦躁不安、焦虑、紧张、胃疼以及失眠（Rey et al., 2004）。

治疗效果

讽刺的是，大麻的医学作用与其负面影响几乎是同时被发现的。20世纪70年代的几个双盲实验发现THC和与其相关的物质可以减少癌症患者在接受化学疗法后出现的恶心和食欲下降（Salan, Zinberg, & Freight, 1975）。后来的研究证实了这个结果（Grinspoon & Bakalar, 1995）。当其他药不起作用时，大麻往往能有效减少恶心。大麻同样可以有效地降低艾滋病患者的不适（Sussman et al., 1996），如青光眼、长期疼痛、肌肉痉挛与抽搐发作等。

大麻的用处已经被美国国立卫生研究院的专家（NH, 1997）和美国国家科学院医学研究所的委员会所证实（Institue of Medicine, 1999）。这些报告建议医学研究者和临床工作者严肃仔细地对待大麻的积极影响。美国国立卫生研究院同意资助研究，以探查将 THC 制成药剂的效果是否与直接吸食大麻的效果类似（大部分人认为吸食大麻要好于服用含 THC 的胶囊；这大概是因为大麻还含有除 THC 外的其他物质）。医学研究所的报告建议，出现极度衰弱的症状或处于疾病晚期的病人可以在医生的监督下吸食大麻不超过六个月；吸食大麻的理由正如上文提到的，THC 药剂并不能达到相同的效果。但是这些医学机构的报告同样强调了吸食大麻的危害性，并建议寻找可替代的方案。

概念核查10.2（答案见章末）

填空。

1. 写出三种由吸烟导致的癌症：_____，_____，_____。
2. 大麻可以对学习和记忆产生 _____ 影响；但暂不清楚它是否有 _____ 影响。
3. 写出大麻的三种医学价值：____，____，____。

阿片类

阿片类物质包括鸦片及其衍生物，吗啡、海洛因和可待因。这些物质都属于镇静剂，但在 DSM-5 中，我们用阿片类物质使用障碍这一类别，将它们和镇静剂／安眠药／抗焦虑药使用障碍区分开来。

阿片类物质是指一组适量使用可以减少疼痛并引起睡意的成瘾物质。其中**鸦片**是国际非法贸易的主要物质。它的名字要追溯到公元前 7000 年，苏美尔人将罂粟命名为"Opium"，意为"快乐的植物"。

吗啡是 1806 年从未加工的鸦片中提取的生物碱。它的名字来源于希腊神话中的梦神。这种味道较苦的粉末被证实是有力的镇静剂和止痛剂。在发现它具备成瘾性之前，吗啡在临床使用中非常流行。美国在 19 世纪中叶引进皮下注射针后，人们开始将吗啡直接注射进血管以减少疼痛。

考虑到这种药物可能会危害人们的健康，科学家展开了对吗啡的研究。1874 年，人们发现吗啡可以转化为另一种有力的止痛药——**海洛因**。海洛因起初是作为治疗吗啡成瘾的物质，替代止咳糖浆和其他药品中的吗啡。许多病都用海洛因治疗，以至于人们曾称它为"上帝之药"（Brecher，1972）。然而，海洛因却是比吗啡更容易上瘾且药效更强的毒品。如今，人们通常注射使用海洛因，它也可以吸食、鼻吸或直接口服。

罂粟。人们剖开罂粟的种皮使汁液流出，从而制得鸦片。
(Dr.Jeremy Burgess/Photo Researcher Inc.)

最近，作为合法使用的处方止痛阿片类物质，氢可酮和羟氢可待酮，开始被人们滥用。氢可酮常常与其他物质（如对乙酰氨基酚）结合制成处方止痛药。维柯丁是滥用最广泛的包含氢可酮的物质，而奥施康定则是滥用最广泛的包含羟氢可待酮的物质。

临床个案：弗兰克

弗兰克，27岁，男性，海洛因成瘾六年。他第一次尝试海洛因是在他读大学时。那时，他已经尝试过了大麻；在大学第一个学期的某个深夜聚会上，他被怂恿吸食了海洛因。由于无法控制吸食海洛因，一年后他从大学退学。他搬回家中和父母共同居住了一段时间，期间他不停地偷母亲的钱。父亲无可奈何，只好让他离开。弗兰克说他会和朋友一起住。但实际上，他搬到了一幢废弃的大楼里，通过乞讨或是偷盗来获取财物，从而购买海洛因。这样的生活维持了五年。在这段时间里，他体重下降，并且营养不良。他身高1.8米，但体重只有68千克。虽然他可以去当地的小餐馆要一些食物，但这却不是他生活中最主要的事。弗兰克尝试去参加一些戒毒项目，但他被告知必须要先停止吸食海洛因至少一个星期。弗兰克可以坚持一到两天，但随后的日子实在过于难熬。一个曾经也吸食海洛因成瘾的朋友介绍他去参加了美沙酮治疗。弗兰克对美沙酮反应良好，并在随后的三个月坚持治疗。现在他与父母恢复了联系，并开始参加工作培训以进入治疗中心工作。他对摆脱毒瘾充满期待。

阿片使用的患病率

收集阿片类物质的使用率存在很大困难。来自国家物质滥用治疗机构（2011）的报告显示，总体来说，在英格兰，2009～2010年度大约有306150名年龄在15～64岁的阿片和（或）可卡因使用者，占该年龄段总人口的8.93‰。其中吸食阿片者约为7.7‰，而吸食可卡因者约占5.37‰；通过注射摄入毒品的人占比3.01‰。

直到第一次世界大战结束，英国才开始将非医学使用阿片定为非法，但医生仍被允许给已经产生物质依赖的病人开阿片类药物（主要是吗啡）。使用吗啡或海洛因的人并不多，但大部分使用这些物质的人都是从医生那里获得这些物质。20世纪60年代从其他渠道获得海洛因的人数增加，但绝大部分医生被禁止给病人开海洛因。

20世纪80年代中期，使用海洛因及其他阿片类毒品的人数大幅度增加，尤其出现在城市的贫困地区。

现在，街头的海洛因通常是米灰色或棕色粉末。用于医学使用的海洛因则通常制成药剂或用于注射的液体。人们生产一些和海洛因有相似作用的合成阿片（类阿片）用于临床使用，其中包括美沙酮。**美沙酮**是用于治疗海洛因成瘾的主要替代物质。

心理与生理影响

阿片类物质可以引起愉悦感，导致昏昏欲睡并降低协调能力。海洛因和其他阿片类物质还可以产生一种"快感"，即在静脉内注射毒品后，吸毒者能立刻感到温暖和狂喜。在接下来的4～6个小时里，他们会忘却烦恼和恐惧，有极强的自信心。但是随后，他们便会经历极度的消沉并接近昏迷。

阿片类物质通过刺激人体本身的类阿片系统（人体会产生类阿片，如内啡肽和脑啡肽）的神经感受器来产生影响。比如海洛因在进入大脑

1874年，海洛因提取出来以后，很快被用于许许多多的非处方药之中。图中为牙疼药物的广告。该药含有海洛因。

(National Library of Medicine)

后会转变为吗啡，同时与分布于全脑的阿片感受器结合。一些证据表明，这些感受器和多巴胺系统之间的联系是产生快感的关键。但来自动物研究的证据表明，这种快感是通过大脑的伏隔核（nucleus accumbens）产生的，可能和多巴胺系统无关（Koob, Caine, Hyytia, et al., 1999）。

很明显，阿片类物质会成瘾，因为使用者会出现耐药性和戒断反应。当耐药性建立之后，戒断反应将在注射毒品8小时后出现。随后的几个小时里，使用者将经历肌肉疼痛、不断打喷嚏、流汗、容易流眼泪并且一直打哈欠，这些症状与感冒症状类似。随后的36小时内，这些症状将变得更加严重。无法控制的肌肉抽搐、痉挛、发冷与发热流汗交替出现，而且心跳频率和血压均会升高。吸毒者难以入睡，出现呕吐和腹泻症状。这些症状持续约72小时并在未来的5～10天内逐渐减弱。

滥用阿片的人面临许多问题。在一项对500名海洛因成瘾者长达29年的追踪研究中，28%的人在40岁前死亡；一半死于被杀与自杀，还有1/3死于过度吸食海洛因（Hser, Anglin, & Powers, 1993）。使用毒品还会带来许多严重的社会问题。物质本身以及获取物质的过程成为吸毒者存在的主要意义，操控着其日常活动和社会关系。而毒品的高开销——吸毒者大约每天需要消费200美元用于购买阿片类物质——导致吸毒者从事非法活动，如偷窃、卖淫与贩卖毒品等。

静脉注射毒品增加了吸毒者与诸如HIV病毒（即艾滋病毒）等接触的机会。科学家普遍认为发放免费的注射器，即实施针具更换计划有利于减少此类传播（Gibson, 2001; Yoast, Williams, Deitchman, et al., 2001）。

兴奋剂

兴奋剂通过作用于大脑和交感神经系统增加人们的警觉性与身体活动。安非他命是合成兴奋剂；可卡因是提取自古柯叶的天然兴奋剂。聚焦发现10.2还探讨了一种更流行但危害较小的兴奋剂——咖啡因。

安非他命

第一种**安非他命**——苯丙胺，于1927年合成，其他安非他命类药物随后被相继合成。20世纪30年代苯丙胺刚被用于治疗鼻塞时，人们就发现它具有使人兴奋的功能，因此医生开始将它和其他安非他命作为治疗抑郁和食欲低下的药物。在第二次世界大战中，轴心国和同盟国的士兵都曾服用安非他命来抵御疲劳。

安非他命类物质通过刺激去甲肾上腺素和多巴胺的分泌，并阻碍这些神经递质的重吸收过程，从而对人体产生影响。安非他命可以通过口服和静脉注射进入人体，同样具有成瘾性。它可以使人处于高度清醒状态，抑制肠活动、降低食欲——因此常常被用于辅助节食。服用安非他命可使人心跳加速、皮肤内的血管和粘膜收缩、使用者变得警觉、欣快以及外向，充满能量而且自信。过量使用安非他命会使人紧张、焦虑、神志不清，还可能出现心悸、头痛、头晕以及睡不着。有时候过量使用者会变得极度敏感并充满敌意，对其他人来说非常危险。持续过量使用可以引发与精神分裂症中妄想类似的症状。

安非他命类物质的耐药性发展很快，所以使用者不得不摄入更多以达到相同的效果。有研究指出，只需连续6天每天摄入安非他命，即可发展出耐药性（Comer, Hart, Ward, et al.,

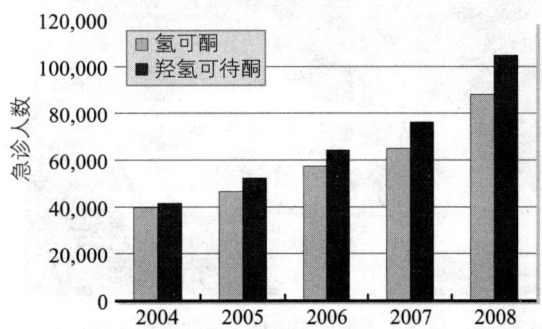

图10.4 因超剂量服用氢可酮和羟氢可待酮而来急诊室的人数一直在增加。2002年，超剂量服用氢可酮和羟氢可待酮的人数分别仅为25000和21000（SAMHSA, 2011）。

聚焦发现 10.2　最美味的成瘾物质——咖啡因

什么是世界上最受欢迎却不被认为是毒品，但依然能使人产生耐药性和戒断症状的物质（Hughes, Higgins, Bickel, et al., 1991）？使用者或不使用它的人都常常拿它开玩笑，本书的许多读者大概也常常使用它。我们说的就是咖啡因，一种存在于咖啡、茶、可可、可乐以及其他软饮料，甚至感冒药和减肥药中的物质。

两杯咖啡包含 150～300 毫克咖啡因，可以在半小时内对大多数人产生影响。咖啡因能使新陈代谢加快、体温以及血压增高；尿量增多；可能还会导致手部发抖、食欲以及睡意降低。惊恐障碍则会加剧，因为咖啡因高度激活交感神经系统。超剂量咖啡因会导致头痛、腹泻、紧张、焦躁，甚至惊厥和死亡。虽然一般来说不会致命，因为肾会将物质排泄出去且不会出现明显的积累。但过量地服用包含咖啡因的药依然有可能导致死亡。

虽然人们知道每天喝较多咖啡可以导致戒断症状，但即便是每天饮用不超过两杯咖啡的人，如果突然将咖啡移出日常饮食清单，也会经历头痛、疲劳和焦虑（Silverman, Evans, Strain, et al., 1992）。这些症状还会干扰人们的日常社交与工作。而大约 75% 的美国人每天饮用稍多于两杯咖啡（Roan, 1992）。另外，虽然家长不让孩子接触咖啡和茶，但他们却常常同意孩子饮用包含咖啡因的软饮料、热巧克力以及可可，还有吃巧克力糖果、巧克力和咖啡冰激凌。所以，我们可能早在 6 个月大时就对咖啡因上瘾了，只是随着年龄的增加，我们吸收咖啡因的方式有所改变。

咖啡因存在于咖啡、茶、软饮料中，它可能是世界上最受欢迎的成瘾物质。
(Bloomberg via Getty Images.)

2001）。随着耐药性的增强，吸毒者开始停止服用药片，转向注射，以直接进入血管。吸毒者可能几天不吃不睡，不断地注射物质以保持高强度快感；随后的精疲力竭和心情低落使他们可以昏睡上好几天。而后新的循环开始。经历多次这样的循环后，吸毒者的身体和社交功能遭到严重损害。他们的行为开始变得古怪而充满敌意，对他人或自己而言都十分危险。

甲基苯丙胺　安非他命的衍生物——甲基苯丙胺，于 20 世纪 90 年代突然流行起来。**甲基苯丙胺**是作用于中枢神经系统的兴奋剂，很容易让人滥用并产生依赖性。甲基苯丙胺是化学合成物质，与安非他命的化学成分很相似，但能对中枢神经系统产生更大的影响。这种毒品也被称为冰毒。它的兴奋效果比可卡因更强更持久。冰毒可以以白色无嗅微苦的晶体粉末状存在，也可以溶于水或酒精中，或制成药丸和粉末。它可以通过吸烟雾、注射、鼻吸和口服进入人体。

甲基苯丙胺于 1887 年首次被合成（Feldman et al., 1997），但直到它作为麻黄素的替代物治疗哮喘时，人们才注意到它。医学生产的安非他命（包括甲基苯丙胺）在第二次世界大战中被日本、英国、德国和美国士兵用来保持清醒、警觉和精神高度集中。经常使用这些物质的士兵在战

临床个案：莉兹

莉兹，女，40岁，有两个十几岁的女儿。最近她因为偷商店里的衣服而被捕。偷东西时，她正处于处方药和酒精的影响下。两个月前，她因为晚上喝酒并与几名女友一起跳舞扰乱公共秩序而受到警告。为了两个孩子，莉兹决定振作起来，但她对止痛药的渴望实在太强烈，无法抵挡。因为婚姻问题，她从36岁起就开始有规律地使用处方药了。

后冲入当地的甲基苯丙胺市场以获得毒品，导致日本在战后（1945～1957）经历了一场冰毒大流行（Suwaki, et al., 1997）。从1942年起，纳粹领导人希特勒的私人医生Theodor Morell每天都给他注射甲基苯丙胺（Heston and Heston, 1979）。

在英国，直到20世纪60年代后期，甲基苯丙胺才被用于医学目的。1968年，英国禁止零售药店出售甲基苯丙胺产品。在美国，这种物质只能用于治疗注意缺陷多动障碍与嗜睡症。

甲基苯丙胺的使用和流行在一些国家备受关注，尤其在东南亚（泰国和日本）、美国、澳大利亚和捷克共和国。这种药在英国相对不那么流行。不过现在它的传播也很广泛，且经常出现在舞厅，致使人们担心它会越来越流行。

瘾君子对甲基苯丙胺的渴望极其强烈，这种渴望可以在他们停止吸毒后持续好几年。这种渴望程度还能对未来是否复吸做出很好的预测（Hartz, Frederick-Osborne, & Galloway, 2001）。像其他安非他命一样，吸食甲基苯丙胺后可以迅速产生快感，且持续数小时。这种影响包括欣快感以及一些身体变化，如心脏和其他器官血流量增加，体温上升。这种快感最终会消失，并会完全崩溃。除快感崩溃以外，个体还会感到焦躁。另外，对甲基苯丙胺的生理依赖常常同时包括耐药性和戒断反应。

动物研究发现，长期吸食甲基苯丙胺会损害大脑，影响多巴胺和5-HT系统（Frost & Cadet, 2000）。神经影像学研究发现甲基苯丙胺确实会对人脑产生类似影响，尤其是多巴胺系统。一项研究发现，许多符合DSM物质依赖障碍标准的长期冰毒使用者的海马出现损伤。这些人的海马体积较小，且在记忆测验上的表现较差（Thompson, Hayashi, Simon, et al., 2004）。另一项研究发现曾经滥用甲基苯丙胺但现在已经戒毒大约11个月的被试的多巴胺转运蛋白基因（这种基因决定是否让物质进入细胞）显著减少（Volkow, Chang, Wang, et al., 2001）。事实上，15名被试中有3个人的多巴胺重吸收现象显著减少，这与帕金森病相对不严重时期的情形类似。另外，那些有甲基苯丙胺滥用史的人在肌肉运动任务中比对照组的人表现差，也与帕金森病患者的表现类似。

在另一项研究中，正在治疗甲基苯丙胺依赖的病人在fMRI扫描下参与决策实验（Paulus, Tapert, & Schuckit, 2005）。研究者发现，决策时某些脑区（背外侧前额叶皮质、脑岛、颞叶以及顶叶）较低的激活程度，可预测病人在接受治疗一年后重新接触甲基苯丙胺的可能性，即决策表现越差的被试越容易复发。这个研究同时发现，甲基苯丙胺依赖者大脑中与做出健全决策有关的脑区活动被干扰，呈混乱模式。

可卡因

19世纪中期，人们首次从古柯灌木的叶子中提取出生物碱**可卡因**，之后将其用于局部麻醉。20世纪80年代出现一种新形式的可卡因，**高纯度可卡因**。高纯度可卡因以水晶状存在，加热融化后吸食。它的出现导致可卡因吸食者和死亡者数量增加。因为这种毒品包装较小，也相对较便宜（100毫克10美元，而海洛因则为每克100美元），年轻人和穷人通常会尝试高纯度可卡因而后成瘾（Kozel & Adams，1986）。高纯度可卡因又叫霹雳可卡因，现在在城市的贫穷区域较流行。

古柯叶的可卡因含量为1%
(Dr. Morley Read/Photo Researchers Inc.)

可卡因的使用率在20世纪90年代和本世纪初持续增长，但最近的报告显示目前趋势较为稳定。英国和西班牙的使用率在欧洲国家中最高。1996年的报告显示，16～59岁的人中，有0.6%在过去的一年尝试吸食可卡因。这个数值在2008～2009年度到达最高值3%，并在2009～2010年度下降到2.5%。可卡因在英国是仅次于大麻的最常使用的非法物质。

除了减少疼痛外，可卡因还有其他作用。它可以快速作用于大脑，阻碍中脑边缘多巴胺的重吸收。可卡因可以带来欣快感，因为留在突触间隙里的多巴胺可以促进神经传导。吸食可卡因者自我报告的快感程度与可卡因阻碍多巴胺重吸收的程度相关（Volkow, Wang, Fischman, et al.，1997）。可卡因还能增加性欲、增强自信心和幸福感、消除疲劳。超剂量使用可卡因可能导致身体寒冷、头晕、失眠、妄想以及虫子在皮肤底下爬行的幻觉。长期使用可卡因会导致易怒、社会关系受损、妄想，以及饮食、睡眠紊乱。使用者会出现可卡因耐药性，经常需要增加药剂以达到相同效果。但有一部分使用者会对可卡因的效果变得更敏感，这被认为是小剂量可卡因致死的主要原因。停止可卡因摄入通常会导致严重的戒断反应。

可卡因是一种血管收缩药。当使用者长时间吸食大剂量、高纯度的可卡因，那么他就很有可能进入急救室并有生命危险（通常死于心脏病发作）(DrugScope，2011)。可卡因还会增加中风的可能性，并可以导致认知损伤，如注意力不集中和记忆困难。因为其收缩血管的本质，可卡因对孕妇有特殊危害，它会影响对婴儿的供血。

可卡因可以通过鼻吸、抽烟斗或香烟、吞食甚至注射进入人体。一些海洛因使用者常常会混淆两种物质。可卡因粉末通常被排列成几行，而后通过卷纸吸入鼻内。规律的可卡因吸食者可以每天吸食1或2克可卡因。可卡因所带来的快感消失得很快，所以重度使用者可能在短时间内吸食大量可卡因。通过化学提纯，可卡因可以吸收得更快。像大多数物质一样，吸收越快，它的药效就越强。它可以快速进入肺部并在几秒内到达大脑，而后带来大约2分钟的快感，随后便是不安与不适。

致幻剂、摇头丸、PCP

LSD和其他致幻剂

1938年瑞士化学家Albert Hofmann将几毫克D-麦角酰二乙胺制成药品，即现在的LSD。**致幻剂**指那些引起幻觉的物质，如LSD以及具有同样效果的其他物质。与精神分裂症中的幻觉不同，这种幻觉是由迷幻剂引起的。

LSD等致幻剂的使用在20世纪60年代达到高峰，但到80年代，仅剩1%或2%的人仍是致幻剂的规律使用者。LSD是目前英国毒品中的重要组成部分。1998年在英格兰和威尔士的调查报告显示，16～29岁的年轻人中有11%曾至少尝试过1次LSD，2%的人在调查前一年内使用过它（DrugScope，2004）。

高纯度可卡因在城市地区使用频率最高。
(Wesley Bocxe/Photo Researchers, Inc.)

可卡因可以通过吸食烟雾、吞咽、注射或鼻吸进入体内。
(Mark Antman/The Image Works.)

使用 LSD 能改变人们对时间的知觉（使用者通常会觉得时间走得比较慢），还能导致情感上的大幅变化，同时使用者还会体验到感觉的延伸，即能注意到平时感觉不到的光和声音。

致幻剂的效果受心理因素和剂量大小的影响。一个人对服药的态度、期望和动机将决定他的反应。而服药环境同样对服药效果影响很大。

许多人在服用 LSD 后会感到很焦虑，部分原因可能是其知觉体验与幻觉让他们害怕自己"发疯"。对一些人来说，这种焦虑会变成巨大的恐慌。随着物质被代谢，这种焦虑感会减少。但少部分人会因此发展出精神病性症状并需要治疗。

闪回（或致幻剂持续认知障碍）是指当物质的生理影响逐渐减弱后，使用者依然会经历视幻觉。这些情况通常发生在曾经使用过 LSD 且正处于紧张、生病或疲劳状态的人身上。闪回的影响很大，它能在使用者吸食 LSD 后数星期或数月内持续出现，且让经历者感到很沮丧。

其他的致幻剂包括仙人球毒碱和裸盖菇素，它们通过刺激 5-HT 感受器对人体产生作用。**仙人球毒碱**是一种生物碱，于 1896 年提取自一种特殊的球形仙人掌。这种药在几个世纪以来被美国西南部和墨西哥北部的印第安人用于宗教仪式。**裸盖菇素**则是 Hofmann 于 1958 年从墨西哥裸盖菇中提取出来的。

仙人球毒碱，从佩奥特仙人掌中提取，被美国西南部和墨西哥北部的印第安人用于宗教仪式。
(Kal Muller/Woodfin Camp/Photoshot.)

临床个案：安东尼娅

大学是学习新鲜事物的地方，对安东尼娅来说这些事物包括摇头丸（X）。安东尼娅某次去酒吧，朋友给她一个药丸。她不知道那是什么，但迫于周围朋友的压力，她还是吃了这颗药丸。服药后过了一会儿，安东尼娅开始感觉到一股魔力，周围事物似乎焕然一新。她感到自己非常受欢迎，朋友们也非常友好，她开始亲密而又充满热情地和朋友甚至陌生人聊起天来。但当她再一次服食X后，她感觉情感被压制了，甚至有些焦虑，而头痛和时空错乱感比第一次服药醒来后更严重。在继续服用了几次X后，她注意到虽然她极其渴求吸食X后带来的美好感觉，但实际上只能感觉到沮丧和焦虑；这种感觉甚至能持续好几天。

摇头丸和PCP

在美国，和致幻剂类似的摇头丸于1985年被列为非法物质。摇头丸由MDA和MDMA制成。MDMA即二亚甲基双氧苯丙胺，于20世纪早期制成，在第一次世界大战中被士兵用来抑制食欲。MDMA的前体可在各种香料中找到，如肉豆蔻、藏红花和黄樟等。直到20世纪70年代，MDMA对神经的作用才在一些科学报告中出现。

摇头丸里包含致幻剂和安非他命家族中的一些成分，但它的效果却与这两种均不同，因此人们将其划分为新的类别（Morgan, 2000）。摇头丸的使用率正在下降，但它依然非常受欢迎，经常能在酒吧和舞厅中看到。英国犯罪调查显示，2007～2008年度16～59岁中1.5%的人和16～24岁中3.9%的人报告他们在过去一年中使用过摇头丸。根据这一调查结果计算，大约有239万16～59岁的人至少吸食过一次摇头丸，而且大约有470000人在过去一年中吸食摇头丸（Home Office, 2008）。在过去的5年里，英国有超过200例的死亡病例与摇头丸有关。

摇头丸的主要影响在于它可以加速5-羟色胺的释放，并抑制对它的重吸收（Huether, Zhou, & Ruther, 1997；Liechti, Baumann, Gamma, et al., 2000；Morgan, 2000）。人们曾经觉得摇头丸的危害很小，但科学证据显示，它会毒害5-HT系统（De Souza, Battaglia, & Insel, 1990；Gerra, Zaimovic, Ferri, et al., 2000）。动物研究发现，使用小剂量摇头丸会导致5-HT系统功能衰退，长时间使用则会破坏5-HT系统中轴突和终扣的作用（Harkin, Connor, Malrooney, et al., 2001；Morgan, 2000）。

使用者报告吸食摇头丸可以增强性欲和洞察力，改善人际关系，提升自信心和情绪，并能提高对美的鉴赏力。但摇头丸同样可以导致肌肉紧张、快速眼动、牙齿紧闭、头晕、晕厥、因寒冷发抖或出汗、焦虑、沮丧、人格解体或紊乱。一些证据显示，摇头丸带来的主观和生理影响，无论是快感还是负面影响，在女性身上都更强烈（Liechti et al., 2000）。

摇头丸常常被青少年在派对上服食，但它是有害的。

（Darid Seed Photography/Getty Images, Inc.）

聚焦发现 10.3　一氧化二氮——与笑无关

一氧化二氮是一种无色气体，发现于19世纪。对大部分人来说，吸食一氧化二氮后几秒内就可产生轻微头痛，并有一种欣快感；对一些人来说，脑海会迅速被各种想法填满。许多人会发现这些想法异常好笑，因此一氧化二氮又名笑气。

在牙科诊室里，一氧化二氮常常被用于使病人放松并使治疗过程愉快些。与其他止痛药或麻醉剂相比，一氧化二氮的优势在于，只需吸入氧气或正常空气几分钟，就可以马上使人回到清醒状态。

一氧化二氮属于吸入剂的范畴，除了医学治疗，美国许多州将其列为非法物质。但它依然广泛存在于娱乐场所。一氧化二氮是广受十几岁的少男少女欢迎的吸入剂之一，其使用率在吸食吸入剂的人中占 22%（Wu, Pilowsky, & Schlenger, 2004）。它常常和摇头丸以及其他毒品一起出现在有强烈灯光和高音量音乐的派对上（如在锐舞派对上）。

一氧化二氮不再只是笑气。
(Banana Stock/SUPERSTOCK)

PCP，即苯环利定，也被称为天使粉。它很难被归于某一确定的物质类别中。PCP 起初是马或其他大型动物的镇静剂。对于人类，它会带来严重的消极影响，包括妄想和暴力行为，甚至会导致昏迷或死亡。PCP 会影响脑内的多种神经递质，长期使用还会导致神经心理缺陷。

概念核查 10.3（答案见章末）

请判正误题。
1. 海洛因的戒断反应出现较慢，通常在停止使用几天后才开始。
2. 奥施康定首先流行于城市地区，后扩散到农村。
3. 甲基苯丙胺是安非他命类物质中相对不那么强效的毒品，它对大脑损伤较小。
4. 摇头丸含有致幻剂和安非他命物质中的某些成分。

物质使用障碍的病因

对有些人来说，在生理上对某一物质产生依赖是一个发展的过程：始于对某一物质的积极态度，之后对其进行尝试使用，接着经常使用，再接着过度使用，最后对其形成依赖（见图 10.5）。

物质使用障碍的影响因素可能和具体的发展过程有关。例如，对吸烟形成积极态度并开始尝试吸烟与其他家庭成员吸烟密切相关（Robinson, Klesges, Zbikowski, et al., 1997）。而发展至经常吸烟则与同伴吸烟和能得到烟的既有条件密切相关（Robinson et al., 1997；Wang, Fitzhugh, Eddy, et al., 1997）。

一般而言，用发展的眼光来看待物质使用障碍的病理，需要对其进行跨时间的研究，并从物质使用的早期开始。对青少年物质使用问题的追踪研究表明，不同青少年的发展轨迹不同（Jackson, Sher, & Wood, 2000；Wills, Sandy,

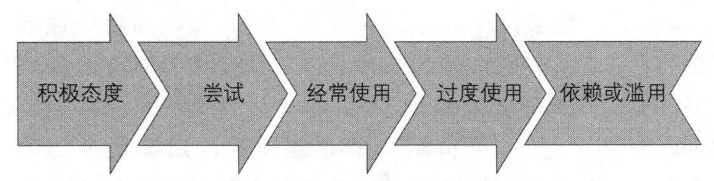

图 10.5　部分人对物质形成依赖的过程。

Shinar, et al., 1999)。例如,一项研究得出了青少年酒精使用的两种典型轨迹:①在青春期早期开始饮酒,并在中学阶段持续增加;②在青春期早期饮酒较少,之后出现两个饮酒量高峰,一个在初中,一个在高中。男孩更可能是第一种轨迹,而女孩更可能是第二种轨迹,甚至变化可能比男孩更为剧烈(Li, Duncan, & Hops, 2001)。

其他视角结合了脑的发展,尤其是青少年脑的发展。对相关研究的回顾指出,与判断和决策、追求新异性,以及冲动控制有关的脑区——前额叶,在青少年开始尝试使用物质和酒精时仍在发展(Chambers, Taylor, & Potenza, 2003)。与奖励有关的神经系统,包括多巴胺通路、5-HT 通路和谷氨酸通路,都要经过发展中的前额叶。

尽管纵向研究适用于很多案例,但它并不能解释所有的物质使用或物质依赖。例如,存在对烟草或海洛因过度使用但并未发展为依赖的案例记录。此外,阶段的发展并非一定按照固定的轨迹。有些人对某一物质过度使用——例如酒精——之后又回到了适度的使用。其他一些人则未经过过度使用阶段就直接对物质形成了依赖,例如冰毒。接下来,我们将讨论与物质使用障碍相关的遗传、神经生物、心理以及社会文化因素。请记住,对不同物质而言,这些因素的影响可能有所不同。例如,遗传因素与酒精使用障碍相关较大,但对致幻剂使用障碍而言并不那么重要。

遗传因素

大量研究表明,遗传因素与药物和酒精使用障碍有关。一些研究表明,问题饮酒者的亲属和孩子患酒精使用或依赖的概率高于预期(例如,Chassin, Pitts, Delucia, et al., 1999)。双生子研究为遗传因素提供了更强的证据:同卵双生子比异卵双生子在酒精使用障碍(McGue, Pickens, & Svikis, 1992)、吸烟(True, Xiam, Scherrer, et al., 1999)、重度的大麻吸食(Kendler & Prescott, 1998)以及物质使用障碍(Tsuang, Lyons, Meyer, et al., 1998)上存在更高的一致性。行为遗传学研究表明,在物质使用障碍中遗传和共享的环境风险因素可能并非特异性的(Karkowski, Prescott, & Kendler, 2000; Kendler, Jacobsen, Prescott, et al., 2003)。即不论何种物质(大麻、可卡因、阿片、致幻剂、镇静剂、兴奋剂),遗传和共享的环境风险因素似乎有着相同程度的影响,且对男性和女性似乎影响相同(Kendler, Prescott, Myers, et al., 2003)。

当然,基因通过环境发挥作用,并有研究发现在酒精和药物使用障碍中存在着基因与环境的相互作用。对青少年来说,同伴和父母似乎是尤其重要的环境因素。例如,芬兰的一项大型双生子研究发现,青少年酒精问题的遗传性在那些有大量饮酒同伴的青少年中更大一些(Dick, Pagan, Viken, et al., 2007)。在这样的案例中,环境因素即同伴群体的饮酒行为。另一项研究发现,哪些最好的朋友吸烟、饮酒的青少年,他们的酒精和吸烟问题的遗传性更高(Harden, Hill, & Turkheimer, & Emery, 2008)。在这样的案例中,环境因素即好朋友的吸烟、饮酒行为。还有一项研究发现,相比学校里"受欢迎群体"不吸烟的青少年,那些在"受欢迎群体"吸烟的学校就读的青少年吸烟的人遗传性更高(Boardman, Saint Onge, Haberstick, et al., 2008)。上面提及的芬兰双生子研究也发现,吸烟的遗传性对那些较少受到父母监管的青少年而言更高(Dick et al., 2007)。

耐受大量酒精的能力可能遗传自酒精使用障碍。即,要对酒精形成依赖,一个人通常必须能够大量饮酒。一些族群,例如亚裔,因酒精代谢相关酶（乙醇脱氢酶，alcohol dehydrogenase，即ADH）的遗传缺陷而导致其对酒精生理耐受力低，因而有较少的酒精使用问题。大约3/4的亚裔饮少量酒之后就会有不愉快体验，例如脸红（血液涌到脸上），类似问题可能避免了他们对酒精形成依赖。

也有研究考察遗传因素影响吸烟的机制。与大多数物质一样，尼古丁可以刺激多巴胺释放并抑制其重吸收。对尼古丁的这些作用更为敏感的人更可能成为经常吸烟者（Pomerleau, Collins, Shiffman, et al., 1993）。也有研究探查了吸烟与基因之间的联系。该基因叫作SLC6A3，负责调节多巴胺的重吸收。这一基因的某一种形态与较低的吸烟可能性（Lerman, Caporaso, Audrain, et al., 1999）和较高的戒烟可能性（Sabo, Nelson, Fisher, et al., 1999）有关。研究也发现其他基因，例如CYP2A6，与个体代谢尼古丁的能力有关——有些人代谢快而其他人代谢慢。较慢的尼古丁代谢意味着尼古丁在体内停留时间更长。一项对12～13岁青少年的纵向研究表明，有较慢尼古丁代谢基因的青少年在5年后更可能形成依赖（O'Loughlin, Paradis, Kim, et al., 2005）。其他证据还发现CYP2A6活动减弱的人较少吸烟，且不易对尼古丁产生依赖（Audrain-McGovern & Tercyak, 2011；Rao, Hoffmann, Zia, et al., 2000）。这是一个基因多态性起到保护作用的有趣例子。

神经生理因素

你可能已经注意到，我们在对特定物质的讨论中已经提到过神经递质多巴胺。大脑多巴胺通路与愉快和奖励紧密关联，物质使用带来奖励感或唤起愉快情绪，就是通过多巴胺产生的这些情绪。人类研究和动物研究都表明，几乎所有物质，包括酒精，都能刺激多巴胺系统，尤其是中脑边缘通路（Camí & Farré, 2003；Koob, 2008）。研究者因此提出大脑多巴胺通路中的问题可能在某种程度上导致了某些人对物质产生依赖。有证据表明，那些对物质或酒精产生依赖的人存在多巴胺受体DRD2的缺陷（Noble, 2003）。

一个待解决的难题在于，到底是多巴胺系统中的问题增加了某些人物质成瘾的易感性（也称为"易感模型"），还是使用物质导致了多巴胺系统中的问题（"毒性作用模型"）。对于一些物质，例如可卡因，现有研究对上述两种模型都支持。因此，这一重要领域仍有待未来进一步研究。

人们使用物质不仅为了感觉良好，也为了感觉不那么差。当一个人对某一物质产生依赖时，其戒断反应非常痛苦。换句话说，人们持续使用物质以避免与戒断相关的不愉快体验。一项动物研究支持了这一物质使用行为的动机（Koob & Le Moal, 2008），可以解释复发的普遍性。

研究者提出了一个神经生理理论：激励—敏化理论。该理论不仅考虑了对物质的渴望（"想要"），也考虑了使用物质带来的愉悦（"喜爱"）（Robinson & Berridge, 1993, 2003）。根据这一理论，与愉悦或喜爱有关的多巴胺系统不仅对物质的直接作用变得高度敏感，也对与物质有关的线索高度敏感（例如针、勺、纸卷）。对线索的敏感激起渴望后，人们为了寻找并得到物质变得不择手段。随着时间推移，人们对物质的喜爱减少，但对物质的渴望仍非常强烈。研究者提出，从喜爱到极度渴望的转变背后是物质对多巴胺通路的影响，并最终发展为对物质成瘾。

许多研究者研究了渴望物质的神经生理学机制。大量实验室研究已表明，和某一特定物质相关的线索能够激起与用药相似的反应。举例来说，与那些未对可卡因成瘾的人对比，那些对可卡因产生依赖的人对可卡因相关线索表现出生理唤醒上的改变、渴望和兴奋情绪提升、消极情绪增多。这些线索包括人们准备注射或鼻吸可卡因的声音和影像资料等（e.g., Roberts, Kuncel, Shiner, et al., 2000）。脑成像研究发现，物质线索，例如针或烟，会激活与物质使用有关的大脑奖励与愉悦区域。

那么与渴望心理有关的心理学解释呢？是否就算渴望更多物质的人们试图戒断，他们实际上还是会用得更多？一项对试图戒烟群体的经历研究表明答案确实如此（Berkman, Falk, & Lieberman, 2011）。参加某个戒烟计划的人连续21天每天收到8次短信。收到每一次短信提醒时，他们都要报告他们吸了多少烟、有多想吸烟以及他们感觉如何。越想吸烟的被试在下一次收到短信时报告吸了烟的可能性更大。

一项对重度和轻度饮酒者的前瞻性研究考查了被试在实验期间的渴望和喜爱对其两年后实际饮酒的预测性。重度饮酒者为那些每周喝10~40杯，且多数时候每周狂饮一次以上的人；轻度饮酒者为那些每周喝1~5杯，且一年内狂饮次数小于5次的人。实验分成三组，研究者给不同组别的被试以不同量的酒精，之后测量他们的渴望、喜爱以及镇静情绪。两年后研究者又测量了被试的实际饮酒行为。结果发现，在实验中重度饮酒者比轻度饮酒者报告了对酒精更高的渴望和喜爱；而轻度饮酒者比重度饮酒者报告了更高的镇静情绪水平。两年后，在实验中报告较高渴望和喜爱的重度饮酒者比那些报告较少渴望和喜爱的重度饮酒者饮酒更多（King, de Wit, McNamara, & Cao, 2011）。因此，即使是渴望和喜爱的自我报告，对未来饮酒行为的预测也是非常重要的。

当然，神经生理、遗传和环境因素并不是独立产生影响的。对物质使用障碍最合理的解释应该是考虑了环境因素如何使得遗传或神经生理因素发挥它们的作用。动物研究支持了这一点。例如，一项动物研究将老鼠从一出生就与其母亲分离（即使对老鼠来说这也是一个很强的压力事件），与那些没有被分离、只在早期经历了其他压力（被人类抓握的经历）的老鼠相比，其对注射安非他命或可卡因的反应非常不同。这一研究表明两种早期压力对动物多巴胺系统发展的影响不同，因而也导致了其不同的物质反应（Meaney, Brake, & Gratton, 2002）。

心理因素

在这一部分，我们将关注与物质使用障碍有关的三种心理因素。第一，我们考虑物质对心境的作用（尤其是酒精和尼古丁）；我们将探究紧张—减弱效应的发生情境以及认知在这一过程中的角色；第二，我们考虑人们对物质影响行为的预期，包括对物质使用普遍性和危害性的信念。第三，我们考虑可能导致某些人更容易过度用药的个人特质。

改变心境

一般我们认为使用物质的一个主要动机是为了调节心境；物质使用因为提高积极心境或减弱消极心境而得到强化。例如，大部分人相信紧张水平的提升（例如，工作不顺）导致酒精饮用的增多；也有人提出压力可能导致吸烟增多，至少增多了对吸烟的初次尝试以及戒烟之后的复发（Kassel, Stroud, & Paronis, 2003；Shiffman & Waters, 2004）。

对压力和物质使用的纵向研究为这一观点提供了证据。例如，一项对青少年吸烟者的纵向研究发现，负面情感和负面生活事件的增多与吸烟的增多相关（Wills, Sandy, & Yaeger, 2002）。其他一些研究发现，生活压力与随后的饮酒复发相关（例如，Brown, Beck, Steer, et al., 1990）。但也有纵向研究并未发现酒精饮用在生活压力增大之后有所提升（Brennan, Schutte, & Moos, 1999）。这些实证研究的结果较复杂，但它们表明了如果紧张的减弱能起作用，那么它仅对一部分人在一部分情况下起作用。此外，物质不仅能减弱紧张。例如研究发现酒精在焦虑情境中既减弱消极情绪，也减弱积极情绪（Curtin, Lang, Patrick, et al., 1998；Stritzke, Patrick, & Lang, 1995）。

一些研究表明尼古丁能够减弱紧张感，而另一些并没有发现这一作用（Kassel, et al.,

2003）。研究表明人们在刚开始吸烟时，比他们经常吸烟或在戒烟后复发吸烟时，紧张感和负面情绪减弱得更多（Kassel, et al., 2003）。为什么会这样呢？一项实验室研究考察了与吸烟后负面情绪减弱相关的不同情境（Perkins, Karelitz, Conklin, et al., 2010）。被试为经常吸烟者，他们必须做一个演讲、玩一个困难的计算机游戏、戒烟12小时、观看令人心烦的图片。研究者发现人们在戒烟情境下体验到最大的负面情绪减弱。即，相比其他压力情境，被试在不能够吸烟之后重新开始吸烟时，其减弱负面情绪的效果最大，表明研究者在考虑吸烟是否能减弱负面情感时，必须考虑情境。然而，可能并非是尼古丁与负面情感减弱有关，而是吸烟的某些感觉方面（即，吸入）与此相关。在刚刚描述的研究中，不论吸的烟中是否含尼古丁，被试都体验到了负面情感的减弱（Perkins, et al., 2010）。

随后的研究关注了酒精或尼古丁消费的情境——尤其关注分心物在场的情境。结果表明酒精可能通过调节认知和感知来减弱紧张（Curtin et al., 1998；Josephs & Steele, 1990；Steele & Josephs, 1998）。酒精损害认知过程并使注意力变得狭窄，使注意力关注于即时可得的线索，导致"酒精近视"（Steele & Josephs, 1990）。换句话说，酒精中毒者认知能力下降，如果分心物存在的话会倾向于关注即时的分心物，而不是关注于产生紧张的念头上；继而焦虑有所减少。实证研究也表明认知分心物能减少酒精中毒者的攻击性行为（Giancola & Corman, 2007）。

使用分心物的利处在尼古丁方面也有所发现。吸烟时伴随分心活动的吸烟者焦虑减弱，而吸烟时未伴随分心活动的吸烟者并没有体验到焦虑减弱（Kassel & Shiffman, 1997；Kassel & Unrod, 2000）。而酒精和尼古丁在没有分心物的情况下可能提升紧张。例如，当一个人独自饮酒时，其有限的认知可能关注于不愉快的念头，沉浸于此并变得更加紧张和焦虑，即"借酒消愁愁更愁"。

总之，现有实证研究表明物质减弱紧张存在诸多限制。未来还需要更多的实证研究其作用机制（Kassel et al., 2003）。

减弱紧张感只是物质对心境作用的一个方面。一些人可能使用物质以减弱负面情感，而另一些人则可能在感到无聊时使用物质以提高积极情感（Cooper, Forne, Rusell, et al., 1995）。在这种情况下，物质使用主要是出于对刺激的高需求以及对物质能够提升积极情感的预期。这些模式在滥用酒精和可卡因的人中得到了确认（Cooper et al., 1995；Hussong, Hicks, Levy, et al., 2001）。

对酒精和物质效果的预期

如果酒精并不能真的帮助人们减轻压力，那为什么这么多饮酒者仍相信酒精能够帮助他们放松？预期可能在这里发挥了作用——即，人们在压力之后饮酒并不是因为它真的能，而是因为他们相信它能。支持这一观点的研究已表明，预期酒精能减轻压力和焦虑的人更可能经常饮酒（Rather, Goldman, Roehrich, et al., 1992；Sher, Walitzer, Wood, et al., 1991；Tran, Haaga, & Chambless, 1997）。进一步说，饮酒量和对酒精的预期似乎相互影响。对饮酒能减轻焦虑的预期使得饮酒增多，进一步又增强了对饮酒的积极预期（Smith, Goldman, Greenbaum, et al., 1995）。

其他研究发现，关于物质效果的预期——例如，相信物质能够刺激攻击性并提升性功能——预测了物质使用的增多（Stacy, Newcomb, & Bentler, 1991）。相似地，错误地相信酒精能使自己变得更加擅长社交的人们，相比于那些认识到酒精妨碍社交互动的人，更可能饮更多的酒。一项经典研究表明，在预期的作用下，相信自己饮用了一定量酒精但实际上饮用的是无酒精饮料的被试表现出更高的攻击性（Lang, Goeckner, Adessor, et al., 1975）。酒精饮用与攻击性提升有关，但对酒精作用的预期也起了作用（Bushman & Cooper, 1990；Ito, Miller, & Pollock, 1996）。因此，如同我们在其他情境下所看到的一样，认知对行为有很强的影响。积极预期预测了酒精使用，而酒精使用也帮助维持并加强了积极预期（例如，Sher, Wood, Wood, et al., 1996）。

一个人有多相信酒精是有害的，以及认为其他人使用酒精有多普遍，都与其对酒精的使用有关。总的来说，越认识到使用物质的危害，越不可能去使用。所以，如果个体对物质使用的积极认识（例如，提升心境、感受性和审美）很明显，并且相比于负面作用（例如，犯罪、焦虑、"宿醉效应"，对教育、工作、经济地位和人际关系的影响）更经常被体验到，那么个体越可能维持酒精的使用。然而，人们经常无视有关的消极情感体验或潜在的危险（Cottler et al., 2001）。使用者可能将这些消极情感和症状作为整个物质体验的一部分，因而对之不放在心上。相似地，许多吸烟者并不相信自己患癌症或心血管疾病的风险会更大（Ayanian & Cleary, 1999）。此外，酒精和烟草的使用者更倾向于高估其他人使用这些物质的频率（Jackson, 1997）。

对酒精的预期影响人们是否饮酒。
(Michael Blann/Getty Images, Inc.)

人格因素

人格因素可能有助于解释为什么某些人更容易滥用或依赖物质。预测物质使用障碍的关键人格因素包括高水平的负面情感，有时也称为负性情绪性；对唤起的持续需要，伴随着积极情感提升；约束性，指行为谨慎、避免伤害以及保守的道德标准。一项纵向研究发现那些低约束性、高负性情绪的18岁青少年更可能在成年早期患上物质使用障碍（Krueger, 1999）。

另一项纵向研究调查了人格因素是否能预测物质使用障碍，调查对象为超过1000名17岁的（后续调查在20岁时）男性和女性青少年（Elkins, King, McGue, et al., 2006）。结果显示，低约束性和高负性情绪性对男性和女性而言都能预测其随后的酒精、尼古丁以及毒品使用障碍。

越来越多的证据显示，特定的童年期问题和人格特质，例如注意缺陷行为和感觉寻求/冲动性，都与长大之后尝试使用管制药品和患物质使用障碍的高风险有关（Giancola et al., 1996；Lynskey and Hall 2001；Tapert and Brown 2000）。

社会文化因素

社会文化因素在物质使用障碍中扮演着不同的角色。人们对物质的兴趣以及得到物质的途径，受到同伴、父母、媒体以及文化对于可接受行为的标准的影响。

例如，一项对酒精和药物使用的跨国研究调查了36个国家的高中生，发现酒精都是最受欢迎的物质，尽管在学生饮用酒精的百分比上有很大不同，从津巴布韦的32%到威尔士的99%（Smart & Ogburne, 2000）。研究中36个国家除了2个以外，大麻都是第二受欢迎的物质。在这些大麻使用最频繁的国家中（超过15%的高中生曾使用过大麻），安非他命、摇头丸和可卡因的使用率也更高。

尽管不同国家有着共同点，另一些研究也关注酒精饮用的跨国差异。例如，饮用葡萄酒的国家的酒精饮用率最高，如法国、西班牙和意大利，经常饮酒在这些国家是被广泛接受的

（deLint，1978）。因而饮酒的文化观点和模式影响了重度饮酒和酒精滥用的可能性。有研究发现，在不同文化中，男性都比女性饮用更多酒精。男性比女性饮酒更多的程度在不同国家间有着很大差异。例如，在以色列，男性饮酒比女性多3倍，而在荷兰，男性饮酒只比女性多1.5倍（Wilsnack，Vogeltanz，Wilsnack，et al.，2000）。这些发现表明男性和女性饮酒的文化视角也需要着重考虑。

酒精依赖在大量饮用酒精的国家中更为常见。
（©Realimage/Alamy Limited.）

物质的可得性是另一个影响因素。举例来说，在饮用葡萄酒的国家中，葡萄酒在很多地方都有，甚至存在于大学食堂里；酒精使用障碍的概率在酒吧招待和酒店店主中也更高，酒精对这些人而言是能够轻易取得的（Fillmore & Caetano，1980）。在2003年，接触过毒品贩子的年轻人中吸毒的比例为35%，而接触不到毒品贩子的年轻人中吸毒的比例低于7%（SAMHSA，2004）。至于吸烟，如果烟容易买到且买得起，那么吸烟率会上升（Robinson et al.，1997）。这也是国家对酒精和烟课税如此繁重的原因之一。

家庭因素也很重要。举例来说，父母使用酒精的子女饮酒的可能性更高（Hawkins，Graham，Maguin，et al.，1997）。一项对近2000对夫妇的研究发现，不幸的婚姻能预测之后的酒精使用障碍（Whisman & Uebelacker，2006）。对来自其他文化或民族背景的人来说，对美国社会的文化适应与家庭因素相互作用。例如，一项对纽约一所中学的西班牙裔学生的研究发现，同父母讲英语的孩子相比那些和父母讲西班牙语的孩子更可能吸食大麻（Epstein，Botvin，& Diaz，2001）。家庭中的精神障碍、婚姻和法律问题都和物质滥用有关，缺乏父母情感支持和更多的吸烟、使用大麻和饮酒有关（Cadoret，Yates，Troughton，et al.，1995；Wills，DuHamel，& Vaccaro，1995）。最后，纵向研究表明父母监管不足导致子女有更多物质滥用的同伴，继而导致物质使用的增多（Chassin，Curran，Hussong，et al.，1996；Thomas，Reifman，Barnes，et al.，2000）。

个体所处的社会环境也对物质使用有影响。举例来说，对吸烟者的日常生活研究发现，相比于与不吸烟者在一起，他们更倾向于与其他吸烟者在一起时吸烟。此外，吸烟更可能发生在酒吧、餐馆或是家中，而不是在工作场所或是别人家里（Shiffman，Gwaltney，Balabanis，et al.，2002；Shiffman，Paty，Gwaltney，et al.，2004）。其他研究表明有吸烟的朋友能预测个体的吸烟行为（Killen et al.，1997）。纵向研究中，七年级时的同伴群体认同感能预测个体八年级时的吸烟行为（Sussman，Dent，McAdams，et al.，1994）以及接下来三年物质使用的增多（Chassin et al.，1996）。同伴影响对酒精和大麻使用的增加非常重要（Hussong et al.，2001；Stice，Barrera，& Chassin，1998；Wills & Cleary，1999）。

这些发现支持了社交网络影响个体使用物质或饮酒行为的观点。然而，其他证据表明，容易患上物质使用障碍的人，可能选择了与他们自身饮酒或药物使用模式一致的社交网络。因此，我们有两种解释：社会影响模型和社会选择模型。一项对超过1200名成年人的纵向研究检验了究竟哪一模型能最好地解释饮酒行为，结果同时支持了两种模型（Bullers，Cooper，& Russell，2001）。社交网络能预测个体饮酒，但个体饮酒也预测其社交网络的饮酒状况。实际上，社会选择效应更强，即人们通常选择饮酒模式相似的社交网络。毫无疑问，个体所选择的社交网络支持或强化了其饮酒行为。

另一项需要考虑的因素是媒体。电视广告将啤酒和运动型外貌的男性、穿着比基尼的女性以及美好时光联结起来；广告还将烟和激情、休闲及时尚等同。杂志上的酒精广告在近年来有所增长，并且这些广告似乎被更多女孩而不是男孩所接触。举例来说，2001～2002年，女孩接触酒精广告的比例增长了216%，相比之下，男孩只增长了46%（Jernigan, Ostroff, Ross, et al., 2004）。研究综述发现，烟草广告牌在非裔美国人为主的社区比在欧裔美国人为主的社区要多两倍（Primack, Bost, Land, et al., 2007）。很明显，饮酒广告瞄准女孩而吸烟广告瞄准非裔美国人，那么，广告真的能改变吸烟或饮酒模式吗？

证据显示确实如此。一项对17个国家1970～1983年的消费分析支持了广告在促进酒精使用中的作用。禁止了酒精广告的国家相比未禁止的国家酒精消费少了16%（Saffer, 1991）。一项对不吸烟的青少年的纵向研究发现，有喜欢的烟草广告的青少年开始吸烟或是愿意吸烟的可能性是其他人的两倍（Pierce, Choi, Gilpin, et al., 1998）。一个尤其令人震惊的例子是骆驼牌香烟的骆驼老乔运动。骆驼牌香烟于1988年模仿詹姆斯·邦德或由唐·约翰逊在电视剧《迈阿密风云》中扮演的角色，创造出了骆驼老乔的形象。此前，也就是1976～1988年，骆驼牌香烟在七到十二年级学生最喜爱品牌中占比不到0.5%；而到了1991年，骆驼香烟在这一非法市场中的份额提升到了33%（DiFranza, Richards, Paulman, et al., 1991）！

作为46个州的消费者控告美国的烟草公司操控尼古丁水平以使吸烟者成瘾这一集体诉讼的解决方案的一部分，数家公司同意停止针对儿童的市场营销。尽管这些烟草公司做出了承诺，一项哈佛公共卫生学院的研究对数家烟草公司分析后发现，烟草公司仍将他们的广告投向年轻人（Kreslake, Wayne, Alpert, et al., 2008）。一些烟草公司，例如雷诺兹烟草公司，2005年的所有杂志广告都是薄荷牌香烟。研究者发现，烟草公司内部的研究已发现含有低水平薄荷醇的香烟在年轻人中更受欢迎，并且很快将这一发现应用在了实际市场中。2005年，接近一半的青少年吸烟者选择了薄荷牌香烟。

广告是促使欲望发展的途径之一。
(Bill Aron/PhotoEdit.)

广告是刺激物质使用的重要因素。骆驼老乔运动极大提高了骆驼香烟在初等和高等学校学生中的市场份额。
(© JoelW. Rogers/©Corbis.)

概念核查10.4（答案见章末）

1. 下列哪一项不是物质使用障碍病因学中的社会文化因素之一？
   a. 媒体
   b. 性别
   c. 物质的可得性
   d. 社交网络

2. 根据研究，下列哪一项最好地描述了渴望、喜爱和饮酒之间的关系？
   a. 对重度饮酒者而言，渴望而不是喜爱能够预测更多的饮酒行为。
   b. 对重度饮酒者而言，渴望预测更多的饮酒行为；对轻度饮酒者而言，喜爱预测更多的饮酒行为。
   c. 对重度饮酒者而言，渴望和喜爱预测更多的饮酒行为。
   d. 对重度和轻度饮酒者而言，镇静水平预测更少的饮酒行为。
3. 对物质依赖的遗传学研究表明：
   a. 遗传因素对许多物质使用的影响可能都是一样的。
   b. 遗传性的作用如何还有待更多研究。
   c. 多巴胺受体 DRD1 可能有缺陷。
   d. 双生子研究表明环境和基因同样重要。

物质使用障碍的治疗

成瘾的长期性是一张索命的传票。如果成瘾者在心底知道他将再次复发，为何不就在今天？但如果出现一枝希望的芦苇，事情可能会改变。你又活了一天，起床并再活一天。这样的希望对那些因绝望而窒息的人来说，就像氧气一样（Carr，2008）。

如上述引文所说，治疗物质依赖患者的挑战非常巨大。物质使用障碍是典型的慢性障碍，时常复发。面对这些挑战时，人们仍在继续努力探索新的、有效的疗法。上述引文的作者，大卫·卡尔，曾对可卡因、高纯度可卡因和酒精成瘾。但现在，他是《纽约时报》的专栏作者。对他来说，治疗非常成功。

许多与酒精或物质使用障碍患者一同工作的人建议，成功治疗的第一步是承认问题的存在。在一定程度上确实应该这样。不然一个人为什么要为了一个不是问题的问题接受治疗呢？不幸的是，很多治疗项目不仅仅要求人们承认问题，还要求他们通过在治疗初期停用酒精或物质来做出承诺。这一要求将许多需要治疗的人排除在外。例如，弗兰克（前面的临床个案）就因为未能在加入的前一周停用海洛因，而无法参加戒断项目。想象一下一个肺癌患者被告知他们必须先停止吸烟才能得到治疗，会怎样？接下来，我们将阐述对酒精、尼古丁和其他物质使用障碍的治疗。

酒精使用障碍的治疗

在英国，与酒精有关的生理伤害在近三十多年间不断增加。在欧洲其他国家，因酒精肝导致的死亡自1980年起多了一倍（Leon & McCambridge，2006）。与酒精问题相关的就诊记录在2002年3月至2008年9月间增长了85%。(North West Public Health Observatory, 2010)

住院治疗

专家治疗主要是通过安全的途径帮助个体

解毒通常是治疗酒精使用障碍的第一步。
(©Angela Hampton Picture Library/Alamy Limited.)

减少或停止饮酒。在初期，患者可能无法明确地改变他们的饮酒行为或解决饮酒问题。在这一阶段，增强患者改变和参与治疗的动机十分重要。

对大多数酒精依赖者来说，最理想的目标是完全戒除。但随着酒精依赖度的提高，回到适当的或是"受控制的"饮酒水平变得越发困难（Edwards & Gross, 1976；Schuckit, 2009）。更进一步说，对有严重精神或生理并发症的患者（例如，抑郁障碍或酒精肝），戒除是一个恰当的目标。但对于危险和有害的饮酒者，以及那些低酒精依赖水平的患者，能够达到的目标也许是适度饮酒（Raistrick et al., 2006）。当来访者目标为适度饮酒而治疗师认为这么做有危险时，治疗师应该强烈建议完全戒除，但如果这一建议未被采纳也不该拒绝为来访者治疗（Raistrick et al., 2006）。

对酒精依赖的患者来说，治疗的下一步可能需要在医疗帮助下进行酒精戒除——如果有必要使用药物控制戒断症状的话。对有着重度酒精依赖或有着严重的生理或精神并发症的患者来说，应尽可能在住院的条件下进行戒除治疗。而对大多数患者来说，酒精戒除可以在社区中完成，可以是在普通医师的治疗下，或是在门诊，或是在家庭辅助的酒精戒除项目中，得到专业方面和家庭方面的适当支持（Raistrick et al., 2006）。

然而，对酒精戒断反应的治疗只是治疗的开始，且对许多人来说，这只是长期治疗进程中必要的前导。戒断管理不是一项独立的治疗。近期才开始停止饮酒的酒精依赖患者很容易复发，并常有很多未解决的并发问题（例如，精神并发症和社会问题），使酒精依赖和危险的酒精使用更易于复发（Marlatt & Gordon, 1985）。在这一阶段，治疗最重要的作用就是防止复发。这必须包括针对饮酒行为的干预、心理社会学和药理学的干预，以及旨在解决并发问题的干预。旨在防止复发的干预包括个体治疗（例如，动机提升治疗）、认知行为治疗、团体和家庭治疗、社区和住院康复治疗、弱化饮酒或增强戒断用药（例如，纳曲酮、阿坎酸或戒酒硫），以及社会支持与整体干预（例如，社会行为和社交网络治疗或12步促进法治疗（Raistrick et al., 2006）。

戒除酒精匿名互助会

戒除酒精匿名互助会（Alcoholics Anonymous，简称 AA）是世界上最大、最著名的互助组织，由两名酗酒痊愈者于1935年创建。目前它有超过100000个分会，遍布美国等一百多个国家，会员超过200万。2009年，超过一半的接受酒精或物质使用障碍治疗的患者是通过如同 AA 这样的自助组织接受治疗的（SAMHSA, 2010）。

戒除酒精匿名互助会是世界上最大的自助组织。在他们的定期聚会中，新成员将讲述他们的成瘾经历并得到其他人的建议和支持
(Hank Morgan/Photo Researchers, Inc.)

每一个 AA 分会都定期聚会。在聚会中新成员将讲述他们的成瘾经历，其他老成员给出评论，并讲述他们自己的戒酒故事以及戒酒成功如何让他们现在的生活变好了。群体提供了情感支持、理解和亲密的咨询，也提供了一个社交网络。会员在他们需要陪伴和鼓励时会通知其他人，以防止复发。针对其他物质使用问题有一些类似 AA 的项目，例如，戒除可卡因匿名互助会和戒除大麻匿名互助会。

AA 项目试图在每一个会员心中建立这样一种信念：酒精依赖是一种病，它无法被治愈，必须保持警戒以防再喝哪怕一杯酒，以此阻止无法控制的饮酒。即使一个人 15 年甚至更长时间都没有饮过酒，根据 AA 的信条，他仍是"酗酒者"。他之所以永远都是一个酗酒者，是因为他永远都携带有这种疾病，即使这种疾病目前处于控制之中。

AA 的精神在 12 步程序中体现明显，如表 10.1 所示。有证据表明精神信念和成功戒断之间是有关系的（Fiorentine & Hillhouse, 2000；Tonigan, Miller, & Connors, 2000）。其他互助组织并没有 AA 这样的宗教寓意，但也有对远离酒精的生活的社会支持、安慰、鼓励和建议。

未设置控制组的实验研究发现，AA 对参与者十分有益（Moos & Moos, 2006；Ouimette, Finney, & Moos, 1997；Timko, Finney, et al., 2001）。对超过 2000 名酒精依赖男性的一项大型研究发现，参加 AA 者在 2 年后有更好的结果（McKeller, Stewart, & Humphreys, 2003）。一项对第一次寻求治疗的 400 名患者长达 16 年的研究发现，第一年在 AA 参会超过 27 周的患者，在随后的 16 年中有 2/3 成功戒断，而第一年在 AA 参会少于 27 周的患者，只有 1/3 在随后的 16 年中成功戒断（Moos & Moos, 2006）。此外，在治疗早期就成为 AA 会员并长期待在 AA，8 年后效果更好（Moos & Humphreys, 2004）。

这些对参加 AA 的人来说是个好消息。然而，一项对八个随机控制临床实验的综述发现，AA 治疗并不比其他类型的治疗作用大，包括动机提升、住院治疗、夫妻治疗或认知行为治疗等（Ferri, Amato, & Davoli, 2008）。此外，AA 有很高的脱落率，而这些退出的患者很多时候并没有被研究所考虑。

夫妻治疗

行为导向的婚姻或夫妻治疗（O'Farrell & Fals Stewart, 2000）在减少问题饮酒上即使在停止治疗一年后依然有效，并改善了夫妻关系（McCrady & Epstein, 1995）。

认知与行为治疗

周边管理治疗是针对酒精和药物使用障碍的认知行为治疗，包括教授患者和患者身边的人强化拒绝饮酒的行为——例如，服用安塔布司（随后会讨论到），并回避与饮酒联系在一起的情境。这一疗法基于这样的信念，即环境在鼓励或阻止饮酒上扮演着重要角色。患者如果不再使用物质（通过尿检）将获得代币，并且这些代币可以换患者想要的东西（Dallery, Silverman, Chutuape, et al., 2001；Katz, Gruber, Chutuape, et al., 2001；Silverman, Higgins, Brooner, et al., 1996）。这一疗法也包括教授患者找工作和社交的技巧，对拒绝饮酒进行辅助训练，对社交孤立

表 10.1　戒除酒精匿名互助会的 12 步程序

1. 我们承认我们对酒精是无力的——因此我们对生活失去了控制。
2. 认识和信任比我们自身强大得多的力量能够使我们清醒。
3. 上天希望我们做出决定来改变自己的意愿和生活。
4. 对我们自身做无畏的探索。
5. 向上天，向我们自己，向另一个人，承认我们错误中的真切本质。
6. 完全准备好让上天移走我们所有的个性缺陷。
7. 谦卑地请求上天移除我们的缺点。
8. 列出我们伤害过的所有人的名单，并积极地做出补偿。
9. 对伤害过的人进行直接的补偿，除非这样做会伤害到他或其他人。
10. 继续自我省察，当发现我们错了的时候，承认它。
11. 通过祈祷和冥想来加强我们与上天的联系，祈求指引与力量。
12. 最后，精神觉醒，并将这些领悟带到对酗酒的治疗中并在所有的事务中加以实践。

来源：《12 步与 12 种传统》。©1952

的人提供帮助和鼓励，以建立与不饮酒的人之间的联系。

预防复发是另一项认知行为治疗，它对酒精和药物使用障碍十分有效。它可以是独立治疗，也可以是其他治疗的一部分。总的来说，它的目标是帮助人们防止饮酒或用药复发（见聚焦发现10.4）。

动机干预

如我们之前描述过的，重度饮酒在大学生

聚焦发现 10.4　预防复发

预防复发是任何物质使用障碍治疗中的重要部分。马克·吐温曾调侃说戒烟太容易了——因为他戒过不下百次！Marlatt和Gordon（1985）发展了一种称为预防复发的疗法，专门针对物质滥用中的复发问题。这一方法鼓励物质依赖者相信一次复发并不意味着以后总会复发，应将之看成一种学习经历而不是战斗失败的标志；这与AA观点有明显差别（Marlatt & Gordon, 1985）。这一将酒瘾复发去灾难化的疗法十分重要，因为大部分试图戒断的酒精依赖者在4年间都会经历一次或更多的复发（Polich, Armor, & Braiker, 1980）。酒精依赖者应审视来自工作、家庭和人际关系中的压力，对此作出积极的回应，并远离可能导致过度饮酒的情境（Marlatt, 1983l L. C. Sobell, Toneatto, & Sobell, 1990）。对酒精使用障碍复发的预测，对不同性别来说不一样。对女性来说，婚姻压力是复发的预测源；而对男性来说，婚姻似乎保护他们免于复发（Walitzer & Dearing, 2006）。

预防复发治疗似乎对某些物质特别有效。一项对26个随机控制临床实验进行的元分析发现，预防复发对酒精和药物使用障碍最有效，但对尼古丁使用障碍最无效（Irvin, Bowers, Dunn, et al., 1999）。大部分戒烟者在一年内复发，不管使用什么防止复发方法。在我们已看到的模式中，吸烟最多者——可能也是对尼古丁最上瘾的人——相比中度或轻度吸烟者，更可能经常复发。多次失误、强烈渴望和戒断症状、低压力忍耐力、年轻、对尼古丁的生理依赖、低自我效能感、压力生活事件、看到其他吸烟者、体重困扰以及之前的失败尝试都可预测复发（McCarthy, Piasecki, Fiore, et al., 2006; Ockene, Mermelstein, Bonollo, et al., 2000; Piasecki, 2006）。对吸烟者在戒烟前后的想法、感受和症状的详细分析发现，许多吸烟者在目标戒烟日之前体验到高水平的负面情感，并且这一负面情感预测了更大的复发可能性（Brandon, Vidrine, & Litvin, 2007）。在这些戒烟项目中，吸烟者通过信件得到介绍预防复发方法的小册子。这些小册子在个体停止吸烟一年后似乎仍发挥作用。

什么因素有助于成功？研究结果（以及常识）告诉我们，未与吸烟者住在一起的人比与吸烟者住在一起的人更容易成功戒烟（McIntyre-Kingsolver, Lichtenstein & Mermelstein, 1986）。治疗后的支持性阶段也有帮助，但在实际意义上它们其实是治疗的延续；当它们停止，复发仍有可能（Brandon, Zelman, & Baker, 1987）。强化干预，例如电话咨询（Brandon, Collins, Juliano, et al., 2000），也有帮助；然而，电话咨询实际上接触不到多少吸烟者。就诊时的短期预防复发干预是有效的，也预计能够接触到大部分的吸烟者，但并不是总能被始终如一地贯彻落实（Ockene et al., 2000）。值得一提的是，相比十年前，现在对戒烟的社会支持要多得多了，至少在美国是这样。也许随着社会发展，抵制吸烟的社会共识可以帮助成功戒烟的人不再复发。

中尤其常见。研究人员设计了针对重度饮酒大学生的短期干预（Carey, Carey, Maisto, et al., 2006）。这一干预有两个部分：①包括时间轴回溯访谈在内的综合测评，对过去三个月的饮酒进行认真的评估；②短期动机治疗，包括对个体饮酒水平的个性化反馈（与社区或国家平均饮酒水平相比），关于重度饮酒的教育，如何避免伤害，适度饮酒的技巧。研究结果表明单独的时间轴回溯访谈降低了饮酒行为，但它与动机干预相结合后对饮酒行为有更长期的效果，可延伸到访谈和干预后一年。

饮酒调节

至少在戒除酒精匿名互助会诞生之后，许多人相信酒精使用障碍必须完全戒断才算治愈；因为患者被认为如果喝了第一杯之后就会无法控制饮酒。戒除酒精匿名互助会始终相信这一点。但之前提过的研究，发现饮酒者关于自身和酒精的信念与酒瘾本身同样重要，从而将这一观点置于疑问之中。考虑到在社会生活中完全避免饮酒有困难，教一个人不再过度饮酒而是适度饮酒可能是更好的。

研究者将**控制性饮酒**引入治疗中（Sobell & Sobell, 1993）。它指的是一种适度的酒精饮用模式，而不是极端的戒断或烂醉。有关这一著名疗法的研究表明，酒精问题较小的患者可以学会控制饮酒并改善生活的其他方面（Sobell & Sobell, 1976）。

控制性饮酒属于有指导的自我改变。其基本假设是人们对自己的过度饮酒其实有着更大的潜在控制力，而且提高对饮酒代价和戒断好处的认识有实质性的帮助。例如，在喝第二杯或第三杯之前延迟20分钟能够帮助人们反省饮酒的代价。证据支持了这一方法帮助人们调节饮酒和改善生活的有效性（Sobell & Sobell, 1993）。一项最近的随机控制临床实验发现有指导的自我改变与个体或团体治疗同样有效（Sobell, Sobell, & Agrawal, 2009）。

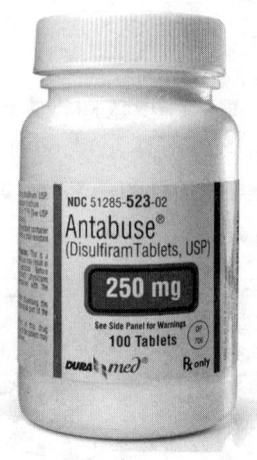

安塔布司可用于治疗酒精依赖。
(Teva Pharmaceuticals。)

药物治疗

酒精使用障碍患者，无论住院或是未住院的，均可使用戒酒硫（或安塔布司），导致只要饮酒就会引起呕吐，以帮助戒酒。可以想象，坚持使用**安塔布司**是一个挑战。

为了使之有效，患者必须有坚定的戒除意愿。然而，一项大型、多中心的研究发现，安塔布司并没有显示出任何作用，并且退出率超过80%（Fuller, 1988）。

纳曲酮，是一种阻断被酒精激活的内啡肽的活动的麻醉拮抗剂，能减少个体对酒精的渴求。当作为唯一治疗物时，其是否比安慰剂更有效的证据还不明确（Kryslal, Cramer, Krol, et al, 2001）。但当与认知行为治疗结合时，纳曲酮确实能提高总体治疗效果（Pettinati, Oslin, Kampman, et al, 2010；Streeton & Whelan, 2001；Volpicelli, Rhines, Rhines, et al, 1997；Volpicelli, Watson, King, et al, 1995）。

阿坎酸在欧洲使用了近20年，于2004年通过了美国食品和药品管理局的批准。尽管它的作用还未被完全理解，但研究者相信它影响着谷氨酸和GABA神经递质系统，从而降低与戒断相关的渴求症状。一项对已发表的所有双盲、安慰剂控制的对阿坎酸治疗酒精依赖的临床实验的元分析表明它是非常有效的（Mason，2001）。

吸烟的治疗

大量法律禁止在餐馆、火车、飞机和公共设施内吸烟。作为社会文化的一部分，这为戒烟提供了强化和支持。此外，身边有人戒烟时，人们更可能戒烟。一项对12000多人的纵向研究发现，如果一个人所处的社交网络放弃吸烟，其戒烟的可能性更大（Christakis & Fowler，2008）。举例来说，如果夫妻中的一方戒烟，那么另一方继续吸烟的可能性降低了70%。简短来说，戒烟的同伴压力与开始吸烟的同伴压力似乎同样有效。

一些想要戒烟的吸烟者会咨询戒烟诊所或戒烟项目的专家。即使如此，大约只有一半参加戒烟项目的人在项目结束时能够成功戒烟，只有20%在之后一年内能保持戒断。受过更好教育、年龄更大或是有着严重健康问题的吸烟者更容易成功戒烟（USDHHS，1998）。

心理治疗

医师要求患者停止吸烟的治疗或许是最常见的心理治疗。每年数以百万计的吸烟者因医师的劝告而参与咨询——由于高血压、心脏病、肺病或糖尿病，或是为了保持或提升健康。确实，在65岁时，大部分吸烟者都会试着戒烟（USDHHS，1998）。有证据发现，医师的建议能使一些人停止吸烟；至少在短期内，尤其在有尼古丁口香糖的情况下（Law & Tang，1995）。但对如何给建议仍需要更多的研究，包括给建议的方式、时间，以及当医师要求停止吸烟的时候影响吸烟者准备或实施改变的各种因素（USDHHS，1998）。

另一种有效的治疗方法称为按计划表执行的吸烟行为（Compas，Haaga，Keefe，et al.，1998）。这一策略逐步降低患者的尼古丁摄入量，要求其增大两次吸烟之间的时间间隔。例如，在治疗的第一周，原来每日一包的吸烟者将按计划表每日只能吸10支烟；在第二周，每日只能吸5支烟；在第三周，将逐渐减少为0。患者必须按计划表吸烟，而不是想吸的时候吸。这样的话，吸烟行为通过时间过程得到控制而不是由需求、情绪状态或情境控制。能够按照计划表执行的吸烟者有44%在一年后成功戒断，这是一个非常棒的结果（Cinciripini，Lapitsky，Wallfisch，et al.，1994）。

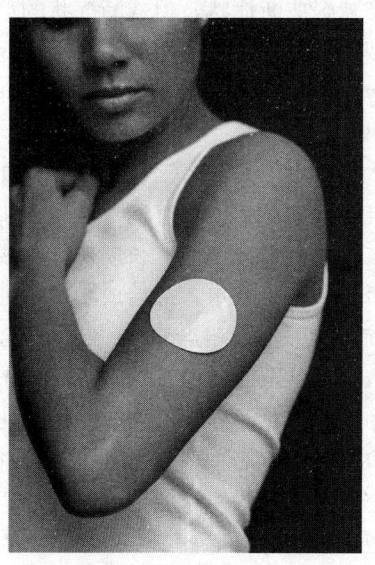

尼古丁戒烟贴片有助于减轻戒断症状。
（©moodboard/©Corbis。）

大约2/3的18岁吸烟者对开始吸烟感到后悔，其中一半已经尝试过戒烟，近40%对治疗香烟依赖表现出兴趣（Henningfield，Michaelides，&

许多地方的禁烟规定可能提高了戒烟率。
（Digital Vision/SuperStock, Inc.）

Sussman, 2000）。因此，将戒烟项目推介给青少年可能是十分有益的。一项基于学校的项目（被称为 EX 项目）包括教授应对技巧和开展对吸烟害处的心理教育。两项研究发现这一项目是有效的，不仅在美国（Sussman, Dent, & Lichtman, 2001），改编为适应中国文化和语言的版本后（Zheng, Sussman, Chen, et al., 2004）对中国青少年也有效。其他针对青少年的戒烟方法，包括认知行为治疗和动机疗法，对帮助青少年成功戒烟同样有效。认知行为方法关注于问题解决和应对技巧（Curry, Mermelstein, & Sporer, 2009）。

尼古丁替代治疗与药物治疗

通过不同方式减轻戒烟者对吸烟的渴望是尼古丁替代疗法的目标之一。对尼古丁依赖的关注非常重要，因为人们每天吸烟越多，他们戒烟的成功可能性就越小。尼古丁能够通过口香糖、贴片、吸入器和电子烟得到。帮助戒烟者忍受尼古丁戒断症状是戒烟的一部分。尽管尼古丁替代物能减轻戒断症状，但戒断症状的严重性和成功戒烟并无多少相关（Ferguson, Shiffman, & Gwaltney, 2006；Hughes, Higgins, Hatsukami, et al., 1990）。

在大部分西方国家，含尼古丁的口香糖通过零售柜台就能买到。口香糖中的尼古丁比烟中的尼古丁吸收起来慢得多。长期目标是戒烟者也能够减少口香糖的使用，最后成功戒断尼古丁。

然而，这一治疗相当复杂。吸烟者会对口香糖产生依赖，甚至通过口香糖吸收相当于每小时一支烟的尼古丁量，导致心血管系统变化，例如血压增高；这对有心血管疾病的人来说很危险。但不管怎么说，一些专家相信即使这样，嚼口香糖也比通过吸烟吸收尼古丁要健康，因为至少能避免烟中的其他有害物质（de Wit & Zacny, 2000）。

尼古丁戒烟贴片在大多数西方国家也可以买到。贴在胳膊上的聚乙烯贴片通过皮肤缓慢释放尼古丁进入血管，然后到达大脑。贴片相比口香糖的一大优点在于一个人每天只需要使用一张贴片，中途不需要揭掉。贴下一片时揭掉上一片，非常便捷，这使得戒烟者更容易依从。对大多数戒烟者来说，治疗将在 8 周后起效（Stead, Perera, Bullen, et al., 2008）；随着治疗的进展，使用的贴片会越来越小。该方法的缺点是在贴着贴片时如果个体继续吸烟，可能会导致其身体内尼古丁含量达到危险水平。

有证据表明，在戒断治疗中尼古丁贴片比安慰剂贴片更有效（Hughes et al., 1990）。对 111 项尼古丁替代治疗实验（替代物：贴片、口香糖、鼻用喷雾、吸入器、药片）的元分析发现，在戒烟治疗中替代物比安慰剂更有效（Stead et al., 2008）。然而，尼古丁替代物并不是万能的。戒断率在 12 个月后只有 50%。制造商认为贴片应该仅作为戒烟心理治疗项目的一部分使用，且使用时间不超过 3 个月。此外，并不是所有尼古丁替代疗法对青少年都有效（Curry et al., 2009）。

药物使用障碍的治疗

对于使用如海洛因和可卡因等非法药物的患者，治疗重点在于脱毒——戒除药物。海洛因戒断反应可能从数日的轻度焦虑、恶心和躁动不安到十分严重和令人害怕的发狂和惊恐发作不等。反应程度取决于之前使用的海洛因的纯度。

脱毒是治疗师帮助患者的第一步，也是康复过程的起点。物质使用者在脱毒后恢复正常功能是非常难的——一般来说，治疗师和患者在过程中体验到的失望和悲哀要远多于成功，对物质的渴望通常在脱毒之后依然存在。不过现在已经有了很多应对方法，包括心理治疗、物质替代治疗和用药等。

心理治疗

在一个控制研究的首次直接比对中，抗抑郁药物地昔帕明和认知行为治疗（CBT）在减少可卡因使用和提升个体的家庭、社会及总体心理功能上都有一定效果（Carroll, Rounsaville, Cordon, et al., 1994；Carroll, Rounsaville, Nich et al., 1995)。在这项为时12周的研究中，地昔帕明与安慰剂相比能更好地帮助可卡因低依赖的人，而CBT则对高依赖患者更有效。这一发现表明了对物质使用障碍实行心理治疗的重要性。

在这一研究中，接受CBT的患者学习如何避免高风险情境（例如，接触使用可卡因的人），承认药物的诱惑性并发展能够替代使用可卡因的其他活动（例如，与不使用可卡因的人一起活动）。滥用可卡因的患者还学习了应对渴望的技巧，并防止自己产生"一旦犯错就一切都完了"的观点。一项较新的研究测试了CBT在社区条件下治疗物质滥用的有效性，发现CBT与一般的物质滥用咨询的结果并没有差异（Morgenstern, Blanchard, Morgan, et al., 2001）。在社区条件下如何进行有效治疗仍需要更进一步的探究。

社区环境下的团体治疗常用于海洛因成瘾的治疗中。
(David M. Grossman/Photo Researchers, Inc.)

代币疗法在治疗可卡因、海洛因和大麻的使用障碍上很有发展前景（Dallery, et al., 2001; Katz et al., 2001; Petry, Alessi, Marx, et al., 2005; Silverman, et al., 1996）。例如，一项针对大麻使用障碍患者的随机治疗实验比较了代币治疗、CBT、CBT结合代币三种治疗的效果（Budney, Moore, Rocha, et al., 2006）。在治疗中，接受代币治疗的患者比接受CBT或CBT结合代币治疗的患者更可能保持戒断状态。然而在治疗结束之后，接受CBT结合代币治疗的患者则更可能保持戒断状态。因此，对于大麻使用障碍，代币治疗在短期内是有效的，但与CBT结合使用的长期效果更好，尤其是对治疗后戒断的保持。

对治疗可卡因使用障碍的周边管理治疗的研究发现，这种治疗不仅能够提高戒断率，也能够改善生活质量（Petry, Alessi, & Hanson, 2007）。在一项针对四个可卡因使用障碍的周边管理治疗研究的分析中，研究者发现接受周边管理治疗的患者更可能保持戒断状态，结束治疗之后的生活质量也更好。一项对四个随机控制临床实验的元分析研究比较了周边管理、日间治疗或两者结合对无家可归者的可卡因使用的疗效，结果发现结合治疗和周边管理都比单独的日间治疗有效（Schumacher, Milby, Wallace, et al., 2007）。

还有一种被称为动机访谈或动机提升的治疗也显示出了很好的前景。这一疗法结合了CBT技术和帮助患者发展解决自身问题能力的技术。一项对这一疗法的元分析发现，它对酒精和药物使用障碍都是有效的（Burke, Arkowitz, & Menchola, 2003）。而另一项研究发现动机提升与CBT以及周边管理结合对治疗年轻人（18～25岁）的大麻依赖有效（Carroll, Easton, Nich, et al., 2006）。

加入自助住院式机构或社区是治疗海洛因或其他药物滥用及依赖的另一种心理方法。康复之家有以下特征：

★ 患者可以与原有社会联系隔离开。这种设置基于这样的假设：之前的那些关系导致了患者对药物的持续使用。
★ 此处无法得到药物，并能为减轻患者从经常用药到不用药而产生的痛苦提供支持。
★ 此处有令人向往的榜样。那些曾经依赖药物的人在遇到生活中的新挑战时，不再需要药物。
★ 在团队治疗时直接且激烈的面质中，患者承认自己对成瘾问题有责任，并开始尝试掌控自己的生活。
★ 在这里患者被看作普通人,而不是社会渣滓或罪犯。

评估自助住院式治疗项目的有效性有些困难。由于退出率很高,那些留下来的患者无法作为毒品成瘾群体的可靠代表;他们的戒毒意愿可能比那些不愿参加或中途退出的患者要高得多。患者的任何成绩都可能源于他们不同寻常的戒毒意愿,而不是项目本身的作用。不过,这些自我管理的住院式社区似乎也确实帮助了很多愿意待在其中一年或以上的人(Institute of Medicine, 1990;Jaffe, 1985)。

替代治疗与用药

针对海洛因使用障碍的两个广泛应用的药物项目包括海洛因替代品(能替代机体需求的与海洛因化学性质相似的物质)和阿片拮抗剂(能够阻止使用者体验到使用海洛因后的兴奋感的物质)。阿片拮抗剂作为一种药物可以减弱神经递质的活跃性,而阿片能够促进神经递质的活跃性。海洛因替代品最早的分类包括**美沙酮**、左旋乙酰美沙酮和丁丙诺啡,它们都可以取代海洛因。这些药物本身具有成瘾性,所以成功的治疗即以对这些药物成瘾替代了海洛因成瘾。这些麻

美沙酮是一种合成的海洛因替代物。海洛因成瘾者每天来到诊所并服用相应剂量。
(©SacramentoBee/ZUMApress.com/NewsCom.)

醉剂与海洛因之间存在**交叉依赖**,即作用于相同的中枢神经系统受体上,因此它们可以取代最开始的依赖。突然停用美沙酮也会导致它自身的戒断症状,但由于这些症状比海洛因的戒断症状要轻,因此美沙酮对于帮助患者从海洛因中解脱出来是十分有前景的(Strain, Bigelow, Liebson, et al., 1999)。

使用阿片拮抗剂的治疗包括使用一种叫作纳曲酮的药物。最开始,人们逐渐戒除海洛因;然后他们开始增多纳曲酮的使用,防止自己再次使用海洛因时又会感觉兴奋。这一物质通过结合阿片类物质通常结合的受体来发挥作用;其分子占领了受体但不激活相应反应,导致海洛因分子无法与受体结合,对使用者也就没有效果了。然而使用纳曲酮需要经常去诊所,这就需要一定的动力。此外,人们也并不总是会因此就失去对海洛因的渴望。在治疗中加入周边管理成分能提高临床效果和治疗依从性(Carroll, Ball, Nich, et al., 2001)。在患者服用纳曲酮并通过尿检之后,为其提供能够换取食品和衣物的代币也能显著提升效果。一项研究比较了两种不同的纳曲酮治疗:每日服用纳曲酮药片,或是以外科方式植入纳曲酮(缓慢释放达30天)。植入纳曲酮的患者较少使用阿片类物质,并报告了相对较少的对物质的渴望(Hulse, Ngo, & Tait, 2010)。

海洛因替代治疗指的是到诊所进行用药治疗,患者在医生在场时服用替代药物。美沙酮是每日一次,左旋乙酰美沙酮和丁丙诺啡是每周三次。有证据表明,美沙酮使用可以更简单,并且它和每周拜访医师有着同样的效果(Fiellen, O'Connor, Chawarski, et al., 2001)。相比于传统的40或50毫克的剂量(Strain et al.,1999),高剂量(80~100毫克)与常规心理咨询的结合能提高美沙酮的治疗效果(Ball & Ross, 1991)。药物治疗专家相信,在支持性社会互动环境下的海洛因替代物治疗作用十分显著(Lilly, Quirk, Rhodes, et al., 2000)。

由于美沙酮无法带来使用海洛因时的那种

兴奋和欣快，因此许多人在能获得海洛因时又重新开始使用海洛因。为了提高美沙酮的治疗效果，研究者将周边管理加入了常规治疗之中。在一项随机控制研究（Pierce, Petry, Stitzer, et al., 2006）中，在诊所接受美沙酮治疗的患者每通过尿检（尿样在严格监控下被获取）就能得到一次奖励。奖励从口头表扬到允许观看电视节目。周边管理小组中的患者比那些只接受美沙酮治疗的患者更可能保持戒断状态。当然，在结束治疗后不再有咨询师提供强化时，戒断是否能够继续保持还需要进一步的研究。

不幸的是，许多人中途退出了美沙酮项目，部分是由于失眠、便秘、过度流汗和性功能减弱等副作用。之前弗兰克的案例已有所描述，参加美沙酮治疗的污名也和退出率有关。另外，加入治疗的年龄可能也很重要——年龄越大，坚持治疗的可能性越大（Friedmann, Lemon, & Stein, 2001）。

考虑到海洛因替代物的种种限制，研究者也在不断寻找其他的物质治疗方案。在2003年，一种新的处方药被引入了海洛因依赖治疗。丁丙诺啡（赛宝松）实际上包括两种药剂：丁丙诺啡和纳洛酮（吗啡拮抗药）。丁丙诺啡是部分阿片拮抗剂，这意味着它的成瘾性质不如海洛因——完全的阿片。纳洛酮是一种阿片拮抗剂，经常被用在阿片或海洛因使用过度的急救中。赛宝松的这种特别组合并不能产生特别的兴奋，只有轻度成瘾性，通常只能维持3天。海洛因使用者不必专门去诊所，因为这种药可以开给个人。因此，这一治疗能够避免去美沙酮诊所而带来的污名。赛宝松能有效缓解戒断症状，并且因为它的有效时间比美沙酮长，研究者希望在它的治疗下复发的可能性会更小。但有些使用者仍可能会因为怀念使用海洛因时那种特别的兴奋感而复发。

药物替代对可卡因滥用和依赖似乎没有效果。研究者对9个针对可卡因滥用的兴奋剂的随机控制临床实验的元分析发现，这种治疗没什么效果（Castells, Casas, Vidal, et al., 2007）。双盲实验也未发现抗抑郁药地昔帕明有效（Arndt, Dorozynsky, Woody, et al., 1992；Kosten, Morgan, Falcione, et al., 1992）。

研究者最近发展出了一种可抑制可卡因兴奋感的疫苗。这种疫苗包括少量可卡因，由无害的病原体携带。机体免疫系统对这一入侵的反应是产生抗体，压制可卡因。随着反复暴露，抗体可能能够阻止可卡因进入大脑。然而，一项对超过100名可卡因成瘾患者的随机控制临床实验显示，结果并不乐观（Martell, Orson, Poling, et al., 2009）。一开始，为了使疫苗有效，患者必须接受5次注射，只有一半的患者完成了这5次注射。之后，接受了5次注射的患者中只有三分之一的人产生了足够的抗体以阻止可卡因到达大脑。最后，尽管大约一半的被试减少使用可卡因，但疫苗无法帮助他们延缓对可卡因的渴望。很显然，想要达到理想的效果，还有很多工作需要完成。

治疗冰毒依赖极具挑战性。目前规模最大的一次尝试是一项在8个不同地方进行的随机控制冰毒治疗临床实验（Rawson, Martinelli-Casey, Anglin, et al., 2004）。这一研究比较了一种被称为矩阵的多层疗法与常规疗法。矩阵疗法包括16个认知行为治疗团体部分，12个家庭教育部分，4个个体治疗部分以及4个社会支持团体部分。常规治疗则包括这8个诊所目前最好的疗法。8个诊所提供的治疗方法存在不同，一些提供个体咨询，另一些提供团体咨询；一些提供4周治疗，另一些提供16周治疗。研究结果在一定程度上支持了矩阵疗法。对比常规治疗，接受矩阵治疗的患者接受治疗的时间更长并在治疗期间更少使用冰毒（通过尿检）。不幸的是，在治疗结束时以及6个月后，对比接受常规治疗的患者，接受矩阵治疗的患者并没有较少地使用冰毒。而好消息是，不论接受矩阵治疗还是常规治疗，所有参与者在6个月后使用冰毒的可能性都下降了。尽管结果表明了治疗的前景，但还有更多工作需要完成。

> **概念核查10.5**（答案见章末）
>
> 将治疗方法与物质类型配对。
>
> 1. 赛宝松
> 2. AA　　　　　　　a. 酒精
> 3. 夫妻治疗　　　　b. 海洛因
> 4. 阿片拮抗剂　　　c. 可卡因
> 5. 抗抑郁药　　　　d. 尼古丁
> 6. 贴片　　　　　　e. 冰毒
> 7. 矩阵疗法

物质使用障碍预防

目前很多预防措施是针对青少年的，因为成年期的物质使用障碍通常起源于青少年期甚至更早时候的尝试。预防项目通常在学校开展，旨在提高青少年的自尊、教授他们社交技巧，并鼓励年轻人对同伴压力说"不"。预防项目的结果很复杂（Hansen, 1993; Jansen, Glynn, & Howard, 1996）。比如，其对自尊的提高并无效果，但对社交技巧和拒绝能力的提高有一些积极的效果，而且这些效果在女生身上尤其明显。已有多个基于不同的方法、理论和模型的物质预防项目在学校开展（见 Botvin, 1999, 2000）。

吸烟的孩子和年轻人对尼古丁成瘾很快，他们也倾向于将这一习惯带入成年期。大约2/3的吸烟者在18岁之前就开始吸烟了（The Information Centre, 2006）。由于吸烟可能造成的患病风险和一个人吸烟的时间长度有关，因此18岁以前开始吸烟的人患肺癌或心脏病的风险高于平均水平（Royal College of Physicians, 1992）。

一些措施也许能有效地说服年轻人拒绝吸烟，或使用违禁药物和酒精。其中短期家庭干预很有前景，教师干预也可能有所帮助。

还有证据表明酒精使用开始得越晚，越不可能患上酒精依赖（Grant & Dawson, 1997），说明预防干预在降低酒精依赖患病率上有很重要的作用。

全球综合的烟草控制项目，包括对烟草增税、控制烟草广告、开展公共教育运动以及创造无烟环境等，都是减少青少年吸烟的有效策略（WHO, 2000）。2012年，美国食品与药品安全管理局呼吁在香烟包装上采用新的有关吸烟对身体伤害的健康警示标志。此外，许多基于学校的预防吸烟项目也已经实施。大体来说，这些项目都成功地延迟了吸烟行为的发生（Sussman, Dent, Simon, et al., 1995）。这些项目中有一些共同的成分，但并非所有这些成分都是有效的

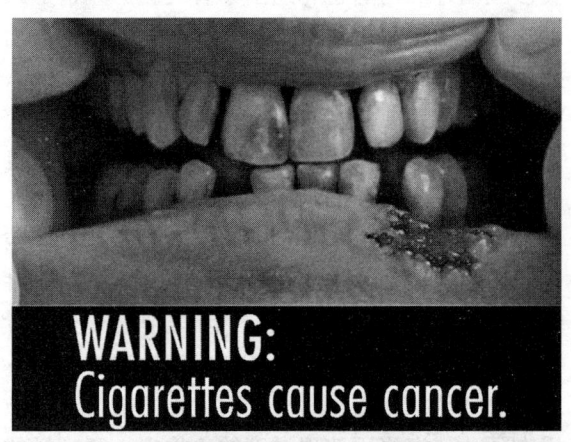

香烟包装上的健康警示，由 FDA 提出，在 2012 年开始实行。上图文字为"警告：吸烟导致癌症。"下图文字为"警告：吸烟导致成瘾。"
（AFP PHOTO/NewsCom.）

(Evans, 2001; Hansen, 1992; Sussman, 1996):

- ★ 同伴压力拒绝训练。学生学习了解同伴压力的性质，以及如何应对同伴压力。基于同伴压力拒绝训练的项目对减少年轻人使用烟草及违禁物质是有效的（Tobler, Roona, Ochshorn, et al., 2000）。
- ★ 信念和预期纠正。很多年轻人相信吸烟很流行，但实际情况并非如此。改变信念的策略是有效的，这可能是因为年轻人很在乎同龄人在做什么或相信什么。建立吸烟（或饮酒、使用大麻）是不良行为的信念比拒绝训练的有效性更显著（Hanson & Graham, 1991）。
- ★ 针对媒体信息进行预防。一些干预项目会针对媒体投放的有关吸烟者的正性图片（例如之前提到的骆驼老乔）。与曾经利用烟草牟利相似，大量的媒体活动也可以在防止吸烟上有所作为。例如，向年轻人宣传吸烟带来的健康问题和社会方面的影响，以及烟草商是如何针对他们进行销售的。这在年轻人中效果很好，一项研究发现对真相的了解和认同感降低了青少年吸烟的可能性（Niederdeppe, Farrelly, & Haviland, 2004）。这些发现尤其振奋人心，因为我们知道青少年对烟草市场的接受度与他们是否有实际吸烟行为紧密相关（Unger, Boley, Cruz, Schuster, et al., 2001）。
- ★ 同伴领导。大多数对吸烟或其他物质的预防项目都考虑了同伴群体中地位较高者及其对信息的重要影响力。

总 结

临床描述

- DSM-5 将物质滥用和物质依赖合称为物质使用障碍。物质使用障碍可以伴随或不伴随生理依赖，病情的严重性由症状数量来衡量。而生理依赖的判定需要观察到耐药性或戒断反应。
- 酒精对个体有多种短期和长期影响，例如影响决策、损害运动协调能力或导致慢性疾病等。
- 通过吸烟，人们会对尼古丁产生生理依赖。虽然公共卫生部门已经对人们提出了严厉警告，烟草的使用依然十分流行。长期吸烟带来的问题包括多种癌症、肺病以及心血管疾病。另外，吸烟行为造成的危害不只局限于吸烟者，吸二手烟也会对肺部健康造成影响并带来许多其他问题。
- 经常使用大麻会使肺部和心血管系统受到影响，并导致认知损伤。令人感到讽刺的是，当人们发现大麻的负面影响时，它的医学作用也逐渐显现：大麻可以减少正在经历化疗者的恶心感，也能降低因为艾滋病、青光眼、长期疼痛、癫痫发作以及肌肉痉挛带来的不适感。
- 适量的阿片制剂可以减缓身体活动、降低疼痛和促进睡眠。海洛因是阿片制剂的一种，它的使用率在不断增长，并且出现了越来越多的品种，因此得到了人们的广泛关注和担忧。过去20年内，人们对处方止痛药的依赖在快速增长。
- 兴奋剂，如安非他命和可卡因，会通过作用于大脑和交感神经系统来增加个体警觉性和活动性。这类物质都会引发耐药性和戒断症状。甲基苯丙胺是一种安非他命的衍生物，其使用率从1990年开始快速增长。
- 致幻剂——LSD、仙人球毒碱和裸盖菇素——可以改变或扩大意识。摇头丸是一种和致幻剂类似的物质，它对健康有害，但其使用率在迅速增长。使用PCP经常会引发暴力。

病因学

- 目前已经发现一些因素与物质使用障碍的病因学有关。其中与酒精和烟草使用障碍有关的遗传因素研究得最多。一些与此相关的特定基因已经得到了识别，这些基因与环境的相互作用对了解遗传因素的作用来说非常关键。神经生理因素（包括大脑奖励通路），似乎对一些物质的使用有影响。许多物质被患者用来调节心境（例如减轻紧张感或增强积极情感），而有特定人格特质的人（例如高负性情绪性或低约束性个体），更容易使用物质。此外，认知变量，例如对物质积极作用的预期，在影响物质使用上也具有很重要的作用。最后，社会文化因素，例如对物质的态度、同伴压力和媒体对物质的描述等，都和物质使用频率有关。

治疗

- 研究者使用各种疗法来帮助人们戒断合法物质（例如酒精和烟草）及毒品（例如海洛因和可卡因）。生物学治疗通常尝试使用其他替代物减轻使用者的依赖。有些物质是有用的，例如纳曲酮、赛宝松和美沙酮。现有用药尝试减轻渴望。口香糖、贴片或吸入式的尼古丁替代疗法在降低吸烟上有效。然而想让这些方法的效果得到保持，必须结合一定的心理治疗。这些治疗旨在帮助患者防止复发、解决生活压力、控制因为无法用药而产生的情绪。另外，也可以充分利用社会支持，比如戒除酒精匿名互助会等。
- 由于用药比戒药要容易得多，所以预防非常重要。社会的共同努力，比如提供教育和预防项目等，能够帮助年轻人避免物质依赖，健康地生活。

概念核查答案

10.1　1.F；2.T；3.T

10.2　1.（任意三项）肺、喉、食道、胰腺、膀胱、子宫颈、胃；2. 短期、长期；3.（任意三项）疼痛减轻、恶心减轻、胃口变好、缓解 AIDS 带来的不适

10.3　1.F；2.F；3.F；4.T

10.4　1.b；2.c；3.a

10.5　1.b；2.a；3.a；4.b；5.a、c、d；6.d；7.e

第 11 章

进食障碍

📝 学习目标

1. 识别神经性厌食症、神经性贪食症和暴食障碍这三种进食障碍的症状，并能够辨别这几种进食障碍之间的不同。
2. 从神经生物、社会文化和心理因素三个方面理解进食障碍的病因。
3. 能够讨论在美国日益流行的肥胖问题。
4. 能够描述进食障碍的治疗方法以及支持该方法的有效证据。

临床个案：萨拉

萨拉16岁时，医生建议她参加儿童和青少年心理健康小组。她妈妈发现她已经4个月没来月经，之后便和医生约了这次见面。新学年刚开始，萨拉就下决心减掉10斤。她打算走路上学，每周去两次健身房，并且要戒掉糖果和汽水。一切都很顺利。萨拉很欣赏自己苗条的身材，也喜欢听别人夸赞自己的身材。九月中旬的一个下午，萨拉遭到了袭击。一个男人试图把她拉进一个小巷子里，她奋力抵抗，最终那男人逃跑了。大家都说她能逃脱是如此幸运。那段时间里，萨拉也是这么想的。但是，几个月过去后，她不禁想着，如果她年轻两岁的话，这算不上什么幸运。现在，萨拉的体重是52千克，但她总是抱怨自己腿太粗了、脸太胖了。她吃东西小心翼翼，因为拒绝摄入碳水化合物而和父母争执。萨拉通过喝水来减轻饥饿感，并且以此确保在吃饭的时候不会"吃得过多"。

许多文化都关注食物。如今的美国，新餐馆比比皆是，大量的杂志、网络和电视节目都致力于宣传美食。与此同时，超重的人屡见不鲜。节食减肥变得十分普遍。人们（特别是女人）变得更加苗条的欲望每年可以创造数百万美元的商机。人们对饮食产生如此强烈兴趣的同时，饮食方面的行为障碍也就应运而生了。

进食障碍的临床描述，尤其是针对神经性厌食症的临床描述，可以追溯到多年前。然而在1980年，进食障碍首次出现在DSM中时并非一个独立的病症,而是被归为一种始于儿童或青少年时期的障碍的亚型。在 DSM-IV 中,进食障碍成为一种独立的类别,反映出临床医生和研究人员对其有了更多的关注。在 DSM-5 中,进食障碍被归为"饮食失调"的这一类别,儿童期障碍被纳入其中,例如异食癖(长期食用非食物的物质)和反刍障碍(重复的饭食回流)。

不幸的是,进食障碍也很有可能被污名化了。最近一项研究表明,给大学生呈现虚构的被描述为患有不同障碍的女性图片,然后请他们按不同的维度对这些虚构的女性进行评价 (Wingfield et al., 2011)。那些被描述为患有进食障碍的女性图片被评价为"自我毁灭的",并且应该为自己的情况负责。研究中,男性更倾向于认为进食障碍是容易克服的。另一项研究 (Roehrig & Mclean, 2010) 随机抽取被试,分配给他们看图的任务,呈现的图片是关于患有进食障碍或者抑郁症的女性。与患有抑郁症的女性相比,被试认为患有进食障碍的女性更应该为自己的疾病负责、更脆弱和更有可能为自己的障碍求得关注。这些对进食障碍的态度和信念与最新的研究结果是不一致的。

进食障碍的临床描述

神经性厌食症和神经性贪食症的诊断有许多共同的临床特征,我们将会先从认识这两种开始。然后我们将讨论暴食障碍。暴食障碍在 DSM-IV-TR 中,只作为一种需要进一步研究的情况,而在 DSM-5 中,它成为了一种新类型(表 11.1)。

神经性厌食症

前文提到的萨拉患有**神经性厌食症**。"厌食"一词是指食欲不振,"神经性"则表明这种食欲不振是由于情绪原因导致的。用"厌食"这个词有些不太贴切,因为大多数神经性厌食症的患者都没有失去食欲或对食物的兴趣。相反,大多数患者在挨饿的同时都关注食物:她们可能经常读食谱,也可能为家人烹饪美食。

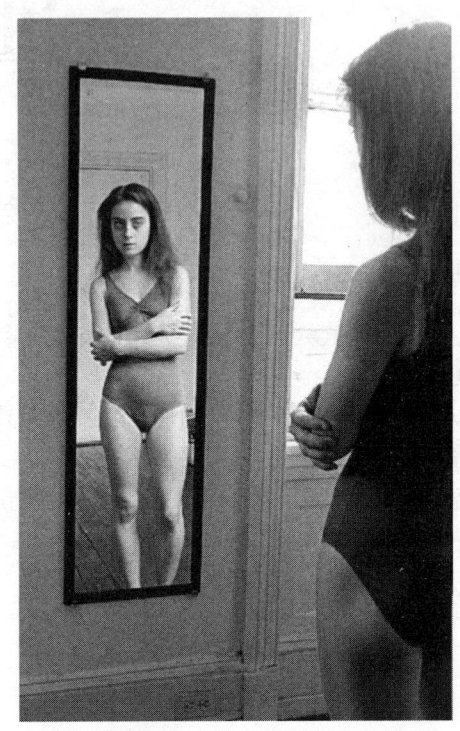

尽管已经很瘦,厌食症患者仍然认为自己身体的某些部分太胖,并花很多时间在镜子前对自己进行苛刻的检查。
(Susan Rosenberg/Photo Researchers, Inc.)

萨拉满足以下全部诊断特征:

1. 限制促进健康体重的行为。就个体的年龄和相应的体重来说,这通常意味着他们的体重远远低于正常标准(例如,成年人体质指数,即 BMI,小于 18.5;参见表 11.3)。减肥最典型的方法是节食,但导泻(自我催吐、大量服用泻药和利尿剂)和过度锻炼等方法也很常见。
2. 极度害怕增重和变胖。这种害怕不会因为体重减轻而减少,患者没有"太瘦"这一概念。
3. 歪曲身体意象或对体形的觉知。尽管患有神经性厌食症的人很瘦弱,但她们仍然认为自己是超重的,认为自己某些部位太胖,尤其是腹部、臀部和大腿。为了检查她们的体形,最典型的行为就是经常称体重,反复测量身体不同部位的尺码,用挑剔的眼光注视着镜子中自己的身影。她们的自尊水平与保持苗条身材是紧密相关的。

表 11.1 进食障碍的诊断

DSM-5 诊断	关键变化
神经性厌食症	以限制促进健康体重的行为而不是"拒绝饮食"作为标准之一 控制体重增加的行为作为一个重要的关注点 月经停止不再是一项诊断标准 亚型针对过去 3 个月而不仅仅是本次发作
神经性贪食症	暴食/导泻最小频率是每周一次而不是两次,至少持续三个月 删除非导泻型的亚型
暴食障碍	DSM-5 中的新类型

DSM-5 中神经性厌食症的诊断标准

- 限制促进健康体重的行为;体重明显低于正常水平。
- 极度害怕增重。
- 身体意象歪曲。

DSM-5 之前的版本,闭经(月经停止)是神经性厌食症的诊断标准之一。但在 DSM-5 中,这一点被删除。因为有很多原因会导致闭经,有些原因与减肥无关。此外,同时具有闭经和其他三项神经性厌食症特征的女性,与只具有那三项厌食症特征而不具有闭经特征的女性,差别不显著(Attia & Roberto,2009;Garfinkel et al.,1996)。

评估伴有歪曲躯体意象的神经性厌食症的方法很多,最常用的是问卷法,例如进食障碍问卷(Garner, Olmsted, & Polivy, 1983)。问卷中的一些项目如表 11.2 所示。另一种评估方法是给神经性厌食症的患者呈现各种体形的女性素描图,要求其选出与自己体形最接近的图片和体形最理想的图片(见图 11.1)。患者会高估自己的体格并选择苗条体形作为自己的理想。即使她们对体形有如此歪曲,报告自己的实际体重却相当精确(McCabe et al, 2001),这或许是由于她们经常称重。

一项有趣的研究发现,男性进食障碍患者的模式与此稍有不同。让他们指出自己的理想

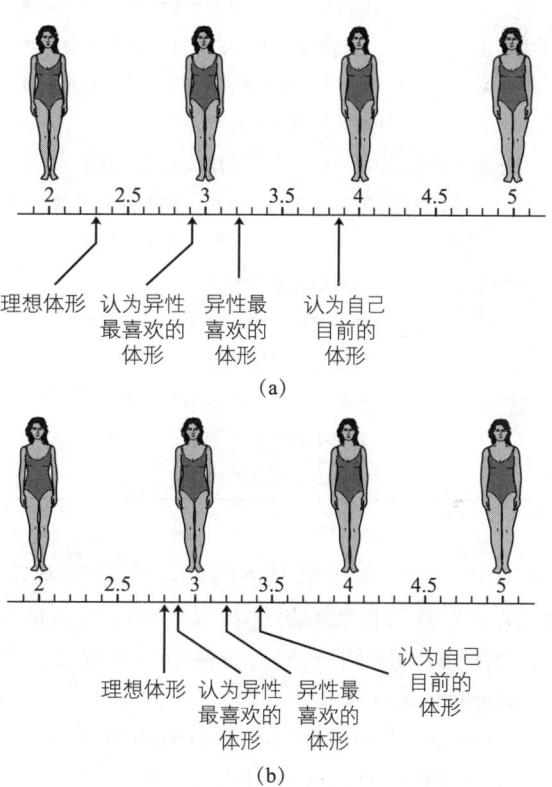

图 11.1 在身体意象测试中,被试选择自己目前的体形、自己理想的体形,以及她们认为异性最喜欢的体形。而实际上异性所选择的最喜欢的女性体形如图所示。图(a)是身体意象歪曲程度较高的被试的选择;图(b)是歪曲程度较低的被试的选择。歪曲程度较高的被试大大高估了自己目前的体形,而且想要变得非常瘦。
来源:Garner et al.(1983)。

表 11.2　进食障碍问卷中分量表和项目说明

渴望苗条	我想节食。 吃得太多，我会感觉非常内疚。 我一心想变得更苗条。
暴饮暴食	我狂吃东西。 我持续暴饮暴食并且感觉停不下来。 为了减肥，我有过催吐的想法。
对体形不满意	我觉得我的腿太粗了。 我觉得我的臀部太大了。 我觉得我的胯部太宽了。
低效能感	我感到自己能力不足。 我自我感觉不好。 我感到内心（情感上）空虚。
完美主义	在我的家庭中，必须杰出才是足够好的。 孩提时，我很努力地不让父母和老师失望。 我讨厌做不到最好。
人际不信任感	我在向他人表达感情方面有困难。 我需要跟别人保持一定的距离（如果有人太接近我，我就会感觉不舒服）。
内感受性知觉	我不知道我现在是什么情绪。 我不知道我内心怎么了。 我分不清饥饱。
恐惧成熟	我希望可以回到安全的童年。 我觉得童年是人们最幸福的时光。 成年人要承受的太多了。

体形时，结果和正常群体的人没有显著差异。但是，患有厌食症的男性会很大程度地高估自己的体格，证明了他们对身体意象也存在歪曲（Mangweth et al. 2004）。

DSM-5 将神经性厌食症分为两个亚型（尽管最近有研究对这些亚型的效度提出了质疑）。一种是限制型，体重的减轻是通过严格限制食物摄入实现的；另一种是暴食—导泻型，个体陷入暴食与导泻恶性循环圈中。最初的研究表明这两种亚型之间有一些差异，支持了亚型的效度。例如，研究表明，暴食—导泻型比限制型的神经性厌食症患者有更多的人格障碍、冲动行为、偷窃、酒精与药物滥用、社会退缩和自杀企图（如，Herzog et al., 2000；Pryor, Wiederman, & McGilley, 1996）。然而，纵向研究表明这两种亚型之间的差异并不总是显著的（Eddy et al., 2002）。将近 2/3 的女性最初满足限制型的标准，但是 8 年后就转变成暴食—导泻型。进一步研究发现，在物质滥用和人格失调方面，这两种亚型之间几乎没有差异。在 DSM-5 的制定过程中，科学家做了大量的准备工作。尽管许多临床医生发现这两种亚型确实有效，其中一篇有关这两种亚型的文献综述中，作者仍然得出了其预测效度有限的结论（Peat et al., 2009）。

神经性厌食症一般开始于青少年早期和中期，通常伴有节食和生活压力事件。终生患病率小于 1%，但女性的患病率至少是男性的 10 倍多（Hocks & van Hoeken, 2003）。但神经性厌食症患者的症状和其他特征（例如，有关家庭暴力的报告）的性别差异不显著（Olivardia et al., 1995）。我们之后也将充分讨论，患病率的性别差异可能反映了社会文化中对女性体形美丽的强调。在过去的几十年里，这使得女性尽其所能地追求苗条。

患有神经性厌食症的女性经常也被诊断为抑郁症、强迫症、恐惧症、惊恐障碍、物质滥用以及各种类型的人格障碍（Baker et al., 2010；Godart et al., 2000；Ivarsson et al., 2000；Root et al., 2010）。患有神经性厌食症的男性则更可能被诊断为心境障碍、精神分裂症或物质滥用（Striegel-Moore er al., 1999）。厌食症患者的自杀率相当高，5% 自杀死亡，20% 实施过自杀企图（Franko & Keel, 2006）。

神经性厌食症的生理影响

厌食症患者忍饥挨饿和服用泻药会导致很多不良的生理后果：血压降低、心跳减慢、肾脏和肠胃不适、骨质疏松、皮肤干燥、指甲易断裂、激素水平改变以及贫血；一些人会掉头发，皮肤上会长出胎毛——纤细柔软的毛发。钾钠等

临床个案：哈里特

哈里特出生在一个高知家庭，在家排行老二。她的两个兄弟都喜欢运动，却不擅长学业。而哈里特则刚好相反，非常擅长读书和写作。因此她的父母希望她成为一名医生或律师。哈里特4岁的时候就读8、9岁孩子读的书。当她9岁的时候，她被送到一所极好的寄宿学校，在这所学校里，她的学习能力能够得到进一步的锻炼。接下来的几年里，哈里特的成绩很好，父母对她的期望更高了。但当哈里特15岁生日即将到来的时候，她的志向从医生转变成野外摄影师。这件事让她和父母有了冲突，她因此感到极度内疚。哈里特开始限制饮食。但是在半饥饿状态持续几天后她就会失去控制，暴饮暴食。这种节食和暴食的模式持续了几个月后，哈里特对变胖的担忧似乎又延长了这种模式持续的时间。在她16岁的时候，偶然使用了自我催吐的方法，于是陷入了另一种每周3或4次暴食和催吐的怪圈中。这种情形最终被学校老师发现，着手安排她的治疗。

电解质的水平也会发生改变。这些存在于各种体液中的电离盐是不可缺少的神经传递物质；电解质水平的降低会使人疲劳、虚弱、心律失常，甚至猝死。

预后

有50%～70%的神经症厌食症患者最终能恢复健康（Keel & Brown, 2010），但一般要6～7年。在饮食和保持体重的稳定模式形成之前，复发很普遍（Strober, Freeman, & Morrell, 1997）。本书在之后的部分也会讨论，改变一个人对自我的歪曲是非常难的，特别是当"苗条"得到了文化支撑的时候。

神经性厌食症是一种危及生命的疾病。患有厌食症的人死亡率是正常群体的10倍，比患有其他心理障碍的人高2倍。患有厌食症的女性死亡率高达3%～5%（Crow et al., 2009；Keel & Brown, 2010）。死亡通常是由该疾病的生理并发症（例如，心力衰竭）和自杀导致的（Herzog et al., 2000；Sullivan, 1995）。

神经性贪食症

哈里特的案例是典型的**神经性贪食症**。"贪食"一词来源于希腊，意思是"如牛般饥渴"。这一症状表现在对大量食物的快速摄入，并且为了阻止体重增加，伴随有补偿行为，例如催吐、禁食或过量运动。DSM定义了暴饮暴食的两个特征。一方面是过度吃东西，也就是说，在较短的时间（如，2小时）内食用比大多数人更多的食物。另一方面是对过度饮食的失控感——仿佛停不下来。如果暴食和导泻只是发生在神经性厌食症的背景下，并且最严重的后果就是体重减轻，这种情况不能诊断为神经性贪食症；这种情况应该属于神经性厌食症中的暴食—导泻型。神经性厌食症和神经性贪食症的关键区别在于体重减轻：患有厌食症的人体重会大大减轻，但是患

神经性厌食症危及性命。它在必须保持轻体重的年轻女性中特别流行。2006年，年仅21岁的巴西模特Ana Carolina Reston死于神经性厌食症。
（Reuters/Landov.）

有贪食症的人则不会。

在贪食症中，暴饮暴食通常是秘密进行的；压力、消极的情感唤醒可能会引发暴饮暴食，直到整个人感觉非常不舒服才会停止（Grilo, Shiffman, & Carter-Campbell, 1994）。就哈里特来说，长期压力可能导致她暴饮暴食。那些能快速摄入的食物通常是暴饮暴食的一部分，特别是冰激凌和蛋糕这样的甜食。一项研究表明，感到孤独且在上午或下午时，患有神经性贪食症的女性更可能暴饮暴食。此外，某天回避渴求的食物与第二天上午的暴饮暴食存在相关（Waters, Hill, & Weller, 2001）。另一项研究表明，消极社会互动，或至少是对消极社会互动的察觉可能导致暴饮暴食（Steiger, 1999）。

研究表明，神经性贪食症患者在暴食期间吃的比别人一整天吃的还要多；但是，暴饮暴食并不总是像 DSM 中所指的那么多，贪食症患者在暴食期间的热量摄入范围很大（e.g. Rossiter & Agras, 1990）。人们报告在暴食期间自己会失去控制，甚至达到一种类似恍惚的状态，对行为失去意识，或者感觉暴食的人并不是真正的自己；他们经常对自己的暴食行为感到很羞愧并且试图隐瞒此事。

> **DSM-5 中神经性贪食症的诊断标准**
> - 反复暴饮暴食。
> - 反复进行补偿行为，如催吐等，以防止体重增加。
> - 体形与体重在自我评价中极为重要。

当暴饮暴食结束后，不安、厌恶，以及对体重增加的惧怕导致人们走向神经性厌食症的第二阶段——减少暴食摄入的热量。神经性贪食症患者最常用手指伸入喉咙来引起恶心；但一段时间后，许多引起催吐的方法都不再有效。泻药和利尿剂的滥用（对减轻体重的作用很小）同禁食和过量运动一样都会用于阻止体重的增加。

尽管很多人偶尔暴食，有些人也会导泻，但 DSM-5 中对神经性厌食症的诊断标准是暴食和导泻每周至少一次，持续三个月。一周一次是诊断的分界点吗？未必。但是，由于每周暴食两次的贪食症患者和暴食频率较低的贪食症患者并没有显著差异，诊断标准从 DSM-IV-TR 中的每周两次变成了 DSM-5 中的每周一次（Garfinkel, Kennedy, & Kaplan, 1995；Wilson & Sysko, 2009）。

同神经症厌食症患者一样，贪食症患者也害怕体重增加，他们的自尊水平很大程度上取决于自己是否有一个正常的体重。没有进食障碍的人通常少报体重而多报身高；神经症贪食症患者的报告则精确得多（Doll & Fairburn, 1998；McCabe et al., 2001）。然而，神经性贪食症患者也倾向于对自己的体形很不满意。

神经性贪食症一般开始于青春期后期或成年早期；其中女性患者约占 90%。女性人口中该病的患病率约为 1%～2%（Hoek & van Hoeken, 2003）。许多神经性贪食症患者在症状出现之前有些超重，暴食通常开始于节食过程中。尽管女性中神经性厌食症和贪食症开始于青春期，但仍然会持续到成年和中年时（Keel et al., 2010；Slevec & Tiggemann, 2011）。

神经性贪食症与很多其他的诊断共病，尤其是抑郁症、人格障碍、焦虑障碍、物质使用障碍以及品行障碍（Baker et al., 2010；Godart et al., 2000, 2002；Root et al., 2010；Stice, Burton, & Shaw, 2004）。贪食症的男性患者则有可能也被诊断为心境障碍或物质使用障碍（Striegel-Moore et al., 1999）。贪食症患者的自杀率要比普通人群高（Favaro & Santonastaso, 1997），但是大大低于厌食症的患者（Franko & Keel, 2006）。

什么先发生？神经性贪食症还是共病障碍？一项前瞻性研究对青春期女孩的贪食症和抑郁症状的关系进行了检验（Stice et al., 2004）。该研究发现贪食症症状可以预测抑郁症状的发生；反之亦成立，即抑郁症状也可预测贪食症症状的发生。因此，一种障碍能够提高另一种障碍的患

临床个案：艾米利亚

"没错，我肥胖。多么丑陋的词啊！对我来说简直是难以启齿。我宁愿说超重。但是从定义上看，医生说我已经超重20%了，因此肥胖这个词是很准确的。我1.7m的身高应该对应57kg的体重，而96kg的体重明显就是超重了。我是一个很有健康意识的人，既不抽烟，也很少饮酒，只不过我总是很忙。这些到底是怎么发生的呢？从我记事起，我知道母亲是超重的。我们一起去逛街的时候，试衣服就成了极大的折磨。母亲穿什么都不好看。回想那些日子，我觉得母亲并没有意识到煎培根和煎鸡蛋的早餐加上炸薯条的茶点是她的体重问题和我的不良饮食习惯的根源。她52岁去世的时候，体重已经达到了98kg。在学校，我的外号是'猪猪小姐'。体育课上，我通常都是最后被选入队的，对此我只能笑一笑。"

艾米利亚的暴食一周发作几次。她暴食并不是因为感觉到饿，即使是在饱食状态下她仍无法停下来。后来，艾米利亚说自己因为吃得太多而感到羞愧，对自己很生气。

病风险。另一项关于物质使用障碍的前瞻性研究通过对1200多对双胞胎的研究，发现贪食症的症状出现在物质使用障碍之前（Baker et al., 2010）。

神经性贪食症的生理影响

同厌食症一样，贪食症与很多身体的不良反应相关。尽管与厌食症有不少差异，但也有共同之处，如月经失调，包括闭经等。贪食症患者通常有一个正常的**体质指数**（BMI）（Gendall et al., 2000）。BMI的值等于体重（千克）除以身高（米）的平方。与其他指标相比，这是一个评估身体脂肪含量更有效的指标。女性正常的BMI值是20～25之间。同厌食症一样，神经性贪食症是一种比较严重的伴随着许多不良生理反应的障碍（Mehler, 2011）。例如，频繁的导泻会导致钾消耗；大量使用泻药会引起腹泻，这可能会导致电解质水平发生改变，引起心跳不规律；反复的催吐与月经失调有关，也可能会导致胃部和喉咙的组织受损，当胃酸侵蚀牙齿时也会导致牙釉质受损；唾液腺可能会发肿。曾经一度认为死于神经性贪食症的患者没有厌食症那么常见（Herzog et al., 2000；Keel & Brown, 2010；Keel & Mitchell, 1997），但最近一项对约1000名神经性贪食症女性患者的研究表明她们的自杀率也较高，接近4%（Crow et al., 2009）。

预后

对暴食障碍患者的长期随访表明，尽管约10%～20%的患者仍有全部症状，但是接近75%的患者能恢复（Keel et al., 1999；2010；Reas et al., 2000；Steinhausen & Weber, 2009）。确诊后立即干预（如，在最初的几年内）与更好的预后有关（Reas et al., 2000）。有更多暴食和催吐症状的患者，以及有物质滥用共病或抑郁史的神经性贪食症患者，相比不具备这些因素的患者，预后较差（Wilson et al., 1999）。

暴食障碍

DSM-5中暴食障碍的诊断标准

- 存在暴食发作。
- 暴食发作包括至少3项以下情形：
  ▲ 比平时吃得快；
  ▲ 吃得过饱；
  ▲ 即使不饿也吃得很多；
  ▲ 因为吃得太多，为避免尴尬而独自进食
- 暴食后感觉糟糕（如厌恶、内疚、抑郁等）。
- 没有补偿行为。

在 DSM-5 中，**暴食障碍**成为一种单独的病症。患有暴食障碍的人通常反复暴食（每周一次，至少持续三个月）；在暴食发作期间失去控制，体验到暴食带来的痛苦；同时他们还具备一些其他的特征，比如饮食速度较快和独自吃饭等。暴食障碍与神经性厌食症的区别是，暴食障碍患者没有体重的减轻；其与贪食症的区别是，暴食障碍患者没有补偿行为（导泻、禁食或过量运动）。通常，暴食障碍患者都是**肥胖**的。BMI值大于 30 的人就可以认为是肥胖的了。当前在美国，暴食障碍的患病率爆炸式地增长。所以对暴食障碍的研究增多也就不足为奇了（Yanovski, 2003）。然而，要重点指出的是，并不是所有肥胖的人都满足暴食障碍的标准。只有那些有暴食发作和对食物失去控制感的人才符合诊断标准，肥胖者中有 2%～25% 的人达到这个标准（Yanovski, 2003）。对暴食障碍的进一步探讨可参见聚焦发现 11.1。

聚焦发现 11.1　　肥胖：21 世纪的流行病？

人体中脂肪的过度堆积会导致超重和肥胖，进而威胁健康。目前对肥胖的定义是以体质指数和腰围为依据的。因为身高很重要，我们希望体质指数是一个独立于身高的脂肪存储的指标，因此计算方法是体重除以身高的平方。脂肪如何分布也十分重要，有研究发现脂肪分布在腹部尤其不健康，因此最近将腰围纳入了肥胖分类时需要考虑的依据。女性的腰围超过 88cm 和男性超过 102cm 就可以认为腹部脂肪堆积过多。

尽管肥胖是一个日益蔓延的公共健康问题，但它并不是一种进食障碍。世界卫生组织调查显示，2005 年全球大约有 16 亿成年人超重，其中至少 4 亿人是肥胖的。超重和肥胖，曾经只在高收入国家才出现的问题，如今在发展中国家也已日益凸显。据专家预计，到 2010 年，世界卫生组织欧洲区的 53 个国家中将有 1.5 亿成年人和 1500 万肥胖儿童，到 2015 年，超重的人会增长到 23 亿，其中超过 7 亿人是肥胖的。

儿童肥胖水平较低的国家包括日本、韩国和瑞士。

各国人口肥胖率	
日本	2.9%
韩国	3.2%
瑞士	7.7%
挪威	8.3%
意大利	8.6%
丹麦	9.5%
荷兰	10.0%
瑞典	10.4%
比利时	11.7%
芬兰	11.8%

来源：www.vexen.co.uk/countries/best.html#Obesity

肥胖对健康的威胁

随着 BMI 值的增高，肥胖影响的严重性和风险也在不断增加。肥胖是患 II 型糖尿病、心脏病、中风以及各类癌症最重要的风险因素之一。这使之成为全球死因主要预测指标之一，同时也是 21 世纪面临的最重要的公共健康挑战之一。愈来愈多的疾病与肥胖相关，比如哮喘、关节炎以及睡眠呼吸暂停综合征。

腹部肥胖是以腹部皮下脂肪和腹部器官的脂肪增多（内脏肥胖）为特征的，这是极其有害的，因为这极大地增加了罹患心脏病和糖尿病的风险。脂肪组织的干扰作用是一个重要的与肥胖相关的健康风险因素，这一点已逐渐明确。随着人们不断变胖以及脂肪细胞的扩张，脂肪组织变得不再能存储脂肪，于是身体其他的组织（比如肌肉和肝脏）便开始存储脂肪，这样会导致细胞功能紊乱和疾病。同时显而易见的是，脂肪组织是很活跃的，分泌激素信号可能会影响其他器官的新陈代谢。

为什么肥胖的人在不断增多？

遗传因素 如果父母一方或父母双方是肥胖的，那么孩子肥胖的可能性更大。这部分原因可能是孩子从父母那里习得了不良的饮食习惯。但是，事实上有些人暴饮暴食的倾向是与生俱来的。所以，对于某些人来说，部分原因是遗传。

尽管研究正在逐渐解开这个谜团，但是遗传因素如何起作用，还尚未有定论。自然基因突变的小白鼠有黄亮的皮毛，因此得名 Ay 或黄刺鼠。这种鼠最初是由中国的养鼠人培育出来的。Ay 是五种突变鼠的一种，这五种突变鼠都因为单基因突变而变得肥胖。除了 Ay，其他突变类型是肥胖的（ob）、有糖尿病的（db）、多脂肪的、微胖的，它们对有关新陈代谢和保持体重的基因研究十分重要。肥胖的和有糖尿病的小白鼠的体重通常是正常小白鼠的 3 倍，体脂肪指标是正常的 5 倍。经过将近 8 年的复杂基因实验，Friedman 和他的同事首次发现了控制食物摄取和脂肪代谢的生物体系。研究发现，肥胖小白鼠变胖是因为它们缺了一个 ob 基因。这个基因在脂肪细胞中活动，使特定蛋白质生成；该蛋白质通过血液循环流到大脑，告诉大脑"我饱了"这个事实。Friedman 将这个缺失基因的产品命名为"瘦蛋白"。糖尿病小白鼠则缺少一种发出制造瘦蛋白受体指令的基因。也就是说，糖尿病小白鼠的大脑无法接受由脂肪细胞发出的"我饱了"这个信息。Friedman 说，"如果小白鼠的脂肪量减少，瘦蛋白的水平下降，吃东西的欲望就会增加。在暴饮暴食后，瘦蛋白的水平得到提升，这是减少食量的一个信号。此外，为了调节食物的摄取和能量的消耗，瘦蛋白还会作用于生育、体温保持以及脂肪和葡萄糖的新陈代谢。"

环境因素 同遗传因素一样，环境因素对肥胖也有影响。如今 8 岁～18 岁的孩子们享受着多种多样的媒体（通常是同时）。比起生活中除了睡觉以外的其他活动，他们要花费大量的时间（平均每周 44.5 小时）在电脑、电视和游戏屏幕前。研究表明，垃圾食品广告的增多与儿童的肥胖率有很高的相关。因此，比起从前，孩子们不仅消耗了更少的热量，而且摄入了更多的热量。

大多数 6 岁以下的儿童无法分辨节目和广告，8 岁以下的儿童不理解广告劝诱的意图。针对这些幼儿的广告在本质上就是欺诈。例如，2001 年可口可乐和百事可乐广告预算共计 210 亿欧元（Brownell & Horgen, 2003）。比较而言，国家癌症研究所对鼓励多吃水果和蔬菜的广告宣传活动的花费仅是 140 亿欧元（Nestle, 2002）。

儿童特别容易受广告的影响，并且很容易回忆起他们看过的广告内容。仅仅是看过一两次广告，儿童就表现出对产品的偏好，当广告重复多次时，偏好就更强。产品偏好影响了儿童对商品的购买需求，这种需求影响了家长的购买决定。Halford 等人在 2004 年的一项研究中，调查了食品电视广告对儿童食品消费的影响。研究将被试分为三组：瘦的、超重的和肥胖的，比较他们识别 8 种食物和 8 种非食物的广告能力。实验后，计算他们食用的甜食、开胃菜、高脂或低脂的零食。在识别非食物广告的数量上，瘦

近三十年来，肥胖在美国变得十分普遍。
(Bourreau/Photo Researchers, Inc.)

组和肥胖组的儿童没有显著差异；但是肥胖组的儿童能显著地识别更多的食物广告。而且，识别食物广告的能力和他们接触广告后的食物摄入量有关。在非食物广告（控制）条件下，肥胖组和超重组的儿童吃的零食总量显著高于瘦组的儿童。这一研究表明肥胖的儿童对与食物相关的线索高度敏锐；不仅如此，接触到的这些线索能够提高所有儿童的食物摄入量。如上所说，这些数据表明看电视和儿童肥胖关系似乎不只是因为缺乏活动，接触到的电视广告也能促进他们对食品的消费，因而导致肥胖。

肥胖的污名化

生活中各方面都表现出来的对胖人的污名化和偏见，这是显而易见的。在教育环境中也会有各种关于体重的污名化。肥胖的学生要克服很多困难，比如同学的骚扰和拒斥、老师的偏见以及学校的低接受率和不公正的对待等。在工作环境中也存在对胖人的负面评价，同事和老板通常认为他们能力不够、懒惰以及缺乏自律。这些态度可能会对他们的工资、升职和有关雇佣的决定产生负面影响。体重的污名在医疗环境中也有所体现。医生、护士、营养师、心理学家和医科学生都报告过对肥胖病人的消极态度。研究表明甚至是治疗肥胖症的医疗保健专家也对其持有消极态度。

将暴食障碍纳入到 DSM-5 反映了目前针对暴食障碍效度的研究情况。有大量的研究证据支持了 DSM-5 的这一做法（Striegel-Moore & Franco, 2008；Wonderlich et al., 2009）。暴食障碍可以被有效地定义和测量（Striegel-Moore & Franco, 2003）。它与肥胖和节食史相关（Kinzl et al., 1999；Pike et al., 2001）。它与职业和社会功能受损、抑郁、低自尊、物质滥用以及对体形的不满有关（Spiyzer et al., 1993；Striegel-Moore et al., 1998, 2001）。能导致暴食障碍的风险因素包括儿童期肥胖、对超重的批评、童年期尝试减肥、低自我概念、抑郁以及童年时遭受身体或性虐待等（Fairburn et al., 1998；Rubinstein et al., 2010）。一项行为遗传学的研究（Hudson et al., 2006）发现如果有暴食障碍的肥胖亲属，则个体会更容易患暴食障碍（20%），如没有这样的亲属，患病率会降低（9%）。

暴食障碍似乎比神经性厌食症或贪食症更加普遍（Hudson et al., 2007）。全美共病调查显示，女性的患病率是 3.5%，男性的是 2%。研究表明，虽然暴食障碍的性别差异没有神经性厌食症或贪食症那么大，但是女性患者仍然比男性更常见。流行病学研究表明，暴食障碍在欧洲裔、非洲裔、亚裔和拉丁裔美国人之间的发病率似乎并没有显著差异（Striegel-Moore & Franco, 2008）。暴食障碍与抑郁和焦虑障碍共病（Wonderlich et al., 2009）。

暴食障碍的生理影响

如同其他进食障碍一样，暴食障碍也对身体健康有影响。很多影响可能与肥胖有关，包括增加罹患 II 型糖尿病、心血管、呼吸道、失眠以及关节/肌肉问题等疾病的风险。然而，也有研究表明暴食障碍患者的许多健康问题与肥胖是无关的，包括睡眠问题、焦虑、抑郁、肠道易激综合征以及女性月经提前等（Bulik & Reichborn-Kjennerud, 2003）。

预后

或许因为暴食障碍是一个相对较新的诊断，很少有研究对其预后进行评估。目前的研究表明 25%～82% 的人可以从中恢复（Keel & Brown, 2010；Striegel-Moore & Franco, 2008）。一项回顾性研究中，暴食障碍患者报告自己暴食的平均年限是 14.4 年，这要比神经性厌食症或贪食症患者报告的时间长很多（Pope et al., 2006）。

概念核查11.1（答案见章末）

请选择。
1. 以下不是神经性厌食症的症状的是_____
   a. 害怕变胖
   b. 不愿意保持正常的体重
   c. 完美主义
   d. 歪曲身体形象
2. 以下关于暴食障碍的描述中哪一项是正确的？
   a. 男性比女性更普遍。
   b. 在DSM-IV-TR中，它不属于进食障碍中的独立一类。
   c. 它与肥胖是同义词。
   d. 它包括暴食和导泻。
3. 以下属于神经性厌食症和神经性贪食症的共同特征的是_____
   a. 都涉及体重大量降低。
   b. 都是女性比男性更普遍。
   c. 都对身体有副作用（如月经紊乱）。
   d. 除了a，以上都正确。

进食障碍的病因

正如其他的障碍一样，进食障碍的病因也不可能是单一的。目前许多研究领域，如遗传、神经生物、保持苗条的社会文化压力、人格、家庭以及环境压力等，都表明进食障碍是众多原因共同作用的结果。

遗传因素

神经性厌食症和神经性贪食症都受到家庭因素的影响。患有神经性厌食症的年轻女性的直系亲属的患病可能性超过普通人的10倍（e.g. Strober et al., 2000）。对神经性贪食症的研究也得到了类似的结果，患有贪食症的女性的直系亲属的患病可能性约是普通人的4倍（e.g. Kassett et al., 1989；Strober et al., 2000）。患有进食障碍的女性的直系亲属得厌食症或贪食症的概率较高（Lilenfeld et al., 1998；Strober et al., 1990, 2000）。尽管男性中患进食障碍的人较少，但一项研究表明，患有神经性厌食症（贪食症则不是）的男性的直系亲属比那些未患病男性的亲属有更大的风险（Strober et al., 2001）罹患神经性厌食症。最后，进食障碍患者的亲属比普通人有更大可能表现出进食障碍症状，虽然这些症状不一定足以达到诊断标准（Lilenfeld et al., 1998；Strober et al., 2000）。

进食障碍的双生子研究同样表明了遗传的影响。大多数神经性厌食症和贪食症的研究表明，同卵双生子比异卵双生子有更高的一致率（Bulik, Wade, & Kendler, 2000），并且基因可以部分解释变异（Wade et al, 2000）。另一方面，研究表明非共享的或独特的环境因素，如和父母及不同的朋友群体之间的互动，也会影响进食障碍的发展（Klump, McGue, & Iacono, 2002）。例如，一个对1200多对双胞胎的研究，发现神经性贪食症中42%的变异是由基因决定的，而58%是由独特的环境因素决定的（Baker et al., 2010）。研究还表明一些进食障碍的关键特征是遗传的，比如对身体的不满意、变瘦的强烈渴望、暴饮暴食以及对体重的关注等（Klump, McGue, & Iacono, 2000）。额外证据表明共同的遗传因素或许能解释某些人格障碍，比如消极的情绪状态和抑制型人格，与进食障碍存在相关的原因（Klump, McGue, & Iacono, 2002）。这些研究结果与遗传因素影响进食障碍的可能性相符，但它是如何与环境相互作用的还有待研究。

神经生物因素

下丘脑是调节饥饿和饮食的关键大脑中枢。研究表明，动物的外侧下丘脑发生病变会使其体重下降、食欲不振（Hoebel & Teitelbaum, 1966）。因此，研究者很自然地假设下丘脑对神经性厌食症有影响。受下丘脑调节的某些激素（比如皮质醇），在神经性厌食症患者的体内分泌紊乱。但是，这些激素异常并不会引发障碍，而是会导致自我饥饿；体重增加后激素的水平会回归正常（Doerr et al., 1980；Stoving et al., 1999）。下丘脑病变的动物体重减轻和我们所知道的神经性厌食症并不是一回事。这些动物似乎没有了饥饿感，对食物无动于衷，但神经性厌食症患者是在有饥饿感、对食物也充满了渴望的情况下，仍继续挨饿。下丘脑模型既无法解释身体意象失调也无法解释对变胖的恐惧心理。因此，下丘脑机能失调似乎不大可能成为神经性厌食症的一个原因。

身体产生的内源性阿片类物质会使痛觉降低、心境高涨和食欲抑制。饥饿状态下阿片类物质会释放出来，因此研究者假定这类物质对神经性厌食症和贪食症都是有作用的。厌食症患者在饥饿状态时，内源性阿片类物质的水平会升高，导致兴奋状态正强化（Marrazzi & Luby, 1986）。此外，进食障碍患者在过度运动时，内源性阿片类物质的水平也会升高，导致兴奋状态正强化（Davis, 1996；Epling & Pierce, 1992）。

一些研究支持这一理论，即认为内源性阿片类物质对进食障碍（至少是对神经性贪食症）有影响。例如，两项研究发现神经性贪食症患者体内的内源性阿片类物质 β-内啡肽水平较低（Brewerton et al., 1992；Waller et al., 1986）。其中一项研究观察到，贪食症更加严重的患者体内 β-内啡肽的水平最低（Waller et al., 1986）。然而，值得注意的是，这些研究仅仅证明了阿片类物质的低水平和贪食症是并发的。换句话说，我们尚不清楚低水平的阿片类物质是贪食症的一个原因，或是暴食和导泻带来的结果。

还有一些研究者致力于与饮食和饱腹感（感觉饱了）有关的神经递质的研究。动物研究表明，5-羟色胺会促进饱腹感。所以，贪食症患者的暴饮暴食可能是由于 5-HT 不足而导致饱腹感丧失。动物研究还表明，限制性饮食干扰了大脑中 5-HT 的合成。因此，厌食症患者严格控制食物的摄入也会扰乱 5-HT 系统。

对神经性厌食症和贪食症患者的 5-HT 代谢物研究表明，厌食症（Kaye et al., 1994）和贪食症（e.g. Carrasco et al., 2000；Jimerson et al, 1992；Kaye et al., 1998）患者的 5-HT 代谢物都处于低水平。较低水平的神经递质代谢是其不活跃状态的一个指示。此外，那些没恢复健康体重的厌食症患者要比那些恢复了一部分健康体重的患者对 5-HT 兴奋剂（刺激 5-HT 受体的药物）的反应更差。这再次表明他们的 5-HT 系统不活跃（Attia et al., 1998；Ferguson et al., 1999）。贪食症患者也对 5-HT 兴奋剂有较差的反应（Jimerson et al., 1997；Levitan et al., 1997）。我们已经知道对治疗厌食症和贪食症有效的抗抑郁药物（稍后讨论）增加了 5-HT 的活性，这再次证明了 5-HT 系统的重要性。不过，5-HT 也可能是与厌食症或贪食症共病的抑郁症相关。

最近，研究者对神经递质多巴胺对饮食行为的影响进行了研究。动物研究表明，多巴胺与食物令人愉快的方面有关，从而促使动物去寻找食物（e.g. Szceypka et al., 2001）。人脑成像研究表明了多巴胺是如何与获取食物的动机和其他令人愉快的或使人得到奖励的事物相关的。其中一项对健康人的研究，给参与者呈现食物味道的同时进行 PET 扫描（Volkow et al., 2002）。参与者同时还填写了限制量表（参见表 11.3）。在呈现食物的过程中，量表得分更高的人其大脑背侧纹状体多巴胺的活动表现得更加活跃。这一发现表明，限制饮食者对食物的线索更加敏感，因为多巴胺的功能之一就是当特定刺激出现时发出信号。这些研究与进食障碍患者是否有关我们还将拭目以待。

一个利用 fMRI 进行的小样本的研究，抽取患有神经性厌食症和正常的女性各 14 人，结果发现患有厌食症的人对体重不足的女性照片要比体重正常或超重的报告的感觉更积极（Fladung et al., 2010）。正常的女性则在看正常体重的女性时感觉更积极。大脑激活与情感等级是匹配的：当看到体重不足的女性照片时，患有厌食症的女性比正常女性的大脑腹侧纹状体表现更活

表 11.3　限制量表

1. 你节食的频率是多少？从不；很少；有时；经常；总是。
2. 你曾在一个月内减掉的体重最多是多少？0～4；5～9；10～14；15～19；20+。
3. 你曾在一周内增加的体重最多是多少？0～1；1.1～2；2.1～3；3.1～4；4.1～5；5.1+。
4. 普遍来说，在一周中，你的体重波动多少？0～1；1.1～2；2.1～3；3.1～5；5.1+。
5. 体重波动会影响你的生活方式吗？一点也不；稍微地；中等地；非常。
6. 你是不是在别人面前时就合理饮食，自己独处时就暴食呢？从不；很少；经常；总是。
7. 你有没有花太多时间和想法在食物上？从不；很少；经常；总是。
8. 暴饮暴食后你有没有内疚感？从不；很少；经常；总是。
9. 你意识到你在吃什么吗？一点也不；稍微地；中等地；非常。
10. 你最重的时候，你的体重超过了你的理想体重多少？0～1；1～5；6～10；11～20；21+。

来源：Polivy，Herman，& Howard（1980）。

跃；而这一脑区与多巴胺和获得奖励有关。

另一项研究发现，神经性厌食症或贪食症女性患者的多巴胺运输基因 DAT 基因有更多的表达（Frieling et al.，2010）。回顾第 2 章，当基因与不同的环境相互作用时，它便会"打开"或表达自己。DAT 基因的表达影响一种蛋白质的释放，这种蛋白质调节多巴胺返回突触后的再吸收。该研究还发现，患有进食障碍的女性身上另一种称作 DRD_2 的多巴胺基因表达较少。其他研究表明，只有在患有厌食症的女性中发现了她们的 DRD_2 基因有异常（Bergen et al.，2005）。这些发现指出了多巴胺在进食障碍中的作用，这需要我们在今后的研究中去验证。

尽管我们可以期待未来对神经递质能有进一步的研究，但目前，大部分工作的重点都集中在对与脑机制有关的饥饿、饮食和饱腹感的研究上。然而解释这两种疾病的其他关键特性的研究却只占到很小的比例，特别是对变胖的强烈恐惧。此外，目前尚未有证据表明脑的改变能使进食障碍的发作提早。因此，我们知道某些脑部活动或多巴胺基因的基因表达与进食障碍有关，但并非因果关系。

认知行为因素

进食障碍的认知行为理论主要研究导致歪曲的身体意象、对发胖的恐惧以及无节制的过度进食的想法、感受和行为。进食障碍者不恰当的认知模式使他们缩小了注意范围，着重关注与体重、体形及食物有关的想法和意象（Fairburn，Shafran，& Cooper，1999）。

神经性厌食症

神经性厌食症的认知行为理论，强调对肥胖的恐惧和对身材的忧虑是强化减肥的动力因素。许多有厌食症症状的人报告他们的症状出现于一段时间的减肥和节食之后。瘦身和保持身材的行为通过减少变胖的焦虑而得到负强化。此外，节食和减肥也能通过它们创造出来的自我控制感而得到正强化（Fairburn et al.，1999；Garner，Vitousek，&Pike，1997）。一些包含了人格和社会文化因素的相关理论正在试图解释肥胖恐惧和歪曲的身体意象的形成。例如，完美主义者和总感觉自己身材不好的人特别注重自身的外貌，因而极力节食。类似地，将在媒体上看到的苗条的人作为理想的目标、自身的肥胖、将自己与有吸引力的他人相比较，都会导致对自己身材的不满意（Stormer&Thompson，1996）。

另一个使人追求苗条和产生歪曲的身体意象的重要因素是同伴和父母对自己肥胖的批评（Paxton et al.，1999）。一项研究对 10～15 岁的年轻女孩进行了两次评估，两次评估之间的间隔为 3 年。第一次评估发现，肥胖与同伴取笑相关。而在第二次评估中肥胖则与对自我身材不满意相关；这种不满与进食障碍症状有关。

对发胖的恐惧在进食障碍中非常重要；它部分源自社会上对超重者的刻板印象。
（SERGIO MORAES/Reuters/Landov LLC.）

打乱原有的饮食习惯后，个体就会频繁地出现暴饮暴食的现象（Polivy & Herman，1985）。因此，当进食障碍者严格的节食出现一点小问题，就会逐渐演化成暴饮暴食。一段暴饮暴食后的催吐现象，也可以看作由暴饮暴食引起的肥胖恐惧导致的。神经性厌食症患者如果没有暴饮暴食和催吐的经历，就会更加关注并害怕体重的增加（Schlundt & Johnson，1990），或者更可能实施自我控制。

神经性贪食症及暴食障碍

神经性贪食症患者也被认为过度关注体重增加和自己的外形；事实上，他们主要通过自己的体重和体形来判断自身价值。他们自尊感低；而因为体重和体形相对于自身其他特点来说是容易控制的，于是他们倾向于关注体重和体形，期望在这方面的努力可以让自我的整体感觉稍好一些。他们试图遵循相当严格的进食模式，包括吃多少、吃什么以及何时吃都有严格的规定。不可避免地，这些严格的规定很难遵循，然后节食就变成了暴饮暴食。而暴食之后，出现了厌恶感和变胖的恐惧感，于是他们会出现像催吐这样的补偿性行为（Fairburn，1997）。尽管一时的催吐能减少暴食的焦虑，但这种循环会降低一个人的自尊，而这又会引发更多的暴食和催吐。这种恶性循环虽然保持了想要的体重，但是却损害身体健康（见图 11.2 关于该理论的总结）。

有研究人员制作了一个限制量表（即表 11.3），这是一份关于节食和暴食的问卷（Polivy et al.，1980）。他们对这份量表中得分高的人员进行了一系列的实验研究。这些研究以味觉测试为借口进行。其中的一项研究叫作"评估气温对味觉的影响"（Polivy, Heatherton, & Herman，1988）。为了达到"寒冷"的效果，让被试先饮下 450 毫升巧克力奶昔（研究者将其命名为"预负荷"），接着品尝三碗冰激凌，并评价其味道。告知被试一旦他们完成评估，就可以不限量地吃他们想吃的冰激凌。最后研究人员统计了他们吃掉的冰激凌数量。

在这项实验室研究中，在吃了 450 毫升巧克力奶昔（预负荷）之后，限制量表得分高的人吃的冰激凌数量多于不节食者，即使他们认为预负荷会导致增肥（实际上热量很低）（Polivy，

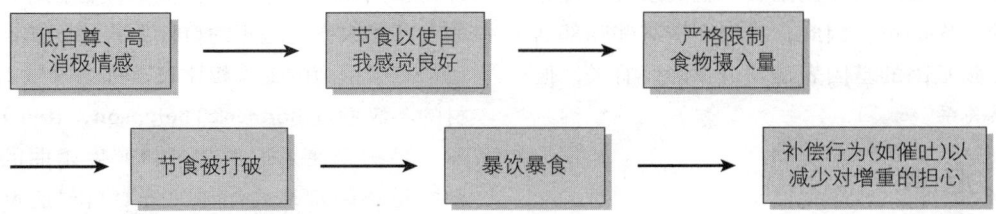

图 11.2　神经性贪食症的认知行为理论

1976）或这种食物味道比较差（Polivy, Herman, & McFarlane, 1994）。而限制量表得分高的人与神经性厌食症患者很相似，尽管程度轻很多。

研究者还发现了几个因素，可以大大增加限制型饮食者预负荷之后（吃了一定食物后）的饮食量。这些因素主要是不同的消极情绪状态，如焦虑和抑郁（Herman et al., 1987）。当节食者的自我形象受到威胁（Heatherton, Herman, & Polivy, 1991），或者本身自尊很低（Polivy et al., 1988），他们的食量就会增加。最后，如果节食者得到他们的体重太重之类的消极反馈，他们就会产生更多的消极情绪，饮食量也会相应的增加（McFarlane, Polivy, & Herman, 1998）。

贪食症或暴食障碍患者的进食模式类似于以上研究中的节食者的行为，甚至更极端。如同很多研究结果显示的那样，神经性贪食症患者在感到压力或遇到不愉快的时候特别容易出现暴饮暴食的现象。在生态瞬时评估法中，研究者展示了暴食——催吐事件与日常生活中情绪和压力变化的关系（Smyth et al., 2007）。一项关于82个生态瞬时评估研究的元分析发现，贪食症或暴食障碍患者的暴食发生前都有消极情绪，但消极情绪对暴食障碍患者的影响更大（Haedt-Matt & Keel, 2011）。因此，这种暴食可能是一种调节消极情绪的方式（Smyth et al., 2007；Stice & Agras, 1999）。然而，元分析也显示，暴食障碍患者在暴食之后体验到更多的消极情绪，因此将暴饮暴食作为调节手段是不成功的。

但也有证据表明，压力和消极情绪会在催吐现象之后有所缓解。也就是说，在催吐之后，消极情绪降低而积极情绪增加，这就支持了催吐是由于消极情绪的减少而得到强化的观点（Haedt-Matt & Keel, 2011；Jarrell, Johnson, & Williamson, 1986；Smyth et al., 2007）。考虑到在限制量表中得分高的人和神经性贪食症患者之间的相似性，我们可以假设，限制进食在贪食症中起了核心作用。事实上，贪食症的自然过程（如未经治疗的贪食症过程）研究发现，个体对体形和体重的关注与暴食之间的关系，部分受到了限制饮食的调节（Fairburn et al., 2003）。换句话说，经过5年的追踪评估发现，个体对体形和体重的关注限制了饮食，而且预测了暴食行为的增加。然而其他一些研究并没有发现这一关系（Burne & MaLean, 2002）。因此这一结论需要进一步的研究来证实限制饮食的行为是怎样与暴食障碍症状相联系的。

有研究采用认知科学研究方法来研究注意、记忆和问题解决这三个因素是怎样影响进食障碍者的。研究发现，厌食症和贪食症患者相对于其他图片更加关注与食物有关的图片（Brooks et al., 2011）。神经性厌食症患者和限制量表中得分高的人员在他们吃饱之后（而不是饥饿的时候）更容易记住与食物有关的单词（Brooks et al., 2011）。其他研究发现有进食障碍症状的大学女生，相比描述情绪的意象，更加关注或容易记住描述他人体形的意象（Treat & Viken, 2010）。于是，有进食障碍的女生不仅关注自己的体形、饮食和体重，也关注其他女生的这些事情。对食物和身材的认知偏向使得有进食障碍的女士难以改变她们的思考模式。因此，认知行为疗法投入了大量的时间教那些进食障碍患者改变这些记忆和注意偏向。

社会文化因素在进食障碍患者的错误知觉和饮食习惯中起了重要作用。我们接下来就讲讲这些影响。

社会文化因素

在整个历史上，社会对理想体形，尤其是女性理想体形的标准有很大不同。想想17世纪画家鲁本斯的作品：根据现代标准，这些女性都很胖。过去50年来，美国文化中人们理想中的体形越来越瘦。例如，1959～1978年，《花花公子》杂志中间插页的女性越来越瘦（Garner et al., 1980），并且自1988年以来选美比赛的美女也一个比一个瘦。一项研究计算了1985～1997（Owen & Laurel-seller, 2000）年《花花公子》

对于女性理想体形的文化标准随着时间而发生了改变。即使是在 20 世纪 50 年代和 60 年代，女性的理想体形也要比 20 世纪 70 年代至今的重很多。
（左边：SuperStock/ SuperStock；中间：摄影师 Lambert/Getty Images，Inc.；右边：摄影师 Frazer Harrison/Getty 为梅赛德斯 - 奔驰时装周拍摄 /Getty Images，Inc.）

中间插页的女性的体质指数（BMI），发现其中除了一个人以外全部低于 20，也就是体重偏轻，而且几乎一半插页女郎的 BMI 指数低于 18，即体重过轻。

对于男性来说，情况则有所不同。一项类似于《花花公子》插页分析的研究对 1973 ～ 1997 年《花花公主》杂志中男性模特的 BMI 指数进行了分析（Leit，Pope，& Gray，2001），发现这段时期内的插页模特的 BMI 指数都有所增加；运用脂肪—肌肉的评估模式后发现他们的肌肉也发达了很多。因而对于男性来说，杂志关注的是他们的正常体重或者是日益发达的肌肉（Mishkind et al.，1986）。

似乎有些自相矛盾的是，体形的文化标准在 20 世纪后半期偏向于苗条，但有越来越多的人体重超重。目前，2/3 以上的美国人都超重（而且肥胖者超过 1/3），使得文化标准中的理想体形和现实之间的冲突日益加深。

随着社会日益关注健康和肥胖，节食减肥也变得越来越普遍了。1950 年，美国有 7% 的男性和 14% 的女性节食，而 1999 年节食的男性和女性分别增加到 29% 和 44%（Serdula et al.，1999）。近几年中，低糖食品的普及掀起了另一波节食狂潮。例如，2004 年低糖食品的出产销售额接近 300 亿美元；低糖饮食的书籍从 1999 年的 15 种增加到 2004 年的 194 种；有 2600 万美国人严格限制糖制品的消费（Kadlic et al.，2004）。2009 年，《新英格兰医学杂志》上的一份研究称，不管是糖类、脂肪类还是蛋白类，节食效果都是一样的，只要是减少等量的热量就可以了（Sacks et al.，2009）。而像抽脂术（真空吸出皮下脂肪）这样的外科手术以及胃成形术（做手术改变胃的大小使其消化的食物量减少）尽管有风险，也已经越来越普遍了（Brownell & Horgen，2003）。

诸多以上数据都表明女性比男性更容易成为节食者。进食障碍常常是由节食和对体重的关注引起的，这也表明了社会标准对苗条身材的重视是进食障碍产生的重要因素（Killen et al.，1994；Rubinstein et al.，2010；Stice，2001）。

可能的情况是，那些真的超重或者很害怕变胖的女性对自己的体形不满意。难怪研究发现，有高 BMI 指数并对自己体形不满意的人，成为进食障碍者的概率就会很大（Fairburn et al.，1997；Killen et al.，1996）。在年轻女孩中，对体形的不满意意味着极有可能发展成进食障碍（Killen et al.，1996）。此外，如果一个女孩专注于变瘦或感到自己有变瘦的压力，那么她就会对自己的体形越来越不满意，这样又会出现更多的节食和消极情绪。对苗条身材的关注和对体形的不满意都是进食障碍的病理性因素（Stice，2001）。最后，媒体所呈现的苗条得不切实际的模特会影响人们对体形的不满。有项研究对25个女性被试做了一次测试，先向她们展示苗条的模特形象，再让她们说出对自己体形的不满意程度。研究结果显示，她们在看了这些形象之后对自己的体形满意度有所下降（Groesz, Levine, & Murnen, 2002）。另一项研究比较了现实和理想中的男性的肌肉发达程度，发现男性被试在看过强壮的男模特后，对自己体形的不满程度有所上升（Leit, Gray, & Pope, 2002）。

不仅是变胖的恐惧会引发进食障碍，越来越多通过网站、博客和杂志对极度消瘦的明星的宣传也对引发进食障碍产生了很大的影响。倡导瘦身的网站和博客，成为很多女性减肥的支撑和动力，哪怕她们已经减到了很危险的地步。这些网站放一些极瘦的女明星的照片作为刺激（如减肥网站）。部分明星公开承认过他们有进食障碍并与其做过斗争。

不少如 Christina Ricci 这样的名人都公开谈论过他们与进食障碍做斗争的事情。
（Allstar Picture Library/Alamy）

最近有人调查了这些"倡导节食"的网站对女性的影响，发现访问过这些网站的女性对自己的体形更不满意，并且表现出更多的进食障碍症状，同时其中有更多的人因进食障碍而住院（Rouleau & von Ranson, 2011）。为了将因果关系与相关关系区别开来，研究者将健康的女士随机分配，然后分别浏览"倡导节食"类网站、其他健康类网站或旅游类网站（Jett, La Perte, & Wanchism, 2010）。在浏览这些网站的前一周和后一周，这些女性每天都做饮食记录。结果发现在之后的一周里，浏览"倡导节食"类网站的女士比浏览其他网站的女士更多地限制进食。这表明是浏览这些网站导致进食行为发生了潜在的改变，而这些改变是不利于健康的。

性别因素

我们已经提过，进食障碍者中女性比男性更常见。其中一个原因就是在过去50年中，西

Al Roker 是美国全国广播公司（NBC）"今日秀"节目的天气解说员。他为了减肥而进行了胃部手术。
（Evan Agostini/Getty Images News and Sport Services.）

方文化对于瘦的标准发生了改变，如今对女性变瘦的期望要大于男性。

然而，另一社会文化因素则从未改变——女性体形的客体化（objectification）。人们常常戴着性别眼镜来看待女性的体形；事实上，很多人都以女性的外表来评价她们，而男性的价值则更多体现在他们所取得的成就上。根据客体理论（Fredrickson & Roberts，1997），西方文化（如电视、广告等）中的信息传播导致某些女性"自我客体化"，也就是她们用别人的眼光来看待自己的体形。"自我客体化"使女性更可能对自己的体形产生羞愧：当她的理想体形不符合文化标准时，就会出现这种羞愧。研究显示"自我客体化"和因体形而产生羞愧与进食障碍有关（Fredrickson et al.，1998；McKinley & Hyde，1996；Noll & Fredrickson，1998）。在高度关注体重的女性群体中——如模特、舞蹈家、体操运动员等——得进食障碍的风险特别高（Garner et al.，1980）。

进食障碍和对体重的关注会随着女性年龄的增加而消失吗？有人对600名男女进行了长达20年的研究，主要研究了节食和其他进食障碍风险因素的区别（Keel et al.，2007）。首先在大学时期对这些人的饮食、BMI指数、体重、身材和进食障碍症状等做了调查。随后研究了他们毕业后10～20年时的情况。这样在完成20年的追踪评估后，这些人都到了40岁左右。与他们在大学时的情况相比，研究者发现，20年后，女性变得较少节食并且很少关注体重和体形，虽然她们会常常称量体重。此外，女性的进食障碍症状和风险因素在20年后减少了。生活角色的改变（有了配偶和孩子）也减少了女性的进食障碍症状。相反，男性则越来越关注体重并更多地节食。他们40岁左右的时候就像年轻的女性一样，称量体重的次数比在大学期间更加频繁。风险因素的减少，如减少对身体形象的关注和降低节食的频率，也会使男性的进食障碍症状有所缓解。

跨文化研究

进食障碍的跨文化因素取决于障碍的类型。神经性厌食症已经出现在美国以外的地区及其文化中，如中国（包括港澳台地区）、英国、朝鲜、日本、丹麦、尼日利亚、南非、津巴布韦、埃塞俄比亚、伊朗、马来西亚、印度、巴基斯坦、澳大利亚、荷兰以及埃及（Keel & Klump，2003）。此外，神经性厌食症的案例在受西方文化影响较少的文化中也有记录。然而人们需要引起重视的是，在这些多元文化中发现的神经性厌食症，并不等于DSM中描述的标准症状。例如，Lee（1991）描述了在香港有一种心理障碍与神经性厌食症很相似，它包括极度消瘦、厌食和闭经等症状，但并不害怕变胖。这是不是一种基于不同文化类型的神经性厌食症呢？或者是一种不同的心理障碍，像抑郁症之类的？这个问题是跨文化研究者面临的一个挑战（Lee et al.，2001）。事实上，在某些文化中，偏胖的女性十分受人尊重并且被看成好生养和健康的（Nasser，1988）。但是也有证据显示，进食障碍受文化因素的影响正在减少。对香港进食障碍者进行的为期20年的研究表明，进食障碍的流行和形式都受到了西方的影响（Lee et al.，2010）。首先，厌食症和暴食障碍在2007年比1987年增加了两倍。此外，报告对体形不满意和恐惧变胖的女性在2007年比1987年多了25%。可以看出，在相当短的一段时期内，香港的进食障碍变得更加西方化了。

进食障碍的另一个特点也严重受到西方文化中理想的美和瘦的影响，那就是身体意象。一项研究支持了身体意象的跨文化差异。研究者让乌干达和英国大学生评估一组图片的吸引力，这些图片上的人物从极瘦到极胖（Furnham & Baguma，1994）。相比英国学生，乌干达学生认为肥胖的女性更迷人。

神经性贪食症似乎在工业化社会比非工业化社会更常见，如在美国、加拿大、日本、澳大利亚和欧洲很常见。然而，随着文化的变迁，全球文化表现出对西方文化，尤其是对美国文化的迎合之后（Watters，2010），贪食症人群似乎增加了（Abou-Saleh, Younis, & Karim, 1998；Lee et al., 2010；Nasser, 1997）。大约10年前的一项有关不同文化和进食障碍的综合研究，只在西方文化中发现了暴食障碍的案例（Keel & Klump, 2003）。我们很好奇这种情况是否会在接下来的10年中发生变化。

种族因素

据报道，美国白人女性中神经性厌食症在同一时期内的发病率是有色人种女性的8倍（Dolan，1991）。白人女性比黑人女性更容易产生饮食紊乱和对体形不满意的情况（Grade & Hyde, 2006；Perez & Joiner, 2003），但是对实际的进食障碍（尤其是贪食症）研究，发现种族差别并不大（Wildes, Emery, &Simons, 2001）。此外，进食障碍发病率在白人和黑人女性中的最大差异似乎更多地出现在大学生人群中；在高中生或非临床的社区样本中则很少发现这种差异（Wilder et al., 2001）。元分析发现，种族间在对体形不满意方面相似多于差异（Grabe & Hyde, 2006）。白人女性和拉丁裔女性比非裔女性对自己的体形更加不满意，但并没有发现其他的种族差异。

但是在美国的某些地方发现了这种区别。研究显示十几岁的白人女孩节食的频率比非裔女孩更频繁，并且对自己的体形满意度也更低（Fitzgibbons et al., 1998；Striegel-Moore et al., 2000）。BMI指数和体形不满意度之间的关系也随着种族不同而改变。与非裔青少年相比，随着BMI指数的升高，白人青少年对自己的体形满意度降低（Striegel-Moore et al., 2000）。确实有研究表明，有暴食障碍的人中，白人女性对自己的身体满意度低于黑人女性，而且白人女性中有过神经性贪食症经历的可能性更大（Pike et al., 2001）。

Jessica Alba 公开谈论过自己的进食障碍。
（FilmMagic/Getty Images, Inc.）

社会经济地位也是一个需要考虑的重要因素（Caldwell, Brownell, & Wilfley, 1997；French et al., 1997）。对苗条和节食的关注已经从中上级经济阶层的白人女性传到低级经济阶层了，就像进食障碍的流行趋势一样（Story et al., 1995；Striegel-Moore et al., 2000）。此外，文化适应，即一个人将自己的文化与其他文化结合起来的程度也是一个重要因素。这一过程有时候会产生很大压力。最近有项研究发现，对文化适应应激水

就像高更画的塔希提女人那样，美的标准会随着文化的不同而变化。
（Musée d'Orsay, Paris/Lauris-Giraudon, Paris/SUPERSTOCK。）

平高的非裔和拉丁裔大学生来说，他们的体形不满意度和贪食症症状之间联系紧密，而这种联系在文化适应应激水平较低的非裔和拉丁裔大学生身上就没有这么紧密（Perez et al., 2002）。

进食障碍病因的其他因素

人格影响

我们已经知道一个人会因进食障碍而出现神经生物学上的改变，但我们也要认识到进食障碍也会影响人的性格。上世纪40年代末，一项对拒绝服兵役的男性在半饥饿状态下的研究就印证了这一点：进食障碍患者的人格会受到体重减轻的影响，尤其是得厌食症的人（Keys, et al., 1950）。在长达六个星期的时间里，这些人每天只用两餐，共1500卡路里的热量，以模拟集中营中的饮食状况，结果他们的体重平均降低了25%。不久他们就变得饥饿难耐，同时疲倦感倍增、专注度降低、性欲缺乏、易激惹、喜怒无常，而且失眠。其中四个人变得抑郁，一个患上了双相障碍。这项研究给我们生动地展示了严重限制进食对一个人的人格和行为有极大的影响，当我们评估一个得了厌食症或者贪食症的人的人格特征时，需要将这个因素考虑在内。

作为对以上研究的回应，某些研究者收集了很多追溯性的、人们在患上进食障碍之前的人格特征相关的资料。这些研究调查表明，厌食症患者在发病之前，一直追求完美，谦虚谨慎，而且十分随和。对贪食症患者的性格描述中还包括其他特征，如戏剧性、感情不稳定、社会地位被忽视等特征（Vetousek & Manke, 1994）。但是我们也要记住一点，在这些追溯性回忆有可能是不精确的，可能会受到患者当前病情的影响而有失偏颇。

也有一些关于得进食障碍之前的人的性格特征的前瞻性研究。在某个研究中，对2000多名学生连续三年做了各种测试，包括进食障碍问卷和人格测验。在研究的第一年发现，有关进食障碍的横断预测变量包括体形不满；较差的内

感受性；沉浸于消极情绪的倾向等（Leon et al., 1995）。到了第三年，这几个变量前瞻性地预测了进食障碍的症状（Leon et al., 1999）。另外的研究发现，完美主义对年轻成年女性厌食症的预见有前瞻性（Tyrka et al., 2002）。

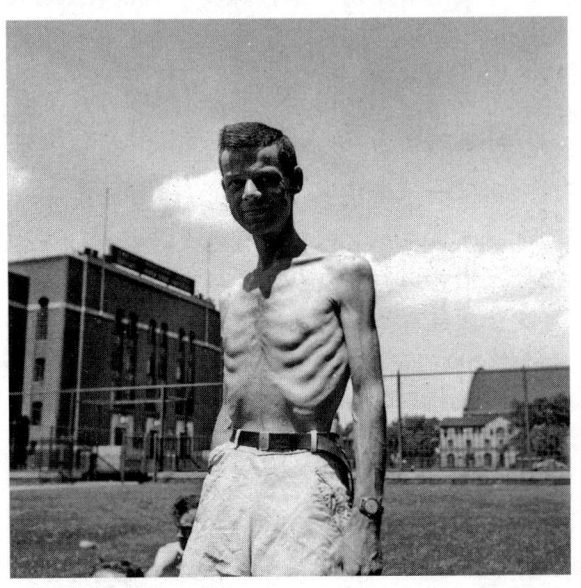

Keys的研究表明，严重限制进食会对行为和人格产生深远影响。
(Wallace Kirkland/Time & Life Picture/Getty Images, Inc.)

厌食与完美主义之间的关系已经有了进一步研究。完美主义是多层面的，可能是自我导向的（给自己设定很高的目标），或者是他人导向的（为他人设定很高的目标），亦或是社会导向的（努力去达到他人设定的目标）。最近对很多研究的综述表明，无论以何种方式测量完美主义，那些有厌食症的女性完美主义得分都要高于没有厌食症的女性；而且即使这些女性的厌食症得到治愈，她们在完美主义这一特质上的得分仍然很高（Bardone Cone et al., 2007）。多国研究也发现厌食者在自我和他人导向的完美主义的得分要比非厌食者高（Halmi et al., 2000）。最后，厌食者的母亲要比那些非厌食者的母亲更倾向完美主义（Woodside 等人，2002）。尽管这项有趣的发现需要得到重复的验证，但以上研究的结果

暗示着，厌食症中遗传的是性格特质（如完美主义等）使患者对疾病更加易感，而并非疾病本身。

家庭特点

进食障碍者的家庭特征的研究结果比较复杂。例如，不断有进食障碍者的自我报告反映出他们家庭的内部冲突较为频繁（Bulik, Sullivan, et al., 2000；Hodges, Cochrane, & Brewerton, 1998），而其父母的报告中并没有体现出这一点。

家庭特征可能会使进食障碍的患病风险加大；反过来，进食障碍也可能影响家庭功能。一项研究针对进食障碍者及其父母，对他们的严厉程度、亲密关系、情感溺爱、批评意见和敌意等维度进行了测量（Dare et al., 1994）。这些家庭的调查数据在父母是否对孩子过度溺爱以及是否较少有家庭冲突（较少的批评和敌意）等方面结果模糊不清。一项家庭研究评估了治疗前后的情况，发现家庭功能在治疗后提高了（Woodside et al., 1995）。最后，一项研究检验了双胞胎之间患贪食症的不一致性（即，一个有进食障碍，另一个则没有）。有贪食症的一方相比没有患病的另一方报告了更多的家庭不和谐。由于这些研究都是基于回顾性的自我报告，所以家庭不和谐是进食障碍的影响因素还是其结果尚不明确。

进食障碍者总是报告其家庭内部常常发生冲突。
(Penny Tweedie/Stone/Getty Images.)

童年期虐待与进食障碍

一些研究表明，相比于一般人，进食障碍者（特别是神经性贪食症患者）中，有更多人报告儿童时期遭受过性虐待（Deep et al., 1999；Webster & Palmer, 2000）。就像在第8章中讨论过的一样，某些研究显示在治疗中关于虐待的记忆可能是编造的。但值得注意的是，未经治疗的进食障碍患者和经过治疗的患者中都报告了性虐待高发生率（Romans et al., 2001；Wonderlich et al., 1996, 2001）。童年性虐待对进食障碍的病理性影响还不确定。此外，很多其他疾病的患者中也发现其童年曾遭到性虐待；因此，性虐待即使起了一定的作用，但对进食障碍可能不是很特异的影响因素（Fairburn, Cooper et al., 1999；Romans et al., 2001）。

研究也发现，在进食障碍者中，童年时受过身体虐待的人比例很高。这些数据对未来研究的启发是，应该关注更大范围的虐待经历。此外，有人认为仅考虑是否有虐待可能太宽泛了。年龄很小时遭受来自家人的暴力虐待，相比其他类型的虐待，可能与进食障碍有更大的关系（Everill & Waller, 1995）。

> **概念核查11.2**（答案见章末）
>
> 请判断对错。
> 1. 与进食障碍成因相关的大脑结构是下丘脑。
> 2. 关于人格和进食障碍的前瞻性研究显示，体验消极情绪的倾向与进食障碍有关系。
> 3. 神经性厌食症在西方文化中更常见；神经性贪食症则在全世界都存在，与文化无明显关系。
> 4. 童年期虐待可能是导致进食障碍的一个特殊因素。
> 5. 认知行为理论认为贪食症女性患者以自己的体重和体形来判断自我价值。

进食障碍的治疗

神经性厌食症患者经常需要住院治疗，以便逐渐增加他们的饮食摄取量并随时监控。体重的减轻已经到非常严重的地步时，必须通过静脉输送营养来挽救生命。神经性厌食症的医学并发症，如电解质不平衡等，也需要治疗。对厌食症和贪食症，应药物治疗和心理治疗并用。

药物治疗

由于神经性厌食症同抑郁症经常共病，因此该病常用各种抗抑郁药来治疗，如氟西汀。在一项多个治疗机构共同参与的研究中，387名神经性贪食症女性在8周内来门诊接受治疗。在减少暴食和催吐症状方面，氟西汀比安慰剂更有效；它同时减少了抑郁并减轻了对食物和进食的偏见。大多数包括安慰剂控制组的双盲研究已经证实了各种抗抑郁药对减少暴食和催吐症状的效果，即使是对那些在先前的心理治疗中没有反应的人（Wash et al.，2000；Wilson & Fairburn，1998；Wilson & Pike，2001）。

消极的一面是，许多贪食症者会中止药物治疗（Fairburn, Agras, & Wilson, 1992）。一个多家治疗机构参与的氟西汀研究证明，几乎1/3的女性在8周治疗结束之前就中止了，主要是因为药物的副作用。相反，只有少于5%的女性中止了认知行为治疗（Agras et al.，1992）。此外，大多数患者在各种抗抑郁药停用后复发（Wilson & Pike，2001）。有证据显示，如果将精神药物和认知行为疗法结合起来，复发的趋势会减弱（Agras et al.，1994）。

药物治疗也用于治疗神经性厌食症。不幸的是，在增加体重和改善其他核心症状方面并不是很成功（Attia et al.，1998；Johnson, Tsoh, & Varnado, 1996）。暴食障碍的药物治疗尚未得到充分研究。有限的证据表明，抗抑郁药在减少暴食和减轻体重方面没有效果（Grilo, 2007）。最近抗肥胖药物的试验，如西布曲明和阿托莫西汀，给了暴食障碍患者一些希望，但是仍然有必要进行进一步的临床试验。

神经性厌食症的心理治疗

在之前的所有研究中，几乎没有控制实验研究是关于厌食症的心理治疗的，但是我们针对这种对生命构成威胁的进食障碍，将会进行一种似乎非常有希望的心理疗法。

治疗厌食症通常有两个阶段。第一个是快速增加体重以避免医疗上的并发症和死亡的可能。因为患者很虚弱而且生理功能容易紊乱，所以除了要保证他们的食物摄取之外，住院治疗也是必须的。利用操作性条件反射原理的行为治疗方案（比如，通过奖励对体重增加予以强化）可以成功地在短期内增加他们的体重（Hsu，1990）。但是治疗的第二个阶段——长期维持增加的体重——仍然是一个挑战。

除了快速增加体重，厌食症的心理治疗也包括认知行为疗法。一项结合了医院治疗和认知行为治疗的研究发现，厌食症的症状减轻在治疗后保持了一年（Bowers & Ansher，2008）。

家庭治疗是厌食症心理治疗的重要形式，它建立在病人的家庭成员之间相互作用的基础上（Legrange & Lock，2005）。在其中一种家庭治疗中，厌食症被当作人际问题而不单单是个人问题，然后试图解决家庭问题。那么怎么做呢？治疗师会组织家庭午餐会议，因为与厌食症相关的冲突在就餐时间表现得最明显。午餐会议有三个主要目的：

1. 改变厌食者的病人角色；
2. 将吃饭重新定义为一个人际问题；
3. 防止父母拿孩子的厌食症当作回避冲突的手段。

其中一种策略就是指导其中一位家长试着单独地强迫孩子进食，而另一个家长离开此房间。这种个人的尝试通常是失败的。但是因为失

家庭治疗是治疗神经性厌食症的一种主要形式。
(Michael Newman/PhotoEdit)

败和受挫，父亲和母亲开始明白，要一起共同努力去说服孩子进食。因此孩子的进食问题将会成为双亲达成合作和增强家长作用的机会，而不是矛盾冲突的焦点（Rosman, Minuchin, & Liebman, 1975）。一项对50名用这种家庭疗法治疗厌食症女生的早期研究表明，80%的女生在治疗后的三个月到四年的时间里，身体一直很健康（Rosman, Minuchin, & Liebman, 1976）。

　　一个基于家庭的新疗法在英国得到发展。其重点是帮助父母在努力让青春期孩子恢复体重的同时，改善家庭功能（Lock & Le grange, 2001; Lock et al., 2001; Loeb et at., 2007）。最新的一项随机对照临床实验比较了家庭治疗和个体治疗，发现两者在进行24次治疗后能达到同等的效果，但是有更多女孩（49%）在接受了一年的上述家庭治疗后完全康复，而接受个体治疗的女孩只有23%的人康复（Lock等，2011）。另一项有关这种家庭治疗的研究发现，到第4次治疗体重就已经增加的女孩在治疗结束后更容易完全恢复（Doyle等人，2010）。所以，体重增加得越早，就预示着结果越好。尽管这些发现很鼓舞人心，但是要提高厌食治疗的结果，还有很多的工作需要去做。

神经性贪食症的心理治疗

　　认知行为治疗是对贪食症最有效也是当前最标准的治疗方法（Fairburn, 1985; Fairburn et al., 2009; Fairburn Marcus, & Wilson, 1993）。认知行为治疗鼓励贪食症患者去质疑美好身材的社会标准。患者也必然会发现这点，并改变以前逼迫自己挨饿以避免过重的想法。他们会在他人帮助下看到，正常的体重不一定要靠节食来保持，并且不实际的限制进食往往只会引发暴饮暴食。他们需要知道吃一口高热量食物不会失去一切，吃一些零食也不一定会引起暴饮暴食以及后面的催吐或者导泻。改变这种全有或全无的想法，可以帮助他们解决别人对他们的无理要求之类的问题，以更令人满意的方式与他人建立关系。

　　神经性贪食症的总体目标就是建立正常的饮食习惯。贪食症者需要养成一日三餐，在正餐之间吃些零食的习惯，并且不退回到暴食和催吐的症状中。正常饮食可以帮助控制饥饿感，由此就控制了大量进食的渴望和之后的导泻。为了帮助贪食症者改变对自己的极端认识，认知行为治疗师温和但又坚定地挑战不合理信念，如"我如果比现在重一点的话就没有人尊重我了"或者"艾瑞克喜欢我是因为我只有50千克，如果我增到60千克重的时候他肯定会抛弃我"。

　　一种时常出现在认知行为治疗中的干预方法就是让患者在治疗中吃一点他们不允许自己吃的食物，并运用放松练习来控制催吐的欲望。不现实的要求和其他的认知扭曲——如坚信吃一点高热量的食物就意味着自己是一个彻底的失败者或永远不可能恢复了——这些观念都将受到持续挑战。治疗师和患者共同确认引发暴饮暴食的事件、想法和感受，接着学习用更有适应性的方式来解决这些问题。在哈里特的案例中，她和她的治疗师发现，父母批评她之后，她往往就会暴饮暴食。治疗包括以下几方面：

★ 如果受到了错误的批评，就鼓励她肯定自己；
★ 让她对社会评价不那么敏感，鼓励她质疑社会对理想体重的标准和女性必须瘦的看法；
★ 教她明白犯错并不是什么大灾难，不必十全十美；即使父母的批评是合理的也一样。

不管是短期还是长期，认知行为治疗的结果是很令人乐观的。元分析发现其治疗效果比抗抑郁药还好（Whittal，Agras，&Gould，1999），而且这种治疗效果可以持续一年（Agras et al.，2000），接近六年（Fairburn et al.，1995），甚至10年（Keel et al.，2002）。但我们也知道，这些积极结果都有局限性。

女演员 Mary-Kate Olsen 曾接受进食障碍治疗。
(Peter Kramer/Getty Images News and Sport Services)

一系列的研究显示了认知行为治疗可以减少频繁的暴食和催吐，减少率为 70%～90%。极度的节食行为也明显减少了，同时对待体形和体重的态度也有所好转（Compas et al.，1998；Richards et al.，2000）。然而，如果我们关注这些人而不是贪食和催吐的数量，就会发现至少半数的患者改善不大（Wilson，1995；Wilson & Pike，1993）。显然，认知行为治疗是治疗贪食症的最有效的方法，但仍然有待提高。

成功地克服了暴食和催吐症状之后的贪食症患者，在其他相关方面（如抑郁和低自尊）也有所好转。这个结果在意料之中。能够克服曾被看成不可控制的贪食症并回到正常的饮食状态，他们当然会减少抑郁并自我感觉更好。

另一种形式的认知行为治疗称作引导自助，也对部分患者有效。在这种治疗中，患者会得到一本自助手册，里面包含完美主义、身体意象、消极思维、饮食与健康等主题。患者偶尔跟治疗师见面，治疗师会指导他们如何利用自助手册进行自我治疗。初期研究结果显示，这与长时间等待团体治疗相比更有效，比传统的认知行为治疗也更好。此外，患者改变自己的信心越强，越能在治疗中取得好的效果（Steele，Bergin，&Wade，2011）。

在其他的研究中（Fairburn et al.，1991；Fairburn，Jones，et al.，1993），人际关系治疗进展得也比较顺利，尽管该疗法没有立竿见影的效果。经过一年的追踪研究显示，对于典型的贪食症的四个症状：暴饮暴食、催吐、禁食以及对体形和体重的错误看法，两种干预方式的治疗效果是一样的（Wilson，1995）。在即时效果上，认知行为治疗优于人际关系治疗，但长期来看两者效果一样——这在后来的研究中也得到了证实（Agras et al.，2000）。

家庭治疗对贪食症也有效，尽管有关研究没那么多。最近的一项随机临床实验表明，在治疗结束后 6 个月内，对于减少贪食症青少年的暴食和催吐症状，家庭治疗效果优于支持性心理治疗（Le Grange et al.，2007）。

暴食障碍的心理治疗

尽管不像神经性贪食症那样得到广泛研究，但一些研究显示认知行为疗法对暴食障碍的治疗是有效的（Grilo，2007）。CBT 治疗的目标主要针对暴食症状，同时通过强调自我监控、自我控制和问题解决的方式限制饮食。CBT 的效果可以在治疗后持续一年。其效果要比氟西汀药物的效果好一些（Grilo，2007）。随机控制的临床实验显示，人际关系疗法也同样有效（Wilfley et al.，2002；Wilson et al.，2010）。这些疗法比常用来治疗肥胖症的减肥项目有效。而且这些治疗减少了暴食行为（但不一定减少体重），减肥项目可能会减轻体重，但不能抑制暴食行为。

最近有项研究比较了暴食障碍的三种疗法：（1）治疗师指导的团体CBT；（2）治疗师协助的团体CBT；（3）无治疗师参与的结构化自助团体CBT。结果发现，治疗师指导的团体CBT的患者在6个月和12个月追踪时，其暴食行为减少的最多；而这三组的组员的暴食行为都比等待控制组的患者减少得多（Peterson et al.，2009）。从治疗师指导的团体中退出的人也最少。

进食障碍的预防性干预

治疗进食障碍的另一个途径是预防，即在儿童或成人的进食障碍发病之前进行干预。目前已经提出并实施了三种不同的预防方式：

1. 心理教育法。对儿童和成人进行有关进食障碍方面的教育，以防止他们出现有关症状。
2. 减少社会文化的影响。帮助儿童和成人抵制社会文化对瘦的要求和压力。
3. 风险因素法。让人们了解进食障碍的风险因素（如，对体重和身材的关注、限制进食），并让他们做出相应改变。

研究者（Stice，Shaw，& Marti，2007）对1980～2006年进行的所有有关此类干预的研究进行了元分析，结果是这些干预方法的效果只得到了些许的支持。最有效的一种干预是互动式干预，而不是说教式的；参与者是15岁或以上的女生，采用了多次干预的方法，而非只是一次。一些效果持续了两年。

最近的随机实验发现，两种预防性干预给减少青少年女孩（平均年龄17岁）的进食障碍带来了希望。其中一项叫作减少干预，重点弱化社会文化影响；另一项叫作健康体重干预，直击危险因素（Stice et al.，2008）。这两种干预都包括一个只有3小时的治疗。不同点是，减少干预组的女孩进行交谈、书写和角色扮演等，来挑战社会中人们对美的观念（如，理想中的苗条身材）。健康体重干预组的女孩共同努力，一起为保持健康的体重和进行运动锻炼设立目标和计划。任何一组被试与没有参加干预项目的女孩比起来，都表现出：消极情感少、对身材的不满意度低、内心的消瘦理想低；在项目结束后2～3年内成为进食障碍患者的风险也低。这些发现都表明了进行和实施预防项目的重要性。

互动式的干预项目对进食障碍的女孩产生了效果。
(Tony Freeman/PhotoEdit)

概念核查11.3（答案见章末）

填空。
1. 研究显示_____疗法在短期和长期看来对暴食障碍都是有效的。
2. 对于神经性厌食症，为了使患者增重，要求_____。没有太多_____被证明是有效的。最常用的治疗神经性厌食症的疗法是_____。
3. 预防研究表明，以下两个项目都可以将干预效果延至3年：_____干预和_____干预。

总　结

临床描述

- 进食障碍包括神经性厌食症和神经性贪食症，还有一种是暴食障碍。神经性厌食症的症状包括拒绝维持正常体重，极度害怕变胖以及扭曲的身体意象。神经性厌食症通常从青少年期开始患病，女性患者比男性多10倍，并且伴随着其他症状，特别是抑郁。其不利于身体健康，甚至会威胁生命。神经性贪食症的症状包括反复伴随催吐的暴饮暴食，对变胖的恐惧和扭曲的身体意象。像厌食症一样，贪食症也开始于青少年期，女性患者比男性多，并且伴随着其他症状，如抑郁。其预后在某种程度上则比厌食症要好一些。暴食障碍的症状包括反复暴饮暴食，但没有催吐症状。暴食障碍患者常常过于肥胖，但并不是所有的肥胖者都有暴食障碍。

病因学

- 研究检验了基因和脑机制两方面。有证据表明进食障碍可能与遗传因素有关。内源性阿片类物质和5-HT这两种物质在调节进食障碍的饥饿和过饱方面有一定作用。在进食障碍患者身上发现这两种化学物质水平较低，但证据表明它们对进食障碍的影响是有限的。多巴胺也包含在饮食过程中，但其对进食障碍的作用还尚需研究。

- 心理层面上有几个因素起了重要作用。进食障碍的认知行为理论提出，害怕变胖和扭曲的身体意象强化了减肥行为。神经性贪食症患者由于消极情感和因压力而暴食产生了焦虑，而这种焦虑在催吐之后得到缓解。

- 随着社会文化倾向于将苗条的形象作为女性理想体形，进食障碍的数量增多了。女性身体的客体化也给女性增加了压力，使她们以社会文化标准看待自己。进食障碍的患病率在工业化国家更高；在这些文化中，变瘦的压力较大。白人女性相比非裔女性，更倾向于对体形不满意和出现进食紊乱，但患病率和实际的进食障碍患者数目在这两类人中没有太大差别。

- 有关进食障碍患者的家庭特征研究根据数据收集方式的不同，也得出了大量不同的研究数据。进食障碍患者往往报告有频繁的家庭冲突，但实际上对这些家庭的观察并没有发现太多的冲突。关于人格的研究发现，进食障碍患者有很严重的消极情绪和完美主义倾向，以及较低的内感受性知觉。许多进食障碍女性患者报告童年期受到虐待，但早期的虐待并不一定是形成进食障碍的特殊风险因素。

治疗

- 对进食障碍主要的神经生物治疗是使用抗抑郁药物。尽管在一定程度上是有效的，但中途停止用药的比例很高，并且停药后复发的情况也很普遍。厌食症需要住院治疗来减少医疗并发症。增加体重的强化是有效的，但没有一种治疗可以长期维持体重增加。家庭治疗对神经性厌食症也有效果。

- 贪食症的认知行为疗法重点在于质疑社会对美丽身材的标准，挑战严格限制进食的信念，并建立起正常的进食模式。不管从短期还是从长期来说，其效果都是积极的。暴食障碍的认知行为疗法关注减少暴饮暴食，目前研究显示这是有效的。

- 预防性干预项目是有效的，特别是针对15岁以上女孩的多次干预项目，并且是交互式的而非说教式的（如演讲）。其效果在项目实施之后可以持续3年。

概念核查答案

11.1　1.c；2.b；3.d

11.2　1.F；2.T；3.F；4.F；5.T

11.3　1.认知行为；2.住院，药物，家庭治疗；3.减少，健康体重

第 12 章

性障碍

学习目标

1. 能够描述文化和性别因素对性规范的影响。
2. 能够总结男性和女性的性反应周期。
3. 能够解释性功能障碍和性欲倒错的症状、原因和治疗手段。

性是人类生活中最个人化的一个领域。我们中的每个人都是一个富有独特性偏好和性幻想的个体；这些偏好和幻想可能不时让我们惊奇甚至震惊。通常这些反应都属于正常的性活动。但是，当我们的性幻想或者性欲望以一种我们并不希望的或者充满伤害的方式困扰我们、影响他人时，这些幻想或欲望就会被定性为不正常的。在本章中，我们将探讨 DSM-5 诊断标准中被列为性功能障碍和性欲倒错的人对于性的想法、感觉和行为（见表 12.1）。

在这样的视角下，本章我们首先将简短地描述相关标准和健康性行为。然后我们将考虑两类与性有关的问题：性功能障碍和性欲倒错。性功能障碍的定义是，体验性兴奋、性欲、性高潮的能力受到持续干扰，或者是性交时会疼痛。性欲倒错则被定义为，持续且令人苦恼地受到不寻常的性活动或者事物的吸引。

表 12.1　DSM-5 中性障碍的各种诊断

性功能障碍
性兴趣、性欲、性唤起障碍
　女性的性兴趣／唤起障碍
　男性的性欲减退障碍
　勃起障碍
性高潮障碍
　女性高潮障碍
　早泄
　延迟射精
性交疼痛障碍
生殖盆腔疼痛／插入障碍

性欲倒错
恋物癖
易装癖
恋童癖
露阴癖
窥阴癖
摩擦癖
性受虐癖
性施虐癖
其他未分类的性欲倒错
（比如，嗜粪癖、恋尸癖）

来源：APA，2011.

性规范和行为

对于什么是合乎规范的性行为，因时间和地域的不同有着各种各样的标准。比如当代西方认为压抑性欲的表达会导致问题。与此相反的是，19世纪和20世纪早期的观点则认为性的过度才是问题的元凶。人们尤其相信，童年时期的过度手淫会导致成年时期的性问题。Von Krafft-Ebing（1902）提出早年手淫会损害性器官并且耗竭容量有限的性能量，会导致成年时期的性功能损伤。甚至到了成年时期，过度的性行为也被认为将埋下如勃起障碍等问题的隐患。总的来说，维多利亚时代的观点是，性欲是危险的，因此它需要被抑制。比如，为了防止儿童触摸性器官，金属制的手指套被广泛推行；为了将成年人的注意力从过剩的性欲上转移出来，户外运动和清淡的饮食被广泛提倡。人们还研制出家乐氏玉米片和全麦饼干作为可以减弱性兴趣的食物，尽管它们实际上并不能减弱性兴趣。

随着时间进程而发生的种种变化影响着人们对性的态度和体验。比如，科技的发展改变了人们的性经验，现在通过互联网来获取性相关内容的人数与日俱增。艾滋病和其他通过性行为传播的疾病增加了性行为的危险系数。在美国，据估计每年有超过一千九百万的人感染性病（Center for Disease Control and Precention，2009b），而且19岁之前就有1/4的女性感染性病（Forhan, Gottlieb, Sternberg, et al., 2009）。其他的变化也影响了性的标准。随着美国人口趋于老龄化，提倡人们有权享受性爱，直到临死之前也要保持完美性生活的理念开始浮现，而且一系列相关药物的产量增加了这个倡议的可行性（Tiefer，2003）。

除了随着时间进程而发生的改变以及代际的差别外，文化也影响着性的态度和信念。在某些文化之中，性被认为是幸福生活和快乐的一个重要组成部分，而在另一些文化中，性被认为只和繁衍后代有关（Bhugra, Popelyuk, & McMullen, 2010）。在对性行为的接受程度上不同文化之间也有很大的差异。比如，Herdt在1984年记述了居住在巴布亚新几内亚的塞班人的一种仪式，年轻一辈的男性与年长的男性口交是一种学习性知识的方式。但在其他文化中，同性之间的性行为则显然是有污名的。当我们在研究人类性行为时，必须时刻记住不同文化中存在的准则的多样性。聚焦发现12.1中展示了作为一名心理卫生工作者，应当如何在复杂的文化多样性面前，对人们性取向态度的不断变更作出回应。

今天，在我们的文化里，性规范是什么呢？为了回答这个问题，在人群中选取有代表性的样本很重要，这些样本必须在年龄、性别、种族、社会经济地位和其他一些关键特征上能够代表总体。我们将会讨论许多有代表性的研究，这些研究收集了成千上万人的大样本数据。表12.2展现了一项大型的具有代表性的研究收集的数据。有时，参与这些研究的被试需要在问卷上作答，

性规范随着时代变迁发生了很大变化。20世纪早期，玉米片作为降低性欲的一种清淡饮食而被推广。
（Corbis Images）

因为相较于直接和访谈者面对面交流，人们对在问卷上写答案可能感到更自在。在最近的一个大规模研究中（Herbenick, Reece, Schick, et al., 2010b），研究者通过互联网收集数据。似乎这种形式最能让被调查者们感到自在。尽管这种方式降低了被试对调查的不适，但收集关于某种性行为有多普遍的数据还是非常困难。我们将会在性欲倒错一节中更多地讨论这个问题。

表 12.2 过去一年中两性参与某些性活动的比例

行为	男性（%）	女性（%）
给予口交		
从不	30.0	35.2
有时	49.3	53.0
总是	20.7	11.8
接受口交		
从不	30.5	33.2
有时	50.5	52.2
总是	19.0	14.6
性伴侣数量		
0	9.9	13.6
1	66.7	74.7
2～4	18.3	10.0
5+	5.1	1.7
性交频率		
未婚人群		
从不	22.2	30.6
每月少于3次	38.9	36.6
每周至少1次	38.9	32.8
已婚人群		
从不	1.3	2.6
每月少于3次	31.4	33.9
每周至少1次	67.3	63.5

来源：Laumann, Gagnon, Michael, et al., 1994

性别和性

有些关于性的性别差异的话题引起了政治上的讨论和民众的骚动。使用许许多多的指标进行统计，男性报告的关于性的想法和行为总是比女性更多。当然，这是基于平均数的统计，总会有一些例外情况存在（Andersen, Cyranowski, & Aarestad, 2000）。但是比起女性，男性总是更多地报告想到性、手淫，也更频繁地产生性欲望，同时还描述自己想要和拥有更多的性伴侣（Baumeister, Catanese, & Vohs, 2001；Herbenick, Reece, Schick, et al., 2010a）。

除了这些在性驱力上的不同之外，Peplau（2003）也描述了两性在其他方面的不同。女性趋向于比男性更加容易因为外表上的瑕疵而觉得羞耻，而且这种羞耻会影响她们的性生活满意度（Sanchez & Kiefer, 2007）。对于女性而言，性和关系状态以及社会准则之间的联系比男性更紧密（Baumeister, 2000）。比如，当女性不处在恋爱关系中时，趋向于报告较少的性驱力和自慰；而男性在一段关系结束的时候没有经历同样的转变。有些人提出 DSM 标准在描述性功能障碍时对人类的性中关系成分关注太少，特别是对于女性而言。有人提出应该有更多的以女性为中心的定义，包括"对于性体验在情感、生理或者关系方面的不满意和不满足"（Tiefer, Hall, & Tavris, 2002, pp. 228-229）。对于有性障碍症状的女性而言，超过其中的半数人都相信自身的症状是由于关系问题引起的（Nicholls, 2008）。男性比女性更可能从力量的角度看待他们的性（Andersen, Cyranowski, & Espindle, 1999）。

当然，男性和女性的性也有很多相似之处。比如，在一个针对 1000 名女性的调查中，许多人都报告她们性交的动力基本上是性吸引和生理上的愉悦感（Meston & Buss, 2009）。女性性交的唯一原因就是提升关系的亲密程度的说法可能是言过其实的。

考虑到两性之间的一些差异是很明显的，关于这些差异的本质原因的讨论正在进行。这些差异是由于文化上对女性性行为的禁条而导致的吗？这些差异是由于两性在生理结构上不同吗？这些差异和女性在抚育下一代中投入的巨大成本密切相关吗？设计实验来区分文化和生物两个因

聚焦发现 12.1　　从历史中学习

河利秀出生时是男性，于23岁时接受了变性手术，之后成为了模特和明星，走红韩国。
(Sean Gallup /Gelly Lmages, Inc.)

对于通过医学手术改变**性取向**（对于同性性伴侣的偏好）和**性别认同**（对于自我是男性或者女性的认知）的争论常存不休。

DSM 曾把同性恋作为一种性别倒错障碍。但是在来自许多团体的压力下，1973年，DSM 诊断系统把性功能障碍中的"同性恋"一词改为"性取向紊乱"。这个新的诊断标准适用于部分男性和女性同性恋者，这些同性恋者"因为性取向而觉得非常困扰，产生冲突，或者想要转变性取向"。这个变化获得了批准，但也并不是没有抗议的声音。反对者认为同性恋反映了人在性心理发展早期的固着，从这个方面而言，同性恋就是不正常的。

DSM-Ⅲ系统中有一个新的类别称作"自我不协调同性恋"，指的是一个人会因为同性而唤起，并一直因为这种唤起而痛苦，而且想要变回异性恋。但是在 DSM-Ⅲ系统出版后，治疗师们很少使用"自我不协调同性恋"的诊断。所以在后来的 DSM 系统（DSM-Ⅳ，DSM-Ⅳ-TR）中，"自我不协调同性恋"这个类别就被删除了，并且用一个更宽泛的类别——"其他未分类的性障碍"来代替。这个新类别指的是"持续并且明显地为自己的性取向而觉得痛苦"。这个新类别没有特别指定适用于哪种性取向的人群，因此可以同时适用于为自己的同性恋或异性恋取向而困扰的人群。

随着最近的同性之间的吸引和行为逐渐被接受的发展趋势，关于那些要求进行性取向转变的人是否应该得到相应的治疗引发了大量的讨论。问题在于，因被同性吸引的感觉而感到困扰的来访者是否应该遵照他们原有的信念和价值观来改善困扰他们的状况。人们认为同性恋不再是一种心理疾病，基于这个观点，他们赞成放弃改变性取向的治疗；人们还认为，那些寻求改变性取向治疗的人之所以做出这个选择，是因为他们内在的恐同心理，性取向实际上是不可改变的。

但是，从伦理争论的另一面来说，应该提供改变性取向的疗法给那些基于自主选择，或自己的价值体系、教义、宗教信仰，以及对同性性行为的道德立场，而报告因性取向陷入困扰的人。并且，应该提供有科学研究支持的服务来解决相应的临床问题。

素对性的影响是非常困难的。有趣的是，至少部分研究结果显示有些两性差异跨越不同文化显著出现。在一个超过 16000 人的调查中（大部分被调查者是大学生），来自 52 个不同国家的男性报告他们在一生中想要的性伴侣的数目比女性报告的多（Schmitt, Alcalay, Alike, et al., 2003）。这些发现说明，生物因素可能塑造了男性在一生中总想要有更多性伴侣的渴望，也就是说，在这一点上生物因素比文化因素发挥的作用更大。正如 Baumeister（2000）指出的那样，在一个完美的世界中，男性和女性在他们的性偏好上不正应该互相匹配吗？

我们将在这一章接下来的内容中看到，性别以各种方式影响着性功能障碍。女性比男性更有可能报告自己有性功能失调的症状，但是男性更有可能达到性欲倒错的诊断标准。我们需要更好地理解性的两性差异，这能帮助我们更好地认识为什么在性障碍的诊断方面有如此突出的两性差异。

性反应周期

许多研究都着眼于理解**性反应周期**。Kinsey的团队在20世纪40年代取得了重大突破，他们采用访谈法来了解人们的性行为（Kinsey, Pomeroy, & Martin, 1948）。五十多年前，Masters和Johnson创造了另一个人类性研究的革命，他们收集直接观察得到的信息并使用生理指标测量人们在手淫和性交过程中的数据。许多现行的概念都来自Masters、Johnson（1966）和Kaplan（1974）的论文。Kaplan定义了人类性反应周期中的四个阶段。

1. **欲望期**：Kaplan（1974）提出的概念。在这个阶段出现性兴趣或者性欲望，通常和性幻想和性想法联系在一起。
2. **兴奋期**：在这个时期，男性和女性都体验到愉悦，同时性器官的血流量增加。对于男性来说，这些血流使得阴茎勃起。对女性来说，血流使得胸部胀大，并引发了阴道的改变，比如增加了阴道的润滑度。
3. **高潮期**：在这个阶段，性愉悦达到了顶峰。数千年来这一时期深深吸引着许多诗人以及和我们一样的普通人。对于男性来说，他们会感觉到射精不可避免，并且大部分情况下射精确实会发生（在少数例子中，男性在高潮不射精，或反之）。对于女性来说，阴道的外壁会收缩。对于两性来说，全身肌肉都会紧张。
4. **消退期**：最后一个阶段指的是放松期，这个时期通常会有随着性高潮而来的幸福感。对于男性来说，紧接着会有一个不应期，在这个阶段中无法再次勃起。这个不应期的长度对于不同的男性来说不尽相同，即使对同一个人而言不同情况下这个不应期的长度也会有区别。但女性能够立刻再次产生性兴奋，这使她们可以接连经历多个性高潮阶段。

更新的数据显示女性的欲望期和兴奋期难以区分（Graham et al., 2010）。而且，只有1/3的女性会对生理唤起有性欲反应（Carvalheira, Brotto, & Leal, 2010）。

Kaplan只通过生物学上的数据定义兴奋期的方法是存在问题的。对女性而言，主观上的兴奋不完全和生理上的兴奋一一对应。有一些针对这个问题的研究使用阴道变化描记仪来测量女性

就像电影《金赛》中刻画的那样，Alfred Kinsey通过访谈调查人类性行为常模的举动在当时令人深感震惊。

（Gamma-Keystone via Getty Images.）

的生理唤起（见图 12.1）。当使用阴道变化描记仪来测量血流变化时，许多女性都会有一个快速自动的对性刺激的反应。但是流向阴道的血流量和女性主观上的欲望和兴奋级别没有什么关系（Basson, Brotto, Laan, et al., 2005）。确实，即使她们的生理指标有了变化，但许多女性都报告没有或者只有很低的主观兴奋（Everaerd, Laan, Both, et al., 2000）。生理兴奋和主观兴奋对于女性来说需要分开考虑，但这二者对于男性而言联系非常紧密。

概念核查 12.1（答案见章末）

请判断正误。

1. 男性比女性报告了更多的性驱力。
2. 相比于男性，女性的性和亲密关系的状态有更紧密的联系。
3. 相比于女性，男性更多地描述他们的性和力量有关。
4. 在一次性交过程中，男性可以比女性有更多的高潮。
5. Kaplan 理论模型对女性性反应周期的描述受到了批评，因为和男性相比，女性的欲望期和兴奋期难以区分。
6. 只有在西方文化中，对于一生中想要的性伴侣数量才存在两性差异。

请选择
7. 下列哪一项不属于 Kaplan 的性反应周期？
   a. 欲望期　　　b. 射精期
   c. 兴奋期　　　d. 消退期

性功能障碍

性行为通常建立在亲密关系的基础上。当关系达到理想状态时，性行为可以提供更多亲密和互相联结的空间。我们的性行为塑造了一部分自我概念。我们是否能取悦我们所爱的人？或者我们自身是否能够享受到愉悦的性经历所带来的满足感？当性出现问题的时候，我们可能会将怨恨发泄在自尊和亲密关系上，给这二者带来损害。关系可能会因为过于严重的性功能失调而受到损害，这使得性行为不再带来满足和温存。

接下来，我们将会从介绍 DSM-5 里提到的性功能障碍诊断分类开始，然后我们会讨论这些问题的病因和治疗方法。

性功能障碍的临床描述

DSM-5 将**性功能障碍**分为三个类别：性欲、性唤起和性兴趣障碍；性高潮障碍；性交疼痛障碍。分别给男性和女性设立了不同的诊断标准。所有性功能障碍的诊断标准都指出这些功能障碍应该是长期的并且反复出现的，同时造成了临床上显著的痛苦和功能问题。如果这些问题完全是由于生理上的病痛（比如糖尿病可能导致男性勃起困难）引发的，则不能纳入性功能障碍，如果

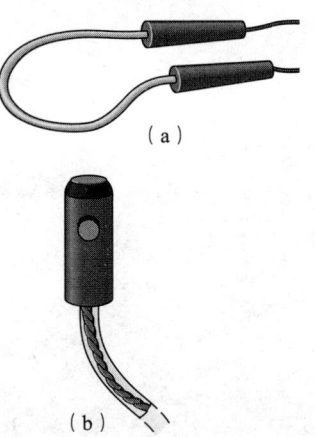

图 12.1 行为研究者用两种测量生殖器官的设备来衡量性唤起程度，因为这两种设备都能很好地反映进入性器官的血液量。（a）针对男性，阴茎体积描记仪记录了阴茎的周长变化。这个压力测量体积描记仪主要包括一根非常细的注有水银的橡皮管。当阴茎随着血流增加而膨胀时，橡皮管被拉缩，导致其电阻改变。（b）针对女性，她们的性生理唤起则由阴道变化描记仪测量。这个设备的形状很像卫生棉条，可插入阴道以测量血流量变化。女性的生理唤起和她们的主观兴奋程度没有什么联系。

是由于其他心理问题（比如焦虑障碍）引起的这方面问题也不符合该类障碍的诊断标准。

大家可能以为人们不会在社区调查中报告性功能障碍这么隐私的事情，实际上很多人报告了这些症状。表 12.3 呈现了覆盖超过 20000 名男性和女性的调查数据。调查中的问题主要包括人们在过去 12 个月内是否至少有两个月经历过类似性功能障碍的症状（Laumann, Nicolosi, Glasser et al., 2005）。女性（43%）比男性（31%）较多地报告了性功能障碍的症状（Laumann, Paik, & Rosen, 1999）。

虽然许多人都知道这些症状，但是除非有相当数量的人真正经历了和症状描述类似的痛苦和损伤，否则临床诊断标准并不会轻易被制定；这样的痛苦和损伤并没有在上述的调查中体现出来。另外两项调查也报告了相似的百分比，44% 的女性说她们有过类似的性功能障碍症状（Bancroft, Loftus, & Long, 2003；Shifren, Monz, Russo, et al., 2008）。但是当女性被问到她们是否会因这些症状而困扰的时候，只有 1/4～1/2 真正感觉到了损害——也就是说整体上约有 11%～23% 的女性报告她们不仅经历过性功能障碍的症状并且因此而非常困扰。不幸的是，我们几乎没有足够的数据来说明究竟有多少男性经历了达到诊断标准的性功能障碍症状（American Psychiatric Association, 2000）。

尽管性功能障碍的诊断系统反映了性反应周期中的阶段性，但是在现实生活中，许多人虽然在反应周期的某个阶段表现出了症状，但是他们可能在报告的时候提到另一个阶段的问题（Segraves & Segraves, 1991）。这可能是一个恶性循环。比如，早泄的男性会担心自己的性生活，然后就出现了性欲和性唤起的障碍（Rowland, Cooper, & Slob, 1996）。除了会给个

表 12.3　近 12 个月中有 2 个月经历性功能障碍症状的性活跃期成年人（40 岁～80 岁）的报告

	缺乏性兴趣	难以达到性高潮	过快达到性高潮	性交疼痛	性交不愉快	润滑问题	达到或保持勃起有困难
女性							
北欧	25.6	17.7	7.7	9.0	17.1	18.4	NA
南欧	29.6	24.2	11.5	11.9	22.1	16.1	NA
非欧洲西方国家	32.9	25.2	10.5	14.0	21.5	27.1	NA
中／南美洲	28.1	22.4	18.3	16.6	19.5	22.5	NA
中东	43.4	23.0	10.0	21.0	31.0	23.0	NA
东亚	34.8	32.3	17.6	31.6	29.7	37.9	NA
东南亚	43.3	41.2	26.3	29.2	35.9	34.2	NA
男性							
北欧	12.5	9.1	20.7	2.9	7.7	NA	13.3
南欧	13.0	12.2	21.5	4.4	9.1	NA	12.9
非欧洲西方国家	17.6	14.5	27.4	3.6	12.1	NA	20.6
中／南美洲	12.6	13.6	28.3	4.7	9.0	NA	13.7
中东	21.6	13.2	12.4	10.2	14.3	NA	14.1
东亚	19.6	17.2	29.1	5.8	12.2	NA	27.1
东南亚	28.0	21.1	30.5	12.0	17.4	NA	28.1

注：非欧洲西方国家包括澳大利亚、加拿大、新西兰、南非、美国。
来源：Laumann et al.（2005）

人生活带来问题之外，一个人的性功能障碍也会导致他们伴侣的问题。这种两人共同发生问题的可能性非常值得我们注意。

性治疗师 William H.Masters 和 Virginia Johnson 的不懈努力帮助我们对人类性行为做出科学可信的评估。
(Time & Life Pictures/Getty/Images，Inc.)

性兴趣、性欲和性唤起障碍

DSM-5 中有三种障碍和性兴趣、性欲和性唤起有关。**女性性兴趣及性唤起障碍**指的是性兴趣（性幻想和性渴望）、生理唤起或主观唤起持续缺失。对男性来说，DSM-5 则将性兴趣和性唤起问题分开了。**男性性欲减退障碍**指的是性幻想和性欲的减少和缺失，而**勃起障碍**指的是在整个性行为的过程中都无法激起或者保持勃起的状态。在确定男性和女性的症状时，排除纯粹生物或者生理上的原因是非常重要的。比如，对于绝经后的妇女进行激素水平的实验室测验是常规检查的一部分（Bartlik & Goldberg，2000）。

在那些寻求性功能障碍治疗的人群中，超过一半的人都抱怨自己性欲太低。性欲过低的诊断从 20 世纪 70 年代到 90 年代在寻求性功能障碍治疗的男性和女性中比例不断攀升（Beck，1995）。正如表 12.3 显示的，女性比男性至少在某些时候更可能报告她们对于性欲过低的担心。

绝经期后的女性相较于她们二十几岁时有 2 ～ 4 倍的可能性会报告较低的性欲。但从另一方面来说，年长的女性也较少为较低的性欲水平而痛苦（Derogatis & Burnett，2008）。偶然发生的勃起障碍症状是男性中最为普遍的问题，根据地区的不同，这一问题的比例从 13% ～ 28% 不等（Laumann et al.，2005）。男性的勃起障碍随着年龄的增长而增长，70 岁以上的男性有多达 15% 会报告勃起障碍（Feldman，Goldstein，Hatzichristou et al.，1994），同时有 70% 会报告偶尔发生的勃起功能问题（Kim 和 Lipshultz，1997）。

DSM-5 中男性性欲减退障碍的诊断标准

经临床医生判断为持续缺乏或者没有性幻想和性欲望。

注意：DSM-Ⅳ-TR 中对于男性和女性的性欲减退障碍不做划分。

性欲障碍总是通俗地被称为性欲减低，这看起来非常主观。一个人应该多经常渴望性活动才是正常的呢？通常来说，伴侣总是鼓励个体去看医生的那个人。而减弱的性欲可能是由于人们对于性的过高期待而比较出来的结果。研究数据也证明了主观因素和文化因素在定义性欲减退中的重要作用，比如，美国男性比英国男性（Hawton，Catalan，Martin 等，1986）和德国男性报告了更多性欲减退问题（Arentewicz 和 Schmidt，1983），尽管在这些国家中性活动的水平是相似的。文化规范似乎影响着一个人究竟应该有多少性欲的觉知。

DSM-5 中勃起障碍的诊断标准

在 6 个月中至少 75% 的性场合下：
- 不能达到或者保持勃起状态直至性行为结束

或
- 勃起硬度显著降低而影响到插入或者快感

注意：与 DSM-Ⅳ-TR 诊断标准的区别用斜体标出。

临床个案：罗伯特

罗伯特是一名智商很高的25岁物理学研究生。当他想到去治疗他所谓的"性异常"时，他正在东海岸的顶尖大学就读。他和一名年轻的女性订婚了。他说他非常爱他的未婚妻，并且认为在除了性活动之外的其他所有方面两人都非常匹配。所以，尽管他确实试过了，他还是发现自己对于性活动没有兴趣。双方都将这个问题归因于他过去两年间的学业压力，但是和性治疗师的会谈让他们发现罗伯特几乎没有性兴趣——无论对于男性还是女性——在他有记忆以来这一状况就没有改变，即使在他的学业压力降低之后也依然如此。他自己觉得未婚妻非常有吸引力，但是就像对待他所认识的其他女性一样，他还是一点激情都没有。

在青少年时期他就很少手淫，而且直到大学高年级时他才开始约会，尽管他认识许多女性。他对待生活的态度，包括性生活在内，都非常具有分析性和理智，他向治疗师描述自己的问题时缺乏激情、十分疏离。他非常痛快地承认，如果不是他的未婚妻多次暗示他这么做，他不会联系治疗师。未婚妻担心罗伯特在性兴趣方面的缺失会影响到他们将来的婚姻关系。

在完成了几次个体咨询之后，治疗师要求罗伯特邀请他的未婚妻共同加入治疗过程。在治疗的过程中，这对伴侣表现得彼此相爱而且也对未来的共同生活充满了期待，但女方还是表达了对男方性兴趣缺乏的担忧。

DSM-5 中许多诊断标准有了变化，见表 12.4。

在 DSM-IV-TR 系统中，女性的性唤起障碍是指生殖器官唤起不足。这不够理想；因为越来越多的证据都表明，对于女性而言，主观的和生理的唤起并不总是紧密联系的。而且那些寻求治疗的女性也往往是因为缺少主观的性唤起，而非生理的性唤起，才觉得非常困扰（Basson, Althof, Davis, et al., 2004）。研究者发现，那些因性欲缺乏而困扰的女性对于性刺激的生理反应往往是十分正常的（Graham, 2010）。基于这一认识，DSM-5 中对于女性性兴趣或性唤起障碍的界定包含了生理和主观两方面的低唤起。

在 DSM-IV-TR 中，性功能障碍持续时间的界定过于模糊。人们有某种性方面的症状持续一个月是非常正常的，而且对于大部分人来说，这些症状随着时间的流逝会渐渐缓解。比如，约 6% 的男性在一年中会报告持续一个月的勃起障碍症状，但只有少于 1% 报告这些症状持续六个月或者更长的时间（Mercer, Fenton, Johnson 等，2003）。约 40% 的女性也在一年中报告至少有一

表 12.4　DSM-5 中性功能障碍诊断标准的变化

DSM-5 诊断	关键变化
女性性兴趣及性唤起障碍	● 性兴趣障碍和性唤起障碍对于女性而言不再分别列出，因为两种问题有重合 ● 不仅凭单一症状判断，列入了六个诊断标准 ● 增加了病程和严重程度的标准
女性高潮障碍	● 增加了病程和严重程度的标准
勃起障碍	● 增加了病程和严重程度的标准
早泄	● 增加了病程和严重程度的标准
延迟射精	● 增加了病程和严重程度的标准
生殖盆腔疼痛／插入障碍	● 新的诊断标准结合了 DSM-IV-IR 系统中的阴道痉挛和性交疼痛

> **临床个案：保尔和潘杜拉**
>
> 当保尔和潘杜拉来寻求性治疗师的帮助时，他们是一对已经在一起生活六个月的年轻伴侣，并且两人已经订婚了。潘杜拉说，在过去的两个月内，保罗在进入她的身体之后不能保持勃起状态。保罗可以体验到起始阶段的性唤起，但是几乎是一进入潘杜拉的身体之后他就无法保持勃起状态。虽然在他们关系的最初阶段，他俩都很享受性爱的过程，但是当他们同居之后保罗就出现了勃起障碍。在访谈中，治疗师发现他们对彼此相伴的时间多少的看法和承诺存在矛盾，而且每当这时候潘杜拉对保罗就会表现得很粗暴。两人都没有报告抑郁，也不存在药物问题（摘自Spitzer, Gibbon, Skodol et al., 1994）。

个月性趣丧失，但是只有10%报告这种丧失持续六个月之久。因此，DSM-5中关于性功能障碍的诊断都要求这些特定的症状持续六个月。

DSM-5中女性性兴趣及性唤起障碍的诊断标准

过去的6个月，以下行为中至少三项出现减少、缺乏或者频率降低：
- 对于性活动的兴趣
- 性想法或性幻想
- 主动要求性行为，或对伴侣的性交企图做出回应
- 在75%的性活动中有性兴奋或者快感
- 由内部或外部的性刺激诱发性兴趣或者性兴奋
- 在75%的性活动中生殖器的或者非生殖器的感觉

注意：DSM-IV-TR将唤起障碍定义为持续不能达到或者保持性兴奋（生殖器官润滑及肿胀）以至于不能有效地完成性行为。

性高潮障碍

正如其他性功能障碍的诊断一样，DSM-5对女性和男性的性高潮障碍也有不同的诊断标准。**女性性高潮障碍**指的是性兴奋后性高潮持续缺失。不同的女性达到高潮的阈限有所不同。有些人能够很快达到高潮不需要很多的阴蒂刺激，而有些人则需要持续的阴蒂刺激来达到高潮。考虑到这一点，1/3的女性都报告和伴侣在一起时不能总是达到性高潮，也就不足为奇了（Laumann et al., 2005）。除非这一问题持续时间很长或者带来了困扰，否则不会被确诊为性高潮障碍。2/3的女性都报告她们会假装高潮，大部分人都说她们这么做是为了不伤害伴侣的感受（Muehlenhard & Shippee, 2010）。而许多男性并不知道（或者说没有报告）他们的伴侣没达到性高潮（Herbenick et al., 2010a）。

DSM-5中女性性高潮障碍的诊断标准

持续六个月在至少75%的性活动中都出现以下情况：
- 高潮显著延迟、频率减低或者缺失

或
- 高潮感觉强度显著降低

注意：与DSM-IV-TR诊断标准的区别用斜体标出。

女性达到性高潮的障碍和性唤起的问题有所不同。许多女性在性活动期间都会有性唤起，但是之后没能达到高潮。事实上，实验室研究也显示，观看色情刺激时的性唤起水平并不能作为区分女性是否有性高潮障碍的指标（Meston & Gorzalka, 1995）。

DSM-5中包含两种男性的性高潮障碍：早泄和延迟射精。**早泄**指过于快速的射精，**延迟射精**指持续的射精困难。虽然研究者并不知道究竟有多少男性达到了正式的诊断标准，但是20%～30%的男性都报告他们有早泄的困扰，

而 10% ～ 20% 的男性都报告在过去一年里至少几个月中，他们都不能顺利达到高潮（Laumann et al., 2005）。虽然短期出现这些症状都是非常常见的，但是不到 3% 的男性也承认他们的早泄症状持续了 6 个月或更久（Segraves, 2010）。

DSM-5 中关于早泄的标准是参照国际性医药协会（International Society for Sexual Medicine）的标准制定的（McMahon, Althof, Waldinger et al., 2008）。

DSM-5 中早泄的诊断标准
- 在有伴侣的性活动中一分钟内就趋向射精，持续六个月在至少 *75%* 的性活动中都出现这一情况。

注意：DSM-IV-TR 诊断标准的区别用斜体标出。

性交疼痛障碍

DSM-5 中**生殖盆腔疼痛/插入障碍**被定义为在性交中持续的或者经常发生的疼痛。有些女性报告疼痛感从插入时就开始了，然而另一些人报告疼痛只发生在阴茎插入阴道之后（Meana, Binik, Khalife et al., 1997）。确诊此类问题的第一步就是要先确认这一疼痛感不是由于医学问题导致的，比如生殖器感染（McCormick, 1999），或者对于女性来说，是由于性欲较低、绝经期后的改变而导致的阴道润滑不足。虽然性交疼痛障碍在男性和女性中都可以得到确诊，但我们更多地聚焦于女性，因为对于男性来说，为这方面问题寻求治疗的人少之又少。

许多性交疼痛障碍的女性会有性唤起，而且也能够通过手或口的刺激达到高潮。那些在性交过程中会经历性交疼痛的女性在观看口交的影片时能表现出正常的性兴奋反应，但是她们的性唤起会随着她们观看展现性交过程的影片而降低（Wouda, Hartman, Bakker et al., 1998）。

女性在性交过程中感觉疼痛这一症状的患病率估计为 10% ～ 30%（Laumann et al., 2005）。在妇科医生看来这是非常普遍的症状（Leiblum, 1997）。

DSM-IV-TR 曾经区分了两种性交疼痛障碍：性交疼痛和阴道痉挛。性交疼痛被定义为在性交过程中持续的或者经常发生的疼痛。阴道痉挛被定义为前三分之一的阴道不自主的肌肉抽搐导致无法进行性交。这两种病症在 DSM-5 中被综合成一种，因为现在已经清楚地发现这两种症状往往是共同发生的。

DSM-5 中延迟射精的诊断标准
- 高潮显著延迟、频率减低或者缺乏，*持续六个月在至少 75% 的性活动中都出现这一情况*。

注意：与 DSM-IV-TR 诊断标准的区别用斜体标出。

性功能障碍的病因

在广受关注的《人类性功能障碍》一书中，马斯特斯和约翰森（1970）通过他们的个案研究发表了一套关于性功能障碍发展的理论。马斯特斯和约翰森使用双层模型来描述近期和远期的原因，由此概念化了人类性功能障碍的病因（见图 12.2）。近期的原因可以归为两类：对于性表现的恐惧和采取了观察者角色。对于性表现的恐惧指的是对于自己在性行为中表现得如何过分担忧。**观察者角色**指的是在性体验中采取一种旁观者而非参与者的立场。这两种行为都由于过分关注性行为的表现而阻碍了自然的性反应。这些导致性功能障碍的近期原因理论上有一个或更多的历史根源，比如社会文化的影响、生物原因、性创伤或者同性偏好等。马斯特斯和约翰森的工作为研究者系统研究性功能障碍的风险因素首开先河。图 12.3 总结了与性功能障碍有关的因素。有一点显而易见：性功能是复杂而且多层面的。

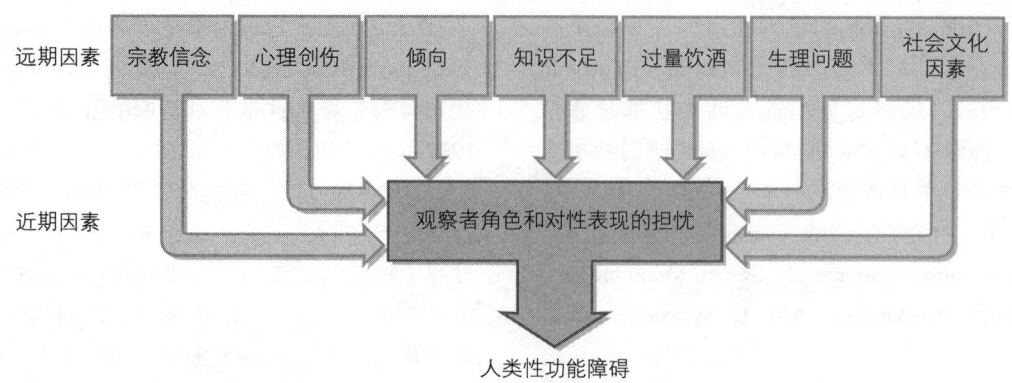

图 12.2 马斯特斯和约翰森总结的人类性功能障碍的近期和远期因素

DSM-5 中生殖盆腔疼痛/插入障碍的诊断标准

- 在至少 6 个月内持续出现或者反复出现以下至少一种困难：
- 无法进行阴道性交或者插入
- 在阴道插入或者性交的尝试过程中出现显著的盆腔或者阴道疼痛
- 对于疼痛或插入有显著的恐惧和焦虑
- 在尝试进行阴道插入时盆底肌显著紧张

	性功能健全	性功能不良
心理因素	良好的情绪健康状态 对伴侣有吸引力 对伴侣的积极态度 积极的性态度	抑郁或者焦虑障碍 对于性表现过分关注 太过程序化 低自尊 性活动环境不舒适 对性的狭隘态度 对性的消极想法
身体因素	良好的身体健康状态 有规律的适量锻炼 营养均衡	吸烟 过量饮酒 心血管疾病 糖尿病 神经疾病 低生理唤起水平 SSRI 药物 抗高血压药物 其他药物
社会和性历史的因素	过去积极的性经历和伴侣关系良好 性知识和技巧	强奸或性虐待 关系问题，如愤怒或缺少交流 长期禁欲 有草率性行为的历史

图 12.3 性功能的预测指标
(Wincze & Barlow, 1997)

生物因素

就像先前提到的，确诊性功能障碍的第一步就是要排除障碍是由医学疾病所致。有的人批评这种诊断上的区别，因为性功能障碍总是同时受一些生理和心理因素的影响。性功能障碍的生物原因包括诸如动脉粥样硬化、糖尿病、脊椎损伤等疾病；睾酮或者雌激素水平低；性行为前过度饮酒；长期酒精依赖和大量吸烟（Bach, Wincze, & Barlow, 2001）。特定的药物治疗包括抗高血压药，以及选择性五羟色胺再摄取抑制剂（SSRI）类抗抑郁药，这些都对包括延迟高潮、性欲减弱和润滑不足在内的性功能问题的出现有一定责任（Segraves, 2003）。对那些有勃起问题的老年男性而言，血管的状态往往是致病因素之一（Wylie & MacInnes, 2005）。

除了这些常规的影响因素之外，还有一些生物因素对特定的性功能障碍起作用。举例来说，实验室研究的证据表明，早泄的男性相比于其他没有这一困扰的男性对于触摸刺激的性反应更强（Rowland et al., 1996）。可能他们的阴茎过于敏感导致他们过早射精。

心理因素

有一些性功能障碍可以追溯到强奸、儿童期性虐待或者其他不幸的遭遇。儿童期性虐待和性唤起及性欲减低有联系，而且，在男性中，这与两倍的早泄患病率有关（Laumann et al., 1999）。除了不幸经历的影响之外，也需要考虑到如果有积极经历能带来好处——许多有性问题的人都缺少性知识，因为他们没有机会学习（Lopiccolo & Hogan, 1979）。

关系问题往往会影响性唤起及愉悦感（Bach et al., 2001）。对于女性来说，伴侣的感情与其性满意度有特别强的相关（Nobre & Pinto-Gouvenia, 2008）。对那些对关系感到焦虑的人来说，性问题可能会加剧对关系安全感的担忧（Birnbaum, Reis, Mikulincer et al., 2006）。正如你预期的那样，那些对伴侣怀有愤怒的人不太想要性（Beck & Bozman, 1995）。即使对于那些对关系的其他方面都十分满意的夫妇来说，缺乏性方面的交流也可能导致一些性功能障碍。因为害羞、照顾伴侣的情绪或者恐惧等原因，一个人可能不会告诉伴侣自己的性偏好，即使有时伴侣的行为和自己的偏好不符甚至相反。

抑郁和焦虑加大了性功能障碍的风险（Hayes, Dennerstein, Bennett &, 2008）。抑郁的人比不抑郁的人患性功能障碍的风险多了两倍（62%比26%）（Angst, 1998）。有惊恐障碍的人，尤其是那些害怕出汗和心跳加速等身体感觉的人，更容易有性功能障碍（Sbrocco, Weisberg, Barlow et al., 1997）。焦虑和抑郁往往和性交疼痛共病（Meana, Binik, Khalife et al., 1998）。这两种心理问题也会和那些低性欲或者性唤起相关问题共病（Araujo, Durante, Feldman et al., 1998；Hartmann, Heiser, Ruffer-Hesse et al., 2002）。

除了有证据显示抑郁和焦虑是有害的之外，有一些研究表明整体的生理唤起较低也会影响性唤起。有研究（Meston & Gorzalka, 1995）考察了生理唤起的作用，将女性分为锻炼和不锻炼两组，然后让这些被试观看色情影片。和高生理唤起的积极效果一致，锻炼促进了性唤起。这一点也不奇怪，一对疲惫的夫妇在经历了一天的工作、教养孩子、社会交往等活动之后，再进行性行为时难免会遇到一些问题。过多的压力和疲劳显然会阻碍性功能的正常发挥（Morokoff & Gilliland, 1993）。

负面认知，比如对怀孕或者艾滋病的过分担忧、对性的消极态度、对伴侣的顾虑等等，都会干扰性功能的正常发挥（Reissing, Binik & Khalife, 1999）。但是正如马斯特斯和约翰森首次提出的那样，对于性表现的担忧是最为重要的影响因素（Carvalho & Nobre, 2010）。性表现的差异是普遍存在的；充满压力的一天、让人分心的环境、对于关系的担忧和其他不胜枚举的问题都会降低性反应。因此关键的问题可能是，人们在感觉到自己的身体反应减少之后是怎么想的。有的理论认为，那些因为性反应降低而责备自己的人更容易发展成反复出现的性功能障碍。

在一项关于自责在勃起障碍中的作用的测试中，Weisberg和同事们（2001）让52名男性被试观看色情影片。在影片放映期间，通过**阴茎体积描记仪**测量了他们的性唤起程度（阴茎的周长）。然后，所有被试都得到错误的反馈，被告知他们的阴茎周长小于正常男性在观看影片时阴茎勃起的周长。再将被试随机分到两组，给予不同组别的被试不同的解释。第一组被试被告知这些影片并不是对所有男性都有唤起作用（外部解释）。第二组被试被告知他们在问卷调查中表现出来的性行为反应模式能够解释这个现象（内部解释）。在得到这些反馈之后，被试再次观看影片。内部解释组的被试报告了较低的性唤起；同时，和外部解释组的被试相比，客观测量上他们的生理唤起也较少。这一结果支持了前人的结论，即那些当性表现不够好时责备自己的人在之后的性行为中唤起程度更低。不用说，在实验之后，主试向所有参与者都详细解释了实验！

不仅男性会担心他们的勃起，女性也会因那些对于自己吸引力的内在担忧而承受痛苦。在性行为过程中，许多女性都需要和关于体重和外表的内在担忧作斗争（Pujols，Seal，&Meston，2010）。

除了对性表现和吸引力的担忧之外，马斯特斯和约翰森也发现，许多性功能障碍患者从他们周围的社会和文化环境中习得了一些关于性行为的消极看法。比如，有些宗教和文化并不鼓励为了快乐而进行的性行为，尤其是与婚姻之外的对象发生关系。有些文化则不赞同女性的性行为和性主动，除非是为了生育。比如，有一名存在性欲问题的女患者从小就被教导不要从镜子里看自己的裸体、只有结婚之后才能发生性关系、只能为了生小孩的目的而进行性行为。对于性行为的负罪感在不同文化群体中有所不同，但都会压抑人们的性欲望（Woo，Brotto，& Gorzalka，2011）。

性功能障碍的治疗

聚焦发现 12.2 中介绍了马斯特斯和约翰逊（1970）对于治疗性功能障碍的开创性工作。在随后的数十年中，治疗师与研究者在这项工作的基础上不断丰富、细化，并设计了许多的新程序。对于特定的个案，治疗师可能会采取单一的技术来进行治疗，但是由于性功能障碍本身多面性的特点，治疗师常常需要采用更有综合性的治疗技术。这些方法既适用于治疗同性恋者的性功能障碍，也适用于解决异性恋者的问题。

焦虑减弱

在马斯特斯和约翰森正式出版他们的著作之前，行为主义治疗师认为许多有性功能障碍的患者需要接受对那些能够唤起焦虑的性场景逐步而系统的暴露疗法。系统脱敏和现实脱敏都在临床上取得了一些疗效（Wolpe，1958），尤其是结合技能训练共同进行的时候。举例来说，一个生殖盆腔疼痛/插入障碍的女性首先需要接受关于她身体的心理教育，然后进行放松训练，接着练习把她的手指或者扩张器插入她的阴道内，从小的开始慢慢过渡到大的（Leibium，1997）。有证据显示这种治疗方法对那些性交疼痛的女性有帮助（Jung & Reidenberg，2006）。

即使是简单的性行为心理教育项目也对减少焦虑有很好的作用。有些研究显示心理教育对男性的勃起障碍和女性的性唤起或高潮障碍也能起到和系统脱敏一样的疗效（Emmelkamp，2004）。

就治疗早泄而言，焦虑减弱技术有时会关注别的方面。对射精太早的焦虑有可能是过度强调性交的自然结果。性治疗师会建议一对夫妇丰富他们性活动的形式。在性行为中纳入那些不需要阴茎勃起的技巧，比如口交或者用手，能够让男性在自己达到高潮之后继续让伴侣满意。当注意力从单一的性交中分散开来之后，夫妇对性的焦虑就会减低到能够对射精进行控制的程度了。

指导式自慰

指导式自慰是由 LoPiccolo 和 Lobitz（1972）提出的，提升女性在性行为中的舒适和享受的方法。对女性来说，首先是要仔细地审视自己裸露的身体，包括生殖器，借助图表来确定不同的部位。其次，她将得到指导来触摸生殖器并寻找那些能够带来快感的部位，然后她需要使用性幻想来增强手淫的强度。如果未能达到高潮，她可以在手淫过程中配合使用震动按摩器。最后，她的伴侣加入这个过程，首先观看她的手淫，然后像她自己给自己做的那样为他做相同的事情，最后以一种让他能够继续用手或震动棒刺激她的性器官的方式和她性交。有证据表明指导式自慰对于高潮障碍有很大的帮助（O'Donohue，Dopke，& Swingen，1997），特别是对长期无法体验高潮的女性，这种疗法的成功率高达 90%（Riley & Riley，1978）。这一疗法对性欲障碍也有帮助（Renshaw，2001）。

聚焦发现 12.2　马斯特斯与约翰逊的疗法

马斯特斯和约翰逊（1970）在《人类性功能障碍》（Human Sexual Inadequacy）一书中对首批某性治疗项目成功的干预效果进行了报告。在这一治疗项目中，他们招募了将近800位来访者。每对夫妻都在圣路易斯参加了为期两周的强化治疗，白天接受治疗，晚上在旅馆完成性方面的家庭作业。

来访者夫妇通常会同时由男女两位治疗师进行治疗。治疗师会花费几天的时间让夫妻两人完成关于社交史、性生活史、性观念和医疗状况的评估。在评估的过程中和治疗的前几天，禁止夫妻性交。有时，夫妻俩在诊所才首次对性进行讨论。

第三天，治疗师开始对问题根源进行解释。如果个体对性有消极的态度，治疗师要对这点进行强调。但首先要对夫妻关系的问题进行强调，而不是直接针对夫妻某方的个人问题。该治疗的假设是如果出现性功能障碍，夫妻双方没有一方可以完全脱离干系（Masters & Johnson，1970）。无论问题是什么，治疗师鼓励来访夫妻共同承担责任。同时，治疗师会为来访者介绍观察者角色的概念。例如，治疗师会告诉来访者如果男方有勃起的问题——通常他的伴侣也会有的问题——他可能会担心他在性关系中的表现；尽管这非常合理，但这种观察勃起状况的模式会阻碍他自然的生理反应，对享受性的愉悦产生干扰。

在第三天快要结束的时候，治疗师要求夫妻双方聚焦于感官，指导夫妻选一个双方都感到温暖和协调的时机。在感觉聚焦练习中，夫妻双方不要性交。事实上，最开始的时候，指导夫妻不要触碰对方的生殖器；双方都脱掉衣服，但只通过触碰对方身体让对方快乐。治疗师会指定其中一方先做，要求另一方单纯享受被抚摸的感觉，不要去感受性反应，而要及时把不舒服的感受告诉对方。接着进行角色互换。这种聚焦感受的互动通常能够促进伴侣间的交流，奠定重建性亲密的基础。

大多数时间里，伴侣双方将开始意识到他们之间身体的触碰也可以是亲密愉悦的，并不都是非为性交做准备不可。在第四个晚上，感受抚摸的一方在治疗师的要求下对伴侣的手进行特定指引来调节对方按压、抚摸的力度和频率。在这个过程中可以对生殖器和胸部进行触碰，但仍然不能性交。在两天感觉聚焦之后，治疗开始针对夫妻之间的具体问题。为了说明这个过程，我们来大致描述一下女性性高潮障碍的治疗。

在聚焦感觉练习提高舒适度之后，治疗师鼓励女性聚焦在自己不断放大的性刺激体验上，但不要尝试去达到高潮。通常在最后她的性兴奋程度会上升。治疗师会鼓励女性作出决定对伴侣表达自己的意愿，同时治疗师也会给她的伴侣一些指导来抚摸其生殖区域以达到兴奋。要强调的是，在这一阶段里，是否达到高潮并不是关注的重点。

在女性开始享受手的刺激带来的愉悦感时，治疗师会要求她骑到男性身上，温柔地将阴茎插入体内，单纯地去感受。当她感到足够兴奋时，她就可以开始移动自己的骨盆。治疗师会鼓励女性将阴茎当作能够为自己提供愉悦的玩具。这时男性可以开始缓慢抽插。在整个过程中，都要由女性来决定下一步干什么。当夫妻俩能够保持这种探索过程几分钟，在此过程中男性不会用强制性的抽插去达到性高潮，那么在他们的性生活中通常会有一种关键性的改变：对于许多夫妻来说，这可能是性生活中女性第一次占据主导地位来提高自己的性快感。在他们以后的性生活中，大多数夫妻开始能够互相取悦。

尽管马斯特斯和约翰逊的治疗成功率没有最初报告中那么高

（Segraves & Althof，1998），但是许多治疗师仍在使用这些技术。一些治疗师认为成功率低是因为该成功率只是对这些夫妻们仅仅几日的治疗效果进行评估，而并不是疗法本身。而且，虽然性治疗现在变得越来越流行，但比起早些年寻求性治疗的人们，现在来寻求治疗的夫妻通常婚姻几近破裂。

改变态度和想法

在认知疗法中，咨询师鼓励来访者关注那些伴随着即使只是初期性唤起所带来的愉悦感受。这种疗法帮助来访者更多地觉知性带来的舒服感觉。但是聚焦于身体感觉的训练在后期可能会向对一个人的性行为表现或者吸引力过分关注的有害方向发展。另一种认知干预则挑战自我期许或者那些经常导致性功能障碍的完美主义的想法。治疗师可以通过挑战"性交是唯一真正的性行为模式"的不合理信念来帮助一个有勃起障碍的男人减少压力。Kaplan（1997）推荐了几种增加性吸引力的方法。她让来访者进行性幻想然后给予他们求爱和约会的任务，比如周末出游。

技巧和交流训练

为了提高性技巧和交流水平，治疗师可以分发书面材料并给来访者观看明确指导性技巧的影片（McMullen & Rosen，1979）。鼓励伴侣交流他们的好恶对某些种类的性功能障碍有很好的效果（Rosen，Leiblum，& Spector，1994）。综合两者，技巧和交流训练也让伴侣暴露在可能引发焦虑的材料中，比如描述性偏好，这也能够起到对焦虑的脱敏作用。告诉对方自己的性偏好可能会导致性关系紧张而带来更多困难，这也让我们可以进行下文中的治疗。

伴侣疗法

性功能障碍很多时候是由于关系问题而发生的。治疗师往往要从更加系统的角度来考虑问题：性方面的障碍可能只是种种复杂关系因素导致的问题网络中的一个方面而已（Wylie，1997）。受到困扰的夫妇往往需要接受与性行为无关的沟通技巧训练（Rosen，2000）。有一些性治疗师会关注与性行为本身无关的话题，比如和岳父岳母或者公公婆婆的相处困难，以及养育子女等；这些关注可能加入也可能代替对于性行为本身的直接关注。对在紧张关系中患性功能障碍的女性而言，伴侣行为疗法有助于各方面的性功能恢复（Zimmer，1987）。

药物和物理治疗

当我们考虑药物治疗的时候，应注意许多性问题本质上是人际关系问题，因此不应进行严格的药物治疗（Rosen & Leiblum，1995）。尤其是对于女性而言，性功能和关系满意度紧密相关（Tiefer，2001）。但是，药物治疗仍然很普遍。

抗抑郁药物对因为抑郁引起的性欲降低有所帮助。但复杂的是，有一些精神类药物本身会对性反应有影响。因此有的时候医生会使用第二种药物来对抗某些药物对性功能的副作用。举例

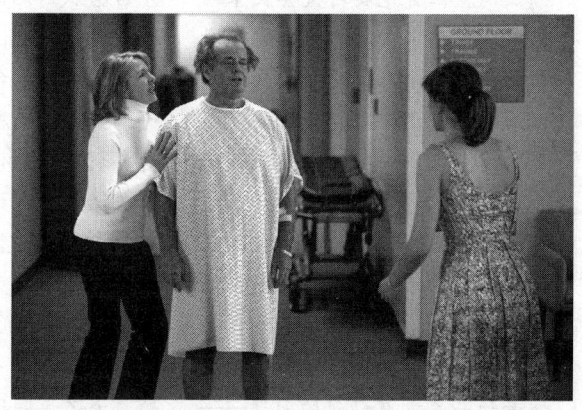

在电影《爱是妥协》中，杰克·尼克尔森扮演了一个因为使用万艾可而导致他的心血管治疗变复杂的人。
（The Kobal Collection/Art Resource）

来说，安非他酮（丁氨苯丙酮）就能够缓解因为 SSRI 药物的使用而带来的性欲问题（Segraves, 2003）。

早泄 治疗早泄经常用到挤压技巧。在这种治疗中，伴侣要学会挤压阴茎头和阴茎体相接的部分来迅速降低唤起。首先在不进入的情况下训练这种技巧，然后再在进入的时候训练，阴茎需要退出来而且有时需要重复挤压。初次使用的成功率非常高（60%～90%），但是随着时间推移效果会减弱（Polonsky, 2000）。过去十五年间，一系列研究都发现，抗抑郁药物，尤其是 SSRI，对此有帮助（Althof, Abdo, Dean 等, 2010）。一些欧洲国家进行的随机控制研究已经证明，达泊西汀（一种短效 SSRI 药物）对早泄有疗效（McMahon, Althof, Kaufman et al., 2011），但是在美国仍然有待验证。

勃起障碍 对于勃起障碍最普遍的干预是使用磷酸二脂酶五型（PDE-5）抑制剂，比如万艾可、西力士、艾力达。它能够放松平滑肌从而增加流向阴茎的血流量，以此来达到仅在性刺激存在时才有的勃起。它需要在性行为前一小时服用，效果可以持续四个小时。虽然这种药物可能导致头疼和消化不良，但是男性大多愿意为了药效而承受副作用。确实，在全球范围内 2010 年此类药物的销量就达到了 50 亿美元（Wilson, 2011）。PDE-5 抑制剂对于有心血管疾病的男性有危险，需要特别关注，因为那些有勃起障碍的老年男性可能因此面临更高的高血压和心血管疾病的风险。

在 27 项比较万艾可和安慰剂的效果的研究中，约 83% 的实验组男性和 45% 的控制组男性成功地进行了性交（Fink, MacDonald, Rutks et al., 2002）。有些男性即使服用了万艾可之后还是会有间歇性的勃起障碍，而许多男性都仅用万艾可不能达到满意效果。性治疗配合万艾可的使用呈现出较好的疗效（Melnik, Soares, & Nasello, 2008）。有一些实验让女性运用万艾可和相关药物，但尚未得到可靠的结果（Laan, Everaerd, & Both, 2005）。

> **概念核查 12.2**（答案见章末）
>
> 判断对错。
> 1. 一个人如果在性唤起、性高潮或性欲方面有过一些短期问题，那这个人有可能符合性功能障碍的诊断标准。
> 2. 治疗早泄最好的办法是使用万艾可。
> 3. 针对女性不能达到高潮的情况，性治疗师可能会建议女性在其伴侣不在场的情况下练习自慰。
> 4. 有一项性功能障碍的人可能会有其他性功能障碍共病。

性欲倒错

在 DSM-5 中**性欲倒错**是一组障碍。它被定义为反复地因为奇怪的对象或性活动感到性吸引，且持续时间至少 6 个月。也就是说，让个体感到吸引的对象（英文中为 philia）存在偏离（英文中为 para）。根据性唤起的来源不同，DSM 将性欲倒错进行了区分。例如，DSM 提供了一种对无生命对象感到性吸引的诊断，为对儿童感到性吸引提供了另一种诊断（见表 12.5）。调查发现很多人都会偶尔产生一些奇怪的性幻想。例如，50% 的男人都报告有偷看不知情的裸体女性的偷窥幻想（Hanson & Harris, 1997）。在志愿参与性与健康研究的一个大群体中，7.7% 的个体报告他们偷看到别人性交时会产生性唤起，而 3.1% 的人报告在他们的生活经历中，至少有一次因在陌生人面前露出生殖器而产生了性唤起的经历（Langstrom & Seto, 2006）。2007 年，有 381 个雅虎小组的命名与恋物癖有关（Scorolli, Ghirlanda, Enquist, et al., 2007）。

由于一些原先被认为异常的性行为开始变得普遍，于是，对于将其中一部分诊断为性欲倒错是否合适产生了相当多的争论。2009 年，瑞

表 12.5　DSM 中的性欲倒错

DSM-Ⅳ-TR 诊断	感到有性吸引的对象	DSM-5 诊断
恋物癖	无生命对象或非生殖器部位	恋物癖
异装癖	穿着异性服装	异装癖
恋童癖	儿童	恋童癖
窥阴癖	观看不知情的他人的裸体或性行为	窥阴癖
露阴癖	在未经允许的情况下，将生殖器暴露给陌生人	露阴癖
摩擦癖	对不知情的人进行性方面的接触	摩擦癖
性施虐癖	造成他人痛苦	性施虐癖
性受虐癖	遭受痛苦	性受虐癖

典卫生与福利国家委员会宣布移除一些性欲倒错的诊断。恋物癖、性施虐癖、性受虐癖和异装癖不再纳入其精神病的分类系统中（Langstrom, 2010）。委员会认为，很多人都有这些异常的性行为，但这些性行为是在得到了性伴侣许可的前提下安全进行，并且最终也没能让个体经历任何痛苦或伤害（Richters, De Visser, Rissel, et al., 2008）。美国精神病协会性别认同障碍工作组则建议在 DSM-5 里面依旧保留这些障碍，但是需要注明只有当这些异常性行为造成了明显的痛苦和伤害，或这些性行为没有经过性伴侣的同意时，才考虑做出相应的诊断。

是否在未经他人同意的情况下实施，以及是否损害他人，是区分正常与异常性行为的重要界限。然而，对于某些性行为，这一规则并不适用。比如，异装癖通常就不会涉及是否需要征求别人同意，并且基本不会造成损害，对于这一障碍的诊断通常只考虑个体是否痛苦。因此，那些通过异装行为获得性满足并接纳自己行为的个体将不符合诊断标准，而那些由于内化的污名而感到内疚和羞耻的个体却符合诊断标准。由于异装行为很少涉及他人，也很少损害他人，因此在这里就不再深入讨论异装癖了。

性欲倒错缺少准确的流行病学统计资料。由于缺乏结构化诊断访谈来对相关情形进行可靠的评估（Krueger, 2010b），而且由于很多有性欲倒错的人会隐藏自己，所以当前的研究非常有限。有些性欲倒错的人会与非自愿的性伴侣发生关系或者采用粗鲁的方式侵犯他人的权利（这在露阴和恋童行为中会涉及），因此，这些障碍在某种程度上触犯法律。但是由于许多犯罪没有报道出来，导致这种障碍的统计数据是被低估了的。另外，有些性欲倒错（如窥阴癖）所涉及的受害人并不知情。即使如此，数据仍然可以表明，大部分性欲倒错患者是男性和异性恋；尽管受虐癖和恋童癖等障碍在女性当中的数量不容忽视.，但男性的数量仍远远多于女性。

在此，我们将对性欲倒错进行临床描述。除了症状，我们还要描述这些障碍的流行病学情形。大部分有某种性欲倒错的人都会符合其他一些性欲倒错的诊断（Abel, Becker, Cunningham-Rathner, et al., 1988），以及 DSM-IV-TR 中的其他诊断，如心境障碍和焦虑障碍（Kafka & Hennen, 2002）。在我们讨论具体的性欲倒错时，我们会讨论这些共病的情况。在总结了性欲倒错的临床描述之后，我们将讨论这些障碍的病因学模型和治疗方法。

临床个案：威廉

威廉是一名28岁的电脑程序员，他在因偷窥行为被捕后寻求治疗。威廉在一个保守的、信仰宗教的农村家庭中长大；四个孩子中他排行老二。威廉15岁的时候开始手淫，并且一边看着妹妹在户外厕所小便一边这样做。尽管他感到很内疚，他仍然每周在偷窥幻想中手淫数次。有几次，他还在偷窥陌生人裸体的情况下手淫。

威廉虽然已经成年，但他仍然非常胆小、害羞和孤独。他自己一个人住。在他被捕前6个月，与他交往很久的女朋友甩了他。此后，他在其他社会关系中也表现出退缩行为，并开始大量饮酒。由于他的自尊心受到打击，他的偷窥幻想变得越发频繁。

一个夏夜，威廉感到非常孤单和抑郁，他在酒吧和一个无上装女郎喝了很多酒。离开酒吧以后，他开车经过郊区的街道。这时，他注意到楼上窗户里面有人。他没有想太多，停了车，从附近找来一架梯子，爬到窗户附近开始偷窥。附近的居民在看到他的行为以后叫了警察，威廉立即被逮捕。当威廉被捕时感到惊慌失措，但他明白他的行为是不对的，于是决心做出改变。[Rosen & Rosen（1981），pp. 452-453. 经 McGraw-Hill Book Company 许可复制。

恋物癖

恋物癖是一种依赖无生命对象或身体上的非生殖器部位产生性唤起的心理障碍。恋物对象是指这些让个体产生性冲动的对象，如女人的鞋或脚。恋物癖的患者几乎都是男性。他们再三对这些恋物对象产生性冲动，并且这些恋物对象的出现是他们产生性唤起的优先选项甚至必要条件。

衣物（尤其是内衣）、皮革以及与脚有关的物品（女性的丝袜或鞋）是常见的恋物对象。除了无生命的对象之外，有些人依赖身体的非生殖器部位达到性唤起，如头发、指甲、手、脚等。由于没有证据表明恋靴子和恋脚在病因和结果上存在差异，DSM-5将依赖身体非生殖器部位进行性唤起的障碍纳入到恋物癖的诊断中。

一些人只在私下秘密地表现出恋物癖。他们会在自慰的时候爱抚、亲吻、嗅闻、吮吸他们的恋物对象，或者有时在自慰的时候把恋物对象塞到直肠里，也有时只是看着恋物对象进行自慰。还有些人需要他们的性伴侣穿上恋物对象来刺激性交行为。对于很多人来说，这些恋物对象可能从来都没有使症状达到诊断标准。而有些人则达到了可诊断的损害程度，比如有些人变得对收集恋物对象感兴趣，有些人甚至一周接一周地入室盗窃来囤积他们的恋物对象。

有恋物癖的人感受到一种来自恋物对象的强迫性的吸引力，他们体验到的这种吸引是无意识的、不可拒绝的。相对于一般的吸引（如西方文化中高跟鞋对异性恋男士的吸引），恋物癖和一般的性吸引关键的区别在于对情色聚焦的程度。恋物对象作为性刺激引发了一种排他性的、非常特殊的状态。以皮靴为恋物对象的人必须通过观看或者触摸皮靴来达到性唤起，并且这种性唤起在皮靴存在的情况下极为强烈。

恋物癖通常是青春期起病，但恋物对象对个体的特殊影响可能在童年时就存在了。有恋物

DSM-5中恋物癖的诊断标准

- 至少6个月的时间里，对无生命对象或*非生殖器身体部位*产生反复的、强烈的性唤起幻想、性冲动或性行为。
- 造成明显的痛苦或功能损害。
- 性唤起对象不局限于异装用女性衣物或刺激生殖器的装置，如震动棒。

注意：与DSM-IV-TR的区别用斜体标出。

临床个案：鲁本

鲁本，男性，是一名32岁的单身摄影师。他因为"异常的性驱力"而寻求治疗。他说，女性内衣对他的吸引程度要超过女性本身，他对此十分担心。鲁本提到，在他7岁的时候，穿着内衣的女性照片让他产生了性兴奋。在他13岁的时候，他通过想象穿内衣的女性来自慰，达到了性高潮。自此，他开始偷他妹妹的内衣用来自慰。当鲁本长大以后，他会冒险潜入其他女性的房间盗取她们的内衣。他18岁的时候开始有性伴侣，是一个妓女。他们做爱时，鲁本要求她穿着内衣但露出裆部。后来鲁本发现相比起性交，他更喜欢用偷来的内衣自慰。他开始回避与"好女人"约会，因为他担心她们不会理解他异常的性行为；他也开始回避那些鼓励他去与好女人约会的朋友。他的性生活限制了他的社会生活，他开始体验到明显的抑郁情绪。

癖的人经常有其他的性欲倒错，比如恋童癖、性施虐癖和受虐癖（Mason，1997）。

许多人尝试过施虐受虐和恋物。除非性兴趣造成明显的痛苦或损害，一般来说不会做出性欲倒错的诊断。
（Cindy Charles/Photo Edit）

恋童癖和乱伦

根据 DSM，**恋童癖**的诊断如下：成年人通过与处在前青春期或青春期的儿童进行性接触来获取性的满足，或者成年人体验到反复、强烈和令其痛苦的与处在前青春期或青春期的儿童进行性接触的欲望。DSM-5 规定性侵犯者至少 18 岁，并且至少比儿童年长 5 岁。大部分承认自己有恋童癖的男人都报告他们看过儿童色情片（Riegel，2004），因此 DSM-5 将观看儿童色情片也作为恋童癖诊断标准的一部分。在大部分恋童癖患者中，一种主观感受到的强烈吸引力引发了相应的行为。有时，有恋童癖的男性满足于抚摸儿童的头发；但他也可能会玩弄儿童的生殖器，怂恿儿童玩弄他的生殖器；在少数情况下，会进行阴茎插入。如果他们没有被其他成年人发现，或者儿童没有反抗，这种性骚扰会持续几周、几个月甚至几年。一些有恋童癖的人会故意恐吓儿童。比如，威胁儿童如果告诉父母，就杀掉某个宠物或对其造成更严重的后果。

恋童癖患者一般会猥亵那些他们认识的邻居和朋友家庭里的儿童。尤其令人悲哀的是，猥亵事件往往涉及童子军团长、夏令营辅导员和神职人员。虽然媒体通常把这类行为描述得非常悲惨，但大多数恋童癖不会采取性活动以外的暴力行为。由于恋童癖患者很少使用明显的暴力，因此这些猥亵者通常否认自己强迫受害者就范。除了猥亵者扭曲的信念以外，儿童性虐待必然会涉及信任的背叛和其他非常负面的后果（见聚焦发现12.3）。

一项包含 61 个追踪研究、28972 名性侵犯者的元分析发现，采用阴茎体积描记仪测量得到的对儿童照片的性唤起程度是持续性侵犯的最重

聚焦发现 12.3　恋童癖的影响：童年性虐待的后果

恋儿童癖（Pedophilia）是一种对儿童产生异常性兴趣的恋童癖，恋少年癖（Hebephilia）是一种对青少年产生性偏爱的恋童癖。

恋童癖的症状与以下条件存在关联：

- 对儿童的性兴趣引起明显的痛苦或者重要功能领域的严重损害。
- 个体在以下场合寻求性刺激：反复观看色情片中描述处在前青春期或青春期儿童的片段，并且从中达到性唤醒的程度要高于观看色情片中描述生理成熟个体的片段，这种情况至少持续6个月。

儿童性虐待的受害者

在一个大样本的调查中发现，13.5%的女性和2.5%的男性报告在童年时期经历过某种形式的性虐待（Molnar, Buka, & Kessler, 2001）。施虐者通常不是陌生人。他可能是父亲、叔叔、哥哥、老师、教练、邻居，甚至是神职人员。施虐者通常是儿童认识甚至信任的人。当施虐者是与儿童亲近的人时，一方面儿童觉得要对亲近的人忠诚，另一方面，儿童感受到一种恐惧、厌恶，认识到当前发生的事情是不正常的，由此儿童会产生一种割裂感。这种对信任的背叛，使得这种犯罪相对于陌生人对儿童的施虐更为可恶。与童年时期的乱伦一样，权威人士的性猥亵和性骚扰使得原有的信任和尊敬遭受破坏。不论受害者的年龄多大，他们都难以给予真正的知情同意，因为双方的权力差别太大了。

对儿童的影响

童年期性虐待的情绪创伤的恢复，取决于虐待的具体细节以及个体和环境的因素。这些因素包括以下几点：

- 儿童的内在应对机制和对创伤及其后果的反应
- 环境对性虐待的反应
- 儿童受害时的年龄
- 加害者与儿童的关系
- 性虐待的持续时间
- 虐待的形式

照料者对性虐待的反应似乎对儿童从性虐待的困境和阴影中恢复的能力有重要的影响。

一项研究在5年后比较了受虐儿童与同龄未受虐儿童，发现：

- 更多行为混乱
- 更低的自尊
- 抑郁增加的趋势
- 焦虑增加的趋势

回溯性研究发现，有严重人格障碍的成年人，他们的解离症状、人际关系受损以及自残特征与童年时期的性虐待有着非常密切的相关。由性虐造成的身体伤害或与疾病感染有关的预后，需要典型的疗程以及标准化的药物干预。Paolucci等人的元分析涉及37项研究、25367名被试，可以确认的是这种经历是极其负面的，而且有明显的证据表明它与短期和长期的负面影响存在紧密联系。Paolucci等人得出这样的结论：儿童经历性虐待后会出现很多后果，如创伤后应激障碍、抑郁、自杀、性淫乱、被害—犯罪循环、糟糕的学业成绩等；相比于某个简单、具体的童年性虐待反应综合征，一个多方面的影响模型更为合适。

预防

童年性虐待的预防措施的重点在于小学。普遍性的措施包括教育儿童识别不适当的成年人行为、抵制诱惑、迅速离开现场，以及将事件报告给比较合适的成人（Wolfe, 1990）。通过教育，当成年人用儿童感到不舒服的方式对儿童说话或抚摸儿童时，儿童可以用坚定果敢的方式拒绝。教导者可以用漫画、电影和描述危险情境的方式来普及性虐待知识，并教导儿童如何保护自己。

对学校计划进行评估的结果建议学校应该增加对性虐待的关注。研究者尚不知晓儿童是否能够将他们学到的内容转化为具体行动来减少相关的问题（Wolfe, 1990）。

处理问题

当父母发现儿童有些情况不

正常时，必须向儿童提出相关问题。不幸的是，很多家长并不愿意这么做。医生也要对性虐待的身体信号保持敏感。性虐待以及不涉及性的虐待都是应报告的犯罪行为；相关专家如果怀疑存在虐待，需要向警察或儿童保护机构汇报。儿童自己说出性虐待是非常困难的。我们倾向于忘记儿童的无助和依赖，我们也很难想象告诉父母自己被哥哥或祖父进行性爱抚时，儿童内心所受的惊吓。

大多数性虐待的个案都没有留下生理的证据（如阴道组织的撕裂）；而且也没有某种行为模式，比如焦虑、抑郁或增加的性活动，能够明确表明虐待已经发生（Kuehnle, 1998）。因此，儿童自己的报告是童年性虐待发生后信息的主要来源。询问儿童关于性虐待的可能性时，需要非常恰当的技巧，才能避免儿童产生这样或那样的偏见。一些司法领域采取新颖的程序，在保护被告成年人的权利的同时减少儿童的压力。比如采取录像证词、封闭法庭、闭路电视证词，以及特殊的训练来解释法庭上呈现的东西（Wolfe, 1990）。让儿童指认一个在解剖学上精确的玩具娃娃有助于发现事情的真相。但这只能是评估的一个方面，因为很多没有经受性虐待的儿童也会描述出娃娃在进行性活动（Jampole & Weber, 1987）。

很多经受过性虐待的儿童都需要接受治疗（Litrownik & Castillo-Canez, 2000）。同成年的强奸受害者一样，他们可能患上创伤后应激障碍。很多干预方式都与对创伤后应激障碍成年患者的干预相似，强调在一个安全和充满支持的治疗环境中，通过讨论对创伤记忆进行暴露（Johnson, 1987）。让儿童知道健康的人类性行为并不是充满暴力和恐惧的，这一点也非常重要（McCarthy, 1986）。同强奸一样，需要改变个体对责任的归因，从"是我不好"转变为"是他/她不好"。虽然目前的干预研究没有设置控制条件，但是这类没有控制条件的研究仍然是受到鼓励的（Arnold, Kirk, Roberts et al., 2003）。

要的预测变量之一（Hanson & Bussiere, 1998）。然而，对儿童照片的性唤起并不是恋童癖完美的预测变量。很多性兴趣和性行为正常的男性也会被儿童色情图片唤醒。在一项同时采用自我报告和阴茎体积描记仪的研究中，来自于一个社区样本的1/4的男性表现或报告在观看色情刺激性的儿童图片时产生了性唤起（Hall, Hirschman, & Oliver, 1995）。实际上，各项研究表明，有3%～9%的男性描述自己曾至少有一次对儿童产生性幻想（Seto, 2009）。这些发现似乎有点令人困惑，但它们体现了DSM和健康专家所提出的区分是否为恋童癖的关键点，即只是存在幻想还是存在猥亵行为。只有当成年人将性冲动后的相应行为实施在儿童身上，或因这种对儿童的性冲动而感觉十分痛苦时，才会被诊断为恋童癖。

乱伦被列为恋童癖的亚型。**乱伦**指的是禁止通婚的近亲之间发生性关系。兄弟姐妹之间的乱伦是最常见的情况。而仅次于兄弟姐妹乱伦的情况，同时也是被认为病理性更严重的乱伦情况，是父女之间的性关系。

DSM-5 中恋童癖的诊断标准

- 至少 6 个月内，对与处在前青春期或青春期的儿童进行性接触，有反复的、强烈的性唤起幻想、性冲动或性行为。
- 由儿童引起的性唤起程度等同于或高于由成人引起的性唤起程度。
- 个体对处在前青春期或青春期的儿童实施与性有关的行为，相比于成人色情片，个体反复地从儿童色情片中获得更高程度的性唤起，并持续至少 *6 个月*，或者这种冲动和幻想引起临床上明显的痛苦或人际问题。
- 个体年满 18 岁，并至少比儿童一方年长 5 岁。

注意：与 DSM-IV-TR 的区别用斜体标出。

对乱伦的禁忌在人类社会中普遍存在（Ford & Beach, 1951），不过也有值得注意的例外。比如埃及法老可以迎娶自己的妹妹或者其他的近亲女性。在埃及，人们通常认为皇族的血脉不能被外人所玷污。而现代社会的科学知识让乱伦禁忌更有道理。父女乱伦或兄弟姐妹乱伦产生的后代有更大的可能性继承一对分别来自父母的隐性基因。多数情况下，隐性基因有负面的生物影响，比如严重的先天缺陷。因此，乱伦禁忌有着适应性的进化意义。

有证据表明，发生乱伦的家庭通常是父权制的，尤其是强调女性遵从男性的家庭（Alexander & Lupfer, 1987）。这些家庭中的父母也倾向于忽视孩子以及在情感上疏远孩子（Madonna, Van Scoyk, & Jones, 1991）。

通常，乱伦的男性会对处在青春期的女儿进行虐待，而如果恋童癖的男性不存在乱伦，他通常会对处在前青春期的儿童感兴趣。与这种受害者年龄上的差别相一致的是，相比于猥亵无关儿童的男性，猥亵自己家中儿童的男性在面对成年异性暗示时会表现出更强烈的唤起（由阴茎体积描记仪测量）（Marshall, Barbaree, & Christophe, 1986）。

恋童癖和乱伦的人口学特征是怎样的呢？有恋童癖的人可以是同性恋，也可以是异性恋，但大部分是异性恋。儿童性骚扰中最多有一半，包括那些发生在家里的，都是由青年男性实施的（Morenz & Becker, 1995）。如其他罪犯一样，学业问题比较普遍（Becker & Hunter, 1997）。大部分年长的有恋童癖的异性恋男性，他们都已经或曾经结过婚。从心理层面上，相比普通大众，恋童癖的男性存在更多的冲动和心理病理（Ridenour, Miller, Joy, et al., 1997）。这些男性通常还符合品行障碍和物质滥用的诊断标准，而且当恋童癖患者因使用物质而神智不清的时候，更容易发生猥亵行为。与其他性欲倒错类似，抑郁和焦虑障碍也是常见的（Galli, McElroy, Soutullo, et al., 1999）。研究证据也表明恋童癖的男性会在他心境低落的时候对儿童进行性幻想，或许这是一种应对不愉快的方式。然而，进行了性幻想以后又会增加消极情感。这种恶性循环可能增强了猥亵儿童的冲动（Looman, 1995）。

窥阴癖

窥阴幻想在男性中普遍存在，但是仅凭它并不足以形成一个临床诊断（Hanson & Harris, 1997）。**窥阴癖**涉及一种强烈的、反复的欲望，希望通过偷窥不知情的他人的裸体或性活动来获得性满足。对于部分患有窥阴癖的人来说，窥阴是他们唯一的性活动。而对于其他患有窥阴癖的人，窥阴是他们偏好的性行为，但不是根本的性唤起条件（Kaplan & Kreuger, 1997）。正如前文中威廉的案例所说，观看，通常称之为偷窥，有助于个体的性唤起，在有些时候是性唤起的关键条件。窥阴癖患者通过自慰达到性高潮，这种自慰可以在偷窥当时进行，也可以在偷窥结束之后回忆时进行。有些窥阴癖患者会幻想同偷窥对象进行性活动；但这只是幻想，他们很少会真正在身体上接触偷窥的对象。一个真正的偷窥者（绝大多数都是男性）当看到女性为他而脱衣服时，反倒不会感觉特别兴奋。冒险的元素似乎是非常重要的，对于偷窥者来说，令他兴奋的是他对于女性知道自己被偷窥后的反应的预期。

窥阴癖的患病率是很难评估的，因为大部分偷窥事件都没有向警察报案。事实上，有窥阴癖的人更多的时候倒不是因为偷窥本身受罚，而是因为经常游荡闲逛受罚（Kaplan & Kreuger, 1997）。

窥阴癖通常在青春期起病。符合窥阴癖诊断的人往往也存在其他性欲倒错，但和其他类型的心理障碍的共病率并不高。

露阴癖

露阴癖是一种反复的、强烈的欲望，希望通过暴露自己的生殖器给那些不情愿的陌生人（有时是儿童）来获取性的满足。露阴癖通常在青春期起病。与窥阴癖一样，有露阴癖的人很少会想要与陌生人有真正的身体接触。在一项研究中，被诊断为窥阴癖的人报告他们实施了 150 次露阴行为，但只有 1 次被捕（Abel, Becker, Mittelman, et al., 1987）。很多露阴癖患者在暴露的时候会有自慰行为。大多数患者有让露阴对象震惊和难堪的欲望。

> **DSM-5 中窥阴癖的诊断标准**
> - 有反复、强烈的观看裸体、正在脱衣或正在性交的不知情他人的性唤起幻想、性冲动和性行为，且持续至少 6 个月。
> - 个体的这种性冲动所致行为*发生在不同场合并涉及至少三个不知情他人*，或者这种冲动和幻想引起明显的痛苦或人际问题。
>
> 注意：与 DSM-IV-TR 的区别用斜体标出。

> **DSM-5 中露阴癖的诊断标准**
> - 有反复、强烈的向陌生人暴露自己的生殖器的性唤起幻想、性冲动或性行为，且持续至少 6 个月。
> - 个体这种性冲动所致的行为*发生在不同场合并涉及至少三个陌生的暴露对象*，或这种冲动和幻想导致了临床上明显的痛苦或人际问题。
>
> 注意：与 DSM-IV-TR 的区别用斜体标出。

对暴露者来说，这种暴露生殖器的冲动似乎是不可拒绝的，事实上他们也难以控制这种冲动。暴露的行为不仅仅源于性唤起，也会由焦虑不安所致。由于这种冲动有强迫性质，暴露行为经常在同一个地点和每天同样的时间不停重复。当露阴癖患者进行暴露时，所有的社会和法律后果都会被其抛诸脑后（Stevenson & Jones, 1972）。在那种绝望和紧张的时刻，他们可能会体验到头痛和心悸，并且有一种脱离现实的感觉。暴露后，暴露者会有逃离的欲望并感到后悔。有露阴癖的人中，其他的性欲倒错也是非常常见的，值得注意的有窥阴癖和摩擦癖等

（Freund, 1990）。

摩擦癖

摩擦癖指对不知情的人进行性方面的接触。摩擦癖患者会用生殖器摩擦女性的大腿或臀部，也有可能会抚摸女性的胸部或生殖器。这种情况通常发生在拥挤的公交车上或人行道上，因为这些地方都有比较方便的逃脱路径。目前还没有针对摩擦癖进行的大范围研究。摩擦癖通常伴随着其他性欲倒错（Langstrom, 2010）。大部分有摩擦癖的男性报告有过数十次的摩擦经历（Abel et al., 1987）。

性施虐癖和性受虐癖

性施虐癖被定义为一种强烈的、反复的欲望，希望通过对他人施加身体上和心理上的痛苦（比如羞辱）来获取或增加性的满足感。**性受虐癖**则被定义为另一种强烈的、反复的欲望，希望通过被施加痛苦或者被羞辱来获取或增加性的满足感。一些施虐者通过施加痛苦达到性高潮，而一些受虐者通过被施加痛苦实现性高潮。而对另一些患者来说，施虐和受虐活动，例如拍打臀部，只是性活动的一个方面。

性受虐癖的表现形式是多种多样的。例如身体捆绑、蒙住眼睛、鞭打、电击、切割、羞辱（比如在其身上小便或大便、强行带上项圈学狗叫，或被安排展示裸体），以及扮演奴隶的角色来服从命令。大多是施虐者同受虐者建立性关系，以此使双方都获得满足。虽然很多人都能够既是施虐者也是受虐者，但受虐者的人数要多于施虐者。

性施虐和性受虐的行为随着时代的发展，已经越来越被人所接受：5% ～ 10% 的人曾经尝试过某种形式的施虐或受虐性活动，比如蒙住眼睛（Baumeister & Butler, 1997）。在大城市中，有专门的俱乐部帮助那些有施虐癖或受虐癖的人寻找性伴侣。大部分有施虐受虐行为的人对自己的性生活较为满意（Spengler, 1977）。

概念核查 12.3

下面有一些症状的简要介绍，请为其选择最合适的诊断。如果不能诊断，也请指明。

1. 乔只有用他的身体摩擦陌生人时，他才会获得性唤起。他已经就他的行为发展出一套规程。他知道哪一条公车线路以及哪一个时间段是最拥挤的。他会选择一辆会有很多女性乘客的公车以及恰当的时间，以便在某个站点和大量乘客一同离开。

2. 山姆和特莉非常享受他们的性关系。他们每周至少进行一次令双方都很满意的性行为。特莉偶尔喜欢在性行为开始前将自己绑起来，但是她也可以在没有绑起来的情况下享受性的乐趣。他们大部分的性生活都没有涉及痛苦或绑缚。

3. 马特只有在性活动中给别人施加痛苦的时候，才会感到性唤起。大部分时间，他在一个施虐受虐俱乐部中沉迷于此。他无法和俱乐部里遇到的任何女人建立长久的关系。他难以享受其他形式的性生活，为此他感到非常痛苦。

4. 巴瑞是一名40岁的单身汉。他从来没和异性有过长期的恋爱关系或者性关系。每周都有那么几次，巴瑞把他的车停在海滩边，然后自慰。后来他常用问路的形式将女性引到他的车旁边。只有女性发现了他的生殖器勃起，他才会达到性高潮。由于他的这种行为，他已经被捕三次了。

由于施虐受虐的性行为变得比较常见，产生了很多关于这一诊断是否应该在 DSM-5 中保留的争论。很多有施虐癖或受虐癖的人似乎并没有什么痛苦或功能损害，因此不符合诊断标准（Krueger，2010a）。但这些诊断仍然保留着，因为有些施虐和受虐行为是很危险的。例如，有一种特殊的危险受虐形式——窒息癖，可能导致死亡或脑损伤。窒息癖是指通过限制呼吸来达到性唤起。他们可能会采用绞索、塑料袋或压迫胸部的办法来达到窒息的状态。

DSM-5 中摩擦癖的诊断标准

- 有反复、强烈的在未经允许的情况下抚摸或摩擦他人的性唤起幻想、性冲动或性行为，且持续至少6个月。
- 个体这种性冲动所致的行为发生不同场合、涉及至少三个未经其允许的摩擦对象，或这种冲动和性幻想导致了临床上明显的痛苦和问题。

注意：与 DSM-IV-TR 的区别用斜体标出。

DSM-5 中性施虐癖的诊断标准

- 有反复、强烈的造成他人生理和心理痛苦的性唤起幻想、性冲动或性行为，且持续至少6个月。
- 结果导致临床上明显的痛苦或功能上的损害，或这种性冲动所致的行为*发生在不同场合、涉及至少两个未经其允许的施虐对象*。

注意：与 DSM-IV-TR 的区别用斜体标出。

DSM-5 中性受虐癖的诊断标准

- 有反复、强烈的被羞辱、击打、捆绑或施加痛苦的性唤起幻想、性冲动或性行为，且持续至少6个月。
- 结果导致明显的痛苦或功能损害。

还需要关注的是性施虐癖的诊断很少应用于临床。在一篇没有发表的综述中，发现在 5 亿份精神科专家、妇科医生、泌尿科医生和其他医生的就诊记录中，没有一名医生做出过性施虐癖的诊断（Narrow，2008，引自 Krueger，2010b）。

在临床上，由于担心污名的影响，即使有性施虐癖的症状，医生也不会做出相应的诊断。因此这种诊断更多应用在司法上（Krueger, 2010b）。

性施虐癖和性受虐癖似乎在成年早期开始起病。二者在同性恋和异性恋中都会存在。调查发现，20%～30%的施虐受虐俱乐部的成员是女性（Moser & Levitt, 1987），由此推测符合诊断标准的性施虐癖和性受虐癖患者也应保持这一性别比例。大部分施虐者和受虐者除此之外都有着普通的生活；有一些证据表明他们的收入和受教育程度高于平均水平（Moser & Levitt, 1987）。在施虐者中，酗酒的情况比较普遍（Allnutt, Bradford, Greenberg, et al., 1996）。

性欲倒错的病因学

在众多性欲倒错的病因学理论中，最重要的理论来自于生物和行为的视角。因为很多人并不愿意谈论他们的性欲倒错，研究者没有足够的机会去理解性欲倒错的发生。实际上，由于这一领域的研究开展是如此困难，以至于大部分研究都是基于较小的、代表性不强的样本。例如，1990～2009年，只有4项已发表的研究中诊断为性欲倒错的被试个数超过了25个（Kafka, 2010）。

神经生物学因素

因为绝大多数性欲倒错的个体都是男性，于是有推断认为雄性激素（如睾酮）起到非常重要的作用。雄性激素调节性欲，而性欲倒错的人常常有非常高的性欲水平（Kafka, 1997）。然而，研究发现性欲倒错的男性并没有很高水平的睾丸酮或其他雄性激素（Thibaut, De La Barra, Gordon, et al., 2010）。如果生物因素变得很重要，那么它也只能是以经验为主要组分的复杂病因网络中的一个因素而已（Meyer, 1995）。

心理因素

大多数关于性欲倒错的心理学理论包括一系列风险因素。目前受到认可的理论模型强调条件反射经历、人际关系史、虐待和认知的作用。

一些行为理论将性欲倒错的原因看作经典条件作用，即由于某些条件造成了不平常或不适当的刺激与性唤起之间的联接（Kinsey et al., 1948）。例如，一个青年男性可能会在想象女性在穿着黑色皮靴的时候自慰。根据这一理论，这种经验的重复导致靴子成为性唤起的条件。类似的假说也可以用于恋童癖、窥阴癖和露阴癖。虽然有少量研究可以支持经典条件假说（Rachman, 1966），但是经典条件假说中的大部分还没有得到证实（O'Donohue & Plaud, 1994）。但之后我们会提到，有一些治疗策略是依据经典条件假说发展出来的。

从操作性条件假说的视角看来，一些性欲倒错，比如露阴癖、恋童癖，是社交技能不足的后果。证据已经表明，有恋童癖的男性社交技能非常缺乏（Dreznick, 2003）。这些性欲倒错可能是正常社会关系以及性生活的替代品。但另一方面，也有证据发现，很多恋童癖和露阴癖患者也有正常的社交和性关系。这说明实际情况更为复杂，不是简单的缺乏正常的性生活途径就能说明全部问题（Maletzky, 2000）。

性欲倒错者的童年经历表明他们曾经常受到身体虐待和性虐待，而且亲子关系非常不好（Mason, 1997）。在关于成人犯罪的研究中，性侵犯个体曾受性虐待的比例是那些未实施性侵犯的个体的3倍多（Jespersen, Lalumiere, & Seto, 2009），这一比例在性侵儿童的个体中更高（Jespersen et al., 2009）。但这并不能说明全部，至少有1/3的对儿童进行性侵犯的个体没有报告出遭受性虐待的历史（Jespersen et al., 2009），并且只有很少部分受到性虐待的儿童在成年时发展出性欲倒错。在一个对908名经受过性虐待的儿童的长程追踪研究中，只有3.9%的儿童在成年后因性侵犯而被起诉（Salter, McMillan, Richards, et al., 2003）。但在一项对224名在7～12岁时经受过性虐待的男孩的追踪研究中，

12%后来有性侵犯行为，而且其中大部分都指向儿童。当受到性虐待的男孩到达青春期以后，很有可能会产生性侵犯的行为。而且如果在儿童所处的家庭中，儿童受到忽视、存在家庭暴力、缺少父母指导，且如果是母亲对儿童性虐待时，儿童在长大后产生性侵犯行为的可能性更大。

认知扭曲和态度也对性欲倒错起到了重要作用。那些在性欲倒错行为中未得到女方允许的男性可能对女性怀有敌意，并且对女性缺少共情。另一些人可能在看待自己性行为的方式上产生了扭曲。例如，一个偷窥者会认为更衣时不关窗帘的女性是希望被别人看到的（Keplan & Kreuger, 1997）；有恋童癖的人可能会认为儿童是有想和成年人性交的欲望的（Marshall, 1997）。表 12.6 包含了有恋童癖和露阴癖的人可能存在的一些不合理信念的例子。强奸也包含在这张表中。在聚焦发现 12.4 中有专门对强奸的讨论。

有些研究认为酒精和负性情感是触发恋童癖、窥阴癖和露阴癖事件的即时因素。这与酒精减少了个体抑制能力的证据是一致的。不正常的性活动就像酒精滥用一样，可能是一种摆脱负性情感的方式（Baumeister & Butler, 1997）。

性欲倒错的治疗

因为性欲倒错中的很多行为都是非法的，一些被诊断为性欲倒错的人已经入狱，而且法院判决其接受治疗。很多已有的干预研究都针对已经被判性侵犯罪行的男性。这些被捕的男性可能是性欲倒错患者中较为严重的类型。

尽管研究结果不尽一致，还是有证据表明不管是生物上的还是心理上的治疗都会有帮助。在一个包含了针对性犯罪男性的 20 项研究的元分析中，那些接受过某种生物或心理治疗的人比没有接受治疗的人再次实施性侵犯的可能性减少三分之一（Hall et al., 1995）。在这样的背景下，我们现在讲述针对性欲倒错的认知行为和生物学治疗。

表 12.6 性欲倒错和强奸行为中的认知扭曲和"正当"理由。

类别	恋童癖	露阴癖	强奸
错误的归咎	"她这么可爱就是在暗示我。"	"她穿成那样，就是想要我暴露给她看。"	"她嘴上拒绝我了，可是她的身体没有拒绝我。"
否认性的意图	"我只是在教导她关于性的知识……这总比她父亲或别人教她要好。"	"我只是想找个地方小便而已。"	"我只是给她点教训，这是她应得的。"
贬低受害者	"她是个坏孩子，她总是让自己惹麻烦。"	"她就是个荡妇。"	"她在舞会上向我搭讪。她活该。"
后果最小化	"在事情发生之前她就已经一团糟了。"	"我都没有碰过她，我不可能伤到她。"	"她之前和无数人有过性关系。我这个不算什么。"
歪曲的指责	"好几年前的事了，大家何不忘了它？"	"我不会强奸任何人。"	"我只做过一次。"
理由正当化	"如果我小时候没有被别人猥亵，我现在就不会这么做了。"	"如果我知道怎么和人约会，我就不会被迫暴露自己了。"	"如果我的女朋友能够满足我，我就不会被迫去强奸别人了。"

来源：Maletzky（2002）

聚焦发现 12.4　　强奸

据估计，在美国，有20%～25%的女性在一生中受到过强奸（Crowell & Burgess, 1996）。强奸是美国大学校园里的一个重要问题。有30%的女大学生报告她们曾经在拒绝和某些人发生性关系后，对方采取过身体上的强迫、威胁或侵害，而有8.7%的女大学生报告她们已经受到了身体伤害（Struckman-Johnson, 1988）。强奸的发生率非常之高。

强奸案例的具体情形非常多样。虽然男性也可能成为性侵犯的受害者，但目前我们的讨论仍然聚焦在女性身上。因为90%以上的强奸是男性施加在女性身上的（Crowell & Burgess, 1996）。年轻女性相对于年长女性更有可能成为受害者（见图A）。大约70%的强奸是女性被自己认识的人所侵犯（美国国家司法中心，2003）。高达70%的强奸和使用物质后神志不清的状态有关（Crowell & Burgess, 1996）。在很少的情况下，强奸者还会杀害受害者。

大多数被强奸的女性会在受到侵害后的几周内经历焦虑的症状（Rothbaum & Foa, 1993），至少1/3的女性会发展出创伤后应激障碍（Breslau, Chilcoat, Kessler, et al., 1999）。

强奸者：对强奸的病因学理解

是不是强奸者本来就是靠追求支配感和羞辱女性而达到兴奋的人，因而对女性进行恐吓和侵害？他是不是一个普通而软弱的人，有着破碎的自我，在工作和爱情中感到失望，而这些不满使得他将挫败感发泄到陌生人身上？有哪些特征可以区分出强奸者？

在强奸者中似乎有一些特质比较明显。有很强的性侵犯性的男性倾向于展现出反社会和冲动的人格特质（Crowell & Burgess, 1966）。很多强奸者通常对女性都表现出敌意（Malamuth, 1998）。在性活动的细节上，研究发现强奸者对强制性行为的图片所表现出的性唤起要高于非强奸者（Lalumiere & Quinsey, 1994）。他们可能也会在评估自身行为后果方面存在认知歪曲。一些强奸者似乎不能很好地将友好和引诱区分开，他们在识别女性希望亲密行为停止的明确线索时也存在问题（Malamuth & Brown, 1994）。在一个大社区样本的调查中，性侵犯过女性的男性报告勃起功能失调的数量是未侵犯过女性的男性的3.5倍（Laumann et al., 1999）。

也有数据表明，将对女性的侵犯进行观察暴露，即使只是在电影里，也会致使男性认为暴力行为是可以接受的。在一项有控制组的研究中，声称自己认为强奸不可接受的男性大学生，在观看强奸的视频时，如果女性表现得在被侵害时达到了高潮，则出现了性唤起（Malamuth & Check, 1983）。后续有8项实验都涉及让男性观看有暴力的性爱视频或无暴力的性爱视频。一项针对这些研究的元分析表明，观看有暴力的性爱视频后，男性明显地报告出更能接纳针对女性的暴力行为（Allen,

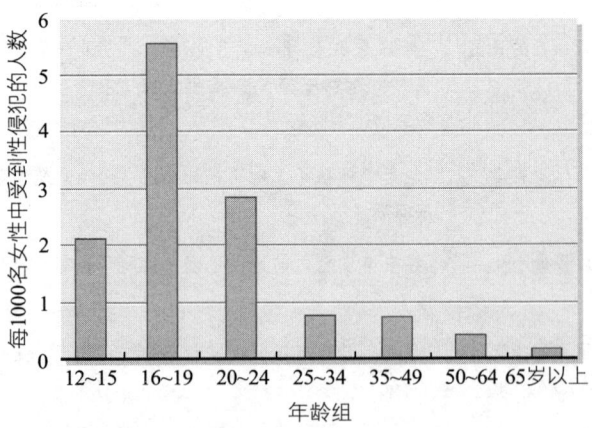

图A　女性性侵犯受害比例与年龄的关系
（美国国家司法中心，2003）

D'Alessio, & Brezgel, 1995）。这一研究表明，描述女性享受暴力性行为的色情片可能会鼓励强奸。

对强奸者的心理治疗

对强奸者的治疗也基于之前提及的对性欲倒错的治疗。包括动机策略、一系列认知行为技术和药物治疗。与对性欲倒错治疗的研究一样，证明治疗效果的证据其实非常有限。只有一项研究采用随机分组，将性侵犯男性随机分成了认知行为治疗组和未治疗组（Marques et al., 2005）。该研究发现，在24名强奸者中，治疗组有20%的人在五年后追踪时承认再次发生了侵犯行为，而未治疗组这一比例为29%。虽然这一发现可能让人感到受挫，但对于这么严重的问题，任何一点点效果也是非常重要的。

法律系统的改革

据估计，只有不到一半的强奸犯罪被报案（国家暴力犯罪受害者中心，2004）。一项对50万名女性的访谈表明，三个原因致使受害者不愿意报案：

1. 将强奸看作私人的事情。
2. 害怕强奸者或强奸者的家庭或朋友进行报复。
3. 认为警方办事效率低下、对强奸漠不关心（Wright, 1991）。

目前已经采取了一定的法律改革来处理这些类型的担忧。比如，联邦现在已经允许婚内强奸的起诉；大部分州的法律正在考虑此类案件不公开审理；受害者之前的性行为和相关的历史方面的信息可以不提交给法庭，而这一点可能是最重要的部分。但即使做了这些改变，相关审判仍然是充满压力的，并且只有很少一部分强奸者最终被判为有罪。

这个著名的场景来自于电影《乱世佳人》，它体现了人们对强奸的误解：无论女性起初如何反抗，最终她们都是乐意"被占有"的。
（Everett Collection, Inc.）

增强动机的策略

性侵害者通常缺乏改变其行为的动机。他们可能会否认他们的问题，尽量淡化问题的严重性，并盲目相信自己在没有专业帮助的情况下也能控制自己的行为。有些人会把责任归咎于受害者，甚至归咎于儿童，认为对方过于有诱惑力。很多人会中途退出治疗。因此，这些人通常被认为不适合治疗（Dougher, 1988）。为了增强治疗动机，治疗师可以采取如下措施（Miller & Rollnick, 1991）：

1. 对侵犯者不愿承认自己是侵犯者，觉得自己不需要接受治疗这一心理进行共情，以减少防御和敌意。
2. 指出治疗可以帮助他更好地控制行为。
3. 强调拒绝治疗的后果（如：对已经入狱的犯人来说，如果拒绝治疗将被转入更糟糕的监禁环境中）和再次侵犯的后果（如：更严厉的法律制裁）。
4. 向侵犯者说明：对其性唤起的生理心理学评估将使其无法否认性偏好（Garland & Dougher, 1991）。

认知行为治疗

在早期的行为治疗中，性欲倒错的概念被狭隘地看作对不正当的对象和活动的性兴趣。研究者往往采用行为心理学中的厌恶疗法来减少这种吸引。对恋靴子的人,在他们看靴子的时候给他们的手上施加电击或给他们服用一种让其感到恶心的药物。同样,对有恋童癖的人也在他们观看裸体儿童照片的时候给予同样的刺激。一种基于想象的厌恶疗法的变式是内隐致敏,指个体想象一个不正当的场景,这个场景使个体产生性唤起,同时又想象这种唤起或相应的行为带来的恶心和羞耻的感觉。内隐致敏已经完善到伴随着恶心想象,会出现难闻的气味(Maletzky, 2000)。但是,很少有证据能够证明仅凭这些技术真正造成了行为的改变(Maletzky, 2000)。

认知程序常用来挑战性欲倒错的扭曲观念。表12.6所包含的扭曲认知的例子,就是修正的目标。例如,一个有露阴癖的人可能会说那些看到自己暴露生殖器的女孩年纪太小,不会受到伤害。治疗师可以反驳这一曲的观点,告诉他受害者年龄越小,受到的伤害越严重(Maletzky, 1997)。

20世纪60年代,性欲倒错几乎无一例外地采用厌恶疗法和认知干预。此后,认知和行为干预方式变得较为复杂和宽泛。目前,治疗师会采用其他技术来作为传统治疗方法的补充,比如社交技能训练和性冲动控制训练(Maletzky, 2002)。对他人共情的训练是另一种越来越普遍的认知技术。让性侵犯者学会考虑他们的行为对受害者的影响可以减少他们进行这种异常性活动的意图。预防复发也是性欲倒错治疗计划的重要部分。治疗师采用预防复发的技术,可以帮助个体识别出引发症状行为的情境和情绪。结合认知干预和行为干预的治疗技术似乎比起单纯的行为治疗技术有更高的成功率(Hall et al., 1995)。

已有的大部分此类干预效果的证据都是基于没有控制组的研究结论。尽管没有控制组,研究仍然能表明干预有助于症状的缓解——很多人都报告性欲倒错相关症状在治疗后变少(Maletzky, 2002)。不幸的是,当认知行为治疗组与未接受治疗的控制组比较时,认知行为治疗似乎不能减少病人的再犯率(Marques, Wiederanders, Day,

et al., 2005)。虽然这些发现令人沮丧,但这仍是一个值得继续研究的重要领域。

生物学治疗

目前已有一系列生物学治疗用于针对性侵犯者。直到激素治疗出现之前,阉割(摘除睾丸)是以前常用的治疗方式。研究发现,性侵犯者接受阉割手术后,在接下来的11年内,有大约3%出现了再次侵犯的行为,这一比例远远低于没有接受阉割的男性侵犯者的再犯率(Wille & Boulanger, 1984)。目前,由于涉及重要的伦理问题,手术阉割目前已经不是一种常用的治疗手段。

另一方面,有一些药物也用于性欲倒错治疗,尤其是针对性侵犯者的治疗中。通常这些药物用作心理治疗的补充。男性的性冲动和性功能是由雄性激素调节的(睾丸酮和双氢睾丸酮)。因此,用于减少雄性激素的激素药物常用来治疗性欲倒错。这些激素包括醋酸甲羟孕酮、醋酸环丙孕酮、黄体化激素等。来自随机对照实验的证据表明,这些药物可以减少对异常对象的性唤起(Thibaut et al., 2010)。在这些令人感到乐观的发现以外,由于激素的无限制使用,产生了很多伦理问题。长期使用激素有许多副作用,比如不育、肝脏问题、骨质疏松和糖尿病(Gunn, 1993)。在使用药物治疗之前必须让病人对这些风险知情同意,而很多病人都不会同意长期使用这些药物(Hill, Briken, Kraus, et al., 2003)。

除了影响激素的药物以外,SSRI类抗抑郁药也被普遍使用。虽然前后测结果表明SSRI药物减少了对异常对象的唤起,但是研究者并没有采用随机对照实验来检验SSRI药物治疗相对于控制条件的效果。因此这些研究证据的说服力是比较弱的(Thibaut et al., 2010)。

保护公众的努力:梅根法案

性侵犯者出狱后的再犯率使得公众施压禁止性侵犯者返回到他们被捕时的地方。这一趋势已经体现在法律中：如果警方怀疑性侵犯者出狱之后有再犯的可能性，可以公开其相关信息。这一法律也允许公众查询警方的记录以知晓他们周围是否居住着性侵犯者（Kempster，1996）。

这一法案被称之为梅根法案，这一法案和其他相关法案在全美的施行缘于公众的愤怒：新泽西州一名二年级小学生在从学校回家的路上被绑架并残忍谋杀，而罪犯的此次犯罪已经是他第二次对儿童进行猥亵。但因为有一些居民得知附近有性侵犯者时采取了较为激进的警戒（Younglove & Vitello，2003）。目前，自由派民权团体正在挑战这些法案。

> **概念核查12.4**（答案见章末）
>
> 回答下列问题。
> 1. 下列哪一项与性欲倒错无关？
>   a. 童年期的虐待　　b. 认知歪曲
>   c. 负性情感　　　　d. 以上都有关
> 2. 在减少性欲和性欲倒错行为的生物学治疗中，最普遍的是：
>   a. 手术阉割　　　　b. 激素和抗抑郁药物
>   c. 抗抑郁药物　　　d. 以上都不是
> 3. 请说出三种用于治疗性欲倒错的认知行为干预：_____，_____，_____。

总 结

性规范

● 性行为和性态度很大程度上受文化的影响，因此所有关于性障碍的讨论都应时刻注意性规范会随着时代和地域不同而发生变化。目前，很多研究都关注性活动的性别差异。

● Kaplan总结了性反应周期的四个阶段：欲望期、兴奋期、高潮期和消退期。但这一模型不完全适合女性。

性功能障碍

● DSM-5中性功能障碍的诊断包括：女性性兴趣及性唤起障碍、男性性欲减退障碍、勃起障碍、女性性高潮障碍、早泄、延迟射精、生殖盆腔疼痛/插入障碍。很多人都会经历一些短期的性功能症状，但除非这些症状是反复的、造成了痛苦或伤害，且无法用生理学解释，否则不能做出性功能障碍的诊断。

● 性功能障碍的病因学研究开展起来比较困难，因为调查可能不会很准确，而用实验室手段收集数据也比较难。研究者已经找到了很多可能导致性功能障碍的因素，包括生物学因素、早期的性经历、人际关系问题、心理病理问题、负性情感、低的性唤起，以及消极认知等。

● 目前已有很多针对性功能障碍的有效治疗方法，大部分是采用认知行为的方式进行治疗。性治疗的目的在于纠正旧的性习惯，教授新的性技能。由于Masters和Johnson的努力，性治疗已经受到公众的关注。他们的方法采用渐进的、无痛苦的暴露，以增进亲密的性接触。性治疗师也会教授病人有关性的解剖学和生理学知识，帮助病人减少焦虑，改善交流技巧，端正对性的态度和想法。伴侣治疗在一些情况下是很合适的。生物学治疗，例如万艾可等药物，可以用来治疗勃起障碍。

性欲倒错

● 在性欲倒错中，不寻常的性幻想和行为是获得性满足的必要条件，而且这是持续性的。在DSM-5中，主要的性欲倒错有恋物癖、恋童癖、窥阴癖、露阴癖、摩擦癖、性施虐癖、性受虐癖和异装癖（由于没有证据表明异装癖造成了损害，因此我们没有讨论异装癖）。

- 有研究考察过有性欲倒错个体在激素水平上的异常情况，但是没有得出确切的结论。
- 性欲倒错的行为学观点强调经典条件反射，以及社交技能缺陷的人使得患者与其他成人的正常交流存在困难。但是支持行为学风险因素的研究证据有限。童年性虐待可能是一个因素。酒精使用可能增加异常性行为的概率。性欲倒错也可能涉及认知歪曲。
- 最有希望的性欲倒错治疗方法是认知行为治疗。条件性操作的步骤是在异常性对象出现的同时呈现厌恶刺激。认知治疗聚焦于性欲倒错涉及的认知歪曲。还有一些普遍性的技术，例如改善社交技能、共情、冲动控制、预防复发。研究表明心理治疗可以减少性侵犯犯罪的比例。降低睾丸酮水平的药物可以减少性冲动和异常的性行为。但是由于存在副作用，因此长期使用这些药物涉及伦理问题。SSRI类抗抑郁药通常用来减少性欲倒错男性患者的性冲动，但是相关研究证据仍然不足。

概念核查答案

12.1　1.T 2.T 3.T 4.F 5.T 6.F 7.b

12.2　1.F（除非这一问题是反复的，并且导致痛苦或者损害，否则不能做出诊断）2.F 3.T 4.T

12.3　1.摩擦癖 2.不符合诊断（因为没有痛苦和损害的证据）3.性施虐癖 4.露阴癖

12.4　1.d 2.b 3.以下任选三个：减少歪曲想法的认知干预、厌恶疗法（包括内隐致敏）、社交技能训练、改善性冲动控制的干预、共情训练、复发阻止

第13章

儿童期障碍

学习目标

1. 能够描述儿童心理病理学的诊断标准。
2. 能够讨论外化障碍(包括 ADHD 和品行障碍)和内化障碍(包括抑郁症和焦虑障碍)的临床表现、病因及治疗方法。
3. 能够理解学习障碍(包括阅读障碍和计算障碍),并理解当前对阅读障碍病因的解释以及阅读障碍的治疗方法。
4. 能够描述智力发育障碍的症状表现和诊断标准,理解当前对智力发育障碍的病因和治疗方法所进行的研究。
5. 能够描述自闭谱系障碍的症状表现、病因及治疗方法。

临床个案:扎克

扎克今年12岁了。他家一共有三个孩子,扎克排行老二。从幼儿园开始,大人们就发现扎克有一些不好的行为习惯,直到读小学时都没有改掉。在扎克还是婴儿的时候,他经常哭闹、不好好吃饭、睡觉也很不安稳。训斥能够有效地控制扎克两个姐弟的行为,但是在扎克身上却不起作用。等扎克稍大了一点之后,如果阻止他的行为,他就会发脾气,坐在地上哭闹,或者把任何他能够到的东西摔在地上。扎克和他的姐弟以及学校里的同学相处得都不好。过去他总是打自己的弟弟,小学的时候则喜欢给同学制造麻烦。上中学后,扎克也总是因为惹祸而被警告,上课注意力很不集中。在课堂上,当老师向他提问时,他很少能回答上来,也常常忘记写家庭作业。

扎克喜欢看足球。有一年他们当地的球队打入了足球联赛,在那一周将要和曼彻斯特联队对决。扎克的父亲设法弄到了票,但他告诉扎克只有在比赛之前完成所有的作业才能让他去看比赛。到了比赛的那天下午,扎克非常激动。当时他只剩下两页数学练习还没完成。半个小时之后,扎克的父亲来到他的房间,却发现扎克正在玩电脑游戏;他的数学作业还是没有写完。扎克的父亲觉得难以置信。他告诉扎克自己对此非常失望,把扎克独自留在家中,一个人去看了球赛。扎克既生气又失望,他感到很沮丧,并把花了几个星期才完成的火箭模型摔在地上。

到了晚上，扎克既恼火又泄气，根本睡不着。他躺在床上，回想白天的事情，为自己的行为感到深深的自责。这一晚，扎克开始反思，想起自己缺少朋友，老师对自己很失望，父母总是劝告自己做事要专心，告诉他"打起精神来"。

扎克的父母和校方决定跟心理咨询师讨论一下扎克在社会交往和学业上存在的问题。在第一次交谈中，咨询师详细询问了扎克的童年生活，以及他在学校和家里的行为问题。之后，扎克单独与咨询师进行了交谈。一开始，扎克称自己不知道为什么要接受咨询，但是不久后他承认，自己在学校里确实有一些行为问题，也希望可以通过努力实现一些改变。在这之后，咨询师把扎克的父母重新请回咨询室，他以操作性条件反射理论为框架，解释了扎克的问题。咨询师虽然不否认生理基础的影响，但是他认为结构化的正强化和负强化治疗能够对扎克有所帮助。

无论是行为、认知的还是神经生物学方面的理论，大多数儿童期障碍的理论都认为童年的经历和发展特点对成年后的心理健康有着重要的影响。多数理论还认为，相较于成人，儿童更容易被改变，因此针对儿童的心理治疗效果更好。几年来，被确诊为患有各类心理障碍的儿童数量显著上升，引发了许多争议。同样引发争议的还有医师越来越多地给患病儿童开出了精神药物。例如，从1993年到2002年，针对儿童的抗精神病性药物处方增加了5倍，在2002年达到了100万份（Olfson, Blanco, Liu, et al., 2006）。

本章我们将介绍在儿童和青少年期患病率最高的几种精神疾病。首先我们会介绍一类表现为注意缺陷、冲动性和破坏性行为的障碍，接着会介绍抑郁症和焦虑障碍。最后，我们将介绍一类在习得认知、语言、运动或社交方面的技能时表现出困难的障碍。该类障碍包括学习障碍和严重程度最高的发展障碍（包括智力发育障碍、自闭谱系障碍）。这些障碍通常是慢性的，往往会伴随儿童到成年。

儿童期障碍的分类和诊断

在对儿童的某种心理障碍进行诊断之前，临床医生首先需要考虑到在某些特定年龄段里，什么样的表现是典型的。同样是在不开心时总躺在地上蹬腿哭闹，对于2岁和7岁的儿童，应给出的评价是不同的。**发展心理病理学**关注在终生发展过程中的儿童期心理障碍，使我们能够区分出在一个年龄段中正常但在另一个年龄段却不恰当的行为。

有一些心理障碍，例如分离焦虑障碍，仅见于儿童群体。其他的如注意缺陷/多动障碍已经被明确界定为儿童期障碍，但病症可能会持续到成年之后。另外如抑郁症等障碍，可起病于童年，但在成人中也较常见。虽然进食障碍通常起病于青少年期，但该疾病在第11章已单独介绍过。

DSM-5对儿童期障碍的界定有所改变，如图13.1所示，各类障碍的分类发生了一些变化。在DSM-IV-TR中，所有的儿童期障碍都在同一个章节，在DSM-5中，则设置为两个章节：神经发育障碍和破坏性、冲动控制和品行障碍。另有一些障碍如分离焦虑障碍，则被归类在成人焦虑障碍一章中。

DSM-5还修改了一些障碍的名称（见图13.2）。例如精神发育迟滞在DSM-5中将被改为智力发育障碍，修改后的名称与美国智力与发展障碍协会（AAIDD）的叫法一致。DSM-5的另一个改变是将DSM-IV-TR中的三类障碍（孤独症、阿斯伯格综合征、其他未分类的广泛性发育障碍）归于一类，称为自闭谱系障碍。

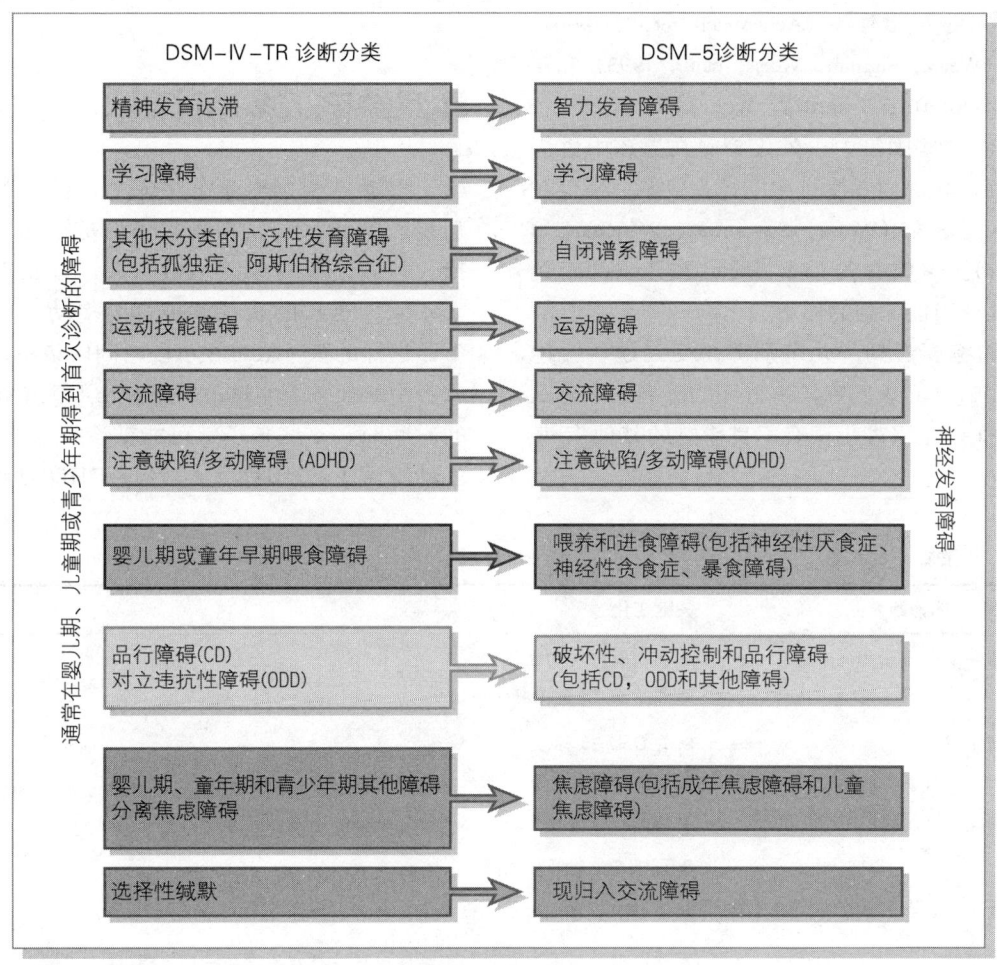

图 13.1　DSM-Ⅳ-TR 和 DSM-5 中儿童期障碍的类别

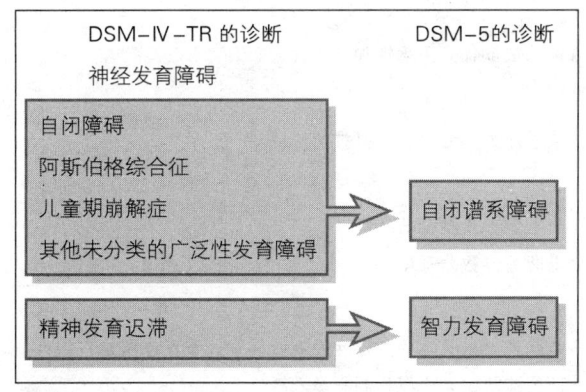

图 13.2　神经发育障碍的诊断

我们将 DSM-5 中改动的地方总结在表 13.1 中。

患病率最高的儿童期障碍常常被划分在两个较大的领域中：外化障碍和内化障碍。**外化障碍**多表现为指向外部的行为，如攻击性、不合作、过度活跃、冲动等。该类别包括注意缺陷/多动障碍和对立违抗性障碍。**内化障碍**多表现为专注内在的体验和行为，例如抑郁、社会退缩和焦虑，该类别包括儿童焦虑障碍和心境障碍。像本章开头扎克的案例那样，儿童和青少年可能同时表现出这两个领域所包含的症状。

外化和内化障碍中的行为在许多国家的儿童中都很常见，例如瑞士（Steinhausen & Metzke, 1998），澳大利亚（Achenbach, Hendley, Phares, et al., 1990)、波多黎各（Achenbach, et al., 1990)、肯尼亚（Weisz, Sigman, Weiss, et al., 1993）和希腊（MacDonald, Tsiantis, Achenbach, et al., 1995）。在这些国家中，外化障碍在男孩中更为普遍，而内化障碍在女孩中则较为普遍，至少在青少年中是这样（Weisz, Suwanlert, Wanchai, et al., 1987）。聚焦发现 13.1 将介绍在儿童的问题行为中文化可能起到的作用。

我们将要看到，儿童期障碍受到遗传、神经生理基础和心理因素等多方面的影响，聚焦发现 13.2 将会介绍对儿童有不良影响的其他疾病：哮喘。

注意缺陷/多动障碍

多动这个词对于很多人来说都很熟悉，特别是教师和家长。有些孩子总是在动，轻敲手指、抖腿、没有原因地戳别人、冒犯别人、坐立不安，这样的表现就被称为多动。通常情况下，这样的孩子很难在一段时间内集中注意力完成手中的任务。当这类问题非常严重或持续很长的时间时，这些孩子就可能被诊断为**注意缺陷/多动障碍（ADHD）**。认识到 ADHD 对儿童及家

表 13.1　儿童障碍的诊断

DSM-5 的诊断	关键变化
注意缺陷/多动障碍	● 新增四种冲动性症状 ● 症状在 12 岁之前开始出现
品行障碍	● 在 DSM-5 标准中没有修改 ● 对麻木无情的特征做出新的说明
对立违抗性障碍	● 诊断标准不变，但是被归类为情绪和行为症状 ● 可以与品行障碍共病
分离焦虑障碍	● 为使界定更加清晰，措辞上略微有所改动
学习障碍	● 新类型，指学习基本知识技能时普遍存在困难的一种障碍 ● 书写表达障碍不再是独立的一种类型 ● 表达性语言障碍从 DSM-5 中移除，但五种新的交流障碍将可能加入其中
阅读障碍	● 旧称读写障碍 ● 阅读能力和理解能力的标准被取代为正确性和流畅性
计算障碍	● 旧称数学障碍 ● 范围扩大，不仅仅包括数学能力，还包括计算技能
智力发育障碍	● 旧称精神发育迟滞 ● 对功能性损伤和适应性问题做出更精确的界定 ● 子类型的区分不再完全以智商分数为基础
自闭谱系障碍	● 旧称自闭障碍 ● 包括孤独症、阿斯伯格综合征、未分类的广泛性发育障碍和儿童期崩解症 ● 言语交流和社会交往方面的症状被整合概括到一类 ● 言语发展迟滞不再被纳入到诊断标准中 ● 必须起病于童年早期

聚焦发现 13.1　文化对内化和外化行为问题的影响

文化的价值和习俗对儿童发育过程中形成某种行为模式起到一定的作用，也对我们是否将儿童的某种行为模式诊断为问题行为有所影响。一项来自泰国的研究发现，带有内化行为问题的儿童，例如恐惧症患者，是泰国最常见的临床病人。然而在美国，外化行为问题例如攻击行为、多动症等则更加常见（Weisz, et al., 1987）。研究者将这一差异与泰国盛行佛教联系起来，因为佛教反对攻击他人。换句话说，反对武力的文化认同限制了泰国儿童的暴力行为发展。不过该跨文化研究在泰国使用的测量方法来源于美国，没有进行本土化的修订，这可能导致对两国儿童行为差异的误测。

事实上，追踪研究的结果发现，即使是用相同术语描述的行为问题，在泰国和美国之间仍然存在差异（Weisz, Weiss, Suwanlert, et al., 2003）。研究者比较了美国和泰国之间一些特定的行为问题（例如躯体主诉、攻击行为）以及较宽泛的领域（内化障碍和外化障碍）的测量方法的差异。结果发现对儿童内化障碍和外化障碍的测量方法在两国间没有差异，但是这些领域内特定疾病的测量则有差异。两国的男孩中躯体主诉较为一致，害羞则不一致；而在两国的女孩中，害羞均较为常见，但是语言攻击行为的发生率则不一样。

这些研究指出了心理病理学领域跨文化研究的重要性。我们不能简单地认为在美国编制的心理病理学测量方法在不同文化中也能够同样适用。上文提到的这些研究者认为：父母的教养方式、信仰和价值观，甚至父母怎样描述他们孩子的行为问题，在不同文化中都可能是不同的。心理病理学的理论对病因的解释应该包括这些因素，这也成为心理病理学领域一个亟待完成的挑战。

图为泰国青少年正在佛教寺庙里学习。佛教文化让泰国儿童的外化障碍相对较少。
（Paul Chesley/Stone/Getty Images）

聚焦发现 13.2　哮喘

哮喘是一种呼吸系统疾病。据统计美国共有 2300 万哮喘患者，其中儿童患者共有 700 万人。哮喘的患病率在 5～14 岁和 15～19 岁的儿童中最高（NHBLI, 2010）。2005 年的一项研究发现，在加利福尼亚州，患有哮喘的儿童平均每年要旷课一周（Meng, Babey, Hastert, et al., 2008）。哮喘在男孩当中较为常见，在成年人中则更多见于女性（NHBLI, 2009）。

哮喘发作时，肺部的呼吸通道变窄，造成呼吸困难，伴有严重的气喘。此外，在哮喘发作时，免疫系统的活动将会导致肺部组织的炎症，使肺部粘液分泌增多且发生水肿（组织中液体的积累）（Moran, 1991）。

哮喘往往毫无预兆地发生。严重的哮喘发作是非常可怕的经历，甚至会导致惊恐发作（Carr, 1998, 1999），而惊恐发作反过来又会加重哮喘病情。哮喘病人就像被扼住喉咙一样，空气进出肺部很困难。强烈的喘气、喘息和咳嗽让患者感到恐惧；发作之后，患者将会感到筋疲力尽，一旦呼吸恢复正常，便立刻入睡。

哮喘的发作断断续续。有时候每天都会发作一次，有时候则是每隔几周或几个月发作一次，且严重程度不同。哮喘的发作受到花粉的影响，因此发作频率可能会随着季节的变化发生改变。症状持续的时间是变化的，有时候仅持续一个小时，有时候持续几个小时，有时候甚至能持续几天。

对于运动诱发型的哮喘病人，剧烈的运动会引发哮喘的发作。虽然有一些运动员会因为哮喘的发作而变得虚弱，但也有一些能够发挥出他们的高水平——例如 Jackie Joyner-Kersee 就曾在奥运田径项目上获得 6 次奖牌。

是什么导致了哮喘？

哮喘发作有很多可能的原因，包括过敏原、运动、低温、病毒性感染、环境中的有害物质，如二手烟和空气污染。同时，压力和消极的情绪会加重环境中有害物质对哮喘的影响。

生理因素

如果说哮喘发作是由过敏原引起的，就是说呼吸道的细胞对一种或几种物质（过敏原）特别敏感，例如花粉、霉菌、毛发、空气污染物、烟雾和尘螨，导致哮喘发作。过敏性哮喘患者的呼吸道粘膜天生具有高度的敏感性，因此会对一种或多种原本无害的过敏原发生过度的反应。哮喘患者在家族中的分布特点与基因在代际之间的传递特点是一致的（Eder, Ege & von Mutius, et al., 2006）。现在的研究正聚焦于探索遗传和环境对哮喘病的交互作用（Cookson & Moffatt, 1997, 2000）。

压力生活事件和消极情绪

即使哮喘是由于过敏或者感染引起的，心理压力也能促成哮喘发作。因为自主神经系统和呼吸道的收缩、舒张之间存在联系；而且自主神经系统也和情绪之间存在联系，目前研究已经聚焦在高度消极的情绪体验和表达上。

已经发现消极的情绪与哮喘症状和呼气峰流速有关系。让测试对象进行深呼吸，然后向一个装置尽量用力地呼气，该装置测出的呼出气流的力量，就是呼气峰流速。一项研究要求 6 岁～13 岁的儿童与他们的父母一起，在 18 个月内每天记录哮喘症状和呼气峰流速（Sandberg, Jävenpää, Paton, et al., 2004）。在研究期间，儿童和父母都会接受关于压力生活事件的访谈。结果发现，压力生活事件发生之后的 1～2 天内，儿童哮喘发作的可能性是平时的 5 倍；此外，儿童经历压力生活事件 5～7 周之内，哮喘也更容易发生。

哮喘的治疗

哮喘通常通过药物进行治

奥运奖牌得主 Jackie Joyner-Kersee，患有运动诱发型哮喘。
(©AP/Wide World Photos.)

疗。首先，在哮喘发作时使用快速起效的皮质类固醇吸入器，这种药物可以立即减轻症状。接下来，日常服用消炎药，如色甘酸钠，可以减轻呼吸道的炎症。

行为干预也可以对成人和儿童哮喘病患有所帮助，这些干预可以帮助控制过敏原、花粉、灰尘、污染、二手烟及压力的触发作用。对消极情绪调节的干预也能发挥一定的作用。

庭所带来的不良影响后，美国国会设置了国家ADHD宣传日，第一次是在2004年9月7日。

ADHD的临床描述、患病率及预后

怎样区别可诊断的障碍和普通的多动表现呢？当这些行为在一个特定的发展阶段中表现非常突出，在不同的情境中都有表现，且在功能上有明显的损伤时，则基本可以诊断为ADHD。但是对一些精力过剩的、活跃的、稍微容易分心的孩子，这样的诊断并不适用，因为学龄早期的孩子很多都有这样的表现（Whalen，1983）。仅仅因为孩子比较活跃、家长和老师难管教就给孩子贴上ADHD的标签是很严重的错误。ADHD的诊断应该用于真正严重和持久的个案。

当要求孩子安静地坐着的时候，例如在教室上课或者吃午饭时，ADHD患儿很难控制他们的活动。当有人告诉这些孩子要安静下来时，他们很难停止活动或者停止说话。他们的行为和动作看起来是偶然发生的。他们会很快就把鞋子、衣服穿坏，弄坏他们的玩具，使他们的父母老师焦头烂额。

很多ADHD患儿在和同龄人相处或者建立友谊时都面临不同于常人的困难（Blachman & Hinshaw，2002；Hinshaw & Melnick，1995），这可能是因为他们的行为常常带有攻击性和侵入性。虽然这些孩子通常都很友好很健谈，但是他们往往会忽视微妙的社会线索，比如对方对自己持续的抖腿动作感到反感。而且这些ADHD患儿常常会高估自己与他人交往的能力（Hoza，Murray-Close，Arnold，et al.，2010）。一项纵向研究对ADHD患儿和正常儿童进行了追踪，连续6年每年调查一次。该研究发现，相对于正常儿童，6年之后ADHD患儿仍然存在缺乏社交技巧、存在攻击性行为、对自己社交能力高估等问题。研究者在这三类问题间还发现了一个恶性循环：这三种问题在追踪期间持续加重，每次都高度预测了下一次上升的严重程度（Murray-Close，Hoza，Hinshaw，et al.，2010）。

DSM-5中注意缺陷/多动障碍的诊断标准

- 至少包括A、B其中一项：
  A. 必须有6种（或6种以上）注意力缺陷症状在过去6个月内持续出现，而且其程度与个体年龄应有的发展水平不成比例且不合常理，如粗心失误、不专心聆听、不听从指令、容易分心、日常活动中容易遗忘等。
  B. 必须有6种（或6种以上）多动—冲动症状在过去6个月内持续出现，而且其程度与个体年龄应有的发展水平不成比例且不合常理，如不适当地抖腿、跑动（成年人中表现为坐立不安）、行为"像装了发动机一样"或是干扰他人、不停地说话。
- 上述部分症状在12岁之前出现。
- 这些症状造成的障碍在两个或两个以上的场合中出现（例如在学校、工作场所或家庭）。
- 必须在社交、学业或职业方面具有明显功能损伤。
- 17岁以上的青少年或成年人，只具有4种注意力缺陷症状和/或4种冲动症状，就达到诊断的标准。

在另一项研究中，研究者要求被试儿童给在另一个聊天室中同时在线的儿童发送即时信息（Mikami, Huang-Pollack, Pfiffner, et al., 2007）。事实上另一个聊天室并不存在，被试是在与四个虚拟的同龄人进行交流，因此他们得到的反馈信息是由研究者控制的。研究者将被试在网上聊天的信息以及事后的访谈进行编码，发现患有ADHD的儿童更容易发出带有敌意的信息，且更容易跑题。患儿的交流体验与其社交困难的程度也有关系，说明即使不是面对面的交谈，ADHD也会损害儿童与同龄人的交往。

患有ADHD的儿童知道在假设的社交情境中怎样的行为才是正确的，但是在现实的社会交往中却无法将其所知道的转化成真实的行为（Whalen & Henker, 1985, 1991）。人们往往很快就发现他们的异样，于是他们便遭到同伴的拒绝或忽视。例如，某项研究举办了一次夏令营，参加的儿童都是之前互相不认识的男孩，患有ADHD的男孩会表现出一些不当的行为，如攻击行为、不合作，他们在第一天就给其他正常的孩子留下不好的印象。这样的印象在接下来的6周都没有改变（Erhardt & Hinshaw, 1994；Hinshaw, Zupan, Simmel, et al., 1997）。

一个病症间的诊断困难是如何区分ADHD和品行障碍，因为它们都涉及对社会规则的违反。这两种障碍常常同时存在而且有着共同的特点（Beauchaine, Hinshaw & Pang, 2010；Hinshaw, 1987）。然而二者也存在一些差异。ADHD更多和学校中注意力不集中的行为、认知和成就缺陷以及较好的长期预后相关。相比有品行障碍的儿童，患有ADHD的儿童在学校和其他地方表现出的行为问题少一些，攻击性较低。相比于品行障碍患儿，ADHD患儿的父母较少表现出反社会的特质，家庭成员间敌意较少，他们在青少年时期犯罪和物质滥用行为的可能性也较小（Faraone, Biederman, Jetton, et al., 1997；Hinshaw, 1987；Jensen, Martin & Cantwell, 1997）。

当孩子同时患有ADHD和品行障碍时，两种障碍最糟糕的症状会同时出现。他们会表现出最严重的反社会行为，极可能被同龄人拒绝，学业成绩最差，预后不良（Hinshaw & Lee, 2003）。相比于仅患有ADHD的女孩，同时患有ADHD和品行障碍的女孩会表现出更严重的反社会行为、其他心理病理症状和高危性行为（Monuteaux, Faraone, Gross, et al., 2007）。

内化障碍如焦虑障碍和抑郁症，也常常伴随ADHD同时发生。最新的研究认为约有30%的ADHD患儿同时患有内化障碍（Jensen, et al., 1997；MTA合作小组, 1999b）。此外15%～30%的ADHD患儿同时患有学习障碍（Barkley, Dupaul & McMurray, 1990；Casey, Rourke & Del Dotto, 1996）。因为ADHD患者很难适应普通的学习环境，他们常常被安排在特殊教育项目中（Barkley et al., 1990）。

虽然ADHD和品行障碍都被发现与物质滥用有关，但是一项预测性研究发现ADHD的多动症状能预测患者14岁时的物质使用情况（如尼古丁、酒精、违禁药品）。即使控制了品行障碍的症状，病史仍然能够预测18岁时的物质使用情况，而且对男孩和女孩的预测结果是一样有效的（Elkins, McGue & Iacono, 2007）。

全球对学龄期儿童中ADHD患病率的估计一致认为这个数字在3%～7%（American Psychiatric Association, 2000）。当同样的标准在不同的国家如美国、肯尼亚、中国、泰国等地使用时，患病率都是相近的（Anderson, 1996）；然而使用同样的标准可能难以发现不同文化中ADHD的差异。

许多证据表明ADHD在男孩中更常见，但是精确的数据要取决于样本是来自临床案例还是普通群体。男孩更可能被介绍去接受临床治疗，因为他们更可能表现出攻击行为和反社会行为。目前，针对患有ADHD的女孩进行非常细致的控制性研究还很少见。有两组研究者进行了大型的、精确控制的研究（Biederman & Faraone,

2004；Hinshaw，2002）。其中一组对患有ADHD的女孩进行了以5年为间隔的追踪研究（Hinshaw，Carte，Sami，et al.，2002；Hinshaw，Owens，Sami，et al.，2006），另外一组进行了以11年为间隔的追踪研究（Biederman，et al.，2010）。前后比较的结果如下：

★ 相比正常女孩，患有ADHD的女孩表现出一定程度的神经心理缺陷，特别是在执行功能上（如计划、问题解决），这与其他人的研究结果一致（Castellanos，Marvasti，Ducharme，et al.，2010）。

★ 直到青少年期，相比正常女孩，患有ADHD的女孩更有可能患进食障碍和物质滥用（Mikami，Hinshaw，Arnold，et al.，2010）。

★ 直到成年早期（22岁），患有ADHD的女孩的心境障碍、焦虑障碍、物质滥用障碍的患病率都高于正常女孩（Biederman，Petty，Monuteaux，et al.，2010）。

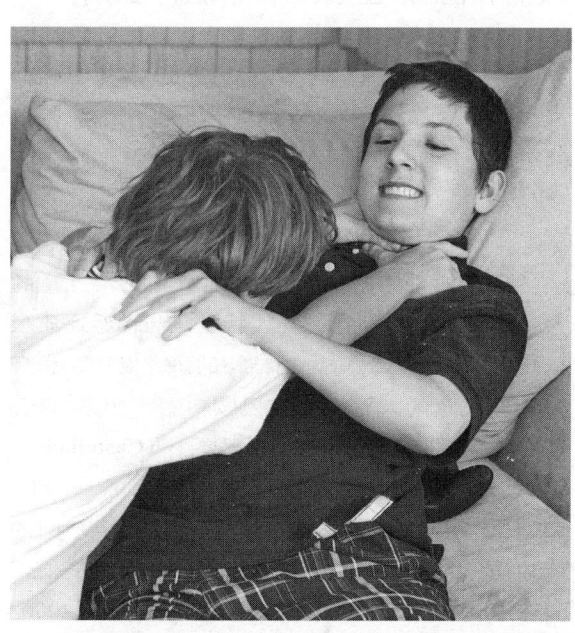

患ADHD的男孩的攻击行为十分常见，这使得他们容易被同伴拒绝。
（Lisa F. Young/Shutterstock）

人们曾一度认为ADHD会在青少年期之后消失，但是大量的追踪研究对这一说法提出了异议（Barkley，Fischer，Smallish，et al.，2002；Biederman，Faraone，Milberger，et al.，1996；Hinshaw，et al.，2006；Lee，Lahey，Owens，et al.，2008；Weiss和Hechtman，1993）。尽管ADHD患者在青少年期症状有所缓和，但有65%～80%的孩子此时仍然符合诊断标准（Biederman，Monuteaux，Mick，et al.，2006；Hart，Lahey，Loeber，et al.，1995；Hinshaw，et al.，2006）。表13.2展示了在青少年期的ADHD患者中相比没有患病的青少年更加常见的行为症状。然而，许多患有ADHD的孩子在学业成绩方面并未受到严重影响——许多研究表明，患者在青少年期的学业成绩都处于平均水平，这一结论同时适用于男生（Lee，et al.，2008）和女生（Hinshaw，2006）。

表13.2 患有和不患有ADHD的青少年的行为发生率

行为	青少年中表现出该行为的比例	
	患有ADHD	不患有ADHD
未加思索地抢答	65.0	10.6
容易分心	82.1	15.2
一项任务没完成就去做另一项	77.2	16.7
不能保持注意	79.7	16.7
不听指令	83.7	12.1
不能很好地聆听他人说话	80.5	15.2
参与有危险性的活动	37.4	3.0
坐立不安	73.2	10.6
很难安静地玩耍	39.8	7.6
经常离开座位	60.2	3.0
打扰他人	65.9	10.6
总是丢失任务所需的东西	62.6	12.1
话多	43.9	6.1

来源：摘自Barkley，et al.，1990

在成年期，大多数ADHD患者都能找到工作并且在经济上独立，但是有一些研究发现患有ADHD的成年人经济水平较低，常换工作

(Mannuzza, Klein, Bonagura, et al., 1991；Weiss & Hechtman, 1993）。针对 ADHD 直至成年的纵向研究的综述发现，有 15% 的患者 25 岁时仍然符合 DSM 的诊断标准。甚至更多的人，接近 60% 的患者，在成年后仍然符合 DSM 中对 ADHD 成人部分症状缓解的诊断标准（Faraone, Biedermen & Mick, 2005）。因此 ADHD 的症状可能会随着年龄缓解，但是对很多人来说并不会完全消失。

ADHD 的病因

遗传因素

大量研究证明遗传因素对 ADHD 的发生有重要的影响（Thapar, Langley, Owen, et al., 2007）。收养研究（如 Sprich, Biedermen, Crawford, et al., 2000）和大量的大规模双生子研究（如 Levy, Hay, McStephen, et al., 1997；Sherman, Iacono & McGue, 1997）发现了 ADHD 中的遗传成分，其遗传性约为 70%～80%（Tannock, 1998）。分子遗传学研究着力于寻找与 ADHD 有关的特殊基因，一些发现让研究者看到了希望，它们表明 ADHD 与多巴胺这种神经递质有关联。与 ADHD 相关的两种多巴胺基因已经被发现：多巴胺受体基因 DRD4（如 Faraone, Doyle, Mick, et al., 2001）和多巴胺运输基因 DAT1（Krause, et al., 2003；Waldman, Rowe, Abramowitz, et al., 1998）。证明 DRD4 与 ADHD 相关的证据十分有力，许多研究都发现了该基因与 ADHD 相关（Thapar, et al., 2007）。即使有这样的结果，许多研究者仍然认为仅仅一种基因不能完全解释 ADHD 发生的原因。多个基因与环境的共同作用才能更好地阐述 ADHD 的发生机制。例如，最近的研究发现只有在特殊的环境下，DRD4 和 DAT1 才与患 ADHD 风险的增加有关，这些环境包括产前母亲摄入了酒精或尼古丁（Brookes, Mill, Guindalini, et al., 2006；Neuman, Lobos, Reich, et al., 2007）。更多的基因—环境研究正在进行中，如果这些研究也能发现相同的结果，我们就可以清楚地知道基因和环境是怎样在 ADHD 发生机制中起作用的了。

神经生物学因素

研究发现患有 ADHD 的儿童和正常儿童的大脑结构和功能存在差异，特别是与神经递质多巴胺有关的脑区。对大脑结构的研究发现，患有 ADHD 儿童的大脑中，多巴胺功能区如尾状核、苍白球和额叶，都比正常儿童要小（Castellanos, Lee, Sharp, et al., 2002；Swanson, et al., 2007）。对大脑功能的研究发现，在完成不同的认知任务时，ADHD 患儿的前额区活跃程度低于没有患 ADHD 的儿童（Casey & Durston, 2006；Nigg & Casey, 2005；Rubia, Overmeyer, Taylor, et al., 1999）。此外，患有 ADHD 的儿童在进行与额叶有关的神经心理学测验（如抑制

曾在 2008 年北京奥运会上夺得 8 枚金牌的迈克尔·菲尔普斯，在儿童时期也和 ADHD 做过斗争

(Heinz Kluetmeier/Sports illustrated/Getty Images, Inc.)

行为反应）时表现得更差，进一步说明该区域的缺陷与 ADHD 的发生有关（Barkley，1997；Nigg，2001；Nigg & Casey，2005；Tannock，1998）。

围产期及产前因素 与 ADHD 相关的其他神经生理性风险因素还包括围产期及产前的一些并发症。例如，出生时体重过低能在一定程度上预测 ADHD 的发展（如 Bhutta, Cleves, Casey, et al., 2002；Breslau, Brown, Del Dotto, et al., 1996；Whitaker, van Rossen, Feldman, et al., 1997）。不过母爱可能能够缓解过低的体重对 ADHD 的后期症状发展的影响（Tully, Arseneault, Caspi, et al., 2004）。此外，其他分娩期的并发症状，例如在产前母亲是否使用烟草类物质、是否饮酒，也能预测孩子 ADHD 的发生（Tannock，1998）。

环境毒素 20 世纪 70 年代关于 ADHD 的早期理论认为，环境中的有毒物质也会影响多动症状的发生。其中一个理论曾受到大众媒体长时间的关注：Feingold（1973）认为添加剂和人工色素会扰乱多动儿童的中枢神经系统，因此他提倡人们远离这些物质。然而后来一些设计严谨的研究发现，所谓的"范歌德食谱"并没有为 ADHD 患儿带来积极的效果（Goyette & Conners，1977）。尽管这一观点没有被证实，研究者仍希望找到饮食习惯中会影响多动行为的因素，特别是添加剂。但后来尽管研究者采用了安慰剂实验、双盲实验等严谨巧妙的设计，仍没有得到理想的结果。一项包括了 15 项研究的元分析发现，人工色素对 ADHD 儿童多动行为的产生只有很小的效应（Schnab & Trinh，2004）。最近的一项研究也同样发现，添加剂和人工色素对社区中儿童的多动行为没有显著的影响（McCann, Barrett, Cooper, et al., 2007）。因此，还没有足够的证据证明食品添加剂会影响儿童的多动行为。目前很流行的关于精制糖会造成 ADHD 的说法也没有得到研究的证实（Wolraich, Wilson, & White，1995）

铅也是研究者关注的环境毒素。已经有研究证明血液中铅含量高与低程度的多动、注意问题有关（Braun, Kahn, Froelich, et al., 2006；Thompson, Raab, Hepburn, et al., 1989），也与获得 ADHD 诊断有关（Nigg, Knotterus, Matrel, et al., 2008；Nigg, Nikolas, Knotterus，2010）。然而，血液中铅含量高的儿童，大多数没有患 ADHD，而患有 ADHD 的儿童的血液中也没有发现较高的铅含量。尽管如此，由于很少有儿童有幸能在低铅环境下生活，研究者仍然希望找到铅含量的影响作用。铅可能通过影响儿童的认知能力发挥作用。一项新近的研究发现，血液铅含量与认知控制能力（如抑制行为反应或转移注意力）的缺陷和 ADHD 的多动症状都有关（Nigg et al., 2008）。

尼古丁——具体来说，母亲的吸烟行为——也是一种能影响 ADHD 发生的环境毒素。一项研究发现，22% 的 ADHD 患儿母亲在怀孕时每天吸食一包香烟，而在孩子未患 ADHD 的母亲中只有 8% 这样做（Milberger, Biedermen, Faraone, et al., 1996）。即使在控制母亲的抑郁情绪和饮酒的效应后，尼古丁的效应仍然存在（Chabrol, Peresson, Milberger, et al., 1997）。一项双生子研究发现，即使控制遗传和环境中其他因素的效应，母亲摄入的尼古丁的效应仍然显著（Thapar, Fowler, Rice, et al., 2003）。最后，一项综述回顾了 24 项母亲尼古丁摄入和儿童患 ADHD 的研究后发现，如果胎儿在子宫中接触到了烟草，那么出生后儿童更可能表现出 ADHD 的症状（Linnet, Dalsgaard, Obel, et al., 2003）。20 世纪 80 年代以来，一些动物研究发现长期接触尼古丁会导致大脑中多巴胺的释放增多，从而导致多动症状（Fung & Lau，1989；Vaglenova, Birru, Pandiella, et al., 2004）。而且，完全取消尼古丁的摄入会减少多巴胺的释放，从而引起易怒。基于这些结果，研究者认为母亲的吸烟行为会影响发育中胎儿的多巴胺系统，增加了孩子行为失控和患 ADHD 的风险。

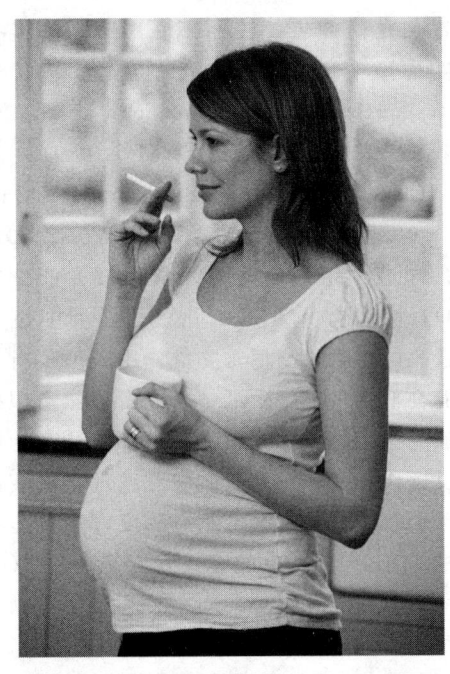

母亲孕期吸烟会增加孩子患ADHD的风险。
(Monkey Business Images/Shutterstock)

心理因素

心理因素也是ADHD发生的重要原因，特别是这些因素与神经生理因素相作用时效果更甚。例如，亲子关系与神经生理因素之间的相互作用以复杂的方式影响着ADHD症状的出现 (Hinshaw, et al., 1997)。如果孩子患有ADHD，家长可能会给孩子更多的责备，和孩子的互动也更差 (Anderson, Hinshaw, & Simmel, 1994; Heller, Baker, Henker et al., 1996)，因此这些孩子会更多地表现出不顺从的态度，也更不愿意与家长互动 (Brakley, Karlsson, & Pollard, 1985; Tallmadge &Brakley, 1983)。当然，要抚养一个冲动、常有攻击性、不顺从、不听话的孩子是很困难的。兴奋剂能够有效减少一些ADHD患儿的多动症状，缓解其不顺从的态度。当使用这样的药物时，不管是单独采取药物控制还是配合行为干预，父母的责备、消极行为和无效教养都显著减少了 (Brakley, 1990; Wells, Epstein, Hinshaw et al., 2000)，这说明孩子的症状表现对父母的行为有一定的负面影响。

同时，我们也要积极关注父母的ADHD病史。前文已经提到，ADHD有明显的遗传性。因此，如果儿童患有ADHD，推测他们的父母本身也患有ADHD是合乎常理的。一项研究考察了家长对他们患有ADHD的孩子的教养方式，发现当父亲也患有ADHD时，其教养方式的有效性更低。这表明家长的病史会让教养更加困难 (Arnold, O'Leary, & Edwards, 1997)。家庭中的一些因素会促使ADHD发生，使ADHD的症状发作且难以缓解，不过并没有足够证据证明家庭因素会直接导致ADHD (Johnston & Marsh, 2001)。

ADHD的治疗

接下来我们来谈谈ADHD的治疗。ADHD一般是通过药物治疗和基于操作性条件反射理论的行为疗法进行治疗。

兴奋剂药物

自20世纪60年代以来，哌甲酯（即利他林）等兴奋剂就被用于治疗ADHD。在2006年，约有250万美国儿童服用了兴奋性药物（美国儿童健康调查，2003），其中包括全美10岁男孩的10%。有些患者要持续服用这些药物直至青春期和成年期，因为有越来越多的证据证明ADHD的症状通常不会随着时间而消失。

用于治疗ADHD的药物减少了患者的破坏性行为，提高了集中注意力的能力。大量研究采用双盲实验比较了兴奋剂和安慰剂的效果，发现患有ADHD的儿童在服用兴奋剂之后，有75%的儿童在短期内注意力有所提高，他们的目的指向性活动、学校表现以及和父母、老师、同伴的交往情况有所改善，同时孩子的攻击性和冲动行为也减少了 (Spencer, Biedermen, Wilens, et al., 1996; Swanson, McBurnett, Christian, et al., 1995)。

研究ADHD治疗的随机对照实验中设计得最好的是对多动症儿童的多模式治疗研究

(MTA)。该研究对来自6个不同地方的600名ADHD患儿进行了长达14个月的研究,比较了以社区为基础的标准化治疗和其他三种治疗方法:①单纯药物治疗,②药物治疗与以患者、家长及教师为对象的强化行为治疗结合法,③单纯高强度的行为治疗。结果发现在14个月内,仅接受药物治疗的孩子相比仅接受高强度行为治疗者表现出更少的ADHD症状。药物和行为治疗结合法比单纯药物法好,且不需要单纯药物治疗那么高的利他林剂量。此外,与单纯药物治疗法相比,药物与行为治疗结合法更能够提高患者在某些方面的功能,如社会技巧等。总的来说,单纯药物治疗和药物与行为治疗结合法都优于以社区为基础的标准化疗法,而单纯行为治疗则没有这种效果(MTA合作小组,1999a,1999b)。

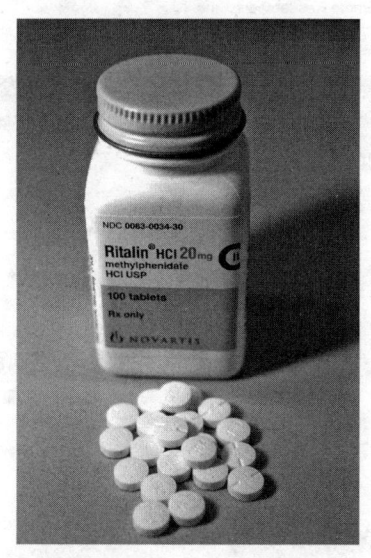

利他林是常见的处方药,能够有效治疗ADHD。
(Allan Tannenbaum/The Image Works.)

从MTA其他研究中得到的结果显示,结合疗法可以减少患者在学校中的少数行为问题,与减少家长负面或无效教养方式也有关(Hinshaw, Owens, Wells, et al., 2000)。此外,白人、非裔及拉丁裔孩子从这些治疗中受益相当(Arnold, Elliott, Sachs, et al., 2003)。

尽管MTA的研究得到了很好的初步结果,但其追踪研究的结果令人失望,特别是药物治疗的效果。首先,14个月的治疗对所有的孩子都产生了治疗效果,即使在这之后他们仅接受社区治疗,疗效也能保持到3年、6年或8年以后。但是那些接受单纯药物治疗或结合疗法的孩子,相比那些接受高强度行为治疗或标准化社区疗法的孩子,从3年后的追踪结果来看并没有表现得更好(Jensen, Arnold, Swanson, et al., 2007),从6年或8年后的追踪结果来看也是如此(Molina, Hinshaw, Swanson, et al., 2009)。也就是说,至少对一部分患病的儿童而言,短期内有优势的治疗方法如结合疗法和单纯的药物治疗,并不能在长时间内保持其优势,至少对一部分儿童来说(Swanson, Hinshaw, et al., 2007)如此。

以上的结果并不能说明药物完全没有效果,MTA的研究认为只要严谨地控制兴奋剂的使用,药物就是有效的。然而事实上,根据MTA的追踪研究和其他研究发现,社区管理下的药物治疗并未超越其他疗法使患者受益更多(Weiss & Hechtman, 1993; Whalen & Henker, 1991)。

兴奋剂的副作用也是不能忽视的,它可能让患者食欲下降、体重减轻、胃痛以及产生各种睡眠问题。2006年5月,美国食品药品管理局建议但不强制在兴奋剂药品上采取"黑箱警告",以说明其可能引发心血管疾病(如心脏病发作)。黑箱警告是FDA对药物设置的最高级别的安全警告。2007年1月,美国食品药品管理局要求制药商必须在药物说明书上将这些风险告知给消费者。

心理治疗

其他治疗ADHD的有效方法还包括对家长教养方式的训练和班级管理方式的改变(Chronis, Jones, & Raggi, 2006)。在提高孩子社交能力和学业表现方面,这些方法已经被证明至少在短期内是有效果的。在这些治疗方法中,孩子们在学校和家里的行为都会被监控，并且当他们做出合适的行为——如保持坐在座位上、坚持完成某项任务时，将给予他们强化。计分制度和每日报告卡（DRC）是这种治疗项目的重要组成内容。如果孩子表现好，就能得到分数或者星星，当分数或星星达到一定的数量就可以获得奖励。每日报告卡同时也使父母得以了解孩子在学校中的表现。每日报告卡的目的不是减少孩子到处乱跑、抖腿等多动症状，而是帮助孩子能够完成学业任务、家务或学会具体的社交技巧。虽然尚不确定教养方式训练是否优于药物治疗，但是越来越多的证据证明这种方式确实有一定的效果（Abikoff & Hechtman, 1996; Anastopoulos, Shelton, Dupaul, et al., 1993; MTA 合作小组，1999a, 1999b）。

对患有 ADHD 的儿童，学校采取的措施包括培训教师理解这类孩子在学校中与众不同的需求，以达到在教室内运用操作性条件反射技术的目的（Welsh, Burcham, DeMoss, et al., 1997），并向儿童提供关于学习方法的朋辈辅导（Dupaul & Henningson, 1993），以及由老师向家长报告儿童在学校每日的表现；孩子在学校表现优秀就会在家中得到奖励（Kelley, 1990）。研究还发现，一些特定的班级结构对患有 ADHD 的儿童有帮助。理想的情况是：教师能够采用不同的方式和材料进行讲解，使学习任务简单明了；无论学生表现得好或不好都给予充分的反馈；授课氛围活跃，以任务为指向；给予学生休息时间让他们进行体育锻炼；帮助学生每天早上就把一天的学习计划安排好。这种环境的改变是为了减少 ADHD 给儿童带来的局限性而不是改变障碍本身。

MTA 的研究表明高强度的行为疗法对治疗 ADHD 很有帮助。在这项研究中，一组患有 ADHD 的孩子参加了长达 8 周的夏令营，在这期间他们接受一些高强度行为治疗，另一组接受了药物和行为结合疗法。结果发现，结合疗法并没有比单纯的高强度行为疗法给孩子带来更好的疗效（Arnold et al., 2003; Pelham, Gnagy, Greiner, et al., 2000）。这一结果表明高强度行为疗法可能同利他林结合少量行为治疗的方法产生的效果是相似的。

常见于学校中的计分系统和星星表格，在 ADHD 的治疗中特别有帮助。
(Lew Merrim/Photo Researchers, Inc.)

概念核查 13.1（答案见章末）

请判断正误。
1. 儿童期障碍中的两大类别是内化障碍和外化障碍。
2. 已经证实多巴胺与 ADHD 的发生有关，特别是与 DRD4 受体相关的基因。
3. 治疗 ADHD 最有效的方法是单纯行为疗法。

品行障碍

品行障碍也是一种外化障碍，DSM-5 对品行障碍的界定聚焦于损害他人基本权利的行为和违反社会规则的行为，且这些行为基本上都是违法的。品行障碍的症状必须频繁出现而且非常严重，才能将它们区别于经常发生在儿童和青少年群体身上的淘气和恶作剧行为。这些行为包括攻击、对他人或动物的残忍行为、毁坏物品、说谎和偷窃等。品行障碍者的行为通常都被形容为麻木无情、恶毒和没有同情心的。最近的一项追踪研究发现，有行为问题同时麻木无情的儿童比同样有行为问题但是不麻木无情的儿童表现出更多的品行障碍症状，与同伴、家人的问题也更多（Fontaine, McCrory, Boivin, et al., 2011）。

DSM-Ⅳ-TR 中还包括了一种与品行障碍有关的障碍——**对立违抗性障碍（ODD）**，但我们对这种障碍的了解还不够深入。关于 ODD 和品行障碍是否不同，或者是否是品行障碍的早期病症、是否是品行障碍较轻微的表现这些问题，还一直存在争论（Hinshaw & Lee, 2003；Lahey, McBurnett, & Loeber, 2000）。现在的诊断标准是，如果一个儿童经常发脾气、和父母争吵、坚持不听从父母的要求、故意和他人作对，或是心里感到生气、怨恨、易怒，但是并没有表现出极端的攻击性，那么该儿童还不能达到品行障碍的诊断标准，应将其诊断为对立违抗性障碍。

通常会和对立违抗性障碍并发的疾病包括 ADHD、学习障碍和交流障碍。但 ODD 和 ADHD 是不同的，其挑衅行为不仅是因为注意力不集中或冲动而造成的。从临床表现上看，患有对立违抗性障碍的孩子更多地是故意表现出不守规矩的行为，而患有 ADHD 的儿童则不是。尽管品行障碍在男孩中的患病率是女孩的 3～4 倍，但研究发现男孩患对立违抗性障碍的概率仅仅略高于女孩，有些研究甚至发现 ODD 在男孩和女孩中的患病率没有差异（Loeber, Burke, Lahey, et al., 2000）。因为对 ODD 的认识还十分有限，本书只重点介绍品行障碍。

品行障碍的临床描述、患病率及预后

相比其他的障碍，品行障碍的界定可能更加关注孩子的行为对他人和环境造成的影响。学校、家长、同伴和刑事司法体系通常共同判定孩子的哪些外化行为是不可接受的。

> **DSM-5 中品行障碍的诊断标准**
> - 重复或持续地冒犯他人的基本权利，或违反了基本的社会规则。下述行为中必须有 3 项或 3 项以上在过去 12 个月内出现，过去 6 个月内至少有其中一项出现：
>   A. 攻击他人或动物，如欺凌弱小、发起肢体冲突、虐待他人或动物、强迫他人发生性行为。
>   B. 破坏公物，如纵火，蓄意破坏。
>   C. 欺诈或偷窃，如肆意闯入他人住宅和车辆、诈骗、抢劫商店。
>   D. 严重地违反规则，如在 13 岁之前无视父母的约束晚归、逃学。
> - 在社交、学业或者工作方面有严重的功能损害。

许多患有品行障碍的儿童同时还有其他的问题，如物质滥用和内化障碍等。在匹兹堡儿童研究中的长期追踪发现，患有品行障碍的男孩同时也很可能伴有物质滥用问题和更多的违法行为（van Kammen, Loeber, & Stouthamer-Loeber, 1991）。例如，在吸食过大麻的七年级学生中，超过 30% 曾用武器袭击过他人，超过 43% 承认自己曾经强行入侵他人住宅；相反在没有吸食过大麻的七年级学生中，只有不到 5% 的学生曾有过这样的行为。一些研究者认为品行障碍先发于物质滥用（Nock, Kazdin, Hiripi, et al., 2006），但也有研究发现，品行障碍和物质滥用只是同时

那些被诊断为患有品行障碍的孩子常常是那些经常攻击他人、偷盗、撒谎和损坏公物的人。
（Ken Lax/Photo Researchers, Inc.）

发生、互相影响的关系（Loeber et al., 2000）。也有证据表明，相比于女孩，男孩中品行障碍和物质滥用的共病会导致更严重的后果（Whitmore, Mikulich, Thompson, et al., 1997）。

在患有品行障碍的儿童中焦虑和抑郁很常见，患病率在15%～45%（Loeber & Keenan, 1994; Loeber et al., 2000）。证据表明品行障碍在焦虑障碍和抑郁症之前发生，但特定对象恐惧症和社交恐惧症似乎先于品行障碍（Nock et al., 2006）。患有品行障碍的女孩相比男孩而言患上并发障碍的危险性更高，包括焦虑障碍、抑郁症、物质滥用和ADHD等（Loeber & Keenan, 1994）。

最近的数据统计发现品行障碍已经非常普遍，患病率达到了9.5%（Nock et al., 2006）。一项流行病学的综述表明，品行障碍在男孩中的患病率为4%～16%，在女孩中则为1.2%～9%（Loeber et al., 2000）。如图13.3所示，犯罪量和犯罪率在17岁时迅速达到高峰，到了成年早期则快速下降（Moffitt, 1993）。品行障碍的重要表现是恶毒和麻木无情，虽然图13.3中显示的犯罪行为的特点不完全是这二者，但是该图确实反映了儿童和青少年的反社会行为问题。

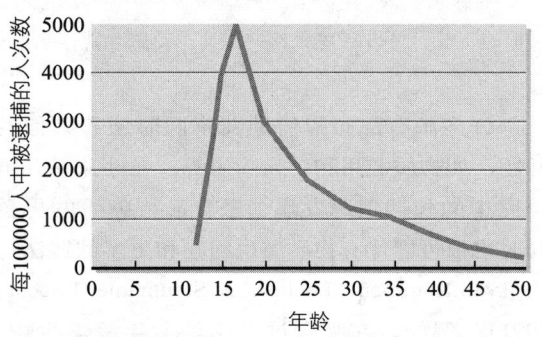

图13.3 谋杀、强奸、抢劫、恶意攻击、偷车的逮捕率随时间的变化趋势

（摘自Blumstein, A., ., Cohen, J., & Farrington, D.P. *Criminology*, 26, 11. Copyright. ©1988. The American Society of Criminology.）

Moffitt（1993）认为，品行障碍存在两种类型，研究者们应当加以区分。一些人表现出持续终生的反社会行为模式，他们从3岁开始就患上品行障碍，且直到成年仍然常常做出犯罪行为；另一些人则属于青春期型模式，他们在童年没有异常的表现，直到青春期才表现出大量的反社会行为，到了成年期又恢复正常。Moffitt认为这种仅出现在青春期阶段的反社会行为产生的原因，是由于青少年的生理成熟和承担成年人责任并获得利益之间出现了鸿沟。持续终生型品行障碍在男孩身上（10.5%）比女孩（7.5%）更加常见，青春期型也是如此，男孩的患病率为19.6%，女孩的患病率为17.4%（Odgers, Moffitt, Broadbent, et al., 2008）。

越来越多的证据证明了上述两个类型的存在（Moffitt, 2007）。研究样本超过了1000人。这些人来自新西兰，他们在3～32岁之间，每2年或3年接受一次调查；正是对这个样本的研究使研究者区分出了持续型和青春期型两种品行障碍。在男孩和女孩中，患有持续型品行障碍的患者在很小的时候就开始表现出反社会行为，这样的行为模式一直持续到青少年期和成年以后。在童年期，这些患者同时还有其他的问题，如学习障碍、神经心理缺陷，还会并发ADHD（Moffitt & Caspi, 2001）。还有证据表明，终生患有持续型品行障碍的患者有更严重的神经心理问题和家庭精神病理方面的疾病，且在不同的文化中这一结果相同（Hinshaw & Lee, 2003）。

那些被诊断为患有终生持续型品行障碍的患者在32岁时会出现最严重的问题，包括心理疾病、体质差、社会经济地位低、教育水平低、虐待伴侣和孩子以及暴力行为，而且男女患者皆是如此（Odger et al., 2008）。有趣的是，我们本以为那些被诊断为青春期型品行障碍的患者会随着年龄增长而慢慢减少攻击和反社会行为，但实际上这些患者在25岁左右依然会有物质滥用、冲动、犯罪以及心理问题（Moffitt, Caspi, Harrington, et al., 2002）。研究者认为，对于该类人群，青少年期发病是更准确的说法，因为他们的品行障碍不是完全局限在青少年期(Odgers,

Caspi, Broadbent, et al., 2007)。32岁时，青少年期发病的女性似乎在暴力行为方面不再有问题，但是男性并非如此。然而，男女患者在32岁时都依然有物质滥用、经济问题和健康问题 (Odger et al., 2008)。

患有终生持续型品行障碍的儿童直到二十多岁时依然经常触犯法律。
(The Image Works.)

被诊断为品行障碍的儿童预后效果不一。正如已经介绍的那样，持续型品行障碍可能会伴随患者一生，患者直到成年后仍然会有暴力行为和反社会行为。然而，儿童期的品行障碍与成年后的暴力行为没有必然联系。例如，一项追踪研究发现，尽管患有品行障碍的男孩中有一半在1～4年后不再达到品行障碍的诊断标准，但是他们当中大多数还是会有一些品行问题 (Lahey, Loeber, Burke, et al., 1995)。

品行障碍的病因

可以肯定的是，导致品行障碍发生的因素有很多，包括基因、神经生理、心理和社会因素等等，这些因素相互作用，构成影响品行障碍发生的复杂机制（见图13.4）。一项综述总结之前的研究发现，目前的证据倾向于品行障碍的病因包括遗传的气质特点、神经生理问题（如神经心理缺陷），还有环境因素（包括父母的教养方式、学校表现、同伴影响等）的交互作用 (Hinshaw & Lee, 2003)。

遗传因素

尽管遗传很可能对品行障碍的发生有重要作用，但是研究结果并不一致。一项以3000对双胞胎为对象的研究发现遗传因素与孩子的反社会行为只有轻微相关；家庭环境因素反而更为显著 (Lyons, True, Eisen, et al., 1995)。然而，另一项以2600对来自澳大利亚的双胞胎为对象的研究却发现，遗传因素对儿童品行障碍的发生有关键的影响作用，家庭—环境因素反而没有影响 (Slutske, Heath, Dinwiddie, et al., 1997)。研究者认为，可能是样本的差异导致了研究结果的不同。

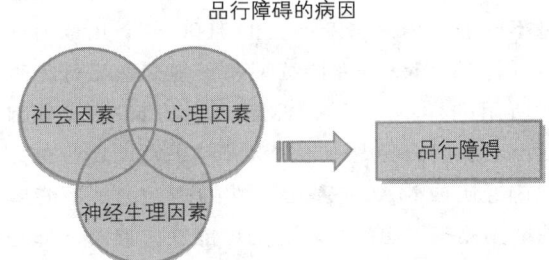

图13.4 神经生理因素、心理因素和社会因素都影响着品行障碍的发生。

研究者在瑞典、丹麦和美国分别进行了三项大规模的领养研究，但其中两项关注的是犯罪行为的遗传性而不是品行障碍的遗传性 (Simonoff, 2001)。与大多数特质一样，这三项研究都发现无论是犯罪行为还是反社会行为都同时受到遗传和环境的影响。有趣的是，尽管品行障碍和反社会行为在男孩和女孩中的患病率不一样，但遗传和环境的交互作用在两者之中却没有差别。一项对双生子研究和收养研究的元分析得出，反社会行为有40%～50%的遗传性 (Rhee & Waldman, 2002)。

区分两种品行障碍的类型对弄清品行障碍的遗传机制可能有所帮助。双生子研究证明攻击性行为（如虐待动物、打架、损坏物品）是可以遗传的，然而其他违法行为（如偷窃、逃逸、逃学等）则没有遗传的特点（Edelbrock, Rende, Plomin, et al., 1995；Rhee & Waldman, 2002）。还有研究发现，攻击性和反社会行为开始发病的时间与遗传相关。例如，在持续型品行障碍中，该类行为始于童年的个体比该类行为始于青春期的个体更易受到遗传的影响（Taylor, Iacono, & McGue, 2000）。

一项设计巧妙的研究考察了基因和环境的交互作用对成年后反社会行为的影响（Caspi, McClay, Moffitt, et al., 2002）。这项研究检验了位于X染色体上的MAOA基因，该基因与单胺氧化酶的释放有关。单胺氧化酶是使多巴胺、五羟色胺、去甲肾上腺素等神经递质完成新陈代谢的物质。不同人身上MAOA基因的活跃性是不同的。以来自新西兰的1000多个儿童为样本（与Moffiee研究持续型和青春期型品行障碍时所用的样本一样），测量他们的MAOA基因活性以及他们受虐待的情况，结果发现是否有受虐待经历或MAOA基因活性的高低，都不能单独地预测孩子患品行障碍的可能性。然而，那些受到虐待且MAOA基因活性较低的孩子，则比那些受到虐待但MAOA基因活性高，或MAOA基因活性低但未受到虐待的孩子更有可能患品行障碍。由此可以得出，基因和环境无法单独发挥作用，但两者结合则对品行障碍的发生有很大的影响。一项元分析同样证实了这个观点，即只有某种基因类型与受虐经历同时发生才能产生之后的反社会行为（Taylor & Kim-Cohen, 2007）。

神经心理因素和自主神经系统

研究发现神经心理缺陷在患有品行障碍的儿童当中较为常见（Lynam & Henry, 2001；Moffitt, Lynam, & Silvia, 1994）。这些缺陷包括言语表达问题、执行功能方面的问题（如预期事情的发展、计划、自我控制和问题解决）、记忆问题等等。此外，在控制了社会经济地位和学业表现后，品行障碍发病较早的儿童（如持续型）的智商相比同龄的正常儿童低1个标准差（Lynam, Moffitt, & Stouthamer-Loeber, 1993；Moffitt & Silvia, 1988）。

同时，研究表明了自主神经系统的异常与青少年期的反社会行为之间的关系。具体来说，有品行障碍的青少年的静息皮肤电位和心跳速率都比正常青少年低，说明他们的唤醒程度比正常青少年低（Ortiz & Raine, 2004；Raine, Venebales, & Williams, 1990）。较低的唤醒程度意味着这些患有品行障碍的青少年可能不像正常青少年那样害怕惩罚，这与对成人反社会型人格特质的研究结果一样（见第15章）。害怕被发现因为做坏事而受到惩罚使大多数孩子不去触犯法律，但因为不怕惩罚，患有品行障碍的青少年则可能会做出更多的反社会行为。

心理因素

儿童发展中的一个重要部分是获得道德意识——即获得一种判断对错的感觉和遵守规则规范的能力甚至是意愿。大多数人能够控制住自己不去伤害别人，这不仅仅是因为法律的约束，同时也是因为伤害他人会给自己带来罪恶感。而患有品行障碍的儿童似乎缺乏道德意识，做错事也很少有愧疚感（Cimbora & McIntosh, 2003）。

模仿和操作性条件反射的行为理论为品行障碍的发展与持续提供了有用的解释。首先，被父母虐待的儿童在长大后更容易有攻击性（Coie & Dodge, 1998）。儿童还会模仿通过其他渠道看到的攻击行为，例如电视（Huesmann & Miller, 1994）。攻击行为虽然不受欢迎，但却是达到目的的有效方式，因此很可能被强化。这也是攻击行为能够持续存在的原因。对于之前从来没有表现出品行障碍的青少年而言，模仿很可能解释了他们的违法行为。他们看到一些常常做出反社会行为的同龄人享有更高的地位、更受异性的青睐，因此主动去模仿他们（Moffitt, 1993）。

此外，教养方式也与儿童的一些行为问题有关，例如过分严厉或不稳定的管教方式或缺乏管教。如果儿童在早期没有因为错误的行为受到相应的惩罚，他们可能会犯下更加严重的错误（Coie & Dodge，1998）。

社会认知的观点对攻击性行为（也可引申至品行障碍）的解释源于 Kenneth Dodge 等人的研究。Dodge 提出了儿童行为的社会信息加工理论，该理论关注儿童怎样加工世界的信息，以及相应的这些信息怎样影响儿童的行为（Crick & Dodge，1994）。在 Dodge 的一项早期研究中（Dodge & Frame，1982），他发现有攻击性的儿童在信息加工时有一些异常：这些儿童把一些模棱两可的信息解释为敌意的表现，例如排队被别人无意撞到时，他们就会做出这种错误的解释。由于存在这样的认知，这些儿童会认为他人无意的行为是在挑衅自己，因而用暴力进行报复。由此一个恶性循环便形成了：对方因为报复而变得愤怒，因此用攻击性更高的行为反击；这一反击又进一步刺激了原本已经有攻击性问题的儿童（如图 13.5）。这一社会信息加工缺陷也预测了青少年的攻击性（Crozier，Dodge，Griffith，et al.，2008）。近来 Dodge 和他的同事们已经发现了社会信息加工缺陷与那些有反社会行为的青少年的心率之间的关系。具体来说，低心率与男性青少年的反社会行为的关系不受社会信息加工缺陷的影响。这一结果与前文中提到的关于低唤醒度与品行障碍关系的研究结果一致。然而不管是男生还是女生，其反社会行为与高心率之间的关系都可以被社会信息加工缺陷所解释（Crozier et al.，2008）。

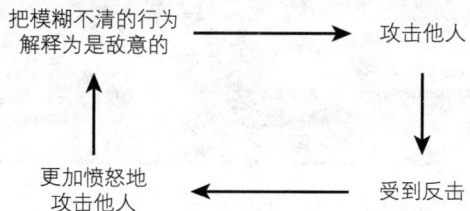

图 13.5 Dodge 的攻击认知理论。将他人表意不明的行为误解为恶意的攻击会造成对他人的攻击，从而遭受他人反击，如此形成了一个恶性循环。

同伴影响

同伴是怎样影响儿童的攻击性和反社会行为的呢？这方面的研究关注以下两个方面：① 被同伴接受或拒绝；② 与叛逆儿童交往。研究发现被同伴拒绝可以导致攻击性行为，特别是如果病人同时患有 ADHD 的话（Hinshaw & Melnick，1995）。也有研究发现，即使控制之前的攻击行为水平，被同伴拒绝仍然与攻击行为有关（Coie & Didge 1998）。和其他叛逆的儿童交往也会增加犯罪行为发生的可能性（Capaldi & Patterson，1994）。

有品行障碍的儿童是不是更倾向于和想法类似的同龄人交往，从而使反社会行为更加难以改正呢（从社会选择的观点来看）？或者只要身边有叛逆的儿童，患儿就会更容易发生反社会行为吗（从社会影响的观点来看）？最近的一项研究发现，基因—环境的交互作用能够很好地回答上述问题。从研究结果来看，上述两种观点都是正确的。正如我们前面所提到的，遗传因素对品行障碍的发生有重要作用，这些因素也使得有品行障碍的儿童选择跟叛逆的儿童在一起。然而，环境的各个方面，特别是社区环境（如贫困）和家庭因素（如家长的管教），都影响着儿童是否与叛逆的同伴往来，从而影响甚至加剧品行障碍的发生（Kendler，Jacobson，Myers，et al.，2008）。

社会文化因素

贫穷、城市生活与高犯罪率相关。失业、落后的教育条件、破碎的家庭以及接受犯罪行为的亚文化都可能是影响因素（Lahey，Miller，Gordon，et al.，1999；Loeber & Farrington，1998）。童年早期的反社会行为与家庭低下的社会经济地位结合在一起，预测了较早犯罪并被捕（Patterson，Crosby，& Vuchinich，1992）。

匹兹堡研究中包括一项对非裔和白人青少年的研究，发现非裔青少年中较高的犯罪率与他们的种族身份无关，而与他们生活在贫穷社区中相关（Peeples & Loeber，1994）。研究者根据家庭贫困、家中无人有工作以及家中男性成员的失业情况将居住环境分为"下层阶级"和"非下层阶级"。总的来看，如果忽略社会经济地位差异，非裔青少年比白人青少年有更多的严重违法行为（如偷车、擅闯民宅、恶意攻击）。但同样居住在"下层阶级"社区的非裔青少年则与白人青少年在严重违法行为方面没有差异，这一结果说明了社会因素的作用。除了居住环境之外，与违法行为联系最紧密的是多动症状和缺乏家长管教；当这两个因素被控制之后，居住在"下层阶级"社区与违法行为仍有显著相关，而种族则没有。

品行障碍的治疗

当着重对儿童生活的多个系统（家庭、同伴、学校、社区）进行干预时，品行障碍的治疗效果是最好的。

家庭干预

对儿童的父母以及家长进行干预是治疗品行障碍效果最好的方法。此外有证据表明，如果干预得早，即使是简单的干预也会产生效果。在一项随机对照实验中（Shaw，Dishion，Supplee，et al.，2006），研究者比较了家庭检查治疗组和非治疗组。家庭检查通过3次面谈，向家长了解儿童的情况并评估他们的教养方式，然后给予反馈。在这个研究中，家庭检查的干预对象是高风险的婴幼儿家庭（根据父母品行和物质滥用的情况以及儿童品行障碍的早期征兆判定）。相比非治疗组，家庭检查这个简单的三阶段治疗法让实验组的婴幼儿表现出更少的破坏性行为，甚至在治疗结束两年之后仍是如此。

Gerald Patterson 及其同事在四十多年的时间里一直致力于发展和检验一项叫作**家长管理训练**的行为干预项目。这个项目要求家长改变自己对孩子的反馈方式，即对孩子的亲社会行为始终给予奖励，对于反社会行为则不予支持。这个项目让家长学会一些技巧，如在孩子表现出良好的行为时使用正强化，或在孩子表现出攻击性或反社会行为时实施罚时出局或是剥夺他们的一些特权。

家长管理训练曾被其他研究者调整过；但总的来说，它仍是对品行障碍和对立违抗性障碍患儿最有效的干预方式。无论是来自家长、教师的报告，还是对儿童在学校、家中行为表现的直接观察，都证明了家长管理训练的有效性（Kazdin，2005；Patterson，1982）。它有效地改善了家长和儿童之间的互动模式，从而使儿童的反社会行为和攻击性行为显著减少（Dishion & Andrews，1995；Dishion，Patterson，& Kavanagh，1992）。它还改善了儿童其他兄弟姐妹的行为表现，同时缓解了母亲的抑郁情绪（Kazdin，1985）。对家长管理训练做出适当调整后在拉丁裔家庭中的应用结果表明，它有效地改善了家长和儿童的行为（Martinez & Eddy，2005）。

长期的追踪研究发现，家长管理训练的效应能够维持1～3年（Brestan & Eyberg，1998；Long，Forehand，Wierson，et al.，1994）。对父母和教师的训练已经被整合到大型的以社区为基础的项目中，例如"启蒙项目"（Head Start）。这样的项目有效地减少了童年期的行为问题，父母的积极行为也有所增加（Webster-Stratton，1998；Webster-Stratton，Reid，& Hammond，2001）。

家长管理训练可以有效治疗品行障碍。
(Michael Mewman/PhotoEdit.)

多系统治疗

对严重少年犯的另一种行之有效的疗法是多

系统治疗（Borduin, Mann, Cone, et al., 1995）。多系统治疗是一种在社区中进行的以青少年、家长和教师为对象，有时也包括同伴群体的集中、综合性治疗方法（见表13.6）。该治疗方法基于的观点是：行为问题受到来自家庭以及家庭与其他社会系统之间的多种因素的影响。

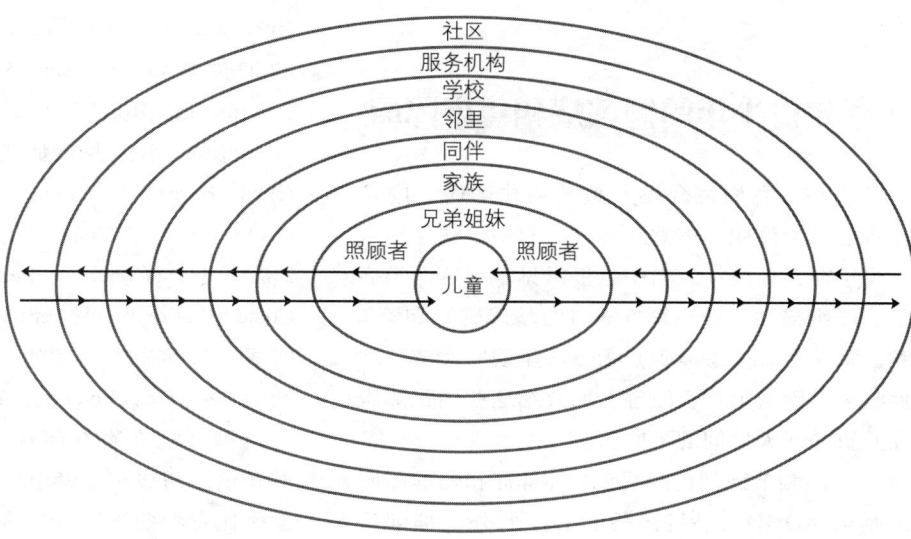

图 13.6　多系统治疗考虑到了多方面的因素，包括家庭、学校、社区和同伴群体。

多系统治疗的治疗者使用的方法各不相同，有行为疗法、认知疗法、家庭系统疗法和个案管理技术等。这些疗法的独特性在于强调个体和家庭的力量，明确了影响行为问题的社会环境，而且都使用了关注当下和行为导向的干预方法，所使用的干预方法要求家庭成员每天或每周都付出努力。治疗需要在有生态效度的环境中进行，例如家中、学校或当地的休闲中心，最大限度地让治疗给儿童和家庭带来的改善能够在日常的生活中持续下去。多个研究都已证实，多系统治疗能产生一定效果（Henggeler, Schoenwald, Borduin, et al., 1998；Ogden & Halliday-Boykins, 2004）。

相比那些在正式的咨询室中接受了相同次数（约25次）的传统个体治疗的青少年，接受过多系统治疗的青少年的行为问题较为明显地减少，而且在后续4年中被逮捕的次数也显著减少。例如，接受过传统疗法的青少年在治疗后的4年中超过70%被逮捕过，但是接受多系统治疗的青少年只有22%被逮捕过。此外，通过对家庭中其他成员的评估发现，参加过多系统治疗的父母更少有精神病性症状；从录像的情况来看，参加过多系统治疗的家庭成员间有较多的支持，较少的吵架和不满。相反，接受传统疗法的青少年在治疗后与家庭成员的互动变得更差。即使是中途退出多系统治疗的青少年，在接下来的4年中被逮捕的比例也显著低于接受了全部传统治疗的青少年。

概念核查13.2（答案见章末）

填空。

1. Moffiee 及其同事们找到了大量的证据，证明品行障碍存在两种类型。_____型的特点是发病较早，且症状表现一直持续到青少年期和成年期。_____型则起病于青春期，且研究者认为这一类型在成年期之前即可被治愈或症状有所缓解；不过最近的一项追踪研究不支持这一假设。

2. 品行障碍常常与_____、_____、_____和_____共病。

3. 一种治疗品行障碍的有效方法将家庭纳入到干预中，这种治疗方法叫作_____。另一种以社区为基础的治疗方法需要和儿童、父母、同伴以及学校的共同合作，这种治疗方法叫作_____。

儿童和青少年的抑郁症和焦虑障碍

现在，我们将介绍儿童的内化障碍。内化障碍包括抑郁症和焦虑障碍，常起病于童年期或青少年期，在成年人当中也很常见。对这两类症状的详细描述已经在第 5 章（心境障碍）和第 6 章、第 7 章（焦虑障碍）中一一呈现，本节将从症状、病因及治疗手段等方面介绍这些内化障碍在儿童与成人之间的不同。

在前两节我们已经提到：抑郁症和焦虑障碍常常与 ADHD、品行障碍共病。此外，抑郁症和焦虑障碍二者本身也常常在儿童身上同时出现，这一点与成年人相同。尽管早期的研究认为儿童和青少年的抑郁症和焦虑障碍可以像成人的抑郁症和焦虑障碍那样区分：患有抑郁症的儿童会有高水平的消极情绪和低水平的积极情绪；患有焦虑障碍的儿童会有高水平的消极情绪，但没有低水平的积极情绪（Lonigan, Phillips, & Hooe, 2003）；但是近来研究者对这种观点提出了质疑（Anderson & Hope, 2008）。然后，我们将会详细介绍儿童期抑郁症和焦虑障碍的病因学因素和治疗方法。

抑郁

儿童和青少年期抑郁症的临床描述和患病率

重度抑郁障碍的儿童和成年人所表现的症状既有相同点也有不同点（Garber & Flynn, 2001）。儿童患者、年龄在 7～17 岁的青少年患者和成人患者一样，常表现出以下症状：抑郁心境、快感丧失、疲劳、注意力难以集中和自杀倾向等。与成人不同的是，儿童和青少年患者有更多的愧疚感，也不像成年患者那样容易早醒、早晨心情压抑、没有食欲或体重减轻。但和成年患者相同的是，儿童的抑郁症病程同样具有周期性。追踪研究发现，重度抑郁的儿童和青少年即使在确诊 4～8 年后，仍然很可能表现出严重的抑郁症状（Garber, Kelly, & Martin, 2002; Lewinsohn, Rohde, Seeley, et al., 2000）。

总的来说，抑郁症在学龄前儿童中患病率不到 1%（Kashani & Carlson, 1987; Kashani, Holcomb, & Orvaschel, 1986），在学龄期儿童中患病率为 2%～3%（Cohen, Cohen, Kasen, et al., 1993; Costello, Edelbrock, et al., 1988）。到青春期的时候，女孩中抑郁症的患病率约为 6%，男孩中约为 4%（Costello et al., 2006）。

抑郁症在青春期女孩中的患病率约是男孩的 2 倍，与成年患者中的情况一致。尽管青春期女生比青春期男生更常体会到抑郁的心情，但是他们的症状表现并没有差异（Lewinsohn, Petit, Joiner, et al., 2003）。有趣的是，在 12 岁之前抑郁症患病率的性别差异并不存在，明显的性别差异直到青春期才开始出现（Hankin, Abramson, Moffitt, et al., 1998）。

童年期的抑郁症和成年期的抑郁症有很多相同的症状，其中包括悲伤心境。
(Christian JACQUET/Getty Images.)

儿童和青少年期抑郁症的病因

是什么因素造成了儿童的抑郁症？和成年

患者的研究中发现的一样，基因是抑郁症发生的重要因素（Klein, Lewinsohn, Seeley, et al., 2001）。对成年人的遗传研究我们在第 5 章已经介绍过；其研究结果在儿童和青少年身上确实同样适用，因为基因的影响从出生时就已经注定了，虽说它们不一定会马上表达出来。那些父母患有抑郁症的儿童，其患上抑郁症的风险是父母没有抑郁症的儿童的 4 倍（Hammen & Brennan, 2001）。当然，只要父母中有一方患有抑郁症，基因和环境的共同影响就会使儿童患上抑郁症的风险更大。

研究发现，来自家庭和其他社会关系的压力会与遗传因素交互作用，影响抑郁症在儿童身上的发生。与成人研究的结果一样，消极生活事件也对抑郁症的发生有影响（Garber, 2006）。最近一项研究发现，童年期的逆境（如经济困难、母亲产后抑郁或是童年时期患有慢性病）可以预测 15～20 岁抑郁症的发生。尤其是那些 15 岁之前经历过大量消极生活事件的青少年，患上抑郁症的风险更高（Hazel, Hamman, Brennan, et al., 2008）。

如果母亲或者父亲有一方患有抑郁症，儿童在童年期或青少年期患上抑郁症的可能性就更大，不过这种情况下风险增加的原因还未能查明（Garber, et al., 2002；Kane & Garber, 2004；Lewinsohn, et al., 2000）。我们都知道夫妻双方或其中一方患有抑郁症，很可能与婚姻矛盾有关。可以猜想，糟糕的婚姻生活会使父母心情抑郁，从而对儿童产生不良的影响；因此父母患有抑郁症，儿童患有抑郁症的风险会增大（Hammen, 1997）。根据对 45 项研究进行元分析的结果显示，童年期患上抑郁症也与被父母拒绝有中度相关（McLeod, Wood & Weisz, 2007），但父母的拒绝对孩子患抑郁症的影响程度在这些研究中相对较小，说明除了父母拒绝这个因素之外，还有其他因素对童年期抑郁症的发生有更大的作用。

其他人际因素也与儿童患上抑郁症有关，包括与父母之间消极的互动（Chiariello & Orvaschel, 1995），与兄弟姐妹、朋友、恋人之间糟糕的关系（Beevers, Rohde, Stice, et al., 2007；Lewinsohn, Roberts, Seeley, et al., 1994；Shih, Eberhart, Hammen, et al., 2006）。不幸的是，很多患有抑郁症的儿童常常因为同伴感到和他们在一起玩并不愉快而遭到拒绝（Kennedy, Spence & Hensley, 1989）。这些不良的人际互动进而会使儿童加重消极的自我形象和自我价值感。也就是说，人际问题可能不仅仅是抑郁症带来的后果，同时也是使抑郁症保持和加重的原因。值得一提的是，上述的这些人际交往问题对青春期少女抑郁症的发生和发展影响更大（Hammen, 2009）。

和贝克的理论以及抑郁症的绝望理论一致的是，认知偏差和消极归因风格也与儿童和青少年抑郁症的发生有关，其影响方式与在成年人的研究中的发现一致（Garber et al., 2002；Lewinsohn et al, 2000）。举例来说，对儿童抑郁症患者进行的认知研究发现，这些儿童对未来的期望要比正常儿童消极得多，并且和成年抑郁症患者相似（Prieto, Cole & Tageson, 1992）。消极的观念和对未来的绝望可以预测青少年患者摆脱抑郁症的困难程度（Rhode, Seeley, Kaufman, et al., 2006）。和人际交往的作用机制一样，抑郁症会使儿童的思想更加消极（Cole, Martin, Peeke, et al., 1998），但我们不能简单地说消极观念可以导致抑郁症的发生，还应该看看追踪研究的结果。

在对儿童抑郁症患者的研究中，一个需要注意的问题是：儿童在什么时候形成了稳定的归因风格？即尚处于深层认知发展过程中的年幼儿童能用稳定的方式看待自己吗？回顾第 5 章我们可以知道，归因风格包含多种维度，包括是否具有稳定性（一件不好的事情永远都不会变好）、是不是内部归因（事情不好都是因为我的错）、是否具有普遍性（人生中所有的事情都是不好的）。一项追踪研究考察了儿童在长达 4 年的时间里归因风格的发展特点（Cole, Ciesla, Dallaire et al., 2008）。所观察的儿童包括三组，分别是二年级、四年级和六年级的小学生。他们每年都进行一次追踪调查，直到他们分别成为了五、七、九年级的学生。被试填写了儿童和青少年版的归因风格问卷，同时也参加了抑郁症的诊断评估。该研究发现，所有的儿童都能够自主地完成归因风格的问卷，且数据的信效度较高。然而，儿童的归因风格会随着成长而改变。具体来说，归因风格稳定性逐渐增高，但内向性与普遍性没有增高。此外，儿童的归因风格直到进入青春期的早期才稳定下来。最后，也是很重要的一点，儿童的归因风格和消极生活事件对抑郁症发生的预测不存在交互作用（即，这段时期内归因风格不是一种认知特质）。进入八年级或九年级之后，儿童的归因风格才可被视为一种认知特质。总结而言，该研究的结果说明归因风格在青春期的早才成为一种稳定的认知特质，且直到中学阶段才成为影响抑郁症发生发展的认知因素。

儿童和青少年期抑郁症的治疗

对于药物治疗的安全性和治疗效果，以儿童和青少年患者为对象的研究远远落后于以成年患者为对象的研究（Esmile & Mayes, 2001）。尽管如此，儿童和青少年使用抗抑郁剂的安全性仍受到了关注和重视。儿童和青少年服用该类药物后可能发生的副作用包括腹泻、恶心、睡眠问题和烦躁不安等（Barber, 2008）。有一些研究发现，这些抗抑郁药物对孩子的效果甚至不比安慰剂的效果好（Geller, Cooper, Graham, et al., 1992；Keller, Ryan, Strober, et al., 2001）；然而，最近一个实验证实了抗抑郁药物的疗效。这项随机对照实验的名称是青少年抑郁症患者治疗研究（Treatment for Adolescents with Depression Study, TADS），它比较了百忧解、认知行为疗法以及药物与认知行为联合治疗对青少年抑郁症患者的作用。这项研究发现，历时12周的联合疗法疗效最好，百忧解的治疗效果则稍好于认知行为治疗的效果（March, Silva, Petrycki, et al., 2004），且这样的结果在36周后的再次检测中仍然没变（TADS小组，2007）。一项元分析对27项关于抗抑郁药物对儿童和青少年的抑郁症和焦虑障碍治疗效果的研究进行了总结，发现药物治疗对除了强迫症以外的焦虑障碍疗效最好，对强迫症和抑郁症的疗效则稍差一些（Bridge, Iyengar, Salary, et al., 2007）。

然而，抗抑郁药物仍然引发了一些担忧。首先就是抗抑郁药潜在的副作用。更重要的是，对自杀风险的关注促使美国和英国开展了一系列关于儿童服用抗抑郁药物安全性的听证会。上一自然段中提到的疗效比较研究（March et al., 2004）指出，439名参与治疗的青少年抑郁症患者中有7人曾试图自杀，其中6人来自百忧解治疗组，1人来自认知行为疗法组。尽管研究的结果不一致，但是总的来看自杀似乎更容易发生在治疗的早期阶段。上一自然段提到的元分析（Bridge et al., 2007）结果显示，服用百忧解的青少年患者中，有过自杀倾向的患者占3%，只服用安慰剂的青少年患者中这一数值为2%。需要注意的是，该分析结果只能说明采取药物治疗的青少年患者有自杀念头的风险更高，但还不能说明药物是这些青少年产生自杀想法或尝试自杀行为的原因。此外，被分析的27项研究的对象中没有任何一个人完成自杀行为。

另一个疑问是，药物治疗的效果能持续多久？一项自然情境下的追踪研究调查了一半曾参加青少年抑郁症患者治疗研究（TADS）的患者，发现尽管96%的患者在参加TADS项目2年后已经被治愈，但是在治疗结束时已痊愈的患者中有接近一半在随后的5年抑郁再次发作（Curry, Silva, Rohde, et al., 2011）。女孩比男孩更容易再次发作，也更容易并发焦虑障碍。而且复发率并没有因为患者在TADS中所接受的治疗方法的不同而不同，换句话说，尽管百忧解的治疗效果比认知行为疗法稍好，但是它并没有使患者在随后的5年中减少病情的反复。

大多数心理学和社会学干预方法都在其成

功治疗了成年人之后被当作模板用在儿童和青少年身上,其中一部分做出了创造性的改进。例如为了治疗青少年抑郁患者,在使用人际关系疗法时需要关注一些青少年关心的问题,如同伴压力、从青春期过渡到成年期时遇到的压力,以及在依赖父母(或老师)和让自己独立自主之间的矛盾等(Moreau,Mufson,Weissman,et al.,1992)。此外,将认知行为疗法放在学校中进行,相比家庭疗法或支持疗法能更有效地帮助患者减轻症状(Curry,2001)。接受认知行为疗法的青少年患者中,有63%在治疗后期症状有明显的改善(Lewinsohn & Clarke,1999)。一项研究试图揭示认知行为疗法对哪种类型的青少年患者的疗效最好,结果显示,白人、在治疗前已具备良好应对能力、抑郁反复发作的表少年患者最能从中获益(Rhode et al,2006)。下面妮可的案例讲述了认知行为疗法如何治疗青少年患者。如果上述发现是真实的,说明其他疗法在治疗某些少数民族的青少年抑郁患者或者首次抑郁发作的患者时或许会有更好的疗效。

对35项研究的一项元分析发现,对儿童青少年抑郁症的心理治疗并没有令人满意的效果(Weisz,McCarty,& Valeri,2006),认知疗法也不比别的疗法有更好的效果。虽然在短期内,心理治疗可以产生一定的效果,但疗效不能长期维持。因此,尽管心理治疗有一定的效果,我们仍然需要找到更加有效的治疗方法。

大量研究关注着怎样阻止抑郁症在儿童和青少年中发生。一项元分析检验了两类防止抑郁的干预方法——针对性与普及性预防(Horowitz & Garber,2006)。针对性预防主要针对青少年的家庭风险因素(例如父母患有抑郁症)、环境因素(如贫困)、个人因素(绝望)等。普及性预防则针对更大的群体,通常是在学校当中向广大学生群体普及有关抑郁症的知识和教育。一项元分析发现针对性比普及性项目能更加有效地预防青少年患上抑郁症。

最近一项大型的随机对照实验考查了针对性预防对双亲中至少有一人是抑郁症患者的高危青少年的预防效果,结果表明该方法有效(Garber,Clarke,Weersing,et al.,2009)。在这项研究中,研究者将被试随机分配到认知行为干预组和一般治疗组。其中认知行为干预组的目的是提高治疗对象的问题解决能力、改变他们的消极态度,一般治疗组则是治疗对象自己寻求任意的心理健康治疗。结果发现认知行为干预组的被试中抑郁症

临床个案:妮可的故事

妮可第一次和儿童心理学家进行治疗面谈时15岁。当时她看起来心情低落,非常疲惫,而且很瘦弱。从交谈中医生了解到妮可常常失眠、高度警觉,经常会有自杀念头。早上妮可的心情总是特别低落,然后在接下来的一整天里也只能好转那么一点儿。从妮可的描述来看,在服用了一个疗程的百忧解后,她消沉的情绪似乎缓解了许多,但事实上她的自杀倾向从来没有消失过,甚至更加严重。妮可父母和她的医生认为不应该让她长久地接受药物治疗,因此想让她试试看旨在改进人际关系的人际心理疗法和认知行为疗法。在6次访谈之后,妮可看到了治疗的效果。人际心理疗法让她学会怎样处理与家人、朋友之间的关系,这使她找到了自我价值感和自信;而认知行为疗法让她了解到自己的行为、思想和信念是怎样影响自己的心境的。通过访谈发现,妮可和她的父母都对她的学业成绩要求十分严格,因此治疗师让妮可明白,她的完美主义什么时候帮助了她,什么时候又妨碍了她。妮可渐渐接受了治疗师的观点,她决定在数学课上依然要严格要求自己(在数学方面她能力很强),但是在美术课和体育课上对自己的要求则不必那么苛刻。

的发病率显著低于一般治疗组，说明该方法有很好的预防效果。

焦虑

在成长过程中每个儿童都会在某些时候体会到害怕和担心。大多数害怕通常会随着年龄的增长而消失，包括怕黑、害怕想象出来的怪物（见于5岁以下的儿童）、害怕和父母分开（见于10岁以下的儿童）。一般而言，和成年人中的情况一样，女孩比男孩更常报告害怕的情绪（Lichenstein & Annas，2000）；尽管这样的性别差异可能有一部分原因是因为社会的压力让男孩克制自己表达内心的害怕。

儿童焦虑问题的严重性不应该被忽视或低估。对焦虑情绪的厌恶会让儿童和成年人一样觉得难受——简单来说，就是焦虑让人不好受——而且有碍于儿童在不同的成长阶段获得知识和技能。例如，一个过于害羞的儿童，或者觉得与他人交流十分痛苦的儿童是很难获得社交技巧的。这样的缺陷可能会伴随儿童长大直到他们进入青春期，并且导致更多的社交困难。接下去，无论是在大学还是工作场所，这些儿童会因为做出别人觉得奇怪的或令人扫兴的行为而导致他人的讨厌或拒绝，从而会使他们最害怕的事情"别人会讨厌我、拒绝我"真的发生。

儿童及青少年期焦虑障碍的临床描述和患病率

根据DSM-5的诊断标准，除了害怕和担心之外，儿童必须同时伴有功能性损伤，才能诊断为焦虑障碍。与成年人不同的是，对儿童的诊断不要求其意识到自己的害怕是多余的或者没有缘由的，因为许多时候儿童不具有这样的判断能力。基于这些诊断标准，大约有3%～5%的儿童及青少年患有焦虑障碍（Rapee, Schniering, & Hudson, 2009）。虽然大多数不切实际的害怕感觉会随着成长而消失，但是也有很多案例表明，那些高焦虑的成年人可以将他们的焦虑追溯到童年期。

儿童及青少年期的焦虑障碍会影响患者成长中的多个方面。
(VOISIN/PHANIE/Photo Researchers, Inc.)

分离焦虑障碍的临床描述是：儿童处于一种持续的担心状态，担心在他们远离父母的时候父母或是自己会遭遇伤害。待在家里的时候，这样的儿童就像父母的小跟班一样如影随形。上学通常是儿童要面临的第一个将与父母长时间并且经常分离的状况，我们也通常是在儿童开始上学时第一次观察到分离焦虑。

儿童青少年期的另一种焦虑障碍是社交焦虑障碍（在DSM-Ⅳ-TR中我们称之为社交恐惧症）。大多数班级中至少有一到两个儿童是相当安静和害羞的。通常这些儿童只和家庭成员或是相熟的同伴玩耍；对陌生人，不管是比他们年少还是年长，他们都会尽力避开。由于太过害羞，他们没能获得足够的社交技能，也难以参加一系列同龄人喜爱的活动。极度害羞的儿童可能会在社交场合拒绝交谈，我们称这种情况为"选择性缄默"。如果在人多的地方，这些儿童会紧跟着自己的父母，与他们低声交谈，或是藏在家具后面，蜷缩在角落里，甚至可能会发脾气。如果在家里，这些儿童则会不停地向父母询问那些自己感到担心的场合。沉默寡言的儿童通常与家人和亲朋好友有着温馨满意的关系，他们对这些人会表现出对情感和接纳的需要。

社交焦虑障碍在儿童和青少年中的患病率大约为1%（Kashani & Orvaschel, 1990；Rapee et al.,

2009）。这种障碍在青少年群体中更为常见；相比年龄更小的儿童而言，青少年对别人的评价感到更强烈的担忧。

在遭受到一些创伤性事件，例如长期的虐待、家庭暴力以及自然灾害之后，一些儿童可能会经历创伤后应激障碍的症状。他们的症状表现和成人的很类似：①反复发生创伤性体验重现，例如噩梦、闪回，或者闯入性的念头；②总是回避与创伤有关的情境或信息，总体上反应僵化，产生一种思想脱离身体的感觉，或者是快感缺乏；③关于创伤性事件的认知和情感上发生的消极变化；④过度觉醒状态，可能包括易怒、睡眠问题以及高度警觉（Davis & Siegal, 2000）。儿童还有一些不同于成人的症状，比如说，儿童可能表现出易激惹，而非极度的恐惧或者无助。

强迫症也是存在于儿童和青少年中的心理障碍，其患病率大约是1%～4%（Flament, Whitaker, Rapoport et al., 1988; Heyman, Fombonne, Simmons et al., 2003; Rapee et al., 2009）。儿童期的症状与成人的类似，都存在强迫观念和强迫行为。在儿童中最常见的强迫观念或行为是关于污垢或污染物以及攻击性的；反复出现关于性或宗教的想法则在青少年中更加常见（Turner, 2006）。患强迫症的男孩多于女孩，但到了青少年期和成年期之后，这种性别差异就不存在了。

分离焦虑障碍是指对离开父母或其他依恋对象的强烈恐惧。
（/Sean Justice/Getty Images.）

儿童青少年期焦虑障碍的病因

与成人一样，基因对儿童的焦虑障碍也有一定的作用。一项研究显示其遗传性为29%～52%（Lau, Gregory, Goldwin et al., 2007）。虽然基因总要通过环境发挥作用，但是相比其他消极的生活事件来说，儿童的分离焦虑更多地受到遗传的影响（Lau et al., 2007）。

教养方式对儿童的焦虑起着较小的作用。具体而言，父母的控制以及过度保护相比拒绝来说，与儿童焦虑障碍的发生有着更紧密联系。不过从一项对47项研究进行的元分析来看，父母的控制只能够解释儿童焦虑障碍中4%的变异（McCleod, Weisz, & Wood, 2007）。如此一来，还有96%的变异需要由其他因素来解释。其他能预测儿童和青少年焦虑障碍症状的心理因素包括情绪调节问题和婴儿期非安全型的依恋关系（Bosquet & Egeland, 2006）。

关于儿童社交焦虑的病因学理论大体上与成人的相同。例如，已有研究显示焦虑障碍的儿童会高估许多情景的危险性，低估自己应对危险的能力（Boegels & Zigterman, 2000）。这种认知引发的焦虑会进一步影响儿童的社会互动，导

DSM-5 中分离焦虑障碍的诊断标准

儿童在离开家和父母或其他依恋对象时，表现出与当前发展状态不符的过分焦虑；同时具备以下3种或以上的症状，并持续4周以上。这些症状开始时患者须未满18岁：

- 分离时反复出现过度的焦虑。
- 过分担心会有不好的事情发生在父母或者其他依恋对象身上。
- 对于没有父母陪伴、单独上学一事拒绝或反抗。
- 对于没有父母陪伴、单独睡觉一事拒绝或反抗。
- 出现关于分离的噩梦。
- 分离时会重复出现躯体症状（如头痛、胃痛等）。

致他们回避社交情境，进而无法在社交技能方面得到锻炼。到了青少年期，同伴关系是非常重要的，一项追踪研究发现，那些认为自己不被同伴接受的青少年更有可能感到社交焦虑（Teachman & Allen，2007）。其他研究则指出，行为抑制是社交焦虑发展中的一个重要的风险因素。有高水平行为抑制的 4 岁儿童相比低水平的同龄儿童而言，在 9 岁时患上社交焦虑障碍的可能性要高出 9 倍（Essex et al.，2010）。

儿童创伤后应激障碍的病因理论与成人的也类似。不管是亲身经历的还是目睹的，患者必须经历过创伤事件。像成人一样，焦虑易感性高的儿童更有可能在创伤事件后遭受创伤后应激障碍。具体的风险因素可能包括家庭压力的水平、家庭的应对方式以及过去的创伤经历（Martini，Ryan，Nakayama et al.，1990）。一些理论认为，父母对创伤事件的反应能够帮助儿童缓解悲痛的情绪。具体来说，如果面对压力时父母表现得冷静并且能控制自己，那么他们的孩子就不会反应得那么强烈（Davis & Siegal，2000）。

儿童青少年期焦虑障碍的治疗

儿童期的恐惧情绪是如何被克服的呢？多数恐惧情绪都会随着时间和成熟而消散，但那些无法摆脱的恐惧情绪则需要通过治疗来克服。在很大程度上，对儿童期恐惧情绪的治疗跟成人的治疗相同，我们会采用合适的调整手段使儿童掌握不同的能力、适应不同的状况。这些疗法的主要关注点在于对恐惧客体的暴露程度应该是多少。数以百万计的家长让他们的孩子逐渐接触恐惧客体，同时抑制他们的焦虑，来帮助儿童克服恐惧情绪。如果一个小女孩害怕学校，家长就会牵着她的手慢慢走向教学楼。当儿童渐渐接近害怕的客体或者情境时，为他们提供奖励也能够促进儿童的表现。与成人的暴露疗法相比，对儿童进行这种治疗时方法应当适当进行调整，其中包括更多地为他们树立榜样（如让他们看着成年人去接触害怕客体）以及给予更多的奖励。

许多证据表明认知行为疗法对儿童的焦虑障碍有所帮助（Compton，March，Brent et al.，2004；Davis & Whiting，2011；Kendall，Safford，Flannery-Schroeder et al.，2004）。这种疗法的特色在于要求父母和儿童一同参与治疗。其优于暴露疗法的地方在于，认知行为疗法包括心理健康教育、认知重构、为儿童树立榜样、技巧训练以及对复发的预防（Kendall，Aschenbrand & Hudson，2003；Velting，Setzer & Albano，2004）。有一种叫作"应对猫"的认知行为疗法使用更加广泛（Kendall et al.，2003），它常用于治疗 7～13 岁的儿童。该疗法聚焦于直面恐惧情绪、如何用新方法认识这种情绪、恐惧情境的暴露、练习以及对复发的预防。应对猫中的一些阶段也需要家长的参与。目前至少有两个随机选择并进行控制的临床试验证明该疗法有效（Kendall，Flannery-Schroeder，Panichelli-Mindel et al.，1997；Kendall et al.，2004）。后续的研究发现，接受了该疗法的儿童在 7 年之后，仍然没有焦虑障碍的困扰。此外，这些儿童与那些疗效不甚良好的儿童相比，对酒精和大麻等药物的使用也更少（Kendall et al.，2004）。

Philip Kendall 和他的同事开展了一项研究来比较个体认知行为疗法、家庭认知行为疗法以及家庭心理健康教育治疗儿童焦虑障碍的效果。个体认知行为疗法和家庭认知行为疗法都包含了应对猫的工作任务；在减少焦虑方面，二者也都比家庭心理健康教育更加有效（Kendall，Hudson，Gosch et al.，2008），而且这种效果能在治疗结束后持续一年。家庭认知行为治疗在家长也患有焦虑障碍的情况下比个体行为治疗更有效。这项研究指出了很重要的一点：在选择使用哪种治疗方法时，我们需要综合考虑儿童的焦虑障碍以及其父母的焦虑水平。

另外一项研究比较了单独使用应对猫疗法及其与舍曲林结合使用时，患儿的分离焦虑障碍、广泛性焦虑障碍和社交焦虑障碍的治疗效果。结果发现联合疗法比单独使用应对猫或药物都更有效（Walkup, Albano, Piacentini et al., 2008）。考虑到该样本中的患病情况都很严重，或许我们可以认为组合疗法能够对严重焦虑障碍的儿童产生更好的疗效，但是仍有必要进行更多的研究来验证这个结果。

研究者发现行为疗法以及团体认知行为疗法都对治疗儿童的社交焦虑障碍很有效果（Davis & Whiting, 2011）。只有少数研究考察了认知行为疗法对儿童和青少年强迫症的治疗效果。近期两项综述称，认知行为疗法是一种有效的治疗强迫症的方法（Davis & Whiting, 2011；Freeman, Choate-Summers, Moore et al., 2007），它似乎能达到和药物治疗同样的效果，而且二者联合治疗能产生比单独使用药物更好的疗效；但是联合治疗与单独使用认知行为疗法的效果没有差异（O'Kearney, Anstey & von Sanden et al., 2006）。然而，对患有严重强迫症的儿童和青少年来说，将认知行为疗法与舍曲林结合使用比单独使用认知行为疗法有更好的效果（POTS 小组，2004）。值得一提的是，认知行为疗法对年龄很小（比如三四岁）的儿童没有相同疗效。其他的治疗方法，包括阅读疗法和计算机辅助疗法，看起来也有成功的希望。在阅读疗法中，家长就是儿童的治疗师，为他们阅读给定的材料。虽然这种方法可以减少儿童的焦虑，但是它似乎并不像小组认知行为疗法那样有效（Rapee, Abbott & Lyneham, 2006）。

仅有少量研究评估了创伤后应激障碍儿童及青少年接受治疗的效果。但是现有的研究都表明，个体和团体的认知行为疗法都对治疗创伤后应激障碍有效（Davis & Whiting, 2011）。

学习障碍

学习困难描述的是这样一种情况：个体在学业、语言、演说或运动技能等某一个具体领域中遇到一定的困难，而这种困难不是由智力发展障碍或缺乏教育机会造成的。患有学习障碍的儿童

> **DSM-5 中学习障碍的诊断标准**
> - 个体在基本学业技能（如阅读、计算、写作）的学习上有很大困难，且困难程度与其年龄、学校教育和智力无关；
> - 这种困难对个体的学业成就或日常生活造成了显著的影响。

Keira Knightly，一位非常成功的女演员，患有阅读障碍。
(DAVE M · BENETT/Getty images, Inc)

智力水平通常在平均或平均以上，但是他们在学习某些特定技能时有困难，而且因此没能在学校中很好地发展。

临床描述

"学习困难"（learning disabilities）这个术语并没有在 DSM 诊断系统中正式使用，但是大多数的心理健康专家都会使用这个词来描述 DSM 中确实存在的三类障碍，它们分别是学习障碍、交流障碍和运动障碍。我们在表 13.3 中对这三种障碍进行了简单描述。如果一个儿童没能达到与他的智力水平相符的特定学术、语言

临床个案：蒂姆的故事

许多年以前，蒂姆曾是我们本科课程里的一名学生，他有着很不寻常的优点和缺点。蒂姆在课堂上的发言很好，但是他的字迹有时十分潦草，难以辨认，而且他的拼写也总出错。在期中考试时，老师发现了他存在的这些问题，将蒂姆叫到了办公室。蒂姆解释说自己有读写障碍，他通常要花很长的时间完成每周必做的阅读作业和论文写作以及考试。老师决定在书写的作业方面给蒂姆一些额外时间，因为他发现蒂姆的确有很高的智力，而且也很希望能在课业上表现出色。有了这个机会，蒂姆在这门课程中得到了A。毕业后，蒂姆考入了一所优秀的法学院。

表 13.3　DSM-5 中的学习障碍、交流障碍和运动障碍

学习障碍包括：
- 阅读障碍（过去被称为读写障碍），包括在词汇识别、阅读理解、写作拼写中存在明显的困难。
- 计算障碍（过去被称为数学障碍），包括在得出或理解数字、数量或是基本的算数操作中存在明显的困难。

交流障碍包括：
- 语音障碍（过去被称为音韵障碍），包括能正确理解和使用单词但口齿不清或发音不当，比如会把"布鲁"说成"布"，或是"拉"说成"挖"。在言语疗法的帮助下，几乎所有的患者都能够痊愈，较轻微的患者则能在8岁左右自行痊愈。
- 儿童期言语流畅性障碍（过去被称为口吃），是一种言语流畅性方面的障碍，会表现出以下一种或多种言语模式：经常重复或延长某些发音、字词间长时间停顿、将某些难以清晰发音的单词（例如以特定辅音开头的单词）用简单的单词替换、重复单词（例如患者会说"去、去、去、去"而不是直接说一个"去"）。DSM-Ⅳ-TR估算有达80%的口吃患者能在16岁之前，不必借助专业人员的干预恢复正常。

DSM-5中还有5种新的交流障碍：语言损伤障碍、语言能力发展推迟障碍、特定语言损伤障碍、社会交流障碍和声音障碍。

运动障碍包括：
- 抽动障碍，包括一个或多个语音和多重运动性的抽搐（突然而快速的抽动或发声），一般在18岁之前出现。
- 发育性协调障碍（过去被称为运动技能障碍），包括在发展中显著的运动协调损伤，这种损伤不能用智力发展障碍或其他障碍（如脑瘫）解释。

或是运动技能水平，他就可能患有这些障碍中的一种。通常我们会在学校里确认和治疗学习障碍，而不是在心理诊所。过去的一项研究显示，该障碍在男孩中稍微普遍一点（Shaywitz, Shaywitz, Fletcher et al., 1990），但是新近的一项研究对四组流行病学大样本进行的调查结果显示，至少读写障碍在男孩中远比女孩中的情况要普遍（Rutter, Caspi, Fergusson et al., 2004）。阅读障碍和计算障碍的患病率在两性之中没有差异，儿童的患病概率大约是4%～7%（Landerl, Fussenegger, Moll et al., 2009）。

学习困难的病因学

多数对学习困难的研究关注了阅读障碍，也许是因为它是这类障碍中最普遍的一种——有5%～10%的儿童受该病影响。有关计算障碍的研究则推进得比较缓慢。

阅读障碍的病因学

家族研究和双生子研究都证实了遗传因素对阅读障碍的影响（Pennington，1995；Raskind，2001）。此外，与阅读障碍有关的基因和那些与典型的阅读能力有关的基因是相同的（Plomin & Kovas，2005）。这样一来，这些"通用基因"对我们理解正常的和非正常的阅读能力来说就很重要了。已经有研究表明了基因—环境交互作用对读写障碍有影响，也有证据表明阅读问题的遗传性会因父母的教育程度有所变化——对父母教育程度更高的儿童而言，基因起到的作用更大（Friend，DeFries，Olson et al.，2009；Kremen，Jacobson，Xian et al.，2005）。父母教育程度高的家庭更有可能强调阅读的重要性，进而会给儿童提供一系列的阅读机会。在这种环境里，儿童发展出阅读障碍的风险更多取决于基因的遗传组合。

研究者达成了一项共识，那就是阅读障碍的核心缺陷涉及语言加工的问题。心理学、神经心理学以及神经成像研究都有证据支持这个观点。研究指出，可能有一个或多个语言加工的问题伴随着阅读障碍，它们包括言语知觉和所使用语言的语音加工、语音与纸面文字的关系（Mann & Brady，1988）、辨认韵律的困难（Bradley & Bryant，1985）、快速为熟悉物体命名的问题（Scarborough，1990；Wolf，Bally & Morris，1986），以及学习语法规则时的延迟（Scarborough，1990）。这些加工过程大都被归入"音韵意识"之下，研究者相信这种意识在阅读技能的发展中具有关键作用（Antony & Lonigan，2004）。

许多研究采用了各种脑成像技术，结果证明了阅读障碍儿童的确有音韵意识问题。这些研究显示，大脑的左侧颞叶、顶叶和枕叶区对音韵知觉来说都很重要；这些区域也是阅读障碍的核心区域。

例如，一项采用fMRI技术的研究发现，与没有阅读障碍的儿童相比，患有阅读障碍的儿童在执行一个英语加工任务时没能激活颞顶区域（Temple，Poldrack，Salidas et al.，2001）。另一项采用fMRI的大型研究发现，与没有阅读障碍的儿童相比，患有阅读障碍的儿童在做一系列与阅读有关的任务，如识别字母和念单词时，他们在左侧颞顶区域和颞枕区域的激活都较少（Shaywitz，Shaywitz，Pugh et al.，2002）。一项与治疗有关的研究显示，在一年高强度的阅读问题治疗之后，患有阅读障碍的儿童有了很大进步。在完成阅读任务时，他们的左侧颞顶区和颞枕区显示出更多的激活，而那些接受低强度治疗的儿童却没有这种变化（Shaywitz，Shaywitz，Blachman et al.，2004）。

目前对阅读障碍的干预方法已帮助了许多儿童。
（© Eduard Titov/Shuteerstock.）

采用fMRI技术对成人阅读障碍的研究发现了类似的结果（Horwitz，Rumsey & Donahue，1998；Klingberg，Hedehus，Temple et al.，2000）。一项成人的fMRI研究检验了三组不同的被试（Shaywitz，Shaywitz，Fulbright et al.，2003）。第一组被试为"长期低阅读能力者（PPR）"——他们在上学的早期（二年级时）和晚期（九年级或十年级时）都有阅读方面的困难；第二组被试为"精确度提高者（AI）"——他们在上学早期有阅读困难，但是晚期没有；第三组是"无阅读损伤者（NI）"——他们在上学早期和晚期都没有阅读困难。被试首先进行了一项单纯的阅读任务，结果显示PPR组的表现要差于AI组和NI

组。AI 组在很多任务上的表现和 NI 组一样好，看似他们补偿了早期的阅读障碍。然而，脑成像任务却呈现出不同的结果。具体来说，NI 组激活了那些与阅读相关的常规脑区即左侧颞—顶—枕区域，AI 组的这些区域没有显示出同样的激活程度，但是他们却在右侧脑区出现了激活——这表明对早期阅读障碍的补偿依赖于大脑中那些并非原本就与阅读有联系的脑区。矛盾的是，PPR 组左侧与阅读有关的脑区也激活了。然而，这一组被试同时也激活了脑中其他与记忆有关的区域，说明他们在依赖词汇记忆来进行阅读活动，而不是依赖更有效的语言区域。

需要注意的是，上文中讨论的 fMRI 研究是基于以英语为母语的美国成人及儿童进行的。有一项研究以中国的阅读障碍儿童为被试，却发现在进行阅读任务时他们的颞顶区域没有任何问题；而被试大脑左半球额叶脑回显示了较少的激活（Siok, Perfetti, Lin et al., 2004）。研究者推测，这可能是由于英文和中文对应的脑区有差异。阅读英文需要将字母组合在一起，从而表征字音；而读中文要将汉字符号组合在一起来表征意义。的确，阅读中文需要掌握近 6000 个不同的汉字符号。因此，中文更多地依靠视觉加工，而英文更多地依靠语音加工。

计算障碍的病因学

有证据表明，遗传因素会影响到个体在数学能力上的差异，特别是由低语义记忆能力引起的数据能力缺陷更容易受遗传影响。科罗拉多学习障碍研究中心研究了 250 多对双生子，发现同时患有阅读缺陷和数学能力缺陷的儿童具有相同的遗传基础（Gillis & DeFries, 1991；Plomin & Kovas, 2005）。此外，证据显示任何与计算障碍有关的基因也都与数学能力有关（Plomin & Kovas, 2005）。

针对计算障碍患者的功能性脑成像研究显示，他们在做与数学有关的任务时，顶叶激活程度较低。具体来说，有一个叫作顶内沟的区域似乎与计算障碍有关（Wilson & Dehaene, 2007）。

研究者想要知道计算障碍是否与阅读障碍有关，因为这两种学习障碍有着共同的认知缺陷，即有音效意识问题的儿童可能不只有阅读方面的困难，而且还可能有数学符号与数字方面的困难。然而有证据显示，这两种学习障碍可能是相互独立的（Jordan, 2007）。如果它们有关系的话，阅读障碍将会使计算障碍的人表现更差，但是它们的核心认知损伤看来并不相同。同时患有阅读障碍和计算障碍的儿童有音韵意识的缺陷，但是只患有计算障碍的儿童没有这种缺陷。不管任务是运用真实的数字或仅仅计算（例如估计大小），患计算障碍的儿童都遇到很大困难，但患有阅读障碍的儿童则没有（Lander et al., 2009）。

学习障碍的治疗

有许多方法被用来治疗学习障碍，既有在校内进行的项目，也有私人的指导。最初用于解决阅读和写作困难的传统语言学方法，关注如何用一种有逻辑的、按部就班的和多感官刺激的方式来指导儿童锻炼听说读写的技能。例如，在他人监督下大声朗读。对于年龄小一些的儿童，运用像字母分辨、音节分析和字音对应等这些准备技能的练习；我们需要尝试通过在阅读中清楚明白地进行指导让他们学会这些技能。发声指导是指帮助儿童掌握将声音转化为词语的任务（美国国家儿童健康与人类发展研究所，2000）。美国国家阅读委员会的一篇对大量指导儿童阅读的研究所进行的深入综述显示，发声指导对有阅读困难的儿童很有用。就像前面提到的蒂姆的案例中所述，患有阅读障碍的人可以在大学里获得成功。只要给予他们一些指导性的支持，例如提供可以让他们反复学习的视频或网络广播课程、导师帮助、不计时考试。法律规定高等院校必须为这些有困难的学生提供特殊的帮助，而且也要求公立学校为学习障碍的青少年提供过渡职业和职业生涯规划。

治疗交流障碍的领域展现出了良好的发展前

景，该前景基于之前的一项重要研究发现：有交流障碍的儿童在区分特定声音时有困难（Merzenich, Jenkins, Johnson et al., 1996；Tallal, Miller, Bedi et al., 1996）。研究者为他们设计了特别的电脑游戏和录音带，以减慢言语的速度。用这些调整过的言语材料进行了一个月的密集练习之后，患有严重语言障碍儿童的言语技能能够进步到正常的儿童水平。但有类似的训练，而用的是没有调整过的材料，则未能带来明显的进步。

基于这些富有前景的初步发现，研究者扩展了这种治疗方法，他们称之为"快进项目"（Fast ForWord），并且开展了一项更大型的研究。该研究包括了 500 名来自美国和加拿大的儿童，他们在 6～8 周的时间里每天接受训练。结果再次显示，这种干预是有效的。儿童的言语能力、语言能力和听觉加工能力都有了很大进步，能力提高的程度大约与正常发展中一年半的时间里提高的水平是一样的（Tallal, Merzenich, Miller et al., 1998）。研究者推测，这种训练方法甚至可以帮助预防读写障碍，因为许多阅读障碍患儿在很小的时候就有理解语言的困难了。

多数患有学习障碍的儿童可能都有过很多挫折和失败的经历，这些经历使他们的学习动机和自信心慢慢消失。不管这些治疗项目设计了怎样的内容，它们都应当为儿童提供一些机会让他们感受到可以掌控的感觉，从而获得自信心。对儿童的每一点进步给予奖励对激发他们的动机也很有帮助；让他们能够集中注意来进行学习的任务，同时可以减少由挫败感引发的行为问题。

智力发育障碍

我们在 DSM-IV-TR 诊断系统称之为"精神发育迟滞"的心理障碍在 DSM-5 中被称为**智力发育障碍**。为什么会有这样的改变呢？毕竟许多人习惯了使用精神发育迟滞这个术语；然而，这并不是多数心理卫生专家喜欢采用的术语，可能是因为这种名称带有一些污名的性质。相比 DSM 诊断系统来说，多数心理卫生专家更多地依据美国智力与发展障碍协会（AAIDD）的指南。AAIDD 于 1876 年成立，定期发布关于分类和定义智力障碍的指南。这些指南不以讨论智力障碍多么严重为重点，而是致力于指导大家用什么方法使患者能够更好地发展。

2010 年，AAIDD 第 11 版指南发布，用"智力障碍"这个术语取代了"精神发育迟滞"。目前的 AAIDD 指南见表 13.4。

表 13.4　AAIDD 对智力障碍的定义

智力障碍是指在智力功能和适应行为方面的能力非常有限，表现在理解力、社交能力以及实际的适应性技能等方面。该缺陷起病于 18 岁之前。

应用定义时的 5 个重要考虑：

1. 当前的功能限制必须要结合考虑环境与情境的因素，特别是个体的年龄、同伴以及所处的文化；
2. 要结合考虑文化和语言多样性以及交流、感觉、运动和行为方面的差异，以做出有效的评估；
3. 就同一个患者而言，存在这些方面能力限制的同时，个体在其他方面可能存在优势；
4. 描述能力限制的一个重要目的在于得出一个概括患者所需支持的剖面图；
5. 在一定时期内提供适当的个人化支持后，智力障碍患者的生活功能整体上将有所提高。

（2002 年美国智力与发展障碍协会）

DSM-5 中智力发育障碍的诊断标准

- 个体具有智力缺损，表现为智力商数（IQ）低于其所属年龄和文化组别的平均分两个标准差；一般来说即 IQ 低于 70；
- 基于所属的年龄和文化组别，个体的适应功能有显著的缺损，体现在以下一个或多个领域：日常交流、社会参与、工作或学习、在家中或社区里的自立情况、在学习工作或独立生活方面需要帮助；
- 起病于 18 岁以前。

智力发育障碍的诊断和评估

DSM-5 的智力发育障碍诊断标准包含以下三条：①智力功能显著低于平均水平；②适应性功能缺陷；③起病于 18 岁以前。

DSM-5 与 AAIDD 的取向比从前更加一致。首先，其中指出在评估一个人的 IQ 时应该将个体的文化背景考虑进来，这一点将更加得到肯定；其次，指出适应性功能可能会基于个体的年龄和文化组别进行评估；最后，DSM-5 不再采用 DSM-IV-TR 根据 IQ 进行的分类（轻微、中等和重度的智力障碍）。

除了 DSM-5 的这些变化，AAIDD 还鼓励在对个体进行诊断时，要考虑该个体的优势和弱势，包括心理、生理以及环境这三个维度上的能力，这样就能够根据这些信息决定为个体提供哪种类别和多大程度的支持，以提高个体在不同领域的功能。来看看罗杰的例子，他是一个智商仅有 45 分的 24 岁男性，从 6 岁开始，他就参加了为智力障碍患者设计的一个特殊项目。从 DSM 的角度来看，我们不会期望他能够独立生活和自立，或是达到二年级以上的水平。不过从 AAIDD 的取向来看，我们注重的是怎样能够帮助罗杰实现他的功能最优化。因此，临床医生可能会发现如果罗杰选择一条熟悉的路线的话，他就能凭借自己乘公交车的技能，时不时地能够做到独自去看一场电影。而且，虽然他不能做一顿复杂的晚餐，但他能够学会用微波炉加热速冻食品。这里的假设是，通过积累他自己能做到的事情，罗杰将实现更大的进步。

在学校里，基于一个人的优势和劣势，以及需要多大程度的指导，研究者开展了个体化教育项目。通过评价学生需要怎样的授课环境来将学生们区别开来。这种方法能减少智力发育障碍带来的污名，也会鼓励教师去关注可以通过怎样的手段来促进学生的学习。

智力发育障碍的病因学

到目前为止，我们只能识别出 25% 的患者患上智力发育障碍的主要原因；这些原因基本上都是神经生理方面的。

基因或染色体异常

一种与智力发展障碍有关的染色体异常疾病叫作 21 三体综合征。患这种疾病的个体的第 21 号染色体多了一条（即有 3 条 21 号染色体，而非 2 条）。21 三体综合征又称**唐氏综合征**。在美国，每 850 个新生儿中，就有 1 个患有唐氏综合

评价适应性功能时，必须考虑文化背景。生活在农村地区的人不需要学会如何在纽约生活，反之亦然。
(Left: Simon Clay/Getty Images ; Right: Dan Bigelow/The Image Bank/Getty Images, Inc.)

征（Shin，Besser，Kucik et al.，2009）。

患唐氏综合征的人可能同时患有智力发育障碍，同时还会有一些独特的体征，比如身材矮小而敦实，双眼呈椭圆形且向上倾斜，上眼睑会增长并盖住内眼角，头发稀少平直，鼻梁宽而扁，方形的耳朵，舌头很大并多沟痕，因为嘴巴很小且上唇很低，舌头还可能会伸出来，最后还有短而宽的手掌。

另外一种能引起智力发育障碍的染色体异常疾病叫作**脆性X染色体综合征**，它是由X染色体上的fMR1基因突变引起的。脆性X染色体综合征的身体症状包括双耳阔大、发育不全和脸颊瘦长。许多患有脆性X染色体综合征的人都有智力发育障碍。不过也有一些人没有，但这些人还是会有一些问题，比如学习障碍、神经心理学测验有困难以及情绪波动问题。该病的儿童患者中，大约有1/3表现出了自闭谱系障碍（ASD），说明fMR1基因可能是导致自闭谱系障碍的基因之一（Hagerman，2006）。

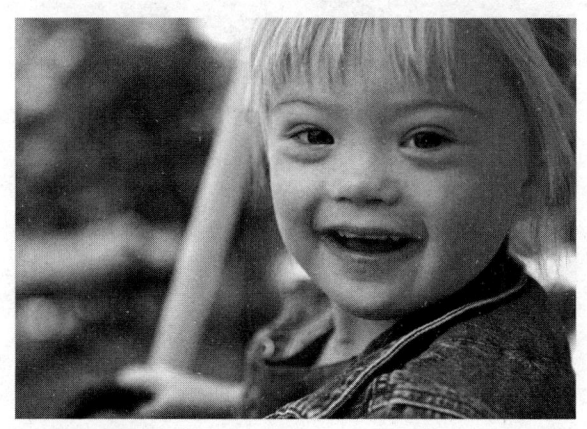

唐氏综合征的患儿
(Rhea Anna/Getty Images, Inc.)

隐性基因疾病

人们已经发现了上百种隐性基因疾病，其中很多都能够引起智力发育障碍。下面我们主要讨论一种隐性基因疾病——苯丙酮尿症。

患有**苯丙酮尿症**的婴儿出生时通常不会有明显的异常，然而不久之后，婴儿就会表现出一些症状。这些症状是由于缺乏一种肝酶——苯丙氨酸羟化酶导致的。苯丙氨酸是蛋白质里的一种氨基酸，而苯丙氨酸羟化酶的作用是将苯丙氨酸转化为酪氨酸。酪氨酸是合成特定激素（如肾上腺素）必要的氨基酸。由于缺乏这种酶，苯丙氨酸及其衍生物苯丙酮酸就无法被消耗，它们就会在体液中积累。积累到一定程度之后，它们最终会损伤大脑，因为这些没有被代谢掉的氨基酸影响了髓鞘形成的过程。而这个过程对于神经系统的功能至关重要，因为正是髓鞘为快速传递神经冲动提供基础。额叶的神经元承担的许多重要认知功能，例如决策功能，是会被严重影响的。所以说苯丙酮尿症对智力发展障碍的发生影响深远。

大约在15000个新生儿中有1例是苯丙酮尿症；这个概率还是比较小的。但是据估计，大概在70个人中就有1个携带该疾病的隐性基因。许多父母如果有理由怀疑自己可能携带PKU的隐性基因，他们可以接受血液检查。携带隐性基因的孕妇必须仔细监控她们的饮食，以保证胎儿的苯丙氨酸不会达到有害水平（Baumeister & Baumeister，1995）。美国法律要求为每个新生儿做苯丙酮尿症的检测。患病的新生儿食用母乳几天之后，未转化的苯丙氨酸含量就会超标，我们可以在婴儿的血液中检测到。如果测试结果为阳性，医生就会指导父母为他们的孩子安排一个减少苯丙氨酸摄取的合理饮食计划。

父母应尽早合理规划饮食并坚持下去。因为研究发现，如果儿童在5~7岁停止这些饮食限制，他们就会表现出功能的轻微衰退，特别是在智力、阅读和拼写方面（Fishler，Azen，Henderson et al.，1987；Legido，Tonyes，Carter et al.，1993）。然而，即使是那些保持了合理饮食的儿童，他们的知觉、记忆以及注意的能力也还是有出现损伤的情况（Banich，Passarotti，White et al.，2007；Huijbregts，de Sonneville，Licht et al.，2002）。

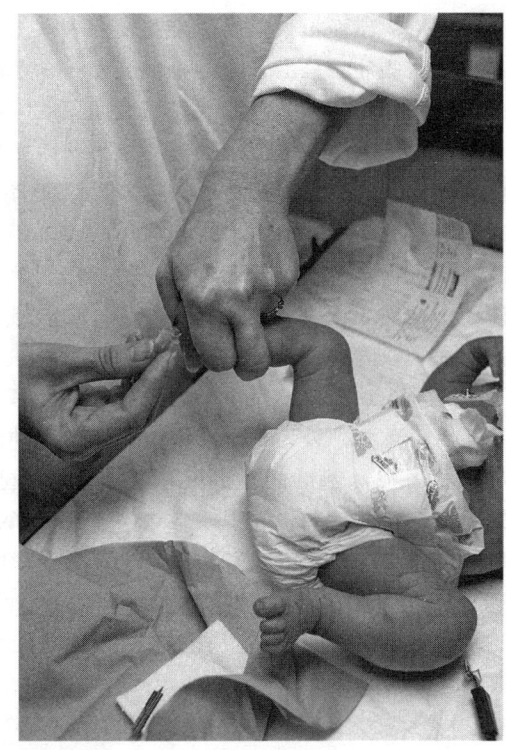

每个新生儿都要做苯丙酮尿症的检测。
(Garo/Photo Researchers, Inc.)

传染病

当胎儿还在子宫里时，母亲所患的一些传染病，如风疹（又称德国麻疹），可能会增加胎儿患智力发育障碍的风险。在怀孕初期的三个月，这些疾病带来的后果是最严重的。这时胎儿还检测不出免疫反应，这意味着其免疫系统还没有发育完全，不能抵御传染。巨细胞病毒、弓形虫病、风疹、单纯性疱疹、艾滋病以及梅毒都能够由母体传染给胎儿，进而引起胎儿身体畸形和智力发育障碍。也许母亲不会表现出什么传染症状，或是只有轻微的症状，但是发育中的胎儿可能已经受到灾难性的影响。

传染病还有可能在儿童出生后影响他们的大脑发育。脑炎和流行性脑脊髓膜炎都有可能引起大脑损伤；如果在婴儿期或是童年早期受到感染，甚至可能导致儿童死亡。到了成人期时，这些传染病的影响就远没有那么严重了。脑膜炎是一种使得有保护作用的脑膜严重发炎的疾病，儿童的脑膜炎有几种形式，都可能导致儿童智力损伤。

环境危害

多种环境污染物都显示与智力发育障碍有关。其中一种是水银，可能是因为个体吃了含有水银的鱼而进入人们的消化系统的；另一种是铅，铅被发现在含铅油漆、烟雾和燃烧含铅汽油的机动车尾气中。铅中毒则可以导致肾和大脑的损伤，以及贫血、智力缺陷、癫痫，甚至是死亡。如今美国已经禁止使用含铅油漆，但是还有一些老房子在使用它，儿童很有可能不小心吞下剥落的油漆而造成不良后果。

有些老房子仍在使用含铅油漆。如果儿童误食了剥落的油漆，就可能导致其出现智力发育障碍。
(Time & Life Pictures/Getty Images.)

智力发育障碍的治疗

家庭治疗

自20世纪60年代以来，人们就已经对教育智力发育障碍的儿童做出了尽可能全面、严谨而系统的尝试。虽然许多患者获得了适应社区生活所需的能力，但还是有些患者需要一些额外的家庭治疗项目的帮助（residential treatment program）。

我们理想的情形是，患有智力发育障碍的成年人能够住在小型或中型规模的居所里，很好地融入社区。社区为他们提供医疗护理，而且有受过训练的、住宿型监管人和助手全天候地为患者的特殊需要提供帮助。我们鼓励这些患者多参与日常家务，这样能更好地锻炼他们的能力。许多患有智力发育障碍的成年人是有工作的，他们能够在生活上自理。但还是有一些患者只能做到半自理，他们可以三四个人住在一起。一般来说，可以由一位咨询师在晚上为他们提供帮助。

行为治疗

一些采用了行为技术的早期干预项目正在为智力发展障碍的患者提供帮助，提高他们的适应功能水平。我们为患者制定具体的行为目标，教儿童采用分步的方式学习一些技能（Reid, Wilson & Faw, 1991）。

智力发育障碍比较严重的儿童通常需要大量的指导才能自己吃饭、如厕以及穿衣。如果治疗师要教给儿童一个特定的动作，他通常要将这个动作分解为一个个更简单的目标行为。比如要教给儿童吃饭，就要把吃饭这个流程分成许多小步骤：拿起勺子，将盘子里的食物舀到勺子里，把勺子送到嘴边，含住食物，咀嚼，最后吞下食物。接下来使用操作性条件反射的规则教给儿童这些成分。例如，给儿童进行强化，让他渐渐成功地接近目标行为，最后能完成整个动作。我们有时称这种操作性的方法为"应用行为分析"，它也被用来减少患者不适宜的和可能会伤害到自己的行为。通过强化替代行为，这些类型的行为通常会减少。

关于这些项目的研究显示出了患者在精细动作技能、他人接纳和自理技能上的进步，然而在完整的动作技能和语言能力方面，这些项目只有非常有限的效果。在智力或是学业表现方面，也没有证据证明这些项目有长期的治疗效果。

认知治疗

许多患有智力发育障碍的儿童不能在解决问题时使用策略；就算他们能够使用策略，这种尝试通常也不能成功。自我指导训练能教给这些儿童通过言语指示进行自己解决问题的尝试。

例如，一组研究人员让患有智力发育障碍的高中生自己制作黄油面包并在之后自己进行清理（Hughes, Hugo & Blatt, 1996）。一名教师先给学生展示这些步骤，并把问题解决过程中涉及的这些步骤说出来，比如烤箱要翻转过来或者拔掉插头等。学生学着用简单的话语或符号指导自己进行这些步骤。例如，当烤箱需要翻过来时，老师会教给学生先陈述这个问题（"面包放不进去"），然后陈述反应（"把它翻过来"），进行自我评估（"搞定了"），最后自我强化（"做得好"）。如果他们做到了自我出声指导并正确解决这个问题，可以得到表扬和击掌鼓励。数项研究证明，即使是有很严重的智力发育障碍的人也能够学会用自我指导的方法进行问题解决，并将学到的策略用到新任务上，包括在咖啡厅给客人点餐以及进行打扫工作（Hughes & Agran, 1993）。

计算机辅助指导

现在各种各样的教育和治疗场所中都开始使用计算机辅助指导；它可能特别适用于对智力

计算机辅助指导特别适合治疗智力发育障碍。
（Robin Nelson/Photo Edit）

发育障碍儿童的教育。计算机呈现的视觉和听觉信息能够保持住那些容易分心的学生的注意力；它可以选择适合个体的材料的难度，确保个体能有成功的体验；并且可以反复多次呈现材料而不会像人工呈现那样使教师感到无聊或不耐烦。例如，计算机被用来帮助智力发育障碍患者学习使用 ATM 机（Davies, Stock & Wehmeyer, 2003）。智能手机也能够在提醒、定位、指导和日常任务等方面为患者带来极大的帮助。

概念核查13.3（答案见章末）

回答下列问题。

1. 以下哪一项不属于学习障碍？
   a. 计算障碍
   b. 阅读障碍
   c. 智力发育障碍
   d. 发育性协调障碍
2. 研究显示使用中文或英文的阅读障碍儿童：
   a. 阅读时，说中文的儿童大脑左侧中间的额叶脑回显示出更少的激活
   b. 阅读时，说中文的儿童大脑左侧的颞顶皮层显示出更少的激活
   c. 阅读时，说英文的儿童大脑左侧中间的额叶脑回显示出更少的激活
   d. 阅读时，说英文的儿童大脑左侧的颞顶皮层显示出更少的激活
3. 以下哪项不是智力发育障碍的原因？
   a. 染色体异常，如 21 三体综合征
   b. 苯丙酮尿症
   c. 铅中毒
   d. 以上三者都被发现能引起智力发展障碍
4. 以下哪项作为计算障碍的可能原因被研究过？
   a. 基因—环境的交互作用
   b. 大脑额叶
   c. 阅读障碍
   d. 以上三者都被发现能引起计算障碍

自闭谱系障碍

想象这样一个场景：你正在一个特殊教育课堂里参与有关儿童障碍的课程。老师希望你可以主动参与到课程中。有一个孩子站在鱼缸前面，你注意到他优雅而灵巧的动作，脸上带着恍惚的微笑，眼神似乎无限深远。你开始跟他谈起鱼缸里的小鱼，但是他并没有注意到你说的话，甚至没有注意到你的存在，而是一直微笑着来回地晃来晃去，就好像只有他自己听到了一个好笑的笑话。课后，你问老师这个男孩子是什么情况，她告诉你说这个男孩患有自闭症。

自闭谱系障碍的临床描述，患病率及预后

虽然早在 70 年以前就有了对自闭症的描述（见聚焦发现 13.3），但自闭症却是在 1980 年 DSM 第三版出版时才被正式纳入。三十年来，其诊断和定义发生了很大的变化。DSM-Ⅳ-TR 中许多单独的诊断类别——孤独症、阿斯伯格综合征、未分类的广泛性发育障碍及儿童期崩解症——合并为一个类别，称为**自闭谱系障碍**。为什么会有这样的改变呢？研究发现，这些病症都有类似的临床特征和疾病成因，似乎只是在严重程度上有所区分。因此，DSM-5 只包括一个障碍类别，也就是自闭谱系障碍（ASD）。

社交和情绪困扰

患有 ASD 的儿童在社会交往方面有非常严重的问题（Dawson, Toth, Abbott et al., 2004）。他们可能很少接近别人，可能视线会看过去却忽略他人的存在，或者回避他人。一项研究发现，当和成年人见面或是分别时，ASD 儿童很少自发地向别人打招呼或道别，不管是说出来还是通过微笑、眼神交流或者动作（Hobson & Lee, 1998）。另一项研究显示，相比正常的儿童来说，1 岁的 ASD 儿童在自己的生日聚会上会更少注

> ### 聚焦发现 13.3　　自闭谱系障碍简史
>
> 　　1943年，孤独症由约翰·霍普金斯大学的精神病医生列奥·坎纳（Leo Kanner）首次提出。他在临床工作过程中发现了11个异常儿童，他们的行为方式与那些患有智力发展障碍或是精神分裂症的孩子不同。坎纳将这种症状命名为"婴幼儿早期孤独症（early infantile autism）"。因为他观察到"从一开始，这些孩子就有极端的自闭性孤独感，以至于只要有可能的话，他们就漠视、忽视甚至回避一切外界的信息"（Kanner，1943）。
>
> 　　坎纳认为自闭性的孤独感是该病的基本症状。他还发现，从一生下来起，这11名儿童就无法和他人正常地发生联系。他们的语言能力非常有限，他们还强烈地甚至强迫性地期望自己周围的事物可以保持不变。尽管坎纳和其他人在很早的时候就描述了这种病症（Rimland，1964），但这种病症却是在1980年DSM-Ⅲ出版时才进入正式的诊断手册，那时它的名称是孤独症。
>
> 　　阿斯伯格综合征是以汉斯·阿斯伯格（Hans Asperger）命名的，他在1944年描述了一组比孤独症要轻一些的症状，患者交流能力的缺陷相比孤独症要轻微。阿斯伯格综合征首次进入DSM是在1994年DSM-Ⅳ出版的时候。患有阿斯伯格综合征的人社交贫乏，有许多僵化的刻板行为，但是他们的语言能力和智力保持完好。阿斯伯格综合征困扰了许多人，多年来他们不理解自己为什么和他人不同。也许是由于DSM-Ⅳ对这种病的承认，过去十年里有相当多的研究围绕着阿斯伯格综合征开展。患有阿斯伯格综合征的成年人现在也更多地被心理卫生专家诊断和治疗（Gaus，2007）。
>
> 　　多年来，有很多研究者、临床医师和家庭把这些病症称为"自闭症谱系"，因此从某些角度来说，这个变化可能并没有那么让人难以适应——至少是在名称方面。但将阿斯伯格综合征从诊断类别中移除可能会带来一些麻烦，因为那些好不容易了解自己是出了什么问题的人现在又要考虑自己到底患了什么病。不管怎么说，时间将见证一切。

意他人的面孔（Osterling & Dawson，1994）。患有ASD的儿童很少主动和其他儿童玩耍，对于那些接近他们的人，他们通常没有反应。ASD儿童有时会与人有目光接触，但是他们的目光不同寻常。儿童凝视他人一般是为了吸引别人的注意力，或是将他人的注意引向什么特定的物体；但是ASD儿童一般都不是（Dawson et al.，2004）。我们通常所说的共同关注，指的是两个人不管是谈话还是无声地交流情感都会有的一种对对方的关注；这种互动形式在ASD儿童中是有缺陷的。

　　一项成人研究发现，ASD患者与正常人在观看面孔时会注意不同的区域（Spezio, Adolphs, Hurley et al.，2007）。要解读一个人的面孔上呈现的是什么表情，一般人都会同时关注眼部和嘴部。在这项研究中，ASD患者非常关注嘴部的细节而几乎完全忽略眼部。这种对眼部的忽视很有可能造成了他们解读他人情绪时遇到的困难。

　　儿童研究的发现与成人研究一致，患有ASD的儿童不会注意他人的面孔或是捕捉他人的目光，fMRI研究发现ASD患者在完成面孔感知或是面孔识别时，他们的梭状回、颞叶的其他区域以及杏仁核都没有激活，而这些脑区正是与识别面孔和情绪有关的（Critchley, Daly, Bullmore et al.，2001；Pierce, Haist, Sedaghadt et al.，2004；Pierce, Muller, Ambrose et al.，

2001)。相反，大脑的另外一些区域显示了激活，这表明ASD患者的面孔识别系统可能存在问题。

如果有人邀请他们一同玩耍，ASD患儿可能会在一段时间内和他人一起进行一些活动，不过他们不喜欢像搔痒或是摔跤这样有身体接触的游戏。在非结构化环境中对ASD患儿自发游戏的观察发现，与智力发育障碍和正常年龄发展阶段的儿童相比，ASD儿童进行象征性游戏的时间更少，例如让娃娃去商店或是假装木块是一辆车（Sigman, Ungerer, Mundy et al., 1987）。

> **DSM-5中自闭谱系障碍的诊断标准**
> 共有6个或以上A组、B组或C组中的症状，其中至少有A组的2项、B组和C组各有1项：
> A. 社交交流和社交互动的缺陷，表现为：
> - 非言语行为的缺陷，如缺乏目光接触、面部表情、肢体语言
> - 正常的发展阶段中同伴关系发展的缺陷
> - 社交或情感互动的缺陷，如从不接近他人、不能完成交互式的对话、缺乏兴趣和情绪情感的分享
>
> B. 受限制、重复的行为模式、兴趣或活动，表现为：
> - 刻板或重复的言语、动作，或对物体的使用非常刻板、重复
> - 过度固守常规，有言语或非言语的仪式行为，或是强烈拒绝改变
> - 非常有限的兴趣，通常有着异常的关注点，例如专注于物体的某个部分
> - 对感觉输入过度反应或者反应过低，或是对环境中的感觉信息有不寻常的兴趣，例如对灯光或旋转的物体十分着迷
>
> C. 童年早期发病。
> D. 症状限制并损害了个体的社会功能。

有些研究者提出ASD患儿的"心理理论"存在缺陷，这是他们病症的核心问题，该缺陷导致了他们的社交功能失调（Gopnik, Capps & Meltzoff, 2000; Sigman, 1994）。心理理论指的是一个人理解他人可能持有与自己不同的期望、信念、意图和情感的能力。心理理论对于理解和成功参与社会互动至关重要，一般是在2岁半到5岁时发展而成。ASD患儿似乎没有经历这个发展中的里程碑事件，因此他们不能理解他人的观点和情绪反应。研究还显示了ASD患者的大脑中与形成心理理论能力相关的区域有缺陷（Castelli, Frith, Happe et al., 2002）。

虽然有的ASD患儿能够学着去理解情绪体验，他们"回答有关……情绪体验问题的时候，就像正常的孩子回答很难的算数问题一样"（Sigman, 1994），需要十分专注。对ASD患儿的实验研究发现，他们虽然能识别他人的情绪，但是并没有真正地理解（Capps, Rasco, Losh et al., 1999; Capps, Yirmiya & Sigman, 1992）。例如，让一名ASD患儿解释一个人为什么会愤怒，他解释道"因为他在大声喊叫"（Capps, Losh & Thurber, 2000）。

交流缺陷

有的ASD患儿是在获得语言能力之前就已经表现出了交流方面的缺陷。"咿呀学语"（babling）描述的是婴儿能使用词汇之前的言语。患有ASD的婴儿的咿呀语出现频率很低，他们

ASD患儿较少与其他儿童玩耍或进行社交互动。
Ruth Jenkinson/Getty Images.

也很少像其他婴儿那样通过这种方式传达信息(Ricks，1972)。到了两岁时，大多数正常发育的儿童都能用词汇来指示他们周围的物体，并能使用包含1到2个词的句子来表达较复杂的思想，例如"妈妈走"或"我果汁"。相反，ASD患儿在这些能力方面远远落后于正常儿童，也经常表现出其他语言问题。

　　一个与ASD相关的特征叫作仿说(echolalia)，它指的是患儿高度精确地重复自己听到的话。一位老师问一名ASD患儿："你要饼干吗？"患儿可能会这么回答："你要饼干吗？"这就是即时的仿说。在延迟的仿说中，这名儿童可能原本是呆在一个房间里看电视，而且对节目表现得非常不感兴趣。然而几个小时后，甚至可能是在第二天，这个儿童会说出当时播放的电视节目中的词或者短语。

　　另一种在ASD患儿的言语中常见的语言能力异常叫作**代名词反转**，它指的是患儿会把自己称为"他/她"或"你"（甚至可能是用自己的名字）来指代他们自己。看下面这个例子：

　　　　家长："强尼，你在做什么呢？"
　　　　儿童："他在这儿呢。"
　　　　家长："你玩得开心吗？"
　　　　儿童："他知道的。"

　　代名词反转与仿说有着紧密的联系——当ASD患儿使用仿说时，这些话语会指向他们自己，就好像是听到他人在谈论自己那样，并且会用错代名词。ASD儿童在使用语言时止于表面意义。如果当一个患ASD的女孩学会说"是"这个词的时候，她的父亲把她扛到肩头给她积极强化的话，这个孩子以后可能就会通过说"是"来表示她想让爸爸把自己扛到肩上玩耍。其他可能的情况是，如果父母曾在孩子差点把家里养的小猫丢在地上的时候说过"别把小猫丢掉"，而且语气很重，那么以后当这名ASD患儿也说这句话的时候，他的真正意思可能是"不要"。

重复行为和仪式行为

　　如果你打破ASD儿童的日常常规或是生活环境，这会让他们非常生气。仅仅是换了一个装牛奶的杯子或是把家具换了位置摆放都可能让他们大哭大闹或是发脾气。

　　ASD患儿的行为总是带有一些强迫的性质。在玩耍的时候，他们会不停地把玩具排成排或是把家里的东西搭成错综复杂的形状。长大以后，他们可能会特别关注火车的时刻表、地铁线路和数字序列。跟正常儿童相比，ASD患儿可以执行的行为非常有限，而且他们不太愿意去探索新的环境。

　　ASD患儿可能会有刻板行为、奇怪的仪式性手势以及其他有节律的动作，例如不停地摇晃身体、拍手、踮着脚走。他们可能喜欢旋转或拧线绳、蜡笔、小木棍和盘子打转，在自己的眼前摆弄手指，盯着风扇还有其他旋转的物品不停地看。研究者通常将这些表现形容为"自我刺激"活动。这些儿童可能会对操作一样物品全神贯注，而且如果有人打断他们的话，他们会非常生气。

ASD患者常常表现出刻板行为，比如仪式性的手部动作等。
(Nancy Pierce/Photo Researchers, Inc)

有些 ASD 患儿会对一些简单的无生命物体（例如钥匙、石块、金属丝网编织的篮子、电灯开关、大毛毯等）和一些复杂的机械（例如冰箱和吸尘器等）产生强烈的依恋和极度的关注。如果他们能随身携带这些物品，他们到哪里都会带着它们，而这样的行为会干扰他们去学习那些更有用的东西。

ASD 的并发症

许多 ASD 患儿在标准智力测验上的得分低于 70，这个情况使得我们很难区分 ASD 患儿和智力发育障碍的儿童。不过，他们还是有一些比较重要的差异的。智力发育障碍的儿童在智力测验上所有部分的得分都很低，但是 ASD 患儿可能只在那些与语言能力有关的部分得分低，例如那些涉及抽象思维、符号思维或是顺序逻辑的测验（Carpentieri & Morgan, 1994）。ASD 患儿通常会在需要视觉空间技巧的任务上表现得很好，例如组块设计匹配测验以及将分离的物体重新拼好等（Rutter, 1983）。ASD 患儿最大的相对优势体现在感觉运动技能的发展上，他们虽然在认知能力上表现出严重的缺陷，但是他们可能具有娴熟的运动技能，像是荡秋千、爬山或是平衡这些活动。而智力发育障碍的儿童在整体运动的发展上表现出很大的困难，比如他们很难学会走路。ASD 患儿还可能会在一些需要非凡天赋的方面展现出特殊才能，比如有的孩子可以快速地在头脑中计算四位数乘法。他们可能还有出色的长期记忆，能够准确回忆起多年前听过的歌曲的歌词。

学习障碍也可能与 ASD 共病。一项研究报告称，ASD 患儿中有超过 1/3 的人同时患有学习障碍（Lichtenstein, Carlstrom, Ramstam et al., 2010）。另外，焦虑障碍也可能与 ASD 共病，大约有 11%～84% 的 ASD 患儿会经历临床意义上显著的焦虑，包括分离焦虑、社交焦虑、广泛性焦虑和特定的恐惧症（White, Oswald, Ollendick, Scahill, 2009）。

自闭谱系障碍的患病率

ASD 起病于童年早期，可能在婴儿刚出生几个月时就很明显了。大约 110 名儿童中就有 1 名患有 ASD（CDC, 2009a）。研究表明，男孩患有 ASD 的可能性大概是女孩的 4 倍（Volkmar, Szatmari & Sparrow, 1993）。过去 25 年里专家们做出 ASD 诊断的数量出现了大幅度的增长——例如，在加利福尼亚州上升了近 3 倍（Maugh, 2002）。不同的社会经济地位群体、民族和种族群体中都发现了 ASD 患者。ASD 的诊断表现出了显著的稳定性。最近一项研究中，84 名被诊断为 ASD 的两岁儿童中仅有 1 名在九岁时不再符合诊断标准（Lord, Risi, DiLavore et al., 2006）。

自闭谱系障碍的预后

ASD 患儿成年之后会怎么样呢？自闭症的首位描述者坎纳（1973）报告了当初 11 名自闭症儿童中的 9 名在成人之后的状态。有 2 名患者癫痫发作；1 名去世；1 名住在一所州立医院；另外 4 个人几乎一生都在医院里度过。剩下的 3 个人中，有 1 名依然沉默不语，但是在一个农场找到了工作，还在一个私人疗养院做了值班人员。这 3 个人中的另外 2 个的康复状况比较令人满意，虽然他们仍旧和父母住在一起，社交生活贫乏，但他们找到了不错的工作，还发展出了个人休闲兴趣。

最近基于人口总量的后续研究也发现了类似的结果（Gillberg, 1991；Nordin & Gillberg, 1998；Von Knorring & Hagloff, 1993）。总的来说，在 6 岁以前能学会说话的、智商较高的患儿干预效果最好；他们原本损伤的功能中有一小部分能在成人期恢复得不错。例如，一项从学前期到成人早期的 ASD 患者追踪研究发现，智力分数超过 70 预测了患者在长大后适应功能方面更多的优势和更少的劣势（McGovern & Sigman, 2005），而且对那些与同伴交往和互动更多的患者来说效果更好。另外一些研究发现，多数智商较高的 ASD 患儿并不需要家庭护理，有的甚至能够上大学，还能找到工作获得经济来源（Yirmiya & Sigman, 1991）。不过，仍然有很多能够自立的 ASD 成年人一直在社会关系方面有缺陷（Howlin, Goode, Hutton & Rutter, 2004; Howlin, Mawhood & Rutter, 2000）。"聚焦发现13.4"描述了一位患有 ASD 的女性，她在专业上的卓越成就与 ASD 带来的社交和情感方面的缺陷共同构成了她成年后的生活。

自闭谱系障碍的病因学

早期的理论认为，不良教养方式等心理因素是造成 ASD 的原因。不过近些年来，这种狭隘而错误的观点已经被新的理论取代了。基于研究证据，我们认为遗传和神经因素都对 ASD 的形成至关重要。尽管早期关于心理因素的理论缺乏实证研究的支持，但这种说法已经给家长带来了极大的情感负担，因为他们被告知是自己的错误造成了孩子的 ASD。

遗传因素

有许多证据显示 ASD 受到遗传因素的影响，其遗传性大约是 0.80（Lichtenstein et al., 2010）。如果一个人的兄弟姐妹患有 ASD 或是语言能力发展延迟，那么他患病的可能性就比那些兄弟姐妹没有患病的人要高得多（Constantino, Zhang, Frazier et al., 2010; McBride, Anderson & Shapiro, 1996）。双生子研究提供了更强有力的证据，它显示同卵双生子同时患 ASD 的可能性为 47%～90%，相比而言异卵双生子中该概率为 0～20%（Bailey, LeConteur, Gottesman et al., 1995; Le Couteur, Bailey, Goode et al., 1996; Lichtenstein et al., 2010）。然而，这些结果并不能完全排除环境的影响，因为我们知道，基因必须通过环境才能发生作用。最近的"加利福尼亚州 ASD 双生子研究"，采用高效度的诊断方式，弥补了传统的仅凭医疗记录或父母报告的诊断方式的不足。与其他研究相反，这项研究发现共享环境因素能够解释 ASD 风险的一半以上（Hallmayer, Cleveland, Torres et al., 2011）。

一系列研究追踪了育有 ASD 双生子的家庭，这些研究显示 ASD 在遗传上与一系列广泛的交流和社会交往缺陷症状有关联（Bailey et al., 1995; Bolton, MacDonald, Pickles et al., 1994; Constantino et al., 2010; Folstein & Rutter, 1977a, 1977b）。举例来说，ASD 儿童的同卵双生子都表现出了交流能力的缺陷，比如语言能力的延迟或是阅读能力的损伤；他们还有严重的社交缺陷，包括不与家庭以外的人发生社交联系、对社交信息或习俗缺乏理解，以及他们不会对照料者表现出自发的情感依恋。相比之下，ASD 儿童的异卵双生子在社交和语言发展方面几乎都很正常，他们成年之后也能独立生活（Le Couteur et al., 1996）。而在那些有不止一个 ASD 患儿的家庭中，未患病的兄弟姐妹也表现出社会交流和互动方面的缺陷（Constantino et al., 2010）。以上提到的这些来自于家庭研究和双生子研究的证据都支持了基因影响是 ASD 的成因之一。

神经生理因素

越来越多的研究将语言、社交和情感的 ASD 缺陷与大脑联系在一起。一系列研究检验了大脑结构在 ASD 中的作用，研究结果也得到了很好的验证，使我们对于 ASD 患者的大脑究竟可能出了什么样的问题有了更清晰的了解。现在我们还没弄清楚的是，哪些因素可能引起大脑早期发育中的这些问题。

许多研究采用了 MRI 技术，发现患有 ASD 的儿童和成年人相比同龄正常人而言，大脑体积更大（Courchesne, Carnes & Davis, 2001; Piven, Arndt, Bailey et al., 1995, 1996）。采用头部周长测量作为大脑大小指标的研究也支持了相同的结果（Courchesne, Carper & Akshoomoff, 2003）。更有意思也更令人不解的是，多数 ASD 患儿出生时大脑的大小相对来说正常，然而在 2～4 岁这段时间里，ASD 患儿的大脑就明显变得更大（Courchesne, 2004）。一项采用 MRI 技术的

聚焦发现 13.4　一位与自闭谱系障碍抗争的女性

天宝·格兰丁（Temple Grandin）是一位患有自闭谱系障碍的女性。她拥有动物科学的博士学位，运营自己的公司为农场设计机器，同时还是科罗拉多州立大学的教职人员。格兰丁的三本自传（Grandin，1986，1995，2008）和一本由神经科学家奥利弗·塞克斯（1995）撰写的传记描述了一个被ASD困扰的、感人而启迪人心的人物形象。根据格兰丁1995年的自传《图象思维》（Thinking in Pictures），美国HBO电视台制作了一部电影《自闭历程》（Temple Grandin）。2010年上映后该影片受到了高度的赞扬和嘉奖。此外，格兰丁也撰写了其他书籍讲述了她在动物领域的专业成就。

格兰丁缺乏理解社交活动中的微妙性和复杂性的能力，不能与他人共情，她将自己与非ASD的外界的关系总结成了这样一句话："许多时候我觉得自己像一个火星上的人类学者"（Sacks，1995）。

格兰丁的童年，充满猝然的冲动行为、狂暴的愤怒以及高度集中的注意力。她有"一种高度集中的选择性注意力，就好像它能够创造出自己的世界一样。那是一个存在于混乱和骚动中的平静而有秩序的领地。"（Sacks，1995）她描述道，自己的"感觉被放大了，有时会达到一种折磨人的程度。她说她的耳朵在她两三岁时就好像是无助的麦克风，用压倒性的音量传递一切，不管那事情有关没关。"（Sacks，1995，第254页）

1950年，也就是格兰丁3岁的时候，她被诊断为自闭症。那时她完全不会说话，医生也预测住院治疗会成为她未来的命运。然而，在治疗护理学校和言语疗法的帮助下，在家庭的支持下，她在6岁时学会了说话，并开始和他人有更多的接触。不过，作为一个喜爱观察其他孩子互动的青少年，格兰丁"有时会想是不是大家都是有心灵感应的"（Sacks，1995）。这一点让她感到很神秘，因为正常儿童所具有的理解他人的需要和愿望的能力，那种能与他人共情和交流的能力，是她所没有的。

塞克斯描述了格兰丁在大学里度过的一天，他观察到了这个不寻常的人经常表现出的自闭气息：

她接待我在她的办公室里坐下。没什么客套，没做什么准备，没有那些社交的礼节，也没跟我谈论我的旅程或是问我喜不喜欢科罗拉多。她直接开始讨论自己的工作，说起她早些时候对心理学和动物行为的兴趣，这些学科如何与她的自我观察、与她作为ASD患者的需要联系起来，以及这种联系如何影响她形成高度发达的图像及工程学思考方式，并进一步使得她能够走向自己创造的这个独特的领域：设计农场、饲养场、畜栏还有屠宰场——多种管理动物的系统。

她表达得很好也很清楚，但是很明显带着一股难以停下来的冲劲和固执。一句话、一个段落，她一旦开始，就一定要将它说完，任何细节都不剩下。（Sacks，1995）

在自传里，格兰丁指出，许多ASD患者都是《星际迷航》的影迷，还特别喜欢斯波克和德塔。斯波克是火神种族的一员，他智力超常，有着缜密的逻辑思维，但他避免考虑任何生活中的情感问题；德塔则是一个机器人，一个居于人类身体内的高级电脑程序，像斯波克一样缺乏情感。这部戏剧的主题之一就是这两个人物如何与人类的情感经历相容。这个主题在德塔身上特别强烈地表现过，而这也正是格兰丁的生活主题之一。正如格兰丁（1995）在她47岁时写下的那样：

这一生我都是一个旁观者。我总是觉得自己就像是一个从外界看着世间一切的人。我无法参与高中的任何社交活动。

就算是在今天，亲密的私人关系也是我难以理解的。我一直单身，因为这样能帮助我避免很多自己无法处理的复杂情境。那些想要约会的男患者并不理解如何吸引一个女人，他们（还有我自己）都会让我想起《星际迷航》里的那个机器人德塔。还记得某一集里，德塔尝试约会，结果却是一场灾难。他试图通过改变自己计算机里的一个子程序以显得自己很浪漫，结果他用科学术语称赞了他的约会对象。即使是很有能力的ASD患者也会有像他这样的问题。

ASD患者的某些缺陷使得他们有着让人感叹的诚实和值得信任的品质。"说谎，"格兰丁写道，"总是会让我很焦虑。因为如果要说谎成功，就要对我面对的人表现出的微妙社交线索做出快速解析，以判断他有没有被骗到；而这是我做不到的"。（Grandin，1995，第135页）

格兰丁在事业上的成就令人印象深刻。她用她惊人的图像能力以及她对动物的共情设计了许多机器。例如一个能带领牛群进入屠宰处的斜槽，让它们能沿着圆形的路线行走，这样就可以让它们在被宰杀之前不需要意识到自己将走到刀刃之下。她还设计了一个"拥抱器"，这个机器可以在没有人体接触的情况下，为格兰丁提供温暖的拥抱。它有"两个沉重而倾斜的木头架子，差不多每个长130厘米，上面装饰了软而厚的材料。它们用铰链连在一个长而窄的底板上，接到一个V形、人体大小的槽。在一端有一个复杂的控制盒，由耐重的管子连到另一个放在密闭小橱里的机器。一个压缩机在身体上会产生强有力的但很舒适的压力，从肩膀一直到膝盖"（Sacks，1995）。格兰丁对这个奇妙设计的解释是，她小的时候非常想要被拥抱，但同时她又很害怕与其他人发生身体接触。她还记得她最喜欢的、身材高大的姨妈拥抱她的时候，她感到既安慰又无助，因为她的愉快里混杂了恐惧：

她开始有了白日梦——那时她才五岁——梦到一个神奇的机器可以强有力但是轻柔地挤压着自己，就好像拥抱一样；同时她又可以随时命令和控制这个拥抱的发生。几年以后，当她成长为一个青少年时，她看到了一个能撑住或是限制小腿运动的挤压机的设计图片。她意识到这就是她想要的：只要对这个机器稍加改动，它就能适合人类使用，而且可以变成她的神奇拥抱器。（Sacks，1995）

看到格兰丁演示了她的拥抱器并亲自试过之后，塞克斯写道：

天宝不光是从拥抱器中获得了快乐或是放松，更是一种对他人的感觉。就像她说的那样，当她躺在这个机器里时，她常常会想起她的妈妈、姨妈还有老师。

天宝·格兰丁博士，在其童年早期即被诊断为患有自闭症，但她的学术之路十分成功。

(John Epperson/Associated Press/AP/Wide World photos.)

> 她感到他们都很爱自己，而自己也很爱他们。她觉得拥抱器为她打开了一扇门，带领她通往一个原本不可能为她打开的亲密情感的世界。拥抱器几乎教会了她去感受他人的情感。（Sacks，1995）
>
> 塞克斯非常敬仰格兰丁在其专业上的成就，也很羡慕她为自己创造的有趣且有价值的人生。但是，一旦谈到人与人的互动这个话题时，很明显格兰丁就是无法理解。"天宝对动物能够产生快速而直觉性的共情，但是在理解人类情感（人们的暗号和信号，还有他们表现自己的方式）时产生了巨大的困难。这两者之间的鸿沟让我感到十分震撼"（Sacks，1995）。
>
> 格兰丁和塞克斯的这些描述让我们看到，自闭症患者要想适应生活，需要用到他们那些有时看起来有些怪异的禀赋，还要跟自己天生就有的缺陷周旋。"自闭症，虽然它可能被归为一种病态，但也必须将它看作一种存在的模式，一种完全不同的模式或是身份。它需要一个人意识到自己，而且为自己感到骄傲。"塞克斯还写道，"在一场公共演讲中，天宝最后说道，'如果我只需弹一下手指就可以不做一个自闭症患者，我也不会这么做。因为那样的话我就不是我了。自闭症就是我作为我而存在的一部分。'"（Sacks，1995）。

追踪研究评估了 ASD 患儿和正常儿童在两岁时和四五岁时的大脑体积大小，结果发现两岁时 ASD 患儿的大脑更大，但是到四五岁时并没有再进一步加大，也就显示了大脑的这种增大仅发生在生命初期的几年（Hazlett，Poe，Gerig et al.，2011）。拥有一个大于正常大小的大脑并不一定是件好事，它可能意味着一些不必要的神经元没有被正确地修剪。修剪神经元是大脑成熟进程中的一个重要部分；因为对比婴儿大脑，年龄大一些的儿童大脑中的神经元联结要少一些。让我们更加不解的是，ASD 患儿的大脑增长似乎在童年后期减缓了。看来，弄清楚大脑生长的模式如何与 ASD 的症状相关是非常重要的。值得注意的是，那些"过度生长"的大脑区域包括了额叶、颞叶和小脑，它们与语言、社交和情感功能都有关系。

大脑其他区域也与 ASD 相关联。来自 9 个独立研究组的 16 项 MRI 和尸检研究都发现了 ASD 患儿的小脑区域有异常（Haas，Townsend，Courchène，et al.，1996），新进的研究也证实了这个发现（例如，Hardan，Minshew，Harenski et al.，2001）。另一项研究发现，通常我们观察到的 ASD 患儿很少探索周围环境的这个现象与他们的小脑大于常人有关（Pierce & Courchesne，2001）。ASD 患者在神经生理方面的异常显示了在发展进程中，他们的脑细胞没能正确地排列，以至于不能形成正常大脑中应有的那种神经网络联结。

有两项研究检验了 ASD 患者（包括成人和儿童）的杏仁核大小。我们已知 ASD 涉及社交和情感方面的困难，而杏仁核刚好与社交和情感行为有关，那么认为杏仁核可能与 ASD 有关联是非常合理的。其中一项研究发现，ASD 患儿的杏仁核更大（Munson，Dawson，Abbott et al.，2006）。三四岁时较大的杏仁核预测了六岁时社交行为和社会交流的困难较多。这个发现与那些显示了其他大脑区域过度生长的研究一致。然而，另一项研究则发现较小的杏仁核与情绪面孔知觉以及在该任务中对眼部区域较少的注视相关（Nacewicz，Dalton，Johnstone，et al.，2006）。我们应当如何理解这些看起来截然不同的结果呢？后面提到的这项研究中被试年龄更大，说明大脑的改变在发展中一直持续，它们可能与社交和情感损伤有不同的关联。

自闭谱系障碍的治疗

ASD 治疗中最有前景的方法是心理治疗。

各种有关心理治疗和药物治疗联合疗法的研究已经有很多，但是很少有令人满意的结果。对ASD患儿的治疗通常以减少他们的不寻常行为和提高他们的交流与社交技能为目标。大多数情况下，干预越早开始，获得的效果就会越好。该领域中，早日诊断出ASD是关键。一项研究追踪了ASD高风险儿童（父母或是兄弟姐妹患有ASD）。研究者在他们14个月大时就开始了研究；即使这些婴儿还没有获得语言能力，研究者也能够辨别出他们在共同关注和交流中的缺陷，这样就可以在早期做出有预见性的ASD诊断(Landa, Holman & Garrett-Mayer, 2007)。

在这里我们需要提醒读者注意，相比心理因素来说，即使遗传因素和神经生理因素在ASD的病因学上获得了更多实证研究的支持，当下依然是心理治疗展现出了最有前景的治疗效果，而不是药物治疗。这告诉我们，神经生理的缺陷可能还是从心理上治疗比较可靠。

行为治疗

20世纪80年代后期，行为治疗师Ivar Lovaas为一群4岁以下的ASD患儿开展了一项高强度的基于操作性条件的行为治疗（Lovaas, 1987）。该疗法每周进行40多个小时，持续了2年以上，包括了儿童生活的各个方面。家长们也为此接受了大量的训练，以便他们随时用该疗法帮助自己的孩子。19个接受这种每周40小时高强度治疗的儿童要与另外一组每周只接受少于10小时治疗的儿童进行比较。两组儿童都能在减少攻击性、表现顺从和做出更恰当的社交行为（例如与其他儿童交谈和玩耍）之后获得奖励。该项目的目标是让这些儿童能够回归主流，其假设是ASD患儿在进步的同时，能更多地从与正常同龄人的相处中获益，而整天独自一人或是和其他患病的儿童待在一起则不会带来改善。

这项标志性研究的结果是戏剧化并鼓舞人心的。高强度治疗组的儿童在一年级时（约是高强度治疗的两年以后）平均智商达到了83，另一组儿童的平均水平只有55；19名儿童中的12名达到了正常的智商区间，另一组（共40名儿童）则仅有2名儿童的智商达到正常区间。高强度治疗组的19名儿童中，有9名在二年级时进入了常规的公立小学，而人数更多的另一组中只有1人能达到这样的功能水平。四年后对这些儿童进行的后续研究表明，高强度治疗组依旧保持着他们在智商、适应性行为方面的进步，并且学业成绩有所提高（McEachin, Smith & Lovaas, 1993）。虽然许多评论指出了这项研究在实验方法和结果测量上的缺陷（Shopler, Short & Mesibov, 1989），但是这项抱负不凡的项目仍证实了高强度疗法结合专家与家长深度参与挑战ASD所带来的效益。

这项研究的一个缺陷是，它并不是一个随机的、严格控制的临床试验。不过目前只有一项随机处理、严格控制的临床试验检验了高强度行为疗法是否能真正起到作用。该研究将一项高强度行为治疗（大约一周25小时，而不是40小时）与仅有家长训练的治疗进行了比较（Smith, Groen & Wynn, 2000）。虽然行为疗法比仅有家长训练更有效，但是该研究中的儿童并没有显示出如同之前提到的每周40小时治疗一样的效果。这也许是因为这个研究里儿童并没有接受那么多小时的治疗。

最近一项对22个高强度行为治疗研究进行的元分析报告了一些值得注意的结果，这些干预是在临床诊所进行的或是以家长为关键干预点的。首先，这些研究的平均质量在1—5分制的评分（5代表最好）中只有2.5分，因为随机临床试验很少，而且很多都只有非常小的样本量。虽然有这些客观的限制，但它们整体的效应量是大的，分别体现在智商、语言能力、整体的交流水平、社会化以及日常生活技能等方面（Virués-Ortega, 2010）。这些结果令人振奋，但还需要开展更为严格的研究来考察这些类型的治疗方法。

其他的研究还显示父母所提供的教育是非常有益的。因为父母会出现在儿童生活中许多不同的情景中，所以父母能够帮助儿童泛化他们取得的成绩。例如，一组研究者证明，在促进ASD患儿的行为方面，25～30小时的家长训练能和200小时直接的临床治疗起到一样的效果（Koegel, Schreibman, Britten, et al., 1982）。这个研究组还比较了家长行为训练的不同策略，并取得了一些有趣的结果。他们发现，如果有人指导家长去关注儿童的动机和反应性的提高，而不是让他们关注如何用一种有序的方式去改变某个有问题的行为的话，家长训练可能会更加有效（Koegel, Bimbela & Schreibman, 1996）。例如，让儿童去选择教学材料，为他们提供自然的强化物（例如玩耍和社会性的赞扬）而不是可食用的强化物，不仅要强化儿童的反应，也要强化做出反应的尝试。这些都能够使家庭互动更有效，并且会带来家长与ASD患儿的更多积极的交流。这种更有聚焦取向的疗法叫作关键反应疗法（pivotal response treatment），它的基本理念是在关键领域进行的干预也会引发其他领域内的进步。至少有10项研究发现关键反应疗法确实有效（Koegel, Koegel & Brookman, 2003）。

其他干预方法则关注如何改进ASD儿童在共同关注和交流方面的问题。在一项随机对照的临床试验里，三四岁的ASD患儿被随机分配到共同关注（joint attention, JA）干预组、象征性游戏（symbolic play, SP）干预组或是控制组之中（Kasari, Freeman & Paparella, 2006）。所有的儿童之前就已经参加了一项干预项目；JA干预组和SP干预组都是为儿童提供的额外干预，即在6周的时间里每天为他们进行30分钟的训练。6个月和12个月之后，经过JA和SP治疗的儿童相比控制组的儿童显示出了更多的进步，还表现出了更强的语言技能（Kasari, Paparella, Freeman & Jahromi, 2008）。

药物治疗

治疗ASD患儿问题行为时最常用的药物是氟哌啶醇，它是一种治疗精神分裂症时使用的抗精神病性药物。有研究表明这种药物能减少社会退缩、刻板动作，还有像自残和攻击行为等适应不良的行为（Anderson, Campbell, Adams et al., 1989；McBride et al., 1996；Perry, Campbell, Adams et al., 1989）。然而，许多儿童对该药物的反应都不是很好，而且它也没有在ASD的其他症状方面表现出什么积极效果，例如社交功能和语言能力的损伤（Holm & Varley, 1989）。氟哌啶醇还有严重的副作用（Posey & McDougle, 2000）。在一项追踪研究中，超过30%的ASD患儿服药后得了运动障碍或是肌肉抽动障碍，幸好这些症状在撤去药物之后能够消失（Campbell, Armenteros, Malone et al., 1997）。

有证据显示，ASD患儿血液中的5-HT水平可能偏高（Anderson & Hoshino, 1987），这激发了减少5-HT活性的药物治疗研究。最初热情高涨的研究者宣称，芬氟拉明这种能降低鼠和猴子的5-HT水平的药物，与ASD患儿在行为和思维过程方面的显著提高相关联（Ritvo, Freeman, Geller, et al., 1983）；但是后来的研究发现结果则趋于平淡（Leventhal, Cook, Morford, et al., 1993；Rapin, 1997）。虽然芬氟拉明可能会使一些ASD患儿的社会适应、注意范围、活动水平和刻板行为方面有轻微的改善，但是在智商或语言能力的认知测量结果方面却不统一。

研究者还分析了纳曲酮，一种阿片类药物受体拮抗剂，发现这种药物能减少ASD患儿的多动水平，还能激发一定的社会性互动（Aman & Langworthy, 2000；Willemsen-Swinkels, Buitelaar & van Engeland, 1996；Willianms, Allard, Spears, et al., 2001）。一项对照实验还显示了这种药物在孩子开始学习交流中的轻微促进作用（Kolmen, Feldman, Handen, et al., 1995），但其他研究则没有发现它对交流行为或社会性行为有任何帮助（Feldman, Kolmen & Gonzaga, 1999；Willemsen-Swinkels et al., 1996；Willemsen-Swinkels, Buitelaar, Weijnen, et al., 1995)。这种药物似乎不能对 ASD 的核心症状起到任何作用，而且还有一些证据显示，在某些剂量下它可能使自伤行为有所增加（Anderson, Hanson, Malecha, et al., 1997)。

总的来说，当前对 ASD 进行的药物治疗并不如行为治疗有效。

概念核查13.4（答案见章末）

请判断正误。
1. 所有 ASD 患儿都有智力发育障碍。
2. 患有 ASD 的儿童在识别他人的情绪方面有困难。
3. 药物治疗是治疗 ASD 的有效手段。

总 结

临床描述

● 儿童期障碍通常分为两大类：外化障碍和内化障碍。外化障碍的特征是诸如攻击性、不顺从、过度活跃和冲动型的有关行为；包括注意力缺陷／多动障碍、品行障碍和对立违抗性障碍。内化障碍的特征是诸如抑郁、社会退缩和焦虑等有关行为；包括儿童期焦虑障碍和心境障碍。

● 注意力缺陷／多动症障碍（ADHD）是一种持久的注意力不集中或过度活跃及冲动的行为模式。相比同龄的正常儿童，ADHD 患儿的这些行为频率更高也更严重。品行障碍的特征是严重而广泛的攻击行为、说谎、偷窃、破坏财物、残忍对待他人或动物，以及其他触犯法律和社会规范的行为。

● 儿童期的心境障碍和焦虑障碍与成人期有相同的特征。然而在儿童的不同发展阶段还是有一些不同，这些差异都很重要。

● 在学业能力、语言能力或动作技能领域中，当一个儿童没能发展到其智力本应达到的水平时，该儿童会被诊断为学习障碍。我们通常在学校系统中鉴别和治疗这些障碍，而不是在心理卫生诊所。有证据显示基因—环境的交互作用影响着计算障碍。fMRI 研究指出，大脑不同区域与阅读障碍和计算障碍有关。

● DSM-5 采用的智力发育障碍诊断标准包括智力功能和适应性行为的缺陷，并且发病年龄早于 18 岁。专家越来越关注智力发育障碍患者的优势。这种研究重点的转变得益于越来越多的努力被投入到设计心理和教育干预中，努力让个体的能力可以发挥到极致。精神发育迟滞这个术语不再在 DSM-5 中使用。

● 自闭谱系障碍起病于生命早期，而且近几年来被诊断为该病的儿童在逐渐增多。主要的症状有：难以与他人互动，交流有问题（包括语言学习困难或者言语表达无规律，以及心理理论有问题。

病因学

● 有明确证据显示遗传和神经生理因素影响着 ADHD 的形成。出生时的低体重和母亲的孕期吸烟行为也同样可能增加婴儿患 ADHD 的风险。家庭因素与基因易感性有交互影响作用。

● 造成品行障碍的原因和风险因素有：基因素质、未能习得道德意识，模仿反社会行为并获得直接强化、消极的同伴影响、以及住在贫穷和犯罪多发的社区。

● 研究者认为儿童期心境障碍和焦虑障碍的病因大都与成人患者的病因相同，不过还应开展更多的研究。

● 有大量证据表明，目前被研究得最多的阅读障碍受基因和其他神经生理因素影响。

● 有些智力发育障碍有神经生理基础。例如，3 条 21 号染色体会引起唐氏综合征；孕妇患特定传染病，例如艾滋病、风疹和梅毒；还有一些能直接影响到婴儿的疾病，例如脑炎。这些都能够干扰儿童认知和社会性的发展。环境因素如含铅油漆也能够引发智力发育障碍。

- 家族研究和双生子研究为 ASD 中遗传因素的影响提供了强有力的证据，但是环境因素也在其中起着作用。ASD 儿童的大脑表现出异常，包括大脑在 2 岁时的过度发育以及小脑异常。

治疗方法

- 兴奋剂药物（如利他林）和对任务坚持性的强化训练的结合被证实能有效减少 ADHD 的症状。
- 治疗品行障碍患儿最有前景的方法涉及大量的多系统治疗，包括家庭、学校和同伴系统。
- 对心境障碍和焦虑障碍最有效的干预是认知行为疗法。药物治疗对治疗青少年抑郁很有效，不过药物的使用问题仍然存在争议。
- 对阅读障碍和计算障碍最广泛使用的干预手段都涉及教育。
- 应用行为分析、自我指导训练以及模仿都被用来治疗智力发展障碍患者的行为问题，并且获得了良好的成效，提高了他们问题解决的能力。
- 对 ASD 而言最有前景的治疗方法是心理治疗，包括高强度的行为干预以及家长的参与。也有人采用多种药物治疗，但是有证据显示药物治疗没有行为干预来得有效。

概念核查答案

13.1　1. T；2. T；3. F
13.2　1. 终生持续，青春期；2. ADHD，物质滥用，抑郁症，焦虑障碍；3. 家长管理训练，多系统治疗
13.3　1. c；2. a；3. d；4. a
13.4　1. F；2. T；3. F

第14章

老年期与认知神经障碍

学习目标

1. 能够描述对老年期变化的常见误解,理解真正与年龄增长相关的变化。
2. 能够对老龄化研究相关议题进行讨论。
3. 能够描述老年期心理障碍的患病率以及与估算患病率有关的议题。
4. 能够描述常见痴呆的症状表现、病因解释以及治疗方法。
5. 能够讨论谵妄的症状表现、病因以及治疗方法。

临床个案:西蒙

西蒙今年68岁,是一位已经退休的公司主管,因髋关节手术住院。虽然他一周要喝掉一瓶威士忌,但他通常每晚只喝几小杯,所以饮酒并不影响他的家庭生活。手术进行得很顺利,西蒙从麻醉中苏醒过来,疼痛得到了缓解。然而,就在手术后的第三个晚上,西蒙开始变得焦虑不安,难以入睡。第二天醒来后,他面带倦容,没有胃口。次夜,他更加焦虑不安,感到害怕,便叫来护士。但当护士出现后,西蒙却无法解释为什么要叫护士。就在此时,他认为护士们是那些跟她们长相相似的骗子假扮的,他包里的洗漱用品也被换成了次品。清晨醒后,西蒙变得非常惊恐和偏执。他知道自己是谁,但他不知道今年是哪一年,更不知道今天是哪一天,也不记得自己为什么在医院,医院的名字叫什么。于是,医生让他去接受精神科检查。

西蒙被确诊为谵妄症,可能是睡眠不足、酒精戒断,再加上服用了强效镇痛剂以及手术带来的压力共同导致的。西蒙的治疗方案包括:减少服用止痛药;服用氯丙嗪,一日三餐,每餐50毫克;睡前服用500毫克的水合氯醛。不到两天,他就从混乱的状态中清醒过来。一周后西蒙就出院了,症状完全消失。

(摘自Strub & Black, 1981, pp.89-90)

在这一章中，我们主要关注老年期的心理障碍，并将详细讨论痴呆和谵妄这两类在老年人中最常见的认知神经障碍。本章通过回顾相关话题以帮助读者了解老年生活，并将阐述人们对老化的常见误解、老年人面临的挑战以及年龄增长所带来的一些值得注意的优势。然而，一些研究方法方面的问题使得我们对老年期心理障碍的研究困难重重，在后文中我们将讨论研究方法是如何影响研究结果的。本章将提供证据证明诸如抑郁、焦虑以及物质滥用等心理障碍的患病率在老年期事实上是很低的。介绍完以上内容，本章将主要讨论痴呆和谵妄。

老龄化的问题与方法

随着年龄的增大，生理变化不可避免，同样也会带来情绪和精神上的变化，而这些变化都有可能影响老年人的社交活动。与大多数亚洲国家不同，老年人在美国并没有受到很好的尊重，许多人害怕甚至憎恶变老。也许我们对老年人缺乏关注缘于我们对变老根深蒂固的恐惧。患有严重疾病的老人容易让我们沮丧地联想到终有一天我们也会步履蹒跚、视野模糊、饮食无味，甚至疾病缠身。

老龄化给女性带来的社会问题尤其严重。过去的几十年，虽然我们这方面的意识在提高，但我们仍然不愿意面对女性脸上布满的皱纹和日渐松弛的体形。虽然在寺庙中白发僧人被视为德高望重的长者，但在美国以及其他许多国家，人们对女性的衰老嗤之以鼻。女性被不断灌输要关注自己的年龄，而化妆品和整容行业正是利用女性对变老的恐惧每年赚取数十亿美元的暴利*。然而，专家指出，随着年龄的增长，女性在心理卫生的某些方面反而会越来越好。

老人通常指 65 岁以上的人，而这种划分很大程度上是由社会政策随意划定的，而并非根据人们的生理发展划定的。为了进行粗略地划分，研究老年病学的专家通常将超过 65 岁的人划分为三个群体：65～74 岁为年轻老人；75～84 为年老老人；85 岁以上为高龄老人。

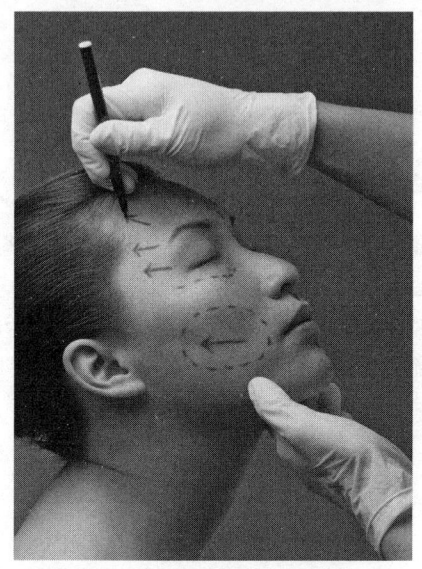

人们每年在化妆和整容行业花费数十亿美元以减少自己老化的痕迹。
(Inspirestock/©Corbis)

Edna Parker 于 2008 逝世，享年 115 岁。到 2050 年，美国百岁以上的老人预计会增加 10 倍。
(AP/Wide World Photos)

---

*这里需要指出的是，目前有越来越多的男性通过整容使自己看起来更年轻。

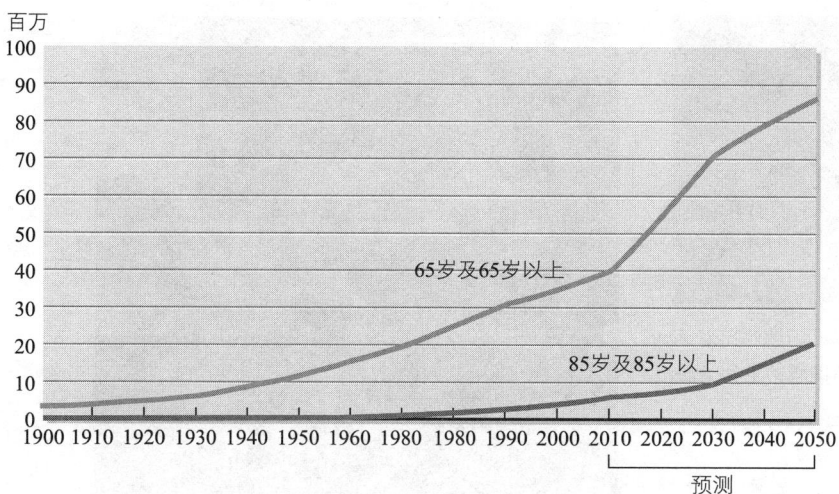

图 14.1 美国年轻老年人和高龄老年人的人数在增加。上图所示为 1900～2000 年与 2010～2050 年，65 岁以上的人数与 85 岁以上人数的折线图。数据来自美国人口普查局十年一次的人口普查项目。

上一次人口普查，65 岁及 65 岁以上的人占美国总人口的 12.4%（3500 万）。图 14.1 呈现了过去十年美国老年人口的急剧增加。到 2009 年，有 50000 名美国人超过 100 岁（美国人口普查局，2010）；到 2050 年，这个数据将超过 10 倍，会有 80 多万美国人超过 100 岁（U.S.Bureau of the Census,1999）。

看到这些数据，我们就不会奇怪为什么有 69% 的应用心理学家从事有关老年人的临床工作了（Qualls, Segal, Norman, et al., 2002）。但令人担忧的是，只有不到 30% 的心理学工作者接受过有关老年人的专门训练（Qualls et al., 2002）。

人们对老年生活的谬见

美国精神病学协会伦理原则强调面对老年人时，心理学家尤其要注意检查自己对老年生活是否有刻板印象（美国精神病学协会，2004）。在美国，许多人对衰老存在一些误解。最常见的误解包括我们会变得步履蹒跚、意识模糊。我们担心自己老了会变得不幸福，解决问题力不从心，同时也更关注自己日渐下降的健康水平，担心自己会变得孤单，不再有满意的性生活。

然而这些谬见都被一一揭穿。正如我们将看到的，虽然老年人在认知功能上有所下降，但绝大多数人在老年期并不会出现严重的认知障碍（Langa, Larson, Karlawish, et al, 2008）。事实上，相对于年轻人（18～30 岁）而言，老年人（60 及 60 岁以上）经历的负面情绪更少（Lawton, Kleban, Dean, et al., 1992）。有人也许会怀疑之所以得出这样的结论是由于老年人不愿意向研究者描述自己的负面情绪，然而实验研究的确证明老年人更善于管理情绪。比如，当被问到回答或谈论触动情绪的话题时，老年人比年轻人表现出的生理反应更少（Kisley, Wood, & Burrows, 2007；Levenson, Cartensen, & Gottman, 1994）。

而观看情绪积极的图片时，老年人的情绪脑区比年轻人活跃得多（Mather, Canli, English, et al., 2004）。许多老年人对躯体症状的报告比较少，可能是由于他们将疼痛看作老年生活不可避免的一部分。与年轻人相比，老年人并不会更容易产生躯体症状方面的问题（Regier, Boyd, Burke, et al., 1988；Siegler & Costa, 1985）。

另一种谬见也备受关注，它认为老年人的生活很孤独。然而事实上，社会活动的数量与老年人的幸福感并没有直接关系（Carstensen, 1996）。随着年龄的增长，人们会将自己的兴趣从寻找更多的社会互动转移到经营与重要他人的关系上，比如家人与亲密朋友。这种现象被称为**社会选择**。

与大众观点正好相反,老年人仍然保持着活跃的性生活。研究显示身体健康的老年人性生活频率仍然很高。
(Losevsky Pavel/Shutterstock.)

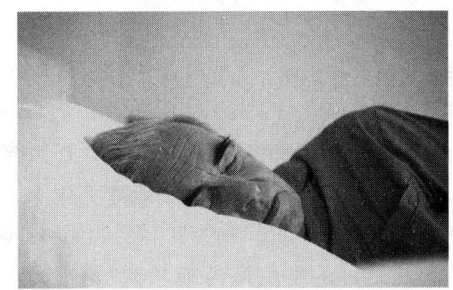

随着年龄的增加,睡眠质量逐渐降低。
(Corbis Digital Stock.)

John Glenn 在他 77 岁时参加太空飞行。如此看来年龄增大不一定就意味着活动的减少。
(ROBERTO SCHMIDT/AFP /Getty Images,Inc.)

当知觉时间有限,人们会更重视亲密关系而不是对外界的探索。这种偏好不仅存在于老年人中也存在于那些认为自己时间有限的年轻人中,比如那些准备远离家乡的年轻人(Frederickson & Carstensen, 1990),或者那些生命垂危的病人。在知道时间有限的情况下,人们更愿意与关系亲密的人而不是与一般的熟人交往。对那些不了解年龄增长所产生的变化的人而言,社会选择会被误认为是一种有害的社会退缩。

最后,与大众观点正好相反,老年人的性生活频率与性能力都比想象中要好(Deacon, Minicchiello, & Plummer, 1995)。大多数拥有伴侣且身体健康的老年人仍然保持着积极的性生活(Lindau, Schumm, Laumann, et al., 2007)。

总之,老年人有很多应对机制和智慧;我们对老年人的许多刻板印象都是错误的。除了上述已经受到质疑的假想,我们还需要了解老年人的多样性。不但要了解老年人彼此之间的不同,更要了解这些不同更甚于其他年龄层,因为随着年龄的增长,人们变得越来越个性化,但许多人还误以为所有的老年人都差不多。当我们听到某人 67 岁时,我们大脑里马上浮现出几个 67 岁人的特质。然而,67 岁仅仅只是这个人身上很小的一个特点。每个老年人不同的心灵史使得他们面对问题的反应都各不相同。

老龄化问题

众所周知,心理卫生与生理和社会问题息息相关。老年人面临着各种各样的问题:身体老化、感觉衰退和神经功能下降、失去爱人、一生经历过的磨难的综合以及受到像刻板印象这样的社会压力。据调查，八成老年人至少患有一种疾病（美国国家科学院，1999）。正如一位作家写道："老年人应对生活的竞赛是一场奥林匹克。"

老龄化另一个值得广泛关注的问题则是随着年龄的增长，老年人的睡眠质量和睡眠深度下降。到了 65 岁，有 25% 的老人报告自己失眠（Mellinger, Balter, & Uhlenhuth, 1985）。睡眠呼吸暂停综合征的发生频率也随着年龄而增加，这种症状表现为人们在睡觉时呼吸暂停几秒甚至几分钟（Prechter & Shepard, 1990）。失眠通常是由药品的副作用（Rodin, Mcavay, & Timko, 1988）或医疗疼痛引起的（Prinz & Raskind, 1978）。长期的睡眠缺乏如不及时治疗，会加重身体、心理以及认知方面的问题，甚至还会增加死亡的风险（Ancoli, Kripke, Klauber, et al., 1996）。幸运的是心理治疗已经被证明有利于缓解老年人失眠问题（McCurry, Logsdon, Teri, et al., 2007）。

老年人的医疗中存在几个显著问题。其中一个主要困难是老年人的慢性健康问题几乎没法彻底解决；而致力于研究治疗方案的医生们对此一筹莫展（Zarit, 1980）；其他问题可能是由于医疗保健系统流程耗费时间较长导致的。通常，医生们并不检查老年患者是否在服用其他的药物或者看别的医生，因此同一位病人可能在吃好几种不同的药。大约有 1/3 的老人在服用 5 种以上的处方药（Qato, Alexander, Conti, et al., 2008）。这样会使产生药物不良反应的风险上升，引起大量的副作用、中毒和过敏反应。通常，医生们会额外开药来对抗这些副作用，如此就形成了一个恶性循环。

使这一情况变得更为复杂的是，大多数抗精神病药只在年轻人身上试验过。那么，如何为肾脏和肝脏代谢能力较差的老人开出合适的药量，对医生来说的确是一个挑战；这就导致副作用和中毒现象更加普遍（Gallo & Lebowiz, 1999）。人们对药物副作用的敏感度的增加是药学领域面临的严重问题。研究者发现，在一份有 75 万名老年病人的住院登记表上，有 1/5 以上的老年病人在服用不适合 65 岁以上老人的药物，而这些药物会对他们产生严重的副作用（Curtis, Ostbye, Sendersky, et al., 2004）。因此，为老年人治病的医生需要了解病人服用的所有处方药，去掉那些可有可无的药物，而且只开最小剂量的药。

老龄化问题的研究方法

开展老龄化研究需要了解以下几个问题。在心理学研究中，时间这个变量并不像它看起来那么简单。因为其他的因素会与时间共同影响研究结果，因此我们将不同年龄组结果的不同仅仅归结于时间这一变量时需要格外小心。正如研究儿童发展问题一样，研究老龄化问题也有以下三种不同的研究效应。（见表 14.1）：

★ **年龄效应**是指其结果是由于某一特定年龄引起的。

★ **同辈效应**是指其结果是由于个体在某一特定时间段成长，拥有该时间段的挑战和机遇导致的。比如，经济大萧条、世界大战或者重大恐怖事件，这些都会导致特定的

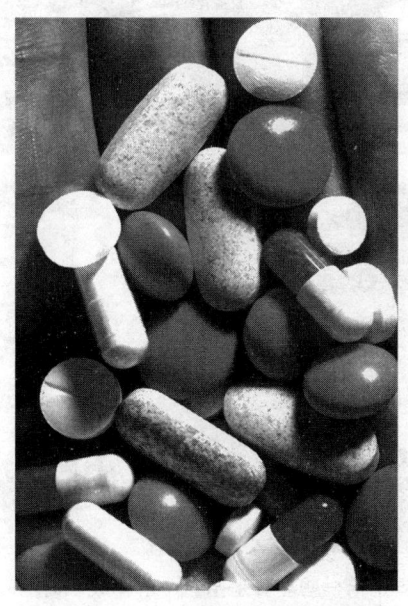

多重用药在老年人生活中十分常见。
(Tony Why/Phototake)

表 14.1　年龄效应、同辈效应、测量时间效应

年龄效应	同辈效应	测量时间效应
由于年龄而造成的差异。如：到了一定年龄便可以享受社会保险。	生活在特定时间段而造成的差异。如：那些经过 20 世纪 30 年代经济大萧条的人可能比较节俭。	由于在某一特定时间进行测量而造成的差异。如，由于大众传媒越来越多地谈论性，因此 20 世纪 90 年代的人在性行为的调查中变得更坦诚。

体验和态度。同样地，在过去一个世纪，人们对婚姻的期待产生了天翻地覆的变化。至少在西方社会，人们从专注于婚姻的稳定性变为专注于婚姻的快乐和个人实现。

★ **测量时间效应**是指由于在某一特定时间发生的事件对所研究的变量产生了影响而引起的结果不一致的现象（Schaie & Hertzog, 1982）。比如，刚刚经历过新奥尔良卡特里娜飓风的人会比其他人显示出更高水平的焦虑。

研究发展变化有两个主要的研究设计类型：横断研究和纵向研究。横断研究是指研究者在同一时间内比较不同年龄个体的差异。试想 1995 年我们在美国进行了一个调查，发现许多年龄八十岁以上的被试有欧洲口音，而那些四五十岁的人却没有。我们能就此下结论说随着年龄的增加，人们开始说欧洲口音吗？显然不能！横断研究并非研究同一批人在不同时间的变化，因此横断研究不能向我们提供人是如何随着年龄变化的。

纵向研究是指在较长的时间内，研究者对同一群人进行系统地测量。纵向研究中追踪时间最长的研究之一是巴尔的摩衰老纵向研究计划。研究者于 1958 年开始，对 1400 名男性和女性的生活方式、身体状况、心理卫生情况进行追踪，获得了很多关于心理卫生和老龄化的认识。研究者指出，随着年龄的增长人的快乐程度会减少这一观点是不对的。事实上，那些 30 岁时快乐的人在他们步入老年后仍然很快乐（Costa, Matter, & McCrae, 1994）。

总之，这种研究形式有利于探讨个体发展过程的连续性。纵向研究尽管有许多优点，但被试因死亡、疾病或缺乏兴趣退出研究而造成的样本流失会影响研究结果。被试因死亡不能继续研究被称为**选择性死亡**。在长期的追踪研究中，身体状况较差的个体更容易在追踪过程中死去，而这会导致样本的偏差。选择性死亡导致获得的结果更适合比较健康的人而不是不太健康的人。除了因死亡而退出研究之外，那些本身存在问题的被试也更容易退出研究，而留下来的被试通常比

同辈效应是指一些差异是由这个群体成长时的时代背景的影响造成的。

（上图：Liaison/Getty Images, Inc；下图：Marc Romanelli/Getty Images）

总体样本更健康。本章的后面部分我们将讨论同辈效应以及选择性死亡如何影响我们对心理障碍患病率的估计（Kiecolt-Glaser & Glaser，2002）。

概念核查14.1（答案见章末）

请判断正误。
1. 大多数老年人都会出现严重的记忆问题。
2. 随着年龄的增加，人们对性生活的兴趣越来越少。
3. 随着年龄的增加，人们越来越不重视药物的副作用，因为大多数老年人都能逐渐适应。
4. 随着年龄的增加，人们越来越不快乐。

老年期的心理障碍

虽然DSM的诊断标准对年轻人和老年人一样，但诊断时应慎重。根据DSM标准，如果症状的出现是由于身体状况或者药物的副作用引起的，那么该症状则不能被诊断为精神方面的障碍。出现躯体健康状况在老年期十分常见，因此我们需要事先排除此类原因。甲状腺疾病、阿狄森氏综合征、库欣综合征、帕金森病、阿尔茨海默病、低血糖、贫血、维生素缺乏都能够产生类似于精神分裂、抑郁或焦虑的症状（详情见聚焦发现5.3，它为我们提供了生理疾病与心理障碍的复杂关系）。心绞痛、充血性心力衰竭，以及摄入过量咖啡因都会导致心率加快，而这可能被误认为是焦虑障碍的表现（Fisher & Noll，1996）。前庭系统的老化则会引起惊恐症状，比如严重的眩晕。

降压药、激素、皮质醇药物和抗帕金森药也会引起抑郁和焦虑。因此，临床医生必须十分注意生理与心理的相互作用。我们不难理解为什么心理障碍在老年人中如此普遍。

老年期心理障碍患病率

对老年期心理障碍患病率的估测表明老年生活并非大众认为的那样痛苦和焦虑。有研究证明，65岁以上的老年组是所有年龄段中心理障碍患病率最低的群体。表14.2提供了美国国家发病率研究复测（National Comorbidity Survey-Replication）对9289名社区居民进行了详细的诊断会谈后对患病率的估测数据（Gum，King-Kallimanis，& Kohn，2009）。如表所示，老年人在任何一种心理障碍中的患病率都低于年轻人。没有任何65岁及65岁以上的人被诊断为物质滥用或物质依赖。虽然在国家发病率研究复测中没有包括精神分裂症的患病率，但老年期精神分裂症的患病率也比较低(美国卫生部，1999)。总之，只有8.5%的人症状达到诊断的严重标准，大多数65岁及65岁以上的人没有严重的心理障碍。

除了考虑心理障碍的患病率之外，我们也需要考虑发病率，即所有新增疾病患者。大多数人在老年期经历的心理障碍只是他们以前疾病的延续而非新患疾病。患有广泛性焦虑障碍的老年人中有97%报告他们的焦虑障碍症状早在65岁之前就已经出现（Alwahhabi，2003），患有重性抑郁障碍的老年人也报告他们的抑郁症状早年就已经出现（Norton，Skoog，Toone，et al.，2006）。而老年期才患上精神分裂症的比例非常少（Karton & VandenBos，1998）。不过也有反例，酒精依赖在有饮酒问题的老年人中普遍起病较晚（Liberto，Oslin & Ruskin，1996）。由此可见，老年期的大多数心理障碍都是早年疾病的延续。

为什么老年期心理障碍患病率如此低？对此有几种截然不同的观点。有人认为是因为评估方法不当导致对老年期心理障碍的患病率低估，也有人认为是老年人的生活阅历提高了他们的心理卫生水平。

估算心理障碍患病率的方法问题

从方法学上而言，与年轻人相比，老年人

表 14.2　不同年龄段一年内心理障碍的患病率估计

	18～44 岁	60～64 岁	65 岁及以上
焦虑障碍			
惊恐发作	3.2 (0.3)	2.8 (0.4)	0.7 (0.2)
场所恐惧症	0.8 (0.2)	1.1 (0.3)	0.4 (0.2)
特定对象恐惧症	9.7 (0.5)	9.2 (0.7)	4.7 (0.6)
社交恐惧症	8.6 (0.5)	6.1 (0.5)	2.3 (0.4)
广泛性焦虑障碍	2.8 (0.2)	3.2 (0.3)	1.2 (0.3)
创伤后应激障碍	3.7 (0.4)	5.1 (0.6)	0.4 (0.1)
其他焦虑障碍	20.7 (0.7)	18.7 (1.3)	7.0 (0.8)
心境障碍			
重度抑郁障碍	8.2 (0.4)	6.5 (0.5)	2.3 (0.3)
心境恶劣	1.5 (0.2)	1.9 (0.4)	0.5 (0.2)
双相障碍Ⅰ型和Ⅱ型	1.9 (0.2)	1.2 (0.3)	0.2 (0.1)
其他心境障碍	10.2 (0.4)	8.0 (0.6)	2.6 (0.4)
物质滥用障碍			
酒精滥用	2.6 (0.2)	0.9 (0.2)	0
药物滥用	1.5 (0.2)	0.2 (0.01)	0
其他物质滥用障碍	3.6 (0.3)	1.0 (0.2)	0
其他障碍			
至少患一种障碍	27.6 (0.8)	22.4 (1.5)	8.5 (0.9)

注：上表来自 NCS-R 研究，该研究对 5692 人进行了诊断访谈。(Gum, King-Kallimanis, & Kohn, 2009)

更不愿意承认和谈论心理卫生或者药物滥用方面的问题。在一项研究中，研究人员采访老人及一位家庭成员，询问老人是否有抑郁症状。那些被家人认为满足抑郁症标准的老年人中，大约 1/4 的老人否认自己出现过抑郁症状（Davison, McCabe, & Mellor, 2009）。因此，不愿谈论疾病表现可能会降低对疾病发生的估算。

除了报告的偏差外，也有可能受到同辈效应的影响。许多在药物泛滥的 20 世纪 60 年代步入成年期的人可能如今在老龄化的过程中也倾向于使用药物。相对上一代人，步入老年期后，他们更有可能患上物质滥用。1992 年，美国物质滥用的人群中 50 岁以上的仅占 6.6%，但是到了 2008 年 50 岁以上的占了 12.2%。

除了上述解释外，还有一种情况是那些患有心理障碍的老人由于各种各样的原因更有可能在 65 岁之前死去。在饮酒过多的人群中，55～64 岁是肝硬化死亡的高峰期，也是心血管疾病的高发年龄段（Shaper, 1990）。心血管疾病在那些曾患有焦虑障碍、抑郁症以及双相障碍的人群中更普遍（Kunbzansky, 2007）。即使是较轻的心理障碍也会损害病人的免疫系统，而且随着年龄的增长人的免疫系统功能会下降（Kiecolt-Glaser & Glaser, 2001）。这会导致老年人对生理疾病的易感性增加。此外，生理疾病与死亡率的增加呈正相关（Angst, Stassen, Clayton, et al., 2002）。Frojdh 及其同事（2003）对居住在瑞典的 1200 名老年人进行了调查，发现那些在抑郁症状自我报告上得高分的老年人在未来六年内去世的可能性是得低分的老人的 2.5 倍。由于患有心理障碍的老年人可能会更早去世，因此对老年人的研究可能会受到选择性死亡的影响。

以上三种研究方法问题，反应偏差、同辈效应和选择性死亡，也许能够解释为什么老年期的心理障碍比较少。然而大多数研究者认为是年龄的增长使得老年人心理卫生水平更高。正如我们前面提到的研究结果，随着年龄的增长，人们管理情绪的能力也在增强。这可以被视为老年人心理障碍减少的重要原因。一些追踪研究得出早年的心理障碍会随着时间的流逝而减轻。比如，有些追踪研究发现那些饮酒过多的人会在他们的老年期减少饮酒量（Fillmore，1987）。这些都表明生活阅历的增加会增加人们的应对能力，从而保护老年人免受心理障碍的折磨。

老年期的认知神经障碍

大多数老年人并没有认知障碍。事实上，在美国过去的 15 年里，70 岁以上老年人中出现认知障碍的人数已经下降，这或许是由于营养、医疗保健和教育水平的提高（Langa et al.，2008）。但的确有越来越多的人由于认知障碍而不是老年期的其他障碍而住院（Zarit & Zarit，1998）。接下来我们将着重阐述主要的认知障碍：痴呆，多种认知功能下降的状态；谵妄，一种精神错乱状态。我们将会介绍两种认知障碍的临床描述、发病原因以及治疗方案。

痴呆

痴呆是用来描述多种认知能力的下降导致生活功能损伤的术语。在下文中我们要讨论造成痴呆的多种不同原因。最常见的表现为记忆困难，尤其是记忆最近发生的事情。患者若做事做到一半时被干扰，会忘记返回继续先前的活动。比如，患者在水槽中给茶壶添水后会忘记关掉水龙头。严重的患者会忘记自己女儿或儿子的名字，甚至到后来忘记自己有孩子，或者当孩子来看他们时，他们认不出自己的孩子。卫生也会成问题，因为患者会忘记洗澡，或不知道要穿多少衣服。患有痴呆的病人即使是在熟悉的环境中也有可能迷路。他们的判断可能出现错误，并且他们在理解环境、做出计划或决策上有困难。痴呆患者可能会出现失控行为；他们会使用粗俗的语言，讲不合时宜的笑话，偷东西，在陌生人面前进行性挑逗。患者处理抽象概念的能力会下降，经常出现情绪困扰，包括抑郁、情感淡漠、情绪波动大等症状。患者还有可能出现妄想和幻觉（美国精神病学协会，2000）。患者往往出现言语混乱。虽然感官功能正常，患者却无法认出自己原本熟悉的环境，无法命名日常物体。患者还有可能出现短暂的谵妄，一种精神错乱的状态（后文会详细阐述）。

根据发病原因的不同，随着时间的发展病情可能恶化，也可能稳定不变或者减轻。那些病情恶化的患者最终变得退缩和冷漠。在痴呆的晚期，患者的人格会失去整合性，敛去本应有的光芒，亲戚朋友都认为患者完全变了一个人。患者的社会交往也会缩小。最终，患者会不再关注自己周围的环境。

大部分痴呆的发展通常比较缓慢，刚开始只觉察到认知功能的衰退和行为的不足，后来才能觉察到明显的认知缺陷（Small, Fratiglioni, Viitanen, et al., 2000）。早期出现的各种迹象仅被认为是轻度认知损害。

国家老龄研究所与阿尔茨海默症协会共同组织顶尖专家组在界定轻度认知损害和痴呆，以及就处在何种阶段可以被诊断为轻度认知损害的标准上达成一致（Albert, Dekosky, Dickson, et al., 2011；Mckhann, Knopman, Chertkow, et al., 2011）。DSM-5 也提供了诊断轻度认知障碍和痴呆的标准，而且两者标准相似。表 14.3 提供了 DSM-5 中有关诊断的概述。根据 DSM 的诊断标准，轻度认知神经障碍与轻度认知损害相似，然而重度认知神经障碍与痴呆相似。在后文中，我们选择使用痴呆（而不是重度认知神经障碍）和轻度认知损害（而不是轻度认知神经障碍）这两个术语。

表 14.3　DSM-5 诊断草案中的认知神经障碍

谵妄

认知神经障碍：分为轻度或重度

　　阿尔茨海默症引起的认知神经障碍
　　额叶型痴呆引起的认知神经障碍
　　血管性痴呆引起的认知神经障碍
　　大脑受损引起的认知神经障碍
　　路易小体痴呆引起的认知神经障碍
　　帕金森痴呆引起的认知神经障碍
　　艾滋病感染引起的认知神经障碍
　　物质成瘾引起的认知神经障碍
　　亨廷顿氏舞蹈病引起的认知神经障碍
　　朊病毒病引起的认知神经障碍
　　其他具体的认知神经障碍

研究者对如何划分轻度认知损害和痴呆，以及能多早对轻度认知损害做出诊断的标准上还存在争议。DSM-5 诊断标准根据患者生活能否自理来区分轻度认知神经障碍和重度认知神经障碍。而且根据该标准，被试只要在任一认知测验上得分较低即可诊断为轻度认知神经障碍。事实证明，这会导致被诊断为轻度认知神经障碍的概率增高；若标准改为至少在两个不同的认知测验中得分低则能够显著降低被诊断为轻度认知神经障碍的概率（Jak, Bondi, Delano-Wood, et al., 2009）。

在评估早期认知功能下降时应格外谨慎，因为并非所有轻度认知问题都会发展成痴呆。在所有轻度认知损害的患者中，每年有10%的患者会发展成痴呆；而在没有轻度认知障碍的成人中，每年只有1%的患者会发展成痴呆（Bischkopf, Busse, & Angermeyer, 2002）。专业人员应当就相关的诊断标准进行细致的心理教育，帮助患者及其家属认识到，并非所有此类症状都会发展成痴呆。

据估计，2000 年全球有 2500 多万人患有痴呆，这意味着全球 0.04% 的人患有此病（Wimo, Winblad, Aguero-Torres, et al., 2003）。痴呆的患病率会随着年龄的增大而增高。根据全球性的研究，在 60～69 岁人群中，痴呆的患病率在 1%～2%，但是在 85 岁及 85 岁以上的人群中，患病率超过 20%（Ferri, Prince, Brayne, et al., 2005）。

痴呆有许多不同的亚型。接下来将讨论 4 种主要的亚型：阿尔茨海默症，这是最常见的亚型；额叶型痴呆，这是由于大脑中额叶受到严重影响引起的；血管性痴呆，这是由于心血管疾病引起的；路易小体痴呆，是由于路易小体（神经元的病变）的出现引起的。随后我们将阐述痴呆的发病机制。到目前为止，最常见的亚型是阿尔茨海默症，它占了所有痴呆的 80%（Terry, 2006）。

阿尔茨海默症

阿尔茨海默症最早由德国神经学专家 Alois Alzheimer 于 1906 年提出。它是由于大脑组织不可逆转的病变导致的，患者通常在症状出现后的 12 年内死亡。每年有 50000 名美国人死于阿尔茨海默症，到了 2000 年，该病已经成为导致 65 岁及 65 岁以上的人群死亡的第七大疾病（NCHS, 2004）。

阿尔茨海默症最初的症状就如下文案例中玛丽·安表现的那样，经常走神、注意力集中困难、健忘。这些症状起初几年并没有受到重视，直到它们影响了患者的正常生活。随着病情的恶化，患者在语言技巧和词语使用方面的问题加

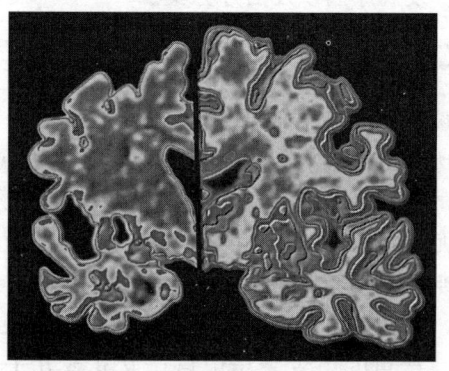

上图为阿尔茨海默症患者的脑成像与正常人的脑成像比较。可以看到由于神经细胞受损，患者的大脑（左）已经萎缩。

（Alfred Pasieka/Photo Researchers, Inc.）

临床个案：温妮

温妮，75岁，有3个孩子，6个孙子。她结过两次婚，与她的第二任丈夫乔纳森关系融洽。在她66岁那年，丈夫不幸去世。丈夫死后，她一个人孤零零地生活了五年。起初，阿尔茨海默症的迹象并不明显。有时在与孩子通电话谈论到她的宠物狗时，温妮会说那是她的"猫"，或者有时会用"人"（men）代替"笔"（pen）这个词。而家人起初只将这归结为她年纪大了。但当温妮开始记错孙子们的生日，半夜莫名其妙地打电话，家人开始有些担心。有一次，儿子去看望温妮，发现母亲穿着脏兮兮的衣服，房间也似乎几周没有打扫过。家人这才意识到温妮的生活已经无法自理。

后来，温妮搬进女儿家附近的养老院，她的健忘更加严重：她很少记得一两天内发生的事情；虽然她还认得出自己的孩子，但她已经完全不认识自己的孙辈了。

重。视觉—空间能力下降，表现为**定位障碍**（对时间、方位和身份的混乱）和临摹困难。患者刚开始通常意识不到自己的认知出现了问题，他们会责怪别人偷了自己的东西甚至抱怨别人要谋害自己。患者的记忆力、定位能力会越来越差，越来越容易被激怒。随着病情的恶化，患者再也认不出自己的亲朋好友，甚至连吃饭、穿衣、洗澡都需要别人的帮助。即使在认知障碍还不明显时，患者就表现出冷漠（Balsis, Carpenter, & Storandt, 2005），而且约有1/3的患者在病情恶化后表现出严重的抑郁（Strauss & Ogrocki, 1996）。

相对于同龄的正常人，阿尔茨海默症患者有更多的淀粉样斑（神经元之间又圆又小的β-淀粉状蛋白质积聚）以及更多的神经纤维缠结（轴突上缠绕的蛋白质纤维）。一些患者拥有过量的β-淀粉状蛋白质，而另一些患者则表现为清理β-淀粉状蛋白质的生理机制不健全（Jack, Albert, Knopman, et al., 2011）。大多数淀粉样斑集中在前额皮层（Klunk, Engler, Nordberg, et al., 2004），而这些异常早在明显的认知障碍症状出现的10～20年前就已经出现。淀粉样斑可以用特定的PET扫描测量出来。神经元缠结也可以通过PET扫描测量出来，但通常是通过脑脊液检查出来的。海马中的缠结最密集，而海马对记忆十分重要。随着时间的推移，淀粉样斑和缠结会在更多脑区蔓延（Klunk et al., 2004；Sperling, Aisen, Beckett, et al., 2011）。

如图14.2所示，这些淀粉样斑和缠结与一系列大脑病变相关。起初是乙酰胆碱和谷氨酸能神经元的突触减少（Selkoe, 2002），随后神经元也开始死亡；随着神经元的死亡，大脑皮层、嗅皮层（entorhinal cortex）以及海马开始萎缩，接着额叶、颞叶、顶叶萎缩。这之后，脑室面积开始增大。脊髓、小脑，以及大脑皮层的运动和感觉区域受到的影响较小，这就是为什么阿尔茨海默症患者刚开始并没有表现出生理上的困难，直到发病晚期。那些能够正常走动并具有一些长期养成的习惯的老年人（比如与人简单地谈话）看起来是正常的，陌生人在与他们短暂的接触后并不能发现他们的异常。但25%的阿尔茨海默症患者最终会由于大脑恶化而产生运动缺陷。

DSM-5 中轻度认知神经障碍的诊断标准

- 与先前相比，在一个或多个方面出现了轻微认知下降，达到以下两条标准：
  ▲ 病人自身、身边亲近的人或医生感到担心
  ▲ 在标准测试或临床评估中认知神经表现低于正常水平（也就是说，在第3百分位和第16百分位之间）
- 认知缺陷并没有影响独立生活（如付钱，吃药等），但需要付出很大努力才能维持生活自理。
- 认知缺陷并非在谵妄条件下发生或是由于其他心理障碍引起的。

> **DSM-5 中重度认知神经障碍的诊断标准**
> - 与先前相比，在一个或多个方面出现了显著认知下降，达到以下两条标准：
>   ▲ 病人本身、身边亲近的人或医生感到担心
>   ▲ 在标准测试或临床评估中认知神经表现低于第 3 百分位。
> - 认知缺陷影响了独立生活。
> - 认知缺陷并非在谵妄条件下发生或是由于其他心理障碍引起的。

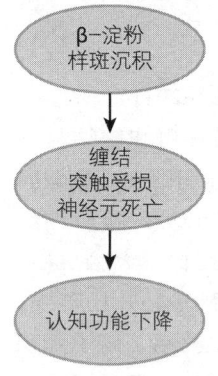

图 14.2 在认知症状还不能被诊断出来之前，β–淀粉样斑已经在神经元外部存在了 10 到 20 年。等到蛋白质神经纤维缠结形成，便导致神经元死亡。

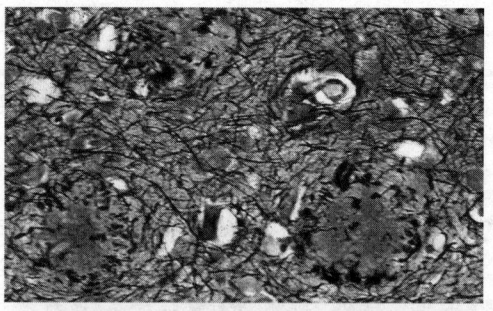

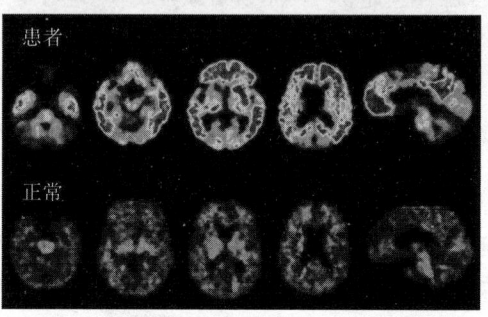

上图为一位女性阿尔茨海默症患者的 PET 扫描图，它显示患者淀粉样斑的水平较高。相反，正常人大脑内的淀粉样斑的水平较低（上：Martin Rotker/Phototake；下：Gill Rabinovibi，加利福尼亚大学，以及 William Jagust，加利福尼亚大学伯克利分校）。

一项最大的对阿尔茨海默症的双生子研究中指出遗传性约为 79%。也就是说阿尔茨海默症中的变异有 79% 与基因有关，而 21% 与环境因素有关（Gatz, Reynolds, Fratiglioni, et al., 2006）。

一些阿尔茨海默症案例显示与第 19 对染色体上的一个基因有关，这一基因被称作 ApoE-4 等位基因。研究发现，如果有人携带一个 ApoE-4 等位基因，那么他患阿尔茨海默症的概率会增加 20%，携带两个 ApoE-4 等位基因的人患阿尔茨海默症的概率会增加更多。为什么携带两个 ApoE-4 等位基因的人患病的可能性会大大增加？因为即使在阿尔茨海默症的症状还未表现出来之前，这些人大脑皮层的一些区域就开始出现多余的 β-淀粉状蛋白质，海马中的神经元减少，血糖代谢功能下降（Bookheimer & Burggren, 2009）。此外，GAB2 基因似乎也与阿尔茨海默症相关。研究者试图找到其他增加患病概率的基因，但目前尚未发现（Bertram & Tanzi, 2009）。

除了基因之外，生活方式也是影响一个人患上阿尔茨海默症的因素。比如，吸烟、单身、抑郁以及低社会支持都会增加患病的可能性，而地中海型饮食、运动、教育以及参与认知活动等能够降低患病风险（Williams, Plassman, Burke, et al., 2010）。上述结论是通过一项对 2509 位老年人从 70～78 岁时的追踪研究得出的。那些接受过高中教育，每周至少锻炼一次，保持积极社交而且不抽烟的老年人在这 8 年间认知功能没有下降（Yaffe, Fiocco, Lindquist, et al., 2009）。在多种生活指标中，研究最多的是运动、认知活动以及抑郁，因此我们接下来将从这几方面进行阐述。

一些研究显示运动能够预防记忆方面的问题。对 16 项追踪研究共 163797 名被试进行的元

分析发现，运动与阿尔茨海默症的患病风险降低呈高相关（Hamer & Chida，2009）。定期的运动能够预测较慢的执行功能下降速度，比如在协调能力和计划能力方面（Erickson & Kramer，2009）。在后文中我们将继续讨论运动的好处。

智力活动也有利于预防阿尔茨海默症。有人据此提出"要么锻炼认知能力，要么失去认知能力"的模型。比如，定期阅读报纸能够降低患病风险（Wilson，Scherr，Schneider，et al.，2007）。对包含29000名被试的22项有代表性的社区样本研究进行的元分析发现：与偶尔的认知活动相比，频繁的认知活动能够解释患病率降低的46%（Valenzuela & Sachdev，2006）。但是从自然研究中无法确定没有参加认知活动的人与参加认知活动的人是否在某些方面（与疾病相关的那些方面）存在不同。而干预研究中随机分配被试的方法解决了这一问题。干预研究发现，那些5年里一直参与提高记忆、推理和认知加工速度训练的老人，其认识水平在一定程度得到了提高。这些提高主要体现在得到训练的相应区域——比如，记忆训练能提高记忆力但是不能提高推理能力（Willis，Tennstedt，Marsiske，et al.，2006）。

此外，研究者发现一个有趣的结论：在那些淀粉样斑和缠结水平相似的被试中，认知活动水平高的被试表现出相对较少的认知方面的症状。也就是说，认知活动似乎能够预防潜在的认知障碍的出现（Wilson et al.，2007）。研究者由此提出了"认知储备"这个概念，即一些人可以利用大脑网络或认知策略补偿认知缺陷，如此便表现出较少的认知障碍。

我们前面曾提到痴呆能导致抑郁（Vinkers，Gussekloo，Stek，et al.，2004）。反过来的作用同样成立：长期的抑郁能够预测更多的认知功能下降（Ganguli，Du，Dodge，et al.，2006）以及阿尔茨海默症或其他痴呆的患病风险升高。而且在阿尔茨海默症患者中，长期抑郁会导致病情恶化更快（Rapp，Schnaider-Beeri，Grossman, et al.，2006）。这种作用甚至可以出现在认知缺陷的基线水平和药物使用因素得到控制的情况下（Goveas，Espeland，Woods，et al.，2011）。

额颞叶痴呆

顾名思义，**额颞叶痴呆**是由于大脑额叶和颞叶区域的神经元损坏引起的。额颞叶痴呆患者的神经元损坏主要集中在前额叶和前额皮层（Miller，Ikonte，Ponton，et al.，1997）。该病多在50岁中期或晚期发病，且病情发展迅速；患者通常在确诊后5～10年死亡（Hu，Seelaar，Josephs，et al.，2009）。

临床个案：玛丽·安

3年前，也就是62岁时，我被确诊为阿尔茨海默症早期。我在芝加哥大学获得了社会工作专业的硕士学位，是一名家庭治疗师。我把大部分时间献给了我热爱的临终关怀事业。突然——事实上并不突然，我开始意识到我再也不是以前的自己，因为我大脑里的一些东西正在发生变化。

事情很简单。比如，我会跟人在电话里聊天，在挂断电话后我会问自己"那人是谁？我们谈论了什么？"当我与丈夫约翰一起度假回来后，我对他说："我在加里福利亚度过了一个愉快的假期，很可惜你没能跟我一起。"他意识到我出现了严重的问题。

我想要告诉阿尔茨海默症患者的是：请温柔地对待自己。这种病要求我们降低对自己的期望，虽然这对我们大多数人来说很难做到。因为我们都害怕失去自我，害怕我们认识的自我不能陪我们到生命的最后一刻。（摘自Mary Ellen Beeklenberg，《时代》，2010年10月，59页）

与阿尔茨海默症不同，额颞叶痴呆并不会引起严重的记忆损伤。由一国际协会确定的额颞叶痴呆诊断标准包括在以下几个方面中至少有3个方面达到功能性缺陷水平：共情能力、执行能力（计划能力与组织能力）、抑制强迫行为的能力、口部过度活动（习惯将非食物类物品放入口中）以及情感淡漠（Rascovsky，待发表）。发病早期，患者的重要他人可能会觉察到患者在个性和决策能力上的改变。比如，一位成功、明智的商人在患病后可能会对投资做出糟糕的判断（Levenson & Miller，2007）。

相对于阿尔茨海默症，额颞叶痴呆对患者情绪加工功能影响更大，因此额颞叶痴呆会导致患者社会关系受到破坏，尤其是在情绪管理方面出现缺陷（Goodkind，Gyurak，McCarthy，et al.，2010）。即使患者做出一些反常行为，但其自身意识不到自己已经违背了社会习俗（Mendez，Lauterbach，& Sampson，2008）。在一项与此相关的创新性研究中，研究人员播放歌曲，要求三组被试跟着哼唱，三组被试分别是患有额颞叶痴呆的被试、患有阿尔茨海默症的被试以及健康被试。在实验的下一个环节，研究人员让被试观看他们唱歌的视频，而且视频里没有刚才的伴奏（被试在实验前未被告知有此环节）。大多数人听到自己结结巴巴或者唱跑调的表现都会觉得尴尬；事实上，阿尔茨海默症患者以及健康组的被试都在表情或生理心理层面上表现出尴尬的迹象。然而，额颞叶痴呆患者却没有在表情或者生理心理层面表现出尴尬。这是因为额颞叶痴呆患者在个性、情绪上发生改变以及缺乏自知力影响了他们与人相处（Mendez et al.，2008）。此外，相对于阿尔茨海默症患者，额颞叶痴呆患者的婚姻满意度也受到更多影响（Ascher，Sturm，Seider，et al.，2010）。

我们越来越确定额颞叶痴呆是由几种不同的分子过程引起的（Mackenzie，Neumann，Bigio，et al.，2009）。皮克氏病是病因之一，它的主要特点是神经元中出现皮克氏小体。还有其他的一些疾病和病理进程也可能导致额颞叶痴呆患者特定蛋白质的水平很高，这也是导致阿尔茨海默症患者脑内神经元纤维缠结的主要原因，但其他患者却并非如此（Josephs，2008）。额颞叶痴呆存在很强的基因成分，虽然这一成分可能涉及多个基因传递（Cruts，Gijselinck，van der Zee，et al.，2006）。

血管性痴呆

血管性痴呆是指由脑血管疾病引起的痴呆。大多数情况下，血管性痴呆患者经历过几次中风。中风导致大脑血管内形成凝块使得供血阻塞，细胞死亡。大约7%的人在第一次中风发作后会发展成痴呆；中风再次发作会增加患上痴呆的风险（Pendlebury & Rothwell，2009）。通常，影响血管性痴呆与脑血管疾病的因素几乎一样，比如，高胆固醇、吸烟以及高血压（Moroney，Tang，Berglund，et al.，1999）。中风与血管性痴呆在非裔美国人中比在白人中更为常见 Froehlich，Bogardus，& Inouye，2001）。由于中风会影响大脑的不同区域，因此血管性痴呆的症状表现各不相同。比起其他类型的痴呆，血管性痴呆的病情发展更快。血管性痴呆可能伴随阿尔茨海默症出现。

路易小体痴呆

根据患者是否患有帕金森病可以将**路易小体痴呆**分成两个子类型。80%的帕金森患者最终会发展成路易小体痴呆，但也有一些路易小体痴呆患者并没有帕金森病。

路易小体痴呆的症状跟帕金森病的症状（运动震颤）与阿尔茨海默症的症状（记忆力衰退）很难区分。路易小体痴呆患者比阿尔茨海默症患者有更多的视幻觉和起伏不定的认知问题（美国精神病学协会，2004）。路易小体痴呆患者对抗精神病药的副作用更敏感。路易小体痴呆患者的另一显著症状是他们经常经历情节紧张的梦境，还伴随着一些动作。他们报告称这使得他们觉得自己就像在表演梦境一样（McKeith，Dickson，Lowe，et al.，2005）。

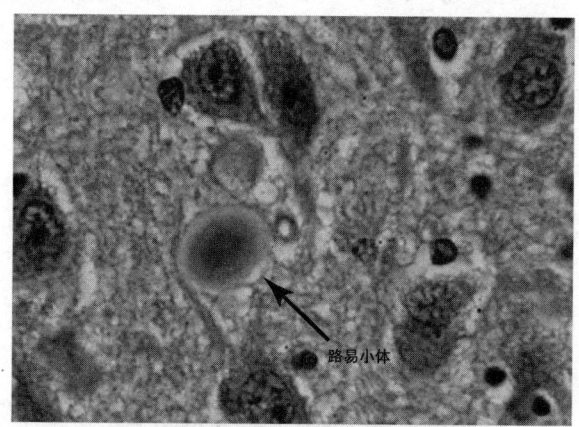

路易小体痴呆是由路易小体的异常堆积造成的。它分布在大脑的各个区域。
(Kondi Wong, Armed Forces Institute of Pathology)

其他疾病和外伤所致痴呆

其他一些躯体疾病也能够造成痴呆。脑炎，是由于病毒入侵大脑造成的大脑组织发炎。脑膜炎，即由于细菌感染使得覆盖于大脑外层的脑膜发炎。脑炎和脑膜炎都能够引发痴呆。梅毒（梅毒螺旋体）能够入侵大脑造成痴呆。艾滋病、颅脑外伤、脑瘤、营养不良（尤其是缺少B族维生素）、肝肾衰竭、内分泌问题（甲状腺机能亢进）、接触有毒物质（比如铅、水银）以及长期物质滥用也能引发痴呆。

痴呆的预防与治疗

下述的一些药物能够在一定程度上阻止认知功能的下降，但这种效果是很微小的。尽管研究者付出了很大的努力，但目前还是没能找到治愈痴呆的手段。大多数致力于寻找治疗方案的研究者都以失败而告终。同样，虽然之前报告维生素E、他汀类药物以及非甾类抗炎药对阿尔茨海默症有效果，但预防阿尔茨海默症的方法均告失败（Williams et al, .2011）。此外，那些用来帮助回忆关键记忆或提供其他感觉刺激的药物均被证明它们的效果是微乎其微的（美国精神病学协会，2007；Chung & Lai, 2009）。然而对研究者和患者家属来说，他们对找到预防及治疗方案的愿望十分迫切。

研究治疗痴呆的治疗方案受挫后，研究者开始从另一个角度思考这些疾病。比如，有段时间，研究者致力于找到一种能够将阿尔茨海默症患者脑内的β-淀粉状蛋白质移除的方法。令人惊讶的是，研究者发现当他们顺利移除β-淀粉状蛋白质后，认知缺陷继续存在而且更加严重（Holmes, Boche, Wilkinson, et al., 2008）。别忘了，早在阿尔茨海默症患者的症状还没有明显表现出来之前，β-淀粉状蛋白质已经积聚在大脑中很多年了。当病人被确诊后再接受干预的时候，疾病的生理过程事实上早在几年前就已经发生了。这些研究结果使得人们将注意力转移到预防环节上。其中包括研究如何降低轻度认知损害发展成痴呆的可能性，以及研究患阿尔茨海默症的早期风险信号。美国老年委员会与阿尔茨海默症协会联合启动的项目旨在整理痴呆表现前的生理信号，以便进行预防研究。当然，这些生理信号将包括：淀粉样斑、缠结、神经元死亡，并鼓励研究者考虑到各种潜在的影响因素（Sperling et al., 2011）。我们迫切希望后人能在此基础上取得更多进展。

接下来我们将介绍用于治疗痴呆的药物以及相关的并发症状，再从心理层面与生活方式层面阐述它们对痴呆的影响，包括针对训练项目的前景性研究。

药物治疗 到目前为止，还没有药物能够解决额颞叶痴呆患者的认知障碍（Caselli & Yaari, 2008）。但人们对阿尔茨海默症的干预手段知道得较多。

药物也许能够降低记忆力下降的速度，但是它们不能使记忆功能恢复到先前的水平。治疗痴呆最常用的药物为胆碱酯酶抑制剂（用来阻止乙酰胆碱衰退的药物），包括多奈哌齐和卡巴拉汀。与安慰剂相比，胆碱酯酶抑制剂对减缓阿尔茨海默症患者（Birks, 2006）与路易小体痴呆患者记忆力的下降速度（Maidment, Fox, & Boustani, 2006）有一定的作用。遗憾的是，许多人因为厌恶药物的副作用而无法继续服用，比如恶心（Maidment，et al.，2006）。除了胆碱酯酶抑制剂，一种名为美金刚的能影响谷氨酸受体的药物，已经在安慰剂对照试验中显示出了对阿尔茨海默症有一点作用。

尽管抑郁在老年人中不如在年轻人中那么普遍，但它对老年人的认知损害比对年轻人严重得多。
(©Yuri Arcurs/Shutterstock)

药物治疗大多数被用来解决患者的心理症状，比如抑郁、情感淡漠、易激惹，它们往往伴随痴呆出现。例如，抗抑郁药能够减轻阿尔茨海默症患者（Modergo，2010）与额颞叶痴呆患者（Mendez et al.，2008）伴随的抑郁症状。与年轻人相比，抑郁会引发更多的认知缺陷（Lockwood, Alexopoulos, Kakuma, et al.，2000），因此解决抑郁症状往往能够提高认知能力。

虽然抗精神病药物能够在一定程度上减轻冲动情绪（Lonergan, Britton, Luxenberg, 2007），但它们同时也增加了老年患者的死亡风险（FDA, 2005；Gill, Bronskill, Normand, et al.，2007）。虽然有这些风险，但实际治疗中医生依然给大多数痴呆患者开这类药，而不是选择那些同样有效且没有类似风险的行为干预方法。

心理与生活方式的治疗 支持性的心理治疗能够帮助患者及其家属对抗痴呆。通常来说，心理治疗师的介入使得痴呆患者及其家属有机会讨论这一疾病。而且心理治疗师能够向他们提供关于痴呆的准确信息，帮助家属在家照顾患者以及鼓励他们以乐观而不是灾难化的态度来应对种种挑战（Knight，1996）。更多关于照料者的信息请参见聚焦发现14.1。

前美国总统里根死于阿尔茨海默症。
(Nick Ut/ASSOCIATED PRESS/AP/Wide World Photos.)

运动对于提高认知功能也有一定程度的作用。对包括824名被试的12项研究进行的元分析发现，运动能够提高轻度或中度认知障碍患者的认知能力（Heyn, Abreu, & Ottenbacher, 2004）。有研究发现，运动还能够提高那些已经被确诊为阿尔茨海默症患者的认知能力（Cott, Dawson, Sidani, et al.，2002）。

提供记忆辅助也是弥补记忆受损的好办法。
(RubberBall/SuperStock, Inc)

聚焦发现 14.1　为照料者提供的帮助

有一个住在养老院失去独立生活能力的痴呆患者，就至少有两个类似的患者住在自家社区由家人照料（通常是妻子和女儿）。照顾痴呆患者比照顾其他病人付出的时间要多得多（Ory, Hoffman, Yee, et al., 1999），而且各国文化中的痴呆照料者都体验着巨大的压力（Torti, Gwyther, Reed, et al., 2004）。照料者有可能因此发展出抑郁症或焦虑障碍（Dura, Stukenberg, &Kiecolt-Glaser, 1991）、生理疾病（Vitaliano, Zhang, & Scanlan, 2003），以及免疫功能下降（Kiecolt-Glaser, Dura, Speicher, et al., 1991）。此外，痴呆照料者的抑郁和孤独感在他们患病的伴侣去世后会持续很长一段时间（Robinson-Whelan, Tada, McCallum, et al., 2001）。

痴呆患者的家属可以在专业人士的帮助下解决照顾阿尔茨海默症家人时的日常压力。比如，由于阿尔茨海默症患者很难记住新信息，因此他们能够与人正常地交谈但会忘记几分钟前的谈话内容。如果不能理解患者由于大脑受损导致记忆缺陷，照料者可能会失去耐心。患者家属可以通过学习沟通技巧来适应患者的健忘。比如，家人在问问题时可以将答案放在问题中。例如，让患者回答"你刚刚是在跟哈利还是汤姆打电话？"要比回答"你刚刚跟谁打电话？"简单得多。

此外，照料者还需要知道患者常常无法认识到自己的局限，他们也许会去做一些超出他们能力范围的甚至很危险的事情。因此，家人需要为患者的活动设定限制。比如，照料者需要告诉阿尔茨海默症家人他们绝对不能开车（并拿走车钥匙，因为患者会忘记这个新的规定）。

为照料者提供应对策略（增加愉快的活动、运动或者社会支持）和个体行为疗法能够减轻其负担（Selwood, Johnson, Katona, et al., 2007）和抑郁（Mittelman, Brodaty, Wallen, et al., 2008）。上述项目持续6周以上（Selwood et al., 2007）或内容多样化（比如，关于痴呆的心理教育、病例管理服务、认知行为策略等）能更持续地减少照料者的痛苦（Acton & Kang, 2001）。由于照料者很容易受到情感冲击，因此他们很有必要进行适当的休息。比如，有时他们可以暂时将患者送往医院或成人日托服务中心；有时，照料者可以去度假并雇佣卫生保健人员来照顾患者。照料者支持项目已经被证明能够提高照料者的免疫功能（Garand, Buckwalter, Lubaroff, et al., 2002）、降低阿尔茨海默症患者医疗费用，以及减少患者的住院时间（Teri, Gibbons, McCurry, et al., 2003）。

照顾患有阿尔茨海默症的亲属压力很大。
(David Young-Wolff/PhotoEdit)

在阿尔茨海默症的早期阶段，行为治疗能够帮助患者弥补记忆力减退，减少抑郁以及破坏性的行为。比如，购物清单、日历、电话本、便条等外化的记忆辅助可以作为一种视觉提醒（Buchanan, Christenson, Houlihan, et al., 2011），同时，愉快而积极地参与活动能够减少抑郁。（Logsdon, MaCurry, & Teri, 2007）。研究者也试图找到能改变破坏性行为的办法。有研究称音乐也许能够减少激动行为或破坏性行为（Livingston, Johnston, Katona, et al., 2005）。这些行为干预方法为药物之外的治疗提供了选择。

概念核查14.2（答案见章末）

回答下列问题。

1. 淀粉样斑是指：
   a. 一种小小的，圆形的β-淀粉状蛋白质沉积
   b. 蛋白纤维
   c. 海马神经元周围的髓鞘
   d. 脑成像中的白色小点
2. 神经纤维缠结是指
   a. 一种小小的，圆形的β-淀粉状蛋白质沉积
   b. 蛋白纤维
   c. 海马神经元周围髓鞘
   d. 脑成像中的白色小点
3. 阿尔茨海默症患者大脑中最多的神经递质是
   a. 多巴胺   b. 五羟色胺
   c. GABA   d. 乙酰胆碱
4. 额颞叶痴呆会导致哪个方面发生重大改变：
   a. 记忆
   b. 社会行为及情绪表现
   c. 控制运动能力
   d. 注意力

谵妄

DSM-5中谵妄的诊断标准

- 注意和意识紊乱
- 认知发生改变（如定位、语言、记忆、概念、计划紊乱），而这些紊乱又不能用已有的痴呆来解释。
- 快速起病（通常在几个小时或几天内）
- 症状是由躯体疾病引起的
- 病情波动

"谵妄"这个词的英文"delirium"来源于拉丁语"de"和"lira"，"de"代表"脱离"，"lira"代表"轨道"，表示脱离轨道或脱离正常状态（Wells & Duncan, 1980）。在本章开头西蒙的案例中，谵妄被描述为一种典型的意识混乱状态。它的两大突出症状是注意力集中困难以及睡眠周期混乱（Meagher, 2007）。患者有时突然无法集中注意力从而不能保持思维流畅。由于睡眠周期混乱，患者白天变得昏昏欲睡，晚上变得易激惹。患者经常出现形象生动的梦境和梦魇。此外患者的注意力游离加上思维破碎使得他们无法与人进行正常的谈话。一些患者的语言杂乱不连贯。由于意识混乱，一些患者产生定位障碍，他们分不清今天是哪一天，他们在哪里，甚至不知道自己是谁。患者通常存在对近期事件的记忆缺陷。

患者可能在24小时内的某一段时间忽然变得警觉，思路清晰。但经历过失眠后，患者病情会恶化。病情的日常波动是谵妄区别于其他综合征，尤其是阿尔茨海默症的一个特征。

概念混乱也是谵妄的常见症状之一。患者错将不熟悉的事物认成熟悉的事物；他们认为自己在家中，而实际上他们是在医院。幻视现象也比较常见，但它们并不总是出现。大约25%的老年谵妄患者会产生妄想，即一种与现实相反的信念（Camus, Burtin, Simeone, et al., 2000）。这些妄想难以理解，易变且转瞬即逝。

除了上述思维和知觉障碍，患者通常伴有情绪和行动上的波动。谵妄患者有时行为古怪，这一刻还在撕扯他们自己的衣服，下一刻就懒散地坐下。他们也会很快地从一种情绪转换到另一种情绪，如抑郁、焦虑、恐惧、愤怒、欣快、兴奋，也经常出现狂热、脸红、瞳孔扩大、震颤、心跳加速、血压升高以及小便失禁。如果病情恶化，患者可能会出现昏迷（Webster & Holroyd, 2000）。

不幸的是，谵妄经常会被误诊（Knight, 1996）。一项研究发现，在77位谵妄症状明显的老年住院患者中，有60%没有被诊断为谵妄（Lauril, Pitkala, Strandberg, et al., 2004）。当患者出现昏迷，医生尤其不太可能将其诊断为谵

妄（Cole，2004）。

谵妄可能出现在任何一个年龄段，但它在儿童和老年人身上更普遍；居住在养老院或医院的老人容易患上谵妄。一项研究发现，一年内养老院有 6%～12% 的老年人患上谵妄（Katz, Parmelee, &Brubaker, 1991）。住在医院的老年病人中患上谵妄的比例更高（Meagher, 2001）。

谵妄有时在患者患有痴呆时被误诊。表 14.4 比较了痴呆和谵妄的特点。Knight（1996）也提供了区分谵妄和痴呆的建议：

> 与谵妄患者的临床谈话就像与急性精神病患者谈话一样。痴呆患者可能会忘记他或她所在地方的名字，然而谵妄症患者则会将不同的地方混淆，如误认为精神科病房是二手车行。

发现和诊断谵妄十分重要。如果没有及时治疗，谵妄的死亡率很高；超过 1/3 的患者会在 1 年内死去（McCusker, Cole, & Abrahamowicz, 2002）。除了死亡的风险外，在医院发展成谵妄的患者出现其他认知功能下降的风险也会增大（Jackson, Gordon, Hart, et al., 2004），而且更有可能被转移到疗养院（Witlox, Eurelings, deJonghe, et al., 2010）。目前还不清楚为什么谵妄能预测这么多不良症状；有些人认为谵妄使得潜在的身体机能缺陷通过躯体症状而变得明显。

谵妄的病因

正如诊断标准中阐述的那样，谵妄由躯体疾病状况引起。药物中毒、药物的戒断反应、新陈代谢和营养失衡（如糖尿病、甲状腺功能异常、肝肾衰竭、充血性心力衰竭、营养不良）、感染或高烧（肺炎、泌尿系统感染）、神经障碍（如脑外伤或癫痫）以及手术后的压力都可能引起谵妄（Knight, 1996；Zarit & Zarit, 1998）。最常见的引起谵妄的因素之一是髋关节手术（Marcantonio, Flacker, Wright, et al., 2001）。然而，正如本章开头的案例中西蒙所表现的那样，引发谵妄的原因通常不止一个。

为什么老年人容易患上谵妄？对此有许多解释：老年人身体素质下降、对慢性疾病的易感性增强、服用多种不同的处方药、对药物的反应更加敏感等。此外，大脑损伤以及痴呆也增加了患病风险。

谵妄的治疗

如果弄清谵妄的病因并采取有效的治疗，谵妄完全可以康复。医生需要对患者进行全面的检查，找到所有可能的可逆转因素，如药物中毒、感染、高烧、营养不良，并采取对应的治疗方案。除了这些基本的躯体疾病状况，最常见

表 14.4 痴呆与谵妄的比较

痴呆	谵妄症
功能缓慢衰退	急性发作
对近期事件的记忆受损	注意力集中困难，难以保持思维连贯
由直接影响大脑的疾病引发	由躯体症状引发
病程通常持续发展不可逆转	一天内病情起伏不定
治疗的效果甚微	若潜在的身体疾病得到治疗，谵妄有望治愈；但是，若感染或营养不良等原因得不到及时处理，则有死亡的风险。
患病率随着年龄增加	患病率在儿童期与老年期最高

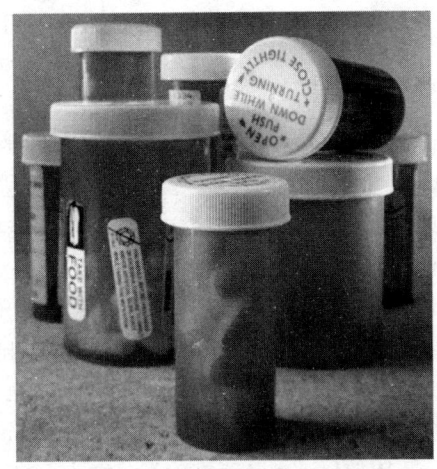

滥用药物无论是自主的还是无心的，都会对老年人产生严重后果，甚至引发谵妄。
(Eric Kamp/Phototake)

的治疗是服用非典型的抗精神病药（Lonergan, Britton, Luxenberg, et al., 2007）。弄清患者的躯体疾病状况通常需要1～4周的时间；与老年人相比，弄清年轻人病情花的时间较少。

由于住院老人中谵妄患者比例很高，因此从一开始就采取预防措施十分必要。在针对这类措施的一项研究中，研究人员将852名住院老年病人随机分成两组。一组只接受标准的医疗护理，另一组不仅接受标准的医疗护理还接受预防谵妄的干预。这些干预解决了在医院环境下患者的睡眠剥夺、缺乏运动、脱水以及视听受损。干预策略还包括定期的医疗检验和巡检，时间通常安排在上午的后半段以免打扰患者休息；此外，还会帮助做完手术的患者恢复行走；在医疗程序结束后会尽快归还患者的眼镜和助听器；帮助患者摄取足够的水和热量。最后，与只接受标准医疗护理的患者相比，那些接受了干预的患者发展成谵妄的比例更少，已经患上谵妄的患者也恢复得更快（Inouye, Bogardus, Charpentier, et al., 1999）。

痴呆患者容易患上谵妄的事实引发了另一个预防方面的问题。痴呆患者的家属需要了解谵妄的症状表现及其可逆性，这样他们才不会将谵妄的初期症状看成痴呆恶化的新表现。只要诊断和治疗得当，谵妄患者往往能够恢复到先前的状态。

概念核查14.3（答案见章末）

回答下列问题。

1. 痴呆的常见特征：
   a. 焦虑　　　　　　b. 健忘
   c. 明显的混乱　　　d. 心境悲伤
2. 谵妄的特征：
   a. 焦虑　　　　　　b. 健忘
   c. 明显的混乱　　　d. 心境悲伤
3. 玛丽，女性，70岁，因髋骨手术住院。虽然手术后未直接出现并发症，但玛丽的儿子很担心母亲。因为在他晚上看望玛丽时，玛丽的话令人费解。她先是感谢儿子帮她预定丽兹卡尔顿酒店（世界级豪华酒店），接着当儿子告诉母亲她在医院时，玛丽脸上露出轻佻的笑容。半个小时后，玛丽忽然开始啜泣。虽然第二天早上玛丽显得很正常，但到了中午玛丽又出现了急性混乱症状。你认为玛丽可能被诊断为：
   a. 阿尔茨海默症　　b. 额颞叶痴呆
   c. 躁狂症　　　　　d. 谵妄

总　结

老龄化：问题与方法

● 随着平均寿命的延长，了解老年期易出现的疾病以及治疗这些疾病的最好方法变得越来越重要。

● 关于老年人的一些刻板印象被证明是不合理的。事实上，老年人更少有负面情绪，也没有不合理地关注自己的健康，而且并不孤独。身体健康的老年夫妻性生活仍然保持活跃。但另一方面，身体日渐虚弱、其他年龄段的群体对老年人的刻板印象、丧偶以及生理疾病都是老年人常常需要面对的挑战。

● 研究发现，不同年龄段人群的差异可能是由同辈效应导致的，也可能是由年龄导致的。与横断研究相比，追踪研究能够更好地区分这两种效应。

老年期的心理障碍

● 有数据显示，与其他所有年龄段的人群相比，65岁以上人群出现各种心理障碍的比例最小。通常老年人所经历的心理障碍都是其早年疾病的延续。诊断老年期心理障碍时需要排除器质性疾病。

老年期认知神经障碍

● 少数老年人会出现严重的认知障碍。其中，两类常见的认知障碍是痴呆和谵妄。

● 痴呆会导致患者智力下降，记忆、抽象思考能力和决策能力退化。随着病情的恶化，痴呆患者无法意识到自己所在的环境。很多因素可以导致痴呆。阿尔茨海默症是最常见的一种痴呆。基因是阿尔茨海默症的主要影响因素。抑郁会提高患病风险，而运动和认知活动能起到预防作用。

● 痴呆还包括额颞叶痴呆、血管性痴呆、路易小体痴呆以及由其他躯体状况引起的痴呆。

● 药物对治疗痴呆的效果极小，但是痴呆患者的家属可以通过咨询使剩下的时间变得可控甚至有价值。运动能够帮助患者提高认知功能。

● 谵妄表现为突然间发作的注意和意识紊乱。患者可能突然出现意识混沌、思维断裂、无方向性、说话不连贯、无法维持注意力、幻觉、妄想、定位障碍、昏迷或活动过度，以及情绪波动。如果潜在病因能够得到有效治疗，患者可以恢复。病因包括：服用过多处方药、脑组织感染、内分泌问题、脑外伤、脑血管疾病以及手术。

概念核查答案

14.1　1. F 2. F 3. F 4. F
14.2　1. a 2. b 3. d 4. b
14.3　1. b 2. c 3. d

第 15 章

人格与人格障碍

学习目标

1. 能够描述 DSM-5 中的人格特质领域以及每种人格障碍的核心特征。
2. 能够描述 DSM-5 中人格障碍类型在遗传、神经生物、社会和心理方面的风险因素。
3. 能够描述 DSM-5 中每种人格障碍可用的药物和心理治疗。

临床个案：贾斯汀

贾斯汀与热恋的男子结束短暂的关系后，第一次住进了精神病院，那时她24岁。在她的生命中，她最害怕的是独自一人，这次分手导致了她割伤、烧伤和自杀的想法急剧增加。尽管在分手前，她曾在一个心理学家那接受了几个月的门诊治疗，但是出于对可能的自杀企图的担心，她的治疗师认为她不能再被当作一个门诊病人来处理了。当贾斯汀第一次接受心理治疗时，她还处于青春期。她父母发现她把自己的睫毛拔了。随后一个秃斑逐渐出现在她头顶附近，她的父母不知道如何在不让贾斯汀觉察到的情况下进行处理。于是，家庭治疗开始介入。开始的时候似乎也

很有效。贾斯汀对治疗师很热情，并且请求增加与治疗师的单独治疗时间。在单独治疗中，贾斯汀透露自己经常在一个朋友家里吸食大麻并与她朋友的兄弟发生无保护的性行为。她与学校中其他孩子的关系也不稳定。她经常有新朋友，刚开始时她觉得他们是最好的，但是很快她会对他们失望，然后以一种不愉快的方式把他们抛在一边。贾斯汀说，除了经常与她一起吸大麻的那个朋友，她很少有朋友能和她在周末一起出去玩。

在几个星期的家庭治疗后，贾斯汀的父母注意到她有些怒气并且发泄到治疗师身上。接着几周过去后，贾斯汀拒绝参加进一

步的治疗。在随后与治疗师的谈话中，贾斯汀的母亲知道了贾斯汀在单独治疗中曾经引诱过治疗师，治疗师的拒绝导致了她态度的改变，尽管治疗师力图用友善和共情来加强、稳固治疗关系。贾斯汀16岁时离开了高中，做过几份低收入的工作。大多数工作持续时间都不长，她与同事的关系也像在学校里她与同伴的关系一样。当贾斯汀开始一份新工作的时候，她会发现一些她很喜欢的人，但总会有一些事发生在他们之间，然后关系就会被愤怒地结束。她怀疑她的同事，并且说她听到了他们计划怎样阻止她在工作上进步。她能快速找到他们行为中隐藏的含义，就像她说的，

当她最后一个被邀请在生日卡上签名时，她就是办公室里最不受欢迎的人。她觉得自己能感应到他人，并且辨别出什么时候同事不喜欢她，即使缺乏任何直接的证据。贾斯汀频繁的情绪起伏以及周期性的抑郁、空虚感和极度易怒导致她多次寻求治疗。但在最初的热情之后，她与治疗师的关系总会恶化，导致治疗过早终止。直到她住院前，她已经换过六个治疗师了。

人格障碍是一组以在形成稳定、积极的自我意识和维持亲密及建设性关系方面存在问题为特征的异质性障碍。很多时候，我们都会在行为、思想和感受方面表现出类似于人格障碍的症状，但是真正的人格障碍所表现出来的这些特质具有极端、顽固和适应不良的特点。人格障碍患者在生活的多个方面遭遇自我认同和人际关系上的障碍，并且这些问题持续多年。人格障碍的症状是弥散的、持久的。

相比于其他任何方面的诊断修改，DSM-5中人格诊断的变化有着更深远的意义。在本章里，我们首先将描述DSM-IV-TR和DSM-5之间的差异。然后我们会提供一套更详细的DSM-5对人格评估的总结。在理解了诊断步骤的基础上，我们将认识DSM-5中的人格障碍类型。对每一种类型，我们会回顾它的临床表现、流行病学和病因学研究。最后，我们将讨论人格障碍的有效治疗方案。

DSM-IV-TR 和 DSM-5 中的人格评估

DSM-IV-TR包括十种人格障碍，每一种都由一组独特的症状定义而成（见表15.1）。这个体系包括对每一种障碍定义的具体标准，并要求临床医师思考所有来访者是否都存在人格障碍，即使他们是因其他问题而寻求治疗。当使用结构化诊断访谈时，诊断表现出较强的评分者信度（Zanarini, Skodol, Bender, et al., 2000），并且有些人格障碍逐渐变成研究的焦点。研究发现，一种人格障碍的存在能有力地预测很多其他障碍的较差治疗结果（Cris-Christoph & Barber, 2002）。

与DSM-IV-TR相比，DSM-5只包括六种人格障碍。但DSM-5体系包括了人格特质维度(比如，对抗、消极情感或其他维度的评定)。人格障碍患者在人格问卷上比普通人群更多地表现出极端人格特质（Clark & Livesley, 2002）。很多研究发现，人格障碍具有在人格特质维度表现极端这一特征（Samuel & Widiger, 2008），所以DSM-5提出了一种方式，在研究这些特质的基础上对人格的评估方式进行整合。

表15.1 DSM–IV–TR 中人格障碍的核心特征

DSM-5 中包含：	
强迫	过度关注秩序、一丝不苟和控制
自恋	夸大、需要赞美、缺乏共情
分裂型	认知歪曲，行为混乱、反常，缺乏建立亲密关系的能力
回避	社会抑制、缺陷感、对消极评价过度敏感
反社会	无视、侵犯他人的权利
边缘	不稳定的人际关系、自我意象和情感，以及显著的冲动性
DSM-5 中不包含：	
偏执	对他人的猜忌和怀疑
分裂样	脱离社会关系，情绪表达范围极小
表演	过度的情绪性和寻求关注
依赖	服从行为，分离恐惧和过度需要被照顾

表 15.2 人格障碍在社区和临床环境中的患病率

障碍	社区患病率(%)	临床患病率(%)	性别比例
强迫型	1.9	8.7	女 > 男
自恋型	1.0	2.3	男 > 女
分裂型	0.6	0.6	男 > 女
回避型	1.2	14.7	女 > 男
反社会型	3.8	3.6	男 > 女
边缘型	2.7	9.3	女 > 男

来源：社区患病率估计来源于 Trull, Jahng, Tomko, et al. (2010); Samuels et al. (2002)。临床患病率估计来源于 Zimmerman et al.(2005)。诊断采用 DSM-IV-TR 标准。

DSM-5 在大量文献的基础上对诊断系统进行了包括维度论在内的整合，这些文献表明人格特质维度与心理调适的很多方面甚至身体状况有关。比如，很多心理障碍如焦虑、抑郁和躯体障碍可能与人格特质有关，如神经质（Kotov, Gamez, Schmidt, et al., 2010）。人格维度也能有力地预测人际交往上的表现，比如友谊质量，离婚风险以及心理社会功能水平（Hopwood, & Zanarini, 2010; Ozer & Benet-Martinez, 2006; Roberts, Kuncel, Shiner, et al., 2007）。因此，我们已经了解了很多关于这些人格维度方面的问题。

阅读完这一部分，你们可能开始疑惑：维度论是否可以取代人格障碍诊断？值得注意的是，使用了数十年人格障碍，其诊断方法有一些显而易见的优势。当一些问题似乎足够严重以致需要进行治疗时，研究者和临床医生希望能够就来访者进行互相交流；并且，研究者并未确定维度严

聚焦发现 15.1 人格和人格障碍评估中的问题

DSM-5 解决了 DSM-IV-TR 在人格障碍诊断上存在的很多问题。尽管 DSM-5 已经有了进步，当讨论人格障碍时，仍然有些问题值得我们思考。

人们可以准确地描述自己的人格吗？

我们并不清楚人们是否总能准确地描述自己的人格。当我们拿人格障碍症状的自我报告与其朋友和家人的报告来比较时，一致性比较低（Klonsky, Oltmanns, & Turkheimer, 2002）。有趣的是，个体并不总是低估他们的困难；有时候来访者的报告比他们的朋友和家人的更加苛刻，而有时候他们在描述自己的人格症状时不那么严苛。然而，从不同角度进行人格障碍诊断很重要。与熟知病人的其他人进行会谈可以提高人格评估的准确性（Connelly & Ones, 2010）。然而，已发表的人格障碍研究中很少采集被诊断者之外的其他人的数据（Bornstein, 2003）。

性别和人格障碍

不同人格障碍的患病率在性别上差异很大（见表 15.2）。比如，女性比男性更可能被诊断患有边缘型人格障碍，男性比女性更容易被诊断患有反社会、自恋和强迫型人格障碍。研究显示，临床医生在诊断人格障碍时受到性别定势的影响。比如，根据个体是男性还是女性，临床医生在诊断时会关注不同的行为。在这个问题的典型测试中，研究者用两篇短文描述人格障碍患者。这两篇短文除了一点之外其余完全相同，即一篇短文中个体名为 Joan（女名），而另一篇中名为 John（男名）。临床医师阅读两篇短文，并且提供最可能的诊断。在这类研究中，当短文中用的是女名时，医生更可能诊断个体为边缘型人格障碍，而如果短文中用的是男名时，医生更可能诊断其为反社会型人格障碍（Garb, 1997）。这些发现表明，临床医师对这些偏差的觉察非常重要。

重到什么程度才能被认为是病理性的。在本章后面我们讨论的具体人格障碍类型中，你会发现，即使个体的表现在人格维度上处于病理性范围，做出人格障碍的诊断需要满足的标准似乎比各部分之和还多。比如边缘型人格障碍，就涉及很多不同特质的复杂结合（First, 2010）。所以，使用带有维度得分的人格障碍诊断有一些明显的优势。因为维度和诊断的方法都有其主要优势，所以 DSM-5 囊括了两者。我们现在就来描述 DSM-5 对人格和人格障碍的评估。尽管新系统有很多改进，但仍有不少关于人格障碍诊断的争论。详情请参见聚焦发现 15.1 与该领域有关的两个问题的讨论。

DSM-5 人格评估的步骤

DSM-5 对人格的诊断很复杂。它整合了人格维度和诊断，多个评估步骤以及很多评定量表。更具体地说，DSM-5 包括三种人格评定（Skodol, Clark, Bender, et al., 2011）：

★ 人格功能水平量表
★ 六种人格障碍类型
★ 5 个人格特质域评定，包括了 25 个人格面具体维度的评定

这个系统注重灵活性。临床医生如果没有时间评定 25 个具体维度，他可以提供单个分数来显示人格功能损伤程度，也可以记录是否存在人格障碍的表现。而那些使用人格维度来完善他们的治疗或研究的人，可以使用全套方法。使用全套方法的人，可以参见图 15.1 描述的人格评定的步骤。接下来，我们将一一讲解这些步骤。

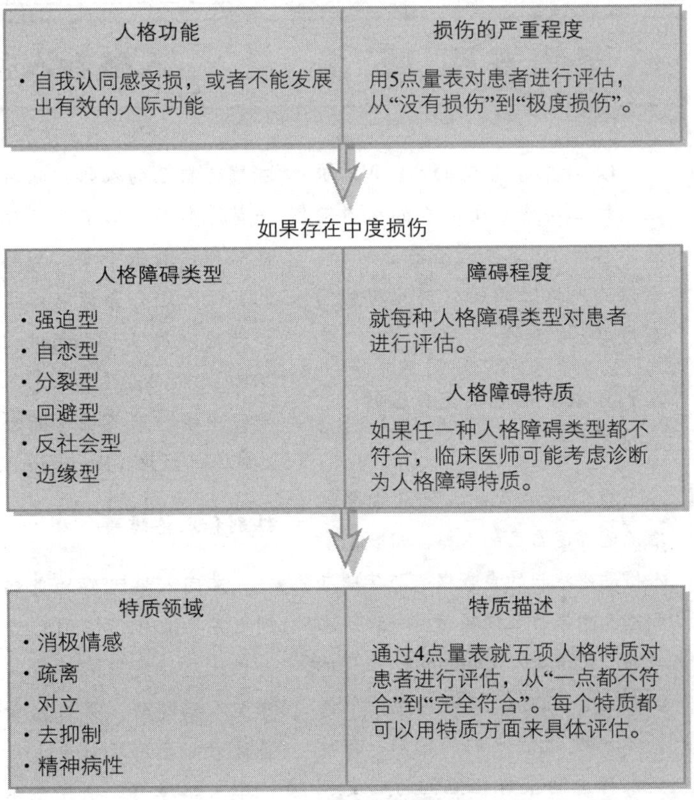

人格功能水平

数十年来，研究者研发了各种量表来评估人格功能。为了定义 DSM-5 中的人格功能水平，Bender 及其同事（2011）针对各量表中普遍涵盖且稳定的问题进行了一项关于这些评估工具的研究。他们的综述发现，有两大类损伤需要重点考虑：个体自我感或认同的紊乱以及长期的人际紊乱。反映这两类问题的条目在一系列研究和量表上似乎都与人格障碍的诊断相关（Morey, Berghuis, Bender, et al., 2011）。这是两个很宽泛的领域，而且你可以想象，个体可能在很多方面都存在自我认同和人际关系的问题。对此，研究者进一步限定了各量表中反复出现的一系列主题，并用此创建了一个自我和人际功能的评定量表（参见表 15.3）。

人格功能	损伤的严重程度
· 自我认同感受损，或者不能发展出有效的人际功能	用 5 点量表对患者进行评估，从"没有损伤"到"极度损伤"。

如果存在中度损伤

人格障碍类型	障碍程度
· 强迫型 · 自恋型 · 分裂型 · 回避型 · 反社会型 · 边缘型	就每种人格障碍类型对患者进行评估。 **人格障碍特质** 如果任一种人格障碍类型都不符合，临床医师可能考虑诊断为人格障碍特质。

特质领域	特质描述
· 消极情感 · 疏离 · 对立 · 去抑制 · 精神病性	通过 4 点量表就五项人格特质对患者进行评估，从"一点都不符合"到"完全符合"。每个特质都可以用特质方面来具体评估。

图 15.1 DSM-5 中评估人格和人格障碍的步骤。
改编自 Carey, B, 2010 年 2 月 10 日，《纽约时报》。

聚焦发现 15.2　DSM-5 中人格特质域及特质面与五因素模型的比较

DSM-5 人格特质域及特质面与一个非常有影响力的人格模型——"五因素模型（大五人格模型）"有密切关联（McCrae & Costa, 1990）。五因素模型旨在理解正常的人格模式，即可以区分心理健康个体的特质，而 DSM-5 人格和人格障碍工作组意图涵盖那些与心理失调最相关的特质。五因素模型中的一些维度与心理障碍相关，比如神经质（Kotov et al., 2010）。另一方面，研究者也做了一些调整以保持 DSM-5 系统与临床上最常见的人格障碍类型的相关（Krueger et al., 2011）。举例来说，五因素模型的开放性特质与精神病理学关系不大；抑郁、焦虑和物质滥用与个体在开放性上的得分高低也无相关。正如表 A 所示，DSM-5 的特质系统不包括开放性。但它包含一个五因素模型中没有的方面：精神病性，即不同寻常的、古怪的想法和行为。此外，DSM-5 使用临床医生最常用的术语来称呼 DSM-5 的特质域，这些术语通常与人格谱系上偏病理性的那一端更相关。

在五因素模型中，每个因素都包含六个方面或部分。比如，外向性因素包括热情、乐群性、独断性、活力、寻求刺激及积极情绪六个方面。DSM-5 也包括类似评定，但是有一些方面不同。和特质域一样，DSM-5 中只包括那些与心理障碍最相关的特质面。

表 15.3　DSM-5 中人格功能水平的评定草案

自我
　认同：体验到自身的独特，自我与他人之间边界清晰；自尊稳定，自我评价准确；能够体验一系列情绪并能够调节情绪。
　自我引导：对连贯的、有意义的短期及终生目标的追求；建设性的、亲社会的内在行为标准的运用；有效的自我反省能力。

人际
　共情：理解和欣赏他人的体验和动机；能够包容不同的观点；理解自己行为对他人的影响
　亲密：与他人积极联系的深度和持续时间；对亲密关系的渴望和拥有亲密关系的能力；反映在人际行为方面的相互尊重。

评定自我和人际功能的整体损伤程度
　0　没有损伤
　1　轻微损伤
　2　中度损伤
　3　严重损伤
　4　极度损伤

来源：引自 Bender et al.（2011），p.344

人格障碍类型

如果个体在功能水平量表上得分是中度损伤及以上，那么接下来的步骤是评估这些问题是否符合表 15.1 中描述的六种 DSM-5 人格障碍类型中的一种。对于那些看上去患有某种人格障碍但不符合任一种类型的人，可以归入"人格障碍特质"，再来关注具体的适应不良的特质。这种分类可以用于诊断符合 DSM-Ⅳ-TR 标准但不再包含在 DSM-5 中的人格障碍，比如偏执型人格障碍。在 DSM-5 中，该类个体可能被诊断为具有未分类的人格障碍特质，常表现出多疑。

DSM-5 中的六种人格障碍类型都源于 DSM-Ⅳ-TR，但是这些类型的定义都发生了改变。在 DSM-Ⅳ-TR 中，人格障碍是基于个体是否达到特定数量的诊断标准而确诊的。比如，如果个体至少表现出 8 条诊断标准中的 5 条，那么可以诊断为边缘型人格障碍。而在 DSM-5 中，每一种人格障碍类型都是用人格域和人格面清单来确定的。

即使一个人似乎在自我和人际功能上有损

伤，且至少有一种病理性特质，但临床医生在诊断某种人格障碍类型之前，仍需要考虑几个问题。首先，临床医生要考虑文化背景。和所有诊断一样，只有那些相对个体的文化背景而言不同寻常的症状，才应该在诊断时考虑。其次，只考虑那些稳定的人格特征。很多人可能在一次急性生活危机或者严重的抑郁发作期间纠结于人际关系或自我意象，但这些都不是这个系统所要关注的人格问题。最后，诊断要考虑普遍性问题——那些在各种情境中都发生的问题，比如家庭关系、工作领域以及亲密友情等。

> **DSM-5 中人格障碍的诊断标准**
> - 自我和人际功能的重大损伤
> - 至少存在一个域或面的病理性人格特质
> - 人格损伤持久且弥散
> - 发展阶段、社会文化环境、物质滥用、其他心理状况或药物使用状况无法解释人格损伤。

人格特质域和特质面

DSM-5 包括两种类型的维度得分：5 个**人格特质域**和 25 个更具体的**人格特质面**。如表 15.4 所示，每个维度的评分在 0（很少符合或不符合）到 3（非常符合）之间。只要人格与治疗计划有关，即使个体不符合任何一种人格障碍类型，或其病理性人格特质没有严重到可以确诊为某种人格障碍，仍然可以使用这些评估。维度得分相比人格障碍类型提供了更丰富的细节。

维度系统可以灵活应用于不同情境。临床医生可以基于访谈做出自己的评定，而 DSM-5 人格和人格障碍工作组也开发了一个自陈量表，用于评定这些维度（Krueger, Eaton, Derringer, et al., 2011）。临床医生也可以选择使用这个维度系统的一部分或全部。如果需要尽快得出结果，可以评估人格特质域；如果想要更多细节，可以评估人格特质面。总而言之，由临床医生来决定是用人格特质域，还是更具体的特质面，亦

表 15.4　DSM-5 中 5 大人格特质域和 25 个人格特质面

	I．消极情感
1．焦虑	我很担心不好的事情可能发生。
2．情绪不稳定	我从来不知道下一刻我的情绪会变成什么样。
3．敌意	我讨厌一些人并对他们很暴躁；这些人就应该被这样对待。
4．反复	我固着于一些特定的事，并且不能停止。
5．情感受限（缺乏）	我对那些能让其他人产生情绪波动的事没有多大反应。
6．分离焦虑	我害怕没有人爱我。
7．服从	我做其他人让我做的事。
	II．疏离
8．快感缺乏	我几乎从没享受过生活。
9．抑郁	未来对我而言真的很没有希望。
10．回避亲密	我回避浪漫关系。
11．怀疑	很多人有意要找我麻烦。
12．退缩	我不喜欢与他人呆在一起。
	III．对抗
13．寻求关注	我会做一些事来引起别人的关注。
14．冷漠	我不关心别人的问题。
15．欺骗	如果我能领先，我会毫不犹豫地骗人。
16．夸大	老实说，我的确比其他人更重要。
17．操控	利用他人对我来说轻而易举。
	IV．去抑制
18．注意力分散	我不能专注在任何事上。
19．冲动	我做事总是一时冲动。
20．不负责任	我会做出我并不打算遵守的承诺。
21．严格的完美主义	我不能接受事情没有做到绝对完美。
22．冒险	当面对危险的事情时，我总是不能管住自己。
	V．精神病性
23．古怪	其他人似乎觉得我的行为很古怪。
24．知觉失调	我周围的事情常常让我感觉不真实或者比平常更真实。
25．不同寻常的信念和经历	有时我仅通过发送我的思想给别人就可以影响他们。

来自 Krueger et al.（2011）

> **临床个案：对贾斯汀的 DSM-5 人格诊断**
>
> **人格功能水平**：3 严重损伤　　**特质域**：消极情绪、对抗、去抑　　焦虑、敌意、冲动、异常知觉
> **人格障碍类型**：边缘型　　　　　　　　　　　　制、精神病性
> **临床核心特质**：　　　　　　　　**特质面**：情绪不稳定、自伤、分离

或只是那些与特定人格障碍类型有关的方面，或者是用自陈量表还是临床访谈来做这些评估。

DSM-5 中绝大部分的特质域和特质面来自对人格的五因素模型所做的大量研究，但是就像我们在聚焦发现 15.2 中讨论的那样，为用于心理病理学方面，研究者对该模型做了一些调整。因为 DSM-5 的一些特质域和特质面是新提出的，我们期待随着研究进展，这个系统能逐渐有一些变化。

回到开篇临床个案中提到的贾斯汀，我们现在可以思考：如果运用 DSM-5 系统，她的诊断可能是什么？如下所示，临床医师可以对评估过程中的每一步进行记录。

概念核查15.1（答案见章末）

判断正误。
1. 如果使用结构化诊断访谈方法，DSM-IV-TR 中绝大多数人格障碍的诊断会有很好的评分者信度。
2. 绝大多数人格障碍研究都包括了熟悉病人的人的汇报。

回答问题。
3. 列举 DSM-5 对人格障碍诊断与 DSM-IV-TR 的三个不同之处。

人格障碍类型

在这部分，我们将逐一讨论 DSM-5 中每一种人格障碍类型的临床特征、流行病学和病因学模型。当然，已有研究是基于 DSM-IV-TR 的，而由于 DSM-5 诊断的推广，所以一些结论可能会有变化。我们先描述强迫型、自恋型、分裂型和回避型人格障碍，然后我们将讨论众多研究关注的两种人格障碍：反社会型和边缘型人格障碍。

强迫型人格障碍

强迫型人格障碍患者是完美主义者，过度关注细节、规则和计划。这种患者通常花费太多精力在细节上，以至于不能完成计划。他们对工作的投入远超过享乐。他们在做决策（唯恐犯错）和安排时间（唯恐把心思花在错误的事上）上存在极大的困难。他们的人际关系通常也有问题，因为他们要求每件事情都要按正确的方式——即他们的方式来做。他们常被称为"控制狂"。一般来说，他们严肃、刻板、拘谨、不灵活，尤其在道德问题上。他们无法丢弃旧物和无用之物，甚至那些没有任何纪念价值的物品，而且他们有时太过节省以至于给身边的人带来问题。

尽管在名称上相似，强迫型人格障碍与强迫症是不同的。人格障碍不包括强迫症中的强迫观念和强迫行为。尽管如此，这两种症状常出现共病的情况（Skodol, Oldham, Hyler, et al., 1995）。而在人格障碍中，最常与强迫型人格障碍共病的是回避型人格障碍。

很少有研究探讨强迫型人格障碍的病因学。两项双生子研究提供了彼此矛盾的遗传性估计（Reichborn-Kjennerud, Czajkowski, Neale, et al., 2007；Torgersen, Lygren, Øien, et al., 2000）。有一些迹象显示，强迫型人格障碍的遗传易感

对强迫型人格障碍患者而言,过度追求完美的秩序感干扰了做事效率。
(Dan Saelinger/Getty Images, Inc.)

性可能与强迫症的遗传易感性重叠;强迫症患者的家人倾向于表现出高水平的与强迫型人格障碍有关的特质,比如完美主义(Calvo, Lazaro-Fornieles, et al., 2009)。

> **DSM-5中强迫型人格障碍的诊断标准**
> 出现以下域和面的病理性人格特质:
> 1. 强迫,以严格的完美主义为特征。
> 2. 消极情感,以反复为特征。
> 个体符合人格障碍的诊断标准。

自恋型人格障碍

自恋型人格障碍患者会夸大自己的能力,过分关注幻想中的巨大成功(就像下文的个案中鲍勃表现的那样)。他们非常的自我中心——需要持续的关注和很多赞美。他们缺少共情,既傲慢又善妒,习惯利用他人并期望得到特殊待遇,这些都影响了他们的人际关系。这种患者对批评极度敏感,并且如果别人不赞美他们,他们会暴怒。他们更倾向于结交那些被他们理想化后拥有高地位的同伴;但不可避免的是,当这些同伴达不到他们那些不切实际的期望时,他们就会生气并拒绝他们(像边缘型人格障碍患者那样)。如果有机会结交一个地位更高的人,他们可能会换掉同伴。这种障碍最常与边缘型人格障碍共病(Morey, 1988)。

> **DSM-5中自恋型人格障碍的诊断标准**
> 多出现以下域和面的病理性人格特质:
> 1. 对抗,表现为夸大和寻求关注。
> 个体达到人格障碍的诊断标准。

自恋型人格障碍的病因学

在这部分,我们讨论这种障碍的两个最有影响力的病因学模型:自我心理模型和社会认知模型。两者都试图理解个体是如何发展出这些特质的。

自体心理模型 海因兹·科胡特创立了一个精神分析学流派,叫作"自体心理学"。他在两本著作中对此进行了阐述,分别是《自体的分析》(1971)和《自体的重建》(1977)。科胡特注意到,自恋型人格障碍患者表面上展现出他们不同寻常的自我重要性、自我投入和对无限成功的幻想。但是科胡特认为,这些特征掩藏着脆弱的自尊。自恋型人格障碍患者努力地通过无止境地寻求他人的尊重来支撑自我价值感。

科胡特描述了父母教养方式对自恋发展可能产生的影响。当父母以尊重、温暖和共情来对待孩子时,他们赋予了孩子正常的自我价值感;父母的冷漠可能导致对自我的不确定感。除此,科胡特还描述了这样一种模式:如果孩子的价值是用来巩固父母的自尊,并且孩子的天分和才能被过分强调,那么在这种模式里,孩子对自己的缺点会有很深的羞耻感。因此,科胡特提出,两种教养维度可能会增加自恋

临床个案：鲍勃

鲍勃是一名 50 岁的大学教授，在妻子的督促下来寻求治疗。在会谈中，鲍勃的妻子指出，鲍勃似乎非常关注自身和自己的优势，总是贬低别人。鲍勃对妻子的担忧不屑一顾。他说自己不是那种能容忍笨蛋的人，而且他觉得现在也没有理由让他包容愚蠢的人。他连珠炮似的讲述了他的主管、他的学生、他的父母和他以前一群朋友都缺乏足够配得上他的友谊的智慧。他乐于承认自己工作时间长，但是他认为，他的研究有改变人们生活的潜力，因而他不允许其他的活动干扰自己的成功。

风险：情感冷漠和对孩子成就的过分强调。近期研究发现，高水平自恋者报告说，当他们还是孩子的时候，这两种教养问题都经历过（Otway & Vignoles, 2006）。

社会认知模型 Carolyn Morf 和 Frederick Rhodewalt 提出的自恋型人格障碍的病因模型有两个基本观点：①自恋型人格障碍患者的自尊脆弱，部分是因为他们试图维持自己的特殊信念；②人际互动对他们很重要是因为要用来巩固他们的自尊，而不是为了获得亲密感或温暖。换言之，他们沉迷于维持自己的高大形象，并且这个目标渗透至他们生活的方方面面。Morf 和 Rhodewalt 的工作成果引人注目，他们设计了实验研究，旨在解释与自恋型人格障碍患者有关的认知、情绪和人际关系加工过程。

为验证自恋型人格障碍患者试图维持他们夸大的自我信念这个观点，研究者检验了这类障碍患者在不同情境中自我评价的偏差。比如，在一项实验研究中，自恋型人格障碍患者高估了自己对他人的吸引力和对团体活动的贡献（"别人一定是嫉妒我；我今天负责了我们项目中最主要的部分"）。在一些研究中，研究者在被试完成任务后提供成功的反馈（不管实际表现如何），然后要求被试估计他们成功的原因。在这类研究中，自恋型人格障碍患者更多地把成功归因于他们的能力，而非机遇或运气。一系列研究显示，自恋型人格障碍患者表现出认知偏差，这种认知偏差帮助他们维持夸大的自我信念。

为评估自恋型人格障碍患者是否存在脆弱的自尊，Morf 和 Rhodewalt 回顾了关于自尊在何种程度上依赖于外部反馈的研究。比如，当错误地告之患者其智力测验成绩很差时，他们比其他人表现出更大的反应；类似地，当告之患者成功地完成了某件事时，他们也表现出更大的反应。Morf 和 Rhodewalt 认为，这种自尊对外部反馈的易感性缘于他们试图维持一个膨胀的自我。

根据这个理论，当自恋型人格障碍患者与他人互动时，他们首要的目标是支撑自己的自尊。这个目标通过几种方式影响着他们对他人的行为。首先，他们倾向于吹嘘。这通常在一开始起作用，但久而久之，自吹自擂会让他人产生负

自恋型人格障碍得名于希腊神话人物 Narcissus，一名爱上了自己水中倒影的美少年。他被自己的欲望驱使，最后变成了一朵水仙花。
(Museum Bojimans Van Beuningen, Rotterdam, Netherlands\ Bridgeman Art Library\SuperStock, Inc)

面的感觉（Paulhus，1998）。其次，当其他人在事关自尊的任务上表现得比他们更好时，他们会诋毁对方，甚至当着对方的面也这样做。这就是说，相比于和他人变得亲密，被赞美或者获得竞争中的成功对他们而言更重要。这个体系使得我们很容易理解自恋型人格障碍患者为什么做一些疏远他人的事；他们的自我意识依赖于"胜利"，而非获得或维持亲密感（Compbell，2007）。

分裂型人格障碍

分裂型人格障碍是一种以不同寻常的想法和行为（精神病性），人际关系疏离和怀疑为特征的人格障碍。分裂型人格障碍患者可能有古怪的信念或魔幻思维——比如，他们相信自己可以读出别人的想法以及预见未来。他们通常有牵连观念（他们相信外界事件对自己有特殊的、非同寻常的意义），也会表现出怀疑和偏执。他们可能还会反复出现幻觉（不准确的感知觉），比如感觉到某种力量或者实际上并不存在的某个人。在言语中，他们的用词可能不大常见或者含糊——比如，他们可能会用"不是一个很好说的人"来指一个不太容易与之交谈的人。他们的行为和外表可能也很古怪——比如，他们可能自言自语，或者衣着脏乱。他们的情感似乎是被禁锢的而且是单调的；他们习惯于避开人群。一项关于这些症状的诊断重要性的研究发现，偏执观念、牵连观念和幻觉是最能说明问题的（Widiger，Frances，& Trull，1987）。

分裂型人格障碍的症状与精神分裂症的症状相似，但是较轻微。其中大部分人都不会发展成精神分裂症，但有些患者会随着时间发展出更严重的精神病态症状，一小部分患者则会随着时间发展成精神分裂症（Raine，2006）。分裂型人格障碍患者常常也符合回避型人格障碍的诊断标准，可能是因为这两种障碍都包括人际疏离（McGlashan，Grilo，Skodol，et al.，2000）。

是什么导致了这种人格障碍会出现古怪想法、行为和人际困难呢？分裂型人格障碍似乎有很高的遗传性。据估计，遗传性大约为61%（Torgersen et al.，2000）。此外，分裂型人格障碍的遗传易感性似乎与精神分裂症的遗传易感性重叠（Siever & Davis，2004）。家庭研究和收养研究发现，精神分裂症患者的亲属患分裂型人格障碍的风险会增加（Nigg & Goldsmith，1994；Tienari，Wynne，Laksy，et al.，2003）。研究也同样指出，分裂型人格障碍患者在认知和神经心理功能上存在缺陷，这种缺陷与精神分裂症患者身上的缺陷类似，但相对较轻（McClure，Barch，Flory，et al.，2008；Raine，2006）。与此同时，来自精神分裂症的研究同样发现，分裂型人格障碍患者脑室更大，颞叶灰质更少（Dickey，McCarley，& Shenton，2002）。

> **DSM-5中分裂型人格障碍的诊断标准**
> 多出现以下域和面的病理性人格特质：
> 1. 精神病性，以古怪、认知和知觉失调以及不同寻常的信念和体验为特征。
> 2. 疏离，以怀疑和退缩为特征。
> 3. 消极情感，以情感受限为特征。
> 个体达到人格障碍的诊断标准。

尽管与精神分裂症有很大的重合，但一些分裂型人格障碍患者并没有精神分裂症的家族史。在这个亚群体中，通常报告有早期的创伤和不幸（Raine，2006）。

回避型人格障碍

回避型人格障碍患者非常害怕批评、拒绝和否认，以至于他们通过回避工作和人际关系来保护自己避免消极反馈。在社交场合中，因为极端害怕自己说出愚蠢的话、陷入尴尬、脸红或者表现出其他的焦虑迹象，所以他们会限制自己。他们认为自己无能、比别人地位低下，并且不愿意冒风险或尝试新的活动。

回避型人格障碍通常伴随着社交焦虑障碍，可能是因为这两种障碍的诊断标准太过相似

临床个案：莱昂

莱昂，45岁，男性，前来求治抑郁症。他说，从小学一年级开始，抑郁症就几乎一直伴随着他。在会谈中，莱昂描述了从他记事以来的社交不适感。5岁时，只要和其他孩子在一起，他就感到强烈的焦虑，并且如果在其他人面前说话，他的头脑会"变成一片空白"。从小到大，他都恐惧生日聚会、老师提问和认识新伙伴。尽管他可以和一些邻居孩子玩耍，但是他从没有过一个"最好的"朋友，而且也从没能出去约会。尽管整个高中他学业成绩很好，但在大学，他的成绩变差很多。毕业之后，他在邮局谋得一份工作，因为这很少涉及社交互动。[选自 Spitzer, Gibbon, Skodol, et al.（1994）.]

（Skodol et al., 1995）。一些人认为，回避型人格障碍实际上可能是社交焦虑障碍的一种慢性变体（Alden, Laposa, Taylor, et al., 2002）。回避型人格障碍和社交焦虑障碍都与一个发生在日本的名为"taijin kyofusho"的病症有关（taijin 的意思是"人际"，kyofusho 的意思是"恐惧"）。与回避型人格障碍及社交焦虑障碍患者一样，taijin kyofusho 患者对人际情境过分敏感，并回避人际交流。但是他们害怕的东西与 DSM 诊断的患者通常害怕的东西有所不同。对自己对他人的影响和在他人面前的表现，taijin kyofusho 患者容易感到紧张或羞耻，比如，他们害怕自己很丑陋或者身体有异味（Ono, Yoshimura, Sueoka, et al., 1996）。

回避型人格障碍患者在人际交往中会感到紧张，因而常常避免人际互动。
（F1online digitale Bildagentur GmbH/Alamy）

和社交焦虑障碍一样，好几种疾病类型都与回避型人格障碍共病。大约80%的回避型人格障碍患者同时患有重度抑郁，正如下文临床个案中的莱昂。其他常见的共病情形包括边缘型人格障碍、分裂型人格障碍和酗酒（McGlashan et al., 2000）。

关于回避型人格障碍的病因，我们了解得很少，可能因为这种病症的很多患者对研究面谈感觉很不舒服。这种障碍的遗传性大约为27%～35%（Reichborn-Kjennerud, Czajkowski, Neale, et al., 2007；Torgersen, et al., 2000）。回避型人格障碍的遗传易感性似乎与社交焦虑障碍的遗传易感性重叠（Reichborn-Kjennerud, Czajkowski, Torgersen, et al., 2007）。

DSM-5 中回避型人格障碍的诊断标准

出现以下域和面的病理性人格特质：
1. 疏离，以退缩、回避亲密和快感缺乏为特征。
2. 消极情感，以焦虑为特征。
个体达到人格障碍的诊断标准。

反社会型人格障碍与精神病态

在非正式的情况下，反社会型人格障碍这个术语与精神病态（有时也说社会病态）经常相互替代使用。反社会行为，比如违反法律，在两种障碍中都是重要的组成部分，但两种障碍也有很大的不同。一个不同之处就是，反社会型人格障碍包含在 DSM 中，而精神病态则没有。在这部分，我们将对这两个高度相关的概念进行综述，并讨论这些症状的病因学研究。

反社会型人格障碍：临床描述

反社会型人格障碍是一种无视他人权利的普遍行为模式。反社会型人格障碍患者以攻击性、冲动性和冷酷无情为特征。DSM-IV-TR标准指出反社会型人格障碍患者存在品行障碍，但在DSM-5中没有这一条；不过这些患者的确经常报告在青少年早期有逃学、离家出走、经常撒谎、盗窃、纵火和故意破坏财产等经历。这些患者表现出不负责任的行为，比如工作不稳定、违反法律、易怒、身体攻击、拖欠债务、鲁莽冲动和缺乏事前计划。他们不重视事实，对自己的不端行为也没有悔恨。

反社会型人格障碍通常更多地发生在男性身上，发生在年轻人身上的比例也高于年长的人，而且一些人的症状似乎随着年龄增长而消失。在一项研究中，研究者对那些曾住院治疗的反社会型人格障碍患者进行了16～45年的追踪调查。大约1/4的人不再患有反社会型人格障碍，另外1/3的人病症有所改善（Black, Baumgard, & Bell, 1995）。近3/4的反社会型人格障碍患者同时也符合另一种障碍的诊断标准，其中物质滥用是最常见的共病（Newman, Moffitt, Caspi, et al., 1998）。高比例的反社会型人格障碍可见于戒毒和戒酒机构，这并不令人吃惊（Sutker & Adams, 2001）。在美国，近3/4已定罪的重刑犯符合反社会型人格障碍诊断标准。

精神病态：临床描述

精神病态这个概念先于DSM诊断中反社会型人格障碍这个概念出现。Hervey Cleckley在他的经典著作《心智健全的面具》（*The Mask of Sanity*）中，凭借自己的临床经验，构想出精神病态的诊断标准。Cleckley的精神病态标准重点在个体的想法和情感上。在Cleckley的描述中，精神病态的一个核心特征是情感贫乏，包括积极情感和消极情感。精神病态患者没有羞耻感，而且看似对他人的积极情感只是表演而已；他们外表迷人，并且用这种魅力来操纵他人以谋私利；他们没有焦虑感，这可能使得他们不能从自己的错误中吸取经验教训；他们不知悔改，导致他们做出不负责任的行为，并残暴地对待他人。Cleckley描述中的另一个关键点是，精神病态的反社会行为是浮躁而冲动的，在他们做出可怕的事情时和获取经济利益时都一样。

评估精神病态最常用的量表是《精神病态评定清单》的修订版（Psychopathy Checklist-Revised, Hare, 2003）。评定者用这个量表进行全面的访谈，同时也通过犯罪记录、社会工作者报告等其他渠道来搜集信息。量表中有20题与反社会型人格障碍的标准重合，包括青少年犯罪、犯罪行为、冲动性、不负责任、外表迷人、病理性说谎以及操纵他人。这个量表也包括情感症状，比如缺乏悔恨感、情感肤浅以及缺乏共情（Hare & Neumann, 2006）。

DSM-IV-TR标准与精神病态标准在一些重要方面上有差异，比如要求个体在15岁之前就表现出症状。这导致了两种病症之间较大的分歧；只有20%被DSM-IV-TR诊断为反社会型人格障碍的个体在精神病态评定清单上得高分（Rutherford, Cacciola, & Alterman, 1999）。而DSM-5对反社会型人格障碍诊断的指导原则与精神病态的标准更相似。DSM-5的诊断原则没有具体指出起病年龄。DSM-5的变化可能会提高反社会型人格障碍与精神病态诊断的一致性。

DSM-5中反社会型人格障碍的诊断标准

出现以下域和面的病理性人格特质：
1. 对抗，以操控、欺骗、冷漠、敌意为特征。
2. 去抑制，以不负责任、冲动和冒险为特征。
个体达到人格障碍的诊断标准。

反社会型人格障碍和精神病态的病因学

在这部分，我们将探讨反社会型人格障碍

> **临床个案：乔依**
>
> 一名19岁的男孩被朋友带到了医院。他呼吸不规律、脉搏快速跳动并且瞳孔放大。他最终承认自己吸食了大量的可卡因。他起初不想透露自己的身份，最终，医疗组获得了足够的信息联系上了他的母亲。他母亲心急如焚地赶到医院，然而浑身酒气。在会谈中母亲说道，她的儿子长期与家庭对抗，也不参加家庭活动。当她试图制定一些规则时，他就激烈地争吵。他经常彻夜不归。她说儿子的父亲不在身边。她相信自己的儿子是个好学生，也是一个篮球运动明星，但是这些想法最终被证明是错的。后来的调查发现，她的儿子不仅涉及吸毒和飙车，而且他还自夸经常每天喝一箱啤酒。他用尽各种方法来获取吸毒的钱，包括偷汽车收音机和从母亲那偷钱。他不认为自己有任何问题，并且很早就结束了他与治疗师的第一次会谈。[选自 Spitzer et al. (1994).]

和精神病态的病因。当我们回顾这个领域的研究时，要注意使得这些结论略微难以整合的两个问题。第一，这些研究的被试是用不同标准诊断的，有的是用 DSM-IV-TR，有的是用精神病态诊断的。第二，绝大部分反社会型人格障碍和精神病态研究是在那些被定罪的个体身上进行的。因此，这些结果可能不适用于那些不是罪犯或未被逮捕的精神病态患者身上。而在认知和生理心理的测量上，被定罪的精神病态患者确实比没有被捕的精神病态患者表现出更多的缺陷（Ishikawa, Raine, Lencz, et al., 2001）。

遗传因素 领养研究显示，亲生父母患反社会型人格障碍和物质滥用的被收养儿童，其表现出反社会行为的比例要高于一般水平（Cadoret, Yates, Troughton, et al., 1995；Ge, Conger, Cadoret, et al., 1996）。以前有研究发现，犯罪行为（Gottesman & Goldsmith, 1994）、精神病态（Taylor, Loney, Bobadilla, et al., 2003）和反社会型人格障碍（Eley, Lichtenstein, & Moffitt, 2003）存在中等程度的遗传，遗传性估计在40%～50%。综合来看，攻击性的反社会行为的遗传性（65%）似乎要高于仅包含违反规则式的反社会行为的遗传性（48%）（Burt & Donnellan, 2009）。

要记住，低信度会影响效度，而且人格障碍的重测信度和多报告者信度也会变低。为解决这个问题，有的研究收集症状的重复测量数据（Burt, 2009），有的收集精神病态的多个指标（Larsson, Andershed, & Lichtenstein, 2006），还有的从老师、父母和儿童处收集反社会症状的报告（Baker, Jacobson, Raine, et al., 2007）。通过结合多种测量，可以获得更可靠的精神病态或反社会行为的指标。运用这种方法的研究发现了更高的遗传性。

反社会型人格障碍、精神病态、品行障碍和物质滥用的遗传风险似乎是相关的。个体可能继承了这些病症的遗传易感性，而环境因素可能决定到底发展出哪种病症（Kendler, Prescott, Myers, et al., 2003；Larsson, Tuvbald, Rijsdijk, et al., 2007）。然而，有一些遗传风险很明确——比如，某些特定基因可能影响反社会型人格障碍的攻击行为（Eley et al., 2003）。

收养研究同样发现，遗传、行为和家庭的影响很难分离（Ge et al., 1996）。也就是说，孩子受遗传影响的反社会行为可能引发更严厉的处罚和温情减少，即使是在养父母身上；而这样的养育反过来会恶化孩子的反社会倾向。

社会因素：家庭环境和贫困 因为大多精神病态行为与社会准则相违，所以许多研究者关注社会化最初始的媒介——家庭，以寻求对这些行为的解释。消极性高、温暖少以及养育的不一致性可以预测反社会行为（Marshall & Cooke, 1999；Reiss, Heatherington, Plomin, et al.,

1995)。当一个孩子有反社会行为的遗传倾向时，家庭环境可能尤其重要。比如，在上面提到的一项收养研究（Cadoret et al.，1995）中，收养家庭的不利环境（如婚姻问题和物质依赖）与反社会型人格障碍的发展相关，尤其当孩子的亲生父母患有反社会型人格障碍时。

除了双生子研究，大量的前瞻性研究发现，即使儿童并无反社会型人格障碍的遗传风险（Loeber & Hay, 1997）包括贫困和暴力环境在内的社会因素依然可以预测儿童的反社会行为。（Jaffee, Moffitt, Caspi, et al., 2002），在有品行障碍的青少年中，贫困家庭的儿童发展为反社会型人格障碍的概率大约是来自较高社会经济地位家庭的儿童的两倍（Lahey, Loeber, Burke, et al., 2005）。

在美国，3/4 已被定罪的重刑犯符合 DSM–IV–TR 的反社会型人格障碍诊断标准。
（Chris Steele-Perkins/Magnum Photos, Inc.）

无畏 大量研究把精神病态和缺少恐惧及威胁的感受联系在一起。在定义精神病态综合征时，Cleckley 指出，精神病态患者不能从经历甚至是惩罚中获得成长，他们似乎也不会避免社交不端行为的消极后果。很多人尽管曾在监狱服过刑，但仍然习惯性违法。他们似乎对焦虑或良心不安免疫，而正是这些使得我们绝大部分人避免违反法律、说谎或者伤害他人；而且他们很难抑制冲动。Cleckley 认为，精神病态患者可能对自己反社会行为的惩罚反应迟钝，所以他们不能学会停止特定的行为。从这个观点得出的行为模型认为，精神病态患者违反规则的行为缘于条件性恐惧反应的发展存在缺陷。

一项经典研究检验了这样一种观点，这种观点认为精神病态患者无畏，所以无法从惩罚中吸取教训（Lykken, 1957）。Lykken 评估了精神病态患者对避免电击的学习程度。与这个理论一致，精神病态患者在学习避免电击方面表现得比控制组被试差。

来自自主神经系统活动的研究同样也支持了这个观点，即精神病态患者对引发恐惧的刺激表现出较少的反应。此外，精神病态患者比常人表现出较低水平的皮电反应，而且当面对或预想一个令人厌恶的刺激时，他们的皮电反应也不太活跃（Lorber, 2004）。在一项研究中，被试 3 岁时对厌恶刺激的皮电反应活跃性低，可以预测 28 岁时的精神病态得分（Glenn, Raine, Venables, et al., 2007）。在一个对该理论有趣的扩展中，研究者用脑电活动作为指标，检验被试在非条件刺激（令人痛苦的按压）与中性图片（条件刺激）反复配对出现的经典条件作用中的反应。为检验配对刺激反复出现之后对条件刺激的反应，研究者测量了被试与情感有关的杏仁核及其他脑区的活动水平（Biebaumer, Veit, Lotze, et al., 2005）。结果发现，当观看中性图片时，健康的控制组被试的杏仁核活动增加，而精神病态患者没有表现出杏仁核活动的增加。这些发现说明，精神病态患者未能对厌恶刺激形成基本的经典条件反射。

冲动性 前面我们主要关注精神病态患者如何应对威胁。但也有理论考虑到了冲动性，它被认为是追求潜在利益时对威胁没有反应。该理论认为，当精神病态患者试图获得钱或其他资源等利益时，这种对威胁的反应缺乏可能尤其严重。

在测验精神病态患者依据成败调节反应的能力时，他们的确表现出冲动性（Patterson & Newman, 1993）。在一项探讨这种现象的研究中，参与者要玩一个计算机化的卡片游戏（Newman, Patterson, & Kosson, 1987）。如果出现一张人脸卡片，参与者可以赢得 5 欧元，如果出现一张非人脸卡片，参与者会输5欧元。在每次测验后，参与者都有机会选择继续或者停止游戏。失败的概率由实验者操控，并且概率从10%开始。接下来，每玩10张卡片，失败的概率就会增加10%，直到达到100%。精神病态患者比非精神病态患者继续游戏的时间要长得多。精神病态组12个被试中有9人，尽管20次试验中输了19次，仍没有停下来。也就是说，精神病态患者即使受到惩罚也不会停止追求利益。

研究者还发现，如果严重的精神病态患者停下来去注意消极反馈，他们可以对威胁做出恰当的回应。在同一游戏中增加一个变量——在反馈之后加一个5秒钟的等待时间，延迟做出是否继续游戏的决定。结果精神病态患者进行试验的次数显著地下降了。延迟可能会使精神病态患者思考消极反馈，从而降低行为的冲动性（Newman, Schmitt, & Voss, 1997）。

总体而言，这些发现说明，精神病态患者在追求利益时可能对威胁没有反应。但让病人放慢速度，使他（她）注意到威胁的迹象，这可能可以克服一部分缺陷。

神经生物研究也支持精神病态与冲动性有关的观点。要记得，前额叶皮层与冲动抑制有关。而精神病态患者前额叶皮层的灰质比非精神病态患者的要少（Raine & Yang, 2007）。

缺乏共情导致对他人受害的冷漠 目前我们所讨论的研究都基于这样一个认识：惩罚没有唤起精神病态患者的强烈情绪，因此没能抑制其反社会行为。但是一些研究者认为，共情而非惩罚，才是社会化的关键因素。共情意味着与他人的情绪反应保持一致；因此，共情到他人的不幸可以抑制无情利用他人的倾向。从这个角度说，精神病态患者的一些特征可能是源于共情的缺乏。

不同种类的研究为这个理论提供了支持。当要求被试识别各种陌生人图片所传达的情绪时，男性精神病态患者能很好识别出其他情绪，但对恐惧的识别能力很差（Marsh & Blair, 2008）。为探讨共情缺乏是否导致看到他人受害时不敏感，研究者给精神病态患者以及控制组被试呈现伤害事件的图片（比如，非法闯入、身体攻击）。精神病态患者对这些受害图片的生理心理反应比非精神病态患者少（Levenston, Patrick, Bradley, et al., 2000）。脑成像研究也有类似的发现。并且，当看到违背道德的事件时，非精神病态患者的腹内侧前额皮层出现活动，精神病态患者则没有这种反应（Harenski, Harenski, Shane, et al., 2010）。

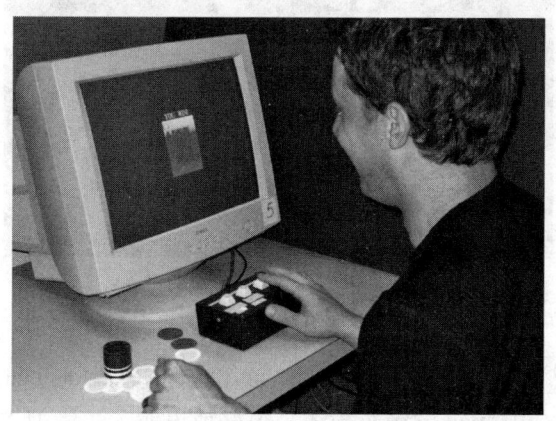

一项控制了输赢概率的卡片猜测任务，用于考察精神病态患者的冲动性

（Newman, Patterson, & Kosson, 1987）。(Courtesy Joseph Newman.)

概念核查15.2（答案见章末）

你是一家大型公司的人力资源主管。你需要评估一系列员工人际问题和任务相关问题。这些问题严重而持久，以至于引起了职工担忧。说出下列员工最可能患有哪种人格障碍。

1. 玛丽安娜拒绝与顾客会面。她说她很担心顾客看出她懂得不多。当她的上司计划跟她约见时，她再三地打电话请病假。她的同事几乎都不知道她的名字。当被问到时，她说，与他们中的任何一个人交流都会使她感到很紧张，害怕自己的想法可能被拒绝。她申请调换一个几乎没有社交互动的职务。
2. 希拉有三个下属都请求从她的部门调离。他们每个人都说，她太有控制欲了，吹毛求疵，而且听不进任何解决问题的新点子。在面谈时，她带来了一份打印了15页的图表，上面是她想在公司执行的计划。尽管有很多目标，但在公司的第一年里，她一个计划都没能完成。

3. 警察通知你，他们逮捕了公司的员工萨姆。他伪造签名支票想从银行兑取10000美元时被抓住了。你知道萨姆曾经欺骗过三家公司。当你与萨姆见面时，他笑道，要拿到支票本是多么容易；而且他看上去丝毫没有歉意。

边缘型人格障碍

边缘型人格障碍在临床上很常见，它很难治疗而且涉及自杀。因为这几个方面的原因，边缘型人格障碍成为一个主要的关注焦点。

边缘型人格障碍的临床描述

边缘型人格障碍的核心特征是关系和心境的冲动性和不稳定性。比如，对他人的态度和情感极富戏剧性，令人难以理解并且变化很快，特别是从充满激情的理想化状态变为厌恶、愤怒。在一项经验性取样的研究中，边缘型人格障碍更多地是以消极心境突然的、巨大的、无法预期的变化为特征，而非重度抑郁（Trull, Solhan, Tragesser, et al., 2008）。正如本章开篇的临床个案中的贾斯汀，BPD患者强烈的愤怒会损害其人际关系。患者对他人情绪的微小迹象过于敏感（Lynch, Rosenthal, Kosson, et al., 2006）。他们无法预期的、冲动的和潜在的自伤行为可能包括赌博、挥霍、性滥交以及物质滥用。边缘型人格障碍患者通常没有发展出一个清晰、连贯的自我意识——他们有时会在自我价值、忠诚和职业选择等基本的身份认同上剧烈摇摆。他们不能忍受独自一人，害怕被遗弃，需要关注，并且长期伴有抑郁和空虚感；当感到压力时，他们可能出现短暂的精神病态症状和解离性症状。

自杀行为是边缘型人格障碍中一个特别值得关注的问题。一项研究发现，在20年时间中，大约有7.5%的边缘型人格障碍患者实施过自杀行为（Linehan & Heard, 1999）。对621名患者进行的研究发现，15.5%的人在过去一年中至少有过一次自杀行为（Yen, Shea, Pagano, et al., 2003）。患者也很可能有非自杀性的自伤行为，比如，他们可能会用刀片割自己的大腿或者用烟头烫自己的手臂——这些行为会有伤害但不能致死。至少有2/3的患者在生命中的某个时间点会有自残行为（Stone, 1993）。

10～15年后，大约3/4的边缘型人格障碍患者病情稳定，并且不再符合诊断标准（Zanarini, Frankenburg, Hennen, et al., 2006）；绝大部分患者在40岁时不再符合诊断标准（Paris, 2002）。相比其他症状，如暴怒和冲动倾向，自伤和自杀症状消失得较快（Zanarini et al., 2006）。

边缘型人格障碍患者很可能与创伤后应激障碍或心境障碍共病（McGlashan et al., 2000）。除了分裂型人格障碍，它还有与物质相关障碍或进食障碍共病的风险（McGlashan et al., 2000）。当存在共病情况时，可能预示着边缘型人格障碍症状有较大的可能性会持续6年以上时间（Zanarini, Frankenburg, Hennen, et al., 2004）。

边缘型人格障碍患者经常有自伤行为。
（Janine Wiedel Photolibrary\Alamy.）

临床心理学家兼成功的推理小说家Jonathan Kellerman的精彩描述，很好地说明了边缘型人格障碍患者的情况。

他们长期抑郁、成瘾行为顽固、被迫离异，生活在一次接一次的情感灾难中。他们滥交、酗酒，有时是高速公路上的狂飙者，有时又悲伤地坐在长椅上。他们的手臂缝得像足球一样，而心灵的伤口，永远无法缝合。他们的自我像棉花糖一样脆弱，他们的灵魂是破碎的，就像丢失了重要碎片的拼图，无法修复。他们在各个角色中敏捷穿梭，擅长扮演除自己以外的任何人；他们渴望亲密，但亲密来临时又会排斥它。他们中的一些人被舞台或荧幕吸引；而另一些人以更微妙的方式进行表演……边缘型人格障碍患者从一个治疗师换到另一个治疗师，希望找到一颗有魔法的子弹来击碎空虚感。如果没找到，他们就转向化学的子弹——安眠药和抗抑郁药，酒精和可卡因。（Kellerman, 1989, pp, 113-114）

幸运的是，本章将要讨论的边缘型人格障碍新疗法的研究，比 Kellerman 描述的有更光明的前景。

> **DSM-5 中边缘型人格障碍的诊断标准**
> 出现以下域和面的病理性人格特质：
> 1. 消极情感，以情绪不稳定、焦虑、分离焦虑和抑郁为特征。
> 2. 去抑制，以冲动和冒险为特征。
> 3. 对抗，以敌对为特征。
> 个体达到人格障碍的诊断标准。

边缘型人格障碍的病因

边缘型人格障碍是一种很复杂的病症，相应地，多种风险因素都可能导致它的发展。我们将讨论神经生物因素、社会因素，以及整合了神经生物因素和社会因素的素质—压力理论。

神经生物因素 生物因素似乎对边缘型人格障碍的发展很重要。基因可以解释这种障碍60%以上的发展变异。同时边缘型人格障碍患者的5-HT 功能比控制组低（Soloff, Meltzer, Greer, et al., 2000）。其他的易感性则可能导致部分情感的失调或冲动性，而非整体的障碍（Siever, 2000）。

一些研究发现，生物因素可能导致情感失调。边缘型人格障碍患者的父母有较高比例患有心境障碍（Shachow, Clarkin, Dipalma, et al., 1997）。更多的直接证据来源于患者的杏仁核研究。杏仁核是与情感活动密切相关的脑区。在涉及强烈情绪的几种障碍，如心境障碍和焦虑障碍中，杏仁核的活动会增强（Herpetz, Dietrich, Wenning, et al., 2001；Silbersweig, Clarkin, Goldstein, et al., 2007）。BPD 患者的杏仁核活动也有增强；杏仁核的活动似乎与理解 BPD 的情感失调有关。

有一些迹象表明，遗传和神经生物易感性也可能导致 BPD 的冲动特征。边缘型人格障碍患者的（White, Gunderson, Zanarini, et al., 2003）一级亲属（父母、同胞兄弟姐妹、子女）患有冲动相关障碍的概率很高，比如物质滥用和反社会型人格障碍（Whit, Gunderson, Zanarini, et al., 2003）。从神经生物学角度而言，前额叶皮层被认为是帮助控制冲动的，而在一些研究中，边缘型人格障碍患者的前额叶皮层表现出活动性低和结构改变（van Elst, 2003；van Elst, Thiel, Hesslinger, et al., 2001）；更具体而言，表现在前扣带皮层上（Minzenberg, Fan, New, et al., 2007, 2008）。前额叶皮层和杏仁核之间的联结似乎也被破坏了（New, Hazlett, Buchsbaum, et al., 2007）。总而言之，这些发现显示，神经生物学因素可能导致边缘型人格障碍的冲动性特征。

社会因素：儿童期虐待 边缘型人格障碍患者报告童年时期有父母分离、言语虐待和情感虐待的经历可能性，比其他人格障碍患者更高（Reich & Zanarini, 2001）。实际上，除了同样被认为是儿童虐待高发的解离性身份障碍以外，比起绝大部分其他障碍的患者，这些虐待在边缘型人格障碍患者身上更为常见（Herman, Perry, &

van der Kolk，1989）。考虑到边缘型人格障碍患者频繁的解离症状，我们推测边缘型人格障碍与解离性身份障碍可能相关，并且两者的解离性症状都是由儿童虐待的过度应激造成的。一项研究发现，经历儿童虐待后出现解离的个体更容易发展出边缘型人格障碍症状（Ross, Waller, Tyson, et al., 1998）。基于这些高概率的虐待报告而建立的一个重要的心理模型，解释了个体如何发展出边缘型人格障碍症状。接下来我们就来看看这个理论。

素质—压力理论 Marsha Linehan 提出，当一个由于生物特质（如基因）而难以控制自身情感的个体在一个缺乏有效养育的家庭环境中成长，那么他就会发展出边缘型人格障碍。也就是说，情绪调节紊乱与缺乏有效养育的交互作用，促进了边缘型人格障碍的发展。在一个缺乏有效养育的环境中，个体感到被贬低、得不到尊重——即个体对情感交流的努力得不到重视，甚至会受惩罚。而无效养育的一种极端形式就是虐待，包括性虐待和非性虐待。施虐的父母一边声称爱自己的孩子一边继续伤害孩子。

假设中的两个主要因素——情绪调节紊乱和有效养育缺失——在动态中相互作用（见图15.2）。比如，情感失调的儿童会向自己的家庭提出不计其数的要求。恼怒的父母会忽视甚至惩罚孩子的爆发，这会导致孩子压抑情感。被压抑的情感不断累积而爆发，然后孩子获得父母的关注。于是，父母最终强化了他们厌恶的行为。当然，也可能有很多其他的模式，但这些模式的共同之处就是恶性循环，一直在失调和无效之间来回反复。

> **概念核查15.3**（答案见章末）
>
> 回答下列问题。
> 1. 在家族史研究中，哪种人格障碍类型与精神分裂症最相关？
>   a. 分裂样 b. 分裂型
>   c. 反社会型 d. 边缘型
> 2. 以下哪些因素在边缘型人格障碍的素质—压力模型中有重要作用？（选出所有正确答案）
>   a. 情感失调
>   b. 无效养育
>   c. 内化价值与当前需求的冲突
>   d. 分裂的防御机制
> 3. 以下哪种人格障碍在临床上最常见？
>   a. 强迫型 b. 分裂型
>   c. 反社会型 d. 边缘型
> 4. 哪种人格障碍类型与冲动性有关？（选出所有正确答案）
>   a. 分裂型 b. 回避型
>   c. 强迫型 d. 反社会型
>   e. 边缘型

人格障碍的治疗

我们需要记住的一点是，很多人格障碍患者来寻求治疗时并不只是因为他们的人格障碍。比如，一个反社会型人格障碍患者可能是因为物质滥用前来治疗，一个回避型人格障碍患者可能是因为社交恐惧而前来治疗，一个强迫型人格障碍患者可能是因为抑郁而前来治疗。临床医生应该考虑是否存在人格障碍，因为人格障碍预示着改善较慢（Crits-Christoph & Barber, 2002; Hollon & DeRubeis, 2003）。在此，我们会讨论

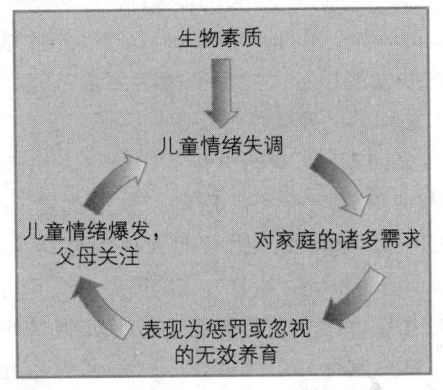

图15.2 边缘型人格障碍的素质—压力理论

处理人格障碍症状的治疗方法。我们将先讲解与各种人格障碍类型都相关的一般治疗方法，然后讨论针对特定人格障碍的治疗方法。

治疗人格障碍的一般方法

一项包括 15 个研究的综述发现，52% 的人格障碍来访者经过 15 个月的治疗后康复（Perry, Banon, & Ianni, 1999）。这些关于门诊治疗或心理疗法的效果研究绝大部分没有包括控制组，而是与接受日常护理的来访者进行比较。问题在于一半的人格障碍似乎会随着时间而自然消除。因此，我们需要将积极治疗与控制条件相比较。

有严重症状的人格障碍患者可能会参加一个包括了心理疗法在内的门诊治疗项目，既有团体形式也有个体形式，每天几个小时。通常情况下，心理治疗会穿插在社会和专业治疗中。这种项目的时长不一定，但是有一些会持续几个月。项目在治疗方法上会有变化，有的提供心理动力学疗法，有的提供支持性疗法，还有的提供认知行为疗法。除了这种项目，很多来访者选择接受个体的门诊心理治疗。

心理动力学治疗师旨在改变患者当前对导致其人格障碍的童年问题的观点。比如，治疗师可能引导一个强迫型人格障碍的男性患者认识到，通过做到完美来赢得父母之爱的这种童年时的方法，不需要再用于成年——他不需要做到完美来赢得他人的赞赏，并且做错事也并不必然被所爱之人抛弃。心理动力学治疗研究中通常包括各种各样不同的人格障碍。

在人格障碍的认知疗法中，艾伦·贝克及其同事（1990）采用与抑郁治疗相同的分析法。每种障碍都用消极认知信念来分析，以帮助解释症状的模式（见表 15.5）。比如，对一个患有强迫型人格障碍的完美主义者的认知疗法，首先要说服患者接受认知模式的实质——情感和行为主要是想法的产物。然后探索想法上的偏差，比如患者因为某一次尝试的小小失败，就认为自己不能做好任何事情。治疗师也寻求可能隐藏在个体想法和情感之下的功能失调的假设或模式，比如，每个决定都正确是很重要的。除了挑战认知，贝克对人格障碍的治疗方法还包括多种其他的认知行为技术。

表 15.5 与各种人格障碍有关的适应不良认知假设示例

人格障碍	适应不良的认知
回避型	如果人们了解真实的我，他们会拒绝我。
强迫型	我知道什么是最好的。
	人人都应该做得更好，更努力。
自恋型	因为我很特别，所以我值得特别对待。
	我比其他人优秀。
反社会型	我有权违反法律。
	别人是可以利用的。

来源：Beck & Freeman（1990）

塑造人格障碍的特质根深蒂固，很难彻底改变。所以，不管哪种理论取向的治疗师都发现，把一种障碍改变成一种风格或者一种更接近生活的适应方式，是较为现实的做法（Millon, 1996）。

分裂型人格障碍、回避型人格障碍和精神病态的治疗

分裂型人格障碍的治疗主要运用其与精神分裂症的联系。更具体地说，抗精神病药物对分裂型人格障碍有效（Raine, 2006）。这些药物似乎对减少非同寻常的想法尤其有效。抗抑郁剂对分裂型人格障碍的一些症状也有效。目前几乎没有关于分裂型人格障碍的心理治疗的研究。

对社交焦虑障碍有效的治疗方法似乎也同样适用于回避型人格障碍的治疗。也就是说，抗抑郁剂和认知行为疗法都有效果（Reich, 2000）。被诊断为回避型人格障碍的个体对批评极度敏感。这种敏感性可能可以通过训练处理批评的社交技能、系统脱敏、或认知疗法来治疗（Renneberg, Goldstein, Phillips, et al., 1990）。认知行为疗法的团体治疗是有效的，可提供一

个在安全环境下练习建设性的社交互动的机会（Alden，1989）。回避型人格障碍可能比社交焦虑障碍需要更密集和更长期的治疗。

尽管早期存在怀疑精神病态能否被治愈的悲观论调（比如，Cleckley，1976），但一项包含42个精神病态心理治疗研究的元分析显示，心理治疗是有效的（Salekin，2002）。这些研究有很多方法上的问题，但是其中包括88个精神病态患者在内的17项研究发现，精神分析心理疗法在提升患者人际关系、增强悔恨感和共情的能力、减少说谎次数、解除缓刑以及保住工作方面非常有效。在五项采用认知行为疗法治疗246名精神病态患者的研究中，也发现了类似的积极疗效。治疗对年轻的来访者更有益。为了起效，治疗需要很频繁：一周四次，持续至少一年——对任何一种理论取向，这都是一种很高频率的心理社会治疗。考虑到人们普遍持有精神病态基本上不能治愈的观点，这些算得上是非常积极的发现。但元分析的作者在论文的末尾警告道："……研究需要做一些尝试，判断来访者在治疗研究中是假装变好还是真正地发生了变化。"（Salekin，2002，p.107）。

边缘型人格障碍的治疗

不论采用哪种治疗方法，都没有比边缘型人格障碍患者的来访者对治疗师提出的挑战更大。边缘型人格障碍来访者很容易在治疗关系中表现出人际问题，就像他们在其他关系中那样。因为对这些来访者而言，信任他人非常难；而对治疗师而言，培养并维持治疗关系很有挑战。患者要么理想化治疗师，要么丑化治疗师；一会儿要求特殊的关心和照顾——在零散奇怪的时间进行治疗或者在特殊的危机时期进行无数次电话治疗——一会儿又拒绝继续会见；他们可能会请求治疗师的谅解和支持，但又坚持不能涉足特定话题。

自杀对于边缘型人格障碍来访者一直是严重的危险，但治疗师很难判断一个凌晨两点的疯狂电话是求助还是一种操控手段——来访者想试探自己对治疗师而言究竟有多特别，以及治疗师能在多大程度上满足自己的需求。在贾斯汀的个案中，为防止自杀风险，住院是必须的。咨询这类来访者时，过大的压力使得治疗师常常要与另一位治疗师进行定期商讨以获得建议和支持，以处理自己在帮助这些来访者过程中遇到极端挑战时产生的情绪。

抗抑郁药和心境稳定剂曾被用来抑制边缘型人格障碍的心境症状和冲动性。有一些证据发现，抗抑郁药可以降低这些来访者身上常见的攻击性和抑郁（Rinne, van den Brink, Wouters, et al., 2002），心境稳定剂锂盐可以部分减少易激惹、暴怒和自杀率（Links, Steiner, Boiago, et al., 1990）。尽管每一种药物治疗都有一些积极的发现，但绝大部分药物仅在一项研究中得到了检验；未来需要更多的研究来验证（Toffers, Völlm, Rücker, et al., 2010）。

辩证行为疗法

Marsha Linehan（1987）介绍了一种她称之为**辩证行为疗法**（DBT）的方法，这种疗法结合了来访者中心的共情、接纳和认知行为的问题解决，还有情绪管理技能以及社会技能训练。辩证的概念来源于德国哲学家黑格尔（1770—1831）的著作。它是指，任何现象（任何观念、事件等，称为命题）和它的对立面（反命题）之间的恒定张力，由于新现象（综合体）的产生而得到了解决。在辩证行为疗法中，这个术语主要有两种用法：

★ 指当治疗边缘型人格障碍患者时，治疗师必须要使用的，看上去矛盾的策略——接纳患者本身的样子，同时帮助他们改变（详见聚焦发现 15.3）。

★ 指患者意识到并不需要把世界分成好的和坏的；相反，一个人可以实现这些明显的对立面的综合。比如，相比于把一个朋友看得要么十分坏（命题）要么十分好（反命题），不如将其看作同时具有这两方面的品质（综合体）。

聚焦发现 15.3　通过个人经验来促进接纳和改变

如前所述，Linehan 首倡的治疗方法，辩证行为疗法，是对边缘型人格障碍最有效的治疗方法之一。Linehan 就她个人的边缘型人格障碍经历举行了公开演讲，这是一个勇敢的举动（Carey，2011）。她 17 岁时因严重的自杀行为住院。即使医护人员把她关进隔离室，隔离室里什么都没有，她也能找到伤害自己的方法——她用头撞击墙壁和地面。她在医院住了 26 个月。无效的治疗继续了好几年，直到她在斗争中依靠自己找到了一种方法——彻底的接纳。她获得了临床心理学的博士学位，用自己的个人经验来帮助他人。在这一过程中，她成了临床心理学领域最高产的研究者之一。

Linehan（1987）认为，治疗师必须采取一种可能与西方思想不一致的立场来对待边缘型人格障碍来访者。治疗师必须致力于改变，同时也要接受改变不会发生的真实的可能性。Linehan 的接纳概念来自禅宗哲学和罗杰斯的心理治疗方法。

Linehan 的逻辑是，边缘型人格障碍患者对拒绝和批评是如此敏感，以至于对行为的温和鼓励或者不同的想法都可能被误解为严重的指责，进而导致极端的情绪反应。当这样的情况发生时，前一刻还被来访者尊崇的治疗师会被骤然丑化。因此，在遵守限制的同时，治疗师必须要传达给来访者，他（她）是完全被接纳的——"如果你自杀的话，我会很难过，所以我非常希望你不会"。而如果来访者有自杀风险，并表现出无法控制的愤怒或者抱怨想象出的来自治疗师的指责，这就很难做到。

完全接纳患者并不意味着赞同患者做任何事，而是意味着治疗师必须接受情况本来的样子。而且 Linehan 认为，这种接纳一定要是真实的：治疗师必须真正地接受来访者本来的样子；接纳不应该为改变服务，改变只是一种鼓励来访者表现出不一样行为的间接方式。"接纳可以转化，但是如果你为了转化而接纳，那就不是接纳了。它就像是爱。爱是不求回报的，但是当你无偿地给予时，会有百倍的回馈。失去生命的人会发现生命。谁接纳，谁就可以改变"（Linehan，个人交流，1992 年 11 月 16 日）。在 Linehan 的观点中，完全的接纳并不妨碍改变。实际上，她提出了相反的观点——拒绝接纳会妨碍改变。

Linehan 的方法也强调，来访者必须接纳他们自己以及他们曾经的经历。来访者被要求接纳：他们的童年现已不能改变，他们的行为曾导致关系结束，以及他们比其他人的情绪感受强度更高。这种方法可以为患者提供理解自身的依据。

因此，在 DBT 中，治疗师和来访者都被鼓励对世界采取一种辩证的视角。

DBT 的认知行为方面同时通过个体和团体进行干预，包括四个阶段。第一阶段，需要处理危险的冲动行为，以更好地控制为目标。第二阶段，学习如何调节极端情绪。这个阶段可能涉及帮助个体学会忍受情感痛苦的训练。第三阶段着重改善关系和提高自尊。第四阶段用来促进人际联结和幸福感。在整个过程中，来访者学习用更有效、更被社会接纳的方式处理他们日常的问题。总的说来，辩证行为疗法结合了认知行为疗法和干预，为来访者提供了认可和接纳。

Linehan 和她的同事进行了一个试验，来访者被随机分配到辩证行为疗法组或者常规治疗组，即可使用的任何其他疗法。在 1 年的治疗结束时以及治疗结束后 6 个月和 12 个月，研究者对两组来访者在一系列测量上进行了比较（Linehan, Heard, & Armstrong, 1993）。治疗刚结束时的结果显示，DBT 优于常规治疗。来访者表现出更少的蓄意自伤行为，包括更少的自杀尝试；更少地退出治疗；并且住院时间更短。但是，两组来访者报告的抑郁和绝望感并没有显著差异。后续评估中，DBT 仍表现出优越性。除此之外，DBT 组的来访者有更好的工作记录，报告的愤怒更少，生活适应得更好。但是在 12 个月的后续研究中，大部分来访者仍然感到十分痛苦，这凸显出了治疗这类来访者存在着极大的困难。那之后，还有很多其他的研究者检验了 DBT 的效果，并都报告了好的结果。一项综合 16 个研究的元分析显示，相比控制组，DBT 在减少自伤和自杀率方面有着中等程度的积极效果（Kliem，Kroger，& Kosfelder，2010）。

心智化基础疗法

心智化基础疗法是一种在边缘型人格障碍治疗中发展起来的心理动力学疗法。这种治疗背后的理论强调，边缘型人格障碍患者不能进行心智化——考虑自己和他人的心理状态。理论认为，早期关系的不安全感和强烈的创伤导致个体防御性地回避对感受和关系的思考。因为个体没有深思过这些话题，基于早期经历的对关系的预期会继续主导当前的关系。治疗师的目标是培养来访者学会更加积极、更加深思熟虑地解决关系和感受问题。治疗包括每周一次的个体治疗和每周两次的团体治疗，持续三年。

为研究这种模式的疗效，研究者招募了 44 名被诊断为边缘型人格障碍的患者，他们正在一家医院进行日间治疗。患者被随机分配，或者去接受长达三年的心智化基础疗法作为他们常规治疗的补充，或者仍然继续他们的常规治疗（Bateman & Fonagy，2004）。初步的发现是积极的，在 8 年后的追踪中，那些接受了心智化基础治疗的患者，试图自杀的概率仍然更低。

在一项研究中，研究者以支持性疗法作为控制组，比较一种相似的精神动力学疗法和 DBT 的效果。尽管精神动力学疗法和 DBT 都能降低抑郁和焦虑得分，在减少愤怒上，精神动力学疗法似乎比 DBT 更有效（Clarkin，Levy Lenzenweger，et al.，2007）。

图式聚焦认知疗法

图式聚焦认知疗法丰富了传统认知疗法，它聚焦于童年早期的经历和教养如何影响当前的认知模式。在图式聚焦疗法中，治疗师与来访者一起工作，去识别来源于他或她早期经历中对关系适应不良的假设（图式）。该理论认为，个体有一个健康的关系图式，治疗的目标就是更多地使用这种健康图式，而不是增加反映出关系图式有问题的自动化行为。与一些心理动力学方法相似，治疗师致力于改变源自早期艰难经历的内化表征。但是与其他认知疗法相似，治疗师可能会强调这些模式是如何表现在当前生活中的，并且可能使用家庭作业尝试改变这些模式。因为治疗目的是处理更为长期的问题，这种特殊形式的认知疗法需要 3 年时间。尽管认知疗法通常用作个体治疗，但当用认知团体疗法作为常规治疗的补充时，它表现出令人振奋的结果（Blum，John，Pfohl，et al.，2008）。在一项研究中，图式聚焦疗法相比心理动力疗法，症状减少更多（Giesen-Bloo，van Dyck，Spinhoven，et al.，2006）。

总 结

- 人格障碍被定义为引起功能失常的持久的行为和体验模式。
- DSM-IV-TR 包括十种人格障碍类型，DSM-5 只包括六种，增加了维度人格评定。相比于人格障碍，人格维度在跨时间的稳定性上更具优势，并且人格维度已普遍成为心理和躯体障碍、社会适应以及治疗结果的研究焦点。

人格障碍类型

- DSM-5 人格障碍类型包括强迫型、自恋型、分裂型、回避型、反社会型和边缘型。
- 强迫型人格障碍以完美主义，细节导向为特征。强迫型人格障碍的病因可能与强迫症的病因有关联。
- 自恋型人格障碍以膨胀的自尊和极度需要他人赞美为特征。自体心理学模型和社会认知模型都聚焦于对赞美的需要如何产生并影响了行为。
- 分裂型人格障碍以不同寻常的思想和行为以及社会疏离为特征。遗传研究支持了分裂型人格障碍与精神分裂症相关的观点。
- 回避型人格障碍的主要症状是害怕拒绝或批评。回避型人格障碍有中度的遗传性。回避型人格障碍通常与社交焦虑障碍共病，并且研究者普遍认为这两种障碍的病因可能相关。
- 反社会型人格障碍与精神病态很大部分上有重叠，但两者并不相等。DSM-Ⅳ-TR 对反社会人格的诊断集中于行为，而精神病态强调情绪缺陷。DSM-5 对反社会型人格障碍的原型描述，更接近于精神病态的诊断标准。
- 当含有重复测量或者多重报告者的设计被用来支持病理学测量的信度时，反社会型人格障碍和精神病态似乎有很高的遗传性。精神病态和反社会行为似乎也与家庭环境及贫困有关。精神病态的心理模型强调对惩罚缺乏反应（无畏），共情缺乏以及高冲动性。
- 边缘型人格障碍以极不稳定的自我认同感，情绪失调、冲动性和不稳定的关系为特征。
- 有证据显示，边缘型人格障碍的易感性大都是遗传的；并且也有研究发现了其额叶功能的缺陷和较多的杏仁核活动。相比于一般人，边缘型人格障碍患者报告了极高比例的儿童虐待和父母分离情况。Linehan 关于边缘型人格障碍的认知行为理论提出了情绪失调和家庭环境失效之间的交互作用。

人格障碍的治疗

- 人格障碍通常伴随其他障碍，比如抑郁和焦虑障碍，而且因为这些障碍，它们的预后可能更差。
- 精神分析、认知行为和药物治疗都被用于人格障碍。门诊治疗项目的研究很有希望。少有研究探讨人格障碍的治疗，而对强迫型和自恋型人格障碍的了解，知识缺口尤其严重。
- 分裂型人格障碍的治疗与精神分裂症的治疗类似；抗精神病药和抗抑郁剂都有帮助。
- 回避型人格障碍的治疗与社交焦虑障碍类似；抗抑郁剂和认知行为疗法都有帮助。
- 精神病态，以前被认为不可治愈，但目前发现长期使用精神分析治疗可能有效果。
- 关于边缘型人格障碍的辩证行为疗法、心智化基础疗法和图式聚焦疗法充满前景的证据正在涌现。

概念核查答案

15.1　1.T；2.F；3.六种而非十种人格障碍类型；人格特征域和人格特质面（维度得分）的纳入；功能水平量表的纳入

15.2　1. 回避型人格障碍；2. 强迫型人格障碍；3. 反社会型人格障碍

15.3　1.b；2.a，b；3.d；4.d，e

第 16 章

法律和伦理问题

学习目标

1. 能够理解精神失常和精神失常辩护。
2. 能够理解受审能力的问题。
3. 能够讨论与危险性预测相关的问题。
4. 能够描述心理学研究和治疗的伦理问题。

尽管有人常常巧妙地绕开一些基本的个人公民权利，但法律和心理健康系统一直都在不断协作，力求最大限度地保护社会，减少精神病患者对自己及他人造成的危害。

在对与治疗和研究相关的一些重要的伦理问题进行解释之前，我们首先会在本章中介绍一下法律心理学和司法心理学。

心理学与法律

法律心理学包括针对法律、法律制度和法律相关者的实证研究。法律心理学将基本的社会和认知原则应用到法律体系中，例如视觉记忆和陪审团决策等。"法律心理学"这一术语近些年才开始使用，主要用于区分法律心理学和临床导向型司法心理学在实验中的重点。

司法心理学家

司法心理学家在刑事司法体系中从事多种工作。这需要他们对法律体系有一个深刻的认识，同时要具备心理学方面的专业知识。

司法心理学家从各方面整合证据为审判做准备，包括心理和精神状态测验、背景资料（如警讯、之前的精神状态或是心理鉴定、病史档案和其他与之相关的有力证据）。

欧洲心理学与法律协会（European Association of Psychology and Law）是一个成立于 1990 的相对年轻的组织，它致力于在职业医师、研究人员和教师之间搭建心理学和法律知识交流的桥梁。如果说犯罪从发展角度看是概念化的，协会成员关心的是这些罪犯和受害者毕生的状况。从童年时期的早期危险因素和早期干预方式，到侦查和定义犯罪行为的程序，再到证据搜集和法庭呈现，心理学对刑事辩护策略具有重要意义。同样，基于罪证，心理学对罪犯的定罪和受害者的治疗也有重要作用。多学科交叉的美国心理学协会的分会则在美国执行着与欧洲心理学与法律协会相同的职能。

当法律和司法心理学家被要求证实法庭上

的专家证词时，他们需要将心理学意义上的调查结果转变为法庭可以理解的法律术语。每个司法心理学家可能都会被法庭要求检验证言的有效性，例如，司法心理学家可能被要求鉴定被告的心智容量和受审能力。

在司法评估过程中，司法心理学家不必与来访者的观点共情，这一点非常重要。他们的责任在于借由多种来源来评估事实信息的可靠性。司法心理学家必须能提供基于这些信息的证据或来源。

在传统的临床心理评估中，临床心理学家在对其进行临床评估前会首先取得患者的知情同意，然而在法庭上，在实施评估前并不需要从被评估人处获得知情同意。被评估人只需要简单了解评估的目的和这些评估信息使用权不归他们所有。另一方面，心理学家很少会关注诈病或在非刑事临床环境中装病的情况，而司法心理学家则必须能识别夸大或假装的症状。

诈病

在任何类型的司法心理学评估中都有一个重要的问题，就是诈病。诈病问题一直存在，司法心理学家必须具备识别各种装病技巧的能力。被告可能有目的地假装患有某种精神疾病或是夸大症状的程度。在其他环境下观察可能装病的被告非常重要，因为让这些人随时随地维持假症状是非常困难的。

在一些案件中，法庭将诈病或装病视为妨碍司法，并会据此惩罚被告。在联邦对比尼恩（United States v. Binion）一案中，胜任力测评测出的诈病者被指控妨碍司法公正且加重了判刑。

聚焦发现 16.1　法律心理学和目击者的证词

伊丽莎白·洛夫特斯（Elizabeth Loftus）是美国前100名心理学家中排名最高的女性。她因在记忆方面的研究而享誉盛名。她的研究表明，记忆远非精确记录，它受到信息和事件变化的影响，并且会根据这些变化不断重构。

下面我们来探索一下其对法律系统的应用。

洛夫特斯于20世纪70年代提出了两个对法律系统来说非常重要的发现。首先，对于同一事件，不同目击者的证词存在差异；其次，错误记忆可以被植入人心。她通过研究证实，她可以让30%的被试相信那些之前并没发生过的事情是他们童年经历的一部分。

交通事故重建实验

在1974年的一项开创性研究中，洛夫特斯等人发现记忆不是事件的真实记载，记忆可以被事件之后的信息歪曲。许多研究已经表明，人们很难在与事件、速度和距离相关的时间性和空间性信息上做出准确判断。这其中，对速度的判断似乎尤为困难，目击者在对交通事故中车辆实际速度的估计上总是不断变化。

洛夫特斯等人的研究包括两个实验。第一个实验，让45名大学生观看七个交通事故的电影片段。短片从驾驶员安全教育的电影中选摘，时长5～30秒。看完每个短片后，学生要对所看到的事故写一份报告，并回答几个问题。问题与车辆的速度有关。实验包括五种条件，每种条件下问题的措辞互不相同。

条件1：当轿车发生撞毁（smashed）时，其车速是多高？

条件2：当轿车发生冲撞（collided）时，其车速是多高？

条件3：当轿车发生碰撞（bumped）时，其车速是多高？

条件4：当轿车发生轻撞（hit）时，其车速是多高？

条件5：当轿车发生剐蹭（contacted）时，其车速是多高？

结果显示，目击者的估算受问题措辞的影响很大。"剐蹭"组估算的车速为平均每小时31.8公里,"轻撞"组估算的车速为平均每小时34公里,"碰撞"组估算的车速为平均每小时38.1公里,"冲撞"组估算的车速为平均每小时39.1公里,而"撞毁"组估算的车速则为平均每小时40.8公里。

对这一研究有两种解释。第一,被试的记忆被扭曲了。关于车速的记忆被描述碰撞强度的动词所扭曲。第二,在这些场景中,被试不能确定轿车的准确速度,所以调整自己的估计来迎合提问者的期望。

于是,在第二个实验中,洛夫特斯等人希望查明被试的记忆是否真的被动词标签扭曲了。他们让三组大学生被试,每组50人,看相同的一分钟的电影,内容包括一个时长4秒的多辆车出现交通事故的场景,随后提问。

两组被试的问题不同,分别是"当轿车发生轻撞时速度多少?"和"当轿车发生撞毁时速度多少?"第三个控制组被试则没有被问到关于车辆速度的问题。

一周以后,这些学生重新回到实验室。研究者没有让他们再看一次电影,而是向他们提出更多关于交通事故的问题。其中一个关键的问题是"你有没有看到破碎的玻璃?"实际上,影片中并没有这样的镜头。

洛夫特斯认为,记忆中的车祸情况比实际更严重的学生,可能也会"记得"与高速驾车事故相匹配的细节。果然,在"撞毁"组被试中,有30%以上声称自己看到了碎玻璃;而"轻撞"组被试只有16%声称自己看到了。基于这些调查结果,洛夫特斯和帕玛提出了记忆重构假设。

根据重构假设,关于一个事件会有两种信息进入人的记忆。第一种是对一个事件的知觉信息(例如观看一个交通事故的视频),第二种是事件后新加入的信息(例如问题,包括轻撞或撞毁)。随着时间的流逝,从这两种途径获得的信息可能以某种方式整合,我们无法分辨自己记得哪种途径的信息更多。我们所拥有的只有一份记忆。

基于这一研究证据,Devlin Report(1976)提出,主审法官应当告知陪审团:除非有特别情况或具有确切物证,否则只关注证人的某一证言是不可靠的。

这一研究同样表明,警察和律师应当尽量避免进行诱导性提问(引导目击者向着他想要的方向回答),但实际上这种提问仍然被广泛使用。

精神障碍的概念

广义上看,精神障碍指精神失常,精神失常被认为无法构思或实施犯罪意图(S. J. Morse, 1992)。换句话说,精神失常并不是一种犯罪心理或是产生有罪行为的犯罪心理。

需要注意的是,精神失常是一个法律概念而不是一个心理学概念。**精神失常辩护**,是指当被告声称因精神问题不能为自己的行为负责时可减免一部分惩罚。

在英国、爱尔兰和美国,对精神失常辩护的运用很少。但自1991年审判程序法(精神失常及辩护能力)颁布以来,精神失常抗辩在英国的运用逐渐增多。

当代,审判人员、法官和律师都会邀请精神病学家和临床心理学家参与涉及精神失常的罪行审判过程。尽管精神失常辩护的发展是为了保护被告的权利,然而在实际中,精神失常辩护经常致使人们失去更多的自由。

精神失常辩护

精神失常辩护是法律论证,如果非法行为由精神疾病或智力缺陷所致,并影响了被告的理性,或有其他可辩解的情况(如不能分辨是非),则被告不需要为其犯罪行为承担法律责任。虽然在起诉或审理时使用精神失常辩护的案件在所有案件

临床个案：戴维

戴维这些天一直听到各种声音。这些声音比音乐和日常谈话更大声，这让戴维觉得愈发困扰。这些声音告诉他，他被上帝选中来到这个世界消除邪恶。戴维到当地医院的急诊室就医。医生给了戴维一些氟哌啶醇就打发他走了。两天之后，戴维荷枪实弹来到拥挤的火车站并开始扫射。他射杀了两个人，伤了四个。当他被拘捕时，戴维告诉警察，他正在回应上帝的旨意。他的语言毫无条理，还表达了一些偏执信念。

戴维被认为有受审能力，因为他知道自己被控谋杀并且律师能为他辩护。在审判时，他提出了因精神失常不构成犯罪的请求。他的辩护律师安排戴维接受心理学家的评估。心理学家认为戴维患有精神分裂症，在犯罪时，他不能明辨是非（上帝指引他，所以他认为自己是对的），并且不能确定自己行为是否违法。戴维被判决送入当地司法医院。直到痊愈前，他必须一直留在司法医院，以免他再次伤害他人。医院定期对戴维的精神状态进行评估，观察其是否可以被转入一间保安较少的医院。

戴维在医院治疗了七年，恢复得很好。他服用处方药，参加了个人和小组治疗，不再与其他病人发生身体冲撞。他还在医院的机械间工作，并成为所住病房的舍长。戴维对他所犯下的罪行感到极为懊悔。他认识到自己患有精神分裂症，还需要继续治疗。戴维的治疗小组一致认为他不再对他人构成危害，他的精神分裂症在药物治疗下得到了控制。他们建议可将戴维送入一间保安较少的精神病院。律师向法庭提交了这项申请，而州检察官反对将戴维释放。他认为戴维一旦停药可能会再次变得暴力。法官同意这种看法，认为此时将戴维释放为时过早，决定让戴维在司法医院再治疗一年，然后重新接受精神评估。

中只占不到1%，并且很少成功，但是仍有大量资料描述了关于精神失常辩护的内容（Morse, 1982；Steadman, 1979；Steadman et al, 1993）。

因为精神失常辩护要以犯罪时被告的精神情况为基础，这需要律师、法官、陪审团和精神科专家进行推测、判断。通常，控方和辩方持不同意见时，由心理学家来判定。

精神疾病和犯罪不是密切相关的。一个人可以被诊断为精神疾病，但能够对其罪行承担法律责任，而有些根本没有精神疾病的人也可能会犯极为凶残的、怪诞的罪行，哪怕我们很多时候会认为那些犯罪的人一定是疯了。确实，数十年的社会心理学研究发现，精神正常的人也会在正常的情况或环境下犯下极其可怕的罪行（Aronson, 2004）。

精神失常辩护的历史

自希腊和罗马时期，精神失常辩护的概念就已经出现了。然而，在1638年殖民地美国，一个患有妄想症名为多罗西·塔尔拜的人因谋杀了自己的女儿而被绞死。那时，美国普通法规定精神病和犯罪行为没有区别。而在英国普通法下，爱德华三世宣称如果被告像"野兽"（意指愚蠢，而非狂暴）一样，那么这个人就算精神失常。有关精神病审判最早的完整文字记载于1724年。精神失常者如同那些14岁以下的罪犯，很少得到严酷的判决。当陪审团审判取代国王审判后，陪审团希望可以判决精神失常者有罪，但随后这类案件都被移交给国王以寻求赦免。

自1500年前起，陪审团同意无罪释放那些精神病患者，并且拘留他们需要一个独立的民事程序（Walker, 1985）。1800年，英国通过了《精神失常者犯罪法》（The Criminal Lunatics），规定所有因精神疾病而被裁定无罪者均应被关押在封闭场所直到其精神恢复正常为止。

精神失常辩护起源于1843年的麦纳顿规则。

该规则认为，某些精神疾病患者在实施犯罪行为期间不能辨别自己行为的性质，因此不必承担法律责任。

限定责任能力

较低程度的精神障碍可能会导致过失杀人，而不是谋杀罪行，所以可能会被量刑或进行部分限定责任能力辩护。精神失常辩护反映了人类的权利和法律的规则，在大部分国家的审判中都可运用，尽管在不同司法体系中它的具体运用可能会有不同。

精神失常辩护基于司法专家的精神评估：在被告犯罪时，他们无法辨别是非或其行为的性质。在审判中，被告的精神失常辩护通常包括"因精神失常而无罪"（not guilty by reason of insanity）和"患有精神病但有罪"（guilty but insane/mentally ill）。如果后一种辩护获得成功，被告可能会被送入精神障碍治疗机构。

在美国，责任能力或行为能力下降可以减轻判罚或可对谋杀做部分辩护；与精神失常辩护相比，这种辩护适用更广。例如，有些司法机构接受以酒醉或服用其他精神类药物作为减罪因素，但此类中毒状态就其本身而言不能用以做精神失常辩护。如果责任能力或行为能力下降是有说服力的，被告的刑罚可能因被判误杀而减轻，甚至可能更宽容。

作证能力和刑事责任

作证能力是指被告是否有足够的能力协助律师为他辩护，对审判决策做出明智决定，以及是否认罪或接受认罪协议。但其刑事责任则关系到被告是否能够为他的犯罪行为负法律责任。

作证能力很大程度上与被告目前的状态有关，而刑事责任则关系到犯罪发生时被告的状态。

在英国，建立于英格兰和威尔士的皇家检察署是一个负责各类刑事案件的审查起诉和出庭公诉工作的政府机关。皇家检察署运用"精神失常的罪犯"这一术语来描述有精神障碍或精神失常的罪犯及嫌疑人。这一术语包含了违法行为、障碍和失常等要素。精神失常可能影响被告进行辩护的能力。如果被告不符合以下其中一条，则认为其无能力进行辩护：

★ 理解审判程序，以便采取适当的辩护
★ 知道自己有反对意见时可以对陪审员提出质疑
★ 能够理解证据
★ 能够给自己的法律代理人适当的指示

标志性案件和法律

一些法庭裁决和既定原则与法律责任和精神疾病问题有关。接下来我们就看一看这些裁决和原则（更多内容请参考 Frederick, Mrad, & DeMier, 2007）。

不可抗拒的冲动 这一概念于1834年美国俄亥俄州的一桩案件中提出，根据这一概念，如果病理性冲动或无法控制的内驱力迫使人们犯罪，那么精神失常辩护是合法的。不可抗拒的冲动测验在 Parsons v. State 和 Davis v. United States 这两个案例中被证实。

姆纳坦规则 于1843年英格兰的一桩谋杀案中提出。丹尼尔·姆纳坦试图暗杀英国首相罗伯特·皮尔，但却误杀了皮尔首相的秘书。姆纳坦声称他遵循上帝指引暗杀皮尔。法官裁定：

> 采取精神失常辩护，必须清楚地证明，在犯罪时，被告受精神疾病导致的缺陷限制而进行犯罪活动，以致他不知道自己正在进行的行为的性质或特性，或者他知道，但不知道他所做的行为是错误的。

美国法律协会指南 1962年美国法律协会（American Law Institute）提出了属于自己的指南。这份指南的表述更具体，内容更丰富。如：

1. 如果被告犯罪是由于精神疾病或精神缺陷导致其缺乏辨识其行为的违法性或者缺乏使其行为符合法律要求的实际能力,则被告无刑事责任。
2. 文中提到的"精神疾病或精神缺陷"不包括重复犯罪或反社会异常行为(美国法律协会,1962,p66)

美国法律协会的第一条指南包括了不可抗拒的冲动和姆纳坦规则。其中的"实际能力"用以限制为最严重的精神疾病进行精神失常的辩护。第二条指南主要针对那些反复触犯法律的行为。重复犯罪行为和精神病态不能作为精神失常的证据。

精神失常辩护改革法案 1981年3月,小约翰·欣克利试图暗杀罗纳德·里根总统的审判备受瞩目,最终他因精神失常而不构成犯罪。宣判后,法庭收到了各个城市的市民来信,他们对试图暗杀美国总统的罪犯不必负刑事责任,而只被判入精神病医院,并且痊愈后即可释放这样的判决感到愤怒。这些信件中的愤怒反映了公众对精神失常辩护的误解。公众常认为,因精神失常而不构成犯罪是在逃脱罪名,罪犯很快就会被医院释放。实际上,很多被判入住精神病医院的人在医院呆的时间要比他们可能被判入狱服刑的时间更长。小约翰·欣克利被送入一家位于华盛顿特区的公立精神病医院圣伊丽莎白医院,在那里住了29年。尽管当他的精神状况恢复后他可以被释放,但这并没有发生。他只是渐渐获得了一些行动自由。2003年,法官允许欣克利在无人看管的情况下与父母团聚六天,但不能离开华盛顿特区。2005年,法官允许欣克利回到弗吉尼亚州的家中与父母团聚七天,但是他必须带上可以随时通话的定位系统,并且必须有父母或兄弟姐妹的陪同。同时,他被限制上网。2007年,欣克利如需看望父母可以提前四天通过医生向情报局提出申请,而不再是之前的两周。

由于民众对欣克利案的判决感到愤怒,精神失常辩护变成了很多人批评的对象。主持审判的法官说:"对很多人来说,欣克利的无罪辩护是我们刑事司法体系未能惩罚那些触犯法律的人的失败表现。"(Simon & Aaronson, 1988, p.vii)。

由于"强硬对待罪犯"的政治压力,美国国会于1984年10月颁布了《精神失常辩护改革法案》,第一次在联邦层面上提出了精神失常辩护。这个全新的法律被所有联邦法庭采用,其中包含了许多增加精神失常辩护难度的规定:

★ 它删除了原有指南中的不可抗拒的冲动部分。原有指南的意志力和行为部分遭到了批评,因为这样人们可以利用法律的局限而将任何犯罪行为看作缺乏能力而造成的。

★ 它将指南中的"缺乏辨识的实际能力"改为"不能辨别"。通过对判断力受损标准的提高,改变法律中的认知成分,增加了精神失常辩护的难度。

★ 法案规定精神疾病或缺陷必须是"严重的",目的是排除患有如反社会型人格障碍等精神障碍的被告人的刑事责任问题。同样,法案废除了"能力不足"或"限制责任能力"的辩护。目的也是为了增大精神失常辩护成功的难度。

★ 举证责任从控方转移到辩方。原本控方须提供无可置疑的证据,证明被告的精神状态正常,排除犯罪时的一切合理怀疑(最严格的标准,与宪法所要求的相一致,人人都是无辜的直到被证明有罪),而现在辩方必须证明被告神智不正常并且证据确实、让人信服(证据不必特别严格但仍须符合标准)。其他规则亦是如此。辩方承受着巨大的压力,他们很难再为一个应负有道德和法律责任的被告脱罪。

★ 最后,这些因精神失常而被判无罪的人在精神病医院囚禁的时间应比一般的刑期长。只有当他们不再对他人造成危害,精神健康恢复后才可以被释放。

患有精神病但有罪 美国的一些州创造了一种妥协判决：患有精神病但有罪（以下简称"有罪"）。有罪判决会对被告判处入狱监禁，同时准许但不保证被告在监禁期间接受精神疾病的治疗。如果入狱监禁后，被告仍然被认为对他人是危险的或依然患有精神疾病，他/她将会按照民事法律的规定被转入精神病医院。

有罪判决的批评者认为它对患有精神疾病的刑事案件被告是不利的，并且无法给予他们适当的治疗（Woodmansee, 1996）。南卡罗来纳州最高法院1997年的案件发现，南卡罗来纳州的有罪判决法令允许患有精神病的罪犯在入狱前可以接受精神卫生评估。不幸的是，这些评估还没有被证明可以给他们带来更好的治疗。有罪判决的另外一些批评者指出，它具有迷惑性。陪审员可能认为这一判决不像未患精神疾病的犯罪判决那样强硬，但实际上，获得这一判决的被告被囚禁的时间比一般的罪犯要长（Melville & Naimark, 2002）。

Jeffrey Dahmer，被控屠杀、食人以及对15名男孩和年轻男性的尸体进行性行为。法庭判决其患有精神病但有罪。
(Reurers/Corbis Images)

获得这一有罪判决的著名案件之一是1992年发生在威斯康星州密尔沃基的杰弗瑞·达默尔案件。他被控告并承认了曾屠杀、食人，并对15个男孩和年轻男性的尸体进行性行为。达默尔一方提出了精神失常辩护——患有精神病但有罪，这在威斯康星州是被准许的。并且，他的精神失常是这起特殊审判中的焦点。陪审团听取了多位精神科专家关于被告进行一系列谋杀事件时的精神状态的矛盾证词。法庭必须分辨达默尔是否是因为精神失常导致他不能区分是非以及无法控制自己的行为。虽然他被诊断为患有多种性欲倒错等精神疾病，但达默尔仍然被认为神智健全，应为他变态的谋杀行为负法律责任。法官判了他15次无期徒刑。后来，他被同监室的一位囚犯杀死。

当代的精神失常辩护

前面我们已经讲过，美国各州和联邦法庭允许使用的两种精神失常辩护。"因精神失常而无罪"（以下简称"无罪"）辩护，对被告实际上是否犯罪没有争议——控辩双方认为被告的确犯罪了；然而，鉴于被告犯罪时的精神异常状态，辩方律师认为被告不需对所犯罪行承担法律责任并且应当被无罪释放。因这一无罪辩护而被释放的人将被无明确期限的入住司法医院，只有当医生认为他们不会再对他人造成危害，精神恢复正常后才能离开。

司法医院与普通的医院很像，但为了安全起见，周边设有带刺的铁丝网或带电的铁丝网。医院内部，各个单元的门紧锁，窗户或低楼层上可能钉满木条。然而，病人不是待在监狱牢房里。他们待在单人或多人的房间里。有专业的保安人员在医院保护病人的安全。但保安人员不会特别佩戴任何类型的武器，并且身穿便服而不是制服。

另一种精神失常辩护是刚刚提过的"患有精神病但有罪"。像前面所讲的，即使很严重的患病者也要为自己的罪行承担道德和法律责任。

临床个案：迈克尔·琼斯

1975年9月19日，迈克尔·琼斯（Michael Jones）试图在华盛顿特区的百货公司盗窃一件夹克时被捕。第二天，他被控盗窃罪，可能被判入狱最多一年。法庭为判定他的受审能力，将他送入了圣伊丽莎白医院。1976年3月2日，在他涉嫌犯罪的6个月之后，医院的一名心理学家向法庭报告称，尽管琼斯患有偏执型精神分裂症，但他具备受审能力。心理学家同时报告，琼斯的罪行是由他的精神状态，即他所患有的偏执型精神分裂症所致的。这一评价值得我们注意：因为心理学家并不能对琼斯犯罪时的心理状态提出意见。然后律师对琼斯进行"因精神失常而不构成犯罪"辩护。10天后，3月12日，法庭宣判他因精神失常而无罪，并将他送入圣伊丽莎白医院治疗他的精神疾病。

1976年的5月25日，法庭按惯例召开了一个入院50天后的听证会，主要讨论琼斯是否需要继续呆在医院。来自医院的一名心理学家报告称，琼斯仍然患有偏执型精神分裂症并且会对自己或他人造成伤害。第二次听证会于1977年2月22日举行，即琼斯被送入圣伊丽莎白医院的17个月后。此时他住院的时间超过了他可能被判入狱的时间，也就是说他已经为他偷盗夹克的罪行服刑完毕，所以应被释放。但法庭拒绝了这个请求，仍将他送回圣伊丽莎白医院。

对于琼斯一方的上诉，地方法院仍坚持初审法院的决定。1982年11月，在琼斯被送入圣伊丽莎白医院7年多后，琼斯一方上诉至最高法院。1983年6月29日，以5:4的投票结果，最高法院的大法官们决定维持原判：琼斯仍需继续待在圣伊丽莎白医院。直至2004年8月，琼斯才终于被圣伊丽莎白医院释放。

理论上，他们会被送入监狱医院或其他适合精神治疗的机构，而不是普通监狱。但实际上，获得这一有罪判决的人通常会被送入一般的监狱，并且他们可能没法接受治疗。

在琼斯的案件中，法庭认为，因为精神疾病而被判无罪，其在医院被囚禁的时间长于其因犯罪被判刑在监狱囚禁的时间是理所当然的。琼斯认为自己应该被释放，但最高法院未能同意。如果琼斯进行常规的辩护后被判有罪，他可以很快刑满释放。但根据法庭的裁决，琼斯不能因为其罪行而被惩罚入狱服刑，因为他的精神分裂症让他在法律上无罪。这就是精神失常辩护的基本逻辑。

法庭同样担心琼斯的危险性。琼斯在上诉时表示，他盗窃夹克并不危险，因为这不是一种暴力罪行。然而，法庭阐明：对于犯罪行为中的暴力，行为本身无须具有危害性。法庭认为非暴力的偷盗行为有时可能引发暴力，比如嫌疑人要逃避犯罪的惩罚，或遭遇到受害者对其财产的保护，或警方担心嫌疑人逃跑时。

但也有法官持不同意见，他们认为像琼斯这样的罪犯在医院待的时间越久，对他来说就越难证明他不再是一个危险人物或依然存在精神疾病。延长的强制医院治疗将可能使他看上去更难像没有精神疾病的人。在本案中，琼斯一直待在医院近三十年。这样看来反对意见也言之有理。

在另一些案件中，可以根据药物作用对个体的影响进行无罪辩护。如果被告希望以此进行辩护，那么有必要向陪审团清楚地解释药物作用的影响力，避免陪审团认为犯罪时其精神正常，而药物只能在相对合理的范围内影响其行为。虽然精神失常辩护与被告实施犯罪时而不是在审判时的精神状态有关，但如果被告是健康的，陪审团可能不会认为犯罪是其精神状态紊乱的结果，而是其自由意志的表现。

1972年，美国最高法院的一个案例迫使各州更迅速地认定被告是否缺乏受审能力。该案的被告是一名患有智力发展障碍的聋哑男性杰克

> **临床个案：尤兰达**
>
> 尤兰达，一名51岁的非裔美国妇女，因从当地的便利店偷走一盒甜面圈而被捕。被捕时，她声称她需要用这些甜面圈来喂养她肚子里的七个胎儿。她说她不久即将坐上新城市女王的位子。当被问及新城市是什么时，她回答说，那是依照云彩和木星、土星、金星的排列顺序将要形成的新世界格局。尤兰达的律师马上意识到她不能出庭，便请求进行诉讼资格听证，安排一名精神科医师对她进行评估。尤兰达被诊断为患有瓦解型精神分裂症，她的思维十分混乱，以至于完全不能理解自己已被指控一项罪名的事实。除此之外，她也无法帮助她的律师准备辩护。相反，她认为律师对她未出生的孩子（她并未怀孕）构成威胁，害怕律师阻止她荣登女王的宝座。在她的资格听证会上，法官宣布尤兰达不具有受审资格，她应被收容到医院中呆三个月，之后再进行下一次资格评估。
>
> 医生给尤兰达开了药，她的思维变得连贯、有组织了许多。两个月之后，一名心理医师对尤兰达开展工作，教她关于刑事司法方面的事情。她帮助尤兰达理解什么是盗窃罪，什么是辩护律师、检察官、法官、陪审团。三个月结束时，另一名心理医师对尤兰达进行了评估，认为她现在具备受审能力了。尤兰达的律师来到医院，与她见面讨论案件。尤兰达能够通过告知律师自己的精神分裂症病史来帮助她的律师。尤兰达意识到自己并未怀孕，但仍然坚持相信新城市的存在。同样，尤兰达明白自己偷了甜面圈，因此必须去法庭受审。在她的第二次资格听证会上，她被认定为具有受审资格。两个月后，她又一次出庭，这次是请求因精神病而做出无罪裁定。经过简短的庭审后，法官同意了她因精神病而做出无罪裁定的请求，她回到了法医医院。现在的治疗目标变成了帮助尤兰达治愈精神分裂症，而不再是恢复她的受审资格。

逊，他被认为不具备受审资格，且终生都难以恢复资格。法院认定，受审前监禁的时间应当限定在确定该被告是否可能恢复资格的时间长度内。如果被告不太可能恢复资格，则在此阶段之后，该州可以发起民事收容程序，也可以释放被告。此后，大多数州的法律都准确界定了具备受审资格的最低标准，结束了曾经剥夺了上千人正当程序权利和快速审判权利的自由裁量历史。如今，被告不再因未确定受审资格而被监禁超过其最高可能刑期。现在，多数人可以在六个月内被认定是否具有受审资格。需要长期住院的智力缺陷者或严重精神病（如精神分裂症）患者极有可能被认定为不具有受审资格（Zapf & Roesch, 2011）。

尽管具有精神疾病的人可能认定为具有受审资格，但他不一定能够为自己辩护。2008年美国最高法院的一项判决认为，如果被告自我辩护明显不会得到公正的判决，法官将否定其自我辩护的权利。聚焦发现16.3讨论了解离性身份障碍对刑事责任所带来的特殊挑战。

民事收容

有史以来，政府就有保护国民免受伤害的义务。政府为了保护我们而限制我们的自由，这是其权利也是其义务。打个比方，很少有司机会认为政府规定交通信号限制其任意通行是不合法的。政府具备保护我们免受自身伤害的"国家权力"或免受他人伤害的警察力量。民事收容即是此类权力的延伸。

在美国和几乎所有欧洲国家，只要判决认定公民患有精神疾病，或构成自我威胁（即具有自杀倾向），或无法供应自身衣食住行的基本生理需求，或对他人构成威胁（Perlin, 1994），则

聚焦发现 16.2　再论精神失常与精神疾病

2001年6月20日，与丈夫和孩子们住在得克萨斯州休斯顿市的37岁的阿德里亚·叶慈，认为她的五个孩子（从六个月到七岁不等）受到了永恒的诅咒。她将五个孩子依次淹死在浴缸里。CNN网站上对此描述如下：

"当警察来到休斯顿郊区那一座普通的砖瓦房时，他们发现阿德里亚浑身是水，她的花色女士衬衫和棕色的皮凉鞋都湿透了。她打开卫浴水龙头将浴缸放满水，把粗糙的垫子挪到一边，好让自己跪在地上。她费了一些劲才追到最后一个孩子。她光着脚在房子走来走去，在湿湿的瓷砖上滑动……从浴缸到卧室都布满了她的足迹。她用毯子包裹住穿着睡衣的已经死去的孩子，把他们放在她的卧室里。她拨打了911，然后给丈夫打了电话，对他说'是时候了。我终于做了。'接着让他回家，便挂断了电话。"

举国上下为之震惊。数月间，人们逐渐了解到阿德里亚曾经多次抑郁发作；特别是生育之后。她还曾数次企图自杀，并因严重抑郁而住院。

八个月后，法院开庭审理此案。阿德里亚的辩护律师称，她在实施谋杀时处于精神病状态，她无法区分对错。控方则认为，她曾经能够辨识对错，因此应当被认定有罪。有两点是控辩双方都同意的：①她谋杀了她的孩子，②她在谋杀当时精神有问题。而双方不能达成相同意见的则正是问题所在：她的精神病是否包括无法区分对错？这才是我们熟悉的姆纳坦刑事责任规则的关键。

没有人对她在杀死五个孩子时处于严重抑郁，很可能患有精神病的事实提出异议。但是，正如我们前面提过的，患有精神疾病不等于法律意义上的精神失常。2002年3月12日，运用姆纳坦原则，陪审团只考虑了三小时四十分钟就做出了有罪的裁定。他们没有接受阿德里亚在作案时没有能力区分对错的辩护。3月15日，陪审团决定放过她一命，建议首席法官判决她终身监禁，且排除其40年后适用假释的资格。

该案的审判与有罪裁定引发了媒体和数千人的热烈讨论。陪审团为何不考虑她的精神失常状态？如果这样的一个人都不算精神失常，那什么样的人还能被认为是精神失常？姆纳坦规则是否应当被废除？她拨打911报告自己的所作所为难道不能证明她知道自己做的事情是错的吗？尽管她有重度抑郁和妄想，但她杀害孩子时的仔细和有序难道不能说明她能够制定一个复杂计划并将其成功执行的精神状态吗？她是否从精神医师处得到了适当的治疗？特别是最近让她不再服用对她有帮助的抗抑郁药并把她遣送回家且没有足够跟踪了解的那位医师？

结果，这些问题在该案中都得到了解答。2005年1月，上诉

溺死五个孩子的 Andrea Yates 请求因精神病宣判无罪。尽管她患有精神疾病，但她的初次辩护并不成功，因为陪审团认为她能够区分对错。但在上诉过程中，新的陪审团接受了她的辩护。

法院推翻了有罪判决，因为一名专家证人提供的错误证据可能不恰当地影响了陪审员的决定。这位控方的专家证人作证说阿德里亚的行为也许是受到电视剧《法律与秩序》中的影响，该剧中一个抑郁症女人将自己的孩子淹死了——这说明阿德里亚能够判断对错。但在上诉过程中人们发现，这部电视剧中并没有这一情节，所以阿德里亚不可能是受此影响。2006年6月26日，该案又进行了一次审理。经过三天的考虑，新的陪审团做出阿德里亚因精神失常而无罪的判决。她被安置在得克萨斯州安全级别最高的一家法医医院里，并将在2011年再次进行收容听证。如果届时她不再被认为患有精神疾病并具有危险性，则将被释放到门诊机构。

聚焦发现 16.3　解离性身份障碍与精神失常辩护

一天早上，你正在喝咖啡，突然听到有人在砸门。你赶紧去开门，发现两名警察严肃地盯着你，其中一人问道："你是简·史密斯吧？""是。"你回答说。"女士，你因涉嫌抢劫和谋杀被捕了。"警官给你读了你可以不自证其罪的米兰达权利规则，便把你铐回了警局；在那里，你被允许找你的律师。

对于任何人来说，这都将是可怕的一幕。最令人恐惧且迷惑的是你根本回忆不起警察向你描述的犯罪。你感到惊骇，完全无法对谋杀发生时自己的行为做出解释：你对于那段时间的整个记忆都是空白的。警察向你出示了持枪抢劫的录像，录像中你正用枪指着银行柜员。"录像中的人是你吧？"你跟律师沟通，说那人看起来确实像是你自己，包括她的服饰；但律师建议你无论如何先不要承认。

现在让我们来到几个月后的庭审现场。证人走上前来，排除合理怀疑指认你。而且也没有人能够作证抢劫与谋杀发生的那天下午你在别的地方。但你真的谋杀了银行柜员吗？你真心实意地对自己和陪审团说你没有干——即使你已相信录像里的那个人就是你，而那人实施了抢劫和谋杀。

由于该案的特殊性，你的律师在庭审前安排你接受精神科医师和临床心理学家的会谈，他们都是法医方面的专家。经过询问，他们认定你患有解离性身份障碍（以前曾称为多重人格障碍）。因此这些犯罪不是你——简·史密斯实施的，而是你的另一个暴力人格——劳拉实施的。确实，在一次会见中，劳拉出现了，并自夸自己实施的犯罪，甚至讥笑简会为此被监禁。

解离性身份障碍属于犯罪行为的免责情形吗？简·史密斯是否应对自己的另一个人格所犯的罪行负责？

对此，南加利福尼亚州立大学法律中心的萨克斯·依琳（1997）认为，解离性身份障碍是精神卫生法中的特殊情形，应当对它确立一种新的法律规则。萨克斯用了很大的篇幅来界定人格。什么是一个人？人就是我们的身体吗？大多数情况下，我们认为我们的身体就是自己。但在解离性身份障碍中，二者却存在矛盾。在银行实施犯罪的身体是简·史密斯的，但人格是劳拉的。萨克斯认为，应当受到谴责的是某个人格，而非其肉体。从某种意义上说，劳拉用简的身体实施了犯罪，简是否应当为此受到谴责呢？简的人格并没有实施犯罪，她甚至对此毫无所知。萨克斯认为，如果法官宣判简有罪，或者更确切地说是被告席上的那个身体中经常出现的人格有罪，对于简来说是不公正的，因为简明显是无辜的。尽管把简送到监狱里能够同时惩罚劳拉，因为劳拉不论何时出现，都会发现自己被监禁着。但简又怎么办呢？萨克斯总结说，监禁简是不公正的，因为她并未犯罪。相反，我们应当因解离性身份障碍认定她无罪，送她接受该障碍的治疗。

但是，如果一个人格知道另一个人格的犯罪意图而没有采取任何措施制止其发生，则解离性身份障碍不能成为因精神病判定无罪的正当理由。萨克斯认为，在这种情况下，主人格是犯罪人格的同谋，从而应当在一定程度上受到谴责。萨克斯将这一情形与罗伯特·路易斯·史蒂文森小说中的主人公哲基尔博士与海德博士进行了类比。哲基尔制作了

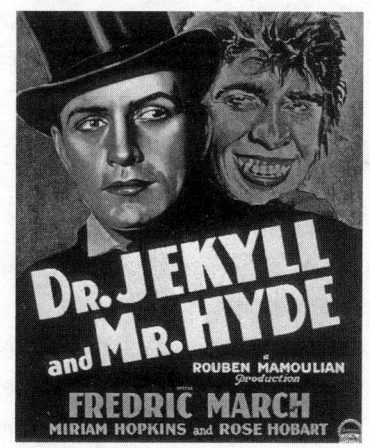

经典电影《哲基尔与海德》的海报。

药水使得它的另一个自我海德出现，而且他预知海德会作恶。所以，尽管在海德行动时哲基尔并不在，但他因为事先知道海德会做什么，所以并不能够免责。更不必说，是哲基尔调制了药剂制造了自己的另一个人格"海德"。

萨克斯对于有效治疗解离性身份障碍十分乐观，她相信简和劳拉可以融合为一个人格，然后回归社会。萨克斯还认为，具有危险性但尚未实施犯罪的解离性身份障碍者应当被民事收容，即相当于预防性监禁。她建议通过这种方式来避免潜在的犯罪。

公民将被强制送进精神病院。目前，对他人的危险性在法庭判决中，"具有紧迫危险性"（例如，该公民处在实施暴力行为的边缘）是主要标准。在有些地方，须通过近期的公开行为、预谋或威胁来证明紧迫危险性，但也有地方不要求公开行为。只要公民仍然具有人身危险性，此类收容就将延续。

具体的收容程序一般分为两类，正式的和非正式的。正式（或称司法）收容依据法庭判决而执行。任何相关的公民（警察、亲属或朋友）都可以申请收容。如果法官认为有合理理由，则应命令对当事人进行精神卫生检查。其他公民可以对进行此类检查提出异议。此时应当安排法庭听证，允许公民出示反对收容的证据。

对有精神疾病的公民的非正式紧急收容可以不经法庭直接完成。比如，如果医院管理委员会认为一个请求出院的自愿入住病人精神疾病严重，具有危险性而不宜释放，其只需暂时的非正式的收容令即可对病人执行拘留。

非自愿的收容或民事收容

这是指具有严重精神病症状的个人依据法庭命令住院（住院病人）或进行社区治疗（门诊病人）的法律程序。

联合国大会 1991 年的 46/119 决议"保护精神病患者和改善精神卫生保健的原则"虽然不具有约束力，但倡导各国为此类非自愿收容的实施设定一些特定的宽泛程序。这些原则在很多地方已得到运用。比如，德国逐渐开始运用法律监护而非精神卫生法的规定来判定非自愿收容或治疗，由患者的法定监护人决定其是否须入院治疗，警察则依此决定执行等等。

预防性拘留及危险性预测问题

人们普遍认为，精神疾病患者比一般大众更有可能与暴力行为、暴力犯罪，尤其是与故意杀人有关。然而，精神卫生宣传组织和很多精神卫生临床医生则认为这是讹传。几项大型的群体研究对这个饱受争议的关联性进行了调查，有研究报告精神分裂症患者与一般大众相比并没有更高的暴力危险性，但也有研究报告暴力犯罪与精神分裂症之间存在联系。在一篇 2009 年的综述中，来自英国和瑞典的研究者将具有精神分裂症及其他精神病的人群的暴力危险性与一般大众的暴力危险性进行了比较（Fazel, et al., 2009）。调查显示，尽管精神分裂症及其他精神病与暴力存在联系，但此类联系大多因滥用药物所致。重要的是，此类暴力危险性的增高，在存在精神分裂和药物滥用的病人中，与只有药物滥用但没有精神病的人群相近。这说明，药物滥用问题也许比精神分裂症对暴力危险性的贡献更大。

暴力风险评估研究（对从精神病医院中新释放出来的病人的暴力行为进行的预测研究）发现，有精神疾病的人在院期间比不在院期间会产生更多暴力思想（Grisso et al., 2000）。并且，这些人离开医院时并不必然会实施暴力行为。只有在某些子样本中（比如，药物滥用患者或有严重症状和持续暴力思想的病人）才发现了现实的暴力行为。一个新近关于暴力和精神疾病的整合分析发现，"重大精神疾病"（精神分裂症谱系疾病、双向障碍、具有精神病性症状的抑郁症）患者比一般人稍易具有攻击性，但只有在这些病人具有精神分裂症的阳性症状、瓦解症状或滥用药物时（Douglas, Guy, & Hart, 2009），才较为符合此论断。

与影视作品中对精神病患者的描写相反，精神疾病患者并不必然比没有精神病的人更暴力。
(The Kobal Collection, Ltd.)

危险性预测

实施危险行为的可能性是判决民事收容的核心，但危险性如何预测呢？早期曾有研究对个人实施危险行为可能性的预测准确性进行调查，发现精神卫生专业工作者并不善于做出此类判断（Kozol, Boucher, & Garofalo, 1972；Monahan, 1973, 1976）。

研究显示，对暴力危险性的预测在以下条件下最为准确（Campbell, Stefan, &Loder, 1994；Monahan, 1984；Monahan & Steadman, 1994；Steadman et al., 1998）：

★ 如果一个人近期一直使用暴力，可以合理预测他/她在不久的将来仍具备暴力危险性，除非此人的态度或所处环境发生重大变化。

★ 如果一个人历史上曾有过单一但非常严重的暴力行为，经过一段时期的监禁后被释放，且监禁前后的人格和体能没有发生变化，则当他/她回到其曾经具有暴力性的原环境中后，有理由相信其仍将发生暴力行为。

★ 即使没有暴力史，如果此人处在实施暴力行为的边缘（如，此人正将一把装满子弹的枪对准一座使用中的建筑物），也可以预测暴力行为。

精神疾病患者中的暴力行为经常与不遵医嘱服药有关（Monahan. 1992；Steadman et al., 1998）。门诊病人收容是提高遵医嘱服药率的一种方式。在这种安排下，病人被允许离开医院，但必须住在"过渡疗养机构"或其他可以受到监督的场所，并经常向精神卫生机构报告情况。研究证明，在门诊收容增加患者遵医嘱服药及其他精神卫生治疗情形后，暴力行为有所减少（Munetz et al., 1996）。实际上，支持性的服务，如"过渡疗养机构"，可以明显降低有暴力倾向的患者实施暴力行为的概率（Dvoskin & Steadman, 1994）。对于治疗专家预测危险性的责任的讨论，参见聚焦发现 16.4。

推进心理疾病患者权利的保护

从 20 世纪 70 年代开始，产生了一系列法庭判决以保护个人在非必要的情形下不被判决强制住院。比如，1979 年最高法院对 Addington v. Texas 一案的判决规定，国家必须出具明确、具有信服力的证据证明个人具有精神疾病及暴力危险性，才能够判决其强制住院。1980 年，第九巡回上诉法庭规定这种危险性必须是紧迫的。

如今，强制住院已不太可能发生了。这很大程度上是因为现今医疗系统更加注重门诊护理而非住院护理。事实上，现在让一个真正需要哪怕只是短期住院的病人入住医院都日益困难了。但是，精神病患者的其他权利仍然受到限制。研究者对于 2002 年各州精神卫生相关立法的分析发现（Corrigan et al., 2005），75% 的法案对精神病患者的自由进行了缩减（比如，允许强制服药），33% 的法案则对患者的隐私权进行了缩减（比如，允许为公共安全利益分享精神卫生记录）。

聚焦发现 16.4　塔拉索夫案——警告和保护的责任

客户的保密通信权是指客户的治疗应当保密的法律权利。这是一项重要的保护措施，但这种权利并不是绝对的。1974年，加利福尼亚州的一项著名判决就涉及治疗专家应当且必须违背客户通信权不可侵犯性的情形。首先，我们来看该案的事实。

临床案例

1968年秋天，一名来自印度的研究生普罗森杰·波达尔在加利福尼亚大学伯克利分校就读。在一次民族舞蹈课上，他结识了泰雅·塔拉索夫。此后，他们每周都见面，并且在新年前夜，她吻了他。波达尔认为这是他们正式交往的信号（因为他在印度属于"不可触碰"的贱民种姓）。但泰雅告诉他，她正与其他男性交往，并不希望与波达尔发展亲密关系。

波达尔对此深感沮丧。接下来的春天他又与泰雅见了几次面（偶尔会对他们的对话进行录音，以试图弄懂她为什么不爱他）。暑假，泰雅去了巴西，波达尔在朋友的鼓励下去了学生健康中心。在那里，一名精神科医生把他转介给一位心理医生进行心理治疗。1969年10月，泰雅回来后，波达尔终止了治疗。根据波达尔说要购买枪支的意图，心理学家以口头加书面的方式通知了校警，医生认为波达尔很危险，需要送往社区心理卫生中心进行精神科的收容。

警方与波达尔进行了面谈，他表现得很理性，并承诺远离泰雅。警方释放了他，并通知了学生健康中心。据此，加上保密通信权的规定，对波达尔进行监督的精神科医生没有进一步要求对波达尔进行收容，并请求警方销毁相关信件和一些治疗录音。

10月27日，波达尔带着一支枪和一把刀来到了泰雅的住处。泰雅拒绝跟他说话，波达尔便向她射击。泰雅从房子里跑出来，波达尔紧追而上，抓住她，反复刺杀致其身亡。

波达尔被判过失杀人罪，而非一级或二级谋杀罪。辩护方借助三名精神科专家作证证明波达尔心智能力减弱，并患有精神分裂症，从而排除了认定一级或二级谋杀罪所必须的主观恶意。服完刑后，他回到印度，根据他自己的报告，他拥有了幸福的婚姻（Schwitzgebel & Schwitzgebel, 1980, p205）。

根据加利福尼亚州关于保密通信权的规定，学生健康中心的心理医生违反保密性的要求是合理的；他采取措施想要让波达尔被民事收容是因为他认定波达尔具有紧迫危险性。波达尔已说过想要买枪；通过他的言语和行为，治疗师相信他可能不顾一切去伤害泰雅·塔拉索夫。但是，法庭认为心理医师应该做到却没有做到的是：告知可能的受害人塔拉索夫她所面临的来自波达尔的潜在威胁。塔拉索夫案中，州最高法院对此陈述道："当治疗师依据事实或依据行业相关标准，可以合理预见到病人对他人将造成严重暴力危险时，他有义务采取合理注意措施，保护危险的预期受害者。"塔拉索夫案判决要求临床医生在决定何时应当违反保密性要求时，应运用预测危险性这一不完善的技能。从塔拉索夫案开始，该判决已经在几个方面得以延伸。

延伸到对预期受害者的保护

后来的一项判决认为，预期受害者包括与可确认的受害者有密切关系的人。在该案中，一位母亲被一名危险的病人枪击受伤，当枪击发生时她七岁的儿子也在场。小男孩后来起诉心理医生要求精神损害赔偿。因为孩子完全可能跟母亲在一起，法庭作出结论：塔拉索夫案的判决可以适用于小男孩。

延伸到对潜在受害者的保护

联邦巡回法院1983年的一项判决认定，退伍军人管理局的精神科医师原本应该提醒门诊病人菲利普·亚布隆斯基被谋杀的情人。这名女性属于可以预见的受害者，尽管菲利普并未在治疗师面前明显表现出对她的威胁。其原因在于，亚布隆斯基曾经强奸和伤害过自己的妻子，很可能继续对"与他亲近的女人实施暴力"。

法庭同样认定精神科医师没有取得菲利普之前的医疗记录是失职的。这些记录显示了一系列伤害性的暴力行为历史，与他的情人之前所抱怨的威胁相同，本应促使医院提起紧急民事收容。法庭认定精神科医师没有尽到提醒义务是造成该女性被谋杀的直接原因。法官说，只要合理考虑此医疗记录，完全可以使精神科医师确认亚布隆斯基对他人构成确实的威胁，应当被收容。

此类对于提醒和保护义务的延伸将加利福尼亚州的心理健康工作者置于非常困难的境地，因为潜在的暴力病人甚至不需要提及他/她可能伤害的人是谁，而需要治疗师根据其可能得到的病人的过去和现在的境况来推断可能的受害者。

延伸到对未知的潜在受害者的保护

很多法院都扩大了提醒和保护可预见的儿童虐待受害者的义务，甚至包括未知的可能受害者。在一桩案件中，一名医学学生自己接受了精神分析，这是成为精神分析师的要求之一。在分析过程中，他承认他是恋童癖患者。

之后，他在精神科住院医师培训时接见了一位男童患者，对他进行了性侵犯。法庭认定，进行培训的精神分析师，作为该学生的治疗师和学校教师，有理由知道这名学生"对特定人，及未来的未成年病人，构成具体的威胁。而且他在培训期间必然会接触到这些人"。尽管该学生在透漏其患有恋童癖时并没有接触儿童病人（因此此时导师不需提醒或采取措施保护任何人），但导师作为他的指导教师和治疗师，对学生的专业培训和活动具有足够的控制力，因而塔拉索夫判决的结论可以适用。

根据家庭报告延伸保护

2004年，加利福尼亚州上诉法院判决，如果治疗师接到患者家属的报告，则有义务提醒可能的受害者。在此案中，一名治疗师从病人家属而非病人处得知一项潜在威胁。病人向父母透露他想杀死前女友的新男友。病人父母联系治疗师告知了此项威胁。但治疗师并没有联系这位新男友，之后他被病人杀害。受害者的父母起诉治疗师，认为他本应当提醒受害者。法院同意其请求，判定病人亲近的家庭成员本质上是病人的一部分，因此经病人亲近的家庭成员通知，治疗师有义务提醒潜在的受害者。

延伸到对财产的保护

经佛蒙特州最高法院的一项判决，塔拉索夫案得到进一步延伸。判决认定心理健康工作者有义务通知第三方病人对其财产的威胁。该案中，一名29岁的男性病人在与其父亲的异常激烈

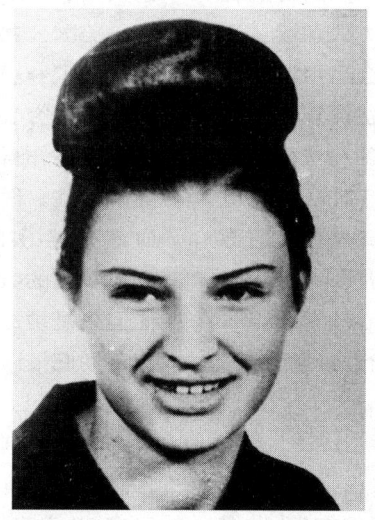 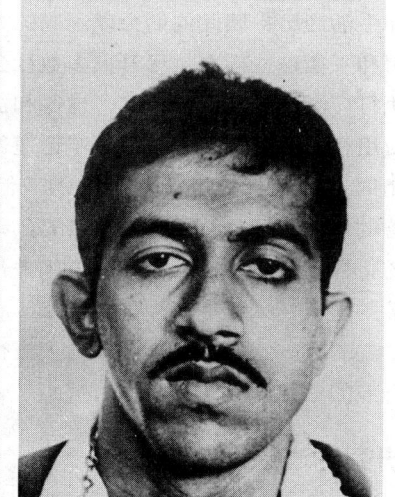

Tatiana Tarasoff 死后，Prosenjit Poddar 被判过失杀人罪。法院认定，他的治疗师已确信 Poddar 可能伤害 Tarasoff，本应当提醒她威胁的逼近。
(©AP/ Wide World Photos)

> 的争执之后，告诉治疗师他想报复他的父亲，暗示他可能会烧掉他父亲的谷仓。他真的这么做了。尽管谷仓内没有动物，距离他父母的房子40米远，因此没有人或动物在火灾中受伤，但法院认定治疗师有提醒义务，因纵火是一项暴力行为，对火灾附近的人可造成致命威胁。

治疗与研究中的道德困境

上文讨论的事对精神卫生工作者的法律限制。这些法律限制十分重要，因为法律是社会中鼓励我们所有人按特定方式行为的最强力工具。除此以外，精神卫生工作者还必须在一系列道德限度内工作。最普遍的界定"道德"的方法是思考怎样依照行为规范区分可接受与不可接受的行为。道德标准无处不在，使得个人很自然地把它们当成了简单的常识。但另一方面，如果道德仅仅是常识的话，那为什么社会中还会存在如此多的道德争议与道德问题？此类争论的一个解释是，所有人都认可一些共同的道德标准，但鉴于不同的人来自不同的社会，有着不同的价值观和生活经历，因此他们会以不同的方式解读、运用和平衡这些标准。尽管大多数社会运用法律来执行广泛接受的道德标准，道德和法律规则也都使用相似的概念，但有必要牢记道德和法律并不相同。一个行为可能是合法的，但不一定是道德的；一个行为也可能是违法的，却是合乎道德的。界定"道德"的另一种方式关注研究行为标准的学科，如哲学、神学、法律、心理学或犯罪学。现在，我们将探究对其他人进行心理咨询和干涉的道德观。

研究的道德限制

以医学研究为名进行的虐待案例在20世纪屡见不鲜。几乎每个人都认识到了第二次世界大战中纳粹所进行的医学暴行的恶劣性，其中很多暴行由优秀的德国医生和科学家受医学好奇心和纳粹主义驱动而为。这些痛苦且往往致死的实验未经同意便在数千集中营囚徒身上进行。集中营的囚徒们被处以"冷冻试验"以发现低体温症的治疗方法，被注射免疫化合物和血清以预防治疗传染性疾病，包括疟疾、斑疹伤寒、肺结核、黄热病以及传染性肝炎等，并被应用光气和芥子气以测试可能的解毒剂。

最为臭名昭著的医学实验由约瑟夫·孟格尔（Josef Mengele）医生在奥斯维辛集中营实施。这些以犹太人和吉普赛人为对象的医学实验旨在发现不同"种族"对各种传染病的抵抗力，并据此发展一种对纳粹领袖认为的下等民族进行大范围灭绝的高效便宜的方法。

20世纪90年代，美国总统克林顿向声名狼藉的塔斯基尼项目（Tuskegee project）的受害者家人及后代道歉。在1932年到1972年的四十年间，美国公共健康署对300名梅毒晚期的黑人患者实施了一项实验。这些男人大多是来自阿拉巴马州最贫穷小镇的佃农，从未接受过教育。他们没有被告知自己患有的疾病，也没有被告知疾病的严重性。医生欺骗他们说正在治疗他们的"坏血液"，但实际上根本就没有想过治愈他们的梅毒。实验的数据要从这些人的尸检中收集，因此他们只是被故意摆在那里等待病情恶化，让三期梅毒彻底摧毁他们（三期梅毒包括肿瘤、心脏病、瘫痪、失明、精神失常以及死亡）。"据我所知，"一个参与该项目的医生坦白说，"在这些病人死亡之前，我们对他们不感兴趣。"实验结束时，已有28人直接死于梅毒，100人死于相关并发症；这些被试的妻子中有40人已被传染，并有19个先天性梅毒患儿出生。

不幸的是，以医学研究为名的道德问题并

不仅仅存在于20世纪。21世纪初，在发展中国家所进行的药品临床试验受到国际社会的关注。直到1995年，临床试验还主要在美国、欧洲及日本进行，但在全球化的时代，制药公司不断将其研究项目外包到发展中国家（Glickman, et al., 2009）。一方面，临床研究的全球化带来了全球性利益，比仅在发达国家进行试验，这使得药物公司得以更快速更有效地测试新药；临床试验也给资源匮乏的国家带来了资源和技术，使得试验参与者得以接受他们本来无法得到的治疗。但是，反过来说，此类临床试验利用了发展中国家病人的贫穷处境，利用他们对医疗的需求来实现新药的最大利润。贫穷、没有文化的病人经常成为临床试验的试验品，却无力让势力强大的公司和研究机构承担责任，资源匮乏国家的公民就像豚鼠一样被医药产业用来进行药物试验，而这些药品更多是为了满足西方而非试验国的需求。

直到最近，人们才开始区分治疗性研究和非治疗性研究。前者关注能够直接带来健康利益的研究工作；后者则是指健康参与者提供对照组、控制组数据，或患病参与者接受与他的疾病无关或者不会对他有什么帮助的研究。尽管治疗性研究和非治疗性研究引发的具体问题可能有所不同，但基本的道德问题是相同的。参与者具有知情权，他们可以在知情的情况下自主决定是否参加。参加必须自愿，不得受胁迫或诱导。参与者有匿名权和保密权。如果参与者的匿名权和保密权可能受到侵害，则研究者有义务明确告知此类情形，如，信息披露将对参与者本人或他人造成伤害时应予告知。

知情同意

伦理研究的基础是知情同意。研究者必须提供足够的信息使可能的参与者自主决定他们是否想要参与研究。应以参与者所能听懂的语言来描述要进行的研究，并概述如果他们同意参加活动会发生什么，可能的好处和风险，将如何保持保密性和匿名性（以及保密权可能受到侵害的情形）。同样，数据将会被储存多久，谁会使用此类数据。不得使用诱导或胁迫手段（如，向病人参与者提供比不参加试验者更好的临床护理）。参与者还必须了解他们有不参加研究和随时退出的权利，且不会受到任何处罚。这在教育机构中非常重要，例如，学生们可能被招募到一项研究中，而这些研究的研究人员就是负责学生成绩评价的人。

这里的核心议题是：潜在参与者必须能够理解这项研究及其相关风险。但如果预期参与者不能完全理解需要做的事情又该怎么办？如果他们希望参加却因此取消他们参加研究的机会是否合乎道德？在临床上，研究者必须确定病人对所进行的研究不存在理解困难。

知情同意问题得到了研究者和与精神病（包括精神分裂症、退化性脑疾病如老年痴呆症）患者的关注。患有精神分裂症或老年痴呆症并不必然意味着患者无法行使知情同意（Carpenter et al., 2000；Marson, Huthwaite, & Hebert, 2004；Wirshing et al., 1998）。研究者已开发出用于评定这些人的同意能力的测量手段，这些临床试验人群仍会在研究中活跃下去，尤其是65岁以上人群的人数将会不断增加（Marson, 2001）。

这些研究表明了根据每个试验者情况认定其知情同意能力的重要性。研究者不应仅仅因为病人因精神分裂症或老年痴呆症住院就假定其没有知情同意权。因此，精神失常并不必然意味着此人无法做出知情同意。

保密与特许保密通信

当人们咨询精神科医师或临床心理学家时，经常根据职业道德规范确信自己的治疗信息将会保密。保密权意味着治疗师不会向第三方（其他专业人员以及密切参与治疗的人除外，如护士或秘书）透露相关信息。

特许保密通信则更进一步。它是指保密关系各方受法律保护的通信。此类通信的接受者不得被强制披露相关信息。特许保密通信权是司法程序中法庭获取证据的重要例外。该特权适用于如配偶、医患、神职人员与教徒、律师与客户、心理医师和病人之类的关系。这一法律的宗旨是让病人或者客户"享有特权"，只有当事人才能够允许另一方在法律程序中披露保密信息。

但对于特许保密通信也存在重要限制。比如，在美国的一些州，因为下列原因可以排除此权利：

★ 客户控告治疗师治疗不当。在此类案件中，治疗师可以在客户发起的法律诉讼中透露治疗相关的信息为自己辩护。
★ 客户小于16周岁，并且治疗师有理由相信客户曾经是某项犯罪如儿童虐待的受害者。事实上，心理医师应当在怀疑儿童客户受到身体虐待包括性侵犯的36小时内就报告警察或者儿童福利机构。
★ 客户犯罪后为了逃避法律或为实施犯罪而启动治疗。
★ 治疗师认为客户对自身或他人构成威胁，为了防止此类威胁有必要披露相关信息。

谁是客户/病人？

临床医生是否总是清楚自己的客户是谁？在私人治疗中，当一个成年人向临床医生付费以解决自己与法律系统毫无关系的个人问题时，很明显这个成年人就是客户。但是临床医生有时也许需要评估咨询者的受审能力，也可能受个人或家庭所雇参与民事收容程序，也可能受医院雇佣解决某个病人控制攻击性冲动的问题。

很明显（尽管并不总是这样），临床医生服务不止一个客户。除病人之外，他/她还为家庭和国家服务，并且精神卫生工作者有责任将此情况告知病人。这种双重效忠并不意味着病人的个人权益将会被牺牲，但却意味着双方的对话不再是完全秘密的，将来临床医生可能会做出不符合甚至严重限制病人利益的事。

总 结

- 当精神卫生工作者或法庭认为在认定一个人的行为方面有明显罹患精神疾病的征兆时，公民自由经常会被搁置一旁，即对其采取刑事或民事收容。
- 在精神疾病和精神失常之间存在重要区别。后者是一个法律概念。一个人可能被诊断为患有精神疾病，但被法庭认为神智足够清醒，可以受审，也可被认定有罪。
- 刑事收容或者在犯罪庭审之前将被告送往医院（因其不具备受审能力），或者在被告被判因精神疾病而无罪之后送往医院。
- 一个被认定为患有精神疾病，对个人或他人构成威胁的人，即使尚未违反法律，也可以被民事收容入院，或在接受监督并限制活动的前提下院外居住。
- 普通法中的多个标志性判例和原则阐明了违法者可能会经由因精神失常不构成犯罪的辩护而逃脱法律责任的情况。其中包括不可抗拒的冲动、姆纳坦规则等。1984年的精神失常辩护改革法案令用精神疾病辩护来脱罪变得更难。
- 当今应用的两种精神失常辩护包括因精神失常而无罪和患有精神疾病但有罪。它们在被告是否要为其行为承担责任、在哪里接受治疗、被囚禁多长时间几个方面都存在不同。
- 在治疗领域，道德问题涉及来访者的保密权利和谁是客户等事项。

术语汉英对照表

ABAB 设计 / ABAB design
CT 或 CAT 扫描 / CT or CAT scan
G 蛋白 / G-proteins
HPA 轴 / HPA axis
LSD 麦角酰二乙胺 / d-lysergic acid diethylamide
MDMA 二亚甲基双氧苯丙胺 / Methylenedioxymethamphetamine
PCP 苯环利定 / Phencyclidine
PET 扫描 / PET scan
Γ - 氨基丁酸 / gamma-aminobutyric acid，GABA
阿尔茨海默症 / Alzheimer's disease
阿片 / opiates
阿斯伯格症 / Asperger's disorder
安非他命 / amphetamines
安全行为 / safety behavior
安塔布司 / antabuse
安慰剂 / placebo
安慰剂效应 / placebo effect
白细胞介素 6 / interleukin-6，IL-6
白质 / white matter
伴侣行为疗法 / behavior couples therapy
暴露 / exposure
暴露与反应阻止疗法 / exposure and response prevention
暴食症 / binge eating disorder
背外侧前额叶皮质 / dorsolateral prefrontal cortex
本我 / id

苯丙酮尿症 / phenylketonuria，PKU
苯二氮䓬类 / benzodiazepines
庇护所 / asylums
边缘型人格障碍 / borderline personality disorder type
变性手术 / sex-reassignment surgery
辨证行为疗法 / dialectical behavior therapy
标准化 / standardization
表观遗传学 / epigenetics
表现型 / phenotype
表演型人格障碍 / histrionic personality disorder
病因学 / etiology
勃起障碍 / erectile disorder
不可抗拒的冲动 / irresistible impulse
操作性条件反射 / operant conditioning
测量时间效应 / time-of-measurement effect
产后发病 / postpartum onset
场所恐惧症 / agoraphobia
超我 / superego
成瘾 / addiction
痴呆 / dementia
迟发性运动障碍 / tardive dyskinesia
创伤后模型 / posttraumatic model, of DID
创伤性应激障碍 / posttraumatic stress disorder，PTSD
磁共振成像 / magnetic resonance imaging，MRI

催眠 / hypnosis
脆性 X 染色体综合征 / fragile X syndrome
大麻 / marijuana
大脑 / cerebrum
大脑皮层 / cerebral cortex
代币制 / token economy
代名词反转 / pronoun reversal
代谢物 / metabolite
单胺氧化酶抑制剂 / monoamine oxidase MAO inhibitors
单一个案实验设计 / single-case experimental design
单一核苷酸多形性 / single nucleotide polymorphism，SNP
道德疗法 / moral treatment
等位基因 / allele
第二代抗精神病药物 / second-generation antipsychotic drugs
第二信使 / second messengers
第三变量问题 / third-variable problem
电痉挛疗法 / ectroconvulsive therapy, ECT
顶叶 / parietal lobe
定位障碍 / disorientation
短期精神病性障碍 / brief psychotic disorder
对恐惧的恐惧假说 / fear-of-fear hypothesis
对立违抗性障碍 / oppositional defiant disorder

囤积障碍 / hoarding disorder
多巴胺 / dopamine
多态性 / polymorphism
多系统治疗 / multisystemic treatment, MST
多元基因 / polygenic
多种药物滥用 / polydrug abuse
多轴分类 / multiaxial classification system
额颞叶痴呆 / frontotemporal dementia
额叶 / frontal
额叶皮质下痴呆 / frontal-subcortical dementia
儿童期言语流畅性障碍 / 口吃 / childhood onset fluency disorder
二手烟 / secondhand smoke
发病率 / incidence
发展心理病理学 / developmental psychopathology
发作性障碍 / episodic disorder
罚时出局 / time-out
反刍 / rumination
反社会型人格障碍 / antisocial personality disorder type
反应 / reactivity
范式 / paradigm
方向性问题 / directionality problem
防御机制 / defense mechanism
非共享环境 / nonshared environment
肥胖 / obese
分离焦虑障碍 / separate anxiety disorder
分裂情感性障碍 / schizoaffective disorder
分裂型人格障碍 / schizotypal personality disorder type
分裂样精神障碍 / schizophreniform disorder

分析心理学 / analytical psychology
分子遗传学 / molecular genetics
负强化 / negative reinforcement
复本信度 / alternative form reliability
复杂躯体性症状障碍 / complex somatic symptom disorder
副交感神经系统 / parasympathetic nervous system
感觉聚焦 / sensate focus
肛门期 / anal stage
高潮期 / orgasm phase
高纯度可卡因 / crack
高风险方法 / high-risk method
隔区 / septal area
个案研究 / case study
个体心理学 / individual psychology
功能性磁共振成像 / functional magnetic resonance imaging, fMRI
功能性神经障碍 / functional neurological disorder
共病 / comorbidity
共同关注 / joint attention
共享环境 / shared environment
固着 / fixation
关联研究 / association study
关系妄想 / ideas of reference
观察者角色 / spectator role
广泛性焦虑障碍 / general anxiety disorder
归因 / attribution
海洛因 / heroin
海马 / hippocampus
横断研究 / cross-sectional design
环丝氨酸 / D-cycloserine, DCS
环性心境障碍 / cyclothymic disorder
幻觉 / hallucination
患病率 / prevalence
灰质 / gray matter

回避型人格障碍 / avoidant personality disorder type
婚姻与家庭治疗师 / marriage and family therapist
基因 / gene
基因表达 / gene expression
基因型 / genotype
激动剂 / agonist
急性应激障碍 / acute stress disorder
疾病焦虑障碍 / illness anxiety disorder
集体无意识 / collective unconscious
计算障碍 / dyscalculia
季节性情感障碍 / seasonal affective disorder
家长管理训练 / parent management training, PMT
家庭高风险研究 / familial high-risk study
家庭研究法 / family method
家庭中心疗法 / family-focused treatment
甲基苯丙胺 / methamphetamine
假设 / hypothesis
简短疗法 / brief therapy
健康心理学 / healthy psychology
奖励系统 / reward system
交叉抚养 / cross-fostering
交叉依赖 / cross-dependent
交感神经系统 / sympathetic nervous system
交流障碍 / communication disorder
胶质细胞 / glial cell
焦虑 / anxiety
焦虑敏感性指数 / anxiety sensitivity index, ASI
焦虑障碍 / anxiety disorder
拮抗剂 / antagonist
结构化访谈 / structural interview

结构效度 / construct validity
结果研究 / outcome research
解离 / disassociation
解离性漫游 / dissociative fugue
解离性身份障碍 / dissociative identity disorder，DID
解离性失忆症 / dissociative amnesia
解离性障碍 / dissociative disorders
戒断反应 / withdrawal
紧张性木僵 / catatonic immobility
紧张性特点 / catatonic feature
紧张症状 / catatonia
经典条件反射 / classical conditioning
惊恐发作 / panic disorder
惊恐控制疗法 / panic control therapy，PCT
惊恐障碍 / panic disorder
精神病态 / psychopathy
精神病性特征 / psychotic features
精神发育迟滞 / mental retardation
精神分裂症 / schizophrenia
精神分析 / psychoanalysis
精神分析理论 / psychoanalytic theory
精神疾病 / mental disorder
精神科护士 / psychiatric nurse
精神科医生 / psychiatrist
精神失常辩护 / insanity defense
精神运动性迟滞 / psychomotor retardation
精神运动性激越 / psychomotor agitation
精神障碍诊断与统计手册 / Diagnostic and Statistical Manual of Mental Disorder，DSM-5
绝望理论 / hopeless theory
咖啡因 / caffeine
抗焦虑药 / anxiolytics
抗精神病药 / antipsychotic drugs

抗精神病药 / psychoactive medications
抗抑郁剂 / antidepressant
拷贝数变异 / copy number variation，CNV
可卡因 / cocaine
可证伪性 / falsifiability
客体关系理论 / object relations theory
恐惧 / fear
恐惧 / phobia
恐惧回路 / fear circuit
控制性饮酒 / controlled drinking
控制组 / controlled group
口吃 / stuttering
口唇期 / oral stage
库欣综合征 / Cushing's syndrome
夸大妄想 / grandiose delusion
快感缺失 / anhedonia
快乐原则 / pleasure principle
快速循环 / rapid cycling
眶额皮层 / orbitofrontal cortex
窥阴癖 / voyeuristic disorder，voyeurism
蓝斑 / locus ceruleus
类别分类法 / categorical classification
理论 / theory
理性情绪疗法 / rational-emotive behavior therapy
锂盐 / lithium
力比多 / libido
恋童癖 / pedohebophilia，pedophilia
恋物癖 / fetishistic disorder, fetishism
临床访谈法 / clinical interview
临床高风险研究 / clinical high-risk study
临床显著性 / clinical significance
临床心理学家 / clinical psychologist
流行病学 / epidemiology

露阴癖 / exhibitionistic disorder，exhibitionism
路易小体痴呆症 / dementia Lewy bodies，DLB
乱伦 / incest
罗夏墨迹测试 / Rorschach Inkblot Test
裸盖菇素 / psilocybin
麻痹性痴呆 / general paresis
吗啡 / morphine
麦斯麦术 / mesmerize
漫游障碍 / fugue subtype
盲视 / blind sight
酶 / enzyme
美沙酮 / methadone
明尼苏达多项人格量表 / Minnesota Multiphasic Personality Inventory
模拟实验 / analogue experiment
摩擦癖 / frotteuristic disorder
魔鬼学 / demonology
默勒二因素模型 / Mowrer's two-factor model
姆纳坦规则 / M'Naghten rule
内部效度 / internal validity
内部一致性信度 / internal consistency reliability
内侧前额叶皮质 / medial prefrontal cortex
内啡肽 / endorphins
内感受条件反射 / interoceptive conditioning
内化障碍 / internalizing disorder
内容效度 / content validity
内隐记忆 / implicit memory
耐药性 / tolerance
男性高潮障碍 / male orgasmic disorder
男性性欲减退障碍 / hypoactive sexual desire disorder
脑电图 / electroencephalogram

脑干 / brain stem
脑室 / ventricles
尼古丁 / nicotine
年龄效应 / age effect
颞叶 / temporal lobe
女性性高潮障碍 / female orgasmic disorder
女性性唤起障碍 / female sexual arousal disorder
女性性兴趣及性唤起障碍 / sexual interest/arousal disorder in women
皮电活动反应 / electrodermal responding
皮质醇 / cortisol
偏执 / paranoid
偏执型人格障碍 / paranoid personality disorder
胼胝体 / corpus callosum
品行障碍 / conduct disorder
平行效度 / concurrent validity
评定者信度 / interrater reliability
前额叶皮层 / prefrontal cortex
前扣带回 / anterior cingulate
前脑岛 / anterior insula
潜伏期 / latency period
强迫观念 / obsession
强迫行为 / compulsion
强迫型人格障碍 / obsessive-compulsive personality disorder type
强迫症 / obsessive-compulsory disorder，OCD
轻躁狂 / hypomania
情感淡漠 / blunted affect
情感失切 / inappropriate affect
情绪 / emotion
丘脑 / thalamus
驱鬼 / exorcism
躯体变形障碍 / body dysmorphic disorder
躯体感觉皮质 / somatosensory cortex
躯体化障碍 / somatization disorder
躯体神经系统 / somatic nervous disorder
躯体形式障碍 / somatoform disorders
躯体症状障碍 / somatic symptom disorder
去甲肾上腺素 / norepinephrine
全基因组关联研究 / genome-wide association studies，GWAS
诠释 / interpretation
染色体 / chromosomes
人格解体 / depersonalization
人格解体 / 现实解体 / depersonalization disorder/ derealization disorder
人格量表 / personality inventory
人格特质面 / personality trait facets
人格特质域 / personality trait domains
人格障碍 / personality disorder type
人际关系疗法 / interpersonal therapy
人为障碍 / factitious disorder
认知 / cognition
认知改善疗法 / cognitive enhancement therapy，CET
认知疗法 / cognitive therapy
认知偏差 / cognitive biases
认知行为范式 / cognitive behavior paradigm
认知行为疗法 / cognitive behavior therapy
认知修复训练 / cognitive remediation training
认知重组 / cognitive restructuring
三环类抗抑郁剂 / tricyclic antidepressants
色氨酸 / tryptophan
闪回 / flashback
社会工作者 / social worker
社会基因假设 / sociogenetic hypothesis
社会技巧训练 / social skills training
社会认知模型 / sociocognitive model, of DID
社会选择 / social selectivity
社会选择假说 / social selection hypothesis
社交焦虑障碍 / social anxiety disorder, social phobia
社交缺乏 / asociality
神经冲动 / nerve impulse
神经递质 / neurotransmitters
神经科学范式 / neuroscience paradigm
神经心理测试 / neuropsychological tests
神经心理学家 / neuropsychologist
神经性贪食症 / bulimia nervosa
神经性厌食症 / anorexia nervosa
神经学家 / neurologist
神经元 / neuron
神经质 / neuroticism
生理心理学 / psychophysiology
生态瞬时评估法 / ecological momentary assessment
生殖盆腔疼痛 / 插入障碍 / genito-pelvic pain/penetration disorder
生殖器期 / genital stage
实际快感 / consummatory pleasure
实验 / experiment
实验效果 / experiment effect
实证支持疗法 / empirically supported treatment
事前说明 / advanced directive
收养子研究法 / adoptee method
受审能力 / competency to stand trial

受体 / receptor
双盲程序 / double-blind procedure
双生子研究 / twin method
双相 II 型障碍 / bipolar II disorder
双相 I 型障碍 / bipolar I disorder
思维奔逸 / flight of ideas
思维松散 / loose associations, derailment
思维抑制 / thought suppression
素质 / diathesis
素质—应激模式 / diathesis-stress
随机对照实验 / random controlled trials, RCTs
随机分配 / random assignment
索引个案 / index case, proband
胎儿酒精综合征 / fetal alcohol syndrome
唐氏综合征 / Down syndrome, trisomy 21
特定对象恐惧症 / specific phobia
特许保密通信 / privileged communication
疼痛障碍 / pain disorder
体质指数 / body mass index
条件刺激 / conditioned stimulus, CS
条件反射 / conditioned response, CR
同辈效应 / cohort effects
统计显著性 / statistical significance
投射测验 / projective test
投射性假设 / projective hypothesis
突触 / synapse
脱毒瘾期 / detoxification
瓦解性行为 / disorganized behavior
瓦解性语言 / disorganized speech
瓦解性症状 / disorganized symptoms
外部效度 / external validity
外化障碍 / externalizing disorder
外露情绪 / expressed emotion

外倾性 / extraversion
外显记忆 / explicit memory
妄想 / delusion
妄想障碍 / delusion disorder
危险因素 / risk factor
维度分类法 / dimensional classification
尾状核 / caudate nucleus
文化胜任力 / cultural competency
污名 / stigma
无条件刺激 / unconditioned stimulus, UCS
无条件反应 / unconditioned response, UCR
无意识 / unconscious
五羟色胺 / serotonin, 5-HT
五羟色胺和去甲肾上腺激素再摄取抑制剂 / serotonin-norepinephrine reuptake inhibitors, SNRIs
五羟色胺再摄取抑制剂 / serotonin reuptake inhibitors, SRIs
五羟色胺转运体基因 / serotonin transporter gene
五因素模型 / five-factor model
物质使用障碍 / substance use disorder
系统脱敏 / systematic desensitization
细胞因子 / cytokines
下丘脑 / hypothalamus
仙人球毒碱 / mescaline
先证者 / probands
现实感丧失 / derealization
现实情景 / in vivo
现实原则 / reality principle
相关 / correlation
相关法 / correlational method
相关系数 / correlation coefficient
想象暴露 / imaginal exposure
消极认知三联体 / negative triad

消退 / extinction
消退期 / resolution phrase
小脑 / cerebellum
哮喘 / asthma
效度 / validity
效果律 / law of effect
效力 / efficacy
校标效度 / criterion validity
心电图 / electrocardiogram, EKG
心境恶劣障碍 / dysthymia, dysthymic disorder
心境障碍 / mood disorder
心理病理学 / psychopathology
心理测验 / psychological test
心理教育法 / psychoeducational approaches
心理疗法 / psychotherapy
心理神经免疫学 / psychoneuroimmunology
心血管疾病 / cardiovascular disease
心智化基础疗法 / mentalization-based treatment
信度 / reliability
兴奋剂 / stimulant
兴奋期 / excitement phrase
行为激活疗法 / behavior activation
行为疗法 / behavior therapy
行为评估 / behavior assessment
行为医学 / behavior medicine
行为遗传学 / behavior genetics
行为抑制 / behavior inhibition
行为主义 / behaviorism
杏仁核 / amygdala
性别认同 / gender identity
性反应周期 / sexual response cycle
性功能障碍 / sexual dysfunction
性交障碍 / dyspareunia
性器期 / phallic stage

性取向 / sexual orientation
性施虐狂 / sexual sadism
性受虐狂 / sexual masochism
性厌恶障碍 / sexual aversion disorder
性欲倒错 / paraphilias
修剪 / pruning
宣泄疗法 / cathartic method
选择性死亡 / selective mortality
选择性五羟色胺再摄取抑制剂 / selective serotonin reuptake inhibitors，SSRI
学习困难 / learning disability
学习障碍 / learning disorder
血管性痴呆 / vascular dementia
血氧水平依赖法 / blood oxygenation level dependent，BOLD
鸦片 / opium
亚属前扣带皮层 / subgenual anterior cingulate
延迟射精 / delayed ejaculation
言语贫乏 / alogia
阳性症状 / positive symptom
摇头丸 / ecstasy
耶达感受性 / yedasentience
一般适应综合征 / general adaptation syndrome
一氧化二氮 / nitrous oxide
一致 / concordance
依赖型人格障碍 / dependent personality disorder
依恋理论 / attachment theory
移情 / transference
遗传范式 / genetic paradigm
遗传—环境互动 / gene-environment interaction
遗传—环境互动模式 / reciprocal gene-environment interaction
遗传性 / heritability

疑病症 / hypochondriasis
以正念为基础的认知疗法 / mindfulness-based cognitive therapy，MBCT
异卵双生子 / dizygotic twins
异装癖 / transvestic fetishism
抑制剂 / sedatives
易感性 / predisposition
意志减退 / avolition
因变量 / dependent variable
阴道痉挛 / vaginismus
阴茎体积描记仪 / penile plethysmograph
阴性症状 / negative symptoms
印度大麻制剂 / hashish
应激 / stress
忧郁症 / melancholic
有害型机能障碍 / harmful dysfunction
有效性 / effectiveness
语音障碍 / phonological disorder
语音障碍 / speech sounds disorder
预测效度 / predictive validity
预后 / prognosis
预期快乐 / anticipatory pleasure
欲望期 / desire phrase
阈下症状 / subthreshold symptoms
元分析 / meta-analysis
元认知 / metacognition
阅读障碍 / dyslexia
运动障碍 / motor disorder
再摄取 / reuptake
早发性痴呆 / dementia praecox
早泄 / early ejaculation
早泄 / premature ejaculation
躁狂 / mania
诈病 / malingering
谵妄 / delirium
诊断 / diagnosis

枕叶 / occipital lobe
震颤性谵妄 / delirium tremens
正强化 / positive reinforcement
症状 / symptom
知情同意 / informed consent
执行功能 / executive functioning
治疗结果研究 / treatment outcome research
致幻剂 / hallucinogen
智力测试 / intelligence test
智力发育障碍 / intellectual developmental disorder
智商 / intelligence quotient，IQ
中枢神经系统 / central nervous system
重测信度 / test-test reliability
重度抑郁障碍 / major depressive disorder
主题统觉测验 / thematic apperception test，TAT
注意缺陷／多动障碍 / attention deficit/hyperactivity disorder，ADHD
转换障碍 / conversion disorder
转录 / transcription
追踪研究 / longitudinal design
准备学习 / prepared learning
咨询心理学家 / counseling psychologist
自闭谱系障碍 / autism spectrum disorder
自变量 / independent variable
自恋型人格障碍 / narcissistic disorder type
自杀 / suicide
自杀预防中心 / suicide prevention center
自我 / ego
自我监控 / self-monitoring
自由联想 / free association
自主神经系统 / autonomic nervous system，ANS

参考文献

Abbey, S. E., & Stewart, D. E. (2000). Gender and psychosomatic aspects of ischemic disease. *Journal of Psychosomatic Research, 48*, 417–423.

Abel, G. G., Becker, J. V., Cunningham-Rathner, J., Mittelman, M., & Rouleau, J. L. (1988). Multiple paraphilic diagnoses among sex offenders. *Bulletin of the American Academy of Psychiatry & the Law, 16*(2), 153–168.

Abel, G. G., Becker, J. V., Mittelman, M., Cunningham-Rathner, J., Rouleau, J. L., & Murphy, W. D. (1987). Self-reported sex crimes of nonincarcerated paraphiliacs. *Journal of Interpersonal Violence, 2*(1), 3–25. doi: 10.1177/088626087002001001

Abercrombie, H. C., Kalin, N. H., Thurow, M. E., Rosenkranz, M. A., & Davidson, R. J. (2003). Cortisol variation in humans affects memory for emotionally laden and neutral information. *Behavioral Neuroscience, 117*(3), 505–516. doi: 10.1037/0735-7044.117.3.505

Abikoff, H. B., & Hechtman, L. (1996). Multimodal therapy and stimulants in the treatment of children with attention-deficit hyperactivity disorder. In E. D. Hibbs & P. S. Jensen (Eds.), *Psychosocial treatments for child and adolescent disorders: Empirically based strategies for clinical practice* (pp. 341–369). Washington, DC: American Psychological Association.

Abou-Saleh, M. T., Younis, Y., & Karim, L. (1998). Anorexia nervosa in an Arab culture. *International Journal of Eating Disorders, 23*, 207–212.

Abramowitz, J. S., Franklin, M. E., Schwartz, S. A., & Furr, J. M. (2003). Symptom presentation and outcome of cognitive-behavioral therapy for obsessive-compulsive disorder. *Journal of Consulting and Clinical Psychology, 71*(6), 1049–1057. doi: 10.1037/0022-006X.71.6.1049

Abramson, L. Y., Metalsky, G. I., & Alloy, L. B. (1989). Hopelessness depression: A theory-based subtype of depression. *Psychological Review, 96*, 358–372.

Acarturk, C., de Graaf, R., van Straten, A., Have, M. T., & Cuijpers, P. (2008). Social phobia and number of social fears, and their association with comorbidity, health-related quality of life and help seeking: A population-based study. *Social Psychiatry and Psychiatric Epidemiology, 43*(4), 273–279.

Achenbach, T. M., Hensley, V. R., Phares, V., & Grayson, D. (1990). Problems and competencies reported by parents of Australian and American children. *Journal of Child Psychology and Psychiatry, 31*, 265–286.

Acocella, J. (1999). *Creating hysteria: Women and multiple personality disorder*. San Francisco: Jossey-Bass.

Acton, G. J., & Kang, J. (2001). Interventions to reduce the burden of caregiving for an adult with dementia: A meta-analysis. *Research in Nursing and Health, 24*, 349–360.

Adler, A. (1930). *Guiding the child on the principles of individual psychology*. New York: Greenberg.

Agras, W. S., Crow, S. J., Halmi, K. A., Mitchell, J. E., Wilson, G. T., & Kraemer, H. C. (2000). Outcome predictors for the cognitive-behavioral treatment of bulimia nervosa: Data from a multisite study. *American Journal of Psychiatry, 157*, 1302–1308.

Agras, W. S., Rossiter, E. M., Arnow, B., et al. (1994). One-year follow-up of psychosocial and pharmacologic treatments for bulimia nervosa. *Journal of Clinical Psychiatry, 55*, 179–183.

Agras, W. S., Rossiter, E. M., Arnow, B., Schneider, J. A., Telch, C. F., Raeburn, S. D., . . . Koran, L. M. (1992). Pharmacologic and cognitive-behavioral treatment for bulimia nervosa: A controlled comparison. *American Journal of Psychiatry, 149*, 82–87.

Aguilera, A., Lopez, S. R., Breitborde, N. J., Kopelowicz, A., & Zarate, R. (2010). Expressed emotion and sociocultural moderation in the course of schizophrenia. *Journal of Abnormal Psychology, 119*, 875–885.

Ainsworth, M. S., Blehar, M. C., Waters, E., & Wall, S. (1978). *Patterns of attachment: A psychological study of the strange situation*. Oxford, England: Erlbaum.

Akiskal, H. S., Hantouche, E. G., Bourgeois, M. L., Azorin, J. M., Sechter, D., Allilaire, J. F., et al. (2001). Toward a refined phenomenology of mania: Combining clinician-assessment and self-report in the French EPIMAN study. *Journal of Affective Disorders, 67*, 89–96.

Akyuez, G., Dogan, O., Sar, V., Yargic, L. I., & Tutkun, H. (1999). Frequency of dissociative disorder in the general population in Turkey. *Comprehensive Psychiatry, 40*, 151–159.

Alarcon, R. D., Becker, A. E., Lewis-Fernandez, R., Like, R. C., Desai, P., Foulks, E., et al. (2009). Issues for DSM-V: The role of culture in psychiatric diagnosis. *Journal of Nervous and Mental Disease, 197*, 559–560.

Albee, G. W., Lane, E. A., & Reuter, J. M. (1964). Childhood intelligence of future schizophrenics and neighborhood peers. *Journal of Psychology, 58*, 141–144.

Albert, M. S., Dekosky, S. T., Dickson, D., Dubois, B., Feldman, H. H., Fox, N. C., . . . Phelps, C. H. (2011). The diagnosis of mild cognitive impairment due to Alzheimer's disease: Recommendations from the National Institute on Aging–Alzheimer's Association workgroups on diagnostic guidelines for Alzheimer's disease. *Alzheimer's and Dementia : The Journal of the Alzheimer's Association, 7*(3), 270–279. doi: 10.1016/j.jalz.2011.03.008

Albertini, R. S., & Phillips, K. A. (1999). Thirty-three cases of body dysmorphic disorder in children and adolescents. *Journal of the American Academy of Child and Adolescent Psychiatry, 38*, 453–459.

Alden, L. E. (1989). Short-term structured treatment for avoidant personality disorder. *Journal of Consulting and Clinical Psychology, 57*, 756–764.

Alden, L. E., Laposa, J. M., Taylor, C. T., & Ryder, A. G. (2002). Avoidant personality disorder: Current status and future directions. *Journal of Personality Disorders, 16*, 1–29.

Alegria, M., Canino, G., Shrout, P. E., Woo, M., Duan, N., & Vila, D. (2008). Prevalence of mental illness in immigrant and non-immigrant U.S. Latino groups. *American Journal of Psychiatry, 165*, 359–369.

Alegria, M., Woo, M., Cao, Z., Torres, M., Meng, X. L., & Striegel-Moore, R. (2007). Prevalence and correlates of eating disorders among Latinos in the United States. *International Journal of Eating Disorders, 40*, s15–s21.

Alexander, P. C., & Lupfer, S. L. (1987). Family characteristics and long-term consequences associated with sexual abuse. *Archives of Sexual Behavior, 16*, 235–245.

Allan, C., Smith, I., & Mellin, M. (2000). Detoxification from alcohol: A comparison of home detoxification and hospital-based day patient care. *Alcohol & Alcoholism, 35*, 66–69.

Allderidge, P. (1979). Hospitals, mad houses, and asylums: Cycles in the care of the insane. *British Journal of Psychiatry, 134*, 321–324.

Allen, M., D'alessio, D., & Brezgel, K. (1995). A meta-analysis summarizing the effects of pornography: II. Aggression after exposure. *Human Communication Research, 22*, 258–283.

Allen, P., Johns, L. C., Fu, C. H. Y., Broome, M. R., Vythelingum, G. N., & McGuire, P. K. (2004). Misattribution of external speech in patients with hallucinations and delusions. *Schizophrenia Research, 69*, 277–287.

Allnutt, S. H., Bradford, J. M., Greenberg, D. M., & Curry, S. (1996). Co-morbidity of alcoholism and the paraphilias. *Journal of Forensic Science, 41*, 234–239.

Alloy, L. B., Abramson, L. Y., Walshaw, P. D., Cogswell, A., Grandin, L. D., Hughes, M. E., . . . Hogan, M. E. (2008). Behavioral approach system and behavioral inhibition system sensitivities and bipolar spectrum disorders: Prospective prediction of bipolar mood episodes. *Bipolar Disorders, 10*(2), 310–322.

Alloy, L. B., Abramson, L. Y., Walshaw, P. D., Gerstein, R. K., Keyser, J. D., Whitehouse, W. G., . . . Harmon-Jones, E. (2009). Behavioral approach system (BAS)-relevant cognitive styles and bipolar spectrum disorders: Concurrent and prospective associations. *Journal of Abnormal Psychology, 118*(3), 459–471. doi: 10.1037/a0016604

Alloy, L. B., Abramson, L. Y., Whitehouse, W. G., Hogan, M. E., Panzarella, C., & Rose, D. T. (2006). Prospective incidence of first onsets and recurrences of depression in individuals at high and low cognitive risk for depression. *Journal of Abnormal Psychology, 115*, 145–156.

Altamura, C., Paluello, M. M., Mundo, E., Medda, S., & Mannu, P. (2001). Clinical and subclinical body dysmorphic disorder. *European Archives of Psychiatry and Clinical Neuroscience, 251*(3), 105–108.

Althof, S. E., Abdo, C. H., Dean, J., Hackett, G., Mccabe, M., McMahon, C. G., . . . Tan, H. M. (2010). International Society for Sexual Medicine's guidelines for the diagnosis and treatment of premature ejaculation. *Journal of Sexual Medicine, 7*(9), 2947–2969. doi: 10.1111/j.1743-6109.2010.01975.x

Altshuler, L. L., Kupka, R. W., Hellemann, G., Frye, M. A., Sugar, C. A., McElroy, S. L., . . . Suppes, T. (2010). Gender and depressive symptoms in 711 patients with bipolar disorder evaluated prospectively in the Stanley Foundation Bipolar Treatment Outcome Network. *American Journal of Psychiatry, 167*(6), 708–715.

---

* 为了环保，也为了减少您的购书开支，本书参考文献不在此一一列出。如需完整参考文献，请登录 www.wqedu.com 下载。您在下载中遇到什么问题，可拨打 010-65181109 咨询。

致教师的一封信

尊敬的老师：

您好！

感谢您选择"万千心理"的教材！

为了支持您的教学工作，我们将特别为您提供以下周到贴心的服务：

1. **免费样书**：如果您选用了"万千心理"的教材进行授课，我们将免费提供教师样书；
2. **免费教辅**：丰富的教学辅助资料，包括教师用书、教学演示PPT及习题库等；
3. **好书推荐**：我们将定期以电子邮件和宣传手册的形式为您推荐优秀教材、教辅，以及您感兴趣领域的最新书目和"万千心理"畅销书单；
4. **会员折扣**：您可享受全年最优购书折扣以及不定期的会员特惠活动；
5. **出版机会**：您将有可能成为我们优先选择的签约作者或译者。

北京万千新文化传媒有限公司（简称"万千公司"）是中国轻工业出版社与美国万国图文公司共同投资兴办的合资企业。"万千心理"是万千公司推出的心理学类图书品牌。二十多年来，万千公司与美国心理学会（APA）、美国咨询协会（ACA）等心理机构进行了多项卓有成效的合作，并与世界排名前十位的出版集团，如培生教育有限公司（Pearson Education）、圣智学习出版集团（Cengage Learning）、麦格劳希尔公司（McGraw Hill）、约翰威利父子有限公司（John Wiley & Sons Inc.）等著名出版机构建立了良好的版权贸易与合作关系。时至今日，万千公司成功地策划并引进了数百种心理类图书，包括"心理学专业教材与教辅系列"、"心理学公共课教材系列"、"跨专业心理学教材系列"、"心理咨询与治疗系列"以及"心理自助系列"等心理学读物，共20余个系列、780余种图书。"万千心理"得到了心理学科领域专业人士的一致认同，受到了广大读者的喜爱。

"万千心理教学支持计划"，真诚期待您的加入！

此致

敬礼！

"万千心理"敬上

欢迎任课教师加入教学支持计划！

咨询电话：010-65181109，65125990
读者信箱：1012305542@qq.com
新浪微博：万千心理官方微博